Allgemeine Geobotanik

Richard Pott

Allgemeine Geobotanik

Biogeosysteme und Biodiversität

Mit 349 Abbildungen und 6 Tabellen

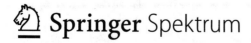 Springer Spektrum

Prof. Dr. Richard Pott
Institut für Geobotanik
Universität Hannover
Hannover, Deutschland
Email: pott@geobotanik.uni-hannover.de

ISBN 978-3-642-55088-1   ISBN 978-3-540-27527-5 (eBook)
DOI 10.1007/978-3-540-27527-5

Die Deutsche Nationalbibliothek verzeichnet diese Publikation in der Deutschen Nationalbibliografie;
detaillierte bibliografische Daten sind im Internet über http://dnb.d-nb.de abrufbar.

Springer Spektrum
© Springer-Verlag Berlin Heidelberg 2005, Softcoverausgabe 2014

Planung: Iris Lasch-Petersmann, Heidelberg
Redaktion: Stefanie Wolf, Heidelberg
Umschlaggestaltung: deblik, Berlin

Gedruckt auf säurefreiem und chlorfrei gebleichtem Papier.

Springer Spektrum ist eine Marke von Springer DE. Springer DE ist ein Teil der Fachverlagsgruppe
Springer Science+Business Media
www.springer-spektrum.de

Gewidmet dem Gedenken an meinen
hochverehrten akademischen Lehrer
Professor Dr. Ernst Burrichter

*7.6.1921   † 9.11.2003

Vorwort

*„Das Laboratorium des Ökologen
ist Gottes Natur – und sein Arbeitsfeld – die ganze Welt"*

Heinrich Walter (1983)

Dieses Buch beabsichtigt eine integrierte Darstellung der Allgemeinen Geobotanik zur Einführung in das Fach. Es ist mein Ziel, der Breite dieser Disziplin von der Paläoökologie, der Biogeographie bis hin zur experimentellen Pflanzenökologie Rechnung zu tragen, ohne den Umfang eines lesbaren Lern- und Lehrbuches zu überschreiten. Daher kann man in diesem Buch keine jeweils vollständige Bestandsaufnahme des heutigen Kenntnisstandes aller dieser einzelnen Teilgebiete erwarten. Die Leitidee ist vielmehr, die Studierenden und die Interessierten in Grundkenntnisse der Geologie, der Geographie, der Evolution von Ökosystemen und der Vegetationskunde allgemein sowie in die Gesetzmäßigkeit der Geobotanik einzuführen, so dass sie sich in der speziellen Literatur ohne Schwierigkeiten zurecht finden können. Das tiefere Eindringen in einzelne Teildisziplinen erschließt sich durch die am Ende eines jeden Kapitels aufgeführte Auswahl an Artikeln und Originalarbeiten, die die Brücke vom Lehrbuch zur aktuellen Forschung bilden sollen. Auf diese Weise wurde der Text zur besseren Lesbarkeit weitgehend von Referenzen freigehalten. Mit speziellen Lern- und Merksätzen sowie Fragen am Ende eines jeden Kapitels wird zudem der Lehrbuchcharakter gewährleistet.

Da bislang eine umfassende, aktuelle und moderne Darstellung der Allgemeinen Geobotanik als Wissenschaftsdisziplin auf dem Literaturmarkt fehlt, soll hiermit Abhilfe geschaffen werden. Mit diesem Lehrbuch versuche ich, die existierenden Denkschulen und die unterschiedlichen Forschungsansätze zu verknüpfen. Neben der Präsentation klassischer und traditioneller Inhalte, wie sie oben erwähnt sind, sollen vertiefte Darstellungen des anthropogenen Einflusses auf die heutige und die vergangene Vegetation beispielhaft behandelt werden. Dabei werden die Natürlichkeitsbewertung, Fragen der Biodiversitätserfassung, der Naturentwicklungsplanung sowie neuartige landschaftsökologische Aspekte in den Vordergrund gestellt, um die wichtigsten Zusammenhänge in großen Zügen zu erklären. Ich wende mich dabei nicht nur an Studierende der Geobotanik, der Ökologie, der Geographie, des Naturschutzes und der Landschaftsplanung, sondern auch an Interessenten agrar- und forstwissenschaftlicher Disziplinen und der aktuellen Klima- und Biodiversitätsforschung.

Das Gedankengebäude der Geobotanik ist komplex und mit anderen Gebieten wie Geologie, Paläontologie, Geophysik, Klimatologie, Geographie, Mikrobiologie, Zoologie und Botanik aufs Engste verknüpft und hat sich auch auf Fächer außerhalb der Naturwissenschaften wie Archäologie und Landschaftsgeschichte ausgewirkt. Durch die Auseinandersetzung mit geographischen Fragen sowie den Zusammenhängen zwischen Klimazonen, Bodenqualität, Flora und Fauna wird ein Weg gezeigt, vernetzt zu denken und das System Erde besser zu verstehen.

Dieses Buch ist nach mehrjährigem „Drängen" des Verlages konzipiert, und ich schreibe es nicht nur ausschließlich für die eigentliche Fachwelt – denn anspruchsvolle, hochwissenschaftlich gestaltete und entsprechend ausformulierte Standardwerke mit Übersichten zu den Vegetationslandschaften, den Ökosystemen und den Formationen unserer Erde gibt es seit August Grisebach (1872) zu Genüge in allen verbreiteten Sprachen unseres Globus – sondern vor allem auch für Studierende der neuen Bachelor- und Master-Studiengänge „Geowissenschaften",„Life Sciences" und „Biology" sowie weiterbildender Studieneinrichtungen, die neuerdings überall an unseren Universitäten etabliert werden.

Offenbar hat es vielerorts in der Zwischenzeit einen deutlichen Bruch in der Wissensvermittlung zwischen der akademischen, intellektuellen Welt der Bio- und Landschaftswissenschaften und den „Normalverbrauchern" gegeben; die fachliche Terminologie hat sich entsprechend vom gängigen Sprachgebrauch entfernt, und eine Entfremdung zwischen denen im „Haus der Wissenschaft" und denen „Draußen vor" ist mittlerweile leider allzu deutlich zutage getreten. Um dem entgegenzuwirken, verfasse ich dieses Buch, das weite Kreise der interessierten Bevölkerung, angehende Studierende aller Altersgruppen und viele motivierte Landschaftskundler anregen soll, sich mit der eigentlichen *„scientia amabilis"*, der Geobotanik, der Biogeographie, der Vegetationsgeographie beziehungsweise der Landschaftsökologie in ihren Fundamenten auseinanderzusetzen.

Heute offenbart sich das Leben in einer kaum noch zu überschauenden Diversität und in einer ungeheuren Fülle von Arten. Wir wissen schon lange, ein wesentlicher Bestandteil der Biodiversität der Erde ist ihre Vielfalt an Großlebensräumen und Ökosystemen mit Wüsten, Wäldern, Feuchtgebieten, Korallenriffen und Mangroven. Hier leben Tiere, Pflanzen und Mikroorganismen miteinander, und zwar in einem gegenseitigen Abhängigkeitsverhältnis voneinander. Auch diese werden gerade durch vielfältige menschliche Eingriffe gestört, vernichtet oder in ihrem Bestand bedroht,

Box 0.1. Warum ein neues Lehrbuch?

Dieses Buch ist aus einer Pflichtvorlesung mit dem Titel „Großlebensräume der Erde" für Biologie- und Geographie-Studierende vieler Diplom-, Master- und Lehramtsstudiengänge und interessierten „Seniorstudierenden" der Universität Hannover hervorgegangen. Dabei habe ich mich immer bemüht, diese unterschiedliche Klientel vom zweiten Fachstudiensemester bis zum Seniorenstudium auf ein einheitliches Wissensniveau zu bringen – eine nicht so leichte Aufgabe, da unterschiedliche Eingangsvoraussetzungen durch recht verschiedene Ausgangspositionen im Wissensstand aller Studierenden zu berücksichtigen sind. Vielen Jüngeren fehlt heute der geographische Rückhalt, also das einfache Wissen um die Topographie und die Physiogeographie unserer Erde. Dinge, die früher zum „Allgemeinwissen" gehörten: Dass der 6959 Meter hohe Aconcagua in den Anden Argentiniens der höchste Berg Gesamtamerikas und der südamerikanischen Anden ist und der Kilimandscharo, der mit 5895 Metern höchste Berg Afrikas in Tansania liegt, ist heute nicht mehr als selbstverständlich bekannte Wissensvoraussetzung zu verlangen. Ganz zu schweigen von der Lage des Mount Kinabalu (4101 m) auf der Insel Borneo im Malaischen Archipel oder des Mount Kosciuszko (2228 m), des höchsten Bergs Australiens. Nach Inseln, Wüsten, Gletschern oder Einzellandschaften mag man oft schon gar nicht mehr fragen. Ich habe es selbst in den 1980er Jahren erlebt, wie dieses landeskundlich-geographische Wissen vielfach auch aus Hochschullehrerkreisen abfällig als „Briefträger-Geographie" abgetan wurde – meines Erachtens eine heute als fatal zu bezeichnende Einstellung, die schließlich dazu geführt hat, dass wir uns derzeit in neuen „PISA-Studien" und „Wissenschaftlichen Kommissionen" über das fachliche Niveau von Schülern, Studierenden und Lehrenden auch auf diesem Sektor unterhalten müssen. Aus dem Hochschulalltag ist man auch immer wieder mit der lähmenden Erkenntnis konfrontiert, wie schrecklich gering Naturkenntnis und Naturverständnis der Studierenden und weiter Kreise der Bevölkerung sind. Die Vielfalt der natürlichen Lebensräume unseres Globus und das Wissen darum in breite Schichten zu tragen, ist ein Anliegen dieses Buches. Inzwischen wächst langsam das Bewusstsein, dass man der akuten Bedrohung der Artenvielfalt auf unserer Erde oder der biologischen Diversität nur dann effektvoll begegnet, wenn man eben diese Artenvielfalt erkennen, erfassen und klassifizieren kann. Aber die klassischen wissenschaftlichen Disziplinen der Taxonomie und der Systematik sind im Zeitalter „molekularer Revolutionen" oftmals verpönt und gelten bei einigen dieser Fachvertreter als „verstaubt", „museal" und „weltfremd". Das Gegenteil ist jedoch die absolut notwendige Realität: Mit der Konvention über den Schutz der Biologischen Vielfalt, zu der sich die Staatengemeinschaft im Jahre 1992 in Rio de Janeiro verpflichtete, erwachte indes langsam die Wissenschaft von der Vielfalt der Pflanzen- und Tierarten auf unserem Globus getreu der schlichten Erkenntnis: „Nur was man kennt, lässt sich schützen und nutzen."

meist durch Ausbeutung von Ressourcen, Degradation und Zersiedlung. Um dieses beurteilen zu können, ist die Kenntnis von den Lebensräumen der Erde und ihren Biogeosystemen eine unverzichtbare Grundvoraussetzung. Meine Vorlesung „Großlebensräume der Erde" habe ich deshalb bewusst in die Tradition des Begründers der Pflanzengeographie, Alexander von Humboldts (1769-1859), gestellt, der schon vor 200 Jahren wusste, wie wichtig es ist, die elementaren Erscheinungen einer Landschaft zu kennen, zu diagnostizieren und zu analysieren. Bei seiner Erstbesteigung des Vulkans Teide auf Teneriffa im Juni 1799 erkennt Alexander v. Humboldt spontan die Höhenstufung der Insel, als handele es sich um die Stockwerke eines Hauses, und er schildert so als Erster das Wachstum in den verschiedenen Vegetationszonen und entwirft somit eine erste Vegetationsskizze, die zum gültigen Querschnitt der Insel bis heute wird: „Man lernt die Physiognomie einer Landschaft umso besser kennen, je genauer man die individuellen Züge heraushebt, sie miteinander vergleicht und so auf diesem Wege der Analyse der Quellen der Genüsse nachgeht, die uns das große Gemälde der Natur bietet", schreibt er und erfasst damit den Kern aller Landschaftsanalysen bis in die heutige Zeit hinein.

Box 0.2. *Global Change?*

In diesem Buch will ich auch die wichtigsten heutigen Umweltprobleme ansprechen; das sind hauptsächlich die Klimaerwärmung, die Zerstörung der Ozonschicht, die Zerstörung von Lebensräumen mit den Konsequenzen eines weltweiten Artensterbens und die Belastung der Umwelt durch viele Giftstoffe oder mit Stickstoff- und Phosphatüberdüngungen. Unser naturwissenschaftlich-technisches Zeitalter hat enorme Fortschritte und Verbesserungen der Lebensqualität fast überall auf der Welt gebracht, aber auch der Energie- und Ressourcenverbrauch hat inzwischen global-bedenkliche Dimensionen angenommen. Als Stichworte in diesem Zusammenhang seien hier nur genannt: Überbevölkerung, wachsender Energieverbrauch, Ressourcenverschleiß und soziale Ungleichgewichte zwischen den so genannten „Entwicklungsländern" und den Industriestaaten. Der bislang ungehemmte Verbrauch „fossiler Energie", also von Braunkohle, Steinkohle, Erdöl und Erdgas hat offenbar neuerdings auch eine starke und vielleicht auch bedrohliche Erhöhung der atmosphärischen CO_2-Konzentrationen hervorgerufen. Die von Treibhausgasen bewirkten aktuellen Modifikationen des globalen und regionalen Klimas können nach Ansicht vieler Fachleute zu gravierenden „Klimaveränderungen" führen. Eine Erhöhung der mittleren globalen Temperatur könnte beispielsweise Wanderungen von Pflanzen und Tieren auslösen und sogar ganze Vegetationszonen verschieben. Hier betreten wir aktuelle Arbeitsfelder der Geobotanik.

Unberührte, unbeeinflusste intakte **Naturlandschaften** gibt es nur noch sehr wenige auf unserer Erde. Mittlerweile leben Menschen in nahezu allen größeren Gebieten, auch in solchen, die als **Naturerbe** unseres Globus geführt werden. Die Trennung zwischen Landschaften natürlichen und kulturellen Ursprungs verschwindet überall somit vollends. So wird es zunehmend schwieriger, den künftigen Generationen authentische Naturräume zu erhalten.

Box 0.3. Dank

Allen, die mich in den vergangenen Jahren auf zahlreichen, teilweise abenteuerlichen Reisen in allen Erdteilen begleitet haben, will ich an dieser Stelle herzlich danken, vor allem aus unserem Institut in Hannover Joachim Hüppe, Hansjörg Küster, Gian-Reto Walther, Holger Freund und Martin Speier sowie Dieter Lüpnitz (Mainz), Georg Grabherr (Wien) und Conradin Burga (Zürich). Ferner Wolfredo Wildpret de la Torre, Victoria Martin-Osorio, Marcellino Arco Del Aquilar und Pedro Luis Perez de Paz (La Laguna), Salvador Rivas-Martinez (Madrid), Jesus Iszco (Santiago de Compostela), Javier Loidi (Bilbao), Jean-Marie Géhu (Paris), Manuel Costa (Valencia), Mario Lousa (Lissabon), Carlo Blasi (Rom), Riccardo Guarino (Cagliari), Sandro Pignatti (Rom), Franco Pedrotti (Camerino), Edoardo Biondi (Ancona), Gianni Sburlino (Venedig), Emilia Poli-Marchese und Salvatore Brullo (Catania) für viele Exkursionen in mediterrane Länder und auf die Archipele im Atlantik. In West-, Mittel- und Nordeuropa führten mich Björn Berglund (Lund), Michael O´Connell (Galway), Janusz Falinski (Bialowiecza), Kazimir Tobolski (Poznan), Andrej Misgaisky (Warschau), Lars König-Königsson †, Victor Westhoff † und Jan Barkman †. Viele Japan-Reisen konnte ich durchführen dank der Unterstützung vor Ort durch Akira Miyawaki (Yokohama), Kazue Fujiwara (Yokohama), Yukito Nakamura (Tokyo), Keichi Ohno (Tokyo) und Ken Sato (Sapporo). In China und der Mongolei wurden wir geführt von Hongyan Liu, Zhiyao Tang, Hai-ting Cui, Jing-yun Fang und Chen Changdu. In Südamerika halfen mir bei zahlreichen Exkursionen die Kollegen Eduardo Martinez-Carretero und Fidel Antonio Roig (Mendoza, Argentinien) sowie Maria Luiza Porto und Valério Pillar (Porto Alegre, Brasilien). Dank Elgene Box und Dieter Müller-Dombois sah ich viele Ziele in Nordamerika und auf dem Archipel von Hawaii. Randy Thaman (Suva) führte uns auf die Fidschi-Inseln, Alan Marc und Stephan Halloy begleiteten uns in Neuseeland. Sigrid Heise-Pavlov (Mossman, Queensland) zeigte uns die Regenwälder Australiens. Mein Freund und Kollege Joachim Hüppe begleitete mich mehrfach bei den ausgedehnten und endlosen Fahrten durch den Outback des Fünften Kontinents, nach Tasmanien und in Amerika. Allen genannten Personen will ich an dieser Stelle für die freundschaftliche und kollegiale Unterstützung ausdrücklich danken.

Einen Teil der letzten natürlichen Lebensräume unserer Erde wollen wir in diesem Buch kennen lernen. Diese Problematik kann man nur durch eigene Anschauung voll erfassen und durchdringen. Das bedeutet zahlreiche Geländeaufenthalte, Exkursionen mit lokaler Führung in bekannte Regionen, Expeditionen in unbekannte Gebiete und auf jeden Fall eigene Exploration der Lebensräume unseres Globus. Meine Absicht ist es, ein Bild der Biogeosysteme der Erde zu skizzieren, wie es sich in seiner räumlich-zeitlichen Entwicklung einem Mitteleuropäer heute darstellt – ein Bild, das wie jedes andere perspektivisch gebunden ist, jedoch den Wissensstand der Geobotanik zum jetzigen Zeitpunkt als Basis für ein vertiefendes Studium wiedergibt; ein Bild, das an vielen Stellen ergänzt und berichtigt zu werden lohnt und eben dadurch, so hoffe ich, zum Weiterdenken anregt.

In diesem Buch sind absichtlich aus der neueren verfügbaren Spezialliteratur zahlreiche aktuelle Arbeiten herausgestellt und in den jeweiligen Kapitelabschnitten zum Spezialstudium zitiert. Auch ein der wissenschaftlichen Objektivität verpflichtetes Buch darf persönliche Ansichten des Autors enthalten. Diese spiegeln natürlich individuelle Sichtweisen und Vorlieben des Verfassers und sind deshalb auch in ihrer Darstellung und Schwerpunktsetzung durch verschiedene Studien- und Forschungsreisen beeinflusst. Sie sind in diesem Buch in speziellen Boxen gesondert herausgestellt, so dass sofort klar wird, an welcher Stelle subjektive Faszinationen, eigene Meinungen und Interpretationsspielräume beschrieben sind. Manchmal soll auch nur ein Einblick in die Vegetation und die Lebensräume fremder Gebiete ermöglicht werden. An manchen Stellen wird versucht, ein Verständnis für das oft sehr hohe Komplexitätsniveau natürlicher und anthropogener Ökosysteme zu gewinnen. Dazu trägt auch das Studium klassischer Arbeiten bei, welche nicht in der Flut modischer Studien untergehen dürfen.

Für die Überstellung von Abbildungen der Paläoflora und -fauna sowie aus den verschiedenen Großlebensräumen der Erde danke ich Hermann Behling, Conradin Burga, Fred Daniels, Georg Grabherr, Brunhild Gries, Detlef Grzegorczyk, Joachim Hüppe, Hans Kerp, Pavel Krestov, Thomas Litt, Hermann Mattes, William Pollmann, Ernst Schacke, Paul Seibert †, Martin Speier, Dietbert Thannheiser und Michael Witschel †. Frau Martina Herrmann und Herrn Bernd Hagemann danke ich für die sorgfältige Text- und Bildbearbeitung beim Layout dieses Buches am Computer.

Dem Springer-Verlag Heidelberg bin ich für die Aufnahme meines Manuskriptes in seine naturwissenschaftlichen Reihen und für das entgegenkommende Lektorat von Frau Iris Lasch-Petersmann und Stefanie Wolf sehr zu großem Dank verpflichtet.

Hannover, im Dezember 2004   Richard Pott

Inhaltsverzeichnis

Kokospalmen (*Cocos nucifera*)
und der halophile Strauch *Scaevola taccada*
f K rallensanden der Malediven

1 Was ist Geobotanik?

Die natürliche Evolution hat mit den Dinosauriern und Walen die mächtigsten Tiere geschaffen, die die Erde je bewohnt haben. Und mit winzigen Spitzmäusen, hummelgroßen Kolibris und stecknadelkopfkleinen Taufliegen hat sie Formen hervorgebracht, die sich trotz ihrer Zwergenhaftigkeit genauso perfekt in der Welt orientieren und bewegen wie die Riesen. Ähnliches gilt für das Pflanzenreich mit seinen gigantischen Mammutbäumen in Kalifornien, den hundert Meter großen Eucalypten in Südwestaustralien und winzigen kleinen Wasserlinsen auf unseren Teichen und Seen sowie den Moosen, Flechten und Farnen in den unterschiedlichsten Regionen unseres Globus. Sie alle existieren in speziellen Lebensgemeinschaften verschiedener Klimazonen, also in verschiedenen Lebensräumen. Darum geht es in diesem Buch und um die Beschreibung der wichtigsten Vegetationslandschaften der Erde, das ureigene Arbeitsgebiet der Geobotanik. Der Begriff „Geobotanik" ist durch den Pflanzengeographen und Vegetationsökologen Heinrich Walter (1898-1993) in Mitteleuropa zuerst verwendet und eingeführt worden. Die ökologischen Disziplinen der Vegetationskunde, der Floren- und Vegetationsgeschichte, der Standortskunde, der Interaktionen von Pflanzen, Tieren und Mikroorganismen mit Boden und Klima machen ihren Kern aus. Heinrich Walter schrieb in seinem Taschenbuch zur „Allgemeinen Geobotanik" im Jahre 1973, dass Geobotanik nicht aus Büchern gelernt werden kann. Diese können und sollen nur zu genaueren Beobachtungen und Versuchen in der Natur anregen. Dem kann ich nur beipflichten und ergänzen, dass Geobotanik ohne Arten- und Formenkenntnis der Organismen und ohne grundlegende Geländeansprachen von geologischen, mineralogischen, physisch-geographischen und bodenkundlichen Formen und Typen ebenfalls nicht möglich ist. Ich will deshalb mit diesem Lehrbuch nicht nur eine Einführung in das Fachgebiet der Geobotanik geben, sondern auch eine möglichst vollständige Übersicht dieses Wissensgebietes grundlegend vermitteln. Es ist ein Buch über die Zusammenhänge der Verbreitung von Pflanzen und den von ihnen geprägten Vegetationseinheiten auf der Erde mit den Wechselbeziehungen zu Klima, Boden, Tier und Mensch und ihrem Zusammenwirken in den Biogeosystemen.

Die Geobotanik betrachtet die Pflanzenwelt als einen Teil der Biosphäre und erforscht deshalb das Verhalten der Pflanzen an ihrem natürlichem

Standort im Gelände. Wie die **Ökologie** selbst ist auch die Geobotanik als ihre vegetations- und pflanzenbezogene Teildisziplin keine einfache Wissenschaft. Sie muss sich mit mehreren Ebenen der biologischen Hierarchie befassen – den pflanzlichen und tierischen Organismen, den Populationen dieser Organismen und den Lebensgemeinschaften, die sie bilden. Der Gegenstand der Geobotanik, der pflanzliche Organismus und die davon aufgebaute Vegetation, ist einleuchtend. Die Geobotanik behandelt, wie schon der Name andeutet, Fragen, die von der reinen Botanik zur Geographie überleiten und die Komplexität von ökologischen Systemen erfassen. Geobotanik beschäftigt sich grundsätzlich mit folgenden Hauptproblemen:

- der Verbreitung von Pflanzenarten und deren Gesetzmäßigkeiten,
- mit den Ursachen dieser Verbreitung in raum-zeitlicher Sicht,
- mit den Fragen von Zusammensetzung, Aufbau, Funktion und Zusammenwirken von Vegetationstypen und Ökosystemen,
- mit dem Verständnis der evolutiven Entwicklung von Geo- und Biodiversität auf den Kontinenten und in den Lebensräumen der Erde,
- mit dem Schutz und Erhalt natürlicher Artenvielfalt in den globalen Lebensräumen für die Zukunft.

Es wird also zunächst der Frage nachgegangen: „Wie ist die Verbreitung der Pflanzen und der von ihnen geprägten Vegetationstypen, und warum ist sie so?" Aus dieser Fragestellung heraus ergeben sich die einzelnen Teilgebiete der Geobotanik: Die historische und floristische **Pflanzengeographie** oder **Arealkunde**, die **Chorologie** und die **Chronologie** suchen das Raumproblem zu lösen, das heißt die Verbreitung jeder einzelnen Pflanzenart auf der Erde im Verlauf der geologischen Evolution zu erklären. Die aktuellen Boden- und Klimabedingungen des Lebensraumes oder des Habitats bezeichnet man als Standort. Eine solche Bezeichnung **Standort** hat also in der geobotanischen Terminologie einen ganz anderen Sinn als der Ausdruck **Fundort** oder **Wuchsort**, der nur eine Lokalitätsbezeichnung ist. Wenn wir sagen, dass die Pflanze an verschiedenen Standorten zu finden ist, so meinen wir damit, dass sie unter verschiedenen definierbaren Außenbedingungen in bestimmten **Geotopen** wächst. Die geobotanische Disziplin, welche diese Gesamtheit der Beziehungen einer Pflanze zum Standort, also ihren Haushalt untersucht, nennen wir **Synökologie**. Bei experimenteller Analyse der funktionellen Eigenschaften von Pflanzenarten und bei einer Quantifizierung der Standortparameter ihrer Lebensräume können ursächliche Zusammenhänge erkannt werden zwischen den Umweltbedingungen und den spezifischen Leistungsfähigkeiten der betreffenden Pflanzenarten. Dieser mehr kausal-analytische Ansatz der Untersuchungen und Befunde zum Vorkommen von Pflanzen wird als Kern der **Pflanzenökologie** im engeren Sinne angesehen.

Box 1.1. Grundlegende Literatur

Zu diesem Thema gibt es eine Fülle an neuerer zusammenfassender Literatur im deutschsprachigen Raum, auf die ich jetzt verweise und die deshalb in dieser Zusammenstellung nicht weiter behandelt werden soll: Das sind die Lehrbücher von Josef Schmithüsen (1968) zur Vegetationsgeographie, von Heinz Ellenberg (1996) über die Vegetation Mitteleuropas, von Otti Wilmanns (1998) zur Ökologischen Pflanzensoziologie, von Gerhard Lang (1994) zur Vegetationsgeschichte des Quartärs, von Stefanie Jacomet und Angela Kreuz (1999) zur Archäobotanik, von Hartmut Dierschke (1994) zur Pflanzensoziologie selbst in all ihren Facetten, von Anselm Kratochwil und Angelika Schwabe (2001) zur Biozönologie, also zur Koexistenz von Pflanzen- und Tiergemeinschaften, sowie von Vjekoslav Glavač (1996) und Jörg Pfadenhauer (1997) zur speziellen Vegetationsökologie, von Heinrich Walter und Siegmar W. Breckle (1999) zu Vegetations- und Klimazonen, von Klaus Müller-Hohenstein, Erwin Beck und Ernst-Detlef Schulze (2003) sowie von Walter Larcher (2003) zur Pflanzenökologie, von Anton Fischer (2003) zur forstlichen Vegetationskunde allgemein wie auch von Wolfgang Nentwig, Sven Bacher, Carl Beierkuhnlein, Roland Brandl und Georg Grabherr (2003) zum umfassenden Thema der Ökologie, in dem die Geobotanik einen gehörigen Anteil hat. Auf diese Werke sei hier und jetzt eindringlich hingewiesen, denn sie umfassen die jeweiligen Spezialgebiete der Geobotanik. Auch das Lehrbuch der Geobotanik von Wolfgang Frey und Rainer Lösch (2004), das gerade in seiner zweiten Auflage erschienen ist, gibt eine Übersicht der Evolution von Pflanzen und Vegetation in Raum und Zeit.

In diesem Buch will ich die wichtigsten Vegetationslandschaften und Großlebensräume der Erde und darüber hinaus die aktuellen vegetationsökologischen Fragestellungen aus den Bereichen der Populationsökologie, der Biozönologie, das heißt der Wechselbeziehungen von Tier- und Pflanzenpopulationen, und der Angewandten Geobotanik nur von Fall zu Fall behandeln. Ich stütze mich dabei mit Beispielen im Wesentlichen auf unsere Erfahrungen in Europa; wir wollen dabei aber auch globale Aspekte nicht außer Acht lassen. Deshalb habe ich eine Übersicht über die Vegetation der Erde, eine Karte der globalen Biodiversität auf der Basis der Artenzahlen von Gefäßpflanzen und die Darstellung wichtiger Vegetationslandschaften in Farbbildern in dieses Buch aufgenommen, so wie wir es auch in den Werken von Franz Fukarek et al. (1995), von Wilhelm Barthlott et al. (1996) und Christian Körner (2002) finden. Auch die neue Brockhaus-Bibliothek von 2002 bis 2004, Biosphäre – Die Lebensräume der Erde in 12 Bänden, ist hier für ein umfassendes Literaturstudium zu nennen.

1.1 Entwicklung dieser Wissenschaft

Die Geschichte der Geobotanik oder der Pflanzengeographie ist ebenso alt wie die Geschichte der Botanik. So lassen sich mehrere Epochen unterscheiden: Es fing an mit Reiseberichten, Kräuterbüchern und Fundortangaben aus dem 15. und 16. Jahrhundert. Zu nennen sind hier als Pioniere des Faches der Züricher Arzt und Philologe Konrad Gesner (1516-1565), der Botaniker und Medizinprofessor Leonhart Fuchs (1506-1566), der zuletzt in Tübingen wirkte und nach dem die Gattung *Fuchsia* benannt ist, sowie der Bologneser Ulisse Aldrovandi (1522-1605). Zu nennen sind weiterhin der Baseler Anatom und Botaniker Caspar Bauhin (1560-1624), der schon die binominale Nomenklatur der Pflanzen anregte und der mit seinem Bruder Johann Bauhin (1541-1613) eine *Historia plantarum* zusammenstellte, welche posthum erschien, und der außerdem den *Pinax theatri botanici* verfasste, in dem bereits sechstausend Pflanzenarten verzeichnet sind. Das geistige Umfeld der beginnenden Neuzeit führte damals zu ersten Forschungsreisen mit naturwissenschaftlicher Ausrichtung. Berühmt etwa wurde die Besteigung des Berges Pilatus am Vierwaldstättersee in der Schweiz durch Konrad Gesner im Jahre 1555. In seinem Werk *Descriptio montis fracti* beschrieb er unter anderem die Höhenzonierung der Vegetation, was ihn schon zu Lebzeiten hochberühmt machte. Gesners Schriften zur Zoologie und seine mehr als 4500 Seiten umfassende Naturgeschichte wurden damals zu Standardwerken in ganz Europa.

Man kann sagen, die Geobotanik ist ein „Nebenprodukt" der frühen botanischen Systematik. Das bahnbrechende Wirken des Carl von Linné (1707-1787) um die Mitte des 18. Jahrhunderts lieferte nach der Epoche der Kräuterbücher und deren nomenklatorischem Durcheinander den Rahmen, mehr oder weniger das ganze Pflanzenreich zu erfassen und die Pflanzengattungen und Arten systematisch zu ordnen. Dabei stieß man verschiedentlich auch auf pflanzengeographische Fragestellungen, vor allem, was die Verbreitung der Gewächse anbetrifft. Das kommt beispielsweise in den großen Florenwerken von Carl von Linné selbst oder des französischen Botanikers Joseph P. de Tournefort (1656-1708) zum Ausdruck, der eine Systematik der Pflanzen aufgrund der Blütenverhältnisse begründete, die eine der Grundlagen für Carl von Linnés Systematik wurde. Dass die Verbreitung der Pflanzen von klimatischen Faktoren abhängt, war schon den Botanikern des 18. Jahrhunderts bekannt. So finden wir bereits bei Tournefort (1717) Angaben über die Vegetationsgliederung am Ararat, bei Linné über die Verbreitungsgrenzen der Arten, in Horace Benedict Saussures (1740-1799) *Voyages dans les Alpes* (1779) über Höhengrenzen von Alpenpflanzen. Dieser erforschte als Erster die pflanzengeographischen Verhältnisse der Alpen; ihm gelang zudem im Jahre 1787 die zweite Besteigung des Montblanc, dessen Höhe er damals barometrisch feststellte und den er danach schon als höchsten Berg Europas bestimmte. Ein Wegbereiter der Pflanzengeographie und der Pionier der Erforschung der Pflanzenwelt der Alpen war auch der Göttinger Professor Albrecht von Haller (1708-1772). Haller hatte die Variabilität von Pflanzen erkannt und die Artkonstanz verworfen. Bekannt sind seine Beschreibungen zur Pflanzengeographie und zu den Höhenstufen. Die von seinen Zeitgenossen Carl von Linné erfolgreich propagierte binäre Nomenklatur lehnte A. v. Haller jedoch ab, und so sind die Benennungen seiner neu beschriebenen Blütenpflanzen ungültig; seinem botanischen Werk blieb damals eine größere Wirkung versagt.

Nach dieser Epoche der ersten Klassifikationen folgte die Phase der pflanzengeographisch orientierten floristischen und systematischen Untersuchungen. Diese Untersuchungen begannen um die Wende des 18. zum 19. Jahrhundert. Es handelt sich hierbei um Botaniker, deren Arbeitsrichtung mit der der alten Floristen und Systematiker verwandt ist, die ihre diesbezüglichen Untersuchungen aber wesentlich stärker pflanzengeographisch unterbauten: So versuchte etwa Gören Wahlenberg (1780-1851) in den Jahren 1812 bis 1814 seine floristischen Forschungen in Lappland, den Alpen und den Karpaten auch pflanzengeographisch auszuwerten, indem er die Verbreitung gewisser Leitpflanzen kartographisch festhielt und diskutierte. Daneben untersuchte er bereits den Zusammenschluss gewisser Pflanzenarten zu Pflanzengesellschaften und wies auch auf die Einwirkungen der verschiedenen Klimabedingungen auf die Pflanzenwelt hin. Berühmt sind seine *Flora Upsaliensis* von 1820 und seine Bände zur *Flora Svecica* aus den Jahren 1824 bis 1826.

Die Begründung der Geobotanik als eigenständige Wissenschaft im heutigen Sinn war quasi schon zu dieser Zeit erfolgt, und das Fach war in Europa etabliert. Mit den ersten pflanzengeographisch orientierten floristisch-systematischen Arbeiten erschienen gegen Ende des 18. Jahrhunderts auch schon reine pflanzengeographische Studien. Die erste und zugleich älteste Zusammenfassung allgemeiner pflanzengeographischer Fragen enthält ein im Jahr 1792 erschienenes Buch des Carl Ludwig von Willdenow (1765-1812): *Grundriß der Kräuterkunde*. Neben der Verbreitung der Gewächse ließ sich seinerzeit v. Willdenow schon auf die Erörterung von Zusammenhängen zwischen Pflanzenvorkommen und Umwelt sowie auf historische Fragestellungen ein. Er versuchte ferner bereits damals eine Gliederung Europas in verschiedene Florenbezirke durchzuführen. Seine Arbeiten drangen aber nicht durch. Dies gelang erst seinem Schüler, dem berühmten Naturforscher und Geographen Alexander Freiherr von Humboldt (1769-1859), der als Erster seine weitgespannten pflanzengeographi-

schen, klimatologischen, geologischen und meereskundlichen Beobachtungen unter Verknüpfung der ökologischen Zusammenhänge darlegte.
Am Beispiel seiner Süd- und Mittelamerikareisen begründete er für Mexiko und Kuba die moderne Landeskunde, und in Berlin hielt er nach 1827
seine berühmten Vorlesungen über die physische Weltbeschreibung.
Durch seine wissenschaftlichen und populären Schriften weckte er das Interesse für pflanzengeographische Fragen in weiten Kreisen. Auf Grund
seiner Reisen lernte er die Verschiedenartigkeit der Pflanzenwelt auch in
anderen Erdteilen kennen (Abb. 1.1).

Abb. 1.1. Alexander von Humboldt;
Friedrich Georg Wietsch, 1806; Öl auf
Leinwand, Reproduktion; Berlin, Bild-
archiv Preußischer Kulturbesitz, © bpk

   Die Ideen von Humboldts haben einen bedeutenden Einfluss auf die
Entwicklung verschiedener wissenschaftlicher Disziplinen genommen: So
sammelte und bestimmte Humboldt zusammen mit dem französischen Botaniker Aimé Goujaud Bonpland (1773-1858) auf einer fünfjährigen Reise
in die Karibik und nach Südamerika etwa 60 000 Pflanzenarten, darunter
mehrere tausend neue Arten. Er untersuchte den Einfluss von Umweltbedingungen auf die Pflanzenwelt und gab damit den Anstoß zur Begründung der heutigen **Geobotanik** als selbständiger Disziplin. Das Ziel seines
Handelns war schlicht: Erkenntnis der Natur und der Beschaffenheit der
Erde. Wie konkret er zu diesem Zeitpunkt bereits über den allgemeinen
Nutzen von wissenschaftlichen Erkenntnissen nachdachte, belegt ein Brief
vom Februar 1789 an seinen Bruder Wilhelm: „Wie viele, unübersehbar
viele Kräfte liegen in der Natur ungenutzt, deren Entwicklung Tausenden
von Menschen Nahrung oder Beschäftigung geben könnte... Die meisten

Menschen betrachten die Botanik als eine Wissenschaft, die für Nichtärzte nur zum Vergnügen oder allenfalls zur subjektiven Bildung des Verstandes dient. Ich halte sie für eine von den Studien, von denen sich die menschliche Gesellschaft am meisten zu versprechen hat."

Damit erhielt auch die **Pflanzengeographie** einen intensiven Aufschwung, und Alexander von Humboldt kann daher mit Recht als ihr eigentlicher Begründer gelten. Wichtig sind vor allem die Untersuchungen v. Humboldts über die Vergesellschaftung und Wuchsformen der Gewächse. Der entscheidende Anstoß für Humboldts Entschluss, außereuropäische Länder forschend zu bereisen, kam von Johann Georg Forster (1754-1794), der an der zweiten Weltumseglung von James Cook (1728-1779) teilgenommen hatte. 1789 besuchte Alexander von Humboldt ihn in Mainz, wo dieser berühmte Naturforscher nach seiner Weltumseglung als Bibliothekar tätig war.

Zeitgleich mit Alexander von Humboldt bildeten die Arbeiten von Joachim Frederik Schouw (1789-1852) einen bedeutenden Markstein in der Geschichte der Pflanzengeographie. J. F. Schouw gelang in seinem Werk *Grundzüge einer allgemeinen Pflanzengeographie* (1822) erstmalig die Einteilung der gesamten Erdoberfläche in pflanzengeographische Provinzen. Er ging dabei vor allem von der Verbreitung und Mengenverteilung gewisser Leitpflanzen aus, die er kartographisch darstellte. Schon diesbezüglich ist J. F. Schouws bekanntes Werk *Grundzüge einer allgemeinen Pflanzengeographie* von großem Wert für den Fortschritt der geobotanischen Forschung. Einen besonderen Wert erhält das Buch auch dadurch, dass es methodologisch ganz klar ausgerichtet ist. Die speziellen Aufgaben der Pflanzengeograhie sind hier exakt herausgearbeitet und gegenüber den anderen Disziplinen der Botanik abgegrenzt. Schouw bezeichnet die Phänomene der Pflanzenverbreitung und ihrer Vergesellschaftung als Hauptgebiete der Geobotanik. Wichtig sind diesbezüglich auch die Werke von Franz Unger (1800-1870) und Alphonse Pyrame De Candolle (1806-1893). Schon dessen Vater Augustin P. De Candolle (1778-1884) bearbeitete die natürliche Einteilung der Pflanzen damals in Paris und Montpellier auf der Basis einer Typenlehre, wonach die verschiedenen Arten einer Pflanzengruppe Abwandlungen eines „Urtyps ihrer Gruppe" seien. Das ist für die damalige Zeit eine wohl revolutionäre Sicht der Abstammungslehre. Alphonse de Candolle hat das Werk seines Vaters mit 17 Bänden abgeschlossen, in denen über fünftausend Gattungen und mehr als fünfzigtausend Arten beschrieben sind. Alphonse de Candolle erkannte, dass nicht die mittlere Jahrestemperatur, sondern die Temperatur der Vegetationsperiode für die Pflanze ausschlaggebend ist. Ferner kommt er zu dem Ergebnis, dass viele Fakten der Pflanzenverbreitung sich nicht durch den Einfluss des gegenwärtigen Klimas, sondern nur historisch erklären lassen, eine Auffassung, die erst durch die Deszendenztheorie einerseits, durch die Ergebnisse der Paläobotanik andererseits gefestigt wurde. Diese Betrachtungsweise führte De Candolle auch zur eingehenden Beschäftigung mit der Geschichte der Kulturpflanzen.

Als ein Vierteljahrhundert nach dem Erscheinen der *Geographie botanique raisonnée* der Pflanzensystematiker Adolf Engler (1844-1930) in seiner "Entwicklungsgeschichte der Pflanzenwelt" aus den Jahren 1879 bis 1882 das historische Moment zum Verständnis der Pflanzenverbreitung weitgehend heranzog, hatten die Paläobotaniker, insbesondere Oswald Heer (1809-1883), Gaston de Saporta (1823-1896) und Franz Unger (1800-1870) inzwischen mit großem Erfolg die Flora der Tertiärzeit untersucht, während gleichzeitig die Deszendenztheorie das Verständnis für die Geschichte der Arten, Gattungen und Familien eröffnete. Engler legte dar, dass auf der nördlichen Halbkugel zur Tertiärzeit eine weitgehend einheitliche Flora geherrscht habe, die durch die Eiszeit in grundlegender Weise verändert worden ist; hierauf beruhen einerseits die heutigen Unterschiede zwischen Eurasien und Nordamerika, andererseits die Arealzusammenhänge zwischen Nordamerika und Ostasien.

Die Erforschung der Vegetationsgeschichte nahm in den letzten Jahrzehnten einen beträchtlichen Aufschwung durch die von Carl Albert Weber (1856-1931) begründete und von Lennart von Post (1884-1951) ausgebaute **Pollenanalyse**, die Untersuchung des Blütenstaubes der Pflanzen; sie beruht auf der guten Erhaltungsfähigkeit der Pollenkörner in den Torfen und in Seen, im Löss und im Gletschereis sowie auf der sicheren Bestimmungsmöglichkeit der Pollenformen. Manche tiefe Seebecken weisen eine feine Jahresschichtung ihrer Sedimente auf. Hier ist gleichsam ein Kalender des Eintrags von Blütenstaub vorhanden, so dass die Entwicklung und Veränderung der Vegetation vielerorts detailliert nachgezeichnet werden kann.

Im Jahre 1872 erschien schließlich August R. H. Grisebachs fundamentales Werk *Die Vegetation der Erde nach ihrer klimatischen Anordnung*. A. Grisebach (1814-1879) teilte die Pflanzendecke der Erde damals in 24 Florengebiete ein. Von jedem dieser Gebiete werden behandelt: das Klima in seinem Jahresablauf und seinen Besonderheiten, die Vegetationsformen und ihre Anordnung zu Vegetationsformationen, die Höhenregionen und zuletzt die Vegetationszentren, das heißt die Wohngebiete der Pflanzen und ihre vermutliche Geschichte. Grisebachs Darstellung ist in ihrer Anschaulichkeit und Lebendigkeit von keinem späteren Autor übertroffen worden, so dass man sie heute noch mit hohem Genuss und Gewinn liest, ganz abgesehen davon, dass im internationalen Schrifttum seitdem keine, auch nur annähernd vergleichbare Behandlung dieses Themas erschienen ist. Mit A. Grisebach endet die ganzheitliche pflanzengeographische Betrachtung der großen Vegetationseinheiten, die uns als Wälder, Savannen, Steppen, Wüsten und Halbwüsten physiognomisch gut abgrenzbar entgegentreten.

Danach erfolgte eine Aufteilung der Geobotanik in mehrere Arbeitsrichtungen: Wie sich schon bei Alexander von Humboldt, später dann bei Joachim Frederik Schouw und August Grisebach abzeichnete, schälten sich immer mehr drei Fachrichtungen heraus: die **Floristische Geobotanik** oder **Arealkunde** auf der einen und die **Zönologische Geobotanik** oder **Vegetationskunde** auf der anderen Seite (Abb. 1.2). Auch die **Historische Geobotanik**, die **Vegetationsgeschichte**, hat sich insbesondere seit dem Lehrbuch von Franz Firbas (1902-1964) schnell als eigenständige Disziplin etabliert. Die Entschlüsselung der Klima- und Vegetationsgeschichte mit Hilfe aufwendiger physikalischer, chemischer und biologischer Verfahren hat sich seither zu einem sehr aktuellen Forschungsgebiet entwickelt. Im Zusammenwirken mit den anderen naturwissenschaftlichen Disziplinen, vor allem der Physik, der Chemie und den Geowissenschaften, ist man heute in der Lage, detaillierte Aussagen zum Einfluss der Sonne auf den zyklischen Verlauf des Klimas zu machen und Temperaturen, Niederschläge sowie Änderungen der Windsysteme zu rekonstruieren. Die **Geochronologie** unterstützt dabei mit der Altersbestimmung, durch die der zeitliche Ablauf der Ereignisse ermittelt wird. Die verschiedenen Datierungsverfahren ergänzen sich dabei mit unterschiedlicher Genauigkeit.

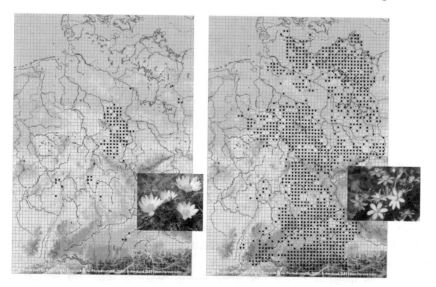

Abb. 1.2. Arealkarten der kontinentalen Trockenrasenpflanze *Adonis vernalis* in Deutschland (links) und der Buchenwaldpflanze *Hepatica nobilis* (rechts). (© Karten: Bundesamt für Naturschutz, Bonn)

Die Entwicklung der Geobotanik im heutigen Sinne geschah also in der zweiten Hälfte des 19. Jahrhunderts, als man sich vorwiegend auf die Vegetation, also auf die Vergesellschaftung der Pflanzen spezialisierte. Zu nennen sind Anton Kerner von Merilaun (1831-1898), Robert Gradmann (1865-1950), Carl Schröter (1855-1939) und Johannes Eugenius Warming (1841-1924). Diese Fachrichtung mündete schließlich um die 20er Jahre des 20. Jahrhunderts unter Führung von Eduard Rübel (1876-1960), Rutger Sernander (1866-1944), Martin Rikli (1868-1951), Gunnar Einar Du Rietz (1895-1967), Helmut Gams (1893-1976), Josias Braun-Blanquet (1884-1980) und Reinhold Tüxen (1889-1980) in die synthetisch klassifizierende Vegetationskunde oder **Pflanzensoziologie**. Die Beschreibung des floristischen Aufbaus von Pflanzengesellschaften, die Klassifizierung in Vegetationstypen und die Standortbeschreibung erhielt klare, allerdings keine einheitlichen Konzepte, was zu einer ausgeprägten Schulenbildung führte, die wir als **Uppsala-Schule** oder auch als **Zürich-Montpellier-Schule** heute bezeichnen.

Die moderne Pflanzensoziologie ist eine relativ junge Teildisziplin der Geobotanik, die sich erst seit der Wende zum 20. Jahrhundert entwickelt hat. Sie ist aus der klassischen Pflanzengeographie hervorgegangen, und deshalb lässt sie sich hinsichtlich ihres Werdeganges in zwei Zeitabschnitte mit unterschiedlicher Betrachtungsweise untergliedern:

- Epoche mit physiognomischer Betrachtungsweise der Vegetation mit dem **Formationsbegriff** im 19. Jahrhundert,
- Epoche mit floristischer Betrachtungsweise der Vegetation mit dem **Assoziationsbegriff** im 20. Jahrhundert.

Die Epoche der physiognomischen Betrachtungsweise der Vegetation begann – wie gesagt – zu Anfang des 19. Jahrhunderts mit dem großen Klassiker der Pflanzengeographie Alexander von Humboldt (1807). Pflanzenverbreitung, Vergesellschaftung und Wuchsformen der Gewächse standen bei A. v. Humboldt im Vordergrund seiner Untersuchungen. Es entstanden die rein physiognomisch gefassten Begriffe für die Vegetationsgürtel in den verschiedenen Klimazonen der Erde wie Wüste, Steppe, Savanne, Hartlaubgehölze, immergrüner Regenwald etc., die wir heute den großräumig verbreiteten Formationen zuordnen. Die ersten genannten Wissenschaftspioniere sind aber nicht als Vegetationskundler oder Pflanzensoziologen im modernen Sinne anzusehen, sondern, wie betont, als Pflanzengeographen, die besonders das Phänomen der Pflanzenvergesellschaftung in ihren Arbeiten berücksichtigen. Sie arbeiteten im Wesentlichen mit dem Begriff der **Formation** als Grundbaustein der Vegetation. Der Formationsbegriff wird auch heute noch verwendet, wenn es um größere Einstufungen von großen Vegetationsräumen der Erde geht. Für ein

Box 1.2. Die Flora als Basis.

Zu den Bearbeitern der Flora, also zu den Pflanzengeographen im klassischen Sinne können in weiterer Zeitfolge Oskar Drude (1852-1933), Andreas F. W. Schimper (1856-1901) und Hermann Meusel (1909-1997) gerechnet werden. Meusel und seinen Mitarbeitern verdanken wir wohl das umfassendste Kartenwerk über die weltweite Verbreitung von Pflanzensippen. Durch die Verknüpfung von Arealen, inklusive deren klimatischer Charakterisierung, mit morphologischen Eigenschaften von einzelnen Arten oder von Verwandtschaftskreisen verfolgte Hermann Meusel über die reine Arealbeschreibung hinaus einen originellen ökologisch-funktionalen Ansatz. In Europa erhielt die Arealkunde inzwischen durch das internationale Projekt der „Flora Europaea – Kartierung" in den letzten 30 Jahren einen gewaltigen Auftrieb. Ihr zu Grunde liegt eine Rasterkartierung, wobei in Feldern von ca. 6 x 6 Kilometern die gesamte Flora aufgenommen wird (Abb. 2). Das Projekt ist jetzt abgeschlossen, so dass bereits Landesfloren vorliegen wie jene von Deutschland, Großbritannien, der Schweiz und Teilen Österreichs. Das Ergebnis sind die neuen Standardlisten und Florenwerke beispielsweise für das damalige West-Deutschland von Rolf Wisskirchen und Henning Haeupler (1998) sowie von H. Haeupler und Peter Schönfelder (1998) und schließlich von H. Haeupler und Thomas Muer (2000). Für ökologische, arealkundliche, aber auch praxisorientierte Fragestellungen gibt es damit einen gewaltigen Fundus von Daten: Die Datenbewältigung ist durch die Verfügbarkeit leistungsfähiger Hard- und Software enorm vereinfacht worden. Große Geographische Informationssysteme (GIS) sind mittlerweile regional, national und global im Aufbau beziehungsweise in Erweiterung begriffen, so etwa die *Biodiversity Map Library* am *World Conservation Monitoring Centre* in Cambridge, England, die auch die Tierareale einbezieht. Das ist eine wunderbare Grundlage für künftige Forschungen.

vertieftes Studium der Vegetation auf kleinerem Raum reicht der Formationsbegriff aber nicht mehr aus.

Diese Erkenntnis machte sich bereits um die Wende zum 20. Jahrhundert bemerkbar, als man dazu überging, die Vegetationseinheiten feiner zu differenzieren und nach möglichst objektiven Gesichtspunkten zu gliedern. Man verzichtete immer mehr auf die herkömmlichen physiognomischen Einteilungsprinzipien und stellte statt dessen als Gliederungsobjekt die Pflanzenarten selbst in den Vordergrund. Dabei wurde der Anteil der einzelnen Arten in der Vegetationseinheit genau qualitativ und quantitativ dargestellt mit der Frage, welche Arten kommen vor und in welcher Menge sind sie vertreten.

Somit wurde die moderne Pflanzensoziologie auf der Basis der floristischen Betrachtungsweise eingeleitet. Zu den weiteren oben noch nicht genannten Begründern der modernen Pflanzensoziologie zählt der finnische

Forstmann und spätere Premierminister Aimo Kaarlo Cajander (1879-1943). Er stellte im Jahre 1909 in seiner finnischen Heimat verschiedene floristisch-soziologisch gefasste Nadelwaldtypen auf, und dabei arbeitete er schon mit dem Begriff der Charakterarten. Nach Vorschlägen von Charles Flahault (1852-1935) und Carl Schröter wurde konsequenterweise und letztendlich in Brüssel im Jahre 1910 auf dem Internationalen Botanikerkongress der floristisch definierte Begriff der **Assoziation** dem Formationsbegriff gegenübergestellt. Etwa um die gleiche Zeit um 1891 und 1896 kam, angeregt von Józef Konrad Paczoski (1864-1941) und F. Höck (1904, 1910), der Begriff **Pflanzensoziologie** für die Lehre von den Pflanzengemeinschaften als Ergebnis einer raum-zeitlichen Evolution in Gebrauch. Diese Lehre entfaltete sich nunmehr als eigener Zweig der Geobotanik, zu dessen Entwicklung besonders die Europäer, vor allem aber die schon genannten Schweizer Carl Schröter, Heinrich Brockmann-Jerosch (1879-1939), Eduard Rübel, Martin Rikli, Josias Braun-Blanquet und die skandinavischen Forscher Rutger Sernander und Gunnar E. du Rietz entscheidend beitrugen. Im Mittelmeergebiet und besonders auf der Iberischen Halbinsel war Salvador Rivas Goday (1905-1981) pionierhaft tätig. Insbesondere Josias Braun-Blanquet (1919, 1921, 1925) festigte das Fundament mit dem Begriff der Gesellschaftstreue von Charakterarten, im Sinne wichtiger Kennarten der Pflanzengesellschaften. Diese Idee wurde konsequenterweise von J. Braun-Blanquet weiter konkretisiert, und er baute darauf zusätzlich ein umfassendes vegetationskundliches System auf. Als grundlegende Basiseinheit gilt dabei die durch Charakterarten gekennzeichnete Assoziation. Mit diesem System wird noch heute in der Pflanzensoziologie gearbeitet, und somit kann Josias Braun-Blanquet (1884-1980) als Nestor der modernen Pflanzensoziologie gelten. Zur gleichen Zeit hat im deutschsprachigen Raum vor allem Reinhold Tüxen (1899-1980) diese Wissenschaft vollständig etabliert.

Eine recht eigenständige Entwicklung nahm die Geobotanik in Russland und den angrenzenden Staaten, wo der riesige Raum eine vereinfachte Form der Vegetationbeschreibung auf Basis dominanter Wuchsformen erzwang. Erst in den letzten Jahren lebte hier der Ansatz der detaillierten floristischen Vegetationsbeschreibung stark auf und wurde als zweckmäßige Methode zur Erfassung der Biogeosysteme und der Biodiversität eingesetzt. Diese jüngste Akzeptanz trifft auch auf die angloamerikanischen Länder zu, wo die historische Entwicklung unter dem Einfluss von Frederick E. Clements (1874-1945), Henry Allan Gleason (1882-1975), Robert H. Whittaker (1920-1980) in Amerika sowie Sir Arthur Tansley (1871-1955) in Großbritannien vornehmlich theoretische Konzeptionen über das „Wesen" von Lebensgemeinschaften bzw. von Ökosystemen verfolgte (Tabelle 1.1). Das Methodeninventar dieser *plant ecology* weicht daher

Tabelle 1.1. Spezialisierungsfelder der Geobotanik, Synonyme und die anglo-amerikanischen Äquivalente (nach D. Müller-Dombois u. H. Ellenberg 1974)

Spezialisierungsgebiete (und Synonyme; europäische Begriffe)	Arbeitsfelder	Anglo-amerikanische Äquivalente (und Synonyme)
Floristische Geobotanik	Geographische Verbreitung von Pflanzensippen und deren Stellung im Evolutionsgeschehen	*plant geography (phytogeography)*
Soziologische Geobotanik (Vegetationskunde, Pflanzensoziologie, Phytosoziologie, Phytozoenologie)	Zusammensetzung, Entwicklung, geographische Verbreitung und Standortbedingungen von Pflanzengesellschaften	*synecology (community ecology, plant ecology in part)*
Ökologische Geobotanik (Pflanzenökologie)		
Autökologie	Physiologische Funktionen und Wechselbeziehungen zwischen Pflanze, Standort und Pflanzengesellschaft, Ontogenie von Pflanzenart und Ökotyp	*autecology (physiological ecology, population ecology in part)*
Populationsökologie, Demökologie	Struktur und Funktion von Populationen, genetische Variationen in Populationen	*population ecology*
Ökosystemforschung, Synökologie	Wechselbeziehungen von Standortfaktoren und Pflanzen bzw. Pflanzengesellschaften. Funktionsanalysen von Pflanzenpopulationen und Ökosystemen	*ecosystem ecology (community process ecology, functional ecology, systems ecology)*
Historische Geobotanik (Vegetations- und Florengeschichte)	Entstehung und Entwicklung von Pflanzenpopulationen und Pflanzengesellschaften, Klima-, Landschafts- und Vegetationsentwicklung	*palaeobotany (palaeoecology)*

Box 1.3. Ökologie und *Ecology*

Neben den geobotanischen Disziplinen im engeren Sinne, der **Arealkunde** und **Vegetationskunde**, entwickelten sich andere ökologisch-geobiologische Disziplinen in jüngerer Zeit besonders rasch. Aufgrund der enormen Pionierleistungen von John Lander Harper setzte sich in den letzten 50 Jahren die **Populationsbiologie** der Pflanzen recht schnell durch. Der funktional-stoffliche Ansatz der **Ökosystemanalyse**, eingeführt vom Limnologen Raymond L. Lindeman (1915-1942), weiterentwickelt von Eugene P. Odum (1913-2002) und schließlich zur *big biology* internationaler Großvorhaben emanzipiert, zum Beispiel im „Internationalen Biologischen Programm" oder im „Mensch und Biosphären-Programm", wird heute vielfach, allerdings fälschlich, als „die" **Ökologie** angesehen. Dazu kommen die **Experimentelle Ökologie** und die **Ökophysiologie**, welche im deutschsprachigen Raum traditionell als **Pflanzenökologie** der Vegetationskunde oder Pflanzensoziologie gegenübergestellt wurde, nichts aber mit der *plant ecology* der angloamerikanischen Länder zu tun hat, beziehungsweise als Teil derselben anzusprechen ist. Besonders zu beachten sind neuerdings Entwürfe einer allgemeinen **Ökologie** im Lehrbuch von M. Begon, J. L. Harper und C. Townsend (1990) wobei die ökologische Funktionalität von Eigenschaften bei Pflanzen und Tieren im Rahmen theoretischer Konzeptionen präsentiert und diskutiert wird.

stark von jenem der kontinental-europäischen Schulen ab. Fallstudien dienten primär dazu, Hypothesen zu prüfen, und nicht so sehr der Kenntnis eines allgmeinen Überblickes der Vegetation eines Landes, eines Kontinents, der Erde. Die Betonung des Letzteren, das heißt der **Speziellen Geobotanik**, führte in vielen Ländern Europas, in Japan durch Akira Miyawaki (geboren 1928) aus Yokohama, in Teilen Südamerikas vor allem durch Kurt Hueck (1897-1965) und Paul Seibert (1921-1997), in Nordamerika und in vielen Regionen Afrikas durch Rüdiger Knapp (1917-1985) erstmals zu einer detaillierten Kenntnis der Vegetation und deren Indikatoreigenschaft für spezielle Umweltbedingungen. Auf der anderen Seite sind die angloamerikanischen Länder im theoretisch-methodischen Bereich führend.

Geobotanische Informationen besitzen Eigenständigkeit, sind aber kein isolierter Block; sie sind ein wichtiges Element bei der vegetationskundlichen Landschaftsanalyse und bei der Beschreibung der Vegetationstypen von Landschaften oder gar bei der Klassifikation von Lebensräumen oder Landschaftsausschnitten mit Hilfe ihrer jeweiligen Pflanzenwelt. Wichtige Beiträge zur vegetationskundlichen **Landesforschung** in Mitteleuropa, einem zentralen Thema der Geobotanik, leisteten unter anderem die Vegetationswissenschaftler Carl Troll (1899-1975) aus Bonn, Rüdiger Knapp

(1917-1985) aus Gießen, Jan Barkman (1922-1990) aus Utrecht, Heinz Ellenberg (1913-1997) aus Göttingen, Paul Seibert (1921-1997) aus München, Victor Westhoff (1916-2001) aus Nijmegen, Erich Oberdorfer (1905-2002) aus Freiburg, Konrad Buchwald (1914-2003) und Hans Zeidler (1915-2003) aus Hannover sowie Ernst Burrichter (1921-2003) aus Münster, die konsequent alle integralen Ansätze vegetationskundlich-pflanzensoziologischer, ökologisch-boden- und gewässerkundlicher, biogeographisch-klimatographischer oder schließlich palynologisch-archäobotanischer Disziplinen der Geobotanik propagierten und auch mit jeweils verschiedenen Schwerpunkten in Lehre und Forschung durchsetzten.

Geobotanik kann und muss so ihren Beitrag zur ökologischen Wissenschaft liefern, hat aber zweifellos ihre Eigenständigkeit, wenn es gilt, die Kenntnis der Vegetation zu vertiefen, spezielle Aussagen über die Verteilung von Sippen auf der Erde zu liefern und Anleitungen für die ökologische Theorie und Praxis zu bieten.

Das Verständnis von Flora und Vegetation ist auf verschiedenen Eindringtiefen möglich und je nach Fragestellung und Ziel mit unterschiedlichen Methoden zu verfolgen. In diesem Sinne macht Schulenbildung keinen Sinn mehr. Diese in der Vegetationskunde besonders ausgeprägte Entwicklung hat in der Vergangenheit zu viel Missverständnissen und zu Ignoranz geführt. Der erste und bislang einzige Versuch einer Synthese im Jahre 1974 von Dieter Müller-Dombois und Heinz Ellenberg ist fortzusetzen und dient auch diesem Buch als Leitbild. Unsere Basis ist die **Vegetationskunde** im eigentlichen Sinne, das heißt die Lehre von der Evolution, der geographischen Verbreitung einzelner Pflanzensippen, ihrer Aggregation zu Pflanzengesellschaften und Vegetationsformationen und deren Symbiose zu Großlebensräumen, den sogenannten **Zonobiomen** unter anderem im Sinne von Heinrich Walter (1968, 1973, 1976), Jürgen Schultz (1988), Bill Archibold (1995), Georg Grabherr (1997), Fred-Günter Schröder (1998), und Michael Richter (2001) sowie Christian Körner (2002), Siegmar W. Breckle (2002) und Wolfgang Frey und Rainer Lösch (2004) welche eine bis heute verbindliche, grundlegende Großgliederung der Vegetationslandschaften oder Großlebensräume für Pflanzen, Tiere und Menschen auf der Erde vorgelegt haben.

Zur Erfassung kleinflächiger Lebensräume oder Lebensgemeinschaften, den **Biozönosen** im Sinne einer regelmäßig auftretenden Verbindung von Pflanzen, Tieren und Mikroorganismen unter gleichen ökologischen Bedingungen, von bestimmter Mindestgröße und einheitlicher, gegen die Umgebung abgrenzbarer Beschaffenheit, klassifiziert man **Biotope** oder besser **Biotoptypen**. Letztere sind abstrahierte Typen aus der Gesamtheit gleichartiger Biotope mit weitgehend einheitlichen Voraussetzungen für die Lebensgemeinschaften. Es sind Lebensräume, die vorrangig durch bestimmte Pflanzengesellschaften, deren Mosaike oder Vegetationstypen gekennzeichnet und die leicht diagnostizierbar sind. **Biotopkomplexe** sind weiterhin charakteristische, oft wiederkehrende Kombinationen oder Mosaike von Biotopen entlang eines bestimmten ökologischen Faktorengradienten, wie wir es von Hochmooren oder von Verlandungssukzessionen an Gewässern her kennen. Eine ausführliche Beschreibung der Biotoptypen Mitteleuropas findet sich bei Richard Pott (1996).

1.2 Geobotanik und Biodiversitätsforschung

Zonobiome setzen sich zusammen aus **Biomen**, großen Landschaftsräumen einheitlicher Prägung. Diese selbst bestehen aus einem Mosaik spezieller **Ökosysteme**, wie beispielsweise Wälder, Gewässer und Moore. Der Mensch ist Teil der belebten Welt, der **Ökosphäre**. Sein unmittelbarer Lebensraum sind bestimmte Ökosysteme, sein Wahrnehmungsbereich ist die Landschaft. Hier setzt die wissenschaftliche Disziplin der **Ökologie**, der Lehre von den Lebewesen und ihrer Umwelt an: Ökosysteme sind Lebensgemeinschaften von Mikroorganismen, Pflanzen und Tieren, in denen der Mensch eine bestimmende Rolle spielen kann oder nicht. Die Pflanzen bestimmen normalerweise die dreidimensionale Struktur eines Ökosystems, wie das in einem Wald durch hohe Baumschichten, niedrigere Strauchschichten und Krautschichten mit Höheren und Niederen Pflanzen, den Moosen, Flechten und Farnen am Boden, auf Steinen, Felsen und Gehölzen perfekt organisiert ist. Auch die Funktion eines Ökosystems mit **Primärproduzenten**, den photoautotrophen Mikroorganismen, Algen und Pflanzen, den **Konsumenten** in der nachfolgenden Nahrungskette der Tiere und der Menschen sowie den Zersetzern des organischen Materials, den **Destruenten** aus der Gruppe der heterotrophen Bakterien, Pilze und Tiere sind für ihre jeweilige Charakterisierung und das Verständnis der ablaufenden Regelkreisläufe und interaktiven Reaktionen essentiell.

Die Geobotanik mit all ihren genannten Teildisziplinen, unter anderem der Biogeographie, Pflanzensoziologie, Pflanzenökologie, Populationsökologie und Ausbreitungsbiologie der Pflanzen, Biozönologie, Floren- und Vegetationsgeschichte sowie der Paläoökologie, ist eine der wichtigsten ganzheitlichen Zugänge zur Biologie und zur Vegetationsgeographie insgesamt und die Forschungsdisziplin, welche die Aufgabe hat, zeitliche und räumliche Muster der **Diversität in der Pflanzenwelt** zu verstehen, zu analysieren, zu visualisieren und zu dokumentieren. Die Vegetationsdecke und ihre verschiedenartig strukturierten Pflanzenbestände sind die auffälligsten Bestandteile unserer Umwelt. Sie ist aufgebaut nach dem Grundgesetz der Natur, dass kein Organismus im Freiland solitär lebt; kein Individuum, keine Population und keine Art ohne Wechselbeziehungen zu anderen Organismen auf die Dauer lebensfähig ist; ebenso kein Lebewesen unabhängig von den abiotischen und biotischen Umweltfaktoren existiert, die seine ökologische Potenz, seine Reaktionsnormen und seine Plastizität gegenüber bestimmten Außeneinwirkungen bedingen. Demgemäß gibt es in der freien Natur keine Reinkulturen von Lebewesen, sondern nur **Lebensgemeinschaften**, also **Biozönosen**, in ihrem jeweiligen Lebensraum, dem **Biotop**. Gerade die Pflanzengesellschaften und die von ihnen aufgebauten Vegetationskomplexe kennzeichnen dabei die verschiedenen Habitate oder Biotope überaus markant und machen sie unterscheidbar. Solche Lebensräume mit gleichen oder ähnlichen Biotopen besitzen darüber hinaus ähnliche Vegetationstypen mit gleichgearteter Pflanzenzusammensetzung; sie können als Ergebnis ähnlicher Lebensbedingungen und verwandter Vegetationsgeschichte verstanden werden. Biozönosen sind keine einfach strukturierten oder einfach funktionierenden Systeme, bei denen jeder wirksame exogene oder endogene Faktor einzeln experimentell variiert und seine Wirkung isoliert studiert werden könnte; vielmehr sind äußerst komplexe Systeme vorgegeben, bei denen die Änderung eines einzelnen Faktors in verschiedene Richtungen Kettenreaktionen auslösen kann. Man bezeichnet solche Beziehungsgefüge von Organismen und deren Interaktionen mit physikalischen und chemischen Standortfaktoren unabhängig von ihrer Ausdehnung und Komplexität als **Ökosysteme**. Diese haben sich über Jahrhunderte oder Jahrtausende entwickelt und besitzen eine gewisse Stabilität. Was aber geschieht, wenn diese Stabilität plötzlich durch äußere Einflüsse gestört wird oder verloren geht und wenn sich wie gegenwärtig die Lebensbedingungen durch eine ungewöhnlich starke Klimaerwärmung für einige Pflanzen- und Tierarten auf einen Schlag oder auch allmählich ändern?

Die **Biodiversität** ist zu einem Schlüsselbegriff der ökologischen wie auch geobotanischen Forschung geworden. Die biologische Vielfalt, kurz Biodiversität genannt, umfasst die Vielfalt von Lebewesen in einem bestimmten Raum zu einer bestimmten Zeit. Diese Lebewesen können genetisch unterschiedliche Individuen einer Population sein, ebenso wie Taxa, also Arten, Gattungen oder systematische Familien von Mikroorganismen, Pflanzen oder Tieren. Auch funktionale Typen oder Lebensformen oder Artengemeinschaften und Ökosysteme können Spiegelbilder der Vielfalt an Biotoptypen in einer Landschaft sein. Dieses wollen wir nachfolgend näher kennen lernen.

Box 1.4. Artenvielfalt und Artensterben

Derzeit werden zahlreiche Tier- und Pflanzenarten um ein Vielfaches schneller ausgelöscht, als dies bislang durch den natürlichen Prozess der Evolution geschah. Dieser Prozess ist aber nur schwer zu dokumentieren und zahlenmäßig zu belegen. Dabei geht man davon aus, dass zum Beispiel erst vier Prozent aller Pflanzen und Tiere weltweit durch Zählung und Bestimmung erfasst sind. Die Schätzungen der biologischen Systematiker reichen von 2,5 Millionen bis zu 100 Millionen Arten an Pflanzen, Tieren und Mikroorganismen; Zahlen zwischen 12 und 30 Millionen Arten kommen der Realität vermutlich am nächsten. Unser Planet ist also von einem Millionenheer von Organismen bewohnt, die noch kein Wissenschaftler je zu Gesicht bekommen hat und deren Funktion im Naturhaushalt noch völlig im Dunkeln liegt; die belebte Welt ist also von unglaublicher Vielfalt und übertrifft das menschliche Vorstellungsvermögen. Es ist also offensichtlich, dass viele Arten aussterben, bevor irgend jemand von ihrer Existenz, ihrer ökologischen Bedeutung und ihren biologischen Potentialen und Wirkungen Kenntnis bekommen hat. Trotz der UN-Konferenzen von 1992 in Rio de Janeiro, des Weltgipfels 2002 in Johannesburg und der Konferenz von Kuala-Lumpur 2004 geht das Artensterben weiter, besonders dramatisch ist die Lage dort, wo Lebensräume durch menschliche Eingriffe drastisch verändert werden, wie in Afrika, in Südamerika, in China, in Sibirien und in Europa. Dabei geht nicht nur ein lebensraumtypischer gewachsener Reichtum der Natur unwiederbringlich verloren, auch die Störanfälligkeit der betroffenen Biogeosysteme gerade in den tropischen Regen- und Bergwäldern, den Trockenwäldern und den borealen Nadelwäldern wächst. Wir wissen noch immer viel zu wenig über die Dynamik von ökologischen Systemen, von der Diversität natürlicher Lebensräume und der Funktionen der Lebewesen in ihnen.

Der globale Bestand an derzeit bekannten Angiospermen, also die **Taxonomische Diversität** der Höheren Pflanzen, wird heute auf 240 000 geschätzt, die Moose sind mit etwa 24 000 heute bekannten Arten vertreten, von den Farnpflanzen kennt man etwa 10 000, und nur 800 Gymnospermen sind bislang beschrieben worden. Die Anzahl wirklich bekannter Arten an Pflanzen, Tieren und Mikroorganismen wird derzeit auf 1,4 Millionen veranschlagt, die Schätzungen gehen aber ständig nach oben (Abb. 1.3). Diese Zahl lässt jedoch viele Hunderte oder Tausende von bislang noch nicht oder nur schlecht bestimmten Arten in gewissen Organismengruppen, vor allem der Mikroorganismen, unberücksichtigt, welche bislang noch nicht oder nur unzureichend erfasst und beschrieben sind.

Die systematische Erforschung aller Arten in international angelegten und intensiv finanzierten Artenerfassungsprogrammen ist eine notwendige Zukunftsaufgabe. Die Einbindung der Pflanzen, Tiere und Mikroorganismen in die natürlichen Ökosysteme, ihr weites, (euryökes), oder enges, (stenökes) Standortverhalten, ihre Konkurrenzkraft und ihre Migrationsfähigkeit sind vielfach unbekannt.

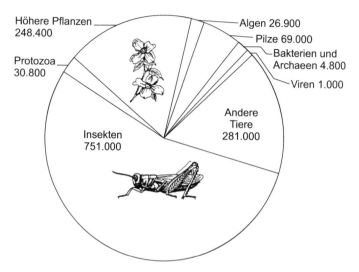

Abb. 1.3. Zahl und Verteilung der heute bekannten Arten (verändert aus Wilson 1992)

Neben den heute bekannten Arten hat wohl ein Mehrfaches dieser Zahl - vielleicht Millionen oder gar Milliarden - in der Vergangenheit gelebt, und sie sind heute ausgestorben, ohne je einmal lebend beschrieben worden zu sein. Nur ein kleiner Rest ist uns als Fossilien erhalten. Die Biodiversität unserer heutigen Welt muss also verstärkt auch kausal aus paläoökologischer Sicht beleuchtet werden. Nicht nur die natürliche **Variabilität des Klimas**, die **Geodiversität** und die **Biodiversität** sind als Schätze der heutigen Ökosysteme der Erde zu betrachten. Die Rekonstruktion natürlicher klimatischer Abläufe, die genaue Erfassung der Veränderungen und der Schwankungsintensität des natürlichen Klimas sowie der gegebenenfalls anthropogenen Klimaerwärmung sind vordergründige Aufgaben hochspezialisierter, interdisziplinärer Forschung in der Zukunft.

Diversität bedeutet in der Biologie im weiteren Sinn die Mannigfaltigkeit des Lebens von der Ebene der genetischen Vielfalt im Chromosomensatz einer Zelle über die physiologische und ökologische Differenzierung von Organismen bis hin zur Vielgestaltigkeit in unserer Biosphäre. Leben ist also durch Diversität charakterisiert; die Ökologie, die sich mit den Beziehungen der Organismen und ihrer Umwelt beschäftigt, betreibt deshalb in ihrem Kern auch funktionelle Diversitätsforschung.

Im engeren Sinn versteht man unter Diversität die Anzahl von Arten in Lebensgemeinschaften, also Ökosystemen, aber auch in Landschaften, in bestimmten biogeographisch einheitlichen oder verschiedenartigen Regionen und eben auch in den verschiedenen Großlebensräumen der Erde. Die **qualitative Vielfalt** eines Lebensraumes und seiner Arten ist der erste Aspekt der Diversität. Sie ist die Grundlage für systematische und biologische Klassifikationen von Pflanzen, Tieren, Mikroorganismen und deren Beziehungen zueinander in Raum und Zeit. Die Ermittlung der Zahlen von jeweiligen Einheiten in einem Bezugsraum wird aufgrund gewonnener Daten dokumentiert und begrifflich als **quantitative Vielfalt** bezeichnet. Die dritte Kategorie der Diversität betrachtet die Prozesse und Wechselwirkungen zwischen den Lebewesen in ihrem Lebensraum und wird als **funktionelle Vielfalt** oder **„ökologische Komplexität"** bezeichnet.

Box 1.5. „Megadiversitätsländer"

Etwa 70 Prozent aller Arten finden sich in mehreren sogenannten „Megadiversitätsländern", das sind die Länder der Erde mit der höchsten Artenvielfalt. Allen voran Brasilien mit ca. 56 000 derzeit bekannten Pflanzenarten, gefolgt von Kolumbien mit ca. 51 000 Arten und China mit ca. 32 000 Arten. Deutschland mit nur 2682 Arten ist dagegen vergleichsweise arm. In Ecuador leben beispielsweise in einem Gebiet kaum größer als fünf Fußballfelder über 80 verschiedene Froscharten. Das sind weitaus mehr, als aus ganz Europa bekannt sind, und in demselben Gebiet gibt es über 400 Gehölzarten mit einzelnen Bäumen, auf denen jeweils mehr Orchideen wachsen als in ganz Mitteleuropa zusammen. Die biotische Vielfalt ist auf der Erde also nicht gleichmäßig verteilt: In der freien Natur nimmt die Biodiversität generell von den Polen zu den Tropen hin zu, da hier die hohen Temperaturen bei großer Feuchtigkeit und das relativ stabile Klima zur Diversität beitragen. Die Artenzahl beziehungsweise die taxonomische Diversität bezogen auf große Flächeneinheiten von mehr als einem Quadratkilometer nimmt deshalb ebenfalls zu von Gebieten mit biologisch ungünstigen, übermäßig kalten beziehungsweise trockenen Klimaten zu solchen mit günstigen, mehr oder weniger gleichmäßig warmen und feuchten Klimabedingungen. Ebenso steigt die Vielfalt im Gradienten von erdgeschichtlich instabilen, beispielsweise von Eiszeiten überformten, zu stabilen Regionen ohne derart massive periodische Einwirkungen. Auch besitzen standörtlich einheitliche Lebensräume, wie beispielsweise eintönige große Ebenen mit borealem Nadelwald, eine geringere biotische Vielfalt als stark differenzierte Räume mit hoher Geodiversität, wie wir es in Gebirgen, besonders in den Tropen, finden.

Schließlich bezeichnet die **Biologische Vielfalt** oder besser und richtiger gesagt, die **Biotische Vielfalt** – denn die Lebewesen sind gemeint und nicht die Biologie –, den jeweils typischen gewachsenen Artenreichtum verschiedener Landschaften und Lebensräume: Wüsten und Wälder, Flüsse und Seen, Agrar- und Stadtlandschaften. Erst die Vielfalt der Lebensräume schafft die Voraussetzung dafür, dass Tiere und Pflanzen sowie der Mensch ihren jeweiligen Bedürfnissen entsprechend leben können. All die verschiedenen Lebensformen und Lebensräume sind miteinander und mit ihrer Umwelt verflochten. Sie tauschen sich untereinander aus und bilden immer neue Kombinationen – wie ein riesiges Netz, in dem immer neue Knoten geknüpft werden. Das wäre eine passende Definition für den Begriff **„Biogeosystem"**. Dieses Netzwerk der Biotischen Vielfalt macht die Erde zu einem einzigartigen, bewohnbaren Raum für die Menschheit.

Diese Vielfalt ist jedoch keineswegs gleichmäßig verteilt: Weltweit gibt es beispielsweise rund 25 000 Orchideenarten. Aber nirgendwo auf der Welt dienen Orchideen mit Ausnahme der *Vanilla*-Arten als wichtige Nahrungsmittel oder liefern für den Menschen lebensnotwendige Rohstoffe. Letztere kletternde Orchideengattung ist mit etwa 100 Arten im tropischen Amerika, in Westafrika, auf Malakka und Borneo vertreten. Die wirtschaftlich wichtigste Art ist die im tropischen Amerika heimische *Vanilla planifolia*, die als Gewürzvanille mittlerweile in den gesamten Tropen kultiviert wird (Abb. 1.4). Also kann man provokant fragen: Brauchen die Menschen tatsächlich die 25 000ste Orchideenart? Eine einfache, pauschale Antwort auf diese Frage gibt es nicht.

Abb. 1.4. *Vanilla planifolia* ist eine mit sprossbürtigen Wurzeln kletternde Orchidee. **a** Blüten an traubigen, in Blattachseln oder am Sprossende gebildeten Blütenständen und bis 30 cm lange Kapselfrüchte, **b** unreife und **c** durch Trocknung erzeugte Vanillestangen, die fälschlicherweise oft als „Vanilleschoten" bezeichnet werden. Durch die Spanier wurde die Vanille Ende des 16. Jahrhunderts in Europa bekannt

Mit dem Verlust der Biotischen Vielfalt geht heute einer der reichsten Naturschätze verloren. Während das drohende oder bereits vollzogene Aussterben einzelner Arten, insbesondere von Pandabären, Tigern oder Elefanten, größeren Teilen der Bevölkerung präsent ist, sind weder der

Verlust der genetischen Vielfalt oder der Diversität von Ökosystemen noch dessen Bedeutung einem breiteren Publikum bekannt. Vielfach fehlen uns auch Informationen, Erklärungen, Zahlen und Beispiele zur biologischen und naturräumlichen Vielfalt auf unserer Erde, die das Problem verdeutlichen. Der Erhalt unserer Natur mit ihrer Eigendynamik und ihren Ressourcen muss zum Bestandteil unserer wirtschaftlichen Entwicklung werden. Nur so können auch kommende Generationen auf unserer Erde ihre Lebensgrundlagen finden.

Die moderne Biodiversitätsforschung hat auf der Erde vier Lebensräume als herausragende „weiße Flecken" auf der Karte der Artenvielfalt erkannt, in denen besonders viele Neuentdeckungen zu erwarten sind: Der Lebensraum Boden ist ein solcher mit seiner Vielzahl unbekannter Bakterien, Pilze, Algen, Niederen Pflanzen und Tieren. Mikroorganismen dominieren die Biosphäre und besitzen eine erstaunliche physiologische, metabolische und genetische Vielfalt. Die Gesamtzahl der sogenannten prokaryotischen Arten der Mikroorganismen ohne abgegrenzten Zellkern wird auf 100 Millionen geschätzt. Bislang sind nur etwa 5000 von ihnen bekannt und beschrieben. Es gibt Mikroorganismen, die sich bei extrem hohen Temperaturen, sehr sauren oder alkalischen Bedingungen, hohen Salzkonzentrationen oder sogar unter starkem Druck in der Tiefsee erst richtig wohlfühlen.

Algen besiedeln nahezu alle Biotoptypen der Erde in zum Teil großen Mengen; ihre Vielfalt ist sehr viel tiefgreifender als die der Landpflanzen. Akzeptierte Schätzungen gehen heute von circa 400 000 Algenarten aus, wobei erst rund 20 Prozent entdeckt und beschrieben sind. Algen sind im weitesten Sinne Organismen, die zur Photosynthese befähigt sind und Sauerstoff produzieren; sie sind jedoch keine systematische Einheit. Die grünen Landpflanzen sind, wie molekulare Analysen zeigen, eine Schwestergruppe zu einer bestimmten Abstammungslinie der Grünalgen. Ferner gibt es Blaualgen, Rotalgen und Braunalgen, die sich spezifisch und ernährungsphysiologisch unterscheiden. Algen sind die Primärproduzenten sehr vieler Ökosysteme. In den Ozeanen, die drei Fünftel der Erdoberfläche bedecken, gibt es gewaltige Mengen mikroskopischer und makroskopischer Algen, die entweder im freien Wasser planktisch umherschweben oder an den Küsten benthisch fest wurzelnd leben. In globaler Sicht sind Algen mindestens genauso wichtig für die Kohlenstoffbindung wie die Landvegetation, denn jedes zweite Sauerstoffmolekül der Erdatmosphäre wird von Algen gebildet. In großen Mengen leben ferner meist einzellige Cyanobakterien und Algen in geringer, vom Licht eben noch erreichter Tiefe endolithisch in den Gesteinen und Felsformationen der Erdoberfläche. Es gibt sie auch noch im Wüstenboden, wo sie für die Stickstofffixierung aus der Luft bekannt sind. Oft sind sie die photoautotrophen Partner in einer Symbiose mit heterotrophen Pilzen, die dann als Flechten eigene Individuen bilden.

In unseren Ozeanen leben von winzigen, nur Tausendstel Millimeter großen Bakterien bis hin zum größten Tier der Erde, dem bis zu 130 Tonnen schweren und 33 Meter langen Blauwal, Wesen von jeglicher Größe und Gestalt. Die Ozeane der Erde bestehen ebenfalls aus vielen Lebensräumen. Sei es das Eismeer, das offene Meer, ein Korallenriff oder die Tiefsee – ein jeder bietet unterschiedliche Bedingungen für die Existenz speziell angepasster Arten. Eine ungeheure, noch nicht entdeckte Artenfülle wird auch im Lebensraum Tiefsee vermutet, der erst in jüngster Zeit mit neuen Techniken systematisch untersucht werden kann. Der Tiefseeboden macht sechzig Prozent der Erdoberfläche aus; er hat die höchsten untermeerischen Berggipfel und die längsten Gebirgsketten der Welt. Zieht man vor allem in Betracht, dass bisher nur etwas mehr als 200 000 marine Arten identifiziert wurden, wird man in der Tiefsee zweifelsohne noch viele Entdeckungen machen können.

Überraschend gering ist auch unser Wissen über die Biodiversität des Lebensraumes Kronendach in Wäldern und der Baumkronen tropischer, aber auch heimischer Wälder. In den Baumkronen tropischer Wälder wurden in den letzten Jahren weit mehr Insektenarten für die Wissenschaft neu entdeckt als in jedem anderen Lebensraum der Erde. Wälder bedecken von Natur aus rund ein Drittel der Festländer der Erde. Flächenmäßig am bedeutendsten sind die tropisch-subtropischen Feuchtwälder mit ursprünglich rund 17 Millionen Quadratkilometern, gefolgt von den borealen Wäldern der nördlichen Hemisphäre mit rund 12 Millionen Quadratkilometern. Die kühlgemäßigten Laubmischwälder Nordamerikas, Europas und Ostasiens haben einst rund sieben Millionen Quadratkilometer eingenommen, wurden aber durch den Menschen auf einen Bruchteil dessen reduziert. Die Wälder der Erde werden von schätzungsweise 30 bis 60 Tausend Baumarten aufgebaut, die jedoch in unterschiedlicher Artendichte, also mit verschiedenen Artenzahlen pro Fläche, in den tropischen, temperaten und borealen Breiten vorhanden sind. Die Baumartenvielfalt erhöht sich von den kühltemperierten, borealen Nadelwäldern mit ihren durchschnittlich zehn Baumarten über die temperaten Laubmischwälder mit maximal bis zu etwa 50 bis 70 Baumarten in Japan bis hin zu den Regenwäldern der feuchten Tropen, wo dagegen bis zu 300 verschiedene Baumarten auf einem einzigen Hektar, also einer Fläche von 100 mal 100 Metern, wachsen können. Dies sind sogenannte **Hotspots der Biodiversität**. Das bedeutet, dass hier beinahe jeder Stamm im Wald zu einer anderen Art gehört und Individuen derselben Art oft in großer Entfernung zueinander stehen. Dies ist der evolutierte perfekte Schutz der Bäume gegen gefräßige monophage Pflanzenschädlinge.

Biotische Hotspots heißen Orte mit besonders vielen endemischen Arten. Das sind Arten, die nur an einem bestimmten Ort und nirgendwo sonst auf der Welt vorkommen. **Hotspots** sind gleichzeitig sehr stark bedroht: Maximal 30 Prozent ihrer ursprünglichen Vegetation sind weltweit noch erhalten. Auf der ganzen Erde wurden bisher 25 solcher Gebiete gefunden. Die meisten liegen in tropischen Gefilden. Sie beherbergen über 40 Prozent aller Pflanzenarten und 35 Prozent aller Wirbeltiere bezogen auf nur etwas mehr als ein Prozent der Erdoberfläche. Ungeachtet dieser enormen Artenfülle auf vergleichsweise kleinem Raum ist heute bislang nur ungefähr ein Drittel dieser „Hotspots" unter Schutz gestellt.

Das Übereinkommen über die „Biologische Vielfalt" ist also eines der wichtigsten Abkommen, die 1992 auf dem UN-Gipfel in Rio de Janeiro angenommen wurden. Zum ersten Mal wurde hier der Schutz der Biodiversität als ein gemeinsames Interesse der gesamten Menschheit anerkannt. Dieses Übereinkommen ist bislang von mehr als 180 Staaten unterzeichnet und in deren Gesetzgebung übernommen. Das Übereinkommen bietet einen Rahmen, in dem die Länder des Südens mit den Ländern des Nordens zusammenarbeiten können. Auch auf dem Weltgipfel für Nachhaltige Entwicklung in Johannesburg 2002 wurden die Zusammenhänge zwischen Biodiversität und kultureller Vielfalt diskutiert. Dort wurde erörtert, dass wir Artenvielfalt dann verlieren, wenn wir kulturelle Vielfalt verlieren. Das gilt gerade für die zahlreichen Entwicklungsländer in den Subtropen und Tropen auf der Südhemisphäre mit ihren traditionellen Wirtschaftsweisen und Landnutzungssystemen. Das große Kapital, das diese Länder anbieten, ist oft unbeeinflusste Natur und Artenvielfalt. Die genetische Vielfalt mit ökonomischer Qualität liegt größtenteils in den ärmsten Ländern der Erde und wird von den hochtechnisierten Ländern quasi zum „Nulltarif" verwendet, was etwa in der Biotechnologie gegenwärtig von unglaublicher Bedeutung ist.

Die Länder auf der Südhalbkugel sind in der Tat aufgrund ihrer Artenvielfalt reich an genetischen Ressourcen; sie besitzen dazu oft eine saubere Atmosphäre, und die großen Ozeane liegen hier. Auch kulturelle Vielfalt ist ein Stabilitätsfaktor: Wir sehen beispielsweise, dass die Globalisierung der Wirtschaft und des Tourismus in hohem Maße eine Gefährdung für die kulturelle Identität vieler kleinerer Ethnien darstellt. Mehr und mehr sind die Menschen der Überzeugung, dass wir einen zu hohen Preis für die Globalisierung entrichten, wenn wir diesen Preis mit dem Verlust der Identität und der Diversität von kulturellen Zusammenhängen und Eigenheiten bezahlen. Der Reichtum des Nordens liegt in der technologischen Entwicklung. Nur in einer weltweiten Zusammenarbeit kann das gemeinsame Erbe der Menschheit zum Wohle aller Beteiligten gerettet werden.

Box 1.6. Die Konferenzen von Rio de Janeiro 1992 und Johannesburg 2002 verfolgen drei Hauptziele:

- **Erhaltung der Biotischen Vielfalt:** Die natürliche Biodiversität muss mit dem Reichtum der Arten, mit der genetischen Vielfalt und mit der Verschiedenartigkeit der Biogeosysteme als Lebensgrundlage auch für kommende Generationen erhalten bleiben. Die natürlichen biologischen Prozesse in den Großlebensräumen der Erde, wie Evolution mit ihren grundlegenden Erscheinungen der genetischen Mutation und der Selektion, müssen überall gesichert sein. Evolution ist natürlich in erster Linie ein Prozess, der sich im molekularen Bereich abspielt: die Nukleinsäuren passen sich dabei – den Darwinschen Prinzipien von Variation und Selektion folgend – an ihre Umwelt an. Die Vermehrung der Nukleinsäuren erfolgt jedoch nicht ohne Fehler, es kommt zu Mutationen, und so entsteht die für die Evolution charakteristische Vielfalt in den Zeiträumen von Jahrmillionen. Evolution ist ferner ein Anpassungsprozess, der die Entstehung neuer Arten einschließt. Diese bilden sich auf der Grundlage intraspezifischer Variabilität durch Selektion und reproduktive Isolation.
- **Nachhaltige Nutzung der Bestandteile der Biotischen Vielfalt:** In diesem Übereinkommen wird anerkannt, dass Gene, Arten und Ökosysteme zum Vorteil des Menschen genutzt werden müssen. Die Nutzung muss jedoch so erfolgen, dass dies nicht zum langfristigen Rückgang der Biotischen Vielfalt führt. Im Laufe der Evolution sind etliche Arten ausgestorben, die von neuen Arten ersetzt worden sind. Dieses Gleichgewicht droht nun aus den Fugen zu geraten: Jede Stunde sterben nach Angaben des Sekretariates der *Convention of Biological Diversity*, die im Jahre 1992 auf der UN-Konferenz in Rio de Janeiro ins Leben gerufen wurde, ungefähr drei Arten aus, womit die Aussterberate auf unserem Globus derzeit etwa 5 bis 10 mal höher ist als unter natürlichen Umständen. Diese Schätzungen sind jedoch mit Vorsicht zu betrachten, da die Gesamtzahl der Arten auf der Erde nicht bekannt ist.
- ***Benefit-Sharing*:** Die Konvention von Rio de Janeiro nennt als wichtigstes Anliegen die gerechte Aufteilung der Vorteile, die sich aus der Nutzung der Biotischen Vielfalt ergeben: Die genannte *Convention of Biological Diversity* aus dem Jahre 1992 hält dies in den Artikeln 15 bis 19 zum Thema *Access and Benefit Sharing of Genetic Resources* fest. Es gibt mittlerweile auch eine von Mexiko initiierte *Group of Megabiodiverse Countries*, der bedeutende Länder wie Indien, China, Brasilien, Kolumbien, Costa-Rica und Südafrika angehören. Diese Länder fordern für die Erhaltung ihrer Artenvielfalt einen entsprechenden ökonomischen Ausgleich von der Völkergemeinschaft.

Die Biodiversitätsforschung entwickelt sich in atemberaubendem Tempo zu einer wichtigen Teildisziplin biologischer Grundlagenforschung: Allein in den vergangenen vier Jahren hat sich die jährliche Anzahl einschlägiger wissenschaftlicher Studien versiebenfacht, beispielsweise von etwa 300 in 1998 auf über 2000 Arbeiten im Jahre 2002, und die Tendenz ist weiter steigend. Die genetische Vielfalt sowohl der wildlebenden Pflanzen, Tiere und Mikroorganismen wie auch der Nutzarten ist früher durch Züchtungen erhöht worden. So werden beispielsweise heute mehr als 40 Maisarten gezählt, innerhalb deren es je Hunderte von Varianten gibt. Mensch und Mais durchliefen in den Hochländern Mexikos seit vermutlich 5000 Jahren eine fruchtbare **Koevolution**. Heute dagegen vermindert die moderne Landwirtschaft die Vielfalt an genetischen Ressourcen grundlegend, da sich der derzeitige Anbau mit intensiver Flächennutzung meist auf nur wenige, genetisch konforme Sorten stützt. Auch dies ist ein Faktor für die Gefährdung und den Rückgang der genetischen Vielfalt. Alte Landsorten finden sich beispielsweise kaum noch auf den Äckern oder den Obstwiesen, sondern nur noch in Genbanken.

Als ein grundlegendes Teilgebiet der Biodiversitätsforschung etabliert sich derzeit die „Skalierung biotischer Verschiedenheit oder Vielfalt", das heißt die vergleichende quantitative Erfassung unterschiedlicher Diversitätsmaße auf verschiedenen Betrachtungsebenen. Hier wird sich ein neues Arbeitsfeld künftiger Geobotanik entwickeln. Die Kernfrage der Skalierung ist der vergleichende Übergang zwischen verschiedenen Betrachtungsebenen und die dazu nötige Auswahl an charakteristischen Messgrößen. Der wichtigste Ansatz zur Skalierung von Biodiversitäten besteht in der Ermittlung empirischer Daten und der mathematischen Modellierung der Beobachtungen. Zur Bewältigung des Skalierungsproblems in der vergleichenden Biodiversitätsforschung bedarf es zwingend multi- und interdisziplinärer Ansätze, wie sie jüngst im Ökologie-Lehrbuch von Wolfgang Nentwig et al. (2003) ausführlich angegeben sind. Aus Platzgründen will ich hier auf all die neuen statistischen und numerischen Ansätze in diesem Lehrbuch verweisen. Nur die konsequente Integration molekularer, entwicklungs- und evolutionsbiologischer, phänotyischer und mathematischer Ansätze verspricht die Aufdeckung und Entwicklung allgemeingültiger Skalierungsansätze.

Traditionelle Beurteilungskriterien wie **„Seltenheit"** und **„Gefährdung"** sollten jedoch nicht den neuen Wortschöpfungen um den Begriff der „Biodiversität" herum weichen. Anthropogene Einflüsse wie das Vernichten von Lebensräumen und die Generierung neuer Genotypen durch Züchtung oder Schaffung transgener Organismen sowie die natürlichen Prozesse von Selektion und genetischer Drift erzeugen eine je nach Standort und biologischem System besondere Dynamik, die von Fall zu Fall mit unterschiedlichen, zum Teil sehr modernen Messmethoden verfolgt werden kann und ebenfalls mathematisch zu modellieren ist.

Wir werden es in den nächsten Kapiteln sehen, seit mehr als dreieinhalb Milliarden Jahren gibt es Organismen auf der Erde, die sich zu einem immer umfangreicheren **Lebensstrom** entwickelten, der wiederum seine jeweilige unbelebte Umwelt immer wieder verändert, beeinflusst und gestaltet hat. Ehemaliges marines Leben ist heute in den Fossilien mancher Kalkgebirge vorhanden und baut diese sogar auf, wie wir es von den Dolomiten und anderen Kalkgebirgen Europas kennen. Sie sind also emporgehobener Meeresgrund und geben Zeugnis von der natürlichen Dynamik unserer Erde im Zeitenfluss. Dieses wichtige geologische Thema ist bewusst an den Anfang der nachfolgenden Kapitel gestellt, denn auf solch epochalen Grundlagen der Entwicklung des Globus beruht auch die Geschichte unserer derzeitigen Umwelt, der Ökosysteme, in denen wir leben, die wir nutzen und gestalten und die alle organismische Vielfalt repräsentieren, in der auch wir Menschen verwurzelt sind. Gerade die Wissenschaft der Geobotanik ist ohne diese Wurzeln nicht zu verstehen, wir wissen dies – bedenken es aber leider nicht immer!

1.3 Literatur

Archibold OW (1995) Ecology of World Vegetation. Chapman & Hall, London Glasgow Weinheim

Barbour MG, Burke JH, Pitts WD, Gilliam FS, Schwartz MW (1999) Terrestrial plant ecology. 3rd edn, Addison Wesley Lomgman, Menlo Park, CA

Barkman JJ (1958) Phytosociology and ecology of cryptogamic epiphytes. Van Gorcum, Assen

Barthlott W, Winiger M (eds) (2001) Biodiversity. A challenge for development research and policy. Springer, Berlin Heidelberg New York Tokyo

Barthlott W, Lauer W, Placke A (1996) Global distribution of species diversity in vascular plants: Towards a world map of phytodiversity. Erdkunde 50: 317-327

Barthlott W, Mutke J, Braun G, Kier G (2000) Die ungleiche globale Verteilung pflanzlicher Artenvielfalt – Ursachen und Konsequenzen. Ber d Reinh-Tüxen-Ges 12: 67-84

Begon M, Harper J, Townsend C (1990) Ecology: Individuals, populations and communities. 2nd edn, Blackwell Scientific Publications

Beierkuhnlein C (2003) Der Begriff Biodiversität. Nova Acta Leopoldina N F 87, Nr. 328: 51-71

Bergthorsson U, Adams KL, Thomason B, Palmer JD (2003) Widespread horizontal transfer of mitochondrial genes in flowering plants. Nature 424: 197-201

Braun-Blanquet J (1919) Essai sur les notions d'„element" et de „territoire" phytogeographiques. Arch Sa Phys Nat, Genève 5 (4): 497-512, Genève

Braun-Blanquet J (1921) Prinzipien einer Systematik der Pflanzengesellschaften auf floristischer Grundlage. Jahrb St Gallischen Naturwiss Ges 57 (2): 305-351, St. Gallen

Braun-Blanquet J (1925) Zur Wertung der Gesellschaftstreue in der Pflanzensoziologie. Vierteljahresschrift Naturforsch Ges Zürich 70: 122-149, Zürich

Braun-Blanquet J (1928, 1951, 1964) Pflanzensoziologie. Grundzüge der Vegetationskunde. 1. Aufl (1928) Biologische Studienbücher 7, Berlin, 2. Aufl (1951) Springer, Wien, 3. Aufl (1964), Springer, Wien

Breckle SW (2002) Walter´s Vegetation of The Earth. The Ecological Systems of The Geo-Biosphere. 4th edn, Springer, Berlin Heidelberg New York Tokyo

Brockhaus-Bibliothek (2002-2004) Biosphäre – Die Lebensräume der Erde. 12 Bde, FA Brockhaus, Leipzig Mannheim

Cajander AK (1909) Über Waldtypen. Acta Botanica Fennica 28, Helsingfors

Cano RJ, Borucki MK (1995) Revival and identification of bacterial spores in 25- to 40-million-year-old Dominican amber. Science 268: 1060-1064

Chapin III FS, Matson P, Mooney HA (2002) Principles of terrestrial ecosystem ecology. Kluwer, Dordrecht

Chapman JL, Reiss MJ (1998) Ecology – Principles and applications. Cambridge University Press, Cambridge

Chase JM, Leibold MA (2002) Spatial scale dictates the productivity-biodiversity relationship. Nature 416: 427-430

Cincotta R, Wisniewski J, Engelman R (2000) Human population in the biodiversity hotspots. Nature 404: 990-992

Clements FE (1936) Nature and structure of the climax. J. Ecol. 24: 252-284

Cockell CC, Blaustein AR (Hrsg, 2001) Ecosystems, evolution, and ultraviolet radiation. Springer, New York

De Candolle A (1813) Théorie élémentaire de la botanique. Prodomus systemalis naturalis regni vegetabilis, 7 Bde (1824-1840)

Dierschke H (1994) Pflanzensoziologie. Grundlagen und Methoden. Eugen Ulmer, Stuttgart

Drude O (1890) Handbuch der Pflanzengeographie. Stuttgart

Drude O (1896) Deutschlands Pflanzengeographie. Stuttgart

Drude O (1902) Der hercynische Florenbezirk. Grundzüge der Pflanzenverbreitung im mitteldeutschen Berg- und Hügellande vom Harz bis zur Rhön, bis zur Lausitz und dem Böhmerwalde. Die Vegetation der Erde, Bd 6, Leipzig

Drude O (1913) Die Ökologie der Pflanzen. Braunschweig

Du Rietz GE (1930) Vegetationsforschung auf sozialanalytischer Grundlage. In: Abderhalden E (Hrsg) Handbuch der biologischen Arbeitsmethoden. Lieferung 320, Urban-Schwarzenberg, Berlin

Egerton FN (1983) History of ecology: Achievements and opportunities, Part 1. J Hist of Biology 16: 259-310

Engler A (1879-1882) Versuch einer Entwicklungsgeschichte der extratropischen Florengebiete der nördlichen Hemisphäre. I. Theil. Die extratropischen Gebiete der nördlichen Hemisphäre, 53 S. II. Theil. Die extratropischen Gebiete der südlichen Hemisphäre und die tropischen Gebiete, Berlin

Erwin DH (1998) The end and the beginning: recoveries from mass extinctions. Trends Ecol Evol 13: 344-349

Fent K (2003) Ökotoxikologie. – Umweltchemie, Toxikologie, Ökologie. 2. Aufl, Georg Thieme, Stuttgart New York

Firbas F (1949) Spät- und nacheiszeitliche Waldgeschichte Mitteleuropas nördlich der Alpen. Bd I: Allgemeine Waldgeschichte. Jena

Firbas F (1952) Spät- und nacheiszeitliche Waldgeschichte Mitteleuropas nördlich der Alpen. Bd 2: Waldgeschichte der einzelnen Landschaften. Jena

Fischer A (2003) Forstliche Vegetationskunde. 3. Aufl, Eugen Ulmer, Stuttgart

Flahault C, Schröter C (1910) Phytogeographische Nomenklatur. Berichte und Vorschläge. III. Congrès international de Botanique. Bruxelles, Zürich

Frey W, Lösch R (2004) Lehrbuch der Geobotanik – Pflanzen und Vegetation in Raum und Zeit. Spektrum, Heidelberg

Friedl T (2002) Pioniere der Biodiversität – Molekulare Analysen decken die Biodiversität mikroskopischer Algen auf. Georgia Augusta – Wissenschaftsmagazin 1: 117-121, Göttingen

Fukarek F et al (1995) Urania – Pflanzenreich – Vegetation. Urania, Leipzig

Gams H (1927) Von den Follatères zur Dent des Morcles. Vegetationsmonographie aus dem Wallis, Sydney

Gaston KJ (2003) The how and why of biodiversity. Nature 421: 900-901

Gesner K (1555) Descriptio montis Fracti sive Montis Pilati ut vulgo nominant, iuxta Lucernam in Helvetia. Zürich

Glavac V (1996) Vegetationsökologie: Grundfragen, Aufgaben, Methoden. Gustav Fischer, Jena

Gleason HA (1926) The individualistic concept of the plant association. Bull Torrey Bot Club 53: 7-26

Gotelli NJ (2002) Ecology: Biodiversity in the scales. Nature 419: 575-576

Grabherr G (1997) Farbatlas Ökosysteme der Erde. –Natürliche, naturnahe und künstliche Landökosysteme aus geobotanischer Sicht. Eugen Ulmer, Stuttgart

Grabherr G, Reiter K (1999) Aktuelle Aspekte der Vegetationskartierung, der Fernerkundung und geographischer Informationssysteme. Ber Reinh-Tüxen-Ges 11: 353-366

Gradmann R (1898) Pflanzenleben der Schwäbischen Alb. 2 Bde, Tübingen

Gradmann R (1909) Über Begriffsbildung in der Lehre von den Pflanzenformationen. Englers Jahrbücher 43, Beiblatt 99, Leipzig

Greig-Smith P (1957, 1964, 1983) Quantitative Plant Ecology. 1st edn 1957, 2nd 1964, 3rd 1982, Butterworth, London, Wiley-Interscience, New York

Grisebach A (1838) Über den Einfluß des Klimas auf die Begrenzung der natürlichen Floren. Linnaea 12: 159-200

Grisebach A (1847) Über die Vegetationslinien des nordwestlichen Deutschlands. Göttingen

Grisebach A (1872) Die Vegetation der Erde nach ihrer klimatischen Anordnung. Ein Abriss der vergleichenden Geographie der Pflanzen. Wilhelm Engelmann, Leipzig

Groombridge B (ed) (1992) Global biodiversity. Status of the earth's living resources. Chapman & Hall, London

Groombridge B, Jenkins MD (2000) Global biodiversity. Earth's living resources in the 21st century. World Conservation Press, Cambridge

Grubb PJ (1977) The maintenance of species richness in plant communities: The importance of the regeneration niche. Biol Rev 52: 107-145

Haeupler H, Muer T (2000) Bildatlas der Farn- und Blütenpflanzen Deutschlands. Eugen Ulmer, Stuttgart

Haeupler H, Schönfelder P (1988) Atlas der Farn- und Blütenpflanzen Deutschlands. Eugen Ulmer, Stuttgart

Haller A v (1768) Historia stirpium indigenarum Helvetiae inchoata. 2 Bde, Bernae: sumptibus Societatis typographicae. Lundsgaard-Hansen-von Fischer, S. (Hrsg, 1959) Berner Beiträge zur Geschichte der Medizin und der Naturwissenschaften, Bern

Harper L, Clatworthy JN, MacNaughton IH, Sagar GR (1961) The evolution and ecology of closely related species living in the same area. Evolution 15: 209-227

Hauser W (2003) Klima; Das Experiment mit dem Planet Erde. Deutsches Museum und die Münchener Rückversicherungs-Gesellschaft. Theiss, Stuttgart

Heer O (1865) Die Urwelt der Schweiz: mit sieben landschaftlichen Bildern, elf Tafeln, einer geologischen Übersichtskarte der Schweiz und zahlreichen in den Text eingedruckten Abbildungen. Schulthess, Zürich

Heer O (1868-1883) Flora fossilis arctica = Die fossile Flora der Polarländer. 7 Bde, Wurster & Zürich: Winterthur

Heywood VH (Hrsg, 1995) Global diversity assessment. UNEP, Cambridge

Hobohm C (2000) Biodiversität. Quelle & Meyer, Heidelberg

Höck F (1910) Pflanzenbezirke des Deutschen Reiches. Verhandl Bot Verein Provinz Brandenburg 12, Brandenburg

Hueck K (1966) Die Wälder Südamerikas. 422 S Fischer, Stuttgart

Hueck K, Seibert P (1972) Vegetationskarte von Südamerika. 71 S Fischer, Stuttgart

Humboldt A v (1807) Ideen zu einer Geographie der Pflanzen nebst einem Naturgemälde der Tropenländer (Neudruck 1960). Akademische Verlagsanstalt Leipzig

Humboldt A v (1814) Voyages aux regions équinoxiales du Nouveau Continent 1799-1804. Paris. Reise in die Aequinoctial-Gegenden des neuen Continents. 3 Bände. Stuttgart 1961 (einzige von Humboldt anerkannte Ausgabe in deutscher Sprache)

Humboldt A v, Bonplant A (1815) Reise in die Aequinoctial-Gegenden des neuen Continents in den Jahren 1799, 1800, 1801, 1802, 1803 und 1804. Erster Theil, Stuttgart und Tübingen

Huston MA (1994) Biological diversity. The coexistence of species on changing landscapes. Cambridge University Press, Cambridge

Jacomet S, Kreuz A (1999) Archäobotanik. Aufgaben, Methoden und Ergebnisse vegetations- und agrargeschichtlicher Forschung. Eugen Ulmer, Stuttgart

Kennedy TA, Naeem S, Howe KM, Knops JMH, Tilman D, Reich P (2002) Biodiversity as a barrier to ecological invasion. Nature 417: 636-638

Kerner v. Merilaun A (1863) Das Pflanzenleben der Donauländer. Innsbruck

Knapp R (1965) Die Vegetation von Nord- und Mittelamerika. Verlag, Stuttgart

Knapp R (1973) Die Vegetation von Afrika. Vegetations-Monographien der einzelnen Großräume Bd 3, Verlag, Stuttgart

Körner C (2002) Vegetation der Erde. In: Sitte P et al: Strasburger – Lehrbuch der Botanik. 35. Aufl, S 1003-1043, Spektrum, Heidelberg

Kratochwil A, Schwabe A (2001) Ökologie der Lebensgemeinschaften. Eugen Ulmer, Stuttgart

Lang G (1994) Quartäre Vegetationsgeschichte Europas. Gustav Fischer, Jena Stuttgart

Larcher W (2003) Physiological plant ecology. Springer, Berlin Heidelberg New York Tokyo

Leuschner C (2002) Lebensraum Baumkrone: Schatzkiste der Biodiversität. Georgia Augusta – Wissenschaftsmagazin 1: 18-25, Göttingen

Lienhard,L (2000) Haller et la découverte botanique des Alpes. In: Pont JC, Lacki J (ed) Une cordée originale – Histoire des relations entre science et montagne. pp 120-138, Genève

Maarel E van der (1989) Theoretical vegetation science on the way. Vegetatio 83: 1-6

MacArthur RH (1972) Geographical ecology. Harper & Row, New York

MacArthur RH, Wilson EO (1963) An equilibrium theory of insular zoogeography. Evolution 17: 373-387

Mägdefrau K (1992) Geschichte der Botanik. 2. Aufl, Gustav Fischer, Stuttgart

Mayer P, Abs C, Fischer A (2002) Biodiversität als Kriterium für Bewertungen im Naturschutz – eine Diskussionsanregung. Natur und Landschaft 77 (11): 461-463, Stuttgart

McIntosh RP (1999) The succession of succession: A lexical chronology. Bull Ecol Soc Am 80: 256-265

Meusel H, Jäger E, Weinert E (1965, 1978, 1992) Vergleichende Chorologie der zentraleuropäischen Flora. 3 Teile. Gustav Fischer, Jena

Mirkin BM (1986) Paradigm change and vegetation classification in Soviet phytosociology. Vegetatio 68: 131-138

Miyawaki A (ed) (1980-1989) Vegetation of Japan, Vol 1-10, Tokyo, Shibundo

Möhring C (2003) Nur was man kennt, lässt sich schützen und nutzen. FAZ, Nr 228, S N2, Frankfurt

Müller P (1981) Arealsysteme und Biogeographie. Eugen Ulmer, Stuttgart

Müller-Dombois D, Ellenberg H (1974) Aims and Methods of Vegetation Ecology. Wiley, New York

Myers N, Mittermeier RA, Mittermeier CG, Da Fonseca GAB, Kent J (2000) Biodiversity hotspots for conservation priorities. Nature 403: 853-858

Nentwig W, Bacher S, Beierkuhnlein C, Brandl R, Grabherr G (2003) Ökologie. Spektrum, Heidelberg

Overbeck F (1975) Botanisch-geologische Moorkunde. Karl Wachholtz, Neumünster

Paczoski JK (1896) Das soziale Leben der Pflanzen (Wszeschawiat. 15, polnisch). Warschau

Pfadenhauer J (1997) Vegetationsökologie – ein Scriptum. 2. Aufl, IHW, Eching

Post L v (1946) The Prospect for Pollen Analysis in the Study of the Earth's Climatic History. New Phytologist Vol 45:198-203

Pott R (1995) Die Pflanzengesellschaften Deutschlands. 2. Aufl, Eugen Ulmer, Stuttgart

Pott R (1996) Biotoptypen – Schützenswerte Lebensräume Deutschlands und angrenzender Regionen. Eugen Ulmer, Stuttgart

Pott R (1998) Vegetation Analysis. In: Ambasht RS (ed): Modern Trends in Ecology and Environment, pp 55-89, Backhuys, Leiden

Pott R (2003) Biodiversität kulturhistorischer Wälder in Mitteleuropa. In: Colantonio-Venturelli R (ed): Paesaggio culturale e biodiversità, pp 17-45, Villa Vigoni, Menaggio

Rabotnov TAR (1992) Phytozönologie. Struktur und Dynamik natürlicher Ökosysteme. Eugen Ulmer, Stuttgart

Richter M (2001) Vegetationszonen der Erde. Justus Perthes, Gotha
Rikli M (1913) Florenreiche. In: Handwörterbuch der Naturwissenschaften IV, S 776-857. Fischer, Jena
Rikli M (1943-48) Das Pflanzenkleid der Mittelmeerländer. Huber, Bern
Saporta LCJG (1862) Etudes sur la végétation du sud-est de la France à l'époque Tertiaire. Annales des Sciences Naturelles 16: 309-45; 17: 191-311
Saporta LCJG (1869) L'Ecole transformiste et ses dernièrs travaux. Revue des deux mondes 2d ser 83: 635-74
Saussure HB de (1779) Voyages dans les Alpes. 4 Bde, Neuchâtel
Saussure HB de (1787) Essais sur l'hygrométrie, Neuchâtel
Schaefer M (2002) Ökosystemingenieur Regenwurm – Biodiversität und ihre ökologischen Funktionen. Wissenschaftsmagazin 1: 14-17, Göttingen
Schimper AFW (1898) Pflanzengeographie auf physiologischer Grundlage. Gustav Fischer, Jena
Schmithüsen J (1968) Allgemeine Vegetationsgeographie. 3. Aufl., De Gruyter, Berlin
Schouw JF (1822) Grundträg til en almindelig Plantengeografie. Kopenhagen. Dt. Ausgabe Berlin 1823
Schroeder FG (1998) Lehrbuch der Pflanzengeographie. UTB für Wissenschaft, Quelle & Meyer, Wiesbaden
Schultz J (1988) Die Ökozonen der Erde. Eugen Ulmer, Stuttgart
Schulze ED, Mooney HA (eds) (1994) Biodiversity and Ecosystem Function. Springer, Berlin Heidelberg New York Tokyo
Schulze ED, Beck E, Müller-Hohenstein K (2002) Pflanzenökologie. Spektrum, Heidelberg
Schwartz MD (2003) Phenology: An integrative environmental science. Tasks for Vegetation Science 39. Kluwer, Dordrecht
Sendtner O (1854) Die Vegetationsverhältnisse Südbayern nach den Grundzügen der Pflanzengeographie und mit Bezugnahme auf die Landeskultur, München
Smith RL, Smith TM (2000) Ecology and field biology. 6th edn, Benjamin Cummings, San Francisco
Sukatschew WN (1932) Die Untersuchung der Waldtypen des osteuropäischen Flachlandes. Handbuch biol. Arbeitsmethoden. Berlin
Tansley AG (1920) The classification of Vegetation and the Concept of Development. J Ecol Vol 8, Nr 2
Thompson JN, Cunningham BM (2002) Geographic structure and dynamics of coevolutionary selection. Nature 417: 735-738
Töpfer K (2003) Bilanz des UN-Jahres der Berge und des UN-Jahres des Ökotourismus. In: Wolschke-Bulmahn J (Hrsg) Laudatio und Festvortrag anlässlich der Verleihung der Ehrendoktorwürde an Prof. Dr. Dr. h. c. mult. Klaus Töpfer am 13. Januar 2003 in Hannover. Universität Hannover
Tournefort JP de (1717) Relation d`un voyage au Levant. Vol I.
Trense W (1989) The Big Game of the World. Paul Parey, Hamburg Berlin
Tutin TG, Heywood VH, Burges NA, Valentine DH, Walters SM, Webb DA (eds) (1964-1980) Flora Europaea, 5 Bde. Cambridge University Press, Cambridge
Wahlenberg G (1820) Flora Upsaliensis enumerans plantas circa Upsaliam sponte crescentes. Enchiridion excursionibus studiosorum Upsaliensium accomodatum. Upsaliae, R. Acad. Typographorum, 1820.
Wahlenberg G (1824-1826) Flora Svecica enumerans plantas Svecicae indigenas cum synopsi classium ordinumque, characteribus generum, differentiis specierum, synonymis citationibusque selectis, locis regionisbusque natalibus, descriptionibus habitualibus nomina incolarum et qualitates plantarum illustrantibus post Linnaeum edita. Upsaliae, 1824-1826. 2 parts (bound in 1 volume). pp 1-428; (2) pp 429-1117
Walter H (1968) Die Vegetation der Erde Bd II: Gemäßigte und arktische Zonen. Fischer, Jena Stuttgart
Walter H (1973) Allgemeine Geobotanik. Eugen Ulmer, Stuttgart
Walter H (1973) Die Vegetation der Erde Bd I: Tropische und subtropische Zonen. 3. Aufl, Fischer, Jena Stuttgart
Walter H (1976) Die ökologischen Systeme der Kontinente (Biogeosphäre). Prinzipien ihrer Gliederung mit Beispielen. Fischer, Stuttgart
Walter H (1985) Vegetation of the Earth and Ecological Systems of the Geobiosphere, 3rd edn, Springer, Berlin Heidelberg New York Tokyo
Walter H (1986) Allgemeine Geobotanik als Grundlage einer ganzheitlichen Ökologie. 3. Aufl, Ulmer, Stuttgart
Walter H, Breckle SW (1986) Ecological Systems of the Geobiosphere. Vol 2: Tropical and Subtropical Zonobiomes. Springer, Berlin Heidelberg New York Tokyo
Walter H, Breckle SW (1989) Ecological Systems of the Geobiosphere. Vol 3: Temperate and Polar Zonobiomes of Northern Eurasia. Springer, Berlin Heidelberg New York Tokyo
Walter H, Breckle SW (1990) Ökologie der Erde, Bd 1: Ökologische Grundlagen in globaler Sicht. 2. Aufl, UTB Große Reihe, Gustav Fischer, Stuttgart
Walter H, Breckle SW (1991) Ökologie der Erde, Bd 2: Spezielle Ökologie der Tropischen und Subtropischen Zonen. 2. Aufl, UTB Große Reihe, Gustav Fischer, Stuttgart
Walter H, Breckle SW (1991) Ökologie der Erde, Bd 4: Spezielle Ökologie der Gemäßigten und Arktischen Zonen außerhalb Euro-Nordasiens. UTB Große Reihe, Gustav Fischer, Stuttgart
Walter H, Breckle SW (1994) Ökologie der Erde, Bd 3: Spezielle Ökologie der Gemäßigten und Arktischen Zonen Euro-Nordasiens. 2. Aufl, UTB Große Reihe, Gustav Fischer, Stuttgart
Walter H, Breckle SW (1999) Vegetation und Klimazonen. 7. Aufl, UTB, Eugen Ulmer, Stuttgart
Walter H, Kreeb K (1970) Die Hydratation und Hydratur des Protoplasmas der Pflanzen. Protoplasmatologia Bd II C 6, Wien
Walter H, Lieth H (1967) Klimadiagramm-Weltatlas. Gustav Fischer, Jena

Walter H, Harnickell F, Müller-Dombois D (1975) Klimadiagramm-Karten der einzelnen Kontinente und ökologische Klimagliederung der Erde. Gustav Fischer, Stuttgart

Walther G-R, Petersen J, Pott R (2002) Concepts and Application of Nonlinear Complex Systems Theory to Ecological Succession. In: Ambasht RS, Ambasht NK (eds) Modern Trends in Applied Terrestrial Ecology, Chapt. 15, pp 303-314. Kluwer, New York

Warming E (1896) Lehrbuch der ökologischen Pflanzengeographie. Eine Einführung in die Kenntnis der Pflanzenvereine. Borntraeger, Berlin

Warming E, Graebner P (1933) Lehrbuch der ökologischen Pflanzengeographie. 4. Aufl, Borntraeger, Berlin

Weber CA (1902) Über die Vegetation und Entstehung des Hochmoors von Augustmal im Memeldelta mit vergleichenden Ausblicken auf andere Hochmoore der Erde. Parey, Berlin

Weber CA (1907) Die grundlegenden Begriffe der Moorkunde. Zeitschrift für Moorkultur und Torfverwertung. 5. Jahrgang, Wien

Whittaker RH (1973) Approaches of classifying vegetation. In: Whittaker RH (ed) Ordination and classification of Communities. Handbook of Vegetation Science 5, Junk, The Hague, pp 325-354

Willdenow CL (1792) Grundriss der Kräuterkunde zu Vorlesungen entworfen. Vierte verb. und verm. Auflage, mit 10 Kupfertafeln und 1 kolor. gest. Farbmuster-Tafel. Haude und Spener, Berlin 1805

Willis KJ, Whittaker RJ (2002) Ecology. Species diversity – scale matters. Science 295: 1245-1248

Wilmanns O (1977) Die Bedrohung der Natur und die wissenschaftlichen Aufgaben ihres Schutzes. Universitas, Zeitschrift für Wissenschaft, Kunst und Literatur 32, 5: 527-536, Stuttgart

Wilmanns O (1998) Ökologische Pflanzensoziologie. 6. Aufl, Quelle & Meyer, Heidelberg

Wilson EO (1992) The Diversity of Life. Penguin Books, London

Wilson EO (1998) Die Einheit des Wissens. Siedler, Berlin, in der Verlagsgruppe Bertelsmann GmbH

Wisskirchen R, Haeupler H (1998) Standardliste der Farn- und Blütenpflanzen Deutschlands. Eugen Ulmer, Stuttgart

Wittig R, Streit B (2004) Ökologie. UTB Basics, Eugen Ulmer, Stuttgart

Woodward FI (1987) Climate and plant distribution. Cambridge University Press, Cambridge London New York

1.4 Fragen zu Kapitel 1

1. Definieren Sie den Begriff „Geobiosystem". Welche Rolle spielt die Geobotanik darin?

2. Was sind die derzeitigen Teilgebiete der Geobotanik?

3. Was sind die fünf Hauptfragen der aktuellen Geobotanik?

4. Erklären Sie die Begriffe „Standort", „Wuchsort" und „Fundort".

5. Nennen Sie die wichtigsten Wissenschaftspioniere der Geobotanik seit dem 16. Jahrhundert und beschreiben Sie deren Wirken.

6. Erläutern Sie das Begriffspaar „Chorologie" und „Chronologie".

7. Erläutern Sie des Begriffspaar „Formation" und „Assoziation".

8. Pflanzensoziologie ist die Wissenschaft von der Vergesellschaftung der Pflanzen. Wie beschreiben Sie die Pflanzengesellschaften?

9. Was verstehen wir unter „Biozönose" und unter „Biotop"?

10. Warum sind für alle Ökologen die Grundlagenkenntnisse in biologischer und geographischer Systematik unabdingbar?

11. Erklären Sie den Begriff „Ökologische Komplexität".

12. Beschreiben Sie die wichtigsten Ziele des „Übereinkommens über die Biologische Vielfalt" der Rio-Konferenz von 1992.

13. Was versteht man unter *Benefit-Sharing* in der Biodiversitätsdiskussion?

14. Erklären Sie die Unterschiede zwischen den Begriffen Arealkunde und Vegetationskunde oder Pflanzensoziologie. Was können Arealkarten leisten? Wie ist die Pflanzensoziologie entstanden und wer waren die Pioniere der Pflanzensoziologie in Europa?

2 Bildung der Kontinente und Evolution – eine Reise durch Raum und Zeit

Der blaue oder grüne Planet „Erde" ist ein Unikat unseres Sonnensystems: Nur auf ihm ist bisher Leben nachgewiesen, und dieses ist im Verlauf der Evolution ein gestaltendes Element der irdischen Lebensräume, der **Geobiosphäre**, geworden. Die Erde erscheint aus dem Weltraum betrachtet mehr als „Blauer Planet", denn rund siebzig Prozent der Oberfläche sind von einer zusammenhängenden Wassermasse bedeckt. Das Sonnenlicht wird von dieser riesigen Wasseroberfläche in den Weltraum reflektiert und lässt aus der Perspektive eines Raumfahrtschiffes unsere Erde wegen ihres Wasserreichtums wie einen „Blauen Edelstein" erstrahlen (Abb. 2.1).

Abb. 2.1: Die Erde (© Meteosat-Aufnahme, NASA 1978, aus Hauser 2002)

Die Erde ist im gesamten Sonnensystem der einzige Planet, der über derart große Wassermassen in flüssiger Form verfügt. In der über 4,5 Milliarden Jahre währenden Geschichte unseres Planeten war das Wasser die Wiege des Lebens. Wir wissen überdies, dass unser Globus wegen der Fülle von Leben in unserem Sonnensystem etwas Besonderes ist.

Ein Schlüsselfaktor für die Entstehung und die Entwicklung von Leben auf der Erde ist ihre Entfernung zur Sonne: 150 Millionen Kilometer beträgt die Distanz. Einige Planeten unseres Sonnensystems, wie Merkur, Venus und Mars, liegen näher, andere, wie Saturn, Neptun und Pluto, sind weiter weg. Da die Sonne eine ungeheure Hitze ausstrahlt, hängen die jeweiligen Lebensbedingungen auf den Nachbarplaneten von der Nähe zu ihr ab. Auf dem rund 60 Millionen Kilometer von der Sonne entfernten Merkur herrschen Tagestemperaturen von etwa 350 Grad Celsius – heiß genug, um manche Metalle schmelzen zu lassen. Alles Wasser, das es hier einmal gab, ist schon lange verdunstet. Auf dem Pluto, der 5900 Millionen Kilometer von der Sonne entfernt ist, herrscht bei Oberflächentemperaturen von minus 230 Grad Celsius ewiges Eis. Glücklicherweise weist die Erde mildere Oberflächentemperaturen auf mit einzigartigen günstigen Bedingungen für die Entwicklung von Lebewesen.

2.1 Entstehung der Biosphäre

Infolge einer als **Urknall** bekannten kosmischen Explosion vor circa 13,7 Milliarden Jahren entstanden gleichzeitig Raum, Zeit und Materie. Das Universum war geboren. So sagt es uns die Astrophysik. Über 10 Milliarden Jahre später kondensierte eine interstellare Wolke aus wirbelndem Gas und Staub und begann sich zu erhitzen. Die große Hitze führte von nun an unmittelbar zu atomaren Reaktionen: Im Mittelpunkt der Gas-Staubwolke baute sich Druck auf: Was wir heute als Sonne kennen, begann vor 4,6 Milliarden Jahren zu scheinen. Die junge Sonne übte auf den Rest der Wolke eine immer stärker werdende Gravitation aus, bis sie sich in ihrem Einzugsgebiet alle Materie einverleibt hatte. Damals entstanden auch die Planeten – diese waren weit genug von der Sonne entfernt, und hier verschmolz deren Material ebenfalls durch die Gravitationskräfte, einschließlich Venus, Merkur, Mars, Pluto, der Erde und ihrer Monde. Auf diese Weise, so nimmt man an, entstand unser Sonnensystem.

> In jener Zeit war das junge Sonnensystem noch mit einer Vielzahl kosmischer Kleinkörper erfüllt, die auf die Planeten und Monde herabstürzten. Damals stieß nach heutigen Erkenntnissen die junge Erde mit einem marsgroßen Planeten zusammen, als der damalige Schwesterplanet der Erde **Thaja** vor 4,5 Milliarden Jahren auf Kollisionskurs geriet. Bei dem Aufprall wurden gewaltige Materiemengen von mehr als 20 Milliarden Kubikmetern ins Weltall geschleudert – aus diesen formte sich dann innerhalb einiger Millionen Jahre der Mond

– der Erdtrabant. Aus dieser Periode des „schweren Bombardements", die bis vor etwa 3,9 Milliarden Jahren andauerte, stammen überwiegend die Mondkrater. Solche Einschlagspuren sind auf der Erde durch Tektonik und Verwitterung weitgehend verschwunden, und nur der atmosphärenlose und lebensfeindliche Mond legt noch heute Zeugnis ab von der Jugend unseres Sonnensystems.

Die große Hitze bei der Entstehung der Erde hatte wahrscheinlich zur Folge, dass der gesamte Planet anfangs aus geschmolzener Materie bestand. Festere Materie sank zuerst in den Erdmittelpunkt, leichtere stieg an die Erdoberfläche. Als sich der Planet dann allmählich abkühlte, bildete diese leichtere Materie eine dünne Erdkruste, die Basis der vergangenen und heutigen Kontinente und der Ozeanbecken. Geschmolzene Lava brach aus den Tiefen hervor, Wasserdampf und andere Gase wurden freigesetzt. Ein Großteil unseres Wassers in den Ozeanen stammt daher – vielleicht gab es aber auch eisbepackte Kometen, die damals auf die Erde einstürzten und in das glutheiße System einverleibt wurden. Vor über vier Milliarden Jahren bestand die Erdatmosphäre hauptsächlich aus Wasserdampf. Doch mit zunehmender Abkühlung unseres Planeten begann dieser zu kondensieren und als Regen herabzufallen. Bäche wurden zu Flüssen, und so füllten sich in den tiefer gelegenen Regionen die Meere und Ozeane. Das älteste datierbare, durch Wasser geformte Sedimentgestein der Erde lässt vermuten, dass die ersten Ozeane vor 3,8 Milliarden Jahren entstanden sind.

Box 2.1. Wo leben wir?

Die **Biosphäre** unseres Globus, einschließlich der Menschen und ihrer Evolution, haben den Planeten Erde entscheidend geprägt und tun dies bis auf den heutigen Tag. Alles begann mit der Eroberung des Festlandes durch Tiere und Landpflanzen im Paläozoikum, etwa 550 bis 250 Millionen Jahre vor heute. Die Schlüsselprozesse dieser **Biosphären-Evolution** wollen wir nun näher kennen lernen. Es sind zunächst drei wesentliche Ereignisse festzuhalten: Die Erfindung der oxygenen Photosynthese im **Präkambrium**, die Besiedlung der Festländer der frühen Kontinente im Jüngeren **Paläozoikum** und die Ausbreitung von Wäldern auf den Urkontinenten bis in hohe Breiten im **Mesozoikum** und im Tertiär. Anders als auf den übrigen Planeten bedecken ausgedehnte Ozeane den größten Teil der Erdoberfläche. Seit Millionen von Jahren sind die Ozeane von Lebewesen besiedelt, die sich weiterentwickelt und das Festland erobert haben. Die Konsequenzen dieser Schlüsselprozesse für das System Erde sind weitreichend und drastisch; sie verändern die Stoffkreisläufe und die Atmosphären-Zusammensetzung.

Die ersten Kontinentalkrusten formten einen großen ersten Superkontinent, **Rodinia** genannt, der etwa bis eine Milliarde Jahre vor heute Bestand hatte und danach offenbar in drei größere Teile, **Laurasia** im Norden sowie **Ostgondwana** und **Westgondwana** im Süden zerfiel. Später im Kambrium und Ordovizium kollidierten diese frühen Gondwana-Kontinente erneut mit Laurasia und bildeten den ersten wirklich länger existierenden nächsten Superkontinent **Pangaea**, nach der griechischen Übersetzung „All-Erde" so zunächst genannt. Wir kommen darauf zurück.

Auf den Kontinenten unserer Erde heben sich Tiefländer und Gebirge deutlich voneinander ab und sind in ihrer Ausdehnung und ihrem Verlauf gut zu verfolgen. Noch eindrucksvoller treten in den Ozeanen Berge, Gebirgsmassive und tiefe Grabenbrüche hervor, die den Meeresboden untergliedern. Sie sind ganz von Wasser bedeckt und nur durch Echolotungen auszumachen. In den Jahren 1925 bis 1927 unternahm das deutsche Forschungsschiff „Meteor" eine große ausgedehnte Echolot-Erkundung des Atlantischen Ozeans und entdeckte mitten im Meer ein zerklüftetes Gebirge, den Mittelatlantischen oder Mittelozeanischen Rücken (Abb. 2.2).

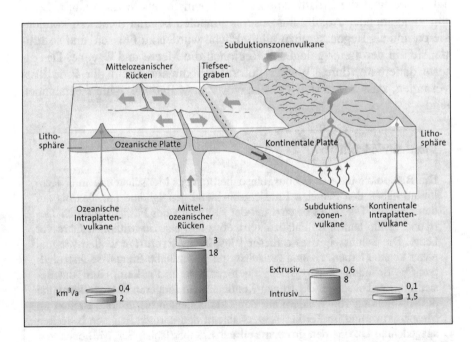

Abb. 2.2. Mittelozeanischer Rücken und die Phänomene der Plattentektonik. Die Ozeanischen und Kontinentalen Platten der Lithosphäre weichen auseinander oder stossen zusammen, wobei die Subduktion ein wesentlicher Vorgang ist. Der damit verbundene Vulkanismus erzeugt die intrusiven und extrusiven Magmamengen (aus Schminke 2000)

Das Gebirge erhebt sich bis fünftausend Meter über die angrenzenden ebenen Meeresbecken und ist zwischen fünfhundert und tausend Kilometer breit. Der Mittelatlantische Rücken erstreckt sich über rund 16 000 Kilometer Länge von der Antarktis im Süden bis in die Nähe des Nordpols; hier endet er in der vor Sibirien gelegenen Laptev-See. Das zwischen Spitzbergen und dem Nordpol verlaufende Endstück des Mittelatlantischen Rückens wird vom rund 1800 Kilometer langen und bis zu 3000 Meter hohen Gakkel-Rücken gebildet, der fünf Kilometer unter der Meeresoberfläche tiefer liegt als andere ozeanische Rücken. Hier ist die Erdkruste vergleichsweise sehr dünn, und die Spreizungsrate ist sehr gering. Dennoch gibt es eine große vulkanische Aktivität und eine damit verbundene Neubildung von Meeresboden an beiden Seiten des Rückens. Heute sind etwas über 70 Prozent der Erdoberfläche von Wasser bedeckt, und die Ozeane haben eine komplizierte Topographie aus Ozeanbecken, Gräben und untermeerischen Gebirgen. Wie ist so etwas zu erklären?

Zuerst bemerkte der flämische Kartograph Abraham Ortelius (1527-1598) im Jahre 1596, dass die Küstenlinien Afrikas und Europas wie ein Puzzleteil zu jenen Nord- und Südamerikas auf der anderen Seite des Atlantik passten, und er schloss folgerichtig auf einen gemeinsamen früheren Kontinent. Im Laufe der Jahrhunderte häuften sich die Belege für diese Hypothese: gleiche Kohlevorkommen in Europa und Nordamerika sowie Fossilien gleicher Arten von ausgestorbenen Reptilien in Afrika und Südamerika. Eine entscheidende Wende im Verständnis dieser Fragen bahnte sich erst an, als Alfred Wegener (1880-1930) im Jahr 1912 seine geniale Theorie der **Kontinentalverschiebung** aufstellte, die in den letzten 50 Jahren durch geologische und geophysikalische Messungen bewiesen werden konnte.

Nach den heutigen Erkenntnissen waren vom Karbon vor etwa 350 Millionen Jahren bis noch in der Triaszeit vor rund 220 Millionen Jahren alle Kontinente in einer Landmasse, der **Pangaea** vereint. Die Pangaea zerbrach nachfolgend in den nördlichen Urkontinent **Laurasia** und den südlichen **Gondwana**-Kontinent. Durch weiteres Aufbrechen und Verdriften der kontinentalen Schollen entstanden allmählich die Formen und Lagebeziehungen der heutigen Kontinente: Nordamerika und Eurasien gehen auf Laurasia zurück, Südamerika, Afrika, Madagaskar, die Antarktis, Indien und Australien sind Teile von Gondwana. Indien wurde so weit nach Norden verschoben, dass es heute in den Süden Eurasiens eingefügt ist. Auch Nord- und Südamerika stießen durch Driftbewegungen zusammen.

Box 2.2. *Moving Continents* und die Folgen

Die Heimat der heutigen Beuteltiere – neben den Plazentatieren eine der wichtigsten Säugetiergruppen – ist Australien und Südamerika; das in Nordamerika und in Neuseeland verbreitete Opossum ist ein Einwanderer. Während der Unteren Kreidezeit bis vor etwa 125 Millionen Jahren dürfte nach neueren paläontologischen Befunden aus der berühmten, fossilreichen Yixian-Formation in China der asiatische Raum das Entwicklungszentrum der Säugetiere gewesen sein – sowohl der Plazentatiere als auch der Beuteltiere. Als Folge der nachfolgenden Kontinentaldrift sind dann die Ahnen der heutigen Kängurus, Opossums, Koalas und der anderen gegenwärtigen Beuteltiere in ihre jetzige Heimat gelangt. Und es gibt noch andere Beispiele aus der Paläozoologie: Südamerika war etwa 80 Millionen Jahre lang, seit es sich im Zeitalter der Dinosaurier von Afrika gelöst hatte, ein Inselkontinent gewesen. Wie Australien, das ähnlich isoliert gewesen war, wies Südamerika ein weites Spektrum an Beuteltieren auf, nicht nur Opossumarten, sondern auch gewaltige Säbelzahnkatzen wie zum Beispiel *Smilodon californicus*, die am Ende der letzten Eiszeit überall ausstarben (Abb. 2.3).

Dazu kamen noch die Riesengürteltiere und die Riesenfaultiere. Nordamerika stand dagegen lange Zeit über die Landbrücke von Alaska im Bereich der Beringstraße in Kontakt mit Eurasien und war die Heimat der vertrauten Tierwelt aus Wildrindern, Pferden, Hirschen, Katzen und vielen anderen. Die Isolation Südamerikas hatte ein Ende beim jeweiligen Anschluss der Kontinentalplatten nach der Bildung des Isthmus von Panama, und es kam zu einem beträchtlichen Austausch der amerikanischen Faunenelemente, denn nord- und südamerikanische Säugetiere wanderten nach der Existenz der Landbrücke in zwei Richtungen nach Norden und nach Süden. Die Verbindung über die Landbrücke von Mittelamerika gibt es aber erst seit etwa 4 Millionen Jahren. Wie man anhand von Fossilfunden im Norden Mexikos jüngst feststellen konnte, waren seinerzeit schon Riesenfaultiere, welche sich im Tertiär in Südamerika entwickelt und von dort über den gesamten Kontinent ausgebreitet hatten, weit nach Norden über den Isthmus von Panama vorgedrungen. Bislang hatte man 2,5 Millionen Jahre alte Fossilien dieser südamerikanischen Tierarten nur in Arizona entdeckt; jetzt gibt es aber schon Belege aus dem Norden Mexikos mit Riesenfaultierknochen, die zwischen 3,6 und 4,7 Millionen Jahre alt sind.

Solche Kontinentplattenverschiebungen und Landbrückenbildungen erlangen für die Evolution von Pflanzen und Tieren und für die Klimaentwicklung immer größere Bedeutung: So wurden seit den 1950er Jahren sämtliche Weltmeere von Forschungsschiffen vieler Nationen systematisch untersucht, und man entdeckte überall unterseeische Gebirgszüge von riesigen Ausmaßen, die mit einer Gesamtlänge von rund 70 000 Kilometern den Atlantischen, den Indischen und den Pazifischen Ozean durchziehen.

Die Gebirge auf den Kontinenten bilden untereinander vernetzte Strukturen; bei den untermeerischen Gebirgszügen laufen dagegen Erhebungen und Täler parallel. In der Mitte des Mittelatlantischen Rückens befindet sich beispielsweise ein nord-süd-verlaufendes Längstal; die Rücken sind aber von zahlreichen Querlinien unterbrochen, an denen der gesamte Gebirgszug seitlich verschoben ist. Aufschluss über diesen regelmäßigen Aufbau der langgestreckten Meeresgebirge brachten erst die Forschungen des amerikanischen Bohrschiffes *Glomar Challenger*, das von 1968 bis 1973 auf allen Weltmeeren eingesetzt wurde. Von diesem Spezialschiff konnten seinerzeit Bohrungen vorgenommen werden, die in Wassertiefen bis zu 6000 Metern ansetzten und die bis zu 1700 Meter weit in den Meeresboden vorgetrieben werden konnten. Dieses gigantische Projekt führte zu umwälzenden Erkenntnissen in der Meeresgeologie: Die Analyse der Bohrkerne ergab, dass das Gestein der ozeanischen Rückengebirge im Bereich der Längslinie, des sogenannten **Rift Valley**, am jüngsten ist und zu den Seiten hin mit zunehmender Entfernung älter wird. Proben, die im gleichen Abstand zum Rift Valley beidseits an den Rändern des Gebirgsrückens entnommen wurden, erwiesen sich auf beiden Seiten als gleich alt. Im Vergleich zu den Kontinenten zeigt sich darüber hinaus der Meeresboden als sehr jung: Die ältesten Gesteine im Nordatlantik haben ein Alter von 200 Millionen Jahren, während die ältesten Gesteine der Kontinente mindestens drei Milliarden Jahre alt sind.

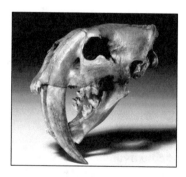

Abb. 2.3. *Smilodon californicus*, Säbelzahnkatzen-Schädel mit Unterkiefer. Fundort: Rancho La Brea, Kalifornien (USA) aus dem Pleistozän, ca. 1 Mio. Jahre alt; (Foto: © Deutsches Museum München)

Zusätzliche geophysikalische Untersuchungen, zum Beispiel über die magnetischen Eigenschaften der Gesteine, bestätigen solche Echolot- und Bohrdaten mit dem Ergebnis, dass die meisten mittelozeanischen Rücken der Ozeane von der Längslinie ihres Mitteltales aus nach beiden Seiten symmetrisch aufgebaut sind. Seit den 1960er Jahren haben die meeresgeologischen Untersuchungen auch die grundlegenden Bausteine und Beweise für den Erdaufbau, die dynamischen Vorgänge in der Erdkruste und in den tiefen Erdschichten sowie die Rolle des Vulkanismus geliefert: Die äußere

Erdrinde ist in eine Reihe von **Kontinentalplatten** unterteilt, deren Grenzen durch Erdbeben und vulkanische Aktivität charakterisiert sind und die sich gegeneinander bewegen. Besonders intensiv ist dieses Geschehen rings um den Pazifischen Ozean, wo wir die größte Dichte an Vulkanen auf der Erde finden (Abb. 2.4).

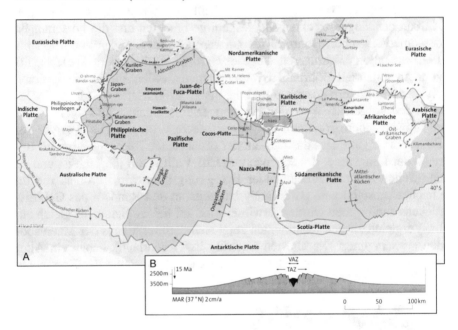

Abb. 2.4. Hauptplatten und globale Verteilung bekannter aktiver und ruhender Vulkane (A). Auffällig ist der *Ring of Fire* im circumpazifischen Raum. B: Schematischer Querschnitt durch einen Mittelozeanischen Rücken. VAZ = vulkanisch aktive Zone; TAZ = tektonisch aktive Zone; MAR = Mittelatlantischer Rücken (verändert aus Schmincke 2000)

Als Alfred Wegener im Jahre 1912 seine dynamischen Vorstellungen von auseinanderbrechenden und wandernden Kontinenten formulierte, wurde diese visionäre Sicht von der Fachwelt zunächst ignoriert oder bekämpft. Erst fünfzig Jahre später hat man dieses Modell der Erdentwicklung verifiziert und erweitert. *Seafloor-Spreading* und **Plattentektonik** haben seither das Weltbild der Geowissenschaftler revolutioniert (Abb. 2.2 und 2.4). Nach dem Zweiten Weltkrieg entwickelte zudem der Gebrauch von Sonar die Erforschung des Meeresbodens enorm weiter auf unseren heutigen Wissensstand.

Die erwähnten meeresgeologischen und geophysikalischen Untersuchungen seit den 1960er Jahren haben schließlich die grundlegenden Bausteine und Beweise geliefert, die die Drift der Kontinente, welche heute mit angrenzenden Bereichen der Ozeankruste **Platten** genannt werden, erklären. Ein charakteristischer Prozess bei den Bewegungen der Kontinentalplatten der Lithosphäre, also der Erdkruste und der alleröbersten Zone des Erdmantels, ist das *Sea Floor-Spreading*, wobei sich infolge des Auseinanderrückens der verschiedenen Platten ein tektonischer Graben durch Spreizen der Tiefseeböden bildet, gleichzeitig verbunden mit einem Aufwölben der Grabenränder und der Bildung mittelozeanischer Rücken. Ursache für das *Sea Floor-Spreading* ist das Aufsteigen von **Magmakonvektionsströmungen** in der **Astenosphäre**, einer Zone unterhalb der **Lithosphäre** im Erdinnern in einer Tiefe von 20 bis 80 Kilometern unter den Ozeanen und bis zu mehreren hundert Kilometern Tiefe unter den Kontinenten.

Der schalenförmige Aufbau des Erdinnern ist ja hinlänglich bekannt: Die auf der zähflüssigen Schmelze des Erdmantels driftenden Kontinentalplatten reichen tief in den Erdmantel hinein. Nach der geologischen Hypothese der Plattentektonik ist die Erdkruste also in verschieden große, relativ starre Platten von bis zu durchschnittlich 200 Kilometern Dicke gegliedert, die mit vielen Grenzzonen entlang ozeanischer Rücken und Gräben aneinanderstoßen und sich aufgrund der beschriebenen konvektiven Strömungsprozesse im Erdmantel langsam passiv bewegen. Aus der Analyse von Erdbebenwellen hat man jüngst geschlossen, dass die obere Schale der Erde unter den Kontinenten maximal etwa 250 Kilometer tief reicht, unter den Ozeanen endet sie dagegen schon in 80 Kilometern Tiefe. Der große Unterschied zwischen Land und Meer ist auf das jeweilige Alter der Erdkruste zurückzuführen. Im geologischen Sinne ist nämlich die marine Erdkruste – anders als die kontinentale – verhältnismäßig jung, sie ist nirgendwo älter als 220 Millionen Jahre. Die zum Teil mehrere Milliarden Jahre alten Kontinente sind dicker, weil sich dort im Laufe der Erdgeschichte mehr Gestein angesammelt hat.

Bei der Plattendrift werden magmatische beziehungsweise vulkanische Prozesse aktiviert: Jason Morgan hat im Jahr 1972 die äußere Erdrinde in eine Reihe von solchen Platten unterteilt, deren Grenzen durch Erdbeben und erhöhte vulkanische Aktivität gekennzeichnet sind und die sich gegeneinander bewegen: Der *Ring of Fire* umgibt den gesamten Pazifik vom Tonga-Graben im Südwesten über den Marianen-Graben, den Japan-Graben, die Kurilen, die Aleuten entlang der nordamerikanischen Küste bis nach Kalifornien und über Mexiko nach Südamerika und ist gekennzeichnet durch eine Anhäufung aktiver Vulkane, wie wir es in der Abbildung 2.4 sehen.

Effekte der Plattenverschiebungen zeigen sich im Aufreißen von Zentralgräben Mittelozeanischer Rücken durch Spreizen des Meeresbodens, wie man den international gebräuchlichen Begriff des *Sea Floor-Spreading* am besten übersetzt. Dabei schließen submarine, also untermeerische Basaltergüsse die Spalten wieder. Die tektonischen Bewegungen bei der Plattendrift beruhen auf Ausgleichsprozessen in der Astenosphäre. Da die Erde nicht expandiert, kann man annehmen, dass die ständige Krustenentstehung durch Krustenzerstörung an anderer Stelle kompensiert wird. Dem Magmaaufsteigen im Bereich Mittelozeanischer Rücken stehen Abtauchbewegungen von Kontinentalplatten in **Subduktionszonen** gegenüber, die sich an Plattenrändern im Ozean oder an der Grenze zwischen Ozean und Kontinentalrand befinden. In Subduktionsbereichen herrscht meist starker Vulkanismus; hier tauchen **Ozeanische Platten** unter die **Kontinentalen Platten** ab, und alles Material wird wieder aufgeschmolzen. Man vermutet, dass im Verlauf der Erdgeschichte alles Gestein auf unserem Globus mehrere Male diesen Weg gegangen ist. Am besten zeigt sich dies im Ostpazifik: Der sich ausdehnende Ostpazifische Rücken schiebt die Nazca-Platte gegen Südamerika. Diese Ozeanische Platte wird unter die leichtere südamerikanische Platte gepresst. Die kontinentale Kruste Südamerikas wölbt sich unter dem Druck und bildet die Kordilleren der Anden, die sich über 7500 Kilometer zwischen dem Karibischen Meer und Kap Hoorn erstrecken und die vor allem in den Zentral- und Nordanden zahlreiche Vulkangipfel von über 6000 Metern Höhe aufweisen.

Die ungefähr gleichen Konfigurationen an den Ost- und Westküsten des Atlantiks sowie gleiche geologische, paläontologische, geotektonische und paläomagnetische Merkmale beweisen, dass eine Verschiebung und Drift der Kontinente etwa vom Mesozoikum, also ab der Triaszeit, erfolgt sein muss. Die Plattentektonik lenkte zudem über lange geologische Zeiträume die Zirkulation der Wassermassen in den damaligen Ozeanen; Meeresbecken öffneten sich beim Auseinanderweichen von Platten und wurden wieder geschlossen beim Zusammenstoß von Kontinenten.

Hierdurch veränderte sich der wärmende und kühlende Einfluss von Meeresströmungen auf das angrenzende Land. Die Plattentektonik bewirkte außerdem die Bildung von Gebirgsketten an den Kontinentalrändern, wie wir oben gesehen haben, mit folgendem Effekt: Gebirge veränderten nachfolgend im hohen Maße die atmosphärische Zirkulation und damit den Transport von Wasserdampf in der Atmosphäre. So entstanden immer wieder große Trockengebiete im Windschatten der Gebirge, und so hat die Plattentektonik in der Erdgeschichte auch immer wieder das Klima beeinflusst und gesteuert, die jeweilige Biosphäre und auch die Evolution nachhaltig beeinflusst.

Box 2.3. Chemische Evolution

Vor etwa 15, vielleicht auch vor bis zu 20 Milliarden Jahren begann die Existenz des Universums mit der Entstehung aller Energie und Materie in einem Punkt. Wir nennen diesen Vorgang *Big Bang* oder **Existentiellen Urknall**. Seitdem dehnt sich das Weltall aus, und die Erde kühlt sich vergleichsweise schnell ab. Eine notwendige Voraussetzung für das Entstehen des Lebens auf der Erde war damals eine abiotische, das heißt ohne Mitwirkung von Organismen mögliche Bildung von einfachen organischen Stoffen, zum Beispiel von Zuckern als Basis für Kohlenhydrate und Fettsäuren oder Aminosäuren als Bausteine von Eiweißen oder Nukleotiden, den Bestandteilen der Erbsubstanz. Diese Verbindungen sind wichtige Aufbaustoffe lebender Zellen: Sie müssen also vor den ersten Zellen existiert haben. Chemisch gesehen handelt es sich dabei um organische Kohlenstoffverbindungen; das sind im Allgemeinen große, kompliziert aufgebaute Moleküle aus den Elementen Kohlenstoff (C), Wasserstoff (H), Sauerstoff (O) und Stickstoff (N). Diese Elemente bilden miteinander aber auch einfache Verbindungen wie Methan (CH_4), Wasser (H_2O) oder Ammoniak (NH_3), die schon vor Milliarden Jahren auf der Ur-Erde reichlich vorkamen. Man nimmt heute an, dass diese kleinen Moleküle das Ausgangsmaterial für die Bildung organischer Verbindungen waren, dass es also auch bei den chemischen Molekülen eine Entwicklung vom Einfachen zum Komplizierten gegeben hat: eine **Chemische Evolution**. Die Suche nach dem Ursprung des Lebens muss demnach aus heutiger Sicht schon beim Ursprung der Materie beziehungsweise beim Ursprung der Erde beginnen. Im letzten Kapitel wurde bereits erwähnt, unser Planet Erde ist vor etwa 4,5 Milliarden Jahren entstanden: Gase und kosmischer Staub früherer Himmelskörper zogen sich aufgrund der Schwerkraft, der **Gravitation**, zu einer Kugel zusammen. Das Material war anfangs kalt, erwärmte sich dann aber durch den steigenden Druck bei zunehmender Verdichtung. Radioaktive Vorgänge im Inneren heizten die Ur-Erde schließlich bis zur Schmelze auf. Die Oberfläche des glühenden Balls kühlte wieder ab, als die wärmeliefernden Reaktionen nachließen. Hohe Temperaturen – bis zu 5000 Grad Celsius – blieben wegen der isolierenden Wirkung der Erdkruste aber bis heute im Erdinnern erhalten.

Parallel mit der Abkühlung der Erde veränderte sich auch ihre Gashülle, die Atmosphäre. Die ursprüngliche **Primäre Atmosphäre** bestand überwiegend aus leichten Gasen wie Wasserstoff und Helium. Sie entwichen in den Weltraum. Die zweite, **Sekundäre Atmosphäre** baute sich durch vulkanische Ausgasungen aus dem Erdinnern auf. Bei Vulkanausbrüchen werden auch heute noch Gasgemische ähnlicher Zusammensetzung frei. Die sekundäre Atmosphäre – auch **Ur-Atmosphäre** genannt – enthielt größtenteils Wasser, Methan und Ammoniak, in geringen Anteilen aber auch Stickstoff, Wasserstoff und Kohlendioxid. Freier Sauerstoff fehlte oder war nur in Spuren vorhanden. Die sekundäre Atmosphäre wirkte daher im Gegensatz zu unserer heutigen sauerstoffhaltigen **Tertiären Atmosphäre** reduzierend. Organische Verbindungen konnten auf abiotischem Wege entstehen und waren stabil. Freier Sauerstoff hätte die organischen Moleküle durch Oxidation wieder in die kleinen anorganischen Moleküle zerlegt. Auch die Erdkruste war inzwischen schon so weit abgekühlt, dass außerdem der aus den Vulkanen ständig entweichende Wasserdampf nun endlich zu Wasser kondensieren und sich in Flüssen, Seen und letztlich im Urozean sammeln konnte. Die frühe Erde war in diesem Zustand ein biochemisches Labor, in dem die chemische Evolution wirkte. Organische Substanzen wie Aminosäuren, Zucker und Fettsäuren sind energiereicher als Wasser, Methan oder Ammoniak. Sie können sich daher nur unter Einwirkung von Energie aus den energiearmen anorganischen Molekülen bilden. In dem fraglichen Zeitraum vor 4,5 bis 4 Milliarden Jahren waren geeignete Energiequellen im Übermaß vorhanden: Die kurzwellige ultraviolette Strahlung der Sonne wirkte intensiver als heute, weil die abschirmende Ozon-Schicht noch fehlte. Gewitter mit ihren elektrischen Entladungen der Blitze und radioaktive Vorgänge, bei denen energiereiche Strahlung freigesetzt wird, traten sehr viel häufiger auf als gegenwärtig, und durch die zahlreichen Vulkanausbrüche wurde die Erdwärme in erhöhtem Maße wirksam.

1953 wies der amerikanische Biochemiker Stanley Louis Miller nach, dass die Vorstellungen der Wissenschaftler vom Ablauf der ersten Schritte der chemischen Evolution zutrafen. Er führte ein einfaches Experiment durch, das ihn weltberühmt machte: die **Miller-Synthese**. In diesem Simulations-Versuch ahmte er die Bedingungen der Ur-Atmosphäre nach. Er erhitzte Wasser bis zum Verdampfen und leitete den Wasserdampf zusammen mit den Gasen Methan, Wasserstoff und Ammoniak in ein ballonförmiges Reaktionsgefäß. Dort führte er dem Gasgemisch Energie in Form von elektrischen Entladungen zu. Innerhalb weniger Tage bildeten sich einfache organische Moleküle. Sie reicherten sich nach dem Passieren eines Kühlers in einem u-förmigen Auffangrohr an, das mit Wasser gefüllt war. In dieser Flüssigkeit konnten 19 verschiedene organische Verbindungen nachgewiesen werden, darunter mehrere Aminosäuren, zum Beispiel Glycin und Alanin. Man nannte die Lösung „Ursuppe", weil man annahm, dass die in der natürlichen sekundären Atmosphäre entstandenen organischen Moleküle mit den Niederschlägen in die Ur-Ozeane gelangten und sich dort anreicherten.

Heute weiß man, dass sich unter den Bedingungen, die auf der Ur-Erde herrschten, nahezu alle Substanzen bilden konnten, die für den praebiotischen Aufbau der lebenswichtigen chemischen Stoffe notwendig sind. Als Sammelbecken spielte die Ursuppe aber wohl nicht die zentrale Rolle, die ihr anfangs zugeschrieben worden war. Heute gilt es als wahrscheinlicher, dass sich die abiotisch entstandenen organischen Moleküle im Schlamm der Meeresböden, im Sand von Uferzonen oder in den Poren von erkalteten vulkanischen Gesteinen anreicherten, wo sie vor der Einwirkung energiereicher Strahlung geschützt waren. Diese Strahlung war zwar einerseits als Energiequelle für ihren Aufbau notwendig, führte aber andererseits bei weiterer Einwirkung leicht wieder zum Zerfall der Moleküle. Der nächste Schritt in der chemischen Evolution war die Verknüpfung der bisher erwähnten abiotisch entstandenen organischen Moleküle zu komplizierter aufgebauten **Riesenmolekülen**. An diesen Reaktionen waren wahrscheinlich Mineralien als Katalysatoren beteiligt. Katalysatoren sind Stoffe, die eine Reaktion einleiten oder beschleunigen. Bei der Kondensation, der Verknüpfung von Aminosäuren zu eiweißähnlichen Stoffen wird zum Beispiel Wasser frei. Dieses Wasser muss aus dem System entfernt werden, weil die Endprodukte sonst wieder in ihre Bausteine zerfallen. Auf der Früherde war die Verdampfung des Wassers bei Temperaturen von 100 bis 180 Grad Celsius auf der Erdoberfläche oder seine chemische Bindung an Mineralien möglich. Beide Wege konnten in Simulationsversuchen bestätigt werden. Es gilt daher als gesichert, dass auch organische Riesenmoleküle, die heute nur in lebenden Zellen vorkommen, vor Milliarden Jahren abiotisch aufgebaut werden konnten. Auch ihre Anreicherung zu **Mikrosphären** in kleinsten Tröpfchen war möglich.

Damit endet unser derzeitiges Wissen über die chemische Evolution. Bis heute ist unbekannt, wie sich die weiteren Entwicklungsschritte zu einfachsten, sich selbst organisierenden Systemen vollzogen haben. Solche Systeme müssen jedoch als Vorstufen lebender Zellen existiert haben, wenn die Annahme von der kontinuierlichen Entwicklung unbelebter Materie zu Lebendigem zutrifft. Hier klafft noch eine große Lücke. Gesicherte Erkenntnisse bestehen erst wieder über echte Zellen, die in 3,5 Milliarden Jahre altem Gestein als Fossilien gefunden worden sind:

Es entwickelten sich zuerst **Makromoleküle**, also Konzentrate von komplex angeordneten Molekülen innerhalb zellulärer Strukturen. Ein wichtiger Lebensraum für die Bildung solcher Strukturen könnten marine Wattenpools gewesen sein, wo wechselnde Sonneneinstrahlung, Austrocknung und Wasserbedeckung die Bedingungen für die Konzentration solcher selbständigen molekularen Strukturen ermöglichten, denn die ersten Makromoleküle enthielten hydrophobe, also wasserunlösliche, und hydrophile, also wasserlösliche Schichten, die kleine, geschlossene Vesikel bilden konnten, in denen sich Proteine erstmals vom Außenmedium separierten – ein ideales Umfeld für die Bildung erster Protozellen. Diese stammesgeschichtlich ältesten Lebewesen waren algenähnliche Zellen. Sie verfügten schon über photoaktive Farbstoffe und konnten daher im Sonnenlicht Kohlendioxid zerlegen und Sauerstoff freisetzen, wie es alle grünen Pflanzen auch heute bei der Photosynthese tun.

Der freie Sauerstoff wurde zunächst vom Meerwasser und von der Lufthülle der Erde aufgenommen und reicherte sich später auch dort an. Damit entstand die dritte, jetzige **Tertiäre Atmosphäre**. Dieser von Pflanzen produzierte Sauerstoff ist die Grundlage für das tierische Leben. Die Evolution der Organismen von den primitivsten Lebewesen bis zu den hochentwickelten Pflanzen und Tieren und bis zum Menschen hat mit rund 3,5 Milliarden Jahren mehr als doppelt so lange gedauert wie die chemische Evolution. Eine grobe Übersicht über die geologischen Epochen und die Entwicklung des Lebens auf der Erde gibt uns die Abbildung 2.5 auf der gegenüberliegenden Seite, wo die Erdzeitalter und die biologischen Evolutionsphasen graphisch dargestellt sind.

2.2 Evolution von Pflanzen- und Tierwelt

Direkte Zeugen des Lebens früherer Epochen sind die Fossilien. Aufgrund ihres Auftretens in aufeinander folgenden Gesteinsschichten kann man eine relative Zeitbestimmung vornehmen, denn viele bekannte Lebewesen gelten für bestimmte geologische Epochen als **Leitfossilien**, und diese dienen so genannten biostratigraphischen Datierungen. Mit Hilfe radioaktiver Elemente und deren Zerfallsprodukten gelingt heute dazu die recht genaue radiometrische Datierung der Fossilien. Deren intensive Erforschung begann erst im 19. Jahrhundert mit Georges Cuvier (1769-1832), der unter anderem die fossilen Säugetiere des Gipses vom Montmatre beschrieb und ihre Skelette rekonstruierte. Er sah diese nicht als Vorfahren heutiger Arten, sondern nur als Lebewesen vergangener Epochen und entwickelte daraus seine bekannte Katastrophentheorie. Erst Charles Lyell (1797-1875) brachte 1830 seine *Principles of Geology* heraus und gab eine Interpretation der Fossilien, wie wir sie heute noch akzeptieren; gleichzeitig schuf er den Begriff **Paläontologie** für diese neue Wissenschaft, und etwas später 1841 prägte Richard Owen (1804-1892) für die riesigen Skelette ausgestorbener Reptilien den Begriff Dinosaurier.

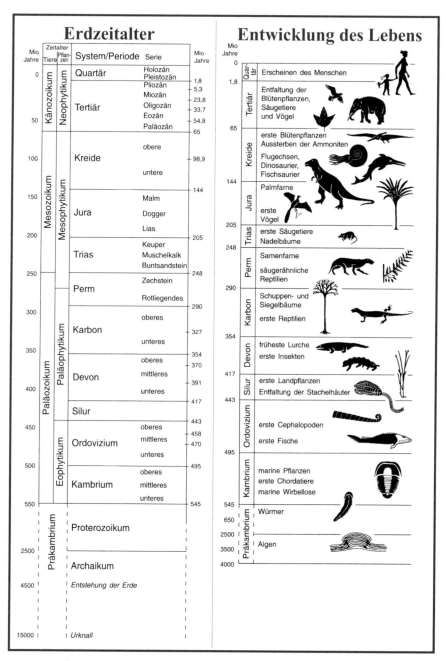

Abb. 2.5. Übersicht über die geologischen Epochen und die Entwicklung des Lebens (nach Verlag Dr. F. Pfeil, © Wissenschaftlicher Verlag, München)

Zum **Präkambrium** gehört die Anfangszeit der Erde zunächst ohne organisches Leben, welche auch als **Archaikum** bezeichnet wird. Die klassische geologische Gliederung dieser ältesten Epoche, die 86 Prozent der gesamten Erdgeschichte umfasst, ist regional teilweise sehr differenziert – sie umgreift allgemein die Zeitstellung von 4,5 bis 2,5 Milliarden Jahren. Für uns ist interessant, dass wir hier die Entwicklung der eukaryotischen Algen bei 4 bis 3,5 Milliarden Jahren ansetzen können; ab 2,5 Milliarden Jahren kennen wir die ersten tierischen Organismen, beispielsweise Würmer, und dementsprechend nennen die Paläozoologen diese Epoche auch das **Proterozoikum**, das sehr lange bis 550 Millionen Jahre angedauert hat. *Dickinsonia*, ein gegliedertes Tier, das mit den heutigen Ringelwürmern verwandt sein dürfte, lebte vor rund 560 Millionen Jahren. Etwa gleich alt ist das Fossil eines Tieres Namens *Spriggina*, dessen Körper aus gleichförmigen Segmenten aufgebaut war und unseren heutigen Gliederwürmern ähnelte. Vielleicht mindestens eine Milliarde Jahre alt sind die versteinerte Spur einer Qualle und eine fossile Kolonie von Hohltieren mit dem Namen *Pteridinium*. Diese scheinen mit den heutigen Seefedern verwandt zu sein, einer Tiergruppe, die zu den Korallen gestellt wird (Abb. 2.6).

Abb. 2.6. *Spriggina*, ein gliederwurmähnliches Fossil, etwa 560 Millionen Jahre alt (links), versteinerte Spur einer Qualle aus der Gattung *Pteridinium* (rechts), etwa 560 Millionen Jahre alt (aus Gries 1985)

Unveränderte Reste der vor 4,5 Milliarden Jahren entstandenen ersten Erstarrungskruste der Erde sind durch die nachfolgenden ständigen Umformungen nicht zu erwarten; das älteste datierte Material ist ein Zirkonkristall aus Westaustralien, etwa 4,3 Milliarden Jahre alt. Das bisher älteste bekannte Sediment mit biogenem Kohlenstoff ist etwa 3,8 Milliarden Jahre alt und stammt aus Grönland. Durch Vulkanismus metamorphisierte

Magmen und Sedimente aus dem Präkambrium bilden auf allen Kontinenten die so genannten **Grundgebirge** und sind als Reste der ersten kontinentalen Kruste in mehreren Kontinentalkernen enthalten. Man nennt diese „Alte Masse", also die nicht mehr faltbaren Bereiche der Erdkruste, auch **Kratone**. Sehr alte Kratone sind die **Schilde**, die präkambrischen Urgebirgsmassive, wie der Kanadische Schild, Fennosarmatien und das Angaraland im Bereich des heutigen zentralen und nördlichen Sibiriens oder die mächtige Landmasse des Australischen Schildes auf der Südhalbkugel.

Abb. 2.7. Stromatolithen sind die ältesten bekannten Lebensformen der Erde, Shark Bay, Westaustralien. Ähnlich Korallen ragen zahllose dunkle Höcker und Kuppen – manche bis zu 60 cm hoch. Sie verdanken ihre Existenz verschiedenen Cyanobakterien, die winzige Sedimentpartikel aus dem Salzwasser binden und so Schicht für Schicht aufbauen. Auf ihrer Sauerstoffproduktion basiert alles irdische höhere Leben (aus Fuchs u. Baehr 1998)

In der nachfolgenden geologischen Epoche des **Kambrium** ab etwa 540 Millionen Jahren vor heute gliederten weite Ozeane die Landmassen unseres Planeten in Nord- und Südkontinente, die wir später als Laurasia und Gondwana bezeichnen werden. Mit Ausnahme der Wirbeltiere waren bereits alle wichtigen Tiergruppen, wie marine Wirbellose, erste Chordatiere und die marinen Pflanzen in der reichhaltigen Fauna und Flora des Kambriums vertreten. **Stromatolithen** dominieren in den damaligen Weltmeeren, in denen sich schon Riffkalke mit kalkabscheidenden Algen gebildet hatten (Abb. 2.7).

Stromatolithen zählen zu den ältesten Lebensspuren auf der Erde
(Abb. 2.7). Sie sind Lebensgemeinschaften aus Bakterien und blau-
grünen Algen oder Cyanobakterien, die im flachen Wasser am Meeresboden geschichtete Matten bildeten, Schwebstoffe einfingen und
etagenförmige Gesteinskörper, die so genannten schichtbildenden
„Teppichsteine" oder eben Stromatolithen aufbauten. Diese deuten
auf ein warmes und sehr trockenes Klima hin, denn erstmals in der
Erdgeschichte wurden Salzgesteine abgelagert. Damals konsolidier-
ten Erdkrustenteile und Ränder der Kratone wie der Kanadische
Schild, weite Teile Fennosarmatiens in Skandinavien, der Sibirische
Schild. Ungarn und Teile in Nordchina wurden in jener Zeit in eine
Gebirgsfaltung einbezogen, die sich beispielsweise von Island über
Schottland in die skandinavischen Gebirge erstreckte und die nach
dem lateinischen Namen für Schottland Caledonia als **Kaledonische
Gebirgsbildung** bezeichnet wird. Auch die Bezeichnung des
Kambrium erfolgt nach Gesteinsfunden aus Nordwales, das noch im
Mittelalter Cambria genannt wurde.

Aus dem nachfolgenden **Ordovizium** ab 495 Millionen Jahren kennen
wir die ersten Wirbeltiere; die Fische treten auf zusammen mit Grapto-
lithen, kleinen koloniebildenden Meereslebewesen mit chitinartigem Skelett aus der Klasse der Kragentiere, die vom Mittelkambrium bis zum Un-
terkarbon bis etwa 330 Millionen Jahre vor heute lebten. Ihre Skelette
finden sich heute in dunklen Schiefern und Kalken, und diese sind wichtige Leitfossilien für ihre Zeit. Die **Trilobiten** erreichten damals den Höhepunkt ihrer Formenvielfalt und Körperfülle (Abb. 2.8).

Abb. 2.8. Trilobiten sind die Leitfossilien von den Erdperioden des Kambrium bis
zum Karbon vor etwa 330 Millionen Jahren. Im Ordovizium (vor 495 bis 443 Millionen Jahren) erreichten sie ihre höchste Formenvielfalt. Links: *Phacops rana
crassituberculata*, Mittleres Devon, Ohio, Länge 7 cm. Rechts: *Ceratarges* spec.
Mittleres Devon, Marokko, Länge 4 cm. (D. Grzegorczyk, Westfälisches Museum
für Naturkunde, Münster)

Box 2.4. Kambrische Artenexplosion

Beginnend vor etwa 550 Millionen Jahren im Kambrium also kam es offenbar durch heftigen Vulkanismus mit vergleichsweise schnell driftenden Landmassen zu einer enormen Veränderung der ehemaligen Lebensräume. Der alte Superkontinent Gondwana rotierte damals innerhalb von „nur" 15 Millionen Jahren um etwa 90 Grad gegen den Uhrzeigersinn. Die resultierende, verhältnismäßig „rasche" Neuverteilung der Landmassen könnte in jener Zeit die so genannte **Kambrische Artenexplosion** verursacht haben – eine Art **„Biologische Spontanzündung"**: Auf den Kontinenten entwickelten sich dementsprechend in rascher Folge eine Vielzahl neuer Lebewelten mit einer bislang beispiellosen Beschleunigung der biologischen Evolution. Die Fixierung von elementarem Stickstoff aus der Luft spielte auch schon in jener Zeit in nährstoffreichen Ozeanen eine entscheidende Rolle im Stoffhaushalt der Lebewesen. Verantwortlich dafür sind noch heute vor allem die Cyanobakterien, die über spezielle Stoffwechselenzyme verfügen, welche elementaren Stickstoff verwerten können. Das ist ein uralter, noch heute wirksamer Prozess, denn Massenvermehrungen dieser Mikroorganismen konnte man während der jüngsten El Niño-Ereignisse in den Jahren 1992 und 1997 beobachten, als der Westpazifik ungewöhnlich stark erwärmt wurde. So wird noch immer – wie schon im Erdaltertum – bei den Algenblüten, den Massenvermehrungen dieser stickstoffautotrophen Cyanobakterien außer Stickstoff auch ungewöhnlich viel Kohlenstoff im Meer gebunden. Der wichtigste Primärproduzent in den Ozeanen ist wohl ein Vertreter der Cyanobakterien aus der Gattung *Prochlorococcus*, der $6 \cdot 10^9$ Tonnen Kohlenstoff global pro Jahr bindet.

Im Unterordovizium entstanden ferner die ersten Seelilien, die Haar-, Schlangen- und Seesterne sowie die Seeigel. Auch erste Muscheln und Schnecken sind aus dieser Epoche nachgewiesen. Die Flora des Ordoviziums bestand noch immer allein aus Algen und anderen Niederen Pflanzen. Der wissenschaftliche Name für diese geologische Epoche stammt ebenfalls aus Nordwales nach einem dort lebenden keltischen Volksstamm, den Ordovikern. Auf dem nördlichen Kontinent bildeten sich auf den alten kambrischen Kontinentkernen im Zuge der vorangegangenen Kaledonischen Gebirgsfaltung erste Geosynklinalen als Einsenkungen und Tiefseetröge und als erste Vorläufer des Atlantischen Ozeans, in die der bereits anfallende Erosionsschutt der ersten Flüsse hineinsedimentiert wurde. Auch die heute in Mitteleuropa so bedeutenden Mittelgebirge, wie das Rheinische Schiefergebirge, die Ardennen, der Harz und das thüringisch-sächsisch-böhmische Massiv nahmen damals ihren Anfang. Im Süden der nördlichen Kontinentalplatte tat sich ebenfalls eine Geosynklinale auf, ein Vorläufer der **Tethys**, des späteren Ozeans zwischen den Nord- und Süd-

kontinenten des Paläo- und des Mesozoikums. Auf dem südlichen Kontinent bildeten sich die noch heute an den Rändern zum Pazifik gelegenen
Vorläufer der Anden des heutigen Südamerika und das Ostaustralische
Gebirge, die derzeitige Dividing Range von Queensland im Norden bis
nach Tasmanien im Süden. Das Kapgebirge in Südafrika war damals wahrscheinlich sogar vergletschert.

Abb. 2.9. Silurische Felsmassen auf der
schwedischen Insel Öland als Reste des
Kaledonischen Gebirges im alten Nordkontinent (Alvar, 1987).

Den dritten Abschnitt des Paläozoikums bildet das **Silur** ab etwa 440
Millionen Jahren. Die Kaledonische Geosynklinale zog damals in Europa
von den Britischen Inseln über Norwegen und Spitzbergen nach Ostgrönland. Das entsprechend verlaufende Kaledonische Gebirge erreichte in dieser Zeit seinen Höhepunkt und vereinte die ursprüngliche baltisch-
russische Platte mit der kanadisch-grönländischen Platte zu einem geschlossenen Nordkontinent (Abb. 2.9).
In den damaligen Meeren und Flachwasserbereichen wurde reichlich Sediment abgelagert. Fossilführende Schiefer und Korallenkalke zeugen
noch heute davon. Die älteste bekannte Landpflanze der Erde aus dieser
Zeit gehört zu den fossilen Nacktfarnen, den **Psilophyten**: erste Funde
von *Cooksonia caledonica* stammen aus dem Obersilur Englands; die
Pflanze ist nach der australischen Paläontologin Isabel Clifton Cookson
(1893–1973) benannt. Sie ist vom Obersilur bis zum Unterdevon in Europa und Sibirien nachgewiesen worden (Abb. 2.10).
    Die letzten Phasen Kaledonischer Gebirgsbildungen im **Devon** – be-
nannt nach der südenglischen Grafschaft Devonshire – wo Gesteinsserien
aus der Zeit von 417 bis 354 Millionen Jahren vor heute ausgebildet sind,

veränderten das Aussehen der Nordhalbkugel: Ein riesiges Land reichte von Nordamerika über die Britischen Inseln bis nach Nordeuropa, nach den rotgefärbten Sedimenten **Old Red-Kontinent** genannt (Abb. 2.11).

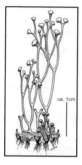

Abb. 2.10. *Cooksonia pertonii* (Zeichnung *C. caledonica)*, Fundort: Wales, Mittelsilur (Sammlung Hans Steur, Ellecom, Niederlande. Foto: Hans Kerp; Rekonstruktion aus Stewart u. Rothwell 1993, © Cambridge University Press)

Es erstreckte sich jetzt fast um den gesamten nördlichen Erdball. Südlich anschließend bildete sich in jener Zeit von Nordfrankreich über das Rheinische Schiefergebirge bis zum Harz das Variskische Gebirge. Die **Variskische Gebirgsbildung** hat praktisch die gesamte damalige Erde umspannt und eine große zusammenhängende Landmasse, eben Pangaea, aus vielen Erdteilen zusammengefügt. Sie erreichte ihren Höhepunkt im Karbon, endete im Perm und verdrängte das Meer aus Mitteleuropa.

Abb. 2.11. Old Red-Sandstein des Cap am Down Patrick Hill in Nordwestirland (2003).

Der Begriff „variskisch" erinnert an den römischen Namen „*Curis Variscorum*" für die bayerische Stadt Hof und an das benachbarte Vogtland, das ehemalige Wohngebiet der germanischen Varisker. Die dazwischen liegenden Geosynklinalen hatten Verbindung zur Tethys, die damals ganz Europa einnahm. Das Klima auf der Nordhalbkugel war warm, wie Korallenriffe aus dieser Zeit bezeugen. Im Meer lebten Knorpel- und Knochenfische, und aus den lungenartigen Atmungsorganen und knöchernen Stützflossen der für das Landleben angepassten Quastenflosser entwickelten sich die Organe der Amphibien und Lurche. Wahrscheinlich gab es schon am Ende dieser Epoche auch die ersten geflügelten Insekten. Die Südkontinente waren teilweise im Süden Afrikas und Südamerikas vergletschert, der Südpol lag in Südafrika.

Dort, wo im schottischen Rhynie nahe Aberdeen offenbar der vorkeltische Volksstamm der Silurer lebte, fand man auch die Fossilien weiterer früher Landpflanzen, die zur Psilophytengruppe der Nacktfarne mit ihren ersten Pionieren, den 20 bis 50 cm hohen *Rhynia gwynne-vaughani* und *R. major* (Abb. 2.12) gehören.

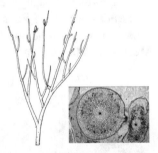

Abb. 2.12. *Rhynia gwynne-vaughani,* Fundort: Rhynie Chert, Unterdevon (Sammlung Paläobotanik Münster). Sprossquerschnitt (Foto: Hans Kerp) und Rekonstruktion aus Stewart u. Rothwell (1993)

Diese waren schon völlig mit Spaltöffnungen, Gefäß- und Leitbündeln an das Landleben angepasst. Eine etwas jüngere Flora als die Moorflora von Rhynie ist vom Kirberg bei Wuppertal bekannt. Hier fand man neben Psilophyten auch Farne mit fein gegliederten Seitensprossen, die Farnwedeln ähneln, jedoch in alle Richtungen verzweigt sind, und *Asteroxylon*, eine Übergangsform von Psilophytatae und Lycopodiatae, den Bärlappgewächsen. *Asteroxylon* war die häufigste Pflanze dieser Gemeinschaft und ist eine der ältesten Landpflanzen Deutschlands (Abb. 2.13). Sie wurzelte im flachen Wasser, nachgewiesen bei Wuppertal-Elberfeld als *A. elberfeldense*. Ihre Sprosse wurden bis einen Meter hoch und erreichten den Luftraum. Sie trugen in den bodennahen Abschnitten kleine schuppenförmige Auswüchse ohne Blattadern; an den kahlen Enden befanden sich die Sporangien. Der Name *Asteroxylon* bedeutet Sternholz und weist auf die im Querschnitt sternförmige Anordnung der Leitbündel hin. Für *Asteroxylon* wurde nach V. Storch et al. (2001) eine Pilz-Symbiose nachgewiesen:

In der Rindenschicht des Rhizoms lebte *Palaeomyces asteroxyli*. Im Unterschied zu den Psilophytatae war der Spross mit schuppen- beziehungsweise nadelförmigen Auswüchsen bedeckt, die zwar noch keine Blattader besaßen, zu denen aber vom Stammleitbündel eine Bündelspur abzweigte.

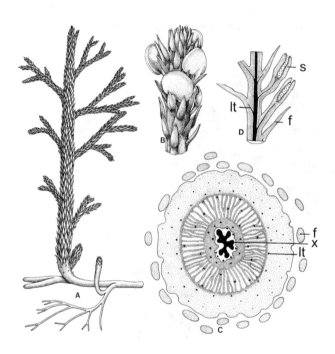

Abb. 2.13. *Asteroxylon mackiei*: Rekonstruktion der Pflanzenteile (A); Rekonstruktion der fertilen Sprossabschnitte mit Sporangien (B); Querschnitt der oberirdischen Sprossabschnitte (C). Details: blattähnliche Strukturen (f); Spuren von Leitgewebe (lt); Xylem der Actinostele (x). Schematische Darstellung eines Längsschnittes im Bereich der Sporenachse (D): blattähnliche Struktur (f); Blattleitgewebe (lt); Sporangium (s). Aus Stewart u. Rothwell (1993)

Während die bisher erwähnten „Landpflanzen" sich zwar in die Luft erhoben, aber noch im Grund des flachen Wassers wurzelten, besiedelten andere schon das trockene Land, so der bis 20 Meter hohe Baumfarn *Archaeopteris* mit dem wohl ersten Holzstamm in der Evolution und großen Wedeln, den so genannten Megaphyllen (Abb. 2.14). Seine Holzanatomie weist schon auf Nacktsamer hin. Sein Stammdurchmesser erreichte etwa 1,5 bis 4 Meter. Man kennt ihn seit dem Oberdevon. Die bedeutendsten Funde stammen aus Marokko sowie von der Ostküste Nordamerikas.

Heute ausgestorbene, bis acht Meter hohe baumförmige Schachtelhalme, Bärlappe, Farne sowie frühe Nacktsamer haben im Devon schon mächtige Wälder gebildet. Das bis dahin karge Land wurde grün. Farne, Schachtelhalme und Bärlappgewächse machten noch immer einen wesentlichen Teil der Vegetation aus. Solche Pflanzen waren auch Wegbereiter für andere Organismen, die jetzt – aus dem Wasser kommend – einen neuen Lebensraum samt Nahrungsgrundlage vorfanden.

Abb. 2.14. *Archaeopteris,* Fundort: West Virginia, Oberdevon. (Sammlung Paläobotanik Münster, Foto: Hans Kerp). Rekonstruktion eines 4 m hohen Baumes aus dem Oberen Devon (aus Stewart u. Rothwell 1993, © Cambridge Univ. Press)

Im feucht-warmen Klima dieser Zeit wurden aus diesen ersten Wäldern der Erdgeschichte sogar die ersten Kohlen gebildet: Die oberdevonischen Fettkohlen der Bäreninsel, der tafelförmigen norwegischen Felseninsel Bjørnøy, sind die ältesten Kohleflöze der Erde zwischen dem europäischen Nordkap und Spitzbergen (Abb. 2.15). Wir haben gesehen, dass das Devon die große Epoche der Besiedlung des Festlandes durch Pflanzen und Tiere war; es waren verschiedene Nacktpflanzen als Vorläufer der Farne, der Schachtelhalme und der frühen Bärlappe, der Lycopodiales.

Abb. 2.15. Kohlenwald aus dem Devon, rekonstruiertes Landschaftsbild (Foto: Verlag DIA, Heidelberg, käufliche Reihe 28002)

Im warmen, jahrmillionenlangen Klima des nachfolgenden **Karbon** entwickelte sich die Pflanzenwelt in beeindruckendem Umfang weiter. Dominierend sind jetzt unter den höheren Sporenpflanzen die Bärlappgewächse mit den mächtigen Siegelbäumen der Gattung *Sigillaria*. Der Deutsche Siegelbaum (*Sigillaria germanica*) war eine der am weitesten verbreiteten Pflanzen im gesamten Karbon Mitteleuropas mit bis zu vierzig Meter hohen Bäumen, die lange, starre und fast zylindrische Blätter hatten.

Die so auffällige und üppige karbonische Landflora der Nordhemisphäre führte zu zwei Kategorien von Kohlevorkommen: den **Paralischen Kohlen**, das heißt an den früheren Küsten entstandenen, zum Beispiel in Schlesien, im Ruhrgebiet, in Nordfrankreich, in Belgien, in England, Wales und Schottland, und den **Limnischen Kohlen** aus Gebirgsbecken, wie wir es zum Beispiel aus dem Saarland kennen. Steinkohle entsteht, wenn umfangreiche Pflanzensubstanz luftdicht durch Schlamm oder Wasser bedeckt wird, so dass sie sich nicht zersetzt. Des Weiteren sind hoher Druck und hohe Temperaturen nötig, um Wasser, Kohlendioxid und Methan aus den Holz- und Blattresten zu entfernen, ein Prozess, den man **Inkohlung** nennt. Über Torf und Braunkohle entsteht schließlich Steinkohle in manchmal etliche tausend Meter dicken Kohleflözen. Die Sumpfwälder und Moore, auf die die karbonzeitliche Steinkohle zurückgeht, verschwanden im folgenden Perm, als das Klima trockener wurde.

Im Karbon rückten der damalige nördliche Kontinent und der Südkontinent näher aneinander und bildeten den durch einen in west-östlicher Richtung verlaufenden Meeresarm getrennten globalen Großkontinent, eben noch immer Pangaea, obwohl im Norden und Süden dieses Urkontinents zur Steinkohlenzeit offenbar verschiedene Lebensbedingungen herrschten: Zum ersten Mal in der Erdgeschichte kam es damals zu wirklich umfangreichem Pflanzenwachstum und anschließend zu riesigen Ablagerungen von organischem Material, aus denen die mächtigsten Steinkohlelager der Erde entstanden (Abb. 2.16).

Die wohl wichtigste Entwicklung der Pflanzenwelt im Karbon stellt der Übergang zur Samenbildung dar. Sogenannte Farnsamer, die **Pteridospermae**, entstehen, und am Ende der Steinkohlenzeit treten die ersten Nadelbäume auf. Wenn der Steinkohlenwald auch ein Tropenwald war, so darf er doch nicht mit heutigen Tropenwäldern verglichen werden: Blüten und blütenbesuchende Insekten fehlten noch, ebenso wie Früchte und früchtefressende Vögel. Es dominierten vielmehr Gefäßsporenpflanzen wie Riesenbärlappe, Riesenschachtelhalme und Baumfarne sowie Farnsamer. Diese Gruppen erreichten im Karbon und dem folgenden Unterperm ihre größte Entfaltung. Als große Bäume waren sie an das tropische Klima angepasst. Sie besaßen keine Jahresringe und keine ruhenden Knospen. Ihre allerdings sehr viel kleineren Nachkommen existieren bis heute. Eine Vorstellung über die enorme Biomasse und die Struktur der riesigen Steinkohlenwälder des Karbon kann man gewinnen, wenn man im Februar oder März eines Jahres über die großen und üppigen Sumpfwälder des Igapó, eines der andinen Nebenflüsse des Amazonas an der Grenze zwischen Equador und Kolumbien überfliegt. Wir kommen im Kapitel 15 darauf zurück.

Abb. 2.16. Gegenüberliegende Seite. Oben: *Lepidodendron aculeatum*, Fundort Ruhrgebiet, (Sammlung Paläobotanik Münster, Foto: Hans Kerp). Rekonstruktion von *Lepidodendron* spec.: Gesamthabitus (A), Schuppenblatt von *L. aculeatum* (B): Ligulargrube (l); Gefäßbündel (vb); Austrittsstellen der Gefäße (p); infrafoliäre Austrittsstellen von Gefäßen (ip). Unten: *Sigillaria* spec.: Rekonstruktion des Gesamthabitus (A); Schuppenblätter vom *Sigillaria-elegans*-Typ (B). Fotos: (a) *Sigillaria germanica*, Botanisches Institut, Universität Münster, Fundort Ibbenbüren, 250-200 Millionen Jahre alt. (b): *Sigillaria*, Naturkundemuseum Osnabrück, Piesberg, etwa 300 Millionen Jahre alt (Fotos: Brunhild Gries, Zeichnungen aus Stewart u. Rothwell 1993)

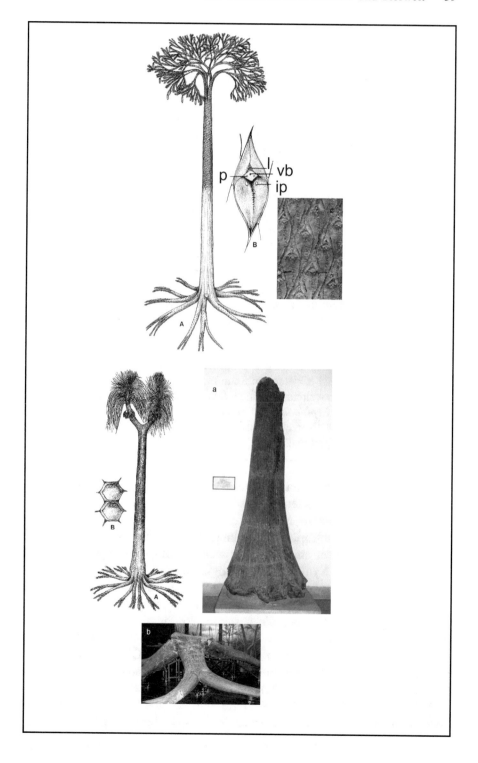

Box 2.5. Bezeichnende Pflanzen des Karbon

Die Vegetation bestand in den Kohlebildungsräumen aus einer verhältnismäßig kleinen Zahl von Gattungen, die in viele Arten aufgegliedert waren, zum
Beispiel *Lepidodendron*, dem Schuppenbaum, und *Sigillaria*, dem Siegelbaum; beides sind Bärlappgewächse. Einige *Lepidodendron*-Arten erreichten
Höhen von über 30 Metern bei einem Stammdurchmesser bis fünf Metern an
der Basis und sind damit neben den Sigillarien, die durchschnittlich 20 Meter
hoch wurden, die höchsten Bärlappgewächse aller Zeiten. *Lepidodendron* erhielt seinen Namen wegen der schuppenartigen Muster seiner rhombischen
bis annähernd quadratischen Blattpolster. Die Blattpolster lagen in Schrauben
von der Stammbasis bis zur weit ausladenden Baumkrone, die durch zahlreiche Gabelteilungen, also eine dichotome Verzweigung ihrer Äste gekennzeichnet war. Die immergrünen Blätter waren lanzettförmig. Sie waren bis zu
50 Zentimeter lang; ihre Spaltöffnungen waren in zwei Längsrillen an der
Blattunterseite angeordnet. Die Zapfen erreichten 75 Zentimeter Länge. Eine
weitere Besonderheit war ihre umfangreiche Rinde, die einen relativ dünnen
und weichen Holzkern umfasste. Solche Spaltöffnungen nahmen wohl einen
Teil ihres Wassers über die Blattpolster auf. Diese bildeten ein Rinnensys-
tem, das herablaufendes Wasser der Ligula zuführte, von der ein Leitbündel
ins Stamminnere zieht. *Sigillaria* besaß eine ein- bis zweifach dichotom verzweigte Krone. Ihre siegelförmigen Blattnarben standen in Längszeilen. Die
Blätter waren lang und bildeten am Stammgipfel beziehungsweise am Ende
der dichotomen Verzweigungen einen Schopf. Unter den Blättern hingen
Sporenzapfen. Wie *Lepidodendron* hatte *Sigillaria* ein weit ausladendes,
flach ausstreichendes Wurzelsystem. Sigillarien traten im Oberkarbon auf
und starben im Unterperm aus.

Alle im Devon angelegten Variskischen Gebirge steigen nun im Karbon
auf, und in die angrenzenden Geosynklinalen werden Sedimente mit mehreren tausend Kilometern Mächtigkeit abgelagert, um dank des warm-
feuchten, tropisch-subtropischen Klimas und durch Torfanhäufung zu
mächtigen Kohleflözen anzuwachsen, welche jedoch infolge zeitweiliger
Absenkungen in den Synklinalen der beginnenden Tethys und an den damaligen Kontinenträndern immer wieder von Meeressedimenten überdeckt
wurden (Abb. 2.17). Diese mächtigen Steinkohlevorkommen erstrecken
sich heute gürtelförmig über die gesamte Nordhemisphäre von Großbritannien über Nordfrankreich, Belgien, das Rheinisch-Westfälische Revier
mit nördlichsten Vorkommen in Ibbenbüren bis nach Oberschlesien in Polen und weiter nach Russland hinein. Eine ähnliche Entwicklung mit Koh-
lebildung ist für Nordamerika bekannt.

Auf der Südhalbkugel differenzierte sich damals bekanntermaßen die
Festlandmasse von Gondwana, welche im Oberkarbon ein offenbar kühle-

Abb. 2.17. Steinkohlenwald, Rekonstruktion aus dem Oberkarbon des Rheinlandes (Foto: Verlag-DIA, Heidelberg, käufliche Reihe 28002)

res Klima hatte, was die gehäuften Funde von *Glossopteris* bekunden: Diese baumförmigen Samenfarne wuchsen vermutlich in einem warmgemäßigten Jahreszeitenklima und warfen in der kalten Jahreszeit das Laub ab. Vertreter dieser in der Triaszeit ausgestorbenen Pflanzengattung findet man heute als Fossilien überall in „Gondwana-Ländern", wie Antarktis, Südamerika, Australien und Indien. Dort gibt es eine regelrechte *Glossopteris*-**Flora** in entsprechenden fossilführenden Gesteinsschichten (Abb. 2.18).

Abb. 2.18. *Glossopteris*, Fundort Skaar Ridge Antarctica aus dem Perm, von T.N. Taylor, University of Kansas, Lawrence, USA (Foto: Hans Kerp)

Auf der Südhemisphäre wurden großblättrige Formen von *Glossopteris* ebenfalls zu Kohle. Das ist die berühmte **Permkohle** Australiens und der Antarktis, wo man heute die größten Kohlevorkommen der Erde vermutet. Sie dienten damals Alfred Wegener als Beweis, dass es einst einen Südkontinent Gondwana gegeben hatte, und waren damit auch ein Indikator dafür, dass sich die Kontinente verschieben. Das Meer der Tethys gliederte später die Erde deutlich in das nördliche Laurasia und das südliche Gondwana. Der Südpol lag mitten auf Antarctica, der Nordpol irgendwo bei Kamtschatka. Amphibien waren in dieser Zeit überall reichlich vertreten; Fossilfunde bezeugen riesige geflügelte Insekten. Im Oberkarbon erschienen die ersten Reptilien, und die Höheren Pflanzen eroberten das sich ausdehnende Festland. Bärlappgewächse der beschriebenen fossilen Gattungen *Sigillaria* und *Lepidodendron*, Schachtelhalme aus den Familien der *Astrocalamitaceae* und *Calamitaceae* sowie Samenfarne der Gattung *Callipteris* und Cordaiten erreichten Baumgröße. Im Oberen Karbon erschienen auch die Vorläufer der heutigen Nadelbäume, unter anderem die fossilen Gattungen *Utrechtia* (=*Lebachia*) und *Ernestidendron* (Abb. 2.19). Die meisten Trilobiten starben hingegen in dieser Epoche aus.

Abb. 2.19. Links: *Ernestidendron germanica*, Fundort Odernheim aus dem Unterperm (Paläontologisches Museum Nierstein). Rechts: *Walchia (=Otovicia) hypnoides* aus dem Saar-Nahe-Becken des Unterperm, Paläontologisches Museum Nierstein (Fotos: Hans Kerp)

Mit der geologischen Periode des **Perm** endet um 250 Millionen Jahren vor heute das Paläozoikum. Benannt wird diese Epoche nach einem ehemaligen Regierungsbezirk in Russland im westlichen Uralvorland. Das Perm ist in tektonischer Sicht eine zunächst unruhige Zeit: Die variskische Gebirgsbildung, die in Europa und Asien die langgestreckten Kettenmittelgebirge geschaffen hatte, ging mit heftigen Vulkanausbrüchen und starken Erdkrustenbewegungen zu Ende. Auf den Südkontinenten im Gondwana-Bereich entwickelte sich die ausgedehnte **Permo-karbonische Vereisung**. Auf dem beginnenden Nordkontinent Laurasia wurden dagegen unter einem trocken-heißen Klima rotgefärbte Sedimentgesteine, Gipse sowie Stein- und Kalisalze abgelagert. Dieses geschah vor allem im **Zechsteinmeer**, einem Flachmeer, welches damals von Norden und Süden in Phasen vorrückte und das Land bis zur damaligen Böhmischen Festlandsmasse überschwemmte.

In jener Zeit führte wechselhaftes Austrocknen der Flachmeere zur Bildung riesiger Lagerstätten von Salzen und Gipsen gerade in Nordwesteuropa und im westlichen Nordamerika mit Höhepunkt im ausgehenden Perm unter heißen Klimabedingungen. Die zahlreichen Salzstöcke in Niedersachsen und in Schleswig-Holstein verraten hier noch die ehemalige Ausdehnung des Zechsteinmeeres. Die damalige Landschaft war durch flache Sedimentationsbecken bestimmt, in denen das Wasser wegen des warmen und trockenen Klimas allmählich verdampfte. So bildeten sich Steinsalzschichten und Kalisalzflöze von großer Mächtigkeit: Bis zu tausend Meter Salz wurden in weiten Bereichen des Zechsteinmeeres abgelagert; dazu musste eine mehr als sechzig Kilometer mächtige Schicht Meerwasser verdampfen, um einmal eine Vorstellung von den Dimensionen zu geben. Unter extrem hohem Druck wird Salz plastisch verformbar. In geologischen Zeiträumen, also äußerst langsam, sind unter solchen Bedingungen die ursprünglich horizontal gelagerten Salzschichten bei tektonischen Bewegungen der Erdkruste in Form von Salzstöcken und **Salzdiapiren** aufgedrungen und stehen heute in Form pilzartiger „Salzhüte" oft nur hundert bis zweihundert Meter unter der Erdoberfläche.

Mit dem Auftreten von Koniferen, Gingkogewächsen und anderen Samenpflanzen bricht in der Entwicklung der Pflanzenwelt das **Mesophytikum** an. Samenfarne dominieren in der Paläoflora und lösen das Zeitalter der Farnpflanzen ab. Unter den Florenprovinzen unterscheidet man im Oberen Perm eine südliche **Glossopteris-Flora**, eine **Sibirische Angara-Flora** und eine **Cathaysia-Flora** in den Tropen Südostasiens.

Im Laufe des Perm wurde das Klima generell trockener, und es erfolgten dann deutliche Veränderungen: Im Norden wurde *Walchia* zu einer dominierenden Form (Abb. 2.19), im Süden *Dicroidius*, beides Gymnospermen mit gabelförmigen, blättertragenden Zweigen. Andere Pflanzen verschwanden von der Erde: Das Aussterben von Organismen war geologisch gesehen kein plötzliches Ereignis, sondern erfolgte in Etappen. Die

Wälder waren artenärmer als die des Karbons; in größerer Entfernung vom Wasser war die Vegetation relativ spärlich. Farne und Farnsamer waren auf die unmittelbare Nähe von stehenden oder fließenden Gewässern beschränkt, zum Beispiel der Baumfarn *Callipteris* (Abb. 2.20), eine auch aus Mitteleuropa bekannte Form. *Callipteris conferta* gilt als Leitform für das **Rotliegende** Europas.

Abb. 2.20. *Callipteris* (= *Autunia*) *conferta,* Bad Sobernheim (Nahe), Unterperm. Laboratorium Paleobotany and Palynology, Univ. Utrecht (Foto: Hans Kerp)

Die Grenze zwischen Rotliegendem und **Zechstein** markiert schließlich das Ende der Vorherrschaft der Gefäßsporenpflanzen und den Beginn der Dominanz der Nacktsamer. Der Rückgang der Gefäßsporenpflanzen wird nicht nur mit dem zunehmend trockenen kontinentalen Klima, sondern auch mit Abkühlung der Erde in Verbindung gebracht. Die gigantischen Bärlappgewächse starben Ende des Rotliegenden fast völlig aus, auch die Cordaiten verschwanden. Etwa an der Grenze zwischen Rotliegendem und Zechstein liegt auch ein wichtiger Einschnitt in der Entwicklung der Pflanzenwelt: Die bislang dominierenden Sporenpflanzen wurden zunehmend durch **Gymnospermen** ersetzt; ihre mannigfaltigsten Gruppen waren die Cycadophytina, die Palmfarne, Koniferen und Ginkgogewächse. Im sehr trockenen und warmen Zechstein herrschten die verhältnismäßig gut an Trockenheit angepassten Koniferen.

Dass der Übergang vom Perm zur Trias eine Zeit des großen Sterbens war, ist seit langem bekannt: Meerestiere wurden vor 250 Millionen Jahren ebenso dezimiert wie Landbewohner, Wirbeltiere ebenso wie Weichtiere und Insekten. Manche Fachleute schätzen, dass damals 80 Prozent der Wirbellosen ausstarben. Zu jenen Organismen, die das Ende des Erdaltertums nicht überlebten, gehören zum Beispiel die Trilobiten, eine einst sehr artenreiche und vielgestaltige Gruppe der Gliederfüßer. Und der Flora ist es offenbar nicht besser ergangen als der Fauna: Bärlappgewächse, Farne und Schachtelhalme, die mit baumhohen Exemplaren die Steinkohlenwälder geprägt hatten, spielten im Perm nur noch eine untergeordnete Rolle.

In den Wäldern des Perm dominierten dagegen bereits die Nadelbäume und andere urtümliche Samenpflanzen. *Ginkgo biloba* ist der letzte Nachfahre jener Nadelbäume aus dieser Zeit, die statt schmaler Nadeln breite Blätter trugen (Abb. 2.21).

Abb. 2.21. Der moderne *Ginkgo biloba* ist zweihäusig; die Bäume werden bis zu 30 Meter hoch. Das Foto zeigt eine weibliche Pflanze mit fleischigen Samen.

Von den typischen Nadelbäumen mit ihren charakteristischen dünnen Nadeln stammen die Tannen, Kiefern und Lärchen ab. Auch die Mehrzahl der baumförmigen Samenpflanzen aus den Wäldern des Perm ist am Ende dieses Erdzeitalters ausgestorben. Den dramatischen Wandel in der damaligen Pflanzenwelt bezeugen nur noch deren fossile Sporen und Pollenkörner beispielsweise aus der Negev-Wüste und den italienischen Alpen: Blütenstaub von Nadelbäumen wird an der Grenze zwischen Perm und Trias ausgesprochen rar, während die Sporen unscheinbarer Bärlappgewächse und Moose deutlich zunehmen. Das Artensterben vor rund 250 Millionen Jahren an der Grenze vom Perm zur Trias ist offenbar vom Einschlag eines Asteroiden oder Kometen ausgelöst worden, dessen Einschlagkrater nach neuen seismischen Untersuchungen vor der Nordwestküste Australiens liegen sollen.

Es dauerte einige Millionen Jahre, bis sich in der **Trias** wieder eine üppige Vielfalt baumförmiger Samenpflanzen entwickelt hatte. Das Erdmittelalter, das Mesozoikum, beginnt mit der Triaszeit ab 250 Millionen Jahren vor heute. Auf dem festen Land entstehen erstmals Pflanzen, die blütenähnliche Gebilde als Fortpflanzungsorgane entwickeln. Sie gehören zu den Bennettiteen, einer ausgestorbenen, sehr artenreichen Ordnung der Nacktsamer, die von der Oberen Triaszeit bis zum Ende der Unterkreidezeit lebten. Benannt sind diese knolligen, den heutigen Cycadeen ähnlichen Pflanzen nach dem britischen Botaniker John Joseph Bennett (1801-1876). In der Oberen Trias zur Keuperzeit, erschienen auch weitere Cycadeen, die heute noch leben, wie es beispielsweise die Vertreter der vorwiegend subtropischen und tropischen Gattungen *Cycas, Zamia, Dioon, Encephalartus, Macrozamia, Lepidozamia* und *Ceratozamia* von der japanischen Insel Yakushima, aus Mittel- und Südamerika, der Karibik, Afrika, aus dem indo-malaischen Archipel und aus Australien zeigen (Abb. 2.22). Die heute noch lebenden Cycadeen sind weltweit in 11 Gattungen mit insgesamt 185 bekannten Arten vertreten.

Box 2.6. *Ancient plants*

Die Cycadaceen, die Strangeriaceen und die Zamiaceen sind die größten Pflanzenfamilien mit den meisten Vertretern dieser *Ancient plants*. Sie besitzen Symbiosen mit Luftstickstoff-fixierenden Bakterien, und sie bilden am Hypocotyl korallenähnliche Wurzeln aus, in deren Rinde Cyanobakterien als blaugrüne Lage erkennbar sind. So können sie auf nährstoffarmen Standorten wachsen – wie beispielsweise in den trockenen *Eucalyptus*-Wäldern Australiens. Von den heute noch lebenden Cycadeen seien die australischen Vertreter der Gattung *Bowenia* aus der altertümlichen Familie der Strangeriaceae mit ihren typischen bipinnaten Blättern erwähnt, die in den Regenwäldern von Queensland vorkommen (Abb. 2.23).

Ceratozamia ist in Mittelamerika von Mexiko bis nach Guatemala verbreitet. Es sind großwüchsige Cycadeen, die dort in den montanen Wäldern zwischen 800 und 1800 Metern Meereshöhe wachsen. Die Gattung *Cycas* besteht aus ungefähr 40 Arten weltweit, die heute noch in Südjapan (z. B. *C. revoluta*, Abb. 2.24), in China (*C. taiwaniana*, *C. bagnanheenis*, *C. hainanensis*), im Indomalaischen Archipel (*C. pectinata*, *C. siamensis*, *C. wadei*, *C. circinalis*, *C. rumphii*, *C. papuana*) und in Nordaustralien vorkommen (*C. conferta*, *C. calcicola*, *C. angulata*, *C. sylvestris*, *C. megacarpa*, *C. cairnsiana*). Die Gattung *Dioon* wiederum ist auf Mexiko und Honduras beschränkt. Berühmt geworden ist *Dioon edule*, die nur ein kleines natürliches Areal am Golf von Mexiko besitzt. *Zamia*-Vertreter findet man in den tropischen Wäldern Süd- und Mittelamerikas, auf den Karibikinseln, den Bahamas und in Florida. *Lepidozamia* wächst mit zwei noch lebenden Vertretern endemisch im östlichen Australien: *L. hopei* in den Tropenwäldern von Queensland bei Cooktown und *L. peroffskyana* in feuchten Küstenregenwäldern und Hartlaubwäldern im südöstlichen Queensland und an der Grenze nach New South Wales bis in ungefähr 1000 Meter Meereshöhe. *Encephalartus* ist eine Cycadee Afrikas mit einem Sippenzentrum in Südafrika entlang der Küste des Indischen Ozeans. Dort gibt es mehr als 30 verschiedene Arten auf engstem Raum differenziert, wobei *E. horridus* wohl die bekannteste Vertreterin ihrer Art geworden ist. Auch die australischen *Macrozamia*-Arten sind berühmt: Sie sind auf dem fünften Kontinent mit ungefähr 25 Arten vertreten, *Macrozamia macdonnellii* und *M. riedlei* sind beispielsweise herausragende Lokalendemiten im Zentrum des Kontinents bei den Macdonnell-Ranges und im King´s Valley sowie im Südwesten in den Stirling Ranges südlich von Perth. *Macrozamia moorei* wächst endemisch in den tropischen Regenwäldern von Queensland (Abb. 2.25).

Abb. 2.22. Weltweite Verbreitung der Cycadeen (nach Jones 2000)

Abb. 2.23. *Bowenia spectabilis* ist endemisch in Australien. Sie wächst nur in den Regenwäldern und feuchten Hartlaubwäldern in Nordost-Queensland. Dort ist sie bekannt aus den Tieflagen von den McIlwraith-Ranges auf der Cape York Halbinsel bis in das Atherton-Tableland. Die jungen Blätter sind hellgrün (2004)

Abb. 2.24. Wichtige rezente Cycadeen: **a** *Ceratozamia mexicana*, endemisch in Veracruz, Mexiko; **b** *Cycas taiwaiana*, Taiwan, Hainan und Südwest-China; **c** *Cycas pruinosa*, endemisch West-Australien; **d** *C. ophiolithica*, endemisch Queensland; **e** *C. calcicola* und **f** *C. angulata* sind endemisch im Northern Territory, Australien; **g** *Zamia furfuracea*, endemisch, Veracruz, Mexiko; **h** *Cycas basaltica*, endemisch Kimberly, West-Australien; **i** *C. armstrongii*, endemisch West-Australien und Northern Territory; **j** *C. circinalis*, Indien, Burma, Indo-Malaischer-Archipel und Südpazifik; **k** *Dioon edule*, endemisch Sierra Madre, Mexiko; **l** *Encephalartus inopinus*, endemisch Südafrika; **m** *Encephalartus horridus*, endemisch Südafrika; **n** *Cycas megacarpa*, endemisch, Queensland

Abb.2.25. *Macrozamia macdonnellii* in der McDonnell-Range und *M. ried-lei* im King´s Valley-Nationalpark, Zentralaustralien (2002)

Die Landflora des **Buntsandstein** war an das damals vorherrschende Wüstenklima mit kurzzeitigen Niederschlagsperioden angepasst. Die Vegetation war arm, der Bewuchs locker. In den trockenen, bodensatzreichen Ablagerungsgebieten herrschten Koniferen vor. Auffälligste Buntsandsteinpflanze war die sukkulentenartige, bis zwei Meter hohe *Pleuromeia*, ein Bärlappgewächs.

Die **Keuperflora** war üppiger und abwechslungsreicher als die Flora des Buntsandsteins. Das Klima war insgesamt humider. Nadelhölzer prägten den Gesamtcharakter der Flora jener Zeit. Nun kündigt sich die bis zur Unterkreide dauernde Blütezeit der Cycadeen an: Die Fossilien entsprechen im vegetativen Bau oft schon den rezenten Cycadeen-Gattungen, die wir in den Abbildungen 2.22 bis 2.25 sehen, aber auch die Ginkgogewächse, deren Blätter uns aus dem Rotliegenden bekannt sind, spielten schon in der Triaszeit eine wichtige Rolle. Deren Optimalzeit lag jedoch im Keuper. Eine weitere wichtige Gymnospermen-Gruppe dieser Epoche sind immer noch die Bennettitatae: Auch sie existierten von der Ober-Trias bis zur Unter-Kreide. Durch ihre Blattwedel ähnelten sie äußerlich den Cycadeen. Ihr Blütenbau wich jedoch grundlegend ab; sie besaßen als erste Pflanzen der Erdgeschichte Zwitterblüten mit Perianth und wurden vermutlich von Käfern bestäubt. Bennettitatae waren außerordentlich vielgestaltig: *Cycadeoidea* hatte einen knolligen, niedrigen Stamm, *Williamsonia* war palmenartig und erreichte mehrere Meter Höhe, *Wielandiella* und *Williamsoniella* waren kleine, dichotom verzweigte Sträucher.

Box 2.7. Die Vorfahren der Schachtelhalmgewächse

Der verdickte Stamm von *Pleuromeria* diente als Wasserspeicher, die Achse endete mit einem großen Zapfen an der Stammspitze. Wie bei dem verwandten Siegelbaum war der Stamm dicht mit Narben abgefallener Blätter besetzt; Blätter standen nur im oberen Bereich. Solche Schachtelhalme erreichten schon in der Trias sechs Meter Höhe. Da man ihre hohlen Stängel früher für Schilf hielt, wurde der *„Equisetites arenaceus"* enthaltende Sandstein der mittleren Keuperzeit – in Süd- und Norddeutschland als Baumaterial beliebt – auch Schilfsandstein genannt. Farne existierten damals als überwiegend an Trockenheit angepasste kleine Formen mit kurzem Stamm. Als Verdunstungsschutz trugen sie Haare, ähnlich wie rezente Trockenfarne. *Anomopteris* mit etwa einem Meter langen Wedeln ist ein Leitfossil des Buntsandsteins. Die häufigsten und artenreichsten Fossilien des Buntsandsteins sind aber die Coniferen: Leitfossil ist dabei *Voltzia*, die der Fichte ähnlich war. In der Pfalz und in den Vogesen erinnert der Voltziensandstein an diesen Nadelbaum. Seine Kurztriebe waren zweiseitig benadelt; allerdings gab es zwei Nadeltypen, es herrschte also Heterophyllie: zwei bis sechs Zentimeter lange und unter einem Meter lange. Männliche und weibliche Blüten standen in getrennten Zapfen.

Die nachfolgende Epoche des **Jura** beginnt ab etwa 205 Millionen Jahren. Die Zeit war zunächst einheitlich warm bis heiß und feucht mit später weltweit bereits in verschiedene Biome gegliederten Klimazonen und einer artenreichen Flora. Im Jura rückte das Meer weltweit vor: Große Teile des Festlandes wurden überflutet, darunter auch weite Teile Mitteleuropas. Flachwasserablagerungen aus dieser Zeit sind sehr viel umfangreicher als aus der Trias. Die biogeographische Differenzierung der Frühen Jurazeit zeigt die Abbildung 2.26, aus der zu ersehen ist, wie dramatisch sich in der Epoche von 205 bis 180 Millionen Jahren vor heute die Zusammensetzung und Verbreitung der globalen jurassischen Vegetation im Vergleich zu vorher geändert hat. Cordaiten, Riesenfarne und die Glossopteriden beherrschen nicht länger die Weltflora. Sie werden nun großräumig ersetzt von den zuvor entstandenen Cycadeen, den Bennettiteen, den Ginkgos und den Koniferen, und zum ersten Mal enthält die globale Flora signifikante Komponenten einer Vegetation vor allem aus Cycadeen, die wir noch heute haben, wie es uns die Abbildung 2.24 ja zeigt. Fünf distinkte Vegetations- und Klimazonen kann man für die Frühe Jurazeit identifizieren: Kühltemperate Biome finden sich in den Breitenlagen über 60 Grad nördlicher und südlicher Breite auf beiden Hemisphären: Die Fossilien zeigen hohe Anteile an sommergrünen Arten, die eine Saisonalität des Klimas andeuten: Es sind Gingkos und großblättrige Koniferen der Volziales und der

Pinaceae zusammen mit Farnen und Sphenopsiden. Die kühl temperaten Zonen gehen über in warm temperate Biome zwischen den 60. und 40. Breitengraden der damaligen Kontinente.

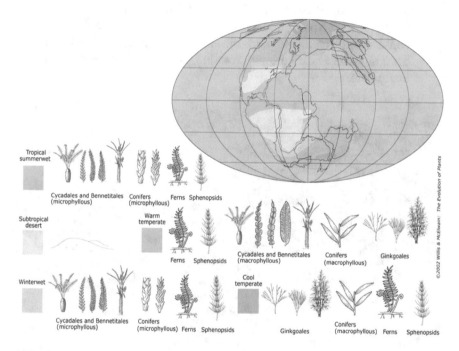

Abb. 2.26. Globale paläogeographische Rekonstruktion der Lebensräume in der Frühen Jurazeit vor 206 bis 180 Millionen Jahren (aus Willis u. Mc Elwain 2002)

Die Fossilflora dieser Breiten zeigt eine außerordentliche Diversität, zusammengesetzt aus Farnen, Sphenopsiden, großen Cycadeen. Dominierend in dieser Zone sind die Koniferen mit Familien, die heute noch existieren: die Pinaceae, die Taxodiaceae und die Podocarpaceae. Das warme Klima jener Zeiten erzeugte in diesen Biomen hochproduktive Waldökosysteme. Eine zum Äquator hin sich anschließende winterfeuchte Region gab es wieder auf beiden damaligen Erdhälften als schmales Band, wohl ähnlich, wie wir es in den mediterranoiden Regionen mit Winterregen noch heute kennen: Hier wuchsen kleinblättrige Cycadeen, die Bennetiteen und wiederum die Koniferen, deren Fossilien teils schon Xeromorphien zeigen als Anpassung an gelegentliche Trockenphasen im Jahresgang. Eine damalige subtropische Wüstenzone bedeckte weite Teile des heutigen westlichen Nordamerika, von Südafrika und Südamerika.

Hier findet man keine fossilen Pflanzen, dafür aber **Evaporite** (Abb. 2.27), also Verdampfungsgestein, das sich als chemisches Sediment überwiegend in den kontinentalen Erdkrusten jener Zeit findet. Je nach Löslichkeit aus dem Meerwasser folgen dabei aufeinander die Calciumcarbonatverbindungen Aragonit, Calcit und Dolomit, weiter Gipse, Natriumchlorid und die Kalium-Magnesium-Verbindungen der Kalisalze. Dazu kommen fossile Dünen ehemals windverblasener Sedimente.

Abb. 2.27. Evaporit-Landschaften an der Südküste Siziliens bei Agrigent mit salztoleranter Gebüschformation aus *Salsola oppositifolia* und einer endemischen *S. agrigentina* (2003)

Ein sommerfeuchtes tropisches Biom kann aus dieser Zeit als breites, äquatoriales Band aus Fossilien rekonstruiert werden, die man heute in Südamerika, in Kuba, Kolumbien, im nördlichen Brasilien, in Afrika, im Mittelmeergebiet und in Israel findet. Es dominierten hier die Bennettiteen, zahlreiche Farne und als Bäume die Cupressaceae und die Podocarpaceae. Cycadeen und Ginkgos fehlten, und die Koniferen waren nur mit kleinblättrigen, also mikrophyllen Formen vertreten.

Eine wärmeliebende Vegetation erstreckte sich bis ungefähr 60 Grad nördlicher und südlicher Breite. Sie enthielt nach neueren Funden aus China sogar schon Angiospermen der fossilen Gattung *Archaefructus liaoningensis* mit deutlichen Fruchtachsen und entwickelten Karpellen, wie wir sie von den Angiospermen kennen (Abb. 2.28). Diese sind nach radioakti-ven [40]Argon-Datierungen etwa 125 Millionen Jahre alt.

Abb. 2.28. *Archaefructus sinensis* (aus Sun et al. 2002, Foto D. Dilcher)

In der Vegetation jener Zeit dominieren aber noch die Gymnospermen, und die Farne erfahren eine starke Diversifizierung in zahlreiche Gattungen der Polypodiaceae, die heute noch existieren, wie *Osmunda*, *Hymenophyllum*, *Gleichenia*, *Lonchitis* und *Adiantum*. Am Ende der Jurazeit, im Malm gegen 150 Millionen Jahre vor heute, gab es weitere Erdkrustenhebungen, und in der großen Geosynklinale der Tethys zeigen sich Vorläufer der alpidischen Gebirgshebungen. Auf den Festländern dieser Epoche lebten zahlreiche Libellen und andere große Insekten. Das Mesophytikum der fossilen Pflanzenwelt kennt die Schachtelhalmgewächse, Farne und die dominierenden Gingko-Bäume der schon genannten Gattung *Baiera*, Vorläufer der heutigen Nadelhölzer. In den Meeren erreichten die Ammoniten damals den Höhepunkt ihrer Entwicklung. Im Tethys-Meer, welches in jener Zeit großenteils in den Tropen lag, nahmen auch Korallenriffe große Flächen ein. Auf dem Festland wurden die Dinosaurier die bestimmenden Formen. Die ersten Vögel entstanden. Besonders bekannt ist der „Urvogel" *Archaeopteryx*.

Mit elf Gattungen, darunter die dominierende Gattung *Baiera*, waren die Ginkgo-Gewächse schon damals überaus formenreich entfaltet, und sie expandierten bis zur Oberkreide über die gesamte Nordhalbkugel. Auch das Areal der südhemisphärischen Koniferengattung *Araucaria* erstreckte sich zu jener Zeit mit *Araucaria mirabilis* über die gesamte Südhalbkugel. Die heute noch wichtige Araucariengattung *Agathis* ist dagegen mit *Agathis jurassica* nur fossil bekannt. Außerdem waren die Vorläufer der heute südhemisphärisch verbreiteten Podocarpaceen mit *Rissikia talbragerensis* und die nordhemisphärischen Taxaceen mit der Gattung *Palaeotaxus* spec., die Cephalotaxaceen mit *Tuomasiocladus* spec., die *Taxodiaceen* mit *Sewardiodendron* spec. vorhanden, und möglicherweise lebte damals schon die erst im Jahre 1994 in Australien neu entdeckte spektakuläre Araucarie *Wollemia nobilis* (Abb. 2.29).

Abb. 2.29. Die Wollemi-Pines (*Wollemia nobilis,* Araucariaceae) sind „lebende Fossilien". In Botanischen Gärten werden sie in Käfigen nachgezogen (2004)

> Das ist eine der seltensten Pflanzen der Welt: Nur insgesamt 40 Wollemi-Bäume und 200 Jungpflanzen gibt es noch in der Wildnis, wo sie in einem abgelegenen Canyon etwa 150 Kilometer nordwestlich von Sydney entdeckt wurden. Man kannte Wollemi-Araucarien bis dahin nur als Fossilien, und man hielt sie für ausgestorben seit Millionen von Jahren seit der Kreidezeit und dem Frühen Tertiär. Diese Bäume sind am Wildstandort – wo sie wohl vor Ort überlebt haben – über 40 Meter groß und haben Stammdurchmesser von mehr als einem Meter – heute geschützt im australischen „Wollemi-Nationalpark" in den Blue Mountains in New South Wales. Eine echte „Sensation" im botanischen Sinn.

Die letzte Epoche des Mesozoikums, die **Kreidezeit**, datieren wir ab 144 Millionen Jahren bis 65 Millionen Jahren vor heute; ihre Differenzierung in **Ober-** und **Unterkreide** erfolgt nach den wichtigen Leitfossilien unter anderem der Ammoniten, Muscheln und der Foraminiferen. Umfangreiche Flachmeere müssen in dieser Zeit existiert haben, als sich Laurasia und Gondwana endgültig voneinander lösten und der Südatlantik sich bildete. Die alten Ozeane überschwemmten bei diesen ausgedehntesten Überflutungen der jüngeren Erdgeschichte selbst alte Landflächen und lagerten dort zunächst tonige, dann stärker kalkige Schichten ab, auf die in der Oberkreide oft in vielen Aufschlüssen die weiße „Schreibkreide" folgt. Die Tethys wurde durch die beginnende Norddrift Indiens verschmälert und schließlich nachfolgend endgültig verdrängt. In der Pflanzenwelt gab es eine wichtige evolutive Neuerung: Während am Beginn der unteren Kreidezeit noch die jurassischen Bärlappe, Farne und Gingkogewächse vorherrschten, traten am Ende der Unterkreide, in der **Gault-Epoche** ab etwa 110 Millionen Jahren, erstmals Bedecktsamer, also **Angiospermen**, auf und bildeten zusammen mit den schon existierenden Gymnospermen, den zapfentragenden Nadelhölzern, beispielsweise den Sumpfzypressengewächsen der Gattung *Taxodium* und Mammutbäumen der Gattungen *Sequoia* und *Sequoiadendron*, eine wichtige Grundlage für die Entfaltung der Vögel und Säugetiere (Abb. 2.30).

Abb. 2.30. *Taxodium distichum*, Everglades Florida (links), *Sequoia gigantea*, Yosemite, Kalifornien (Mitte), *Sequoia sempervirens* Redwood-Nationalpark Kalifornien (Fotos: J. Hüppe und R. Pott 2001)

Jetzt „erwachen" die Angiospermen, wie es Mary E. White (1990) treffend formuliert, und die Vegetation wird revolutioniert. In der ausgehenden Kreidezeit war das Klima überwiegend noch warmfeucht, außer im südlichen Gondwana-Bereich. Die Abkühlung in diesem Gebiet und der voranschreitende Gondwana-Zerfall sowie ein ansteigender Meeresspiegel führten beispielsweise zur Überflutung weiter Landstriche Australiens; die altertümlichen Pflanzengruppen der Koniferen, der Cycadeen und der Baumfarne waren genetisch nicht in der Lage, auf diese Veränderungen zu reagieren. Der Weg war frei für die Entfaltung einer modernen Pflanzenwelt. Die Cycadeen mit ihren heute nur etwa zehn Gattungen blieben als Relikte in den Tropen und Subtropen erhalten, wie wir schon in Abbildung 2.22 gesehen haben.

In kurzer Zeit vor 130 bis 140 Millionen Jahren bis zu Beginn des **Cenomans** entfalteten sich die Angiospermen und übernahmen von nun an die Vorherrschaft (Abb. 2.31). Ihre größere Plastizität hinsichtlich der anatomischen Differenzierung mit Tracheen und Tracheiden, die Ausbildung von Blütenhüllen und zwittrigen Blüten, der Einschluss der Samenanlagen, die Samen- und Fruchtausbildung, die Evolution einjähriger bis ausdauernder, krautiger und holziger Pflanzen ermöglichen es den Angiospermen bis an die Grenze des Lebens vorzustoßen. Dazu kommt ihre ökophysiologische Plastizität mit der Anpassungsfähigkeit an trocken-heiße Halbwüstenklimate und kältedominierte Tundren- oder Hochgebirgslebensräume.

Abb. 2.31. *Credneria triacuminata*, Magdeburg, Santon, Oberkreide. Sammlung Paläobotanik Universität Münster (Foto: Hans Kerp)

In der mittleren Kreidezeit waren die Hauptgruppen der Angiospermen entfaltet, und am Ende der kretazischen Epoche erreichte deren Diversität bereits etwa 50 bis 80 Prozent der heutigen Sippen. Die Angiospermen sind eine monophyletische Gruppe, das heißt, sie gehen auf einen Stammbaum zurück, wie man seit etwa fünfzehn Jahren aus morphologischen und molekularen Untersuchungen von Else M. Friis et al. (1987), Mark W. Chase et al. (1993) und Peter R. Crane et al. (1995) weiß. Sie sind eng mit den ausgestorbenen Bennettitopsiden und den Gnetopsiden verwandt, von denen noch die alten Familien der Welwitschiaceae, der Gnetaceae und der Ephedraceae auf der Erde vertreten sind. Die Monocotyledonae stellen ebenfalls monophyletisch einen frühen Zweig der Angiospermen dar.

Box 2.8. Teufelsmauer am Harz

In der späten Kreidezeit wuchs die Zahl und auch die Vielfalt der Angiospermen. Als erste Gattung der Laubholzgewächse erscheint die sensationelle platanenähnliche *Credneria triacuminata* aus dem **Senon** der Oberkreide ab circa 80 Millionen Jahren (Abb. 2.31). J. C. Zenker beschrieb diese schon vorher bekannten Blätter in seinen *Beiträgen zur Naturgeschichte der Urwelt* (1833) und benannte sie nach dem Theologen Karl August Credner (1797-1857) zu Gießen, dem Bruder des Geologen und Paläontologen Heinrich Credner (1809-1876), der ihm diese Fossilien zur Untersuchung überlassen hatte. Berühmt in der Paläobotanik sind Fundstellen in Norddeutschland: Entlang dem Nordrand des Harzes zieht von Blankenburg ein Höhenzug zwölf Kilometer weit nach Osten, dessen Kamm von schroffen Sandsteinfelsen der Oberkreide gebildet wird: die „Teufelsmauer". Hier wurden und werden heute noch die berühmten *Credneria*-Blätter gefunden, lange Zeit die ältesten Reste von Laubbäumen auf deutschem Boden. Die uns erhaltene Flora des Blankenburg-Quedlinburger Senonsandsteins besteht aus etwa 40 Arten. Aber es liegt das meiste nur als Abdruck ohne organische Substanz vor; nur weniges stammt aus tonigen Zwischenlagen.

In den Steinbrüchen bei Blankenburg fand der Paläobotaniker Karl Mägdefrau (1907-1999) in den 1930er Jahren große Schichtflächen mit *Phragmites*-artigen Gramineen-Blättern dicht bedeckt. Diese pflanzenführenden Senonsandsteine werden von vielen Horizonten durchzogen. Zahlreiche Pflanzenreste sind meist in bestimmten Lagen angereichert. So sind zum Beispiel oft größere Schichtflächen von *Geinitzia* bedeckt, an anderen Orten wiederum herrschen jedoch Dikotylenblätter weitaus vor. Alle Pflanzenreste waren verhältnismäßig gut erhalten, so dass sie keinen langen Transport hinter sich haben können: sie müssen also in nächster Nähe des Meeres gewachsen sein. Wir gehen somit nicht fehl, wenn wir uns die Küste des Senonmeeres mit einem abwechslungsreichen Laubwald beziehungsweise Mischwald bewachsen vorstellen. Nur mit den Crednerien hat es seine besondere Bewandtnis: Sie finden sich bei Blankenburg nie in Schichten, sondern nur einzeln in sonst fossilfreien Sandsteinen. Fast immer sind sie am Rande oder sogar in ihrer Gesamtheit tütenförmig eingerollt. Man hat den Eindruck, als seien sie durch Austrocknung eingekrümmt und dann trocken, also etwa in Dünensanden, eingebettet worden.

Die Dicotyledonae sind mit ihren durch drei runde Austrittslöcher versehenen, also triaperturaten oder tricolpaten Pollen ab 125 Millionen Jah-

ren vor heute nachweisbar. Ungeklärt ist noch der eindeutige Entstehungs-
ort der Angiospermen: Man vermutet den südlichen Gondwana-Bereich,
denn die höchste Konzentration lebender primitiver Angiospermen gibt es
noch heute in den Regenwäldern von Queensland in Australien. Pollenfunde, Blüten- und Blattreste und molekulare Daten von Ribonukleinsäu-
ren lassen eindeutig darauf schließen. Am Beginn der Kreidezeit waren die
Angiospermen gegenüber den Gymnospermen wohl noch in der Minder-
zahl, und der Austausch der Vegetationstypen fand erst im Tertiär statt.
Die Erde war damals in sechs Biome gegliedert, und es fand sich bereits
eine große Zahl der bedecktsamigen Bäume und Sträucher aus solchen
Familien, die noch heute in der aktuellen, also rezenten Flora eine große
Rolle spielen. Das sind beispielsweise die Ulmaceae, die Betulaceae, die
Juglandaceae und die Fagaceae – besonders vertreten mit der Gattung
Nothofagus – und die Gunneraceae. Es ist interessant zu sehen, dass die
meisten Familien dieser frühen Angiospermen offenbar aus tropischen Lebensräumen stammen. Die Abbildung 2.32 zeigt den Zustand des Globus
vor 70 Millionen Jahren in der späten Kreidezeit: Die kühltemperaten Biome sind bipolar vorhanden; sie koinzidieren räumlich mit der heutigen
circumarktischen Region und umfassen Kanada, Grönland und Sibirien auf
der Nordhalbkugel und die Antarktis in der Südhemisphäre.

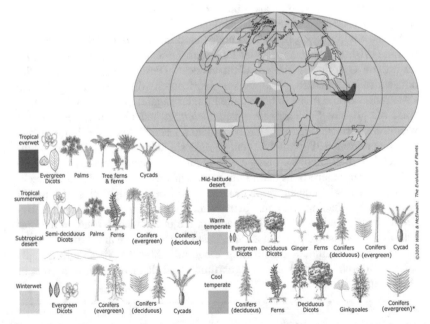

Abb 2.32. Globale paläogeographische Rekonstruktion der Lebensräume in der in
der Späten Kreidezeit vor 70 Millionen Jahren (aus Willis u. Mc Elwain 2002)

Die Vegetation der damaligen kühlgemäßigten kretazischen Zone bestand aus sommergrünen Bäumen und Sträuchern, vor allem der Betulaceae, und immergrünen Koniferen, Farnen und den Ginkgos. Von den Pinaceen und Taxodiaceen waren *Sequoia* und *Taxodium* weit verbreitet, und dazu kamen Cupressaceen und die Araucariaceen. Es gibt auch schon Fossilfunde der „modernen" Pinaceen-Gattungen *Pinus* und *Abies*. Die warm-temperierte Zone der ausgehenden Kreidezeit zwischen den damaligen 45-Grad- und 65-Latitudinalen umfasst Teile des heutigen Nordamerikas, Südgrönland, Teile von Westeuropa, Russland und Nordchina sowie Australien und die antarktischen Küsten auf der Südhalbkugel. Hier herrschten monokotyle und dicotyle Angiospermen, immergrüne und sommergrüne Koniferen, Farne und die Cycadeen. Viele der heutigen subtropischen Pflanzen formten damals die Vegetation sowohl aus immergrünen Wäldern wie auch aus teilimmergrünen und sommergrünen Beständen. Nachgewiesen sind aus der Familie der Fagaceen bereits die Gattungen *Castanea* und *Betula*, die Ulmaceen sind mit *Ulmus* und *Zelkova* vertreten; auf der Südhalbkugel gibt es die Proteaceae, und die dortigen Koniferen stellen immer noch die Araucariaceae sowie die Taxodiaceae. In den beiden winterfeuchten Regionen zwischen 30 Grad und 45 Grad war die Vegetation weniger artenreich als in der warm-temperierten Zone. Hier dominierten immergrüne dicotyle Bäume, zum Beispiel die Lauraceae, immergrüne Koniferen und die Cycadeen in einem Klima, das dem heutigen „Mediterran-Klima" wohl sehr ähnlich war. Spätkretazische trockene Wüsten kann man anhand der Evaporite offenbar gehäuft auf der Nordhalbkugel ausmachen: in Nordafrika, in China und auf der Yukatan-Halbinsel. Es gab sie aber auch in Südwest-Afrika und im südlichen Südamerika.

Tropisch-sommergrüne Wälder gab es damals in Afrika, in Südamerika und in Indien. Ergebnisse der Analysen fossiler Pollen und fossiler Hölzer aus diesen Regionen ergaben die Rekonstruktion eines Waldbildes aus jener Zeit mit dominierenden Araucariaceae, Cheirolepidaceen und Podocarpaceen. Die immerfeuchten Tropen waren am Ende der Kreidezeit in ihrer globalen Erstreckung im Vergleich zur heutigen Ausbreitung reduziert: Es gab sie nachweislich in Westafrika und im heutigen Malaysia. Aus Pollenanalysen sind die Palmenvertreter der Arecaceae nachgewiesen, inklusive der Gattung *Nypa*, die noch heute in Mangroven und an Flussufern unter anderem in Neuseeland, in Australien und im indomalayischen Archipel vorkommt (Abb. 2.33). Ansonsten gab es Farne, Cycadeen und die Baumfarne.

Zunächst fällt uns auf, dass die Angiospermen so „plötzlich" auftreten, ohne irgend welche Vorläufer. Warum? David Isaac Axelrod (1910-1998) hat schon 1952 versucht, diese Frage durch die Annahme zu beantworten,

Abb. 2.33. *Nypa fruticans* (Arecaceae) ist eine asiatische Mangrovenpalme. Sie ist verbreitet von Sri Lanka bis zu den Solomon-Inseln. Nach Norden kommt sie bis zu den japanischen Ryukyu-Inseln und im Süden bis nach Australien vor

---

Box 2.9. Die Potomac-Flora

Zu keiner Zeit in der ganzen Erdgeschichte ist der Unterschied im Vegetationscharakter ein so gewaltiger wie zwischen Unterer und Oberer Kreide. Im Wealden und Neokom lebte noch eine Flora von rein jurassischem Gepräge, ohne eine Spur von Angiospermen. Und in der Oberkreide sind letztere schon zum herrschenden Bestandteil geworden. Die Angiospermen treten aber nicht erst in der Oberkreide auf, sondern schon im Gault, in der obersten Abteilung der Unterkreide. In dieser Hinsicht ist besonders die **Potomac-Flora** von Maryland an der amerikanischen Ostküste berühmt geworden: die Angiospermen sind dort durch Arten- wie Stückzahl reich vertreten. Auch am Ussuri in Ostasien hat man eine gleichartige Flora geborgen. Aber leider stößt die sichere Zuordnung der dort gefundenen Fossilien zu bestimmten Familien auf große Schwierigkeiten, was schon in der Benennung der Fossilien zum Ausdruck kommt: Man gab ihnen Phantasienamen wie *Sapindopsis*, *Celastrophyllum*, *Laurophyllum* und *Phyllites*. Neben vielen anderen Gymnospermen begegnen wir in der Potomac-Flora zum letzten Mal in der Erdgeschichte den Bennettiteen, welche das Werden der Angiospermen noch „miterlebt" haben. Dass gleichzeitig auch in Europa schon Bedecktsamer vorhanden waren, beweisen Dikotylenhölzer aus der Fundstelle „Lower Greensand" von Südengland sowie Angiospermenblätter in der oberen Unterkreide Portugals. Bei den meisten der erwähnten Angiospermen kann man die Familienzugehörigkeit nicht mit voller Bestimmtheit angeben. Für den Botaniker sind aber nur die hinsichtlich ihrer systematischen Stellung sicheren Pflanzenreste wichtig, da lediglich solche für die Stammesgeschichte auswertbar sind.

---

dass sich die ältesten Angiospermen bereits im Perm und in der Trias in tropischen Gebirgen entwickelten und sich seit der Kreide auch im Tief-

land ausbreiteten (Abb. 2.34). Zu einer ähnlichen Hypothese kommt auch
P. W. Thomson (1953); er nimmt an, dass die Angiospermen der Jurazeit
trockene Standorte besiedelt haben und erst während der Unterkreide in
die torfbildenden Pflanzengemeinschaften eingewandert sind. Beide Auf-
fassungen verlegen somit den Ursprung der Angiospermen in die Abtra-
gungsgebiete, in denen sich keine Fossilien erhalten konnten und aus denen dann eine Wanderung in die Sedimentationsräume erfolgte. Dadurch
würde auch die Tatsache erklärt, dass wir aus dem Unteren Jura Dicotyle-
donenpollen mit drei Keimfalten, so genannte tricolpate Pollen kennen,
ohne Großreste von Angiospermen aus dieser Zeit gefunden zu haben, wie
es Gunnar Erdtman (1897-1973) schon 1948 feststellte.

Abb 2.34. *Amborella trichopoda* (Amborellaceae), die wohl urtümlichste Blütenpflanze der Welt, ist ein kleiner immergrüner endemischer Strauch im Unterwuchs montaner Wälder auf Neukaledonien

Ein Blick zurück in die mitteltertiären Braunkohlenmoore (Abb. 2.35)
zeigt uns noch einmal den sensationellen neuen Artenreichtum nach dem
Auftreten der Angiospermen: Über Waldtorf wachsen Bruchwälder aus *Se-*
quoia, *Sciadopitys* und *Taxodium*, den immergrünen oder teilimmergrünen
Nadelbäumen in der oberen Baumschicht; darunter *Liquidambar*, *Nyssa*,
Rhus und *Sabal* als Laubhölzer und Palmen zusammen mit Gebüschen aus
Myrica und *Juniperus*. Epiphyten gibt es von den *Lygodium*-Farn-Lianen,
den Tillandsien und den schmarotzenden Loranthaceen. *Osmunda*-Farne
und Araceen-Pflanzen wuchsen am Waldboden. Wo es feuchter wird, bilden *Phragmites* und *Cladium* mächtige Röhrichte über Schilf- und Seggen-
torf, und in den Verlandungszonen bilden *Nymphaea* und *Brasenia* dichte
Seerosendecken, unter denen sich die Alligatoren verstecken (Abb. 2.36).
Die Seerosengewächse, die Nymphaeaceae, sind heute als einzige Familie der auf die Amborellaceae folgenden Nymphaeales bekannt als Wasserpflanzen mit Schwimmblättern. In Mitteleuropa sind die Nymphaeaceae
heute mit jeweils zwei Arten der Teichrose, also *Nuphar lutea* und *N. pu-*
mila und den Seerosen *Nymphaea alba* und *N. candida* in oligo- bis eu-

trophen Gewässern vertreten. Bei der südamerikanischen *Victoria amazonica* können die Schwimmblätter einen Durchmesser von bis zu zwei Metern erreichen.

Box 2.10. Die ersten Blütenpflanzen

Die neukaledonische Baumart *Amborella trichopoda* galt gemeinhin als urtümlichster monotypischer Vertreter der Blütenpflanzen, also als „lebendes Fossil". Es ist vermutlich die primitivste Blütenpflanze der Welt, die heute noch unverändert seit 130 Millionen Jahren lebt. Es sind immergrüne, zweihäusige tracheenlose Sträucher mit sehr kleinen grünlich-gelben Blüten und roten Früchten (Abb. 2.34). Seit dem Jahre 1999 hat man in der botanischen Wissenschaft die Amborellaceae als basale Entwicklungslinie der Angiospermen identifiziert. *Amborella* hat eingeschlechtliche Blüten, und ihr Perianth besteht aus Tepalen. Obwohl sie natürlich nur noch in Neukaledonien im Pazifik wächst, ist sie doch mittlerweile in den Arboreten einiger amerikanischer Botanischer Gärten in Kultur genommen worden. Neuerdings werten aber als ältesten Beleg für bedecktsamige Blütenpflanzen chinesische und amerikanische Botaniker den genannten 125 Millionen Jahre alten *Archaefructus liaoningensis* aus der Jurazeit (Abb. 2.28). Dieser Fund stammt auch aus der Yixian-Formation im Nordosten Chinas. Von der Pflanze sind lediglich zwei in Kalkstein eingebettete und ungefähr acht Zentimeter lange Triebe überliefert. Zwar fehlen Blütenblätter, doch die Wissenschaftler haben jüngst von Fruchtblättern umhüllte Samenanlagen, die genannten Karpelle, identifiziert. Für David Dilcher von der Universität von Florida in Gainesville und Ge Sun von der Academia Sinica in Nangking handelt es sich seit ihrer ersten Veröffentlichung dieser Daten im Jahre 1998 demnach tatsächlich um Blütenpflanzen aus der Gruppe der Bedecktsamer, der Angiospermen, wenn auch um eine noch sehr urtümliche Art. Über die Wuchsform dieser Pflanzen, die die bezeichnenden Namen *Archaefructus liaoningensis* und *A. sinensis* erhielten, kann man nur spekulieren. Als weiterer Vertreter ältester Bedecktsamer galt bislang ein Fossil der Gattung *Caytonia*. Diese ist besser bekannt als andere mesozoische Samenpflanzen; sie hatte offenbar von der Trias- bis zur Kreidezeit eine weite Verbreitung auf der heutigen Nordhalbkugel. Man vermutet, dass *Caytonia* ein kleiner Baum war, der in periodisch wasserbedeckten Lebensräumen wuchs. *Caytonia* steht schon sehr nah zu den Blütenpflanzen, denn ihre Mikrosporangien waren in Cupula-ähnliche Sporophyllen eingehüllt, wie in einer kleinen Kapsel. Das genannte Fossil ist ungefähr 115 Millionen Jahre alt und vermittelt mit geschlossenen Cupulae ebenfalls eindeutig zu den Blütenpflanzen. Der neue Fund aus China und die Entdeckung der Archaefructaceen ist auch deshalb eine Überraschung, weil man bisher annahm, die Bedecktsamer hätten sich in den Tropen des Gondwana-Kontinentes entwickelt. Nun liegt die Vermutung nahe, Laurasia sei eventuell doch die Kinderstube der Blütenpflanzen gewesen.

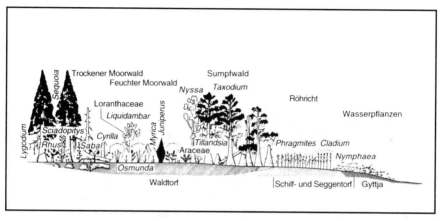

Abb. 2.35. Rekonstruktion der Vegetationszonierung eines mitteltertiären Braunkohlenmoores in Mitteleuropa (aus Frey u. Lösch 1998, © Elsevier GmbH, Spektrum Akademischer Verlag, Heidelberg)

Abb. 2.36. Sumpflandschaften in den Everglades im Big Cypress National Preserve. Im Vordergund ausgedehnte Röhrichte aus *Typha angustata* und *Cladium jamaicensis*. Im Hintergrund „*Tree islands*" auf erhöhten Kalkrücken, die man „*Hardwood Hammocks*" nennt, aus *Quercus virginiana*, *Bursera simaruba*, *Sideroxylon foetidissimum*, *Ocotea coriacea* sowie den Palmen *Roystonia regia* und *Sabal palmetto* (2003)

Box 2.11. Das Dinosterben

In der kreidezeitlichen Tierwelt jener Zeit dominieren die Ammoniten mit teilweise gigantischen Exemplaren von mehreren Metern Durchmesser. Einen ihrer größten Vertreter fand man in den kreidezeitlichen Senonschichten im westfälischen Seppenrade südlich von Münster (Abb. 2.37). Ferner gab es Flugechsen und die Dinosaurier, deren Massensterben und Auslöschung am Ende der Kreidezeit vor 65 Millionen Jahren noch heute die Phantasie anregt. Als Ursachen werden, wie an der Grenze vom Perm zur Trias, Meteoriteneinschläge und Massenausbrüche von Vulkanen angenommen, deren Gesteinsstäube für mehrere Jahre die globale Sonneneinstrahlung und damit die Photosynthese verhinderten. Insbesondere der so genannte **Chicxulub-Meteoriten-Einschlag** in Yucatán am Golf von Mexiko an der Kreide-Tertiär-Grenze hatte offenbar globale Auswirkungen durch Staubpartikel, die damals nachweislich durch Winde um die ganze Erde verteilt worden sind, und durch **Tsunami**-Wellen, die sich von dort über die Ozeane ausbreiteten. Starke Erhöhungen des damaligen CO_2-Gehaltes der Atmosphäre aus untermeerischen Methanblasen und entsprechende Temperaturerhöhungen können ebenfalls Ursache für das Aussterben dieser Giganten auf dem Globus gewesen sein. Oder es waren Klimaschwankungen und Klimaveränderungen erdweit. Als Beleg für Meteoriten-Einschläge werden hohe Iridiumwerte in speziellen Sedimentabschnitten angeführt. Iridium ist in außerirdischer Materie in höherer Konzentration vorhanden als in irdischen Gesteinen. Einige Dinosaurier überlebten jedoch die Kreide-Tertiär-Grenze, denn die letzten Vertreter ihrer Art sind wohl erst 40 000 Jahre nach dem Asteroiden-Einschlag ausgestorben. Für Nordamerika schätzt man, dass acht Millionen Jahre vor dem Ende der Kreidezeit noch zwölf Gattungen von Dinosauriern existierten. Wir kommen im Kapitel 4 darauf zurück. So stellt die Wende zum Tertiär für einige Tiergruppen eine in der Erdgeschichte einmalig scharfe Grenze dar.

Im **Tertiär** von 65 bis 1,8 Millionen Jahren vor heute entstand letztendlich weitgehend das heutige Erdbild; Pole und Kontinente näherten sich ihrer heutigen Lage; im „Restmittelmeer", der Tethys kam es zu einer intensiven Tektonik, in deren Verlauf die alpidischen Gebirge aufgefaltet wurden, deren Kernzonen sich ja bereits in der Kreidezeit gebildet hatten. So entstand der große Gebirgsbogen vom Atlas in Nordafrika über die Sierra Nevada in Südspanien, die Pyrenäen, die Alpen, Apenninen, Karpaten, der Kaukasus sowie die gigantischen Gebirge des Himalaya und Karakorum. An den Westküsten Amerikas erhoben sich die Anden und die Gebirgsketten der Rocky Mountains. Auch große Grabensysteme bildeten sich, vor allem das Ostafrikanische Grabensystem, der Oberrhein-Rhone-Graben und der Baikal-Graben, als neue Ansatzstellen für die Aufspaltung kontinentaler Platten, wie man es schon am Roten Meer im Ostafrikanischen

Graben sehen kann. Dieses Phänomen der Plattentektonik ist verbunden mit vulkanischer Tätigkeit; so war das Tertiär auch die Periode des intensiven Basalt-Vulkanismus beispielsweise in der Eifel und am Vogelsberg, dem heute noch größten Vulkan Deutschlands.

Abb. 2.37. Ammonit von Seppenrade *Parapuzosia seppenradensis* (ursprünglicher Durchmesser ca. 2,5 Meter) aus dem Westfälischen Museum für Naturkunde Münster (Foto: B. Gries)

Das Klima des Tertiärs ist auf der Basis zahlreicher Fossilfunde und paläoökologischer Untersuchungen gut rekonstruierbar: Nach eingangs kühleren Phasen im später warm-subtropischen **Paläozän** wird das Klima im **Eozän** seit etwa 55 Millionen Jahren tropisch. Es bildet sich ein Tropengürtel vom damaligen Pariser Becken bis in das südliche Afrika und von Japan bis nach Neuseeland aus. Hier wachsen Regenwälder mit Palmen der Familie Arecaceae sowie Lauraceen (*Cinnamomum*), Moraceae (*Artocarpus, Ficus*), verschiedene Musaceae und Baumfarne (Abb. 2.38). Diese heute als paläotropisch bezeichnete Regenwaldflora stammt vermutlich aus dem indo-malayischen Archipel, wo sie ja am Ende der Kreidezeit und vorher in der Cathaysia-Flora schon entwickelt war.

Abb. 2.38. Kampferbaum (*Cinnamomum camphora,* Lauraceae) aus Südchina (links); Brotfruchtbaum (*Artocarpus altilis,* weiblicher Blütenstand) *A. communis,* aus Polynesien (Mitte); Feigenbaum und Feigen (*Ficus carica,* Moraceae), aus Südeuropa, Vorderasien und Nordafrika (rechts, Fotos R. Pott und E. Schacke)

Box 2.12. Klimawandel im Tertiär: Meeresplankton und Gashydrate

Zu einer der stärksten Klimaänderungen der Erdgeschichte kam es vor etwa 55 Millionen Jahren an der Grenze zwischen dem Paläozän und dem Eozän: Damals hat sich die Temperatur offenbar erheblich erhöht, was mit deutlichen Veränderungen in den fossilen Ablagerungen an Land und über dem Meeresboden einher ging. Das Meeresplankton ist bekanntermaßen ein hervorragender Indikator für die Wassertemperaturen, und man fand entsprechende Hinweise: Bei kälterem Meereswasser gibt es andere Arten als unter wärmeren Bedingungen. Und so ist es nicht verwunderlich, dass auch die Kalzitskelette des Meeresplanktons in den fossilen Ablagerungen entsprechend verschiedenartig abgelagert sind. Überdies starben damals die auf dem Meeresgrund lebenden Foraminiferen nahezu völlig aus, und es traten plötzlich neue Planktonarten im Meereswasser auf.

Der Übergang vom Paläozän zum Eozän wurde offenbar durch eine umfangreiche Freisetzung von **Gashydraten** beschleunigt, die im Ozeansediment gebunden waren. Gashydrate sind ein hoch potenter, weit verbreiteter Energierohstoff mit ungewöhnlichen Eigenschaften. Das Erscheinungsbild der Gashydrate erinnert an Trockeneis: eine weiße, kristalline Substanz, die sich aus gefrorenem Wasser und Methan zusammensetzt. Jeweils ein CH_4-Molekül ist zwischen sechs H_2O-Eismolekülen eingefangen. Das ist der Fall bei „gesättigten" Gashydraten; „ungesättigte" Gashydrate enthalten sogar bis zu 20 Eismoleküle pro Methanmolekül. An der Erdoberfläche zerfällt dieses „Eis" sofort schäumend, aus einem Liter werden dabei 160 Liter Methangas und 0,8 Liter Wasser. Bildung und Vorkommen der Gashydrate sind an folgende Voraussetzungen geknüpft: Wasser, Erdgas, hoher Druck und tiefe Temperaturen. Die ehemaligen und heutigen Permafrostgebiete und submarinen Kontinentalbereiche der Erde sind reich an Gashydraten. Die weltweiten Reserven an Erdgas in gespeicherten Gashydraten können eventuell sogar der Energie aller anderen fossilen Brennstoffe zusammen entsprechen. Ihre nachhaltige Gewinnbarkeit als Energieressource ist derzeit ein wichtiges Thema der Geowissenschaften. Wir werden dieses Phänomen im Kapitel 3.4 näher kennen lernen.

So konnten innerhalb geologisch kurzer Zeiträume von wenigen Millionen Jahren große Mengen an Methan aus dem Meeresboden in die Atmosphäre entwichen sein, die einen Temperaturanstieg zur Folge hatten. In jener Zeit, die auch als *Initial Eocene-Thermal-Maximum* (IETM) bezeichnet wird, stiegen die Temperaturen erdweit um etwa 5 bis 10 Grad Celsius an, und riesige Mengen an Kohlendioxid – produziert durch die Oxidation von Hydrocarbonaten – wurden damals in den globalen Kohlenstoffzyklus emittiert. Dieses kann man an den ^{13}C und ^{12}C-Relationen aus Meeressedimenten des Nordatlantik rekonstruieren, wie es Gerald R. Dickens (2004) beschreibt (Abb. 2.39).

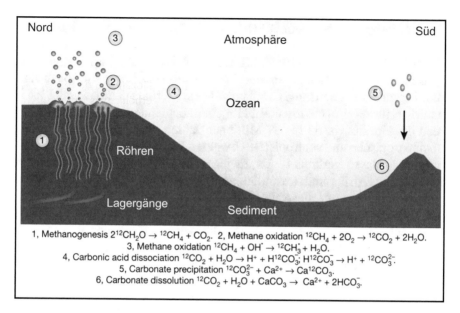

Abb. 2.39. Methanfreisetzung während des früheozänen Temperaturmaximums (IETM), vor etwa 55 Millionen Jahren. Die Ziffern 1-6 bezeichnen die Möglichkeiten der Methanoxidation und der Karbonatdissoziation (nach Dickens 2004)

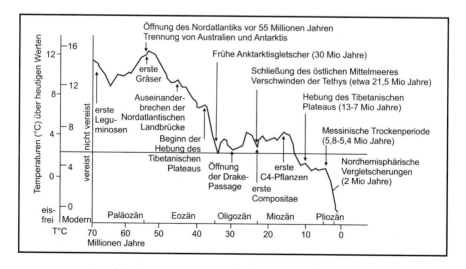

Abb. 2.40. Temperaturverlauf im Tertiär, abgeleitet von Sauerstoff-Isotopen-Analysen aus Foraminiferen-Tiefsee-Ablagerungen des Atlantik, wo die Temperaturen den heutigen Werten entsprechen. Dazu sind die wichtigen geologischen Erscheinungen und die evolutiven Besonderheiten der Pflanzenwelt der vergangenen 70 Millionen Jahre dargestellt (nach Willis u. McElwain 2002)

Im **Oligozän** wird es erneut kühler (Abb. 2.40), und am Ende des **Miozäns** vor 5 Millionen Jahren verschwinden die Palmen aus Mitteleuropa. Schon im Oligozän vor etwa 30 Millionen Jahren setzt die erstmalige Vergletscherung der Antarktis ein, und im **Pliozän**, vor circa 2 Millionen Jahren, beginnt die Vereisung Grönlands. Dieser tertiäre Klimawandel hatte natürlich für die Vegetation und Flora einschneidende Folgen: Schon während des Eozäns vor 53 bis 37 Millionen Jahren wuchsen in Mitteleuropa üppige tropische und subtropische Urwälder, Palmen waren bis nach Grönland und Alaska verbreitet. Als zu jener Zeit der südliche Kontinent in Südamerika, Afrika und Australien zerbrach, konnte sich eine kalte Meeresströmung rund um die Antarktis ausbilden, wodurch die Temperaturen am Ende des Eozäns drastisch abfielen. Im frühen Oligozän gab es danach keine polaren Laubwälder mehr, und die Antarktis trug von nun an eine Eiskappe. Durch den Aufbau der Eisschilde wurden große Mengen Wasser gebunden, und der Meeresspiegel sank weltweit.

Durch die Drift der Kontinentalplatten und die Kontinentalverschiebung verbreiterten sich nachher sukzessive der Atlantische, der Indische und der Pazifische Ozean, während die Tethys weitgehend verschwand und das Mittelmeer als „Restmeer" übrig blieb. Dieses trocknete zu allem Überfluss am Ende des Tertiärs, im **Miozän** vor etwa 5,8 bis 5,4 Millionen Jahren aus als Folge einer Unterbrechung der Gibraltar-Verbindung mit dem Atlantischen Ozean, welche offenbar tektonisch bedingt war. In jener Zeit, in der Oberen Miozän-Stufe, waren besonders randliche Bereiche des heutigen Mittelmeeres teilweise trocken gefallen. Während dieser Periode bildeten sich in Gebieten des heutigen Siziliens, der Balearen, des südöstlichen Spaniens und der Umgebung des Tyrrhenischen Meeres bedeutende Ablagerungen von Evaporiten (Abb. 2.27), vor allem Gipse und örtlich auch Salze.

Nach der Stadt Messina in Süditalien wird der betreffende Zeitabschnitt von Geologen als **Messinische Stufe** oder **Messinium** bezeichnet. Aus der Separation des damaligen „Mittelmeeres" resultierte damals die **„Messinische Salinitätskrise"** mit einer starken Reduktion der Wassermassen des Mittelmeeres, das in dieser Zeit aus einem System von Salzseen bestand mit entsprechenden freigelegten Landmassen und Landbrücken, die für den damaligen Floren- und Faunenaustausch von großer Bedeutung waren. Die verstärkte Verdunstung des Meereswassers in dieser Zeit führte nun zum enormen Anwachsen der Gletscher auf den Polen und in den gerade entstandenen Hochgebirgen – ein erster Hinweis auf den Beginn der nachfolgenden Eiszeiten.

2.3 Gondwana-, Bernstein- und Arktotertiäre Floren

Wir haben es nun mehrfach gesehen: Seit dem Ende der 1960er Jahre fand man also zunehmend die Beweise dafür, dass die Landmassen der Erde einst in einem einheitlichen Pangaea-Kontinent vereint waren und dass Pangaea sich nachfolgend in einen nördlichen Laurasia-Kontinent und in ein südliches Pendant, Gondwana, auftrennte. Jeder Kontinent beherbergte seine eigene Pflanzen- und Tierwelt und die Evolution ging schon damals eigene Wege.

Alle Pflanzen- und Tiergruppen, die älter sind als 250 bis 220 Millionen Jahre, haben sich also gemeinsam auf der Pangäa entwickelt. Ihre Areale wurden später durch die Vorgänge der Kontinentalverschiebung in Teilareale zerrissen, die heute auf verschiedenen Kontinenten liegen (Abb. 2.41).

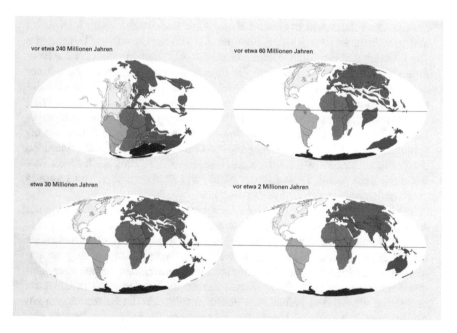

Abb. 2.41. Die Veränderung der Lage der heutigen Kontinente seit 240 Millionen Jahren (aus Negendank 2002, © Deutsches Museum München)

Schon im Karbon hatten sich die Kontinente weit nach Norden verschoben, und im Kapitel 2.2 haben wir ja schon die wichtigsten Elemente der jeweiligen Paläoflora kennen gelernt: Es bildeten sich in dieser Zeit die ersten größeren Wälder mit über dreißig Meter hohen Bäumen aus Schach-

Box 2.13. Folgen der Kontinentaldrift

Die schon beschriebene Abkühlung und die Aridisierung, also das „Trockenwerden" des Klimas und die Vereisung der Südkontinente im Perm, vor 290 bis 245 Millionen Jahren, führte erdweit zum Verschwinden der Steinkohlenwälder und zum Aussterben der Bärlappbäume. Im anschließenden Mesozoikum waren die Floren der damaligen Kontinente bis hin zur temperaten bis recht warmen Kreidezeit in der Zeit vor 146 bis 65 Millionen Jahren ohne damals sicher nachgewiesene Vereisungsphasen recht einheitlich ausgebildet. Es gab in dieser langen Zeit eine starke Diversifizierung vor allem der Farne, Schachtelhalme und besonders der neuen Gymnospermen, der Nadelbäume, und der ersten Angiospermen, der Laubbäume, die wir nun seit der Unterkreide vor etwa 140 Millionen Jahren kennen. Schon die damaligen Gymnospermengruppen gliedern sich in die Ginkgogewächse, die Koniferen, die Cycadeen sowie die nachher ausgestorbenen Bennettiteen. Ihr Artenreichtum hat im Vergleich zum Karbon stark zugenommen, was sich mit der Expansion der Pflanzen in trockene Lebensräume und zunehmender Interaktion und gemeinsamer Entwicklung, also mit Koevolution spezieller Tiergruppen wie Libellen und Reptilien erklären lässt. Ein wichtiger Moment für die Evolution der Pflanzen war natürlich die Entstehung der Angiospermen mit der neukaledonischen, ursprünglichen zweikeimblättrigen *Amborella* an der Basis des Stammbaumes (Abb. 2.34). Aus dieser Gruppe sind die Monokotylen als eigenständige, einkeimblättrige Pflanzen hervorgegangen, die heute ungefähr 80 000 beschriebene Arten umfassen. Die zweite, ebenfalls aus den ursprünglichen Dikotylen hervorgegangene Gruppe sind die Eudikotylen. Zu ihnen zählen heute etwa 200 000 beschriebene Arten. Bald nach deren Entwicklung kam es zur Trennung der Nord- und Südkontinente, von Laurasia und Gondwana, mit der Tethys dazwischen.

Pflanzen und Tiere der einzelnen Landmassen entwickelten sich nach der Abtrennung ihrer jeweiligen Kontinentalscholle stammesgeschichtlich also isoliert weiter. Früh abgespaltene Gebiete wie Madagaskar oder Australien zeigen daher größere biogeographische Eigenständigkeiten als lang zusammenhängende Erdteile wie Nordamerika und Eurasien, die in der ausgehenden Kreidezeit vor etwa 65 Millionen Jahren im Norden noch miteinander verbunden waren. Aus gefundenen Fossilien folgerten die Paläontologen zunächst, dass sich auch die Vorfahren der heutigen Säugetiere im Norden entwickelten und dann nach Süden wanderten, den langen Weg bis in die Antarktis und nach Australien – zu einer Zeit, als die Kontinente noch dicht beieinander lagen oder sich vorübergehend Landbrücken zwischen den Kontinenten gebildet hatten. Aus den Fossilfunden geht ferner die Erkenntnis hervor, dass die meisten „modernen Gruppen" der heutigen Säugetiere erst vor 60 Millionen Jahren entstanden sind, nachdem die Dinosaurier größtenteils ausgestorben waren.

telhalmgewächsen der Gattungen *Archaeocalamites* und *Calamites*, mit Bärlappbäumen von bis zu 40 Metern Höhe aus *Lepidodendron* und *Sigillaria* und einer reichen Begleitflora aus Baumfarnen. Aus diesen Wäldern ist Steinkohle entstanden; ihr Kerngebiet umfasst Europa, Russland und das östliche Nordamerika. Etwas entfernte Bildungsräume waren Sibirien und Ostasien, wo damals ein feucht-warmes Klima herrschte. Gleichzeitig mit den subtropisch-tropischen Steinkohlewäldern auf der heutigen Nordhemisphäre, deren Bäume keine Jahresringe oder ruhende Knospen zeigen, hatte sich damals in Südafrika, Indien, Australien, der Antarktis und im südlichen Nordamerika die völlig andersartige und artenärmere **Gondwana-Flora** entwickelt. Als Leitformen gelten hier strauchige Samenpflanzen vor allem aus der **Glossopteris-Flora** (Abb. 2.18) sowie verschiedene Farne und Koniferen, deren Stämme teilweise Jahresringe bildeten, was auf ein kühlgemäßigtes Klima in jener Zeit auf der Südhalbkugel schließen lässt.

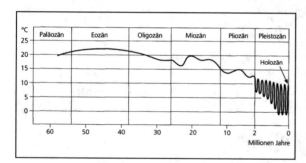

Abb. 2.42. Klimaschwankungen im Tertiär und Quartär. Geschätzte Jahresmitteltemperaturen für Mitteleuropa. Die Zahl der Kalt- und Warmzeiten ist geringer angegeben, als sie tatsächlich ist (aus Kadereit 2002)

Wir haben ebenfalls schon gehört, das Tertiär von etwa 65 bis ungefähr 2 Millionen Jahren vor heute ist eine Zeit sehr ausgeprägten klimatischen Wandels. Während zu Beginn dieser Epoche ein mildes bis subtropisches Klima weit verbreitet war, setzte im Jungtertiär, vor allem im Miozän und im Pliozän seit etwa 26 Millionen Jahren bis zu zwei Millionen Jahren vor heute eine kontinuierliche Abkühlung des Klimas ein, die sich in den Eiszeiten des Quartärs fortsetzte (Abb. 2.42). Die erdweiten alpidischen Gebirgsbildungen, die Austrocknung des Mittelmeeres und die Drift der Landmassen in höhere geographische Breiten führten damals zur Ausbildung komplexer Klimate mit der Bildung von Eiskappen an den Polen und der Kontinentalisierung großer Landflächen, vor allem in Nordamerika und in Eurasien, wie wir es heute sehen. Die Evolution von Flora und Vegetation wurde durch diesen klimatischen und geomorphologischen Wandel stark beeinflusst.

Im Alttertiär waren selbst in den heute temperaten Bereichen der Nordhemisphäre immergrüne tropisch-subtropische Regenwaldfloren mit Lauraceen, mit Moraceen, mit Juglandaceen, Palmen und tropischen Farnen weit verbreitet. Ausläufer dieser Floren reichten sogar bis in die heute arktischen Regionen von Alaska und Grönland. In tieferen geographischen Breiten entwickelten sich im Alttertiär der Holarktis artenreiche sommergrüne Laub- und Nadelmischwaldfloren. Solche Floren waren ebenfalls bis nach Spitzbergen und Grinell-Land verbreitet. Sie enthielten mit *Pinus, Picea, Platanus, Fagus, Quercus, Corylus, Betula, Alnus, Juglans, Ulmus, Acer, Vitis, Tilia, Populus, Salix* und *Fraxinus* alle die Gehölzgattungen, die heute noch im temperaten Europa vorkommen. Andere Gattungen sind heute in Europa ausgestorben, kommen aber in wärmeren Gebieten Nordamerikas (*Taxodium, Sequoia*), in Ostasien (*Ginkgo, Cercidiphyllum*) oder in beiden Gebieten (*Tsuga, Magnolia, Liriodendron, Sassafras, Carya, Diospyros*) vor (Abb. 2.43).

Abb. 2.43. Beispiele rezenter Vertreter tertiärreliktischer Gattungen in Nordamerika und Ostasien: **a** *Tsuga heterophylla*, **b** *Sassafras albidum* und **c** *Liriodendron tulipifera*, südl. USA; **d** *Magnolia stellata* und **e** *Cercidiphyllum japonicum*, Japan; **f** *Carya glabra*, östl. USA; **g** *Diospyros kaki*, China, Japan. (Fotos E. Schacke)

Da die nördlichen Kontinente damals noch weniger weit voneinander getrennt waren als heute, fand im Tertiär ein reger Austausch im circumpolaren Raum statt. Das Ergebnis war die Herausbildung der **arktotertiären Flora** als Grundstock der rezenten Flora der Holarktis.

Tabelle 2.1. Zahl der Arten in den Baumgattungen des sommergrünen Laubmischwald-Gebiets im östlichen Nordamerika (linke Ziffer) und in Mitteleuropa (rechte Ziffer, aus Ellenberg 1982)

Laubbäume						Nadelbäume		
7:5	*Acer*	2:0	*Amelanchier* (St)	1:1	*Abies*	1:0	*Chamaecyparis*
3:2	*Alnus*	1:0	*Aralia*	1:1	*Larix*	1:0	*Juniperus* (St, SEur)
5:2	*Betula*	1:0	*Asinima*	3:1	*Picea*	1:0	*Taxodium*
1:1	*Carpinus*	6:0	*Carya*	7:4	*Pinus*	1:0	*Thuja*
2:2	*Crataegus*	2:0	*Castanea* (SEur)	1:1	*Taxus*	1:0	*Tsuga*
1:1	*Fagus*	1:0	*Catalpa*	13:8		5:0	
4:2	*Fraxinus*	2:0	*Celtis* (SEur)				
2:1	*Ilex*	1:0	*Cercis* (SEur)			18:8	
1:1	*Malus*	1:0	*Diospyros*	östl. Nordam. : Mitteleuropa			
5:3	*Populus*	1:0	*Gleditschia*				
5:3	*Prunus*	1:0	*Gymnocladus*				
0:1	*Pyrus**	2:0	*Illicium*				
20:4	*Quercus*	2:0	*Juglans* (SEur)				
4:8	*Salix**	1:0	*Liquidambar*				
1:4	*Sorbus**	1:0	*Liriodendron*				
2:2	*Tilia*	2:0	*Magnolia*				
3:3	*Ulmus*	1:0	*Morus*				
66:45		2:0	*Nyssa*				
		1:0	*Ostrya* (SEur)				
		1:0	*Platanus* (SEur)				
		1:0	*Ptelea*				
		1:0	*Robinia*				
			(subspont.)				
		4:0	*Rhus*	(St) = als Strauch auch in Mitteleuropa			
		1:0	*Sassafras*	(SEur) = in Südeuropa als Baum vertreten			
		1:0	*Zanthoxylon*	(subspont.) = im südöstlichen Mitteleuropa			
		40:0		sich subspontan ausbreitend			

106:45
östl. Nordam. : Mitteleuropa

* = Gattungen, die in Mitteleuropa artenreicher sind als im östlichen Nordamerika

In Mitteleuropa sind vom Paläozän bis zum Miozän die **Bernsteinfloren** und die Braunkohlewälder von überragender Bedeutung. Der subtropische „Baltische Bernsteinwald" aus dem Eozän erstreckte sich vom heutigen Südschweden bis an den Ural. Sein Ökosystem rekonstruierten jüngst Wilfried Wichard und Wolfgang Weischat (2004). Man findet deren fossile Ablagerungen beispielsweise in den wirtschaftlich bedeutsamen obereozänen bis unteroligozänen „Blauen Erden" des Samlandes bei Königsberg, wo bis zu neun Meter mächtige tonige Glaukonitsande bis zu zwei Kilogramm „Baltischen Bernstein" pro Kubikmeter enthalten (Abb. 2.44), jenes „Gold des Nordens", das schon die Griechen als „Tränen der Götter" besangen.

Abb. 2.44. Bernsteininsekt der Gattung *Symphoromya*, aus der Sammlung des Instituts für Paläontologie der Universität Bonn (Foto: T. Litt 2004)

Box 2.14. Bernstein

Dieser stammt von der tertiären samländischen Kiefer *Pinus succinifera* und wird als **Succinit** bezeichnet. Durch das pleistozäne Inlandeis und die Meeresströmungen wurde der Bernstein aus dem Sedimentationsgebiet angereichert und in der „Blauen Erde" abgelagert. Insgesamt säumt der Bernstein die elster- und saalekaltzeitlichen Eisrandlagen bis nach England, den Niederlanden, Westfalen und Brandenburg. Berühmt für untermiozäne Bernsteine sind die Fundstätten des „Sächsischen Bernstein" von Bitterfeld. Bernstein ist ein hellgelbes bis orangerotes, bräunliches, undurchsichtiges bis klares fossiles Harz hauptsächlich von Nadelbäumen. Der chemischen Struktur nach ist es ein Polyester aus Harzsäuren, vor allem der Abietinsäure. Bernstein diente seit alters her als Schmuckstein. Das älteste Kunstwerk daraus ist eine Pferdekopfskulptur aus dem Paläolithikum, dem Magdalénien, etwa 15 000 bis 10 000 vor Christus, der Höhle von Isturits in den Pyrenäen. Sein wirtschaftlicher Wert ist für die gesamte Vor- und Frühgeschichte aus unzähligen Grabbeigaben des Neolithikums, der Bronzezeit und der Eisenzeit bezeugt. Die Römer explorierten schon systematisch die Vorkommen im Samland, und so genannte **Bernsteinstraßen** dokumentieren in ganz Europa die Routen des ehemaligen Bernsteinhandels zwischen Nord- und Ostsee über die Alpenpässe in den Mittelmeerraum.

Große wirtschaftliche Bedeutung besitzen auch die **Braunkohlelagerstätten**, die vom Eozän bis zum Miozän aus organischen Ablagerungen von Süßwasservegetationskomplexen und angrenzenden Moorwäldern in den großen Tertiärbecken entstanden sind. Die dominanten Leitsippen sind die heute noch in den Everglades in Florida als Relikte wachsenden Koniferengattungen *Taxodium distichum* und *Sequoia* sowie die Cornaceen-Gattung *Nyssa* (Abb. 2.35 und 2.36). Für Mitteleuropa nimmt man in der Zeit des Eozän eine durchschnittliche Jahrestemperatur von 22 Grad Celsius an. Für die Nordhemisphäre ergibt sich deshalb im Vergleich zur Gegenwart eine Verschiebung der damaligen polaren Waldgrenze um 20 bis 30 und der nördlichen Palmengrenze um 10 bis 15 Breitengrade nach Norden. Fossile Reste dieser alttertiären Floren in Mitteleuropa findet man gehäuft in Eckfeld in der Eifel, in der Grube von Messel bei Darmstadt und im Geiseltal bei Halle sowie auf der Südhalbkugel in Mahenge, dem bislang einzig bekannten Ort in Afrika südlich der Sahara, an dem sich solche terrestrischen eozänen Fossilien erhalten haben. Vielfach findet man zusätzlich zu den genannten Gattungen Vertreter der Cornaceae, der Annonaceae, Theaceae, der Sterculiaceae, Sapotaceae und der Symplocaceae (Abb. 2.45). Auch die Pandanaceae und Cyatheaceae sind heute meist tropisch verbreitete und häufig in Südostasien reliktär vorkommende Taxa. Die damalige Vegetation war wahrscheinlich den heute von Lauraceen dominierten Bergregenwäldern Südostasiens und Australiens recht ähnlich gewesen.

Abb. 2.45. Beispiele rezenter Vertreter alttertiärer Gattungen, die heute in den Regenwäldern Australiens vorkommen: **a** *Xylopia maccreae*, Annonaceae, **b** *Pouteria chartacea*, Sapotaceae, **c** *Ternstroemia cherryi*, Theaceae, **d** *Brachychiton bidwillii*, Sterculiaceae, **e** *Symplocus cochinchinensis*, Symplocaceae, **f** *Amorphospermum whitei*, Sapotaceae, **g** *Freycinetia excelsa*, Pandanaceae, **h** *Cyathea rebeccae*, Cyatheaceae

Für die Interpretation und das Verständnis der heutigen Bioregionen in Südostasien ist vor allem die weit in die Erdgeschichte zurückreichende eigenständige Entwicklung des laurasischen Kontinents wichtig, zu dem auch Hinterindien und der Großteil des Malayischen Archipels zählen. Die berühmte **Wallace-Linie** zwischen Borneo und Sulawesi trennt die laurasisch-asiatische Zone von der gondwanisch-australischen Region ab (Abb. 2.46).

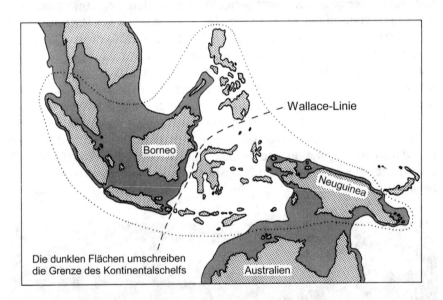

Abb. 2.46. Die zwischen Borneo und Sulawesi verlaufende Wallace-Linie stellt die Grenze zwischen der asiatischen und der australischen Fauna dar, die auf Laurasia beziehungsweise Gondwana zurückgehen. Die gepunktete Linie umschreibt die Malaysische-Faunenprovinz (nach Cox u. Moore 1993)

Sie ist benannt nach Alfred Russel Wallace (1823-1913), einem Zeitgenossen Charles Darwins, der diese Grenzlinie im Jahre 1860 entdeckte und damals unabhängig von Charles Darwin (1809-1882) Veränderlichkeiten und Entstehungen neuer Arten aufzeigte. Pflanzengeographisch kann die Wallace-Linie beispielsweise an der Verbreitung der Koniferen aufgezeigt werden: die Pinaceae repräsentieren den Laurasia-Anteil, die Podocarpaceae den Gondwana-Anteil.

Auch auf der heutigen Nordhalbkugel gibt es Zeugen der Kontinentalverschiebung: Die europäische Pflanzengattung *Ramonda* aus der Familie der pantropischen Gesneriaceae ist wahrscheinlich eben ein solches Relikt dieser tropischen Tertiärflora (Abb. 2.47). Auf der südlichen Halbkugel begann schließlich im Paläozän durch die nun vollständige Abtrennung des

Gondwana-Kontinentes die Entwicklung der eigenständigen australischen, kapländischen und antarktischen Florenreiche. Während Afrika am Beginn des Tertiärs bereits von der Antarktis weit getrennt war, bestand bis weit in das Mitteleozän vor 50 Millionen Jahren durch die noch zusammenhängenden Landmassen ein Florenaustausch von Südamerika über die Antarktis bis nach Neuseeland.

Abb. 2.47. *Ramonda myconi* (= *R. pyrenaica*) gehört zur tropischen Familie der Gesneriaceae. Sie sind immergrüne, rosettenförmige, alpine Geoelemente in den Gebirgen Nordwestspaniens, in Korsika und vereinzelt auf dem Balkan.

Das Areal der Koniferen-Gattung *Araucaria* beispielsweise war in der Jura- und Kreidezeit weltweit, ist aber seit dem Tertiär auf die Südhemisphäre und heute auf disjunkte Reste im Westpazifik, in Australien und Südamerika begrenzt (Abb. 2.48).

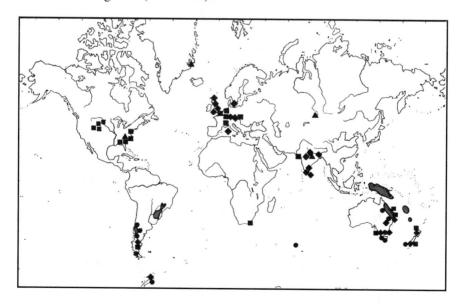

Abb. 2.48. Vertreter der Gattung *Araucaria* und ihre aktuelle Verbreitung (rot) sowie die Fossilfunde: späte Trias (Dreieck ▲), Jura (Raute ◆), Kreide (Quadrat ■), Tertiär (Kreis ●). (aus Walter u. Straka 1970)

Diese von Mary E. White (1990) als **„Palaeoaustrale Flora"** bezeichneten ehemaligen Gondwana-Elemente schließen vor allem die Arauca-
rien-Gattungen *Araucaria* selbst und *Agathis* ein; ebenso die „Südbuchen"-Gattung *Nothofagus*. Australien wurde erst vor etwa 46 Millionen
Jahren wirklich zur „Insel". Eine Karte tertiärer Pollenfunde der Abbildung 2.49 in Südaustralien von Mary E. White (1990) bezeugt dort auch
die relativ späte Entstehung der eigenständigen Angiospermenflora, besonders der heute dominierenden *Eucalyptus*- und *Acacia*-Vegetation, deren Pollen man „erst" kontinuierlich seit dem Mittleren Oligozän ab
30 Millionen Jahren nachweisen kann.

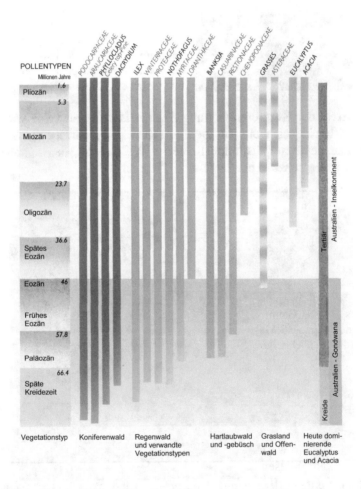

Abb. 2.49. Pollenfunde in Südost-Australien aus dem Tertiär. Pollen von Laura-
les-Sippen sind fossil nicht erhalten (nach White 1990)

Die Araucariaceae- und *Nothofagus*-Pollenfunde reichen jedoch bis in die ausgehende Oberkreidezeit gegen 65 Millionen Jahre zurück. Nach diesen Pollendaten zu urteilen, könnten die beiden in den temperaten Regenwäldern Neuseelands endemischen Podocarpaceen *Dacrycarpus dacryoides* und *Dacrydium cupressinum* und die tasmanische Huon-Pine *Lagarostrobus franklinii* aus der gleichen Familie (Abb. 2.50) eventuell mit die ältesten lebenden Arten unter den holzbildenden Samenpflanzen sein.

Abb. 2.50. Wichtige neuseeländische Podocarpaceen sind *Dacrycarpus dacryoides* (links). Dieser Baum wird bis zu 60 Meter hoch und *Dacrydium cupressinum* (Mitte), der bis zu 35 Meter hoch wird. Junger *Lagarostrobus franklinii* (rechts) erreicht bis zu 30 Meter und ist ein Endemit der Regenwälder Tasmaniens

2.4 Eiszeitalter

Außer den langen, warmen Perioden des Erdmittelalters hat es immer wieder relativ kalte Phasen und Abschnitte in der Erdgeschichte gegeben, die als **Eiszeitalter** oder **Glaziale** bezeichnet werden. Während dieser Zeiten, die jeweils mehrere Millionen Jahre gedauert haben können, waren zumindest die Polarregionen mit Eis bedeckt, oft aber auch andere Teile der

Kontinente. Die Gletscherspuren der Eiszeitalter des Erdaltertums zeigen sogar an, dass mal Australien und mal Afrika am Südpol gelegen haben. Von der permo-karbonischen Vereisung vor 290 bis 260 Millionen Jahren haben wir schon gehört; deren Spuren finden sich in Südafrika. So sehen wir auch an diesen Beispielen, dass die Kontinentalverschiebung und die verschiedene Positionierung der Kontinente auch hinsichtlich der Vereisungsphasen offenbar ursächlich wirkt. Wir werden das nachfolgend intensiver kennen lernen.

> Das **Quartär**, der jüngste datierbare Zeitraum der Erdgeschichte seit 2,6 Millionen Jahren, wird allgemein untergliedert in das **Pleistozän**, das Eiszeitalter, und in das heute noch andauernde **Holozän**, die Nacheiszeit, die gegen 12 000 vor heute mit dem Schmelzen der weichseleiszeitlichen Gletscher ihren Anfang nahm. Seit etwa 800 000 Jahren treten in einem Rhythmus von ungefähr 100 000 Jahren vergleichsweise schnellere Klimaschwankungen auf: Warmzeiten von 10 000 bis 25 000 Jahren wechseln sich ab mit Vereisungen beider Polkappen in der Arktis und der Antarktis sowie mit Kalt- oder Eiszeiten von etwa 80 000 bis 100 000 Jahren Dauer, in denen das Gletschereis jeweils vom Nordpol aus weit nach Süden bis zu den Kontinenten der Nordhalbkugel vordrang. Das letzte Mal ist dieses vor 21 000 Jahren geschehen, als die Weichselvereisung in Eurasien ihr Maximum erreichte.

Innerhalb der Eiszeitalter gab es also regelmäßig wiederkehrende erhebliche klimatische Schwankungen. Die Zyklen variieren zwischen den Kaltzeiten, den **Glazialen**, und den Warmzeiten, den **Interglazialen**. Ihre herausragenden Ereignisse, die letztendlich das Bild der heutigen Erde mitgeprägt haben, waren die großen Kältephasen mit Vereisung riesiger Landmassen in höheren Breiten und in Hochgebirgen, kühlere Regenzeiten in den Subtropen und Trockenzeiten in manchen Tropenregionen, besonders ausgeprägt offenbar im äquatorialen Afrika. Die globale Durchschnittstemperatur war zu den Höhepunkten der Vereisungen bis zu 8 Grad Celsius geringer als heute, die Interglaziale oder Warmzeiten entsprachen in etwa der Jetztzeit, dem **Holozän**. Seit dem Beginn des Pleistozäns zeichnen sich also mehrere kühlere und wärmere Phasen ab, die beispielsweise in Mitteleuropa als **Prätegelen-Kaltzeit**, als **Tegelen-Warmzeit** zwischen etwa zwei und 1,8 Millionen Jahren vor heute, als **Eburon-Kaltzeit**, als **Waal-Interglazial**, als **Menap-Kaltzeit** und als **Bavel-Warmzeit** beschrieben wurden (Abb. 2.51). Danach, im **Mittelpleistozän**, beginnt der klassische Zyklus von Glazialen und Interglazialen, der in der Größenordnung von jeweils etwa 100 000 Jahren gelegen haben dürfte.

Zeitabschnitte				
Holozän		Beginn vor 11 560 Jahren, dauert noch an		
Ober-Pleistozän	Weichsel-Kaltzeit	Ober-Weichsel	Jüngere Tundrenzeit	12 700-11 560 cal J.v.h.
			Alleröd-Interstadial	13 350-12 700 cal J.v.h.
			Ältere Tundrenzeit	13 480-13 350 cal J.v.h.
			Bölling-Interstadial	13 730-13 480 cal J.v.h.
			Älteste Tundrenzeit	13 860-13 730 cal J.v.h.
			Meiendorf-Intervall	14 500-13 860 cal J.v.h.
		Mittel-Weichsel	Phase extremer Abkühlung	22 000-18 000 J.v.h.
			Denekamp-Intervall	32 000-28 000 J.v.h.
			Hengelo-Intervall	38 700-36 900 J.v.h.
			Moershoofd-Intervall-Komplex	
			Glinde-Intervall	51 000-48 000 J.v.h.
			Ebersdorf-Stadial	
			Oerel-Interstadial	57 700-55 400 J.v.h.
			Schalkholz-Stadial	
		Unter-Weichsel	Odderade-Interstadial	um 74 000 J.v.h.
			Rederstall-Stadial	
			Brörup-Interstadial	
			Herning-Stadial	
	Eem-Warmzeit	Dauer 11 000 Jahre; zwischen 128 000 und 117 000 J.v.h.		
Mittel-Pleistozän	Saale-Komplex	Warthe-Stadium	Jüngere Drenthe	
		Drenthe-Stadium	Haupt Drenthe	
		Dömnitz-Warmzeit	(= Wacken, Schöningen, Hoogeveen)	
		Fuhne-Kaltzeit		
	Holstein-Warmzeit	Dauer 16 000 Jahre; zwischen 335 000 und 300 000 J.v.h.		
	Elster-Komplex	Elster-Kaltzeit sensu stricto		
		Gelkenbach-Interstadial		
		Roter Ton von Bilshausen		
Unter-Pleistozän	Cromer-Komplex	Ruhme-Warmzeit (= Kärlich, Noordbergum) Dauer ~25 000 Jahre; zwischen 425 000 und 385 000 J.v.h.		
		Kaltzeit (Glazial C)		
		Rosmalen-Warmzeit		
		Kaltzeit (Glazial B)		
		Hunteburg-Warmzeit (= Harreskov, Westerhoven)		
		Kaltzeit (Glazial A) – – – – – – – – – – 780 000 J.v.h.		
		Osterholz-Warmzeit (= Sohlingen, Waardenburg)		
	Bavel-Komplex	Dorst-Kaltzeit		
		Leerdam-Warmzeit (= Pinneberg)		
		Linge-Kaltzeit (= Seth)		
		Bavel-Warmzeit (= Uetersen, Marleben)		
	Menap-Komplex Waal-Komplex			~ 1,2 bzw. 1,0 Mio. J.v.h.
	Eburon-Kaltzeit Tegelen-Komplex			~ 2,0 und ~ 1,8 Mio. J.v.h.
	Prätegelen-Kaltzeit			Beginn 2,6 Mio. J.v.h.

Abb. 2.51. Gliederung des Quartärs in Niedersachsen und benachbarten Gebieten. Die Zeitabschnitte sind in Jahren vor heute (J.v.h.), beziehungsweise nach kalibrierten Kalenderjahren (cal) angegeben. (Nach H. Streif mit Beiträgen von G. Caspers, H. Freund, M.A. Geyh, A. Kleinmann, J. Merkt, K.D. Meyer, H. Müller, P. Rohde u. C. Schwarz. Stand 30. März 2004, aus http://www.nlfb.de/geologie/downloads/quartaerstratigraphie.pdf)

Die Interglaziale waren dagegen vergleichsweise nur sehr kurz. Man schätzt, dass es in den letzten 780 000 Jahren wahrscheinlich zehn Zyklen mit Warm- und Kaltzeiten gab. Der Wechsel von Kaltzeiten und Warmzeiten im Pleistozän ist vermutlich auf kleine periodische Veränderungen in der Umlaufbahn der Erde um die Sonne zurückzuführen. Die anderen Planeten und der Mond wirken auf die Erde nach dem Kreiselprinzip ein, das heißt, die Kräfte setzen nicht am Schwerpunkt an und lassen so die Erde regelrecht taumeln. Daraus resultieren einerseits eine Exzentrizität der Erdbahn um die Sonne in ca. 100 000-Jahreszyklen und andererseits eine Neigungsänderung der Erdachse im Rhythmus von 41 000 Jahren nach der Theorie von Milutin Milankovitch (1879-1958). Wir kommen im Kapitel 3.6 darauf zurück.

In Nordeuropa weiß man ziemlich genau um die letzten drei nordischen Vereisungen: In Norddeutschland kann man drei jüngere große Vorstöße der skandinavischen Inlandgletscher unterscheiden, die bestens untersucht sind und deshalb hier beispielhaft angeführt werden: die **Elster-**, die **Saale-** und die **Weichseleiszeit**. Diese lassen sich auch global nachweisen und datieren: Auch aus den Bohrungen in der Tiefsee und im Grönlandeis sowie aus der Auswertung von deren Sauerstoff-Isotopenkurven ergeben sich erstaunlich gute Übereinstimmungen mit Strahlungskurven der Nordhalbkugel. So untersucht man beispielsweise das Verhältnis der beiden Sauerstoffisotope O^{16} und O^{18} in kalkhaltigen Meeressedimenten. Das Meerwasser besteht hauptsächlich aus Wassermolekülen mit dem weit verbreiteten Sauerstoffisotop O^{16}. Nur 0,2 Prozent des Wassers enthält dagegen „schwere" Sauerstoffatome mit der Massenzahl O^{18}. Beim Verdunsten des Meerwassers werden die leichteren Moleküle eher aufsteigen. Wird also während einer Kaltzeit vermehrt Meerwasser in Form fester Niederschläge mit Schnee und Eis an den Polen gebunden, erhöht sich allmählich der Meereswassergehalt an O^{18} (Abb. 2.52). Untersucht man nun die Proben von Tiefseesedimenten oder aus den Eiskernen Grönlands auf ihren Sauerstoffisotopengehalt, so kann man anhand der O^{16}/O^{18}-Relation nachträgliche Informationen über die vergangenen Temperaturverläufe finden. Überraschenderweise kann man in nahezu allen geeigneten Sedimenten, ob im Norden oder im Süden unseres Globus fast identische Ergebnisse finden. Man hatte erwartet, dass durch periodische Schwankungen der Erdachsneigung auch deutliche Unterschiede in der Temperaturverteilung zwischen der Nord- und Südhalbkugel der Erde auftreten würden. Man vermutet, dass die Koppelung der fast gleichzeitigen Abkühlung von Nord- und Südhemisphäre unter anderem über ein heute recht gut erforschtes übergreifendes ozeanisches Strömungssystem – wie inzwischen beim Golfstrom erkannt – mit entsprechenden kalten Tiefenströmungen, die ihren

Ursprung im Nordatlantik haben, und oberflächennahen wärmeren Aus-
gleichsströmungen von Süden schon immer erfolgte.

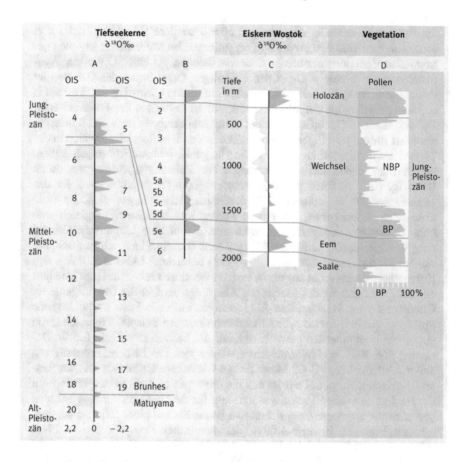

Abb. 2.52. Klimakurven für die jüngste Erdgeschichte aus dem Verhältnis der
Sauerstoffisotopen (OIS) in den Schalen von ozeanischen Kleinstlebewesen (A).
Es zeichnet sich eine große Zahl von Kalt- und Warmzeiten während des Mittel-
und Jungpleistozäns ab. Sie übersteigt die der klassischen Folge mit drei oder vier
Kaltzeiten um vieles. Der Klimaverlauf des Jungpleistozäns (B) zeigt eine gute
Übereinstimmung mit dem Verhältnis der Sauerstoffisotopen im Eis der Antarktis
(C). Auch das Verhältnis von Baumpollen (BP) und Nichtbaumpollen (NBP) zeigt
eine gleichgerichtete Abfolge von Bewaldung und Offenland in Nordfrankreich
(D). Bohrkerne von Sedimentablagerungen zeigen ein typisches Magnetisie-
rungsmuster von normaler und umgekehrter Polarität, das weltweit ähnlich ist. So
finden sich Bereiche mit normaler Polarität (Brunhes-Epoche, heute bis vor etwa
700.000 Jahren) und inverser Polarität (Matuyama-Epoche, 700 000 bis 2,4 Mio
Jahren, aus Königswald 2002)

Box 2.15. Thermometer der Vergangenheit

Für die Gesamtgliederung des Quartärs gewannen in den letzten Jahrzehnten die Ergebnisse aus Tiefseebohrungen eine besondere Bedeutung, denn dort entdeckte man eine Art „fossiles" Thermometer: Im Meerwasser ist – wie gesagt – das Verhältnis der beiden Sauerstoffisotope ^{16}O und ^{18}O von der Wassertemperatur abhängig. Unter den einzelligen Organismen des Ozeans gibt es Foraminiferen, die Kalkschalen bauen. In diesen entspricht das Verhältnis der Sauerstoffisotope der Wassertemperatur zu Lebzeiten der Foraminiferen. Die absinkenden Gehäuse dieser Foraminiferen bringen damit einen messbaren Wert für die jeweiligen Temperaturen in den Fossilbericht: Da sich in der Tiefsee ungestörte Ablagerungen über lange Zeit hinweg gestapelt haben, konnte man in den letzten Jahrzehnten von Forschungsschiffen aus durch Bohrungen die Abfolge genau untersuchen und Temperaturkurven für das Meerwasser der verschiedenen Regionen im Pleistozän erstellen. Da viele dieser Temperaturkurven untersucht wurden und bei einem Vergleich eine hohe Übereinstimmung zeigten, kann man darauf eine klimatische Gliederung des Pleistozäns aufbauen (Abb. 2.52). Die einzelnen Klimaabschnitte werden als Sauerstoffisotopen-Stufen (OIS) bezeichnet (Abb. 2.52). Aus den Kurven lassen sich nicht nur die Wassertemperaturen rekonstruieren, sondern auch die Ausdehnung des Meereises. Allerdings bereitet die Übertragung der Gliederung vom Meer zu den Ablagerungen auf dem Festland noch große Probleme. Andere Archive für Klimadaten sind zum Beispiel Tropfsteine, die aber nicht kontinuierlich gewachsen sind. Als besonders wichtig für die Datierung von Kalt- und Warmzeiten erwiesen sich die Eisbohrkerne, die aus den mächtigen, bis zu 3000 Meter dicken Gletschern Grönlands und der Antarktis gezogen wurden. Dort ist das Eis nicht wie in den meisten Gletschern der Hochgebirge abgeflossen, sondern Jahr für Jahr hat sich der Niederschlag übereinander abgelagert, verdichtet und ist als Eis mit einer Jahresschichtung erhalten. Eine schichtweise Analyse der chemischen Komponenten des Eises erlaubt es, zum Beispiel die Veränderung des CO_2-Gehaltes der Atmosphäre über den Zeitraum der letzten 100 000 bis 150 000 Jahre zu messen und mit der Klimakurve zu vergleichen. So wurden in Grönland der Grip-Eiskern und in der Antarktis der Wostok-Eiskern sowie die Kraterseen in Australien bearbeitet. Die Ergebnisse stimmten mit der Klimakurve aus Foraminiferenschalen der Tiefsee gut überein.

Als das Klima zu Beginn des Quartärs an der Zeitenwende vor circa 2,6 Millionen Jahren zu drastischen Abkühlungen führte, entwickelten sich in weiten Teilen Nordeuropas, Sibiriens und in Kanada ausgedehnte Tundren mit zeitweiligen oder permanenten Dauerfrostböden; es gab ferner erste Gebirgsvergletscherungen in Schottland und in Skandinavien, und das Volumen der polaren Eismassen in der Antarktis und in Grönland wuchs bis auf die fast 3000 Meter mächtigen Eisschilde heran. Ausgangsregionen der großen Vereisungen der Nordhalbkugel waren die Hochgebirge Nordnorwegens, die sibirische Arktis und die kanadische Arktis. Die Temperaturen sanken kontinuierlich, so dass auch im Sommer die Niederschläge als Schnee niedergingen. Unter dem auflastenden Druck der zunehmenden Schneemassen bildete sich über Firn das Eis der Gletscher, das bei einer gewissen Mächtigkeit unter großem Druck zähplastisch fließen kann und sich in seiner größten Ausdehnung der Saalekaltzeit bis an den Mittelgebirgsrand Nordwesteuropas ausdehnte. In ähnlicher Weise wie in Nord- und Mitteleuropa waren auch Grönland und Nordamerika von einer Inlandeismasse bedeckt, die im Osten der Vereinigten Staaten bis etwa 40 Grad nördlicher Breite und im Westen bis ca. 50 Grad nördlicher Breite reichte. Im nordöstlichen Asien lag – durch eine breite, bis 130 Grad östlicher Länge reichende Lücke vom nordeuropäischen Inlandeis getrennt – eine Eisdecke bis gegen 65 bis 63 Grad nördlicher Breite, und außerdem gab es Gletscher auf der Halbinsel Kamtschatka. Eine ausgedehnte Vereisung wurde auch in Patagonien und Feuerland nachgewiesen, kleinere in den zentralasiatischen Gebirgen und auf den höchsten Bergen Abessiniens und Ostafrikas sowie in Neuguinea, Australien und Neuseeland. Dies führte zum Absinken des damaligen Meeresspiegels weltweit um 80 bis über 100 Meter.

Während der nachfolgenden zweiten großen **Saale-Kaltzeit** breitete sich das Skandinavische Inlandeis am weitesten nach Süden aus. Über die norwegische und die dänische Westküste drang es damals 40 bis 110 Kilometer weit auf den Nordseeschelf vor. Große Schelfgebiete blieben jedoch eisfrei, weil sich das englisch-schottische Eis während dieser Kaltzeit diesmal nicht direkt in die Nordsee selbst hinein ausdehnte. Die einzelnen Stillstands- oder Rückzugsphasen der Eiszeiten werden auch „Stadiale" genannt. Bei den Untersuchungen von Ablagerungen entdeckte man für diese Phasen Anzeichen für erhebliche Schwankungen im damaligen Temperaturverlauf: So wechselten die mittleren Julitemperaturen mehrmals von wenigen Graden über Null bis zu 7 bis 10 Grad Celsius. Dies hatte natürlich erheblichen Einfluss auf die Abtauvorgänge an der jeweiligen Gletscherstirn und deren Zurückweichen oder Vorrücken. Auf jeden Fall sind deutlich ausgeprägte Moränenstaffeln das Ergebnis. Heute übrigens beträgt die mittlere Julitemperatur etwa 17,5 Grad Celsius.

Mit dem Beginn der **Eem-Warmzeit**, die vor 128 000 Jahren datiert wird und die nach nur ca. 11 000 Jahren gegen 117 000 Jahre vor heute zu Ende ging, stieg der zwischeneiszeitliche Meeresspiegel erneut. Das Eem-Meer hatte Küstenlinien, die sich noch derzeit im Gelände als ehemalige Meeresbuchten identifizieren lassen: Nördlich von Amsterdam existierte damals eine Meeresbucht, die bis zur Ostseite des Ijsselmeeres reichte; hier mündete der Rhein. Weitere Buchten gab es südlich der Insel Terschelling sowie bei Groningen; zwischen der Emsmündung und der Jade erstreckte sich ein Wattenmeer. Helgoland war damals größer als heute und möglicherweise sogar mit dem schleswig-holsteinischen Festland verbunden.

In der jüngsten Kaltzeit nun, der **Weichselvereisung**, die vor 117 000 Jahren einsetzte und vor genau 11 560 Jahren endete, lag der Nordseespiegel durchgehend mindestens 40 Meter unter dem aktuellen Niveau. Das maximale Regressionsniveau des Weichselmeeres wurde in einer Phase erneuter Abkühlung vor etwa 22 000 bis 18 000 Jahren erreicht; damals sank der Meeresspiegel natürlich schon wieder auf insgesamt 110 bis 130 Meter unter heutiges NN ab. Die letzte Kaltzeit wird in Schottland als **Devensian** bezeichnet, welches sich äquivalent der Weichsel-Kaltzeit in mehrere Teilstadien gliedern lässt. An ihrem Ende, im Spätglazial vor ca. 14 000 Jahren erreichte diese Eiszeit ihren Höhepunkt, und in der Ausgangsregion der Gletscher in den westlichen schottischen Highlands wuchsen die damaligen Eispanzer bis zu 600 Meter Mächtigkeit. In der nachfolgenden ausgehenden Eiszeit, dem Frühen **Postglazial**, also 10 300 vor heute, verlief die Nordseeküste schließlich von Mittelengland über den Nordrand der Doggerbank bis nach Jütland und lag dabei 65 Meter tiefer als heute. Vor etwa 9000 bis 8000 Jahren, bis zum Ende der ersten nacheiszeitlichen Waldphase, stieg das Meer auf 36 Meter unterhalb des heutigen NN an, wobei der Vorstoß flächenhaft offenbar um mehrere hundert Meter bis einige Kilometer auf den vormaligen Festlandssockel erfolgte. Zu dieser Zeit waren die höhergelegenen Bereiche der Doggerbank schon vom Festland isoliert, und es deutete sich die Abschnürung der Britischen Inseln an. Die endgültige Verbindung zum mittleren Atlantik kam schließlich durch Öffnung des Ärmelkanals um 8300 Jahre vor heute zustande. Danach herrschten in der gesamten Nordsee fortan marine Bedingungen. Damals erreichte die Grenze zwischen Land und Meer eine Tiefe von 20 Meter unterhalb des heutigen NN und markierte damit in etwa den heutigen Küstenverlauf. Dieser dramatische, massive Meeresspiegelanstieg, die **Calais-Transgression**, setzte sich in verlangsamter Weise noch bis etwa 3000 vor heute fort, um später mehrfach von Stillstands- oder Regressionsphasen unterbrochen zu werden. Seit der Völkerwanderungszeit drang das Meer erneut wieder verstärkt in den **Flandern-** beziehungsweise **Dünkirchen-Transgressionen** vor, wovon besonders die mittelalterlichen Landverluste am Dollart und Jadebusen zeugen, welche infolge einer Reihe gewaltiger Sturmfluten entstanden sind. Eine genauere Darstellung dieser Geschehnisse findet sich im Nordseebuch von Richard Pott (2003).

2.5 Literatur

Airmer M (1933) Rekonstruktion von *Pleuromeia sternbergi* Corda, nebst Bemerkungen der Morphologie der Lycopodiales. Paläontographica B, 78: 47-56

Alvarez LW, Alvarez W, Asaro F, Michel HV (1980) Extraterrestrial cause for the Cretaceous-Tertiary extinction. Science 208: 1095-1108

Alvin K, Chaloner WG (1970) Parallel evolution in leaf veination: an alternative view of angiosperm origins. Nature 226: 662-663

Arber EAN, Parkin J (1907) On the origins of angiosperms. Journal of the Linnean Society of Botany 38: 29-80

Archangelsky S (1990) Plant distribution in Gondwana during the Late Paleozoic. In: Taylor TN, Taylor EL (eds) Antarctic paleobotany: its role in the reconstruction of Gondwana, pp 102-117. Springer, New York

Arens NC, Jahren H (2000) Carbon isotope excursion in atmospheric CO_2 at the Cretaceous-Tertiary boundary: evidence from terrestrial sediments. Palaios 15: 314-322

Armbruster WS (1992) Phylogeny and the evolution of plant-animal interactions. Bioscience 42: 12-20

Axelrod DJ (1966) Origin of deciduous and evergreen habits in temperate forests. Evolution 20: 1-15

Axelrod DJ, Raven PH (1978) Late Cretaceous and Tertiary vegetation history of Africa. In: Werger MJA (ed): Biogeography and vegetation history of Southern Africa. Den Haag

Bahlburg H, Weisz R, Wünnemann K (2003) Run-up of tsunamis in the Gulf of Mexico caused by the Chicxulub impact event. EGS-AGU-ENG Joint Assembly, Nizza

Bakker RT (1978) Dinosaur feeding behaviour and the origin of flowering plants. Nature 274: 661-663

Bambach RK, Scotese CR, Ziegler AM (1980) Before Pangea: the geographies of the Paleozoic world. American Scientist 68: 26-38

Banks HP, Leclerq S, Hueber FM (1975) Anatomy and morphology of *Psilophyton dawsonii* sp. n., from the Late Lower Devonian of Quebec (Gaspe) and Ontario, Canada. Palaeontographica America 8: 77-127

Barret PM (2000) Evolutionary consequences of dating the Yixian Formation. Trends in Ecology and Evolution 15: 99-103

Barthlott W (1998) The uneven distribution of global biodiversity. In: Ehlers E, Kraft T (eds.) German Global Change Research 1998, p 36

Bateman RM, Crane PR, DiMichele WA, Kenrick P, Rowe NP, Speck T (1998) Early evolution of land plants: phylogeny, physiology, and ecology of the primary terrestrial radiation. Annual Review of Ecology and Systematics 29: 263-292

Beck CB (ed, 1988) Origin and evolution of gymnosperms. Columbia University Press, New York

Berggren WA, Couvering JA van (1986) Catastrophes and Earth history. The new uniformitarism. Woods Hole Oceanographic Institution Symposium, Princeton University Press, Princeton/NJ

Berner RA (1997) The rise of plants and their effect on weathering and atmospheric CO_2. Science 276: 544-546

Broutin J, Kerp H (1994) Aspects of Permian palaeobotany and palynology. XIV. A new form-genus of broad-leaved Late Carboniferous and Early Permian northern hemisphere conifers. Rev Palaeobot Palynol 83: 241-251

Bryant E (1997) Climate process and change. Cambridge University Press, Cambridge

Burnett M, August PV, Brown JH, Killingbeck KT (1998) The influence of geomorphological heterogeneity on biodiversity. I. Patch-scale perspective. Conserv Biol 12: 363-370

Byatt A, Fothergill A, Holmes M (2001) Unser blauer Planet. – Eine Naturgeschichte der Meere. Egmont, Köln

Call VB, Dilcher DL (1993) *Wetherellia* fruits and Associated Fossil Plant Remains from the Paleocene/Eocene Tuscahoma-Hatchetigbee Interval, Meridian, Mississippi. Mississippi Geology 14: 10-18

Cattolico RA (1986) Chloroplast evolution in algae and land plants. Tree 1: 64-66

Cerling TE, Wang Y, Quade J (1993) Global ecological changes in the late Miocene: expansion of C4 ecosystems. Nature 316: 345

Cerling TE, Harris JM, MacFadden BJ, Leakey MG, Quade J, Eisenmann V, Ehleringer JR (1997) Global vegetation change through the Miocene/Pliocene boundary. Nature 389: 153-158

Chaloner WG (1970) The rise of first land plants. Biological reviews 45: 353-377

Chaloner WG, Creber GT (1990) Do fossil plants give a climate signal? Journal of the Geological Society London 147: 343-350

Chambers TC, Drinnan AN, Loughlin S (1998) Some morphological features of Wollemi-Pine (*Wollemia nobilis*, Araucariaceae) and their comparisons to Cretaceous plant fossils. Int J Plant Sciences 159: 160-171

Chase MW, Soltis DE, Olmstead RG (1993) Phylogenetics of seed plants: an analysis of nucleotide sequences from the plastid gene rbc L. Ann Missouri Bot Garden 80: 528-580

Choukroune P, Francheteau J, Hekinian R (1984) Tectonics of the East Pacific Rise near 15°50'N: a submersible study. Earth Planet Sci Lett 68: 115-127

Christophel DC (1989) Evolution of the Australian Flora through the Tertiary. Plant Syst Evol 162: 63-78

Claussen M, Kubatzki C, Brovkin V, Ganopolski A, Hoelzmann P, Pachur, HJ (1999) Simulation of an abrupt change in Saharan vegetation at the end of the mid-Holocene. Geophys Res Letters 24: 2037-2040

Collinson ME (1990) Plant evolution and ecology during the early Cainozoic diversification. Advances in Botanical Research 17: 1-98

Condie KC, Sloan RE (1998) Origin and evolution of Earth. Prentice Hall/NJ

Copley J (2001) The evolution of the atmosphere. Nature 410: 862-864

Cox CB & PD Moore (1993) Biogeography. 5th Ed. Blackwell, London

Crane PR (1985): Phylogenetic analysis of seed plants and the origins of angiosperms. Annals of the Missouri Botanical Garden 72: 716-793

Crane PR (1987): Vegetational consequences of the angiosperm diversification. In: Friis, EM, Chaloner WG, Crane PR (eds) The origins of angiosperms and their biological consequences, pp 107-144, Cambridge University Press, Cambridge

Crane PR, Lidgard S (1989) Angiosperm diversification and paleolatitudinal gradients in cretaceous floristic diversity. Science 246: 675-678

Crane PR, Friis EM, Pedersen KR (1995) The origin and early diversification of angiosperms. Nature 374: 27-33

Dauteuil O, Brun JP (1993) Oblique rifting in a slow spreading ridge. Nature 361: 145-148

DeMets C, Gordon RG, Argus DF, Stein S (1994) Current plate motions. Geophys J Int 101: 425-478

Dettmann ME (1992) Structure and floristics of Cretaceous vegetation of southern Gondwana: implications for angiosperm biogeography. Palaeobotanist 41: 224-233

Dick HJB, Lin J, Schouten H (2003) An ultraslow-spreading class of ocean ridge. Nature 426: 405-412

Dickens GR (2004) Hydrocarbon-driven warming. Nature 429: 513-515

Dickens GR, O'Neil JR, Rea DK, Owen RM (1995) Dissociation of oceanic methane hydrate as a cause of the carbon isotope excursion at the end of the Palaeocene. Palaeoceanography 10: 965-971

Dilcher DL (2001) Palaeobotany: Some aspects of non-flowering and flowering plant evolution. Taxon 50: 697-711

Dilcher DL, Crane PR (1984) *Archaeanthus*: an early angiosperm from the Cenomanian of the western interior of North America. Annals of the Missouri Botanical Gardens 71: 351-783

Doyle JA (1998) Phylogeny of vascular plants. Annual Review of Ecology and Systematics 29: 567-599

Drinnan AN, Crane PR, Friis EM, Pedersen KR (1990) Lauraceous flowers from the Potomac Group (mid Cretaceous) of eastern North America. Botanical Gazette 151: 370-380

Edwards D, Berry, C (1991) Silurian and Devonian. In: Cleal, CJ (ed): Plant fossils in geological investigations, pp 117-148, Ellis Horwood, New York

Edwards D, Kerp H, Hass H (1998) Stomata in early land plants: an anatomical and ecophysiological approach. J Exp Bot 49: 255-278

Ellenberg H (1982) Vegetation Mitteleuropas mit den Alpen. 3. Aufl, Eugen-Ulmer, Stuttgart

Erdman G (1948) Did dicotyledonous plants exist in early jurassic times? Geol Förenigens i Stockholm, Förhandlingar, 265-271

Faupel J (2004) Heißes Eis: Gashydrate – Erdgas der 3. Generation. Geowiss Mitteilungen 16: 20-23, Hannover

Florin R (1951) Evolution in cordaites and conifers. Acta Horti Bergiani 15: 285-388

Fornari DJ, Haymon RM, Perfit MR, Edwards MH (1998) Geological characteristics and evolution of the axial zone on fast spreading mid-ocean ridges: formation of an axial summit through along the East Pacific Rise, 9° - 10°N 1998. J Geophys Res 103: 9827-9855

Fortey R (1999) Leben – Eine Biographie – Die ersten vier Milliarden Jahre. Beck, München

Fortey R (2002): Trilobiten! Fossilien erzählen die Geschichte der Erde. Beck, München

Fowell SJ, Cornet B, Olsen PE (1994) Geologically rapid Late Triassic extinctions; palynological evidence from the Newark Supergroup. In: Klein GD (ed): Pangea; paleoclimate, tectonics, and sedimentation during accretion, zenith and breakup of a supercontinent, pp 197-206. Geological Society of America, Boulder

Frenzel B, Pecsi M, Velichko AA (1992) Atlas of Palaeoclimates and Palaeoenvironments of the Northern Hemisphere. Fischer, Stuttgart

Frey W, Lösch R (1998) Lehrbuch der Geobotanik. Gustav Fischer, Stuttgart

Friis EM, Crane PR, Pederson KR (1986) Floral evidence for Cretaceous chloranthoid angiosperms. Nature 320: 163-164

Friis EM, Chaloner WG, Crane PR (eds, 1987) The origins of angiosperms and their biological consequences. Cambridge University Press, Cambridge

Friis EM, Pederson KR, Crane PR (2001) Fossil evidence of water lilies (Nymphaeales) in the Early Cretaceous. Nature 410: 357-360

Fuchs D, Baehr M (1998) Australien – Reisen und Erleben. Kosmos-Verlag

Gandolfo MA, Nixon KC, Crepet WL, Stevenson DW, Friis EM (1998) Oldest known fossils of monocotyledons. Nature 394: 532-533

Gensel PG, Andrews HN (1987) The evolution of early land plants. American Scientist 75: 478-489

Göbel P (1997) Das Naturerbe der Menschheit: Landschaft und Naturschätze unter dem Schutz der UNESCO. Frederking & Thaler, München

Golubic S (1976) Organisms that build stromatolites. In: Walter MR (ed): Stromatolites. pp. 113-126, Elsevier, Amsterdam

Gothan W, Weyland H (1973) Lehrbuch der Paläobotanik. BLV, München, Berlin, Wien

Gray J (1993) Major Paleozoic land plant evolutionary bio-events. Palaeogeography, Palaeoclimatology, Palaeoecology 104: 153-169

Greenwood DR (2000) Early Paleogene warm climates and vegetation in southeastern Australia. Geological Society of Australia Abstracts 59: 192

Gries B (1985) Geologie – Der Erdglobus – Evolution der Organismen. Westf Museum für Naturkunde, Münster

Grotzinger JP, Knoll AH (1999) Stromatolites in Precambrian carbonates: evolutionary mileposts or environmental dipsticks? Annual Review of Earth and Planetary Sciences 27: 313-358

Gung Y, Panning M, Romanowicz B (2003) Global anisotropy and the thickness of continents. Nature 422:707-711

Hallam A (1975) Jurassic environments. – Cambridge University Press, Cambridge

Hauschke N, Wilde V (1999) Trias – Eine ganz andere Welt – Mitteleuropa im frühen Erdmittelalter. Verlag Dr. Friedrich Pfeil, München

Hauser W (2003): Klima. Das Experiment mit dem Planeten Erde. Sonderausstellung des Deutschen Museums, Zentrum Neue Technologien, vom 7.11.2002-15.6.2003, München

Hayes JM (1994): Global methanotrophy at the Archean-Proterozoic transition. In: Bengston S (ed): Early life on Earth, pp. 220-236. Columbia University Press, New York

Hays JD, Imbrie J, Shackleton NJ (1976) Variations in the Earth's Orbit: Pacemaker of the Ice Ages. Science 194: 1121-1132

Heezen BC (1960) The rift in the ocean floor. Sci Am 203: 99-106

Hiesel R, Haeseler AV, Brennicke A (1994) Plant mitochondrial nucleic acid sequences as a tool for phylogenetic analysis. Proceedings of the National Academy of Sciences of the United States of America 91: 634-638

Hill KB (1997) The Wollemi-Pine: A recently discovered Australian genus of Araucariaceae. American Journal of Botany 84 (6): 202-203

Hill, C. R. & P. R. Crane (1982): Evolutionary cladistics and the origin of angiosperms. – Syst Ass 21: 269-361.

Hirmer M (1927) Handbuch der Paläobotanik. München, Berlin

Hofrichter R (2001) Das Mittelmeer. Fauna, Flora, Ökologie. Bd 1. Spektrum Verlag, Heidelberg

Holmes WBK (1998) The Triassic vegetation of eastern Australia. Journal of African Earth Sciences 27: 115-116

Huang QC, Dilcher DL (1994) Evolutionary and Paleoecological Implications of Fossil Plants from the Lower Cretaceous Cheyenne Sandstone of the Western Interior. In: Shurr GW, Ludvigson GA, Hammond RH (eds): Perspectives on the Eastern Margin of the Cretaceous Western Interior Basin. Geological Society of America, Special Paper 287

Huber H (1991) Angiospermen. Leitfaden durch die Ordnungen und Familien der Bedecktsamer. Gustav Fischer, Stuttgart

Irish VF, Kramer EM (1998) Genetic and molecular analysis of angiosperm flower development. Adv Bot Res 28: 197-230

Iwatsuki K, Raven PH (1997) Evolution and diversification of land plants. Springer, Tokyo

Joger U, Koch U (1995) Mammuts aus Sibirien. Hessisches Landesmuseum Darmstadt

Jones DL (2000): Cycads of the world. – Ancient plants in today´s landscape. 3rd edn, New Holland, Sydney Auckland London Cape Town

Jones WG, Hill KD, Allen JM (1995) *Wollemia nobilis*, a new living Australian genus and species in the Araucariaceae. Telopea 6: 172-176

Jones TP, Rowe NP (eds, 1999) Fossil plants and spores – modern techniques. The Geological Society, London

Kadereit JW (2002) Evolution und Systematik. In: Sitte P et al (Hrsg) Strasburger – Lehrbuch der Botanik für Hochschulen. 35. Aufl, S 521-866, Spektrum, Heidelberg Berlin

Kaiser TM, Albert G, Bullwinkel V, Michalik P, Msuya C, Schulz E (2003) Mahenge – Ein Fenster zum Mitteleozän Afrikas. Naturwissenschaftliche Rundschau 56 (10): 540-546

Kandler O (1981) Archaebakterien und Phylogenie der Organismen. Naturwissenschaften 68: 183-192

Karol KG, McCourt RM, Cimino MT, Delwiche CF (2001) The Closest Living Relatives of Land Plants. Science 294: 2351-2353

Kenrick P, Crane PR (1997) The origin and early diversification of land plants – A cladistic study. Smithsonian Institution Press, Washington

Kerp H (1996) Der Wandel der Wälder im Laufe des Erdaltertums. Natur und Museum 126 (12): 421-430

Kerp H (2000) The modernization of landscapes during the Late Paleozoic - Early Mesozoic. In: Gastaldo RA, DiMichele WA (eds) Phanerozoic Terrestrial Ecosystems. Paleontological Society Papers 6: 79-113

Kerp H (2002) Atmospheric CO_2 from fossil plant cuticles. Nature 415: 38

Klein EM (2003) Earth science: Spread thin in the Arctic, News and Views. Nature 423: 932-933

Knoll AH (1994) Neoproterozoic evolution. In: Bengston S (ed): Early life on Earth, pp 439-449, Columbia University Press, New York

Koenigswald W von (2002) Lebendige Eiszeit – Klima und Tierwelt im Wandel. Theiss, Stuttgart

Koenigswald E von, Storch G (Hrsg, 1998) Messel – ein Pompeji der Paläontologie. Thorbecke, Sigmaringen

Köppen W, Wegener A (1924) Die Klimate der geologischen Vorzeit. Borntraeger, Berlin

Kraus E (1995) Die Entwicklungsgeschichte der Kontinente und Ozeane. Akademie-Verlag, Berlin

Krings M, Kerp H, Taylor TN, Taylor EL (2003) How Paleozoic vines and lianas got off the ground: on scrambling and climbing Late Carboniferous-Early Permian pteridosperms. Bot Rev 69: 204-224

Krinner G, Mangerud J, Jakobsson M, Erucifix M, Ritz C, Svendsen JJ (2004) Enhanced ice sheet growth in Eurasia owing to adjacent ice-dammed lakes. Nature 427: 429-432

Kubitzki K, Bayer C (2003) Flowering plants. Dicotyledons. Springer, Berlin Heidelberg New York Tokyo

Ligard S, Crane PR (1990) Angiosperm diversification and Cretaceous floristic trends: A comparison of palynofloras and leaf macrofloras. Palaeobiology 16: 77-93

Lin J, Phipps Morgan J (1992) The spreading rate dependence on three-dimensional mid-ocean ridge gravity structure. Geophys Res Lett 19: 13-16

Litt T (2000) Vegetation history and palaeoclimatology of the Eifel region as inferred from palaeobotanical studies of annually laminated sediments. Terra Nostra 2000/6: 259-263

Luo ZX, Ji Q, Wible JR, Yuan C-X (2003) An early Cretaceous Tribosphenic Mammal and Metatherian Evolution. Science 302: 1934-1940

Mader D (1992) Evolution of palaeoecology and palaeoenvironment of permian and triassic fluvial basins in Europe. 2 Bde, Stuttgart

Magallón S, Sanderson MJ (2001) Absolute diversification rates in angiosperm clades. Evolution 55: 1762-1780

Mägdefrau K (1968) Paläobiologie der Pflanzen. Gustav Fischer, Jena

Mathews S, Donoghue MJ (1999) The root of angiosperm phylogeny inferred from duplicate phytochrome genes. Science 286: 947-950

McGhee GR (1996) The Late Devonian mass extinction. Columbia University Press, New York

Melkonian M (2001) Systematics and evolution of the algae. Progress Botany 62: 340-382

Melville R (1983) Glossopteridae, Angiospermidae and the evidence for angiosperm origin. Botanical Journal of the Linnean Society 86: 279-323

Meyen SV (1982): The Carboniferous and Permian floras of Angaraland (a synthesis). Biological Memoirs 7: 1-109

Meyer-Berthand B, Scheckler SE, Wendt J (1999) Archaeopteris is the earliest known modern tree. Nature 396: 700-701

Michael PJ et al (2001) The Arctic Mid-Ocean Ridge Expedition. Amore 2001 Seafloor spreading at the top of the world. Eos 82: F1097

Michael PJ, Langmuir CH, Dick HJB, Snow JE, Goldstein SL, Graham DW, Lehnert K, Kurras G, Jokat W, Mühe R, Edmonds HN (2003) Magmatic and amagmatic seafloor generation at the ultraslow-spreading Gakkel ridge, Arctic Ocean. Nature 423: 956-961

Miller SL, Urey HC (1959) Organic compound synthesis on the primitive earth. Science 130: 245-251

Morgan JP (2003) The ultraslow difference. Nature 426: 401

Morgan WJ (1972) Plate motions and deep mantle convection. Geol Soc Am Mem 132: 7-22

Mosbrugger V (2003) Die Erde im Wandel – die Rolle der Biosphäre. Naturwiss Rundschau 56 (7): 357-365

Negendank JFW (2002) Klima im Wandel: Lesen in den Archiven der Natur. In: Hauser W (Hrsg): Klima. Das Experiment mit dem Planeten Erde. S 87-121, Theiss, Stuttgart

Nentwig W, Bacher S, Beierkuhnlein C, Brandl R, Grabherr G (2003) Ökologie. Spektrum, Heidelberg

Nicholson N & H (1996) Australian Rainforest Plants. 5th edn. National Library, Channon, NSW

Niklas KJ (1997) The evolutionary biology of plants. The University of Chicago Press, Chicago

Pott R (2003) Die Nordsee – Eine Natur- und Kulturgeschichte. Beck, München

Qiu YL, Lee J, Bernasconi-Quadroni F, Soltis DE, Soltis P, Zanis M, Zimmer EA, Chen Z, Savolainen V, Chase MW (1999) The earliest angiosperms: evidence from mitochondrial, plastid and nuclear genomes. Nature 402: 404-407

Rademacher H (1998) Folgenschwerer Meteoriten-Einschlag im Pliozän? FAZ Nr 297 N2, Frankfurt

Raven JA (1995) The early evolution of land plants: aquatic ancestors and atmospheric interactions. Botanical Journal of Scotland 47: 151-175

Rees PM, Gibbs MT, Ziegler AM, Kutzbach JE, Behling PJ (1999) Permian climates: evaluating model predictions using global palaeobotanical data. Geology 27: 891-894

Reid I, Jackson HR (1981) Oceanic spreading rate and crustal thickness. Mar Geophys Res 5: 165-172

Remy W (1982) Lower Devonian gametophytes relation to phylogeny of land plants. Science 215: 1625-1627

Remy W, Remy D, Hass H (1997) Organisation, Wuchsformen und Lebensstrategien früher Landpflanzen. Bot Jahrb Syst 119: 509-562

Retallack GJ, Dilcher DL (1981) Arguments for a glossopterid ancestry of angiosperms. Palaeobiology 7: 54-67

Reymanowna M (1973) The Jurassic Flora from Grojec Near Krakow in Poland Part II: Caytoniales and the Anatomy of Caytonia. Acta Palaeobotanica 14: 46-87

Roth-Nebelsick A, Grimm G, Mosbrugger V, Hass H, Kerp H (2000) Morphometric analysis of Rhynia and Asteroxylon: Testing hypotheses regarding the functional aspects of stele geometry and stelar evolution in early land plants. Paleobiology 26: 405-418

Salters VJM, Dick HJB (2002) Mineralogy of the mid-ocean ridge basalt source from neodymium isotopic composition of abyssal peridotites. Nature 418: 68-72

Schidlowski M (1983) Evolution of photoautotrophy and early atmospheric oxygen levels. Precambrian Research 20: 319-335

Schmincke HU (2000) Vulkanismus. 2. Aufl, Wiss Buchgesellschaft Darmstadt

Schneider H, Schuettpelz E, Pryer KM, Cranfill R, Magallion S, Lupia R (2004) Ferns diversed in the shadow of angiosperms. Nature 428: 553-557

Schopf JM (1992) The oldest fossils and what they mean. In: Schopf JM (ed): Major events in the history of life, pp 29-63, Jones & Bartlett, Boston/MA

Schultka S (2003) Cooksonia – Zur Morphologie einer frühen Landpflanze aus dem Unterdevon der Eifel. Cour Forsch Inst Senckenberg 241: 7-17, Frankfurt

Skinnek BJ, Porter SC (2000) The Dynamic Earth – An Introduction to Physical Geology. 4th edn., John Wiley & Sons, New York Chichester Weinheim Brisbane Singapore Toronto

Sleep N (2001) Oxygenating the atmosphere. Nature 410: 317-319

Soltis PS, Soltis DE, Chase MW (1999) Angiosperm phylogeny inferred from multiple genes as a tool for comparative biology. Nature 402: 402-404

Stanley SM (1989) Earth and life through time. 2nd edn, Freeman, New York

Stewart WN, Rothwell GW (1993) Palaebotany and the Evolution of Plants. 2nd edn, Cambridge University Press, Cambridge

Storch V, Welsch U, Wink M (2001) Evolutionsbiologie. Springer, Berlin Heidelberg New York Tokyo

Strobach K (1991) Unser Planet Erde. Ursprung und Dynamik. Borntraeger, Berlin Stuttgart

Sun G, Dilcher DL, Zheng S, Zhou Z (1998) In Search of the First Flower: a Jurassic angiosperm, *Archaefructus*, from Northeast China. Science 282: 1692-1695

Sun G, Ji Q, Dilcher DL, Zheng S, Nixon KC, Wang X (2002) Archaefructaceae, a new basal angiosperm family. Science 296: 899-904

Svensen H, Planke S, Malte-Sörenssen A, Jamtveit B, Myklebust R, Eiden T, Rey SS (2004) Release of methane from a volcanic basin as a mechanism for initial Eocene global warming. Nature 429: 542-545

Taylor TN, Remy W, Hass H (1992) Parasitism in a 400-million-year-old green alga. Nature 357: 493-494

Taylor TN, Taylor EL (1993) The biology and evolution of fossil plants. Prentice Hall, Englewood Cliffs

Taylor TN, Remy W, Hass H (1994): *Allomyces* in the Devonian. Nature 367: 601

Taylor TN, Hass H, Remy W, Kerp H (1995) The oldest fossil lichen. Nature 378: 244

Thomas HH (1925) The Caytoniales; A New Group of Angiospermous Plants from the Jurassic Rocks of Yorkshire. Phil Trans Roy Soc London 213: 299-363

Thompson PW (1953) Zur Entstehung und Ausbreitung der Angiospermen im Mesophytikum. Paläntol Zschr 27: 47-51

Thorne RF (2000) The classification and geography of flowering plants: dicotyledons of the class Angiospermae. Bot Rev 66: 441-467

Wallace AR (1860) On the zoological geography of the Malay archipelago. J Linn Soc 14: 172-184, London

Walter H, Straka H (1970) Arealkunde – Floristisch-historische Geobotanik. Eugen Ulmer, Stuttgart

Walter MR (1994) Stromatolites: the main geological source of information on the evolution of the early benthos. In: Bengston S (ed): Early life on Earth, pp 278-286, Columbia University Press, New York

Ward PD (1998) Ausgerottet oder ausgestorben? Warum die Mammuts die Eiszeit nicht überleben konnten. Birkhäuser, Basel Boston Berlin

Wasser SP (2004) Evolutionary theory and processes: modern horizons. Kluwer, Dordrecht

Wegener A (1912) Die Entstehung der Kontinente. Geologische Rundschau 3: 276-292

Weyland H, Greifeld G (1953) Über Struktur bietende Blätter und pflanzliche Mikrofossilien aus den untersenonen Ton der Gegend um Quedlinburg. Palaeontographica 95: 30-52

White ME (1990) The Flowering of Gondwana – The 400 Million Year History of Australia's Plants. Princeton University Press, Princeton/NJ

Whitmore TC (1981) Wallace's line and plate tectonics. Clarendon, Oxford

Wichard W, Weischat W (2004) „Im Bernsteinwald". Gerstenberg, Hildesheim

Widdel F (2002) Mikroorganismen des Meeres – Katalysatoren globaler Stoffkreisläufe. Bayerische Akademie der Wissenschaften: Rundgespräche der Kommission für Ökologie 23: 67-83, München

Wilde V (2003) Studies on fossil and extinct plants and floras. Courier Forschungsinstitut Senckenberg 241: 1-334, Schweizerbarth'sche Verlagsbuchhandlung, Stuttgart

Willis KJ, McElwain JC (2002) The evolution of plants. Oxford University Press, New York

Willis KJ, Kleczkowski A, Briggs KM, Gilligan CA (1999) The role of sub-Milankovitch climatic forcing in the initiation of the Northern Hemisphere glaciation. Science 285: 568-571

Wing SL, Hickey LJ, Swisher CC (1993) Implications of an exceptional fossil flora for Late Cretaceous vegetation. Nature 363: 342-344

Zachos J, Pagani M, Sloan L, Thomas E, Billups K (2001) Trends, rhythms and aberrations in globale climate 65 Ma to present. Science 292: 686-695

Zachos JC, Wara MW, Bohaty S, Delaney ML, Petrizzo MR, Brill A, Bralower TJ, Premoli Silva I (2003) A Transient Rise in Tropical Sea Surface Temperature During the Paleocene-Eocene Thermal Maximum. Published online October 23, 2003; 10.1126/science.1090110

Zenker JC (1833) Beiträge zur Naturgeschichte der Urwelt. Organische Reste (Petrefacten) aus der Altenburger Braunkohlenformation, dem Blankenburger Quadersandstein, jenaischen bunten Sandstein und böhmischen Bergangsgebirge. Jena

Ziegler AM (1990) Phytogeographic patterns and continental configurations during the Permian period. In: McKerrow WS, Scotese CR (eds) Palaeozoic, Palaeogeography and Biogeography, pp 363-379, Geological Society, London

Ziegler AM, Parrish J, Yao ED et al (1993) Early Mesozoic phytogeography and climate. In: Palaeoclimates and their modelling with special reference to the Mesozoic Era. Philosophical Transactions of the Royal Society of London, Ser B, 341

Zimmermann W (1959) Die Phylogenie der Pflanzen. 2. Aufl, Fischer, Stuttgart

2.6 Fragen zu Kapitel 2

1. Die Erde ist ein Unikat unseres Sonnensystems. Was ist hier einzigartig? Beschreiben Sie die Konstellation der wichtigsten Planeten unseres Sonnensystems und deren Position zur Sonne.

2. Wie ist das Sonne-Mond-System entstanden und welche wichtigen Phänomene sind im Vergleich sichtbar?

3. Die Erfindung der oxygenen Photosynthese ist ein Schlüsselprozess der Biosphären-Evolution. Wie ist die heutige Biosphäre entstanden?

4. Was sind „Ozeanische Platten" und „Kontinentale Platten"? – Beschreiben Sie das Phänomen der „Kontinentalverschiebung".

5. Rodinia – Pangaea – Laurasia- Gondwana – was verbirgt sich hinter diesen Begriffen?

6. Welche „Atmosphäre-Typen" kennen wir? Stimmt die „Miller-Synthese" zur Simulation der chemischen Evolution mit ihren Ergebnissen?

7. Skizzieren Sie die Entwicklungsphasen des Lebens in geologischen Epochen und beschreiben Sie die Evolution der Organismen im Devon.

8. Schuppen- und Siegelbäume sowie erste Reptilien kennzeichnen die Lebensentwicklung im Karbon. Wie manifestiert sich dies bei den heutigen Steinkohlenvorkommen auf der Erde?

9. Was verbinden Sie mit den Begriffen *Glossopteris*-Flora, Angara-Flora und Cathaysia-Flora?

10. Wie erklärt man die heutigen Vorkommen der Cycadaceen, der Strangeriaceen und der Zamiaceen auf der Erde?

11. Wie und wann sind die Angiospermen entstanden?

12. Welche Eiszeitalter und Warmzeiten werden im Quartär differenziert?

3 Klima und Klimaänderungen – Erwärmen wir die Erde tatsächlich?

„Wir sind mitten im Klimawandel", so liest man es neuerdings in der Tagespresse. Gerade im sehr warmen Sommer 2003 schloss man in Europa vielfach auf den weltweiten Klimawandel mit seinen möglichen Folgen: Verschwinden der Gletscher, Abschmelzen der Polkappen, Gletscherverluste in Patagonien, Auftauen der Permafrostböden in Sibirien, in Alaska und in Kanada und Ansteigen des Meeresspiegels weltweit. Im kühleren deutschen Sommer 2004 gab es diesbezüglich nur wenige Pressemitteilungen bis zur Klimakonferenz im Dezember 2004 in Buenos Aires.

Gibt es die globale Klimaerwärmung nur in Computermodellen oder als Schreckgespenst für ferne Südsee-Atolle, oder ist sie bei uns auch auf den Kontinenten eine fühl- und messbare Größe? Vegetationskundler bemerken schon seit langem, dass Pflanzen in den Alpen nach oben wandern, in Höhen, die ihnen eigentlich zu kalt sein müssten. Seit der schweizerische Botaniker Oswald Heer im Jahr 1835 als Erster den 3411 Meter hohen Piz Linard, den höchsten Gipfel der Silvretta-Gruppe im Unterengadin, erkletterte, hat die Alpenbotanik die Gipfel erobert. Nach Konrad Gesners Besteigung des Pilatus im Jahre 1541 und H. B. de Saussures Besteigung des Montblanc im Jahre 1787 war Oswald Heer nämlich nicht nur einer der ersten Alpinisten, sondern weil er auch Wissenschaftler war, kartierte er gleichzeitig die Flora der Gipfelbereiche – und begründete quasi nebenbei und unabsichtlich das *Long-Term Monitoring*, die systematische Langzeitbeobachtung. Denn in den folgenden Jahrzehnten registrierten andere Botaniker penibel, wie sich die Flora veränderte: Hatte der Gipfel des Piz Linard bei Heer's Erstbesteigung keine Blütenpflanze außer dem Alpen-Mannsschild (*Androsace alpina*) beherbergt, so fanden die Botaniker im Jahr 1864 zusätzlich den Gletscher-Hahnenfuß (*Ranunculus glacialis*) und eine Margeritenart (*Leucanthemopsis alpina*) vor (Abb. 3.1).

1895 war zwar die Margerite verschwunden, dafür waren zwei Steinbrech-Arten dazugekommen. 1911 wiederum hatten sich bereits acht verschiedene Arten von Blütenpflanzen etabliert, und bis 1937 hatte sich die Zahl gar auf zehn erhöht. Nach Oswald Heer bestiegen immer wieder Botaniker den Piz Linard, so in den Jahren 1893, 1911, 1937 und 1947. Ihre

Kartierungsergebnisse sind in der Tabelle 3.1 zusammengefasst. Der Piz Linard ist kein Einzelfall.

Abb. 3.1. Einige der aktuell „aufsteigenden Alpenflanzen" im Gipfelbereich des Piz Linard: **a** *Androsace alpina*, **b** *Ranunculus glacialis*, **c** *Saxifraga bryoides*, **d** *Saxifraga oppositifolia*, **e** *Gentiana bavarica*, **f** *Draba fladnizensis*, **g** *Cerastium uniflorum*, **h** *Leucanthemopsis alpina*

Georg Grabherr und seine Mitarbeiter verglichen im Jahre 2001 die derzeitige Flora von 30 Alpengipfeln, alle um oder über 3000 Meter hoch, mit historischen Kartierungen. Das Ergebnis: Auf 24 der 30 untersuchten Gipfel hatte sich die Artenzahl in den letzten Jahrzehnten erhöht, und zwar zum Teil drastisch: von 11 auf 34 beispielsweise auf dem Piz dals Lejs in Graubünden, von 31 auf 53 auf der Napfspitze in den Zillertaler Alpen. Nur auf zwei Gipfeln war die Artenzahl leicht zurückgegangen, auf vier Gipfeln hatte sie stagniert.

Man ist sich heute überall einig, dass solche klimatischen Veränderungen – wie in der Vergangenheit – die Areale und die Verbreitungsgebiete von Pflanzen und Tieren und letztendlich auch die Zusammensetzung von Biomen beeinflussen und steuern können. Das ist gerade in den Hochgebirgsregionen der Fall, vor allem an den **Baumgrenzen** und an den Höhengrenzen des pflanzlichen Lebens überhaupt.

Die **Baum-** und **Waldgrenzen** unserer Hochgebirge sind als sichtbare Vegetationsgrenzen durch Waldland oder Grasland geprägt. Bislang hat man die Baumgrenze der Hochgebirge als **„Wärmemangelgrenze"** definiert, eine Zone in der Höhe also, wo die tiefen und lang anhaltenden Wintertemperaturen und die sommerliche Bodenerwärmung nicht mehr ausreichen, um einen Baum physiologisch und photosynthetisch aktiv überdauern zu lassen. Manchmal sind sie im Gelände als deutliche Linien auszumachen (Abb. 3.2), besonders dann, wenn Schattholzbäume wie *Fagus* und *Nothofagus* die Waldgrenze bilden. Lichtholzbäume wie Lärche und Kiefer erlauben offene, kulissenartig aufgelockerte Waldgrenztypen (Abb. 3.3).

Wachstum und Reproduktion der Waldbäume an der alpinen Waldgrenze sind also temperaturgesteuert, und ein schneller Wandel der Wald- und Baumgrenzen im Zuge des „Global Warming" wird vielerorts vorausgesagt und sogar beobachtet. Andererseits gibt es aber auch deutliche Hinweise auf stabile und ortsfeste Baumgrenz-Positionen in den letzten 50 Jahren, wobei sich nun die Frage ergibt, ob solche Baum- und Waldgrenzen mit ihren langlebigen Gehölzen überhaupt auf solch kurzfristige Klimaveränderungen reagieren können und diese dann auch anzeigen. Zudem benötigen Wälder bekanntermaßen ganz andere Bodenbedingungen als die kurzlebigen Kräuter und Stauden (s. Box 3.1).

Tabelle 3.1. Veränderungen der Vegetation im Gipfelbereich des Piz Linard (3411 Meter NN)[*]

Jahr	1835	1864	1893	1911	1937	1947	1992
Autor	Heer	Heer	Schi-bler	Braun	ohne Auto-renan gabe	Braun-Blanquet	Grab-herr et al.
Arten	1	3	4	8	10	10	10
Androsace alpina	+	+	+	+	+	+	+
Ranunculus glacialis		r	+	+	+	1	2
Saxifraga bryoides			r	+	+	1	1
Saxifraga oppositifolia			r	r	+	+	1
Poa laxa				+	+	1	1
Draba fladnizensis				r	+	+	+
Gentiana bavarica				r	r	r	+
Cerastium uniflorum				r	r	r	r
Leucanthemopsis alpina		r			r	r	
Saxifraga exarata					r	r	
Cardamine resedifolia							r
Luzula spicata							r

r selten, + weniger als ein Prozent der Aufnahmefläche bedeckend, 1: 1 bis 15 Prozent der Aufnahmefläche bedeckend, 2: 15 bis 25 Prozent der Aufnahmefläche bedeckend.
[*] Tabelle aus Pauli et al. (2001) und Walter et al. (2004)

Box 3.1. *Global warming*?

Die Erde erlebt vielleicht offenbar gerade eine Periode der Klimaerwärmung mit einem Anstieg der globalen Erdoberflächentemperaturen im letzten Jahrhundert von 0,6 Grad Celsius. Natürlich ist ein solcher Temperaturanstieg weder zeitlich noch räumlich einheitlich – vielmehr haben wir auf der Erde Regionen mit offensichtlicher Erwärmung, andere mit nur geringen oder keinerlei Temperaturveränderungen und wiederum Regionen mit leichter Abkühlung der Temperaturen in dieser Zeit. Im Einzelnen zeigen heute besonders die Hochgebirgsregionen und die Zonen auf der Erde in den nördlichen Breitenkreisen besonders auffällige Anzeichen der Temperaturanstiege in den letzten 50 Jahren. So bemerkt man ein Anwachsen der Durchschnittstemperaturen um 0,5 Grad Celsius pro Dekade seit 1970 an einigen Stellen in den Europäischen Alpen, und ähnliche Trends zeichnen sich in der Antarktis und vor allem auf der Antarktischen Halbinsel ab. In manchen Orten Kanadas ist sogar eine Erwärmung von mehr als einem Grad Celsius innerhalb der letzten 20 Jahre gemessen worden. Die Zunahme der mittleren globalen Temperatur betrug in den letzten hundert Jahren also erdweit etwa 0,6 Grad Celsius. Sie erfolgte vor allem in zwei Perioden von 1910 bis 1945 und von 1975 bis heute, hauptsächlich registrierbar in den kontinentalen Klimazonen über großen Landgebieten, wie in Sibirien und in Alaska. Die Frage stellt sich nun: Wird die globale Temperatur bis Ende des 21. Jahrhunderts um weitere 1,5 bis 5,8 Grad Celsius zunehmen, wie manche Klimaexperten prognostizieren, oder nicht? Welche Extremtemperaturen werden erreicht und welche Auswirkungen werden diese auf die jeweiligen Lebensräume mit ihren bislang angepassten Pflanzen und Tieren haben? Sind das lokale oder überregionale Phänomene?

Geowissenschaftler konstatieren mit zunehmender Verblüffung, dass ein bislang unterschätztes Phänomen offenbar erheblich zur Stabilität der Berge beiträgt: der **Permafrost**. Ab einer Höhe von etwa 2600 bis 3200 Metern sind Boden und Gestein in den Alpen das ganze Jahr über gefroren; und besonders in lockerem Gestein wirkt das Dauereis wie ein Kitt, der Felsen, Boden und Schuttmassen zusammenhält. Verschiebt sich die Permafrostgrenze, können ganze Hänge auftauen, ins Rutschen geraten, der Boden sich setzen, anstehende Gesteinsformationen freigelegt werden oder regelrecht abtauchen. Veränderungen im Permafrost der Hochgebirgslagen bewirken natürlich auch langfristige Bodenveränderungen.

Am 17. Juli 2003 nach einer ersten langen sommerlichen Hitzeperiode meldeten die Zeitungen, dass der berühmteste Schweizer Berg, das 4478 Meter hohe Matterhorn, kurzfristig nicht mehr begangen werden kann. Nach einem Felssturz tausend Meter unterhalb des Gipfels mit etwa tausend Kubikmetern Gestein hatten die Behörden in Zermatt den alpinen Gipfelsteig gesperrt. In diesen heißen Julitagen bröckelten nicht nur am Matterhorn die Felsen, auch am Oberen Grindelwald-Gletscher gab es einen großen Abbruch, der zeitweise sogar einen Fluss staute. Manche Glaziologen und Klimaforscher sehen darin möglicherweise ein drohendes Menetekel: Die alpine Permafrost-Zone, also das Gebiet des ständig gefrorenen Bodens auf bislang etwa 3500 Metern Höhe, steigt mit der stetigen Klimaerwärmung, und die Berge werden damit instabil. Das gilt vor allem für Felswände mit großer Hangneigung. In den heißen Juli- und Augusttagen des Jahres 2003 erreichten die Nullgrad-Temperaturgrenzen erstmals die Höhe bei 4800 Metern über dem Meer – ein bisheriger Rekordwert!

Abb. 3.2. Scharfe, geschlossene Waldgrenze mit *Nothofagus solandri* in den Alpen Neuseelands am Mt. Burns auf der Südinsel (2001)

Abb. 3.3. Lichte und offene Waldgrenze mit *Pinus mugo* und *Picea abies* im Wetterstein-Gebirge bei Mittenwald in den Nördlichen Kalkalpen (1994)

3.1 Klima und Wetter

Klima ist nach der geographisch-naturwissenschaftlichen Definition „die für einen Ort, eine Landschaft oder einen größeren Raum typische Zusammenfassung der erdnahen und die Erdoberfläche beeinflussenden atmosphärischen Zustände und Witterungsbedingungen während eines längeren Zeitraumes in charakteristischer Verteilung der häufigsten mittleren und extremen Werte". So hat es der Klimatologe Joachim Blüthgen (1966)

Box 3.2. Sind die Gebirge nicht hoch genug? oder „Das schwächelnde Gletschereis..."

Bewirkt das „Höhersteigen" der Alpenpflanzen nun eine größere Artenvielfalt durch Klimawandel? Was paradox klingt, ist leicht erklärt. Die Temperatur bestimmt wesentlich die Höhe, bis zu der sich eine Art behaupten kann. Auf etwa 3000 Metern befindet man sich in den Alpen am Übergang von der alpinen zur nivalen Höhenstufe. Gibt es in der alpinen Stufe noch weitflächige Rasengesellschaften, so wird es in der nivalen Stufe schnell eng: Flechten und Moose dominieren, Höhere Pflanzen können sich nur auf den sonnigen Standorten halten, die sie sich als ökologische Nische erobert haben. Erwärmt sich dagegen das Klima, rücken konkurrenzstärkere Pflanzen aus den tieferen Schichten nach und treiben die Spezialisten vor sich her – was kein Problem ist, solange der Berg hoch genug ist. Analoge Phänomene des Ansteigens von Artenzahlen und Artenfrequenzen werden auch aus den Skandinavischen Hochgebirgen gemeldet. Auf niedrigeren Gipfeln jedoch können manche Arten in der Falle sitzen.

Kein Wunder, dass das schwächelnde „Ewige Eis" jetzt in internationalen Projekten wie PACE, das ist das Acronym für „Permafrost and Climate in Europe" intensiv erforscht wird. In engem Zusammenhang damit steht das Beobachtungs- und Messprogramm „Global Observation Research Initiative in Alpine Environments" mit dem Acronym GLORIA unter der Leitung von Georg Grabherr (Wien) mit einem sehr langfristig konzipierten Netzwerk über alle Hochgebirge der Erde. Das allgemeine Schmelzen der Gletscher kann damit freilich nicht aufgehalten werden. Die Österreicher, die seit 1891 den am straffsten organisierten Gletschermessdienst der Alpen unterhalten, registrieren seit Jahrzehnten vor allem eine Tendenz des Zurückweichens der Gletscher. Im Jahr 2000 war, nicht untypisch, bei 100 von 105 untersuchten Gletschern ein Rückzug zu beobachten, lediglich bei dreien war das Eis um wenige Meter vorgerückt, und zwei waren gleich geblieben. Wegen der globalen Erwärmung vermutet man auch, dass das Eis am Nordpol in den kommenden hundert Jahren vollständig schmelzen wird, denn auch die Eiskappe am Nordpol ist in den vergangenen zwanzig Jahren um eine Million Quadratkilometer geschrumpft. Derzeit gibt es nur noch sechs Millionen Quadratkilometer Eisfläche am Nordpol.

definiert. Noch eines muss vorangestellt werden: **Klima** und **Wetter** sind Begriffe, die wir auseinanderhalten sollten: Das Klima betrifft das großräumig-langfristige Geschehen; Wetter beinhaltet die kurzfristigen, lokalen, also an einem Ort zu einem bestimmten Zeitpunkt wirksamen Kombinationen der atmosphärischen Elemente, wie zum Beispiel feuchte und trockene Sommer, kalte oder milde Winter, Hoch- und Tiefdruckgebiete während der Jahreszeiten, etc. Langfristig bilden die Witterungsfaktoren, also die Wetterabläufe, die jeweiligen Klimafaktoren. Diese messbaren Einzelerscheinungen zur Charakterisierung des Klimas sind Strahlung, Luftdruck, Luftfeuchte, Temperatur, Wind, Verdunstung, Niederschlag und Bewölkung. Alle diese sogenannten Klimaelemente werden registriert, gesammelt und für längere Zeiträume, im Regelfall mindestens 30 Jahre, nach Mittelwerten, Häufigkeiten und Abfolgen von Extremen ausgewertet. Klima ist also die „Synthese des Wetters über einen dreißigjährigen Zeitraum". So werden für bestimmte Großräume der Erde Makroklimate definiert, wonach entsprechend den allgemeinen großklimatischen Bedingungen verschiedene Klimate oder **Klimazonen** erdweit existieren:

- polare und arktische Klimate des Ewigen Frostes und der Tundren,
- boreal-montane, winterfeuchte und wintertrockene Klimate,
- gemäßigte, feuchttemperierte Klimate,
- mediterranoide, warme, sommertrockene Steppenklimate,
- subtropische, warme wintertrockene Klimate, Wüstenklimate und
- tropische Savannen- und Regenwaldklimate (Abb. 3.4).

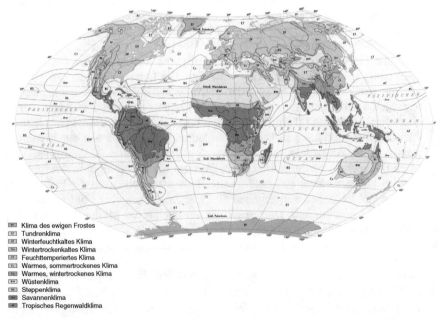

Klima des ewigen Frostes
Tundrenklima
Winterfeuchtkaltes Klima
Wintertrockenkaltes Klima
Feuchttemperiertes Klima
Warmes, sommertrockenes Klima
Warmes, wintertrockenes Klima
Wüstenklima
Steppenklima
Savannenklima
Tropisches Regenwaldklima

Abb. 3.4. Klimakarte der Erde von W. Köppen (aus Brockhaus Bd. 12, 1990)

Klimazonen sind großräumige Gebiete der Erde, in denen die Klimabedingungen gleichartig sind. Klimazonen sind demnach im Wesentlichen durch die unterschiedlichen Einstrahlungsbedingungen auf der Erdoberfläche und die damit verbundene allgemeine Zirkulation der Atmosphäre bedingt. Da sich die natürliche Vegetation den Klimaten sehr eng anpasst, zeigen **Klimazonen** und **Vegetationszonen** eine weitgehende Parallelität. Das ist eine Grundsäule der Geobotanik. Deshalb wird dieses Thema auch hier behandelt, denn die Klimageschichte, das heißt der durch die Paläoklimaforschung bekannte Ablauf des räumlichen und zeitlichen Wechsels der Klimabedingungen in erdgeschichtlicher Zeit, zum Beispiel die Klimaschwankungen im Verlauf der pleistozänen Eiszeiten und deren Vegetationswandel sind heute essentielle Forschungsdisziplinen.

In der Kreidezeit, als die Saurier lebten, entwickelte die Atmosphäre etwa zehnmal mehr Kohlendioxid als heute. Und was die Sonne angeht: Die eingetragene Sonnenenergie kann sich aus verschiedenen Gründen ändern: entweder durch Schwankungen in der Leuchtkraft der Sonne oder durch Änderungen in der Erdbahn.

Box 3.3. Klima und Klimaveränderung

„Zu warm, zu kalt, zu nass, zu trocken" – über das Wetter lässt sich trefflich diskutieren. Seit einigen Jahren ist aber eine heftige wissenschaftliche und politische Diskussion entbrannt zum Thema „Klimawandel und Klimaveränderung". Die Frage ist also heute: Gibt es einen anthropogenen Klimawandel, oder liegen die derzeitigen Temperaturänderungen im Normbereich, also vom Menschen unbeeinflusst? Lassen nun die jüngst in den Jahren 2002 und 2003 erlebten Überflutungen in Europa und in China und die lange Hitzeperiode des vergangenen Sommers von 2003 in Süd- und Mitteleuropa erahnen, was uns noch blüht? Lässt das schwindende Schelfeis im Südpolarmeer den Eispanzer der Antarktis weiter schrumpfen, und war der aufsehenerregende Zusammenbruch des Schelfeises Larsen-B, das im Jahre 2002 von der Ostküste der Antarktischen Halbinsel ins Weddell-Meer stürzte, ein einmaliges Ereignis? Alle die mit dem Thema Klima zu tun haben, sind sich weitgehend einig, dass wir derzeit einen Klimawandel erleben. Ist der nun hausgemacht, also vom Menschen verursacht, oder natürlich, also ein normales Phänomen der „gottgewollten" Klimaschwankungen auf unserer Erde, die wir ja für die geologische Erdvergangenheit zu allen Zeiten und Perioden nachvollziehen und wissenschaftlich mit Warm- und Kaltzeiten belegen können? Will der amerikanische Präsident George W. Bush die Welt in die teilweise prognostizierte Klimakatastrophe und schlechthin in ihr Verderben stürzen, oder ist er hinsichtlich der Ratifizierung der Kyoto-Protokolle schlichtweg wissenschaftlich besser beraten?

Die Leuchtkraft der Sonne schwankt in Abhängigkeit von den **Sonnen-fleckenzyklen**; damit verbundene Klimaveränderungen lassen sich mehr-fach nachweisen. Die Sonne ist nicht massiv wie die Erde, sie besteht aus Gas: Ungefähr 70 Prozent sind Wasserstoff, 28 Prozent Helium und zwei Prozent schwere Elemente. Die äußere sichtbare Schicht der Sonne, die Photosphäre, ist also ein aus positiv geladenen Kernen und freien negati-ven Elektronen zusammengesetztes Gasgemisch, das man **Plasma** nennt. Wie jedes geladene Objekt erzeugt auch das Plasma Magnetfelder, wenn es sich bewegt. Elektrische Ströme entstehen durch Verlagerung solcher Felder, und Eruptionen oder Sonnenflecken sind die Folge davon. **Sonnen-flecken** bilden sich, wenn Bündel von Magnetfeldlinien durch die Oberflä-che der Sonne brechen. An diesen Stellen sind die Magnetfelder am stärks-ten (Abb. 3.5). Plasma und Magnetfeld sind ständig in Bewegung.

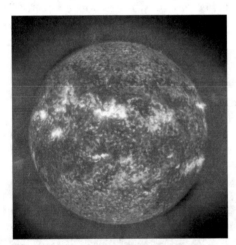

Abb. 3.5. Sonnenflecken entstehen, wo Bündel von Magnetfeldlinien die 5.700 Grad heiße Sonnenober-fläche durchbrechen und das Auf-steigen der Hitze aus dem Kern ver-langsamen (© National Geogra-phic, Juli 2004)

Die Quelle dieser Energie ist die Kernfusion. Denn wie alle Sterne entstand auch die Sonne durch die Vereinigung von Gasen, die sich unter dem Einfluss der Gravitation zu einem Ball verdichteten. Die Masse wurde schließlich so groß, dass die Wasserstoffatome unter dem gigantischen Druck verschmolzen, wobei sie Helium und freie Neutronen bildeten. Diese Reaktionsprodukte haben zusammen we-niger Masse als die Wasserstoffkerne, aus denen sie entstanden sind. Nach Albert Einsteins (1879-1955) berühmter Formel $E = mc^2$ wird der Unterschied in pure Energie umgewandelt. Diese Einstein-Gleichung von der Energie-Masse-Relation besagt, dass die Gleich-wertigkeit von Energie = E und Masse = m eines physikalischen Sys-tems, vor allem von Teilchen, relativ ist zur Lichtgeschwindigkeit im Vakuum = c.

Auf unserer Erde wäre jegliches Leben ohne die Sonne undenkbar. Wie weit aber ihr Einfluss und die Bedeutung der solaren Aktivität für den Klimawandel geht, ist umstritten. Es gibt Wissenschaftler, die glauben, dass Schwankungen in der Sonnenaktivität für das irdische Klima maßgeblich sind. Dieser Himmelskörper ist ein Klimafaktor ersten Ranges, und die Rolle der Sonne als „Energiefabrik" ist immens: Sie strahlt nicht gleichmäßig wie eine Glühbirne, sondern ihre verschiedenen Sonnenfleckenzyklen und die Zwischenzeiten geringerer Aktivitäten, die **Interferenzen**, haben offenbar das Klima auf der Erde bis in allerjüngste Zeit bestimmt: Johannes Fabricius (1587-1615), ein Medizinstudent aus Osteel bei Norden in Ostfriesland, und sein Vater David Fabricius (1564-1617), der dortige Pastor, entdeckten im Jahre 1611 hier vom mächtigen Kirchturm aus durch ein Fernrohr die **Sonnenflecken** zum ersten Mal. Das sind dunkle Stellen in der Lichthülle der Sonne, die in einem elfjährigen Zyklus auffälligste Anzeichen einer wechselnden Sonnenaktivität sind. Dunkle Flecken auf der Oberfläche der Sonne sind zuvor mehrfach im Mittelalter beobachtet worden. Damals hielt man sie für hochfliegende Vögel oder für Planeten, die vor unserem Zentralgestirn manchmal vorbeiflogen. Dass es sich um Erscheinungen der Sonne selbst handelt, wissen wir erst durch den Universalgelehrten Galileo Galilei (1564-1642), der sie gleichzeitig mit den Herren Fabricius und mit Thomas Harriot (1560-1621) aus England beobachtete und aus deren allmählicher Bewegung über die Sonnenscheibe schon damals richtig auf die Rotation der Sonne schloss. Diese Beobachtungen widersprachen seinerzeit teilweise dem an der aristotelischen Lehre ausgerichteten Weltbild. Aber erst 1843 hat der deutsche Astronom Samuel Heinrich Schwabe aus Dessau (1789-1875) erkannt, dass sich die Häufigkeit der Flecken gleichsam periodisch ändert. Er begann 1826 damit, eine Strichliste zu führen, und 1843 gab er bekannt, dass ihre Zahl im Laufe von etwa zehn Jahren von einem Minimum über ein Maximum auf die Ausgangswerte zurückgeht. Alle durchschnittlich elf Jahre kehrt die Sonne ihre magnetische Polarität um: Der Nordpol wird zum Südpol und umgekehrt. Ein kompletter Sonnenzyklus dauert demnach im Durchschnitt 22 Jahre. Der engere Aktivitätszyklus beträgt ungefähr elf Jahre und wird deshalb auch als **Schwabe-Zyklus** entsprechend so bezeichnet.

Über längere Zeiträume ist die Aktivität der Sonne mal generell besonders hoch und dann eine Zeitlang wieder ausgesprochen niedrig. Dies kann man messen an der beobachtbaren Häufigkeit der Sonnenflecken, die so genannten Fleckenrelativzahlen, die ein Maß für die solare Aktivität sind, denn die Sonne ist zur Zeit ihres Maximums der „Dunklen Flecken" heller als während des Fleckenminimums. Während des so genannten **Maunder-Minimums** in der zweiten Hälfte des 17. Jahrhunderts wurden gar keine Sonnenflecken beobachtet. Das Maunder-Minimum ist benannt nach seinem Entdecker: Der britische Astronom Edward Maunder (1851-1928) untersuchte 1890 die historisch beobachtbaren Sonnenflecken und wies auf eine „Pause" in den elfjährigen Zyklen zwischen 1645 und 1720 hin – eine Epoche, die auffallend mit dem Ende der „Kleinen Eiszeit" zusammenfällt. Seit den vierziger Jahren des 20. Jahrhunderts ist die Fleckenrelativzahl dagegen ungewöhnlich hoch, sie liegt derzeit bei ungefähr 75 und manchmal sogar geringfügig darüber, und man erwartet das Maximum bis zum Jahre 2011.

Box 3.4. Messung der Sonnenflecken und Flares

Anhand von Kohlenstoff-14- und Beryllium-10-Analysen hat man jetzt für die Zeit vor 1610 mehrere Phasen geringer Sonnenfleckenaktivität sowie eine Phase besonders hoher Sonnenfleckenaktivität – das so genannte Mittelalter-Maximum von 1140 bis 1240 – qualitativ nachgewiesen, ohne genauere Werte für die tatsächlichen Aktivitäten zu erhalten. Quantitative Aussagen lassen sich erst treffen, wenn man physikalisch genau berücksichtigt, wie beispielsweise das wechselnde Magnetfeld der Sonne den Fluss kosmischer Strahlung ändert und welche Prozesse sich in der Atmosphäre der Erde abspielen. Das überraschendste Ergebnis dieser Analysen ist, dass die Sonnenaktivität seit 850 zu keiner Zeit im Mittel auch nur annähernd so hoch war wie in der zweiten Hälfte des 20. Jahrhunderts. Zwischen 850 und 1900 betrug die mittlere Fleckenrelativzahl der Sonne etwa 30, danach liegt sie bei 60 und seit 1944 sogar bei etwa 76 Sonnenflecken. Für absolut gesicherte Aussagen über einen Zusammenhang zwischen Sonnenflecken und Ereignissen auf der Erde fehlen aber immer noch genügend Daten. Aber eines haben die Astrophysiker seit längerem beobachten können: Beim Höhepunkt eines Sonnenfleckenzyklus bauen sich im Magnetfeld der Sonne Energiemassen auf, die als Sonneneruptionen – **Flares** genannt – explodieren und Röntgenstrahlen mit Lichtgeschwindigkeit aussenden. Das Magnetfeld der Erde bewahrt uns davor, von diesen solaren Breitseiten körperlich geschädigt zu werden. Elektronische Systeme können auf der Erde jedoch davon beeinflusst werden. Vielleicht kommt man diesen Teilchenstürmen näher auf die Spur, wenn im Jahr 2011 das nächste Sonnenfleckenmaximum ansteht.

Eine ebenso wichtige Bedeutung haben die Unregelmäßigkeiten der Erdbahn um die Sonne, die mit den **Milankovitch-Zyklen** belegbaren Änderungen der Konstellationen zwischen Sonne und Erde, welche wir nachfolgend genauer betrachten wollen. Sie sind Ursache für die seit zwei Millionen Jahren nachgewiesenen Eiszeitzyklen, die sich etwa alle 100 000 Jahre wiederholen. Auch die Änderungen der Monsunzirkulation, die unter anderem die Trockenheit der Sahara und der innerasiatischen Wüsten bestimmen, werden hiermit inzwischen erklärt.

3.2 Klimafakten – globaler Klimawandel in der Erdvergangenheit

Paläoökologen erbohren also Eiskerne, die verraten, wie sich Niederschläge und Temperaturen in den letzten Jahrtausenden verändert haben – meist ohne den Industriemenschen. Die Wissenschaftler arbeiten sich in Grönland durch eine kilometerdicke Eisdecke, die die größte Insel der Welt bedeckt. In einzelnen Schichten hat sich im Lauf der Vorzeit das Eis übereinandergestapelt und bildet so ein einzigartiges „Klimaarchiv". Regelmäßig unterbrechen die Polarforscher das Bohren und ziehen das Gestänge nach oben. Es enthält zylindrische Proben des Eises, die sorgfältig gesammelt und untersucht werden. Mit dem Wind kämpfen auch Forscher in 3600 Meter Höhe am Hang des Mauna Loa auf Hawaii (Abb. 3.6).

Abb. 3.6. Der Mauna Loa (4170 Meter, rechts) und der Mauna Kea (4205 Meter, links) sind die größten aktiven Vulkane der Erde. Sie bedecken etwa die Hälfte der Insel Hawaii und steigen vom Ozeanboden aus 9 Kilometern in die Höhe. Im Detail das Mauna Kea Observatorium

Der Passatwind ist dort zwar längst nicht so kalt wie der Wind in Grönland – doch er weht ständig und ohne Unterlass. Auch wenn das Atmen in der großen Höhe schwer fällt, kann man aber doch sicher sein, dass die Atemluft so sauber ist wie sonst kaum irgendwo auf der Welt.

Box 3.5. Altersdatierungen

Die Zeit vor 1610 hat sich für die Erforschung der Sonnenaktivität erst erschließen können, als die Astronomen die Ursachen für gewisse Fluktuationen in jenem Anteil der kosmischen Strahlung erkannten, die aus den Tiefen des Universums in unser Planetensystem gelangt. Diese kosmische Strahlung besteht aus elektrisch geladenen Teilchen, deren Bewegung von Magnetfeldern beeinflusst wird. Ist die Sonne besonders aktiv, hat sie ein starkes Magnetfeld, welches wiederum den Zufluss kosmischer Strahlung in unser Planetensystem begrenzt. Umgekehrt dringen bei geringer Sonnenaktivität mehr kosmische Partikeln in das Planetensystem ein. Wenn die Teilchen der kosmischen Strahlung auf die Atmosphäre der Erde treffen, werden bestimmte Isotope erzeugt, die ihre Spuren auf unserem Heimatplaneten hinterlassen. Für uns sind unter anderem Kohlenstoff-14 und Beryllium-10 von Interesse. Das Beryllium-Isotop mit der Massenzahl 10 hat eine Halbwertszeit von etwa 1,5 Millionen Jahren. Es entsteht durch Wechselwirkungen von kosmischer Höhenstrahlung mit der Atmosphäre und gelangt mit den Niederschlägen zur Erdoberfläche und in die Ozeane. Hohe Be-10-Konzentrationen treten in den Warmzeiten, geringere in den Eiszeiten auf. Absolute Altersbestimmungen sind für die Beschreibung geologischer Vorgänge essentiell: Die Radiokohlenstoff- oder Radiocarbonmethode mit der Datierung des ^{14}C-Kohlenstoffes ist wohl das bekannteste Datierungsverfahren, vor allem für organische Materialien wie Holz, Holzkohle, Torf und vieles andere mehr. Das im Jahre 1947 von dem Amerikaner Willard F. Libby (1908-1980) entwickelte Verfahren hat zur Grundlage, dass das Isotop ^{14}C eine Halbwertszeit von genau 5568 Jahren besitzt. Das Alter einer ^{14}C-Probe ist deshalb etwa auf ein Jahr genau zu bestimmen und weltweit vergleichbar. Das Verfahren ermöglicht allerdings nur Datierungen im Altersbereich der letzten 50 000 Jahre. Umrechungen von ^{14}C-Jahren in Sonnen- und Kalenderjahre können mit Tabellen und speziellen Rechnerprogrammen erfolgen. Kohlenstoff-14 ist in unterschiedlicher Menge in Baumringen konzentriert – je nach der Aktivität in dem Jahr, als die Ringe jeweils entstanden -, und an alten Eisproben lässt sich die frühere Konzentration an Beryllium-10 ablesen. Warum, wollen wir im nächsten Kapitel 3.2 näher kennen lernen.

Denn Hawaii ist mehr als 5000 Kilometer vom amerikanischen Festland entfernt, nach Japan und Fernost ist es mit fast 7000 Kilometern noch weiter. Außerdem fehlen am Mauna Loa Autos und Industriebetriebe, die die Luft verschmutzen. Unter diesen idealen Bedingungen kann man kontinuierlich die chemischen Zusammensetzungen der Atmosphäre und insbesondere deren Gehalt an Kohlendioxid messen. Schwere Stürme im Südatlantik behindern gelegentlich auch die Arbeit der Ozeanographen und Meeresgeologen an Bord des deutschen Forschungsschiffes Meteor. Deren

Wissenschaftler lassen Sonden ins Wasser, um in verschiedenen Meerestiefen Temperatur und Salzgehalt zu messen. Mit schweren Eisenkästen, die an langen Stahlseilen hängen, hieven sie außerdem Ablagerungen vom Meeresboden.

Box 3.6. Die Kalium-Argon-Uhr

Die Klimatologen gewinnen einen großen Teil ihrer Informationen über die natürlichen Schwankungen des Klimas aus den Sedimenten, die sich im Laufe der Erdgeschichte am Meeresboden abgelagert haben. Der Meeresgrund ist aber nur schwer zugänglich, und die Sedimentationsbedingungen sind unterschiedlich: In arktischen und antarktischen Gewässern leben wegen der geringen Wassertemperaturen nur wenige Organismen, die als Fossilien in den Sedimenten Auskunft über das Alter und die Chronologie der jeweiligen Schichten geben könnten. Hier hilft eine Datierung mit Beryllium-10- und ^{14}C-Isotopen weiter. Frühere Ablagerungen mit Altern von einigen Jahrtausenden bis zu 500 000 Jahren lassen sich durch die physikalische Altersbestimmung des radioaktiven Zerfalls von Uran und Thorium datieren. Extrem alte und auch sehr junge Kaliumhaltige Gesteine und Meteorite lassen sich aus dem Verhältnis der Isotope ^{40}K zu ^{40}Ar bestimmten. Das Isotop ^{40}K zerfällt mit einer Halbwertszeit von 1,27 Milliarden Jahren in Kalzium- und Argon-Isotope. Die Kalium-Argon-Uhr funktioniert so: Ein Isotop des Elements Kalium ist radioaktiv; es besitzt die Masse 40 und wandelt sich mit einer konstanten Rate zu etwa 90 Prozent in das Kalzium-Isotop ^{40}Ca und zu etwa 10 Prozent in das Argon-Isotop ^{40}Ar um. Beide Isotope besitzen die Massenzahl 40. In einem Kaliumhaltigen Gestein enstehen dadurch im Verlauf der Zeit winzige Mengen des Edelgas-Isotops ^{40}Ar. Aus dem heutigen Verhältnis von ^{40}Ar zum Kalium-Gehalt einer Probe kann somit die Zeit errechnet werden, die seit der Gesteinsbildung vergangen ist. Mit dieser Methode lassen sich Fossilalter von mehr als 100 000 Jahren gut bestimmen.

Andere Methoden der absoluten Datierung für Fossilien jüngeren Alters basieren auf unterschiedlichen Prozessen mit jahreszeitlichem Rhythmus: Dazu gehören die Altersbestimmung mit jährlichen Zuwachsringen von Gehölzen, die **Dendrochronologie**, mit der Alter von bis zu 8000 Jahren genau bestimmt werden können. Auch so genannte Bändertone und ähnliche Ablagerungen im Gletschereis und in Seen zeigen jahreszeitliche Schichtungen, die für absolute Altersbestimmungen verwendet werden können. Auch aus Vulkanausbrüchen stammende und weiträumig verwehte Vulkanasche kann ein wichtiger Marker für Altersbestimmungen sein (Abb. 3.7). Die **Tephrochronologie** macht sich solche ideal isochronen geologischen Leithorizonte zum Forschungsobjekt. Der Anfang der tephrochronologischen Datierung liegt in den Vulkanlandschaften Patagoniens und Feuerlands in Südamerika, wo der finnische Moorforscher Väinö Auer seit 1928 in spät- und postglazialen Seeablagerungen verschieden gefärbte Vulkanaschelagen entdeckte, diese konnektierte und datierte.

Abb. 3.7. Schichtungen von Tephra aus dem Laacher See in der Eifel. Der Ausbruch fand statt in der Zeit von 11 000-11 224 vor heute. Aufschluß Wingertsberg mit Exkursionsteilnehmern 1990

Ausgehend von den klassischen Arbeiten aus den 1980er Jahren von Sigurdur Thorarinsson (1912-1983) aus Island wird die mineralische Identifizierung von vulkanischen Aschen und des Fallout eruptierten Materials inzwischen weltweit zur Datierung meist quartärer Stratigraphien angewendet. Vor 30 Jahren fanden dänische Forscher im Saksunarvatn, einem See auf den Faröern, eine noch unbekannte Asche, die nach diesem See benannt wurde. Inwischen wurde die Saksunarvatn-Asche an einigen Stellen im Nordatlantik und in mehreren Seen im Gebiet Hannover-Kiel-Rügen-Berlin gefunden, danach in einer Region Norwegens und vor kurzem auch im Grip-Eiskern von Grönland. Die Asche stammt aus einem isländischen Vulkan. Ihr Alter wurde an allen Fundstellen unabhängig und mit verschiedenen Methoden bestimmt, und es war sehr beeindruckend zu sehen, dass das Alter von etwa 10 100 Jahren vor heute innerhalb eines sehr geringen Fehlerbereiches übereinstimmte. Hiermit hat die Klimaforschung für diesen Abschnitt der frühen Nacheiszeit von Norddeutschland bis Grönland einen verlässlichen und genauen Zeitzeugen. Damit können verschiedene Methoden der Datierung geeicht werden; so die Radiocarbon-Datierungen des frühen Boreal im Nordatlantik, die früher systematisch um mehr als 400 Jahre von entsprechenden Datierungen auf dem Festland abwichen. Ergebnisse von Pollenanalysen, die ebenfalls zur Datierung verwendet werden, konnten für die frühe Nacheiszeit Norddeutschlands zeitlich exakt justiert werden (Abb. 3.8).

Abb. 3.8. Dünne Aschenlage vom Ausbruch des Laacher See-Vulkans in der Eifel; gefunden in einem Bohrkern aus dem Schleinsee, Oberschwaben, der 350 Kilometer von der Ausbruchstelle entfernt liegt. Detail: Rasterelektronenmikroskop-Aufnahme eines Einzelkorns des glasigen, blasenreichen Bimstuffs vom Laacher See (aus Berner u. Streif 2001)

3.3 Tropische Meere am Teutoburger Wald

Drei verschiedene Schauplätze, drei unterschiedliche Forschungseinrichtungen der Geowissenschaften – dahinter steckt aber eine einzige Fragestellung: Wie steht es um unser Klima? Neu ist diese Frage keineswegs. Schon seit mehr als 150 Jahren beschäftigen sich Geowissenschaftler im Fachgebiet der Historischen Geologie mit der Entwicklung des Klimas im Laufe der Erdgeschichte. Das Ergebnis: Das Klima auf der Erde hat sich in der Vergangenheit – lange bevor Menschen in die Natur eingreifen konnten – schon sehr oft drastisch verändert. Am Beispiel der norddeutschen Tiefebene, zwischen den Höhenzügen des Teutoburger Waldes und der Nordsee wird dies deutlich: Vor 300 Millionen Jahren, im Zeitalter des Karbons, wuchsen dort üppige Wälder, die Ursprünge der heutigen Steinkohleflöze des Ibbenbürener Reviers: 50 Millionen Jahre später war dieses Gebiet von einem flachen tropischen Meer überflutet, das mächtige Salzschichten zurückließ. In der Kreidezeit, vor 100 Millionen Jahren, grasten dort Saurier, wo heute Kühe weiden. Und es ist noch keine 20 000 Jahre her, dass Norddeutschland große Ähnlichkeit mit Grönland hatte – es war während der Eiszeit unter einem dicken Gletscher begraben. Für die dauernde Veränderung gibt es viele natürliche Ursachen: Wenn beispielsweise die Strahlung der Sonne schwächer wird, sinkt auch die Temperatur auf der Erde. Das ist ein langsamer, fast unmerklicher Vorgang. Plötzlich und katastrophal wirken dagegen der Einschläge großer Meteorite. Dabei wird soviel Staub aufgewirbelt, dass es auf Jahrhunderte oder Jahrtausende hin-

aus kälter wird, weil diese gewaltigen Staubmengen eine jahrelange Ver-
ringerung der Sonneneinstrahlung auf dem Gebiet und damit eine deutliche
Abkühlung des Klimas bedeuten. Die Klimaänderungen nach einem sol-
chen Einschlag könnten beispielsweise vor etwa 65 Millionen Jahren beim
Chicxulub-Event auf der Yukatan-Halbinsel offenbar zum Aussterben der
Saurier beigetragen haben (Abb. 3.9), wie wir in Kapitel 2.2 gelernt haben.

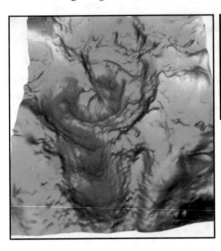

Abb. 3.9. Der tief unter dem Kalkstein der Halbinsel Yucatán, Mexiko, begrabe-
ne, 65 Millionen Jahre alte Chicxulub (links) ist einer der größten Meteoritenkra-
ter der Erde. Sein Durchmesser wird auf mehr als 300 Kilometer geschätzt. Ein
über 10 Kilometer breiter Komet oder Asteroid prallte am Ende der Kreidezeit
hier auf die Erde. Der Meteorkrater in Arizona, USA, mit einem Durchmesser von
1,2 Kilometern ist etwa 50.000 Jahre alt. Er trägt auch den Namen von Daniel Mo-
reau Barringer (1860-1929), der viel zur Erforschung dieses Meteoritenkraters
beigetragen hat. (Foto links, © aus Luhr 2004 und Foto rechts, © aus Hartl et al.
1993)

3.4 Was liegt in der Luft –
Kohlendioxid oder Wasserdampf?

Es gibt offenbar aber auch Einflüsse, die nichts mit der Natur zu tun haben. Das wissen wir spätestens seit dem Jahr 1957. Damals stellte der amerikanische Chemiker David Keeling zuerst am Südpol und dann an der
Wetterwarte in Mauna Loa neuartige Messgeräte auf: Mit ihrer Hilfe maß
er den Gehalt an Kohlendioxid (CO_2) in der Luft automatisch in Abständen
von wenigen Minuten. Obwohl dieses Gas – verglichen mit dem Hauptbe-

standteilen der Atmosphäre, Stickstoff und Sauerstoff – nur in Spuren vorkommt, lieferten Keeling's Geräte genaue Messwerte. So wissen wir heute, dass nach weniger als einem halben Jahrhundert die Luft am Mauna Loa 18 Prozent mehr Kohlendioxid enthält als damals im Jahre 1957 (Abb. 3.10).

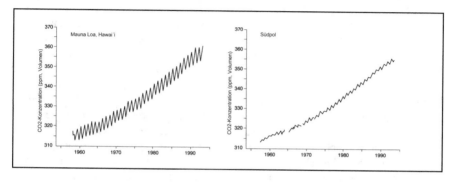

Abb. 3.10. CO_2-Konzentration in der Atmosphäre auf dem Mauna Loa und am Südpol (aus Breckle 2002)

Dieser Anstieg ist die Folge der Verbrennung von Kohle, Öl, Erdgas und Benzin in Automotoren, Hausheizungen und in der Industrie oder aber auch nur ein Messproblem vor Ort am aktiven Kilauea-Vulkan von Hawaii. Das Problem: In der Erdatmosphäre macht Kohlendioxid dasselbe wie in den Messgeräten am Mauna Loa – es nimmt Wärmestrahlung auf. Und zwar speziell den Wellenlängenbereich, der von der Erde zurückgestrahlt wird, nachdem sie durch die Sonne aufgewärmt wurde. CO_2 wirkt dabei also wie eine Glasscheibe eines Treibhauses: Es lässt das kurzwellige, von der Sonne einfallende Licht passieren, absorbiert aber die irdische Infrarotstrahlung. Die entscheidende Frage ist, welche Folgen dies hat. Ist es möglich, dass wir uns mit den vielen Abgasen in eine neue Warmzeit heizen, in der die Polkappen schmelzen, flache Inseln untergehen und fruchtbares Weideland zur Wüste wird? Oder ist die menschengemachte Erhöhung des CO_2-Gehaltes der Atmosphäre im Rahmen des komplizierten Wechselspiels der vielen natürlichen Vorgänge nur ein kleiner Ausrutscher, der ohne große Folgen für das längerfristige Klima bleiben wird?

Es macht die Sache nicht einfacher, dass dabei alles mit allem zusammenhängt. So spielt neben **Kohlendioxid** auch **Wasser** eine entscheidende Rolle. Einerseits wirkt es als Wasserdampf in der Atmosphäre ebenfalls als Treibhausgas, das genauso wie Kohlendioxid Wärmestrahlung absorbiert und mit der so aufgenommenen Energie die Atmosphäre aufheizt. Auf der anderen Seite sind die Weltmeere ein riesengroßer CO_2-Speicher. Etwa die Hälfte des Kohlendioxids, das auf der Erde jedes Jahr neu gebunden wird,

---

Box 3.7. *Global Change* in der Vergangenheit

Wir haben schon erfahren, das *Seafloor-Spreading* und die Plattentektonik
können Kontinente im Laufe von Jahrmillionen von einer Klimazone in eine
andere verschieben, mächtige Vulkanausbrüche befördern ebenfalls so viel
Asche in die Atmosphäre, dass sich die Erde abkühlt. Selbst das Entstehen
großer Gebirge macht sich im Klima bemerkbar. So hat die Auffaltung des
Himalaya vor 30 Millionen Jahren dazu geführt, dass die feucht-warme Luft
aus Indien nicht mehr bis in die Region des heutigen China vordringen konnte. Als beispielsweise die Landbrücke von Panama vor über vier Millionen
Jahren gebildet wurde, hatte dies große Auswirkungen auf Veränderungen
der damaligen großen Meeresströmungen im Nordatlantik: Bislang glaubte
man, dass es noch vor 2,5 Millionen Jahren eine direkte Verbindung zwischen dem Pazifik und dem Atlantik über eine Meerenge im Gebiet des heutigen Panama gegeben habe. Anhand der im Kapitel 2 genannten neuen, etwa
vier Millionen Jahre alten Fossilfunde von Riesenfaultieren in Nordmexiko
weiß man aber jetzt, dass damals die Hebung des Isthmus von Panama den
ursprünglichen Zufluss von Pazifikwasser in den Atlantik unterband. Das hatte gewaltige Auswirkungen auf den globalen Meerwasseraustausch: Das
salzärmere Pazifikwasser gelangte nicht mehr in den Atlantischen Ozean,
dieses salzärmere Wasser mit geringer spezifischer Dichte hatte bislang das
salzreiche Atlantikwasser verdünnt und den Golfstrom geprägt. Dieser warme Meeresstrom fließt heute aus dem Golf von Mexiko bis in den Nordatlantik auf die Höhe von Island und Norwegen. Ein solcher „leichterer" Golfstrom war vormals weiter nach Norden, möglicherweise sogar bis ins
Eismeer oder in die Barentsee vorgedrungen und hatte in den hohen Breiten
eine Eisbildung verhindert. Die Schließung der Panamabrücke war dann wohl
Auslöser für die letzte große Vereisungsphase der Nordhalbkugel im Pleistozän. So stieg die Dichte des Wassers im Golfstrom, der nun nicht mehr bis in
die Arktis vordringen konnte. Großflächige Vereisungen auf der Nordhalbkugel waren sicherlich die Folge davon.

---

nehmen das Plankton und andere Kleinstorganismen in den Ozeanen auf.
Wenn diese Organismen absterben und als Partikel zum Meeresboden sinken, wird der Treibhauseffekt tendenziell verringert. An manchen Stellen
im Meer wird das Plankton allerdings von Bakterien zersetzt, die dabei
CO_2 „ausatmen", das später wieder in die Atmosphäre gelangt. **Gashydrate**, Verbindungen aus Methan und Wasser, bilden am Boden der Tiefsee
wichtige Energie- und Nahrungsquellen spezieller mariner Ökosysteme.
Eine Schlüsselrolle spielen dabei methanoxidierende Archaeen und sulfatreduzierende Bakterien, die Konsortien bilden oder als Symbionten in Rie-
senmuscheln oder Bartwürmern leben und das Methan nutzen. Die anaerobe Umsetzung von Methan führt hierbei zu bedeutenden Abscheidungen

von Kalkgesteinen. Gashydrate sind zudem ein bedeutender Klimafaktor: Durch Druckentlastung und Temperaturanstieg soll es im Verlauf der Erdgeschichte entlang der Kontinentalrandplatten bei tektonischer Aktivität wiederholt zur Freisetzung gasförmigen Methans aus Gashydraten gekommen sein, was offenbar mehrere Perioden anormaler Erwärmung des Erdklimas zur Folge hatte. Untersuchungen haben ferner gezeigt, dass es in der Wetterküche der Erde früher wesentlich abwechslungsreicher zuging als angenommen. Lange Zeit dachte man, dass sich Klimaveränderungen langsam und stetig im Verlauf von Jahrhunderten oder Jahrtausenden vollziehen. Offenbar sind aber nur die letzten zehn Jahrtausende eine Phase mit außergewöhnlich stabilem Klima gewesen. Am Ende der letzten Eiszeit vor etwa 10 000 Jahren gab es zum Beispiel eine Periode, in der das Klima äußerst „wechselhaft" war – als ob sich die Erde nicht zwischen Eis- und Warmzeit hätte entscheiden können.

Der Übergang zur heutigen Warmzeit verlief also keineswegs gleichmäßig, die Erwärmung wurde vielmehr wiederholt durch abrupte Kälteeinbrüche unterbrochen. Bei dem letzten dieser Klimawechsel in jener Zeit, der auch als **Jüngere Dryaszeit** bezeichnet wird, waren innerhalb nur eines Jahrhunderts Teile Nordeuropas und der Osten Kanadas wieder von einer Eisschicht bedeckt; erste Wälder aus Birke und Kiefer wurden erneut durch arktische Gräser und Sträucher ersetzt. Die Verbindung zwischen Nordamerika und Asien über die Beringstraße war damals aber schon eisfrei – wichtig für die Wanderung der ersten Menschen aus Nordasien nach Nordamerika; wir werden das im Kapitel 5 vertiefen. Hinweise für die globalen Auswirkungen der Jüngeren Dryas gibt es zahlreich aus dem Gletschereis von Grönland, aus Bohrkernen vor der südamerikanischen Küste und der Häufigkeit fossiler einzelliger Foraminiferen und in den tiefen Schichten von Korallenriffen. Auslöser dürfte das zuvor aus den Eispanzern geschmolzene Süßwasser im Nordatlantik gewesen sein, das nach Befunden der Arbeitsgruppe des Paläoklimatologen Wallace S. Broecker (1992-1998) den Salzgehalt im Ozean damals so stark verdünnte, dass das Meerwasser in dieser Region des Nordatlantik, wo es in Warmzeiten gewöhnlich in die Tiefe sinkt, an der Oberfläche blieb. Das globale Förderband, das wärmeres Wasser aus Äquatornähe nach Norden transportierte, wurde blockiert: die Kältephase der Jüngeren Dryas folgte. Die mittlere Temperatur jener Zeit auf der Nordhalbkugel hat sich damals innerhalb weniger Jahre um bis zu sieben Grad verändert, wie wir es sehr schön in spätglazialen Ablagerungen aus dem Meerfelder Maar in der Eifel pollenanalytisch nachweisen können. Thomas Litt hat dies schon im Jahre 1999 beschrieben (Abb. 3.11). Dieses hat sich niedergeschlagen in jahreszeitlich geschichteten Seesedimenten des Eifelmaares, wie wir es jüngst im Schleinsee, dem Rest eines würmzeitlichen Rheingletschers etwa acht Ki-

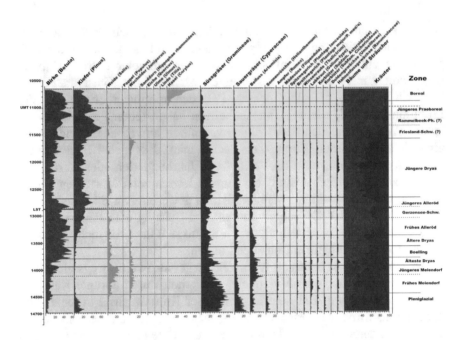

Abb. 3.11. Pollendiagramm aus dem Meerfelder Maar (Eifel), dargestellt als Prozentdiagramm über den Zeitraum des Spätglazial. Die Zeitachse ist dargestellt in Warven-Jahren vor heute (aus Litt u. Stebich 1999)

lometer nördlich des Bodensees, und dem Belauer See, einem Toteissee in der Börnhöveder Seenkette in Schleswig-Holstein von genetisch unabhängig aneinander gereihten, Nordsüd gerichteten Rinnenseen paläoökologisch untersucht haben. Angelika Kleinmann und Holger Freund konnten hier im Jahre 2003 eine zeitlich hochauflösende Rekonstruktion der natürlichen, orbitalen oder solaren Klimavarianz erfassen, miteinander vergleichen und in überregionale Ereignisse und Klimazyklen eingliedern (Abb. 3.12).

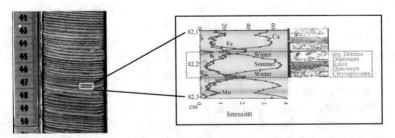

Abb. 3.12. Jahreszeitlich geschichtete Sedimente aus dem Belauer See. Ausschnitt: Multielementanalyse in 50 μm Schnitten (aus Freund et al. 2003)

Box 3.8. Laminierte Sedimente

Nicht alles, was in der Abbildung 3.12 nach Jahresschichtung aussieht, ist tatsächlich eine Jahresschichtung. Innerhalb der Hell- und Dunkellagen sind Bestandteile nachzuweisen, die sicher einer bestimmten Jahreszeit zuzuordnen sind. Dabei ist die biologische Beweisführung die sicherste: Eine Winterlage ist in der Regel durch das Auftreten winziger kugeliger Überreste verschiedenster Goldalgen, der Chrysophyceen, gekennzeichnet. Das darauf folgende Frühjahr ist aufgrund der Hauptblütezeit vieler Pflanzen besonders reich an Pollenkörnern und Sporen; zahlreiche Schalen von Kieselalgen deuten auf die Hauptblütezeit der Diatomeen im Frühsommer hin. In der Herbstlage finden sich vor allem pflanzliche Reste, die mit dem Herbstlaub in den See gelangen. Mit dem erneuten Auftreten von Überresten der Chrysophyceen beginnt dann die nächste Jahreslage. Es gibt aber auch chemische Beweise: Kalk wird mit der Hauptalgenblüte im Frühsommer ausgefällt, Eisenspat (Siderit) wird im Sommer gebildet und Blaueisenerz (Vivianit) kristalliert hauptsächlich in der Winterschicht. Die entsprechenden Kristalle beziehungsweise chemischen Verbindungen lassen sich sowohl mikro- und makroskopisch als auch geochemisch nachweisen. Zwar gibt es bislang noch keine Seeablagerungen, die bis zur Jetztzeit durchgehend zählbar feingeschichtet sind, aber Jahresschichtenzählungen an Sedimenten verschiedener Seen können über andere regional wirksame Ereignisse miteinander verbunden werden. So genannte **Markerhorizonte**, zu denen beispielsweise vulkanische Aschelagen zählen, erlauben es, lange Reihen eines Jahresschichtenkalenders zusammenzusetzen.

So gibt es eine neu entdeckte „**Preboreal Oscillation**" und ein „**8200-Cooling-Event**", die sich beide als kurzzeitige Klimaänderungen in den unterschiedlichen Klimaarchiven dieser Seesedimente und Eiskerne widerspiegeln. Das Klima der Warmzeiten finden wir auch in Seen dokumentiert: Hier sammeln sich Bodenpartikel, Pollen, Blätter und Staub. In den oft meterdicken Seeablagerungen ist Schicht für Schicht – wie in einem geologischen Tagebuch – über Jahrtausende lückenlos die Klima- und Vegetationsgeschichte einer Region aufgezeichnet. Unter besonders günstigen Ablagerungsbedingungen bildet sich eine Jahresschichtung aus. Zumeist erkennt man im Bohrkern schon mit dem bloßen Auge regelmäßige Hell- und Dunkellagen, wobei jeweils ein Lagenpaar ein Jahr vertritt. Solche Jahresschichten eröffnen die aufregende Möglichkeit, jahrgenau zu datieren. In manchen Fällen gelingt es sogar, die Jahreszeit anzugeben, in der ein Ereignis stattgefunden hat (s. Box 3.9).

Box 3.9. Klimavariationen auf der Nord- und Südhalbkugel

Die Kieler Meeresgeologen um Michael Sarntheim et al. (1994) erkannten verschiedene Typen der nordatlantischen Tiefenströmung, die für die wirkungsvolle Verteilung der Wärme auf der Erde große Bedeutung haben. Die „Klimapumpe" des Nordatlantik ist dabei essentiell, und hier liegt wohl der Grund für den Wechsel des pleistozänen Eiszeitklimas zum holozänen Warmzeitklima mit den bekannten Klimaumschwüngen. In der Zeit vor 60 000 bis 25 000 Jahren vor heute war das Klima sehr variabel: Eisbohrkerne von Grönland geben Hinweise auf einen häufigen Wechsel von Warm- und Kaltphasen. Auch auf der Südhalbkugel gab es solche Klimaschwankungen, allerdings mit weniger extremen Temperaturen. Diese so genannten **„Dansgaard-Oeschger (DO)-Events"** verdeutlichen offenbare „bipolare" Ereignisse, wobei die Abkühlung der Nordhemisphäre mit einer nur kurzfristig zeitverschobenen Erwärmung der Südhalbkugel offenbar ausbalanciert worden ist. Das deutet wieder auf den im Kapitel 2 schon erwähnten globalen Meerwasseraustausch zwischen Nord- und Südatlantik hin: Diese *Meridional Overturning Circulation* (**MOC**) des Ozeanwassers in den globalen Meeresströmungen transportiert im warmen Golfstrom dichtes salziges Wasser nordwärts bis in die Grönlandsee und den Nordatlantik, wo es erkaltet, in die Tiefe absinkt und als Tiefenstrom wieder südwärts geleitet wird. Unterbrechungen dieser Zirkulationen führen zur Abkühlung der Nordhalbkugel und zur Erwärmung der Ozeane auf der Südhalbkugel, so sagt es das klassische Modell der DO-Events. Eine der Ursachen solcher Unterbrechungen können große Schmelzwassermengen von nordischem Gletschereis sein, welche den Meeresspiegel ansteigen lassen, die Salzwasserkonzentrationen und die Dichte des Meerwassers verändern und somit die MOC verändern. Solche gleichmäßigen Meeresspiegel-, Schmelzwasser- und Temperaturschwankungen haben jüngst T. F. Stocker und S. J. Johnsen (2003) sowie R. Knutti et al. (2004) und E. J. Rohling et al. (2004) beschrieben. Sie sind für unser Verständnis von *„Global-Change"*-Phänomenen der Vergangenheit und der Zukunft von großer Bedeutung (Abb. 3.13).

All diese Erkenntnisse beruhen also auf der engen Zusammenarbeit von Polarforschern im ewigen Eis Grönlands, Atmosphärenchemikern bei der Analyse der Luft in Hawaii, Ozeanographen und Meeresgeologen, zahlreichen anderen Geowissenschaftlern und Paläoökologen. Erst, wenn die vielen Einzelergebnisse der unterschiedlichsten Disziplinen zusammengeführt werden, erhält man ein realistisches Bild der Geschichte des Klimas. Und noch eines ist sehr wichtig: Nur wer das Klima der Vorzeit kennt und es mit seinen Modellen berechnen kann, der wird damit auch eine Vorhersage über das Klima der Zukunft wagen können!

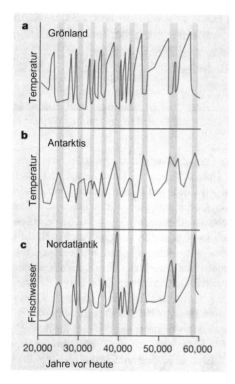

Abb. 3.13. Abrupte Klimaänderungen in der vergangenen Eiszeit. **a, b** Vereinfachte Darstellung des Temperaturverlaufes nach Daten aus den Eiskernanalysen von Grönland und der Antarktis. Temperaturanstiege auf der Nordhemisphäre sind ausbalanciert durch Abkühlungen auf der Südhemisphäre, obwohl die Schwankungen nicht synchron sind. **c** Die vereinfachte Kurve zeigt den Einfluß von Schmelzwasser in den Nordatlantik von angrenzenden Eiskappen, rückgeschlossen aus den Ozeansedimenten, die glaziale Depositionen enthalten. Es gibt einen klaren Zusammenhang zwischen den Perioden anwachsenden Schmelzwassers in den Nordatlantik, die größtenteils Warmphasen auf der Südhemisphäre hervorgerufen haben (nach Dokken u. Nisancioglu 2004)

3.5 Klimawandel oder Klimakatastrophe?

Menschliches Handeln hat also vielleicht zu einem weiteren Effekt globalen Ausmaßes geführt: Die Änderung der Zusammensetzung der Atmosphäre beispielsweise durch das Verbrennen fossiler Brennstoffe oder als Folge der Abholzung von natürlichen Wäldern haben offenbar den Anteil an Kohlendioxid dermaßen erhöht, dass innerhalb des nächsten Jahrhunderts vielleicht doch mit einer globalen Änderung des Klimas und einer globalen Erwärmung der Erdoberfläche von 1,4 bis 5,8 °C als Folge des Treibhauseffekts zu rechnen ist. Auf globaler Ebene ist die Verbreitung von Tier- und Pflanzenarten ja hauptsächlich durch Klimaparameter bestimmt, und es wird angenommen, dass Änderungen der Temperatur oder Niederschläge auch die Ausdehnung der Großlebensräume beeinflussen. In jüngster Zeit häufen sich auch entsprechende Berichte über Verhaltensanpassungen und sich ändernde Artareale als Folge der wärmeren Klimabedingungen der vergangenen drei Jahrzehnte. Nachdem im vergangenen Jahrhundert die durchschnittliche Temperatur der Erdatmosphäre – wie

schon erwähnt – weltweit um rund 0,6 C angestiegen ist, rechnen Klimaexperten für die kommenden Jahre mit einer noch stärkeren Erwärmung,
die naturraumabhängig negative oder positive Konsequenzen für Land-
und Forstwirtschaft sowie für die Siedlungsflächen der Menschen in ökologisch sensiblen Regionen haben kann.

Box 3.10. Phänomene des Klimawandels

Die Schnee- und Gletschervorkommen am Kilimandscharo werden seit ihrer
ersten Dokumentation im Jahre 1912 immer kleiner; sie sind seither um über
80 Prozent geschrumpft, was von einigen Geologen allerdings auch als „Aus-
trocknungsprozess" des afrikanischen Kontinents gedeutet wird. Auch das
Poleis hat sich in den letzten Jahrzehnten nachweislich um mehr als einen
Millimeter verringert. Der Tschad-See in Nordafrika verschwindet praktisch
in den letzten 40 Jahren. Letzteres hat natürlich nicht nur mit veränderten
Niederschlägen zu tun, sondern in hohem Maße auch mit der dort stark wachsenden Bevölkerung und der steigenden Wassernutzung. Als Folge der zunehmenden Erwärmung subarktischer Gewässer auf den Triangle-Inseln
nördlich der Aleuten in der Kanadischen Provinz British Columbia beobachten Ornithologen seit 1975 die schwindenden Bruterfolge der dort ansässigen
Papageientaucher (*Fratercula cirrhata*, Abb. 3.14), als die Wassertemperatur
den Jahreswert von etwa 10 Grad Celsius überstieg und infolgedessen ihre
wichtigste Nahrung, die Kleinen Sandaale, seit den 1990er Jahren nach Norden in die kälteren Gewässer abgewandert sind. Solche Beispiele gibt es viele, und die Hauptaufgabe der Zukunft auf diesem Sektor muss es sein, die
Hinweise aus den sich verändernden Ökosystemen fachlich und ursächlich
richtig zu analysieren und zu interpretieren.

Wärmere Temperaturen treiben aber auch den globalen Wasserkreislauf
an. Dies äußert sich in zunehmend verstärkten Trockenzeiten oder Hoch-
wasserereignissen in verschiedenen Teilen der Erde. Der Meeresspiegel
steigt gegenwärtig um 2,4 Millimeter pro Jahr mit wahrscheinlicher Zunahme, wenn das Abschmelzen der Gletscher und Polkappen voranschrei-
tet. Bis ins Jahr 2100 soll mit einem Anstieg des mittleren globalen Mee-
resniveaus von 0,09 bis 0,88 Metern gerechnet werden. Kürzlich konnte
sogar eine Korrelation zwischen erhöhter Nordatlantischer Wellenoszilla-
tion und ansteigender Oberflächentemperatur nachgewiesen werden. Verschiedene Modelle weisen ferner darauf hin, dass auch mit einer verstärkten Niederschlagsintensität und einer Zunahme an Extremereignissen
gerechnet werden muss, wie dies seit 1992 in den Berichten des *Intergovernmental Panel on Climate Change* (IPCC) – ein von den Vereinten Nationen eingesetzter Klimarat – nachzulesen ist. Dessen Berichte entstehen

in einem offenen Prozess unter Beteiligung von mehr als 2000 Klimawissenschaftlern.

Abb. 3.14. Papageientaucher
(*Fratercula cirrhata*)

El Niño ist eine Klimaanomalie, die vor allem im Pazifischen Ozean ihre Auswirkungen hat, aber das Wetter weltweit beeinflusst. Zwischen Indonesien und Südamerika kommt es in Abständen von zwei bis sieben Jahren zu einer Umkehr der normalen Wettersituation. In normalen Jahren bläst der Südostpassat, der durch die Coriolis-Kraft abgelenkt wird, im Äquatorbereich von Ost nach West. (Die Klimafachausdrücke werden im Kapitel 6.9 erläutert.) Warmes Oberflächenwasser wird nach Westen verschoben, und kaltes, nährstoffreiches Tiefenwasser fließt nach Osten. An der Küste Südamerikas gelangt dieses Wasser an die Oberfläche und ermöglicht im Humboldt-Strom den Fischreichtum dieser Gegend. In der Atmosphäre gibt es ein ähnliches Zirkulationssystem: Zwischen einem Tiefdrucksystem über Indonesien und einem Hochdrucksystem über der südamerikanischen Küste entsteht ein großer Luftdruckunterschied, der die Passatwinde verursacht (Abb. 3.15).

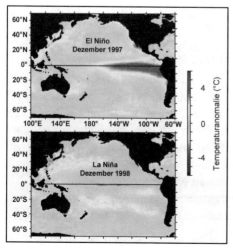

Abb. 3.15: Die pazifischen Temperaturanomalien El Niño (warm) und La Niña (kalt) erstrecken sich entlang des Äquators (aus Berner u. Streif 2001)

Im Rahmen einer natürlichen Luftdruckveränderung kommt es in einem El Niño-Jahr zu einem Zusammenbruch des südamerikanischen Hochs. Die Passatwinde lassen nach, und die Fließrichtung des warmen Oberflächenwassers dreht sich um. Nach zwei bis drei Monaten hat das indonesische Oberflächenwasser so die Küste Perus erreicht; diese Fließumkehr wird als **Kelvin-Welle** bezeichnet. Da dies meistens zur Weihnachtszeit geschieht, wurde dieses Phänomen nach dem Christkind **El Niño** genannt. Es sorgt für eine Abkühlung der Gewässer vor Australien und Indonesien und zugleich für eine Erwärmung der Küstengewässer vor Chile und Peru. Durch die hiermit verbundene Nährstoffarmut geht die Produktivität dieser Gebiete dramatisch zurück. El Niño-Jahre bringen der gesamten amerikanischen Küste wärmeres Wasser, erhöhte Niederschläge und mehr Wirbelstürme. Im westpazifischen Raum fehlen diese Niederschläge, es kommt zu Dürren und vermehrten Feuern. Da das Wettergeschehen global zusammenhängt, sind auch Gebiete in Afrika und weiteren Regionen betroffen. Das El Niño-Phänomen ist nicht neu, es ist seit der Entdeckung Amerikas bekannt. Es ist inzwischen sehr gut untersucht und im Prinzip verstanden. Die eigentliche Ursache für die Auslösung des Wechsels zu einem El Niño-Jahr ist aber bislang immer noch unklar. Es wird vermutet, dass Vulkanausbrüche und die aktuelle Klimaerwärmung die El Niño-Jahre fördern (s. Box 3.11).

Neue statistische Validierungen von vulkanischen Eruptionserscheinungen und **El Niño-Southern Oscillation-Ereignissen** (ENSO), wie dieses Ereignis international korrekt bezeichnet wird, mit ihren periodischen Warm- und Kaltphasen, **El Niño** und **La Niña**, geben Hinweise darauf, dass es auch natürliche Wechselbeziehungen zwischen der Atmosphäre und dem tropischen Pazifikwasser geben kann: J. Brad Adams von der University of Virginia und seine Mitarbeiter haben im Jahr 2003 eine überzeugende Studie über die letzten 400 Jahre der ENSO-Phänomene durchgeführt: Stratosphärische vulkanische Aerosole beeinflussen die Absorption des Sonnenlichtes, wirken auf die Oberflächentemperaturen des Ozeanwassers und können letztendlich El Niño-ähnliche Warmwasserphasen erzeugen. So könnte aber auch der Ausbruch des tropischen Pinatubo-Vulkans auf den Philippinen im Jahre 1991 die schweren ENSO-Ereignisse von 1997 und 1998 verstärkt haben mit den gravierenden bekannten Konsequenzen: vermehrter Schneefall in den Anden, geringe Hurrikan-Aktivität im Atlantik, Trockenheit und Missernten in Südafrika und die schweren Waldbrände in Indonesien. In globaler Sicht führen die El Niño-Erscheinungen mit etwa neunmonatiger Verzögerung zu einem Anstieg der Mitteltemperaturen am Boden und in der Troposphäre um etwa 0,1 bis 0,2 Grad Celsius.

Box 3.11. Was sind NAOs und ENSOs?

Im Nordatlantik gibt es eine interessante Parallele zu El Niño: die **Nordatlantische Oszillation** (NAO). Das ist ein stark ausgeprägter Golfstrom, der für einen starken Luftdruckgegensatz zwischen Azorenhoch und Islandtief sorgt. Dies hält sibirische Kaltluft von Europa fern. Kühlt sich der Golfstrom ab, verschlechtert sich das Wetter in Europa. Vermutlich sind die NAO, die Klimamaschine Europas, und die El Niños, genauer: die *El Niño-Southern Oscillation-Events* (ENSO), wichtige Teile des globalen Wettergeschehens. Der am Ende der 1990er Jahre abflauende El Niño hatte im Vergleich zu den meisten früheren Klimaanomalien ungewöhnlich früh begonnen, und er führte zu einer unerwartet raschen und starken Erwärmung des tropischen Ostpazifiks. Das geht aus Daten hervor, die vom Weltzentrum für Niederschlagsklimatologie in Offenbach zusammengestellt wurden. Zu ausgeprägter Trockenheit kam es während des Höhepunkts von El Niño im Winter 1997/1998 vor allem im Nordosten Brasiliens, im Amazonasbecken, im südlichen Afrika, in großen Teilen Malaysias und Indonesiens, auf Sri Lanka, Papua-Neuguinea sowie im östlichen und nordwestlichen Australien. Ungewöhnlich viele und mitunter auch heftige Niederschläge gab es zur gleichen Zeit in Ecuador, im Norden Perus, in Kalifornien, im Südosten der Vereinigten Staaten, in Angola, Ostafrika, Madagaskar, Ostindien, Südchina, Japan sowie im Norden Australiens. Dagegen registrierte man in Europa kaum Niederschlagsanomalien. Im Westen Norwegens, im äußersten Süden Spaniens und im Norden Großbritanniens fiel zwar mehr Schnee oder Regen als üblich. Ob dies aber auf El Niño zurückzuführen ist, bleibt fraglich.

Wir haben aber auch schon gesehen, zahlreiche Faktoren beschränken auf der anderen Seite aber nach wie vor unsere Fähigkeiten und Möglichkeiten, solche eventuellen Folgen und Wirkungsmechanismen einer geschätzten zukünftigen Klimaänderung wirklich aufzudecken und konkret beurteilen zu können. Eines ist jedoch klar, die Zusammensetzung der Vegetationsdecke hängt einmal von den Migrationsraten der Pflanzen- und Tierarten ab und zum anderen davon, wie rasch sich in diesem Kontext die Bodenverhältnisse und andere Umweltfaktoren ändern. Es ist zum heutigen Zeitpunkt in keiner Art und Weise gesichert, dass die Wanderungskapazitäten der Arten mit der Rate der sich ändernden Umweltbedingungen Schritt halten können. Mit anderen Worten bedeutet dies, dass in einem solchen Szenario mit lokalem Aussterben von Arten, zum Beispiel auf den vorher genannten Berggipfeln, gerechnet werden könnte. Ebenso sind in jüngster Zeit andere Phänomene von Vegetationsveränderungen zu beobachten wie beispielsweise die Ausbreitung immergrüner Sträucher in sommergrünen Laubwäldern am Südrand der Alpen im Tessin, wo nachweislich seit den 1970er Jahren anhaltend milde Winter die Ausbreitung

Box 3.12. Szenarien und Klimadiskussion

Solche Ereignisse des kurzfristig-neuartigen Klimawandels werden nach
Meinung zahlreicher Klimaforscher für Mensch und Natur vorwiegend negative Folgen haben: Permafrostböden tauen auf, Gletscher schmelzen ab, die
Vegetationsperioden und die Vegetationszonen werden sich verändern, so
lauten die Prognosen. Übertragen auf die geobotanische Grundlagenforschung bedeuten diese Vorhersagen Folgendes: Besonders verwundbar sind
in diesem Zusammenhang Ökosysteme in der Arktis und den Gebirgen, aber
auch die borealen und tropischen Wälder. Einige Korallenriffe werden einen
Temperaturanstieg von mehr als zwei Grad Celsius wahrscheinlich nicht
überleben oder neue Typen werden entstehen; der riesige Eispanzer Grönlands droht dahinzuschmelzen, der Meeresspiegel steigt dann weltweit, und
die pazifischen Atolle, die Malediven und andere Inselgruppen sowie die
Mündungsgebiete großer Flusssysteme wie das Ganges- oder Mississippi-
Delta und die meernah liegenden Küstenregionen beispielsweise in der Yo-
kohama-Tokyo-Bucht, in Hongkong, Manila und Singapur sind existenziell
bedroht.

Inmitten der aktuellen Klimadiskussion über das Kyoto-Protokoll von
1997 und 2004 und seine Umsetzung wird der Sachverhalt noch einmal poli-
tisch kräftig aufgemischt: Dabei werden Fragen der Ursachen und Prognosen
von Klimaveränderungen sowie der Klimaentwicklung global behandelt und
die bislang bekannten Fakten vorgestellt. Viele Kommentare in den Medien
weisen besonders darauf, dass nicht allen Bürgern und politischen Entscheidungsträgern die Grenzen der derzeit verfügbaren Klimamodelle, welche
meist als Computersimulationen vorliegen, in ihren Dimensionen und in ihren Wirklichkeitsbezügen verständlich und bewusst sind. Es stellen sich folgende Fragen: Liegen wir in der Kohlendioxid-Diskussion richtig; ist das
CO_2 wirklich ein quasi-finales Giftgas modernen Wirtschaftens? Wie forciert
Wasserdampf, das wichtigste Treibhausgas überhaupt, unsere Klimaerwärmung? Wir versuchen derzeit nicht nur zu widerlegen, dass es einen Klimawandel gibt; die Frage ist vielmehr: Sind die Ursachen dafür vom Menschen
gemacht oder natürliche Oszillationen oder beides? Es gibt aber auch Hinweise darauf, dass die derzeit zugrunde gelegten Kohlendioxidwerte eventuell überprüft werden müssten: Théodore de Saussure (1767-1845) fand
zwischen 1816 und 1828 vor der „Industriellen Revolution" Kohlendioxid-
Konzentrationen zwischen 370 und 620 ppmv (Volumenteile pro eine Million). Der Anstieg um einen über 50 ppmv höheren Kohlendioxidwert von 310
ppm auf 360 ppm zwischen 1960 und 1995 auf dem Mauna Loa auf Hawaii,
wo die Messungen von C. D. Keeling um 1958 begannen, muss eventuell offenbar auch um die Emissionen aus den natürlichen Kohlendioxid-Quellen
der benachbarten aktiven vulkanischen Kilauea-Risszone korrigiert werden,
wo eine ständige natürliche Kohlendioxidabgabe existiert, was David Keeling schon bei seiner ersten Veröffentlichung (1960) anmahnte (Abb. 3.10).

des Drüsigen Kampferbaumes (*Cinnamomum glanduliferum*) und anderer immergrüner Laubholzarten sowie wärmebedürftiger Palmen (*Trachycarpus fortunei*, Abb. 3.16) ermöglichen. Sind die Palmen also wieder in der Schweiz heimisch? Oder kann eine Folge kalter Winterfröste dies wieder zunichte machen?

Abb. 3.16. Winteraspekt eines sommergrünen Eichenmischwaldes in der Südschweiz, reich an exotischen, immergrünen Arten, vor allem Hanfpalme (*Trachycarpus fortunei*) und Kampferbaum (*Cinnamomum glanduliferum*) aus Südostasien (Lago Maggiore, 2003)

Einigkeit besteht ferner darin, dass der aktuelle Temperaturanstieg zumindest teilweise auf die Verbrennung von fossilen Energieträgern, vor allem Kohle und Erdöl, durch den Menschen und das dabei freiwerdende Kohlendioxid zurückzuführen ist. Wie gewichtig jedoch der anthropogene Beitrag für die Entstehung des „so genannten Treibhauseffektes" und der daraus postulierten „Klimaerwärmung" im Vergleich zu natürlichen Klimavariationen in Wirklichkeit ist, bleibt derzeit eine wichtige Frage der paläoökologischen Grundlagenforschung.

Die meisten Klimaforscher bewerten das Kohlendioxid ganz vorsichtig: Ihnen gilt das Gas als wichtigster Verursacher des Treibhauseffekts. Es hält einen Teil der von der Sonne eingestrahlten Energie zurück und trägt so – zusammen mit anderen Treibhausgasen wie Methan – zur Erwärmung der Erde bei. Wird CO_2 durch menschliches Handeln im gleichen Maß wie bisher freigesetzt, steigt offenbar die globale Durchschnittstemperatur in den nächsten 100 Jahren um die schon genannten 1,4 bis 5,8 Grad Celsius. Die Folgen, warnen die Klimawissenschaftler, sind für weite Teile der Erde katastrophal: Wir haben die Szenarien schon teilweise kennen gelernt, Wetterextreme wie Hitzewellen, Stürme und Regengüsse nehmen zu. Vielerorts herrscht Dürre, im Ozean werden Riffe zerstört. Der Permafrostboden der Tundra und der Hochgebirge taut auf – wobei sich dadurch die Erwärmung noch verstärkt, weil dort in den aufgetauten Substraten die Bodenorganismen zu neuer Aktivität erwachen. Sie verwandeln im bislang gefrorenen Boden eingelagerte Pflanzen- und Baumreste zu Humus und setzen dabei das gebundene CO_2 und Methan frei. In den Gebirgen rutschen die Hänge, und schließlich steigt der Meeresspiegel, was die dicht besiedelten Küstengebiete gefährdet. Vielleicht aber bleibt die drohende Klimakatastrophe auch aus. Dies behauptet jedenfalls eine Gruppe von Forschern, die den menschengemachten Treibhauseffekt in Abrede stellen. Er sei, so sagen sie, nur ein Konstrukt, zurechtgezimmert aus fehlerhaften Messungen, unzulänglichen Computermodellen und einer falsch verstandenen Theorie. Jede Erwärmung unseres Globus bewirke nämlich nicht der Mensch, sondern – im Zuge längerfristiger Klimazyklen – die Natur selbst. Vieles spricht für diese Sicht auch solcher Aspekte.

3.6 Rückblick auf das Klima als Schlüssel für die Zukunft

Paläoklimaforscher diskutieren ebenfalls bislang ständig Zweifel an einem ausschließlich anthropogenen Klimawandel, stellen aber auch heraus, dass der Einfluss des modernen Menschen auf eine globale Erwärmung durch die Emission von Treibhausgasen nicht vollkommen auszuschließen ist. Es ist darüber hinaus schon lange bekannt, dass gerade die Experten mit geologischem und paläoökologischem Hintergrund bei der oftmals in den letzten Jahren prognostizierten Klimaentwicklung nach Extrapolationen von Daten seit der Industrialisierung im 19. Jahrhundert eher zurückhaltend waren. Es ist hinlänglich bekannt, dass der Klimawandel in der Erdgeschichte seit dem Präkambrium, also seit mehr als drei Milliarden Jahren, mit sich immer verändernden Klimazonen in globaler Sicht sowie mit immer wiederkehrenden Warm- und Kaltphasen offenbar eine Spielart einer „gottgewollten" Ordnung ist, der wir ungezählte zyklische oder periodische Klimaveränderungen mit wiederkehrenden Abkühlungen und Erwärmungen in manchen Regionen der Erde verdanken.

So wissen wir heute durch die Anhäufungen zahlreicher Paläoklima-Proxydaten aus dem Grönlandeis, der Antarktis und den Weltmeeren, dass sich die Erde seit etwa 2,6 Millionen Jahren im quartären Eiszeitalter befindet und dass unser Globus seither allein in dieser Phase mindestens 20 Kaltzeiten erlebt hat, wobei die sie trennenden Warmzeiten jeweils rund zehnmal kürzer waren als die Kaltzeiten. Selbst innerhalb der Kaltzeiten gab es Zwischenwarmzeiten, die das rauhe Klima kurzzeitig etwas freundlicher erscheinen ließen, wie wir im Kapitel 2 gesehen haben. Diese Klimaschwankungen sind jedes Mal deutlich in zahlreichen Fossillagerstätten dokumentiert und oft in den Funden und in den Pollendiagrammen mit entsprechenden Vegetationsschwankungen repräsentiert.

Zum Höhepunkt der letzten Eiszeit, der Weichselvereisung, die vor etwa 12 000 Jahren zu Ende ging, war die globale Temperatur etwa vier Grad Celsius tiefer. Dann kam das „Wechselbad" von Alleröd und Jüngerer Dryas, und es wurde allmählich wärmer. Seither gab es nachgewiesene Warmperioden vor 7000 bis 6000 Jahren und vor 5000 bis 4000 Jahren sowie kühlere Perioden wie die **„Kleine Eiszeit"** mit Temperaturrückgängen global um ein Grad Celsius von 1450 bis 1780. Das waren Klimaschwankungen ohne Beteiligung des Industriemenschen.

Die Grundlagen dafür sind mit den so genannten „äußeren" und „inneren" Klimafaktoren zu beschreiben: die **Sonne** ist offenbar doch ein Klimafaktor, und ihre Rolle als „Energiefabrik" ist immens; die Wirkungen der globalen Land-Meer-Verteilung heute und in der Erdvergangenheit sowie die Verschiebung der Kontinente mit ihren Folgen für das Klima sind weiterhin fundamentale Bestandteile von Klimaänderungen. Solche Klimaschwankungen mit ihren Wechseln von Warm- und Kaltzeiten bilden somit einen besonders wertvollen Aspekt der neuen Klimafaktenforschung: wir kennen inzwischen die natürlichen klimatischen Grundphänomene und die Rolle des Menschen im Holozän für Nordwesteuropa recht gut. Aus historisch-geologischer Sicht wissen wir ferner, dass die Konzentration des Kohlendioxids im Erdaltertum teilweise deutlich höher war als heute. Das trifft auch für die geologischen Epochen zu, in denen sich die großen Eisschilde von den Polen her ausbreiteten, so etwa im Karbon und im Perm. Darüber hinaus belegen die Rekonstruktionen von Temperatur und Kohlendioxid, dass atmosphärischer Kohlendioxidgehalt und Lufttemperatur über die letzten 550 Millionen Jahre hinweg seit dem Kambrium nicht immer im Gleichschritt verliefen; wir haben die Folgen im Kapitel 2 gesehen.

In Anbetracht der zunehmenden Erkenntnisse um die Bedeutung beispielsweise des Wasserdampfes als Treibhausgas kommt dem neu diskutierten Paradigmenwechsel von der Nutzung fossiler Energieträger zur künftigen Nutzung und Verwendung von Wasserstoff als Brenngas eine besondere Bedeutung zu: Dabei sollte man auch die Erkenntnisse der Meteorologen nutzen, die vermuten, dass die Hälfte des heute freigesetzten Wasserdampfes aus der in großen Höhen der Atmosphäre ablaufenden chemischen Umwandlung des Spurengases Methan stammt. Die Zunahme des Wasserdampfes hat heutzutage gleich zwei ungünstige Auswirkungen: zum einen begünstigt eine feuchte Atmosphäre in großen Höhen die Bildung von sogenannten Eiskristall-Wolken oder polaren stratosphärischen Wolken. An den Eiskristallen laufen die chemischen Reaktionen ab, die zur Zerstörung der Ozonschicht führen. Nimmt der Wasserdampf also weiter zu, ist damit zu rechnen, dass sich das Ozonloch über der Antarktis und möglicherweise auch die Ozonverluste über der Nordhalbkugel trotz eingeleiteter Gegenmaßnahmen nicht wie erwünscht zurückbilden, sondern womöglich im Gegenteil bedrohlicher werden (Abb. 3.17).

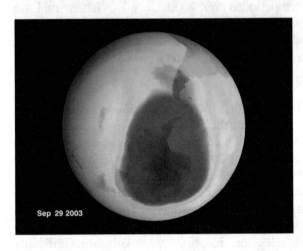

Sep 29 2003

Abb. 3.17. Das Ozonloch über der Antarktis am 29. September 2003 (Foto: http://svs.gsfc. nasa.gov)

Zum anderen absorbiert der zunehmende Wasserdampf mehr Wärme. Im Gesamtsystem der Atmosphäre ist also der Wasserdampf mit mehr als 62 Prozent ein entscheidender Faktor für die Speicherung von Wärmeenergie, gefolgt von Kohlendioxid mit rund 22 Prozent und den weiteren Treibhausgasen Lachgas (N_2O), Ozon (O_3), FCKW und Methan (CH_4) und übrigen Gasen mit einem Gesamtvolumen von etwa 16 Prozent.

Dass Temperaturänderungen in einer Region nicht immer mit klimatischen Veränderungen einher gehen müssen, zeigt ein neues Beispiel aus den Everglades im südlichen Florida, wo im Umfeld des Lake Okeechobee seit den 1990er Jahren große Waldflächen gerodet, Feuchtgebiete drainiert und in Ackerland umgewandelt wurden. Hier belegen mit einer meteorologischen Modellierung jüngst Curtis H. Marshall, Roger A. Pielke und Louis T. Steyaert (2003) die Auswirkungen dieser Landnutzungsänderungen auf das lokale Klima im Vergleich der vormaligen naturnahen Feuchtlandschaft und der modernen Ackerbau- und Farmgebiete am Beispiel der Minimumtemperaturen mit Werten unter Null Grad Celsius, die in der waldlosen Kultursteppe als neuartige „Frostschäden" für die Landwirtschaft beträchtlich sind und hier ein weiteres Phänomen „anthropogener Klimastörung" zeigen (Abb. 3.18). So werden derzeit vermehrt auch die paläoökologisch-vegetationsgeschichtlichen Ergebnisse und Daten mit den aktuellen Geländemessdaten verknüpft, um gesicherte Modelle zu erarbeiten.

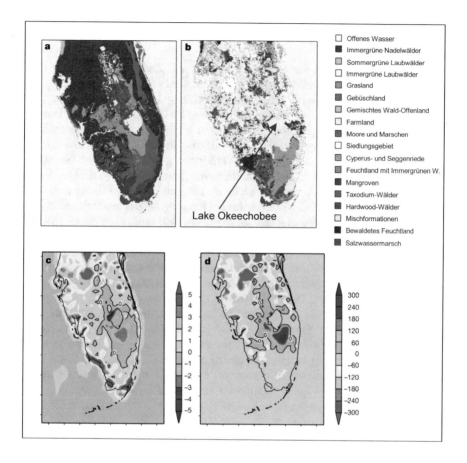

Abb. 3.18: Großflächige Rodungen von Wäldern und Umwandlung der Flächen in Farmland im Süden Floridas haben zu klimatischen Veränderungen geführt: Minimum-Temperaturen und die Dauer von Unter-Null-Grad-Temperaturen in Gebieten Südfloridas, die aus drainiertem Feuchtland kultiviert worden sind. Landnutzung und Vegetationsstrukturen **a** vor 1900 und **b** im Jahre 1993. Die Abbildung **c** zeigt die Unterschiede von Minimum-Temperaturen in Grad Celsius am Boden am 19. Januar 1997. Die Abbildung **d** zeigt die möglichen künftigen Unterschiede in der Andauer von Minus-Temperaturen (in Minuten) nach Berechnungen auf der Basis der Landnutzung von 1993, der Null-Grad-Situation und der Minimum-Temperaturen von 1997. Innerhalb der Null-Grad-Isotherme werden vier- bis fünfstündige Kaltphasen südlich des Lake Okeechobee erwartet (nach Marshall et al. 2003)

Notwendig ist also die Rekonstruktion der Klimavergangenheit mit Ausblicken in ein Zukunftsszenario: Wir stehen offenbar am Anfang einer außergewöhnlich langen Warmzeit. Sie ist durch die geringe Änderung der

Box 3.13. Wirkungen des CO_2

Welche Auswirkungen diese Phänomene in ihrem Zusammenwirken für die Pflanzen und die Vegetation insgesamt haben, wird zunehmend Bedeutung in der künftigen vegetationsökologischen Forschung erlangen. Interessant ist, dass sich schon im Laborversuch die Menge an Kohlendioxid, das in die Pflanze bei der Photosynthese aufgenommen wird, noch steigern lässt, wenn mehr Kohlendioxid angeboten wird als derzeit in der Luft mit circa 0,032 Volumenprozent vorhanden ist. Bei Verdopplung des derzeitigen Gehaltes nimmt die photosynthetische Produktion von komplexen organischen Verbindungen, den Assimilaten, aber nicht zu. Im gärtnerischen Pflanzenbau hat man sich diesen Effekt der Kohlendioxid-Düngung bereits zunutze gemacht. Bei einem Anstieg des Kohlendioxidgehalts der Luft profitieren davon in erster Linie die C3-Pflanzen. Sie können eine höhere Photosyntheseleistung erzielen und leiden weniger unter Wassermangel. Unsere Pflanzen klassifizieren wir heute in C4- und C3-Metaboliten. Bei ersteren enthält das erste während der Photosynthese gebildete Produkt vier Kohlenstoffatome, bei letzteren hingegen drei. Die C4-Pflanzen, zu denen die tropischen Gräser gehören, setzen viel mehr Kohlenstoff-13 in organisches Material um als die C3-Pflanzen. In diese Gruppe fallen die Bäume und Büsche im tropischen Wald und in der Waldsteppe. C4-Pflanzen der Savannen beispielsweise ziehen dagegen nur wenig Nutzen aus einem größeren CO_2-Angebot, da sie bereits das Kohlendioxid sehr wirkungsvoll nutzen. Ob und wie dieses Phänomen auch in der freien Natur funktioniert und wie sich die Ökosysteme unter dem Einfluss der erhöhten Kohlendioxidemissionen verändern, ist recht ungewiss.

Sonneneinstrahlung in den nächsten zehntausenden Jahren bedingt; vorprogrammiert durch die Konstellation zwischen Erde und Sonne:

Die langfristigen, wiederkehrenden Änderungen der Sonneneinstrahlung im Rahmen von mehreren 10 000 Jahren wurden – wie gesagt – erstmals von Milutin Milankovitch (1879-1958) im Jahre 1941 beschrieben. Solche **Milankovitch-Zyklen** lassen sich aus astronomischen Gesetzmäßigkeiten für Vergangenheit und Zukunft berechnen. Sie sind in hohen geographischen Breiten durch den Neigungswinkel der Erdrotationsachse gegenüber der Umlaufbahn der Erde um die Sonne, die **Obliquität**, geprägt, während in niederen Breiten der Einfluss von den Änderungen des Ellipsenradius der Erdumlaufbahn um die Sonne, der so genannten **Exzentrizität**, und der entsprechenden Strahlungsenergie durch den Abstand von Sonne und Erde überwiegt (Abb. 3.19).

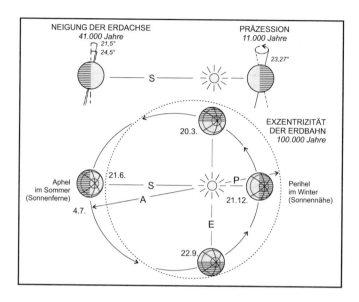

Abb. 3.19. Erdbahnelemente und ihre Änderungen, wobei die Darstellung der Schwankungen der Exzentrizität (E) überhöht ist (aus Pasenau 2002)

Damals in den 1930er Jahren tauchten die ersten Vermutungen über Zusammenhänge mit den periodischen Änderungen der Erdbahn und der Stellung der Erdachse auf. In jener Zeit veröffentlichte Milankovitch „Strahlungskurven" für einzelne Breitenkreise im Ablauf der Erdgeschichte, also Angaben über die Schwankungen der eingestrahlten Sonnenenergie aufgrund der erwähnten periodischen Veränderungen. Diese ergeben sich durch die wandelnde Stellung unseres Planeten und des Erdmondes zueinander und damit der Änderung der Anziehungskräfte untereinander. Als Erdbahnelemente werden im Allgemeinen für die Berechnung herangezogen: Die Neigung der Erdachse zur Umlaufbahn um die Sonne ist die Ursache für die Jahreszeiten. Sie ändert sich mit einer Periode von 41 000 Jahren zwischen 21,5 Grad und 24,5 Grad und liegt heute bei 23,4 Grad. Sie nimmt zur Zeit ab, so dass sich die Unterschiede zwischen Sommer und Winter verstärken. Bei der **Präzession** legt man fest, dass die Erdachse einer Taumelbewegung unterliegt – eine Halbachse umschreibt dabei einen Kegel mit einem Öffnungswinkel von 47 Grad. Überlagert wird diese Bewegung durch eine **Rotation** der Umlaufellipse der Erde um die Sonne. Daraus ergeben sich zwei unterschiedliche Perioden: 23 000 und 19 000 Jahre. Bei der **Exzentrizität** wird berechnet, dass die Erde die Sonne nicht exakt auf einem Kreis umläuft. Die größte Abweichung ihrer elliptischen Umlaufbahn vom Kreis beträgt 6 Prozent und wird ungefähr alle 100 000 Jahre erreicht (Abb. 3.20).

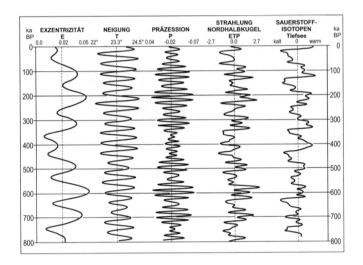

Abb. 3.20. Perioden der Erdbahnelemente und die Strahlungskurven (ETP) auf der Nordhalbkugel in den letzten 800 000 Jahren. Das Kürzel kaBP bedeutet *Kiloyears Before Present*, also Tausend Jahre vor heute. Die Abbildung zeigt den Vergleich zu den Kalt-Warm-Tendenzen nach den Ergebnissen von Sauerstoffisotopenuntersuchungen von fünf Tiefseesedimentprofilen aus den verschiedenen Ozeanen der Erde (nach Pasenau 2002)

Ferner ist die Erdbahn in hohen geographischen Breiten durch den Neigungswinkel der Erdrotationsachse gegenüber der Umlaufbahn der Erde um die Sonne, die Obliquität geprägt, während in niederen Breiten der Einfluss von den Änderungen des Ellipsenradius der Erdumlaufbahn um die Sonne, die Exzentrizität, und die entsprechende Strahlungsenergie durch den Abstand von Sonne und Erde überwiegen. Die **Orbitalparameter**, wie die Ellipsenform der Erdbahn um die Sonne, der Winkel der Rotationsachse der Erde in dieser Bahn und die Präzession der Erdrotation, ergeben regelmäßige Änderungen für Frequenzen von 100 000, 41 000, 23 000 und 19 000 Jahren, die in Wechselwirkung stehen, in ihrer Summe aber offensichtlich einen steuernden Einfluss auf das Klima der Erde haben. Diese Wechsel können mit modernen geologischen und paläoökologischen Messungen erfasst und durch Astronomen auch für zurückliegende Zeiten berechnet werden. Es gibt keinen Grund anzunehmen, dass diese langfristigen, zyklischen Wechsel in Zukunft ausbleiben werden. So ist nach den derzeitigen astronomischen Modellen eine nächste starke Abkühlung des Klimas erst in etwa 50 000 Jahren zu erwarten. Ähnlich der „Achterbahnfahrt" des Klimas in der jüngsten Vergangenheit während der letzten Weichseleiszeit vor etwa 22 000 bis 18 000 Jahren vor heute bewegen wir uns also danach auf eine neue Kaltzeit zu, und zwar unabhängig davon,

Box 3.14. Isotopenstudien

Mit modernen Methoden ist es inzwischen gelungen, Änderungen im Strahlungshaushalt der Erde nachzuweisen. So untersucht man beispielsweise das Verhältnis der beiden Sauerstoffisotope O^{16} und O^{18} in kalkhaltigen Meeressedimenten. Cesare Emiliani hat 1955 als erster die Änderungen der Sauerstoffisotopenzusammensetzung in Kalkschalen als Klimasignal erkannt und einzelne „Isotopenstadien" definiert und nummeriert. Allerdings sind diese Signale in den Kalkschalen aus unterschiedlichen Meeresbecken nicht gleich stark ausgebildet, sondern von regionalen Prozessen überprägt. Doch ist der zeitliche Ablauf immer gleich, und das macht die Messung der stabilen Isotope für die Datierung so nützlich, wie wir schon im Kapitel 2.5 gesehen haben. Eine Gruppe von Forschern hat sich zur Aufgabe gemacht, aus vielen Meeresgebieten die Sauerstoffisotopendaten von Kalkgehäusen zusammenzutragen sowie ihre zeitliche Änderung zu analysieren. Sie brachten die Messergebnisse mit den durch astronomische Berechnungen bestimmbaren Erdbahnänderungen in Einklang. Dies ermöglicht eine zeitlich sehr genaue Standardkurve der Sauerstoffisotopenverhältnisse zu erstellen. Kommen nun neue Analysenreihen aus Meeresablagerungen hinzu, so können sie mit Hilfe der Standardkurve zeitlich eingeordnet werden, indem die Änderungsmuster der neuen Analysen mit den Änderungsmustern der Standardkurve in Einklang gebracht werden. So erhält man Datierungen, die bis etwa 5 Millionen Jahre in die Vergangenheit reichen. Stabile Isotope unterliegen keinem radioaktiven Zerfall. Die Angabe der absoluten Konzentrationen einzelner stabiler Isotope wie ^{12}C und ^{13}C oder ^{16}O und ^{18}O in einer Substanz ist wenig anschaulich. Man hat sich daher auf Relativangaben geeinigt, die eine gemeinsame Bezugsgröße haben. Die unterschiedlichen Mengen der stabilen Sauerstoff- und Kohlenstoffisotope werden als $\square$-Werte angegeben, wobei zum Beispiel für den Kohlenstoff der $\square$-Wert wie folgt bestimmt ist:

$$\square^{13}C = \{[(^{13}C/^{12}C)_{Probe} - (^{13}C/^{12}C)_{Standard}]/(^{13}C/^{12}C)_{Standard}\} \cdot 1000\,\%_o$$

Die Bezugsgröße ist die Menge der beiden Isotope in einem Standard, in diesem Fall der Kohlenstoff in einer Karbonatschale eines Belemniten („Donnerkeil") aus der *Pee Dee Formation* in den USA. Der Standard wird daher international als *Pee Dee Belemnite* (PDB)-Standard bezeichnet. Auch die Angaben der $\square$-Werte des Sauerstoffs beziehen sich auf das Karbonat des PDB, wenn Karbonatproben untersucht werden. Die Ausnahme bilden $\square$-Werte von Wasser- und Eisproben, die international auf die Sauerstoffisotopenzusammensetzung von Meerwasser bezogen werden, das *Standard Mean Ocean Water*, kurz SMOW. Untersucht man nun die Proben von Tiefseesedimenten oder aus den Eiskernen Grönlands auf ihren Sauerstoffisotopengehalt, so kann man anhand der O^{16}/O^{18}-Relation nachträgliche Informationen über die vergangenen Temperaturverläufe finden.

ob die Menschheit heute die Konzentration des Kohlendioxids in der Atmosphäre erhöht. Um Missverständnissen vorzubeugen: Auch wenn der Kohlendioxid-Beitrag für die Klimaveränderungen weit schwächer sein sollte als oftmals befürchtet, so ist doch ein vernünftiger Umgang mit den Ressourcen der Erde unabdingbare Voraussetzung für den Erhalt einer gesunden Umwelt.

Die Analyse der Dynamik des Klimas unserer Erde wird also immer komplexer, weil wir heute nicht nur physikalische, chemische und geologische, sondern inzwischen auch biologische Prozesse berücksichtigen müssen. Dies impliziert zum Beispiel, dass Klimamodelle, die sinnvoll für die Rekonstruktion der Vergangenheit und für die Prognose der künftigen Entwicklung verwendet werden sollen, die Biosphäre nicht nur als statische Randbedingung, sondern als dynamische Prozesskomponente berücksichtigen müssen, wie es Volker Mosbrugger (2003) anmahnt; dieses ist jedoch bislang in den meisten großen Klimamodellen nicht realisiert. So erscheinen unter diesem Blickwinkel auch die Phänomene und Prozesse eines „anthropogenen Klimawandels", wie er zu Beginn kurz skizziert wurde, unter einem etwas anderen Licht: Die Rolle des Menschen im System Erde erweist sich vielleicht als nicht so einmalig – daraus soll aber auch nicht eine Verharmlosung der aktuellen menschlichen Eingriffe im System „Erde" abgeleitet werden.

3.7 Unser Klima im Holozän

Es gibt also offenbar keinen Zweifel, dass das Klima der Erde sich zur Zeit in einer Phase schnellen Wandels befindet. Aber es gibt überall die regionalen Unterschiede: Den Rekord beim Schmelzen der Gletscher hält derzeit Südamerika: Der gewaltige Calvo-Gletscher im südlichen Eisfeld Patagoniens schrumpft zusehends – wie fast alle Eisschilde Südamerikas. Das berichtet jüngst die Forschergruppe um Eric Rignot (2003) aus Pasadena in Kalifornien. Die insgesamt 63 Gletscher Süd- und Nordpatagoniens sind mit einer Gesamtfläche von mehr als 17 000 Quadratkilometern die größten Eispanzer auf der Südhalbkugel außerhalb der Antarktis. Demnach hat sich das Abschmelzen dieser Gletscher seit 1968 im Mittel mehr als verdoppelt. Auch zahlreiche Alpengletscher haben seit der Zeit schon zwei Drittel ihrer Eismasse verloren, das schreiben die Glaziologen, die im österreichischen Ötztal nahe der Grenze zu Italien am Vernagtferner, einen Gletscher zwischen 2750 und 3600 Metern Höhe, seit knapp 40 Jahren dort die jährliche Massenbilanz des Gletschers, also die Summe aus Zuwachs und Abfluß bestimmen und messen. Ähnliches gilt für die Gletscher von Jungfrau (4158 Meter), Mönch (4107 Meter) und Eiger (3970 Meter) im Berner Oberland (Abb. 3.21). So etwas droht auch den anderen Alpengletschern: Die letzten fünf Gletscher in den Bayerischen Alpen beispielsweise, darunter auch der Schneeferner an der Zugspitze (2962 Meter), werden so in den nächsten zehn bis fünfzehn Jahren abgeschmolzen sein, wenn die Temperaturentwicklung so weitergeht.

Abb. 3.21. Das imposante Dreigestirn eisgekrönter Gipfel von Eiger (links), Mönch (Mitte) und Jungfrau (rechts) von der Schynige Platte aus gesehen (2004)

Wir haben es inzwischen mehrfach und an vielen Beispielen gesehen, bei näherer Prüfung der Informationen, die zu diesem gesamten Problemkreis zur Verfügung stehen, stellt sich jedoch heraus, dass die Gründe für die beobachtete globale Erwärmung keineswegs klar sind und dass der vermutete menschliche Einfluss wohl doch in enger Wechselwirkung mit der natürlichen Veränderlichkeit des Klimas steht. Die jetzt registrierte Erwärmung der Erde hat sich offenbar im Takt mit der zunehmenden Industrialisierung über die letzten 150 Jahre entwickelt, nachdem eine mehrere hundert Jahre andauernde kalte Klimaphase, die schon erwähnte **„Kleine Eiszeit"**, welche auf der nördlichen Hemisphäre von ca. 1450 bis 1780 besonders ausgeprägt war, zu Ende ging und sich die Durchschnittstemperaturen wieder auf die nacheiszeitlichen Mittelwerte einstellten, welche sie aber in den letzten 20 Jahren überschreiten.

Box 3.15. Der Mann aus dem Eis

Rund fünfzehn Kilometer südlich des Vernagtferners starb vor 5300 Jahren der wohl bekannteste Mensch des Ötztales: „Ötzi", der Mann aus dem Eis (Abb. 3.22). Gefunden wurde er im Jahre 1991, weil ihn der Driftschnee, der ihn in seiner Felsmulde auf 3200 Metern Höhe auch im Sommer immer wieder bedeckte, nach einer Häufung warmer und trockener Tage damals genug freigegeben hatte, um Hinterkopf, Schultern und einen Teil des Rückens zu entblößen. So wird hier zwischen den Gipfeln der Vernagtspitze (3539 Meter) und der Wildspitze (3774 Meter) ein Kapitel der aktuellen Klimaforschung geschrieben: Die großen Massenverluste des Vernagtferners in den letzten 20 Jahren setzten eine Entwicklung in Gang, die sich selbst immer weiter verstärkt: Der Gletscher verlor durch die Schmelze einen großen Teil seines hellen Schnee- und Firnkörpers. Zurück blieb die durch Gesteinsschutt verschmutzte, dunkle Eisfläche, die wegen der höheren Strahlungsabsorption bis zu viermal schneller abschmilzt als der weiße Firn. Dem Vernagtferner räumt man unter diesen Bedingungen eine verbleibende Lebenszeit von bis zu 150 Jahren ein. Eine solche Entwicklung gab es schon einmal: Paläoökologische Untersuchungen ergeben für den Alpenraum, dass auch der Ort auf 3200 Metern Höhe, an dem „Ötzi" vor 5300 Jahren zu Tode kam, damals weitgehend schnee- und eisfrei gewesen sein muss, in jener Zeit, in der wir die zweite nachgewiesene Warmperiode in der aktuellen Nacheiszeit datieren. Großreste von Ziegenartigen, die in der alpinen Stufe geäst haben, sind eventuell Indikatoren für eine neolithische Transhumanz. In solchen Höhen war der Sommer allerdings auch in jener Zeit sehr kurz: Er dauerte wohl von Juni bis September mit Tagestemperaturen von maximal vier Grad Celsius und nächtlichem Frost – wie in einem Kühlschrank heute. Dort konnte der Eismann zur Gletschermumie werden; er verlor im Schmelzwasser des Gletschers seine Oberhaut, trocknete im Föhnwind aus und gefror danach endgültig bis zu seiner Entdeckung und Bergung. Wir werden den Eismann im Kapitel 5.4 wiedersehen. Diese Warmzeit, in der wir jetzt seit dem Abschmelzen der weichselkaltzeitlichen Gletscher leben, zeigt nicht die extremen Klimaschwankungen der zurückliegenden Kaltzeiten, jedoch sind die Schwankungen größer als bisher angenommen. So belegen unsere Pollenanalysen durchweg, dass im Früh- und Mittelholozän im 5. Jahrtausend vor Christus ein Klimaoptimum bestand: Es war wärmer als heute. Selbst während des letzten Jahrtausends hat es klar erkennbare Klimaschwankungen gegeben, und auch zur Römerzeit muss mindestens im Alpenraum ein wärmeres Klima als heute geherrscht haben, da der große Aletsch-Gletscher damals weiter zurückgezogen war, in der Zeit, als im Zweiten Punischen Krieg der Karthagische Feldherr Hannibal (247-183 vor Christus) im Jahr 218 vor Christus die Alpen mit seinen Elefanten überquerte und von dort mit über 25 000 Mann die Poebene erreichte. Er besiegte damals die Römer im Tessin und zog die gallischen Stämme Oberitaliens auf seine Seite.

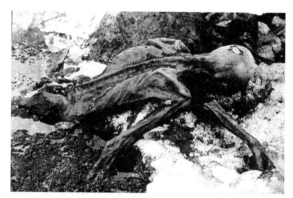

Abb. 3.22. Im September 1991 wurde im Schnalstaler Gletscher die Leiche eines Mannes, des sogenannten „Ötzi", gefunden. Sie lag 5000 Jahre lang ohne Unterbrechung in Eis, bis das Abschmelzen des Gletschers ihn an die Oberfläche brachte (aus Bortenschlager u. Oeggl 2000)

Ein weiterer dramatischer Temperaturanstieg, so schlussfolgern viele, ist heute also nicht zu befürchten. Allenfalls gehe die Erde einer solchen Warmzeit entgegen, die dem „Mittelalterlichen Klimaoptimum" entspricht. In dieser von 700 bis 1300 nach Christus während Periode war es global rund ein Grad wärmer als heute. Die Wikinger besiedelten damals Grönland und betrieben Ackerbau und Viehzucht, und sie blieben dort nachweislich bis zum Jahre 1403. In England wurde zu jener Zeit Wein angebaut. Einen Umschwung brachte die **„Kleine Eiszeit"** von etwa 1450 bis 1780, als das Weltklima um rund ein Grad abkühlte, eine Zeit, in der die Themse in London und die Lagune von Venedig regelmäßig zufroren. Es kam in dieser Zeit zu Missernten, die vielerorts zu Hungersnöten führten, und das Vorrücken des Eises zwang die Wikinger am Beginn des 15. Jahrhunderts zur Aufgabe ihrer grönländischen Siedlungen. Den Tiefpunkt dieser Kaltzeit bildete das genannte **Maunder-Minimum** von 1645 bis 1720. In dieser Phase, so berichten zeitgenössische Astronomen, habe die Sonne keinerlei Flecken gezeigt. Was war die Ursache dieser Abkühlung? Vulkantätigkeit scheint ebenfalls bedeutend zu diesem Wandel beigetragen zu haben. Der Ätna beispielsweise, der höchste Vulkan Europas, brach im 17. Jahrhundert häufiger aus als in jedem anderen Zeitalter: Zwischen 1603 und 1620 brodelte er ständig, und im Jahre 1669 fand die verheerendste aller bisher bekannten Eruptionen statt; es folgten die strengen, bitterkalten Winter um 1700, in der Phase des neuzeitlichen Gletscherhochstandes in den Alpen. Vielleicht haben sich damals die vulkanischen und die solaren Aktivitäten addiert – neue Untersuchungen und Hypothesen gehen auch verständlicherweise in diese Richtung.

Damit werden erneut wichtige Klimamotoren in den Blickpunkt gerückt: **Vulkane** und die **Sonne**. Diese weist in der Tat einige sich teilweise überlagernde Aktivitätszyklen, eben die Sonnenflecken, auf: Wir kennen schon die Schwabe-Zyklen von 11 Jahren, weitere gibt es im Ablauf von 22, 80 beziehungsweise 90 und von rund 200 Jahren. Diese Wechsel in der

Sonnenaktivität, sagen die „Treibhaus-Zweifler", lassen auch das Klima „Achterbahn" fahren. Sie belegen ihre These mit Klimadaten aus der Vergangenheit, welche zeigen, dass die Flecken und der Sonnenwind der **Flares** – ein von unserem Zentralgestirn weggeschleuderter Strom elektrisch geladener Teilchen – das Klima in kurzen, nur Jahrzehnte während Schwüngen steuern. Vor allem die so genannten **„Solaren Zyklen"** erlangen in der aktuellen Paläoklimaforschung immer größere Bedeutung: Der neue Nachweis eines 11-jährigen solaren Schwabe-Zyklus in den Seesedimenten des Schleinsees in Süddeutschland und des Belauer Sees in Schleswig-Holstein zeigt die Wirkung derartiger Einstrahlungsänderungen im Ablauf eines Sonnenfleckenzyklus auf die Lebensräume der Erde. Wir finden solche Zyklen auch abgebildet in Baumringdichten, in laminierten, das heißt jahreszeitlich geschichteten Meeresablagerungen und in Eislagen auf allen Kontinenten sowie in der Elatina-Formation in Australien sogar seit dem Präkambrium, was wir im Kapitel 4.1 genauer kennen lernen.

Man vermutet jetzt, die „Kleine Eiszeit" und die seit Mitte des 19. Jahrhunderts beobachteten Temperaturanstiege seien durch diesen Steuermechanismus ausgelöst, von dem allerdings unklar ist, wie er funktioniert. Neben der Sonnenaktivität ändert sich auch die Erdbahn um die Sonne, was sich ebenfalls auf das Klima auswirkt. Zusammengenommen lassen auf astronomischen Faktoren beruhende Klimamodelle erkennen, dass wir am Beginn der genannten langen Warmzeit stehen. Wie gesagt, erst in einigen zehntausend Jahren soll sich das Klima wieder stark abkühlen – unabhängig davon, wie sehr der Mensch die CO_2-Konzentration in der Atmosphäre durch die Verbrennung fossiler Reserven erhöht. Wir erwärmen vielleicht unsere Erde durch „Abgase" tatsächlich – ob wir damit aber einer potentiellen natürlichen Klimavariante Vorschub leisten – oder ob wir uns nur im Rahmen der bekannten „solaren" Klimaveränderungen im Zentrum einer „Sonnenfleckenaktivität" befinden, wird sich in naher Zukunft herausstellen. Bis dahin sollten wir aber energiesparende Technologien entwickeln und einsetzen, um nicht zuletzt auch in den armen Ländern der Erde wirtschaftliche Entwicklungen mit höherer Energie-Effizienz zu ermöglichen. Mit noch größerem Nachdruck könnten erneuerbare Techniken von der Wasserkraft über Biomasse bis zur Sonnen- und Erdenergie genutzt werden. Nutzung und Gebrauch des Wassers werden in diesem Zusammenhang erdweit wohl immer mehr zunehmen und an Bedeutung gewinnen.

3.8 Literatur

Abu-Asab MS, Peterson PM, Shetler SG, Orli SS (2001) Earlier plant flowering in spring as a response to global warming in the Washington, DC, area. Biodivers Conserv 10: 597-612

Adams JB, Mann ME, Ammann CA (2003) Proxy evidence for an El Niño-like response to volcanic forcing. Nature 426: 274-278

Ahas R, Aasa A, Menzel A, Fedotova VG, Scheifinger H (2002) Changes in European spring phenology. Int J Climatol 22: 1727-1738

Allen M, Raper S, Mitchell J (2001) Uncertainty in the IPCC's Third Assessment Report. Science 293: 430-433

Appenzeller C, Stocker TF, Anklin M (1998) North Atlantic oscillation dynamics recorded in Greenland ice cores. Science 282: 446-449

Auer V (1939) Der Kampf zwischen Wald und Steppe auf Feuerland. Petermanns Geogr Mitt 6: 193-197

Barber VA, Juday GP, Finney BP (2000) Reduced growth of Alaskan white spruce in the twentieth century from temperature-induced drought stress. Nature 405: 668-673

Battarbee R, Gasse F, Stickley CE (2004) Past climate variability through Europe and Africa. Developments in Paleoenvironmental Research Vol 6. Kluwer, Dordrecht

Bauerochse A, Katenhusen O (1997) Holozäne Landschaftsentwicklung und aktuelle Vegetation im Fimbertal (Val Fenga, Tirol/Graubünden). Phytocoenologia 27 (3): 353-453

Beniston M, Diaz HF, Bradley RS (1997) Climatic change at high elevation sites: an overview. Climatic Change 36: 233-251

Berger S, Walther G-R (2003) Ilex aquifolium – a bioindicator for climate change? Verh Ges Ökol 33: 127

Berner RA (1997) Geochemistry and Geophysics: The Rise of Plants and Their Effect on Weathering and Atmospheric CO_2. Science 276: 544-546

Berner U (1999) Kohlendioxid und Kohlenstoffkreislauf: Variationen vom Erdaltertum bis heute. Terra Nostra 5, 99, 10-12

Berner U, Streif H (Hrsg) (2001): Klimafakten. Der Rückblick - ein Schlüssel für die Zukunft. Stuttgart

Billings WD (1997) Introduction: Challenges for the Future: Arctic and Alpine Ecosystems in a Changing World. Oechl WC, Callaghan T, Gilmanov T, Holten JI, Maxwell B, Molau U, Sveinbjörsson B (eds) Global Change and Arctic Terrestrial Ecosystems. Springer, New York, pp 1-18

Blaauw M (2003) An investigation of Holocene sun-climate relationships using numerical ^{14}C Wiggle-match dating of peat deposits. Amsterdam

Blenckner T, Hillebrand H (2002) North Atlantic Oscillation signatures in aquatic and terrestrial ecosystems – a meta-analysis. Glob Chang Biol 8: 203-212

Blüthgen J (1966) Allgemeine Klimageographie. 2. Aufl, Walter de Gruyter, Berlin

Bonan GB (2002) Ecological climatology. Concepts and applications. Cambridge University Press, Cambridge

Bortenschlager S, Oeggl K (2000) The Iceman and his Natural Environment. Springer, Wien, New York

Box EO (1996) Plant functional types and climate at the global scale. J Veg Sci 7 (3): 309-320

Bradley RS (1999) Paleoclimates: Reconstruction climate of the Quaternary. Academic Press, San Diego

Braun J (1913) Die Vegetationsverhältnisse der Schneestufe in den Rätisch-Lepontischen Alpen. Denkschriften der Schweizerischen Naturforschenden Gesellschaft 48, S 1-348

Braun-Blanquet J (1955) Die Vegetation des Piz Linard, ein Massstab für Klimaänderungen. Svensk Botanisk Tidskrift 49 (1-2): 1-9

Braun-Blanquet J (1957) Ein Jahrhundert Florenwandel am Piz Linard (3414 m). Bulletin Jardin Botanique Bruxelles Vol. jubilaire W. Robyns (Comm. S.I.G.M.A. 137): 221-232

Briones MJI, Ineson P, Poskitt J (1998) Climate change and Cognettia sphagnetorum: effects on carbon dynamics in organic soils. Funct Ecol 12: 528-535

Broecker WS (1992) Cooling the tropics. Nature 376: 212-213

Broecker WS (1996) Glacial Climate in the Tropics. Science 28: 1902-1904

Broecker WS (1997) Thermohaline circulation, the Achilles heel of our climate system: Will man-made CO_2 upset the current balance? Science 278: 1582-1588

Broecker WS (1998) Paleocean circulation during the last deglaciation: A bipolar seesaw? Paleoceanogr 13: 119-121

Broecker WS, Andree M, Klas M, Bonani G, Wolfli W, Oeschger H (1988) New evidence from the South China Sea for an abrupt termination of the last glacial period. Nature 333: 156-158

Burga CA, Perret R (1998) Vegetation und Klima der Schweiz seit dem jüngeren Eiszeitalter. Ott-Verlag, Thun

Burga CA, Haeberli W, Krummenacher B, Walther G-R (2003) Gebirge im Wandel: Aktuelle Dynamik und Langzeitsignale. In: Wastl-Walther D, Jeanneret F, Wiesmann U, Schwyn M (Hrsg) Welten der Gebirge – Welten der Alpen. Festschrift zum 54. Deutschen Geographentag in Bern, 2003. Jahrbuch 61/2003 Geographische Gesellschaft Bern

Burns SJ, Fleitmann D, Matter A, Kramers J, Al-Subbary AA (2003) Indian ocean climate and an absolute chronology over Dansgaard/Oeschger events 9 to 13. Science 301: 1365-1367

Butler DR, Hill C, Malanson GP, Cairns DM (1994) Stability of alpine treeline in Glacier National Park, Montana, USA. Phytocoenologia 22 (4): 485-500

Byron ER, Goldman CR (1990) The potential effects of global warming on the primary productivity of a sub-alpine lake. Water Resour Bull 26 (6): 983-989

Camenisch (2003) Veränderungen der Gipfelflora im Bereich des Schweizerischen Nationalparks: Ein Vergleich über die letzten 80 Jahre. Jahresbericht der Naturforschenden Gesellschaft Graubünden 111, 27-37

Carrer M, Anfodillo T, Urbinati C, Carraro V (1998) High-altitude forest sensitivity to global warming: results from long-term and short-term analyses in the Eastern Italian Alps. In: Beniston M, Innes JL (eds) The impacts of climate variability on forests. Lecture Notes in Earth Sciences 74. Springer, Berlin Heidelberg, pp 171-189

Cayan DR, Kammerdiener SA, Dettinger MD, Caprio JM, Peterson DH (2001) Changes in the onset of spring in the western United States. Bull Am Meteorol Soc 82: 399-415

Chapin FS III, Starfield AM (1997) Time lags and novel ecosystems in response to transient climatic change in arctic Alaska. Climatic Change 35: 449-461

Chapin FS III, Rincon E, Huante P (1993) Environmental responses of plants and ecosystems as predictors of the impact of global change. J Biosciences 18: 515-524

Cherubini P, Fontana G, Rigling D, Dobbertin M, Brang P, Innes JL (2002) Tree-life history prior to death: Two fungal root pathogens affect tree-ring growth differently. J Ecol 90: 839-850

Clark PU, McCabe AM, Mix AC, Weaver AJ (2004) Rapid rise of sea level 19,000 years ago and its global implications. Science 304: 1141-1144

Condit R, Hubbell SP, Foster RB (1996) Changes in tree species abundance in a neotropical forest: impact of climate change. J Trop Ecol 12: 231-256

Crowley TJ (1992) North Atlantic deep water cools the southern hemisphere. Paleoceanography 7: 489-497

Crowley TJ (2000) Causes of climate change over the past 1000 years. Science 289: 270-277

Cuevas JG (2002) Episodic regeneration at the Nothofagus pumilio alpine timberline in Tierra del Fuego, Chile. J Ecol 90 (1): 52-60

Cullen LE, Stewart GH, Duncan RP, Palmer JG (2001) Disturbance and climate warming influences on New Zealand Nothofagus tree-line population dynamics. J Ecol 89: 1061-1071

Dale VH, Joyce LA, McNulty S, Neilson RP (2000) The interplay between climate change, forests, and disturbances. Sci Total Environ 262: 201-204

Dansgaard W et al (1993) Evidence for general instability of past climate from a 250 kyr ice-core record. Nature 364: 218-220

Davis AJ, Lawton JH, Shorrocks B, Jenkinson LS (1998) Individualistic species responses invalidate simple physiological models of community dynamics under global environmental change. J Anim Ecol 67 (4): 600-612

Dickson JH, Oeggl K, Holden TG, Handley LL, O'Connell TC, Preston T (2000) The omnivorous Tyrolean Iceman: colon contents (meat, cereals, pollen, moss and whipworm) and stable isotope analyses. Philosophical Transactions: Biological Sciences 355 (1404): 1843-1849

Dokken TM, Nisancioglu KH (2004) Fresh angle on the polar seesaw. Nature 430: 842-843

D'Oleire-Oltmanns W, Mingozzi T, Brendel U (1995) Effects of climate change on birds population. In: Guisan A, Holten JI, Spichiger R, Tessier L (eds) Potential ecological impacts of climate change in the Alps and Fennoscandian Mountains. Editions des Conservatoire et Jardin Botanique de Genève: 173-175

Dynesius M, Jansson R (2000) Evolutionary consequences of changes in species' geographical distribution driven by Milankovitch climate oscillations. Proc Natl Acad Sci USA 97: 9115-9120

Emanuel W R, Shugart HH, Stevenson MP (1985) Climatic change and the broad-scale distribution of terrestrial ecosystems complexes. Climatic Change 7: 29-43

Emiliani C (19955) Pleistocene temperature variations in the Mediterranean. Quaternaria 2: 87-98

Foley JA, Levis S, Prentice CI, Pollard D, Thompson SL (1998) Coupling dynamic models of climate and vegetation. Glob Chang Biol 4: 561-579

Folland CK, Karl TR (2001) Observed climate variability and change. In: Houghton JT, Ding Y, Griggs DJ, Noguer M, van der Linden PJ, Dai X, Maskell K, Johnson CA (eds) Climate Change 2001: The scientific basis. Cambridge University Press, Cambridge, pp 99-181

Ford MJ (1982) The Changing Climate: Responses of the Natural Fauna and Flora. George Allen & Unwin, London

Freund H, Kleinmann A, Scheeder G (2003) Kleinzyklische Klimaschwankungen im Holozän – erste Ergebnisse sedimentologischer, paläoökologischer und geochemischer Untersuchungen an jahreszeitlich geschichteten Seesedimenten Nord- und Süddeutschlands. Terra Nostra 6: 145-149

Füssler JS, Gassmann F (2000) On the role of dynamic atmosphere-vegetation interactions under increasing radiative forcing. Glob Ecol Biogeogr 9: 337-349

Geel B van, Buurman J, Waterbolk HT (1996) Archaeological and palaeological indications of an abrupt climate change in the Netherlands, and evidence for climatological teleconnections around 2650 BP. J Quat Sci 11 (6): 451-460

Geel B van, Raspopov OM, Renssen H, van der Plicht J, Dergachev VA, Meijer HA (1999) The role of solar forcing upon climate change. Quat Sci Rev 18: 331-338

Geel B van, van der Plicht J, Renssen H (2003) Major $\delta^{14}C$ excursions during the late glacial and early Holocene changes in ocean ventilation of solar forcing of climate change? Quat Int 105: 71-76

Gilbert GS (2002) Evolutionary ecology of plant diseases in natural ecosystems. Annu Rev Phytopathol 40: 13-43

Glaser R (2001) Klimageschichte Mitteleuropas. 1000 Jahre Wetter, Klima, Katastrophen. Primus, Darmstadt

Gottfried M, Pauli H, Hohenwallner D, Reiter K, Grabherr G (2002) Gloria – The Global Observation Research Initiative in Alpine Environments: Wo stehen wir? Petermanns Geographische Mitteilungen 146: 69-71

Grabherr G, Gottfried M, Pauli H (1994) Climate effects on mountain plants. Nature 369, 448

Grabherr G, Gottfried M, Pauli H (2001) Long-term monitoring of mountain peaks in the Alps. In: Burga CA, Kratochwil A (eds) Biomonitoring: General and applied aspects on regional and global scales. Tasks for Vegetation Science 35, Kluwer Academic, Dordrecht, pp 153-177

Grace J, Berninger F, Nagy L (2002) Impacts of climate change on the tree line. Ann Bot 90: 537-544

Graetz RD (1996) Global change and terrestrial biosphere: the present and future focus. In: Giambelluca TW, Henderson-Sellers A (eds) Climate Change: Developing Southern Hemisphere Perspectives, John Wiley, Chichester, pp 229-258

Gregory JM, Huybrechts P, Raper SCB (2004) Climatology: Threatened loss of the Greenland ice-sheet. Nature 428: 616

Grevemeyer R, Herber R, Essen H-H (2000) Microseismological evidence for a changing wave climate in the northeast Atlantic Ocean. Nature 408: 349-352

Grime JP (1997) Biodiversity and ecosystem function: the debate deepens. Science 277: 1260-1261

Grootes PM, Stuiver M, White JWC, Johnson S, Jouzel J (1993) Comparison of oxygen isotope records from the GISP 2 and GRIP Greenland ice cores. Nature 366: 552-554

Harrington R, Woiwod I, Sparks T (1999) Climate change and trophic interactions. Trends Ecol Evol 14: 146-150

Hartl G et al (1993) Astronomie in deutschen Museen. Planeten, Sterne, Welteninseln. Franckh Kosmos, Stuttgart

Heer O (1866) Der Piz Linard. Jahrbuch Schweizerischer Alpin Club III: 457-471

Heinrich H (1988) Origin and consequences of cyclic ice rafting in the northeast Atlantic Ocean during the past 130,000 years. Quat Res 29: 142-152

Herbert TD, Fischer AG (1986) Milankovitch climatic origin of Mid-Cretaceous black shale rythms in central Italy. Nature 321: 739-743

Höpfel F, Platzer W, Spindler K (1992) Der Mann im Eis. 2. Aufl, Universität Innsbruck

Hofer HR (1992) Veränderungen in der Vegetation von 14 Gipfeln des Berninagebietes zwischen 1905 und 1985. Berichte des Geobotanischen Institutes der Eidg. Technischen Hochschule, Stiftung Rübel, Zürich 58: 39-54

Houghton JT, Ding Y, Griggs DJ, Noguer M, van der Linden PJ, Dai X, Maskell K, Johnson CA (eds, 2001) Climate Change 2001: The scientific basis. Contribution of Working Group I to the Third Assessment Report of the Intergovernmental Panel on Climate Change. Cambridge University Press, Cambridge

Hughes L (2000) Biological consequences of global warming: is the signal already apparent? Trends Ecol Evol 15 (2): 56-61

Huntley B (1995) How vegetation responds to climate change: evidence from palaeovegetation studies. In: Pernetta J, Leemans R, Elder D, Humphrey S (eds) The Impact of Climate Change on Ecosystems and Species: Environmental Context, IUCN, Gland, pp 43-63

Huntley B, Berry PM, Cramer W, McDonald AP (1995) Modelling present and potential future ranges of some European higher plants using climate response surfaces. J Biogeogr 22 (6): 967-1001

Inouye DW, Barr B, Armitage KB, Inouye BD (2000) Climate change is affecting altitudinal migrants and hibernating species. Proc Natl Acad Sci USA 97 (4): 1630-1633

IPCC (2001) Climate Change 2001. The Scientific Basis. Contribution of Working Group I to the Third Assessment Report of the Intergovernmental Panel on Climate Change (IPCC). Cambridge University Press, Cambridge

Iverson LR, Prasad AM (1998) Predicting abundance of 80 tree species following climate change in the eastern United States. Ecol Monogr 68 (4): 465-485

Järvinen A (1995) Effects of climate change on mountain bird populations. In: Guisan A, Holten JI, Spichiger R, Tessier L (eds) Potential ecological impacts of climate change in the Alps and Fennoscandian Mountains. Editions des Conservatoire et Jardin Botanique de Genève: 73-74

Jobbagy EG, Jackson RB (2000) Global controls of forest line elevation in the northern and southern hemispheres. Glob Ecol Biogeogr 9: 253-268

Kappelle M, van Vuuren MMI, Baas P (1999) Effects of climate change on biodiversity: a review and identification of key research issues. Biodivers Conserv 8: 1383-1397

Kasting J, Siefert L (2002) Life and the Evolution of Earth´s Atmosphere. Science 296: 1066-1068

Keeling CD (1960) The concentration and isotopic abundance of carbon dioxide in the atmosphere. Tellus 12: 200-203

Keeling CD (1998) Rewards and penalties of monitoring the earth. Annual Review of Energy and the Environment 23: 25-82. Annual Reviews Inc., Palo Alto

Keeling CD, Chin JFS, Whorf TP (1996) Increased activity of northern vegetation inferred from atmospheric CO_2 measurements. Nature 382: 146-49

Keeling CD, Whorf TP, Wahlen M, van der Plicht J (1995) Interannual extremes in the rate of rise of atmospheric carbon dioxide since 1980. Nature 375:666-670

Keller F, Kienast F, Beniston M (2000) Evidence of response of vegetation to environmental change on high-elevation sites in the Swiss Alps. Reg Environ Change 1 (2): 70-77

Kennedy AD (1995) Antarctic terrestrial ecosystem response to global environmental change. Annu Rev Ecol System 26: 683-704

Klanderud K, Birks HJB (2003) Recent increases in species richness and shifts in altitudinal distributions of Norwegian mountain plants. The Holocene 13 (1): 1-6

Klasner FL, Fagre DB (2002) A half century of change in alpine treeline patterns at Glacier National Park, Montana, U.S.A. Arct, Antarc, Alp Res 34 (1): 49-56

Kleinmann A, Rammlmair D (2003) Hochauflösende EDXRF-Scans von mittelholozänen gewarvten Sedimenten aus dem Schleinsee und dem Belauer See. Terra Nostra 6: 245-249

160   3 Klima und Klimaänderungen

Klötzli F, Walther G-R, Carraro G, Grundmann A (1996) Anlaufender Biomwandel in Insubrien. Verhandl Ges Ökol 26: 537-550

Knutti R, Flückiger J, Stocker TF, Timmermann A (2004) Strong hemispheric coupling of glacial climate through freshwater discharge and ocean circulation. Nature 430: 851-856

Körner C (1998) Worldwide positions of alpine treelines and their causes. In: Beniston M, Innes JL (eds) The impacts of climate variability on forests. Lecture Notes in Earth Sciences 74, Springer, Berlin Heidelberg, pp 221-229

Kullmann L (2002) Rapid recent range-margins rise of tree and shrub species in the Swedish Scandes. J Ecol 90: 68-77

Kupfer JA, Cairns DM (1996) The suitability of montane ecotones as indicators of global climatic change. Progr Phys Geogr 20 (3): 253-272

Kusnierczyk ER, Ettl GJ (2002) Growth response of ponderosa pine (Pinus ponderosa) to climate in the eastern Cascade Mountains, Washington, USA: Implications for climatic change. Ecoscience 9 (4): 544-551

Lambeck K, Esat TM, Potter EK (2002) Links between climate and sea levels for the past three million years. Nature 419: 199-206

Lang G (1994) Quartäre Vegetationsgeschichte Europas. Gustav Fischer, Jena

Laxon S, Peacock N, Smith D (2003) High interannual variability of sea ice thickness in the Arctic region. Nature 425: 947-950

Lescop-Sinclair K, Payette S (1995) Recent advance of the arctic treeline along the eastern coast of Hudson Bay. Journal of Ecology 83: 929-936

Litt T (2004) Klimaentwicklung in Europa während der letzten Warmzeit (126.000-115.000 Jahre vor heute). Klimastatusbericht 2003, Deutscher Wetterdienst, Offenbach, S 25-34

Litt T, Steblich M (1999) Bio- and chronostratigraphy of the Lateglacial in the Eifel region, Germany. Quaternary International 61: 5-16

Lloyd AH, Fastie CL (2002) Spatial and temporal variability in the growth and climate response of treeline trees in Alaska. Climatic Change 52: 481-509

Lloyd AH, Graumlich LJ (1997) Holocene dynamics of treeline forests in the Sierra Nevada. Ecol 78 (4): 1199-1210

Loreau M, Naeem S, Inchausti P, Bengtsson J, Grime JP, Hector A, Hooper DU, Huston MA, Raffaelli D, Schmid B, Tilman D, Wardle DA (2001) Biodiversity and ecosystem functioning: current knowledge and future challenges. Science 294: 804-808

Loutre M F, Berger A (2000) Future climatic changes. Are we entering an exceptionally long interglacial? Climatic change 46: 61-90

Luckman BH, Kavanagh TA (1998) Documenting the effects of recent climate change at treeline in the Canadian Rockies. In: Beniston M, Innes JL (eds) The impacts of climate variability on forests, Lecture Notes in Earth Sciences 74, Springer, Berlin Heidelberg, pp 121-144

Luhr JF (2004) Die Erde. Deutsche Ausgabe, Dorling Kindersley, Starnberg

Lyle MW, Prahl FG, Sparrow MA (1992) Upwelling and productivity changes inferred from a temperature record in the central equatorial Pacific. Nature 355: 812-815

MacDonald GM, Szeicz JM, Claricoates J, Dale KA (1998) Response of the central Canadian treeline to recent climate changes. Ann Assoc Am Geogr 88 (2): 183-208

Malanson GP (2001) Complex responses to global change at alpine treeline. Phys Geogr 22 (4): 333-342

Mann ME, Bradley RS, Hughes MK (1998) Global-scale temperature patterns and climate forcing over the past six centuries. Nature 392: 779-787

Mann ME, Bradley RS, Hughes MK (1999) Northern hemisphere temperatures during the past millenium: Interferences, uncertainties and limitations. Geophys Res Lett 26: 759-762

Marshall CH, Pielke RA, Steyaert LT (2003) Crop freezes and land-use change in Florida. Nature 426: 29

Marsh ND, Svensmark H (2000) Low cloud properties influenced by cosmic rays. Phys Rev Lett 85 (23): 5004-5007

Masek JG (2001) Stability of boreal forest stands during recent climate change: evidence from Landsat satellite imagery. J Biogeogr 28: 967-976

Matsumoto K, Ohta T, Irasawa M, Nakamura T (2003) Climate change and extension of the Ginkgo biloba L. growing season in Japan. Glob Chang Biol 9: 1634-1642

Matthes K, Langematz N, Labitzke K (2003) Der Einfluss des 11-jährigen Sonnenflecken-Zyklus auf die Atmosphäre. Terra Nostra 2003/6: 296-298

Mauquoy D, van Geel B, Blaauw M, Speranza A, van der Plicht J (2004) Changes in solar activity and Holocene climatic shifts derived from ^{14}C wiggle match dated peat deposits. The Holocene 14 (1): 45-52

McCarty JP (2001) Ecological consequences of recent climate change. Conserv Biol 15 (2): 320-331

McKenzie RL, Bjorn LO, Bais A, et al (2003) Changes in biologically active ultraviolet radiation reaching the Earth's surface. Photochemical & Photobiological Sciences 2 (1): 5-15

McManus JF, Bond GC, Broecker WS, Johnson S, Labeyrie L, Higgins S (1994) High-resolution climate records from the North Atlantic during the last interglacial. Nature 371: 326-329

McManus JF, Francois R, Gherardi J-M, Keigwin LD, Brown-Leger S (2004) Collapse and rapid resumption of Atlantic meridional circulation linked to deglacial climate changes. Nature 428: 834-837

Meshinev T, Apostology I, Koleva E (2000) Influence of warming on timberline rising: a case study of Pinus peuce Griseb. in Bulgaria. Phytocoenologia 30 (3-4): 431-438

Miehe G (1996) On the connexion of vegetation dynamics with climatic changes in High Asia. Palaeogeogr, Palaeoclimatol, Palaeoecol 120: 5-24

Milankovitch M (1941) Kanon der Erdbestrahlung und seine Anwendung auf das eiszeitliche Problem. Serbische A-kademie der Wissenschaften, math.-nat. Sektion 133, Belgrad

Moore PD (2003) Back to the future: biogeographical responses to climate change. Progr Phys Geogr 27: 122-129

Mosbrugger V (2003) Die Erde im Wandel – die Rolle der Biosphäre. Nat wiss Rundsch 56 (7): 357-365

Müller-Jung J (1996) Wechselhaftes Finale der Eiszeit. FAZ, Nr 212, N 1-2, Frankfurt

Müller-Jung J (2002) Die Grenzen der Klimavorhersage. FAZ Nr 13, S. N2, Frankfurt

Myers N (1992) Synergisms: Joint effects of climate change and other forms of habitat destruction. In: Peters RL, Lovejoy TE (eds) Global Warming and Biological Diversity. Yale University Press, New Haven, pp 344-354

Myeni RB, Keeling CD, Tucker CJ, Asrar G, Nemani RR (1997) Increased plant growth in the northern high latitudes from 1981 to 1991. Nature 386: 698-702

National Geographic (2004) Das neue Bild der Sonne. National Geographic, Juli 2004

Negendank JFW (2002) Klima im Wandel: Lesen in den Archiven der Natur. In: Hauser W (Hrsg) Klima. Das Experiment mit dem Planeten Erde. Theiss, Stuttgart, S 87-121

Nentwig W, Bacher S, Beierkuhnlein C, Brandl R, Grabherr G (2003) Ökologie. Spektrum, Heidelberg, Berlin

Oeggl K, Bortenschlager S (eds, 2000) The iceman and his natural environment. The Man in the Ice Vol 4, Springer, Wien

Parmesan C (1996) Climate and species range. Nature 382: 765-766

Pasenau H (2002) Die Entstehung der Eiszeiten. In: Fansa M (Hrsg) Vom Eise befreit – Geest-reiche Geschichte auf kargem Land. Schriftenreihe des Landesmuseums für Natur und Mensch Oldenburg 25: 35-40

Paul G (2003) Befleckte Sonne. FAZ Nr 251, S N1, Frankfurt

Pauli H, Gottfried M, Grabherr G (2001) High summits of the Alps in a changing climate. In: Walther G-R, Burga CA, Edwards PJ (eds) "Fingerprints" of Climate Change – Adapted behaviour and shifting species ranges. Kluwer Academic/Plenum, New York, pp 139-149

Payette S, Fortin M-J, Gamache I (2001) The subarctic forest-tundra: the structure of a biome in a changing climate. BioScience 51 (9): 709-718

Pearson DN, Palmer MR (2000) Atmospheric carbon dioxide concentrations over the past 60 million years. Nature 406: 695-699

Peltier W, Tushingham M (1989) Global sea level rise and the greenhouse effect: Might they be connected? Science 244: 807

Penuelas J, Boada M (2003) A global change-induced biome shift in the Montseny mountains (NE Spain). Global Change Biology 9: 131-140

Peters RL (1992) Conservation of biological diversity in the face of climate change. In: Peters RL, Lovejoy TE (eds) Global Warming and Biological Diversity. Yale University Press, New Haven, pp 15-30

Peterson DL (1998) Climate, limiting factors and environmental change in high-altitude forests of Western North America. In: Beniston M, Innes JL (eds) The impacts of climate variability on forests, Lecture Notes in Earth Sciences 74, Springer, Berlin Heidelberg, pp 191-208

Petit JR, Jouze J, Raynould D, Barkov NI, Barnola J-M, Basile I, Bender M, Chappellaz J, Davis M, Delaygue G, Delmotte M, Kotlyakov VM, Legrand M, Lipenkov VY, Lorius C, Pépin L, Ritz C, Saltzman E, Stievenard M (1999) Climate and atmospheric history of the past 420,000 years from the Vostok ice core, Antarctica. Nature 399: 429-436

Pfister C (1994) Climate in Europe during the late Maunder minimum period. In: Beniston M (ed): Mountain environments in changing climates. Routledge, London, pp 60-91

Philander SGH (1990) El Niño, La Niña and the Southern Oscillation. Academic Press, San Diego

Pienitz R, Douglas MSV, Smol JP (2004) Long-term environmental change in Arctic and Antarctic lakes. Developments in Paleoenvironmental Research Vol 8, Kluwer, Dordrecht

Pockley P (2001) Climate change transforms island ecosystem. Nature 410: 616

Pott R (1997) The Timber Line in Upper Fimbertal. Reports of the DFG 2-3/97: 18-21

Pott R (2000) Palaeoclimate and vegetation – long-term vegetation dynamics in central Europe with particular reference to beech. Phytocoenologia 30 (3-4): 285-333

Pott R (Hrsg, 2003) Zeitlich hochauflösende Rekonstruktion der Klimavarianz in Mitteleuropa mit Hilfe von jahreszeitlich geschichteten Seesedimenten des Holozäns. Mskr., Bundesanstalt für Geowissenschaften Hannover

Pott R, Freund H (2003) Genese der Kulturlandschaften in Mitteleuropea. Nova Acta Leopold NF 87, Nr. 328: 73-98

Pott R, Freund H, Petersen J, Walther G-R (2003) Aktuelle Aspekte der Vegetationskunde. Tuexenia 23: 11-39

Pott R, Hüppe J, Remy D, Bauerochse A, Katenhusen O (1995) Paläoökologische Untersuchungen zu holozänen Waldgrenzschwankungen im oberen Fimbertal (Val Fenga, Silvretta, Ostschweiz). Phytocoenologia 25 (3): 363-398

Pounds JA, Fogden MPL, Campbell JH (1999) Biological response to climate change on a tropical mountain. Nature 398: 611-615

Prentice IC, Cramer W, Harrison SP, Leemans R, Monserud RA, & Solomon AM (1992) A global biome model based on plant physiology and dominance, soil properties and climate. J Biogeogr 19: 117-134

Price MF, Barry RG (1997) Climate Change. In: Messerli B, Ives JD (eds) Mountains of the World, Pathenon Publisher Group Inc., New York, pp 409-445

Przybylak R (2003) The Climate of the Arctic. Atmospheric and Oceanographic Sciences Library 26, Kluwer Academic / Plenum, Dordrecht

Rahmstorf S (2002) Ocean circulation and climate during the past 120,000 years. Nature 419: 207-214

Rees M, Condit R, Crawley M, Pacala S, Tilman D (2001) Long-term studies of vegetation dynamics. Science 293: 650-655

Reilly J, Stone PH, Forest CE, Webster MD, Jacoby HD, Prinn RG (2001) Uncertainty and Climate Change Assessments. Science 293: 430–433

Rignot E, Rivera A, Casassa G (2003) Contribution of the Patagonia Icefields of South America to Sea Level Rise. Science 302: 434-437

Rochefort RM, Little RL, Woodward A, Peterson DL (1994) Changes in sub-alpine tree distribution in western North-America: a review of climatic and other causal factors. The Holocene 4: 89-100

Rohling EJ, Marsh R, Wells NC, Siddall M, Edwards NR (2004) Similar meltwater contributions to glacial sea level changes from Antarctic and northern ice sheets. Nature 430: 1016-1021

Root TL, Price JT, Hall KR, Schneider SH, Rosenzweig C, Pounds JA (2003) Fingerprints of global warming on wild animals and plants. Nature 421: 57-60

Rübel E (1912) Pflanzengeographische Monographie des Berninagebietes. Engelmann, Leipzig

Sarntheim M, Winn K, Jung S, Duplessy JC, Labeyrie L, Erlenkeuser H, Ganssen G (1994) Changes in East-Atlantic deep water circulation over the last 30.000 years. An eight-time-slice-record. Palaeooceanography 9: 209-267

Saxe H, Cannell MGR, Johnson Ø, Ryan MG, Vourlitis G (2001) Tree and forest functioning in response to global warming. New Phytol 149: 369-400

Schmith T (2001) Global warming signature in observed winter precipitation in Northwestern Europe? Clim Res 17: 263-274

Scholes RJ, van Breemen N (1997) The effects of global change on tropical ecosystems. Geoderma 79: 9-24

Severinghaus JP, Brook EJ (1999) Abrupt climate change at the end of the last glacial period inferred from trapped air in polar ice. Science 286: 930-934

Shackleton NJ, Hall MA, Vincent E (2000) Phase relationships between millennial scale events 64,000 to 24,000 years ago. Paleoceanography 15: 565-569

Shaw MR, Harte J (2001) Control of litter decomposition in a subalpine meadow-sagebrush steppe ecotone under climate change. Ecol Appl 11 (4): 1206-1223

Shukla J, Mintz Y (1982) Influence of land-surface evapotranspiration on the earth's climate. Science 215: 1498-1501

Sommaruga-Wograth S, Koinig KA, Schmidt R, Sommaruga R, Tessadri R, & Psenner R (1997) Temperature effects on the acidity of remote alpine lakes. Nature 387: 64-67

Speranza A, van der Plicht J, van Geel B (2000) Improving the time control of the Subboreal/Subatlantic transition in a Czech peat sequence by ^{14}C wiggle-matching. Quat Res Rev 19: 1589-1604

Steffen W, Sanderson A, Tyson PD, Jäger J, Matson PA, Moore III B, Oldfield F, Richardson K, Schellnhuber HJ, Turner III BL, Watson RJ (2004) Global change and the earth system. A planet under pressure. Springer, Berlin Heidelberg New York Tokyo

Stenseth NC, Mysterud A, Ottersen G, Hurrell JW, Chan K-S, Lima M (2002) Ecological effects of climate fluctuations. Science 297: 1292-1296

Stevens GC, Fox JF (1991) The causes of treeline. Annu Rev Ecol System 22: 177-191

Stocker TF, Johnson SJA (2003) A minimum thermodynamic model for the bipolar seesaw. Paleoceanogr 18: 1087

Stocker TF, Wright DG, Broecker WS (1992) The influence of high-latitude surface forcing on the global thermohaline circulation. Paleoceanography 7: 529-541

Strauch F (2003) Die Bedeutung der Geowissenschaften für die globale Zukunft. Geowiss Mitteilungen 13: 7-13

Suarez F, Binkley D, Kaye MW (1999) Expansion of forest stands into tundra in the Noatak National Preserve, northwest Alaska. Ecoscience 6 (3): 465-470

Suess E (2003) Gashydrat – Eine Verbindung aus Methan und Wasser. Nat wiss Rundsch 56 (8): 413-423

Suplee C (2004) Die Sonne – Ein Stern wird erforscht. National Geographic, Juli 2004: 38-67

Sveinbjörnsson B (2000) North American and European treelines: external forces and internal processes controlling position. Ambio 29 (7): 388-395

Sykes MT, Prentice IC, Cramer W (1996) A bioclimatic model for the potential distributions of north European tree species under present and future climates. J Biogeogr 23: 203-233

Szeicz J M, MacDonald GM (1995) Recent white spruce dynamics at the subarctic alpine treeline of north-western Canada. J Ecol 83: 873-885

Theurillat J-P, Guisan A (2001) Potential impact of climate change on vegetation in the European Alps: a review. Clim Chang 50, 77-109

Thompson LG, Mosley-Thompson E, Davis ME, Henderson KA, Brecher HH, Zagordonov VS, Mashiotta TA, Pig-Nan L, Mikhalenko VN, Hardy DR, & Beer J (2002) Kilimanjaro ice core records: Evidence of holocene climate change in tropical Africa. Science 298: 589

Thorarinsson S (1981) Tephra studies and tephrochronology: A historical review with special reference to Iceland. In: Self S, Sparks RSJ (Hrsg) Tephra studies, Reidel, Dordrecht, pp 1-12

Turner J, King JC, Lachlan-Cope TA, Jones PD (2002) Climate change - Recent temperature trends in the Antarctic. Nature 418: 291

Turney CSM, Kershaw AP, Clemens SC, Branch N, Moss PT, Fiffield LK (2004) Millenial and orbital variations of El Niño/Southern Oscillation and high-latitude climate in the last glacial period. Nature 428: 306-310

Vaughan DG, Marshall GJ, Connolley WM, King JC, Mulvaney R (2001) Climate Change: Devil in the Detail. Science 293: 1777-1779

Villalba R, Veblen TT (1997) Regional patterns of tree population age structures in northern Patagonia: climatic and disturbance influences. J Ecol 85: 113-124

Vitousek PM (1994) Beyond global warming: ecology and global change. Ecology 75: 1861-1876

Walsh JE, Doran PT, Priscu JC, Lyons WB, Fountain AG, McKnight DM, Moorhead DL, Virginia RA, Wall DH, Clow GD, Fritsen CH, McKay CP, AN Parsons (2002) Climate change - Recent temperature trends in the Antarctic. Nature 418: 292

Walther G-R (1997) Longterm changes in species composition of Swiss beech forests. Annali di Botanica 55: 77-84

Walther G-R (1999) Distribution and limits of evergreen broad-leaved (laurophyllous) species in Switzerland. Bot Helv 109 (2): 153-167

Walther G-R (2000) Climatic forcing on the dispersal of exotic species. Phytocoenologia 30: 409-430

Walther G-R (2001) Laurophyllisation – a sign of a changing climate? In: Burga CA, Kratochwil A (eds) General and Applied Aspects on Regional and Global Scales. Tasks for Vegetation Science 35, Kluwer Academic, Dordrecht, pp 207-223

Walther G-R (2002) Weakening of climate constraints with global warming and its consequences for evergreen broad-leaved species. Folia Geobotanica 37: 129-139

Walther G-R (2003) Wird die Palme in der Schweiz heimisch? Bot Helv 113: 159-180

Walther G-R (2003) Plants in a warmer world. Perspect Plant Ecol Evol Syst 6 (3): 169-185

Walther G-R, Burga CA, Edwards PJ (eds) (2001) "Fingerprints" of Climate Change – Adapted Behaviour and Shifting Species Ranges. Kluwer Academic/Plenum, New York

Walther G-R, Carraro G, Klötzli F (2001) Evergreen broad-leaved species as indicators for climate change. In: Walther G-R, Burga CA, Edwards PJ (eds) Adapted Behaviour and Shifting Species Ranges. Kluwer Academic/Plenum, New York, pp 151-162

Walther G-R, Post E, Convey P, Menzel A, Parmesan C, Beebee TJC, Fromentin JM, Hoegh-Guldberg O, Bairlein F (2002) Ecological responses to recent climate change. Nature 416: 389-395

Walther G-R, Pott R, Beißner S (2004) Climate change and high mountain vegetation. In: Keplin B, Broll G (eds) Mountain-Studies in Treeline Ecology. Springer, Heidelberg

Wardle P, Coleman MC (1992) Evidence for rising upper limits of four native New Zealand forest trees. New Zealand Journal of Botany 30: 303-314

Watson RT (2002) Climate change 2001: Synthesis report. Cambridge University Press, Cambridge

Weaver AJ, Hillaire-Marcel C (2004) Global warming and the next ice age. Science 304: 400-402

Wigley TML (2000) The science of climate change – global and US perspectives. PEW Center for Climate Change. Goddard Inst. For Space Studies, New Hampshire

Woodward FI (1987): Climate and plant distribution. Cambridge University Press, Cambridge

Woodward FI (1996) Developing the potential for describing the terrestrial biosphere's response to a changing climate. In: Walker B, Steffen W (eds) Global Change and Terrestrial Ecosystems. Cambridge University Press, Cambridge, pp 511-528

Yakubi K (2004) Photosynthetic rate and dynamic environment. Kluwer, Dordrecht

Yoshino M, Park-Ono H-S (1996) Variations in the plant phenology affected by global warming. In: Omasa K, Kai K, Taoda H, Uchijima Z, Yoshino M (eds) Climate Change and Plants in East Asia. Springer, Tokyo, pp 93-107

Zheng J, Ge Q, Hao Z (2002) Impacts of climate warming on plants phenophases in China for the last 40 years. Chinese Science Bulletin 47: 1826-1831

3.9 Fragen zu Kapitel 3

1. Welche Klimazonen existieren weltweit?

2. Die Leuchtkraft der Sonne schwankt in Abhängigkeit von Sonnenfleckenzyklen. Woher kommt diese Erkenntnis?

3. Das Mauna-Loa-Observatorium auf Hawaii ist für globale Kohlendioxid-Messungen besonders geeignet. Warum?

4. Wie datiert man Holz, Holzkohle, Torf und anderes organisches Material und ältere Gesteine?

5. Beschreiben Sie die Messmethoden der Dendrochronologie und der Tephrochronologie.

6. Seafloor-Spreading und Plattentektonik können im Laufe von Jahrmillionen Kontinente von einer Klimazone in eine andere verschieben – welche Hinweise gibt es für diese Hypothese?

7. Gashydrate bilden am Boden der Tiefsee wichtige Energie- und Nahrungsquellen mariner Ökosysteme. Welche Folgen kann dieses für unser Klima haben?

8. Was verbinden Sie mit den Begriffen *Dansgaard-Oeschger-Events*, *Preboreal Oscillation* und *8200-Cooling-Event*?

9. Wie sind laminierte Sedimente zu identifizieren?

10. *El Niño-Southern Oscillation*-Ereignisse (ENSO) und Nordatlantische Oszillationen (NAO) sind natürliche Wechselwirkungen zwischen Atmosphäre und Ozeanwasser. Wie erklärt man diese Phänomene?

11. Was verbirgt sich unter dem Begriff "Milankovitch-Zyklen"?

12. Die "Kleine Eiszeit" dauerte etwa von 1450 bis 1780. Beschreiben Sie die globalen Folgen.

4 Biodiversität – ein Schatz der Ökosysteme

Fossilien aus dem Präkambrium wurden bis in die 1960er Jahre mikroskopisch nicht identifiziert, wohl auch aufgrund ihrer geringen Größe. Älteste fädige Prokaryoten, die etwa 3,5 Milliarden Jahre alt sind, kennt man deshalb seit alters her nur aus Australien. Berühmt geworden sind ferner entsprechende Fossilien aus einer über drei Milliarden Jahre alten Gesteinsformation in Südafrika, der so genannten *Fig-Tree-Series*, wo man entsprechende Zeugnisse älteren prokaryotischen Lebens gefunden hat. Hier haben sich Mikrofossilien zelliger Organismen im Flintstein der Onverwacht-Serie erhalten. Sie wurden in Dünnschliffen von Bohrkernen entdeckt, die in zehntausend Metern Tiefe aus dem 3,4 Milliarden Jahre alten Gestein entnommen worden sind. Unter dem Mikroskop ist die Struktur der Organismen gut zu erkennen. Sie sind wahrscheinlich mit den heute noch lebenden kernlosen Blaualgen verwandt. Die Abbildung 4.1 zeigt einen Einzelfaden von *Ramsaysphaera ramses* und eine kugelige Kolonie.

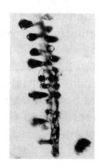

Abb. 4.1. *Ramsaysphaera ramses* aus Südafrika ist 3,4 Milliarden Jahre alt und somit einer der ältesten fossil erhaltenen Organismen (aus Gries 1985)

Manche dieser präkambrischen Blaualgenarten haben Kalkscheiden abgesondert, wie es heute noch einige fadenförmige Blaualgen an tropischen Küsten tun. Wir haben solche rundlichen Kolonien als **Stromatolithen** in der Abbildung 2.7 schon kennen gelernt. Sie sind im Innern lamellenartig aufgebaut. Die ältesten Stromatolithen enthalten die neuerdings identifizierte fadenförmige Blaualge *Oscillatoriopsis*.

Auch anderswo gibt es noch immer solche Formen: Im Wattenmeer lebt ein System verschiedener Mikrobenmatten, dünn wie Papier, gelb, grün, rot und schwarz gefärbt. Jede Schicht wird von verschiedenen Bakterien und Cyanobakterien aufgebaut. Sie wachsen verborgen unter dünnen Sandschichten heran, die durch Wind und Wasser abgelagert wurden. Das **Farbstreifen-Sandwatt** ist also ein verstecktes Ökosystem, lange nicht so auffällig wie Dünen oder Muschelbänke (Abb. 4.2). Gleichwohl gehört es zu den ältesten Ökosystemen der Erde.

Abb. 4.2. Farbschichtenwatt: auf einer zuunterst liegenden, schwarz gefärbten, reduzierten Schlickbank liegen orange gefärbte Schichten von Schwefelbakterien und grünlich gefärbten Schichten von Blaualgen; darüber lagert wieder heller Sand. Die teils autotrophen, teils heterotrophen Algen dienen offenbar der Stickstoff-Versorgung dieses Sandwatts (aus Pott 1995)

Mikrobenmatten halten sich immerhin seit über drei Milliarden Jahren auf der Erde. Man hat sie in salzigen Seen Israels gefunden, in heißen Quellen der Tiefsee, als berühmte Stromatolithen an der Westküste Australiens, am Grunde von Alpenseen – und eben im Wattenmeer. Das Erfolgsrezept der Mikroben: Sie können ohne Sauerstoff Photosynthese betreiben, also Energie durch Gärung gewinnen, wobei Schwefel und Schwefelsäure entstehen. Die Cyanobakterien atmen wie Höhere Pflanzen, benutzen also die Energie des Sonnenlichts. Sie leben in der obersten Matte, oft überlagert von einer dünnen Sandschicht. Darunter leben verschiedene Arten von Schwefelpurpurbakterien in einer eigenen Mitte, die charakteristisch purpurrot bis rosa gefärbt ist. In der dritten Schicht leben schwefel- und sulfatreduzierende Bakterien. Das Farbstreifen-Sandwatt ist also streng senkrecht gegliedert. Über ein feingesponnenes Netz an Beziehungen sind die verschiedenen Mikroben miteinander verbunden und voneinander abhängig. Wichtige Nährstoffe werden über interne Kreisläufe weitergegeben. Erst in den letzten Jahren hat man erkannt, wie wichtig Mikrobenmatten sind. Sie können organisches Material im Sand einlagern und dienen daher in großem Umfang der biologischen Reinigung und der Sauerstoffproduktion des Watts.

Die Entwicklung der Photosynthese vor mehr als drei Milliarden Jahren hat unseren Planeten grundlegend umgestaltet, wie wir später sehen werden. Ohne diese „Erfindung" gäbe es keinen atmosphärischen Sauerstoff, keine oxidative Verwitterung, keine „Ozon-Schicht", kein Landleben, keine Atmung und kein „Höheres Leben". Tatsächlich war in der Frühzeit der Erdgeschichte die Atmosphäre zunächst weitgehend sauerstofffrei und reduzierend. Das irdische Leben ist deshalb untrennbar mit der Photosynthe-

Box 4.1. Was liegt in der Luft?

Erst etwa vor 2,3 Milliarden Jahren war offensichtlich alles vorhandene zweiwertige Eisen der Meere oxidiert, und nun konnte freier Sauerstoff in die Atmosphäre entweichen. Dann dauerte es nochmal ungefähr 1,5 Milliarden Jahre, bis knapp vor einer halben Milliarde Jahre im Kambrium durch die grünen Algen der Milieuwechsel vom Wasser auf das Land erfolgen konnte. Als danach im Silur nun die ersten Landpflanzen entstanden, spielte der Sauerstoffgehalt der Atmosphäre wohl nicht mehr eine begrenzende Rolle, er war bereits auf die heutigen Werte angewachsen. Diese biogene Entwicklung der Sauerstoffatmosphäre, beginnend im Präkambrium, hatte dramatische Konsequenzen: Sie ermöglichte nicht nur die Evolution von atmenden Eukaryoten und schließlich – nach der Ausbildung eines stratosphärischen Ozon-Schutzes vor UV-Strahlung – eine Landbesiedlung von Pflanzen, sondern führte auch konsequent zu völlig anderen Stoff- und Gesteinskreisläufen. Besonders eindrucksvoll ist dabei der Einfluss des atmosphärischen Sauerstoffs auf die atmosphärische Methan-Konzentration: Methan ist ein wichtiges Treibhausgas, das etwa 23-mal so stark wirkt wie Kohlendioxid. Allerdings ist heute das Methan in der Atmosphäre nur mit einer sehr geringen Konzentration von 1,7 ppm (ppm = parts per million) vertreten. Es wird vor allem von anaeroben Methan-Bakterien in sauerstoffarmen Lebensräumen gebildet, die immerhin pro Jahr etwa 535 Millionen Tonnen an die Atmosphäre abgeben. Methan entsteht also durch mikrobielle Prozesse beim Abbau organischer Substanzen unter Sauerstoffabschluss. Quellen sind vor allem Feuchtgebiete, Reisanbaugebiete, abtrocknende Moore und auftauende Permafrostböden. Die atmosphärische Methan-Konzentration ist seit 1750 um 145 Prozent angestiegen. Dabei sind etwa 60 bis 80 Prozent der Methanemissionen anthropogen. Die vergleichsweise geringe atmosphärische Konzentration erklärt sich jedoch nur dadurch, dass das Methan vergleichsweise rasch zerstört wird, und zwar vor allem durch Photolyse und durch Reaktion mit OH-Radikalen. Die Verweildauer eines Methan-Moleküls in der Atmosphäre liegt daher gegenwärtig bei etwa 10 Jahren.

se der grünen Pflanzen verbunden. Nur sie können mit Hilfe ihres grünen Farbstoffes, des Chlorophylls, die Lichtstrahlen der Sonne aufnehmen, absorbieren und in chemische Energie, also in Zucker und Stärke, umwandeln. Durch diesen komplizierten biochemischen Vorgang der Photosynthese wird schließlich organische Substanz aufgebaut – ein Prozess, der alles Leben bedingt. Es gibt in der Natur noch andere photosynthetisch aktive Pigmente vor allem bei den Blau-, Braun- und Rotalgen, dem Chlorophyll kommt aber die größte Bedeutung zu. Nahezu alle Lebewesen sind auf die Produkte der grünen Pflanzen angewiesen, selbst die Luft, die wir atmen, ist das Produkt ihrer Photosynthese. In seiner „sauerstofffreien

Zeit" sah unser Planet also anders aus – dabei ist der Sauerstoff nur ein „Nebenprodukt" der Photosynthese. Diese hat nach gegenwärtigen Kenntnissen eben bereits vor 3,4 Milliarden Jahren eingesetzt, und zwar im Meer. Aber noch in lange darauf folgenden Zeiträumen gelangte der Sauerstoff noch nicht in großen Mengen in die Atmosphäre. Der erste „Sauerstoffkreislauf" war offenbar praktisch noch im Weltmeer „kurzgeschlossen", da der erste photosynthetisch gebildete Sauerstoff wohl sofort von damals reichlich vorhandenem Sulfitschwefel und zweiwertigem Eisen gebunden wurde. So kennt man aus der Zeit vor der Photosynthese aus präkambrischen geologischen Schichten Pyrit- und Uraninit-Flussgerölle sowie „Gebänderte Eisenerze", die nur unter weitgehend anaeroben Bedingungen gebildet werden konnten. Entsprechend existierten zu dieser Zeit nur prokaryotische Lebewesen. Vor etwa zwei Milliarden Jahren mehren sich dann die Hinweise auf eine zunehmend oxidierende Atmosphäre: Die Pyrit- und Uraninit-Gerölle verschwinden ebenso wie die „Gebänderten Eisenerze"; dafür erscheinen erstmals kontinentale **„Rotsedimente"** sowie erste Eukaryoten und makrophytische Algen, für die eine Atmung angenommen werden kann.

Box 4.2. *Snowball-Earth* und Kontinentaldrift

Eine Episode globaler Vereisungen vor 900 bis 540 Millionen Jahren wird als *Snowball Earth* bezeichnet. Geologische und paläomagnetische Arbeiten zeigen, dass Eisdecken im Präkambrium zu dieser Zeit die damaligen Landmassen komplett bedeckten, als extrem geringe atmosphärische CO_2-Konzentrationen entsprechende globale „Eiszeiten" hervorriefen, die offenbar durch den Zerfall der Kontinentalplatte von **Rodinia** verursacht worden sind. Tektonische Kräfte sind sicherlich für solche *Snowball-Glaciations* verantwortlich gewesen. Das sind wichtige Hinweise für unser Verständis der jungen Eiszeiten und deren Ursachen, wie es beispielsweise neue Modelle eines berechneten, idealisierten Superkontinents mit den derzeitigen Milankovitch-Orbitalparametern, verschiedenen Eisdicken und CO_2-Konzentrationen einer simulierten Atmosphäre ergeben, die Raymond T. Pierrehumbert (2004) neuerdings als *Snowball Earth*-Szenario vorstellt.

Ganz anders sahen die Verhältnisse im Präkambrium zwischen vier und zwei Milliarden Jahren vor heute aus. Mit der Entwicklung einer Sauerstoff-Atmosphäre vor 2,5 bis 2 Milliarden Jahren muss also der atmosphärische Methan-Gehalt und damit der Methan-induzierte Treibhaus-Effekt drastisch abgesunken sein. Es ist daher vermutlich kein Zufall, dass genau in diese Zeit die Entwicklung der ersten großen Eiszeit der Erdgeschichte fällt, die offenbar sogar globale Ausmaße als **„Schneeball-Erde"** oder

„Snowball Earth" erreichte. In dieser Zeitspanne der ersten signifikanten Akkumulation von freiem Sauerstoff durch photoautotrophe Mikroorganismen und der daraus resultierenden Oxidation der Hydrosphäre der damaligen Ozeane und der damaligen Atmosphäre kam es auf Rodinia offenbar zu einer Amalgamierung, das heißt zu einer Anreicherung von Edelmetallen in entsprechenden Erzlagerstätten. Erzlagerstätten eines Alters beispielsweise im Bushveld-Komplex in Südafrika bieten die weltweit größten Reserven an Gold, an Eisen, Mangan, Platin und Chrom, an Buntmetallen wie Kupfer, Blei und Zink sowie an Graphit und Fluorit.

Man geht heute davon aus, dass die biologische Wiederbesiedlung der Erde nach mehreren solchen Komplettvereisungen vor rund 900 bis 540 Millionen Jahren im Präkambrium in solchen Phasen einer „Schneeball-Erde" auch durch das Überleben von Lebensgemeinschaften in einer sogenannten **„Tiefen Biosphäre"** möglich war. Bisher gibt es keine eindeutige Definition darüber, wo die „Tiefe Biosphäre" beginnt. Vielmehr sind die Grenzen dieses versteckten Lebensraumes bislang über ihre Bewohner definiert und über die Bedingungen ihrer Umgebung. Es sind offenbar vorwiegend chemolithotrophe mikrobielle prokaryote Organismen, also Kleinstlebewesen ohne eingeschlossenen Zellkern, beispielsweise Eubakterien und Archaea, die ohne Sauerstoff, also anaerob, unter tiefen und hohen Temperaturen um bis 110 Grad Celsius aus chemischen Verbindungen Energie gewinnen können. Chemisch gesehen geschieht dies meist durch anaerobe Methanoxidation und Sulfatreduktion. Außerdem sind diese Organismen der „Tiefen Biosphäre" noch immer Zeugen der frühen Entwicklung des Lebens und gerade deshalb auch für die derzeitige und künftige astrobiologische Forschung über andere Planeten von erheblicher Bedeutung. Zeitlich gesehen befinden wir uns hier noch immer in einem früheren Stadium der Evolution, das Aufschluss gibt über ökologische Systeme von vor mindestens bis zu zwei Milliarden Jahren und älter, als das Leben auf der Erde seinen Anfang nahm.

4.1 Entwicklung von Ökosystemen in geologischen Epochen

Der gesamte geologische Zeitraum des Lebens auf der Erde umfasst nachweislich also mehr als 3,5 Milliarden Jahre und begann mit dem Auftreten erster mikroskopisch kleiner Organismen, den Einzellern, welche die genannten Stromatolithen-Ökosysteme bildeten. Man hat diese archaischen Ökosysteme von Spitzbergen, von Zentral- und Ostgrönland bis nach Südafrika, Australien und sogar in der Antarktis gefunden. Am besten kann man sie heute noch in der Shark Bay an der Westküste Australiens studieren, wo bei Ebbe die blumenkohlartigen „Teppichsteine" der geschichteten Algen- und Mikrobenmatten zutage treten (Abb. 2.7).

Der Ursprung eukaryotischer Organismen - der „Höheren Organismen" - reicht demnach bekanntermaßen 1,8 Milliarden Jahre in das Präkambrium zurück. Ihre DNA wurde von Membranen eingefasst, und die ersten Eukaryoten waren einzellige planktische Algen im Ozean, die **Acritarchen**, einer künstlichen Gruppe von Mikrofossilien mit ähnlichen Bauplänen, jedoch vermutlich unterschiedlicher Herkunft. Auch die präkambrischen Vielzeller der späteren marinen **Ediacara-Faunen** vor etwa 700 Millionen Jahren ähnelten den heute bekannten Protozoen beziehungsweise den einfacheren Formen von Algen. Die Ediacara-Fauna der Urmeere mit ihren seltsamen, wie Würmer aussehenden Organismen ist benannt nach den Ediacara-Hügeln in Südwestaustralien, von wo sie 1945 durch den Geologen Regg Sprigg (1919-1994) beschrieben wurde. Durch diesen Fund war die stimmige Erklärung der **Kambrischen Artenexplosion** möglich. Der steile Anstieg in der Biodiversitätskurve fand demnach im **Kambrium**, also vor 540 bis 500 Millionen Jahren nach dem Ende der *Snowball-Earth* statt und stellt im Evolutionsprozess einen wichtigen Schritt vorwärts dar (Abb. 4.3). Möglicherweise haben die extremen Umweltbedingungen dieser Zeit, vor allem die massiven Vergletscherungen von den Polen bis zum Äquator, damals nicht nur Verderben gebracht, sondern die Evolution aus der „Tiefen Biosphäre" gewaltig angekurbelt. Neue, makroskopische Tiere und Pflanzen entstanden offenbar in radiativem Muster und bildeten die hauptsächlichen adaptiven Typen, welche teilweise noch heute existieren.

Abb. 4.3: Geologische Epochen und Biodiversität (aus Pott et al. 2003)

Die oxygene Photosynthese ist der primäre Produzent von Sauerstoff und aller organischer Substanz auf der Erde. Die Konversion von Sonnenlicht in chemische Energie bewirken 0,44 Nanometer kleine Membranproteine, das **Photosystem I** und **II**. Diese haben sich evolutiert nach der Entwicklung der Chloroplasten aus marinen Cyanobakterien im Kambrium vor 500 Millionen Jahren. Man kennt aus dieser Zeit einzellige planktische Algen, eben die Acritarchen, welche damals offenbar eine adaptive Radiation im Ozean durchmachten. Es handelt sich um kugelige, glattschalige oder auch skulpturische Formen mit komplizierten Zellwänden, die anscheinend schon zu den Eukaryota zu rechnen sind. Sie waren photosynthetisierende Organismen, denen wir offenbar den ersten Anstieg der Sauerstoffkonzentration in der Atmosphäre verdanken. Erst durch dieses Ereignis wurde danach wohl auch die Entstehung vielzelliger Organismen möglich – und gleichzeitig kennen wir aus dieser Zeit die erste biogene Entstehung von Silikat. Die Sauerstoffkonzentration in der Atmosphäre war damals also schon nahe an der heutigen 21-Prozent-Marke.

Wir halten fest: Nur diesem hohen Sauerstoffgehalt ist es zu verdanken, dass sich auf der Erde neben Prokaryoten, also einzelligen Organismen ohne Zellkern, auch Eukaryoten, das sind ein- oder mehrzellige Organismen, deren Zellen einen Zellkern enthalten, entwickeln konnten. Bei der oxygenen Photosynthese, wie sie Cyanobakterien, Algen und Höhere Pflanzen betreiben, wird das Kohlendioxid (CO_2) mit Hilfe von Wasser und Lichtenergie zu Kohlenhydraten reduziert, wobei Sauerstoff (O_2) freigesetzt wird. Auf diese Weise konnte sich seit dem Präkambrium bis hin zum Kambrium vor 550 Millionen Jahren vor heute auf der Erde allmählich eine Sauerstoff-Atmosphäre entwickeln. Der nun bekannte *Big Bang* der kambrischen Artenexplosion in der Evolution von Tieren und Pflanzen zu jener Zeit formte eine neue, mikroskopische Welt von Pathogenen, Symbionten und Destruenten (s. auch Box 2.4). Bekannt ist beispielsweise die genannte spätkambrische, vielzellige, marine, bodenbewohnende Ediacara-Fauna in Südaustralien, welche heute auch aus Südafrika, China, Russland und Großbritannien nachgewiesen ist. Diese Vielzeller coexistierten offenbar mit den stromatolithischen Cyanobakterienteppichen. Gute Einblicke in die Kambrische Welt liefern ferner zahlreiche Fossilien des Burgess Shale in den kanadischen Rocky Mountains und in der Chengjiang-Fauna von Yunnan in China, die ausführlich im Lehrbuch der Evolutionsbiologie von Volker Storch, Ulrich Welsch und Michael Winn (2001) behandelt und abgebildet sind.

Damals tauchten auch die meisten Tierstämme auf, die zum Teil noch heute auf der Welt existieren: von den Gliederfüßern bis zu den Schwämmen. Aus dieser Zeit stammen die ältesten Wirbeltierfossilien, welche kleinen, fischigen Kaulquappen ähneln, wie man sie neuerdings aus dem Sandstein der südaustralischen Flinders Range geborgen hat. Im späten **Ordovizium**, **Silur** und **Devon** in der Zeit von 500 bis 350 Millionen Jahren vor heute bildeten offensichtlich erste terrestrische Pionierpflanzen dichte Matten und Strauchschichten über alle Kontinente. Sie konnten sich in der warmen, Kohlendioxid-reichen Atmosphäre vor allem im Devon gut ausbreiten. Im Kapitel 2 haben wir schon von den ersten Gefäßpflanzen an Land, den *Rhynia*-Exemplaren der Psilophytales, der „Nacktpflanzen" ohne echte Blätter und Wurzeln gehört. Sie waren zunächst auf Sumpfgebiete beschränkt und überzogen danach das Festland mit einer immer größer werdenden Vielfalt. Die erste kormophytische Landpflanze war aber *Cooksonia* (Abb. 2.10); sie ist bei uns auch aus dem Silur der Britischen Inseln und Böhmens bekannt und hat ein Alter von etwa 420 Millionen Jahren.

Das Landleben der Pflanzen brachte erhebliche evolutionäre Neuerungen mit sich: Epidermis mit Spaltöffnungen zum Gasaustausch und mit Cuticula als Verdunstungsschutz; Wurzeln beziehungsweise Rhizoide zur Verankerung und zum Transport, Leitgewebe mit Tracheiden zum Wasser- und Ionentransport sowie Phloem zum Transport organischer Stoffe, verschiedene Festigungsmechanismen zur Stabilisierung mit Lignin und Sklerenchym. Dazu Umhüllung der Gametangien, der Archegonien und Antheridien sowie der Meiosporangien mit einem Mantel steriler Zellen; Entwicklung von Zygoten zu einem Embryo im Schutz der Mutterpflanze, Meiosporen mit Sporopollenin-Innenwand, Reduktion der haploiden Gametophyten, heteromorpher Generationswechsel und diploide Sporophytengenerationen mit einem Kormusbauplan aus Wurzel, Spross und Blatt. Am Ende des Silurs erscheinen bärlappähnliche Gefäßsporenpflanzen, und mit der terrestrischen Vegetation bildeten sich entsprechende neue Lebensräume und Nahrungsquellen für viele Tiere aus dem Reich der Skorpione, Spinnen und Tausendfüßler, die auch mit verschiedenen Chitincuticulae das Problem der Wasserverdunstung zu lösen hatten. Großblättrige Landpflanzen haben sich jedoch vergleichsweise spät ausgebreitet, etwa 50 Millionen Jahre nach der Entstehung der Gefäßpflanzen im Verlauf und am Ende des Devon und zu Beginn des Karbon, als der Kohlendioxid-Gehalt der Atmosphäre sank und bei den Pflanzen die Zahl der Spaltöffnungen erheblich erhöht wurde; gleichzeitig wuchs auch ihre Blattfläche.

Im **Karbon**, vor ca. 340 Millionen Jahren, wurde diese Vegetation von den Kohlewäldern verdrängt, welche von den in Kapitel 2 schon genannten säulenartigen *Sigillaria-* und *Lycophytum*-Bäumen, Samenfarnen und einer Vielzahl an weiteren Farnen dominiert wurden (Abb. 2.16 und 2.17). Im späten Paläozoikum und frühen Mesozoikum, vor nahezu 240 Millionen Jahren, waren viele der Karbon-Arten ausgestorben, mit Ausnahme der Farne, Koniferen, der *Cycas-*, *Cyathea-* und *Dicksonia*-Arten und zahlreicher anderer Baumfarne aus der Gruppe der Cycadatae und der Koniferen (Abb. 2.22 bis 2.24 und 4.4).

Abb. 4.4. a *Cyathea medullaris* und *Dicksonia lanata* aus Neuseeland; **b** *Cyathea calcicola*, aus dem N-Territory in Australien; **c** *Dicksonia antarctica* aus Tasmanien

Im Verlaufe der vergangenen 600 Millionen Jahre hat aber die Biodiversität, abgesehen von den zeitweise auftretenden Massenaussterbephänomenen, generell zugenommen. Die Frage stellt sich, weshalb dieser Trend konstant aufwärts ging, trotz zwischenzeitlicher Phasen größerer oder kleiner Abnahmen und trotz wiederkehrender, fast vollständiger Umkehr der Garnitur an Arten, Gattungen und Familien. Wir haben es ebenfalls bereits mehrfach gehört, Teile der Antwort sind die Wanderungen der Kontinentalplatten, die geographische Isolation und die großen Gebirgsbildungen, welche die Artbildung und eine differenzierte Evolution begünstigt haben.

Die sehr rasche Erholung der Vielfalt von Pflanzen- und Tierarten nach den Phasen der genannten **Massenaussterben** – wie in den vorigen Kapiteln am Beispiel von Pflanzen und Tieren mehrfach erwähnt – ist nicht ganz einfach zu erklären. Die nachfolgenden adaptiven Radiationen neuer Arten und Formen sind nach vielen paläontologischen Befunden schon nach jeweils fünf bis zehn Millionen Jahren abgeschlossen. Geologische Ereignisse wie Kontinentaldrift und Gebirgsbildung dauern normalerweise

Box 4.3. Vikarianz und Konvergenz als Folgen der Kontinentaldrift

Im frühen Mesozoikum erfolgte bekannterweise die beschriebene Teilung von Pangaea in Laurasia im Norden und Gondwana im Süden. Indien löste sich von Gondwana und wanderte nordwärts Richtung Himalayischer Bogen. Erst im Tertiär erreichten die Kontinente ihre heutige Position, mit den sich zunehmend erweiternden Ozeanen dazwischen. Folgen davon sind die in Kapitel 2 schon genannten **Großdisjunktionen** gondwanischer Florenelemente in Südamerika und im australisch-pazifischen Raum. Immer wieder zitierte Beispiele sind die Araucarien mit den bedeutsamen Nadelbaumgattungen *Araucaria* und *Agathis* sowie die *Nothofagus*-Arten als Vertreter der Laubbäume (Abb. 4.5 und 4.6). Die Hauptgruppen an weiteren Tier- und Pflanzenarten entstanden durch die zunehmende Isolation, und sie passten sich den neuen Lebensräumen an. Als Folge von **Vikarianz** und **Konvergenz** entstanden immer wieder neue Formen von Organismengruppen und Ökosystemen mit dem Resultat der heutigen verschiedenen faunistischen und floristischen Provinzen. Vikarianz ist die Vertretung nahe verwandter Pflanzen- oder Tiersippen, die wegen unterschiedlicher physiologischer und ökologischer Ansprüche nicht am gleichen Standort gemeinsam vorkommen können. Dies führt zu einem Spezialfall der Bildung von Arealen, wobei verwandte Sippen in benachbarten Gebieten wachsen, sich aber gegenseitig ausschließen. Unter Konvergenz versteht man die Übereinstimmung der äußeren Gestalt beziehungsweise Form eines Organismus mit unterschiedlicher Funktion und Entwicklung. Das entsteht häufig, wenn systematisch völlig verschiedene Arten unter ähnlichen Umweltbedingungen leben. Ein gern gebrauchtes Beispiel ist die Sukkulenz zur Wasserspeicherung bei den amerikanischen Kakteen und den afrikanisch-australischen Euphorbien oder den neotropischen Agaven und den paläotropischen Aloen (Abb. 4.7). Auch den Vorgang der Entwicklung ähnlicher morphologischer Merkmale bei verwandtschaftlich völlig verschiedenen Arten nennt man Konvergenz: Die Blätter der meisten Lorbeerwaldbäume besitzen elliptische oder lanzettliche, glatte, lederartige, lorbeerähnliche, also laurophylle Blätter, die an den täglichen Wechsel zwischen Strahlungsintensität und Passatwolkenklima gut angepasst sind. Sie besitzen oft eine Träufelspitze, an der Wasser effektiv abtropfen kann, damit die Transpiration nicht beeinträchtigt wird. Außerdem erschwert eine glatte und trockene Blattoberfläche die Ansiedlung epiphyller Organismen, die die Photosynthese stören könnten (Abb. 4.8). Auch das Vorherrschen hartlaubiger, immergrüner Wälder und Buschländer als potentielle natürliche Vegetation in den mediterranoiden, also mit Winterregen und Sommertrockenheit in annähernd klimatisch ähnlichen Regionen des Mittelmeergebietes, Kaliforniens, in Mittelchile, im südafrikanischen Kapland und in Südwestaustralien, also über verschiedene Kontinente, ist eines der eindrucksvollsten Beispiele für Konvergenz (s. Kapitel 7.4 und Kapitel 11).

Abb. 4.5. a *Araucaria angustifolia*, Brasilien (Foto P. Seibert); **b** *Araucaria araucana*, Chile; **c** *Agathis robusta*, Queensland, Australien; **d** *Agathis vitiensis*, Fidschi. Araucarien- und *Agathis*-Wälder haben heute überall auf der Erde Reliktcharakter

Abb. 4.6. a *Nothofagus solandri*-Wald, Neuseeland, Detail oben: var. *cliffortioides*, unten: var. *solandri*, **b** *N. betuloides*, Beagle-Kanal, Feuerland (Foto P. Seibert), **c** *N. antarctica*, Chile

zu lange, um solche Ereignisse zu begründen; ebenso die damit verbundenen Schwankungen des Meeresspiegels. Kurzzeitige Klimaschwankungen wie jene, die durch Sonnenfleckenzyklen bewirkt werden, sowie größere Vulkanausbrüche und die Meteoriteneinschläge sind in ihrer Wirkung viel zu kurz. Warum sollten bei den großen Meteoriten im Golf von Mexiko (Abb. 3.9) vor 65 Millionen Jahren nur die großen Dinosaurier und deren Begleitarten vom Globus verschwunden sein – und andere Lebewesen nicht?

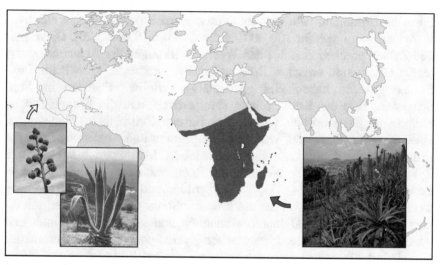

Abb. 4.7. Beispiel für ökologische Konvergenz: Wasserspeichernde Rosetten-pflanzen verschiedener genetischer Verwandschaft aus Trockenlebensräumen sind Agaven (*Agave americana*, Agavaceae) aus Nord- und Zentralamerika (Detail links) und Aloen (*Aloe arborescens*, Liliaceae) aus Afrika und Madagaskar (Detail rechts)

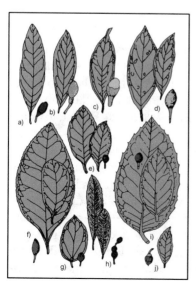

Abb. 4.8. Beispiel für morphologisch-funk-tionelle Konvergenz: Blattformen und Früch-te des Lorbeerwaldes. *Persea indica* (a), *Laurus novocanariensis* (b), *Ocotea foetens* (c), *Apollonias barbujana* (d), *Ilex canariensis* (e), *Picconia excelsa* (f), *Rhamnus glandulosa* (g), *Myrica faya* (h), *Ilex platyphylla* (i), *Visnea mocanera* (j). Die größeren Blätter stellen im Allgemeinen Jungstadien einer Art dar (aus Pott et al. 2003)

Die Oszillationen der Parameter der Erdumlaufbahn – nach ihrem Entdecker als die schon bekannten **Milankovitch-Zyklen** benannt – können ebenfalls als mögliche Störungen und damit als Ursache für solche Aussterbeereignisse und als mögliche Motoren für eine neue Speziation, also die Artneubildung durch Mutation und Variation, angesehen werden. Die Form der Erdumlaufbahn schwankt von eher kreisförmig bis eher elliptisch in Zyklen von ungefähr 100 000 Jahren (Abb. 3.19 und 3.20). Diese großen Zyklen ergeben sich aus den Wechselwirkungen der Anziehungskräfte, der Gravitation zwischen Erde und anderen Planeten, wie wir im Kapitel 3.6 gesehen haben. Bei gleichmäßig verteilten Planeten im Sonnensystem sind die Kräfte relativ symmetrisch, und die Erdumlaufbahn nimmt eher Kreisform an. Ordnen sich für eine Zeit mehrere Planeten auf einer Seite der Sonne an, verformt ihre gemeinsame Anziehungskraft die Erdumlaufbahn deutlich. Deshalb beschrieb M. Milankovitch zwei weitere Zyklen: Erstens wird die Neigung der Rotationsachse der Erde mit einer Periodizität von etwa 41 000 Jahren größer und kleiner, und zweitens wechselt die Jahreszeit, in der die Erde der Sonne am nächsten ist, mit einem Zyklus von 23 000 Jahren allmählich vom Sommer zu Winter und wieder zurück. Alle diese Milankovitch-Zyklen wirken also insgesamt auf komplizierte Weise zusammen, sie haben großen Einfluss auf das Weltklima heute und in der Vergangenheit – so bei den zu- und abnehmenden Kontinentalvereisungen im Pleistozän – und sie stellen möglicherweise auch eine der wesentlichen Antriebskräfte für die Speziationen der Lebewelt auf unserer Erde. So ist es beispielsweise leicht vorstellbar, dass während der pleistozänen Vergletscherung auf den nördlichen Kontinenten die Regenfälle in den tropischen Regionen geringer wurden. In der Tat gab es während der Eiszeiten hier weniger Niederschläge, weil eine allgemeine Absenkung der globalen Durchschnittstemperatur damals auch die Verdunstungsraten herabsetzte. Das lässt sich beispielsweise mit Pollenanalysen aus den Seen der südamerikanischen Anden belegen, wo es tatsächlich zu solchen Veränderungen kam. Es führte dazu, dass in solchen trockeneren Perioden die damaligen Wälder den trockenangepassten Savannen und Grasländern weichen mussten. Während der trockeneren Perioden waren damals die waldlebenden Arten auf weit verstreute Refugien beschränkt (Abb. 4.9). Wenn es wieder feuchter wurde, breiteten sich die einzelnen Waldinseln aus und vereinigten sich schließlich zu einem ununterbrochenen Wald, wie er gegenwärtig als riesiger tropischer Regenwald den größten Teil des Amazonasbeckens bedeckt (Abb. 4.10). Sofern die Trockenzeiten in etwa mit den Eiszeiten der Nordhalbkugel übereinstimmen, hätten sie 50 000 bis 100 000 Jahre, eventuell sogar noch länger gedauert und waren jedenfalls lang genug, um Isolationen von Pflanzen und Tieren genetisch zu manifestieren. Als Beweis dafür nehmen wir heute unter anderem die Verbreitungsmuster getrennter Formen von Tukanen in den südamerikanischen Tropenwäldern (Abb. 4.11).

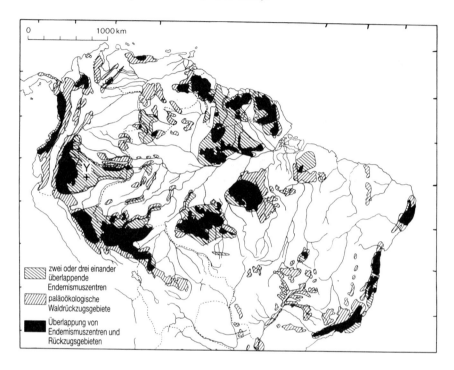

Abb. 4.9. Pleistozäne Refugien in den Regenwäldern Südamerikas (aus Whitmore 1993, © Elsevier GmbH, Spektrum Akademischer Verlag, Heidelberg)

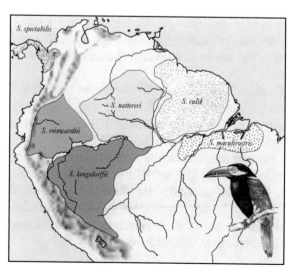

Abb. 4.10. Die geographische Verbreitung eng verwandter Tukane (*Selenidera* div. spec.) lässt vermuten, dass ihre Entwicklung in den pleistozänen Refugien begann (aus Terborgh 1993)

Abb. 4.11. Der Tiefland-Regenwald Amazoniens ist das „Waldland", die „Hyläa" im Sinne Alexander von Humboldts schlechthin (1999)

4.2 Globale Biodiversität

Die heutige globale Artenvielfalt geht zu einem großen Teil auf die Landmassenfragmentierung der Erde zurück. Eine Diversitätskarte der Höheren Pflanzen von Wilhelm Barthlott et al. (1996) in Abbildung 4.12 weist verschiedene **Biodiversitätszentren** aus, welche alle in den feuchten Tropen und Subtropen liegen. Hier sind organismische Variabilität und Vielfalt besonders auffällig. Sie sind ferner Antrieb und Resultat der Evolution und zentrales Merkmal des Lebens, wie wir in den vorausgehenden Kapiteln an vielen Stellen gesehen haben.

Für den Rückgang der Gesamtdiversität mit zunehmender Entfernung von der äquatorial-tropischen Zone und der Abnahme von Blütenpflanzenarten in den Hochgebirgen der Nordhalbkugel, vor allem in den Alpen und den skandinavischen Gebirgen um etwa 40 Arten pro 100 Meter Höhendifferenz, kann man folgende Gründe annehmen: die verfügbare Landfläche ist im Norden rein geometrisch bedingt kleiner; die Wachstumsperioden betragen in den temperaten Gebirgen oberhalb der Waldgrenze maximal 10 Wochen und sind hier kürzer als in den Tropen, wo ganzjährig Wachstum möglich ist. Zusätzlich haben die großklimatischen Schwankungen während der Eiszeiten eine Einengung evolutiver Prozesse bewirkt.

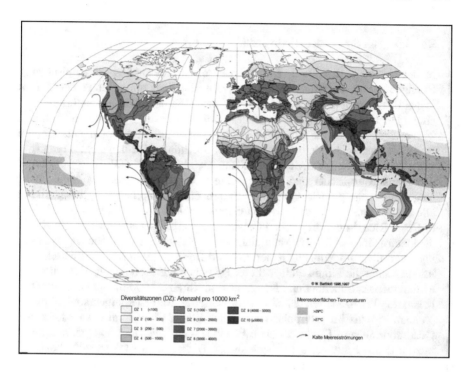

Abb. 4.12. Globale Biodiversität der Gefäßpflanzen (aus Barthlott et al. 1996)

Warum auf der anderen Seite überhaupt so viele Arten in den „Hot Spots" auf engem Raum zusammen leben können, funktioniert nach dem Prinzip des kompetitiven Ausschlusses, wie es Georgyi Frantsevitch Gause (1910-1986) im Jahre 1934 beschrieben hat: Es ist schwierig für Arten zu koexistieren, wenn sie ähnliche Lebensform und ähnliche Ressourcen-Nutzung aufweisen. Strukturelle und funktionelle Differenzierung erlaubt hingegen eine komplementäre Ressourcen-Nutzung mit entsprechender Nischen-Differenzierung. Davon wird abgeleitet, dass umso mehr Arten koexistieren können, je enger ihre „Nischen" sind. Weiterhin wird ein diversitätsfördernder Einfluss von mäßigen Störungen, besonders der Herbivoren- und Pathogenbelastung, gegenüber störungsfreien Standorten angenommen. Auch mäßiger Nährstoffmangel fördert oft die Diversität, weil raschwüchsige, nährstoffbedürftige Arten nicht dominant werden können und damit ein artenreiches Nebeneinander möglich wird. In der Realität finden sich zu all diesen Argumenten auch Gegenbeispiele: Besonders eindrucksvoll ist die relativ gut fundierte These, dass, ganz im Gegensatz zu **Gauses Prinzip**, gerade weite Anspruchsnischen tropischer Bäume die Koexistenz so vieler Arten in feucht-tropischen Primärwäldern ermöglichen.

Box 4.4. „Hot Spots" der Biodiversität

In der Weltkarte der Biodiversität erkennen wir besonders die tropischen Hochgebirge als Hot Spots der Biodiversität. Das liegt zum einen an der Skala des Bezugsrasters von 100 x 100 Kilometern in der Karte, wo natürlich in einem Hochgebirge von den Tieflandsregionen über die Höhenstufen bis hin zum ewigen Schnee die natürliche Geotopvielfalt in einem Dokumentationsraster die entsprechende biotische Vielfalt überhöht. Aber dennoch: nirgends sonst kann man auf relativ kleiner Fläche soviel Lebensvielfalt finden wie an den Flanken tropischer und subtropischer Gebirge. So werden in der Karte insgesamt sechs globale Diversitätszentren der Gefäßpflanzen sichtbar, die alle in subtropischen und tropischen Gebirgsländern liegen: im Chocó-Gebiet in Costa Rica, in den tropischen Ostanden, im atlantischen Brasilien um Rio de Janeiro, im Gebiet des Mata-atlantica-Regenwaldes, im östlichen Himalaya, vor allem im Yunnan-Gebiet, in Nord-Borneo und in Neuguinea. Schon immer galten die Floren einiger dieser Regionen wie Kolumbien, Venezuela, Mittelamerika, Südchina und Neuguinea mit ihren 20 000 bis 30 000 derzeit bekannten Pflanzenarten als besonders vielfältig. So beherbergen sowohl die Yunnan-Provinz im subtropisch-tropischen Süden Chinas mit etwa 380 000 Quadratkilometern Fläche als auch Ecuador – das mit 283 000 Quadratkilometern deutlich kleiner als beispielsweise Deutschland ist – so viele beziehungsweise sogar über vierzig Prozent mehr Arten als die gesamte Flora Europas. Auch auf höherer taxonomischer Ebene stehen den bisher dokumentierten über 250 einheimischen Gefäßpflanzenfamilien Ecuadors nur knapp 170 der europäischen Flora gegenüber. Je nach Betrachtungsmaßstab können diese Vergleiche auch noch deutlicher ausfallen: Die über 1220 Arten aus 112 Familien, die man in nur 10 x 0,1 Quadratkilometern entlang des Rio Caquetá im kolumbischen Amazonas-Tiefland gefunden hat, entsprechen relativ genau der Arten- als auch der Familienzahl der gesamten einheimischen Gefäßpflanzenflora der Niederlande.

Besonders reichhaltig ist die biotische Vielfalt in den im Kapitel 1.2 genannten, derzeit zwölf **„Megadiversitätsländern"**, welche die höchste Artenvielfalt von Wirbeltieren, Schmetterlingen und Höheren Pflanzen beherbergen (Abb. 4.13).

Diese Länder sind Kolumbien, Ecuador, Peru, Brasilien, Republik Kongo, Madagaskar, China, Indien, Malaysia, Indonesien, Australien und Mexiko. Viele der dort anzutreffenden Pflanzen- und Tierarten existieren ausschließlich in diesen Gebieten und sind dort endemisch. Weitere Zentren liegen in mediterran geprägten Regionen mit etesischem Klima, wie zum Beispiel in Südafrika, in Südwest-Australien und auf den Archipelen im Atlantischen Ozean, besonders auf den Kanarischen Inseln und Madeira.

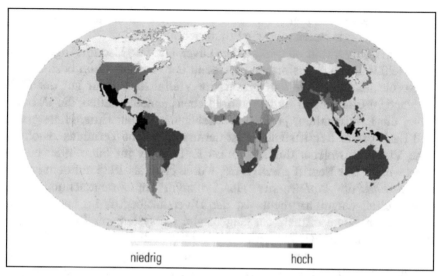

Abb. 4.13. Natürliche Biodiversität von Pflanzen und Tieren der Staaten (aus Drucksache 14/9200, www.bundestag,de/gremien/welt/glob_end/8.pdf)

Vergleichsweise hohe Artenzahlen lassen sich auch in außerarktischen Gebirgszonen wie den Anden in Südamerika finden, was darauf hinweist, dass eine hohe **Geodiversität** auch die **Biodiversität** erhöhen kann. Es gibt derzeit global 25 solcher als „Hot Spots" bezeichneter Gebiete, die aber nur 1,4 Prozent der Landoberfläche der Erde bedecken.

Mit der Erfassung der Biodiversität ist nicht das reine Beschreiben und Zählen von Arten mit den üblichen Vergleichen phänotypisch-morphologischer Merkmale gemeint, sondern wir können zeigen, dass ein Großteil der organismischen, physiologischen und biochemischen Vielfalt – alles wichtige Aspekte des Großbegriffes Biodiversität – mit mikrobiologischen, vegetationskundlichen und zoologischen Methoden erfasst werden kann und ihre Erforschung deshalb in diesen Disziplinen beheimatet ist. So implizieren beispielsweise Darstellungen wie die aus dem Buch des Zoologen Edward O. Wilson (1994) *The Diversity of Life* (Abb. 1.3), dass Tiere, besonders die Insekten, und Höhere Pflanzen die höchste Artenvielfalt aufzeigen. Eine große Vielfalt zeigen aber auch die derzeit bekannten Mikroorganismen, deren Artbestimmung verstärkt im Zuge der molekularen Revolution der Biologie durch die vergleichende Sequenzanalyse informativer Makromoleküle – vor allem homologer Gene – möglich wird. Die enorme physiologische Diversität der *Bacteria* und *Archaea* mit ihren zahlreichen Energie-, Kohlenstoff- oder Stickstoffquellen in der Natur ist sprichwörtlich. Man vermutet, dass derzeit weniger als ein Prozent der möglichen Arten bekannt ist, so dass es vielleicht mindestens so viele Arten an Mikroorganismen gibt wie Pflanzen und Tiere.

Unter **Biodiversität** oder biotischer Diversität wird also im Allgemeinen die Vielfalt aller Lebensformen, das heißt der Artenreichtum beziehungsweise die taxonomische und genetische Vielfalt der Natur auf der Erde verstanden. Einbezogen sind auch die Lebensgemeinschaften, die Ökosysteme, die Landschaften, ja eben die Lebensräume der Erde. Hintergrund und Basis dieser Begriffsfassung ist der ursprüngliche Terminus „Biologische Vielfalt", welcher durch Thomas E. Lovejoy im Jahre 1980 eingeführt wurde. Der Begriff *Biodiversity* wurde erstmals 1985 auf dem *National Forum on BioDiversity* als Synonym für Artenreichtum bzw. Artenvielfalt eingeführt; heute ist der Diversitätsbegriff im naturwissenschaftlichen Sinne oftmals als Gegenstand ökosystemarer Betrachtungen unter Einbeziehung der Fragen nach Struktur, Aufbau und innerer Vielfalt und Mannigfaltigkeit von Ökosystemen mit Berücksichtigung ihrer Funktion und ihrer Rolle im gesamten Naturhaushalt, was man mit den Begriffen *Stability* und *Complexity* belegt. Das zeigt sich in der Vielfalt und Vielgestaltigkeit der Lebensräume auf der Erde.

4.3 Arten- und Lebensformenvielfalt und deren systematische Erfassung

Noch nie gab es so viele Pflanzen- und Tierarten wie heute. Doch auch das **Artensterben** hat inzwischen einen Höchststand erreicht, wie wir schon gesehen haben. Systematiker fordern nationale Programme, um die Artenvielfalt zu katalogisieren, bevor sie ausgestorben sind.

Die Zerstörung von Lebensraum als Folge menschlicher Aktivitäten muss heute als Hauptursache für den **Verlust an Biodiversität** angesehen werden. Das gilt sowohl für die industrialisierten Länder der Erde als auch für die sogenannten „Drittwelt-Länder", besonders aber für die tropischen und subtropischen Regionen. „**Biotische Verarmung**" – der Verlust an charakteristischer Vielfalt von Arten, Genen und Lebensgemeinschaften einer Region – ist beinahe unvermeidbare Konsequenz menschlichen Gebrauchs und häufig die Folge des Missbrauchs natürlicher Ressourcen.

Das Ausmaß der menschlichen Einflussnahme auf die Ökosysteme hat im vergangenen Jahrhundert massiv zugenommen - mit noch steigender Tendenz in den letzten Jahrzehnten. Seit 1980 ist die Weltwirtschaft um den Faktor drei gewachsen, und die Weltbevölkerung hat um 30 Prozent auf 6 Milliarden Menschen zugenommen. Das Kapitel 5 wird uns den Standortfaktor „Mensch" für die Ökosystembetrachtung näher bringen.

Box 4.5. Die Notwendigkeit der Biologischen Systematik

„Wir können die Arten gar nicht so schnell erfassen, wie sie aussterben", hört man oft schlagwortartig, wenn es um den Schutz der tropischen Regenwälder geht. Deshalb fordern zahlreiche Wissenschaftler ein staatlich unterstütztes und finanziertes Artenerfassungsprogramm nach dem Vorbild des Humangenomprojektes, wie es eingangs schon formuliert ist. Bislang sind weltweit gerade mal zehn Prozent der schätzungsweise zwölf bis 30 Millionen Arten katalogisiert; dabei ist manchmal die lokale oder regionale Vielfalt heute so groß wie nie zuvor - weil viele Pflanzen und Tiere sich als Einwanderer abseits ihrer Heimatländer behaupten und auch, weil sich manche früher beschriebene Art inzwischen als Artenmix herausgestellt hat. Auf der anderen Seite verschwinden täglich zahlreiche Pflanzen- und Tierarten von unserem Globus, wie wir es eingangs schon gesehen haben. Wie viele das wirklich sind, können wir nicht einmal schätzen.

Was uns am meisten umtreibt, ist die Befürchtung, dass sich die Erde durch unseren Raubbau an natürlichen Ressourcen nahe an der Schwelle zu einem unkontrollierten **Artenverlust** befindet, denn wir wissen nicht, wo in unseren Ökosystemen der Grenzwert liegt und was wir ihnen noch zumuten können. Im Kapitel 2 haben wir schon gelernt: In den vergangenen 3,5 Milliarden Jahren hat das Leben gerade wegen seiner ungeheuren Vielfalt zwar alle Katastrophen überstanden, umso wichtiger sei es nun, diese Vielfalt auch zu bewahren. Schützen können wir aber nur, was wir kennen, das sagen wir immer und fordern verstärkte Anstrengungen, um neue Arten beschreiben, ordnen und erforschen zu können. Dazu gehören auch moderne Methoden wie die genetische Charakterisierung neu entdeckter Tiere und Pflanzen. Was uns fehlt, ist eine vernünftige Infrastruktur für biologische Systematik. Bei den forschungspolitischen Entscheidungsträgern muss jetzt dringend ein Umdenken einsetzen. Es kann nicht sein, dass Milliarden in die Klimaforschung fließen, während in den Zonobiomen auf der Erde vieles unerforscht bleibt.

Eine systematische Ausweitung der **Exploration aller Lebensräume** auf der Erde auf der Basis des anerkannten hohen wissenschaftlichen Niveaus der mitteleuropäischen Vegetationskunde mit all ihren Methoden und Instrumentarien ist die notwendige Konsequenz für künftige Forschungstätigkeiten auf diesem Gebiet.

Anwachsende Landnutzungsintensität, Urbanisierung, Industrialisierung und Verbrauch natürlicher Ressourcen sollen an dieser Stelle nur als Stichworte genannt sein. Mit einer Abnahme dieses steigenden Verbrauchs ist in absehbarer Zukunft wohl nicht zu rechnen. Demographen rechnen statt dessen mit einer Bevölkerungszunahme auf bis zu 9 Milliarden Menschen in den kommenden 50 Jahren. Demzufolge wird sich auch der oben angesprochene Druck noch verstärken, was schon heute häufig dazu verleitet,

Box 4.6. Die neuen Fragen...

Bis heute hat sich die geobotanische Forschung zu einem großen Teil auf die Verbreitung von Organismen auf der Erdoberfläche und während der Erdgeschichte konzentriert. Da gibt es aber auch eine Liste an Fragen, die zwar leicht gestellt werden können, deren Beantwortung jedoch nicht so leicht fällt, wie z. B.: Warum sind bestimmte Arten oder höhere taxonomische Einheiten auf ihr heutiges Verbreitungsgebiet beschränkt, und was hindert sie daran, andere Gebiete zu erschließen? Welche Rollen spielen Faktoren wie das Klima, die Topographie und Interaktionen mit anderen Organismen bei der Limitierung von Artarealen; wie haben historische Ereignisse diese Verbreitungsareale mitgeformt? Was sind die verantwortlichen Faktoren für die hohen Artenzahlen in den Tropen und Subtropen im Vergleich beispielsweise mit den arktischen Zonen? Wie verlief die Kolonisierung isolierter Inseln ab und warum weisen diese eine geringere Artenzahl auf als vergleichbare Lebensräume auf dem Festland? Und viele Fragen werden zum jetzigen Zeitpunkt auch meistens unbeantwortet bleiben. Es mangelt nach wie vor an grundlegenden Erkenntnissen, welche für die genaue Beschreibung ökosystemarer Prozesse in globalem, regionalem oder manchmal sogar lokalem Maßstab von Bedeutung sind. Doch Vorsicht ist oftmals geboten, da viele aus der Literatur bekannte Fakten heute leider allzu gern und schnell ignoriert werden und die besonders in der anglo-amerikanischen Welt verbreitete Meinung „das Neue ist jeweils auch das Bessere" nicht immer den echten wissenschaftlichen Fortschritt widerspiegelt. Dazu kommt, dass heute fast alle nicht in englischer Sprache veröffentlichten wissenschaftlichen Arbeiten von der internationalen Fachwelt übergangen werden und man hört oft auf Kongressen neue Hypothesen über altbekannte Sachverhalte. Dabei sitzen viele Fachvertreter verwandter Forschungsrichtungen durchaus im Glashaus; man denke an „Waldsterben", „Mosaik-Zyklus-Spekulation", „Insel-Theorien" und vieles mehr, wofür wir bislang noch keine verifizierenden Beispiele haben. Dafür gibt es neue Probleme: Eines der aktuellsten Umweltrisiken betrifft die Stickstoffverbindungen aus der Luft: Ursachen sind bekanntermaßen alle Verbrennungsvorgänge, bei denen Stickoxide freigesetzt werden, und die Landwirtschaft, deren Ammoniakdünste man in manchen Landesteilen mit Intensivviehhaltung weithin riechen kann. Ammoniak aus der Landwirtschaft, der sich im Güllegestank manifestiert, gab es natürlich auch früher schon. Er war nur noch nicht so intensiv wie heute und ist damals durch den sauren Regen stellenweise neutralisiert worden. Die Wirkung auf empfindliche Ökosysteme wie Heiden, oligotrophe Seen, dystrophe Moore oder Trockenrasen, wo Stickstoff natürlicherweise ein Mangelfaktor ist, ist mittlerweile bekannt, und die Eutrophierung von Grundwasser, Boden und natürlicher Vegetation großer Regionen aus der subventionierten Intensivlandwirtschaft Europas gehört mittlerweile zu den skandalösesten Problemen der heutigen Zeit.

Ökosysteme zu Gunsten kurzfristigen Gewinns zu übernutzen, statt die Entwicklung langfristig nachhaltiger Nutzungsformen zu fördern, derzeit sichtbar an der massiven Rodung subtropischer und tropischer Wälder. Wie lässt sich so etwas dokumentieren oder wie kann man solche Phänomene sichtbar machen? Die vergangenen Jahrzehnte sind gekennzeichnet durch eine buchstäbliche Informations-Explosion in jeder Forschungsdisziplin. Die wissenschaftliche Forschungsgemeinschaft trägt zunehmend detailliertere und genauere Informationen der räumlichen Verbreitung und zeitlich dynamischen Muster an physikalischen, biotischen und vom Menschen beeinflussten Variablen und Prozessen von lokaler bis globaler Skala zusammen. Mit dieser Datenfülle, aufbereitet und visualisiert durch moderne Informationstechnologien wie zum Beispiel Geographischen Informationssysteme (GIS), lassen sich Phänomene wie Verschiebungen der Meeresströmungen, verändernde Verbreitungsmuster der Vegetation im Zusammenhang mit der globalen Klimaänderung, saisonale und interannuelle Änderungen der Produktivität terrestrischer und mariner Ökosysteme, sowie Veränderungen der Weltbevölkerung und die damit zusammenhängenden Auswirkungen auf die Lebensraumumwandlung und -fragmentierung aufzeigen.

4.4 Prinzipien der Differenzierung

Die Evolutionstheorie geht davon aus, dass die Artenmannigfaltigkeit der Organismen das Produkt eines historischen Entwicklungsprozesses ist, der sich in allen Epochen der Erdgeschichte vollzogen hat. Alle heute lebenden, also rezenten Arten stehen demnach in einem mehr oder weniger engen Verwandtschaftsverhältnis zueinander, haben also eine realhistorischen Zusammenhang. Sie lassen sich letztlich auf gemeinsame, ursprüngliche Ahnenformen zurückführen. Im Laufe der stammesgeschichtlichen Entwicklung der Organismen muss es demnach zu einer Umwandlung, einer Transformation, in Gestalt, Funktion und Lebensweise und dementsprechend zu einer Differenzierung gekommen sein. Diesen Prozess, der zum Artenwandel und zur Bildung neuer Arten und Organisationstypen geführt hat, nennt man **Evolution**. Dabei geht man von unterschiedlichen Artbegriffen aus. Der Begriff **Art** lässt sich also auf unterschiedliche Weise definieren; zwei wichtige sind:

- Der **Biologische Artbegriff** oder die **Biospezies**: Eine Biospezies ist eine Gruppe tatsächlich oder potentiell kreuzender natürlicher Populationen, die von anderen reproduktiv isoliert sind. Normalerweise werden Gene von der Elterngeneration an die Nachkommen weitergegeben. Das

gilt jedenfalls für die **Eukaryoten**, jene Organismen, die über hochent-
wickelte, mit einem Kern ausgestattete Zellen verfügen. Es gibt aber
noch einen so genannten transversalen Gentransfer, besonders bei den
einfachen, als **Prokaryoten** bezeichneten Lebewesen, wie den Bakteri-
en beispielsweise, wo Stücke von Erbsubstanz zunächst in die Umwelt
abgegeben werden und dann von anderen Organismen bar jeglicher Se-
xualität aufgenommen werden. Solche „springenden Elemente" sind
neuerdings auch in den Mitochondrien von Pflanzen nachgewiesen worden. Über den Übertragungsweg kann man nur spekulieren: Möglicherweise dienen Viren, Bakterien und Pilze oder Pollen von Pflanzen als
Vektoren. Solch ein Genfluss kann aber nur in evolutionären Epochen
von Jahrmillionen zum Tragen kommen, nicht aber in den für uns Menschen beobachtbaren Zeiträumen.

- Der **Morphologische Artbegriff** oder die **Morphospezies**: Unter einer
  Morphospezies fasst man die Gesamtheit aller Individuen zusammen,
  die in ihren wesentlichen Merkmalen – auch in nicht morphologischen –
  untereinander und mit ihren Nachkommen übereinstimmen. Variationen
  von Merkmalen sind innerhalb einer Morphospezies kontinuierlich mit
  Ausnahme des Phänomens des **Dimorphismus** (Abb. 4.14); gegenüber
  einer anderen Morphospezies besteht dagegen Merkmalsdiskontinuität.

Im Laufe der Generationenfolge verändert sich über längere Zeiträume
das Merkmalsgefüge durch Mutation und durch Selektion derart, dass An-
fangs- und Endglied einer solchen Entwicklungsreihe zu zwei verschiedenen Arten gestellt wird. Es findet dann keine Kreuzung der gleichzeitig lebenden Arten mehr statt. Eine Stammart spaltet sich also im Laufe der
Evolution in zwei oder mehr gleichzeitig lebende Schwesterarten auf. Dieser Prozess heißt **Formenaufsplitterung**. Hierbei findet eine Vermehrung
der Arten statt. Durch die Aufspaltung der Arten kommt es zu Vikarianzen
und zur **Adaptiven Radiation**. Den Begriff Vikarianz haben wir in Kapitel
4.1 in arealgeographischer Sicht schon kennen gelernt: Im Hinblick auf die
evolutiven Prozesse können wir ihn jetzt erweitern: **Vikarianz** ist der Art-
bildungsprozess, bei dem sich von einer Ausgangsart eine oder mehr Arten
abspalten, die gleiche ökologische Nischen besetzen. Man spricht auch von
Zwillingsarten. Ausgehend von geographischer Isolation, beispielsweise
durch Bergrücken oder durch Meere, kommt es zu einer Divergenz und
letztlich zur Entstehung neuer Arten. Unter adaptiver Radiation versteht
man allgemein eine unterschiedliche Anpassung und Einnischung verschiedener Vertreter einer Organismengruppe innerhalb eines geologisch
kurzen Zeitraumes. Es entsteht dabei eine Vielzahl von Formen, die meist
von einer Ausgangsart abstammen. Als selektive Kraft spielen zahlreiche
standortsökologische Gegebenheiten wohl die Hauptrolle. Der notwendige,

Abb. 4.14. Junge und alte Individuen der zentralaustralischen *Allocasuarina decaisnei* (Casuarinaceae) sind gestaltverschieden, jedoch genetisch homogen. Jungbäume wachsen schopfig; erst wenn die Wurzeln die tiefen Grundwasservorräte erreicht haben, bildet sich die ausladende Baumkrone (2002)

weitgehend passiv ablaufende Anpassungsprozess wird durch einzelne Genmutationen eingeleitet, ist also im hohen Maße zufallsabhängig.

Bereits Charles Darwin (1809-1882) und Alfred Russel Wallace (1823-1913) war bekannt, dass auf Inseln lebende Vertreter von ansonsten überwiegend krautig wachsenden Arten verholzte und perennierende Formen hervorbringen. Dieses Phänomen wird als **„Insular Woodiness"** bezeichnet. Die Kanarischen Inseln sind dafür berühmt: Hier zeigen besonders die Gattungen *Echium* (Boraginaceae), *Sonchus* (Asteraceae), *Carlina* (Asteraceae), *Limonium* (Plumbaginaceae), *Convolvulus* (Convolvulaceae), Hypericum (Hypericaceae), *Isoplexis* (Scrophulariaceae) und *Salvia* (Lamiaceae) die Verholzung normalerweise krautig wachsender Sippen (Abb. 4.15).

Es gibt zwei Hypothesen, die das Phänomen „Insular Woodiness" zu erklären versuchen:

- **Adaptationshypothese:** Verholzung als Anpassung aus krautig wachsenden Vorfahren an das Klima mit geringer Saisonalität, also eine „Gewöhnung" an Phasen ohne Substanzverlust oder durch Abwesenheit großer Herbivoren.

- **Relikthypothese:** Verholzung als ursprüngliches Merkmal, das auf Inseln konserviert werden konnte; krautige kontinentale Verwandte werden dabei als weiterentwickelt angesehen.

Abb. 4.15. Beispiele für „*Insular Woodiness*" der Kanarischen Inseln: **a** *Echium wildpretii*, **b** *Sonchus pinnatifidus*, **c** *Carlina salicifolia*, **d** *Limonium pectinatum*, **e** *Convolvulus floridus*, **f** *Hypericum grandiflorum*, **g** *Isoplexis canariensis*, **h** *Salvia canariensis*

Die Gattung *Echium* umfasst auf den Inseln im Atlantik etwa 60 Arten, von denen 28 auf Inselgruppen vor der westafrikanischen Küste (23 Kanaren, 2 Madeira-Archipel, 3 Kapverden) vorkommen und die restlichen circummediterran-westasiatisch verbreitet sind. In Südafrika kommt die nahe verwandte Gattung *Lobostemon* vor (Abb. 4.16). Diese Vertreter sind als die ursprünglichsten heute lebenden Pflanzen dieses Verwandtschaftskreises anzusehen. Innerhalb von *Echium* s.str. sind die krautigen Vertreter Europas und Nordafrikas paraphyletisch, das heißt gegenüber den kanarischen *Echium*-Arten als ursprünglich einzustufen.

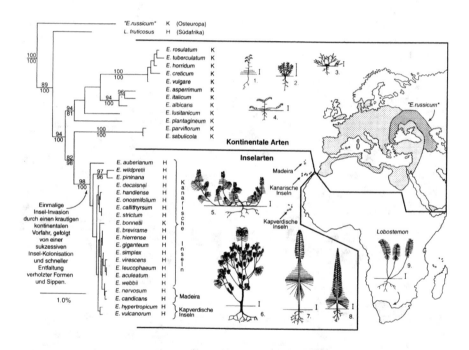

Abb. 4.16. Differenzierung und Entfaltung der Gattung *Echium*. Korrelation zwischen Phylogenie, Biogeographie und Wuchs-/Lebensformen. Links: Neighbor Joining-Stammbaum kombinierter Sequenzen nicht codierender cpDNA und nrDNA. H verholzte Sippen, K krautige Sippen, (1) *E. plantagineum*, (2) *E. humile*, (3) *E. rosulatum*, (4), *E. parviflorum*, (5) *E. onosmifolium*, (6) *E. decaisnei*, (7) *E. simplex*, (8) *E. wildpretii*, (9) *Lobostemon fruticosus* (aus Frey u. Lösch 2004, © Elsevier GmbH, Spektrum Akademischer Verlag, Heidelberg)

Man nimmt an, dass eine einmalige Inselinvasion durch krautige kontinentale Ahnenformen geschah, gefolgt von erfolgreicher Inselbesiedlung und schneller Artbildung von verholzten Formen. Die über zwanzig endemischen *Echium*-Arten der Inseln im Atlantik sind bis auf wenige Ausnahmen durch eine große Diversität holziger Taxa gekennzeichnet. Neben reich verzweigten Kandelaber-Sträuchern gibt es spektakuläre hapaxanthe Arten mit riesigen, oft mehrere tausend Blüten tragenden Infloreszenzen, wie *Echium wildpretii* (Abb. 4.15).

Derartige, zur Bildung neuer Sippen führende Evolutionsvorgänge können natürlich nicht unmittelbar beobachtet werden. Sie sind aber gerade in einem Gebiet wie den Kanarischen Inseln theoretisch rekonstruierbar und sollen hier anhand der Gattung der Kanarenmargerite (*Argyranthemum*) etwas näher beleuchtet werden (Abb. 4.17): Diese Art hat sich seit ihrem Eintreffen auf den Inseln in eindrucksvoller Weise an die unterschiedlichsten Lebensräume angepasst und durch Herausbildung neuer Arten weiterentwickelt. Mit den kanarischen Margeriten-Arten hat sich insbesondere C. J. Humphries (1976 und 1979) auseinandergesetzt.

Abb. 4.17. Adaptive Radiation bei kanarischen *Argyranthemum*-Arten: **a** *A. haouarytheum* ein La Palma-Endemit, **b** *A. frutescens* ssp. *frutescens* nur auf Gran Canaria und Teneriffa, **c** *A. coronopifolium* und **d** *A. broussonetii* sind Teneriffa-Endemiten, **e** *A. teneriffae* nur im Bereich der Cañadas auf Teneriffa

---

Box 4.7. Die Adaptive Radiation der Kanaren-Margeriten

Alle auf den Kanaren vorkommenden mehrjährigen Vertreter sind im Gegensatz zu den nächstverwandten einjährigen mediterranen Formen diploid und monophyletischen Ursprungs. Ferner unterscheiden sie sich in ihrer Flavonoid- und Enzymbiochemie von den süd-und mitteleuropäischen Schwestergruppen und sind zusätzlich mehrjährig und strauchförmig. Häufig findet man auf den Kanaren immer wieder an ähnlichen Habitaten auf den unterschiedlichen Inseln oder an voneinander isolierten Standorten ein und derselben Insel entsprechende Vikarianten, die sich in vielen vegetativen Strukturen gleichen. Als prominentes Beispiel hierfür sei *Argyranthemum adauctum* (Abb. 4.17) genannt, die in den Bergen von Gran Canaria, Teneriffa und El Hierro in großerVariabilität vorkommt, auf La Gomera und La Palma aber durch jeweils andere Arten vertreten wird, z.B. auf La Palma ausschließlich durch *A. haouarytheum*. Sippen an vergleichbaren Standorten haben auf den Kanaren jeweils charakteristische Anpassungen in Form ähnlicher morphologischer Merkmale und Lebenszyklen entwickelt. Adaptationen an trockene Lebensräume sind bei den Kanaren-Margeriten zum Beispiel zunehmende Behaarung als Verdunstungsschutz, Reduzierung der Beblätterung oder das zeitweise Einstellen des Wachstums. Arten salzhaltiger küstennaher Standorte wie *A. coronopifolium* neigen zu verstärkter Blattsukkulenz. Als wohl ursprünglichste Form gelten die großblättrigen recht hochwüchsigen Lorbeerwaldarten (zum Beispiel *A. broussonetii*). Davon ausgehend können verschiedene Trends beobachtet werden: Durch niedrigeren Wuchs, reduzierte Blattflächen und nicht so große Blütenköpfe sind die oft felsbewohnenden und etwas trockenerem Klima ausgesetzten *A. lidii* und *A. frutescens* ssp. *frutescens* ausgezeichnet. Bei den auf südexponierten Standorten der tieferen Lagen wachsenden Arten *A. filifolium*, *A. foeniculaceum*, *A. gracile* und *A. frutescens* ssp. *gracilescens* reicht mit dem Besitz schmaler, fein zerteilter Blätter und kleiner Köpfchen die Anpassung noch weiter. Viele stellen darüber hinaus nach der Samenproduktion im Sommer ihr Wachstum ein. Die in den trockenen Hochgebirgsregionen Teneriffas verbreitete *A. teneriffae* besitzt stark fiederschnittige und behaarte Blätter, genauso wie die anderen Gattungsvertreter, die bis in die hochmontanen Gebiete vorstoßen.

Bei *A. broussonetii* handelt es sich um die Art mit den am wenigsten abgeleiteten Eigenschaften. Der Stamm ist verholzt, und die Pflanze kann einen Durchmesser von bis zu 6 Metern und eine Höhe von bis zu 2 Meter erreichen. Sie wächst in einer Buschform, und man findet die Pflanze in feuchten Lorbeerwäldern. Diese Eigenschaften sind bei anderen Schatten- und Waldarten ähnlich.

In den ariden Gebieten, also an den heißen Standorten der Küstenregionen kommt es zu Reduktionen der Gesamtgröße der Pflanze, des Verholzungsgrades, der Blütenköpfchengröße und der Blattgröße. Verschiedenartige Standorte bedingen natürlich auch verschiedene Lebensformen: In den Hochgebirgszonen von Teneriffa kommt – wie gesagt – *A. teneriffae* vor. Dort ist die Pflanze im Jahr manchmal monatelang durch Schneebedeckung am Wachstum gehindert, was bewirkt, dass die Triebe nach dem Blühen am Jahresende absterben und jedes Jahr neu gebildet werden.

4.5 Probleme der *Aliens*

Neben der natürlichen Artenzahl beeinflussen aber auch andere Qualitätskriterien die Bedeutung der Biodiversität einer bestimmten Region. Der Anteil von Fremdarten einer Region und Zuwanderern, den **Allophyten**, wird zu einem zunehmend wichtigen Kriterium, wenn es darum geht, die Qualität eines Lebensraumes einzuschätzen und die Folgen der biologischen Globalisierung in natürlichen Lebensräumen aufzuzeigen, die zur Verdrängung einheimischer Arten oder zur Neueinbürgerung führen (Abb. 4.18).

Abb. 4.18. Migration von nordhemisphärischen *Aliens* (*Rumex* ssp., *Ranunculus* ssp. und *Senecio* ssp.) entlang der Flüsse in den Alpen Neuseelands. In die angrenzenden dunklen *Nothofagus*-Wälder sind diese Elemente noch nicht eingedrungen (2001)

Dazu kommt ein neuerlicher Eintrag von „Wildformen", beispielsweise von Sträuchern, die heute in Baumschulen gezüchtet werden und die oftmals im Zuge von sogenannten wohlgemeinten „Renaturierungsmaßnahmen" in natürliche Systeme ausgebracht werden und sich von dort ausbreiten. Besonders deutlich wird dieses Phänomen in den einzigartigen Dünenökosystemen der Wattenmeer-Inseln in der europäischen Nordsee, wo zum Beispiel die ursprünglich asiatischen, heute jedoch geklonten Kartoffel-Rosen (*Rosa rugosa*) sich sehr invasiv verhalten und die einheimische *Rosa spinosissima* (= *R. pimpinellifolia*) dauerhaft verdrängen (Abb. 4.19).

Abb. 4.19. a und **b** *Rosa rugosa*, rot- und weißblühende Formen, **c** *Rosa spinosissima* sind häufige Dünenelemente der Nordseeinseln

Es erstaunt deshalb nicht, dass natürliche und künstliche Biodiversität und potentielle Veränderungen derselben eine zunehmend wichtigere Rolle in der geobotanischen Forschung wie auch in der öffentlichen Diskussion spielen. Diese erhebliche Problematik wurde bislang zu wenig beachtet; die Gefährdung der natürlichen Ökosysteme durch die Allophyten, die **Alien species**, wird nachfolgend ausführlicher behandelt, ohne jedoch auch nur irgendwie einen Anspruch auf halbwegige Vollständigkeit zu haben. Dieses Thema ist neuerdings auch in zusammenfassenden Werken von Ingo Kowarik (2003) und Ewald Weber (2003) behandelt worden, auf die hier grundlegend verwiesen wird. Einige Beispiele aus eigener Anschauung sollen jedoch auch in diesem Buch das Thema beleuchten:

Im Süden Afrikas, zwischen Kapstadt und dem Kap der Guten Hoffnung, befindet sich eine ungewöhnliche Berglandschaft: Der **Fynbos** der südafrikanischen Kap-Halbinsel, den wir im Kapitel 7.4 näher kennen lernen werden (Abb. 4.20). Allein hier im Kap-Nationalpark leben auf einer Fläche, etwas kleiner als die Ausdehnung der Großstadt Londons, fast 2300 verschiedene Pflanzenarten. Diese einzigartige Flora beschränkt sich nicht nur auf das Kap der Guten Hoffnung. Im gesamten Südwesten Südafrikas ist diese spezielle Vielfalt zu finden. Die Kaplandschaft gehört des-

Abb. 4.20. Fynbos am Tafelberg, Kap der Guten Hoffnung (2003)

halb zu den „**Biotischen Hot Spots**" der Erde. In diese dringen eingeschleppte oder eingebrachte *Aliens* vor allem aus Australien und aus Amerika ein (siehe Box 4.8). Neuerdings wird sogar der Kohlendioxidanstieg
in der Atmosphäre als möglicher Grund für die spontane Ausbreitung beispielsweise von immergrünen, lorbeerartigen Sträuchern wie beispielsweise des Kirschlorbeer (*Prunus laurocerasus*) am Südalpenrand oder des sich
ausbreitenden *Rhododendron ponticum* in Südengland und in Westirland
diskutiert (Abb. 4.21). Beide immergrünen Sträucher stammen aus derselben Region vom Schwarzen Meer in Südwestasien. Sei es der seit 250 Jahren auf die Britischen Inseln eingeführte Pontische Rhododendron (*Rhododendron ponticum*) in England und Irland mit seinen hohen Wuchsraten
und seiner erfolgreichen Reproduktion, seien es die unter der Kudzu-Liane
(*Pueraria lobata*) erstickenden Wälder Carolinas und Südjapans, die unter
der kanarischen *Myrica faya* oder des asiatischen Ginger (*Hedychium
gardnerianum*) leidenden *Metrosideros*-Wälder auf Hawaii; sei es die wu-
chernde Walze des schwer hauttoxischen Riesenbärenklaus (*Heracleum
mantegazzianum*) aus dem Kaukasus in Mitteleuropa und die von Neophyten und Neozoen gleichermaßen heimgesuchte Flora und Fauna der Pazifischen Inseln, Australiens und vor allem Neuseelands, sie alle sind Beispiele für *Alien Invasive Species*, die im Jargon auch einfach *Aliens* genannt
werden und die zur Veränderung ursprünglich biogeographisch separierter,
charakteristischer Floren- und Faunenregionen der Erde und schließlich
zur Floren- und Faunenverfälschung beitragen.

Abb. 4.21. *Rhododendron ponticum* und *Ulex europaeus* breiten sich stark aus im Südwesten Irlands, in der Provinz Kerry (2003)

Sie sind neben der Lebensraumzerstörung und der Veränderung von natürlichen Ökosystemen die zweitgrößte Bedrohung von Artenvielfalt geworden. Viele Ruderalpflanzen, eine ganze Reihe von Unkräutern, Schutt- und Wegrandpflanzen sind heute mit Hilfe des Menschen aus Mitteleuropa inzwischen weltweit verbreitet. Der Weiße Gänsefuß (*Chenopodium album*) gehört dazu, ebenso das Gemeine Hirtentäschel (*Capsella bursa-pastoris*), die Große und Kleine Brennnessel (*Urtica dioica* und *U. urens*), Vogelmiere (*Stellaria media*), Vogelknöterich (*Polygonum aviculare*), Einjähriges Rispengras (*Poa annua*) und Breitwegerich (*Plantago major*), um die wichtigsten davon zu nennen. Ihre globale Verbreitung beruht auf meist unbeabsichtigter Verschleppung ihrer meist kleinen und leichten Samen durch Welthandel und Luftverkehr. Zum Kosmopoliten wurden sie aber erst durch dauerhafte Ansiedlung in den neuen Lebensräumen, denn der Mensch schafft noch immer für derartige Pflanzen die geeigneten Standorte. Viele dieser oben genannten „**Anthropogenen Kosmopoliten**" sind aber auch als genetische Taxa sehr plastisch und variabel. Eine große Zahl von ihnen besitzt zahlreiche genetische Varietäten, offenbar eine Voraussetzung, um immer wieder neue Habitate besiedeln zu können.

Zwei Monate und neun Tage benötigte seinerzeit Christoph Kolumbus für seine erste Fahrt in die neue Welt; spätestens im Jahre 2010 beabsichtigt Boeing mit dreifachem Überschall in zwei Stunden von Frankfurt nach

Box 4.8. Neophyten in Biotischen „Hot Spots"

Die Evolution hat an den „Hot Spots" die größte Vielfalt an unterschiedlichen Arten hervorgebracht. Allerdings ist das grüne Bergparadies am Kap massiv bedroht. Fünf Pflanzenarten sind bereits ausgestorben, 25 stark bedroht und weitere fast 30 Arten sind gefährdet. Neben dem ungehinderten Wachstum des Ballungsraumes Kapstadt trägt vor allem die wilde und ungehemmte Ausbreitung eingeschleppter Busch- und Baumarten aus Australien und Südamerika die Schuld an der Vernichtung und Verarmung der einzigartigen Kapflora. Unkontrolliert vermehren sich importierte Pinien- und Eucalyptusarten an den Berghängen des natürlichen Fynbos, die zu Neophyten werden. Insbesondere die ungehinderte Ausbreitung zweier australischer Akazienarten (*Acacia cyclops* und *Acacia saligna*) ist massiv bedrohlich und wegen der Wasserprobleme vor Ort inzwischen auch ökonomisch relevant. Auch der aus Südamerika von Aquarianern eingebrachte Schwimmfarn (*Azolla filiculoides*) breitet sich derzeit auf der Wasseroberfläche unzähliger Bäche und Teiche des Kaps aus.

Schnelles vegetatives Wachstum kann ebenfalls einen starken Konkurrenzvorteil bedeuten: die genannte, aus dem tropischen Amerika überall auf der Welt eingeführte Ornamentalpflanze *Eichhornia crassipes*, die Wasserhyazinthe (Abb. 4.22), ist ein solches Element, das in Süßwasserflüssen, Seen und Lagunen überall in den Tropen und Subtropen eingewandert ist. Als frei im Wasser flutende Pflanze kann sie sich in eutrophierten Gewässern explosionsartig ausbreiten. Ähnliches gilt für *Mimosa pigra*, eine stickstoffautotrophe Leguminose, die hohe, undurchdringliche, dornige Dickichte über eine Fläche von Millionen Hektar in Nordaustralien, vor allem im ökologisch sensiblen Kakadu-Nationalpark aufbaut. Umgekehrt vermehren sich australische *Melaleuca*-Bäume in den Everglades Floridas.

Spannend ist auch die explosionsartige Ausbreitung einer Brombeere aus Europa in Australien, die heute als *Rubus anglocandicans* bezeichnet wird und die in ihrem Konkurrenzverhalten der in Europa so expansiven *Rubus armeniacus* sehr ähnlich ist (Abb. 4.22). Die jetzt in Australien „wütende" Brombeere hat mittlerweile in Tasmanien und in Südwestaustralien Riesenflächen eingenommen und zugewuchert. Landbesitzer und Schaffarmer sind in Australien ratlos und können dem lebenden „Stacheldrahtverhau" nicht beikommen. *R. anglocandicans*, der vor 25 Jahren in England von A. Newton (1977) erstmals beschrieben wurde, hat nunmehr in Australien die Rolle eines „botanical rabbit" eingenommen.

Auch unser mitteleuropäischer Besenginster (*Cytisus scoparius*), der ebenfalls eine stickstofffixierende Symbiose besitzt, dehnt sich bedrohlich in den offenen Waldlandschaften Nordamerikas, in Neuseeland, Australien und in Chile aus und schafft dort Probleme. Prävention, Erradication (Ausreißen) oder biologische Kontrolle sind die bislang gängigen Verfahren gegen die invasiven Aliens.

New York zu fliegen. Das macht natürlich den globalen Transfer auch von Pflanzen, deren Diasporen oder von Tieren einfacher und schneller; es darf aber keinesfalls dazu führen, dass wir auf unserem Globus nur noch konkurrenzkräftige kosmopolitische Arten vorfinden auf Kosten der ursprünglichen, einheimischen und biogeographisch charakteristischen Pflanzen und Tiere der distinkten Lebensräume unserer Erde. Durch Nivellierung und Uniformierung des ursprünglich verschiedenartigen und naturraumbezogenen jeweiligen Standortgefüges wird heute die Mannigfaltigkeit von Flora, Vegetation und Fauna Schritt für Schritt abgebaut. Die Fremdlinge, die „Aliens", sind meist als Kulturbegleiter zu Kosmopoliten geworden; die ausgerotteten und gefährdeten Arten dagegen sind die gewachsenen, **urheimischen** und empfindlichen **Charakterarten** indigener, das heißt einheimischer Pflanzengesellschaften. Somit wird Typisches und Eigenständiges gegen weltweit Verbreitetes eingetauscht, ein Vorgang der Enttypisierung, Vermassung und biologischen Verarmung. Diesem Prozess sollten wir mit allen verfügbaren Mitteln entgegenwirken. Ernst Burrichter hat schon 1977 eindringlich darauf hingewiesen, dass das Problem der Vegetations- und Florenverarmung in erster Linie nicht so sehr quantitativ als viel mehr qualitativ gesehen werden muss, denn die einzelnen lokal oder regional ausgerotteten Arten werden normalerweise durch „Aliens" ersetzt. Massenvermehrungen von invasiven Arten haben nicht nur biogeographische und ökologische Auswirkungen, sie erzeugen auch enorme wirtschaftliche Schäden.

Abb. 4.22. Beispiele für aggressive *Aliens*: **a** *Eichornia crassipes*, Pontederiaceae, aus Südamerika, **b** *Pueraria lobata*, Fabaceae und **c** *Hedychium gardnerianum*, Zingiberaceae aus Ostasien, **d** *Rubus anglocandicans*, Rosaceae, aus Europa

4.6 Die bedrohten Archipele von Hawaii und Galápagos

Inseln sind in dieser Hinsicht besonders gefährdet: Von Hawaiis ursprünglicher Tier- und Pflanzenwelt ist inzwischen wenig übriggeblieben: Von den Philippinen eingeschleppter Bambus im Kipahulu-Gebiet am erloschenen Vulkan Haleakala auf der Insel Maui verdrängt die natürlichen Elemente des ursprünglichen Bergregenwaldes und drängt sie dabei bis an den Rand der Ausrottung. Obwohl die Inseln im hawai'ianischen Archipel nur zwei Prozent der Landflächen der Vereinigten Staaten einnehmen, gibt es auf ihnen inzwischen mehr bedrohte Arten als anderswo in Amerika. Knapp 200 der insgesamt mehr als 500 als bedroht geltenden Pflanzenarten und mehr als 30 der kurz vor dem Aussterben stehenden mehr als 80 Vogelarten der USA kommen nur im Staat Hawaii vor. Die Gefährdung der einheimischen Flora und Fauna durch vom Menschen eingeführte Tiere und Pflanzen ist auf dem Hawaii- und dem vergleichbar isolierten Galápagos-Archipel in der jüngsten Vergangenheit zunehmend in den Blickpunkt des Interesses von Wissenschaft und Öffentlichkeit gerückt. Anstelle der hawaiianischen Regenwälder hat man vielerorts als Stärkelieferanten Brotfruchtbäume (*Artocarpus communis* fo. *utilis*), ein ursprünglich pazifisches Geoelement mit natürlichem Verbreitungsschwerpunkt auf den Philippinen und in Malaysia, eingeführt. Ebenso als Zierbäume aus Singapur die rot und weiß blühenden Plumerien (*Plumeria alba*) sowie die hellblauen dekorativen Thunbergien (*Thunbergia grandiflora*) und die „Crownflowers" (*Calotropis gigantea*), die aus Indien und Ceylon stammen (Abb. 4.23).

Abb. 4.23. a *Plumeria alba*, Apocynaceae, **b** *Calotropis gigantea*, Asclepiadaceae, **c** *Thunbergia grandiflora*, Acanthaceae, **d** *Pritchardia affinis*, Arecaceae

So sind sogar auf den stark besiedelten Inseln Oahu, Maui und Kauai manche Regenwaldaspekte durchaus künstlich, da die angepflanzten neuen Arten zusammen mit eingebrachten *Ficus*-Bäumen einen neuen, artifiziellen Regenwald bilden und aufbauen. Gerade auf der Insel Oahu wurde die ehemals einheimische *Pritchardia affinis*-Palme der Basalstufe nahezu vollständig ausgerottet (Abb. 4.23). Sie haben auf der Inselnordseite ehemals mächtige Sumpfwälder gebildet mit entsprechenden Süßwasserreservoirs, wie uns das heute noch die Pollenanalysen bezeugen. Nach W.L. Wagner et al. (1990) gelten auf Hawaii mehr als hundert Blüten- und Farnpflanzen als auf natürlichem Wege eingewandert und morphologisch unverändert, 850 Arten werden hingegen als endemisch betrachtet. Im Verlauf der letzten 200 Jahre wurden dort mehr als 4600 Pflanzenarten eingeschleppt, etwa 600 davon sind *naturalized*, das heißt beständig etabliert; mehr als 80 unter diesen wiederum gelten als aggressive „Unkräuter". Insgesamt 270 autochthone Pflanzenarten sind daher heute durch Invasoren bedroht, 97 gelten bereits als ausgestorben. Diese aggressive Wirkung von eingeschleppten Arten bedeutet heute ein großes Bedrohungspotential für die einheimische Flora und Fauna der Inseln. Um in der Zukunft erfolgreiche Monitoringkonzepte zum Schutz solcher bedrohter Lebensgemeinschaften durchführen zu können, ist allerdings eine genaue Kenntnis der Verbreitungsbiologie dieser neophytischen und auch der einheimischen Pflanzenarten von besonderer Bedeutung. Auch in den Hochgebirgen des hawaiianischen Archipels stellt man zur Zeit eine vermehrte Ausbreitung von Pflanzenarten ausschließlich europäischer Herkunft fest. Allerdings ist dort die genaue ökologische Einnischung dieser Arten bislang nur wenig untersucht worden, da bei der Erfassung solcher neuartigen Lebensgemeinschaften lediglich die Anwesenheit einer Art, nicht aber ihre tatsächliche ökologische Einnischung erfasst wurde.

Diese Landschaftsüberformungen und die Standortveränderungen durch die *Aliens* haben große Bedeutung für die natürliche Biodiversität solcher Archipele: Entwicklungsgeschichtlich spielen die Hawaii-Inseln beispielsweise eine ebenso bedeutende Rolle wie die 7500 Kilometer weiter südöstlich gelegenen Galápagos-Inseln (Abb. 4.24 und 4.25). Die genaue Untersuchung der Verwandtschaftsverhältnisse verschiedener Tierarten auf den Galápagos-Inseln half Charles Darwin im Jahre 1859 bei der Ausarbeitung seiner Evolutionstheorie. Nach so langer Zeit droht heute ebenfalls Gefahr für Flora und Fauna durch fremde Arten oder durch Raubbau an den endemischen Arten. Bedroht ist freilich nicht nur die Meereswelt, sondern auch die Flora und Fauna der Inseln. Die Mangroven der Küstenzone und die laubwerfenden Wälder der Trockenzonen sind besonders bedroht. Rund 90 der raren Galápagos-Riesenschildkröten etwa sind seit 1980 Wilderern zum Opfer gefallen, allein 40 davon in den letzten fünf Jahren.

Abb. 4.24. Küstenmangrove am Punta Espinosa auf der Galápagos-Insel Isabela (1998)

Abb. 4.25. Artifizielle Regenwälder an der Nordküste der Hawaii-Insel Oahu (1999)

Box 4.9. Neophyt *Myrica* versus Neozoe *Sophonia* – eine neue Interaktion

Eine besondere Rolle spielt heute in diesem Zusammenhang beispielsweise *Myrica faya*, ein Gagelstrauch von den Kanarischen Inseln, Madeira und den Azoren. *Myrica faya* ist ein Strauch, der von seinem ursprünglichen Lebensraum durch den Menschen in zahlreiche Regionen der Subtropen und Tropen eingeschleppt wurde. Auf Hawaii stellt *Myrica faya* als Neophyt heute deshalb ein besonderes Problem dar, weil sich der Strauch auf den frischen bis nassen Standorten zwischen 300 m NN und 1700 m NN als eine besonders vitale Art erweist (Abb. 4.26). In einem acht-jährigen Rhythmus hat sich das Areal des Strauches jedes Mal verzwanzigfacht. Dabei dringt *Myrica faya* besonders in ursprüngliche *Metrosideros*-Wälder ein, die sich auf frischer Vulkanasche zu entwickeln beginnen. Als Element der atlantisch-westmediterranen Flora ist *Myrica faya* sogar an periodische Brandereignisse hervorragend angepasst. Interessant ist in diesem Zusammenhang jedoch vor allem die Fixierung von Luftstickstoff durch die Wurzelsymbiose von *Myrica faya* mit einer *Frankia*-Actinorhiza. Sie führt zu einer Akkumulation von Stickstoff in den von Natur aus eigentlich stickstoffarmen Böden und bereitet auf diese Weise die Bodensubstrate für die Einwanderung weiterer Neophyten wie beispielsweise *Hedychium gardnerianum* und *Andropogon virginicus* vor. In der jüngsten Vergangenheit wurden ausführliche Studien über die mit *Myrica faya* assoziierten Insektenarten bzw. Pathogenen betrieben. Ziel dieser Untersuchungen ist es unter anderem, die Möglichkeiten einer „natürlichen" Kontrolle der bislang ungebremsten Ausbreitung dieses Strauches zu prüfen. Yang et al. (2000) konnten in diesem Zusammenhang beispielsweise beobachten, dass der aus Asien stammende *"Two-spotted Leafhopper"* (*Sophonia rufofascia*) vielleicht in der Lage ist, genau dies zu bewerkstelligen. *Sophonia* ernährt sich nämlich vorwiegend von den Pflanzensäften des Strauches und zerstört dabei die Nervatur der *Myrica*-Blätter. Solche Sträucher, die von den Tieren in größerer Zahl befallen werden, verlieren dadurch im Laufe der Zeit ihr Blattwerk und sterben schließlich ab. Auf der Insel Hawaii selbst, wo im Volcanoes National Park noch in jüngster Zeit großflächig zahlreiche vitale *Myrica faya*-Bestände gediehen, lässt sich zur Zeit ein massives Absterben solcher Gebüsche beobachten. Ob dabei neben der Beeinflussung durch *Sophonia* noch andere Faktoren eine Rolle spielen, ist allerdings bislang noch nicht geklärt.

Eine andere, schon länger bestehende Gefahr auf diesem Archipel stellen fremdartige Tiere und Pflanzen dar: Verwilderte Ziegen zum Beispiel haben sich zu einer schlimmen Plage entwickelt. Derzeit fressen sie die Vulkane im Norden von Isabela kahl. Die Tiere vermehren sich mit atemberaubender Geschwindigkeit: 100 bis 150 Junge, so schätzt man, werden jeden Tag geboren. Sie vernichten alles, was grün ist, treten kleine Bäume und Kakteen nieder und zerstören die Nahrungsgrundlage der Schildkröten.

Abb. 4.26. Im Kilauea-Nationalpark auf Hawaii (2000) beobachten wir neuerdings das Absterben des Neophyten *Myrica faya* (Detail) durch den aus Asien stammenden *"Two-spotted Leafhopper"* (*Sophonia rufofascia*, Detail)

Schon haben sich durch das Fehlen der Pflanzendecke die hydrologischen Verhältnisse verändert, die Erosion steigt sprunghaft an. Nur eine intensive Jagd auf die Ziegen könnte diesem Prozess Einhalt gebieten. Die Insel Santiago leidet ebenfalls unter eingebrachten Tieren. Durch Ratten oder verwilderte Hunde werden einheimische Tiere auch direkt dezimiert. Weniger deutlich sichtbar, aber oftmals heimtückisch sind die Folgen der Einwanderung fremder Insekten. Zudem werden eingeschleppte Pflanzen auch hier immer öfter zur gefährlichen Konkurrenz für die einheimische Vegetation. Dreihundert fremde Pflanzenarten hat man inzwischen auf den Galápagos-Inseln gezählt, etwa hundert davon kamen erst in den vergangenen zehn Jahren. Gemeinsam bemühen sich die Mitarbeiter des Nationalparks und die Wissenschaftler der Charles-Darwin-Forschungsstation, die fremden Arten zurückzudrängen. So stieg etwa der Bruterfolg der Sturmvögel dank der Rattenbekämpfung von etwa fünf auf rund siebzig Prozent. Auch andere Seevogel-Kolonien sind Beispiele gelungener Schutzbemühungen.

Beide Archipele von Hawaii und Galápagos waren zu keiner Zeit im Laufe der Erdgeschichte Teile eines Kontinentes. Sie entstanden jeweils mehrere tausend Kilometer vom nächsten Festland entfernt aus untermeerischen Vulkanen. Die beiden Berge Mauna Kea und Mauna Loa auf der

Abb. 4.27. Kilauea-Volcano-Nationalpark auf Hawaii mit dem Mauna Loa im Hintergrund (1999). Detail: „Nene", die Hawaii-Gans (*Branta sandvichensis*)

Insel Hawaii selbst mit ihren Höhen von mehr als 4000 Metern sind die höchsten Erhebungen im Pazifik (Abb. 4.27). Zunächst waren beide Inselgruppen nackte Felsen aus schroffer Lava. Ihre Besiedlung mit Pflanzen und Tieren war ein langwieriger Vorgang über Ansiedlung von Treibgut von den Meeresströmungen, über Tsunamis – das sind riesige Flutwellen nach Seebeben – und Long-Distance-Transport von Diasporen durch die Luft oder durch Seevögel. So haben sich auf beiden Archipelen jeweils eigenständige und einzigartige Tier- und Pflanzenwelten entwickelt. Keine der auf Hawaii entstandenen Pflanzen hat Dornen oder Stacheln; sie waren nicht nötig, weil es keine Pflanzenfresser wie Ziegen oder Schafe gab. Aus Kanadischen Wildgänsen, die während ihres Zuges nach Süden irgendwann nach Hawaii verschlagen wurden, entstand „Nene", die Hawaii-Gans (*Branta sandvichensis*), die das Fliegen verlernte (Abb. 4.27) und auch nicht mehr auf Seen und Tümpel angewiesen ist und nun im Kilauea-Volcano-Nationalpark lebt. Schlangen fehlen in der ursprünglichen Inselfauna ebenso wie große Raubtiere. Das alles änderte sich schlagartig, als vor etwa 1500 Jahren die Polynesier die Inseln besiedelten, Taro-Pflanzen, Bananen und Brotfrucht und Schweine als Haustiere aus dem Südpazifik mitbrachten. Von letzteren haben einige Ausreißer eine Wildschweinpopulation von derzeit mehr als 100 000 Tieren aufgebaut, die einen katastrophalen Einfluss auf die natürliche Inselwelt ausüben. Auch die Einführung von Mungos aus Indien nach Hawaii zur Bekämpfung von Rattenplagen in den dortigen Zuckerrohrfeldern hat das funktionale Ökosystem völlig durcheinander gebracht: Man hatte nicht bedacht, dass die Mungos tagaktiv und die Ratten nachtaktiv sind, und so fressen die Mungos jetzt die Gelege der Vögel und die jungen flugunfähigen Nenes. Mit hohen Abschussquoten bemüht man sich derzeit, die letzten Reserven hawai'ianischer Pflanzen- und Tierwelt zu schützen. Die große Zahl eingebürgerter Aliens kam aber erst nach Captain Cooks Entdeckung der Inseln und der ersten europäischen und amerikanischen Einwanderungswelle erstmals 1778 nach Hawaii. Dieser Prozess dauert an, wie wir zu Beginn dieses Kapitels gesehen haben.

4.7 Gefährdetes Welterbe – „World-Heritages" der UNESCO

Im Jahre 1972 hatte die Staatengemeinschaft mit dem Abschluss der Welterbe-Konvention beschlossen, Naturschöpfungen wie den Grand Canyon ebenso wie die Kulturdenkmäler mit „außerordentlichem und universellem Wert" in ihrer Einmaligkeit und ihrer Integrität für die Menschheit zu bewahren. Die Nationen, auf deren Gebiet die Naturschätze liegen und die den Antrag zur Aufnahme in die Welterbeliste stellen, sind den Statuten gemäß dazu verpflichtet, für „ausreichenden Schutz" der unberührten Natur zu sorgen. Diese Schutzbedürftigkeit gilt bei drohenden Naturkatastrophen, vor allem aber sollten die zum Welterbe deklarierten Regionen von Anfang an vor den Übergriffen des Menschen bewahrt werden. „Eine Arche Noah unserer Zeit zu bauen", so beschrieb unlängst der Direktor des Welterbezentrums, der ehemalige Münchener Waldökologe Bernd von Droste zu Hülshoff (1997), die Ziele der Konvention.

Inzwischen muss man im Welterbe-Komitee der Unesco jedoch mehr und mehr erkennen, dass die pauschalen Formulierungen der Konvention vor Schaden nicht schützen. Der **Everglades-Nationalpark** in Florida ist ein gutes Beispiel dafür (Abb. 4.28). Das riesige Feuchtgebiet wurde als eine der ersten Landschaften im Jahre 1979 in die Welterbe-Liste aufgenommen. Doch nun droht dem Ökosystem der Kollaps. Die Bevölkerung ist dort innerhalb weniger Jahrzehnte von einer halben auf mehr als sechs Millionen gestiegen. Landwirtschaft und Brunnen haben den Wasserstand gefährlich sinken lassen, Fische und Greifvögel leiden an Quecksilbervergiftungen, und ein großer Teil der Vogelarten, vor allem der Watvögel, brütet nur noch in bestimmten Abschnitten der Everglades (vgl. auch Abbildung 3.18).

Abb. 4.28. Röhrichte aus *Cladium jamaicense* und „Tree Islands" auf den Erhebungen der „Humocks" kennzeichnen weite Flächen der Everglades (2003)

Auch der **Grand Canyon** verliert – zunehmend ebenfalls durch den Massentourismus – sein ursprüngliches Gesicht. Als das Welterbe-Komitee der Unesco die zerklüftete Landschaft zum Weltnaturerbe erklärte, war damit eine andere Erwartung verknüpft. Das überwältigende Naturschauspiel der tausend Schluchten sollte der Nachwelt unverändert erhalten bleiben. Für den unbefangenen Touristen wirkt der erste Blick in die Schluchten des Grand Canyon und auf den Colorado River wie eine Offenbarung – vollkommener und ursprünglicher kann Natur nicht sein (Abb. 4.29). Doch das Bild täuscht. Fast ein Dutzend Dämme haben dem wilden Treiben des Stroms längst ein Ende gesetzt. Die ehemals pulsierenden Fluten im Westen Nordamerikas sind heute fast das ganze Jahr zum gleichförmigen Rinnsal verkümmert, große Teile des Ufers sind vertrocknet, aquatische Lebensgemeinschaften eutrophiert und verarmt. Die Farbe des Colorado wechselt mit der Zeit von rötlich braunen zu grünlichen Tönen. Das Wasser ist längst abgekühlt, weil erheblich weniger Schlamm im Wasser mitgetragen wird, der die Sonnenstrahlen absorbiert.

In einer ähnlichen Gefährdungssituation hat die Unesco vor Jahren bei der australischen Regierung erreicht, dass die **Regenwälder** im Bundesstaat **Queensland** erhalten und die dort ansässigen Holzfabriken aufgegeben wurden. Auch bei neueren Verhandlungen hat die Welterbe-Konven-

Abb. 4.29. Die tiefen Schluchten des Grand Canyon geben Einblick in die Erdgeschichte des Colorado-Plateaus vom Präkambrium bis zum Perm (2003)

Abb. 4.30. Neu besiedelte Vulkanasche am Mt. Tolbachik auf der Kamtschatka-Halbinsel (2000)

tion Autorität bewiesen: Ein amerikanisches Unternehmen hat noch während der Verhandlungen zugesagt, seine Option auf den Abbau von Bodenschätzen in einem Schutzgebiet der russischen Halbinsel **Kamtschatka** aufzugeben, wenn die großartige Landschaft mit den Vulkanen und Geysiren in die Welterbe-Liste aufgenommen werden sollte (Abb. 4.30). Tatsächlich hat das Komitee dem Antrag Russlands für die Aufnahme des 3,3 Millionen Hektar großen Gebietes zugestimmt. Auch der **Baikalsee** ist jetzt auf der Liste – trotz erheblicher Schadstoffbelastungen, die seit Jahren von einer riesigen Papiermühle ausgehen. Die einzigartige Hochgebirgswelt des Berner Oberlandes in den Schweizerischen Alpen beweist sogar die Synthese touristischer Ganzjahresnutzung und der Bewahrung der Natur im neuen World Heritage **Jungfrau-Aletsch-Bietschhorn** der UNESCO (Abb. 4.31).

Insgesamt enthält die Welterbe-Liste heute über fünfhundert Kultur- und Naturgüter in mehr als hundert Staaten. Die Naturerbe-Flächen machen mit mehr als hundert Schutzgebieten allerdings weniger als ein Viertel des Inventars aus, viele Stätten sind gemischte Kultur- und Naturerbe. Das Ungleichgewicht zwischen Kultur- und Naturgütern offenbart eine grundsätzliche Schwierigkeit der internationalen Naturschutzpolitik: Herausragende Kulturgüter wie gotische Kirchen lassen sich ohne größere Widerstände unter Schutz stellen. Die Erklärung zum Welterbe von Naturgütern ist weitaus schwieriger und wegen der meist großen Flächen auch nicht so leicht umzusetzen. Wenn es dann doch gelingt, wird der Schutz vielmehr als Auszeichnung und Imagegewinn gewertet, denn die Trennung zwischen Landschaften kulturellen und natürlichen Ursprungs verschwindet überall zusehends. Als Teil der Schöpfung findet nun der Mensch selbst Platz in den Naturerbe-Gebieten der UNESCO. Doch der Empfang auf der Arche ist frostig: Wo das Welterbe-Komitee noch die zerstörerische Hand der Bevölkerung bemerkt, bleibt es skeptisch. Noch immer werden erheblich mehr Kandidaten für die Naturerbe-Liste abgelehnt als bei den Kulturdenkmälern. Das Welterbe-Komitee steht nun vor der schwierigen Aufgabe, neben den Denkmälern und den klassischen Naturstätten eine dritte Kategorie – die der vom Menschen mit geschaffenen Kulturlandschaften – in ihr Konzept einzufügen. Damit erweitert sich die Reihe der Welterbe-Kandidaten. Gleichzeitig wird es immer schwieriger, die Forderung nach einer möglichst repräsentativen Auswahl der Ökosysteme zu erfüllen. Denn viele naturnahe Lebensräume sind immer noch nicht in der Welterbe-Liste berücksichtigt. So gibt es eine ganze Reihe besonders wertvoller Ökosystemtypen, die von der Konvention berücksichtigt werden sollten. Dazu gehören die Lebensräume der **Antarktis**, die Inselberge in den Tropen, besonders die **Tepuis in Venezuela**, wie sie Uwe George (1977) eindrucksvoll beschreibt, sowie verschiedene Waldtypen in **Feuerland** oder die **Wattenmeere** an der Nordsee. „Hot spots" der Biodiversität gibt es vor allem in großer Zahl in Süd- und Mittelamerika, auf den Inseln der Karibik und des Atlantik; in Afrika, dort vor allem im westlichen Kapland, im Kivu-Gebiet, in Namibia und im Kamerun-Gebiet in Ostafrika, auf Madagaskar und nahezu auf allen Inseln im Indischen Ozean mit ihrer jeweils eigenartigen Lebewelt. In Eurasien finden sich die meisten Biodiversitätszentren im Mittelmeergebiet, im Kaukasus, in Südsibirien und dann natürlich im Fernen Osten: Indochina, Südwestchina im Umfeld der Koreanischen See und in Japan. Wir kommen teilweise nachfolgend bei der Besprechung der Großlebensräume in den Kapiteln 7 bis 19 darauf zurück.

Die großen Naturwunder der Erde hat Rupert O. Matthews erstmals 1991 in einem wunderbaren Farbatlas dokumentiert. Aus seiner achten Auflage von 1998 sind hier die biogeographisch und vom Blickpunkt der Biodiversität her bedeutsamsten Regionen beispielhaft herausgestellt: Das Spektrum spiegelt den seit Jahrmillionen herrschenden Wandel im Gesicht unseres Planeten wider. Wir haben es bereits in den einleitenden Kapiteln gesehen, durch die Verschiebung der Kontinentalplatten entstanden Gebirge und Meere, Vulkane, Gebirge und Korallenriffe vom mächtig aufragenden Massiv des Himalaya bis hin zu den zerbrechlich-dünnen Korallenbäumen des Great Barrier Reef. Einige Beispiele aus Europa, Afrika und Südostasien seien nachfolgend aufgeführt:

Dort wo in Europa Frankreich, Italien und die Schweiz aneinander stoßen, erhebt sich das riesige Gebirgsmassiv der Westalpen in der **Montblanc-Gruppe** mit zehn Viertausendern, wovon mit seinen 4807 Metern der „Weiße Berg", der Montblanc, der höchste Gipfel der Alpen ist (Abb. 4.32). Bei seiner Entstehung vor etwa 40 Millionen Jahren wurden mächtige mesozoische marine Ablagerungen aus der Geosynklinale der Tethys ebenso mit aufgewölbt wie härterer Granit und Schiefer aus den alten europäischen Kontinentalschollen. So besteht das zerklüftete Rückgrat dieses aufgeworfenen Massivs aus einer Mischung dieser beiden extremen Gesteine; die alten Sedimentgesteine wurden inzwischen von der Erosion abgeschliffen; sie formen größtenteils die weniger steilen und unwirtlichen Täler im Umfeld des Montblanc, die im Wesentlichen von den Eiszeiten ausgeformt sind.

Auch das Kongobecken mit seinen immergrünen Regenwäldern gehört in die Kategorie der Naturwunder unserer Erde. Als zweitlängster Strom Afrikas mit einer Fließstrecke von mehr als 4300 Kilometern entspringt hier der Kongo zunächst als Lualaba tief im Süden der Provinz Shaba im Süden von Zaire, und von hier fließt er behäbig mit zahlreichen Nebenflüssen dem Atlantik zu. Nach dem Amazonas ist er der wasserreichste Strom der Erde, der jede Sekunde mehr als 40 000 Kubikmeter Wasser in den Atlantik entlässt. Der immergrüne Regenwald des Kongobeckens um-

Abb. 4.31. Die Hochgebirge des Aare-Massivs im Berner Oberland sind Weltnaturerbe der UNESCO. Hier entspringt der Aletsch-Gletscher (2004)

Abb. 4.32. Die Eismauer des Montblanc (4807 Meter) bildet die höchste Erhebung Europas (1989)

fasst grob gesehen ein Zehntel des gesamten Weltbestandes. Hier leben Schimpansen (*Pan troglodytes*) und Berggorillas (*Gorilla beringei*), die am meisten vom Aussterben bedrohte Gorilla-Art, sowie Bongos (*Boocercus euryceros*) und das afrikanische Hirschferkel (*Hyemoschus aquaticus*). Zu nennen sind auch die sagenhaften „Mondberge" des **Ruwenzori** in Zentralafrika, die schon der griechische Geograph und Mathematiker Claudius Ptolemäus (90-168) als Quellgebiet des Nil bezeichnet hatte; sie wurden erst im Jahre 1888 durch den britischen Forschungsreisenden Sir Henry Stanley (1841-1904) entdeckt. Neun Gipfel dieser Gebirgskette, die etwa 50 Kilometer nördlich des Äquators an der Grenze zwischen Zaire und Uganda liegt, sind knappe 5000 Meter hoch, der höchste, der Mt. Margherita, misst 5109 Meter! Das Ruwenzori-Gebirge ist 120 Kilometer lang und 50 Kilometer breit (Abb. 4.33).

Abb. 4.33. Tropischer Bergregenwald im Ruwenzori (Foto: G. Grabherr 1992)

Im Gegensatz zu den anderen Hochgebirgen Ostafrikas, des Kilimandscharo und des Mt. Kenia etwa, ist das Ruwenzori-Massiv nicht vulkanischen Ursprungs. Seine uralten Granite entstanden vor zwei Millionen Jahren, als die Kontinentalplatten sich am Rande des Ostafrikanischen Grabens aufwölbten. Die Granitberge sind auch berühmt für ihren sagenhaften Silberglanz, dem sie den Muskovit verdanken – einem uralten, extremer Hitze und Druck ausgesetzten Gestein. Auch die Riesenpflanzen haben diese rätselhaften Gebirge berühmt gemacht: Während die Tierarten in einer Höhe von 3500 Metern immer seltener werden, nimmt die Pflanzenwelt hier ganz ungewöhnliche Dimensionen an: Eine ganze Reihe von normalerweise kleinwüchsigen Pflanzen wächst in dieser tropischen Hochgebirgswelt zu gigantischen Exemplaren heran. Allen voran die zu den Glockenblumengewächsen gehörenden Lobelien mit der Riesenlobelie (*Lobelia telekii*), die beispielsweise zu den botanischen Wundern des Regenwaldgürtels an den oberen Hängen des Ruwenzori zwischen 3000 und 4000 Metern zählt.

Box 4.10. Die Caldera des Ngorongoro

Auch die riesige Caldera des Ngorongoro bildet als Wild-Reservat des Rift-Valley ein Zentrum für 25 bis 30 tausend wilde Elefanten, für Nashörner, Löwen, Flusspferde, Gnus und Gazellen (Abb. 4.34). Die Massai-Krieger, die Mitte des 20. Jahrhunderts in der Hauptphase der Kolonialisierung von den Engländern zum Verlassen des Kraters gezwungen wurden, verehren den Ngorongoro, denn selbst in schlimmsten Dürreperioden gab es hier immer genügend Wasser. Der Ngorongoro ist einer der vielen erloschenen Vulkane am Rande des rund 6500 Kilometer langen Ostafrikanischen Grabens. Hier entstand schon vor 25 Millionen Jahren durch das Auseinanderdriften von Kontinentalplatten eine Bruchzone, aus der Magma aus dem Erdinnern an die Oberfläche gelangen konnte. Diese glühende Masse schoss damals durch den Kegel des Ngorongoro und anderer Krater nach oben und bedeckte die ganze Region mit Asche und Lava. Das äthiopische Volk der Massai, das sich stark von den Nachbarvölkern unterscheidet, zeichnet sich durch hohen und schlanken Wuchs und nomadisierende Lebensform aus; Hirten-Massai leben in den Dornbusch- und Grassavannen Kenias und Tansanias. Heute haben sich wieder rund 10 000 Massai in der Caldera angesiedelt.

Interessant sind auch die großflächigen Hotspots: Am Rand des Pazifiks entstanden durch den Zusammenprall von Platten des Erdmantels und vulkanische Aktivität die **7000 Inseln der Philippinen**. In ihrer isolierten Lage entwickelte sich eine ganz eigene Flora und Fauna mit Regenwäldern, Korallenriffen und Mangroven. Die Philippinen gehören natürlich ebenfalls in einigen Teilen zu den Regionen des Naturerbes sowie zu einem der mittlerweile 25 weltweit festgelegten Hotspots der biotischen Vielfalt. Der Puyoy-puyoy-Fluss windet sich beispielsweise durch einen Mangrovenwald an der Westküste von Palawan, der westlichen Provinz der Philippinen. Dort, wo der Fluss ins Südchinesische Meer mündet, liegt der „Puerto Princesa Subterranean River National Park". Der heißt so, weil ein anderer Fluss hier acht Kilometer weit unterirdisch durch eine Höhle voller Fledermäuse und sehenswerter Tropfsteingebilde führt. Zahlreiche verschie-

Abb. 4.34. Zwergflamingos (*Phoenicopterus minor*) im Ngorongoro-Krater (Foto: B. Gries 1990)

Abb. 4.35. Tropeninsel Krabi in Thailand mit 75 Millionen Jahre alten Muschelbergen, die verkarstet sind. Diese naturbelassenen Tropeninseln zeigen einen einmaligen Kontrast von Regenwäldern und Sandstränden (1993)

dene Ökosysteme haben Biologen in diesem 3900 Hektar großen Nationalpark ausgemacht, vom dunklen, moosbewachsenen Bergwald zum offenen Ozean jenseits der Riffe. Die Philippinen sind ein brodelnder Kessel der Evolution: Monsunwinde bringen Regen satt, bis zu 30 Taifune fegen jedes Jahr über die Inseln hinweg, Erdbeben rütteln sie durch, und es gibt viele aktive Vulkane. Die Inseln sind vor rund 50 Millionen Jahren beim Zusammenprall von zwei Platten der Erdkruste entstanden (Abb. 4.35). Je nach der Höhe des Meeresspiegels waren manche Eilande zeitweise durch Landbrücken verbunden, das asiatische Festland war aber immer weit entfernt. In dieser Isolation eintwickelte sich auf den Philippineninseln eine völlig eigenständige Flora und Fauna. Einst waren obendrein 96 Prozent der Landflächen von Wald bedeckt – von Mangroven, Tieflandregenwäldern, Bergwäldern und Nebelwäldern in höheren Lagen. Heute sind nicht einmal 18 Prozent übrig, und nur sieben Prozent bestehen aus ursprünglichem Wald. Mit dem Wald schrumpft die Artenvielfalt. Von den über 280 endemischen Säugetier- und Vogelarten der Philippinen ist mehr als die Hälfte gefährdet. Als Folge von Holzgewinnung, Brandrodung und Bergbau leiden die Inseln außerdem unter Erosion, Überschwemmungen und Dürre. Die fruchtbare obere Bodenschicht wurde ins Meer gespült – was zurückbleibt, enthält praktisch keine Nährstoffe und lässt sich kaum noch kultivieren. Immerhin: Noch findet man hier über 12 000 Pflanzenarten und allein 1100 landlebende Wirbeltierarten. „Galápagos mal zehn", so beschreibt der Ökologe Eberhard Curio (2002) aus Bochum die Region.

4.8 Literatur

Amade P, Leme'e R (1998) Chemical defense of the mediterranean alga *Caulerpa saxifolia*: variations in caulerpenyne productions. Aquatic Toxicology 43: 287-300

Amann R (1999) Biodiversität ohne Mikrobiologie? vdbiol 1/99: 5-6, München

Andel TH (1994) New views on an old planet. 2nd edn. Cambridge University Press, Cambridge

Anders E (1989) Pre-biotic organic matter from comets and asteroids. Nature 342: 255-257

Angermeier PL (1994) Does biodiversity include artificial diversity? Conserv Biol 8: 600-602

Bailey RG (1996) Ecosystem geography. Springer, Heidelberg New York

Bakker JP, Olff H, Willems JH, Zobel M (1996) Why do we need permanent plots in the study of long-term vegetation dynamics. J Veg Sci 7: 147-156

Barret PM, Willis KJ (2001) Did dinosaurs invent flowers? Dinosaur-angiosperm coevolution revisited. Biological Reviews of the Cambridge Philosophical Society 76: 411-447

Barthlott W, Lauer W, Placke A (1996) Global distribution of species diversity in vascular plants: towards a world map of phytodiversity. Erdkunde 50/4: 317-327

Barthlott W, Murke J, Braun G, Kier G (2000) Die ungleiche globale Verteilung pflanzlicher Artenvielfalt – Ursachen und Konsequenzen. Ber d Reinh.-Tüxen-Ges 12: 67-84, Hannover

Barthlott W, Winiger M (2001) Biodiversity. A challenge for development research and policy. Springer, Heidelberg

Bau M, Beukes NJ, Romer RL (1998) Increase of oxygen in the Earth's atmosphere and hydrosphere between ~2.5 and ~2.4 Ga B.P. Mineral Mag A 62: 127-128

Bazzaza FA (1990) The response of natural ecosystems to the rising global CO_2 levels. Annu Rev Ecol System 21: 167-196

Beck CB (1988) Origin and evolution of Gymnosperms. Columbia Univ Press, New York

Beerling DJ, Osborne CP, Chaloner WG (2001) Evolution of leaf-form in land plants linked to atmospheric CO_2 decline in the Late Palaeozoic Era. Nature 410: 352-354

Behrensmeyer AK, Damuth JD, DiMichele WA, Potts R, Sues H-D, Wing SL (1992) Terrestrial ecosystems through time – Evolutionary paleoecology of terrestrial plants and animals. The University of Chicago Press, Chicago

Beierkuhnlein C (2001) Die Vielfalt der Vielfalt – Ein Vorschlag zur konzeptionellen Klärung der Biodiversität. Ber d Reinh-Tüxen-Ges 13: 103-118, Hannover

Bekker A, Holland HD, Wang P-L, Rumble III D, Stein HJ, Hannah JL, Goetze LL, Benkes NJ (2004) Dating the rise of atmospheric oxygen. Nature 427: 117-120

Bell PR, Hemsley AR (2000) Green plants – their origin and diversity. Cambridge University Press, Cambridge

Bengston S (1993) Early Life on Earth. Nobel Symposium 84. Columbia Univ Press New York

Bennet KD (1990) Milankovitch cylces and their effects on species in ecological and evolutionary time. Paleobiology 16: 11-21

Ben-Shem A, Frolow F, Nelson N (2003) Crystal structure of plant photosystem I. Nature 426: 630-635

Berger A (2001) The role of CO_2-, sea level and vegetation during the Milankovitch-forced glacial interglacial cylces. In: Bengtsson L (ed) Proceedings "Geosphere Biosphere Interactions and Climate". Pontifica Academy of Sciences 9-13 November 1998, Vatican City

Berner RA (2001) The effect of the rise of land plants on atmospheric CO_2 during the Paleozoic. In: Gensel P, Edwards D (eds) Plants invade the land: Evolutionary and environmental perspectives. Columbia Univ Press, New York, pp 173-178

Berner RA et al (2000) Isotope fractionation and atmospheric oxygen: implications for phanerozoic O_2 evolution. Science 287: 1630-1633

Black JM (1995) The Nene *Branta sandvicensis* recovery initiative: research against extinction. Ibis 137: 153-160

Black JM, Marshall AP, Gilburn A, Santos N, Hoshide H, Medeiros J, Mello J, Hodges CN, Katahira L (1997) Survival, movements and breeding of released Hawaiian geese: an assessment of the reintroduction progamme. J Wildl Manage 61 (4): 1161-1173

Böhle U-R, Hilger HH, Martin WF (1996) Island Colonization and Evolution of the insular woody habit in *Echium* L. (Boraginaceae). Proc Nat Acad Sci USA 93: 11740-11745

Bond WJ, van Wilgen BW (1996) Fire and plants. Chapman & Hall, London New York

Bowman DMJS (1993) Biodiversity is much more than biological inventory. Biodivers Lett I: 163

Braunger M, Fuchs D, Krum W, Mathis P, Mertz P (2001) Die letzten Paradiese – Naturwunder der Erde. Bruckmann, München

Bremer H (1999) Die Tropen. Geographische Synthese einer fremden Welt im Umbruch. Borntraeger, Berlin Stuttgart

Briggs JC (1995) Global biogeography. Elsevier Science, Amsterdam

Brochmann C, Borgen L, Stabetorp OE (2000) Multiple diploid hybrid speciation of the Canary Island endemic *Argyranthemum sundingii* (Asteraceae). Plant Syst Evol 220: 77-92

Brown JH, Lomolino MV (1998) Biogeography. 2nd edn. Sinauer Associates, Sunderland/MA

Burgh J van der, Visscher H, Dilcher DL, Kurschner WM (1993) Paleoatmospheric Signatures in Neogene Fossil Leaves. Science 260: 1788-1790

Burrichter E (1977) Vegetationsbereicherung und Vegetationsverarmung unter dem Einfluss des prähistorischen und historischen Menschen. Natur und Heimat 37:46-51

Bush MB (1994) Amazonian speciation – a necessarily complex model. J Biogeogr 21:5-17
Byerly GR, Lowe DR, Walsh MM (1986) Stromatolites from the 3,300 – 3,500-Myr Swaziland Supergroup, Barberton Mountain Land, South Africa. Nature 319: 489-491
Cain ML, Damman H, Muir A (1998) Seed dispersal and the Holocene migration of woodland herbs. Ecol Monogr 68: 325-347
Caldeira K, Kasting JF (1992) Susceptibility of the early Earth to irreversible glaciation caused by carbon dioxide clouds. Nature 359: 226
Carlton JT, Geller JB (1993) Ecological roulette: The global transport of non indigenous marine organisms. Science 261: 78-82
Cerling TE (1992) Use of carbon isotopes in paleosols as an indicator of the $P(CO_2)$ of the paleoatmosphere. Glob Biogeochem Cycles 6: 307-314
Chaloner WG, McElwain JC (1997) The fossil plant record and global climatic change. Rev Palaeobot Palynol 95: 73-82
Chapin FS III, Sala OE, Huber-Sannwald E (2001) Global biodiversity in a changing environment. Scenarios for the 21st century. Springer, Heidelberg
Clemmey H (1982) Oxygen in the Precambrian atmosphere: An evaluation of the geological evidence. Geology 10: 141-146
Colinvaux PA, de Oliveira PE, Bush MB (2000) Amazonian and neotropical plant communities on glacial timescales: the failure of the aridity and refuge hypotheses. Quat Sci Rev 19: 141-169
Collins SL, Benning TL (1996) Spatial and temporal patterns in functional diversity. In: Gaston KJ (ed) Biodiversity – a biology of numbers and difference. Blackwell Sciences, Oxford, pp 253-280
Collinson ME (2000) Cainozoic evolution of modern plant communities and vegetation. In: Culver SJ, Rawson PF (eds) Biotic response to global change. Cambridge University Press, Cambridge, pp 223-243
Crane PR, Friis EM, Pedersen KR (1995) The origin and early diversification of angiosperms. Nature 374: 27-33
Crane PR, Kenrick P (1997) Diverted development of reproductive organs: a source of morphological innovation in land plants. Plant Syst Evol 206: 161-174
Crepet WL, Feldmann GD (1991) The earliest remains of grasses in the fossil record. Am J Bot 78: 1010-1014
Cronin TM (1999) Principles of paleoclimatology. Columbia Univ Press, New York
Crowley TJ, Mengel JG, Short DA (1987) Gondwanaland's seasonal cylce. Nature 329: 803-807
Curio E (2002) Priorisation of Philippine island avifaunas for conservation: A new combinatorial measure. Biol Conserv 106: 373-380
Darwin C (1842) The structure and distribution of coral reefs. J Murray, London
Darwin C (1859) The origin of species. Penguin Classics 1985 edn, Penguin Books, London
Deil U (1999) Synvikarianz und Symphylogenie – Zur Evolution von Pflanzengesellschaften. Ber d Reinh-Tüxen-Ges 11:223-244
Delcourt HZ, Delcourt PA (1991) Quarternary ecology. A paleoecological perspective. Chapman & Hall, London
Dettmann ME (1992) Structure and floristics of Cretaceous vegetation in southern Gondwana implications for angiosperm biogeography. Palaeobotanist 41: 224-233
Dettmann ME, Jarzan DM (1990) The Antarctic Australian rift-valley – Late Cretaceous cradle of northeastern Australasian relicts. Rev Palaeobot Palynol 65: 131-144
Disko R (1996) Mehr Intoleranz gegen fremde Arten. Nationalpark Nr. 93 (4): 38-42
Donnadieu Y, Goddéris Y, Ramstein G, Nédélec A, Meert J (2004) A „Snowball Earth" climate triggered by continental break-up through changes in run-off. Nature 428: 303-306
Droste v zu Hülshoff B (1997) 25 Jahre Welterbe-Konvention. In: Göbel P (Hrsg) Das Naturerbe der Menschheit. Landschaften und Naturschätze unter dem Schutz der UNESCO. Frederking & Thaler, München
Edwards D, Duckett JG, Richardson JB (1995) Hepatic characters in the earliest land plants. Nature 374: 635-636
Ehrlich PR, Wilson EO (1991) Biodiversity Studies: Science and Policy. Science 253: 758-762
Ehrenfeld D (1992) Warum soll man der biologischen Vielfalt einen Wert beimessen? In: Wilson EO (Hrsg) Ende der biologischen Vielfalt? Heidelberg, S 235-239
Erwin DH (1994) The Permo-Triassic extinction. Nature 367: 231-235
Eigen M (1992) Stufen zum Leben – Die frühe Evolution im Visier der Molekularbiologie. Serie Pieper 765, Neuausgabe, Pieper, München Zürich
Eldredge N (1997) Extinction and the evolutionary process. In: Abe T et al (eds) Biodiversity: an ecological perspective. Springer, New York Heidelberg Berlin, pp 59-73
Elliot R (1980) Why preserve species? In: Mannison DS, McRobbie MA, Routley R (eds) Environmental philosophy. Monograph Series, No 2, Department of Philosophy, Australien National University, Canberra, pp 8-29
El Tabakh M, Grey K, Pirajno F, Schreiber BC (1999) Pseudomorphs after evaporitic minerals interbedded with 2.2 Ga stromatolites of the Yerriba basin, Western Australia: Origin and significance. Geology 27: 871-874
Emmett A (2000) Biocomplexity: A new science for survival? The Scientist 14, 19: 1
Endress PK (1987) The early evolution of the angiosperm flower. Tree 2: 300-304
England GL, Rasmussen B, Krapez B, Groves DI (2002) Paleoenvironmental significance of rounded pyrite in siliciclastic sequences of the Late Archean Witwatersrand Basin: Oxygen-deficient atmosphere or hydrothermal alteration? Sedimentology 49: 1133-1156
Eriksson PG, Cheney ES (1992) Evidence for the transition to an oxygen-rich atmosphere during the evolution of red beds in the lower Proterozoic sequences of southern Africa. Precambrian Research 54: 257-269
Erwin DH (1990) The end-Permian mass extinction. Annu Rev Ecol Syst 21: 69-91

Eser U, Potthast Th (1997) Bewertungsproblem und Normbegriff in Ökologie und Naturschutz aus wissenschaftlicher Perspektive. Z Ökol Nat schutz 6: 163-171

Evans KJ, Weber HE (2003) *Rubus anglocandicans* (Rosaceae) is the most widespread taxa of European blackberry in Australia. CSIRO Publ, Aust Syst Bot 16: 527-537

Farquhar J, Bao H, Thiemens M (2000) Atmospheric influence of Earth's earliest sulfur cylce. Science 289: 756-758

Frenzel B (2000) History of flora and vegetation during the Quarternary. Progr Bot/Fortschr Bot 61: 303-334

Frenzel B, Pésci M, Velichko AA (1992) Atlas of paleoclimates and paleoenvironments of the Northern Hemisphere. Late Pleistocene-Holocene. Geogr Res Inst Budapest, G Fischer, Stuttgart

Friedman WE, Cook ME (2000) The origin and early evolution of tracheids in vascular plants: integration of palaeobotanical and neobotanical data. Philos Trans R. Soc Lond B 355: 857-868

Friis EM, Chaloner WG, Crane PR (eds, 1987) The origins of angiosperms and their biological consequences. Cambridge University Press, Cambridge

Frey W, Lösch R (2004) Lehrbuch der Geobotanik. Elsevier, München

Futuyma DJ (1998) Evolutionary biology. 3rd edn. Sinauer Associates Sunderland/MA

Gardner DE, Hodges CS (1990) Diseases of *Myrica faya* (firetree, Myricaceae) in the Azores, Madeira and the Canary Islands. Plant Pathology 39, 2: 326-330

Gaston KJ (1996) What is biodiversity? In: Gaston KJ (ed) Biodiversity – A Biology of Numbers and Difference. Blackwell, Oxford, pp 1-9

Gaston K (2000) Global patterns in biodiversity. Nature 405: 220-227

Gause GF (1934) The struggle for existence. Williams & Wilkins, Baltimore

Gensel PG, Edwards D (eds, 2001) Plants invade the land – Evolutionary and environmental perspectives. Columbia University Press, New York

George U (1997) Inseln in der Zeit. Venezuela-Expeditionen zu den letzten weißen Flecken der Erde. Geo, Gruner & Jahr AG, Hamburg

Gigon A, Bolzern H (1988) Was ist das biologische Gleichgewicht? Überlegungen zur Erfassung eines Phänomens, das es strenggenommen gar nicht gibt. In: Fischer P, Kunze C (Hrsg) Das Gleichgewicht der Natur. Aus Forschung und Medizin 3 (1): 18-28

Göbel P (1997) Das Naturerbe der Menschheit: Landschaften und Naturschätze unter dem Schutz der Unesco. Frederking & Thaler, München

Goodman D (1975) The theory of diversity-stability relationships in ecology. Quart Rev Biol 50 (3): 237

Gowdy J (1997) The Value of Biodiversity. Land Economics 73 (1): 25-41

Grabherr G, Gottfried M, Pauli H (2000) Hochgebirge als "Hot Spots" der Biodiversität – dargestellt am Beispiel der Phytodiversität. Ber d Reinh-Tüxen-Ges 12: 101-112

Graham LE (1993) Origin of land plants. J Wiley, New York

Grant V (1971) Plant speciation. Columbia University Press, New York

Gries B (1985) Der Erdglobus – Evolution der Organismen: Urzeugung – ja oder nein? Westfälisches Museum für Naturkunde, Münster

Groves AT, Rackham O (2001) The nature of Mediterranean Europe: an ecological history. Yale University Press, New Haven

Gunn AS (1980) Why should we care about rare species? Environmental Ethis 2: 17-37

Haber W (1999) Conservation of biodiversity – scientific standards and practical realization. In: Kratochwil A (ed) Biodiversity in ecosystems: principles and case studies of different complexity levels. Kluwer, Dordrecht, pp 175-184

Haeupler H (2000) Biodiversität in Zeit und Raum – Dynamik oder Konstanz? Ber d Reinh-Tüxen-Ges 12: 113-129

Hajek A (2004) Natural enemics – an introduction to biological control. Cambridge University Press, Cambridge

Hamann A, Barbon EB, Curio E, Madulid DA (1999) A forest inventory of a submontane tropical rainforest on Negros Island, Philippines. Biodivers Conser 8: 1017-1031

Hayes JM (1996) The earliest memories of life on earth. Nature 384: 21-22

Herman AB (2002) Late early-late cretaceous floras of the North Pacific region: florogenesis and early angiosperm invasion. Rev Palaeobot Palynol 122: 1-11

Heywood VH (ed, 1995) Global biodiversity assessment. UNEP, Cambridge Univ Press, Cambridge

Hill RS, Scriven LJ (1995) The angiosperm-dominated woody vegetation of Antarctica: a review. Rev Palaeobot Palynol 86: 175-189

Hirt H, Shinozaki K (2003) Plant responses to abiotic stress. Springer, Heidelberg

Hobohm C (2000) Biodiversität. UTB Quelle & Meyer, Heidelberg

Hoffmann HC, Keller D, Thomas K (1998) Unser Weltkulturerbe. DuMont, Köln

Hoffmann PE, Schrag DP (2002) The Snowball Earth Hypothesis: testing the limits of global change. Terra Nova 14: 129-155

Holland HD (1984) Earth's earliest biosphere – its origin and evolution. American Scientist 72: 391-392

Holland HD (1994) Early Proterozoic atmospheric change. In: Bengston S (ed) Early Life on Earth. Columbia University Press, New York, pp 237-244

Hooghiemstra H (1995) Environmental and paleoclimatic evolution in Late Pliocene-Quaternary Columbia. In: Vrba ES, Denton GH, Partridge TC (eds) Paleoclimate and evolution, with emphasis on human origins. Yale University Press, pp 249-261

Hsu KJ, Montadert L, Bernoulli D, Cita MB, Erikson A, Garrison RE, Kidd RB et al (1977) History of Mediterranean salinity crisis. Nature 267: 399-403

Humphries CJ (1976) Evolution and endemism in *Argyranthemum* Webb ex Schulz Bip. (Compositae: Anthemidae). Bot Macaronesica 1: 25-50

Humphries CJ (1979) Endemism and Evolution in Macaronesia. In: Bramwell D (ed) Plants and Islands. Academic Press, London, pp 171-199

Hyde WT, Crowley TJ, Baum SK, Peltier WR (2000) Neoproterozoic "Snowball Earth" simulations with coupled climate/ice-sheet modell. Nature 405: 425-429

Imbrie J, Imbrie KP (1979) Ice ages: solving the mystery. Macmillan, London

Ingrouille M (1992) Diversity and evolution of land plants. Chapman & Hall, London

Iwasa Y (2000) Dynamic optimization of plant growth. Evol Ecol Res 2: 437-455

Iwasa Y, Michor F, Nowak M (2004) Evolutionary dynamics of invasion and escape. Journal of Theoretical Biology 226: 205-214

Jacobs BF, Kingston JD, Jacobs LL (1999) The origin of grass dominated ecosystems. Ann Mo Bot Gard 86: 590-644

Jedicke E (2001) Biodiversität, Geodiversität, Ökodiversität. Kriterien zur Analyse der Landschaftsstruktur – ein konzeptioneller Diskussionsbeitrag. Nat schutz Landsch plan 33 (2/3): 59-68

Jørgensen PM, León-Yánez S (eds, 1999) Catalogue of the Vascular Plants of Ecuador. Monogr Syst Bot Missouri Bot Gard 75, St. Louis

Jürgens N (2001) Biodiversity – The Living Resource: Challenges and Research Strategies. A science plan for the german research on the global change of biodiversity. German National Committee on Global Change Research, pp 23-45

Junghanss B (1986) Tropenwald: Laboratorium der Evolution. Kosmos Nr 10: 16-24

Juvik SP, Juvik JO (1998) Atlas of Hawai'i. 3rd edn. Univ of Hawai'i Press, Honolulu

Kadereit JW (2004) Flowering plants. Dicotyledons. Vol VII, Springer, Heidelberg

Kaiser J (2000) Rift over biodiversity divides ecologists. Science 289: 1282-1283

Karol KG, McCourt RM, Cimino MT, Delwiche CF (2001) The closest living relatives of land plants. Science 294: 2351-2353

Kellman M, Tackaberry R (1997) The history of tropical environments. In: Kellman M, Tackaberry R (eds) Tropical environments: the functioning and management of tropical ecosystems. Routledge, London, pp 7-26

Kennedy WJ, Cobban WA (1977) The role of ammonites in biostratigraphy. In: Kauffman EG, Hazel JE (eds) Concepts and methods of biostratigraphy. Dowden, Hutchinson & Ross, Stroudsburg, pp 309-320

Kenrick P (1994) Alternation of generations in land plants: new phylogenetic and palaeobotanical evidence. Biol Rev 69: 293-330

Kenrick P, Crane PR (1997) The origin and early evolution of plants on land. Nature 389: 33-39

Kenrick P, Friis EM (1995) Paleobotany of land plants. Progr Bot 56: 372-395

Kidston R, Lang WH (1921) On old Red Sandstone plants. Trans R Soc Edinb 52: 831-854

Kirschvink JL, Gaidos E, Bertani LE, Beukes NJ, Gutzmer J, Maepa LN, Steinberger R (2000) The Paleoproterozoic Snowball Earth: Deposition of the Kalahari Manganese Field and the Evolution of Eukaryotes. Proceedings of the North American Academy of Sciences 97: 1400-1405

Kowarik I (2003) Biologische Invasionen: Neophyten und Neozoen in Mitteleuropa. Ulmer, Stuttgart

Kratochwil A (1999) Biodiversity in ecosystems – some principles. In: Kratochwil A (ed) Biodiversity in ecosystems: principles and case studies of different complexity levels. Tasks of Vegetation Science 23, Kluwer Academic Publishers, Dordrecht, Boston, London, pp 5-38

Kremer P, Andel J v (1995) Evolutionary aspects of life forms in angiosperm families. Acta Bot Neerl 44: 469-479

Kroon H de, van Groenendael J (eds, 1997) The ecology and evolution of clonal plants. Backhuys, Leiden

Krutzsch W (1989) Paleogeography and historical phytogeography (paleochorology) in the Neophyticum. Pl Syst Evol 162: 5-61

Kubitzki K, Bayer C (2003) Flowering plants. Dicotyledons. Vol V. Springer, Heidelberg

Lange RT (1982) Australian Tertiary vegetation. In: Smith JMB (ed) A history of Australian vegetation. McGraw-Hill, Sydney, pp 44-89

Larson RL (1991) Geological consequences of superplumes. Geology 19: 963-966

Lazcano A, Miller SL (1996) The origin and early evolution of life: prebiotic chemistry, the pre-RNA-world and time. Cell 85: 793-798

Lemon ER (1983) CO_2 and plants. Westview Press, Boulder, Colorado

Lems K, Holzapfel CM (1968) Evolution in the Canary Islands. I. Phylogenetic relations in the genus *Echium* (Boraginaceae) as shown by trichome development. Bot Gaz 129 (2): 95-107

Leakey R, Lewin R (1996) Die sechste Auslöschung. Lebensvielfalt und die Zukunft der Menschheit. S Fischer, Frankfurt

Leser H, Nagel P (1998) Landscape diversity – a holistic approach. In: Barthlott W, Wininger M (eds) Biodiversity – A challenge for development research and policy. Berlin, pp 129-143

Levin DA (2000) The Origin, Expansion and Demise of Plant species. Oxford Univ Press, Oxford

Lindeman RL (1942) The trophic-dynamic aspect of ecology. Ecology 23: 399-418

Linsenmair KE (1992) Tropische Biodiversität – Unser wichtigstes natürliches Erbe: weitgehend unverstanden und hochbedroht. In: Lexikon der Biologie Bd 10, Herder, Freiburg Basel Berlin, S 409-416

Linsenmair KE (2000) Funktionale Aspekte der Biodiversität. Ber d Reinh-Tüxen-Ges 12: 85-100

Lovejoy TE (1980) Changes in biological diversity. In: The Global 2000 Report to the President. Vol 2 (The Technical Report), Harmandsworth, Penguin Books

Lovelock JE (2000) The Ages of Gaia: A Biography of our Living Earth. Oxford Univ Press, Oxford

Lovelock JE, Whitfield M (1982) Life span of the biosphere. Nature 296: 561-563
Luo Z (1999) A refugium for relicts. Nature 400: 24-25
Lutzow-Felling CJ, Gardener DE, Markin GP, Smith CW (1995) *Myrica faya*: Review of the biology, ecology, distribution and control including an annotated bibliography. Coop Park Studies Unit (Dept Botany/Univ Hawai'i). Technical Report 94, Honolulu, pp 1-120
Maarel E van der (1997) Biodiversity: From Babel to Biosphere Managements. Opulus Press, Uppsala
Manchester SR (1999): Biogeographical relationships of North American Tertiary floras. Annals of the Missouri Botanical Garden 86: 472-523
Markin GP, Silva L, Aguiar AMF (1995) The insect fauna associated with the tree *Myrica faya* (Myricaceae) in the Macaronesian Islands and on mainland Portugal. Boletin do Museo Principal do Funchal 4: 411-420
Markl H (1983) Untergang oder Übergang – Natur als Kulturaufgabe. Mannheimer Forum 82/83: 61-98
Martin M (1997) Durstige Invasion am Kap der Guten Hoffnung. Nationalpark – Umwelt – Natur, Nr 96, 3, Grafenau, S 50-51
Matthews RO (1998) Die Großen Naturwunder – Ein Atlas der Naturphänomene unserer Erde. 8. Aufl, Frederking & Thaler, München
May RM (1992) How many species inhabit the earth? Scientific American 267: 18-24
May RM, Lawton J (1995) Extinction rates. Oxford University Press, Oxford
Mayr E (1984) Die Entwicklung der biologischen Gedankenwelt. Vielfalt, Evolution und Vererbung. Springer, Berlin Heidelberg New York Tokyo
McArthur RH, Wilson EO (1967) The theory of island biography. Princeton Univ Press, Princeton/NJ
McElwain JC, Beerling DJ, Woodward FI (1999) Fossil plants and global warming at the Triassic-Jurassic boundary. Science 285: 1386-1390
McLoughlin S (2001) The breakup history of Gondwana and its impact on pre-Cenozoic floristic provincialism. Aust J Bot 49: 271-300
McNeely JA (1966) Costs and benefits of alien species. In: Sandlund OT, Schei PJ, Viken A (eds) Proceedings Norway UN-Conference on Alien Species. Directorate for Nature Management, Trondheim, pp 176-181
Meyen SV (1987) Fundamentals of palaeobotany. Chapman & Hall, New York
Miki S (1941) On the change of flora in Eastern Asia since Tertiary period. I The clay or lignite beds flora in Japan with special reference to the *Pinus trifolia* beds in Central Hondo. Japan J Botan 11: 237-303
Milankovitch M (1930) Mathematische Klimalehre und astronomische Theorie der Klimaschwankungen. In: Köppen W, Geiger R (eds) Handbuch der Klimatologie I (A). Borntraeger, Berlin, pp 1-176
Möhring C (1995) Galápagos – bedrohte Schatzkammer der Natur. FAZ, Nr 201, S N 3, Frankfurt
Mooney HA, Cushman JH, Medina E, Sala OE, Schulze ED (eds, 1996) Functional Roles of Biodiversity – A Global Perspective. Wiley & Sons, Chichester
Moore BD (2004) Favoured aliens for the future. Nature 427: 594
Morley RJ (2000) Origin and evolution of tropical rain forests. John Wiley & Sons, Chichester
Mosbrugger V (2003): Die Erde im Wandel – die Rolle der Biosphäre. Naturwiss Rundschau 56 (7): 357-365
Mueller-Dombois D (1999) Biodiversity and environmental gradients across the tropical Pacific islands: A new strategy for research and conservation. – Naturwiss 86: 253-261
National Geographic (2003): Philippinen – Schatzkammer der Natur. Maiheft 2003
Neal D (2003) Introduction to population biology. Cambridge University Press, Cambridge
Newton A (1977) A review of *Rubus* sectio *Discolores*, P. J. Muell. in Britain. Watsonia 11: 237-246
Niklas KJ (1997) The Evolutionary Biology of Plants. Oxford Univ Press, Oxford
Niklas KJ, Tiffney BH, Knoll AH (1983) Patterns in vascular land plant diversification. Nature 303: 614-616
Nisbet EG, Sleep NH (2001) The habit and nature of early life. Nature 409: 1083-1091
Nisbet EG, Cann JR, Dover CL (1995) Origins of photosynthesis. Nature 373: 479-480
Pack A, Gutzmer J, Beukes NJ, Van Niekerk HS, Hoernes S (2000) Supergene ferromanganese wad deposits from Permian Karoo strata along the Late Cretaceous – Early Tertiary African land surface, Ryedale, South Africa. Economic Geology 95: 203-220
Parrish JT (1993) Climate of the supercontinent pangea. Journal of Geology 101: 215-233
Pavlov AA, Kasting JE (2002) Mass-independent fractionation of sulfur isotopes in Archean sediments: Strong evidence for an anoxic Archean atmosphere. Astrobiology 2: 27-41
Petit JR, Jouzel J, Raynaud D, Barkov NI et al (1999) Climate and atmospheric history of the past 42,000 years from the Vostok ice core, Antarctica. Nature 399: 429-435
Pianka ER (2000) Evolutionary ecology. Addison Wesley, Longman
Picket S, White P (1985) The ecology of natural disturbance and patch dynamics. Academic Press, San Diego
Pickett STA, Parker VT, Fiedler PL (1992) The new paradigm in ecology: implications for conservation biology above the species level. In: Fiedler PL, Jain SK (eds) Conservation biology. The theory and practice of conservation, preservation and management. Chapman & Hall, New York, pp 65-88
Piechocki R (2001) Biodiversität. Naturwiss. Rundschau 54 (6): 337-338
Pierrehumbert RT (2004) High levels of atmospheric carbon dioxide necessary for the termination of global glaciation. Nature 429: 646-648
Pimm SL, Russell GJ, Gittleman JL, Brocks TM (1995) The future of biodiversity. Science 269: 347-350
Pott R (1995) Farbatlas Nordseeküste und Nordseeinseln. Ulmer, Stuttgart
Pott R (1999) Diversity of pasture-woodlands of north-west Germany. In: Kratochwil A (ed) Biodiversity in ecosystems: principles and case studies of different complexity levels. Kluwer, Dordrecht, pp 107-132

Pott R, Freund H, Petersen J, Walther GR (2003) Aktuelle Aspekte der Vegetationskunde. Tuexenia 23:11-39

Pott R, Hüppe J, Wildpret W (2003) Die Kanarischen Inseln, Natur- und Kulturlandschaften. Ulmer, Stuttgart

Potthast Th (1999) Die Evolution und der Naturschutz: zum Verhältnis von Evolutionsbiologie, Ökologie und Naturethik. Campus, Frankfurt/Main New York

Powell JR, Gibbs JP (1995) A report from Galápagos. Trends in Ecology and Evolution 10: 351-354

Price PW (2002) Macroevolutionary theory on macroecological patterns. Cambridge University Press, Cambridge

Qiu Y-L, Palmer D (1999) Phylogeny of early land plants: insights from genes and genomes. Trends Plant Sci 4: 26-30

Qiu Y-L, Cho Y, Cox JC, Palmer JD (1998) The gain of three mitochondrial introns identifies liverworts as the earliest land plants. Nature 394: 671-674

Rampino MR, Stothers RB (1984) Terrestrial mass extinctions, cometary impacts and the sun's motions perpendicular to the galactic plane. Nature 308: 709-712

Ramussen R (2000) Filamentous microfossils in a 3,235 million-year-old volcanogenic massive sulphide deposit. Nature 405: 676-679

Raubeson LA, Jansen RK (1992) Chloroplast DNA evidence on the ancient evolutionary split in vascular land plants. Science 255: 1697-1699

Raven PH, Evert RF, Eichhorn SE (1992) Biology of plants. 5th edn. Worth Publishers, New York

Raymond A (1985) Floral diversity, phytogeography, and climatic amelioration during the Early Caroniferous (Dinantian). Paleobiology 11: 293-309

Rees PM, Ziegler AM, Valdes PJ (2000) Jurassic phytogeography and climates: new data and model comparisons. In: Hueber FM, Macleod KG, Wing SL (eds) Warm climates in Earth history. Cambridge University Press, Cambridge, pp 297-318

Reichholf JH (1993) Biodiversität, warum gibt es so viele verschiedene Arten? Universitas 48:830-840

Reid GC, McAfee JR, Crutzen PJ (1978) Effects of intense stratospheric ionisation events. Nature 275: 489-492

Rejmanek M (1989) Invasibility of plant communities. In: Drake JA (ed) Biological invasions: a global perspective, pp 369-388

Remy W, Gensel PG, Hass H (1993) The gametophyte generation of some Early Devonian land plants. Int J Plant Sci 154: 35-58

Rensch B (1972) Neue Probleme der Abstammungslehre. Eine transspezifische Evolution. 3. Aufl, Enke, Stuttgart

Rivera MC, Lake JA (2004) The ring of life provides evidence for a genome fusion origin of eukaryotes. Nature 431: 152-155

Rizzotti M (2000) Early Evolution. Birkäuser, Basel

Roberts N (1998) The Holocene. An environmental history. Blackwell, Oxford

Rogers JJW (1996) A history of continents in the past three billion years. Journal of Geology 104: 91-107

Romero EJ (1986) Paleogene phytography and climatology of South America. Annals of the Missouri Botanical Garden 73: 449-461

Rosendal GK (1999/2000) Biodiversity: Between Diverse International Arenas. Yearbook of International Cooperation on Environment and Development

Rosenzweig ML (1995) Species diversity in space and time. Cambridge University Press, Cambridge

Sandlund OT, Schei PJ, Viken A (1999) Invasive species and biodiversity management. Kluwer, Dordrecht

Schluter D (2000) The ecology of adaptive radiation. Oxford University Press, Oxford

Schopf JW (1999) Cradle of life – The discovery of Earth's earliest fossils. Princeton University Press, Princeton /NJ

Schulze E-D, Beck E, Müller-Hohenstein K (2002) Pflanzenökologie. Spektrum, Heidelberg

Schuster RM (1976) Plate tectonics and ist bearing on the geographical origin and dispersal of angiosperms. In: Beck CB (ed) Origin and early evolution of angiosperms. Columbia University Press, New York London, pp 48-138

Schweingruber FH (1996) Tree rings and environment and dendroecology. Haupt, Bern Stuttgart Vienna

Singh R (2003) The evolution of population biology. Cambridge University Press, Cambridge

Skog JE, Dilcher DL (1994) Lower Vascular Plants of the Dakota Formation in Kansas and Nebraska. Rev Pal Pal 80: 1-18

Smith M, Bruhn J, Anderson J (1992) The fungus *Armillaria bulbosa* is among the largest and oldest living organisms. Nature 356: 428-431

Sohmer SH, Gustafson R (1987) Plants and flowers of Hawaii. University of Hawaii

Sprigg RC (1947) Early Cambrian Jellyfishes from the Flinders Ranges, South Australia. Transactions of the Royal Society of South Australia 71: 212-224

Sprigg RC (1949) Early Cambrian "Jellyfishes" of Ediacara, South Australia, and Mt. John, Kimberley District, Western Australia. Transactions of the Royal Society of South Australia 73: 72-99

Stanley D (1988) Südsee-Handbuch. Gisela Walther, Bremen

Stebbins GL (1981) Coevolution of grasses and herbivores. Annals of the Missouri Botanical Garden 86: 75-86

Stemmermann L (1983) Ecological studies of Hawaiian *Metrosideros* in a successional context. Pac Sci 37: 361-373

Stone CP, Loope LL (1987) Effects of introduced animals on native species in Hawai'i: what has been done, what needs doing, and the role of national parks. Environmental Conservation 14: 245-258

Storch V, Welsch U, Wink M (2001) Evolutionsbiologie. Springer, Berlin Heidelberg New York

Strauss H (1997) The isotopic composition of sedimentary sulfur through time. Palaeogeography Palaeoclimatology Palaeoecology 132: 97-118

Strauss H, Beukes NJ (1996) Carbon and sulfur isotopic compositions of organic carbon and pyrite in sediments from the Transvaal Supergroup, South Africa. Precambrian Research 79: 57-71

Takenaka Y, Matsuda H, Iwasa Y (1997) Competition and Evolutionary Stability of Plants in a Spatially Structured Habitats. Researches on Population Ecology 39: 67-75

Tallis JH (1991) Plant community history: long-term changes in plant distribution and diversity. Chapman & Hall, London

Tanai T (1972) Tertiary history of vegetation in Japan. In: Graham A (ed) Floristics and paleofloristics of Asia and eastern North America. Elsevier, Amsterdam, pp 235-255

Taniguchi Y, Stanley HE, Ludwig H (2002) Biological systems under extreme conditions. Structure and function. Springer, Heidelberg

Tarling DH, Runcorn SK (eds, 1973) Continental drift, sea floor spreading and plate tectonics: implications to earth sciences. Academic Press, London

Taylor DW, Hickey LJ (1996) Evidence for and implications of an herbaceous origin of angiosperms. In: Taylor DW, Hickey LJ (eds) Flowering plant origin, evolution and phylogeny. Chapman & Hall, New York, pp 232-266

Taylor TN, Hass H, Kerp H (1999) The oldest fossil ascomycetes. Nature 399: 648

Terborgh J (1993) Lebensraum Regenwald, Zentrum biologischer Vielfalt. Spektrum, Heidelberg

Thomas BA, Spicer RA (1987) The evolution and palaeobiology of land plants. Croom Helm, London

Tilman D (1999) The ecological consequences of changes in biodiversity: a search for general principles. Ecology 80: 1455-1474

Tilman D (2000) Causes, consequences and ethics of biodiversity. Nature 405: 208-211

Upchurch GR Jr, Otto-Bliesner BL, Scotese CR (1999) Terrestrial vegetation and its effect on climate during the latest Cretaceous. In: Barren E, Johnson CC (eds) Evolution of the Cretaceous ocean-climate system. Geological Society of America, Boulder, Colorado, pp 406-426

Vakhrameev VA (1991) Jurassic and Cretaceous floras and climates of the Earth. Cambridge Univ Press, Cambridge

Van der Hammen T (1983) Paleoecology of tropical South America. In: Prance GT (ed) Biological diversification in the Tropics. Columbia University Press, New York, pp 60-66

Van Niekerk HS, Beukes NJ, Gutzmer J (2000) Post Gondwana pedogenic ferromanganese deposits, ancient soil profiles, African land surfaces and paleoclimatic change on the Highveld of South Africa. Journal of African Earth Sciences 29: 761-781

Vitousek PM, Loope LL, Andersen H (1995) Islands – Biological Diversity and Ecosystem Function. Ecological Studies 115, Springer, Berlin

Vitousek PM, Walker LR, Whiteaker LD, Mueller-Dombois D, Watson PA (1987) Biological invasion of Myrica faya alters ecosystem development in Hawai'i. Science 238: 802-804

Vuorisalo TO, Mutikainen PK (2001) Life History Evolution in Plants. Kluwer, Dodrecht

Wagner WL, Herbst DR, Sohmer SH (1990) Manual of the flowering plants of Hawai'i. Rev ed, Univ of Hawai'i Press, Honolulu, Vol 1, pp 1-988, Vol. 2, pp 989-1918

Walker B (1992) Biodiversity and ecological redundancy. Conserv Biol 6: 18-23

Walsh JE, Doran PT, Priscu JC, Lyons WB, Fountain AG, McKnight DM, Moorhead DL, Virginia RA, Wall DH, Clow GD, Fritsen CH, McKay CP, Parsons AN (2002) Climate change - Recent temperature trends in the Antarctic. Nature 418: 292

Wardle DA, Huston MA, Grime JP, Berendse F, Garnier E, Lauenroth WK, Setälä H, Wilson SD (2000) Biodiversity and Ecosystem Function: an Issue in Ecology. Bull Ecol Soc Am 81: 235-239

Warren SG, Brandt RE, Grenfell TC, McKay CP (2002) Snowball Earth: ice   thickness on the tropical ocean. J Geophys Res C107

Weber E (2003) Invasive plant species of the world. Cabi Publishing, Wallingford

Wellman CH, Gray J (2000) The microfossil record of early land plants. Philos Trans R Soc Lond B 355: 717-732

Werner R, Hoernle K, van den Bogaard P, Ranero C, von Huene R, Korich D (1999) Drowned 14-m.y.-old Galapagos archipelago off the coast of Costa Rica: implications for tectonic and evolutionary models. Geology 27 (6): 499-502

Whitmore TC (1993) Tropische Regenwälder, eine Einführung. Spektrum, Heidelberg

Whittaker RH (1972) Evolution and measurement of species diversity. Taxon 21: 231-251

Williams MAJ, Dunkerley DL, De Deckker P, Kershaw AP, Chapell J (1998) Quaternary Environments. 2nd edn. Edward Arnold, London

Williamson M (1996) Biological invasions. Chapman & Hall, London

Willis KJ, Kleczkowski A, Crowhurst SJ (1999) 124 000-year periodicity in terrestrial vegetation change during the late Pliocene epoch. Nature 397: 685-688

Willis KJ, Whittaker R (2000) The refugal debate. Science 287: 1406-1407

Wilson EO (1994) The diversity of life. 2nd edn., Penguin Press, London

Wing SL, Boucher LD (1998) Ecological aspects of the Cretaceous flowering plant radiation. Annual Review of Earth and Planetary Sciences 26: 379-421

Wolfe JA (1985) Distribution of major vegetation types during the Tertiary. In: Sundquist ET, Broecker WS (eds) The carbon cycle and atmospheric CO_2: natural variations Archean to present. American Geophysical Union, Washington/DC, pp 357-375

Wolfe JA, Upchurch GR jr (1986) Vegetation, climate and floral changes at the Cretaceous-Tertiary boundary. Nature 324: 148-152

Woodward FI (1994) How many species are required for a functional ecosystem? In: Schulze E-D, Mooney HA (eds) Biodiversity and Ecosystem Function. Springer, Berlin, pp 271-291

Wright R, Cita MB (1979) Geodynamics and biodynamics effects of the Messinian salinity crisis in the Mediterranean. Palaeogeography, Palaeoclimatology, Palaeoecology 29: 215-222

Wuketits FM (2002) Auf dem schmalen Grat des Lebens: Evolution – Zufall und Notwendigkeit. Nova Acta Leopoldina NF 86, 324: 129-142

Xiong J, Fischer AG, Inoue WM, Nakahara K, Bauer CE (2000) Molecular evidence for the early evolution of photosynthesis. Science 289: 1724-1730

Xiwen LI, Walker D (1986) The plant geography of Yunnan Province, southwest China. J Biogeography 13: 367-397

Yachi S, Loreau M (1999) Biodiversity and ecosystem productivity in a fluctuating environment: the insurance hypothesis. Proc Natl Acad Sci USA 96: 1463-1468

Yang P, Foote D, Jones VP, Tunison JT (2000) A preliminary investigation of the effect of the two-spotted leafhopper *Sophonia rufofascia* (Kuoh & Kuoh), on fire tree, *Myrica faya* Aiton, in Hawai'I Volcanoes National Park. Technical Rep, Univ of Hawai'i, Pac Coop Studies Unit 2000, Honolulu

Yang W, Holland HD (2002) The redox-sensitive trace elements, Mo, U, and Re in Precambrian carbonaceous shales: Indicators of the Great Oxidation Event. Geol Soc Am Abstr Programs 34: 381

Yin-Long Q, Bernasconi-Quadroni F, Soltis DE, Soltis PS, Zanis M, Zimmer EA, Chen Z, Savolainen V, Chase MW (1999) The earliest angiosperms: evidence from mitochondrial, plastid and nuclear genomes. Nature 402: 404-407

Zhang YX, Zindler A (1993) Distribution and evolution of carbon and nitrogen in Earth. Earth Planet. Sci Lett 117: 331-345

4.9 Fragen zu Kapitel 4

1. Was haben Stromatolithen in Australien und das Farbstreifen-Watt in der Nordsee gemeinsam?

2. Was hat die Evolution der Eukaryoten mit dem Sauerstoffgehalt der heutigen Atmosphäre zu tun?

3. „Gebänderte Eisenerze", „Uraninit-Flussgerölle" und „Rotsedimente" sind nicht nur wichtige geologische Begriffe, sie bezeichnen auch essentielle Phänomene der Evolution. Beschreiben Sie diese.

4. Was verbindet man mit dem Begriff „Schneeball-Erde"?

5. Die Kambrische Artenexplosion vor etwa 500 Millionen Jahren ist eines der wichtigsten Ereignisse der globalen Evolution. Warum?

6. Beschreiben Sie das biogeographische Begriffspaar „Vikarianz" und "Konvergenz".

7. Warum können Milankovitch-Zyklen die evolutive Speziation beeinflussen?

8. Was versteht man unter dem Prinzip des kompetitiven Ausschlusses nach dem Gause-Prinzip?

9. Der Art-Begriff lässt sich auf unterschiedliche Weise definieren, zwei wichtige Aspekte sind:

10. Was macht „Alien Invasive Species" so interessant für die natürliche Biodiversität der Erde?

11. Geodiversität kann Biodiversität erhöhen. Wie erklärt sich dieses Phänomen?

12. Was unterscheidet das Ruwenzori-Gebirge in Afrika vom Kilimandscharo und vom Mount Kenia?

5 Vier Millionen Jahre Mensch – Schritte der Menschheits- und Kulturevolution

Die Wiege der Menschheit liegt in Afrika: Vor fünf Millionen Jahren im Miozän trennten sich dort die Evolutionslinien von Menschenaffen und Menschen. Seit dieser Zeit machen die Hominiden eine eigenständige Entwicklung durch. Der aufrechte Gang, die Herstellung von Steinwerkzeugen, die Beherrschung des Feuers, Bestattungen und Kunst – dies sind die Schritte auf dem Weg zum heutigen Menschen. Der Mensch ist das einzige Lebewesen, das über sich selbst nachdenkt. So formuliert es der Anthropologe Günter Nogge (1997) in seinem Vorwort zur Ausstellung „4 Millionen Jahre Mensch", die von 1998 bis 2000 eine erfolgreiche Tournee durch Deutschland absolvierte. Seit der Entdeckung der ersten frühmenschlichen Fossilien 1856 im Neandertal, nur 30 Kilometer entfernt von Köln, und dem Erscheinen des grundlegenden Werkes über „Die Entstehung der Arten durch natürliche Auslese" von Sir Charles Darwin etwas später im Jahre 1859 hat die Frage, ob der Mensch vom Affen abstammt, die Gemüter erregt. Eines ist unbestritten: Wir stammen weder vom Gorilla noch vom Orang-Utan, Schimpansen oder Bonobo ab. Diese sind nur unsere Vettern. Wenn wir die Ahnenreihe aber an die 10 Millionen Jahre zurückgehen, stoßen wir auf gemeinsame Urahnen, und die waren natürlich Affen. Eine Neubewertung molekulargenetischer Befunde in neuester Zeit ergab eine offenbar radikale Vereinfachung des Stammbaumes der Menschen: Demnach gab es in der Abstammungslinie bis zum heutigen modernen Menschen (*Homo sapiens*) nur drei Arten: *Homo rudolfensis*, *H. habilis* und *H. erectus*. Soviel steht offenbar für heute fest. Zur Gattung *Homo* – also Mensch – rechnen die Paläoanthropologen alle Hominiden, die ein deutlich größeres Gehirn besaßen als die Australopithecinen. Bei der Gattung *Australopithecus* sind sich jedoch die meisten Forscher einig, dass ihre Vertreter schon zum Stammbaum des Menschen gehören. Vom *Australopithecus* gibt es vergleichsweise reichlich Funde – die ersten tauchten 1924 in Südafrika auf, daher ihr Name vom lateinischen „*australis*" (= südlich) und dem griechischen Wort „*pithekos*" (= Affe). 1974 wurde mit dem sensationellen Fund von „Lucy" (Abb. 5.1) sogar ein halbwegs komplettes, 3,2 Millionen Jahre altes Skelett ausgegraben. Allein

Abb. 5.1. Rekonstruktion von „Lucy", einem 3,2 Millionen Jahre alten Australopithekinen, Universität Zürich (aus Nogge 1997)

von Lucys Art, *Australopithecus afarensis*, gibt es heute mehr als dreihundert Funde von über einhundert Individuen aus der Zeit vor vier bis drei Millionen Jahren vor heute. Die frühesten Hominiden der Gattung *Homo* fanden sich am Ufer des Turkana-Sees im Nordwesten Kenias, der früher Rudolfsee hieß, und werden einer Art namens *Homo rudolfensis* zugeordnet. Etwa zeitgleich, um 2,5 Millionen Jahre vor heute, lebte in der Gegend des Ostafrikanischen Grabenbruches sein Vetter *Homo habilis* (= Geschickter Mensch), der offenbar schon steinige Gerätschaften mit scharfkantigen Abschlägen als Werkzeug benutzte. Obwohl diese Fakten unbestritten sind, gibt es bis heute erhebliche Kontroversen um die Entstehung des Menschen. Je seltener die Fossilfunde und je stärker die Persönlichkeiten sind, die sie gefunden und interpretiert haben, desto hitziger werden die Auseinandersetzungen geführt. Bei den Diskussionen geht es hauptsächlich um Detailfragen, ob etwa eine Art enger mit dieser oder jener verwandt ist, oder um die Ursachen, die in einer bestimmten Zeit zu Veränderungen führten. Unser gegenwärtiger Kenntnisstand sieht nach Leslie Aiello (1997) derzeit so aus:

- *Australopithecus* lebte vor ungefähr 3 Millionen Jahren,
- *Homo rudolfensis* entwickelte sich vor 2,5 Millionen Jahren,
- *Homo erectus* vor 1,6 Millionen Jahren,
- Der Neandertaler existierte in Europa von etwa 200 000 bis 30 000 Jahren und
- frühe moderne Menschen lebten vor etwa 30 000 Jahren.

Es ist schlicht nicht bekannt, welche Hominiden reden konnten und welche nicht. Einiges spricht dafür, dass erst der moderne *Homo sapiens* über eine zur differenzierten Artikulation geeignete Kehle verfügte. Der Stimmapparat der Neandertaler war vielleicht noch nicht so weit entwickelt, aber seine kulturelle Entwicklung lässt auf einen Sprachgebrauch schließen. Bereits vor 40 000 Jahren erschien überall, wo es zuvor den *Homo erectus* gab, der *Homo sapiens* von Cro Magnon, unser unmittelbarer Vorfahr. Dieser moderne Mensch wurde im 19. Jahrhundert von französischen Paläontologen „Cro-Magnon" genannt, nach der 1868 entdeckten Höhle Abri de Cro-Magnon im Departement Dordogne in Südwestfrankreich, wo die ersten Funde gemacht wurden. Mit ihm gelangen wir in die jüngere Altsteinzeit, das **Paläolithikum**, als zum ersten Mal im vollen Sinne des Wortes eine **Kultur** entstand. Das Jungpaläolithikum von 40 000 bis 10 000 vor Christus brachte zunächst eine weitere Ausdehnung des Lebensraumes der Menschen. Die unterschiedlichen Umweltbedingungen in den verschiedenen Klimazonen der Erde führten zur Bildung der heutigen Menschenrassen, der Australiden, Europiden, Negriden und Mongoliden. Infolge der globalen Vereisungen war der Meeresspiegel gesunken, so dass Landbrücken entstanden waren von Asien nach Nordamerika und von Hinterindien nach Australien, über die die ersten Menschen kamen. Es waren Jäger- und Sammlerkulturen: Die Männer gingen auf die Jagd, die Frauen sammelten Früchte, Kräuter und Wurzeln. Die Zivilisation erreichte mancherorts eine neue Stufe: Es gab neben kurzfristig besetzten Lagerplätzen an Flussufern über längere Zeit bewohnte Siedlungen mit Behausungen: Rechteck-, Rund- und Langbauten mit Feuerstellen, in Osteuropa mitunter aus Mammutknochen errichtet (Abb. 5.2).

Abb. 5.2: Rekonstruktion einer paläolithischen „Laubhütte" aus dem Archäologischen Museum in Oerlinghausen bei Bielefeld (1992)

Die Menschen trugen Kleidung und Schmuck aus Elfenbein oder Tier-zähnen. Es beginnt die Geschichte der Kunst sowohl der Skulptur wie der Malerei, wie wir es von den magisch motivierten Höhlenmalereien und Felsbildern namentlich von Altamira in Nordspanien und Lascaux in Süd-frankreich wissen. Eine vergleichbare Naturtreue von Zeichnungen ist erst zehntausend Jahre später im alten Ägypten wieder erreicht worden. Die kulturelle Diversifizierung der Menschen wird hier ihren Anfang gehabt haben.

5.1 Jäger, Sammler und Wildbeuter-Kulturen

Der früheste Beleg moderner Menschen in Ostasien stammt nach Günter Bräuer (1997) aus der Niah Cave in Borneo und ist etwa 40 000 Jahre alt. Australien wurde offenbar damals besiedelt, und es gibt eine heftige Dis-kussion über die Herkunft der ersten Australier. Als ältester Hominiden-fund gilt ein teilweise erhaltenes Skelett vom Lake Mungo, das aber unge-fähr 30 000 Jahre alt ist. Dieser gleicht anatomisch den frühen modernen Funden aus Europa. Schon vor etwa 40 000 Jahren wanderten die moder-nen Menschen in Europa ein mit zahlreichen technischen Fortschritten, wie feste Feuerstellen und Hausbauten. Dieser Menschentyp besiedelte damals auch Ostasien und Australien (Abb. 5.3).

Abb. 5.3. Frühe moderne Funde mo-derner Menschen vor etwa 50 000 bis 30 000 Jahren in Ostasien und Austra-lien und mögliche Ausbreitungsrou-ten (aus G. Bräuer 1997). Detail: Fel-senmalerei der Aborigines am Nour-langie-Rock im Northern Territory, Australien (2002)

Box 5.1. Landwirtschaft und Sprachen

Auf der ganzen Erde werden heute noch gut 6800 unterschiedliche Sprachen gesprochen, einige von vielen Millionen Menschen, andere – mindestens 350 – stehen kurz vor dem Aussterben. Vieles spricht dafür, dass deren Zukunft erlischt, noch ehe ihre Vergangenheit vollständig aufgeklärt ist. Tatsächlich hat sich die Aufgabe, die Wurzeln von so vielen und so unterschiedlichen Sprachen herauszufinden, als eine in den meisten Fällen schwierige Aufgabe erwiesen, deren Lösung nicht selten ohne Widersprüche bleibt. Archäologen, Anthropologen und immer öfter auch Paläogenetiker versuchen, die Besiedlungsgeschichte der Menschen anhand bestimmter genetischer Merkmale nachzuzeichnen. Entsprechend groß und vielseitig ist dementsprechend die Zahl der Ideen und Theorien. Jared Diamond und Peter Bellwood haben das jüngst an fünfzehn großen Sprachfamilien studiert und im Jahre 2003 veröffentlicht. Von den ersten Siedlern, die an verschiedenen Orten der Welt sesshaft wurden und Tiere und Pflanzen domestizierten, wurde sozusagen jeweils der Samen für den Siegeszug der Sprachen gelegt. Die ersten agrarischen Gesellschaften waren nach Ansicht der beiden Forscher nicht nur wegen der mit dem teils rapiden Bevölkerungswachstum einhergehenden Nahrungsmittelknappheit physiologisch im Vorteil, sie waren auch durch die Entwicklung einheitlicher Sprachen besser organisiert und damit letzten Endes erfolgreicher als die Jäger- und Sammlergesellschaften. Diese wurden im Laufe der Jahrtausende von auswandernden sesshaften Bauern verdrängt oder „ersetzt". Einen der ersten Keime findet man beispielsweise im Hochland von Papua-Neuguinea (Abb. 5.4). Dort wurden pflanzliche Überreste und überzeugende archäologische Hinweise dafür gefunden, dass auf der Insel schon vor sieben- bis zehntausend Jahren und damit so früh wie in nur wenigen anderen Erdregionen Nutzpflanzen – Bananen und Zuckerrohr – angebaut worden waren.

Die Besiedlungsgeschichte Australiens war aber wohl viel komplizierter, denn archäologische Befunde und Radiocarbondatierungen von Höhlenmalereien der australischen Ureinwohner bezeugen, dass dieser Kontinent offenbar schon vor mindestens 40 000 Jahren von Menschen besiedelt wurde (Abb. 5.3). Die Ureinwohner Australiens sind wohl aus dem süd- und ostasiatischen Raum zugewandert. Zur Zeit ihrer Zuwanderung im Pleistozän während und auch noch nach der letzten Eiszeit, als der Meeresspiegel der Ozeane weit unter dem heutigen Niveau lag, waren größere Anteile des Kontinentalschelfes zumindest zeitweise trocken gefallen, und es gab diverse Landbrücken beziehungsweise leicht überwindbare Wasserstraßen. Wer diese ersten Siedler waren, wissen wir jedoch nicht. Damals war das Klima auf der Südhalbkugel und auch auf dem australischen Kontinent feuchter, und fast das gesamte Land eignete sich als Lebensraum. Mit der allmählichen Erwärmung des Weltklimas im Holozän wurde es auf dem Fünften Kontinent aber immer trockener, der Meeresspiegel stieg um die bekannten 130 bis 140 Meter, und alle Landbrücken waren geflutet. Die nun isolierten **Aborigines** waren jetzt gezwungen, sich nach allen Regeln der Überlebenskunst an die immer kärger werdende Umwelt anzupassen.

Abb. 5.4.Vertreter alter Naturkulturen: Papua Neuguinea-Tari-Huli mit *Face-painting* (Fotos: B. Gries 1995)

Alaska und das nördliche Kanada wurden wahrscheinlich erst vor etwa 20 000 Jahren besiedelt. Hier im westlichen Nordamerika liegt auch die Mehrzahl der Fundstätten früher westlicher Kulturen. Es ist unwahrscheinlich, dass Menschen weiter nach Amerika vordrangen, bevor die eiszeitlichen Gletscher, die ihren Weg versperrten, vor etwa 14 000 Jahren zu schmelzen begannen. Woher und wann kamen die ersten Siedler Amerikas, und wer waren sie? Lange Zeit schien es ziemlich sicher, dass die ersten Siedler während der letzten Eiszeit vor 13 000 Jahren in drei Wellen aus Nordostasien über die Beringsee in die Neue Welt gelangten. Der Meeresspiegel stieg damals nach dem Ende der letzten Eiszeit um vier bis fünf Zentimeter pro Jahr weltweit. Dennoch reichte der Wasserzufluss die erste Zeit immer noch nicht aus, etwa die Beringstraße zu überfluten. Das geschah erst am Ende der Jüngeren Dryas, als eine weitere Eisschmelze für einen beschleunigten Anstieg des Meeresspiegels weltweit sorgte. Danach war die Landbrücke unterbrochen.Die frühesten indianischen Siedlungen im Nenanatal in Alaska sind rund 12 000 Jahre alt. Die **Amerindianer** und heutigen Indianer gelten als ihre Nachfahren.

Das Vordringen der ersten Indianer, die nach den Fundorten ihrer Speerspitzen auch als **Clovis**-Indianer bezeichnet werden, fällt zeitlich mit dem Aussterben vieler Großsäuger zusammen. Was liegt näher, als eine kausale Verknüpfung mit den jagenden Indianern herzustellen, die nachweislich ja tatsächlich Mammuts erlegt hatten. Paul Martin entwickelte daraus 1984 die „**Overkill-Hypothese**", nach der eine vordringende Form von Großwildjägern das Aussterben von Mammut, Mastodon und vielen anderen Großsäugern verursacht habe. Diese spektakuläre Hypothese wird noch immer heftig und teilweise mit großen Emotionen diskutiert. Es hat den Anschein, als hätte der Mensch in diesem Indizienprozess schlechte Karten. Die warmzeitliche Fauna hat, ebenso wie die kaltzeitliche, überall in der Holarktis während des langen Pleistozäns viele Klimawechsel überstanden. Niemals sind jedoch so viele Säugetierarten ausgestorben wie am Ende der letzten Eiszeit. Waren es nun Klimafaktoren oder die Steinzeitjäger oder beides?

Dass schon der prähistorische Mensch Arten ausgerottet habe, ist keine gänzlich neue Vermutung. In Australien beispielsweise waren schon vor etwa 30 000 Jahren alle größeren australischen Beuteltiere verschwunden, kurz nachdem die Aborigines den Kontinent besiedelt hatten. Eine kausale Verknüpfung zwischen ihrem Auftreten und dem Aussterben des großen Beutlers *Diprotodon optatum* und seines etwas kleineren Vertreters *Thylacoleo carnifex* ist also schwer von der Hand zu weisen. Denn in Australien gab es – im Gegensatz zu Europa oder Nordamerika – keine plötzlichen Warm- und Kaltzeiten. Die Overkill-Hypothese wird also oft zitiert, und diese prähistorische Auslöschung vieler Arten durch die raffinierten Jagdtechniken diskutieren auch jetzt noch immer zahlreiche Autoren, die sich mit diesem Thema befassen. Zu nennen sind in diesem Zusammenhang: Niles Elbredge (1998), Wolfgang Engelhardt (1997), Barbara König und Karl Eduard Linsenmair (1996), Richard Leakey und Roger Lewin (1995), Richard Potts (1996), Peter D. Ward (1996), Edward O. Wilson (1996) und Franz M. Wuketits (2003).

Der Bonner Paläontologe Wighart von Koenigswald fasst die neueren Befunde jüngst (2002) wie folgt zusammen: „Das Verschwinden des Auerochsen und die Zurückdrängung von Wisent und Elch, die alle in den frühholozänen Wäldern Mitteleuropas heimisch waren, hatte andere Gründe. Mit der Ausbreitung des Ackerbaus wurden immer größere Lichtungen in die Waldgebiete geschlagen. In den ersten Jahrtausenden dürfte das noch keine ernsthaften Folgen für den Faunenbestand gehabt haben, aber mit der Zeit engte die Zersiedlung den Lebensraum der großen Pflanzenfresser kontinuierlich stärker ein, so dass sie allmählich verschwanden. Dieser Vorgang ist auch heute noch spürbar."

In Mitteleuropa ist ein lokales Aussterben der kaltzeitlichen Fauna zu Beginn einer Warmzeit zu erwarten, wie es wohl auch nach jeder Kaltzeit vorgekommen ist. Dass die einzelnen Arten mit deutlichen regionalen Unterschieden verlöschen, passt sehr wohl in dieses Bild. Trotz dieser „entlastenden" Indizien sollte man sich hüten, voreilig die tiefgreifende Veränderung der Temperaturen als die einzige Ursache dafür auszuweisen –

Box 5.2: *Prehistoric Overkill?*

Die straußenähnlichen Moas (Abb. 5.5) waren einst auf Neuseeland beheimatet. Diese bis über drei Meter großen flugunfähigen Vögel gab es dort mit mehr als zwölf Arten. Als dann vor ungefähr 1400 Jahren die Maori von den polynesischen Inseln im Pazifik im Norden Neuseelands eintrafen, war es um diese Tiere geschehen: mit Feuer wurden sie zu Schlachtplätzen zusammengetrieben und systematisch ausgerottet. Noch heute findet man in archäologischen Grabungen ihre Knochenberge und rekonstruiert daraus die ehemalige Artenvielfalt. Als im 19. Jahrhundert die ersten Europäer kamen, lebten nur noch kleinere Vertreter der Moas, der Riesen-Moa (*Dinornis giganteus*) war bereits im 19. Jahrhundert endgültig von der Bildfläche verschwunden. Ähnlich erging es den großen flugunfähigen Drontevögeln auf Madagaskar, die von Seefahrern und mitgebrachten Ratten um 1780 ausgelöscht wurden. In Nordamerika und Europa zählt der flugunfähige Riesenalk (*Aloa impennis*) zu den Schlachtopfern. 1844 wurde das letzte Brutpaar erschlagen. Und die Liste lässt sich fortführen; erwähnt werden sollen noch die Wandertaube (*Ectopistes migratorius*) in Nordamerika und Steller's Seekuh (*Hydrodamalis stelleri*), eines der größten Säugetiere überhaupt, in der Beringsee, die schon im Jahre 1768 nur 27 Jahre nach ihrer Entdeckung durch den deutschen Naturforscher Georg Wilhelm Steller (1709-1746) von Robbenjägern komplett ausgerottet wurde. Waren so auch die Auswirkungen am Ende der letzten Eiszeit, als die Neandertaler in Europa zu Hause waren, oder später bei den Steinzeitmenschen?

schließlich muss erklärt werden, warum die Fauna der „**Mammutsteppe**" nicht bereits während der früheren Warmzeiten ausgestorben ist. Tiefgreifende Klimaschwankungen reichen zwar aus, um das lokale Aussterben in den temporären Verbreitungsgebieten wie Mitteleuropa zu erklären, aber der Grund für das Verlöschen im Kerngebiet ist damit nicht gegeben. Die Großsäuger- oder „**Megaherbivoren**"-Fauna der „Mammutsteppe" hat in früheren Warmzeiten in ihrem Kerngebiet Osteuropa und Sibirien überdauern und sich bei Abkühlungen erneut ausbreiten können. Betrachtet man die Areale, in denen überlebende Arten aus der „Mammutsteppe" heute vorkommen, so fällt auf, dass sie in zwei räumlich getrennte Gruppen aufgespalten sind. Bekanntlich ist der Moschusochse in Nordamerika erhalten geblieben, und das Mammut hat, wenn auch nur mit einer Kümmerform, bis vor etwa 4000 Jahren nur auf der Wrangel-Insel im Eismeer überlebt. Die eine Art ist in den zentralasiatischen Steppen, die andere in den nördlichen Tundren verbreitet. Aber nirgends überschneiden sich ihre Areale. Das zeigt sehr eindrucksvoll, dass es heute keinen Biotoptyp mehr gibt, der dem Lebensraum der typischen Megaherbivoren entspricht. Das ist auch der Grund dafür, dass wir auch dem Landschaftswandel am Beginn der Nacheiszeit eine wichtige Rolle für Lebensraumveränderungen zu Lasten der Megaherbivoren einräumen müssen.

Abb. 5.5. Der Riesen-Moa (*Dinornis giganteus*), Rekonstruktion Naturkundemuseum Christchurch, Neuseeland

Wighart v. Koenigswald (2002) formuliert weiter: „Obwohl die genaue Verbreitung der einzelnen Arten für diese Regionen in Raum und Zeit noch ungenügend bekannt ist, zeichnet sich aber ab, dass ausgerechnet während des letzten Glazials eine schwerwiegende Klimadepression auch das Mittelmeergebiet erreicht hat. Im Gegensatz zu den früheren Kaltzeiten drangen im Weichsel-Glazial in jener Zeit Mammut und Wollnashorn weit in die mediterranen Halbinseln ein. Funde dieser Arten sind sowohl aus Granada in Spanien als auch aus Neapel und Apulien in Italien bekannt. Wenn diese Elemente der glazialen Faunenvergesellschaftung so weit nach Süden in die Wohngebiete normalerweise warmzeitlicher Tierarten vordringen konnten, setzt das voraus, dass der typische Lebensraum für die damaligen Großsäuger auch in deren Kerngebiet weitgehend verschwunden war. Damit wäre das Aussterben der Waldelefantenfauna in ihrem Kerngebiet nach dem gleichen Modell zu erklären wie das der Mammutfauna in Sibirien, ohne den Menschen, der dort sicher auch gejagt hat, zum hauptsächlichen Verursacher zu machen."

5.2 Entwicklung der Landwirtschaft und der Kulturpflanzen

Im Zweistromland im heutigen Irak, das weiß jeder, lag Eden – das Paradies. Hier tat die Menschheit den Schritt vom Nomadentum zu Ackerbau und Viehzucht, und hier in Mesopotamien, dem Land zwischen Euphrat und Tigris, wurden das Rad und die Keilschrift erfunden, und hier wuchsen in der Folge die ersten Metropolen Babylon, Ur und Ninive. Letztere,

die Mutter aller Städte und unserer Kultur, der Regierungssitz des Assy-
rerkönigs Asurbanipal, der von 669 bis 627 vor Christus lebte, ist berühmt
für ihre Palastbauten. Dazu gehören auch das im dritten vorchristlichen
Jahrtausend blühende Ur, der sagenhafte Geburtsort und Ausgangspunkt
Abrahams mit seinen berühmten Königsgräbern, ebenso das hochkultivier-
te Uruk als Schauplatz des Gilgamesch-Epos; die zum Welterbe zählende
parthenische Wüstenstadt Hatra mit ihren orientalischen, griechischen und
römischen Bauelementen; Assur mit seinem Ištar-Tempel, die erste Hauptstadt der Assyrer, die schon seit dem zweiten vorchristlichen Jahrtausend
befestigt war, und schließlich das Mitte des dritten Jahrtausends vor Christus gegründete Babylon, Sitz des Gesetzgebers Hammurabi und Ort des
alttestamentarischen Turmes von Babel und des von Nebukadnezar errich-
teten Ištar-Tores, das heute im Pergamon-Museum in Berlin steht (Abb.
5.6); die Stadt ist auch bekannt als Sterbeort Alexanders des Großen.

Abb. 5.6. Das Ištar-Tor
von Babylon im Vor-
derasiatischen Museum
Berlin (Staatliche Mu-
seen Berlin, Vorderasi-
atisches Museum,
© bpk)

   Dort im Alten Orient, im so genannten **Fruchtbaren Halbmond** (Abb.
5.7), begann vor elftausend Jahren das, was wir heute die **Neolithische
Revolution** nennen: Der Mensch wurde sesshaft, baute Getreide an und
züchtete Haustiere. Diese bäuerliche Lebensform sollte das Zusammenle-
ben revolutionieren und die Grundlagen schaffen für eine differenzierte
Gesellschaftsform in Dörfern und den späteren Großstädten und den politi-

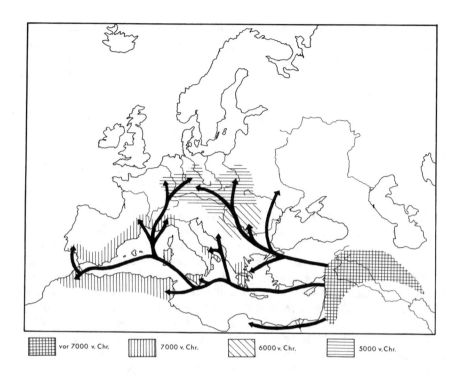

vor 7000 v. Chr.   7000 v. Chr.   6000 v. Chr.   5000 v. Chr.

Abb. 5.7. Ausbreitung des Ackerbaus vom Nahen Osten aus dem Fruchtbaren Halbmond nach Mitteleuropa (aus Burrichter et al. 1993)

schen Reichen, Ländern und Staaten. Es entstanden neues Recht, neue Religionen, neue Führungsschichten, neue Handelsverbindungen, aber auch die Überlieferung, die Mathematik, die Astronomie, der Kalender und die Wissenschaften schlechthin.

Die Erfindung der Landwirtschaft ist ein Schlüsselereignis in der Geschichte der Menschheit. Sie führte zu einer deutlichen Verbesserung der Nahrungsmittelversorgung und hatte tiefgreifende Auswirkungen auf die kulturelle und soziale Entwicklung. In einem nun schon etwa 10 000 Jahre dauernden Prozess haben die Menschen verschiedene Pflanzen in Zucht genommen und zu Kulturpflanzen entwickelt. Das geschah in einem vergleichbaren Zeitraum unabhängig voneinander in der Alten und in der Neuen Welt. Die älteste bekannte urbane Ansiedlung ist die Stadt Mehrgarh am Rand des Schwemmlandes des Indus, die vor achttausend Jahren schon etwa 3000 Einwohner zählte, welche von Weizen, Gerste und Datteln lebten und schon Baumwolle anbauten. Auch im Niltal sind erste neolithische Kulturen bekannt, die schon vor siebentausend Jahren Oasenkulturen mit speziellen Bewässerungstechniken aus Flusswasser oder aus

Schöpfbrunnen entwickelten. Hier wurde schon im 4. Jahrtausend vor Christus die Schrift erfunden – die ägyptischen Hieroglyphen sind der Anfang aller Zivilisation auf der Erde, und auch die späteren gigantischen Pyramiden sind die Symbole der hierarchischen Staatsordnung. Es waren Bauwerke des gesamten Volkes.

Box 5.3. *Ex oriente lux...*

Wir lesen es schon im Alten Testament: Hammurabi herrschte dort, der Gesetzgeber, dessen Regeln sich in allen Ländern der Frühzeit ausbreiten konnten und sich in die Antike fortsetzten. Hier blühten schon die Künste, lange Zeit vor Persiens und Griechenlands Aufstieg zu Großreichen. Die „Hängenden Gärten der Semiramis" waren mit ihrer hochentwickelten Baukunst eines der „Weltwunder der Antike". „Ištar" zum Beispiel wachte über Natur und Mensch, und seine Bedeutung setzt sich im minoischen Reich auf Kreta fort, das uns heute als Wiege Europas gilt. Hier liegen also die Wurzeln der westlichen Kulturen und hier erleben wir den Schritt der Menschheit aus den Wüsten und Halbwüsten in bebaute Siedlungen. Wir haben schon gesehen, die Geschichte unserer Kulturpflanzen ist so alt wie die Geschichte des Ackerbaus, das heißt sie geht zurück bis in die Ursprungszeit der produzierenden Wirtschaftsform. Dieser wichtige Schritt in der wirtschaftlichen und sozialen Geschichte der Menschheit wurde nicht in Europa getan, sondern im Vorderen Orient, wo vom genannten „Fruchtbaren Halbmond" das neue Produktionsgefüge des Jungsteinzeitmenschen mit Ackerbau und Viehzucht sich auf allen gegebenen geographischen Verbindungswegen nach Mitteleuropa ausgebreitet hat.

Uruk, der Hauptstadt des Sumerer-Reiches, verdanken wir das Gilgamesch-Epos, den ersten überlieferten Legendenzyklus unserer Zivilisation, in dem wir später Homers Ilias wiedererkennen. Ur, die berühmte Stadt in Chaldäa, ist der Geburtsort Abrahams. Von dort, nahe der berühmten Zikurat, dem ältesten und größten Stufentempel des Zweistromlandes, bricht er auf, seinen Gott zu suchen. Und was die Schriften des Alten Testament unter den Gesetzen des Moses zusammenfassen und vom Anfang der Menschheit berichten, entstammt den Sagen und Geschichten der Chaldäer, Sumerer, Babylonier und Assyrer, die alle im Zweistromland lebten. Hier ist nicht nur die Heimat der christlichen, mosaischen und islamischen Religionen, sondern auch die Wiege vieler europäischer Kulturen. Das alte geflügelte Wort *„Ex oriente lux"* hat eine ganz konkrete Bedeutung.

Eine tiefgreifende Veränderung in der Evolution von zahlreichen Wildpflanzen wurde zeitgleich durch das Sesshaftwerden des Menschen im **Neolithikum** ausgelöst und danach konsequent in der Domestikation gesteuert. Hierbei wurden von unseren Vorfahren vor allem solche Pflanzen selektiert, die sich gegenüber ihren wilden Verwandten durch festsitzende Fruchtstände, eine schnelle Keimung und gleichmäßige Samenreife auszeichneten. Die Entwicklung von Ackerbau und Viehzucht war also der bedeutsamste Wendepunkt in der Geschichte der Menschheit. Die naturräumliche Gliederung und die an jeweils verschiedene geographische Bedingungen angepasste Flora und Fauna jener Zeit bedingten ein unterschiedliches und regional begrenztes Potential domestizierbarer Arten. **Domestikation** bedeutet die Züchtung von neuen Arten, Unterarten, Sorten oder Rassen, die sich in ihren Genen von den in freier Natur lebenden Vorfahren deutlich unterscheiden. Dabei geht die Auslese von den züchterisch wünschenswerten Eigenschaften oft in eine ganz andere Richtung als die natürliche Selektion. Die meisten Haustiere haben ein kleineres Gehirn und weniger scharfe Sinnesorgane als die Wildtiere, von denen sie abstammen. Bei den wilden Gräsern, aus denen unser Getreide gezüchtet wird, fallen die Samen aus der Ähre einzeln ab, sobald sie reif werden. Beim Zuchtgetreide hat man das zugunsten gleichzeitig auf großen Feldern erntbarer Ähren weggezüchtet, wie wir noch sehen werden. Die Gentechnik ist also schon über zehntausend Jahre alt (Abb. 5.8).

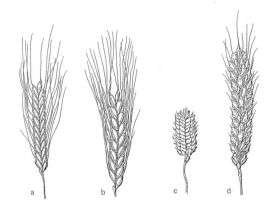

Abb. 5.8. Entstehung der Weizenarten. **a** Einkorn (*Triticum monococcum*, **b** Emmer (*T. dicoccon*, **c** Zwergweizen (*T. aestivum* f. *aestivo-compactum*, **d** Saatweizen (*T. aestivum*). Das Kreuzungsschema gibt die wichtigsten Wild- und Kulturformen an (aus Pott 1992)

Box 5.4. Erste Kulturpflanzen aus dem Fruchtbaren Halbmond

Das Einkorn (*Triticum monococcum* ssp. *boeoticum*) oder vielleicht auch die reine Wildform (*T. boeoticum*), eine dem Weizen verwandte Getreideart, wurde vermutlich im Süden der heutigen Türkei in den Karacadag-Bergen zum ersten Mal landwirtschaftlich genutzt. Der „Fruchtbare Halbmond", der als die Wiege der Landwirtschaft gilt, umfasst den Norden des Iran und Irak sowie Teile Syriens und der Türkei. Eine Reihe von Kulturpflanzen, aber auch Nutztiere wie Schaf, Ziege, Schwein und Rind wurden in dieser Region erstmals domestiziert. Der genaue Ursprungsort vieler Nutzpflanzen innerhalb des Fruchtbaren Halbmondes ist jedoch unbekannt. Nur für zwei Arten von Hülsenfrüchten, die Kichererbse (*Cicer arietinum*) sowie die Saatwicke (*Vicia sativa*) war bisher die exakte Herkunft bekannt. An welchem Ort Gerste, Emmer, Faserlein oder Linsen erstmals gezielt vermehrt wurden, ist dagegen noch unklar. Seit der Bronzezeit waren Hafer, Weizen, Roggen und Hirse, Möhre und Mohn bekannt.

Eine Gruppe von Wissenschaftlern aus Deutschland, Norwegen und Italien hat in den letzten Jahren unter der Leitung von Francesco Salamini (2001) vom Max-Planck-Institut für Züchtungsforschung in Köln jetzt die geographische Verbreitung des Einkorns (*Triticum monococcum* ssp. *boeoticum*) aufgeklärt. Die Forscher verglichen den Aufbau der Erbsubstanz mehrerer hundert wilder und kultivierter Linien des Einkorns aus dem Nahen Osten. Dabei fanden sie elf wilde Linien aus dem Gebiet der Karaca-Berge, die sich nur geringfügig von den ersten kultivierten Formen unterschieden. Die enge Verwandtschaft zwischen den wilden und den domestizierten Pflanzen ist nach Ansicht der Wissenschaftler ein deutlicher Hinweis, dass die Pflanzen auch anfangs ohne große Schwierigkeiten kultiviert werden konnten.

Zwar sind für die gezielte Nutzung einige äußerliche Veränderungen wie beispielsweise ein bruchfester Halm wichtig. Solange dafür aber nur geringe genetische Unterschiede wie beim Einkorn notwendig sind, ist die Kultivierung innerhalb weniger Generationen möglich; und dass das Einkorn-Getreide aus dem Gebiet der heutigen Türkei stammt, lässt sich zudem mit einer Reihe archäologischer Funde belegen. Die Ausgrabungsstätten von Çatal Hüyük und Cayönü sind nur unwesentlich voneinander entfernt. Das dort gefundene Saatgut zeigt, dass schon 7600 vor Christi Geburt in diesen Siedlungen Ackerbau betrieben wurde (Abb. 5.9).

Die räumliche Nähe der Herkunftsgebiete vieler heute wichtiger Kulturpflanzen war vermutlich eine entscheidende Voraussetzung für den Übergang vom nomadischen Jäger- und Sammlertum zur Landwirtschaft. Nur durch die gleichzeitige Nutzung unterschiedlicher Pflanzen und Tiere war eine stabile Versorgung mit allen notwendigen Nahrungsbestandteilen wie Eiweiß, Vitaminen und Kohlenhydraten gewährleistet. Faserpflanzen wie Lein lieferten darüber hinaus den Rohstoff für die Herstellung von Klei-

Abb. 5.9. Auf dem Wege zum Kulturgetreide: Die Wildgräser **a** *Aegilops squarrosa* mit Synaptosperm-Eigenschaften und **b** *Triticum boeoticum* und die ersten Kulturformen **c** *Triticum monococcum* und **d** *Triticum dicoccon.* Vergleiche auch Abbildung 5.8

dung und Seilen. Der Anbau von Kulturpflanzen war bereits zu Anfang so erfolgreich, dass sich in nur zweitausend Jahren Ackerbau und Viehzucht über große Gebiete Europas und Asiens ausbreiteten. So entstanden ortsfeste Siedlungen: Ein frühes Bauerndorf ist Jarmo in Irakisch-Kurdistan aus dem 7. Jahrtausend vor Christus. Etwa gleich alt oder noch älter, das heißt wahrscheinlich aus dem 8. Jahrtausend vor Christus stammend, ist die stadtartige Siedlung von Jericho am Jordan. Allerdings liegen hier keine Angaben über Ackerbau vor; es ist nur die Ziege als Haustier nachgewiesen. Nimmt man die Ergebnisse einiger weiterer Ausgrabungen im Vorderen Orient hinzu, so lässt sich heute sagen, dass hier seit dem 7. Jahrtausend, vielleicht sogar seit dem 8. Jahrtausend vor Christus, eine einfache bäuerliche Wirtschaftsform mit Weizen- und Gerstenanbau existierte.

Die paläobotanische Forschung hat sich schon früh mit der Frage nach Alter und Herkunft der bäuerlichen Wirtschaft beschäftigt. Sie wurde dabei von kulturgeographischen, pflanzen- und tiergeographischen Überlegungen gestützt und befruchtet. Das Forschungsinteresse konzentrierte sich in den letzten Jahrzehnten besonders auf den Vorderen Orient, weil dort die Wildformen der ältesten Getreidearten Weizen (Wild-Einkorn: *Triticum boeoticum*, Wild-Emmer: *Triticum dicoccoides*) und Gerste (*Hor-*

deum spontaneum) beheimatet sind und im gleichen Gebiet auch die Wildformen der kleinen Wiederkäuer Schaf (*Ovis ammon, O. armeniana, O. anatolica, O. gmelini*) und Ziege (*Capra caucasica, C. aegagrus*) vorkommen, die neben dem Hund wohl als erste Haustiere gelten können. Sowohl die Bezoarziege (*Capra aegagrus*) als Stammform unserer Hausziegen als auch das Mufflonschaf (*Ovis ammon*) als wohl wichtigster Wildschafvorfahr des Hausschafes sind autochthone Bewohner der Gebirgszüge des fruchtbaren Halbmondes. Nach dem Zweiten Weltkrieg entdeckten die amerikanischen Archäologen R. Braidwood und B. Howe (1960) das erwähnte frühe Bauerndorf Jarmo und Frühformen der Landwirtschaft in diesem Gebiet, genauer in Irakisch-Kurdistan bei Qalat Jarmo auf der Chemchemalebene. Dieses von etwa 150 Menschen besiedelte Dorf stammt wahrscheinlich aus dem 7. Jahrtausend vor Christus und belegt eine frühe Form bäuerlicher Wirtschaft am Abhang der Zagroskette, in einem Gebiet also, in dem der Winterregen des Etesienklimas einen Bewässerungsfeldbau ermöglichte. In Jarmo wurden die beiden Weizenarten Einkorn (*Triticum monococcum*) und Emmer (*Triticum dicoccon*) sowie die Zweizeilengerste (*Hordeum distichum*) angebaut, die der Wildform der Gerste sehr nahe steht.

Die Ausbreitung des Ackerbaus nach Europa vollzog sich im Zuge der schon erwähnten **„Vorderasiatischen Kulturdrift"** (Abb. 5.7). Sie lässt sich gut an einzelnen geographischen Punkten verfolgen. Zunächst konnten Milojcic im Jahre 1960 und Mikov im Jahre 1959 (zitiert nach Herbert Jankuhn 1969) bei Larissa in Thessalien und bei Karanovo in Bulgarien frühe bäuerliche Besiedlungen feststellten, die noch dem 6. Jahrtausend zuzurechnen sind. Weiter im Nordwesten, auf dem Nordbalkan und in Mitteleuropa, beginnen die frühesten bäuerlichen Siedlungen dagegen erst um 5000 vor Christus und in der ersten Hälfte des 5. Jahrtausends. Als der Mensch zum Ackerbau überging, wählte er vermutlich solche Pflanzen aus, die sich bereits im Wildzustand als Sammelpflanzen durch Größe und Qualität ihrer genutzten Organe auszeichneten; und diese Pflanzen baute er, damit sie jederzeit greifbar waren, feldbaumäßig an. Ein solcher **Wildpflanzenanbau** entspricht in etwa der **Domestikationsphase** bei den Haustieren. Erst später erfolgte sowohl bei Pflanzen als auch bei Tieren die Phase der bewussten und gezielten Züchtung. Somit ist es oft schwierig, bei fossilen Früchten, die aus den Anfangszeiten des Ackerbaus stammen, zu unterscheiden, ob sie von gesammelten Wildpflanzen oder bereits von Anbaupflanzen stammen. Beispiele dafür liefern das Wild-Einkorn (*Triticum monococcum* ssp. *boeoticum* oder *T. boeoticum*), die Wildgerste (*Hordeum spontaneum*) und die Linse (*Lens culinaris*) mit ihrer Wildform *Lens nigricans*, wie vor allem aus den Arbeiten von Willem van Zeist (1988) hervorgeht. Man nimmt aber wohl mit Recht an, dass die angebauten

Pflanzen durch die ackerbaulichen Pflegemaßnahmen, wie besonders durch die Unterbindung der natürlichen Konkurrenz am Standort, etwas besser gediehen als ihre wildwachsenden Artgenossen. Aus solchen primären Präadaptationen von kolonisierten und ruderalen Pflanzenarten sind zu Beginn des Ackerbaus die ersten Kulturpflanzen hervorgegangen. Die Veränderungen, die auf derartige Ursachen zurückgehen, sind aber rein modifikatorischer Natur, sie haben nichts mit der Änderung der Erbanlagen zu tun. Die Kulturpflanzen unterscheiden sich dagegen von ihren wilden Stammformen durch eine Reihe vererbbarer Eigenschaften (s. Abb. 5.8 und 5.9). Solche typischen Kulturpflanzenmerkmale sind unter anderem:

- vergrößerter Wuchs (Gigas-Charakter),
- zusätzliche Vergrößerung der nutzbaren Organe (Allometrie),
- vermehrtes Auftreten der nutzbaren Organe (Multiplikation),
- mit Änderung der Quantität auch Qualitätsverbesserung,
- gute Erntbarkeit der nutzbaren Organe (u. a. Synaptospermie),
- Änderung der Vegetations- und Reifezeit (z. B. Winter- bzw. Sommergetreide, synergischer Effekt).

Derartige erblich bedingte Abweichungen vom Wildpflanzentyp beruhen entweder auf Mutationen oder auf Neukombinationen von Anlagen infolge von Kreuzung. Dem frühen Ackerbauern boten vor allem die Mutationen besondere Vorteile, und eine bewusste positive Selektion solcher Pflanzen beim feldmäßigen Anbau kennzeichnet auch den Beginn der Züchtungsphase auf dem Wege vom Wildpflanzen- zum Kulturpflanzenanbau. Wie die paläobotanischen und prähistorischen Befunde aus dem Nahen Osten eindeutig zeigen, ist diese Entwicklung zur Kulturpflanze in einem recht kurzen Zeitraum erfolgt.

Neben der bewussten Auslese hat es offenbar auch eine unbewusste Zuchtwahl durch den Menschen gegeben. Von dieser Zuchtwahl wurden unter anderem Formen mit nichtbrüchiger Ährenachse bzw. solche mit geschlossen bleibenden, synaptospermen Kapseln betroffen, also Pflanzen, deren Saatgut vollständig geerntet werden kann. Der Anteil von Samen derartiger synaptospermer Vertreter einer Art musste sich naturgemäß im Erntegut und damit auch im Saatgut anreichern. Es gingen ja beim Ernteprozess keinerlei Samen dieser Pflanzen verloren. So wurde die **Synaptospermie** schließlich zu einem typischen **Kulturpflanzenmerkmal**. Für eine Wildpflanze würde sich diese verbreitungshemmende Eigenschaft hingegen sehr negativ auswirken.

Ein für die Menschheit bedeutender Teil der Biotischen Vielfalt sind die für Nahrungszwecke inzwischen domestizierten Pflanzen- und Tierarten, die bekanntermaßen nur einen Bruchteil der natürlichen Biodiversität unserer Erde ausmachen, aber durch jahrtausendlange Züchtung mit zahlreichen Sorten durchaus einen nennenswerten Beitrag zur Artenvielfalt leisten. Ungefähr 200 Pflanzenarten und 90 Tierarten werden heute für die menschliche Ernährung benutzt. Die Ursprungsgebiete der meisten dieser Arten liegen in den subtropischen Regionen und werden nach dem russischen Botaniker Nikolai Vavilov (1887-1943), der im Jahre 1928 erstmals seine These über die Ursprungszentren der Nutzpflanzen veröffentlichte, als **Vavilov-Zentren** bezeichnet. Auch wenn heute davon ausgegangen wird, dass die Grenzziehung solcher „**Genzentren**" nicht genau war, so ist doch auffällig, dass die Nutzpflanzen der nördlichen Industrieländer fast ausschließlich aus diesen Zentren kommen, wie Mais, Kartoffeln, Baumwolle, Soja und Reis. 98 Prozent der in den USA angebauten Getreidepflanzen stammen ursprünglich aus anderen Regionen der Welt.

Abb. 5.10. Kartoffelanbau im Anaga-Gebirge der kanarischen Insel Teneriffa (2003). Hier werden noch immer die einfachen „Papas neras" (Details) angebaut, wie sie seinerzeit von den Spaniern Mitte des 16. Jahrhunderts nach Europa gebracht wurden

Der Ackerbau ist also die wichtigste Form der **produzierenden Nahrungswirtschaft**, die bei Beginn der Sesshaftwerdung des Menschen im

Neolithikum die **aneignende Wirtschaftsform** der mesolithischen Jäger und Sammler weitgehend ablöste. Früheste Formen des Ackerbaus haben wir schon im 9. Jahrtausend vor Christus auf dem „Fruchtbaren Halbmond" in Vorderasien kennen gelernt. Aus Thailand und aus Mexiko ist Ackerbau spätestens aus dem 7. und 6. Jahrtausend vor Christus nachgewiesen und künstliche Bewässerung ist in Vorderasien spätestens im 5. Jahrtausend vor Christus betrieben worden. Auch in Südamerika lassen sich im mittelandinen Hochland erste Kulturpflanzen seit etwa 6000 vor Christus nachweisen. Basis der Wirtschaft war der Feldbau ohne Pflug, der in den andinen Küstentälern als Oasenfeldbau mit Bewässerung zur Kultur von Bohnen, Mais und Kürbis betrieben wurde. Später kam auch der Kartoffelanbau in den Höhenlagen hinzu (Abb. 5.10).

5.3 Genese der Kulturlandschaften am Beispiel Mitteleuropas

Die heutige Kulturlandschaft Mitteleuropas ist also das Ergebnis einer jahrtausendlangen Entwicklung, in der sich Mensch und Natur gegenseitig beeinflusst haben. Die Anpassung des „modernen" *Homo sapiens* an die Natur und deren Nutzung begann vermutlich schon im Paläo- und Mesolithikum; die Wurzeln unserer heutigen Kulturlandschaften sind aber vor allem in der Jungsteinzeit verankert, als jungsteinzeitliche Bauern zum ersten Mal direkt in natürliche klima- und sukzessionsbedingte Vegetationsfolgen eingriffen und diese nachhaltig veränderten. Natürliche Prozesse und menschliche Einwirkungen vollzogen sich jedoch nicht gleichförmig und uniform, sondern schrittweise und regional verschieden, so dass jeder Naturraum sein individuelles Gepräge erhielt. Die dynamischen Abläufe der Landschaftsgestaltung und -umwandlung, aber auch die der natürlichen Sukzession sind auch heute noch längst nicht beendet.

Die Kulturlandschaftsentwicklung in Mitteleuropa hatte natürlich in unterschiedlichster Weise Einfluss auf die Biodiversität. Die Umwandlung ursprünglicher mitteleuropäischer Waldlandschaften in reichstrukturierte Kulturlandschaften, die Einführung und Etablierung neuer Kultursorten und Verbreitung weiterer Pflanzen von Süden nach Norden, zum Beispiel durch die Römer, führte zunächst nicht zu einer Vegetationsverarmung, sondern im Gegensatz zu einer Vegetationsbereicherung. Gleiches gilt für die Fauna Mitteleuropas. Nur in jüngerer Zeit erleben wir vermehrt eine Vernichtung bestehender Landschaftsstrukturen, zum Beispiel durch Flurbereinigungen, eine Übernutzung von Landschaften durch intensive Düngung oder aber auch den Verlust traditioneller Wirtschaftsformen wie

Viehweide im Wald oder Heide- und Niederholzwirtschaft, welche mit einem Verlust an Floren- und Faunenvielfalt einhergehen. Wir kommen im Kapitel 10 kurz darauf zurück. Im Folgenden soll am Beispiel ausgewählter Regionen Mitteleuropas die Entstehung und Entwicklung von Kulturlandschaften und deren Besonderheiten angesprochen werden.

Die bisher letzte große Vereisungsperiode in Mitteleuropa, die **Weichsel-Kaltzeit**, endete etwa 11 560 Jahre vor heute. Wir haben die wichtigen Daten im Kapitel 2 kennen gelernt. Die hiermit verbundene Klimabesserung hatte zur Folge, dass die bis dahin in Mitteleuropa zwischen den Rändern der skandinavischen Gletscher und der Alpenvereisung vorherrschende kaltzeitliche Tundrenvegetation durch eine warmzeitliche Waldvegetation ersetzt wurde. Die sukzessive Einwanderung der Waldbäume vollzog sich hierbei über mehr oder weniger offene Pionierwaldstadien mit Birke und Kiefer hin zu stabilen Laubwaldsystemen, die sich erstmals im **Atlantikum** von 9220 bis 5660 vor heute in Mitteleuropa etablieren konnten. Die Entwicklung und Zusammensetzung damaliger Wälder war jedoch in den einzelnen Regionen recht unterschiedlich. Sie spiegelt sowohl das sich einpendelnde ökologische Gleichgewicht als auch das biologische Potential einer Landschaft wider und ist zu diesem Zeitpunkt wohl ausschließlich auf natürliche, edaphische und sukzessionsbiologische Faktoren zurückzuführen. Im Atlantikum war Mitteleuropa allem Anschein nach eine reine Waldlandschaft (Abb. 5.11). Der Anteil natürlich waldfreier Standorte beschränkte sich in jener Zeit auf offene Gewässer, Hochmoore, Regionen jenseits der Waldgrenze, auf salzwasserdominierte Bereiche entlang der Küsten sowie auf zumeist kleinflächig ausgebildete Trocken- oder Nassstandorte an Stillgewässern und in Flussauen. Die in den unterschiedlichen geographischen Regionen verschiedenartig ausgebildeten natürlichen Laubwald-, Laubmischwald- oder Nadelwaldlandschaften bildeten damals die Ausgangs- bzw. Bezugsbasis für die Entstehung der heutigen Kulturlandschaft, wobei der Wald mit zunehmender Siedlungs- und Anbautätigkeit des Menschen beständig an Fläche einbüßte.

In den mitteleuropäischen Waldlandschaften lagen dabei die bevorzugten neolithischen Siedelgebiete zunächst im Bereich der Lössböden, und es dauerte nur wenige Jahrhunderte, bis in Europa auf nahezu allen Lössflächen Ackerbau betrieben wurde und Siedlungen zumeist in der Nähe von Gewässern angelegt waren. Von den Lössgegenden ausgehend, verbreitete sich der Ackerbau nachfolgend auch in andere, weniger fruchtbare Regionen, beispielsweise auf die pleistozänen Sandlandschaften Nordwesteuropas, in denen zeitgleich zum neolithisch-bandkeramischen Ackerbau vermutlich noch mesolithische Kulturen von Jägern und Sammlern existierten. Wie sich dieser Wandel in Grenzbereichen zwischen Löss- und Sandgebieten im Einzelnen vollzog, wird vermutlich nie ganz nachvollziehbar

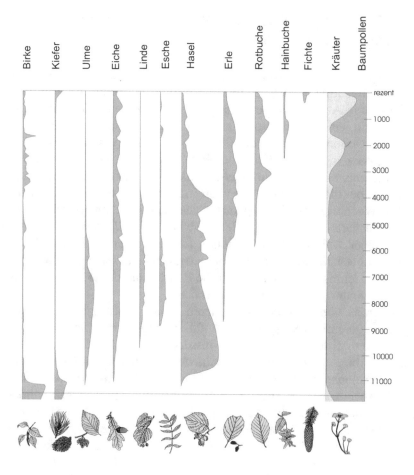

Abb. 5.11. Das vereinfachte Pollendiagramm aus der Eifel verdeutlicht die sukzessive Einwanderung der wichtigen Baumarten Mitteleuropas nach der letzten Eiszeit seit etwa 11 000 Jahren und die zunehmende Öffnung der Waldlandschaft seit dem Neolithikum, sichtbar am Verhältnis von Baum- und Krautpollen (aus Litt 2000)

sein. Eine Adaption der neuen Ackerbaumethode durch die lokalen Bevölkerungsgruppen scheint sehr wahrscheinlich zu sein. Sicher ist jedoch, dass seit der neolithischen Kulturrevolution der Mensch der dominant prägende Faktor von Überformung und Umgestaltung aller Landschaften ist und dass sich die ursprüngliche Waldlandschaft Mitteleuropas von nun an schrittweise in eine Kulturlandschaft wandelt. Seit dieser Zeit kann in weiten Teilen Mitteleuropas von einer natürlichen Vegetationsentwicklung nicht mehr die Rede sein, wobei der anthropo-zoogene Einfluss auf die Landschaftsgestaltung im Laufe der Zeit immer deutlicher zunahm.

5.4 Entwicklung von Kulturlandschaften am Beispiel ausgewählter Regionen

Der Blick in die heutigen Kulturlandschaften zeigt ferner, dass in Mitteleuropa kein einheitliches Landschaftsbild existiert. Vielmehr hat jede Landschaft von den Alpen über die Mittelgebirge bis in die norddeutsche Tiefebene hinein ein regionaltypisches Gepräge, das sich sowohl in den Wirtschaftsweisen als auch in der Besiedlungsstruktur manifestiert hat. Eine lokale oder regionale Kulturlandschaft ist aber nie eine statische Momentaufnahme, sondern immer das Produkt einer jahrtausendewährenden Genese, wobei diese Entwicklung nicht immer geradlinig verlief, sondern häufigen Wechseln von Nutzungsintensitäten und -modalitäten oder jeweiligen Wirtschaftsweisen unterworfen war. Daher ist die Kenntnis der Geschichte einer Kulturlandschaft wichtig für das Verständnis der Vielfalt spezieller Lebensräume mit ihrem charakteristischen Pflanzen- und Tierarteninventar, mithin also essentiell für die Beurteilung der jeweiligen natürlichen oder anthropo-zoogenen Biodiversität.

Wie bereits oben ausgeführt, variieren Dauer, Intensität und Auswirkungen der anthropo-zoogenen Beeinflussung in den unterschiedlichen Naturräumen Mitteleuropas. In den lössdominierten Bördenlandschaften zeigen sich hierbei noch heute die stärksten und nachhaltigsten Überformungserscheinungen der landwirtschaftlich geprägten Kulturlandschaft, da diese als Altsiedelgebiete zuerst vom Menschen intensiver genutzt wurden. Mit pollenanalytischen Untersuchungen können solche frühen Siedlungsphasen durch den Nachweis siedlungsanzeigender Pollentypen, wie zum Beispiel von Feldfrüchten, vor allem Getreidepollenkörner, oder kulturbegleitenden Arten wie Beifuß, Wegerich, Brennnessel, Gänsefußgewächsen und anderen zweifelsfrei belegt werden (Abb. 5.11). In ganz Mitteleuropa kulminieren deshalb die Daten erster anthropo-zoogener Eingriffe zwischen 5000 bis 4500 vor Christus und belegen somit die relativ schnelle Ausbreitung dieser ersten bäuerlichen Kultur (Abb. 5.12). Im Verbund mit archäologischen Ausgrabungen decken sich interessanterweise ehemalige Siedlungsgebiete dieser frühneolithisch bandkeramischen Kulturen und deren Nachfolgekulturen mit der Verbreitung von Trockengebieten mit weniger als 600 mm Jahresniederschlag in den Lössgebieten oder in kalkreichen Bördenlandschaften.

Die ersten Waldrodungen erfolgten damals vor allem im Bereich subkontinentaler Eichenmischwälder, die häufig durch einen besonderen Lindenreichtum gekennzeichnet waren. Dort verbreitete Pseudoschwarzerden und Braunerden aus Löss waren hinreichend nährstoffreich und vor allem leicht zu bearbeiten. Erste Siedlungen, welche damals wie Inseln im

Waldmeer lagen, wurden zumeist im Ökoton zwischen Lössflächen und angrenzenden Bach- oder Flussläufen angelegt. Zunächst handelte es sich bei dieser Landrodung wohl um relativ kleinflächige Eingriffe, jedoch weiteten diese sich infolge der Bevölkerungszunahme auch bald in angrenzende Naturräume aus. Im Umfeld solcher Siedlungen wurden Teile der Wälder gerodet und Felder angelegt; das Vieh weidete in dieser Zeit des Klimaoptimums im Atlantikum noch im Wald. Der Wald wurde aber nicht nur zur Anlage von Feldern gerodet, denn Holz brauchte man vor allem auch zum Bau von Häusern und Hütten. Das führte zu Extrembauformen: die sogenannten Langhäuser der jungsteinzeitlich-bandkeramischen Groß-familien-Kultur konnten beispielsweise mit ca. 50 Metern Länge beachtliche Größen erreichen (Abb. 5.12).

Abb. 5.12. Langhaus der Rössener Kultur (4800 bis 4400 v. Chr.). Diese festen Großhäuser waren aus Eichenholz erbaut. Das etwa 45 Grad geneigte Satteldach ist mit Stroh und Reet gedeckt; damit das Regenwasser die lehmverputzten Wände nicht beschädigen konnte, hatte das Dach einen Überstand von etwa 1 Meter. In einem solchen, bis etwa 50 Meter langen Haus lebten offenbar mehrere Familien. Zeitgleich haben in einer Siedlung fünf bis acht Häuser dieses Typs und kleinere Nebenbauten (Speicher etc.) gestanden. Freilichtmuseum Oerlinghausen (1992)

Für nahezu alle Lösslandschaften Europas ist über die verschiedenen Siedlungsepochen der prähistorischen Metallzeiten, des Mittelalters bis hin zur Neuzeit eine Siedlungs- und Nutzungskontinuität auf den Flächen grundsätzlich nachgewiesen. Es gab jedoch in den Anfängen der Siedlungsentwicklung ständige Wiederbewaldungen nach Siedlungsaufgaben; doch spätestens seit dem Mittelalter sind alle Lössbörden Mitteleuropas sehr intensiv genutzt und seit jener Zeit auch mehr oder weniger waldfrei. Heute wird in den Lössbörden generell wie auch auf einigen kleineren Lössinseln am Nordrand der Mittelgebirge sowie in intramontanen Lössbecken intensiv Getreide- und Hackfruchtanbau getrieben. Hohe Anteile an Wiesen, Weiden und Mähweiden gibt es nur in Bereichen mit stärkerem Geländerelief oder in der Nähe von Flussauen. So bieten die Lössregionen heute häufig das Bild einer ausgeräumten, wenig gekammerten Landschaft, welche allerdings schon im Mittelalter ähnlich strukturiert war und die insgesamt auf eine jahrtausendlange Nutzungsgeschichte zurückblicken kann (Abb. 5.13).

Abb. 5.13. Magdeburger Lössbörde bei Oschersleben (2000)

Eine Besonderheit bilden die Lössgebiete Süddeutschlands am Oberrhein in klimatischen Gunstzonen, wo schon seit der Römerzeit neben Intensivierung und Ausweitung des Ackerbaus ein geregelter Obst- und Weinanbau getrieben wurde. Bereits zu dieser Zeit erfolgten beispielsweise im Kaiserstuhl erste Terrassierungen (Abb. 5.14), die schon damals zu Bodenerosion und Lössabschwemmung führten. Bis in die jüngste Vergangenheit hinein wurden solche Regionen traditionell durch Acker-, Obst- und Weinanbau sowie Viehwirtschaft landwirtschaftlich geprägt.

Abb. 5.14. Blick vom Kaiserstuhl in den Oberrheingraben (1992)

Erst in den 1960er Jahren kam es in dieser historisch gewachsenen Kulturlandschaft durch Flurbereinigung und Rebumlegungen zu großräumigen Veränderungen. Der Weinbau gewann an Bedeutung, Ackerbau und Obstbau verloren dagegen deutlich an Fläche.

Auf den ersten Blick erscheinen die Gebirge, vor allem die Alpen, für eine frühe Besiedlung nicht gut geeignet. Vieles spricht jedoch dafür, dass vor allem die an das Mittelmeergebiet angrenzende Südabdachung der Alpen schon seit dem Neolithikum vom Menschen genutzt wurde. In dieser frühen Phase der Besiedlung spielte die **Transhumanz** offenbar eine bedeutende Rolle. Sie stellt in ihrer Urform eine besondere Art des Nomadismus dar, bei der Hirten im Sommer mit Viehherden in die Mattenregion der Gebirge zogen. Die Intensivierung der Landwirtschaft hat heutzutage solche traditionellen Wanderwirtschaftsformen nahezu vollständig verdrängt. In der Alpenregion entstand also schon recht früh eine räumlich und zeitlich divergierende Nutzungsform, wobei die Hochlagen der Gebirge im Sommer genutzt und die gemäßigten Lagen der südlichen Alpentäler im Winter aufgesucht wurden.

Erste Dauersiedlungsplätze mit Ackerbau sind im Alpengebiet bereits aus der ausgehenden Steinzeit und aus der Bronzezeit bekannt. Stellvertretend hierfür sei zum Beispiel nur die bronzezeitliche Hallstatt-Kultur erwähnt, die nach dem herausragenden archäologischen Fundort Hallstatt am Traunsee im Salzkammergut in Österreich benannt wurde. Die Siedlungs-

Box 5.5. Ötzi ein Viehhirte?

Neues Licht in diese frühe Besiedlungsphase der Alpen brachten die wissenschaftlichen Untersuchungen im Umfeld des „Gletschermannes" aus dem Ötztal, wo durch archäobotanische Untersuchungen die Umweltbedingungen und die Lebensweise zur damaligen Zeit detailliert rekonstruiert werden konnten (Abb. 3.22). Seit mehr als zwölf Jahren beschäftigt die Gletschermumie die Fantasie von Laien und Experten: Als Wanderer am 19. September 1991 die Leiche in 3200 Metern Höhe nahe bei der italienisch-österreichischen Grenze fanden, ragten nur die Schultern, der obere Rücken und der Hinterkopf aus dem Eis. Als „Ötzi" geborgen war, war die Sensation perfekt: Die Kohlenstoffisotope von Pflanzenproben aus seinem Grasmantel und von Gewebeproben ergaben das Alter von 5300 Jahren. Demnach lebte der „Gletschermann" noch in der Jungsteinzeit, und die 1,59 Meter große Mumie ist somit viel älter als die Moorleichen aus Norddeutschland und Jütland, die überwiegend aus der Eisenzeit stammen, und sogar älter als die ägyptischen Königsmumien. Knochenuntersuchungen zufolge wurde er etwa 46 Jahre alt. Er bewachte vielleicht eine Viehherde im Hochgebirge, wie wir es im Kapitel 3.7 schon andeutungsweise gesehen haben. Sein Dickdarm enthielt Pollen mit Zellinhalt der submediterranen Hopfenbuche *Ostrya carpinifolia*, die in Tallagen am Südalpenrand vorkommt (Abb. 5.15). Da das Zellinnere der Pollen normalerweise schnell zerfällt, geht Klaus Oeggl (2002) aus Innsbruck davon aus, dass Ötzi die Pollenkörner entweder eingeatmet oder beim Essen mitgeschluckt hat, als der Wind sie verbreitete. Die Hopfenbuche blüht im späten Frühjahr bis Frühsommer und gibt somit Auskunft über die Herkunft und den Todeszeitraum des Gletschermannes.

intensivierung und Landschaftsnutzung während der Metallzeiten wurde vor allem durch die Entdeckung von Rohstofflagerstätten gefördert. Kupfer war für das Wirtschaftssystem der Bronzezeit unersetzlich und wurde daher schon recht früh in den an den an der Oberfläche ausstreichenden Kupferlagerstätten oberhalb der Baumgrenze ausgebeutet. Im Verlauf der weiteren Siedlungsentwicklung entwickelte sich das Alpengebiet zu einem regelrechten Bergbauzentrum, da weitere Rohstoffe wie Erz, Silber oder Salz aus den Bergstöcken der Alpen abgebaut wurden. Prähistorischer **Bergbau** ist aber auch aus den nördlichen Mittelgebirgen bekannt, stellvertretend sei an dieser Stelle nur auf die lange bergmännische Tradition im Harz oder im Erzgebirge verwiesen.

Die ursprüngliche Waldvegetation der Alpen wurde also zeitgleich von zwei Seiten durch unterschiedliche Nutzungssysteme erschlossen. Von oben durch eine **transhumante Viehweide** in Form einer frühen Almwirtschaft und von unten durch Ackerbau, Viehzucht und Holznutzung. Die Eingriffe erfolgten in die subalpinen Fichten- bzw. Lärchen-Arvenwälder, so dass das Areal dieser Bergwälder schon sehr früh, bereits während ihrer eigenen Entwicklung und Etablierung eingeengt wurde. Das größte Ausmaß anthropo-zoogener Beeinflussung war auch in den Alpen und in den Mittelgebirgen während des Mittelalters erreicht. Viele Wälder der Hochlagen fielen in dieser Zeit einer zunehmenden Alpweide, vor allem aber intensiven Rodungen zum Opfer. Durch Salzsiederei und Bergbau gab es eine enorme Holznachfrage zur Gewinnung von Holzkohle, aber auch von Brenn- und Bauholz. Dieser Nachfrage entsprach man durch großflächige Rodungen, so dass der Wald stellenweise nahezu vollständig vernichtet und auf unzugängliche steile Hänge zurückgedrängt wurde.

Abb. 5.15. Die Hopfenbuche *Ostrya carpinifolia* (Betulaceae)

Im Alpengebiet lassen sich insgesamt zwei verschiedene Formen der Bergbauernwirtschaft unterscheiden, die entscheidenden Anteil an der Entwicklung zur heutigen Kulturlandschaft hatten. Die **romanische Form** der **Bergbauernwirtschaft**, die in den Süd- und Zentralalpen beheimatet ist, basiert hierbei auf einem terrassierten Ackerbau und transhumanter Viehzucht. Zeitlich gestaffelt wurde dabei im Winter am Talboden gesiedelt; vom Mai bis in den Spätsommer hinein wechselte man schließlich in die höherliegende Sommersiedlung. Teilweise wurden auch in der Umgebung dieser episodisch bewohnten Hochlagen-Siedlungen gelegentlich kleine Getreideäcker angelegt, um sich mit Lebensmitteln zu versorgen (Abb. 5.16). Die **germanische Bergbauernwirtschaft** basiert dagegen hauptsächlich auf Viehzucht mit Waldweide, da am Alpennordrand die klimatischen Bedingungen für Ackerbau ungünstiger sind als in den Süd- bzw. Zentralalpen (Abb. 5.17). Kulturlandschaften der germanischen Bergbauernwirtschaft lassen sich daher durch das Fehlen der Ackerterrassen sofort erkennen. Die wenigen vorhandenen Äcker wurden in der Regel nur ein bis zwei Jahre bewirtschaftet, fielen dann brach und wurden zur Grasheugewinnung genutzt. Die Nutzflächen wurden mit lebenden Hecken aus Hasel und Weißdorn parzelliert, ein System, das man als „Egartenwirt-

Abb. 5.16. Landwirtschaftliche Nutzung nur im talnahen, unteren Bergwaldbereich kennzeichnet die romanische Form der Bergbauernwirtschaft. Ramosch im Unterengadin (1996)

Abb. 5.17. Egartennutzung mit stark aufgelichteten Bergwäldern, Heckenstreifen und ausgedehnten Grünlandbereichen kennzeichnet die germanische Bergbauernwirtschaft. Pitztal in Tirol (1995)

Abb. 5.18. Feldberg-Gebiet im Schwarzwald. Die traditionelle Kulturlandschaft im Umfeld der Bauernhäuser zeigt Triftweiden mit *Calluna vulgaris*-Heiden, Hecken und Weidbuchen (1993)

schaft" bezeichnet. Noch heute sind in dieser nordalpinen Kulturlandschaft Äcker nur kleinflächig verbreitet, und die Grünlandwirtschaft dominiert. Da die Waldweide eine bedeutendere Rolle spielte als in der romanischen Bergbauernwirtschaft, sind die Waldanteile hier ungleich größer.

Prähistorische und historische Feld- und Weidebewirtschaftung, aber auch spezielle Waldwirtschaftsformen haben in den Mittelgebirgen ebenfalls Spuren hinterlassen, die heute aber nur noch sehr kleinflächig zu beobachten sind. Heute präsentieren sich die Mittelgebirgslandschaften erneut als waldreiche Gebiete, doch dies war im Laufe der Kulturlandschaftsentwicklung nicht immer so: Nach pollenanalytischen Befunden führte vor allem die fränkische Landnahme in den Hochlagen der Mittelgebirge zu einem drastischen Rückgang der Wälder. Die vorherrschenden Buchen- bzw. Buchenmischwälder wurden durch Holznutzung, Rodung und Viehweide zugunsten von Niederwäldern und Zwergstrauchheiden zurückgedrängt (Abb. 5.18). Die entstandenen Extensivtriften waren hierbei durch ein Mosaik von Rasen- und verschiedenen Zwergstrauch-Gesellschaften gekennzeichnet, die sich regional unterschiedlich entwickelt haben, entsprechend der Beweidungsintensitäten und der abiotischen Geländefaktoren. Inzwischen sind wacholderreiche Borstgrasrasen, Ginsterfluren oder beweidete Hanglagen eine ausgesprochene Seltenheit. Sie sind als geschützte Biotoptypen ausführlich bei Richard Pott (1996) behandelt und dargestellt und dort nach den neuesten FFH-Naturschutzkriterien der Flora-Fauna-Habitat-Richtlinie der Europäischen Union auch klassifiziert.

5.5 Holozänes Klima und Siedlungsentwicklung: Ein Zusammenhang?

Wir haben es schon im Kapitel 3 gesehen, im gesamten Quartär, das die letzten 2,6 Millionen Jahren der Erdgeschichte umfasst, war das Erdklima durch einen beständigen Wechsel von Kalt- und Warmzeiten geprägt. Diese Klimaschwankungen, die offenbar entscheidend durch langfristige, zyklische orbitale Schwankungen der Erdbahnparameter verursacht wurden, hatten auch entscheidenden Einfluss auf die Entwicklung des Menschen. Hierbei sind grundsätzlich zwei wichtige Auswirkungen dieser Klimawechsel zu beachten: die großräumige Verschiebung von Lebensräumen und die Veränderung der Vegetation mit entsprechenden Auswirkungen auf das Nahrungsangebot. Die Ausbreitung nahrungsreicher Lebensräume während günstiger Klimaphasen hat vermutlich zu der beschriebenen passiven Mitwanderung früher Hominidenpopulationen geführt, während die Schaffung isolierter Lebensräume bzw. reichstrukturierter Landschaften in ungünstigen Klimaphasen die geographische Isolation von Populationen, somit also auch die Artneubildung förderte. Das zeigen gerade ganz besonders die auf der indonesischen Insel Flores von australischen Anthropologen um Peter Brown (2004) entdeckten, etwa 18 000 Jahre alten Fossilien kleinwüchsiger, pygmäenartiger moderner Menschen vom Typ *Homo floresinensis*, die offenbar Zwergelefanten der Gattung *Stegodon* jagten. Zwergenwuchs auf Inseln ist ein weit bekanntes Phänomen der Evolution. Die **Flores-Menschen** sind inzwischen ausgestorben – ihre vergangene Existenz ist aber ein wichtiges Bindeglied für das Verständnis der adaptiven Radiation der Menschen auf der Erde. Eine der entscheidenden Fähigkeiten des Menschen, die er innerhalb der biologischen Evolution neben dem aufrechten Gang erwarb, ist allerdings die Abkoppelung aus seinen direkten Umweltabhängigkeiten, denn heute ist der Mensch – wie erwähnt – in der Lage, nahezu alle Bereiche der Erde zu besiedeln und diese für sich zu gestalten.

Wenn langfristig wirksame Klimawechsel nachweislich die Entwicklung der Menschheit beeinflusst haben, so stellt sich die Frage, ob auch in den jüngsten Abschnitten der Erdgeschichte entsprechende Zusammenhänge zwischen Siedlungs- und Klimaentwicklung bestehen. Wie bereits ausgeführt, hat sich der Mensch über Jahrtausende an die Natur angepasst, sich aber auch aus der Natur bedient. Die Brandrodung und vor allem das Verbrennen fossiler Brennstoffe lassen seither das Kohlendioxid in der Atmosphäre ansteigen. Der aktuelle Energiekonsum vor allem der Industrienationen ist eine der Schlüsselfragen für die nachhaltige Entwicklung unseres Globus: Etwa sechs Milliarden Menschen verbrauchen derzeit rund sechs Milliarden Tonnen Kohlenstoff jährlich – zu 90 Prozent aus fossilen Energieträgern wie Kohle, Erdöl und Erdgas – und produzieren damit pro Jahr etwa 22 Milliarden Tonnen Kohlendioxid (CO_2), dem vielleicht wirksamen Faktor für den begonnenen globalen Klimawandel.

Natürliche Klimaänderungen können durch variierende Aktivitäten der Sonne hervorgerufen werden, denn die Sonne ist der Motor unseres Klimasystems. Früher ging man davon aus, dass die Sonne ihre Energie über lange Zeiträume gleichmäßig wie eine Glühbirne abgibt. Der Begriff **Solarkonstante** ist für diese Ansichtsweise ein typisches Beispiel. Heute weiß man, dass die Energieabgabe der Sonne nicht gleichmäßig verläuft, sondern Schwankungen unterworfen ist. Augenscheinlichstes Merkmal sind hierbei die wechselnden Häufigkeiten der im Kapitel 3 erwähnten **Sonnenflecken**, die in bestimmte, unterschiedlich lange Zyklen der Sonnenaktivität eingebunden sind. Bekannt sind inzwischen der alle 11 Jahre auftretende **Schwabe-Zyklus**, der 20 Jahre währende **Hale-Zyklus**, der alle 80 bis 90 Jahre auftretende **Gleißberg-Zyklus** und der 180 bis 208 Jahre dauernde **Seuss-Zyklus**. Paläoökologische Nachweise solcher 11-jährigen Schwabe-Zyklen aus jahreszeitlich geschichteten Seesedimenten Süd- und Norddeutschlands haben Angelika Kleinmann und Holger Freund (2003) erbracht.

Die Zusammenhänge zwischen Sonnenaktivität und Klima sind bekannt, allerdings weiß man über die direkten Steuerungsmechanismen bisher noch recht wenig. Die Sonnenfleckenzyklen bzw. die Anzahl der Sonnenflecken werden maßgeblich über das Magnetfeld der Sonne gesteuert. Zeiten maximaler Anzahl von Sonnenflecken sind zugleich Phasen eines starken solaren Magnetfeldes, jedoch einer geringen kosmischen Strahlung. Der durch das solare Magnetfeld induzierte stärkere Sonnenwind führt in der Erdatmosphäre normalerweise zu einer stärkeren Abschirmung, so dass kosmische Strahlung während solcher Phasen nur in geringerem Maße in die Erdatmosphäre eindringen kann. Für Zeiten geringer Sonnenfleckenaktivität gelten genau die umgekehrten Bedingungen. Lange Zeit war die Verknüpfung zwischen Sonnenaktivität, kosmischer Strahlung und Erdklima unverstanden. Inzwischen wird die Möglichkeit diskutiert, dass Wechselwirkungen zwischen kosmischer Strahlung und Wolkenbildung

Box 5.6. Veränderlichkeit, ein Wesensmerkmal des Klimas?

Betrachtet man nun die Klimaentwicklung im gesamten Holozän Mitteleuropas, also seit 11560 vor heute bis jetzt, so stellt man fest, dass es zwar durchaus ruhigere Klimaphasen gab, ein stabiler Klimazustand hat aber nie existiert. Man muss also Abstand nehmen vom Begriff des normalen Klimas; Veränderlichkeit war und ist das Wesensmerkmal des Klimas. Dies wird auch während der letzten 2000 Jahre offensichtlich, denn hier wechselten ebenfalls wärmere und kältere bzw. feuchtere und trockenere Phasen einander ab und beeinflussten die Siedlungstätigkeit des Menschen. Auch in Peru, an der Westküste Südamerikas, lösten trockene und feuchte Phasen seit 500 nach Christus einen häufigen Wechsel von Tiefland- und Hochlandkulturen aus. In Europa war es eine Trockenperiode in den östlichen Regionen Eurasiens, welche um 300 nach Christus letztendlich Wanderungen der dort lebenden Hunnenvölker nach Westen in Gang setzte, was in der so genannten Völkerwanderungszeit bekanntermaßen zu tiefgreifenden Veränderungen im damaligen politischen Europa führte (Abb. 5.19).

Während der wärmeren Perioden konnten bislang nicht kultivierbare Regionen erschlossen oder neue Kulturarten eingeführt werden. Häufig sind diese Phasen auch Zeitabschnitte einer kulturellen und wirtschaftlichen Blüte. Wir haben es schon gesehen, in der mittelalterlichen Wärmeperiode besiedelten die Wikinger Grönland, das Grüne Land, und trieben dort Ackerbau und Viehzucht, zeitgleich konnte in England und im Baltikum ein florierender Weinanbau betrieben werden. Im Verlauf der „Kleinen Eiszeit" mussten die grönländischen Siedlungen wiederum aufgegeben werden; Missernten während verschiedener Kälteperioden lösten dort wie überall in Europa Hungersnöte aus, und die Getreidepreise stiegen in unerreichte Höhen. Selbst kriegerische Ereignisse wurden durch die „Kleine Eiszeit" beeinflusst: In den Jahren 1657/58 fiel beispielsweise das schwedische Heer über den zugefrorenen Øresund in Dänemark ein und brachte hierdurch die Südspitze des Landes wieder in schwedischen Besitz. All dies zeigt, dass Landschaftsentwicklung, Siedlungstätigkeit und Klimaentwicklung miteinander verzahnt sind und nicht von einander gelöst betrachtet werden sollten.

bestehen. Diese Vermutung wurde inzwischen durch Satellitenmessungen bestätigt. Bei steigender Höhenstrahlung, wie sie in Phasen geringerer Sonnenaktivität zu verzeichnen ist, nimmt die Wolkenbildung in der Atmosphäre signifikant zu. Interessanterweise wird vor allem die Wolkenbildung in der unteren Atmosphäre angeregt, die für die Temperaturentwicklung der Erdatmosphäre von entscheidender Bedeutung ist. Durch zunehmende Bewölkung erhöht sich die Rückstrahlung der eingehenden Sonnenenergie signifikant, was zu Rückgängen der Temperaturen führt. Für derartige Änderungen der Wolkenbedeckung von ca. drei Prozent lässt sich ein Effekt von ca. 0,8 – 1,7 Watt pro Quadratmeter berechnen. Das ist ein durchaus signifikanter Wert, wenn man bedenkt, dass der gesamte Strahlungsantrieb durch Kohlendioxid seit 1750 nach Christus mit 1,56 Watt pro Quadratmeter geschätzt wird.

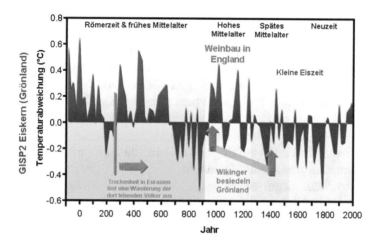

Abb. 5.19. Der Temperaturverlauf der letzten 2000 Jahre zeigt deutliche Wechsel wärmerer und kälterer Abschnitte, die teilweise entscheidenden Einfluss auf das Siedlungsgeschehen in Europa hatten (aus Berner u. Streif 2001)

Solare Einflüsse auf das Erdklima sind demnach auch in jene Zeiten zu-rückzuverfolgen, die vor der Beobachtung und schriftlichen Aufzeichnung der Sonnenfleckenaktivitäten liegen. Durch die kosmische Strahlung wird nämlich in der oberen Atmosphäre die Bildung von ^{14}C und ^{10}Be angeregt. Diese Isotope werden in organischem Material oder im Eis gespeichert und lassen sich heute durch die genannten Messmethoden nachweisen. Sie spiegeln somit als Proxydaten den Gang der solaren Aktivität wider. Wie Abbildung 5.19 zeigt, vermittelt der Vergleich der am grönländischen Eis-kern Grip 2 rekonstruierten Temperaturkurve mit der $\delta^{14}C$-Aktivitätskurve eine deutliche Korrelation zwischen Temperatur und solarer Aktivität und unterstreicht die Rolle der Sonne als Triebfeder der Klimaentwicklung. Weiterhin wird deutlich, dass die Sonne mehrfach längere Phasen äußerst geringer Sonnenfleckenaktivität durchlaufen hat. Die wohl bekannteste dieser Phasen, das genannte Maunder-Minimum, korreliert in erstaunlicher Weise mit der schon erwähnten „Kleinen Eiszeit", in der weltweit die Temperaturen um circa ein Grad Celsius zurückgegangen sind, wie wir es auch schon im Kapitel 3.6 gesehen haben. Die heutige geologische Epoche seit etwa 12 000 Jahren nach dem Abschmelzen der weichseleiszeitlichen Gletscher ist also das **Holozän**, wie wir oben gesehen haben. Neuerdings wird aber auch ein neuer Begriff für die Jetztzeit und die künftige Zeit geprägt, der den dominierenden Einfluss des Menschen über alle natürlichen Systeme von Wasser, Boden, Luft sowie Tier- und Pflanzenwelt verdeutlichen soll: das **Anthropozän**. Manche halten den Beginn der Industrialisierung seit der Mitte des 18. und des 19. Jahrhunderts in dieser Hinsicht für einschneidend; manche aber, vor allem der renommierte amerikanische Klimatologe William F. Ruddiman (2003), halten den Beginn der neolithischen Landnahme mit ihren ersten absichtlichen Brandrodungen der damaligen Urwälder vor etwa 8500 Jahren als wichtige Zeitmarke für den zunehmenden Einfluss des Menschen auf die Lebensräume der Erde.

Die Frage ist heute so wichtig, weil man sich über die Herkünfte des zunehmenden Kohlendioxid in der Atmosphäre im Klaren sein muss: Stammt es aus den Abholzungen und Brandrodungen der damaligen Wälder? Waldökosysteme sind auf vielfältige Weise in die globalen Kohlenstoffflüsse eingebunden und stehen in einem komplexen Austauschverhältnis mit der Atmosphäre. Zum einen entziehen sie der Atmosphäre mit der Photosynthese der Pflanzen ständig das CO_2 und bauen dies dauerhaft in ihre Biomasse der Blätter und letztendlich in das Holz der Waldbäume ein. So werden die Waldökosysteme schließlich bedeutsame Kohlenstoffspeicher der lebenden, terrestrischen Biosphäre. Über 50 Prozent der Pflanzenmasse der Erde ist reiner Kohlenstoff. Weltweit sind allein in den tropischen Wäldern etwa 380 Milliarden Tonnen Kohlenstoff gebunden, der bei Rodung und Verbrennung als Kohlendioxid freigesetzt würde, und somit würde ein gigantisches Kohlenstoffdepot in die Atmosphäre verlagert. Gegenwärtig sind dies aber jährlich immer noch etwas mehr als 4 Milliarden Tonnen! Welche Rolle spielen die Ozeane bei ihren CO_2-Freisetzungen oder den Bindungen in den Calciumcarbonaten der Tiefsee? Auch die atmosphärischen Schwankungen des CO_2 nach den 100 000- und den 41 000-Jahreszyklen nach Milutin Milankovitch und die Gründe hierfür sind noch nicht ganz und umfassend in all ihren Wechselwirkungen verstanden. Es gibt also noch viele offene Fragen für die Zukunft.

5.6 Rurale und urbane Ökosysteme

Die Überschwemmungsgebiete großer Flüsse waren seit den ersten neolithischen Kulturen im Niltal von jeher von großer Bedeutung für Siedlung und Ackerbau. Die älteste urbane Siedlung der Welt, die Stadt Mehrgarh am Rande des Indus-Schwemmlandes, zählte vor 8000 Jahren schon etwa dreitausend Einwohner. Hochwässer brachten immer wieder fruchtbares Sediment, so dass sich hier schon früh die Kulturen von Weizen, Gerste,

Datteln und Baumwolle entwickeln konnten. Spezielle **Bewässerungs-systeme** und Verteilungsverfahren mit komplexen Netzen von Kanälen regelten die Wasserzufuhr und erlauben den Feldbau in zahlreichen Trockengebieten der Erde bis heute. Die Überschwemmungen wirken zusätzlich aussüßend und verhindern die Versalzung der Böden. Ähnlich funktionieren auch die **Oasenkulturen** in den Wüsten und Halbwüsten, wo artesisches Wasser lokal gewonnen wird oder wo man fossiles Wasser erbohren kann. Bekannt sind die Wüstenoasen Arabiens und der Sahara mit ihren Dattelhainen (Abb. 5.20) sowie die Indianeroasen der Sonora-Wüste und der Mojave in Nordamerika.

Abb. 5.20. Dattelpalmen-Oase im Wadi Doan Hadhramaut, Jemen (1998)

Bewässerungsfeldbau wurde in vielen Klimaregionen der Erde entwickelt, besonders aber natürlich in den Trockengebieten wie beispielsweise auch in den eurasischen Hochgebirgen mit ihren winterkalten Steppen, Halbwüsten und Wüsten, wo auf den Schwemmflächen wasserreicher Gebirgsflüsse sich schon früh Oasenflächen entwickelten, die später wichtige Stützpunkte der großen Handelsrouten wurden, welche das antike China mit dem Westen verbanden. Hohe Sonneneinstrahlung lässt auch hier in kurzer Zeit Getreide und Obst ausreifen, und die Nutzung von Fruchtbäumen besitzt in den asiatischen Oasen eine ähnliche Funktion wie die Datteln in den heißariden Gebieten. Umgeben sind diese Siedlungen von endlosen Steppen und Halbwüsten mit teilweise riesigen Viehherden (Abb.

5.21 und 5.22). Ähnliches gilt für die Great Plains in Nordamerika mit ihren heutigen Wermutsteppen aus *Artemisia tridentata*, die größtenteils das Ergebnis dieser Raubnutzung sind, ebenso die Pampa Argentiniens. In den südrussischen und ukrainischen Steppengebieten mit ihren fruchtbaren Schwarzerdeböden wurde die Steppe bereits im 19. Jahrhundert umgebrochen, und es entwickelte sich hier bei ausreichendem Regenniederschlag die Kornkammer Europas, wobei das Getreide über die Schwarzmeerhäfen verschifft wurde.

Abb. 5.21. Verschiedene *Salsola-*, *Suaeda-* und *Artemisia*-Arten bilden endlose Steppen in der Inneren Mongolei bei Shangdu, China (2002)

Abb. 5.22. Pampa in Argentinien bei Zapata, gebildet von niedrigen Horstgräsern der Gattungen *Stipa*, *Paspalum* und *Panicum*. Im Hintergund die Vulkankegel von Tunuyan (2000)

Vom Menschen gestaltete Siedlungsräume und Kulturlandschaften sind hinsichtlich ihrer Vegetationsüberformung und -dynamik Extremlebensräume: Sie unterliegen konstanten, periodischen oder episodischen anthropogenen Belastungen, erfahren Umwandlungen ihrer natürlichen Komponenten von Klima, Boden, Gesteinen und ihrer Vegetation; sie unterliegen stofflichen Belastungen mit Nährstoffeinträgen und Auswaschungen, sie werden bewirtschaftet, aufgelassen oder gar renaturiert. Je nach Art der Siedlungstypen und nach deren jeweiliger historischer Entwicklung differenzieren die Siedlungsgeographen ländliche, also **rurale**, und städtische, also **urbane Siedlungen** mit entsprechend verschiedenartigen Lebensräumen. Der Münsteraner Geograph Cay Lienau (2000) definiert beispielsweise die ruralen Siedlungen als alle im ländlichen Raum liegenden und mit diesem funktional eng verknüpften Siedlungen, auch wenn sie physiognomisch nicht absolut von der Landwirtschaft mit geprägt sind. Als Kriterien für die Abgrenzung des ländlichen Raumes gegenüber dem städtischen nennt er ferner:

- das Überwiegen land- und forstwirtschaftlich genutzter Flächen,
- relativ geringe Siedlungsgröße und damit eine geringe Bebauungsdichte mit durchschnittlich weniger als zweihundert Einwohnern pro Quadratkilometer, bezogen auf den gesamten kultivierten Raum (Abb. 5.23),
- das Fehlen oder eine nur untergeordnete Bedeutung aller typischen städtischen Eigenschaften und Nutzungen, wie große Einwohnerdichte und hohe Bebauungsdichte mit meist geschlossener Bebauung und starker Bodenversiegelung.

Abb. 5.23. Traditionelle, agrarisch genutzte Kulturlandschaft in Siebenbürgen bei Cluij-Napoca, Rumänien (2004)

Der Siedlungsvegetation historischer und heutiger Agrarlandschaften in Mitteleuropa mit ihren Plaggeneschen, Magerrasen, Heiden und Streuwiesen, Trocken- und Halbtrockenrasen und Hudewäldern widmen Richard Pott und Joachim Hüppe (1991) eine spezielle Monographie aus Nordwestdeutschland. Die Transformationen von Waldlandschaften in Kulturlandschaften behandelt Richard Pott (1993, 1996 und 1999). Die Siedlungsvegetation ist grundlegend bei Rüdiger Wittig (1991, 2002) beschrieben. Charakteristische Biotope der Städte werden ebenfalls umfassend von Herbert Sukopp und Rüdiger Wittig (1993, 1998) im Lehrbuch zur **Stadtökologie** dargestellt. Dies ist eine geeignete Einstiegsliteratur.

> Urbane Ökosysteme unterscheiden sich durch eine Reihe von Eigenschaften von ruralen Systemen. Zwar findet man die meisten der in Städten wirkenden einzelnen Umweltfaktoren auch außerhalb der Stadtagglomerationen, ihr Zusammenwirken jedoch führt zu sehr spezifischen ökologischen Wechselwirkungen und Artenkombinationen. Typisch städtisch ist das gehäufte, verdichtete Auftreten zahlreicher Nutzungen, insbesondere das Wohnen einschließlich der wohnungsnahen Erholung, die Etablierung von Industrie, Handel, Verkehr und Administration und damit ein reger Stoff- und Energiefluss. Dadurch ist auch eine Abgrenzung des Gegenstandes der Stadtökologie im engeren Sinne möglich: Nur Bereiche, in denen eine oder mehrere dieser Nutzungen in starkem Maße auftreten, gehören zum Themenfeld der **Stadtökologie**.

Städte der kühlen und gemäßigten Regionen sind im Vergleich zu ihrem Umland als Wärmeinseln, als Kalk-, Beton- und Zementinseln, als Trockengebiete und Häufungsgebiete von nicht einheimischen Pflanzen und Tieren gekennzeichnet. Weltweit ist eine Zunahme der großstädtischen Bevölkerung zu verzeichnen, das heißt eine zunehmende **Urbanisierung** und **Metropolisierung** (Abb. 5.24 bis 5.26).

Zur ökologischen Erforschung stark vom Menschen geprägter Ökosysteme, insbesondere einer Stadt, reichen die naturwissenschaftlichen Disziplinen nicht aus, denn diese Systeme sind das Werk der menschlichen Gesellschaft, und so fällt deren Untersuchung daher auch in den Bereich der Gesellschafts- und Kulturwissenschaften. Der Mensch passt sich nicht nur dem Lebensraum Stadt an, sondern er gestaltet ihn nach seinen Vorstellungen, die unter anderem durch Tradition, Politik, Wirtschaftskraft und Modetrends bestimmt werden. Veränderungen in all diesen Bereichen bleiben meist nicht ohne Auswirkungen auf die städtischen Ökosysteme, und deshalb müssen sie im Rahmen der geobotanischen Stadterforschung berücksichtigt werden.

Abb. 5.24. Sao Paulo in Brasilien mit über 10 Millionen Einwohnern ist eine der größten Urbanisationen auf dem südamerikanischen Kontinent (2000)

Abb. 5.25: Der Ballungsraum Hongkong hat über 5 Millionen Einwohner auf einer Fläche von etwa 1050 Quadratkilometern an der Südküste Chinas (1994)

Abb. 5.26. Im Hama-rikyu-Park von Tokyo kommen traditionelle japanische Wohn- und Gartenkultur der Edo-Periode des 17. Jahrhunderts und das 21. Jahrhundert zusammen. Im Vordergrund der berühmte „Family Garden of the Tokugawa Shogun" mit einem Teehaus aus dem Jahr 1654, das im Zweiten Weltkrieg zwar zerstört, aber schon im Jahr 1946 durch die Kaiserliche Familie wieder aufgebaut wurde (2004)

Rüdiger Wittig und Herbert Sukopp (1998) definieren diese Forschungsrichtung folgendermaßen: „Stadtökologie im engeren Sinne ist diejenige Teildisziplin der Ökologie, die sich mit den städtischen Biozönosen, Biotopen und Ökosystemen, ihren Organismen und Standortbedingungen sowie mit Struktur, Funktion und Geschichte urbaner Ökosysteme beschäftigt. Eine Stadt, insbesondere eine Großstadt, ist also kein einzelnes Ökosystem, sondern ein Ökosystemkomplex." Somit ergibt sich eine zweite, erweiterte Definition von Stadtökologie als geobotanischer Wissenschaft: Stadtökologie im weiteren Sinne ist ein integriertes Arbeitsfeld mehrerer Natur-, Ingenieurs-, Planungs- und Gesellschaftswissenschaften mit dem Ziel einer Verbesserung der Lebensbedingungen urbaner Systeme in Raum und Zeit.

5.7 Literatur

Aiello L (1997) Wer waren die Neandertaler? In: Nogge G (Hrsg) Tourneeplan – Ausstellung 4 Millionen Jahre Mensch. United Exhibits, London, S 52-56

Badr A, Müller K, Schäfer-Pregl R, El Rabey H, Effgen S, Ibrahim HH, Pozzi C, Rohde W, Salamini F (2000) On the origin and domestication history of barley (*Hordeum vulgare*). Mol Biol Evol 17: 499-510

Baker HG (1991) The continuing evolution of weeds. Econ Bot 45: 445-449

Baur E (1914) Die Bedeutung der primitiven Kulturrassen und der wilden Verwandten unserer Kulturpflanzen für die Pflanzenzüchtung. Jahrbuch d Dtsch Landwirtsch Gesellsch 29: 104-110

Berkowitz AR, Nilon CH, Hollweg KS (2003) Understanding urban ecosystems. A new frontier for science and education. Springer, Heidelberg

Berner U, Streif H (Hrsg, 2001) Klimafakten: Der Rückblick – Ein Schlüssel für die Zukunft. 3. Aufl, Schweizerbart, Stuttgart

Bork H-R, Bork H, Dalchow C, Faust B, Piorr HP, Schatz T (1998) Landschaftsentwicklung in Mitteleuropa. Klett-Perthes, Gotha Stuttgart

Bortenschlager S, Kofler W, Oeggl K, Schoch W (1992) Erste Ergebnisse der Auswertung der vegetabilischen Reste vom Hauslabjoch. In: Höpfel F, Platzer W, Spindler K (Hrsg) Der Mann im Eis. Veröff Universität, Innsbruck

Boyden S, Millar S, Newcombe K, O'Neill B (1981) The ecology of a city and its people. Australian National University Press, Canberra

Braidwood RJ, Howe B (1960) Prehistoric investigations in Iraqi Kurdistan. Chicago

Bräuer G (1997) Entwicklung zum modernen Menschen in Afrika. In: Nogge G (ed) Tourneeplan – Ausstellung 4 Millionen Jahre Mensch. United Exhibits, London, S 56-59

Breuer G (2003) Ursachen und Folgen der Domestikation. Naturwissensch Rundschau 56 (6), 311-312

Breuil H, Obermaier H (1935) The Cave of Altamira at Santillana del Mar, Spain. Madrid

Brown P, Sutikna T, Moorwood MJ, Joejono RP, Wayhusaptomo E, Awedue R (2004) A new small-bodied hominin from the Late Pleistocene of Flores, Indonesia. Nature 431:1055-1061.

Burrichter E, Hüppe J, Pott R (1993) Agrarwirtschaftlich bedingte Vegetationsbereicherung und -verarmung in historischer Sicht. Phytocoenologia 23: 427-447

Carter TR, Porter JH, Parry ML (1992) Some implications of climatic change for agriculture in Europe. J Exp Bot 43: 1159-1167

Cavalli-Sforza LL (2001) Gene, Völker und Sprachen. Die biologischen Grundlagen unserer Zivilisation. Deutscher Taschenbuch Verlag, München

Clark JD, Beyene Y, Wolde-Gabriel G, Hart WK, Renne PR, Gilbert H, Defleur A, Suwa G, Katoh S, Ludwig KR, Boisserie J-R, Asfaw B, White T (2003) Stratigraphic, chronological and behavioural contexts of Pleistocene *Homo sapiens* from Middle Awash, Ethiopia. Nature 423: 747-752

Curnoe D, Thorne A (2003) Number of ancestral human species: A molecular perspective. Homo 53: 201-224

Darlington CD (1969) The silent millennia in the origin of agriculture. In: Ucko P J, Dimbleby GW (eds) The Domestication and Exploitation of plants. Duckworth, London, pp 67-72

Darwin C (1859) On the Origin of Species by Means of Natural Selection, or the Preservation of Favoured Races in the Struggle for Life. London

De Wet JMJ, Harlan JR (1975) Weeds and domesticates: Evolution in man-made habitat. Econ Bot 29: 99-107

Diamond J (2002) Evolution, consequences and future plant and animal domestication. Nature 418: 700-707

Diamond J, Bellwood P (2003) Farmers and their languages: the first expansions. Science 300: 597-603

Dickson JH, Oeggl K, Handley LL (2003) Neue Befunde: Die Herkunft von Ötzi. Spektrum der Wissenschaft: 30-39

Dillehay TD (2003) Palaeoanthropology: Tracking the first Americans. Nature 425: 23-24

Eldredge N (1998) Life in the Balance. Humanity and the Biodiversity Crisis. Princeton University Press, Princeton

Engelhardt W (1997) Das Ende der Artenvielfalt. Aussterben und Ausrottung von Tieren. Wissenschaftliche Buchgesellschaft, Darmstadt

Fischbeck G (1992) Barley cultivar development in Europe – success in the past and possible changes in the future. In: Munk L (ed) Barley Genetics IV. Mungaard Intl, Copenhagen, pp 885-901

Flitner M (1995) Sammler, Räuber und Gelehrte. Die politischen Interessen an pflanzengenetischen Ressourcen 1895-1995. Campus, Frankfurt/Main New York

Foley R (2000) Menschen vor *Homo sapiens*. Thorbecke, Stuttgart

Gibbons A (2003) Great Age Suggested for South African Hominids. Science 300: 562

Gilbert OL (1991) The ecology of urban habitats. Chapman & Hall, London New York

Glaser R (2001) Klimageschichte Mitteleuropas – 1000 Jahre Wetter, Klima, Katastrophen. Wissenschaftliche Buchgesellschaft, Darmstadt

Glaubrecht M (2002) Die ganze Welt ist eine Insel. – Beobachtungen eines Evolutionsbiologen. Hirzel, Stuttgart Leipzig

Graner A (2003) Kulturpflanzenevolution: Moderne Pflanzenzüchtung als Biodiversitätssink? Nova Acta Leopoldina NF 87, Nr 328: 147-161

Gray RD, Atkinson QD (2003) Language-tree divergence times support the Anatolian theory of Indo-European origin. Nature 426: 435-439

Hammer K (2003) Kulturpflanzenevolution und Biodiversität. Nova Acta Leopoldina 87, Nr 328: 133-146

Hard G (1997) Spontane Vegetation und Naturschutz in der Stadt. Geographische Rundschau 49: 526-586

Harlan JR (1974) Agricultural origins: centres and noncentres. Science: 468-474

Helbaek H (1959) Domestication of food plants in the world. Science 130: 365-372

Heun M, Schäfer-Pregl R, Klawann D, Castagna R, Accerbi M, Borghi B, Salamini F (1997) Site of einkorn domestication identified by DNA fingerprinting. Science 278: 1312-1314

Hopf M (1982) Vor- und frühgeschichtliche Kulturpflanzen aus dem nördlichen Deutschland. Kataloge vor- und frühgeschichtlicher Denkmäler 22

Hüppe J (1987) Zur Entwicklung der Ackerunkrautvegetation seit dem Neolithikum. Natur- und Landschaftskunde 23: 25-33

Hüppe J (1993) Entwicklung der Tieflands-Heidegesellschaften Mitteleuropas in vegetationsgeschichtlicher Sicht. Ber d Reinh-Tüxen-Ges 5, Rintelner Symposium III: 49-75

Imbrie J, Imbrie KP (1983) Die Eiszeiten. Naturgewalten verändern unsere Erde. Droemer Knaur, München

Jankuhn H (1969) Vor- und Frühgeschichte. Deutsche Agrargeschichte Bd I. Vor- und Frühgeschichte vom Neolithikum bis zur Völkerwanderungszeit. Stuttgart

Jones MK, Allaby RG, Brown TA, Hole F, Heun M, Borghi B, Salamini F (1998) Wheat Domestication. Science 279: 302

Jones S (ed, 1992) The Cambridge Encyclopedia of Human Evolution. Cambridge University Press, Cambridge

Kislev ME, Bar-Yosef O, Gopher A (1986) Early Neolithic domesticated and wild barley from the Netiv Hagdud region in the Jordan Valley. Israel J Bot 35: 197-201

Kleinmann A, Freund H (2003) Zeitlich hochauflösende Rekonstruktion der Klimavarianz in Mitteleuropa mit Hilfe von jahreszeitlich geschichteten Seesedimenten des Holozän: Vergleich N- und S-Deutschland. unveröff. Manuskript, Universität Hannover

König B, Linsenmair KE (1996) Biologische Diversität – Ein Phänomen und seine Dimensionen. Spektrum, Berlin Heidelberg Oxford

Körner C (2003) Carbon limitation in trees. J. Ecol. 91:4-17

Koenigswald W von (2002) Lebendige Eiszeit – Klima und Tierwelt im Wandel. Theiss, Stuttgart

Körber-Grohne U (1988) Nutzpflanzen in Deutschland. 2. Aufl, Theiss, Stuttgart

Küster H (1996) Die Geschichte der Landschaft in Mitteleuropa – Von der Eiszeit bis zur Gegenwart. Beck, München

Leakey RL (1997) Die ersten Spuren. Über den Ursprung des Menschen. Bertelsmann, München

Lienau C (2000) Die Siedlungen des ländlichen Raumes. Westermann, Braunschweig

Litt T (1992) Fresh investigations into the natural and anthropogenically influenced vegetation of the earlier Holocene in the Elbe-Saale-Region, Central Germany. Veget History & Archaeobotany 1: 69-74

Litt T (2000) Vegetation history and palaeoclimatology of the Eifel region as inferred from palaeobotanical studies of annually laminated sediments. Terra Nostra 2000/6:259-263.

Mania D (1998) Die ersten Menschen in Europa. Sonderheft Archäologie in Deutschland, Theiss, Stuttgart

Marsh LK (2003) Primates in fragments – ecology and conservation. Cambridge University Press, Cambridge

Martin PS (1984) Prehistoric overkill: the global model. In: Martin PS, Klein RG (eds) Quaternary extinctions: a prehistoric revolution. Univ of Arizona Press, Tucson, pp 354-403

Marzahn J (1995) Das Ištar-Tor von Babylon. Die Prozessionsstraße. Das babylonische Straßenfest. Staatl Museum zu Berlin, Philipp von Zabern, Mainz

Mason B (2004) The hot hand of history. Nature 427: 582-583

Mayr E (1979) Evolution und die Vielfalt des Lebens. Springer, Berlin Heidelberg New York

Mayr E (1984) Die Entwicklung der biologischen Gedankenwelt. Vielfalt, Evolution und Vererbung. Springer, Berlin Heidelberg New York Tokyo

Mayr E (2000) Darwin's influence on modern thought. Scientific American 283: 66-71

Mitscherlich G (1995) Die Welt, in der wir leben. – Entstehung, Entwicklung, heutiger Stand. Rombach, Freiburg

Nevo E, Korol AB, Beiles A, Fahima T (2002) Evolution of Wild Emmer and Wheat Improvement. Springer, Heidelberg

Nogge G (1997) Tournee 1997-2000 „4 Millionen Jahre Mensch 1997-2000". – Ausstellungskatalog, United Exhibits Development, London

Oeggl K (1992) Zur Besiedlung des mittleren Alpenraumes während der Bronze- und Eisenzeit: Die Vegetationsverhältnisse. In: Eder-Kovar J (ed) Palaeovegetational Development in Europe and Regions Relevant to its Palaeofloristic Evolution. Annalen des Naturhistorischen Museums Wien, pp 47-57

Partridge TC, Granger DE, Caffee MW, Clarke RJ (2003) Lower Pliocene Hominid Remains from Sterkfontein. Science 300: 607-612

Pauling L, Zuckerkandl E (1965) Molecules as Documents of Evolutionary History. – Gates and Crellin Laboratories of Chemistry. California Institute of Technology, Contribution Nr 3041

Piper JK (1999) Natural systems agriculture. In: Collins WW, Qualset CO (eds) Biodiversity in Agroecosystems. CRC Press, Boca Raton, pp 167-196

Pott R (1992) Entwicklung von Pflanzengesellschaften durch Ackerbau und Grünlandnutzung. Gartenbauwissenschaft 57, 4: 157-166

Pott R (1993) Farbatlas Waldlandschaften. Ulmer, Stuttgart

Pott R (1999) Nordwestdeutsches Tiefland zwischen Ems und Weser – Kulturlandschaften. Ulmer, Stuttgart

Pott R (1999) Lüneburger Heide. Wendland und Nationalpark Mittleres Elbtal – Kulturlandschaften. Ulmer, Stuttgart

Pott R, Hüppe J (1991) Die Hudelandschaften Nordwestdeutschlands. Abhandlungen des Westfälischen Museums f. Naturkunde 53 (1/2), Münster

Pott R, Freund H (2003) Genese der Kulturlandschaften in Mitteleuropa. Nova Acta Leopoldina 87, Nr 328: 73-98

Pott R, Hüppe J, Hagemann B (2003) Langzeitliches Naturschutzmanagement und Sukzession in nordwestdeutschen Hudelandschaften. In: Pedrotti F (ed) La Riserva naturale di Torrichio Vol 11, 2, Camerino, pp 163-194

Potts R (1996) Humanity's Descent. The Consequences of Ecological Instability. William Morrow, New York

Potts R (1996) Evolution and climate variability. Science 273: 922-923

Potts R (2001) Human roots: Africa and Asia in the Middle Pleistocene. Western Academic & Specialist, Bristol

Price PW (1996) Biological Evolution. Saunders Fort Worth Philadelphia San Diego New York

Rebele F, Dettmar J (1996) Industriebrachen, Ökologie und Management. Ulmer, Stuttgart

Redman C (1978) The Rise of civilization from early farmers to urban society in the ancient Near East. San Francisco

Rhodes FHT (1976) The Evolution of Life. Penguin Books, Harmondsworth

Ruddiman WF (2003) The anthropogenic greenhouse era began thousands of years ago. Climate Change 61: 261-293

Ruddiman WF, Raymo ME (2003) A methane-based time scale for Vostok ice. Quaternary Sci Rev 22 (2-4): 141-155

Salamini F (2001) Il frumento monococco e l'origine dell'agricoltura. Le Scienze 120: 4-9

Schiemann E (1932): Entstehung der Kulturpflanzen. Handbuch der Vererbungswissensch. 3, Berlin

Schiemann E (1954) Die Geschichte der Kulturpflanzen im Wandel biologischer Methoden. Bot Tidsskrift 51

Schultze-Motel J (1980) Neolithische Kulturpflanzenreste von Eilsleben. Kr. Wanzleben. Zeitschrift für Archäologie 14: 213-216

Schwanitz F (1967) Die Evolution der Kulturpflanzen. Bayerischer Landwirtschaftsverlag, München Basel Wien

Shantz HL (1954) The place of grasslands in the earth's cover of vegetation. Ecology 35: 143-145

Soltis PS, Soltis DE, Doyle JJ (1992) Molecular systematics of plants. Chapman & Hall, New York

Speier M (1994) Das Ebbegebirge – Vegetationskundliche und paläoökologische Untersuchungen zur Rekonstruktion prähistorischer und historischer Landnutzungen im südlichen Rothaargebirge. Abhandlungen aus dem Westfälischen Museum für Naturkunde 56 (3-4), Münster

Spindler K, Rastbichler-Zissernig E, Wilfing H, Zur Nedden D, Nothdurfter H (Hrsg, 1995) Der Mann im Eis – Neue Funde und Ergebnisse. Springer, Wien New York

Stanley SM (1988) Krisen der Evolution. Artensterben in der Erdgeschichte. Spektrum der Wissenschaft, Heidelberg

Steitz E (1993) Die Evolution des Menschen. 3. Aufl, Schweizerbart, Stuttgart

Stringer C (2003) Human evolution: Out of Ethiopia. Nature 423: 692-695

Sukopp H, Wittig R (1998) Stadtökologie – ein Fachbuch für Studium und Praxis. Gustav Fischer, Stuttgart

Svensmark H (1998) Influence of Cosmic Rays on Earth's Climate. Physical Review Letters 81 (22): 5027-5030

Tanksley SD, McCouch SR (1997) Seed banks and molecular maps: unlocking genetic potential from the wild. Science 277: 1063-1066

Thorne AG (1981) The arrival and adaption of Australian Aborigines. In: Keast A (ed) Ecological biogeography of Australia. Monographiae Biologicae 41, The Hague, Boston, London

Vavilov NI (1928) Geografische Genzentren unserer Kulturpflanzen. Verhandl Internat Kongress für Vererbungswissensch Berlin 1927. Zeitschrift für induktive Abstammungs- und Vererbungslehre Suppl Bd 1: 342-369

Vavilov NI (1992) Asia – the source of species. In: Origin and Geography of Cultivated Plants. Cambridge University Press, Cambridge MA, pp 367-370 (Reprint 1992, orig. 1937)

Verbeek B (2000) Kultur: Die Fortsetzung der Evolution mit anderen Mitteln. Natur und Kultur 1 (1): 3-16

Wacker L, Jacomet S, Körner C (2002) Trends in biomass fractation in wheat and barley from wild ancestors to modern cultivars. Plant Biol 4: 258-265

Wang R-L, Stec A, Hey J, Lukens L, Doebley J (1999) The limits of selection during maize domestication. Nature 398: 236-239

Ward PD (1998) Ausgerottet oder ausgestorben? Warum die Mammuts die Eiszeit nicht überleben konnten. Birkhäuser, Basel, Boston, Berlin

Webb SD, Hulbert RC, Lambert WD (1995) Climatic implications of large-herbivore distributions in the Miocene of North America. In: Vrba ES, Denton GH, Patridge TC, Burckle LH (eds) Paleoclimate and evolution. Yale University Press, New Haven, pp 91-108

White JP, O'Connell JF (1982) A Prehistory of Australia, New Guinea and Sahul. New York

White TD (2003) Early hominids – Diversity or distortion? Science 299: 1994-1996

White TD, Asfaw B, DeGusta D, Gilbert H, Richards GD, Suwa G, & Howell FC (2003) Pleistocene Homo sapiens from Middle Awash, Ethiopia. Nature 423: 742-747

Wilson EO (1994) Million-Year Histories. Species Diversity as an Ethical Goal. Wilderness 48 (165): 12-17

Wittig R (1991) Ökologie der Großstadtflora. Flora und Vegetation der Städte des nordwestlichen Mitteleuropas. UTB, Gustav Fischer, Stuttgart

Wittig R (2002) Siedlungsvegetation. In: Pott R (Hrsg) Ökosysteme Mitteleuropas aus geobotanischer Sicht. Ulmer, Stuttgart

Wittig R, Streit B (2004) Ökologie. UTB Basics, Ulmer, Stuttgart

Wobus U (2000) Kulturpflanzen: Von der Domestikation zur genetischen Veränderung. Nova Acta Leopoldina N F Bd 82, Nr 315: 39-55

Wuketits FM (2003) Ausgerottet – ausgestorben – über den Untergang von Arten, Völkern und Sprachen. Hirzel, Stuttgart Leipzig

Zeist W van (1988) Some aspects of early Neolithic plant husbandry in the Near East. Anatolia 15: 49-67

Zeist W van, Casparie WA (1968) Wild Einkorn, Wheat and Barley from Tell Muerybit in Northern Syria. Acta Bot Neerl 17: 44-53

Zeller F-J (1998) Genetische Ressourcen von Wildpflanzen beleben die Kulturpflanzenzüchtung. Biologie in unserer Zeit 28: 371-380

Zhu RX, Potts R, Xie F, Hoffmann KA, Deng CL, Shi CD, Pan YX, Wang HQ, Shi RP, Wang YC, Shi GH, Wu NQ (2004) New evidence on the earliest human presence at high northern latitudes in northeast Asia. Nature 431: 559-562

Zhukovskyk PM (1962) Genetische Grundlagen der Entstehung der Kulturpflanzen. Die Kulturpflanze Beiheft 3: 263-285

Zohary D, Hopf M (2000) Domestications of plants in the old world. Oxford University Press, Oxford

Zuckerkandl E, Pauling L (1965) Evolutionary divergence and convergence of proteins. In: Bryson V, Vogel HJ (eds) Evolving genes and proteins. Academic Press, New York, pp 97-166

5.8 Fragen zu Kapitel 5

1. Wie sieht die direkte Abstammungslinie zum modernen Menschen (*Homo sapiens*) aus?
2. Was sind Australopithecinen?
3. Welche zeitlichen Vorstellungen über die Entstehung des Menschen gibt es?
4. Rekonstruieren Sie aus den vergangenen Kapiteln die Hominidenevolution im Klimawandel.
5. Welche Rolle spielen die Cro-Magnon-Menschen?
6. Welche spezielle Rolle messen Sie der Messinischen Periode im Tertiär und der möglichen Landschaftsentwicklung in Afrika bei?
7. Was verbinden Sie mit den Begriffen Paläo-, Meso- und Neolithikum?
8. Wie formulieren Sie das Thema "Anthropogene Vegetation" im Kontext der Hominidenentwicklung?
9. Was ist der Inhalt der "Overkill-Hypothese" von Paul Martin aus dem Jahre 1984?
10. Was geschah mit der Megaherbivoren-Fauna der Mammutsteppe?
11. Was ist der wirkliche Inhalt des Begriffes "Neolithische Revolution"?
12. Welche sind die ersten Kulturpflanzen des Menschen und woher stammen diese?
13. Was verbindet man mit dem Begriff „Vorderasiatische Kulturdrift"?
14. Wie geschah die Domestikation der ersten Kulturpflanzen, und welche Merkmale der Kulturpflanzen sind wichtig?
15. Beschreiben Sie Transhumanzen und deren Folgen auf Flora und Vegetation.
16. Welche regionalen Siedlungs- und Landschaftstypen gibt es in Mitteleuropa?
17. Nennen Sie die Koinzidenzen von Klimageschichte und Siedlungsentwicklung in Mitteleuropa.
18. Schildern Sie die evolutiven Wege zum Anthropozän.
19. Was sind rurale und urbane Siedlungen?
20. Definieren Sie den Begriff „Stadtökologie".

6 Biogeographische Regionen der Erde

Es leben heute keine Tropenpflanzen in den nördlichen Breiten; die wasserspeichernden, sukkulenten Kakteen sind auf Nord- und Südamerika beschränkt, in Afrika nehmen die Wolfsmilchgewächse aus der Familie der Euphorbiaceen deren Rolle an Trockenstandorten ein, und im „trockenen" Kontinent Australien gibt es keine Sukkulenten. Dort haben die Pflanzen spezielle, an Trockenheit angepasste Wuchsformen ihrer Blätter, des Stammes und der Blüten entwickelt – Xeromorphosen also, die einzigartig sind und im Kapitel 6.4 über Australien auch näher erläutert werden. So wachsen *Eucalyptus*- und Kasuarinenbäume von Haus aus nur in Australien und auf den angrenzenden Inseln, wie beispielsweise in Neuguinea, was durch Kontinentaldrift, Pflanzenwanderungen und Meeresspiegelschwankungen leicht zu erklären ist. Die heutige Pflanzendecke der Erde ist das Ergebnis der langen räumlich-zeitlichen Entwicklung der Kontinente und der Klimate mit ihrer jeweiligen Pflanzen- und Tierwelt. Sie ist ebenso das Spiegelbild des aktuellen Klimas, modifiziert durch regionale Einflüsse von Gebirgen, von Meeresströmungen, von Küstennähe und Küstenferne, also von **Ozeanität** oder **Kontinentalität**, sowie von geologischen Besonderheiten. So wie das Klima keine scharfen geographischen Grenzen hat, gibt es auch keine scharfen Grenzen zwischen den Vegetationszonen, die durch die Dominanz bestimmter Lebensformen mit ihren entsprechenden Vegetationsformationen geprägt sind (Abb. 6.1). Die Temperaturen und das Wasser sind heute wohl die wichtigsten abiotischen Umweltfaktoren. Beide tragen zur Vielfalt an Ökosystemen auf der Erde am meisten bei. So formuliert es auch Georg Grabherr (1997) bei der Beschreibung der Ökosysteme der Erde, aber auch er modifiziert seine Klassifikation der globalen Vegetationszonen nach verschiedenen Klimaparametern in Bezug zu Wuchsformgarnituren der Pflanzen, wobei die Art der Überdauerung ungünstiger Perioden wie Frost oder Trockenheit mit so genannten **Lebensformen** einbezogen wird. Das hatte bereits Elgene O. Box (1981) für die meisten Lebensformen erdweit definiert, und F. I. Woodward ergänzte dieses kurz danach im Jahre 1987 durch spezielle „ökologische Funktionstypen", bei denen die physiologischen Anpassungen der Pflanzen an die zellulären Prozesse von Kälteempfindlichkeit, Frostresistenz und die Wasserverfügbarkeit eine zentrale Rolle spielen.

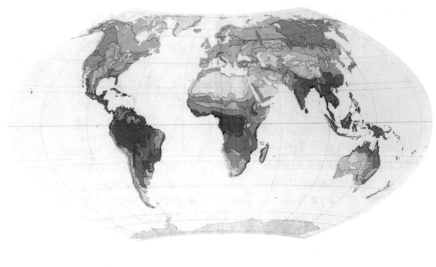

Tropische Regenwälder

Mangrove

Tropische Gebirgsregenwälder

Tropische halbimmergrüne Regenwälder und regengrüne Monsunwälder

Temperierte Regenwälder

Sommergrüne Nadelwälder

Dornstrauch- und Succulentenformationen

Feuchtsavannen

Trockensavannen

Dornsavannen

Gebirgsnadelwälder

Immergrüne boreale Nadelwälder

Lorbeerwälder und subtropische Regenwälder

Hartlaubvegetation

Coniferentrockengehölze und xeromorphe Strauchformationen

Schwarzerde- und Übergangssteppen

Subpolare Wiesen und sommergrüne Gesträuche

Trockensteppen und Hartpolsterformationen

Paramoheiden und feuchte Puna

Gebirgsvegetation jenseits der Baumgrenze

Dornbaum- und Succulentenwälder

Tropische Trockenwälder und Campos cerrados

Sommergrüne Laubwälder

Sommergrüne Laubwälder mit Nadelholz

Sommergrüne Baumsteppen

Tundren

Subantarktische Heiden

Halbwüsten

Trockenwüsten

Kältewüsten

Abb. 6.1. Vegetationszonen der Erde (nach Schmithüsen 1976)

6.1 Wuchs- und Lebensformen

Die Lebensformen gehen auf Alexander von Humboldt (1806) zurück, der seinerzeit in Südamerika wesentliche pflanzliche Merkmalskomplexe schon als Anpassungen an spezielle Umweltbedingungen interpretierte und die entsprechenden Gestalttypen der Pflanzen zu ökomorphologisch definierten Lebensformtypen zusammenfasste. Erst seit Johannes Eugenius Warming versteht man unter dem Begriff **Lebensform** den Habitus und die **Lebensstrategie** einer Pflanze im Einklang mit ihren jeweiligen Umweltbedingungen. Grundlage für die heutige Einteilung der Pflanzen nach Lebensformen ist das System nach Christen C. Raunkiaer (1860-1938) aus dem Jahre 1934 (Abb. 6.2 und 6.3). Dieses stellt die Rolle der Rhizome als Überwinterungsorgan in den Vordergrund – dabei ist das zentrale ökomorphologische Problem aller Pflanzen in Zonen mit ausgeprägten Jahreszeiten in den Mittelpunkt gerückt: Für die mitteleuropäische Flora und Floren vergleichbarer Klimate hat der Temperaturwechsel zwischen Winter- und Sommermonaten zu einer Reihe besonderer Anpassungsstrategien geführt, die unter dem Begriff Lebensform zusammengefasst sind. Entscheidend ist dabei, in welcher Weise die entsprechenden Sprossvegetationspunkte und Erneuerungsknospen beziehungsweise die Überdauerungsorgane winterliche Frostperioden oder Trockenphasen überstehen können. Folgende Lebensformtypen werden unterschieden:

Abb. 6.2. Lebensformen nach C. Raunkiaer: Die rot gezeichneten Pflanzenteile überwintern, die übrigen sterben im Herbst ab. A, B Chamaephyten: Immergrüne und Zwergsträucher; C Phanerophyt: Bäume und Sträucher; D-F Hemikryptophyten: Rosetten-, Ausläufer- und Schaftpflanzen; G, H Kryptophyten: Rhizom- und Knollengeophyten, I Therophyten (aus Sitte et al. 2002)

Dieses Lebensformensystem ist – wie gesagt – nur in Gebieten mit periodischer Vegetationsruhe ohne Einschränkung anwendbar, in warmen oder dauerhumiden Klimagebieten dagegen nur bedingt. Zu den definierbaren Klassifikationen von **Lebensstrategien** zählen ferner ökophysiologische Anpassungen von Pflanzen nach der Verfügbarkeit des Wassers an ihren Standorten: So trennen wir die Wasserpflanzen, die **Hydrophyten**, von den Sumpfpflanzen, den **Helophyten**. Erstere leben ganzjährig im Wasser, ihre überdauernden Pflanzenorgane beziehungsweise die Erneuerungsknospen liegen am Gewässergrund; die Sprosse sind im Wasser, auf der Wasseroberfläche oder ragen in die Luft. Bei den Helophyten leben die überdauernden Organe beziehungsweise die Erneuerungsknospen im Sumpf- oder Schlammboden, die Sprosse ragen in die Luft (Abb. 6.3). Im Wasser schwebende oder auf dem Wasser frei driftende Hydrophyten be-

Box 6.1. Lebensformtypen

- **Phanerophyten** (griech. *phanerós*, offen sichtbar) sind Bäume und Sträucher, deren Sprossknospen nicht nur oberhalb des Bodens, sondern auch über der schützenden Schneedecke überwintern. Die Apikalmeristeme sind frostresistent und werden durch Knospenschuppen geschützt.
- **Chamaephyten** (griech. *chamaiphyés*, niedrig wachsend) sind die Halb- und Zwergsträucher. Sie tragen die Erneuerungsknospen knapp über dem Boden. So genießen sie einen wirksamen Frostschutz durch die winterliche Schneedecke, da Schnee wegen des hohen Luftgehaltes ein schlechter Wärmeleiter ist.
- **Kryptophyten** (griech. *kryptós*, verborgen) sind ausdauernde Pflanzen mit periodischer Reduktion aller oberirdischen Organe. Sie bergen Erneuerungsknospen in Form von Wurzelknospen, Rhizomen, Zwiebeln oder Knollen im Boden. So werden **Knollen-**, **Wurzel-**, **Rhizom-** und **Zwiebelgeophyten** unterschieden. Oberirdische Pflanzentriebe mit Laubblättern und Blüten werden alljährlich gebildet, wofür die Speicherstoffe der unterirdischen Organe benötigt werden. Dieses ermöglicht den Geophyten ein frühes Austreiben im Jahr.
- **Hemikryptophyten** sind ausdauernde Pflanzen mit periodischer Reduktion der Sprosse. Sie nehmen eine Zwischenstellung zwischen den Chamae- und Kryptophyten ein, denn ihre Erneuerungsknospen liegen unmittelbar an der Bodenoberfläche, und sie sind durch Schnee, Laub oder Gras wintersüber geschützt. Zu ihnen zählen viele Rosettenpflanzen, aber auch viele Gräser, Juncaceen und Cyperaceen, deren Horste überwintern, ferner „Ausläuferpflanzen", deren Stolonen wintergrün sind, und schließlich auch solche hochwüchsigen Sträucher, deren Erneuerungsknospen an der Basis absterbender, oberirdischer Achsen liegen, wie es bei zahlreichen „Schaftpflanzen" wie Brennnessel, Schafgarbe und Löwenzahn-Arten beispielsweise der Fall ist.
- **Therophyten** (griech. *théros*, Sommer) sind kurzlebige, also **ephemere** oder einjährige, **annuelle**, frühlingsgrüne, sommergrüne oder überwinternd einjährige Pflanzen, die nach der Samen- oder Fruchtreife absterben und so die vegetationsfeindlichen Perioden mit generativen Diasporen meist im Boden überdauern. Dazu gehören die eigentlichen **Kräuter**; sie sterben nach der Samenreife gemäß einem inneren Entwicklungsprogramm ganz ab. Unter ihnen gibt es die genannten Annuellen oder auch zweijährige Pflanzen, die **Biennen**. In Wüsten leben Pflanzen, die nach Regen rasch keimen und so schnell wie möglich oft in Massen Blüten und Früchte mit Samen ansetzen. Oft werden diese kurzlebigen Arten zu den Annuellen gezählt. In Wirklichkeit ist ihre aktive Phase kürzer als ein Jahr, und ihre Samen können jahrelang im Boden ruhen, ohne die Keimfähigkeit zu verlieren, man nennt sie **Pluvio-Therophyten**.

Abb. 6.3. Beispiele für Lebensformtypen: **a** *Acer pseudoplatanus* als Phanerophyt, bewachsen von der Liane *Hedera helix*; **b** der Zwergstrauch *Lavandula angustifolia* als Chamaephyt; **c** der Rhizomgeophyt *Anemone blanda* als Kryptophyt; **d** die Rosettenpflanze *Taraxacum officinale* als Hemikryptophyt; **e** das einjährige Kraut *Centaurea cyanus* als Therophyt; **f** die mediterrane Ringelblume *Calendula officinalis* als Pluviotherophyt; **g** die Schwimmblattpflanze *Nymphaea alba* als Hydrophyt; **h** die Drachenwurz *Calla palustris* als Helophyt; **i** der Schwimmfarn *Salvinia natans* als Pleustophyt

zeichnet man auch als **Pleustophyten**. **Xerophyten** sind trockenangepasste Pflanzen, vor allem die Sukkulenten werden dazu gezählt. Die Gliederung der Pflanzen nach solchen funktionellen Typen und nach **Lebensstrategien** ist also schon so alt wie die Vegetationskunde: **Morphotypen**, wie
Kraut, Strauch oder Baum, lassen sich durch **Phänotypen** (annuell, peren-
nierend, sommergrün, immergrün) spezifizieren. Bei einer Gruppierung
nach **Physiotypen** geht man von besonderen Merkmalen des Stoffwech-
sels aus, wie etwa der Benutzung des C_3-, C_4- oder CAM-Weges der Photosynthese je nach Standort der Pflanzen im Bestand in der Sonne oder im
Schatten. **Symbiosetypen** fußen auf der Fähigkeit, eine Lebensgemeinschaft mit Stickstoff-fixierenden Bakterien oder Cyanobakterien einzuge-
hen oder mit speziellen Mykorrhizapilzen.

6.2 Klima- und Vegetationszonen

Es ist erstaunlich, wie sehr die Verbreitung der Vegetation den geographischen Klimazonen entspricht. Das Klima der äquatorialen Breiten ist nicht
nur durch hohe Temperaturen, sondern in manchen Regionen auch durch
hohe Niederschläge gekennzeichnet. Dies ist auf die Tatsache zurückzuführen, dass innerhalb von 30 Grad beiderseits des Äquators an der Erdoberfläche erwärmte Luft aufsteigt und sich mit zunehmender Höhe abkühlt. In den südamerikanischen und afrikanischen Tropen ergibt sich
daraus auf deren Landflächen das für die tropischen Regenwälder charakteristische feucht-warme Klima. Hier herrschen Lufttemperaturen zwischen 18 und 20 Grad Celsius und höher. Wir erinnern uns, dass an den
Wendekreisen die abgekühlte Luft absinkt und in Form von Passatwinden
zum Äquator zurückfließt. Es sind trockene Winde, da diese Luftmassen
zuvor in großen Höhen einen Teil ihrer Feuchtigkeit als Regen abgegeben
haben. Infolgedessen bringen die Passatwinde wenig Regen; sie nehmen
stattdessen sogar Feuchtigkeit von der Erdoberfläche auf und hinterlassen
dabei auf den Kontinenten sowohl bei 30 Grad Süd wie auch bei 30 Grad
Nord die großen Wendekreis- oder Passatwüsten, wie die Saharo-arabische
Wüste, die Zentralaustralische Wüste und die Kalahari in Afrika.

Beim Durchgang durch die Atmosphäre unterliegt die Sonnenstrahlung
verschiedenen Einflüssen: Etwa ein Drittel der ankommenden Strahlung
wird beispielsweise an der Oberseite der Wolken oder über großen
Schneefeldern in der Arktis und Antarktis reflektiert und ohne Energieum-
setzung in den Weltraum zurückgeführt. Der Rest der einfallenden Energie
wirkt sich auf den Wärmehaushalt der Erde aus; diese Sonnenstrahlung
wird von der Erdoberfläche – zum Teil auch von den Luftteilchen – aufge-

Box 6.2. Die Troposphäre und das Wettergeschehen

Die Verbindungen von Klima und Vegetation sind grundlegend und essentiell; deshalb werden zum Verständnis ihrer Zonalität wichtige Klimaphänomene nachfolgend vorgestellt:

Wir haben es inzwischen mehrfach gesehen, unser Wetter wird von der Sonne gemacht. Tag für Tag beobachten wir das Wettergeschehen mit Wolken und Wind, Sonne und Regen, Nebel, Schnee und Eis, blauem Himmel, Kalt- und Warmfronten, Gewittern sowie Hoch- und Tiefdruckgebieten. Das gesamte Wettergeschehen spielt sich in der untersten Schicht unserer Lufthülle, der Troposphäre, ab. Im Jahre 1898 stellte der französische Meteorologe Léon Philippe Teisserende Bort (1855-1931) fest, dass die Atmosphäre aus mehreren Schichten mit unterschiedlichen Merkmalen besteht, und führte erstmals Bezeichnungen für jede einzelne Schicht ein. So nannte er die unterste Atmosphärenschicht Troposphäre. Sie reicht vom Meeresniveau in den Tropen bis in 18 Kilometer Höhe, an den Polen dagegen nur bis in 8 Kilometer Höhe. Tagsüber erwärmt sich die Erdoberfläche unter dem Einfluss der Sonne und erwärmt ihrerseits die untersten Luftschichten. Warme Luft dehnt sich aus und steigt nach oben. Je wärmer die Luft ist, desto mehr Wasserdampf kann sie mit sich führen. Beim Aufsteigen kühlt sie sich wieder ab und kann dadurch die Feuchtigkeit nicht mehr halten; es bilden sich durch Kondensation die Wolken, welche Wassertröpfchen und Eiskristalle enthalten. Insbesondere befinden sich in dieser Schicht die meisten Wolken, und hier sind insgesamt vier Fünftel der Masse der Atmosphäre und fast ihr gesamter Wasserdampf konzentriert. Die Temperatur der Troposphäre nimmt durchschnittlich um 6 °C pro Kilometer Höhe ab, weil die Luftmassen nur von der Erdoberfläche aus erwärmt werden. Diese „Wetterschicht" ist also etwa 10 Kilometer mächtig und macht damit circa ein Hundertstel der Erdatmosphäre aus; sie wird von der Sonne mit unvorstellbar hoher Energie versorgt und beheizt. Dabei strahlt die Sonne an einem Tag, also in 24 Stunden, die ungeheure Energiemenge von 1022 Megawattstunden ab, und so strömt tagtäglich mehr Energie pro Minute auf die Erde, als die gesamte Menschheit in einem Jahr verbraucht.

nommen und absorbiert oder in umgewandelter Form wieder abgegeben. Die jenseits der Troposphäre in 20 bis 40 Kilometer Höhe liegende **Ozonschicht** absorbiert normalerweise sehr effektiv die ultrakurzviolette Strahlung und schützt die Lebensräume der Erde vor den schädlichen **UV-Strahlen** (s. Box 6.2).

Die Wasserdampfmoleküle der Luft absorbieren wiederum einen geringen Teil der Sonnenstrahlung und geben die Energie als Wärme wieder ab. Die Erwärmung der Luft erfolgt daher nicht direkt von der Sonne her, sondern von der Erdoberfläche aus: Die Erdoberfläche nimmt **Sonnenenergie** auf und gibt sie als langwellige Wärmestrahlung wieder ab. Dabei wird der schon beschriebene **„Glashaus-Effekt"** wirksam: Wie in einem verglasten Gewächshaus oder einem in der Sonne abgestellten Auto wird es wärmer als in der Umgebung, weil die helle, sichtbare Sonnenstrahlung zwar durch die Scheiben eindringen, die im Inneren durch Absorption, das heißt durch Umwandlung der Sonnenstrahlung entstandene langwellige Wärmestrahlung durch das Glas aber nicht mehr direkt entweichen kann. Kohlendioxid und Wasserdampf haben in der Atmosphäre somit die gleiche Wirkung wie ein Glasdach und halten von der Erde abgegebene Wärmestrahlung zurück.

Am stärksten erwärmt sich die Erde am Äquator, weil hier die Sonnenstrahlen senkrecht einfallen. Zu den Polen hin nimmt die Aufheizung allmählich ab, weil dort die Strahlen der Sonne immer schräger auftreffen und die Energie sich deshalb auf eine zunehmend größere Fläche verteilt. So entsteht auch in der Luft ein Wärmegefälle vom Äquator zu den Polen, das in der Troposphäre durch das dynamische Wirken von Luftwalzen mit Hoch- und Tiefdruckgebieten ausgeglichen wird. Ein System rotierender „Luftwalzen" transportiert auf diesem Wege Wärme vom Äquator zu den Polen (Abb. 6.4). Dabei entstehen Tiefdruckgürtel unter aufsteigenden Wärmemassen und Hochdruckgürtel unter absinkenden Luftmassen. Wo Luft aufsteigt, sinkt am Boden der Luftdruck, und es bildet sich ein Tiefdruckgebiet mit Wolken und Regen.

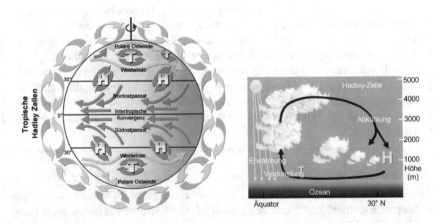

Abb. 6.4. Das Wettergeschehen findet vor allem in der Troposphäre statt. Da in Äquatornähe mehr Sonnenlicht auf die Erde fällt, als in hohen Breiten, entstehen großräumige Windzirkulationen, die warme Luft vom Äquator in Richtung auf beide Pole zu bewegen. Die Sonnenenergie ist Motor für die Entstehung der Atmosphärenzirkulation und dem Aufbau von Hadley-Zellen im Tropengürtel, die Wasser und Wärme transportieren (aus Berner u. Streif 2001)

In Äquatorialnähe herrscht ständig niedriger Luftdruck; man spricht von der **Äquatorialen Tiefdruckrinne** oder dem **Äquatorialen Tiefdruckgürtel** oder dem **Kalmengürtel**. Das ist das Gebiet der Windstillen und der schwachen, umlaufenden Winde in der Äquatorzone, welche über den Ozeanen am ausgeprägtesten sind. Mehr als zwei Drittel der Erdoberfläche, genau 78 Prozent, sind von Ozeanen bedeckt; diese nehmen eine wichtige Funktion als Wärmepuffer ein – sie speichern und transportieren große Energiemengen, und sie benötigen lange Zeitspannen, um sich zu erwärmen oder abzukühlen, dadurch werden starke Temperaturschwankungen im Bereich der Meere gedämpft.

Der Kalmengürtel umfasst den Bereich der **Innertropischen Konvergenzzone**, das ist das Gebiet der Äquatorialen Tiefdruckrinne zwischen den Passatgürteln der Nord- und Südhalbkugel. In der Innertropischen Konvergenzzone (abgekürzt ITCZ) steigt die konvergierende Luft der Passate auf, und es kommt zu starker Wolkenbildung und der Entstehung heftiger Regenschauer. Die ITCZ fällt nicht mit dem geographischen Äquator zusammen; sie wandert, dem Sonnenhöchststand folgend, über den Kontinenten bzw. über Festländern weit nach Norden und Süden, so über Indien bis zu 30° nördlicher Breite, über Afrika bis etwa 20° südlicher Breite beziehungsweise bis zu 20° südlicher Breite über Südamerika und Australien. Ihre mittlere geographische Lage befindet sich bei etwa 5° nördlicher Breite. Das ist der **Meteorologische Äquator**. Zeitweise entwickeln sich in der ITCZ, besonders in den Übergangsjahreszeiten, über den Ozeanen auch die tropischen Wirbelstürme oder Zyklone mit mehr als 200 km/h Windgeschwindigkeiten, die **Hurrikans** in Amerika und die **Taifune** in Asien und in der Pazifischen Inselwelt. Ihre Energie beziehen sie aus der Kondensation des Wasserdampfes, den die vom Meer erwärmten Luftmassen mit nach oben reißen, während von den Seiten warme und feuchte Luft nachströmt. Häufig spaltet sich die ITCZ auch in einen nördlichen oder in einen südlichen Zweig, zwischen denen Westwinde, die so genannten **Äquatorialen Westwinde**, herrschen. Diese treiben die Zirkulationen des die ganze Erde umspannenden Windsystems an.

Die am Äquator aufsteigenden Luftmassen sinken in den **„Rossbreiten"** in 25 bis 40 Grad nördlicher beziehungsweise 25 bis 35 Grad südlicher Breite nieder. Das ist die windschwache Zone des subtropischen Hochdruckgürtels, zu dem auf der Nordhalbkugel das für das Wetter in Mitteleuropa wichtige **Azorenhoch** gehört. Die Bezeichnung Rossbreiten soll auf die Zeit der Segelschifffahrt zurückgehen, als sich in diesen Breiten die

Box 6.3. Der Coriolis-Effekt

Um die atmosphärische Zirkulation zu verstehen, muss man beachten, was unmittelbar in Äquatornähe geschieht: Luft, die in dieser Zone von der erwärmten Erdoberfläche aufsteigt, breitet sich zwar generell nach Norden und Süden aus, bewegt sich in großen Höhen aber nicht auf kürzestem Weg vom Äquator zu den Polen, sondern wird durch den **Coriolis-Effekt** nach Osten abgelenkt, denn durch die Erdrotation werden Luftströmungen auf der nördlichen Breite in Bezug auf einen bestimmten Beobachtungsort im Uhrzeigersinn bewegt; auf der südlichen Hemisphäre entgegen dem Uhrzeigersinn. Aufgrund dieser Ablenkung staut sich nördlich und südlich des Äquators in großer Höhe mehr Luft, als zu den Polen hin abfließen kann, so dass in Breiten zwischen 20 und 30 Grad nördlich und südlich des Äquators Hochdruckgürtel entstehen. Da dieser hohe Druck auf der Erdoberfläche lastet, werden die bodennahen Winde nach Norden und Süden abgedrängt und gleichzeitig durch den Coriolis-Effekt abgelenkt. Als Folge sind die zum Äquator fließenden Bodenwinde, die Passatwinde, schräg nach Westen gerichtet. Diese nördlichen und südlichen Passatwinde treffen in der **Innertropischen Konvergenzzone** aufeinander.

Polwärts schließen sich an die subtropischen Hochdruckgürtel die **Westwindzonen** an, in denen warme Luft zu den Tiefdruckgebieten bei 60 Grad nördlicher beziehungsweise südlicher Breite transportiert wird. Über den Polen liegen Hochdruckkappen, aus denen kalte Luft abströmt. Diese kräftigen, von West nach Ost gerichteten Luftströmungen der gemäßigten Breiten beider Hemisphären gehen also aus dem Luftdruckgefälle zwischen dem subtropischen Hochdruckgürtel und der subpolaren Tiefdruckrinne sowie aus der **Coriolis-Kraft** hervor, einem Phänomen, das nach dem Physiker Gaspard Gustave de Coriolis (1792-1843) benannt ist, wonach bei den Luftmassen auf der nördlichen Erdhalbkugel eine Rechtsablenkung unter der sich drehenden Erde und auf der südlichen Erdhalbkugel eine Linksablenkung zustande kommt.

Seefahrt infolge fehlender Winde stark verzögerte, so dass bei Pferdetransporten nach Südamerika viele Pferde wegen des Futtermangels eingingen oder geschlachtet werden mussten. Im Bereich der sinkenden Luftmassen ist der Luftdruck hoch. Die sich abwärts bewegende Luft erwärmt sich und kann dann wieder mehr Feuchtigkeit im gasförmigen Zustand aufnehmen. Die Wolken lösen sich auf, die relative Luftfeuchtigkeit nimmt ab. Die meisten Wüsten der Erde liegen in diesen sonnenreichsten und regenärmsten subtropischen Hochdruckgürteln. In Bodennähe strömt von den subtropischen Hochdruckzentren Luft ständig Richtung Äquator und füllt dort die äquatoriale Tiefdruckrinne immer wieder auf. Winde, die sich zum Äquator bewegen, werden scheinbar nach Westen abgelenkt, und in den Tropen entsteht der von Ost nach West wehende **Passatwind**. Dieses Phänomen wird als **Hadley-Zirkulation** bezeichnet. Passate sind also beständige Winde, die auf beiden Erdhalbkugeln das ganze Jahr hindurch von den subtropischen Hochdruckgürteln zur äquatorialen Tiefdruckrinne hin gerichtet sind. Sie sind trockene und niederschlagsarme Luftströmungen. Wegen der Erdumdrehung weht auf der Nordhalbkugel deshalb ständig ein **Nordostpassat** in Richtung Äquator und auf der Südhalbkugel ein **Südostpassat**.

Zwischen den Polarregionen und den Subtropen beherrschen in großer Höhe spezifische Strahlstürme, der **Jetstream**, die Luftbewegung. Sie treiben Hoch- und Tiefdruckgebiete in spiralförmigen Drehbewegungen aufgrund der Erdrotation vor sich her. In der **Westwindzone** oder der **Westwinddrift** bilden sich im Grenzbereich zwischen Kaltluft aus polaren und Warmluft aus subtropischen Breiten die Hochdruckgebiete und die zyklonalen Tiefdruckgebiete der gemäßigten Breiten mit ihrem veränderlichen Wettergeschehen. Hauptaktionszentren in den **Subpolaren Tiefdruckrinnen** zwischen 50 und 70 Grad nördlicher Breite sind vor allem das **Islandtief** und das **Aleutentief** auf der Nordhalbkugel. Polwärts grenzen jeweils die **Polaren Hochdruckzonen** zwischen 70 und 90 Grad Breite an; hier herrschen östliche Winde zwischen den polaren Hochdruckgebieten und den subpolaren Tiefdrucksystemen vor, die charakteristischen **Polaren Ostwinde**. Alle diese Windsysteme sind wesentliche Bestandteile der allgemeinen atmosphärischen Zirkulation, die mit ihren Luftmassentransporten immer von neuem die strahlungsbedingten Temperaturgegensätze zwischen den südlichen und den nördlichen Breiten beider Hemisphären verringern und damit eine ausgeglichene globale Wärmebilanz ermöglichen.

Nach diesen verschiedenen Mengen der von der Sonne zugeführten Strahlungsenergie differenzieren wir verschiedene **Klimazonen** auf der Erde, also großräumige Gebiete, in denen das Klima mehr oder weniger gleichartig oder relativ einheitlich ist: Das sind um den Äquator die **Tropen** und die **tropischen Regenwaldklimate** mit jahreszeitlich variablen, aber für die Vegetation ganzjährig ausreichenden Niederschlägen. Die Tageslänge schwankt hier nur wenig; die tageszeitlichen Schwankungen der Lufttemperatur dominieren gegenüber den im Jahresverlauf weitgehend gleichbleibenden Temperaturverhältnissen und garantieren somit ein **Tageszeitenklima** mit Temperaturamplituden um 12 Grad Celsius. Auf der Nordhemisphäre grenzen meist subtropische Regenzeitwälder oder warmtemperierte, immergrüne Hartlaubwälder an die innertropische Regenwaldzone. Zu den Wendekreisen hin steigt die Jahresamplitude allmählich an, anfangs mit einem Maximum im Frühjahr und einem weiteren im Herbst. In den **Subtropen** dominieren **Wüstengebiete**, in denen starke

Temperaturdifferenzen mit täglicher Einstrahlung und nächtlicher Aus-
strahlung von bis zu 50 Grad Celsius Differenz im Tagesgang gemessen
werden können. Zusammen mit den sie umgebenden **Savannen** und den
Steppen bilden die Wüsten die Zone der **Trockenklimate**, in denen mögliche Verdunstungen den Niederschlag stets übertreffen; das sieht man besonders eindrucksvoll in den **Küstenwüsten** und den **Saharo-arabischen**
Wüsten. In den Breitenkreisen um 40 Grad beider Hemisphären herrscht
an den Küsten ein warmgemäßigtes Klima; vor allem an den Westseiten
der Kontinente ist dies verbunden mit trockenen, heißen Sommern und
milden, niederschlagsreichen Wintern, wobei sommers die nach Norden
verlagerten subtropischen Hochdruckzellen und winters die Tiefdruckgebiete der Westwindzone wirksam sind. Diese Situation prägt die **Mediter-**
ranoiden Etesienklimate der Mittelmeerregion und Kaliforniens auf der
Nordhalbkugel sowie der Karroo-Region Südwest-Australiens, des Kap-
landes in Südafrika und der valdivianischen Küstenregion in Südchile mit
Winterregen und einem warmen, sommertrockenen Klima mit **Immer-**
grünen Hartlaubwäldern verschiedenster biogeograpischer Konsistenz.

Diese Art von Klima ist typisch für das Mittelmeergebiet; deswegen
wird es auch als mediterranoid oder als **Etesienklima** bezeichnet. Die **Ete-**
sien sind sehr regelmäßig wehende trockene sommerliche Nordwest- oder
Nordostwinde über dem östlichen Mittelmeer. Sie werden durch Ausläufer
des Azorenhochs über dem Alpengebiet und das vorderasiatische Tiefdruckgebiet gesteuert. Es handelt sich also nur beschränkt um antizyklona-
le Luftströmungen, denn die Etesien gehen teilweise ohne Frontströmun-
gen in den Nordostpassat Nordafrikas über. Sie können deshalb in
gewisser Hinsicht als „Passatwurzeln" angesehen werden.

Die ausgesprochenen Jahreszeitenklimate der **Gemäßigten Breiten** zeigen im Gegensatz zu den Tropen und Subtropen große jahreszeitliche Unterschiede der Lufttemperaturen mit teilweise sehr großen Extremwerten
an heißen Sommertagen und kalten Wintertagen. In dieser Zone herrschen
in der Regel große Unterschiede durch das Vorherrschen maritimer beziehungsweise kontinentaler Einflüsse mit entsprechend differenzierten teilimmergrünen oder sommergrünen, laubwerfenden Wäldern. Die Monatsmittel liegen hier zwischen 3 und 22 Grad Celsius. Monatsmittel stets
unter 10 Grad Celsius haben die **Schnee- und Eisklimate** der Polargebiete. Diese extreme Klimazone mit **Polarnacht** und **Polartag** sowie mit tiefen Werten der Lufttemperatur und geringen, meist als Schnee fallenden
Niederschlägen wird vielfach noch in polare, arktische und boreale Zonen
unterteilt; dabei differenzieren wir die Klimazonen des **Ewigen Eises**, die
Polaren Wüsten, die **Tundrenklimate** und die winterfeuchten beziehungsweise wintertrockenen Klimate mit ihren **Borealen Nadelwäldern**
(Abb. 3.4).

Die Vegetation eines Gebietes ist immer auch ein Ausdruck des Groß-
oder Makroklimas – unter der Voraussetzung, dass in Bezug auf die Bo-
dennässe oder die Nährstoffversorgung keine Extremverhältnisse bestehen.
So sind beispielsweise Nadelwälder für die boreale Zone und sommergrüne Laubwälder für die temperate Zone bezeichnend: Man spricht diesbezüglich von der **zonalen Vegetation** oder der **klimatischen Klimax** eines
Gebietes. In Abhängigkeit von der Exposition oder der Höhenlage verändert sich das für eine Zone charakteristische Makroklima. Beispielsweise
können auf stark besonnten, südexponierten Hängen Klimabedingungen
herrschen, die eher für eine südlicher gelegene Vegetationszone charakteristisch sind. Die Vegetation an solchen klimatischen Sonderstandorten bezeichnet man als **extrazonal**, das sind beispielsweise die submediterranen
Flaumeichen-Wälder in Südlagen der mitteleuropäischen Mittelgebirge.
Sie sind in der Regel inselartig und als nördlicher Vorposten einer ansonsten südlicher verbreiteten Einheit in die zonale Vegetation eingebettet.
Entsprechendes gilt für lokalklimatisch kühlere Standorte mit einer dann –
in Bezug auf Mitteleuropa – nördlich, also boreal, getönten Artenkombina-
tion. Gebirgslandschaften weisen auf engem Raum klimabedingte Höhenstufen mit charakteristischer, etagealer Vegetation auf.

An extrem nassen oder trophisch speziellen Standorten, wie an Seen
oder auf Mooren, verringert sich der Einfluss des Großklimas auf die Vegetation zunehmend. Dort etablieren sich Pflanzengesellschaften, die in
Zonen mit einem anderen Makroklima in nur wenig veränderter Artenzusammensetzung vorkommen. Die Vegetation ist somit **azonal**, wie es
Bruchwälder, Hochmoore und die Gewässervegetation zeigen. Allerdings
verliert sich die Wirkung des Großklimas auf die Vegetation – selbst bei
extremen Bodenverhältnissen – nie vollständig, so dass zwischen zonalen
und azonalen Einheiten Übergänge bestehen. So zeigen auch Bruchwälder
in vegetationsgeographischer Sicht Unterschiede. Diese sind aber im Vergleich zu den zonalen Waldgesellschaften gering.

Selbst in einem verhältnismäßig kleinen Raum wie Mitteleuropa zeigt
die zonale Waldvegetation eine deutliche, vom räumlichen Wandel des
Großklimas abhängige Variabilität. Demgemäß lässt sich die Waldvegetation dieses Raumes vegetationsgeographisch oder – in Bezug auf einzelne
Waldgesellschaften – synchorologisch differenzieren und charakterisieren.
Vegetationsbestimmende Klimafaktoren, beispielsweise die Länge der Vegetationsperiode, die Anzahl der Frosttage pro Jahr, die Sommertempera-
tur und der Jahresniederschlag ändern sich dabei mit

- der geographischen Breite (Zonalität),
- der geographischen Länge (Ozeanität),
- der Höhe über dem Meeresspiegel (Höhenstufung).

Das Areal einer Pflanzenart, also ihr geographisches Verbreitungsgebiet, lässt sich demgemäß mit Hilfe der drei genannten **„Florengeographischen Kriterien"** beschreiben. Dennoch bleibt zu berücksichtigen, dass Pflanzenareale zugleich auch einwanderungsgeschichtlich bedingt sind, diese also nur selten in idealer Weise klimatologische Grenzlinien nachzeichnen. Pflanzenareale erstrecken sich über eine oder mehrere Florenzonen. Vegetationsbestimmende Klimafaktoren, die sich mit zunehmender geographischer Breite ändern, sind vor allem die kürzer werdende Vegetationsperiode und eine Zunahme der Frosttage pro Jahr.

Mit zunehmender Entfernung von der Küste ändern sich auch wichtige, die Entwicklung der Vegetation mitbestimmende Klimaparameter: Insbesondere wird der Temperaturunterschied zwischen Sommer und Winter größer, ebenso wie die Anzahl der jährlichen Frosttage und der Spätfrost-Ereignisse. Überdies sind die Niederschläge während der Sommermonate ungleich verteilt, da diese überwiegend oder zu einem erheblichen Anteil während Gewitterereignissen fallen. Entsprechend lassen sich die oben beschriebenen Florenzonen entlang eines **Ozeanitäts-** beziehungsweise **Kontinentalitätsgradienten** gliedern.

> **Höhenstufen** werden zur Charakterisierung von Pflanzenarealen mit herangezogen, da eine Art, deren Areal mehrere Vegetationszonen umfasst, innerhalb dieser meist auch an verschiedene Höhenstufen gebunden ist. So sind zum Beispiel viele Arten, die im nördlichen Mitteleuropa in der **planaren Stufe** auftreten, im südlichen Mitteleuropa häufig in der **montanen Stufe** nachweisbar (Abb. 6.5). Denn ganz entsprechend zur geographischen Breite nimmt auch mit zunehmender Höhe über dem Meeresspiegel die Länge der Vegetationsperiode ab und die Anzahl der jährlichen Frosttage zu. In Abhängigkeit von ihrer Höhenverbreitung wird eine Art als **planar/kollin**, **montan** (mo), **subalpin** (salp) oder **alpin** (alp) bezeichnet. Ein Areal, das sich von der alpinen Stufe bis in die darunter liegenden Stufen eines Gebirges erstreckt, wird als **dealpin** (dealp) bezeichnet; tritt eine Art in Höhenstufen unterhalb der montanen auf, wird sie als **demontan** (demo) bezeichnet.

Auf ihrer Zonalitäts-, Ozeanitäts- und Höhenstufenbindung lässt sich für eine Art eine **Arealdiagnose** erstellen, die eine Vorstellung über das räumliche Verbreitungsbild vermittelt und somit als biogeographisches Bezugssystem zur chorologischen Charakterisierung herangezogen werden kann. Von großer Bedeutung in diesem Zusammenhang ist auch die **zonale natürliche Vegetation**, wie sie ohne das Zutun des Menschen aus den jeweiligen Klimabedingungen der Erde resultiert. Neben den festen Gegeben-

Abb. 6.5. Obere Höhenstufen im Engadin in den Schweizer Alpen mit charakteristischen Zonationsmustern alpiner Vegetation (Foto G. R. Walther 2003)

heiten wie geographische Breite oder Höhe über dem Meer, die beide die Temperaturen beeinflussen, spielt das von den Strömungsbedingungen in der Atmosphäre und über den Ozeanen bereitgestellte Wasserangebot eine entscheidende Rolle für die Vegetationsgestaltung einzelner Landstriche. Für die Wasserverfügbarkeit der Vegetation ist jedoch nicht die absolute Niederschlagsmenge, sondern die Relation von Niederschlag zu Verdunstung maßgeblich, wobei letztere eine Funktion der Temperatur ist. Die geographische Breite bewirkt eine bestimmte Saisonalität der Temperaturen und damit eine zeitliche Verschiedenheit des Wasserangebotes. In hohen Breiten dominiert die Saisonalität der Temperatur, in niederen Breiten die des Wasserangebotes. Allgemein werden nach dem Verhältnis von Niederschlag, temperaturabhängiger Verdunstung – beispielsweise von **Evaporation**, das ist die Verdunstung an der freien Wasserfläche und der festen Bodenoberfläche auf dem Land, und **Evapotranspiration** – der Verdunstung der vegetationsbedeckten Erdoberfläche, welche mengenmäßig durch die Verdunstung der Pflanzendecke dominiert wird – sowie aus den Faktoren des Abflusses und des Grundwassereinflusses entsprechende Klimatypen unterschieden.

Das sind zunächst trockene **aride Klimate**, in denen die potentielle Verdunstung die jährlichen Niederschläge übertrifft. Kennzeichnend für alle ariden Gebiete ist die große Veränderlichkeit der Regenmengen in den einzelnen Jahren. Man unterscheidet **semiaride**, **aride** und **extrem aride** Gebiete beziehungsweise Klimate. Wir kommen im Kapitel 14 bei der Besprechung der Wüstengebiete darauf zurück. Ferner gibt es Gebiete **humiden Klimas**, in denen die Verdunstung im Mittel geringer ist als die Niederschlagsmenge. Es wird zwischen Regionen **vollhumiden** oder **perhumiden**, **subhumiden** und, wenn längere Regenzeiten mit kurzen Trockenzeiten abwechseln, **semihumiden** Klimas unterschieden. In Gebieten **nivalen Klimas** übersteigt der feste Niederschlag von Schnee und Eis die **Ablation**, das heißt das Abschmelzen in wärmeren Perioden. Die Darstellung der Großklimaverhältnisse erfolgt in **Klimadiagrammen**, die auf Heinrich Walter (1968) zurückgehen und heute weltweit verwendet werden (Abb. 6.6).

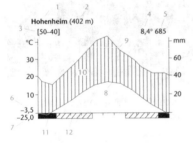

Abb. 6.6. Aufbau und Inhalte eines Klimadiagramms nach H. Walter und H. Lieth (1967): Für die Nordhemisphäre werden die Monate von Januar bis Dezember auf der Abszisse aufgetragen, für die Südhemisphäre von Juli bis Juni, so dass die warme Jahreszeit immer in der Mitte des Diagramms liegt. Ordinate: Die Temperatur (linke Ordinate) wird in °C angegeben, der Niederschlag (rechte Ordinate) in mm. Die Ziffern auf dem Diagramm bedeuten: 1. Station, 2. Höhe über dem Meer, 3. Zahl der Beobachtungsjahre, 4. mittlere Jahrestemperatur, 5. mittlere jährliche Niederschlagsmenge, 6. mittleres tägliches Minimum des kältesten Monats, 7. absolutes Minimum (tiefste gemessene Temperatur), 8. Kurve der mittleren Monatstemperaturen, 9. Kurve der mittleren monatlichen Niederschläge, 10. liegt die Niederschlagskurve über der Temperaturkurve, herrscht eine relativ feuchte Zeit vor, die vertikal schraffiert dargestellt wird, 11. Monate mit mittlerem Tagesminimum unter 0° C (schwarz = kalte Jahreszeit), 12. Monate mit absolutem Minimum unter 0° C (schräg schraffiert), d. h. Spät- oder Frühfröste möglich (aus Nentwig et al. 2004)

Aus den Klimadiagrammen ist der jahreszeitliche Wechsel der Klimabedingungen deutlich zu entnehmen. Für die Monatsmittel der Temperaturen und der Niederschläge wird der Maßstab so gewählt, dass 10 Grad Celsius genau 20 Millimetern Niederschlag entsprechen, wobei die Temperaturkurve als Maß für die im Laufe eines Jahres sich ändernde Verdunstung dient. Die Klimadiagramme enthalten ferner weitere ökologisch wichtige Daten, wie Dauer und Intensität der Kältezeit sowie die Sommer- und

Wintermaxima. Die Klimadiagramme von derzeit etwa achttausend Stationen weltweit sind im Klimadiagramm-Weltatlas von Heinrich Walter und Helmut Lieth (1960-1967) zusammengefasst. Wir wollen diese nachfolgend bei der Behandlung der einzelnen Klima- und Vegetationszonen der Erde – wie bei Christian Körner (2002) – den jeweiligen Großlebensräumen in den Kapiteln 8 bis 16 zum besseren Verständnis zuordnen.

6.3 Verbreitung und Areale

Alle Tier- und Pflanzenarten haben ein nur mehr oder weniger begrenztes **Verbreitungsgebiet** und bewohnen auch nur einen Teil der Erdoberfläche. Dies trifft sowohl für Land- als auch für Meeresbewohner zu. Schon Alfred Russel Wallace und andere Biogeographen des 19. Jahrhunderts erkannten, dass viele verwandte Arten jeweils mehr oder weniger kongruente Verbreitungsgebiete aufweisen, die aber nicht genau den heutigen Kontinenten entsprechen müssen. Auf diese Weise kann man auf der Erde verschiedene tier- und pflanzengeographische Regionen unterscheiden. Insgesamt hat die Erdgeschichte also nicht nur dazu geführt, dass abgrenzbare Regionen der heutigen Floren und Faunen entstehen, sondern oft ist es auch zu **disjunkter Verbreitung** gekommen, das heißt, dass nahe verwandte Formen weit von einander entfernt leben, sogar auf verschiedenen Kontinenten, meist aber in relativ kleinen Gebieten. Sie sind vielfach Relikte aus alten Zeiten, als die Kontinente noch zusammenhingen. Ein gutes Beispiel ist dafür die Südbuche *Nothofagus*, die mit etwa 35 Arten auf bestimmte Regionen der Südhemisphäre um den Pazifik beschränkt ist und die auf den alten Gondwana-Südkontinent zurückgeht.

Das von einer Art besiedelte Gebiet wird ihr **Areal** genannt. Die Areale der einzelnen Arten sind von sehr verschiedener Ausdehnung. Einige Arten kommen nur sehr kleinräumig vor, andere haben ein sehr großes Verbreitungsgebiet und besiedeln sogar als **Kosmopoliten** fast alle Kontinente. Zu dieser Gruppe gehören vor allem Einzeller, Rädertierchen und andere Kleintiere mit leicht zu verbreitenden Dauerstadien sowie Sporenpflanzen und Parasiten von Menschen und Haustieren oder die Kulturfolger. Weltweite Verbreitung ist aber die Ausnahme. Unter den Farnen stellt der allbekannte Adlerfarn (*Pteridium aquilinum*) geradezu ein Schulbeispiel für einen Kosmopoliten dar (Abb. 6.7). Er wächst auf der Nordhalbkugel bei uns vorwiegend auf sauren Böden. Seine Ansprüche an die Bodenfeuchtigkeit sind zwar nicht sonderlich eng, aber nasse Standorte werden ebenso gemieden wie zu stark austrocknende. Feuer fördert diese Rhizompflanze, die nach Brandereignissen hektargroße Populationen von mehreren Jahrhunderten Lebensdauer aufbauen kann. Auf der Südhalbkugel in Neuseeland und Australien lebt der Adlerfarn unter annähernd gleichen Standortbedingungen wie auf der Nordhemisphäre; neuerdings wird die südhemisphärische Art mit sehr derben Wedeln aber auch als *Pteridium aquilinum* ssp. *esculentum* bezeichnet.

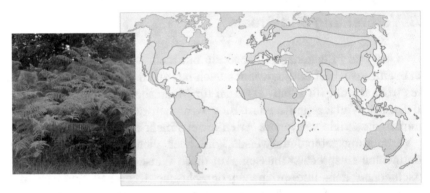

Abb. 6.7. Areal (*grün*) des kosmopolitischen Adlerfarns (*Pteridium aquilinum*)

Zu den natürlich weltweit verbreiteten Pflanzenarten gehört auch eine Reihe von Wasser- und Sumpfpflanzen, wie Schilf (*Phragmites australis*), Froschlöffel (*Alisma plantago-aquatica*), die Kleinen Wasserlinsen (*Lemna minor* und *Wolffia arrhiza*), die von Zugvögeln verbreitet werden und deshalb als **Spontane Kosmopoliten** zu bezeichnen sind (Abb. 6.8). Auf die von Menschen weltweit verbreiteten Arten, die **Anthropogenen Kosmopoliten**, wurde bereits in Kapitel 4.5 verwiesen. Die meisten Arten haben zwischen diesen Extremen liegende Arealgrößen und sind auf bestimmte, mehr oder weniger ausgedehnte Regionen der Erde beschränkt.

Wenn man die Verbreitungsgebiete dieser Arten – besser noch von größeren verwandtschaftlichen Einheiten wie Gattungen, Familien oder Ordnungen – vergleicht, so fällt auf, dass sich die Areale einiger Pflanzen- oder Tiergruppen nahezu decken und dass sich die Arealgrenzen in bestimmten Gegenden der Welt häufen. Es gibt also geographisch abgrenzbare Räume, die, jeder für sich eine einheitliche, untereinander aber sehr verschiedene Fauna und Flora besitzen. Man bezeichnet diese Räume als **Pflanzengeographische Regionen**, **Florenreiche** oder **Tierreiche**. Zur geobotanischen Charakterisierung der einzelnen Regionen eignen sich besonders solche Pflanzen oder höheren systematischen Einheiten, die nur in einer Wuchsregion vorkommen, also für diese eigentümlich, in der Fachsprache „endemisch" sind. Solche **Endemiten** sind also Arten, die nur in einem eng begrenzten Gebiet vorkommen.

Abb. 6.8. Gesamtverbreitung (*grün*) der Zwergwasserlinse (*Wolffia arrhiza*) und der Verlauf der wichtigsten Vogelzugstraßen (Skizze rechts verändert nach Fukarek 1980). Das Foto links zeigt im Größenvergleich *Lemna minor* und *Wolffia*. Letztere gilt als kleinste Blütenpflanze der Erde

Endemische Pflanzen treffen wir oft auf Inseln, in isolierten Gebirgszügen oder an Sonderstandorten, wie man es sehr schön an der schwermetalltoleranten Pflanzenwelt Mitteleuropas sehen kann (Abb. 6.9). Endemiten gibt es auch in systematischer Hinsicht, wie man das bei der ganz isoliert stehenden *Welwitschia mirabilis* in der Namib-Wüste sieht, die wir in Kapitel 14 näher kennen lernen werden, oder beim Ginkgo-Baum (*Ginkgo biloba*, Abb. 2.21) und bei der sensationellen *Metasequoia glyptostroboides* (Abb. 6.10). Beim Ginkgo wissen wir aus Fossilfunden, dass in früheren geologischen Perioden, im Jura, in der Kreidezeit und im Tertiär, diese Gattung eine Reihe von Arten umfasste, die fast überall auf der Nordhalbkugel verbreitet waren. Das jetzige Reliktvorkommen in China ist also sicher nur der Rest eines einstmals viel größeren Areals. So ist es auch bei *Metasequoia glyptostroboides*, dem Nadelbaum, der erst im Jahre 1940 in Südchina lebend entdeckt wurde. Das war eine unglaubliche Sensation, meinte man bislang, dass dieser seit Millionen von Jahren ausgestorben sei, ähnlich der australischen *Wollemia*-Geschichte aus dem Jahr 1994, die wir schon im Kapitel 2 kennen gelernt haben. Solche Pflanzen sind **Paläoendemiten** oder **Reliktendemiten**. Man wusste schon lange von dem Fossil der *Metasequoia*: In Ablagerungen des Tertiärs hatte man an verschiedenen Stellen der Erde spezielle Holzreste gefunden, die weder zu den Mammutbäumen der Gattung *Sequoia* noch zu den Sumpfzypressen der

Abb. 6.9. *Armeria maritima* ssp. *calaminaria* ist endemisch auf schwermetallhaltigem Substrat am Ufer des Lake Killarney in Südwest-Irland (2002). Endemische Schwermetallpflanzen: *Viola calaminaria* ssp. *calaminaria* kommt nur am Breininger Berg bei Aachen-Stolberg vor (oben rechts). *Viola guestphalica* wächst nur in den ehemaligen Bleigruben von Blankenrode in Westfalen (unten rechts)

Gattung *Taxodium* gehörten, sondern mehr eine Mittelstellung zwischen diesen beiden einnahmen und deshalb nach den Abdrücken und Fossilien als *Metasequoia* bezeichnet wurden. Diese *Metasequoia* war bereits aus der Oberkreide bekannt, und es gab sie noch im gesamten Tertiär, also über eine Zeitspanne von mehr als 100 Millionen Jahren. Sie war auf der ganzen Nordhemisphäre verbreitet, wie man aus Fossilfunden von Alaska, Grönland, Spitzbergen, Nordeuropa, Sibirien und Ostasien weiß (Abb. 6.10). Es gibt in der Erforschungsgeschichte unserer Höheren Pflanzenwelt eben nur ganz wenige Fälle, dass eine zunächst im fossilen Zustand bekannte Gattung sich nachträglich als noch lebend herausstellt. Zu diesen wenigen Fällen zählt auch die spannende Entdeckungsgeschichte der *Metasequoia*: Dieses Sumpfzypressengewächs aus der Familie der Taxodiaceae gibt es natürlich nur noch mit einer Art auf der Welt in der chinesischen Provinz Szechuan. Der sommergrüne Nadelbaum ist heute als Garten- und Parkbaum weltweit verbreitet. Fossil war eine nächstverwandte Art (*M. occidentalis*) aus der Kreidezeit und dem Tertiär Europas, Asiens und Nordamerikas bereits seit längerem bekannt (Abb.6.10).

Die Untersuchung von Verbreitung und Häufigkeit solcher Pflanzen in einem weiten geographischen Rahmen ist das Forschungsgebiet der **Biogeographie**, wie es Paul Müller (1981) umfassend beschreibt. Vor allem die vom Äquator zu den Polen abnehmenden Temperaturen sind hier wirksam: Bei den meisten verbreiteten Tier- und Pflanzengruppen sind weitaus

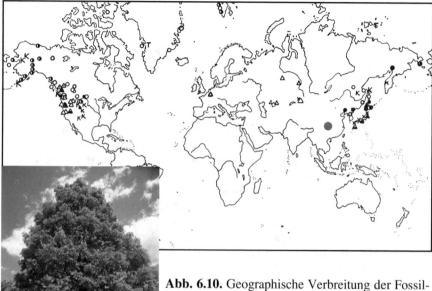

Abb. 6.10. Geographische Verbreitung der Fossilfunde (Kreise und Dreiecke) von *Metasequoia occidentalis* und Areal der rezenten *M. glyptostroboides* (rot und Foto links) seit der Oberkreide (K) und des gesamten Tertiär (verändert aus Walter u. Straka 1970)

mehr Arten an tropische Bedingungen angepasst als an kalte Klimate, und so nehmen die Artenzahlen überall auf der Welt zum Äquator hin zu. Auch geographische Barrieren wie die Ozeane, die Wüsten und Hochgebirgsketten können die Ausbreitungen limitieren. Naturräumlich verändern sich diese Barrieren im Laufe der Zeit, und die geographische Verbreitung der Organismen verschiebt sich entsprechend. Als Beispiel für diesen Vorgang zitiert Steven M. Stanley (2001) die ausgestorbenen Mammute, die sich vor ungefähr fünf Millionen Jahren während des Pliozäns in Afrika entwickelten. Durch die Nordmeere aufgehalten, konnten die Mammute vor dem Pleistozän nur nach Eurasien, aber nicht nach Nordamerika einwandern. Erst als während der Eiszeiten große Wassermassen in den Inlandgletschern gebunden waren und der Meeresspiegel weltweit sank, konnten sie über die Bering-Landbrücke zwischen Sibirien und Alaska nach Nord- und Südamerika vordringen, wo sie bis vor zehntausend Jahren überlebten. Gegen Ende der Eiszeiten waren sie dann allerdings bis auf ein relativ kleines Areal des Wollhaar-Mammut (*Mammonteus primigenius*) in Nordamerika, in Yakutsk und auf der Wrangell-Insel in Sibirien anderswo bereits überall ausgestorben. Ein solches Phänomen lokaler Vorkommen von Arten in einem ehemals größeren Gebiet nennt man **Reliktverbreitung**.

Box 6.4. Endemiten-Reichtum

Hinsichtlich der Arealgröße von Endemiten gibt es riesige Unterschiede: Sippen, die nur auf einem ganzen Kontinent vorkommen und dafür charakteristisch sind, werden natürlich auch dazu gerechnet. So sind die Gattung *Eucalyptus* oder die seltsamen Grasbäume aus der Familie der Xanthorrhoeaceae sowie die Gattungen *Macadamia*, *Buckinghamia* und *Grevillea* aus der Familie der Proteaceae auf Australien beschränkt (Abb. 6.11), und die sukkulenten Eisblumen aus der Familie der Mesembryanthemaceae, die *Aloe*-Arten aus der Familie der Liliaceae und die geophytischen *Haemanthus*-Arten aus der Familie der Amaryllidaceae gibt es von Natur aus nur in Südafrika (Abb. 6.12). Reich an endemischen Arten sind Gebiete mit natürlichen Grenzen, in denen sich die Flora über lange Zeit eigenständig entwickeln konnte. Das sind vor allem Gebirge und Inseln. Letztere sind umso reicher an Endemiten, je länger sie isoliert und je weiter sie von benachbarten Festländern entfernt sind. So hält der vulkanische Archipel von Hawaii hier fast den Rekord: Dort sind fast 90 Prozent aller einheimischen Pflanzenarten endemisch, und man hat festgestellt, dass sich auf diesen Inseln schätzungsweise nur alle 30 000 Jahre eine Blütenpflanzenart erfolgreich etablieren konnte. Die Insel Neukaledonien etwa 1800 Kilometer nordwestlich von Neuseeland hat eine Fläche von fast 17 000 Quadratkilometern mit einer Flora und Fauna, die praktisch vollständig endemisch und sehr alten Ursprungs ist. Hier wachsen die mehr als 50 Meter Höhe erreichende *Araucaria columnaris* sowie die kleinwüchsige *A. humboldtensis* als Wahrzeichen Melanesiens (Abb. 6.13) und *Parasitaxus ustus = Podocarpus parasiticus*, die einzigartig bekannte parasitierende Baumart der gondwanischen Podocarpaceen. Der im tiefen Schatten ungestörter Wälder wachsende Halbparasit ist wurzellos und seine Sprosse entspringen den Wurzeln seines Wirtsbaumes *Falcatifolium taxoides*, ebenfalls einer Podocarpacee. Von den 17 Palmengattungen der Insel Neukaledonien sind 16 endemisch. Auch die Baumfarne der Gattung *Cyathea* sind mit sieben endemischen Arten vertreten. Eine der fünf endemischen Familien Neukaledoniens sind die monotypischen Strasburgeriaceae, mit dem Bergregenwaldbaum *Strasburgeria robusta*, benannt nach dem Botaniker Eduard Strasburger (1844-1912), dem wir seit Generationen das gleichnamige Lehrbuch der Botanik verdanken. In St. Helena sind es 85 Prozent, in Neuseeland 72 Prozent; die wenigstens seit 50 Millionen Jahren von Afrika getrennte Insel Madagaskar besitzt noch 66 Prozent Endemiten. Auf den vulkanischen, etwa 20 Millionen Jahre alten Kanarischen Inseln sind es immerhin noch 36 Prozent. Die Mittelmeerinseln Korsika und Sardinien, die erst bei der Bildung des Thyrrenischen Meeres nach der Messinischen Trockenkrise des Mittelmeeres im Miozän vor 5,8 bis 5,4 Millionen Jahren zu Inseln wurden, haben etwa noch 5 Prozent endemische Arten (Abb. 6.14). Bei den Inselendemiten handelt es sich wohl ausschließlich um Arten, die auch vor Ort entstanden sind. Man bezeichnet sie als progressive Endemiten oder als Neoendemiten.

Abb. 6.11. Gondwana-Endemiten Australiens: Die Myrtaceen **a** *Eucalyptus ficifolia* und **b** *E. camaldulensis*, **c** die Xanthorrhoeacee *Xanthorrhoea preissii*. **d** *Grevillea robusta*, **e** *Macadamia ternifolia* und **f** *Buckinghamia celsissima* sind Vertreter aus der Familie der Proteaceae (Fotos **a** und **b**: E. Schacke)

Abb. 6.12. Gondwana-Endemiten der Capensis: Die Mesembryanthemaceen **a** *Comicosia pugioniformis*, **b** *Mesembryanthemum crystallinum* und **c** *M. acinaciforme* sind auf die Capensis beschränkt. Die Proteacee **d** *Protea nereifolia* und **e** *Aloe plicata* aus der Familie der Liliaceae sowie **f** *Haemanthus catharinae* (Amaryllidaceae) wachsen ausschließlich in Südafrika von Natal bis Transvaal

Abb. 6.13. Gondwana-Endemiten Neukaledoniens: **a** *Araucaria columnaris* und **b** *A. humboldtensis*, **c** *Strasburgeria robusta*, **d** *Parasitaxus ustus* (**d** aus www.science.sie.edu/parasitic-plants/images/Parasitaxus2.jpeg)

Abb. 6.14. Relikt- und Neoendemiten des Tyrrhenischen Meeres sowie von Korsika und Sardinien: **a** *Convolvulus cneorum*, **b** *Anthyllis barba-jovis* sind Tertiärrelikte, verbreitet aus dem Golf von Neapel bis nach Korsika; **c** *Erodium corsicum* und **d** *Crocus corsicus* sind sardo-korsische Neoendemiten; **e** *Armeria sardoa* und **f** *Cerastium supramontanum* sind Lokalendemiten auf Sardinien

6.4 Florenreiche der Erde

Die große Fülle der Pflanzenarten ist über unseren Globus recht ungleich verteilt: Am artenreichsten sind die Tropen, wo mancherorts – wie zum Beispiel in Indonesien und im Amazonasgebiet in Südamerika – jeweils mehr als 40 000 bis über 50 000 Arten bekannt sind. Mit zunehmender Entfernung von den Äquatorialgebieten nimmt die Artenzahl jedoch sehr rasch ab, und sie ist schon in den subtropischen Wüsten sehr niedrig. In der gesamten Sahara kommen beispielsweise nur etwa 1200 Pflanzenarten vor. In den Etesienklimaten des Mittelmeerraumes kennen wir wiederum etwa 8000 Pflanzenarten, die Flora von Kalifornien wird mit etwa 6000 Arten beziffert; in den Heiden Südwestaustraliens sind es schon ungefähr 12 500 Arten, und auch die Capensis mit ihren 12 000 Pflanzenarten ist sehr reich.

Zur Identifikation der Florenreiche werden zunächst drei wichtige Kriterien herangezogen: die Trennungskriterien, die Trennungsursachen und die Kennzeichen. Um die Trennungskriterien festzulegen, benötigen wir Angaben zum **Florenkontrast**, dem Unterschied im Verbreitungsschwerpunkt von Arten sowie dem **Florengefälle**, dem Auftreten oder Fehlen bestimmter Pflanzengruppen in einer bestimmen Entfernung zwischen verschiedenen Florengebieten sowie dem Gattungs- oder Familienwechsel in einem Gebiet. Die Entstehung von Arten wird stark durch die räumlichen Gegebenheiten beeinflusst. Wir sprechen von **allopatrischer Artbildung**, wenn diese über die räumliche Trennung einer Population erfolgt, die keinen weiteren Kontakt zur Rest- oder Ausgangspopulation mehr besitzt. In einem ersten Evolutionsschritt bilden sich in diesem Fall meist nur gering differenzierte Unterarten heraus, welche potentiell noch mit der Stammform kreuzbar sind. Bei **sympatrischer Artbildung** geht man davon aus, dass eine neue Art nicht über geographische Isolation, sondern über genetische Abtrennung innerhalb des ursprünglichen Lebensraumes beziehungsweise der Stammpopulationen entsteht.

Solche **Sympatriebegriffe** sind allerdings sehr schematisch – eine in Wirklichkeit erkennbare **ökologische** Artbildung hat vor dem erdgeschichtlichen Hintergrund dazu geführt, dass die Arten heute nicht gleichmäßig über die ganze Erde verteilt sind. Aufgrund von Arealähnlichkeiten, die meist über die geologische Entwicklung und über das Klimageschehen zu erklären sind, können **biogeographische Areale** oder **Geoelemente** definiert werden. Die Trennungsursachen für das differenzierte Vorkommen von Pflanzen und Tieren sind aus den vergangenen Kapiteln schon bekannt: Kontinentalverschiebung, Gebirgsbildung, Entstehung von Ozeanen in ihrem jeweiligen zeitlich-räumlichen Wechsel in der Erdgeschichte dominieren dabei im Faktorengefüge. Die genetische Isolierung der Sippen ist die Konsequenz. Kennzeichen der Florenreiche sind somit ihre jeweiligen endemischen Arten. Je nach dem geforderten Ähnlichkeitsgrad werden unterschiedlich viele Haupt- und Unterregionen der Erde abgegrenzt. Die biogeographischen Hauptregionen sind in der Abbildung 6.15 dargestellt.

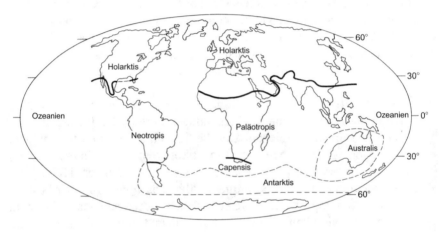

Abb. 6.15. Die biogeographischen Reiche der Erde (verändert nach Cox u. Moore 2000)

Es werden heute sechs Florenreiche der Landflora mit für sie charakteristischen Pflanzenfamilien und besonders wichtigen Gattungen unterschieden. Dazu kommt das Ozeanische Florenreich des Pazifiks und seiner Randmeere:

- **Holarktis** (die gesamte außertropische Nordhemisphäre),
- **Paläotropis** (tropischer Teil der Alten Welt: Afrika, Indien, Südostasien),
- **Neotropis** (Tropen der Neuen Welt nördlich und südlich des Äquators in Süd- und Mittelamerika),
- **Australis** (nur Australien und Tasmanien als stark isoliertes Florengebiet),
- **Capensis** (nur äußerste Südwestspitze von Afrika),
- **Antarktis** (südlicher Teil Südamerikas, Antarktis und circumantarktische Inseln),
- **Ozeanien** (Inselwelt des Pazifik).

Während die Holarktis noch nahezu die gesamte Nordhemisphäre umfasst, unterscheiden wir um den Äquator schon zwei Florenreiche; außerhalb der Tropen auf der Südhalbkugel dann drei auf den Kontinenten und das Ozeanische Inselreich. Trennungsursachen sind die Folgen der Kontinentalverschiebung ab dem Mittleren Jura seit 180 Millionen Jahren. Die Florenreiche werden in der Nord-Süd-Abfolge in ihrer Flächenausdehnung immer kleiner, was wiederum auf erdgeschichtliche Ursachen nach der Trennung von Laurasia und Gondwana und dem nachfolgenden Zerfall von Gondwana zurückzuführen ist.

6.5 Die Holarktis – Differenzen auf der Nordhemisphäre

Das holarktische Florenreich umfasst das Gebiet der gemäßigten und kalten Klimazonen der nördlichen Hemisphäre. Es ist das größte Florenreich der Erde und zeigt aufgrund seiner langen gemeinsamen Lage im Laurasia-Kontinent eine große biogeographische Ähnlichkeit; nur hinsichtlich der Tierwelt wird die Holarktis aufgegliedert in die amerikanisch-kanadische Nearktis und die eurasische Paläarktis. Verbindende Pflanzenfamilien im Florenreich der Nordhemisphäre sind die Pinaceae, Betulaceae, Fagaceae, Salicaceae, Rosaceae und die Ranunculaceae. So ist die Holarktis pflanzengeographisch ein mehr oder weniger einheitlicher Raum, aber durch lange geohistorische Entwicklung und durch geographische Isolation kam es in den jeweiligen temperaten Vegetationszonen zur Herausbildung eigener, jeweils vikariierender Pflanzensippen vor allem in Nordamerika, Europa und Ostasien. So kann man die heutige globale Vegetation der Holarktis von den Zirkumpolarzonen der höheren Breiten im Norden bis zu den mediterranoiden oder subtropischen Zonen im Süden der gemäßigten Breiten wie auch nach ihren jeweiligen Höhenstufen von den Tieflandsbereichen bis in die höchsten Gipfellagen der Gebirge nach geobotanischen Standpunkten klar gliedern: Gerade die Hochgebirgsmassive wie die Alpen, die Pyrenäen, der Kaukasus, der Himalaya, die Japanischen Alpen und die Rocky Mountains zeigen in idealer Weise die Vegetationszonen nach Höhenstufen, dabei sind sie von Süden nach Norden und von der Planarstufe bis in die Alpinstufe dreidimensional zu gliedern, wie es bei F. G. Schroeder (1998) und bei C. A. Burga et al. (2004) eingehend beschrieben ist. Immergrüne und vor allem sommergrüne Laubwälder bekleiden die unteren Hanglagen der warmtemperierten und der temperaten Regionen. Boreal anmutende Nadelwälder folgen in der Höhe von der Montanstufe bis zur subalpinen Stufe, gefolgt von alpinen Heiden und Matten mit tundraähnlicher Vegetation, reich an Flechten und Moosen.

Die Holarktis umfasst sämtliche nichttropischen Gebiete der ganzen Nordhalbkugel, also Europa, Nordafrika und die kalten und gemäßigten Zonen von Asien und Nordamerika. Trotz der riesigen Ausdehnung ist ihre Flora und Fauna recht einheitlich gestaltet und gegenüber anderen Bioregionen relativ artenarm. Beides sind wenigstens zum Teil Folgen der großen Vereisungen, die auf der Nordhalbkugel der Erde im Pleistozän, seit 2,6 Millionen Jahren stattgefunden haben. Ein Teil der Arten starb durch die Klimaverschlechterungen aus, andere wurden von den anrückenden Eismassen nach Süden hin in wärmere Gebiete abgedrängt und kehrten nach der Klimaverbesserung nicht mehr bis an ihre ursprünglichen Arealgrenzen zurück. Andererseits kam es während der Eiszeiten zu Floren- und Faunendurchmischungen: In den Gletschermassen war soviel Wasser festgelegt, dass der Meeresspiegel in den Ozeanen teilweise bis über 130 Meter sank. Dadurch fielen flache Meeresteile trocken, und es entstanden Landverbindungen, zum Beispiel im Bereich der Beringsee zwischen Nordamerika und Asien oder im Bereich des Ärmelkanals zwischen England und dem europäischen Festland. Solche Landbrücken dienten terrestrischen Arten als Wanderwege und führten so zu einer Angleichung des Artenpools. Dies äußert sich auch in der Vegetation: Tundra und Borealer Nadelwald bilden durch Eurasien und Nordamerika durchgehende Gürtel, sie sind also **zirkumpolar** oder **zirkumboreal** verbreitet; die südlich anschließende Laubwaldzone jedoch schon nicht mehr.

Nordamerika, Grönland, Europa, Russland, Nordchina und Nordjapan bilden floristisch relativ einheitliche Florengebiete mit folgenden Gattungen als holarktischen Endemiten: *Pinus, Larix, Picea, Abies, Thuja, Mahonia, Kalmia* und *Cypripedium*, ferner sind die Pflanzenarten *Equisetum sylvaticum* und *Caltha palustris* Beispiele für holarktische Endemiten. In Japan und im Nordwesten von Nordamerika kommen noch *Tsuga* und *Chamaecyparis* dazu (Abb. 6.16). Die größten und breitesten Waldgürtel der Nordhalbkugel liegen in der borealen Nadelwaldregion Eurosibiriens, die vor allem aus *Picea obovata, Abies sibirica, Abies heterophylla, Pinus sylvestris* und *Larix dahurica* besteht.

Abb. 6.16. Rechte Seite: Beispiele für holarktische Endemiten: **a** *Pinus sylvestris*, Nordasien, Nordeuropa, **b** *Larix kaempferi*, Japan, **c** *Abies koreana*, Nordasien, **d** *Picea abies*, Europa, **e** *Thuja occidentalis*, Nordamerika, Kanada, **f** *Tsuga canadensis*, Ostkanada, **g** *Chamaecyparis lawsoniana*, westliches Nordamerika, **h** *Mahonia aquifolium*, Nordamerika, **i** *Kalmia latifolia*, westliches Nordamerika und **j** *Cypripedium calceolus*, Nordwesteuropa, **k** *Equisetum sylvaticum*, circumboreal, **l** *Caltha palustris*, circumboreal. (Fotos **a** bis **f**: E. Schacke)

6.5.1 Ostasien

Japan erstreckt sich mit knapp 380 000 Quadratkilometern Fläche über 21 Breitengrade von der borealen Zone im nördlichen Hokkaido bis zu den subtropischen Okinawa-Inseln – welche schon zur Paläotropis gehören – und zeigt in Querrichtung eine scharfe Differenzierung zwischen der dem Pazifik zugewandten wintermilden *Pacific Site*, dem Omote-Nippon, und der sibirisch beeinflussten, schneereichen *Japanese Sea Site*, dem Nippon am Japanischen Meer. Diese klimatisch bedingte Vielseitigkeit ist am klarsten fassbar in den Einheiten der natürlichen Vegetation: im Süden auf Kyushu, Shikkoku und Süd-Honshu bis zur Höhe von Yokohama und Tokyo dominieren die immergrünen Lorbeerwaldtypen mit *Camellia japonica*, in Mittel- und Nordhonshu herrschen die japanischen Buchenwälder mit *Fagus crenata* und *F. japonica*, die zu den europäischen Buchenwäldern vikariieren, und im Norden auf Hokkaido sowie in den Höhen der japanischen Alpen gedeihen die hochwachsenden, borealen Nadelholzarten *Picea jezoensis*, *Picea hondoensia*, *Picea glehnii* sowie *Pinus densiflora* und *Pinus thunbergii* zusammen mit *Larix kaempferi*. In den Gipfellagen finden wir die uns aus Europa bekannten holarktischen Rasen-, Zwergstrauch-, Schneeboden- und Schuttgesellschaften, in denen sich auch der Mitteleuropäer rasch zurechtfindet (Abb. 6.17).

Abb. 6.17. Baumarten der ostasiatischen Holarktis: *Camellia japonica* (links) und *Fagus crenata* (rechts) als Beispiele

Die Klimazonen Chinas weisen ein von Südosten nach Nordwesten verlaufendes Gefälle auf: Der äußerste Süden Chinas wird durch ein tropisches Klima mit Regenfällen während des ganzen Jahres gekennzeichnet. Dieser Teil gehört natürlich auch zur Paläotropis. Nach Nordwesten jedoch wird das feucht-heiße tropische Klima allmählich durch eine gemäßigtere Klimazone ersetzt, welche sich durch lange und heiße Sommer, aber milde Winter auszeichnet. Darauf folgt die temperate Zone mit kurzen Sommern und strengen Wintern. In beiden letztgenannten Klimazonen gibt es im allgemeinen eine Regenzeit oder zumindest eine Periode mit Nieselregen während der Sommermonate, der Winter hingegen ist regenfrei. Für die östlichste Klimazone sind Trockenheit bis Dürre und Steppen- und Wüstenlandstriche charakteristisch. Daran schließt sich die Region der Hochgebirge und der Polarklimazonen am westlichen und nordwestlichen Rand des Landes an. Von den 850 weltweit vorkommenden Gymnospermenarten sind allein in China 250 verschiedene Arten vertreten, welche sich auf 34 Gattungen und 10 Familien verteilen. Damit sind in China fast zwei Drittel aller Gymnospermenfamilien überhaupt zu Hause; das Land gilt demnach als gymnospermenreichster „Hot Spot" schlechthin. Zahlreiche Arten sind auch aus evolutiver Sicht von herausragender wissenschaftlicher Bedeutung, weil es sich bei ihnen ebenfalls um „lebende Relikte" vergangener Erdepochen handelt. Gerade in Süd- und Mittelchina haben viele dieser uralten Gymnospermen die Jahrmillionen bis heute überdauert. Es handelt sich hierbei meist um endemische und monotypische bzw. oligotypische Gattungen wie die eingangs schon beschriebenen Vertreter von *Ginkgo* und *Metasequoia*. Ferner sind zu nennen: *Glyptostrobus, Cathaya, Pseudolarix* und *Pseudotaxus* sowie die semi-endemischen Gattungen *Taiwania, Cunninghamia, Fokiena, Platycladus, Amenotaxus* und *Keteleeria* (Abb. 6.18).

Abb. 6.18. Endemische und reliktische Gymnospermen in China: **a** *Keteleeria fortunei*, **b** *Cunninghamia lanceolata,* **c** *Cathaya argyrophylla*

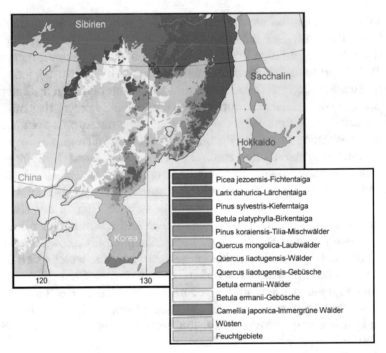

Abb. 6.19. Vegetationszonen von Fernost (nach Krestov et al. 2004)

Mit zahlreichen Arten sind in China aber auch die entwicklungsgeschichtlich jüngeren Gattungen *Picea, Abies* und *Pinus* vertreten, welche
vorrangig am Aufbau der holarktischen Nadel- und Mischwälder beteiligt
sind. Koniferenwälder und Nadelmischwälder bedeckten ursprünglich mit
einem Flächenanteil von über 50 Prozent mehr als die Hälfte des Landes
und übertrafen damit in ihrer Bedeutung sogar die damaligen Laubwälder.
Die Holznutzungen und Waldzerstörungen der Vergangenheit haben jedoch die ursprüngliche Waldvegetation stark beeinträchtigt, so dass viele
der entwicklungsgeschichtlich alten Taxa heute als „gefährdet" oder „bedroht" eingestuft werden oder sogar bereits ausgestorben sind. Aufgrund
der großen Ausdehnung des Landes umfasst China nahezu alle Vegetationszonen der Erde mit Ausnahme der arktischen Zone (Abb. 6.19). Im
kalt-temperaten und semihumid-humiden Nordosten der Volksrepublik,
wo die jährlichen Niederschläge mehr als 400 mm pro Jahr betragen,
nimmt die boreale Nadelwaldzone das Gebiet östlich des 120. Längengra-
des und nördlich des 50. nördlichen Breitengrades ein. Dominierende Florenelemente in diesen borealen Wäldern sind neben der Sibirischen Lärche
(*Larix dahurica*), verschiedene Kiefern-Arten (*Pinus sylvestris* var. *mongolica, P. sibirica, P. pumila*) und Fichten (*Picea jezoensis, P. koraiensis,
P. abies* var. *obovata*) sowie Tannen wie beispielsweise *Abies nephrolepis*.

Die temperate Zone umfasst die größten Teile Nord- und Nordostchinas nördlich des 34. nördlichen Breitengrades, welche von jährlichen Niederschlägen von mehr als 400 bis 1000 Millimetern geprägt werden. Hier sind neben Mischwäldern aus Laub- und Nadelgehölzen vor allem artenreiche Laubwälder aus verschiedenen *Quercus-, Ulmus-, Acer-, Sophora-, Liquidambar-, Phyllostachys-* und *Alnus*-Arten sowie aus *Davidia involucrata* und *Elaeagnus oxycarpa* verbreitet. In der nordwestlichen Tiefebene sowie in den mittleren Lagen der nordöstlichen Gebirge spielten ehemals Mischwälder mit *Quercus variabilis, Q. dentata* und *Ulmus macrocarpa* in der Baumschicht und einem Unterwuchs von *Cornus, Hibiscus, Jasminium, Pittosporum, Philadelphus* und *Hamamelis* eine größere Rolle, welche allerdings durch die intensive Besiedlung dieses Raumes in den vergangenen Jahrtausenden fast vollständig zerstört worden sind (Abb. 6.21).

Die aride Zone umfasst den Norden Chinas mit den verschiedenen Teilwüstenregionen der Gobi, wo nur noch Jahresniederschläge von 50 bis 150 Millimetern gemessen werden. Die sommerheißen Wüsten Zentrasiens werden im Gegensatz zu den mittelasiatischen Wüsten, die ihre spärlichen Niederschläge von atlantischen Luftmassen erhalten, von den ostasiatischen Monsunen beeinflusst oder zeichnen sich sogar durch ein eigenes Wettergeschehen aus. Von Osten nach Westen nehmen in dieser Region jedoch grundsätzlich die Niederschläge ab und erreichen ihr Minimum im Tarim-Becken, wo nur noch 10 bis 60 Millimeter im Jahr fallen. Die zentralasiatischen Halbwüsten und Wüstengebiete zeichnen sich biogeographisch dementsprechend durch einige entwicklungsgeschichtlich sehr alte Taxa aus, die selbst in der zentralasiatischen Flora eine sehr isolierte taxonomische Stellung einnehmen. Wir werden im Kapitel 14 näher darauf zu sprechen kommen.

6.5.2 Eurasien

Die Gliederung der borealen Nadelwälder in Waldgesellschaften oder Waldtypen ist trotz der Artenarmut immer noch recht kompliziert, da mindestens vier Faktorengruppen, die sich außerdem in ihrer Wirkung überlagern können, eine Rolle spielen: So ergeben sich Differenzierungen nach den Nährstoffbedingungen der Böden, ihrem Wasserhaushalt sowie der geographischen Distanzen in Nord-Süd- beziehungsweise in West-Ost-Richtungen nach der klimatischen Situation. Danach bilden Fichten der Gattung *Picea* die **Dunkle Fichtentaiga** von Nordeuropa bis nach Ostsibirien. Sie ziehen sich durch den ganzen Kontinent von Norwegen bis zum Irtysch. Die Ansicht nach Schmidt-Vogt (1974), dass es sich bei *Picea abies* (L.) Karst und *Picea abies* var. *obovata* beziehungsweise *Picea obo-*

vata Lebed. um ein und dieselbe Art handelt, unterstützt die Idee über das riesige eurasiatische Areal dieser Fichtenwälder. Oft gesellen sich zu diesen jenseits des Ural noch *Abies sibirica* und *Pinus cembra*. Als dritte Gruppe haben auch Lärchenwälder im borealen Eurasien eine ungemein große Ausdehnung: Allein in Sibirien nehmen sie mehr als 2,5 Millionen Quadratkilometer ein, das ist rund ein Viertel der Fläche von ganz Europa! Vor allem östlich des Jenissei ist die Lärchentaiga die vorherrschende Waldformation. Ihre wichtigste Holzart, die Dahurische Lärche (*Larix dahurica*), erweist sich mit ihrem flachstreichenden Wurzelsystem besonders gut den Standortbedingungen auf ewigem Frostboden angepasst, wo die sommerliche Auftautiefe selten mehr als einen Meter, oft sogar nur 20 bis 30 Zentimeter beträgt (Abb. 6.20).

Abb. 6.20. *Larix dahurica* bildet offene Wälder, unterwachsen von *Pinus pumila* und zahlreichen Flechten, auf den vulkanischen Ascheböden des Tolbachnik auf der Kamtschatka-Halbinsel (2002)

Abb. 6.21. Rechte Seite: Beispiele für holarktische Elemente in der temperaten Zone Ostasiens: **a** *Davidia involucrata*, China, **b** *Jasminium officinalis*, Südchina, Kaschmir, **c** *Pittosporum tobira*, China, Japan, **d** *Cornus kousa*, Korea, China, **e** *Hibiscus sinensis*, China, **f** *Elaeagnus umbellata*, Japan, Korea, China, **g** *Phyllostachys aurea*, China, **h** *Philadelphus virginalis*, China, **i** *Hamamelis mollis*, China, **j** *Acer grosserii*, Mittelchina, **k** *Sophora japonica*, Südchina, Korea, **l** *Liquidambar orientalis*, Südwestasien

Für die Holarktis wird es besonders artenreich im Kaukasus: Georgien und Armenien sind dort kleine Bergländer und „Hot Spots" der Biodiversität. Hier ist bei einer großen Komplexität der Landschaften eine riesige Vielfalt von Ökosystemen und Pflanzenarten vertreten: Von Sand- und Halbwüsten ab 400 Metern bis zu alpinen Wiesen bei 3000 Metern über dem Meeresspiegel; von typisch ariden Regionen mit Trockenpflanzen bis hin zu Seen mit Wasser- und Sumpfpflanzen, von laubabwerfenden Wäldern bis zu natürlichen Federgras-Steppen. Auch die Pflanzenwelt ist außergewöhnlich reich: Es gibt nur wenige Gebiete auf der Welt, in denen auf einer vergleichbar kleinen Fläche über 3500 Höhere Pflanzenarten vorhanden wären. Diese Vielfalt lässt sich sowohl mit verschiedenen Klimabedingungen als auch mit der Lage des Kaukasus an der Grenze unterschiedlicher Florengebiete erklären: des gemäßigt-feuchten Kaukasischen sowie der trockenen Zentralanatolischen und Armenisch-Iranischen Gebiete. Hier lagen auch die eiszeitlichen Rückzugsgebiete für viele Laub- und Nadelbäume.

Die Laubwälder des Kaukasus, welche vornehmlich Mittelgebirge und niedrige Gebirgsrücken besiedeln, haben ähnliche Artenkombinationen wie die west- und zentraleuropäischen Buchen- und Hainbuchenwälder mit *Carpinus betulus* oder *C. orientalis*. Wo in Mitteleuropa die Baumarten *Fagus sylvatica, Quercus robur, Q. petraea* und *Carpinus betulus* die sommergrünen Waldgesellschaften aufbauen, herrschen im Kaukasus vikariierend *Fagus orientalis* und *Carpinus caucasica*. Nadelmischwälder sind im Kaukasus nur mit *Abies nordmanniana* und *Picea orientalis* differenziert; in diesen Wäldern sind die europäischen Buchenwaldarten noch vollständig präsent, und sie belegen damit die große Ähnlichkeit zwischen den Laubmischwäldern des Kaukasus und Westeuropas (Abb. 6.22).

Es scheint jedoch, dass der Ural für die meisten Arten der europäischen Laubmischwälder eine natürliche Grenze bildet, die sie nicht überschreiten können. Die entsprechenden Standorte östlich des Ural werden von krautreichen Nadelwäldern eingenommen, in denen *Larix sibirica* dominiert mit einem Unterwuchs aus *Iris ruthenica* und *Galium boreale*. Noch viel Unklarheit gibt es in Zentralasien, wo bisher keine oder nur unvollständige pflanzensoziologische Arbeiten durchgeführt worden sind. Fichtenwälder mit *Picea schrenkeana* (Abb. 6.22), Wacholderwälder, Nusswälder mit *Juglans regia* und vieles andere warten immer noch auf ihre Erforschung. Ebenso die *Pinus cembra*- und *Picea obovata*- (oder *Picea abies* var. *obovata*)-Wälder in Sibirien am Jenissei-Fluss im Osten, in Jakutien und weiter nach Tschukotka; auch im europäischen Teil Russlands sind große Gebiete im Norden von Baschkirien noch nicht untersucht. Die besser bekannte west- und zentraleuropäische Vegetation wird in den Kapiteln 7 bis 10 ausführlich beschrieben.

Abb. 6.22. *Fagus orientalis* und *Abies nordmanniana* im Kaukasus (links); *Picea schrenkeana* im Tienschan-Gebirge, Kasachstan (rechts, Foto M. Speier 2000)

6.5.3 Nordamerika

Nordamerika ist mit 25,3 Millionen Quadratkilometern der drittgrößte Erdteil und erstreckt sich wie die noch wesentlich größere eurasiatische Landmasse von der Arktis bis in die Tropen, das heißt fast über die ganze nord-
südliche Länge der Nordhalbkugel. Die nachfolgende biogeographische
Beschreibung Nordamerikas basiert im Wesentlichen auf der neueren Darstellung von Elgene O. Box (2000): Es ist der einzige Kontinent, der deutlich alle Grundklimatypen der Erde zeigt. Im Vergleich mit anderen Erdteilen hat Nordamerika einige der höchsten Wälder, der ältesten Bäume
und der größten Flächen naturnaher Landschaften auf der Erde. Die taxonomische Diversität in den gemäßigten Teilen Nordamerikas ist größer als
in Europa, aber geringer als in vergleichbaren Teilen Asiens, wo die Auswirkungen der letzten Eiszeit weniger ausgeprägt waren. Der Artenreichtum Nordamerikas ist insgesamt aber nicht besonders groß, doch existieren
höchst interessante Zentren der Diversität beziehungsweise des Endemismus, insbesondere in Kalifornien, im Südosten, in Florida und in den Süd-

appalachen sowie in verschiedenen westlichen Gebirgen und Trockengebieten von Nevada, Arizona und in Texas.

Obwohl die Trennung von Nordamerika und Eurasien schon vor etwa
180 Millionen Jahren begann, blieben die beiden Landmassen bis vor etwa
50 Millionen Jahren über Grönland miteinander verbunden mit einer gemeinsamen zirkumpolaren arkto-tertiären Flora. Nordamerika wurde im
Oligozän jedoch erst durch eine Meerestransgression und danach durch die
Entstehung der Rocky Mountains in zwei Regionen gespalten, und zwar in
einen schmalen pazifischen Streifen im Westen und ein größeres, wirklich
nemorales Gebiet im Osten. Diese beiden Regionen besitzen heute noch
viele gemeinsame Pflanzengattungen, besonders unter den wichtigen
Laubbäumen, doch fast keine gemeinsamen Arten. Während der Eiszeiten
war Nordamerika im Westen kaum vergletschert, im Osten jedoch bis südlich der Großen Seen. Weiter nach Süden erstreckte sich zunächst ein
schmaler Tundrastreifen, daran angrenzend eine relativ trockene boreale
Zone und im Süden schließlich ein Refugium für nemorale Elemente bis
an die Küste. Nach dem Rückgang der Eisdecken und anschließender
Nordwanderung der Baumarten aus den Refugialgebieten gelangten die
wichtigen Waldpflanzen vor etwa 10 000 Jahren bis nach Südkanada.

Die heutige Landfläche Nordamerikas wird durch die lange Bergkette
der Rocky Mountains beherrscht, die sich von Alaska bis Mexiko erstreckt
und sich in Form der mittelamerikanischen Kordillere und der Anden weiter bis zur Südspitze Südamerikas fortsetzt. Die anderen Bergketten, die
Appalachen, die Kaskaden und die Sierra Nevada sowie die beiden Stränge
der Sierra Madre in Mexiko sind ebenfalls Nord-Süd orientiert. Als Folge
können sich Kaltluftmassen von Kanada sehr rasch und unbehindert weit
nach Süden, sogar bis in den Karibischen Raum hinein bewegen. Die
Durchschnittstemperaturen im Winter liegen deshalb im östlichen Nordamerika meistens 2 bis 5 °C höher als auf gleicher geographischer Breite
in Ostasien, doch sind die absoluten Temperaturminima in Nordamerika
wesentlich tiefer. Das große Gebiet der laubwerfenden Wälder im östlichen Nordamerika erstreckt sich dementsprechend weit nach Süden, wobei
man insgesamt von einem warmtemperierten sommergrünen Waldgebiet
sprechen kann. Auch die Niederschlagsgefälle verlaufen hauptsächlich in
ost-westlicher Richtung: Alle Gradienten der klimatischen Wasserbilanz,
das ist der Niederschlag minus der potentiellen Verdunstung, sind also oft
sehr kompliziert und regional differenziert. Außerdem schaffen die Bergketten in Nordamerika drei große Trockengebiete: die *Great Plains* zwischen den Rocky Mountains und dem östlichen Waldgebiet, das *Great Basin* zwischen der Sierra Nevada und den Rocky Mountains sowie das
hochgelegene mexikanische Zentraltal.

Die Hauptvegetationstypen entsprechen meistens der klimatischen Zonierung: Tundren und boreale beziehungsweise montane Koniferenwälder sind im Norden Kanadas und Amerikas und in allen Gebirgen bis Südmexiko zu finden. Temperierte Koniferenwälder befinden sich vorwiegend in trockeneren Berglagen sowie im sehr ozeanischen, kühltemperierten Regenwald an der pazifischen Küste. Die nordamerikanischen Gebiete der zonalen sommergrünen Wälder und der temperierten Grasländer erscheinen in ihrer Nord-Süd- beziehungsweise Ost-West-Erstreckung besonders breit. Mediterrane und andere xerophytische Gehölze bedecken große Flächen in Kalifornien und in den niedrigeren Bergstufen im Großen Becken. Immergrüne Laubwälder der warmtemperierten Zone mit *Quercus*- sowie laurophyllen Wäldern in der südöstlichen Küstenebene kommen ausschließlich fleckenhaft vor und sind auf feuergeschützte, aber nicht zu nasse beziehungsweise nährstoffarme Standorte beschränkt. Die Wüstengebiete Nordamerikas sind nicht groß, aber relativ vielseitig, besonders auffällig sind die Sonora- und die Mojave-Wüsten.

Die polaren Tundren und die borealen Wälder sind aus den teilweise zirkumpolar verbreiteten Taxa wie *Picea*, *Abies*, *Pinus*, *Betula* und *Populus* sowie von Zwergsträuchern aus der Gruppe der Ericaceen, der Seggen und horstartig wachsenden Gräser aufgebaut; dazu kommen viele Moose und Flechten (Abb. 6.23). Die Gattung *Larix* kommt auch in Nordamerika vor, jedoch hauptsächlich als Begleitart der Wälder im Umfeld der Moore. Die Gesamtanzahl der Pflanzenarten ist nicht hoch – sie ist vergleichsweise niedriger als in Sibirien – und liegt wahrscheinlich in beiden Zonen zusammen unter 2000 Arten. Interessant ist, dass die Birkenwälder der weniger kontinentalen Regionen des borealen Skandinavien auch in küstennahen Streifen von Alaska, Grönland und Neufundland sowie auf Island und den Aleuten in Erscheinung treten. Letztere gehören oftmals schon der hochozeanischen boreal-arktischen Übergangszone an (Abb. 6.24).

Sommergrüne Wälder bedecken große Gebiete im östlichen Nordamerika; sie sind viel artenreicher als in Europa, erreichen aber nicht die Artenzahlen von Ostasien. Unter den derzeit in Europa fehlenden, in Nordamerika aber wichtigen sommergrünen Baumgattungen sind *Carya*, *Liriodendron*, *Catalpa*, *Robinia*, *Fothergilla* und *Liquidambar* zu erwähnen. Die reichsten Laubwälder der USA sind die *Mixed Mesophytic Forests* an den feuchteren Westhängen der Mittel- und Südappalachen (Abb. 6.25). Diese Wälder zeigen hochwüchsige Bäume mit bis 40 Meter hohen Exemplaren von *Fraxinus*, *Liriodendron*, *Tilia*, *Liquidambar*, *Acer* und sogar der laubwerfenden *Magnolia grandiflora*, aber nur wenig *Quercus* ist am Aufbau der Wälder beteiligt. Viele holarktische Gattungen sind hier mit eigenen Sippen vertreten: *Hibiscus*, *Magnolia*, *Cornus*, *Aesculus*, *Tilia*, *Quercus* und *Acer* (Abb. 6.25). Reine Buchenwälder wie in Ostasien und in Europa

Abb. 6.23. Fairbanks, Alaska: Flussbett mit Komplex von borealem Nadelwald und Mooren (Foto F.J.A. Daniels 2001)

Abb. 6.24. Maritime Tundra bedeckt die Simeonof-Inseln auf den Aleuten in der südlichen borealen Zone von Südwest-Alaska (Foto F.J.A. Daniels 2001)

Abb. 6.25. Holarktische Elemente in der temperaten Zone Nordamerikas: **a** *Hibiscus moscheutos*, ein Endemit Nordamerikas, **b** *Magnolia grandiflora*, Südost-USA, **c** *Cornus florida*, **d** *Rhus glabra*, **e** *Robinia pseudacacia*, **f** *Fothergilla major*, südliche USA, **g** *Catalpa bignonioides*, südöstliche USA, **h** *Aesculus parviflora*, Florida, südöstliche USA, **i** *Acer saccharum*, **j** *Tilia americana*, **k** *Amelanchier grandiflora*, **l** *Quercus palustris*, östliche USA (Fotos **d** bis **l**: E. Schacke)

gibt es in Nordamerika aber nicht. Das ist kein Zufall, denn die hier vorkommende *Fagus grandifolia* und *Magnolia grandifolia* sind anscheinend
nicht dazu befähigt, die Baumschichten der Wälder allein zu beherrschen.
Die Buche ist zwar auch – wie die anderen Buchen der Erde – eine Schatt-
baumart; ebenso verhält sich indessen *Acer saccharum*, der daher ihr
scharfer Konkurrent ist, und auch der Tulpenbaum *Liriodendron tulipifera*
kann hier mithalten – deswegen bilden sich die Mischwaldtypen. Die Süd-
Appalachen haben keine alpine Stufe, ihre bis 2000 Meter hohen Berge,
die höchsten im östlichen Nordamerika, zeigen eine allgemein vollständige
Stufenfolge von nemoralen Tieflands- und kollinen Wäldern über montane
Mischwälder bis zu subalpinen Wäldern, die aus der ostkanadischen *Picea
rubens* und der endemischen *Abies fraseri* aufgebaut sind. Die Süd-
Appalachen sind von Regionen mit ähnlichen Klimabedingungen im Norden durch die niedrigeren Mittel-Appalachen getrennt. Deshalb bilden sie
mit ihrer Stufenfolge, ihrem feuchten Klima – aber auch einigen Trockentälern – und mit lokalen sowie borealen und arktischen Arten ein wichtiges
Zentrum der Biodiversität im temperierten Teil Nordamerikas. Sommergrüne Wälder mit verschiedenen Arten aus zahlreichen verwandten Gattungen kommen in kleineren Bereichen der nordwestlichen USA vor. Wir
kommen im Kapitel 10.6 darauf zurück.

In den Grasländern der *Great Plains* werden im Allgemeinen drei Zonen
unterschieden, und zwar die echte Hochgras-Prärie im Osten, ein Misch-
gras-Streifen in der Mitte – auch in Kanada – und die *High Plains* Horst-
gras-Steppe im Westen, die bis an die Rocky Mountains reicht. Dazu kommen das *Desert Grasland* von New Mexiko bei jährlichen Niederschlägen
unter 400 Millimetern, wo wir den Übergang vom Grasland der gemäßigten Zone zu subtropischen Savannen in Texas sehen können. Dieser Übergang wird durch die Steppen des höher gelegenen und besonders reichen
Llano-Estacado in Zentraltexas und die tiefer gelegenen *Prosopis-Opun-
tia*-Savannen von Südtexas und Nordmexiko gekennzeichnet.

Von den Trockenlandschaften sind besonders die Strauchsteppen des
Großen Beckens erwähnenswert, welche überwiegend aus relativ eintöni-
gen *Purshia tridentata*- und *Artemisia tridentata*-Gebüschen bestehen. Sie
bilden im Regenschatten der Sierra Nevada lockere Formationen, die als
Sagebrush bezeichnet werden (Abb 6.26 und 6.27). Die anderen drei mehr
neotropischen Wüstengebiete, die **Chihuahua** in Mexiko, die **Sonora** und
die **Mojave** in den südlichen USA sind dagegen besonders interessant: Die
höher gelegene Mojave-Wüste mit ihren kälteren Wintern nimmt zwischen
Holarktis und Neotropis eine Zwischenstellung ein und besitzt daher keine
großen Säulenkakteen. Statt dessen wachsen die sehr interessanten endemischen Bäume von *Yucca brevifolia* mit bis etwa 8 bis 10 Meter hohen
Exemplaren, die einer Form entsprechen, welche sonst nur in einigen tro-

pischen Gebieten vorkommt. Am interessantesten ist aber die Sonora-Wüste; sie ist fast frostfrei und mit zwei Regenperioden im Jahr durch eine besonders reiche Vegetation an gemeinsam vorkommenden Lebensformen mit großen Säulenkakteen, wie *Carnegiea gigantea*, aber auch *Lemaireocereus thurberi* ausgezeichnet. In der Sonora-Wüste jedoch bestimmen neben den Sukkulenten auch regengrüne Bäume, zum Beispiel *Cercidium*-Arten und Sträucher das Wuchsbild, besonders *Fouquiera splendens*, die bis 4 bis 5 mal im Jahr austreiben kann. Ferner gibt es immergrüne Wüstensträucher wie *Larrea tridentata*, sukkulente Bäumchen, Kegelformen, Stamm-Rosetten und viele sehr xeromorphe Zwergsträucher und Wüstengräser. Hier sind wir schon in der Neotropis und wir werden diese Wüsten in den Kapiteln 7 und 12 näher kennen lernen.

Abb. 6.26. Die Wüsten von Nordamerika: Wüste des Großen Beckens, Mojave, Sonora und Chihuahua

Das kalifornische Mediterrangebiet wurde als wichtiges Endemitenzentrum bereits erwähnt. Die charakteristische Vegetation zeigt dementsprechend die sklerophylle, maquisartige Konvergenzform aller Mediterrangebiete der Erde. Zu den ausgedehnten Landschaftstypen gehören aber auch die Hartlaubwälder aus *Quercus*, teilweise mit *Arbutus*, die Zwergstrauch-Landschaften des *coastal sage* aus aromatischen, jedoch fast völlig laubabwerfenden Arten der Gattungen *Erigonum*, *Salvia* und *Artemisia*, die *Pinus*- und *Quercus*-Savannen und das Grasland auf dem flachen Zentraltal zwischen den Küstengebirgen und der Sierra Nevada. Kein anderes Mediterrangebiet der Erde hat diese Vielfalt an Landschaften auf größeren Flächen zu bieten. Kalifornien wird in Amerika der „Goldene Staat" genannt, nicht wegen des berühmten Erzes in der Sierra Nevada, sondern wegen der spätsommerlichen Farbe der Gräser in den weiten, nicht bewaldeten Landschaften.

Abb. 6.27. *Artemisia tridentata-*„Sagebrush"-Halbwüste in Kalifornien 2000

In der südlichen Hälfte der Halbinsel Florida ist der Übergang zu den Tropen entwickelt, der den klimatisch trockensten Teil des östlichen Nordamerika bestimmt. Wo die Standorte nicht zu trocken sind, wird dieser Übergang durch immergrüne *Quercus virginiana-*Wälder mit dichter Baumunterschicht von Palmen mit *Sabal palmetto* gebildet (Abb. 6.28). Etwa 200 Kilometer weiter südlich wird jedoch diese temperierte Flora des östlichen Nordamerika fast vollständig durch die neotropische Flora ersetzt. Dieser Arten-Turnover ist auf das Ausbleiben von Frost zurückzuführen und stellt den größten Arten-Turnover am gesamten polartropischen Gradienten dar. Er tritt in Florida besonders dramatisch in Erscheinung, obwohl er auch in anderen Gebieten der Nordhalbkugel vorkommt. Auf den azonalen Sandböden der breiten, flachen und tiefgelegenen Küstenebene des warmtemperierten Südostens in Florida, welche nach der Vernässung weiter Landstriche im Atlantikum vor 9920 bis 5660 Jahren entstanden sind, ist das Vegetationsmosaik jedoch einzigartig: Liegt ein Standort dort um einen Meter höher, so wird er plötzlich trocken und durch Feuer angreifbar. An nur wenig tiefer gelegenen Stellen dagegen

kann das Grundwasser jahreszeitlich bedingt sogar an die Oberfläche steigen. Trotzdem kann die Vegetation oder mindestens ihre Unterschicht
auch auf solchen Stellen brennen. Der zonale immergrüne Laubwald
scheint durch die Tiefsttemperaturen, die vielleicht nur ein- oder zweimal
im Jahrhundert auftreten, begrenzt zu sein. Solche Wälder können jedoch
nur fleckenhaft an denjenigen Stellen aufkommen, die nicht zu trocken
oder zu nass, beziehungsweise nährstoffarm sind. Auf trockeneren, nährstoffarmen inselhaften Sandhügeln wachsen niedrige, offene *Quercus virginiana*-Bestände. Dieser als Lorbeer- oder Laurophyllenwald bezeichnete
zonale Vegetationstyp warmtemperater Gebiete enthält laubwerfende Arten. In leichten Mulden entwickeln sich Moore mit immergrünen Sträuchern von *Ilex cassine* und Ericaceae, die manchmal von vereinzelten
Bäumen umringt sind; sie bilden Torfschichten, brennen aber auch regelmäßig. Auf solchen Flächen kommen artenreiche *Pinus elliotii*-Savannen
vor, die von den Bränden ihrer Strauch- und Kraut-Unterschichten erhalten
werden. In den sehr seltenen Feuchtsavannen, die auch brennen, kann man
auf einer Fläche von zwei Quadratmetern manchmal mehr als 100 Krautar-
ten zählen. Viele dieser Typen sind sehr artenarm, andere sind sehr artenreich; die Vielfalt an Vegetationstypen in der Landschaft ist deshalb sehr
hoch (Abb. 6.28).

Abb. 6.28. Links: *Sabal palmetto*, rechts *Pinus elliotii*-Savanne, Florida 2003

6.6 Paläotropis – Die Tropen der „Alten Welt"

Zur Paläotropis gehören die Tropen der Alten Welt mit Malaysia, den Philippinen, Indien, Südchina und Afrika südlich der Sahara sowie das südwestliche Arabien. Die Nordgrenze ist klimatisch und ökologisch bedingt. Im Kapitel 4 haben wir schon die *Hot Spots* der Biodiversität im Indo-Pazifischen Raum andeutungsweise gesehen: Das paläotropische Florenreich umfasst die Vegetationsgebiete der subtropischen und tropischen Gürtel Afrikas, von Madagaskar und seinen Nachbarinseln sowie die indomalaische Inselwelt mit den großen Inseln Sri Lanka, Sumatra, Borneo und Papua-Neuguinea. Charakteristisch für die Paläotropis sind Palmfarne, Myristicaceen beispielsweise mit der Muskatnuss *Myristica fragans*, die auf den Molluken heimisch ist, den Sterculiaceen sowie den Pandanaceen mit der Gattung *Pandanus*, den Agavaceen mit der Gattung *Sansevieria* – auf Madagaskar endemisch -, den Drachenbaumgewächsen in Afrika, Somalia und auf den Kanaren mit der Gattung *Dracaena* und einige Palmengattungen, von denen besonders die Gattungen *Borassus*, *Hyphaene*, *Raphia* und *Areca* genannt sein sollen (Abb. 6.29).

Die Mannigfaltigkeitszentren der Moraceen mit der wichtigen Gattung *Ficus* von über tausend Arten, der Dipterocarpaceen und der Zingiberaceen, der Ingwergewächse, liegen in Indomalaysia. Die Euphorbiaceen, die sukkulenten Wolfsmilchgewächse, dominieren in Afrika und Indien, und die Vertreter der Gattung *Dovyalis* aus der Familie der Flacourtiaceae sind auf Afrika und Sri Lanka beschränkt. Der Mangobaum (*Mangifera indica*) ist in Indien, Südostasien und auf den Solomon-Inseln heimisch (Abb. 6.30). Anders als bei uns werden die Kräuter hier in den Tropen größer, man spricht von „Riesenkräutern", zum Beispiel bei den Taropflanzen der Gattung *Colochasia* sowie den Bananen- und Ingwergewächsen. Aus einem im Erdboden kriechenden, langlebigen unterirdischen Spross, dem Rhizom, entstehen meterhohe krautige Triebe.

Spezielle Endemismen gibt es vor allem auf den Archipelen und Inselgruppen im Indischen Ozean: Die Seychellen stellen beispielsweise aus biogeographischer Sicht eine Besonderheit dar: Dieser Archipel besteht

Abb. 6.29. Rechte Seite: Beispiele für Elemente der Paläotropis: **a** *Myristica fragans*, Myristicaceae, Molukken, **b** *Pandanus utilis*, Pandanaceae, Madagaskar, **c** *Dracaena draco*, Dracaenaceae, Kanarische Inseln, Sokotra, **d** *Areca catechu*, Arecaceae, Philippinen, **e** *Kigelia africana*, Bignoniaceae, Westafrika, **f** *Lodoicea maldivica*, Arecaceae, Seychellen, **g** *Mangifera indica*, Anacardiaceae, Indien, Solomon-Inseln, **h** *Dovyalis caffra*, Flacourtiaceae, Afrika, Sri Lanka, **i** *Ficus religiosa*, Moraceae, Indien, Sri Lanka, **j** *Ficus benghalensis*, Ostindien, **k** *Ficus elastica*, Nepal, Burma, Java, **l** *Ficus lyrata*, Westafrika. (Fotos **a** bis **d**: E. Schacke)

Abb. 6.30. Linke Seite: Beispiele für Elemente der Paläotropis: **a** *Spathodea campanulata*, Bignoniaceae, Afrika, **b** *Cassia didymobotrya*, Fabaceae, tropisches Afrika, **c** *Lagerstroemia indica*, Lythraceae, Südostasien, **d** *Dillenia philippinensis*, Dilleniaceae, tropisches Asien, **e** *Medinilla magnifica*, Melastomataceae, Afrika, Südostasien und pazifischer Raum, **f** *Alpinia zerumbet*, Zingiberaceae, Ostasien Neuguinea, **g** *Nicolaia elatior*, Zingiberaceae, Malaysia, **h** *Mussaenda erythrophylla*, Rubiaceae, Westafrika, **i** *Hibiscus boryanus*, Malvaceae, Maskarenen, **j** *Ensete ventricosum*, Musaceae, Afrika, **k** *Musa acuminata*, Musaceae, Südostasien, **l** *Colochasia esculenta*, Araceae, Asien (Fotos **a** bis **f**: E. Schacke)

aus 40 Inseln mit einer Gesamtfläche von 400 Quadratkilometern, die über die ganze Seychellenbank verteilt aus Meerestiefen von über 4000 Metern auftauchen. Die Inseln sind aus Graniten aufgebaut, die sich im Präkambrium in der Kontinentalkruste gebildet haben sowie aus Vulkangesteinen jüngeren Datums. Der Ursprung dieser Inseln liegt im Zerfall von Gondwana, als Indien nach Norden driftete und Madagaskar sich von Afrika trennte. Seit dem frühen Tertiär vor etwa 50 Millionen Jahren sind sie isoliert. Bis zu ihrer Entdeckung durch arabische und europäische Seefahrer konnte sich hier eine vielfältige endemische Flora und Fauna entwickeln, von denen beispielhaft die Dipterocarpacee *Vateriopsis seychellanum* genannt werden soll, ein großer Baum, von dem nur noch etwa 50 Exemplare auf der Insel Mahe vorhanden sind. Besonders interessant ist ferner *Medusagyne oppositifolia*, das einzige Mitglied der Familie der Medusaceae, ein sehr seltener kleiner Baum, von dem ebenfalls nur noch wenige Wildexemplare bekannt sind. Die Seychellennuss (*Lodoicea maldivica*), eine bis zu 30 Meter hohe zweihäusige Palme mit riesigen fächerförmigen Blättern, ist seit je für ihre Früchte bekannt, die bis zu 20 Kilogramm wiegen (Abb. 6.29). Letztere ist ein gutes Beispiel für eine Inselspezialisierung: Sie bringt nur wenige Nachkommen hervor, benötigt zwei Jahre für das Auskeimen und 25 Jahre bis zum Hervorbringen der ersten Früchte, und sieben Jahre vergehen zwischen Befruchtung und Reifung der Frucht. Die Seychellennuss wurde erst 1768 durch eine französische Expedition unter Marc-Joseph Marion-Dufresne (1724-1772) entdeckt.

6.6.1 Afrika und Madagaskar

Die extreme Isolation ist auch typisch für die Maskarenen. Sie liegen im südwestlichen Indischen Ozean und bestehen aus drei weit auseinander liegenden vulkanischen Plattformen: Réunion hat einen aktiven Vulkan, während Mauritius und Rodriguez heute stark erodiert sind. Aufgrund ihrer Nähe haben die drei Inselbiota zahlreiche paläotropische Pflanzen- und

Tierarten gemein. Das ist nur natürlich, wenn wir bedenken, dass 36 Prozent der floristischen Gattungen aus Madagaskar stammen und weitere 44 Prozent der heutigen Gattungen sowohl in Ostafrika wie auf Madagaskar auftreten. 80 Prozent der Inselflora kamen also aus dem Westen auf dem Weg der wichtigsten Meeresströmungen. Die restlichen 20 Prozent der Gattungen erreichten die Inseln mit dem Äquatorialstrom von sehr viel weiter her aus der indisch-pazifischen Tropenregion und aus dem Orient.

Madagaskar und die Inselgruppen der Komoren, Seychellen und Maskarenen bilden deshalb eine eigene, sehr kleine Pflanzen- und Tierregion, die sich trotz der geographischen Nähe zu Afrika stark von der Äthiopischen Region unterscheidet. Die Eigenständigkeit allein ihrer Fauna zeigt sich schon darin, dass viele afrikanische Säugetiere fehlen, zum Beispiel alle Paarhufer, Zebras, Affen, Raubtiere bis auf die Zibetkatze und auch die Hasen und Mäuse. Im Verhältnis zu ihrer Artenarmut ist die madagassische Tierwelt reich an Endemiten. Die meisten gehören stammesgeschichtlich relativ alten Gruppen an, wie zum Beispiel die Familie der Tanreks mit den Borstenigeln, die bei den Insektenfressern eingeordnet wird, oder die altertümlichen Halbaffen-Familien der Lemuren, Indris und Fingertiere. Die Lemuren haben eine erstaunliche Formenvielfalt entwickelt und gelten als besonders kennzeichnend für die Madagassische Region. Dazu kommen zahlreiche madegassische Vogelarten, Chamäleons und über 140 verschiedene, teilweise grellbunte Frösche.

Seit dem Jahr 1500, als der portugiesische Seefahrer Diogo Dias (1467-1518) als erster Europäer die Insel sichtete, gilt Madagaskar als ein lebendes Museum mit seltener und einzigartiger Flora und Fauna. Die viertgrößte Insel der Erde nach Grönland, Borneo und Neuguinea lässt sich grob in drei Zonen gliedern: tropischer Regenwald im Osten, ein breites Hochplateau bis zu 1400 Metern Meereshöhe in der Mitte und Hügelland mit Mischwald im Westen. Entlang der ungewöhnlich geraden Ostseite erstreckt sich der rund 50 Kilometer breite Regenwaldgürtel, da hier vor dem 3000 Meter hohen Gebirgshauptkamm der Insel die warmen Südostpassatwinde vom Indischen Ozean abregnen. Der im Regenschatten des Passates liegende Hauptteil der Insel hat im Winter eine Trockenzeit. Hier gedeihen zahlreiche spezielle Xerophyten wie die gondwanischen Affenbrotbäume *Adansonia za* und *A. fony* aus der Familie der Bombacaceae, sowie das seltsame *Pachypodium lamarckii* aus der Familie der Apocynaceae, ein circa ein Meter hoher sukkulenter Strauch mit knollenförmigem Stamm. Ausgesprochene Madagaskar-Endemiten sind aber die Didieren, die hier ganze Wälder bilden: Die astlosen, bis zu 10 Meter hohen Stämme der häufigen *Didiera trollii* oder *Alluaudia humbertii* aus der endemischen Familie der Didiereaceae oder die verholzten *Dioscorea*-Arten aus der Familie der Dioscoreaceae sind mit Tausenden nadelspitziger Dornen versehen, welche die dazwischen wachsenden Blätter vor dem Gefressen-Werden schützen (Abb. 6.31).

Abb. 6.31. Madegassische Elemente: **a** *Uncarina grandidieri*, Pedaliaceae, **b** *Dombeya wallichii*, Sterculiaceae, **c** *Alluaudia humbertii*, **d** *Didiera trollii*, beide Didieraceae, **e** *Dioscorea elephantipes*, Dioscoreaceae, **f** *Kalanchoe beharensis*, Crassulaceae, **g** *Didiera madagascariensis*, Didieraceae, **h** *Adansonia za* (links) und *A. fony* (rechts), Bombacaceae, **i** *Pachypodium lamarckii*, Apocynaceae, **j** *Ravenala madagascariensis*, Strelitziaceae, **k** *Bismarckia nobilis*, Arecaceae (Fotos **h** bis **k**: B. Gries)

Über sechzig Prozent der Pflanzen- und Tierwelt Madagaskars ist endemisch als Resultat einer 50 Millionen Jahre alten Kontinentaldrift. Nicht nur die endemischen *Kalanchoe, Didiera* und *Uncarina*-Pflanzenvertreter lebten hier ungestört und gleichsam isoliert vom Rest der Welt, auch die madegassische Tierwelt entwickelte sich unbelästigt von großen Raubtieren und höher entwickelten Affen. Im Gegensatz zur besonders reichen Pflanzen- und Tierwelt in Südamerika und Südostasien jedoch ist Afrika artenärmer. Das lässt sich dadurch erklären, dass während der pleistozänen Trockenzeiten dort viele Arten ausstarben. Die ozeanisch beeinflusste Insel Madagaskar war jedoch von dieser Verarmung nicht betroffen.

Ähnlich wie die neotropischen Regenwälder Südamerikas sind auch die afrikanischen Wälder von Leguminosen dominiert, diese stellen nach Angaben von Fred Günter Schroeder (1998) mit etwa 450 Baumarten in 95 Gattungen den weitaus größten Anteil an allen Familien. Die wenigen endemischen afrikanischen Pflanzenfamilien haben in der Vegetation mengenmäßig keine Bedeutung. In Westafrika sind dies nach Heinrich Walter und Herbert Straka (1970) unter anderem die seltenen Familien der Medusandraceae, der Dioncophyllaceae, der Scytopetalaceae und der Cyanastraceae. Auffällig ist auch die vergleichsweise niedrige Artenzahl vieler pantropischer Familien: So gibt es von den Palmen im gesamten afrikanischen Kontinent nur 15 Gattungen, während in der Neotropis 92 und in Südostasien 107 Gattungen vertreten sind. Ähnliches gilt für die Lauraceen und die Orchideen.

6.6.2 Südostasien

Das tropische Südasien von Indien bis Südchina, die vorgelagerten Großen Sunda-Inseln und die Philippinen bilden die Orientalische Pflanzen- und Tierregion. Ausgedehnte Übergangszonen zur Australischen, in China auch zur Paläarktischen Region erschweren hier die Abgrenzungen. So wird zum Beispiel der Kleine Panda von manchen Tiergeographen als paläarktisches, von anderen als orientalisch-paläotropisches Faunenelement angesehen. Manche der für beide Regionen endemischen Familien bilden in jeder Region eigene Gattungen aus, zum Beispiel die Schuppentiere, die Elefanten mit dem Afrikanischen und dem Indischen Elefant und die Nashörner mit dem Spitz- und dem Breitmaulnashorn in Afrika und Panzernashorn in Asien. Der Orang-Utan ist nur auf Sumatra und Borneo beheimatet. Trotzdem ist die Eigenständigkeit der Paläotropis unbestritten. Als wichtige Vertreter der Pflanzenwelt sind hier beispielhaft zu nennen: Die Arecaceae-Palmen *Latania loddigesii* von den Maskarenen und *Brassiophoenix drymophloeoides* von Papua-Neuguinea sowie die riesigen Ge-

weihfarne von dort, *Dendroconche anabellae* aus der Familie der Polypodiaceae, extra großblättrige Euphorbiaceen, wie *Aleurites mollucana*, die
von Südostasien bis nach Nordost-Queensland in Australien vorkommt.
Dazu gehören auch die Kasuarinen von Papua-Neuguinea, *Gymnostoma
papuanum*, ferner gondwanische Pittosporaceen, wie *Pittosporum fairchildii*, die wir von Neuseeland und den „King Islands" kennen. Indo-
malayische Elemente sind *Alpinia purpurata* (Zingiberaceae), *Clero-
dendron speciosissimum* (Verbenaceae); *Cassia* aus der Familie der Fabaceae ist mit über einhundert Arten überall in den Tropen vertreten, auf
Südostasien ist jedoch *C. fistulosa* beschränkt und von den zahlreichen
pantropischen *Ficus*-Arten kommen *F. racemosa*, *F. obliqua* und *F. virens*
von Südostasien bis nach Nordaustralien vor (Abb. 6.32 und 6.33).

Abb. 6.32. Südostasien-Elemente: **a** *Brassiophoenix drymophloeoides*, **b** *Latania
loddigesii*, Arecaceae, **c** *Pittosporum fairchildii*, Pittosporaceae, **d** *Aleurites mollucana*, Euphorbiaceae, **e** *Dendroconche anabellae*, Polypodiaceae, **f** *Clero-
dendron speciosissimum*, Verbenaceae

Abb. 6.33. Südostasien-Elemente: **a** *Alpinia purpurata*, Zingiberaceae, **b** *Gymnostoma papuanum*, Casuarinaceae, **c** *Cassia fistulosa*, Fabaceae, **d** *Ficus racemosa*, Moraceae, **e** *F. obliqua*, **f** *F. virens*. (Fotos **d** bis **f**: E. Schacke)

6.7 Neotropis – Die Tropen der „Neuen Welt"

Der biogeographische Begriff **Neotropis** steht für die tropischen und subtropischen Regionen Mittel- und Südamerikas und umfasst noch den Bereich südwärts von Baja California bis Florida und den nördlichen Teil Mexikos. Dieses Florenreich ist charakterisiert durch die zahlreichen, epiphytischen Bromeliaceen, vor allem die Gattungen *Aechmea*, *Bromelia* und *Tillandsia*, die stammsukkulenten Cactaceen mit den wichtigen Gattungen *Pereskia*, *Echinocactus* und *Opuntia*, den Gesneriaceen sowie den Commelinaceen mit *Dichorisandra* und der wichtigen neotropischen Baumgattung *Bauhinia* als Vertreter der Fabaceae, die in der Neotropis in großer Artenfülle auftreten (Abb 6.34 und 6.35). Hier liegt auch das Mannigfaltigkeitszentrum der Solanaceen mit der Gattung *Solanum*. Bezeichnende Pflanzenfamilien sind die Malvaceae mit der Gattung *Pavonia*, die Rubiaceae, zum Beispiel mit der üppigen *Warszewicia coccinea* im tropischen Amerika, weiter die Cannaceen, die Theophrastaceen, die Melastomataceen, die Tropaeolaceen und die Marantaceen, von denen allein in Brasilien etwa 12 000 endemische Arten vorkommen. Als charakteristische Gattungen können ferner *Yucca*, *Agave* oder *Fuchsia* und *Gloxinia* genannt werden. Die tropischen Waldformationen bedecken relativ kleine Flächen in Mittelamerika und der Karibik, beherrschen aber die meisten Vegetationstypen und Waldstufen, wie man sie auch aus den tropischen Regenwäldern anderer Erdteile kennt. Gondwana-Relikte sind beispielsweise Vertreter der Philesiaceae, wie die Gattung *Lageria*, deren Vertreter noch heute in Argentinien und in Chile vorkommen (Abb. 6.35).

Die tropische Region Nordamerikas – das heißt Mittelamerika und die Karibischen Inseln – ist im Vergleich mit anderen Erdteilen relativ klein. Als Folge davon zeigen jedoch bestimmte Gebiete eine sehr hohe Vielfalt an Arten und Standorten sowie entsprechende Vegetationstypen auf relativ engem Raum. Mexiko besitzt etwa 30 000 Pflanzenarten und vielleicht auch die reichsten tropischen Trockenwälder der Erde sowie entsprechende subtropische *Quercus-Pinus*-Wälder. Einen wahren Mikrokosmos der tropischen Vegetation findet man aber in Costa Rica mit seiner karibischen und pazifischen Küste sowie den Bergen bis über 3000 Meter Höhe mit etwa 12 000 Pflanzenarten. Nicht nur tropische Regenwälder sind in Costa Rica zu finden, sondern auch das größte geschützte Trockenwaldgebiet in Mittelamerika, hohe Bergwälder aus tropischen Arten, *Quercus*-Wäldern in den höheren Lagen und echte alpine Paramo-Flächen, welche jedoch die schopfartigen *Espeletia*-Formen der Anden nicht besitzen. Als Laboratorium zur Untersuchung tropischer Wälder gilt Costa Rica als Mekka von jeher wegen seiner Vielfalt an Arten, Höhenstufen, Standorten und seiner Infrastruktur. Die Gesamtverbreitung der neotropischen Regenwälder erstreckt sich von Nordmexiko und Südflorida über die Westindischen Inseln südwärts über Äquatorial-Amerika bis nach Nordwest-Argentinien und in den Südosten Brasiliens. Vom Atlantik bis an die Westabdachung der Anden bildet der Amazonas-Regenwald mit einer Fläche von über drei Millionen Quadratkilometern das größte zusammenhängende Regenwaldgebiet der Erde, welches seit Alexander von Humboldt und Aimé Bonpland (1814-1829) als **Hyläa**, also als Waldlandschaft schlechthin so bezeichnet werden kann, inzwischen eine Traditionsbezeichnung der Pflanzengeographie für den immerfeuchten tropischen Regenwald (Abb. 4.11). Charakteristisch dafür sind Vielfalt und hohe Dichte der Vegetation; es gibt wenige ausgesprochen neotropische Bäume, von denen hier aber besonders

Abb. 6.34. Linke Seite: Beispiele für Neotropis-Elemente: **a** *Copernicia macroglossa*, Arecaceae, Kuba, **b** *Cesalpinia ferrea*, Fabaceae, Brasilien, **c** *Bauhinia forficata*, Fabaceae, Brasilien, Argentinien, **d** *Wiganda caracasana*, Hydrophyllaceae, Mexiko, Venezuela, **e** *Crescentia cujete*, Bignoniaceae, tropisches Amerika, Hawaii, **f** *Theobroma cacao*, Sterculiaceae, , tropisches Amerika, **g** *Carica papaya*, Acanthaceae, tropisches Amerika, **h** *Eugenia uniflora*, Myrtaceae, Surinam, Brasilien, **i** *Deherainia smaragdina*, Theophrastaceae, Mexiko, **j** *Erythrina christa-galli*, Fabaceae, Brasilien, **k** *Jacaranda mimosifolia*, Bignoniaceae, Brasilien, **l** *Tecoma stans*, Bignoniaceae, tropisches Amerika. (Fotos **g** bis **l**: E. Schacke)

die mit drei Arten auf Zentralamerika und die Westindischen Inseln beschränkten Mahagonibäume von *Swietenia mahagoni* hervorgehoben werden sollen (Abb. 6.36).

Die Anden sind in der Kreidezeit und im Tertiär aufgefaltet worden und damit ein junges, hohes und reliefreiches Gebirge. Ihre mesozoischen Intrusivmassen und Vulkangesteine teilen sich nördlich des Äquators in drei Gebirgsketten mit einer östlichen über Venezuela bis nach Trinidad, einer Zentralkordillere bis 5500 Metern Höhe von Ecuador nach Süden und einer durchschnittlich 6500 Meter hohen Westkordillere, aus der der 6959 Meter hohe Aconcagua herausragt. Hochgelegene Becken werden nach Süden hin landschaftsbeherrschend: Der bis 200 Kilometer breite Altiplano in drei- bis viertausend Metern Höhe ist das ausgedehnteste Hochland von Südamerika. Hier gibt es Seen und Salare, darunter als größten den Titicacasee und das Salar de Uyuni, einen Salzsee größer als das Saarland. Zahlreiche Vulkane bilden charakteristische Bestandteile der Westkordillere. Nach Süden hin setzen sich die beiden Andenkämme fort und werden nun als Haupt- und Küstenkordillere unterschieden. In den Südanden versinkt die Küstenkordillere südlich der Insel Chiloë und setzt sich bis nach Feuerland als fjordreiche, gletscherbedeckte Inselkette fort. Auch das brasilianische Küstengebirge, das im Süden bis nach Porto Alegre reicht, ist hier zu nennen. Hier tritt das altkristalline Grundgebirge der Südamerikanischen Platte zutage und bildet auffällige, bis fast 2900 Meter hohe Berge. Das Amazonas-Tiefland war eine ehemals zum Pazifischen Ozean geöffnete Meeresbucht, die heute durch die Anden abgeschlossen ist. Die Anden und das atlantische Küstengebirge bilden wichtige Klimascheiden in Südamerika. Die argentinische Pampa, die Überschwemmungswälder des Pantanal, das Flusssystem des Amazonas, des wasserreichsten Stromes der Erde mit über 6400 Kilometern Länge, und des Paraná, des zweitgrößten Flusses, der vom ostbrasilianischen Bergland kommend nach 3700 Kilometern Flussstrecke in den Rio de la Plata mündet, die Wasserfälle von Iguazu und die **Mata-atlantica-Regenwälder** des brasilianischen Küstengebirges, sie alle sind Besonderheiten der Neotropis und werden in den Kapiteln 7 bis 17 fallweise behandelt.

Abb. 6.35. Linke Seite: Beispiele für Neotropis-Elemente: **a** *Aechmaea smithiorum*, Bromeliaceae, Kleine Antillen, **b** *Ferocactus wislizenii*, Cactaceae, Arizona, **c** *Pavonia multiflora*, Malvaceae, Brasilien, **d** *Pereskia grandiflora*, Cactaceae mit Blättern, Mexiko, **e** *Echinocactus grusonii* und *Opuntia rufida*, Cactaceae, Mexiko, **f** *Cochliostema odoratissima*, Commelinaceae, tropisches Amerika, **g** *Masdevallia veitchiana*, Orchidaceae, Peru, **h** *Warszewicia coccinea*, Rubiaceae, tropisches Amerika, **i** *Dichorisandra thyrsiflora*, Zingiberaceae, Brasilien, **j** *Gloxinia sylvatica*, Gesneriaceae, Brasilien, **k** *Jatropha integerrina*, Euphorbiaceae, Kuba, Westindische Inseln, **l** *Lageria rosea*, Philesiaceae, Chile, Argentinien

Abb. 6.36. Der Mahagonibaum *Swietenia mahagoni* aus der Familie der Meliaceae ist natürlich verbreitet in Mexiko und Peru. (Foto E. Schacke)

6.8 Australis – „Zauber des ariden Kontinents"

Australien ist das einzige Land, das einen ganzen Kontinent einnimmt. Es ist eine der ältesten Landmassen der Erde – mit durch Erosion offengelegtem, kontinentalem Urgestein, das über drei Milliarden Jahre alt ist. Australien ist zugleich der flachste Kontinent. Abgesehen von der Antarktis hat Australien auch die niedrigsten Niederschläge aller Kontinente. Weite Gebiete sind trocken oder Halbwüste oder ungeeignet für eine Besiedlung. Nahezu ein Drittel des Kontinents liegt in den Tropen. Der allseits vom Wasser umgebene Erdteil Australien ist aus geobotanischer Sicht einzigartig: Seit der Aufspaltung Gondwanas vor etwa 60 Millionen Jahren erlebte vor allem die Pflanzenwelt hier eine explosionsartige Entwicklung. Bislang hat man fast 18 000 Pflanzenarten namentlich für Australien erfasst, und noch immer findet man in den schwer zugänglichen Landesteilen dieses Kontinents neue Pflanzen, wie wir am Beispiel der erst 1994 entdeckten *Wollemia nobilis* im Kapitel 2 gesehen haben. Etwa 90 Prozent der australischen Flora ist endemisch, und so definierte man schon vor über einhundert Jahren ein eigenes Florenreich, die **Australis.**

Durch seine lange erdgeschichtliche Isolation von anderen Erdteilen haben sich auf dem australischen Kontinent, in Tasmanien und im etwa 2500 bis 3000 Kilometer südöstlich gelegenen Archipel von Neuseeland also eine besonders einzigartige Flora und Fauna erhalten, die es nirgendwo sonst auf der Welt gibt. Noch immer sind große Teile des Landes unberührte Wildnis, die hier in ihren Grundzügen vorgestellt wird. Australien beheimatet – wie gesagt – über 18 000 Pflanzenarten – Mitteleuropa im Vergleich 4500 Arten –, darunter lebende Fossilien, wie die Araucarien, die Cycadeen und Grasbäume, Känguruhblumen und Banksien, sowie 700 Akazienarten und 1200 Arten der Myrtengewächse, zu denen die Eukalyptusbäume mit über 900 Arten gehören (Abb. 6.37). Nach der Trennung Australiens von der Antarktis setzte im Tertiär eine Norddrift des Kontinents vom 75. bis zum 15. südlichen Breitengrad ein. Es begann danach eine 30 Millionen Jahre anhaltende Isolation Australiens, während der sich der Kontinent mit seiner gesamten tertiären Gondwanavegetation von außen unbeeinflusst weiterentwickelte. Vor 15 Millionen Jahren erfolgte schließlich eine erneute Nordwärtsbewegung, welche zur Auffaltung Neuguineas und zu einer vorübergehenden Landverbindung zum indomalaiischen Raum führte. Mit der Bildung beziehungsweise der Expansion einer südlichen und nördlichen Eiskappe in Antarktis und Arktis im Pliozän vor 5,8 bis 5,4 Millionen Jahren begann die Austrocknung Australiens. Für den feuchtwarmen Regenwald wurden die Lebensbedingungen immer schlechter, und er zog sich an geeignete Refugien an der Nord- und Ostküste zurück sowie an einige Stellen im Zentrum und im Westen. So zeigen heute einige Felsen-Reliktstandorte in derzeit tropisch-ariden Gebieten im Zentrum Australiens eine reliktische Vegetation und weisen auf diesen Abschnitt der Erdgeschichte hin: Im Palm Valley sind an konstant Wasser führenden Stellen vereinzelte durch die relikt-endemische Palme *Livistona mariae* geprägte Populationen aus Zentralaustralien bekannt, während im Umkreis von über 1000 Kilometern bis nach Queensland beispielsweise

Abb. 6.37. Rechte Seite: Beispiele für Australis-Elemente: **a** *Archontophoenix cunninghamiana*, Arecaceae, Queensland, **b** *Livistona australis*, Arecaceae, **c** *Myoporum tenuifolium*, Myoporaceae, **d** *Acacia dealbata*, Mimosaceae, **e** *Banksia serrata*, Proteaceae, **f** *Callistemon speciosus*, Myrtaceae, **g** *Tasmannia lanceolata*, Winteraceae, Tasmanien, **h** *Telopea truncata*, Proteaceae, **i** *Nothofagus gunnii*, Nothofagaceae, einziger laubwerfender Baum Tasmaniens, **j** *Prumnopitys ladei*, Podocarpaceae, Queensland, **k** *Podocarpus elatus*, Podocarpaceae, Queensland, New South Wales, **l** *Richea pandanifolia*, Epacridaceae, Tasmanien

natürlicherweise keine weiteren Palmen vorkommen (Abb. 6.38). Ähnliches gilt für die im Kapitel 2.2 schon genannten Cycadeen *Macrozamia macdonellii* und *Macrozamia riedlei* (Abb. 2.25).

Abb. 6.38. Die relikt-endemische Palme *Livistona mariae* wächst nur im Zentrum Australiens an wasserführenden Stellen im Palm Valley (2002)

Heute existieren zwei Komponenten der gondwanischen Flora mit abweichenden ökologischen Ansprüchen: Die eine repräsentiert gondwanische Relikte und besteht aus Florenelementen feuchter Habitate in meist geschlossenen Wäldern. Sie haben sich nur wenig evolutiv weiterentwickelt und zeigen eine recht hohe taxonomische Verwandtschaft mit den Floren ähnlicher Standorte auf der gesamten Südhalbkugel. Dazu gehören Gehölzsippen wie *Podocarpus, Semecarpus, Sterculia, Davidsonia* oder *Brachychiton* (Abb. 6.39). Am auffälligsten ist jedoch die Hartlaubvegetation, vor allem der Eucalypten, die sich offenbar aus Arten des Regenwaldes entwickelt hat, durch einen hohen Grad endemischer Sippen gekennzeichnet ist, und sich über den gesamten australischen Kontinent ausgebreitet hat. Insgesamt setzt sich die gegenwärtige australische Flora somit primär aus gondwanischen Elementen zusammen, ferner aus später eingewanderten, von tropischen Sippen stammenden Arten, die über Landbrücken von Neuguinea kamen, sowie aus kosmopolitischen Pflanzen und schließlich aus Adventivpflanzen, die vor allem in jüngerer Vergangenheit von der nördlichen Hemisphäre hierher gelangten.

Dank der lang zurückliegenden Abtrennung Australiens vom Gondwanaland und der damit verbundenen sehr alten insulären Lage hat sich somit die Flora des Kontinents seit Jahrmillionen weitgehend isoliert entwickeln können. Die den Kontinent umgebenden Meere wirkten dabei als Verbreitungsbarrieren für einwandernde und auswandernde Sippen. So hat sich bis heute die sehr eigenständige Flora herausgebildet, die seit den ersten pflanzengeographischen Gliederungen der globalen Gesamtvegetation niemand daran zweifeln ließ, Australien als eigenes Florenreich zu betrachten. Aufgrund seines hohen Endemitenreichtums lässt sich die Australis auch besser als andere Florenreiche von den benachbarten Gebieten abtrennen, obwohl auch genügend Beziehungen zu anderen Gegenden bestehen, denn die Wurzeln der australischen Flora liegen ja letztendlich im Gondwanaland, genauso wie die anderer Florenreiche. Für diese Eigenständigkeit stehen die Myrtaceen mit den endemischen Gattungen *Eucalyptus* und *Leptospermum*, die Gattung *Banksia* aus der Familie der Proteaceen, die Casuarinaceen, die Xanthorrhoeaceen, die Grasbäume, und in gewisser Weise auch die Gattung *Acacia*, die hier ihr Mannigfaltigkeitszentrum besitzt und von Australien bis nach Afrika vorkommt.

Box 6.5. Wege nach Australien

Vermutlich gelangten die Angiospermen auf zweierlei Wegen nach Australien: Eine Migrationsroute erstreckte sich vor der Abtrennung der heutigen Paläotropis unter tropischem Klima von Afrika über Indien, Australien bis nach Neuseeland. Ein zweiter Weg reichte bei temperaten Klimaverhältnissen von Südamerika über die damals eisfreie Antarktis bis nach Australien. Man geht davon aus, dass in der Oberen Kreide bereits zahlreiche moderne Angiospermensippen Australien erreicht hatten. Die ältesten pflanzlichen Fossilfunde Australiens lassen sich den Gattungen *Ilex* und *Nothofagus* sowie den Winteraceen, den Proteaceen und den Myrtaceen zuordnen. An Hand solcher Fossilfunde und der heutigen Verbreitungsgebiete kann vielfach der Einwanderungsweg bestimmter Sippen nach Australien rekonstruiert werden. Das heutige Verbreitungsgebiet von *Nothofagus* beispielsweise, der Südbuche, umfasst Südamerika, Südostaustralien mit Tasmanien, Neuseeland, Neukaledonien und Neuguinea. Pollenfunde zeigen, dass *Nothofagus* in Südamerika und der Antarktis verbreitet war, aber nie nach Afrika gelangte, was dafür spricht, dass die Gattung nach der Trennung Südamerikas von Afrika entstand und über den südtemperaten Weg Australien erreichte. Die Winteraceen weisen ein ähnliches Verbreitungsmuster auf, was genauso für eine Einwanderung über die Antarktis spricht. Das Areal der Proteaceen mit Verbreitungsschwerpunkt in Südafrika und Australien deutet dagegen nicht nur auf ein hohes Alter der Familie hin, sondern auch auf eine frühe Immigration über Indien. Gleiches gilt für die Restionaceen. Die Verbreitung über den Landweg kann jedoch nicht allein die aktuelle Artenzusammensetzung Australiens erklären. Nach dem Auseinanderweichen Gondwanas sind auch einige Sippen (z.B. *Chenopodiaceae*) neuerdings auch durch Wind, Vögel oder Meeresströmungen nach Australien gelangt.

Abb. 6.39. Australis-Elemente: **a** *Brachychiton rupestre*, Sterculiaceae, Queensland, Südwest-Australien, **b** *Sterculia quadrifida*, Sterculiaceae, Northern Territory, Queensland, New South Wales, **c** *Podocarpus elatus*, Podocarpaceae, Queensland, New South Wales, **d** *Semecarpus australiensis*, Anacardiaceae, Nordaustralien, **e** *Davidsonia pruriens*, Davidsoniaceae, Queensland

Abb. 6.40. Fruchtstand von *Banksia menziesii*, der sich erst nach Feuer öffnet (links). Proteoid-Wurzeln mit Wurzelhaarbüscheln (Detail) an *Epacris microphylla* (Epacridaceae), einem Vertreter der südlichen Heidegewächse (rechts)

Box 6.6. Proteoid-Wurzeln und weitere Anpassungen

Die anderen gondwanischen Bestandteile haben sich inzwischen zu einer autochthonen australischen Flora weiterentwickelt. Diese ist durch Selektion und Anpassung an meist trockene, heiße bis temperate Standorte geprägt sowie an magere Böden und Feuer angepasst. So konnten sich etliche Regenwaldarten, die bereits an trockenere Standorte innerhalb des Waldes adaptiert waren, am Rand des Waldes im Laufe der Zeit sehr schnell entfalten und bildeten erste trocken-resistente sklerophylle Pflanzengemeinschaften. Dazu gehören vor allem strauchförmige *Eucalyptus*- und *Casuarina*-Arten, ferner zahlreiche Epacridaceen, Proteaceen und Leguminosen. Die zunehmend ariden Bedingungen führten zu einer Weiterentwicklung der Sklerophyllie mit zahlreichen Formen der Anpassung an Trockenheit und Nährstoffarmut der Böden. In diesem Zusammenhang sind besonders die Proteaceen erwähnenswert, die als besondere Form der Anpassung an nährstoff- und vor allem phosphatarme Böden spezielle Wurzelsysteme, die so genannten **Proteoid-Wurzeln** ausbilden, das sind flaschenbürstenähnliche Seitenwurzeln mit büschelförmigen, bis zu fünf Zentimeter langen, dicht stehenden Wurzelhaaren (Abb. 6.40). Fast alle Proteaceen besitzen diese Wurzeln – daher der Name. Die Proteoid-Wurzeln scheiden hohe Mengen an Exsudaten aus: vor allem Citronensäure, welche mineralisches Calciumphosphat löst, ferner andere organische Säuren, phenolische Substanzen sowie Exoenzyme, mit denen sie den umgebenden Boden im Bereich der Wurzelhaarbüschel chemisch stark verändern: Durch lokale Absenkungen des pH-Werts um 1 bis 2 Einheiten vermögen sie Spuren von Phosphat und anderen Nährstoffen wie Zink, Eisen und Mangan zu mobilisieren. An älteren Proteoidwurzeln kann man die Ablagerung von Calcium-Citrat-Partikeln beobachten, die man als **Rhizodeposition** sichtbar machen kann. Proteoid-Wurzeln sind eine echte „Alternative" zur weit verbreiteten Mykorrhiza. Pflanzen mit solchen Wurzelhaarbüscheln sind in Australien und in der Capensis an Nährstoffmangelstandorten weit verbreitet, die Familien der Casuarinaceae, der Restionaceae und der Mimosaceae mit der Gattung *Acacia* besitzen ähnliche Wurzelstrukturen wie die Proteaceen; sie haben normalerweise keine Mykorrhiza. Auffällig ist in diesem Zusammenhang das eingangs schon erwähnte fast völlige Fehlen stammsukkulenter Pflanzen in Australien. Diese sind lediglich in der Paläotropis Afrikas und der Neotropis Amerikas konvergent entstanden. Statt dessen erfolgte in Australien die Anpassung durch hoch spezialisiertes Blattwerk, z. B. bei den Igelgräsern, Proteaceen und Akazien.

Diese sind nicht nur an extreme Trockenheit und an natürliche Feuer gut angepasst; dazu gehört auch, dass sie meist Früchte ausbilden, die jahrelang in stark verholzten Fruchtständen verbleiben können und sich erst nach der Einwirkung von Feuer öffnen können, wie zum Beispiel bei *Banksia*, *Hakea* und *Grevillea*. Die Entstehung solcher Pyrophyten scheint bereits vor dem Auseinanderbrechen des Gondwana-Kontinents stattgefunden zu haben.

6.9 Capensis – *Hot Spot of Diversity*

Das Kapländische Florenreich umfasst als kleinstes Florenreich der Erde nur die Südspitze Afrikas, ist jedoch mit ungefähr 12000 verschiedenen taxonomisch gesicherten Blütenpflanzen eines mit der größten Biodiversität. Es gibt etwa 190 endemische Gattungen und vier endemische Pflanzenfamilien, die Penaeaceae, die Grubbiaceae, Roridulaceae und die Geissolomataceae. Im Gegensatz zu den großen, letztlich klimazonal stark beeinflussten Florenreichen handelt es sich bei der **Capensis** um eine Sonderentwicklung, die Martin Rikli (1913) veranlasste, die Spitze Südafrikas als eigenes Florenreich zu definieren.

Aufgrund der gemeinsamen Gondwana-Zugehörigkeit bestehen hier stärkere verwandtschaftliche Beziehungen zur Australis als zur nördlich angrenzenden Paläotropis. Die Wüsten Namibias und der Kalahari bildeten wohl schon lange Zeit bedeutende Barrieren für den Florenaustausch mit den nördlich angrenzenden afrikanischen Savannen und Trockenwäldern.

Charakteristische Vertreter der Capensis sind zahlreiche Proteaceen sowie die sukkulenten Mesembryanthemaceae mit den Gattungen *Lithops* und *Mesembryanthemum*. Hier gibt es die größte Diversität der Ericaceen und der monokotylen Restionaceen. Räumlich sehr klein, aber floristisch gut charakterisiert ist die Capensis durch die typischen Proteaceen mit etwa 260 Arten, vor allem aus den Gattungen *Protea* und *Leucadendron*, der Gattung *Pelargonium* aus der Familie der Geraniaceae mit circa 230 Arten, vielen Arten von *Mesembryanthemum*, den Vertretern der Gattungen *Aloe*, *Amaryllis*, *Freesia* und *Clivia* sowie der Gattung *Erica* mit fast 600 Arten, die hier ein sekundäres Evolutionszentrum hat und aus der eigentlich holarktischen Familie der Ericaceae entstammt (Abb. 6.41). Südafrika besteht im Wesentlichen aus einem ausgedehnten, 1200 bis 1500 Meter über Meereshöhe liegenden flachwelligen Hochplateau, dem Highveld, einem sehr alten stabilen Massiv aus magmatischen Gesteinen des Erdaltertums sowie jüngeren Sedimentgesteinen des Mesozoikums. Aufgrund langandauernder Erosionsvorgänge im Laufe der Erdgeschichte sind die Oberflächenformen stark eingeebnet; es ist eine Rumpffläche entstanden, aus der einzelne Tafelberge und langgestreckte Höhenrücken aufragen und in die sich die Flüsse, wie Vaal und Oranje, eingeschnitten haben.

Abb. 6.41. Rechte Seite: Beispiele für Capensis-Elemente: **a** *Lampranthus watermeyeri*, Mesembryanthemaceae, **b** *Nebelia paleacea*, Bruniaceae, **c** *Oxalis polyphylla*, Oxalidaceae, **d** *Erica fastigiata*, Ericaceae, **e** *Erica longifolia*, Ericaceae, **f** *Grielum humifusum*, Rosaceae, **g** *Protea eximia*, Proteaceae, **h** *Arctotheca calendula* und **i** *Gazania krebsiana*, Asteraceae, **j** *Pelargonium graveolens*, Geraniaceae, **k** *Dais cotinifolia*, Thymelaeaceae, **l** *Euphorbia splendens*, Euphorbiaceae

In den paläozoischen Gesteinen des Highveld befinden sich auch die wertvollsten Lagerstätten von Edel- und Buntmetallen sowie von Steinkohle. Auf mesozoische Intrusionen gehen die Diamantlager, zum Beispiel bei Kimberley, zurück. Das Tafelland, das sich nach Norden und Nordwesten zum Kalahari-Becken absenkt, verläuft nach Nordosten zur Limpopo-Senke. Zur Küste bricht es mit der Großen Randstufe, dem *Great Escarpment*, relativ steil ab; sowohl am Atlantik als auch am Indischen Ozean sind nur schmale Küstenebenen vorgelagert.

Der Name **Karru**, geläufig ist auch **Karoo**, ein Hottentottenwort für eine steinige, wüste Fläche, wird heute für drei verschiedene Landschaften verwendet. Die *Great Karoo* liegt als sehr trockene steinige Halbwüste in einer Höhe zwischen 600 und 900 Metern zwischen der Großen Randstufe und den nördlichen Kapketten. Die *Little Karoo* ist eine trockene Senke zwischen zwei in Ost-West-Richtung parallel verlaufenden Gebirgsketten nördlich des Kap Agulhas. Dagegen liegt die *Upper Karoo* in der nordwestlichen Kapprovinz und stellt – zusammen mit dem nördlich anschließenden Buschmannland – den niedersten, zwischen 900 und 1200 Metern gelegenen und trockensten Teil des Zentralen Hochlandes dar, eine fast wasserlose Halbwüste bis Wüste (Abb. 6.42).

Abb. 6.42. Die Wüste blüht: Pluviotherophyten im Namaqualand in Südafrika, wo die Niederschläge weniger als 200 Millimeter betragen (1996)

Die südgewandten Berghänge der ersten Bergketten tragen die immergrüne kapländische Hartlaubvegetation, den **Fynbos**. Im Regenschatten gibt es Trockenvegetation. Der Fynbos wird vor allem von Proteaceen gebildet mit 3 bis 6 Meter hohen Beständen von unterschiedlicher Dichte. Im Unterwuchs finden sich ericoide Klein- und Zwergsträucher (Abb. 4.20), die alle feueradaptiert sind. Der Fynbos ist auch eine eindeutige **Feuerklimax**, d. h. seine Gehölzartenkombination ist das Ergebnis einer jahrtausendalten Evolution unter dem ständigen Druck natürlicher Waldbrände, dem alle Pflanzen letztlich optimal angepasst sind. Zu den Trockenlandschaften hin und an Felspartien dominieren die halbsukkulenten Pelargonien und die vollsukkulenten Aloen, die Crassulaceen und die Mesembryanthemaceen. Nur an geschützten Berghängen finden sich inselhafte, verarmte Vorposten eines Lorbeerwaldes mit der bis 15 Meter hohen Proteacee *Leucadendron argenteum*, dem Silberbaum, dem Symbol der Kapflora.

6.10 Antarktika – „Der Kontinent im Ewigen Eis"

Keine andere Region unserer Erde hat ein so rauhes Klima und ist so unwirtlich wie die Antarktis. In weiten Gebieten des südlichsten Kontinents sinken die Temperaturen in jedem Winter auf unter minus 70 Grad Celsius und manchmal noch darunter. Die häufig vorkommenden heftigen Stürme erreichen Geschwindigkeiten von mehr als 150 Kilometern pro Stunde. Der Antarktische Kontinent ist mit rund 14 Millionen Quadratkilometern ungefähr doppelt so groß wie Australien. Er ist von einer gigantischen Eiskappe bedeckt. Berge, Täler, Inseln und Seen liegen unter dem ewigen Eis der Antarktis. Über 4500 Meter mächtig ist das Eis an seiner dicksten Stelle; durchschnittlich sind es fast 2000 Meter. Damit sind im Inlandeis der Antarktis 80 Prozent der gesamten Süßwasservorräte der Erde gespeichert. Es gibt bedeutende Berggipfel, die aus dem Eispanzer herausragen, wie beispielsweise das 5140 Meter hohe Vinson-Massiv, die höchste Erhebung von Antarctica. Bisher wurden über 70 subglaziale Seen entdeckt, die meisten davon tief unter dem ostantarktischen Eispanzer. Der Kilometer dicke Eisschild liegt nicht starr auf dem Kontinent, sondern das Eis bewegt sich langsam, aber unaufhaltsam auf die Küsten zu. Weil die Schneefelder über dem Südpol jährlich um etwa 10 Meter wandern, muss die genaue Position des geographischen Südpols jedes Jahr neu bestimmt werden. Hier in über 2000 Metern Höhe dauert der sonnenlose, kalte Winter von April bis September mit Durchschnittstemperaturen von minus 65 Grad, und es geht nur einmal im Jahr um den 21. September die Sonne auf, und nur einmal um den 21. März geht sie unter. An mehr als 250 Tagen sinkt die Temperatur auf unter minus 45 Grad.

Jenseits der Küstenlinie, wo das Inlandeis nicht mehr auf dem Festlandsockel aufliegt, schwimmt also das Schelfeis auf dem Meer. An seiner Kante brechen riesige, tafelförmige Eisberge ab, die ein paar Quadratkilometer, aber auch so groß wie ganz Schleswig-Holstein sein können. Die Abbrüche ragen dann als hohe Barrieren auf und machen lange Küstenabschnitte vom Meer aus unzugänglich. **Inlandeis** und **Schelfeis** bestehen nicht aus gefrorenem Wasser, sondern aus Schnee, der sich über Firn zu Eis umgewandelt hat. Die geringen Niederschläge, nur 75 bis 180 Millimeter im Inland und 200 bis 800 Millimeter im Küstenbereich; umgerechnet auf Wasser, fallen ausschließlich als Schnee. Auch aus klarem Himmel – Wolken sind im diffusen Licht kaum zu erkennen – rieseln in der Antarktis fast ununterbrochen Eiskristalle herab. Sie kompensieren jedoch den Eisverlust, der durch das Abbrechen von Eisbergen entsteht, weil bei den niedrigen Temperaturen kaum Schnee verdunstet. Die Luftfeuchtigkeit liegt in der Antarktis nahezu bei Null.

Wenn die Temperatur des Salzwassers der angrenzenden Ozeane im Winter unter minus 2,1 Grad Celsius fällt, bildet sich **Meereis** oder Packeis. Das schollenförmige **Packeis** füllt dann die Buchten und Golfe und dringt mehrere hundert Kilometer seewärts vor. Es umgibt den Kontinent wie ein Kettenpanzer. Als Eisbrecher ausgerüstete Schiffe können den Packeisgürtel nur in dem kurzen antarktischen Sommer passieren. Die günstigsten Klimabedingungen herrschen noch auf der Antarktischen Halbinsel im Graham-Land und Palmer-Land, deren Spitze über den Südpolarkreis hinausragt und nur rund 1000 Kilometer von Südamerika entfernt liegt. Die spärliche Vegetation der eisfreien Flächen besteht nur aus Algen, Flechten und einigen Moosarten. Für Pflanzen begrenzende Faktoren sind neben der fehlenden Sommerwärme vor allem die austrocknenden Winde und der Mangel an Feuchtigkeit. Der Antarktische Kontinent ist also eine große **Eiswüste**.

Nur ein Prozent der Oberfläche von Antarktika ist heute eisfrei und bietet einen schmalen Einblick in die geologische Vergangenheit dieses Kontinents: Vor ungefähr 70 Millionen Jahren wurde der einst feuchtwarme Teil des Urkontinents Gondwana zur selbständigen Landmasse, wie wir bereits gesehen haben. Seit etwa erst 30 Millionen Jahren ist die Antarktis von Eis bedeckt. Nur das 2900 Kilometer lange Transantarktische Gebirge ragt daraus empor und trennt West- und Ostantarktis. Hier gibt es nackte, eisfreie Gipfel, die **Nunataker**, welche den Geologen und Paläontologen Zugang zu mehr als 500 Millionen Jahre alten Sedimentgesteinen verschaffen. Dabei ist das ostantarktische Grundgestein insgesamt schon drei Milliarden Jahre alt. Die Westantarktis – ein Zusammenschluss aus Erd-

Box 6.7. Am Kältepol der Erde

Anfang Dezember beginnt in der Antarktis der Sommer. Der Packeis-Panzer, der den Kontinent den dunklen Winter über vom Rest der Welt abschneidet, wird vorübergehend durchlässig. Dann verwandelt sich dieser eigenartige Kontinent an seinen Küsten, besonders auf der Antarktischen Halbinsel im Weddell-Meer, – wo der wurmähnliche Fortsatz des Kontinents nicht so tief unter Gletschern begraben liegt – in eine Bühne mit einzigartigem Naturschauspiel: See-Elefanten, Robben und Pinguine leben hier am Existenzminimum, Tag für Tag hört man in den nun folgenden Sommermonaten das Geschrei der Tausende von Pinguinen, die jetzt ihre Jungen aufziehen. Diese waren gegen Ende des Südpolarwinters geschlüpft, nachdem sie von den männlichen Tieren den Winter über ausgebrütet wurden, welche die Eier auf den Füßen balancierend gegen die unerbittliche Kälte schützen mussten. Die ausgezehrten Pinguinmännchen sind inzwischen völlig abgemagert und fressen sich nun mit Kleinkrebsen und Krill erneut ein Fettpolster an. Das üppige Leben an den nährstoffreichen Küstenrändern der Antarktis steht im krassen Gegensatz zum Inneren des Kontinents. Hier, an der russischen Vostok-Station, liegt der **Kältepol der Erde**, wo man im südlichen Winter 1983 rekordverdächtige minus 89,2°C gemessen hat. Fast drei Kilometer dick ist dort der antarktische Eispanzer. Hier erstreckt sich sogar ein 270 Kilometer langer unterirdischer See, der **Vostok-See**, den die Russen jüngst bei einer Tiefbohrung entdeckten. Das Wasser dieses Sees ist sensationelle 20 Millionen Jahre alt und enthält Erbsubstanzspuren von Mikroorganismen aus dieser Zeit, die für Evolutionsbiologen von größter Wichtigkeit sind. Diese sind wertvolle Studienobjekte für die Zukunft.

krustenblöcken und heute noch aktiven Vulkanen im transantarktischen Gebirge, wie zum Beispiel Mt. Hampton (4181 m), Mt. Berlin (3498 m), Mt. Erebus (3794 m) und Mt. Melbourne (2732 m), ist hingegen nicht älter als 700 Millionen Jahre. Fossilien in der Antarktis sind darüber hinaus Belege für eine wärmere, grüne Vergangenheit. So lebten hier vor etwa 200 Millionen Jahren fleischfressende Dinosaurier der Gattung *Cryolophosaurus*, und fossile Baumstämme auf der Alexander-Insel nahe der Antarktischen Peninsula bezeugen ehemalige Wälder aus Samenfarnen und ersten Nadelbäumen.

Völlig eisfrei sind also nur die Küstenstreifen der antarktischen Halbinsel, die nach Südamerika zeigt, sowie einige steil aufragende Nunataker im Landesinneren. Nur zwei autochthone Gefäßpflanzen sind für den Kontinent bislang bekannt: das Gras *Deschampsia antarctica* und das Nelkengewächs *Colobanthus quitensis* mit mehr als einhundert Fundpunkten ausschließlich auf der Antarktischen Halbinsel südwärts bis auf die Höhe des südlichen Polarkreises. An den Stationen wird gelegentlich das synanthrope kosmopolitische Gras *Poa annua* gemeldet. Häufiger sind Moose und Flechten, die monatelang in trockener, eisiger Dunkelheit überleben können. Auf den Kerguelen und benachbarten Inselgruppen gibt es den berühmten Kerguelen-Kohl (*Pringlea antiscorbutica*), der ebenfalls zu den antarktischen Florenelementen gerechnet wird. Auf dieser Inselgruppe von etwa 300 Inselchen im südlichen Indischen Ozean – seit 1893 ein Teil des französischen Überseeterritoriums – dominieren moos-, flechten- und farnreiche subarktische Tundren, die aufgrund des ozeanischen Klimas und der hohen Niederschläge reich an feuchtigkeitsliebenden Sumpfpflanzen sind, unter anderem dem erwähnten genießbaren Kreuzblütler, dem Kerguelen-Kohl. Die Inseln werden von Pinguinen bewohnt, und seit 1950 gibt es in der einzigen Dauersiedlung Port-aux-Francais eine Forschungsstation. Ihren Namen erhielten die Inseln 1772 von ihrem Entdecker, dem französischen Seemann Yves Joseph de Kerguelen de Trémarec (1734-1797).

Zum Florenreich Antarktis werden auch die Inseln und Archipele nördlich des südlichen Polarkreises gerechnet, so die zu Norwegen gehörende Peter I.-Insel, die britischen Süd-Shetland-Inseln, die Falkland-Inseln, die Süd-Orkneys, Süd-Georgien, die Süd-Sandwich-Inseln, die wiederum zu Norwegen gehörende Bouvet-Insel, die zu Südafrika gehörenden Prinz Edward-Inseln, welche allesamt im Südatlantik liegen, sowie die von Frankreich verwalteten Crozet-Inseln, die Mac-Donald-Inseln, die Kerguelen und die zu Australien gehörende Heard-Insel wie auch die Macquarie-Inseln im südlichen Indischen Ozean. Auch den südlichsten Teil von Südamerika mit Westpatagonien in Chile und Feuerland in Südargentinien rechnen wir zum Antarktischen Florenreich. Spezifisch antarktisch sind beispielsweise hier die polsterbildenden Doldenblütler der Gattung *Azorella*, die durch riesige oder sehr kleine Blätter ausgezeichnete Gattung *Gunnera* sowie einige Vertreter des Südbuche *Nothofagus*, zum Beispiel *Nothofagus antarctica* (Abb. 4.6 und Abb. 6.43).

Abb. 6.43. *Gunnera chilensis*, Gunneraceae (links) aus Südchile und *G. monoica* (oben) aus Neuseeland

6.11 Ozeanien – Polynesien und die pazifische Inselwelt

Vielfach betrachtet man die Inselwelt des Pazifik auch als das polynesische Unterreich der Paläotropis. Dieter Müller-Dombois u. Raimond Fosberg (1998) plädieren jedoch dafür, für diese eigenwillige Welt der Gondwana-Reste unter anderem von Neukaledonien, Fidschi und Samoa sowie für die Vulkaninseln des Hawai'ianischen Archipels, von Galápagos und die vielen Atolle und Inselchen ein eigenes Florenreich **Ozeanien** abzugrenzen, dem folgen wir hier nach.

Im Osten liegt der Amerikanische Kontinent, den Westen begrenzt eine Kette von kontinentalen Inselgruppen der Kurilen, von Japan, den Philippinen und von Indonesien. Die Inselwelt Mikronesiens, die Samoas, die Inseln Französisch-Polynesiens und der Osten von Tonga liegen auf der Pazifischen Platte (Abb. 2.4). Neukaledonien gehört bereits zur angrenzenden Indo-Australischen Platte. Die Pazifische Platte bewegt sich gerade auf die Indo-Australische Platte zu in Form der Subduktion, was eine instabile Lage in deren Grenzbereich bewirkt: Fidschi, Vanuatu, die Solomonen-Inseln, Neu-Guinea, Neuseeland und der westliche Teil der Tonga-Inseln liegen auf dieser Grenze zwischen zwei Kontinentalplatten. Auf der anderen Seite des Pazifik bewegt sich im Osten die Nazca-Platte, auf der die Osterinseln und Galápagos liegen, auf die südamerikanische Festlandsplatte zu. Dieses System bildet den im Kapitel 2.1 genannten *Ring of Fire*, die Zone höchster vulkanischer Aktivität der Erde. Man kann sagen, alle Pazifischen Inseln sind entweder vulkanischen Ursprungs oder Reste gondwanischer Kontinentalplatten, die tektonisch gehoben wurden, oder eine Mischung aus beidem, wie wir es beispielsweise bei Neuseeland kennen. Oder es sind submerse Vulkane, die durch Korallen zu Riffen oder Atollen aufgebaut worden sind, wie beispielsweise die Marshall-Inseln. Auf die vulkanischen „Hot Spot"-Inseln der westwärtsdriftenden Pazifischen Platte, die linear angeordneten Inselketten von Hawaii, der Gesellschafts-Inseln und der Marquesas sowie der Galápagos-Inseln kommen wir später zurück.

Die Besiedlung der Pazifikinseln mit Blütenpflanzen und Tieren geschah auf jeden Fall immer von den benachbarten australischen oder asiatischen Rändern her: Die roten Isolinien in der Abb. 6.44 verdeutlichen dieses Phänomen für den west- und südpazifischen Bereich: Sie umgeben Bereiche mit der gleichen Artenzahl von Pflanzengattungen. Je weiter im Zentrum des Pazifik eine Insel liegt, umso weniger Pflanzen haben sich hier angesiedelt. Die Pflanzenvielfalt einer Insel ist jedoch für die Ansiedlung weiterer Organismen essentiell, da sie die Verfügbarkeit biologischer Ressourcen bestimmt. So gibt es auch einige spezifisch pazifische Pflanzenarten beziehungsweise Gattungen: *Desmodium* und *Hedyotis* sind Küstenelemente nur auf Niue, und in den Mangroven der Marschall-Inseln wachsen *Barringtonia asiatica*-Bäume. Weitere pazifische Elemente sind die Sagopalme *Metroxylon salomense*, *M. vitiense* und vor allem die Gattung *Metrosideros* mit verschiedenen Arten (*M. excelsa, M. robusta* und *M. umbellata*, s. Abb. 6.45). Als typische Geoelemente gelten ferner: *Piper methysticum* (Piperaceae), *Pisonia grandis* (Nyctaginaceae), *Thespesia populnea* (Malvaceae), *Cordia subcordata*, (Boraginaceae), *Morinda citrifolia*, (Rubiaceae) sowie zahlreiche buschförmige *Vaccinium*-Arten.

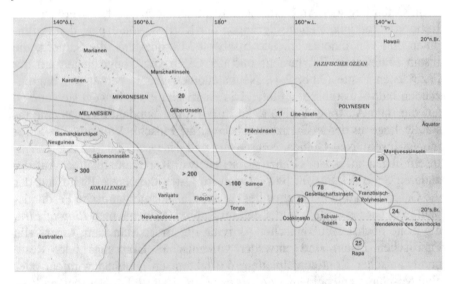

Abb. 6.44. Die Besiedlung der Pazifikinseln durch Blütenpflanzen. Die Roten Linien umgeben Bereiche mit der gleichen Anzahl von Gattungen. Je weiter von Südostasien und Australien entfernt, umso weniger Pflanzen haben sich angesiedelt (aus Brockhaus, Band 9, 2004)

Die vielen tausend Inseln erstrecken sich im Pazifik über ein gewaltiges Gebiet, das eine Fläche von mehr als 180 Millionen Quadratkilometern bedeckt, was immerhin einem Drittel der gesamten Erdoberfläche entspricht. Angaben über die Anzahl der Inseln schwanken zwischen dreitausend bis zehntausend – je nachdem, ab welcher Größe die einzelnen Landmassen als Inseln gezählt werden. Im Allgemeinen werden die Pazifischen Inseln nördlich und südlich des Äquators unter dem Sammelbegriff **Ozeanien** gefasst. Diese Bezeichnung umschreibt auf der Grundlage ethnischer und kultureller Gemeinsamkeiten zwischen den einzelnen Inselgruppen die drei großen Inselregionen des Pazifischen Ozeans: Melanesien, Mikronesien und Polynesien. Melanesien, das seinen negroiden Bewoh-

Abb. 6.45. Ozeanien-Elemente: **a** *Metrosideros polymorpha*, Myrtaceae, **b** *M. polymorpha* fo. *pubescens*, **c** *M. polymorpha* fo. *glabrosa*, **d** *Piper methysticum*, Piperaceae, **e** *Pisonia grandis*, Nyctaginaceae, **f** *Thespesia populnea*, Malvaceae, **g** *Cordia subcordata*, Boraginaceae, **h** *Morinda citrifolia*, Rubiaceae, **i** *Vaccinium dentatum*, Ericaceae

nern den Namen verdankt, setzt sich aus Neuguinea, den Solomonen, Vanuatu, Neukaledonien und dem Fidschi-Archipel zusammen, welche insgesamt den „Melanesischen Inselbogen" bilden. Nach Norden schließen sich die kleinen Inselgruppen Mikronesiens an, denen unter anderem Kiribati, die Marschall-Inseln, Guam, die Gilbert-Inseln, die Marianen, Wake-Inseln, Palau und Nauru angehören. Die flächenmäßig größte Region nimmt jedoch Polynesien ein, welches die Osterinseln, den Hawaii-Archipel, Samoa und Tonga sowie die Inseln von Ellice, Futuna, Tuvalu, Tokelau und Niue umfasst. Weiterhin zählen hierzu die Cook-Inseln, die Marquesas, die

Phoenix- und die Pitcairn-Inseln wie auch die Gesellschaftsinseln mit Bo-
ra-Bora und Tahiti. Ganz südlich liegt der Archipel von Neuseeland mit
Nord- und Südinsel, Stewart-Island und den Chatham-Inseln.

Abb. 6.46. Norfolk- und Lord Howe-Endemiten: **a** *Howea forsteriana*, Arecaceae,
b *Lagunaria patersonii*, Malvaceae, **c**, **d**, *Araucaria heterophylla*, Araucariaceae,
1774 von James Cook auf den Norfolk-Inseln entdeckt

Aus geobotanisch-arealgeographischer sowie aus evolutionsbiologischer
Sicht sind die Pazifischen Inseln auch heute noch von großem wissenschaftlichen Interesse. Obwohl diese Inseln flächenmäßig nur einen sehr
geringen Raum einnehmen, handelt es sich jedoch im Hinblick auf ihre
Biogeographie um besonders interessante Lebensräume. Da sie seit ihrer
Entstehung hauptsächlich von Südostasien aus besiedelt wurden, hat sich
im Pazifik ein natürlicher Biodiversitätsgradient ausgebildet, der ein all-
mähliches Ausdünnen der Artenvielfalt von West nach Ost beinhaltet: Die
montanen Regenwälder Indonesiens werden beispielsweise von etwa 30
verschiedenen Baumarten gekennzeichnet, vergleichbare Wälder im ostpazifischen Raum weisen dagegen nur noch 1 bis 5 Baumarten auf, ein Dis-
tanzproblem der Artenausbreitung, denn die einzelnen Inseln Ozeaniens
sind in einer unterschiedlichen Dichte über den gesamten Pazifik verstreut,
wobei sie in Entfernungen zwischen wenigen und mehr als 8000 Kilometern von ihrer floristischen Heimatprovinz in Südostasien entfernt liegen.
Generell zeichnen sich in diesem Zusammenhang die Vulkaninseln mit einem hohen Alter und einer langen Isolationsdauer durch hoch spezialisierte Lebensgemeinschaften aus, die besonders reich an seltenen endemischen

Box 6.8. Südsee-Expeditionen und Forschung

Der bedeutendste Forschungsreisende des 18. Jahrhunderts war sicherlich der britische Kapitän James Cook (1728-1779), den seine drei Weltreisen in den Jahren 1768-1771 und 1772/73 sowie 1776-79 im Auftrag der hannoversch-englischen Könige Georg II (1727-1760) und Georg III (1760-1820) zu fast allen größeren Inselgruppen des Südpazifik und auch nach Hawaii führten. Dabei gelang es Cook, durch eine Fülle von Beobachtungen und kartographischen Untersuchungen zahlreiche Aspekte der damaligen natürlichen und kulturellen Gegebenheiten auf diesen Inselwelten festzuhalten, welche heute aus historischer Sicht besonders wertvoll sind. Unter den Naturwissenschaftlern, die seinerzeit mit auf Entdeckungsreise gingen, befand sich beispielsweise der aus London stammende Botaniker Sir Joseph Banks (1743-1820). Er sammelte im Verlauf von Cooks erster Weltumsegelung auf dem berühmten Schiff „Endeavour" fast 1400 bis dahin noch völlig unbekannte Pflanzenarten. So entdeckte er beispielsweise im Jahre 1770 in der Botany Bay an der Südostküste Australiens eine neue Pflanzengattung, die ihm zu Ehren später „Banksia" benannt wurde. An den Weltumsegelungen des Kapitän Cook waren unter anderem auch die deutschen Naturforscher Johann Reinhold Forster (1729-1798) und dessen Sohn Johann Georg Forster (1754-1794) beteiligt, die auf diesen Reisen zahlreiche bedeutende zoologische und botanische Beobachtungen durchführten.

Die Reihe der Forschungsreisenden und reisenden Privatgelehrten, die im 18. und 19. Jahrhundert solche Expeditionen begleiteten, ist sehr lang. Dabei hatten die damaligen Naturforscher jedoch nicht nur die Aufgabe, wissenschaftliche Sammlungen anzulegen, sondern vor allem auch die Bodenschätze und landwirtschaftlichen Produkte der neu entdeckten Gebiete zum Nutzen ihrer jeweiligen Auftraggeber zu erkunden. Solcher Art war sicherlich auch die Aufgabe des hannoverschen Botanikers Berthold Seemann (1825-1872), als er von 1845 bis 1851 im Auftrag der englischen Krone an einer Weltreise teilnahm, welche ihn auch zu den Fidschi-Inseln führte. Nach einer zweiten Reise auf den Fidschi-Archipel im Jahre 1860 entstand als erste Flora der Fidschi-Inseln die 1861 in London erschienene *Flora Vitiensis*; im Jahre 1863 folgte eine *Naturgeschichte der Palmen*. Zu Ehren von Berthold Seemann gab der damalige Direktor des Botanischen Gartens von St. Petersburg, Eduard August von Regel (1851-1892), einer Pflanzengattung aus der tropischen Familie der Gesneriengewächse den Namen „Seemannia". Die bedeutendste französische Expedition leitete in den Jahren 1766 bis 1769 Louis Antoine Compte de Bougainville (1729-1811), der beispielsweise den Tuamoto-Archipel, den Archipel von Tahiti sowie Samoa, Vanuatu und die Solomonen passierte. Nach ihm ist beispielsweise die größte der Solomon Islands, die Insel Bougainville, benannt worden sowie die gleichnamige Meeresstraße zwischen Bougainville und ihrer Nachbarinsel Choiseul und die Tropenpflanze *Bougainvillea spectabilis* (Abb. 6.47).

Arten sind, die nur auf einem Archipel oder sogar nur auf einer einzigen Insel vorkommen. Inselgruppen wie Neukaledonien und der Fidschi-Archipel stellen in diesem Zusammenhang eine weitere Besonderheit dar, denn hierbei handelt es sich um ehemalige Festlandsbereiche des alten Gondwana-Kontinentes, welche durch die Kontinentaldrift bereits vor vielen Millionen Jahren weit in den Pazifischen Ozean verschoben wurden. Hier kommen daher noch heute uralte Pflanzensippen als „lebende Relikte" aus dem Erdmittelalter vor, die in anderen Erdteilen längst ausgestorben sind. Die Inselgruppen des Pazifik stellen zudem ein ideales Freilandlaboratorium zur wissenschaftlichen Untersuchung der funktionalen Bedeutung von Biodiversität dar: Dies gilt sowohl für die jeweilige Lebensraum- und Artenvielfalt auf den einzelnen Inseln als auch für die Stabilität und die Regenerationskraft von unterschiedlichen Lebensgemeinschaften sowie nicht zuletzt für die Stoffflüsse in solchen tropischen Insel-Ökosystemen auch unter dem Aspekt der Einwanderung von *Aliens*, wie wir es in den Kapiteln 4.5 und 4.6 schon gesehen haben.

Abb. 6.47. *Bougainvillea spectabilis*, Nyctaginaceae, stammt ursprünglich aus Brasilien und wird heute überall in den Tropen und Subtropen als Zierpflanze benutzt

Aus floristischen Gründen lassen sich im Florenreich Ozeanien folgende Regionen differenzieren: Polynesien, Mikronesien, Melanesien sowie Neuseeland und die Ostpazifische Region mit den Archipelen oder Inseln von Revillagigedos, Clipperton, Galápagos und Juan Fernandez vor der Küste Mittel- und Südamerikas. Die Neuseeland-Region umfasst beispielsweise die subtropischen Inseln von Lord Howe, Norfolk und die Kermadecs, welche allesamt südlich des Wendekreises des Steinbocks liegen. Ein Großteil von Melanesien und der Neuseelandregion liegt auf der Indo-australischen Kontinentalplatte und besitzt deshalb zahlreiche Gondwana-Elemente, wohingegen der Großteil von Mikronesien und Polynesien sowie die Ostpazifischen Inseln von jeher auf der Ozeanisch-pazifischen Platte entstanden sind. Ein biotischer „Hot Spot" ist vor allem die Melanesische Region: Die größte Insel im Pazifik, Neuguinea, ist biogeographisch nur ein Teil von Melanesien; sie markiert durch die im Kapitel 2.3, Abbildung 2.46 genannte **Wallace-Linie** zwar eine Trennlinie; die alten Kontinentalbrücken während der pleistozänen Vereisungen sind jedoch noch heute biogeographisch erkennbar. Viele indonesische und australische Elemente finden sich hier, zum Beispiel *Eucalyptus deglupta*, *Casuarina*, *Myoporum* und die Epacridaceen. Auf Neuseeland wachsen sowohl paläotropisch-melanesische Elemente als auch antarktische, die sich oftmals mosaikartig durchdringen (vgl. auch Abb. 6.43). Deshalb bezeichnet S. W. Breckle (2002) die Zurechnung dieser Inseln zu einem der Florenreiche der Antarktis oder der Australis schlichtweg als eine Ermessensfrage, sie können auch als Teilgebiet eines Florenreiches Ozeanien geführt werden.

6.12 Literatur

Ahti TL, Jalas J (1968) Vegetation zones and their sections in Northwestern Europe. Ann Bot Fenn 5: 169-211

Aleksandrova VD (1980) Russian approaches to classification of vegetation. In: Tüxen R (ed) Ordination and classification of communities. Handbook of Vegetation Science, pp 167-200, W Junk, The Hague

Andelman SJ, Willig MR (2003) Present patterns and future prospects for biodiversity in the Western Hemisphere. Ecol Lett 6: 818-824

Arnberger E, Arnberger H (1993) Die tropischen Inseln des Indischen und Pazifischen Ozeans. 2. Aufl, Meyer & Comp, Wien

Arroyo MTK, Zedler PH, Fox MD (1995) Ecology and biogeography of Mediterranean ecosystems in Chile, California, and Australia. Ecol Stud 108: 1-455

Ash J (1992) Vegetation ecology of Fidschi, past, present and future perspectives. Pac Sci 46: 111-127

Axelrod DI (1973) History of the Mediterranean ecosystems in California. Ecol Stud 7: 225-277

Axelrod DI (1983) Biogeography of oaks in the Arcto-Tertiary Province. Annals Missouri Botan Garden 70: 629-657

Balgooy MJJ van (1971) Plant geography of the Pacific. Blumea Suppl 6: 1-122

Barnola JM, Raynaud D, Korotkevich YS, Crutzen PJ, Rasmussen RA (1987) Vostok ice core provides 160 000-year record of atmospheric CO_2. Nature 329: 408-414

Barthlott W, Biedinger N, Braun G, Feig F, Kier G, Mutke J (1999) Terminological and methodological aspects of the mapping and analysis of global biodiversity. Acta Bot Fennica 162: 103-110

Baumann-Booenheim MG (1956) Über die Beziehung der neucaledonischen Flora zu den tropischen und den südhemisphärisch-subtropischen bis –extratropischen Floren und die gürtelmäßige Gliederung der Vegetation von Neu-Caledonien. Ber Geobot Inst Rübel: 64-74

Beadle NCW (1981) The Vegetation of Australia. Vegetationsmonographien der einzelnen Großräume Bd IV, Fischer, Stuttgart

Bergius CC (1975) Die großen Entdecker. 352 S, Mohn, Gütersloh

Box EO (1995) Global and local climatic relations of the forests of East and Southeast Asia. In: Box EO et al (eds) Vegetation Science in Forestry, Handbook of Vegetation Science Vol 12/1, pp 23-55, Kluwer, Dordrecht

Box EO (2000) Biodiversität Nordamerikas. Ber d Reinh-Tüxen-Ges 12: 223-239

Box EO, Crumpacker DW, Hardin ED (1999) Predicted effects of climatic change on distribution of ecologically important native tree and shrub species in Florida. Climate Change 41: 213-248

Breckle SW (2002) Walter's vegetation of the Earth. 4th edn. Springer, Berlin Heidelberg

Brockhaus FA (2004) Die Lebensräume der Erde Band 9, Inseln und Polargebiete. Brockhaus, Leipzig

Brookfield HC, Hart D (1971) Melanesia: a geographical interpretation of an island world. Methuen, London

Brown KSJ, Ab'Saber AN (1978) Ice age refuges and evolution in the neotropics: correlation and paleoclimatological, geomorphological and pedological data with modern biological endemism. Paleoclimas (Sao Paulo) 5: 1-30

Brownlie G (1965) The geographical affinities of the South Pacific island fern floras. Pacific Science 19: 219-223

Brownlie G (1977) The pteridophyte flora of Fidschi. Cramer, Vaduz

Brüning FF (1973) Species richness and stand diversity in relation to site and succession. Amazonia 4: 293-320

Burga CA, Klötzli F, Grabherr G (2004) Gebirge der Erde. Landschaft, Klima, Pflanzenwelt. Ulmer, Stuttgart

Campbell BD, Grime JP (1992) An experimental test of plant strategy theory. Ecology 73: 15-29

Campbell JB, Clairidge GGC (1987) Antarctica: soils, weathering processes and environment. Elsevier, Amsterdam

Carder A (1995) Forest Giants of the World, Past and Present. 208 p, Fitzhenry & Whiteside, Markham (Ontario)

Carr GD (1985) Monograph of the Hawaiian Madiinae (Asteraceae): *Argyroxiphium, Dubautia* and *Wilkesia*. Allertonia 4: 1-123

Chan E (2000) Tropische Pflanzen Südostasiens. Periplus, Singapore

Chapman GP, Wang YZ (2002) The Plant Life of China. Diversity and Distribution. Springer, Heidelberg

Chinese Academy of Sciences (ed 2001) Vegetation atlas of China 1:1 000 000. Science Press, Bejing

Cleef AM (1978) Characteristics of neotropical páramo vegetation and its subantarctic relations. Erdwiss Forschung 9: 365-390

Clements FF, Weaver JE, Hanson HC (1929): Plant Competition. Carnegie Inst Washington, Publ 398

Coleman PJ (1973) The Western Pacific: Island arcs, marginal seas, geochemistry. Crane, Russak, New York

Cowling RM, Richardson DM, Pierce SM (2004) Vegetation of Southern Africa. Cambrigde University Press, Cambridge

Cox CB, Moore PD (2000) Biogeography: An ecological and evolutionary approach. Blackwell, Oxford

Crook K, Belbin L (1978) The southwest Pacific area during the last 90 million years. J Geol Soc Aust 25: 23-40

Crowley GM (1994) Quaternary soil salinity events and Australian vegetation history. Quaternary Science Reviews 13: 15-22

Currie DJ, Paquin V (1987) Large-scale biogeographical patterns of species richness of trees. Nature 329: 326-327

D'Antonio CM, Vitousek PM (1992) Biological invasions by exotic grasses, the grass fire cycle and global change. Ann Rev Ecol & System 23: 63-87

Daubenmire RF (1978) Plant Geography with special reference to North America. 338 pp, Acad Press, New York

Delcourt PA, Delcourt HR (1981) Vegetation maps for eastern North America: 40 000 yr B.P. to the present. In: Romans RC (ed) Geobotany II, pp 123-165, Plenum New York

Diem HG, Duhoux E, Zaid H, Arahou M (2000) Cluster roots in Casuarinaceae: Role and relationship to soil nutrient factors. Annals of Botany 85: 929-939

Dinkelaker B, Hengeler C, Marschner H (1995) Distribution and function of proteoid-roots and other clusters. Botanica Acta 108: 183-200

Dokutschajev UV (1898) Zur Lehre über die Naturzonen. St. Petersburg

Ermakov NB (1997) The forests of *Betula davurica* as an element of Manchurian steppose vegetation in vegetation cover of Siberia. Sibirskiy Ecologicheskiy Zhurnal 1: 59-69

Enting B, Molloy L (1982) The ancient islands: New Zealand's natural environments. Port Nicholson, Wellington

Ernst W, Walker GH (1973) Studies on hydrature of trees in miombo woodland in South Central Africa. J Ecol 61: 667-686

Fittkau EJ (1984) Tropischer Regenwald – Die Zusammenhänge. Spixiana Suppl 10: 47-54

Florence J, Waldren S, Chepstow-Lusty AJ (1995) The flora of the Pitcairn-Islands: a review. Biological Journal of the Linnean Society 56: 79-119

Fosberg FR (1974) Phytogeography of atolls and other coral islands. In: Jones OA, Endean R (eds) Biology and geology of coral reefs, Vol 3, Academic Press, New York

Frey W, Hensen I (1995) Lebensstrategien bei Pflanzen: ein Klassifizierungsvorschlag. Bot Jahrb Syst 117: 187-209, Stuttgart

Fukarek F (1980) Pflanzenwelt der Erde. 2. Aufl, Urania, Leipzig Jena Berlin

Gallant AL, Binnian EF, Omernik JM, Shasby MB (1995) Ecoregions of Alaska. USGS Professional Paper Nr 1567, US Geological Survey; Washington

Gavenda RT (1992) Hawaiian Quaternary palaeoenvironment: A review of geological, pedological and botanical evidence. Pacific Science 46: 295-307

Gentry AH (1982) Neotropical floristic diversity: phytogeographical connections between Central and South America. Pleistocene climatic fluctuations, or an accident of the Andean orogeny? Annals Missouri Botanical Garden 69: 557-593

Good R (1974) The Geography of the Flowering Plants. Longman, London

Goodall D (1979) Ecosystems of the World. Bde 1-15. Elsevier Amsterdam Oxford New York

Grabherr G (2001) 50 Jahre numerische Methoden in der Vegetationsökologie – ein Rückblick. Ber d Reinh-Tüxen-Ges 13: 5-10

Graham A (ed, 1972) Floristics and Paleofloristics of Asia and Eastern North America. 278 pp, Elsevier, Amsterdam

Green D, Cullen DJ (1973) The tectonic evolution of the Fidschi region. In: The Western Pacific: Island arcs, marginal seas, geochemistry. Univ of Western Australia Press, pp 127-145

Grime JP (1979) Plant strategies and vegetation processes. Wiley & Sons, New York

Groombridge B (ed, 1992) Global Biodiversity: Status of the Earth's Living Resources. World Conservation Monitoring Center (et al). 585 pp, Chapman & Hall, London

Groves RH (ed, 1994) Australian vegetation. 2nd edn, CSIRO, Canberra

Harper JL (1977) Population biology of plants. Academic Press, London

Hatheway WH (1953) The land vegetation of Arno Atoll, Marshall Islands. Atoll Res Bulletin 16: 1-68

Hatheway WH (1955) The natural vegetation of Canton Island, an equatorial pacific atoll. Atoll Res Bulletin 43: 1-8

Hempel G (1994) Antarctic Science. Global concerns. Springer, Berlin Heidelberg New York

Hill RS (1994) The history of selected Australian taxa. In: Hill RS (ed) History of the Australian vegetation. Cretaceous to recent. pp 390-419, Cambridge University Press, Cambridge

Holzner W, Werger MJA, Ikusima I (eds, 1983) Man's impact on vegetation. Junk, The Hague
Horn HS (1987) The Adaptive Geometry of Trees. Monogr in Population Biology Vol 3, 144 S, Princeton
Hotchkiss SC, Juvik JO (1999) A Late-quaternary pollen record from Ka'au Crater O'ahu, Hawai'i. Quaternary Research 52: 115-128
Hueck K (1966) Die Wälder Südamerikas. Vegetationsmonographien der einzelnen Großräume, Bd 11, Gustav Fischer, Stuttgart
Hueck K, Seibert P (1972) Vegetationskarte von Südamerika. Vegetationsmonogr d einz Großräume, Bd II a, Gustav Fischer, Stuttgart
Humboldt A v (1806) Ideen zu einer Physiognomik der Gewächse (Neudruck 1957). Akademische Verlagsgesellschaft, Leipzig
Humphries CJ, Parenti LR (1999) Cladistic Biogeography. Interpreting Pattern of Plant and Animal Distributions. Oxford University Press, Oxford
Irwin G (1992) The prehistoric exploration and colonisation of the Pacific. Cambridge University Press, Cambridge
Jürgens N, Burke A, Seely MK, Jacobsen KM (1997) Deserts. In: Cowling RM, Richardson DM, Pierce SM (eds) Vegetation of Southern Africa. Pp 189-214, Cambridge University Press, Cambridge
Kautsky L (1988) Life-strategies of soft bottom macrophytes. Oikos 53: 126-135
Keast A (1981) Ecological biogeography of Australia. 3 Bde, Sydney
Kharkevich SS, Cherepanov SK (eds)(1981) Guidebook to the vascular plants of Kamchatka. Nauka Press, Moscow
Kim J-W, Manyko YI (1994) Syntaxonomical and synchorological characteristics of the cool-temperate mixed forest in the Southern Sikhote-Alin, Russian Far East. The Korean Journal of Ecology 17 (4): 391-413
Kira T (1977) A Climatological Interpretation of Japanese Vegetation Zones. – In: Miyawaki A et al (eds) Vegetation Science and Environmental Protection, pp 21-30, Maruzen, Tokyo
Kirch PV (1982) The impact of the prehistoric Polynesians on the Hawai'ian ecosystem. Pacific Islands 36 (1): 1-14
Klötzli F (1989) Ökosysteme. 2. Aufl, Fischer, Stuttgart
Knapp R (1965) Die Vegetation von Nord- und Mittelamerika und der Hawai'i-Inseln. Vegetation der einzelnen Großräume Bd 1. Fischer, Stuttgart
Knapp R (1973) Die Vegetation von Afrika. Veget Monogr d einz Großräume, Bd III, Fischer, Stuttgart
Knoll J (2001) Berthold Seemann. Herrenhäuser Gärten 3: 2-11, Hannover
Köpke E, Musselman LJ, Laubenfels DJ de (1981) Studies on the anatomy of Parasitaxus ustus and its roots connections. Phytomorphology 31:85-92
Komarkova V (1985) Two native antarctic vascular plants Deschampsia antarctica and Colobanthus quitensis: A new southernmost locality and other localities in the Antarctic peninsula area. Arctic and alpine Res 17: 401-416
Korotkov K (1992) Entwicklung des waldpflanzensoziologischen Ansatzes im Bereich der ehemaligen UdSSR. Ber d Reinh Tüxen-Ges 4: 173-190
Koska I, Clausnitzer U, Gremer D, Jansen F, Manthey M, Timmermann T (2001) Das Vegetationsformenkonzept: Interpretation von Vegetation und Standort Klassifikationsverfahren. Ber d Reinh-Tüxen-Ges 13: 252-263
Kozlowski TT, Ahlgren CE (1974) Fire and ecosystems. Academic Press, New York
Krestov PV (2003) Forest Vegetation of Easternmost Russia (Russian Far East). In Kolbeck J, Srutek M, Box EO (eds) Forest Vegetation of Northeast Asia, pp 93-180 Kluwer, Dordrecht
Krestov PV, Song JS, Verkholat VP (2004) A phytosociological survey of temperate deciduous-forests of mainland Asia. http://www.geopacifica.org
Kull U (1982) Artbildung durch geographische Isolation bei Pflanzen. Die Gattung Aeonium auf Teneriffa. Natur und Mensch 112: 33-40
Kunkel G (ed, 1976) Biogeography and ecology in the Canary Islands. Junk, The Hague
Larcher W (1994) Ökophysiologie der Pflanzen. UTB für Wissenschaften, Eugen Ulmer, Stuttgart
Laubenfels DJ de (1959) Parasitic conifer found in New Caledonia. Science 130:97
Lauer W, Rafiqpoor MD, Frankenberg P (1996) Die Klimate der Erde. Erdkunde 50: 275-300
Lieth H (1964) Versuch einer kartographischen Darstellung der Produktivität der Pflanzendecke auf der Erde. Geogr. Taschenbuch, pp 72-80, Wiesbaden
Lösch R (2002) Wasserhaushalt der Pflanzen. 2. Aufl, Quelle & Meyer, Wiesbaden
Loret J, Tanacredi JT (2003) Easter Island. Scientific exploration into the world's environmental problems in microcosm. Kluwer, Dordrecht
Lüpnitz D (1998) Gondwana – Die Pflanzenwelt von Australien und ihr Ursprung. Palmengarten 28, Frankfurt/Main
Lüpnitz D (2000) Die Biodiversität australischer Lebensräume. Ber d Reinh-Tüxen-Ges 12: 283-318
MacArthur RH (1972) Geographical ecology: patterns in the distribution of species. Harper & Row, New York
Martin K (2002) Ökologie der Biozonen. Springer, Berlin Heidelberg New York Tokyo
Mattick F (1964) Über die Florenreiche und Florengebiete der Erde. In: Melchior (Hrsg), pp 626-629
Merill ED (1948) A living Metasequoia in China. Science 107, New York
Merlin M (1999) Hawai'ian forest plants. Pacific Guide Books, Honolulu
Meusel H (1943) Vergleichende Arealkunde I, II. Borntraeger, Berlin
Miehe G (1990) Flora und Vegetation als Klimazeiger und –zeugen im Himalaya. Diss Bot 158, Berlin Stuttgart
Miki S (1949) On Metasequoia, with special reference to the discovery of living species. Sapporo 4 (4): 146-149
Minerbi L (1999) Indigenous management models and protection of the Ahupua'a. Social Process in Hawai'i 39: 208-213
Mirkin BM (1987) Paradigm change and vegetation classification in Soviet phytosociology. Vegetatio 68: 131-138

Miyawaki A, Nakamura Y (1988) Überblick über die japanische Vegetation und Flora in der nemoralen und borealen Zone. Veröff Geobot Inst ETH, Stiftung Rübel, 98: 100-128, Zürich

Miyawaki A, Iwatsuki K, Grandter MM (eds, 1994)Vegetation in Eastern North America. 515 pp, University of Tokyo Press, Tokyo

Morat P (1993) Our knowledge of the flora of New Caledonian endemism and diversity in relation to vegetation types and substrates. Biodiversity Letters 1: 72-81

Moss S (1992) Antarktis: Ökologie eines Naturreservats. Spektrum, Heidelberg

Mueller-Dombois D (1994) Vegetation dynamics and the evolution of *Metrosideros polymorpha* in Hawai'i. Phytocoenologia 24: 609-614

Mueller-Dombois D (2000) Die Vegetation der pazifischen Inseln im tropischen Bereich. Ber Reinh-Tüxen-Ges 12: 373-388

Mueller-Dombois D, Fosberg FR (1998) Vegetation of the Tropical Pacific Islands. Ecological Studies 132, Springer, New York

Müller P (1981) Arealsysteme und Biogeographie. Ulmer, Stuttgart

Myers N (1990) The biodiversity challange: expanded hot-spots analysis. The Environmentalist 10: 243-256

Myers N, Mittermeier RA, Mittermeier CG, Fonsecca GAB, Kent J (2000) Biodiversity hotspots for conservation priorities. Nature 403: 853-858

Nakamura Y, Grandtner M, Villeneuve N (1994) Boreal and oroboreal coniferous forests of Eastern North America and Japan. In: Miyawaki A, Iwatsuki K, Grandtner M (eds) Vegetation in eastern North America, pp 121-154, Univ Tokyo Press, Tokyo

Neumann G, Dinkelaker B, Marschner H (1996) Kurzzeitige Abgabe organischer Säuren aus Proteoidwurzeln von *Hakea undulata* (Proteaceae). In: Merbach (ed) Pflanzliche Stoffaufnahme und mikrobielle Wechselwirkungen der Rhizosphäre, pp 129-136 Teubner, Stuttgart

Peinado M, Aguirre JL, Delgadillo J (1997) Phytosociological, bioclimatic and biogeographical classification of woody climax communities of western North America. J Veg Sci 8: 505-528

Popp M, Menser R, Richter A, Buschmann H, Willert DJ von (1995) Solutes and succulence in southern African mistletoes. Trees 9: 303-310

Pott R (1998): Vegetation analysis. In: Ambasht RS (ed) Modern trends in ecology and environment. pp 55-90, Backhuys, Leiden

Qian H, Klinka K, Kayahara GJ (1998) Longitudinal pattern of plant diversity in the North American boreal forest. Plant Ecol 138: 161-178

Rapaport M (1999) The Pacific Islands. Environment and society. The Bess Press, Honolulu

Raunkiaer C (1934) The life forms of plants. Oxford University Press, Oxford

Richter M (2001) Vegetationszonen der Erde. Perthes, Gotha

Rikli M (1913) Florenreiche. In: Handwörterbuch der Naturwissenschaften IV, S 776-857, Fischer, Jena.

Rivas-Martínez S, Sánchez-Mata D, Costa M (1999) North American Boreal and Western Temperate Forest Vegetation. Itinera Geobotanica Bd 12, Madrid

Rohde K (1992) Latitudinal gradients in species diversity: a search for a primary cause. Oikos 65: 514-527

Schall JJ, Pianka ER (1978) Geographical trends in numbers of species. Science 201: 679-686

Schimizu Y, Tabata H (1991) Forest structures, composition and distribution on a Pacific island with reference to ecological release and speciation. Pac Sci 45: 28-49

Schmid M (1989) The forests in the tropical Pacific archipelagoes. In: Lieth H, Werger M (eds) Tropical rain forest ecosystems: biogeographical and ecological studies. Ecosystems of the world 14 B, pp 283-301, Elsevier, Amsterdam

Schmidt-Vogt H (1974) Die systematische Stellung der Gemeinen Fichte (*Picea abies* L. J. Karst) und der Sibirischen Fichte (*Picea obovata* Lebed.) in der Gattung *Picea*. Allg Forst- und Jagdzeitung 145 (3/4): 45-60

Schmithüsen J (1956) Die räumliche Ordnung der chilenischen Vegetation. Bonner Geogr Abh 17

Schmithüsen J (1968) Allgemeine Vegetationsgeographie. 3 Aufl, De Gruyter, Berlin

Schmithüsen J (1976) Atlas zur Biogeographie. Bibl. Inst. AG Mannheim Wien Zürich

Schneckenburger S (1991) Neukaledonien – Pflanzenwelt einer Pazifikinsel. Palmengarten 16: 1-78, Frankfurt

Schroeder FG (1998) Lehrbuch der Pflanzengeographie. Quelle & Meyer, Wiesbaden

Schultz J (1995) Die Ökozonen der Erde. UTB 1514, Ulmer, Stuttgart

Schulze E-D, Mooney HA (Hrsg, 1994) Biodiversity and Ecosystem Function. Springer, Berlin Heidelberg

Scott J, Negus P (2002) Field Guide to Wildflowers of Australia'a South West. Augusta-Margaret River-Region.

Seearing D (1997) Karoo. – South African Wild Flower Guide 6

Seibert P (1996) Farbatlas Südamerika. Landschaften und Vegetation. Ulmer, Stuttgart

Shreve F (1951) Vegetation of the Sonoran Desert. 192 pp, Carnegie Institute Publication Nr 591, Washington

Sitte P et al (2002) Strasburger. Lehrbuch der Botanik. 35. Aufl, Spektrum, Fischer, Stuttgart

Smith AC (1970) The Pacific as a key to flowering plant history. Harold L Lyon Lectures 1: 1-27, Univ of Hawai'i

Smith AC (1979-1996) Flora Vitiensis Nova: a new flora of Fidschi. Natl Trop Bot Garden, Lawai, Kaua'i, Hawai'i

Smith N, Mor SA, Henderson A, Stevenson DWM, Heald SV (2004) Flowering plants of the Neotropics. Princeton Univ Press, Oxford

Sochava VB, Bayborodin VN (eds, 1977) The correlation ecologo-phytocoenological map of Asian Russia. Scale 1:7 500 000. Institute of geography of Siberia and Far East Press, Novosibirsk

Sohmer SH, Gustafson R (2000) Plants and flowers of Hawai'i. 2nd edn. University of Hawai'i Press, Honolulu

Solomon AM, Shugart HH (eds, 1993) Vegetation Dynamics and Global Change. Chapman & Hall, New York London

Stoddart DR (1992) Biogeography of the tropical Pacific. Pacific Science 46: 276-292

Sukachev V, Dylis N (1964) Fundamentals of forest biogeocoenology. Oliver & Boyd, Edinburgh

Takhtajan A (1986) Floristic regions of the world. University of California Press, Berkeley

Thaman RR (1992) Vegetation of Nauru and the Gilbert Islands, case studies of poverty, degradation, disturbance and displacement. Pacific Science 46: 128-158

Thaman RR (1997) Vascular plants of Mabualau reef islet, Tailevu Province, Fidschi. Technical Report 7/97, Marine Studies, University of the South Pacific

Trense W (1989) The Big Game of the world. Parey, Hamburg Berlin

Troll C (1960) Die Physiognomik der Gewächse als Ausdruck der ökologischen Lebensbedingungen. Verhdl Dt Geographentag 32: 97-122

Troll C (1967) Die klimatische und vegetationsgeographische Gliederung des Himalaya-Systems. Ergeb Forsch Untern Nepal Himalaya 1: 353-388

Turkington R, Klein E, Chanway CP (1993) Interactive effects of nutrients and disturbance: an experimental test of plant strategy theory. Ecology 74: 863-878

Van Balgooy MMJ (1971) Plant geography of the Pacific. Blumea supplement 6

Vankat JL (1979) The Natural Vegetation of North America. Wiley, New York

Vorobiov DP, Voroshilov VP, Gurzenkov NN et al (1974) The Guidebook to the vascular plants of Sakhalin and Kuril Islands. Nauka Press, Leningrad

Walter H (1968) Die Vegetation der Erde in ökophysiologischer Betrachtung. Bd II: Die gemäßigten und arktischen Zonen. Gustav Fischer, Jena Stuttgart

Walter H (1975) Über ökologische Beziehungen von Steppenpflanzen und alpinen Elementen. Flora 164: 339-346

Walter H (1985) Vegetation of the Earth and Ecological Systems of the GeoBiosphere. Springer, Berlin Heidelberg New York Tokyo

Walter H (1986) Allgemeine Geobotanik (UTB 284). Ulmer, Stuttgart

Walter H (1990) Vegetationszonen und Klima. 6. Aufl, Ulmer, Stuttgart

Walter H, Alechin WW (1936) Grundlagen der Pflanzengeographie. Moskau Leningrad

Walter H, Lieth H (1960-1967) Klimadiagramm-Weltatlas. Fischer, Jena

Walter H, Straka H (1970) Arealkunde. Floristisch-historische Geobotanik. Ulmer, Stuttgart

Walter H, Breckle S-W (1985) Ecological Systems of the Geobiosphere. Vol 1: Ecological Principles in Global Perspective. Springer, Berlin

Walter H, Breckle S-W (1999) Vegetation und Klimazonen. 7. Aufl, Ulmer, Stuttgart

Warming E (1896) Lehrbuch der ökologischen Pflanzengeographie. Borntraeger, Berlin

Watt M, Evans R (1999) Proteoid roots. – Physiology and development. Plant Physiology 121: 317-323

Werger MJA (ed, 1978) Biogeography and ecology of Southern Africa. Junk, The Hague

Wester L, Juvik JO, Holthus P (1992) Vegetation history of Washington Island (Teraina), Northern Line Islands. Atoll Research Bulletin 358: 1-50

Whitten G, Whitten J, Gubbit G (1994) Indonesien – Tiere und Pflanzen der indonesischen Inselwelt. Weltbild, Augsburg

Wickham JD, Wade TG, Jones KB, Ritter KH, O'Neill, RV (1995) Diversity of ecological communities of the United States. Vegetatio 119: 91-100

Wilmanns O (1989) Die Buchen und ihre Lebensräume. Ber Reinh-Tüxen-Ges 1: 49-72

Woodward FI (1987) Climate and plant distribution. Cambridge University Press, Cambridge London New York

Wright DH (1983) The species-energy theory: an extension of species-area theory. Oikos 41: 496-506

Zhang W (1998) China's biodiversity: a country study. China Environmental Science Press, Beijing

6.13 Fragen zu Kapitel 6

1. Beschreiben Sie die Phänomene von Ozeanität und Kontinentalität einer Region.
2. Wie begründen sich die Lebensformtypen von C. C. Raunkiaer?
3. Was ist das Besondere an der Entdeckungsgeschichte der *Metasequoia glyptostroboides*?
4. Welche Florenreiche gibt es auf der Erde?
5. Was sind die circumpolaren und circumborealen Einheiten der Holarktis?
6. Während die Holarktis noch die ganze Nordhemisphäre umfasst, unterscheiden wir um den Äquator schon zwei Florenreiche, außerhalb der Tropen dann drei auf der Südhemisphäre und die Inselwelt von Ozeanien. Wie erklären Sie das?
7. Die Differenzierung der Holarktis erfolgt in
   a) Nordamerikanisches Gebiet, b) Eurosibirisches Gebiet und
   c) Ostasiatisches Gebiet. Begründen Sie das am Artenwechsel.
8. Beschreiben Sie die hauptsächlichen Vegetationszonen in China.
9. Nennen Sie die bezeichnenden Pflanzenfamilien der Paläotropis und deren Besonderheiten.
10. Was unterscheidet die Paläotropis von der Neotropis?
11. Beschreiben Sie mit fünf Punkten die Eigenartigkeit der Australis.
12. Die Australis nimmt eine sehr isolierte Stellung ein: Von etwa 18000 australischen Pflanzenarten sollen nur etwa 1400 in anderen Florenreichen vorkommen. Wie begründen Sie das?
13. Warum hat die Capensis so viele Endemiten?
14. Antarktis und *Global climate* – was bedeutet diese Sentenz?
15. Was ist „Innertropische Konvergenz"?
16. Die Neotropis umfasst die Tropen Süd- und Mittelamerikas und Südwest-Nordamerikas. Warum gehören Südchile und Patagonien nicht nur Neotropis?
17. Wie erklären sich global-klimatisch die großen Wüsten der Erde?
18. Was sind polare Wüsten?
19. Was unterscheidet eine Mykorrhiza von Proteoid-Wurzeln?
20. *Wollemia nobilis* in Australien und *Lagarostrobus franklinii* in Tasmanien sind *Living Fossils*. Was begründet heute die herausragende Stellung dieser Bäume?

7 Zonobiome der Erde

In den vergangenen Kapiteln haben wir gesehen: So wie Biotechnologen die Millionen Puzzlestückchen ihres Wissens von Genen, Molekülen und deren Wechselwirkungen derzeit zu Modellen des zellulären Lebens zusammenführen, so arbeiten Geobotaniker und Biodiversitätsforscher an einer Integration des naturkundlichen Wissens aus Evolution, Systematik und Ökologie für ein Modell zum Verständnis der Biogeosysteme. Dabei gelten folgende Grundtatsachen: Alle Lebensräume der Erde sind durch charakteristische Ökosystemtypen gekennzeichnet, die funktionell und nach dem Erscheinungsbild der Vegetation zwar sehr ähnlich sind, aber von einander abgegrenzt werden können. Der durch Klimafaktoren geprägte Lebensraum einer biogeographischen Region bildet mit dem gesamten Organismenbestand eine ökologische Einheit höheren Ranges, ein **Biom**. Dies ist eine abstrakte Einheit für konkrete geographisch-räumliche, nahe beieinander liegende Ökosysteme, die durch funktionelle Beziehungen in Wirklichkeit einen **Ökosystemkomplex** bilden. Die zonal auf der Erde angeordneten Klimate mit ihren einhergehenden Vegetationszonen und dem jeweiligen Ökosysteminventar werden nach Heinrich Walter (1976) entsprechend als **Zonobiom** benannt. Eine solche Benennung erfolgt nach dem vorherrschenden Vegetationstyp: zum Beispiel Zonobiom Tropischer Regenwald und Zonobiom Sommergrüner Laubwald. Den neun globalen Klimazonen der Abbildung 3.4 entsprechen neun ökologisch definierte Zonobiome, wie sie die Tabelle 7.1 zusammenfasst.

Diese Zonobiome setzen sich zusammen aus Landschaftsräumen einheitlicher Prägung. Sie selbst bestehen also – wie gesagt – aus Mosaiken oder Komplexen kleiner und großer natürlicher, naturbelassener oder auch künstlicher Ökosysteme. Genau genommen entsprechen nur jeweils das Flachland und das niedrige Hügelland oder die Basalstufe einer gewissen Region oder einer Insel mit Gebirgen dem Klima der betreffenden Zone; in den höheren Lagen gibt es immer Abwandlungen des lokalen oder regionalen Klimas, welche insgesamt die konsequenten Veränderungen aller Lebensräume und der Lebensgemeinschaften bewirken. Wo Hochgebirge aus Tieflagen emporragen, steigern sie grundsätzlich die Mannigfaltigkeit von Klima, Boden, Flora und Vegetation. Man unterscheidet daher folgende Biom-Typen:

- **Zonobiome**, das sind planare bis colline Bereiche eines Bioms mit zonentypischem Klima;
- **Orobiome** zeigen höhenbedingte Abwandlungen des Klimas und entsprechender Veränderungen von Vegetation und Lebensräumen;
- **Pedobiome**, sind klimaunabhängige Sonderstandorte, die in der Regel von den Bodenfaktoren beherrscht werden. Dazu gehören Felsen, Inselberge und Tepuis mit ihren flachgründigen Gesteinsböden, nährstoffarme Sandflächen oder sumpfige, zeitweilig überflutete Moor- beziehungsweise salzhaltige Marschböden oder Schwermetallstandorte.

Im konkreten Fall sind Zono-, Oro- und Pedobiome oft so eng miteinander verzahnt, dass nahe ökosystemare Beziehungen untereinander bestehen. Im Übergangsbereich zweier Biome treten die Arten beider Typen nebeneinander auf. Derartige Grenzregionen werden von Ökologen gesondert als **Ökotone** differenziert. Wir unterscheiden also zunächst durch verschiedene Klimabedingungen bestimmte **zonale Landschaftsräume** von der Tundra im Norden bis zum Regenwald am Äquator mit ihren jeweiligen lebensraumtypischen Ökosystemen von Gewässern über Zwergstrauchheiden, Sukkulentengebüschen bis hin zum Wald – jedes in seiner repräsentativen Landschaft. **Azonale** Lebensräume, das heißt durch spezifische Bodenbedingungen oder lokale Klimabedingungen bestimmte Ökosystemkomplexe, also Pedobiome, treten in dieses Geschehen mit ein: Berühmt sind neben den monolithischen Graniten und Felssystemen in Waldlandschaften, den **Inselbergen**, den **Outcrops** und den **Tepuis**, die üppigen **Gehölzgalerien** entlang von Flüssen in den subtropischen Wüsten und Halbwüsten oder die grundwassergespeisten Oasen mit ihren Palmenhainen in den Trockengebieten (Abb. 7.1).

Abb. 7.1. Inselberg als Pedobiom im Mata Atlantica-Küstenregenwald in Brasilien bei Porto Alegre mit spezieller, sessiler, xerophytischer Vegetation aus Bromelien der Gattungen *Dyckia, Puya, Bromelia* und *Tillandsia* (2002)

Tabelle 7.1. Vegetationszonen, Klima und Zonobiome (nach Frey und Lösch 2004)

Vegetationszonen, Klima	Zonobiome (nach Walter 1990)	
1	Immergrüne tropische Regenwälder und tropische Gebirgsregenwälder. Tageszeitenklima, meist immerfeucht	I	Äquatoriales Zonobiom mit Tageszeitenklima (perhumides Zonobiom)
2	Tropische halbimmergrüne Regenwälder; regengrüne Monsunwälder und Savannen. Sommerregenzeit und kühlere Dürrezeit, Monsunregen	II	Tropisches Zonobiom mit Sommer- oder Monsunregen
3	Subtropische Wüstenvegetation. Subtropisches arides Wüstenklima	III	Subtropisch-arides Zonobiom (Wüstenklima)
4	Hartlaubvegetation (Sklerophylle). Winterregen und Sommerdürre	IV	Winterfeuchtes Zonobiom mit Sommerdürre (mediterranes Zonobiom)
5	Temperate Regenwälder, Lorbeerwälder und subtropische Regenwälder. Mehr oder weniger gleichmäßige Verteilung der jährlichen Niederschlagsmenge (boreal bis subtropisch)	V	Warmtemperiertes Zonobiom (ozeanisches Zonobiom)
6	Sommergrüne Laubwälder. Gemäßigt, mit kurzer Winterkälte	VI	Typisch gemäßigtes Zonobiom mit kurzer Frostperiode (nemorales Zonobiom)
7	Steppen und Wüsten. Arid, mit heißen Sommern und kalten Wintern	VII	Arid-gemäßigtes Zonobiom mit kalten Wintern (kontinentales Zonobiom)
8	Immergrüne boreale Nadelwälder. Kalt-gemäßigt mit kühlen Sommern und langen Wintern	VIII	Kalt-gemäßigtes Zonobiom mit kühlen Sommern (boreales Zonobiom)
9	Tundra. Subarktisch und subantarktisch mit sehr kurzen Sommern	IX	Arktisches einschließlich antarktisches Zonobiom
10	Kältewüsten. Arktisch und antarktisch		

Ferner bestehen zwischen den einzelnen Ökosystemen ständige Wechselbeziehungen in Raum und Zeit, und das Beispiel der Flusssysteme mit ihren Quell-, Oberlauf-, Mittellauf- und Mündungsbereichen unter Einschluss von Nebenflüssen und Altarmgewässern verdeutlicht die oftmals
großräumigen Dimensionen solcher landschaftsökologischer Wechselbeziehungen. Diese Betrachtungsweisen werden nachfolgend mit vielen Beispielen als wesentliche und leicht erkennbare Elemente der Biogeosysteme
unserer Erde vorgestellt. Sie sind mit den bekannten und im Kapitel 1 um-
rissenen Methoden der Vegetationserfassung für alle Biome zu beschreiben und zu klassifizieren. Dabei arbeiten wir mit dem Konzept der „Potentiellen natürlichen Vegetation" von Reinhold Tüxen (1956).

Nach der Physiognomie der dominierenden Vegetation und nach den
jeweiligen Umweltbedingungen lassen sich typische **Hauptformationen**
der Vegetationslandschaften umschreiben, die vor allem nach ihrer Artenzusammensetzung, nach feineren klimatischen Abstufungen und nach den
regionalen großräumigen Standortbedingungen klassifiziert werden können. Wir trennen zunächst die hauptsächlich klimatisch bedingte **zonale**
und **extrazonale Vegetation** von der durch spezifische Bodeneigenschaften und durch den Wasserhaushalt bedingten **azonalen Vegetation**, die
schon im Kapitel 6.2 erklärt worden ist. Die Liste dieser Hauptformationen
sieht für Europa beispielsweise folgendermaßen aus (Abb. 7.2):

Box 7.1. Zonale und Extrazonale Vegetation Europas (s. Abb. 7.2)

Die Zonale und Extrazonale Vegetation ist vor allem klimatisch bedingt:

- Polarwüsten und subnival-nivale Vegetation der Hochgebirge
- Arktische Tundren und alpine Vegetation
- Subarktische, boreale und nemoral-montane Lichtwälder sowie subal-
  pine und oromediterrane Vegetation
- Mesophytische sommergrüne Laubwälder und Nadel-Laubwälder
- Thermophile sommergrüne Laubmischwälder
- Hygrophile sommergrüne Laubmischwälder
- Mediterrane Hartlaubwälder und -gebüsche
- Xerophytische Nadelwälder, -Lichtwälder und –gebüsche
- Waldsteppen (Wiesensteppen im Wechsel mit sommergrünen Laub-
  wäldern) und Trockenrasen im Wechsel mit Trockengebüschen
- Steppen
- Oroxerophytische Vegetation mediterraner Gebirge (Dornpolsterge-
  sellschaften, Tomillaren, Gebirgssteppen, zum Teil Gebüsche)
- Wüsten

Abb. 7.2. Karte der natürlichen Vegetation Europas (aus Bohn et al 2003)

Box 7.2. Azonale Vegetation Europas

Die azonale Vegetation ist durch spezifische Bodeneigenschaften und Wasserhaushalt bedingt:

- Küstenvegetation und binnenländische Salzvegetation
- Röhrichte und Riedsümpfe, Wasservegetation
- Moore
- Bruch- und Sumpfwälder
- Vegetation der Auen, Flussniederungen, Ästuarien und eingedeichten Marschen sowie sonstiger Feuchtstandorte

---

Solche Vegetationsformationen, wie sie in Abbildung 7.2 und in der Box 7.1 angeführt sind, bestehen aus jeweils floristisch eigenständigen, das heißt durch bestimmte Artenkombinationen charakterisierten **Pflanzengesellschaften** beziehungsweise aus einem gebiets- oder standortspezifischen **Gesellschaftsmosaik**. Es sind ferner physiognomisch-strukturelle und ökologisch charakterisierte **Formationen** oder **Formationskomplexe**, welche die Großklimazonen Europas in der Abfolge von Norden nach Süden und entsprechende Höhenstufen in den Gebirgen repräsentieren. Ihre Differenzierung und räumliche Abfolge wird in erster Linie von Temperaturgradienten bestimmt. Die Einheiten der azonalen Vegetation sind durch einen dominanten edaphischen Standortfaktor wie salzige oder nasse Böden geprägt, und sie werden erst in zweiter Linie vom Großklima modifiziert.

Die **Ökosysteme**, zusammengefasst als **Ökosystemkomplexe** oder **Landschaftskomplexe** bis hin zu **Großlebensräumen**, erlauben in synoptischer Form die Lebenswelt hierarchisch in ihrer raum-zeitlichen Struktur zu erfassen. Eine wichtige Frage in diesem Zusammenhang ist die Frage nach dem **Minimumareal** eines Ökosystems. Ab wann ist ein tropischer Regenwald komplett erfasst oder was alles gehört zum Ökosystem „Oligotropher See"? Das sind nicht nur theoretische oder akademische Fragestellungen; die Grenzen konkreter Ökosysteme, ihre Flächengröße und ihr Einzugsbereich sind oftmals nicht konkret und flächenscharf abgrenzbar. Zu diesem Thema gibt es eine umfangreiche neue Literatur: Besonders zu nennen sind hier die italienischen Arbeitsgruppen von Enrico Feoli und László Orlóci (1991), Carlo Blasi et al. (2000), Edoardo Biondi et al. (2004) sowie die grundlegenden Werke von Reinhold Tüxen (1978), D. W. Godall (1986), A. W. Küchler und Isaak S. Zonneveld (1988), Angelika Schwabe et al. (1992), Jean Paul Theurillat (1992), Ulrich Deil (1993, 1997) und Udo Bohn et al. (2003). Hier an dieser Stelle wird ein Ökosystem dann als vollständig und gegeben definiert, wenn es für die „Schlüsselarten" groß genug ist, also diejenigen Pflanzen und Tiere enthält, die für die Zusammensetzung und das Funktionieren der Lebensgemeinschaft wesentlich sind. Eine analytisch-synthetische Beschäftigung mit diesen komplexen Systemen ist wohl der wichtigste Schritt, den wir in der Zukunft tun müssen, um das „Funktionieren" von Ökosystemen wirklich zu verstehen, so wie es die wissenschaftliche Ökologie seit Eugen Odum (1983) schon lange fordert. Das ist heute ein zunehmend wichtiges Thema in der Grundlagenforschung, der Biodiversitätsdiskussion und bei der Frage des nachhaltigen Schutzes der natürlichen Vielfalt auf der Erde.

> Beim jüngsten 5. Weltkongress über die Naturparke der Erde im September 2003 in Durban in Südafrika wurde beispielsweise festgestellt, dass es zwar ein globales Netzwerk von Schutzgebieten mit etwa 11,5 Prozent der Erdoberfläche gibt, dass aber eine Vielzahl der

schutzwürdigen Tiere und Pflanzen nicht in ihren angestammten natürlichen Arealen geschützt sind. Das erhöht selbstverständlich die Gefahren ihres Rückgangs oder gar ihres Aussterbens. So etwas betrifft besonders zahlreiche endemische Pflanzen, Säugetiere, Schildkröten und Amphibien innerhalb spezieller „Hot-Spot-Biome", vor allem in den übernutzten Kulturlandschaften Europas, aber auch anderswo in der Welt, beispielsweise in der Yunnan-Provinz und in den angrenzenden Gebirgsregionen des Sichuan-Beckens in Südchina, in Melanesien, auf den anderen Pazifischen Inseln, in Madagaskar, im Hochland von Kamerun, in den tropischen Anden, in der Karibik und in den temperaten Regenwäldern Südamerikas, wie es neuerdings Ana Rodriguez et al. (2004) berichten.

Diese oben genannten Autoren geben ein eindringliches Plädoyer für den notwendigen biogeographischen Ansatz des Lebensraumschutzes unter Einbeziehung der **Komplexität von Ökosystemen**, der genetischen und phylogenetischen Diversität aller beteiligten Organismen sowie der ökologischen und evolutionären Prozesse der betroffenen Lebensräume. Politische Schutzgebietsgrenzen sollten nicht das letzte Ziel sein. Außerdem ist ein Methodenspektrum und ein Forschungsverbundsystem notwendig, welches das gesamte biologische Wissen über das komplette System vom Genom bis zum Ökosystem integriert, wie es auch schon in den Boxen 1.4 und 4.5 ausgeführt ist.

7.1 Zonobiom I – Zone humid-tropischer Regenwaldgebiete, äquatoriales Zonobiom mit Tageszeitenklima

Die immergrünen tropischen Regenwälder der perhumiden, äquatorialen Tiefländer einschließlich der tropischen Bergwälder treten in allen drei Kontinenten zwischen den Wendekreisen auf und bedecken potentiell eine Fläche von etwa 17 Millionen Quadratkilometern, also etwa 11 Prozent der gesamten Landoberfläche der Erde. Ihre Zentren sind das Amazonasbecken, das Kongobecken und der Indomalaiische Archipel (Abb. 7.3). Diese Wälder bilden den zentralen Vegetationstyp der beiden großen tropischen Florenreiche, von Neotropis und Paläotropis, und sie kommen noch in der Australis vor an den Küsten von Queensland sowie auf den Pazifischen Inseln. Zur besonderen Diversität der tropischen Regenwaldzone tragen gerade die unzähligen größeren und kleineren Inseln in der Karibik, im Indischen Ozean – besonders Madagaskar, die Maskarenen und die Seychellen – sowie die Regenwälder der Paläotropis bei, die sich nach Norden über die Malayische Halbinsel in das etwas kontinentalere Birma, nach Thailand, Kambodscha und bis in das südliche Vietnam erstrecken. Im südwestlichen Indien, im dortigen Westghat und in Sri Lanka gibt es weitere Vorkommen tropischer Regenwälder. Deren Grenzen zu den halbimmergrünen Regenwäldern und den Monsunwäldern sind fließend.

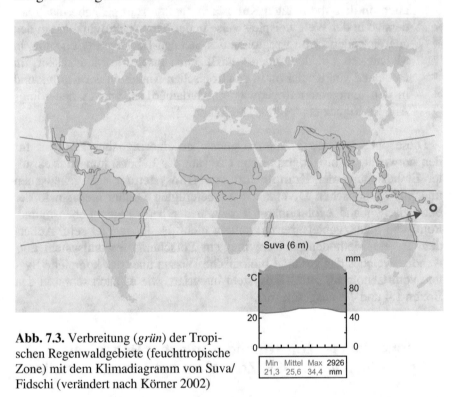

Abb. 7.3. Verbreitung (*grün*) der Tropischen Regenwaldgebiete (feuchttropische Zone) mit dem Klimadiagramm von Suva/ Fidschi (verändert nach Körner 2002)

Tropische Regenwälder sind sowohl aus stofflich-funktionaler als auch aus organismischer Sicht hoch komplexe Systeme. Die Bestandsstruktur der Tropenwälder werden wir im Kapitel 16 ebenfalls näher kennen lernen, und wir haben es im Kapitel 6 auch schon gesehen: Der Tropenwald ist biogeographisch ein stark verschiedenes, extrem artenreiches „Grünes Universum", wie es zutreffend Georg Grabherr (1997) so bezeichnet. Im Kronenraum der Bäume verdecken die Fülle der Epiphyten mit den Farnen und Orchideen und das Gewirr der Lianen den Blick, der Boden verbirgt sich unter den Klein- und Kleinstbäumchen mit den Farnwedeln und Moosen. Grünes Blattwerk überall (Abb. 7.4). Der Regenwald ist im stabilen Zustand ein System, dessen Pflanzenmasse sich etwa alle 20 Jahre erneuert – so ändert der tropische Regenwald ständig seinen Aspekt. Auch die tropischen Bergwälder in den äquatorialen Anden, in Ostafrika, in Neuguinea

Box 7.3. Ökologische Besonderheiten der Tropischen Regenwälder

Tropische Regenwälder sind durch **Tageszeitenklimate** gekennzeichnet mit mittleren Tagestemperaturen ganzjährig bei 25 bis 27 Grad Celsius, die Tag-Nacht-Unterschiede betragen circa 6 bis 11 Grad Celsius; das heißt, sie sind größer als die Jahresschwankungen des Monatsmittels. Tropische Regenwaldgebiete sind absolut frostfrei und ohne Jahreszeiten. Im Laufe eines Tages können die Temperaturen jedoch um fünf bis acht Grad vom Tagesmittel abweichen und im Extrem sogar 33 bis 36 Grad Celsius als Höchst- und nur 18 bis 20 Grad Celsius als Mindesttemperatur erreichen. Man spricht daher von einem Tageszeitenklima. Die mittleren Jahresniederschläge sind mit 2000 bis 5000 Millimetern sehr hoch; sie übersteigen die Evapotranspiration, das heißt, das Klima ist humid, also ständig durch hohe Bewölkungsdichte und entsprechende Luftfeuchte gekennzeichnet. Die Luftfeuchtigkeit sinkt niemals unter 75 Prozent, ist aber häufig viel höher und liegt im Innern der Wälder nahezu ständig bei 100 Prozent. Die Niederschläge fallen meist ganzjährig und ermöglichen eine unbegrenzte Vegetationszeit von zwölf Monaten.

Kurze, regenlose Perioden bedeuten für zahlreiche Epiphyten des Kronendaches im Regenwald Trockenstress, an den sie durch Sukkulenz, Wasserspeicherfähigkeit und Austrocknungstoleranz mit den typischen Blattzisternen der Bromeliaceen, mit den Luftwurzeln und wasserspeichernden Sprossknollen der Orchideen beispielsweise sowie CAM-Metabolismus angepasst sind. Viele Baumarten synchronisieren danach auch ihre Blühphasen oder den Blattfall. Die Wärme das ganze Jahr über und die hohe Luftfeuchtigkeit begünstigen die Stoffumsätze im Regenwald: Die Niederschläge fallen meist bei heftigen Gewittern, die kurz nach dem Höchststand der Sonne einsetzen und als mehr oder weniger tägliche „Zenitalregen" für die inneräquatorialen Tropen charakteristisch sind. So erzeugen die hohen mehrschichtigen tropischen Tieflandregenwälder eine beachtliche Nettoprimärproduktion von etwa 22 Tonnen Biomasse pro Hektar und Jahr. Die Phytomasse liegt bei etwa 450 bis 800 Tonnen pro Hektar und Jahr an Trockengewicht. Das Mineralstoffkapital des feucht-tropischen Waldes befindet sich größtenteils in der Pflanzenmasse selbst, Laubstreu und andere abfallende organische Substanz werden im tropischen Klima sehr rasch abgebaut. Die typischen nährstoffarmen, alten, tertiären Rotlehmböden, die **Ferrosole** – früher als **Latosole** bezeichnet – besitzen nur einen sehr geringen natürlichen Nährstoffgehalt. Alle Nährstoffe befinden sich im „Geschlossenen Kreislauf" des alten Ökosystems Regenwald – was die katastrophalen Folgen des Abbrennens dieser Wälder erklärt (Abb. 7.5).

und auf den Pazifischen Inseln in den dortigen montanen Lagen oberhalb 1000 Meter gehören in dieses humide Zonobiom: Höhenbedingt gibt es hier mehr Regen, oder die Verdunstung ist bei gleichem Niederschlag ge-

ringer, und meist geraten diese Gebirgsregionen der Tropen fast täglich
vormittags bis spät nachmittags in die konvektive Kondensationszone, also
in den Stau permanent andriftender Passatwolken. Hier bilden sich charak-
teristischeBergregenwälder oder Nebel- und Wolkenwälder. Am unteren
Kondensationsniveau im Übergang zum Tieflagenregenwald erreichen die
Bergwälder noch Baumhöhen von 45 Metern, nahe der tropischen Waldgrenze, welche bei ausreichend hohen Bergen zwischen 3500 und 4000
Metern liegt, jedoch nur drei bis fünf Meter in der entsprechenden
Krummholzstufe. Der Lianenreichtum sinkt mit der Höhe über dem Meer,
und auch die Stockwerksgliederung des Waldes verschwindet allmählich,
bis zuletzt nur noch niedrige Bäume und hohes Buschwerk ein geschlossenes Kronendach mit wenig Unterwuchs bilden.

Abb. 7.4. Amazonas-Tieflagenregenwald bei Manaus in Brasilien (1990)

Wie in den übrigen Bergwäldern der Erde nimmt mit zunehmender Höhe auch der Epiphytenreichtum zu, und vor allem die Farne sowie die
stammepiphytischen Laub- und Lebermoose erreichen in den Nebelwäldern ein Maximum. Deren Lebensstrategien, Gesellschaftsstruktur und
Entwicklung hat in den letzten Jahren für die Gesamttropen Harald
Kürschner (1990, 2000) beispielhaft herausgearbeitet und eine parallele
Evolution für die Paläo- und Neotropis beschrieben. Die Kryptogamen gehören zu den herausragenden Gestalttypen tropischer Bergregenwälder, die
wesentlich zu ihrer Biodiversität beitragen und durch ihre Massenentfal-

Abb. 7.5. Die tertiären Rotlehmböden, die Ferrosole, unter tropischem Regenwald vom Typ der „*tropical heath forests*" sind sehr erosionsanfällig. Kerangas, Malaysia (1994)

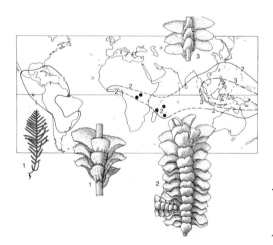

Abb. 7.6. Verbreitung und Habitus von vikariierender und korrespondierender Moose aus der Familie der Lejeuneaceae des tropischen Tieflandes: 1 *Bryopteris filicina* s.l., *B. diffusa* (Verbreitung), *B. filicina* (Habitus); 2 *Thysananthus spathulistipus*; 3 *Dendrolejeunea fruticosa* (aus Kürschner 2000)

tung das Vegetationsbild prägen. In dichten Decken, dicken Polstern und Filzen oder auffälligen, oft meterlangen Gehängen bedecken Moose und Farne die Stämme, Äste und Kronen der Bäume und verleihen dadurch vor allem der Nebelwaldstufe der Tropen ihren eigenen Charakter (Abb. 7.6).

Tropische Hochgebirge gibt es in den äquatorialen Anden, in Ostafrika am Mt. Kenya, am Kilimandscharo, im Ruwenzori und auf Borneo, wo der 4101 Meter hohe Granitdom des Kinabalu sich noch immer in Hebung befindet. Die natürliche obere Grenze des Bergwaldes und die untere Grenze der baumlosen, alpinen (in Eurasien) oder andinen (in Südamerika) oder afroalpinen Stufe (in Afrika) liegt in den äquatorialen Tropen zwischen 3600 und 4000 Metern, in den Subtropen regional sogar etwas höher. Der Kinabalu ist einer der jüngsten Berge der Welt – er ist biogeographisch in besonderer Position: Im Umkreis von 2000 Kilometern erreicht keiner mehr diese Höhe, und sein Artenreichtum ist ebenfalls legendär: Es gibt natürlich viele Endemiten, mehr als 800 Orchideenarten, etwa 450 Farne, mehr als 75 *Ficus*-Arten, circa 25 Rhododendren, davon fünf Endemiten, und mehr als 15 *Nepenthes*-Arten, die meisten davon Elemente des Bergregenwaldes. Auf Papua-Neuguinea erreichen der Gunung-Jaya im Zentralgebirge mit 5053 Metern und der Mt. Wilhelm (4508 Meter) im Bismarck-Gebirge die alpine feucht-tropische Stufe, wo ab 3800 Metern die alpinen Matten beginnen. Andernorts herrscht oftmals eine typische Riesenschopfbaum-Vegetation: Solche Riesenrosettenstauden sind zweifellos die spektakulärste Wuchsform, die man über der tropischen Waldgrenze zwischen etwa 4200 und 4500 Metern antrifft. In Ostafrika sind es die Dendrosenecionen und Lobelien, in den Anden die Espeletien, Lupinen und Puyas, die hier unter extremen Lebensbedingungen gedeihen: Nächtlicher Frost, am Tag kaum Erwärmung und Bodentemperaturen ganzjährig mit nur 5 bis 7 Grad Celsius nur wenige Grade über Null. Die nivale Stufe umfasst offene Gras- und Krautfluren. Die Blütenpflanzengrenze liegt bei über 5500 Metern! (Abb. 7.7) Auf einigen südamerikanischen Vulkanen finden sich schließlich auf über 6000 Metern Meereshöhe die letzten Außenposten pflanzlichen Lebens: Moosdecken auf geothermischen „Hot spots" erlauben noch eine bescheidene Primärproduktion in der dünnen Luft dieser Höhe (Abb. 7.8).

Abb. 7.7. Andine Hochgebirgsvegetation mit abgeblühten Espeletien während der Trockenzeit am Pass La Aguila in 4250 Metern Höhe in Venezuela (Foto P. Seibert 1996)

Abb. 7.8. Das höchstgelegene mikrobielle Ökosystem der Erde befindet sich am Vulkan Socompa in den chilenischen Anden in 6060 Metern Höhe. Hier am Gipfel um einen Erdwärmepunkt mit Wasserdampfaustritt fand Stephan Halloy 1991 über 20 Moosarten und 10 Flechten als Primärproduzenten sowie Hutpilze, Milben und Springschwänze als Destruenten (Foto S. Halloy 1991)

7.2 Zonobiom II – Zone der tropisch-subtropischen Regenzeitenwälder und Savannen, Saisonal- oder Monsunregengebiete mit humido-aridem Klima

Diese wechselfeuchte tropische Zone ist durch regelmäßige Alternation von Regen- und Trockenzeiten geprägt. In manchen Gebieten gibt es bei strenger Saisonalität zwei ausgeprägte Regenzeiten pro Jahr. Der Wechsel von Regenzeit und Trockenzeit führt zu periodischer Belaubung der Gehölze in den regengrünen Wäldern oder den Monsunwäldern. Mit zunehmender Äquatornähe werden auch die Temperaturwechsel immer deutlicher, wobei allgemein gilt, dass die Regenzeit mit der wärmeren Jahreszeit zusammenfällt. Manchmal liest man vom „Tropischen Zonobiom mit Sommerregen" – das ist natürlich europäisch gefärbt und negiert das tropische Tageszeitenklima – eben ohne Jahreszeiten! Die typische Vegetation besteht aus **Halbimmergrünem Wald** bei einer Trockenzeit von drei bis sechs Monaten und Niederschlägen von 1500 bis 2000 Millimetern. Der

Halbimmergrüne Regenwald ist ein geschlossener, hochwüchsiger Wald von bis zu 45 Metern Höhe. Er umfasst immergrüne und vor allem im obersten Kronenstockwerk laubwerfende Bäume bis zu zwei Drittel der beteiligten Arten. Es gibt diesen Waldtyp häufig am Unteren Amazonas, und er bildet im Kongobecken den größten Anteil des afrikanischen Regenwaldes.

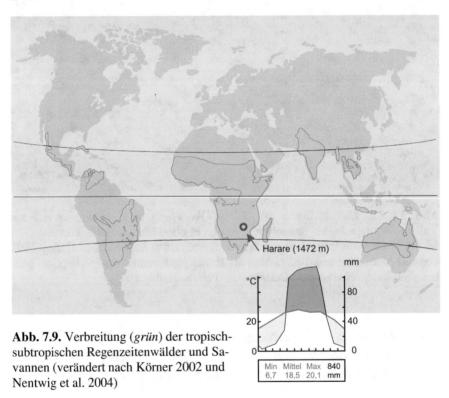

Abb. 7.9. Verbreitung (*grün*) der tropisch-subtropischen Regenzeitenwälder und Savannen (verändert nach Körner 2002 und Nentwig et al. 2004)

Übergänge zu den tropischen Trocken- und Monsunwäldern sind fließend, und die Grenzen werden bei mehr als zwei Monaten Trockenheit gezogen (Abb. 7.10). Die Böden speichern während der Regenzeit so viel Wasser, dass sie in der Trockenperiode nicht ganz ausdörren. Tropische Trockenwälder mit ausgeprägtem Laubfall gibt es von Haus aus ebenfalls in Südamerika, dort vor allem im Gran Chaco und im Mato Grosso. In Afrika sind sie als **Miombo-Wälder** nur südlich des Äquators bis zum Sambesi-Fluss noch erhalten. Holzschlag, Brandrodung und Beweidung gefährden diese Wälder in weiten Gebieten. Wenn die Trockenzeit jedoch länger ist und fünf bis acht Monate beträgt mit einem Niederschlag von 500 bis 1500 Millimetern, entwickelt sich ein **Regengrüner Wald**, beispielsweise in den Monsunregionen Südostasiens. Der Monsunwald ist überwiegend laubwerfend, regengrün und hat zwei Baumstockwerke von 25 bis zu 35 Metern Höhe. Wälder dieses Typs gab es früher in großer Ausdehnung in Indien und Hinterindien, wo die Flächen heute in Kulturland, anthropozoogene Dornsavannen oder Halbwüsten transformiert sind.

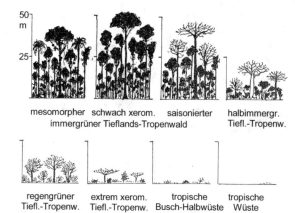

mesomorpher schwach xerom.   saisonierter   halbimmergr.
immergrüner Tieflands-Tropenwald   Tiefl.-Tropenw.

regengrüner   extrem xerom.   tropische   tropische
Tiefl.-Tropenw. Tiefl.-Tropenw. Busch-Halbwüste Wüste

Abb. 7.10. Vegetationsformationen in Tieflagen des Andenvorlandes in Abhängigkeit von den Klimazonen (aus Ellenberg 1975)

In Nord-Australien in den Kimberleys sind noch nennenswerte Bestände erhalten. **Savannen** bilden sich bei Trockenzeiten von sieben bis zehn Monaten und Niederschlägen von 250 bis 600 Millimetern pro Jahr. Diese tropischen Grasformationen bestehen aus hohen, horstbildenden xeromorphen Gräsern und Kräutern, deren oberirdische Teile während der Trockenzeit verdorren. Unterhalb von 600 Millimetern Jahresniederschlag wird es also für den Wald kritisch: Offene Buschländer, Baumsavannen sowie Gras- und Dornsavannen kennzeichnen schließlich den trockenen Flügel dieses Zonobioms (Abb. 7.11).

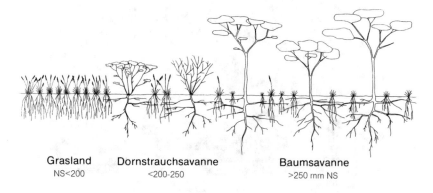

Grasland   Dornstrauchsavanne   Baumsavanne
NS<200   <200-250   >250 mm NS

Abb. 7.11. Die Ausbildung von Grasland, Dornstrauchsavannen oder Baumsavannen hängt von der jährlichen Niederschlagsmenge ab. (aus Gries 1983)

Abb. 7.12. *Adansonia gregorii* (Bombacaceae) in den saisonalen Trockenwäldern von Nordaustralien, Kimberleys (2002)

Zur Erhaltung der Savanne sind periodisch auftretende Brände notwendig. Sie verhindern die Bildung von Gestrüpp und halten die Landschaft offen. Das Feuer entsteht durch Selbstentzündung im trockenen Gras, durch Blitzschlag oder wird von Menschen absichtlich gelegt. Wenn es vorüber ist, beginnt das junge Gras zu sprießen. Nach den klimatischen Gegebenheiten werden **Feucht-**, **Trocken-** und **Dornsavannen** unterschieden, die heute allesamt durch Ackerbau, Brennholzgewinnung und Überweidung gefährdet sind (Abb. 7.12 und 7.13).

Abb. 7.13. Schirmakazien (*Acacia tortilis*) im Serengeti-Nationalpark, Tansania (1990)

Box 7.4. Savannenlandschaften

Die sehr locker mit einzelnen Bäumen und Sträuchern durchsetzten Grasländer der wechselfeuchten Tropen und Subtropen, also die Savannen im engeren Sinne, nehmen eine Mittelstellung zwischen grasreichen Halbwüsten und den tropischen regengrünen Wäldern ein. Gräser und Holzarten, die sich in den meisten Klimazonen erhebliche Konkurrenz bereiten, wachsen in den Savannen ohne gegenseitige Beeinträchtigung nebeneinander (Abb. 7.11). Ihr ökologisches Gleichgewicht hängt ab vom Wechsel zwischen Regen- und Trockenzeiten und ihren verschiedenartigen Wurzelsystemen. Die Menge der Regenfälle und die davon abhängende Tiefe der durchfeuchteten Bodenschicht bestimmen den Charakter der Savanne: Wenn wenig Regen fällt, werden nur die oberen Bodenschichten durchfeuchtet, in denen sich die fein verzweigten Wurzeln der Gräser befinden. Die Grasarten wachsen schnell und üppig. Da sie kaum Verdunstungsschutz besitzen, vertrocknen sie in der Dürrezeit. Nur die Wurzeln und die unterirdischen Sprosse überdauern bis zur nächsten Regenzeit. Bäume und Sträucher können unter diesen Bedingungen nicht wachsen. Sie stellen sich erst ein, wenn die durchschnittliche Jahresniederschlagsmenge steigt, das Wasser daher tiefer in den Boden sickert und in der Trockenzeit nicht vollständig von den Gräsern verbraucht werden kann. Die Baumarten haben gröbere, aber auch tiefer reichende Wurzeln und zehren in der Dürrezeit von den – wenn auch geringen – Wasservorräten, die für die Gräser nicht mehr erreichbar sind. Mit steigenden Regenmengen nimmt deshalb auch die Anzahl der Bäume und Sträucher zu. Die meisten Holzarten der Savanne sind kleinblättrig und dornig. Manche Arten, wie die für Afrika charakteristischen Schirmakazien (*Acacia* spp.), bilden weit ausladende, flache und lockere Kronen (Abb. 7.13). Die ebenfalls typischen, wasserspeichernden Affenbrotbäume der Gattung *Adansonia* sind dagegen durch ihre mächtigen, dicken, wasserspeichernden Stämme gekennzeichnet (Abb. 6.31 und 7.12).

Das wechselfeuchte Klima der Randtropen resultiert aus der Verschiebung des thermischen gegenüber dem geographischen Äquator im Jahresgang und der damit einher gehenden Verlagerung der Monsune, die ab Juni vom Indischen Ozean in Richtung asiatisches Festland oftmals große Feuchtigkeit bringen und ab Oktober für große Trockenheit sorgen. Auch die Böden in diesen Regionen sind vom charakteristischen Wechsel zwischen überwältigender Nässe und großer Trockenheit geprägt; es sind meist typische, stark verwitterte Oxisole.

In Südamerika sind die **Llanos** am Orinoco, Teile des Gran Chaco-Gebietes und die **Campos cerrados** savannenartige Landschaften, die von Palmen wie *Copernicia australis* und von bis zu 400 Baumarten beherrscht werden (Abb. 7.14 und 7.15).

Abb. 7.14. *Copernicia australis* (Arecaceae) bildet Palmensavannen im Chaco Südamerikas von Paraguay bis Bolivien (2000)

Abb. 7.15. Die offenen Baumsavannen der Campos cerrados sind auf dem brasilianischen Hochplateau verbreitet. Im Vordergrund niedrigwachsende Baum- und Strauchbestände, im Hintergrund ein Inselberg westlich Seabrá, Brasilien (Foto P. Seibert 1996)

Mit zunehmender Trockenheit wird die Wasserhaltefähigkeit der Böden immer entscheidender: Sandböden schaffen Trockenlandschaften wie die **Caatinga** mit ihrem Reichtum an Kakteen in Venezuela; Verkrustungen der Böden und Stauhorizonte mit Eisen- und Silizium-Oxiden oder Carbonaten erlangen in diesem Zusammenhang große Bedeutung. Da der meiste Bestandsabfall zu Beginn der Trockenzeit ansteht und somit nicht zum Beginn der nächsten Regenzeit auf dem üblichen Weg mikrobiell abgebaut werden kann, wird die Mineralisation durch Feuer und Termiten mit zunehmender Trockenheit immer wichtiger (Abb. 7.16).

Abb. 7.16. Termitensavanne im Kakadu-Nationalpark, Northern Territory, Australien (2002)

7.3 Zonobiom III – Zone der subtropischen heißen ariden Halbwüsten und Wüsten

Auf beiden Hemisphären gibt es zwischen den Wendekreisen beziehungsweise den Etesien und den Klimaten der temperaten Zonen große Trockengebiete, die **Heißen Halb- und Vollwüsten.** Sie verdanken ihr Entstehen dem äquatorgerichteten Rückfluss der entwässerten Luftmassen und den von Jahr zu Jahr stark schwankenden Niederschlägen, welche generell unter 250 Millimetern liegen (Abb. 7.17). Hier gibt es Spezial-Klimate: Die subtropischen Trockengebiete der **Atacama** weisen beispielsweise

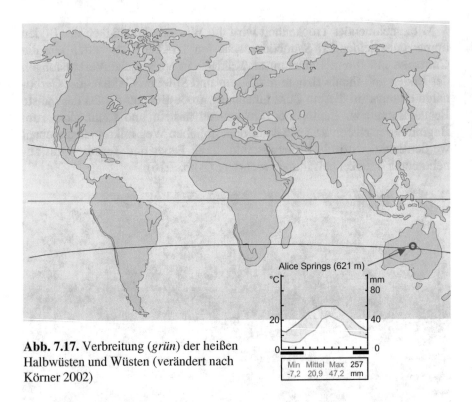

Abb. 7.17. Verbreitung (*grün*) der heißen Halbwüsten und Wüsten (verändert nach Körner 2002)

Niederschläge zwischen Null und 250 Millimetern auf. Regional gibt es anderswo gewisse saisonale Häufungen von Regenfällen wie im südlichen Teil der **Sahara** im Nord-Sommer mit weniger als 100 Millimetern (Abb. 7.18). Manchmal überschneiden sich monsunale (= sommerliche) oder mediterrane (= winterliche) Regenereignisse, wie zum Beispiel in der kakteenreichen **Sonora**-Wüste in Arizona mit ihren Saguaro-Riesenkakteen *Carnegiea gigantea* und den Kandelabern von *Lemaireocereus thurberi*. Der „Ocotillo" *Fouquiera splendens* und *Yucca brevifolia*-„Joshua-trees" aus der Familie der Liliaceae kennzeichnen diese artenreichen Sukkulenten-Halbwüsten (Abb. 7.19 und 7.20). Holarktische Steppen- und Wüstengebiete mit ihren typischen xeromorphen Gräsern, Stauden und Halbsträuchern, Geophyten und einjährigen **Pluviotherophyten** finden sich in den zentralen USA als „Regenschatten-Wüsten" der Rocky Mountains, in den Trockengebieten Nordafrikas, der Arabischen Halbinsel sowie in Vorderasien und Mittelasien bis nach Mittelchina und in die Mongolei. Dabei gilt allgemein, dass unter einem Jahresniederschlag von circa 600 Millimetern dichte Wälder nicht mehr möglich sind und unter einem Jahresniederschlag von 400 Millimetern der Baumbewuchs überhaupt an seine Grenzen gerät.

Abb. 7.18. Sandwüste der Sahara in Südtunesien (1995)

In extrem ariden Gebieten steht den Primärproduzenten so wenig Wasser zur Verfügung, dass Einzelpflanzen nicht mehr diffus verteilt, sondern auf lokal begünstigte Standorte kontrahiert sind. Dies ist meistens der Fall in den Halbwüsten, wo die periodischen Niederschläge in der Regel unter 200 Millimeter im Jahr liegen. Hier gibt es noch eine reichhaltige angepasste Vegetation aus schmalblättrigen, xerophytischen Gräsern, Zwiebelgeophyten, Sukkulenten und meist dornigen, xeromorphen Sträuchern, welche meist das tiefe Grundwasser „anzapfen" und deshalb als **Phreatophyten** bezeichnet werden. In den Vollwüsten fallen nur noch episodische Niederschläge, die oft jahrelang ausbleiben. Kurzlebige Therophyten, vor allem die **Pluviotherophyten**, die nach Regengüssen vorübergehend die Wüsten erblühen lassen, bilden dabei die vorherrschenden Wuchstypen.

Abhängig von den Feuchtigkeitsbedingungen variiert die Vegetation der Wüstengebiete von fast Null bis hin zu den Flechtenwüsten oder der Pluvial-Ephemerenvegetation mit kurzlebigen Annuellen, die nur in Jahren mit überdurchschnittlichem Regen auftreten. Die hinsichtlich der Biomasse wichtigsten Komponenten sind, global gesehen, niedrigwüchsige Holzpflanzen mit sehr tief reichendem Wurzelwerk, welche auch Grundwasseranschluss haben: Viele Sträucher aus der Familie der Mimosaceae (*Acacia*, *Prosopis* und *Cercidium*) sind weltweit verbreitet. Dauergrüne Formen wie der in Amerika verbreitete Kresot-Busch (*Larrea divaricata*, Zygophylla-

Abb. 7.19. Links: *Fouquiera splendens*, rechts: *Yucca brevifolia*, Sonora

Abb. 7.20. Links: *Carnegiea gigantea* und *Opuntia basilaris*, rechts *Lemaireoce-reus thurberi*, Sonora, Arizona (2002)

ceae) sind phreatische Wüstenspezialisten. Sukkulente aus der Familie der Cactaceae (*Carnegiea, Cereus, Opuntia*) sind in den Wüsten von Mexiko und Arizona besonders reichhaltig. In Afrika sind dies die vikariierenden Euphorbiaceen oder stammsukkulente Asclepiadaceen (*Ceropegia, Stapelia*) oder blattsukkulente Mesembryanthemaceen (*Mesembryanthemum* und *Lithops*) mit großen Artenzahlen.

7.4 Zonobiom IV – warmtemperate, arido-humide mit Sommerdürre und Winterregen, also trockenheits- und episodisch frostbelastete Gebiete mit Hartlaub- wäldern (= mediterranoides Zonobiom mit Etesien- klima)

Auf allen Kontinenten kommt es an der Südgrenze der gemäßigten Breiten durch die Vorherrschaft von trocken absteigenden Luftmassen der Ross- breiten zu sommerlichen Trockenzeiten von zwei bis fünf Monaten, wel- che die Stoffproduktion von Primärproduzenten deutlich hemmen. Dazu gibt es Winterregen, und in dieser Jahreszeit können zusätzlich kurzzeitige geringe Fröste auftreten. Unter solchen Bedingungen der Etesienklimate entwickeln sich Hartlaubwälder von geringer Höhe mit einem relativ lo- ckeren Kronenschluss (Abb. 7.21).

Abb. 7.21. *Quercus ilex*-Steineichenwälder auf den Ausläufern der Apennin bei Urbino in Mittelitalien (1998)

Deren Baumschicht wird von speziellen Gehölzen mit kleinen, harten, ledrigen, immergrünen, oft gefiederten und bestachelten Blättern gebildet. Ihr Unterwuchs ist in der Regel reich an immergrünen Hartlaub- und Rutensträuchern, aromatisch duftenden Halbsträuchern, Geophyten, Stauden und Annuellen. Lianen und Epiphyten sind sehr selten. Der Wurzeltiefgang aller Pflanzen ist sehr groß. Normalerweise ist der Frühling die Jahreszeit größter biologischer Aktivität von Pflanzen und Tieren, gelegentlich erfolgt noch ein zweiter Anstieg im Herbst. Die Böden dieses Zonobioms gehören meist den mediterranen Roterden an. Hauptverbreitungsgebiete der fünf zonalen mediterranoiden globalen Etesien-Hartlaubwälder liegen bei 31 bis 44 Grad nördlicher Breite und 30 bis 38 Grad südlicher Breite auf den Westseiten der Kontinente (Abb. 7.22).

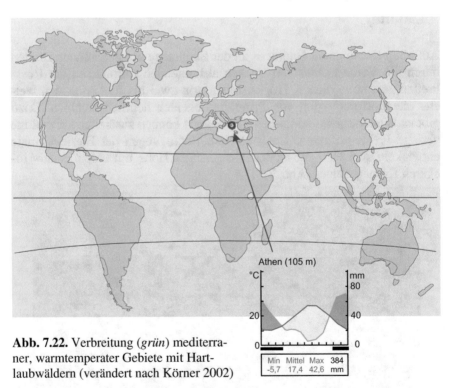

Abb. 7.22. Verbreitung (*grün*) mediterraner, warmtemperater Gebiete mit Hartlaubwäldern (verändert nach Körner 2002)

Hartlaubwälder gibt es im Mediterrangebiet, in Nordkalifornien, Mittelchile, im Kapland und in Südwest-Australien. Diesen mediterranoiden Klimagebieten schließen sich meist aride Zonobiome an, in denen zwar noch das Winterregenregime vorherrscht, wo sich jedoch die Winterfröste und die Trockenheit stärker auswirken. Eine solche bipolare Anordnung mediterraner Winterregengebiete der Erde hängt vor allem mit der geologischen

Entwicklung aller Kontinente zusammen. Das Klima als primärer Faktor ist zwar in allen fünf Gebieten ähnlich, die Erdgeschichte der jeweiligen Gebiete ist hingegen sehr unterschiedlich: Australien und das Kapgebiet sind Teile der ehemaligen Gondwanamasse. Die Böden dieses Kontinentalschelfs unterliegen seit Jahrmillionen der Erosion und sind infolge dessen meist sehr nährstoffarm. Daher sind hier Gehölzpflanzen mit Proteoidwurzeln, wie wir sie in Kapitel 6.5 kennen gelernt haben, besonders gut angepasst. Andere Wege kennen wir aus dem Mittelmeergebiet: Diese geologisch weitaus jüngeren Gebiete der Mediterranregion sowie Süd- und Nordamerikas wurden hingegen von der tertiären Gebirgsbildung geprägt. Die Nährstoffaustattung ihrer Böden ist auf der Nordhalbkugel dementsprechend noch weitaus günstiger: Stickstoffkonzentrationen in den Böden liegen um den Faktor 10, Phosphatwerte sogar mehr als um den Faktor 100 höher als in den Gondwanaregionen der Südhemisphäre. Auch das hat Folgen: Auf nährstoffärmeren Böden der Nordhalbkugel dominieren in der Flora typischerweise die stickstoffautotrophen Leguminosen mit ihren *Rhizobium*-Symbiosen.

7.5 Zonobiom V – warmtemperate, ozeanische, regenreiche, mild-maritime, episodisch frostbelastete Gebiete mit immergrünen Wäldern (Lorbeerwaldgebiete)

Bei hohen, meist durch Monsune hervorgerufenen Sommerniederschlägen entwickeln sich an der Südgrenze der gemäßigten Breiten, besonders auf den Ostseiten der Kontinente, die Lorbeerwälder. Sie sind die Reste einer großen, im Tertiär weltumspannenden Vegetationszone. Die laurophyllen Bergwälder an der Südabdachung des Himalaya in Nepal markieren die alte West-Ost-Verbindung dieses Bioms. Das Lorbeerwald-Biom vereint immergrüne, laurophylle Wälder in weitgehend frostfreien, humiden Gebieten mit geringen Temperaturschwankungen von den Subtropen bis in die temperaten Zonen. Das typische Lorbeerwaldklima ist perhumid mit Niederschlägen von 1000 und 2000 bis zu 6000 Millimetern. Es unterscheidet sich vom tropischen Regenwaldklima durch deutliche, temperaturbestimmte Jahreszeiten mit kühlen, aber nicht mit kalten Wintern; die Winterminima liegen meist über minus zwei Grad Celsius. Die Jahresmittel vieler Klimastationen dieses warm-temperaten Zonobioms betragen zwischen 13 bis 17 Grad Celsius, können aber in Anbetracht der riesigen Amplitude des Verbreitungsgebietes der Lorbeerwaldzone von mehr als 25 Breitengraden von kühl bis subtropisch heiß variieren, und je nach geographischer Lage gibt es im südöstlichen Nordamerika und in Ostasien Gebiete mit Sommerregen oder mit Winterregen. Im Mittelmeergebiet wachsen Lorbeerwälder in Galicien, ebenso in der Kolchis am Schwarzen Meer; weiterhin an der Pazifikküste Nordkaliforniens. Auf der Südhalbkugel gibt es sie in Mittelchile, Argentinien und in Südwestafrika. Nebelbildungen und Sommerniederschläge ermöglichen ferner die Ausbildung von kleinflächigen Lorbeerwäldern auf den Azoren, Kanaren, den Juan-Fernandez-Inseln im Südpazifik, im küstennahen Nordkalifornien, in Süd- und Mittelchile und auf der Südspitze Afrikas und Südwestaustraliens.

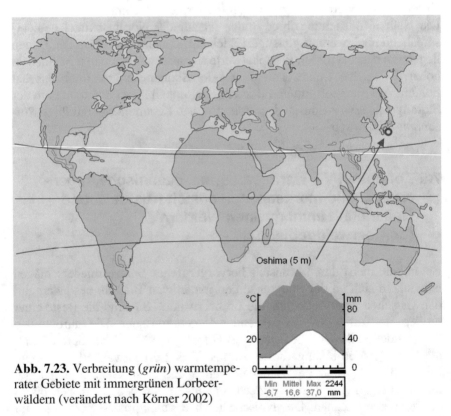

Oshima (5 m)

Abb. 7.23. Verbreitung (*grün*) warmtemperater Gebiete mit immergrünen Lorbeerwäldern (verändert nach Körner 2002)

Min   Mittel   Max **2244**
-6,7   16,6   37,0   **mm**

Die mittelhohen Bäume der Lorbeerwälder sind durch immergrünes, ledriges, mesomorphes Laub ausgezeichnet, das als Anpassung an die Wintertemperaturen und kurzzeitige sommerliche Trockenperioden aufgefasst werden kann. Der episodische Laubfall findet meist im Sommer nach dem Neutrieb statt. Neben lorbeerblättrigen Gehölzen sind auch gelegentlich sommergrüne Bäume und Nadelgehölze am Bestandsaufbau der Wälder beteiligt. Epiphyten, vor allem Moose, Flechten und Farne sowie Lianen sind häufig anzutreffen (Abb. 7.24).

Abb. 7.24. Lorbeerwald vom Typ des Lauro-Perseetum indicae als Lebensraum für zahlreiche Epiphyten verschiedenster Herkünfte: von den Zweigen herabhängende Moose sind *Neckera intermedia, Leucodon canariensis, Leptodon longisetus* und *Isothecium myosuroides*, auf den Baumstämmen wachsen zahlreiche weitere Moose und Flechten als Epiphyten (Detail rechts). Von den Höheren Pflanzen kommen *Semele androgyna* (Details unten und unten links) sowie *Convolvulus canariensis* (Detail links oben) als Lianen vor (aus Pott et al. 2003)

Auch die Krautschicht aus vielfach immergrünen, großblättrigen Kräutern und Farnen sowie Gräsern der Bambusverwandtschaft in Ostasien ist gut entwickelt. Den Klimabedingungen entsprechend lassen die Lorbeerwälder eine hohe Stoffproduktion zu mit entsprechend tiefgründigen, humosen Böden. Diese sind meist tief durchwurzelte, rotbraune Lehme und einer landwirtschaftlichen Nutzung zugänglich. Dies förderte das Abholzen der Lorbeerwälder, deren letzte natürliche Areale heute vor allem im östlichen Nordamerika und Ostasien, in Argentinien, Südwest-Afrika und Südwest-Australien zu suchen sind.

In den Subtropen wachsen die Lorbeerwälder auf Höhen oberhalb von 1400 Metern bis zu 2000 Metern. Auch die subtropisch-tropischen Gebirgs-Nebelwälder sind den Lorbeerwäldern floristisch und ökologisch sehr nahestehend. Es fällt auf, dass die mächtigsten Baumgestalten der Erde in diesem Zonobiom auftreten: Die Redwoods (*Sequoia sempervirens*) in Kalifornien, *Fitzroya cupressioides* und *Araucaria araucana* im valdivianischen Regenwald in Chile (Abb. 7.25), *Castanopsis sieboldii* und *Cryptomeria japonica* in Südostasien und auf der japanischen Insel Yakushima in einem World Heritage der UNESCO (Abb. 7.25 und 7.26) sowie manche *Eucalyptus*-Arten in Australien, wie die riesige *E. diversicolor* im Südwesten südlich von Perth, um einige Beispiele hier zu nennen (Abb. 7.26). Wir kommen im Kapitel 12 darauf zurück.

Abb. 7.25. Links: *Fitzroya cupressioides* im *Nothofagus betuloides*-Wald, Chile (2001). Rechts: *Castanopsis sieboldii* im immergrünen Camellietea japonicae-Wald, Shikoku (1996)

Abb. 7.26. Links: *Cryptomeria japonica* auf der japanischen Insel Yakushima in einem World Heritage der UNESCO (2003). Rechts: Karri-Wald mit *Eucalyptus diversicolor* und *E. ficifolia* (Detail) in Südwest-Australien (2002)

7.6 Zonobiom VI – gemäßigte, winterkalte Gebiete mit kurzer Frostperiode und laubabwerfenden Wäldern (= nemorales Zonobiom)

In Gebieten mit kalten Wintern bei Januarmitteltemperaturen unter 4 Grad Celsius und feuchten Vegetationsperioden, die aber über 120 Tage frostfrei sind und über 250 Millimeter Niederschlag erhalten, sowie warmen Sommern bei Julimitteln über 15 Grad Celsius herrschen sommergrüne Laubwälder. Dort wachsen mit 30 bis 35 Metern mittelhohe, meist aus Gehölz-, Strauch- und Krautschicht aufgebaute, relativ artenreiche dichtschließende Bestände (Abb. 7.27). Die Bäume haben sommergrünes, mesomorphes Laub, das jährlich im Frühjahr neu aufgebaut werden muss und im Herbst abgeworfen wird. Dadurch ist eine deutliche Jahreszeitenfolge mit Vorfrühlings-, Sommer-, Herbst- und Winteraspekt gegeben. Lianen spielen nur in ozeanischen Gebieten eine stärkere Rolle, Gefäßepiphyten fehlen dagegen fast völlig.

Abb. 7.27. Vorfrühlingsaspekt mit dem Geophyten *Leucojum vernum* in einem Kalkbuchenwald im Weserbergland (2003)

Die Böden sind je nach Standort Braunerden (Cambisole), degradierte Schwarzerden, Aulehme, Rendzinen, Gley, Pseudogley oder Anmoor. Auf der Nordhalbkugel sind im östlichen Nordamerika und in Ostasien artenreiche, in Europa jedoch durch die Eiszeiten verarmte sommergrüne Laubwälder weit verbreitet. Vorposten beziehungsweise kleine Areale dieses Bioms sind auch im Himalaya, im Kuznezker Altai, im Pamir-Altai, in Afghanistan und in den Zagrosketten sowie auf der Südhalbkugel in Südchile zu finden.

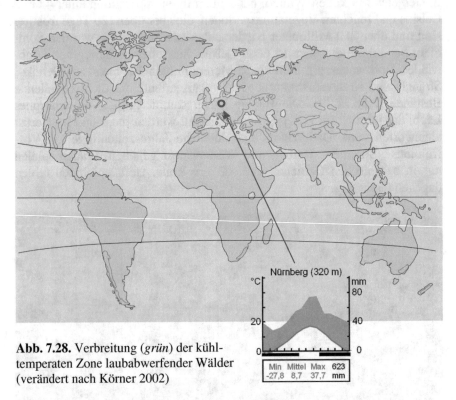

Abb. 7.28. Verbreitung (*grün*) der kühl-temperaten Zone laubabwerfender Wälder (verändert nach Körner 2002)

Dort gibt es aber nur kleine Areale laubabwerfender *Nothofagus obliqua*- und *N. procera*-Wälder. Ihren größten Artenreichtum erreichen die temperaten Laubwälder in Ostasien, in China, Korea und Japan (Abb. 7.29) und entlang der Ostküste Nordamerikas. Die vergleichbar artenarmen Wälder Mitteleuropas sind das Ergebnis des wiederholten Verdrängens der Laubbäume während der Eiszeiten in südliche Refugien und ihrer erschwerten Rückwanderung infolge der Barrierewirkung von Pyrenäen, Alpen und Karpaten. Die Wiederbewaldung begann in Europa und Nordamerika mit Kiefernwäldern vor 14 000 Jahren, der winterkahle laubabwerfende Wald etablierte sich in den Gebieten, wo er heute dominiert, aber erst vor 8000 Jahren. Die heutige Zusammensetzung ist also nicht viel älter als 5000 Jahre, wie wir in den Kapiteln 2, 3 und 4 schon gesehen haben. Nur Ostasien war damals nicht vereist, das erklärt noch heute den dortigen

Artenreichtum nicht nur der temperaten Wälder (s. Tabelle 2.1). Ein kalter, drei bis vier Monate andauernder Winter mit Mitteln des kältesten Monats nahe bei Null Grad oder unter Null Grad, aber mit Frösten bis zu minus 25 Grad Celsius, ist der entscheidende Standortfaktor für dieses Zonobiom: Ohne echte Gefrierbeständigkeit können Gehölzpflanzen und Hemikryptophyten nicht überleben. Bei Holzpflanzen wird die Bereitschaft zur Frostabhärtung, mit der die Pflanze in einen Ruhezustand übergeht, durch kürzere Tage im Herbst ausgelöst.

Abb. 7.29. Links: *Nothofagus obliqua, N. alpina* und *N. dombeyi* in der Höhenstufe sommergrüner Wälder in Südchile (Foto W. Pollmann, 2002). Rechts: *Fagus crenata*-Wälder bedecken alle Hänge in den Gebirgen von Honshu (1995).

7.7 Zonobiom VII – winterkalte Steppen, Halbwüsten und Wüsten, arid-gemäßigtes, kontinentales Zonobiom

Ursprünglich wurde der Begriff **Steppe** für ein natürlich baumloses, außertropisches Grasland verwendet, das aus xeromorphen Gräsern, Hemikryptophyten, niedrigen Chamaephyten, Geophyten und Therophyten gebildet wird. Jahresniederschläge unter 500 Millimetern schließen hier den Wald aus; Sommertrockenheit und Winterkälte prägen dieses Zonobiom.

In den kontinentalen Gebieten der temperaten Zone gibt es diese riesigen Grasländer vor allem in den nordamerikanischen Prärien im Regenschatten der Rocky Mountains und auf dem eurasischen Kontinent, wo sich eine klimazonale Ökosystemdifferenzierung von der Übergangszone einer Waldsteppe über Wiesensteppen, trockene Federgrassteppen bis hin zur Halbwüste des Kaspischen Meeres ergibt. Hier gehen sie über in die innerasiatischen Wüsten (Abb. 6.27, 7.30 und 7.31).

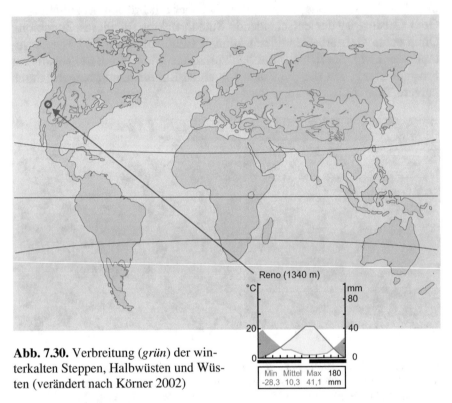

Abb. 7.30. Verbreitung (*grün*) der winterkalten Steppen, Halbwüsten und Wüsten (verändert nach Körner 2002)

Die Wüsten der gemäßigten Breiten sind durch regelmäßige Winterfröste gekennzeichnet, welche das Auftreten frostempfindlicher Pflanzen verhindern. Starke tägliche Temperaturschwankungen mit Nachtfrösten sind ebenfalls typisch für diesen Lebensraum, wo die Böden zudem unentwickelt und humusarm bleiben. Derartige extreme abiotische Standortfaktoren schränken die Lebensvielfalt enorm ein, und eine geringere biologische Aktivität ist dafür bezeichnend. Die gemäßigten winterkalten Wüsten und Halbwüsten grenzen im Allgemeinen an winterkalte Gras-Steppen. Es sind besonders die mittelasiatischen Wüsten und Halbwüsten hier zu nennen, wie die Irano-Turanische Wüste, die Karakum- und Kysylkum-Wüste sowie das Dsungarische Wüstengebiet von Kasachstan, die zu den zentralasiatischen Wüsten der Mongolei und in die nordchinesischen Wüsten Gobi, Takla-Makan, Blischan, Alaschan, Ordos und Tsaidams verbinden (Abb. 7.32). Die Takla-Makan ist die extremste Wüste Zentralasiens mit mittleren jährlichen Niederschlagsmengen von Null bis 60 Millimetern, jedoch mit einem hohen Grundwasserspiegel in 1 bis 2 Metern Tiefe. Das

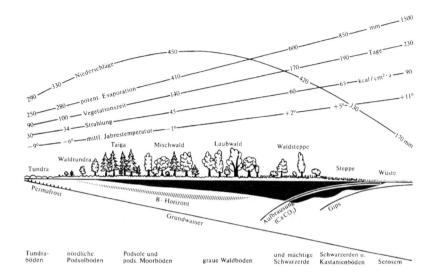

Abb. 7.31. Schematisiertes Profil durch die Klima-, Vegetations- und Bodenzonen Osteuropas von Nordwesten nach Südosten. Schwarz dargestellt sind die Humushorizonte und gestrichelt sind die illuvialen B-Horizonte, also die Aus- und Einwaschungshorizonte der Böden (aus Klink 1996)

Abb. 7.32. *Artemisia fragens*-Steppe in Zentralanatolien im Osten Kurdistans, Türkei bei Nigde (Foto M. Witschel 1987)

Abb. 7.33. Das Pampagras *Cortaderia selloana* (Poaceae) kennzeichnet die endlosen Steppen Patagoniens südlich von Mendoza, Argentinien (2000)

Abb. 7.34. *Chionochloa rigida-* und *C. macra*-Tussock-Gräser bilden endlose Steppen in den Dunstan-Mountains bei Otago im Regenschatten der Neuseeländischen Alpen auf der Südinsel von Neuseeland (2001)

Grundwasser wird durch unterirdischen Zufluss aus den Bergen im Frühling nach der Schneeschmelze immer wieder aufgefüllt und das Wasser verdunstet über der Wüste. Die Wüste Gobi erhält Sommerniederschläge bis zu 100 Millimetern von den Ausläufern des ostasiatischen Sommermonsuns; im trockenen westlichen Teil gibt es vielfach auch regenlose Jahre. In Nordamerika existieren winterkalte Halbwüsten in den Beckenlandschaften des *Great Basin* zwischen den Gebirgsketten der nördlichen Rocky Mountains und der Sierra Nevada (Abb. 6.26). Auch der Mittlere Westen von Texas bis zu den Kanadischen Prärien und die innermontanen Trockengebiete südlich des *Great Basin* bis zur Mojave-Wüste zählen zum Zonobiom VII. Auf der Südhalbkugel finden wir solche Formationen im Regenschatten der Anden in Argentinien in Form ausgedehnter patagonischer Gras- und Zwergstrauchhalbwüsten (Abb. 7.33).

Die Pampa Argentiniens war lange Zeit Gegenstand wissenschaftlicher Kontroversen: Die Niederschläge betragen hier zwischen 500 und 1000 Millimetern, sind also höher, als es der Zonendefinition entspräche. Eine prähistorische anthropozoogene Waldzerstörung wurde diskutiert, weil schon die ersten spanischen Eroberer die Pampa als waldfreies Grasland vorfanden. Die hohen sommerlichen Temperaturen und starke Einstrahlung bewirken jedoch eine hohe Evapotranspiration mit großer Salzanreicherung im Oberboden – wohl der wahre Grund für die Baumfreiheit der Pampa. Die südhemisphärischen Trockenbiome sind flächenhaft gering gegenüber den nordhemisphärischen Steppen und Prärien. Neben der Pampa gibt es noch Bestände an der südöstlichen Küstenzone der Südinsel Neuseelands, wo es im Regenschatten der dortigen Alpen um Otago in den Dunstan-Mountains eine von *Chionochloa rigida*- und *C. macra*-Tussock-Gräsern dominierte Steppe gibt (Abb. 7.34).

7.8 Zonobiom VIII – winterkalte Nadelwaldgebiete oder Taiga (= kaltgemäßigtes, mit kühlen Sommern und langen Wintern, boreales Zonobiom)

Mit dem sibirischen Wort **Taiga** werden Nadelwälder bezeichnet, die sich als rund 1200 Kilometer breites Band zirkumpolar über den Norden von Europa, Asien und Nordamerika erstrecken. Die Taiga oder Boreale Nadelwaldzone ist die größte Vegetationszone der Erde. Das Klima ist sehr rauh und zum Teil von starken Gegensätzen geprägt. Winterperioden dauern ein halbes Jahr, und die Temperaturen können dann sehr tief absinken. Der Kältepol der Holarktis, an dem minus 71 Grad Celsius gemessen worden sind, liegt in der ostsibirischen Taiga. Boreale Sommer mit Monats-

durchschnittstemperaturen von plus 10 Grad Celsius oder mehr dauern nur
drei Monate. An heißen Tagen kann das Thermometer in Sibirien auf über
30 Grad Celsius steigen, so dass im Extrem Jahrestemperaturschwankun-
gen von fast 100 Grad zustande kommen. In weiten Bereichen der Taiga
liegt die Jahresmitteltemperatur unter Null Grad Celsius, und der Boden ist
von einer bestimmten Tiefe an dem diskontinuierlichen, also nicht ständigen Permafrost ausgesetzt (Abb. 7.35).

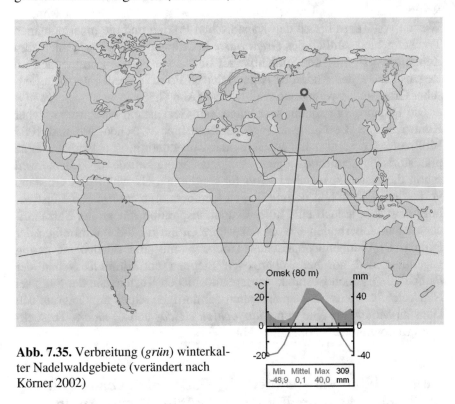

Abb. 7.35. Verbreitung (*grün*) winterkal-
ter Nadelwaldgebiete (verändert nach
Körner 2002)

In dem rauhen Klima können nur Nadelholzarten gedeihen: Hohe
schmalkronige Fichten, Kiefern, Tannen und Lärchen bilden unermessliche, aber eintönige und lichte Wälder. Ihre Struktur ist in Nordamerika und
Eurasien gleich, die Arten sind aber verschieden: Die Taiga Eurasiens lässt
sich noch einmal in einen westlichen ozeanischen und einen östlichen kontinentalen Teil gliedern. Deren Grenze liegt am Jenissei. Im Westen überwiegen Fichten und Kiefern, im Osten die Lärchen. An klimatisch günstigen Stellen wachsen auch Birken, Pappeln und Weiden. Weil das Wasser
nach der Schneeschmelze im gefrorenen Boden nicht versickern kann, sind
feuchte Gebiete mit Jahresniederschlägen um 500 Millimeter von großen
Sümpfen und Mooren bedeckt. Die Taiga wird außerdem von großen

Flusssystemen und von Seen durchzogen, die in der letzten Eiszeit entstanden sind. Im Sommer ist das Land daher streckenweise nur auf dem Wasserweg passierbar. Alle Winter sind zwar kalt, aber vor allem im Osten Sibiriens nicht so unangenehm, wie man meint, da es im trockenen, kontinentalen Raum nur wenig schneit und kaum stürmt (Abb. 7.36).

Abb. 7.36. Die unwegsame Taiga als endloses Nadelwaldmeer durchzogen von wenigen baumfreien Mooren in Nordsibirien (1986)

Unter ausreichend sommerwarmem Klima mit Julimitteltemperaturen von 12 Grad Celsius und einem Jahresmittel des Niederschlags von über 400 Millimetern kommt es bei kurzen Vegetationsperioden von unter 150 frostfreien Tagen zur Ausbildung borealer immergrüner Nadelwälder. Es sind einschichtige oder wenig geschichtete, relativ dicht schließende Wälder, die in den ozeanischen Landschaften überwiegend von Bäumen mit immergrünen xeromorphen Nadelblättern aufgebaut werden, der so genannten dunklen Fichten-Tannen-Taiga (Abb. 7.37), in extrem kontinentalen Gebieten aber auch von sommergrünen nadelblättrigen Gehölzen in der hellen Lärchen-Taiga. Eine Strauchschicht ist meist wenig entwickelt und besteht dann aus sommergrünen Gebüschen. Der Boden wird von immergrünen Zwergsträuchern, Rasenstauden und Gräsern bedeckt. Eine jahreszeitliche Aspektfolge ist kaum vorhanden.Die Böden reichen von rohhumus-reichen Braunerden über Podsole aus Bleichsanden mit Auswaschungshorizonten bis hin zu Moorböden oder schlecht entwickelten

Rendzinen und Rankern, immer mit dicken Rohhumusschichten bedeckt, deren Nährstoffe meist durch mykorrhizabildende Pilze für die Höheren Pflanzen aufgeschlossen werden, nachdem der Humus von kleineren Gliedertieren zerkleinert worden ist. Mikroskopische Pilze stellen über 80 Prozent der mikrobiellen Biomasse. Am Biomassegewicht des saprophilen Bodentierkomplexes von 25 bis 30 Gramm pro Quadratmeter sind ferner Detritophagen mit etwa 70 Prozent, Mikrophytophagen mit 23 Prozent und Saprophagen mit 7 Prozent beteiligt. Die Böden sind meist Podsole, welche oft viele Monate während des Jahres gefroren bleiben (Abb. 7.37). Die Dauerfrostböden können in den kontinentalen Gebieten Nordamerikas und Eurasiens Mächtigkeiten von mehreren hundert Metern erreichen. Das ist natürlich für die Vegetation bedeutend, da hier auch im Sommer nur ein begrenztes aufgetautes Bodenvolumen zur Verfügung steht. Frostdynamische Prozesse spielen in den borealen Landschaften eine entscheidende Rolle und sie prägen oftmals das Landschaftsmosaik, wo wir Thermokarsterscheinungen und Moorflächen mit kleinen Seen dazwischen finden. Neuerdings wird diese Region auch wirtschaftlich genutzt: 90 Prozent des Welthandels-Schnitt- und Papierholzes werden in den borealen Wäldern gewonnen. Wegen der Ungunst des Klimas für landwirtschaftliche Kulturen sind sie vom Menschen bislang nur in relativ geringem Maße umgewandelt worden.

Abb. 7.37. Borealer Fichtenwald in Mittel-Norwegen mit schlankkronigen Bäumen, die einer hohen Schneelast besonders gut angepasst sind (1987)

7.9 Zonobiom IX – Tundren und Polare Wüsten (= polares, arktisches, einschließlich antarktisches Zonobiom mit sehr kurzen Sommern)

Für das weitgehende Fehlen der Pflanzenwelt in den Kältewüsten der nördlichen Arktis und in der Antarktis spielen neben den tiefen Temperaturen auch die geringen Niederschläge eine wesentliche Rolle. Trotz der mächtigen Inlandeismassen auf Grönland und in der Antarktis sind diese Polarregionen sehr niederschlagsarm. Die eisfreien Gebiete der zentralen Antarktis, die so genannten *Dry Valleys* mit ganzjährig weniger als 50 Millimeter Niederschlag sind wirkliche Wüsten, deren Entstehung aber noch nicht befriedigend erklärt werden kann (Abb. 7.38).

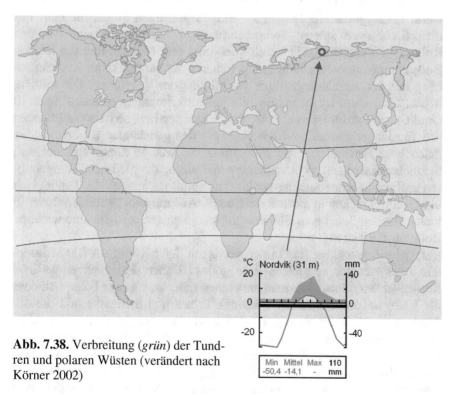

Abb. 7.38. Verbreitung (*grün*) der Tundren und polaren Wüsten (verändert nach Körner 2002)

Auch in der Arktis gibt es **Kältewüsten**, vor allem in Nordgrönland und im Nordwesten des Kanadischen Archipels. Das zentrale Nordpolarmeer und das Innere der Antarktis erhalten weniger als 100 Millimeter Jahresniederschlag. Für die Küstenstreifen Sibiriens und Nordkanadas und der Antarktis werden 100 bis 250 Millimeter angegeben. Nur im Einflussbereich des Atlantischen Ozeans, beispielsweise an der Südspitze Grönlands, fallen Niederschläge von über eintausend Millimetern vor allem im Herbst und im Winter, und das hat eine grüne **Waldtundra** zur Folge. Die geschlossene Vegetationsdecke wird als **Tundra** bezeichnet. Sie verläuft im Allgemeinen zwischen 62 und 75 Grad nördlicher Breite, jedoch in Europa und in Grönland wegen des warmen Golfstromes etwa 5 bis 8 Grad nördlicher als im östlichen Nordamerika. Oberhalb beziehungsweise jenseits der klimatischen Schneegrenze kommt es in der Tundra auf zeitweilig oder dauernd schneefreien Flächen zu sehr lückigen Beständen von krautigen oder verholzten, zum Teil polsterförmigen Pflanzen. In höheren Breiten ist die Vegetation, wie im Hochgebirge (Abb. 6.5), oft stark fragmentiert und auf günstige Mikrohabitate beschränkt. Außerordentlich starker Temperaturwechsel, ständige Frostgefahr und lang andauernde Schneebedeckung bedingen zwar eine geringe biologische Produktivität, jedoch beachtenswerte Photosyntheseleistungen an einigen günstigen Tagen im Jahr. Für die Pflanzenwelt spielen Temperaturen und Tageslängen eine wichtige Rolle. Die Vegetationszeit beträgt maximal drei Monate, und die lokalen Bodentemperaturen im Jahresgang stehen offenbar direkt im Zusammenhang mit der verschiedenartigen Ausbildung der Vegetation. Die mittlere Monatstemperatur bleibt in kurzen arktischen Sommern meistens unter 10 Grad Celsius, dafür ist es aber bis zu 24 Stunden hell, so dass die Pflanzen pro Tag länger assimilieren können als in den gemäßigten Breiten. Böden tauen über kontinuierlichem Permafrost nur wenige Zentimeter tief auf; Schmelzwasser kann nicht versickern und wegen der niedrigen Temperaturen auch nicht schnell genug verdunsten, somit verwandelt die Tundra sich über weite Strecken in morastigen Sumpf. Andererseits läuft das Wasser in vielen flachen Senken zu Süßwassertümpeln zusammen, die eine wichtige Rolle für die Tierwelt spielen.

Jahresniederschläge sind in der Arktis mit durchschnittlich 700 Millimetern oder weniger vergleichsweise gering. Daher sind auch winterliche Schneedecken dünner, als man annehmen möchte, was zur Folge hat, dass die Kälte tief in den Boden eindringt. Fröste und Staunässe und die dadurch verursachte Hemmung der Abbauprozesse prägen die meisten arktischen Böden. Diese sind sehr sauer und nur für Spezialisten besiedelbar. Gefrieren und Tauen prägen zudem die Bodenstruktur, wo **Solifluktion**, also Bodenfließen über Permafrost, **Polygonböden** und andere Frostmustererscheinungen auch das Vegetationsmosaik bestimmen (Abb. 7.39 und 7.40). Die Pflanzenwelt der Tundra ist insgesamt recht einförmig und besteht überwiegend aus Flechten, Moosen, Gräsern, einigen Kräutern und Zwergsträuchern, die entsprechende Tundren-Typen aufbauen, wie wir sie nachfolgend in Kapitel 8 kennen lernen werden. Bäume und Sträucher fehlen in dieser Landschaft völlig, weil sie im tiefgefrorenen Boden nicht tief genug wurzeln können. An den flachen Hängen der Flussufer gibt es Wiesen, die zu Beginn der Vegetationszeit recht farbenprächtig blühen. Auch im Herbst, wenn sich das Laub von Zwergbirken und -weiden verfärbt, herrschen stellenweise rote und gelbe Farbtöne vor.

Abb. 7.39. Frostmusterböden mit Eiskeilen in der kanadischen Arktis (1999)

Abb. 7.40. Herbstfärbung der Zwergstrauchtundra in West-Grönland (Foto F.J.A. Daniels 1996)

7.10 Literatur

Adam P (1994) Australian Rainforests. Oxford University Press, Oxford
Amigo J, Ramirez C (1998) A bioclimatic classification of Chile: woodland communities in the temperate zone. Plant Ecol 136: 9-26
Anand M, Kadmon R (2000) Community-level analysis of spatio-temporal plant dynamics. Ecoscience 7: 101-110
Archibold OW (1995) Ecology of the World Vegetation. Chapman & Hall, London Glasgow Weinheim
Argent G, Lamb A, Philipps A, Collenette S (1988) Rhododendrons of Sabah. Sabah Parks Publication 8, Sabah Park Trustees, Kota Kinabalu
Austin MP (2002) Spatial prediction of species distribution: an interface between ecological theory and statistical modelling. Ecological Modelling 157: 101-118
Axelrod DI, Arroyo MTK, Raven PH (1991) Historical development of temperate vegetation in the Americas. Rev Chile Hist Nat 64: 413-446
Bailey RG (1998) Ecoregions: The Ecosystem Geography. Springer, New York
Barbour MG, Billings WD (1988) North American Terrestrial Vegetation. Cambridge University Press, Cambridge New York New Rochelle
Barraclough G (1978) The Times Atlas of World History. Times Books, London
Begon M, Harper JL, Townsend CR (1999) Ökologie. Individuen, Populationen und Lebensgemeinschaften. Birkhäuser, Basel
Behling H (1993) Untersuchungen zur spätpleistozänen und holozänen Vegetations- und Klimageschichte der tropischen Küstenwälder und der Araukarien-Wälder in Santa Catarina (Südbrasilien). Diss Bot 206, Cramer, Berlin
Behling H (2002) Beiträge zur Geschichte der Araukarien-Wälder, der Campos, und der atlantischen Regenwälder Süd- und Südost-Brasiliens im Spätquartär. Ber Reinh-Tüxen Ges 14:59-68
Bell CR, Taylor BJ (1982) Florida Wild Flowers and Roadside Plants. Laurel Hill, Chapel Hill
Bick H (1998) Grundzüge der Ökologie. 3. Aufl, Fischer, Stuttgart
Biondi E (1994) The phytosociological approach to landscape study. Annali Botanici 52: 135-141
Biondi E, Feoli E, Zuccarello V (2004) Modelling environmental responses of plant associations: a review of some critical concepts in vegetation study. Critical Reviews in Plant Sciences 23 (2), Taylor & Francis, pp 149-156
Blasi C, Carranza ML, Frondoni R, Rosati I (2000) Ecosystem classification and maping for Italian landscapes. Applied Vegetation Science 3: 233-242
Bloesch U (2002) The dynamics of thicket clumps in the Kagera Savanna landscape, East Africa. Diss ETH Zürich, No 14386, Shaker, Aachen
Boelcke O, Moore M, Roig FA (1985) Transecta Botanica de la Patagonia Austral. Consejo Nacional de Investigaciones cientificas y technicas. Conicet, Buenos Aires, Argentina
Bohn U, Gollub G, Hettwer C, Neuhäuslová Z, Schlüter H, Weber H (2003) Karte der natürlichen Vegetation Europas. Maßstab 1:2 500 000. 655 S, Bundesamt für Naturschutz, Bonn
Bongers F, Pompa J (1988) Trees and gaps in a Mexican tropical rain forest: species differentiation in relation to gap-associated environmental heterogeneity. Thesis Utrecht
Bourliere F (ed, 1983) Tropical savannas. In: Goodall D (ed): Ecosystems of the World. Elsevier, Amsterdam Oxford New York
Box EO (1981) Macroclimate and plant forms: An introduction to predictive modelling in phytogeography. In: Lieth H (ed): Tasks for vegetation science 1. Junk, The Hague Boston London
Box EO (1995) Factors determining distributions of tree species and plant functional types. Vegetatio 121: 101-116
Boyle TJB, Boyle CEB (1974) Biodiversity. Temperate ecosystems and global change. Springer, Berlin
Breckle S-W (2002) Walter's vegetation of the earth. The ecological systems of the Geo-Biosphere. 4th edn. Springer, Berlin Heidelberg New York
Cabrera AL, Willink A (1977) Biogeografia de America Latina. Washington
Carlquist S (1985) Hawai'i. A Natural History. Pacific Tropical Botanical Garden, Lawai, Kauai, Hawai'i
Chape S, Fish L, Fox P, Spalding M (2003) United Nations List of Protected AReas (IUCN/UNEP, Gland, Switzerland, Cambridge, UK)
Chapin FS, Körner C (eds, 1995) Arctic and Alpine Biodiversity: Patterns, Causes and Ecosystem Consequences. In: Lange OL, Mooney HA (eds) Ecological Studies 113, Springer, Berlin Heidelberg
Cleary M, Eaton P (1992) Borneo. Change and Development. Oxford University Press, Singapore Oxford New York
Clements FE (1936) Nature and structure of the climax. J Ecol 24: 552-584
Cunningham R (1871) Notes on the natural history of the Street of Magellan and West-Coast of Patagonia 1866-1869, Edinburgh
Collins M (ed, 1990) The Last Rain Forests. Mitchell Beazley, London
Davin A (1983) Desert Vegetation of Israel and Sinai. Cana Publishing House, Jerusalem
Deil U (1993) Geobotanische Beiträge zur Ethnoecographie und zur Kulturlandschaftsgeschichte. Die Erde 124: 85-104
Deil U (1994) Klassifizierung mit supraspezifischen Taxa und symphylogenetische Ansätze in der Vegetationskunde. Phytocoenologia 24: 677-694
Deil U (1997) Zur geobotanischen Kennzeichnung von Kulturlandschaften. Erdwiss Forschungen Bd 36, Steiner, Stuttgart

Devilliers P, Devilliers-Terschuren J (1996) A classification of Palaearctic habitats. Convention on the Conservation of European Wildlife and Natural Habitats. – Steering Committee, Nature and Environment 78. Council of Europe, Strasbourg

Diamond JM, Case TJ (1986) Community ecology. Harper & Rowe, Cambridge

Diels L (1958) Pflanzengeographie. Sammlung Göschen, Leipzig 1908, 5 Auflage von F Mattick, Berlin

Diemont WH (1938) Zur Soziologie und Synoekologie der Buchen- und Buchenmischwälder der nordwestdeutschen Mittelgebirge. Mitt d Florist-soz Arbeitsgem in Nds 4, Hannover

Dierschke H (1984) Natürlichkeitsgrade von Pflanzengesellschaften unter besonderer Berücksichtigung der Vegetation Mitteleuropas. Phytocoenologia 12 (2/3): 173-184

Dierssen K (2000) Zur Biodiversität borealer und arktischer Vegetationskomplexe. Ber d Reinh-Tüxen-Ges 12: 335-350

Drude O (1890) Handbuch der Pflanzengeographie. Engelhorn, Stuttgart

Duever MJ, Carlson JE, Meeder JF, Duever L, Gunderson LH, Riopelle LA, Alexander TR, Myers RL, Spangler DP (1986) The Big Cypress National Preserve. Research Report 8, National Audobon Society, New York

Du Rietz (1931) Life-forms of terrestrial flowering plants. Acta Phytocoenologica Suecica 3 (1), Uppsala

Ellenberg H (1956) Aufgaben und Methoden der Vegetationskunde. In: Walter H (Hrsg) Einführung in die Phytologie, Bd IV: Grundlagen der Vegetationsgliederung

Ellenberg H (1975) Vegetationsstufen in perhumiden bis perariden Bereichen der tropischen Anden. Phytocoenologia 2: 368-387

Ellenberg H, Mueller-Dombois D (1967) Tentative physiognomic-ecological classification of plant formations on the earth. Ber Geobot Inst ETH, Stiftung Rübel 37: 21-55

Engler A (1936) Übersicht über die Florenreiche und Florengebiete der Erde. In: Engler A, Diels L (Hrsg) Syllabus der Pflanzenfamilien, S 374-386, Berlin

Ern H (1966) Die dreidimensionale Anordnung der Gebirgsvegetation auf der Iberischen Halbinsel. Bonner Geogr Abh 37: 1-136

Eskuche U (2004) La vegetatión de la vega del río Paraná Mediosuperior, Argentina. Folia Botanica et Geobotanica Correntesiana N 17, Corrientes, Argentina

Evenari M, Noy-Meir I, Goodall D (eds, 1985) Hot deserts and arid shrublands. In: Goodall D (ed) Ecosystems of the World, 12 A. Elsevier, Amsterdam London New York

Feoli E, Orlóci L (1991) Computer assisted vegetation analysis. In: Lieth H (ed) Handbook of Vegetation Science 11, Kluwer, Dordrecht

Fitzroy R (1839) Narrative of the surveying voyages of his Majesty's ships Adventure and Beagle between the years 1826 and 1836, London

Frahm JP, Frey W, Kürschner H, Menzel M (1990) Mosses and Liverworts of Mt. Kinabalu. Sabah Parks Publication 12, Sabah Parks Trustees, Kota Kinabalu

Franz H (1979) Ökologie der Hochgebirge. Ulmer, Suttgart

Freitag H (1962) Einführung in die Biogeographie von Mitteleuropa. Fischer, Stuttgart

Frey W, Lösch R (2004) Lehrbuch der Geobotanik. Pflanzen und Vegetation in Raum und Zeit. Elsevier-Spektrum, Heidelberg

Gams H (1927) Von den Follatères zur Dent de Morcles. Beitr Geobot Landesaufn Schweiz 15

Gautier L, Goodman SM (2002) Inventaire floristique et faunistique de la Reserve Spéciale de Manongarivo (NW Madagaskar). Boissiera 59, Chambésry Genève

Gehu JM (1988) L'analyse symphytosociologique et géosymphytosociologique de l'espace. Colloques Phytosociologiques 17: 11-46

Gigon A (1974) Ökosysteme. Gleichgewichte und Störungen. In: Leibundgut H (ed) Landschaftsschutz und Umweltpflege. Huber, Frauenfeld, pp 16-39

Glawion R (1993) Waldökosysteme in den Olympic Mountains und im pazifischen Nordwesten Nordamerikas. Geoökologisch-vegetationsgeographische Analysen und Bewertungen. Bochumer Geographische Arbeiten 56, Paderborn

Godall DW (1986) Classification and ordination: their nature and role in taxonomy and community studies. Coenosis 1: 3-9

Good R (1964) Geography of the flowering plants. Harlow, London

Goryschina TK (ed, 1974) Biologische Produktion und ihre Faktoren im Eichenwald der Waldsteppe. Arb Forstl Versuchsst d Univ Leningrad „Wald an der Worskla" 6: 1-213

Grabherr G, Mucina L (eds, 1993) Die Pflanzengesellschaften Österreichs II: Natürliche waldfreie Vegetation. Fischer, Jena Stuttgart New York

Grabherr G (1997) Farbatlas Ökosysteme der Erde. – Natürliche, naturnahe und künstliche Landökosysteme aus geobotanischer Sicht. Ulmer, Stuttgart

Grebenschtschikow OS (1972) Ökologisch-geographische Gesetzmäßigkeiten in der Pflanzendecke der Balkan-Halbinsel. Akad Wiss Ser Geogr Nr 4, Moskau

Gries B (1983) Tiergeographie Nr. 9. Westf Mus f Naturkde Münster

Groombridge B, Jenkins MD (2000) Global biodiversity: Earth living resources in the 21st century. World Conservation Press, Cambridge

Groves RH (ed, 1981) Australian Vegetation. Cambridge University Press, Cambridge London New York

Guisan A, Holten JI, Spichiger R, Tessier L (eds, 1995) Potential Ecological Impacts of Climate Change in the Alps and Fennoscandian Mountains. Conservatoire et Jardin botanique de la Ville de Geneve, Genf

Haacks M (2003) Die Küstenvegetation von Neuseeland. Mitt Geogr Gesellsch Hamburg, Bd 95, Hamburg

Halloy S (1991) Islands of life at 6000 m altitude: The environment of the highest autotrophic communities on earth (Socompa Volcano, Andes). Arctic and Alpine Research 23 (3): 247-262

Hauman L, Burkart A, Parodi L, Cabrera A (1947) La vegetation de la Argentina. Buenos Aires

Hayek A v (1926) Allgemeine Pflanzengeographie. Berlin

Hendl M, Marcinek J, Jäger EJ (1988) Allgemeine Klima-, Hydro- und Vegetationsgeographie. Gotha

Henning I (1994) Hydroklima und Klima – Vegetation der Kontinente. Münstersche Geographische Arbeiten 37, Paderborn

Hill RS, Jordan GJ (1993) The evolutionary history of Nothofagus (Nothofagaceae). Austr Syst Bot 6: 111-126

Hofmann M (1985) Biogeographie und Landschaftsökologie. Grundriss Allgemeine Geographie, Schoening, Paderborn

Huston MA (1994) Biological diversity. The coexistence of species on changing landscapes. Cambridge University Press, Cambridge

Jennings MD (2000) Gap analysis: concepts, methods, and recent results. Landscape Ecology 15: 5-20

Klink HJ (1994) Neue Wege der geoökologischen Erhebung und Kartierung. Akad Wiss Lit, Jg 1994 (2), S 171-195, Stuttgart

Klink HJ (1996) Vegetationsgeographie. Westermann, Braunschweig

Klink HJ, Lauer W (1978) Die räumliche Anordnung der Vegetation im östlichen Hochland von Zentralmexiko. In: Lauer W, Klink HJ (Hrsg) Pflanzengeographie. Wege der Forschung Bd 130, S 472-506, Wiss Buchges Darmstadt

Körner C (2002) Die Vegetation der Erde. In P Sitte et al (Hrsg): Strasburger – Lehrbuch der Botanik 1003-1043, Spektrum, Heidelberg

Kowarik I (1987) Kritische Anmerkungen zum theoretischen Konzept der potentiellen natürlichen Vegetation mit Anregungen zu einer zeitgemäßen Modifikation. Tuexenia 7: 53-67

Kowarik I (1995) Anthropogene Wälder und Forste auf naturnahen und urban-industriellen Standorten. Ber d Reinh-Tüxen-Ges 7: 47-67

Kreeb KH (1983) Vegetationskunde. Methoden und Vegetationsformen unter Berücksichtigung ökosystemarer Aspekte. Ulmer, Stuttgart

Kronfeld M (1908) Bilder-Atlas zur Pflanzengeographie. Bibliographisches Institut, Leipzig Wien

Küchler AW (1964) Potential natural vegetation of conterminous United States (map and manual). American Geographical Society, Spec Publ No 36, New York

Küchler AW, Zonneveld JS (1988) Vegetation mapping. Kluwer, Dordrecht

Kürschner H (1990) Die epiphytischen Moosgesellschaften am Mt. Kinabalu (Nord-Borneo, Sabah, Malaysia). Nova Hedwigia 51: 1-75

Kürscher H (2000) Epiphytische Moosgemeinschaften tropischer Regenwälder – Adaptationen und floristisch-historische Entwicklung. Ber d Reinh-Tüxen-Ges 12: 187-206,

Kürschner H, Parolly G (1999) Pantropic epiphytic rain forest bryophyte communities – coenosyntaxonomy and floristic-historical implications. Phytocoenologia 29: 1-52

Lauer W (1976) Klimatische Grundzüge der Höhenstufung tropischer Gebirge. Dt Geogr-Tag Innsbruck 1975, Tagungsber u wiss Abh, S 76-90, Wiesbaden

Lauer W, Klink H-J (Hrsg, 1978) Pflanzengeographie. Wege der Forschung, Wiss Buchges Darmstadt

Lerch G (1980) Pflanzenökologie. Berlin

Leser H (1991) Landschaftsökologie. Stuttgart

Leser H, Klink H-J (1988) Handbuch und Kartieranleitung Geoökologische Karte 1:25 000 (KA GÖK 25). Zentralausschuss f dt Landesk, Trier

Levin SA (2001) Encyclopedia of Biodiversity. Academic Press, San Diego

Litzelmann E (1938) Pflanzenwanderungen im Klimawandel der Nacheiszeit. Hohenlohesche Buchhandlung, Rau, Oehringen

Lobin W (1982) Untersuchungen über Flora, Vegetation und biogeographische Beziehungen der Kapverdischen Inseln. Cour Forsch Inst Senckenberg 53, Frankfurt

Logan RF (1968) Causes, climates and distribution of deserts. In: Brown GW (ed) Desert Biology 1, pp 21-50

Lovett JC, Wasser SK (1993) Biogeography and ecology of the rain forests of eastern Africa. Cambridge University Press, Cambridge

Marboules CR, Pressey RL (2000) Systematic conservation planning. Nature 405: 243-253

Miehe G (1982) Vegetationsgeographische Untersuchungen im Dhaulagiri- und Annapurna-Himalaya. Dissertationes Botanicae 66, 1, 2, Vaduz

Miehe G (1995) Höhenstufen und Landschaftsgürtel in vergleichender Sicht. Jahrbuch 1994, Marburger Geographische Gesellschaft, Marburg

Müller P (1981) Arealsysteme und Biogeographie. Ulmer, Stuttgart

Müller-Hohenstein K (1979) Die Landschaftsgürtel der Erde. Teubner Studienbücher der Geogr, Stuttgart

Nentwig W, Bacher S, Beierkuhnlein C, Brandl R, Grabherr G (2003) Ökologie. Spektrum, Heidelberg

Odum E (1983) Grundlagen der Ökologie I. Thieme, Stuttgart

Olson DM (2001) Terrestrial ecoregions of the world: A new map of life on earth. Bioscience 51: 933-938

Orlóci L, Anand M, Patta PV de (2002) Biodiversity analysis: issues, concepts, techniques. Comm Ecol 3: 217-236

Palmer MW, White PS (1994) On the existence of ecological communities. J Veg Sci 5: 279-282

Pollmann W (2001) Caracterizatión florística y posicon sintaxonomica de los bosques caducifolios de *Nothofagus alpina* (Poepp et Endl). Oerst en el centro sur del Chile. Phytocoenologia 31/3: 353-400

Pott R (1996) Biotoptypen. Schützenswerte Lebensräume Deutschlands und angrenzender Regionen. Ulmer, Stuttgart

Pott R, Hüppe J, Remy D, Bauerochse A, Katenhusen O (1995) Paläoökologische Untersuchungen zu holozänen Waldgrenzschwankungen im oberen Fimbertal (Val Fanga, Silvretta, Ostschweiz). Phytocoenologia 25: 363-398

Pott R, Hüppe J, Wildpret de la Torre W (2003) Die Kanarischen Inseln. Natur- und Kulturlandschaften. Ulmer, Stuttgart

Raunkiaer C (1908) Statistik der Lebensformen als Grundlage für die biologische Pflanzengeographie. Biolog Centralblatt, Beiheft, Bd 26, Dresden

Reichelt G, Wilmanns O (1973) Praktische Arbeitsweisen Vegetationsgeographie. Das Geographische Seminar, Braunschweig

Remmert H (1992) Ökologie: Ein Lehrbuch. Springer, Berlin Heidelberg New York

Riley D, Young A (1968) World Vegetation. Cambridge Univ Press, Cambridge

Rodriguez ASL et al (2004) Effectiveness of the global protected area network in representing species diversity. Nature 428: 640-643

Romero EJ (1986) Fossil evidence regarding the evolution of *Nothofagus* Blume. Ann Miss Bot Gard 73: 276-283

Rosenzweig ML (1995) Species diversity in space and time. Cambridge University Press, Cambridge

Rübel E (1930) Pflanzengesellschaften der Erde. Hans Huber, Bern Berlin

Schimper AFW (1898) Pflanzengeographie auf physiologischer Grundlage. Fischer, Jena

Schmidt G (1969) Vegetationsgeographie auf ökologisch-soziologischer Grundlage. Leipzig

Schmithüsen J (1968) Allgemeine Vegetationsgeographie. Berlin

Schreiber K-F (1987) Beiträge der Landschaftsökologie zur Ökosystemforschung und ihre Anwendung. Verh 45 Deutscher Geographentag Berlin 1995, S 134-145, Berlin

Schubert R (1979) Pflanzengeographie. Wissensch Taschenbücher Bd 35, Akademie Verlag, Berlin

Schubert R (Hrsg, 1991) Lehrbuch der Ökologie. Fischer, Jena

Schultz J (2002) Die Ökozonen der Erde. Ulmer, Stuttgart

Schwabe A, Köppler D, Kratochwil A (1992) Vegetationskomplexe als Elemente einer landschaftsökologisch-biozönologischen Gliederung, gezeigt am Beispiel von Fels- und Moränen-Ökosystemen. Ber d Reinh-Tüxen-Ges 4: 135-145

Seibert P (1979) Die Vegetationskarte des Gebietes von El Bol – Prov. Rio Negro und ihre Anwendung in der Landnutzungsplanung. Bonner Geograph Abhandl 62, Bonn

Seibert P (1993) Vegetation und Mensch in Südamerika aus historischer Sicht. Phytocoenologica 23: 457-498

Skottsberg K (1913) A botanical survey of the Falklands. Uppsala

Slobodda S (1985) Pflanzengemeinschaften und ihre Umwelt. Quelle & Meyer, Heidelberg

Soulé ME, Sanjavan MA (1998) Conservation targets: Do they help? Science 279: 2060-2061

Thannheiser D (1975) Vegetationsgeographische Untersuchungen auf der Finnmarksvidda im Gebiet von Masi, Norwegen. Westfäl Geogr Studien 31, Münster

Thannheiser D (1980) Die Küstenvegetation Ostkanadas. Münstersche Geogr Arb 10, Paderborn

Theurillat JP (1992) Abgrenzungen von Vegetationskomplexen bei komplizierten Reliefverhältnissen, gezeigt an Beispielen aus dem Aletschgebiet (Wallis, Schweiz). Ber d Reinh-Tüxen-Ges 4: 147-166

Troll C (1961) Klima und Pflanzenkleid der Erde in dreidimensionaler Sicht. Die Naturwissenschaften 48: 332-348

Troll C (1969) Die Lebensformen der Pflanzen. A. von Humboldts Ideen in der ökologischen Sicht von heute. In: Pfeiffer H (Hrsg) Alexander von Humboldt, Werk und Weltgeltung, S 197-246, München

Troll C (1975) Vergleichende Geographie der Hochgebirge der Erde in landschaftsökologischer Sicht. Geogr Rundschau 27 (5): 185-198

Troll C, Pfaffen K (1964) Karte der Jahreszeiten-Klimate der Erde. Erdkunde 18: 5-28

Tüxen R (1956) Die heutige potentielle natürliche Vegetation als Gegenstand der Vegetationskartierung. Angewandte Pflanzensoziologie 13: 5-42

Tüxen R (1978) Assoziationskomplexe (Sigmeten) und ihre praktische Anwendung. Berichte Internat Symposien Rinteln 1977, Cramer, Vaduz

Vareschi V (1980) Vegetationsökologie der Tropen. Ulmer, Stuttgart

Walter H (1976) Die ökologischen Systeme der Kontinente (Biogeosphäre). Prinzipien ihrer Gliederung mit Beispielen. Fischer, Stuttgart

Walter H (1990) Vegetation und Klimazonen. Ulmer, Stuttgart

Walter H, Breckle SW (1999) Vegetation und Klimazonen. Grundriss der globalen Ökologie. UTB für Wissenschaften, Ulmer, Stuttgart

Walter H, Straka H (1970) Arealkunde (Floristisch-historische Geobotanik). Ulmer, Stuttgart

Weiping Z (1998) China's biodiversity: A country study. China Environmental Science Press, Beijing

Weischet W (1977) Der tropisch-konvektive und der außertropisch-advektive Typ der vertikalen Niederschlagsverteilung. Erdkunde 19 (1): 6-14

Whittaker RH (1975) Communities and ecosystems. 2nd edn, MacMillan, New York

Wittig R, Hahn-Hadjali K, Krohmer J, Müller J (2000) Nutzung, Degradation und Regeneration von Flora und Vegetation in westafrikanischen Savannenlandschaften. Ber d Reinh-Tüxen-Ges 12: 263-281

Wittig R, Streit B (2004) Ökologie. UTB basics, Ulmer, Stuttgart

Wong KM, Phillipps A (1996) Kinabalu. Summit of Borneo. Sabah Parks, Kota Kinabalu

7.11 Fragen zu Kapitel 7

1. Welcher Faktorenkomplex ist für die globale Anordnung der Vegetationslandschaften und Biome der Erde am wichtigsten? Begründen Sie Ihre Antwort!

2. Welche Klimafaktoren sind bedeutsam für die globale Beschaffenheit und Verbreitung der Großlebensräume der Erde?

3. Was ist ein Biom? Welche verschiedenen Biom-Kategorien unterscheidet man? Nennen Sie die ausschlaggebenden Faktoren.

4. Welche Zonobiome gibt es in Europa vom Nordkap bis nach Sizilien?

5. Orobiome sind höhenbedingte Lebensräume. Wie sind sie gestaltet?

6. Pedobiome sind bodenbedingte, also edaphische Lebensräume. Weshalb?

7. Wie kommt es, dass auch in den Alpen Pflanzen aus den Tundren der Arktis, aus dem Altai oder aus den Pyrenäen wachsen?

8. Wie gestaltet sich die natürliche Vegetation Europas hinsichtlich der azonalen, zonalen und extrazonalen Vegetation?

9. Was ist das klimatische Grundphänomen der Tropen?

10. Die tropischen Savannen haben spezifische Standortcharakteristika. Was sind die wichtigsten Faktoren?

11. Wo gibt es auf der Erde „Echte Wüsten" und Halbwüsten? Welche Klimafaktoren liegen diesen zugrunde?

12. Wo gibt es mediterranoide Ökosysteme auf der Erde?

13. Das Zonobiom V der Lorbeerwaldgebiete ist auf fast allen Kontinenten vorhanden. Warum?

14. In den Lorbeerwaldzonen wachsen die höchsten Bäume der Erde. Haben Sie eine Erklärung dafür?

15. Wie ist der Übergang der temperaten Laubwälder in die Steppenlandschaften des eurasischen Kontinents gestaltet?

16. Warum gibt es die Pampa in Argentinien?

17. Das Zonobiom VI wird als nemorales Zonobiom klassifiziert. Beschreiben Sie die Charakteristika dieses Lebensraumes.

18. Die Taiga ist das Zonobiom VIII. Warum dominieren hier jeweils verschiedene Laub- und Nadelholzbäume in Eurasien und Nordamerika?

19. Welche Rolle spielen Permafrost und Vegetationszeit im Zonobiom IX – Tundra und Polare Wüsten?

20. Wie entstehen die Polaren Wüsten?

8 Die Eiskammern der Erde –
polare Eiswüsten und arktische Tundren

In den hohen Breiten der Nord- und Südhalbkugel dominieren die **polaren Zonen** mit ausgeprägter Schnee- und Eisbedeckung. Noch zählen Arktis und Antarktis zu den am wenigsten berührten Lebensräumen der Erde. Auf den kleinen Inseln nördlich des europäischen Polarkreises gilt eine eigene Zeit: Der Dorsch bestimmt hier den Jahresgang; er kommt in Schwärmen von der Barentssee. Zwischen der norwegischen Küste und den Lofoten, dort, wo das vom Golfstrom erwärmte Meer an die gebirgige Inselgruppe gelangt, hat er seinen Platz zum Laichen. Das war schon vor Jahrhunderten so bei den Wikingern und ist noch heute wichtig in den Zeiten der Industriefischer. Die Lofoten und die westlich angrenzenden Vesterålen besucht man am besten im Sommer. Man muss sich das Inselgrüppchen, das von Norwegen als winzige Flosse absteht, wie ein Museum vorstellen, in dem auf engstem Raum sämtliche Attraktionen des Nordens ausgestellt sind: Da gibt es tausend Meter hohe Berge, über denen sich das Wetter zusammenbraut, es gibt sanft gewellte Hügel und Wälder in allen Dunkelgrüntönen. Reißende Flüsse wechseln sich mit stillen Bergseen ab. Und die Fjorde gibt es natürlich, meist eingeschlossen von dramatischen Steilwänden, an denen oft Schnee liegt (Abb. 8.1).

Abb. 8.1. Der norwegische Archipel der Lofoten besteht aus sieben Inseln und vielen kleinen Felsen. Trollsund (1987)

Abb. 8.2. Der Kongsfjord in Spitzbergen beeindruckt durch seine zahlreichen Gletscher. Das Eis schimmert je nach Lichteinstrahlung in verschiedenen Türkis- und Blautönen (1987)

Weiter nach Norden, der Packeisgrenze entgegen, gelangt man nach Spitzbergen. Der holländische Seefahrer Willem Barents (circa 1550-1597) hat 1596 diese Inselgruppe im Nordpolarmeer entdeckt und ihr wegen der zackigen Berggipfel den Namen gegeben. Seit 1921 gehört die gesamte Inselgruppe zu Norwegen, das sie mit dem alten Wikingernamen Svalbard für kalte Küste bezeichnete. Spitzbergen umfasst nahezu 70 000 Quadratkilometer, wovon etwa 4000 Quadratkilometer mit Eis bedeckt sind (Abb. 8.2). Die Inseln bestehen vor allem aus präkambrischen Gesteinen aus der Kaledonischen Gebirgsbildung; sie gehören also noch zum europäischen Festlandssockel. Im Tertiär gab es eine erneute Gebirgsfaltung, welche die Kohleflöze des Karbon anhob, zum Beispiel die Flöze von Pyramiden, und damit die kretazischen und die tertiären Flöze von Longyearbyden und Barentsburg zugänglich machte.

Während der Eiszeiten reichte ein dicker Eispanzer über die Barentssee bis Skandinavien, aber schon bald nach dem letzten Glazial dürfte die Westküste Spitzbergens wegen der sehr geringen Niederschläge eisfrei gewesen sein. Heute ist Spitzbergen klimatisch durch einen Arm des Golfstroms begünstigt. Sein ozeanisch-arktisches Klima ist durch vergleichsweise milde, kühle Sommer bei plus 3 Grad bis plus 9 Grad Celsius und gemäßigt kalte Winter gekennzeichnet. Bei 400 Millimetern Jahresniederschlag verursachen die niedrigen Temperaturen dennoch ausgedehnt sumpfiges Gelände, denn der Permafrost reicht hier im Boden nur 100 bis 300

Meter tief, und nur 0,5 bis 2 Meter sind im Sommer aufgetaut. Die Pflanzenwelt musste wegen solcher Bedingungen eigene Überlebensstrategien entwickeln, und alle Tundra-Pflanzen sind an kurze Vegetationszeiten und Langtagbedingungen angepasst. Wegen der kurzen Vegetationsperiode findet ein schnelles Austreiben nach der Schneeschmelze statt, aber als Folge geringer Phytomassenproduktion benötigt die Knospenbildung beispielsweise oft mehrere Jahre. Dazu gibt es zahlreiche Anpassungen: Einige Arten entwickeln Brutknospen, die gleich zu jungen Pflänzchen auswachsen, wie *Polygonum viviparum*, *Saxifraga cernua* und *Poa alpina*, andere entwickeln unterirdische Ausläufer oder Samen, die durchfrieren müssen, ehe sie keimen (Abb. 8.3). Die winzigen Samen werden zu mehr als achtzig Prozent durch den Wind, zu etwa zehn Prozent durch das Wasser verbreitet. Viele Pflanzen speichern einen Großteil ihrer Assimilate in den Wurzeln oder Rhizomen. Einige Arten, wie *Polygonum viviparum*, bauen sogar über mehrere Jahre einen regelrechten Reservestoffpool auf, ehe sie fruktifizieren. Oft werden die Blüten im Jahr vorher schon angelegt und überwintern mit Knospen und Blättern unter dem Schnee. Manchmal bleiben sie in ungünstigen Zeiten in ihrer Entwicklung aber auch einfach stecken und warten auf eine günstige Gelegenheit zum Blühen und Fruchten.

Aus den Inselgletschern Spitzbergens ragt als höchster Berg die Newtonspitze mit 1717 Metern heraus. Der Permafrostboden ist dort bis über 500 Meter mächtig; nur in Küstenbereichen ist er mit etwa 100 Metern geringer. Auf den baumfreien Inseln gibt es etwa 170 Pflanzenarten in verschiedenen Tundra-Lebensräumen: Steinbrech-Arten wie *Saxifraga cespitosa*, *S. nivalis*, *S. rivularis* und Polarweiden, vor allem *Salix polaris*, dominieren. Zwischen flechtenbewachsenen Felsblöcken dehnen sich Zwergsträucher und Polsterpflanzen aus: Verbreitet sind die arktisch-alpin disjunkten *Dryas octopetala*, *Silene acaulis* und *Saxifraga oppositifolia*, durchsetzt von der rein arktisch verbreiteten *Phyllodoce coerulea*, *Cassiope tetragona*, *C. hypnoides* und *Potentilla hyparctica*. Der gelb oder weiß blühende Mohn *Papaver dahlianum*, die Wappenblume Spitzbergens, ist eine Unterart des arktischen *Papaver radicatum*; sie ist also fast endemisch und kommt sonst nur noch in Ostgrönland und am Nordkap vor (Abb. 8.3). Bis weit in den Juli hinein scheint hier in der Tundra die Mitternachtssonne. Wenn man noch weiter nach Norden fährt, beispielsweise um Spitzbergen herum, dann in Richtung Nord- und Ost durch das Chaos endlos breiter Treibeisgürtel, durch die sich das Schiff den Eisschollen ausweichend durchschlängelt, erreicht man die norwegische Bäreninsel, deren steil aufragende Klippen sich oft düster im Nebel verbergen und wo die ältesten Kohlenflöze der Erde liegen, wie wir es schon kennen gelernt haben. Wenn man noch weiter vordringt in den fernen, eisstarren Norden, kommt

Abb. 8.3. Elemente der Arktis: **a** *Poa alpina* var. *vivipara*, **b** *Salix polaris*, **c** *Dryas octopetala*, **d** *Cassiope tetragona*, **e** *Papaver dahlianum*, **f** *Potentilla hyparctica*, **g** *Cassiope hypnoides*, **h** *Phyllodoce coerulea*, **i** *Pedicularis flammula* (Fotos **a** und **b**: D. Thannheiser)

man nach Franz-Josef-Land, eine unbewohnte Inselgruppe im Nordpolarmeer. Der Forschungsreisende Carl Weyprecht (1838-1881) aus Darmstadt entdeckte sie im Jahre 1872 auf einer Schiffsreise mit der „Admiral Tegetthoff" auf der Suche nach der Nord-Ost-Passage, der erhofften Verkürzung des Seeweges nach Asien und Amerika. Da er im Auftrag des österreichischen Kaisers Franz-Josef reiste, benannte er den Archipel als Zeichen seiner Huldigung nach dem fernen Monarchen. Neunhundert Kilometer vom Pol entfernt, ist Franz-Josef-Land das nördlichste Stück Fels, das sich aus dem Eismeer reckt. Mehr als sechzehntausend Quadratkilometer deckt der Archipel ab, wobei die insgesamt 190 Inseln nur ein Fünftel dieser Fläche einnehmen. 85 Prozent der Landmasse sind vergletschert. Nur fünf bis zehn Prozent des schneefreien Bodens wiederum sind bewachsen; gerade einmal drei Prozent davon sind von organischem Material bedeckt. Von den etwa tausend Gefäßpflanzen, die aus der arktischen Tundra bekannt sind, wachsen hier über fünfzig – etwa die Hälfte in so geringer Zahl, dass es selbst Botanikern schwer fällt, sie zu finden. Kurz: Franz-Josef-Land ist eine Ödnis aus Eis und Fels und Staub, eine Frostschuttwüste, die wir zum Lebensraum der **Polaren oder Arktischen Wüsten** rechnen: Es gibt sie noch in der nördlichen Kanadischen Arktis, beispielsweise auf Ellesmere-Island, sowie in Ostsibirien auf den Wrangell- und den Gerald-Inseln, wo große Gebiete vegetationslos sind und nur vereinzelte Gesteinsflechten der Gattungen *Gyrophora*, *Lecidea* und *Rhizocarpon* oder Bodenflechten der Gattungen *Alectoria*, *Cetraria* und *Cladonia* vorkommen. Als Moose sind hier zu nennen: *Andraea papillosa*, *Pogonatum capillare*, *Racomitrium lanuginosum* und *Tetraplodon mnioides*. Höhere Pflanzen gibt es nur äußerst vereinzelt mit *Artemisia glomerata*, *Papaver polare*, *Saussurea tilesii* und *Saxifraga funstonii* sowie *Koeningia islandica*, die winzige, einzige einheimische Annuelle der Arktis (Abb. 8.4 und 8.5).

Abb. 8.4. *Koeningia islandica* aus der Familie der Polygonaceae ist ausschließlich arktisch verbreitet (Foto D. Thannheiser)

Im Kapitel 6 haben wir es schon gesehen: Riesige Eismassen von zusammen mehr als 30 Milliarden Kubikmetern sind derzeit im Inlandeis der Antarktis und Grönlands gebunden. Auch die Gebirgsgletscher, das Meereis und die Permafrostgebiete gehören zu den Eiskammern der Erde, wo Naturprozesse bei Temperaturen ablaufen können, die unterhalb des Gefrierpunktes von Wasser liegen. In dieser **Kryosphäre** ist das Süßwasser als **Gletscher-** oder **Firneis** gefroren, und das gefrorene Salzwasser bildet so genanntes **Meereis**. Das Inlandeis ist keine starre, unbewegliche Masse, sondern ein vielschichtiges System langsam fließender Eisströme. In der Antarktis und in Grönland bewegt sich das Inlandeis an manchen Stellen allmählich und fließt schließlich ins Meer. Dann schwimmt das aus Süßwasser bestehende, bis zu tausend Meter mächtige Gletschereis als **Schelfeis** auf dem Meerwasser, bis es an den Eisrändern mit kleineren Eisbergen und Eisschollen in den Ozean kalbt (Abb. 8.1).

Abb. 8.5. Polarwüste bei weniger als 100 Millimetern Niederschlag in der kanadischen Arktis (1999)

Diese Eisbergflotten haben auch ihre Spuren in den Tiefen des Atlantischen Ozeans hinterlassen: Beim allmählichen Abschmelzen der Eisberge rieseln die groben, vom Eis mitgeführten Sedimente und Gesteinspartikel, *„drop stones"*, auf den Meeresboden. Ihre Spuren lassen sich anhand dieses Schutts rekonstruieren und datieren, sie werden nach dem Entdecker dieses Phänomens, dem deutschen Klimatologen Hartmut Heinrich (1988), als **„Heinrich-Lagen"** bezeichnet. So weiß man heute auf der Basis solcher Datierungen, dass seit dem Ende der letzten Warmzeit, der Eem-Warmzeit, vor 117 000 Jahren in regelmäßigen Zeitabständen von etwa 7000 bis 10 000 Jahren die Eisschilde in Kanada und Grönland in stärkere Bewegung geraten sind und dabei die „Flotte" von Eisbergen in den Nordatlantik geschoben haben (Abb. 8.6). Diese „Heinrich-Lagen" sind jeweils

Box 8.1. Thermohaline Zirkulation oder die „Klimapumpe" des Nordatlantik

In jüngster Zeit wird die außergewöhnlich große Bedeutung der Meeresströmungen für eine wirkungsvolle Verteilung der Wärme auf der Erde entdeckt und diskutiert. Für das Klima in Mittel- und Nordeuropa ist es beispielsweise von existenzieller Wichtigkeit, dass äquatoriales Oberflächenwasser durch Winde in polnähere Breiten gelangt und von dort mit dem Golfstrom und seiner Verlängerung in den Nordatlantikstrom bis in die hohen Breiten des Nordatlantik transportiert wird. Dort versinkt das Oberflächenwasser und fließt als nordatlantische Tiefenströmung wieder in Richtung Äquator. Die nordatlantische Tiefenströmung wird also durch Dichteunterschiede im Wasser angetrieben, welche durch Verdunsten und Gefrieren des Oberflächenwassers im kalten Nordatlantik zustande kommen. Dadurch steigen sowohl Salzgehalt als auch Dichte des Meerwassers im Nordatlantik, welches sofort in große Meerestiefen absinkt und in einer Tiefenströmung Richtung Süden fließt; ein Prozess, den man als **thermohaline Zirkulation** bezeichnet. So funktioniert die „Klimapumpe" im Nordatlantik, die wir schon im Kapitel 3 annäherungsweise kennen gelernt haben. Deren Leistung hängt vor allem ab vom Süßwassereinstrom in den Nordatlantik, also der Gesamtmenge aus Niederschlag und Flusswassereintrag in die Meere. Man hat Indizien für mindestens acht vergangene große Süßwassereinbrüche in den Nord- und Südatlantik gefunden: Sieben Mal gab es eine „Invasion von Eisbergen" vom Ostrand des amerikanisch-laurentianischen Schildes über der heutigen Hudson Bay mit entsprechenden Schmelzwasserfluten, und einmal ergoss sich eine riesige Schmelzwasserflut ins Weddellmeer vom Rand der damaligen Gletscherfront am Cap Agassiz auf der Antarktischen Halbinsel.

am Ende von Zeitabschnitten mit niedrigen Temperaturen des oberflächennahen Seewassers beziehungsweise niedrigen Lufttemperaturen aufgetreten. Solche Ablagerungen sind dementsprechend Ausdruck von Phasen schnellen Zerfalls von Teilen der damaligen Eisschilde auf der Nordhemisphäre und des Abkalbens zahlreicher Eisberge im Verlauf der zyklischen Temperaturschwankungen der Vergangenheit (s. Box 8.1).

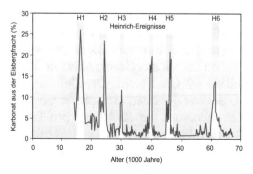

Abb. 8.6. Eistransportiertes Material in den Ablagerungen des Atlantiks aus dem Tiefseebohrprojekt, Bohrung 609 nach Angaben von Ulrich Berner und Hansjörg Streif 2001 (aus Pott 2003)

Box 8.2. Grönland

Grönland ist mit 2 175 600 Quadratkilometern die größte Insel der Erde. Sie erstreckt sich von Kap Farvel im Süden von 59° 46' N auf der Höhe von Oslo 2670 Kilometer weit bis 83° 39' nördlicher Breite. Nur ein schmaler Saum, einige hundert Meter bis 250 Kilometer breit, ist eisfrei, 80 Prozent sind von Inlandeis bedeckt, das bis 3400 Meter Dicke erreicht. Der kristalline Untergrund liegt teilweise 250 bis 300 Meter unter dem Meeresspiegel. Neueste Messungen lassen vermuten, dass eigentlich drei große Inseln nur durch das Eis verbunden sind. Zwei große, bis 3300 Meter hohe Kuppeln im Norden sind durch eine Quersenke auf der Höhe von Disko von einer bis 3200 Meter hohen Kuppel im Süden getrennt. Die steilen Gebirge am West- und Ostrand halten das Eis wie in einer Schüssel zurück, sonst wäre es längst in das Meer abgeflossen. Beim Abschmelzen des gesamten Eises würde das Weltmeer um 6 Meter ansteigen, so beschreibt es Elsa Kusel-Fetzmann (2002).

Geologisch gehört Grönland zum Kanadischen Schild, der große Teile Zentral- und Ostkanadas sowie Grönland umfasst. Die ältesten, hochkristallinen Gneise und Glimmerschiefer sind in Südgrönland bis 3,8 Milliarden Jahre alt, bei Egedesminde immerhin noch 1,9 Milliarden Jahre. Schon im Archaikum waren in drei Phasen Gebirge entstanden, die aber wieder abgetragen wurden. An der Wende zum Kambrium war das Klima kalt; bis zu 500 Meter mächtige Tillite und Moränen zeigen, dass es damals ein mächtiges Inlandeis gegeben haben muss. Im Silur wurden Teile Grönlands wieder gefaltet, das Klima wurde wärmer; im Perm lassen sich Kalkgerölle und Ablagerungen der Zechsteinflora, ähnlich wie in Deutschland, feststellen. Marine Ablagerungen an der Westküste Grönlands aus der Oberkreide zeigen die Trennung von Kanada in jener Zeit an. Vor hundert Millionen Jahren an der Wende der Kreide zum Tertiär wurde offenbar sogar Kohle auf der Insel Disko abgelagert. Das Klima war damals subtropisch, so dass Sumpfzypressen, *Ginkgo* und *Metasequoia* gediehen. Gleichzeitig entstanden durch Vulkanergüsse mächtige Basaltlagen in Ost- und Westgrönland.

Erst vor drei Millionen Jahren wurde es auf Grönland kälter. Die Gletscher in den Randgebirgen versperrten die Abflüsse der Inlandflüsse, das Zentrum vereiste, Firnfelder haben in diesem Zusammenhang sicherlich durch Abstrahlung das Klima beeinflusst. Vor 1,5 Millionen Jahren ist dann das Inlandeis bis zu den heutigen drei Kilometern Dicke angewachsen. Nur wenige große Gletscher fließen derzeit aus Grönland bis ins Meer ab, wie im Isfjord bei Jakobshavn bei 69 Grad Nord. Der Ilulissat, der „Eisfelsen" ist einer der aktivsten Gletscher der Nordhemisphäre: Gespeist vom Inlandeis schiebt sich der Gletscherstrom mit 30 Metern pro Tag in den 50 Kilometer langen, 10 Kilometer breiten Isfjord. Im Jakobshavn-Eisfjord in Westgrönland bewegt sich außerdem derzeit ein Eisstrom mit

Geschwindigkeiten von bis zu sieben Kilometern pro Jahr auf die Küste zu und kalbt pro Tag 60 Millionen Tonnen Eis ins Meer. Die Eismassen laufen am Ende des Fjordes auf einer 250 Meter tief liegenden Bank auf, ehe die mächtigen Eisberge losbrechen und von der Strömung in der Davisstraße weit nach Süden verfrachtet werden. Der „Titanic" ist 1912 ein solcher Eisberg zum Verhängnis geworden. Im Vergleich zu den gewaltigen Eismassen der Antarktis ist das Volumen des grönländischen Eises mit etwas über zwei Millionen Kubikkilometern relativ bescheiden. Hier kann man außerdem gut beobachten, wie der Gletscherfluss funktioniert: Im Sommer gebildetes Schmelzwasser dringt durch die Gletscherspalten und bis zur Unterseite des Gletschers und bildet somit das Schmiermittel für die Gleitbahn des Eises, was wiederum Reibungswärme freisetzt und zusätzliche Schmelzprozesse an der Unterseite des Eises zur Folge hat. So können große Eismassen mit beträchtlicher Geschwindigkeit in Richtung Meer abfließen (s. Box 8.2).

Die Polargebiete beider Erdhemisphären gehören also zu den Landschaften mit extremen physischen Bedingungen und extremen Kälteperioden. Dazu kommen typisch wechselnde Lichtbedingungen im Jahresverlauf: Direkt an den Polen scheint die Sonne ein halbes Jahr, danach ist sie ein halbes Jahr unter dem Horizont, wobei der Wechsel zu den **Äquinoktien** stattfindet am 21. März und am 23. September eines jeden Jahres. Dann sind Tag und Nacht jeweils gleich lang. An den Tagen der Sonnenwenden, der **Solstitien** am 21. Juni und am 21. Dezember, dem Zeitpunkt des höchsten oder tiefsten Standes der Sonne bei ihrem scheinbaren jährlichen Lauf im Orbit, gibt es den ununterbrochenen **Polartag** beziehungsweise die absolute **Polarnacht**. Am norwegischen Nordkap dauert die Dunkelheit der Polarnacht vom 19. November bis zum 25. Januar, weiter südlich am Polarkreis ist sie nur auf den 21. Dezember beschränkt.

Die Strahlungsintensität ist in den Polargebieten relativ gering, da die Sonnenstrahlen flach auf die Erde auftreffen und sich die Energie auf eine große Fläche verteilt. Für die niedrigen Temperaturen in den Polargebieten ist nicht nur der niedrige Sonnenstand, sondern auch eine hohe **Albedo**, das heißt eine hohe Reflexion der Sonnenstrahlen über Eis und Schnee verantwortlich. Neuschnee hat beispielsweise eine Albedo von etwa 85 Prozent, Altschnee nur 55 Prozent, Vegetation und Böden etwa 20 Prozent. Über die tiefen Temperaturen in der Antarktis, am Kältepol der Erde mit seinen minus 89 Grad Celsius bei der Station Vostok, haben wir schon gehört. Das Klima der Antarktis ist dort stark kontinental, denn deren Landmasse ist beispielsweise sechsmal größer als Grönland, und das Zentrum ist nicht weit vom Südpol entfernt. Auf der Nordhalbkugel sind die Temperaturbedingungen nicht ganz so extrem: Grönlands Eiskammern haben etwa um 10 Grad Celsius geringere Kälte als das antarktische Festland.

Der nahe Golfstrom wirkt offenbar mildernd auf die Temperaturen. Ein arktischer Kältepol liegt ganzjährig in Zentralgrönland; im Winter gibt es einen weiteren an der Kanadischen Nordküste.

Während die Antarktis nur wenige heimische Pflanzenarten und ein vergleichsweise kleines eisfreies Areal auf der Antarktischen Halbinsel besitzt, nimmt die **zirkumpolare Zone** auf der Nordhalbkugel nördlich der **polaren Waldgrenze** etwa fünf Prozent der Landoberfläche der Erde ein und ist Lebensraum für etwa 1000 Arten der Angiospermen. Dazu kommen viele bestandsbildende Moose und Flechten. In jüngster Zeit hat man über die Pflanzenwelt der Arktis umfassendes arealkundliches Wissen zusammengetragen und veröffentlicht. So ist es heute möglich, nach floristisch-pflanzensoziologischen Kriterien zahlreiche Pflanzengesellschaften der Arktis zu differenzieren und diese in einzelne biogeographische Zonen einzuordnen. Vor allem der Münsteraner Geobotaniker Fred J. A. Daniels (1994) hat dieses beispielhaft nach den Kriterien der unterschiedlichen Dauer der Vegetationszeit und der besonderen klimatischen Einflüsse für Grönland und andere Regionen in der amerikanischen und kanadischen Arktis durchgeführt. Danach lassen sich drei Vegetationszonen unterscheiden (Abb. 8.7): Die **Vegetationszone der Nördlichen Arktis** liegt innerhalb der Frostschutzzonen und der **arktischen Wüsten**.

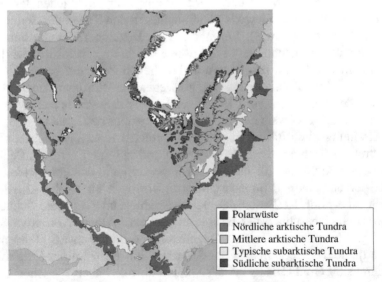

Abb. 8.7. Vegetationszonen in der Arktis (aus Walker, CAVM Team 2003)

Viele Gebiete sind hier vegetationslos oder nur mit 5 Prozent oder maximal 25 Prozent von Pflanzen, Cyanobakterien, Moosen oder Flechten bedeckt. Die **Vegetationszone der Mittleren Arktis** wird zumeist von

Tundren eingenommen. Deren Vegetationsbedeckung variiert hier je nach Standort zwischen 25 Prozent und 50 Prozent, nur selten werden höhere Werte erreicht. Neben den Moosen, Flechten und Gräsern dominieren vor allem die Zwergsträucher, besonders die arktisch-alpine Silberwurz *Dryas octopetala*. In der **Vegetationzone der Südlichen Arktis** gibt es fließende Übergänge mit einer Strauchtundra zur südlich angrenzenden Wald- und Baumgrenze, meist mit der Fjell-Birke (*Betula exilis* und *B. tortuosa*) sowie *Alnus fruticosa* und *Pinus pumila* (Abb. 8.8).

Abb. 8.8. Subarktische Zwergstrauchtundra mit *Pinus pumila* und *Betula tortuosa* (hellgrün) in der nördlichen Kamtschatka (Foto P. Krestov 2002)

Die Vegetationsbedeckung erlangt oft schon 100 Prozent aus Zwergsträuchern, Weiden und Birken. Die neue Vegetationskarte der zirkumpolaren Arktis, die von einer internationalen Forschergruppe unter der Leitung von Donald A. Walker (2003) herausgegeben wurde, zeigt die großartige Vielfalt der Vegetation im Lebensraum des Permafrost mit mehr als 400 verschiedenen Pflanzengesellschaften, differenziert in 15 verschiedene Moos-, Gras- und Zwergstrauchtundren (Abb. 8.7). Hier wird erstmalig von einem internationalen Team von Arktisspezialisten aus Kanada, Grönland, Island, Norwegen, Russland, Deutschland und den Vereinigten Staaten eine georeferenzierte Vegetationskarte auf einheitlicher pflanzensoziologischer Basis vorgestellt.

8.1 Kältewüsten

In den Kältewüsten herrscht **kontinuierlicher Permafrost**, das heißt, die Böden sind ganzjährig tief gefroren; sie tauen nur oberflächlich kurzfristig auf und ermöglichen dann einigen speziell angepassten Arten, hier zu wachsen. Wassermangel ist im hohen Norden neben der geringen Sommerwärme der wichtigste limitierende Faktor. Oft bilden die Schneedecken angrenzender, höher gelegener Gebiete wichtige Wasserspeicher, welche tiefer gelegene Tundren ganzjährig mit Wasser versorgen können. In den arktischen Wüsten auf dem Kanadischen Schild gedeihen auf solchen trockenen Sandböden manchmal nur noch vereinzelte Exemplare der absolut frostharten *Saxifraga oppositifolia*, der arktisch-alpin verbreiteten Pflanze, die in den Alpen in der höchstgelegenen Schuttstufe unter vergleichbaren Standortbedingungen wachsen kann (Abb. 3.1). Solche **Polar Deserts** gibt es ferner im Norden Grönlands, auf den Inselwelten von Franz-Josef-Land und Serwnaja Semlja, auf der Tamyr-Halbinsel am Kap Chelyuskin bei 77° 45' Nord sowie in weiten Teilen der Kanadischen Arktis und an der Ostküste Spitzbergens, wo der Golfstrom keinen Einfluss mehr hat. Hier gibt es keine geschlossene Vegetation, sondern nur Kies- und Steinwüsten mit Gletschern und Firnfeldern (Abb. 7.39).

Gefrieren und Tauen gestaltet hier besonders die Struktur der Böden: **Solifluktion**, das heißt Bodenfließen über dem gefrorenen Untergrund, tritt häufig in Hanglagen auf. Dabei entstehen Steinstreifen, Steingirlanden und sortierte Steinloben. Solche **Frostmusterböden**, die durch Frostwechselvorgänge entstehen, bilden auf ebenem Gelände nach Korngrößen der Gesteine sortierte **Strukturböden** mit Steinpolygonen und Steinringen (Abb. 8.9). Diese besitzen einen Feinmaterialkern, der von einem geschlossenen Grobmaterialring bzw. -polygon umgeben ist. Im Winter friert der Feinmaterialkern infolge der größeren Wassersättigung stärker hoch und überragt konvex den Ring aus grobem Schutt. Im Sommer fällt der Kern nach oberflächlichem Abtauen in sich zusammen, während unter dem Grobmaterial das Bodeneis länger erhalten bleibt. Bei steter Wiederholung dieses Vorgangs findet eine zunehmende Entmischung des Bodensubstrates statt. Durch diesen Prozess wittern Steine langsam aus dem Boden, durch das Aufwölben drängen sie zentrifugal auseinander, und ein **Polygon** entsteht, das sich mit anderen zu weiten Netzen fügt. Wo sie aneinander stoßen, bilden sich Spalten und darunter **Eiskeile**.

Abb. 8.9. Frostmusterböden in Grönland (Foto F.J.A. Daniels 1998)

In den arktischen Wüsten werdend die Rohböden oft von Algen-reichen Kryptogamenkrusten überzogen. Biogeochemisch bedeutsam ist hierbei vor allem die Fixierung von Stickstoff aus der Luft durch die freilebenden oder symbiontischen Cyanobakterien. Oftmals sind ganze Matten von Cyanobakterien, vor allem aus der Gattung *Nostoc*, in feuchten Tundrabereichen oder in austrocknenden Schmelzwasser-Rinnsalen zu beobachten. Schnee und Regen enthalten in der Hocharktis und in der Antarktis nur geringe Mengen an Nitrat und Ammonium, meist weniger als ein Kilogramm Stickstoff pro Hektar und Jahr. Dies deckt nur knapp fünf Prozent des Stickstoffbedarfs der Tundrapflanzen, und deshalb kommt den symbiontischen Cyanobakterien auch in den Moos- und Flechtentundren eine hohe Bedeutung hinsichtlich der zusätzlichen Fixierung des Luftstickstoffs zu. Blütenpflanzen wachsen hier – wenn überhaupt – auf mikroklimatisch begünstigten **Schneeböden** und in bodenstabilen parabolartigen Hohlformen und Senken mit günstigerer Strahlungsreflektion unter Langtagbedingungen in regelrechten „**Polaren Oasen**" und bilden dort „Biotische Hotspots".

8.2 Flechten- und Moostundren

Die nördlichste Vegetationszone der Holarktis – das heißt die von Nordamerika und Eurasien – wird **Tundra** genannt. Das Wort leitet sich von dem finnischen *tunturi* ab und bedeutet soviel wie „baumlose Ebene". Die Tundra ist zwar baumlos, aber nicht eben. Sie grenzt im Norden an das ewige Eis der Polarmeerzone und im Süden an die riesigen Nadelwälder der Taiga. Das Klima dieser arktischen Lebensräume ist geprägt von einer nur kurzen, circa sechs bis sechzehn Wochen andauernden Vegetationsperiode mit kühlen polaren Sommern und langen, kalten, schneereichen arktischen Wintern. Dazu kommen lokale Kühleffekte wie Kaltluftaustritte beispielsweise aus Schotterflächen in Hanglagen oder glazial aufgeschütteten Schotterrücken, die in Finnland „Os" genannt werden. Im Winter sammelt sich hier die kalte Luft, die über den Sommer dann nur an einigen Stellen lokal austreten kann. Diese Kaltluftaustrittsstellen sieht man – ohne lange zu messen – sofort und direkt an den meist konzentrisch ausgebildeten Vegetationsmustern an solchen Stellen mit angepassten polaren Arten im Zentrum, wo allenfalls noch einige Moose überleben. Nach außen schließen sich Gras- und Zwergstrauchbestände an; Birkenbüsche folgen zu den Rändern hin. Für die Pflanzenwelt spielen Temperaturen und Tageslänge eine wichtige Rolle. In der Tundra beträgt die Vegetationszeit maximal drei bis vier Monate. Die mittlere Monatstemperatur bleibt in diesem kurzen arktischen Sommer meistens unter 10 Grad Celsius, dafür ist es aber bis zu 24 Stunden lang hell, so dass die Pflanzen pro Tag länger assimilieren können als in gemäßigten Breiten. Der Boden taut an vielen Stellen nur wenige Zentimeter tief auf. Das Schmelzwasser kann nicht versickern, wegen der niedrigen Temperaturen auch nicht schnell genug verdunsten, und verwandelt die Tundra über weite Strecken in morastigen Sumpf. Andererseits läuft es in flachen Senken zu Süßwassertümpeln zusammen, die eine wichtige Rolle für die Tierwelt spielen. Die Jahresniederschläge sind mit 300 Millimeter oder weniger gering; daher ist auch die Schneedecke im Winter dünner, als man annehmen möchte. Die Pflanzenwelt der **Flechten-** und **Moostundra** in Extremlagen ist insgesamt gesehen recht einförmig und besteht überwiegend aus Kryptogamen, Gräsern, Seggen, Kräutern und Zwergsträuchern. Für Bäume und hochwüchsige Sträucher ist der verfügbare Wurzelraum in dem gefrorenen Boden zu gering, sie fehlen daher völlig im Landschaftsbild (Box 8.3 u. Abb. 8.10).

Abb. 8.10. Flechtenreiche Tundra in Westgrönland bei 68° nördlicher Breite (1998)

Box 8.3. Flechten als „Vorposten des Lebens"

Viele Flechten gelten als extreme „Überlebenskünstler", denn sie können als poikilohydre Organismen jahrzehntelang in Herbarien ausgetrocknet liegen und danach – nur mit etwas Wasser beträufelt – unverändert weiterleben. Sie können also trotz lang anhaltender Austrocknung und unter tiefen Temperaturen existieren. Man hat für einige Vertreter der Gattungen *Cladina*, *Cladonia* und *Cetraria* sogar nachgewiesen, dass sie noch bei minus zehn Grad Celsius positiv assimilieren können. Flechten dringen also als „Vorposten des Lebens" am weitesten in die Kältewüsten der Hochgebirge, der Arktis und der Antarktis vor; manche halten sogar eine Abkühlung bis minus 194 Grad Celsius ohne Schaden aus, und andere können noch bei minus 24 Grad Celsius Kohlenstoffdioxid binden. Sensationell sind in diesem Zusammenhang die Entdeckungen des Kieler Botanikers Ludger Kappen aus dem Jahre 1983, der auf extremsten Standorten in der Antarktis **„Kryptoendolithische Flechten"** an sonnenbeschienenen nordexponierten Hängen unter Felsgestein nachweisen konnte, wo die Strahlung der südlichen Sonne offenbar noch für ein „verstecktes Leben" unter Steinen ausreicht.

In den windexponierten und flachgründigen Tundren wird der Boden oft auf weiten Flächen von Flechten besiedelt. *Cetraria islandica* und *Cladonia rangiferina* sind bedeutsame Strauchflechten. *Stereocaulon*-Flechten und *Racomitrium*-Moose kommen dazu. Die arktisch-alpine *Thamnolia vermicularis* liegt meist lose auf dem Boden, höchstens mit wenigen Hyphensträngen angeheftet. Sie wachsen mit bis zu 10 Zentimetern hohen, dichten und auffallend weißlichen Decken. Die Flechten gelangen zur Vorherrschaft, wenn die Böden sandig oder grusig sind und schnell austrocknen. Die Flechtentundra besitzt eine erhebliche wirtschaftliche Bedeutung, da sie die Grundlage der Rentier- und Karibu-Weidewirtschaft bildet. Die weit verbreitete Rentierflechte wächst im Jahr etwa 1 bis 5 Millimeter, und eine Flechtentundra, die von Rentieren beweidet wird, braucht mindestens 10 Jahre zu ihrer Erneuerung.

In Küstennähe, bei höherer Ozeanität oder auf tiefer liegenden feuchten Stellen beziehungsweise in Bodensenken können sich reine Moosgesellschaften oft weitflächig ausdehnen. Stellenweise herrschen hier die olivgrünen Decken von *Racomitrium lanuginosum*, dann wieder *Dicranum*-, *Aulacomnium*-, *Bryum*- oder *Drepanocladus*-Arten. Blütenpflanzen sind in solchen Moosrasen nur selten anzutreffen; manchmal schmiegen sich die Zweige von *Salix polaris* flach dem Boden an, manchmal sind es *Saxifraga hirculus* oder *Ranunculus sulphureus*. Schon in zehn Zentimetern Tiefe sind in einer Moostundra die täglichen Temperaturschwankungen im Sommer nicht mehr wahrzunehmen. Grasreiche Tundren wachsen auf feuchteren Böden mit dominierenden *Alopecurus alpinus*, *Deschampsia borealis* und *Poa arctica*, durchsetzt von *Cardamine bellidifolia, Papaver dahlianum* ssp. *polare, Potentilla hyparctica* und *Saxifraga oppositifolia.* An nassen Stellen treten Seggen der Gattung *Carex* wie *C. misandra, C. artisibirica, C. bigelowii* und *C. aquatilis* hinzu (Abb. 8.11).

Abb. 8.11. Grastundra auf feuchten, nährstoffreichen Lavaaschen auf Island (1985)

8.3 Zwergstrauchtundren

Die meist sehr sauren arktischen Böden sind nur für Spezialisten besiedelbar. Offene Lebensgemeinschaften mit Bodenmikroben bei den Seggen und Symbiosen mit Pilzen, vor allem die Ericaceen-Mykorrhiza, spielen eine große Rolle in der Nährstoffversorgung. In den vorwiegend sauren Böden werden neben Ammonium-Stickstoff auch Aminosäuren von den Pflanzen als Stickstoffquelle genutzt, und die langen Sommertage kompensieren die Kürze der Wachstumsperiode.

Zahlreiche Zwergstrauchgesellschaften über kryoturbaten Böden sind beherrscht von *Salix richardsonii, S. reptans, S. glauca, S. pulchra, S. krylowii* und *Rhododendron lapponicum*, durchsetzt von Laub- und Lebermoosen (*Hylocomium splendens, Aulacomnium turgidum, Tomentypnum nitens* und *Ptilichium ciliare*) sowie Flechten (*Peltigera, Thamnolia, My-*

cobilimba lobulata, und viele andere). Von den Ericaceen spielen die Gattungen *Vaccinium* und *Empetrum* eine herausragende Rolle. *Betula nana*, die prostraten *Salix*-Arten (*S. retusa, S. herbacea, S. lapponica, S. arbuscula*) und *Rubus chamaemorus* sowie *R. arcticus* sind die dominierenden Chamaephyten beziehungsweise die prostraten Phanerophyten (Abb. 7.40). Stellenweise herrschen die zu den Heidekrautgewächsen gehörenden *Phyllodoce coerulea, Cassiope tetragona* und *Diapensia lapponica*. Wo es anmoorig wird, finden wir *Andromeda polifolia, Ledum palustre* und *Vaccinium vitis-idaea*. Auch in Nordamerika beherrschen **Zwergstrauchtundren** über weite Strecken das Landschaftsbild: Im Süden sind es vor allem die *Empetrum nigrum-Vaccinium uliginosum*-reichen Typen; dort, wo im Winter mehr Schnee liegt, dominieren *Cassiope tetragona*-reiche Typen. Im östlichen Sibirien wird die Zwergstrauchtundra durch eine **Seggen-Wollgras-Tundra** aus *Eriophorum*-Arten und *Carex lugens* ersetzt. Sie bilden Flachmoore auf den staunassen Permafrostböden. Eingeschlossen sind je nach Auftautiefe der Permafrostböden spezielle Seggen- und Wollgras-Tundren, da wo Kälte und Staunässe die Abbauprozesse der arktischen Böden beeinträchtigen und hemmen. Hier entstehen manchmal fleckenhafte oder auch großflächige moorige, sehr saure Böden, die wiederum nur für Spezialisten aus den Familien der Ericaceae und der Cyperaceae besiedelbar sind. Am südlichen Rand der Tundra leitet an der polaren Waldgrenze eine Birken-Waldtundra zum borealen Nadelwald über.

8.4 Waldtundren

Grenzbereiche zwischen Wald und südlicher Tundra markiert die **Waldtundra**, ein Vegetationstyp, der in manchen Gebieten nur eine schmale Zone einnimmt, sich oft aber auch über Hunderte von Kilometern erstrecken kann. Es ist ein ausgesprochener Übergangsbereich mit offenem Wald, oft kümmerlich mit verkrüppelten vier bis sechs Meter hohen Bäumen aus *Betula tortuosa, B. exilis, B. maximowiczii* oder inselhaft aufgelöst bei bewegtem Relief mit Waldfragmenten aus den genannten Birken und *Populus suaveolens* in Verbindung mit natürlichen Grünlandformationen aus *Carex*- und *Eriophorum*-Niedermooren oder *Picea mariana*-Krummholzinseln in Kanada. Permafrost beschränkt auch hier meist den verfügbaren Wurzelraum und trägt somit neben Exposition, Inklination und Nährstoffsituation sowie Verbiss durch Tundratiere wesentlich zum Verteilungsmuster der Vegetation in der subpolaren Landschaft bei (Abb. 8.12). Besonders erwähnenswert ist die subarktische Waldzone an der ostpazifischen Beringsee: Regelrechte „Zwergbäume" aus *Pinus pumila* und

Alnus fruticosa bilden hier auf der nördlichen Kamtschatka-Halbinsel bis zum Okhotskischen Meer und auf den Kommander- und Nördlichen Kurilen-Inseln weitflächige Bestände aus. Hier herrscht in Küstennähe ein spezielles maritimes oder subozeanisches Klima, und mit zunehmender Kontinentalität beherrscht *Larix dahurica* diese spezielle Waldtundra der Bering'schen Region, die im letzten Glazial eisfrei war (Abb. 8.13).

Abb. 8.12. *Betula tortuosa* bildet subarktische Bauminseln auf den Orkneys im Nordatlantik (1989)

Abb. 8.13. *Larix dahurica* bildet subarktische Bauminseln in *Pinus pumila*-Gebüschen auf der Kamtschatka-Halbinsel (Foto P. Krestov 2002)

8.5 Leben mit dem Permafrost

Bei den kälteangepassten Pflanzen unterscheiden wir zunächst die gefrierempfindlichen Arten mit einer unteren Letalgrenze bei minus 10 bis minus 15 Grad Celsius von den gefrierbeständigen Pflanzen, die im Zustand voller Winterhärte sehr tiefe Temperaturen bis über minus 70 Grad Celsius ertragen und sogar absolut frosthart sein können, wie man es im Labor beispielsweise bei der arktisch-alpinen *Saxifraga oppositifolia* ausprobieren kann, die sogar ein kurzweiliges Eintauchen in flüssigen Stickstoff bei minus 194,4 Grad Celsius schadlos überstehen kann. Die physiologischen Vorgänge in den Pflanzen und die ablaufenden zellulären Prozesse der Temperaturabhängigkeit, der Konsistenz von Plasmamembranen, der Eisbildung in den Zellen oder in den Interzellularen der Pflanze oder deren Verhinderung durch Gefrierpunktsdepression erklären Ursache und Wirkung von öko-funktionalen Anpassungen bei den Pflanzen und lassen dabei das Faktorengefüge sauber auseinanderhalten: In den Tundren reicht die Kürze der Vegetationszeit also nicht mehr, um großwüchsige Pflanzen als Sträucher und Zwergsträucher zuzulassen. Alle ausdauernden Tundrapflanzen können oft ein hohes Alter erreichen: Nach Georg Grabherr (1997) sind es 80 Jahre für *Betula nana*, über 100 Jahre für *Loiseleuria procumbens* und sogar über 500 Jahre bei der arktischen *Diapensia lapponica*. Auch die ausgedehnten klonalen Populationen der Cyperaceen können sehr alt werden und kompensieren so eventuelle „Totalausfälle" der Reproduktion.

Die neuerlichen teilweise deutlichen Klimaschwankungen haben Folgen für den arktischen Lebensraum: Die jüngste Erwärmung lässt viele Gletscher massiv zurückweichen. An Eisbohrkernen, Baumringen und Sedimenten, die auf Baffin Island in Kanada gewonnen wurden, kann man zeigen, dass der Rückzug der Eisschilde parallel zu den Warmzeiten des 19. und 20. Jahrhunderts verlief. Ungewiss ist auch die Zukunft der Permafrostböden: Aus Bohrlöchern der nordamerikanischen Arktis gewonnene Klimadaten belegen, dass sich auch in diesen Gebieten seit dem 19. Jahrhundert ein Wandel abzeichnet. Erwärmen die Böden sich hier weiter, würde vor allem Methan frei, die Baumgrenze würde sich nach Norden verlagern, und die Zusammensetzung der Pflanzenwelt änderte sich. Sedimente, die aus Seen auf Devon Island in der Kanadischen Arktis gewonnen wurden, zeigen ferner, dass sich die Artengemeinschaft der Kieselalgen inzwischen schon verändert hat. In diesen Seen gedeihen heute Arten, die sich früher wegen der stärkeren Vereisung kaum vermehren konnten. Ein natürlicher Klimawandel dürfte zusammen mit den Eingriffen des Menschen eventuell dafür sorgen, dass sich Permafrosttiefen in der Arktis weiter polwärts verlagern. Es ist derzeit eine spannende Frage, ob die Waldtundra im Zusammenhang mit den „Global Warming-Phänomenen" polwärts wandern kann oder ob sich aktuell beobachtbare „Nordwanderungen" von Waldtundra-Bäumen als Phänomen natürlicher Oszillationen erweisen, wie wir sie während der Klimafluktuationen im Pleistozän und Holozän in den letzten 1,6 Millionen Jahren mehrfach beobachtet haben.

8.6 Literatur

Aas B, Farlund T (1996) The present and holocene birch belt in Norway. Paläoklimaforschung 20: 18-24
Abbott RJ, Brochmann C (2003) History and evolution of the arctic flora: in the footsteps of Eric Hultén. Mol Ecol 12: 299-313
Aleksandrova VD (1980) The Arctic and Antarctic: their division into geobotanical areas. Cambridge University Press, Cambridge
Allen MF (1991) The ecology of mycorrhiza. Cambridge University Press, Cambridge
Andersson G (1902) Zur Pflanzengeographie der Arktis. Geographische Zeitschrift 8: 1-23
Arktis-Antarktis (1997) Kunst- und Ausstellungshalle der Bundesrepublik Deutschland. Bonn vom 19. Dezember 1997 bis 19. April 1998. DuMont, Köln
Atkinson K (1981) Vegetation zones in the Canadian Subarctic. Area 13: 13-17
Auer V (1939) Der Kampf zwischen Wald und Steppe auf Feuerland. Petermanns Geogr Mitt, Heft 6: 193-197
Aulitzky H (1961) Die Bodentemperaturen in der Kampfzone oberhalb der Waldgrenze und im subalpinen Zirben-Lärchenwald. Mitteilungen des Forstlichen Versuchswesen Österreich 59: 153-208
Autio J, Heikkinen O (2002) The climate of Northern Finland. Fennia 180 (1-2): 61-66
Baird PD (1964) The Polar World. Longmans, London
Ballard TM (1972) Subalpine soil temperature regimes in southwestern British Columbia. Arctic and Alpine Research 4: 139-146
Bay C (1997) Floristical and ecological characterization of the polar desert zone of Greenland. J Veg Sci 8: 685-696
Bender M, Sowers T, Dickson L, Orchado J, Grootes P, Mayewski PA, Meese DA (1994) Climate correlations between Greenland and Antarctica during the past 100 000 years. Nature 372: 663-666
Berner U, Streif H (Hrsg) (2001) Klimafakten: Der Rückblick – Ein Schlüssel für die Zukunft. Schweizerbart, Stuttgart
Beyer L, Bölter M (2002) Geoecology of Antarctic ice-free coastal landscapes. Springer, Heidelberg
Billings W, Mooney HA (1968) The ecology of arctic and alpine plants. Biol Rev 43: 481-529
Bird JB (1967) The Physiography of Arctic Canada. Baltimore
Bischof J (2000) Ice Drift, Ocean Circulation and Climate Change. Springer, Berlin
Bliss LC (1962) Adaptation of arctic and alpine plants to environmental conditions. Arctic 15: 117-144
Bliss LC (1988) Arctic Tundra and Polar Desert Biome. In: Barbour MG, Billings WD (eds) North American terrestrial vegetation. Cambridge Univ Press, pp 1-32, Cambridge
Bliss LC (1997) Arctic ecosystems of North America. In: Wiegolaski FE (ed) Ecosystems of the World 3: Polar and alpine tundra, Elsevier, Amsterdam, pp 551-685
Bliss LC, Wielgolaski FE (eds) (1973) Primary production and production process, Tundra Biome. Proc Conf Dublin, Swedish IBP Comm, Stockholm
Bliss LC, Heal OW, Moore JJ (1981) Tundra-ecosystems. A comparative analysis. Cambridge Univ Press, Cambridge
Blüthgen J (1943) Zur Dynamik der polaren Baumgrenze in Lappland. Forschung und Fortschritte 19: 158-160
Blüthgen J (1960) Der skandinavische Fjellbirkenwald als Landschaftsformation. Peterm Geogr Mitt 2/3: 119-144
Bobylev LP, Kondratyev K, Johannessen OM (2003) Arctic environment variability in the context of global change. Springer, Heidelberg
Böcher TW, Holmen K, Jakobsen K (1959) A synoptical study of the Greenland flora. Meddr Grönl 163 (1)
Bonan GB, Chapin FS, Thompson SL (1995) Boreal forest and tundra ecosystems as part of the climate system. Climate Change 29: 145-167
Broll G, Müller G, Tarnocai C (1998) Permafrost-affected soils in the pangnirtung pass area, Baffin Island, Canada. In: Lewkowicz AG, Allard M (eds) 7th International Conference on Permafrost; Collection Nordicana, Université Laval, Yellowknife, pp 89-94
Brown RJE (1970) Permafrost in Canada. University of Toronto Press, Toronto
Brown SG, Lockyer CH (1984) Whales. In: Laws RM (ed) Antarctic Ecology. Academic Press, London, pp 717-781
Bültmann A, Daniels FJA (2000) Biodiversity of terricolous lichen vegetation. Ber d Reinh-Tüxen-Ges 12: 393-397
Campbell IB, Claridge GGC (1987) Antarctica: soils, weathering processes and environment. Elsevier, Amsterdam
Carlsson BÅ, Karlsson PS, Svensson BM (1999) 6. Alpine and subalpine vegetation. In: Rydin H, Snoeijs P, Diekmann M (eds) Swedish plant geography. Acta Phytogeogr Suec 84: 55-74

Chapin DM, Bliss LC, Bledsoe LJ (1991) Environmental regulation of nitrogen fixation in a high-arctic lowland eco-system. Can J Bot 69: 2744-2755

Chapin FS, Jeffries RL, Reynolds J, Shaver GR, Svoboda J (eds) (1992) Physiological ecology of arctic plants. Academic Press, New York

Chapin FS, Körner C (eds) (1995) Arctic and Alpine Biodiversity: Patterns, causes and ecosystem consequences. In: Lange OL, Mooney HA (eds) Ecological Studies 113, Springer, Berlin Heidelberg

Chernov YI (1988) The living tundra. Cambridge University Press, Cambridge

Corns IGW (1974) Arctic plant communities east of the Mackenzie Delta. Can J Bot 52: 1731-1745

Cortijo E, Duplessy JC, Labeyrie L, Leclaire H, Duprat J, Weering TCE v (1994) Eemian cooling in the Norwegian Sea and North Atlantic ocean preceding continental ice-sheet growth. Nature 372: 446-449

Crawford RMM (1997) Consequences of climatic warming for plants of the northern and polar regions of Europe. Flora Colonia 5/6: 65-78

Dahl E (1986) Zonation in arctic and alpine tundra and fjellfield ecobiomes. In: Polunin N (ed) Ecosystem theory and application. J Wiley & Sons, London, pp 35-62

Daniels FJA (1994) Vegetation classification in Greenland. J Veg Sci 5: 781-790

Daniels FJA (1999) Oases and deserts between ice and ocean. German Research 10-15

Daniels FJA, Alstrup V (1996) On the vegetation of eastern North Greenland. Acta Bot Neerl 45: 583

Daniels FJA, Bültmann H, Lünterbusch C, Wilhelm M (2000) Vegetation zones and biodiversity of the North-American Arctic. Ber d Reinh-Tüxen-Ges 12: 131-151

Dierssen K (1996) Vegetation Nordeuropas. Ulmer, Stuttgart

Dierssen K (2000) Zur Biodiversität borealer und arktischer Vegetationskomplexe. Reinh-Tüxen-Ges 12: 335-350

Dormann CF (2002) Optimal anti-herbivore defence allocation in *Salix polaris*: doing it the arctic way. Phytocoenologia 32 (4): 517-530

Elliott-Fisk D (1983) The stability of the northern Canadian tree-limit. Ann Amer Geographers 73: 560-573

Elvebakk A (1994) A survey of plant associations and alliances on Svalbard. J Veg Sci 5: 791-802

Epstein HE, Walker MD, Chapin FS, Starfield AM (2000) A transient, nutrient-based model of arctic plant community response to climatic warming. Ecol Appl 10: 824-841

Eurola S, Ruuhijärvi R (1961) Über die regionale Einteilung der finnischen Moore. Arch Soc Zool Bot Fenn 'Vanamo', 16, Suppl: 49-63

European Commission (ed, 1995) Ecosystem research report 10: Global change and Arctic terrestrial ecosystems. Environmental programme of Directoral General XII, Science, Research, Development, Brüssel

Fitter A, Hay R (2002) Environmental physiology of plants. Academic Press, San Diego

Fogg GE (1998) The Biology of Polar Habitats. Biology of habitats. Oxford Univ Press, Oxford

Fredskild B (1998) The vegetation types of Northeast Greenland. A phytosociological study based mainly on material left by Th. Sörensen from the 1931-35 expeditions. Meddr Grönl Biosci 49

Fredskild B (1998) The vegetation types of northeast Greenland. Bioscience 49: 1-84

Gansert D (2002) *Betula ermannii*, a dominant subalpine and subarctic treeline tree species in Japan: ecological traits of deciduous trees in winter. Arctic, Antarctic and Alpine Research 34 (1): 57-64

Glock WS (1955) Tree growth – growth rings and climate. Botanical Review 21: 73-183

Goldammer JG, Furyaev VV (eds) (1996) Fire in ecosystems of boreal Eurasia. Kluwer, Dordrecht

Grabherr G (1997) Farbatlas Ökosysteme der Erde. Ulmer, Stuttgart

Greve T (1975) Svalbard-Norway in the arctic Ocean. Oslo

Heinrich H (1988) Origin and consequences of cyclic ice rafting in the Northeast Atlantic Ocean during the past 130 000 years. Quart Res 29: 143-152

Hessl AE, Baker WL (1997) Spruce-fir growth changes in the forest-tundra ecotone of Rocky Mountain National Park, Colorado, USA. Ecography 20(4): 356-367

Hobbie SE, Chapin FS (1998) An experimental test of limits to tree establishment in Arctic tundra. J Ecol 86: 449

Holdgate MW (ed) (1970) Antarctic Ecology. Vol 2, New York

Holding AJ, Heal O, Maclean SF, Flangagan PW (eds) (1974) Soil organisms and decomposition in tundra. Proc Microbiol Meet, Fairbanks 1973. Swedish IBP Comm, Stockholm

Holtmeier FK (1973) Geoecological aspects of timberline in northern and central Europe. Arctic and Alpine Res 5: 45-54

Holtmeier FK (1989) Ökologie und Geographie der oberen Waldgrenze. Ber d Reinh-Tüxen-Ges 1: 15-45

Holtmeier FK (2003) Mountain timberlines. – Ecology, patchiness and dynamics. Kluwer, Dordrecht

Holtmeier FK, Broll G (1992) The influence of tree islands and microtopography on pedoecological conditions in the forest-alpine tundra ecotone on Niwot Ridge, Colorado Front Range, U.S.A. Arctic and Alpine Res 24: 216-228

Hrapko JO, La Roi GF (1978) The alpine tundra vegetation of Signal Mountain, Jasper National Park. Can J Bot 56: 309-332

Hultén E, Fries M (1986) Atlas of North European vascular plants. Koeltz, Königstein

Huston MA (1994) Biological diversity. The coexistence of species in changing landscapes. Cambridge Univ Press, Cambridge

Innes JL (1991) High-altitude and high-latitude tree growth in relation to past, present and future global climate change. The Holocene 1: 168-173

Ives JD, Barry RG (1974) Arctic and Alpine Environments. Methuen, London

Jobbagy EG, Jackson RB (2000) Global controls of forest line elevation in the northern and southern hemispheres. Global Ecology and Biogeography 9: 253-268

Johannson B (1983) A list of Icelandian bryophyte species. Acta Natur Isl 30: 1-29
Kappen L (1993) Plant activity under snow and ice, with particular reference to lichens. Arctic 46: 297-302
Kappen L, Friedman I (1983) Kryptoendolithische Flechten als Beispiel einer Anpassung an extrem trocken-kalte Klimabedingungen. Verhandl d Ges Ökol 10: 517-519
Karagatzides JD, Lewis MC, Schulman HM (1985) Nitrogen fixation in a High Arctic tundra at Sarpa Lake, North-west Territories. Can J Botany 63: 974-979
Kerstein JU (1997) Klimawandel durch die Arktis verstärkt. FAZ Nr 287, N 2, Frankfurt
Kihlman AO (1890) Pflanzenbiologische Studien aus Russisch Lappland. Acta Soc F Fl Fenn 6 (3): 1-256
Kjällgren L, Kullmann L (1998) Spatial patterns and structure of the mountain birch tree-limit in the southern Swedish Scandes – a regional perspective. Geografiska Annaler 80: 1-16
Körner C, Paulsen J (2004) A world-wide study of high altitude treeline temperatures. J Biogeogr 31: 713-732
Koster EA, Nieuwenhuijzen ME (1992) Permafrost response to climatic change. Catena Suppl 22: 37-58
Kusel-Fetzmann E (2002) Auf großer Polarfahrt: Island – Spitzbergen – Grönland – Beringsee. Schriften des Vereins zur Verbreitung naturwissenschaftlicher Kenntnisse in Wien 137-140: 133-196
Larsen JA (1989) The northern forest border in Canada and Alaska – biotic communities and ecological relationships. Ecological Studies 70, Springer, Berlin Heidelberg
Lauer W (1986) Die Vegetationszonierung der Neotropis und ihr Wandel seit der Eiszeit. Ber Deutsch Bot Ges 99: 211-235
Lescop-Sinclair K, Payette S (1995) Recent advance of the arctic treeline along the eastern coast of Hudson Bay. J Ecol 83: 929-936
Leser H, Nagel P (1998) Landscape diversity – a holistic approach. In: Barthlott W, Wininger M (eds) Biodiversity – A challenge for development research and policy. Springer, Berlin, pp 129-143
Lid J (1964) The Flora of Jan Mayen. Nordisk Polarinstituts Skr 130
Lindemann R (1996) Grönland – Entwicklungsprobleme in einer Großregion der Arktis. Geogr Rundschau 48 (5): 280-284
Lloyd AH, Fastie CL (2002) Spatial and temporal variability in the growth and climatic response of treeline trees in Alaska. Climatic Change 52: 481-509
Lötschert W (1974) Über die Vegetation frostgeformter Böden auf Island. Ber Forschungsst Neori As (Island) 16: 1-15
Lünterbusch C, Daniels FJA (2000) Vergesellschaftung und Biodiversität der *Dryas integrifolia*-Vegetation in Nord-westgrönland. Ber d Reinh-Tüxen-Ges 12: 409-413
Lünterbusch C, Daniels FJA (2004) Phytosociological aspects of *Dryas integrifolia*-vegetation on moist-wet soil in Northwest-Greenland. Phytocoenologia 34 (2): 241-270
Michelson M, Schmidt KL, Jonasson S, Sleep D (1996) Leaf 15 N abundance of subarctic plants provides field evidence that ericoid, ectomycorrhizal and non-arbuscular mycorrhizal species access different sources of soil nitrogen. Oecologia 105: 53-63
Möller I, Thannheiser D (2003) Die Pflanzengesellschaften des inneren Woodfjords (Nordwestspitzbergen). Norden Bd 15: 121-129, Bremen
Möller I, Thannheiser D, Wüthrich C (1998) Eine pflanzensoziologische und vegetationsökologische Fallstudie in Westspitzbergen. Geoökodynamik 19: 1-18
Möller I, Wüthrich C, Thannheiser D (2001) Changes of plant community patterns, phytomass and carbon balance in a high arctic tundra ecosystem under a climate of increasing cloudiness. In: Burga CA, Kratochwil A (eds) Biomonitoring. Tasks for Vegetation Science 35, Kluwer, pp 225-242
Moore PD (2004) Hope in the hills for tundra? Nature 432: 159
Nichols H (1976) Historical aspects of the northern Canadian treeline. Arctic 29 (1): 18-47
Oechel WC, Callaghan T, Elling T, Gilmanov H, Holten T, Maxwell JI, Molau B, Rogne U, Sveinbjörnsson O (1997) Global change and arctic terrestrial ecosystems. Ecological Studies 124, Springer, New York
Okitsu S, Ito K (1984) Vegetation dynamics of the Siberian dwarf pine (*Pinus pumila*) in the Teisetsu-mountain range, Hokkaido, Japan. Vegetatio 58: 105-113
Oppenheimer M (1999) Global warming and the stability of the West Antarctic Ice Sheet. Nature 393: 325-332
Overpeck J, Hughen K, Hardy D, Bradley R, Chase R, Douglas M, Finney B, Gajewski K, Jacoby G, Jennings A, Lamoureux S, Lasca A, MacDonald G, Moore J, Retelle M, Smith S, Wolfe A, Zielinski G (1997) Arctic Environmental Change of the Last Four Centuries. Science 278: 1251-1256
Payette S, Filion L, Delwaide A, Begin C (1989) Reconstruction of the treeline vegetation response to long-term climate change. Nature 341: 429-432
Polunin N (1951) The real Arctic suggestion for its delimitation, subdivision and characterization. J Ecol 39: 308-315
Polunin N (1959) Circumpolar Arctic Flora. Oxford University Press, Oxford
Porsild AE, Cody WJ (1980) Vascular plants of continental northwest territories, Canada. National Museum of Canada, Ottawa
Pott R (2003) Die Nordsee. Beck, München
Reinwarth O, Stäblein G (1972) Die Kryosphäre das Eis der Erde und seine Untersuchung. Würzburger Geographische Arbeiten 36: 1-70
Remmert H (1972) Die Tundra Spitzbergens als terrestrisches Ökosystem. Umschau 72 (2): 41-44
Reynolds JF, Tenhunen JD (1996) Landscape function and disturbance in arctic tundra. Ecol Stud 120: 1-437
Robinson SA, Wasley J, Popp M, Lovelock CE (2000) Desiccation tolerance of three moss species from continental Antarctica. Aust J Plant Physiol 27: 379-388

Sakai A, Larcher W (1987) Frost survival of plants. Responses and adaptation to freezing stress. Ecological Studies 62, Springer, Berlin

Schickhoff U, Walker MD, Walker DA (2002) Riparian willow communities on the Arctic slope of Alaska and their environmental relationships: A classification and ordination analysis. Phytocoenologia 32 (2): 145-204

Schroeter B, Schneidegger C (1995) Water relations in lichens at subzero temperatures: structural changes and carbondioxide exchange in the lichen Umbilicaria aparina from continental Antarctica. New Phytol 131: 273-285

Scott GAJ (1995) Canada´s vegetation. A world perspective. McGill-Queens-University Press, Montreal

Seaver KA (1996) The frozen echo: Greenland and the exploration of North America, ca. A. D. 1000 – 1500. Stanford University Press, Stanford/CA

Seppälä M (1966) Recent ice-wedge polygons in eastern Enontekiö, northernmost Finland. Rep Kevo Subarctic Res Stat 3: 274-287

Sirois L (1992) The transition between boreal forest and tundra. In: Shugart HH, Leemans R, Bonan GB (eds) A systems analysis of the global boreal forest. Cambridge University Press, Cambridge, pp 196-215

Solheim B, Endal A, Vigstad H (1996) Nitrogen fixation on Arctic vegetation and soils from Svalbard (Norway). Polar Biology 16: 547-557

Sveinbjörnsson B (2000) North American and European treelines: external forces and internal process controlling position. Ambio 29 (7): 388-395

Thannheiser D (1987) Die Vegetationszonen in der westlichen Kanadischen Arktis. Hamburger Geographische Studien 43: 159-177

Thannheiser D (1988) Eine landschaftsökologische Studie bei Cambridge Bay, Victoria Island, N. W. T., Canada. Mitt Geogr Ges Hamburg 78: 1-52

Thannheiser D (1991) Die landschaftsökologischen Verhältnisse auf dem westlichen kanadischen Arktis-Archipel. In: Davis G, Wieger A (Hrsg): Kanada: Gesellschaft, Landeskunde, Literatur. Würzburg, S 109-128

Thannheiser D (1991) Die Küstenvegetation der arktischen und borealen Zone. Ber d Reinh-Tüxen-Ges 3: 21-42

Thannheiser D (1996) Spitzbergen – Ressourcen und Erschließung einer hocharktischen Inselgruppe. Geographische Rundschau 48 (5): 268-274

Thannheiser D, Geesink B (1990) Dryasreiche Vegetationseinheiten mit besonderer Berücksichtigung des westlichen kanadischen Arktis-Archipels. Mitt Geogr Ges Hamburg 80: 175-205

Thannheiser D, Möller I, Wüthrich C (1998) Eine Fallstudie über die Vegetationsverhältnisse, den Kohlenstoffkreislauf und mögliche Auswirkungen klimatischer Veränderungen in Westspitzbergen. Verh Ges Ökol 28: 475-484

Thannheiser D, Wüthrich C (1999) Flora und Vegetation am St. Jonsfjord (Spitzbergen) unter besonderer Berücksichtigung der ornithogenen Tundra. Norden 13: 291-301, Bremen

Thannheiser D, Meier KD, Wehberg J (2003) Klimabedingungen und anthropogene Veränderungen im Fjellbirkenwald in Nordnorwegen. Norden 15: 213-220

Tikhomirov BA (1962) The treelessness of the tundra. Polar Record 11: 24-30

Treude E (1974) Nordlabrador. Entwicklung und Struktur von Siedlung und Wirtschaft in einem polaren Grenzraum der Ökumene. Westfälische Geogr Studien 29, Münster

Treude E (1991) Die Arktis. Problemräume der Welt 14, Köln

Troll C (1944) Strukturböden, Solifluktion und Frostklimate der Erde. Geologische Rundschau 34: 545-694

Troll C, Paffen KH (1964) Karte der Jahreszeitenklimate der Erde. Erdkunde 18: 5-28

Ungerson J, Scherdin G (1968) Jahresgang von Photosynthese und Atmung unter natürlichen Bedingungen von Pinus sylvestris in ihrer Nordgrenze in der Subarktis. Flora, Abt B, 157: 391-434

Vasari Y (1974) The vegetation of Northern Finland – past and present. InterNord 13-14: 99-118

Veijola P (1998) The northern timberlines and timberline forests in Fennoscandia. Finnish Forest Research Inst 672

Walker DA, CAVM Team (2003) Circumpolar Arctic vegetation Map. Scale 1:7 500 000. Conservation of Arctic Flora and Fauna (CAFF), Map No 1, US Fish and Wildlife Service. Anchorage, Alaska. www.Geobotany-naf.edu

Walker DA (1999) An integrated mapping approach for Northern Alaska (1:4 M scale). Int J Remote Sensing 20, 15&16: 2895-2920

Walker MD, Daniels FJA, van der Maarel E (1995) Circumpolar Arctic Vegetation. Special Features in Vegetation Sciences 7, Opulus Press, Uppsala

Walter H, Breckle SW (1994) Spezielle Ökologie der gemäßigten und arktischen Zonen Euro-Nordasiens. Ökologie der Erde 3, Stuttgart

Weider LJ, Hobaek A (2000) Phylogeography and arctic biodiversity: a review. Ann Zool Fennici 37: 217-231

Wielgolaski FE (1997) Polar and Alpine Tundra. Ecosystems of the world. Vol 3, Elsevier, Amsterdam

Woodins SJ, Marquiss M (1996) Ecology of Arctic Environments. Blackwell, Oxford

Woodward FI (1987) Climate and plant distribution. Cambridge University Press, Cambridge London New York

Wüthrich C (1994) Die biologische Aktivität arktischer Böden mit spezieller Berücksichtigung ornithogen eutrophierter Bereiche (Spitzbergen und Finnmark). Physiogeographica 17, Basel

Wüthrich C, Möller I, Thannheiser D (1999) CO$_2$-fluxes in different plant communities of a high Arctic tundra watershed (West Spitsbergen). J Veg Sci 10: 413-420

Wüthrich C, Thannheiser D (2002) Die Polargebiete. Das Geographische Seminar, Westermann, Braunschweig

Yurtsev BA (1994) Floristic diversity of the Arctic. J Veg Sci 5: 765-776

Zinsmeister WJ (1984) Geology and Paleontology of Seymour Island, Antarctic Peninsula. Antarctic Journal of the United States 19 (2): 1-5

8.7 Fragen zu Kapitel 8

1. Das Wort "Tundra" kommt aus der finnischen Sprache für "Baumloses Land". Wie erklärt sich das?
2. Welche Wuchsformen der Pflanzen dominieren in der Tundra und warum?
3. Welche "Tundra-Typen" lassen sich klimatisch und edaphisch differenzieren?
4. Der Permafrost bestimmt die edaphischen Grundbedingungen der Tundra. Wie aber entsteht das Vegetationsmosaik der Tundren unter diesem Aspekt?
5. Was sind "Nördliche Arktis-, Mittlere Arktis- und Südliche Arktis-Tundren"?
6. Wie kommen Kohlenflöze in die Arktis?
7. Wie haben derzeit arktische Pflanzenarten die Eiszeiten überlebt, und wie wurden sie zu „arktisch-alpinen Elementen"?
8. Nennen Sie mindestens je drei arktische und arktisch-alpine Geoelemente.
9. Der Nordatlantik ist die „Klimaschaukel". Was bedeutet die thermohaline Zirkulation für unser Klima?
10. Was sind „Heinrich-Lagen" oder „Drop Stones" im Nordatlantik?
11. Der Kältepol der Nordhalbkugel liegt bei Oymiakon in Sibirien. Was sind dort die typischen Standortphänomene?
12. Welche Vegetationszonen differenzieren wir in der Arktis?
13. Kontinuierlicher und diskontinuierlicher Permafrost beherrschen die arktisch-alpinen Regionen. Beschreiben Sie deren Wirkung und Bedeutung.
14. Wie und wo leben „Kryptoendolithische Flechten"?
15. Worin besteht der Unterschied zwischen Zwergstrauch- und Waldtundren?
16. Wo liegt die normale Letalgrenze der arktisch-alpinen Pflanzen im Kältebereich?
17. *Saxifraga oppositifolia* übersteht das Eintauchen in Temperaturbereiche von unter 190 Grad Celsius. Wie ist diese Frosthärte zu erklären?
18. Was sind die standörtlichen Unterschiede von Moos-, Gras- und Zwergstrauchtundren?
19. Was ist eine „Polare Waldgrenze" im Hinblick auf die Parameter von Klima, Boden und Pflanze?
20. Beschreiben Sie das „Geographische Ende" der Tundra hin zur Taiga.

9 Winterkalte, boreale immergrüne Nadelwälder

Der boreale Nadelwaldgürtel ist neben der Tundra der einzige Vegetationsgürtel, der sich als geschlossene, nur durch die Ozeane unterbrochene Zone um die ganze Erde zieht. Scharfe Winterfröste schließen die meisten Laubbaumgattungen im borealen Wald aus, und im extrem kalten Klima Innersibiriens wird sogar die sommergrüne *Larix dahurica* dominant, die im Herbst vor dem Einsetzen der tiefen Fröste ihre Nadeln abwirft (Abb. 6.20). Das Vorherrschen der immergrünen Nadelhölzer ist die beste Anpassung an die kurze Vegetationszeit von drei bis sechs Monaten, denn die immergrünen, kälteresistenten Nadelbäume leben entweder sehr lange oder können im Frühjahr sofort assimilieren. Ihr Gewinn an Biomasse beträgt zwischen 5 und 10 Prozent der Gesamtproduktion eines Baumes, und die langlebigen Nadeln sind resistent gegen Frosttrocknis, wie man das bei *Pinus cembra* bei Temperaturen von unter minus 60 Grad Celsius nachgewiesen hat. Die amerikanische *Picea mariana* behält ihre Nadeln sogar bis zu 30 Jahre und nutzt dabei alte Nadeln vorwiegend als Nährstoffdepots.

Alle diese Anpassungen erzeugen Nadelholzwälder mit oftmals endlos weiten, monodominanten Baumbeständen, durchsetzt von Seen, mäandrierenden Flüssen und Mooren in glazigenen und periglazigenen Landschaften, wo Frostdynamik die entscheidende und reliefprägende Rolle spielt. In den Waldtundren grenzen die borealen Wälder mit oftmals ausgedehnten Krüppelwuchszonen und Fjellbirkenwäldern an die nordwärts anschließenden arktischen Tundren. Zur polaren Waldgrenze hin werden die Baumkronen spitzer und schmaler und zwischen den Bäumen die Abstände weiter. Die Nadelbäume – vor allem die Fichten – sind häufig bis an den Boden beastet und schlank, was die Schneelast verringert – solche „Schneefichten" gibt es natürlich auch in den Gebirgen –, ihre dichte Beastung ermöglicht auch die optimale Licht- und Wärmenutzung der tief stehenden Sonne und bewirkt somit letztlich eine bessere Energiebilanz der Bäume (Abb. 9.1).

In Eurasien verläuft der boreale Nadelwald in West-Ost-Richtung am Polarkreis über etwa 7000 Kilometer, in Höhe des 60. Breitenkreises sogar über 8000 Kilometer und in Nordamerika über mehr als 5000 Kilometer. Die nord-südliche Ausdehnung beträgt in Eurasien wie in Nordamerika im Mittel etwa 1000 bis 1200 Kilometer; zwischen den Flüssen Jenissei und

Abb. 9.1. Schneefichten (*Picea abies*) am Granitgipfel des Brockens im Harz 1100 Metern Meereshöhe (2003)

Lena in Zentralsibirien sogar mehr als 2000 Kilometer! Die borealen Nadelwälder nehmen rund zehn Prozent der Festlandsbereiche der Erde ein und sind damit der verbreitetste Vegetationstyp der Holarktis. Diese Wälder stellen weltweit auch die größte Nutzholzquelle dar. Trotz dieser Größe sind diese Nadelwälder – oder volkstümlich die **Taiga** – recht einförmig hinsichtlich ihrer Vegetation: Der typische boreale Wald ist ein offener Typ mit hohem Anteil an natürlichem Totholz. In einer einfachen Baumschicht dominieren Nadelbäume mit einem Moos-, Chamaephyten- und Hemikryptophyten-reichen Unterwuchs. Zwanzig bis dreißig Prozent stehendes Totholz sind für solche Naturwälder charakteristisch (Abb. 9.2).

Abb. 9.2. Fichtenurwald mit moosbewachsenen Baumleichen in Mittelschweden nördlich Uppsala (2001)

Das Klima der Taiga ist kalt-humid, noch sehr rauh und zum Teil von starken Gegensätzen geprägt. Der Winter dauert ein halbes Jahr, und die Temperaturen können sehr tief absinken. Der nordhemisphärische Kältepol der Erde, an dem minus 71 Grad Celsius gemessen worden sind, liegt bei Oymaikon in der ostsibirischen Taiga. Die Niederschläge von 250 bis 500 Millimetern als Mittel der Jahressummen reichen dabei für einen positiven Wasserhaushalt aus, da die potentielle Evapotranspiration durch die tiefen Temperaturen gering bleibt; ein großer Teil des Niederschlags fällt zudem als Schnee. Nur in den kontinentalen Gebieten der borealen Zone, vornehmlich in Ostsibirien, sind sommerliche Dürreperioden möglich. Die winterlichen Temperaturminima liegen durchweg unter minus 40 Grad Celsius mit den oben genannten Rekordwerten. Dies verlangt Kälteresistenz bei den Baumarten, aber auch bei den Waldbodenarten des borealen Nadelwaldes, wo ein regelmäßiger Schneeschutz im Winter durchaus mildernd wirkt. In den kontinentalsten Gebieten ist die Schneedecke aber dünn und wird zusätzlich leicht durch den Wind verweht, da der Schnee meist schon auf gefrorenen Boden fällt. Hier friert der Boden tief durch, und der Permafrost erreicht Mächtigkeiten von mehreren hundert Metern Tiefe. Wo die Jahresmittel die Null-Grad-Celsius-Temperaturmarke überschreiten, liegt auch die Grenze der Permafrostböden. Für die boreale Vegetation ist der Permafrost insofern bedeutend, als auch im Sommer nur ein begrenztes, aufgetautes Bodenvolumen zur Verfügung steht. Bäume mit Pfahlwurzeln finden hier ihre Nordgrenze. In vielen Regionen des Zonobioms der Taiga bildet sich schon Anfang September eine bleibende Schneedecke, die erst zu Beginn des nächsten Sommers zu schmelzen beginnt.

Die Podsolböden der kühlen Nadelwälder bilden sich aus meist sandigem Ausgangsmaterial, sind körnig und wasserdurchlässig. Der Wärmemangel während des größten Teils des Jahres hemmt die Destruentenaktivität und damit die Zersetzung der Nadelstreu. Es bildet sich Rohhumus, der mit scharfer Untergrenze auf dem Mineralboden liegt. Das versickernde Niederschlagswasser wäscht Humin- und Fulvosäuren im Komplex mit Metallkationen aus den Oberflächenschichten aus. Diese versauern daher zunehmend und verlieren ihre Mineralstoffe, so dass wir die helleren ausgewaschenen Bodenhorizonte von einem darunter liegenden dunkler gefärbten Anreicherungshorizont aus Huminstoffen, Aluminium- und Eisenoxiden trennen können. Zusätzliche Oxide werden durch saure organische Verbindungen aus der sich zersetzenden Nadelstreu ausgelaugt und verfrachtet. In dem rauhen Klima können also nur angepasste Nadelholzarten gedeihen: Hier ist das Reich der Koniferen. Hohe schmalkronige Nadelbäume bilden unermessliche, aber eintönige und lichte Wälder. Ihre Struktur ist in Nordamerika und Eurasien gleich, die Arten sind aber verschie-

den. Keine andere Vegetationszone mit Wäldern auf der Erde ist so artenarm an Holzarten wie die borealen Nadelwälder (Tabelle 9.1).

Tabelle 9.1. Häufige Baumarten der borealen Wälder (verändert und ergänzt nach
Schmithüsen 1968 und Fukarek et al. 1995)

Gattung	Nordamerika	Nordeuropa	Westsibirien	Ostsibirien und Japan
Koniferen				
Picea (Fichte)	*engelmannii*	*abies*	*obovata*	*obovata*
	glauca			*hondoensiana*
	mariana			*glehnii*
	rubens			*ajanensis*
	glania			*jezoensis*
	sitchensis			*koraiensis*
Abies (Tanne)	*balsamea*	-	*sibirica*	*nephrolepis*
				sibirica
				sachalinensis
Pinus (Kiefer)	*contorta*	*sylvestris*	*cembra* ssp.	*cembra* ssp.
	banksiana		*sibirica*	*sibirica*
			sylvestris	
Larix (Lärche)	*laricina*	-	*sibirica*	*dahurica*
Chamaecyparis			*sukaczewii*	
Laubhölzer				
Populus	*tremuloides*	*tremula*	*tremula*	*suaveolens*
(Pappel, Espe)	*balsamifera*			
Betula (Birke)	*papyrifera*	*pubescens*	*pendula*	*ermanii*
	kenaica	*pendula*	*pubescens*	*tortuosa*
				pubescens
				platyphylla
Alnus (Erle)	*tenuifolia*	*incana*	*fruticosa*	*fruticosa*
	crispa			*hirsuta*
	rugosa			*kamschatica*

Es sind eigentlich nur vier Nadelholzgattungen, welche die Baumschichten aufbauen: das sind die Gattungen *Picea, Pinus, Abies* und *Larix*.
Bei schlechten Bodenbedingungen setzen sich in der Regel die *Pinus*-
Arten durch. Dazu kommen noch kleinblättrige Laubhölzer wie *Betula*,
Populus, Alnus und *Salix*. In den einzelnen Regionen Eurasiens und Nordamerikas werden diese Arten durch jeweils verschiedene, verwandte Arten
vertreten, die dann als geographische Vikarianten angesehen werden können. Im Westen Eurasiens überwiegen Fichten und Kiefern; sie bilden eine
immergrüne **Dunkle Taiga** mit dominierender *Picea abies* im Westen

Nordeuropas und vikariierender *Picea abies* ssp. *obovata* im Osten Sibiriens. In Nordamerika spielt *Picea glauca* eine ähnliche Rolle. Östlich des Urals gesellen sich noch die sibirische *Abies sibirica* und *Pinus cembra* ssp. *sibirica* hinzu (Abb. 9.3).

Abb. 9.3. *Picea obovata* und *Pinus cembra* ssp. *sibirica* bilden die „Dunkle Taiga" im West-Sajangebirge in Sibirien (Foto: H. Mattes 2001)

Abies balsamifera entspricht als vikariierende Art in Nordamerika. In Ostsibirien dominieren *Larix dahurica* und *L. sibirica*, welche die **Helle Taiga** in den kontinentalsten Bereichen aufbauen. Letztere werden in Nordamerika durch *Larix laricina* ersetzt. An klimatisch günstigen Stellen wachsen auch Birken, Pappeln und Weiden: *Populus tremula* in Europa, *P. tremuloides* in Nordamerika und *P. suaveolens* in Ostsibirien.

9.1 Boreale Nadelwaldzone als große zusammenhängende Waldregion der Erde

Wichtig für das Gedeihen der Nadelwaldbäume ist ein intakter Boden sowie eine natürliche Artenfolge und Altersklassenstruktur der Wälder selbst. Von entscheidender Bedeutung dabei ist die **Mykorrhiza**, jene unterirdische Lebensgemeinschaft von Wurzeln und Pilzen, ohne die fast keine Höhere Pflanze auskommt. Im intakten Waldboden sind nahezu alle

Wurzeln von einem Geflecht feinster, nur wenige Tausendstel Millimeter dicker Pilzfäden, den so genannten Hyphen, umgeben. Die Pilze bilden eine Art Mantel um die Wurzeln der Bäume, in diesem Fall sprechen wir von **Ektomykorrhiza**, oder sie dringen sogar in die äußeren Wurzelzellen ein, diesen Typ nennen wir **Endomykorrhiza**. Die Mykorrhiza-Pilze sind bei der Wahl der Bäume, mit denen sie eine **Symbiose** eingehen können, keineswegs festgelegt (Abb. 9.4). Vielmehr hält ein Pilz im Waldboden über lange Ausläufer oft mit mehreren Bäumen gleichzeitig Kontakt. So können die Waldbäume über das verzweigte Hyphennetz Nährstoffe miteinander austauschen. Vom Netzwerk der Pilze profitieren auch solche

Abb. 9.4. Häufige Mykorrhiza-Pilze der borealen Wälder Eurasiens: **a** *Trachypus scaber*, Boletaceae, vorwiegend an *Betula*, **b** *Xerocomus badius*, Boletaceae, an Nadelbäumen, **c** *Sparassis crispa*, Clavaricaceae, an Kiefern, **d** *Amanita muscaria*, Amanitaceae, an Birken und Nadelbäumen, **e** *Tylopilus felleus*, Boletacae, nur an Nadelbäumen, **f** *Geaster fimbriatus*, Geasteraceae, an Nadelbäumen, **g** *Ixocomus elegans*, Boletaceae, nur an *Larix* spec., **h** *Russula claroflava*, Russulaceae, nur an Birken und Erlen, **i** *Lactarius rufus*, Russulaceae, an Nadelbäumen und *Calluna*-Heidekraut, **j** *Lactarius turpis*, Russulaceae, an Fichte und Birke, **k** *Cantharellus cibarius*, Cantharellaceae, an Eichen und Nadelbäumen, **l** *Paxillus involutus*, Paxillaceae, vorwiegend an Nadelbäumen

Bäume, die selbst oft schlechter versorgt sind als ihre Nachbarn. Die schnell wachsenden Birken, die Pioniere der borealen Nadelwälder, liefern beispielsweise einen beachtlichen Anteil ihrer Kohlenhydrate an Fichten und Tannen die in der Gehölzsukzession den Laubbäumen im Waldbestand nachfolgen (Abb. 9.5). In kanadischen Nadelwäldern mit *Picea glauca* und *P. engelmanni* hat man außerdem nachgewiesen, dass während einer Wachstumsperiode die Nadelbäume durchschnittlich rund sechs Prozent mehr Kohlenstoffverbindungen von den Birken erhalten, als sie selbst abgeben. Dabei beeinflussen die Pilze die Ernährung gerade der Waldbäume entscheidend. Sie versorgen die Bäume mit Wasser und Pflanzennährstoffen, vor allem Phosphor, Stickstoff und Spurenelementen. Als Gegenleistung erhalten sie hauptsächlich Kohlenhydrate aus der Photosynthese. Ohne die Symbiose mit Pilzen könnten die Vorräte an Pflanzennährstoffen im Rohhumus nicht erschlossen werden. Vieles an Pflanzennährstoffen ist in der Taiga in der Blattmasse der Nadelbäume gebunden, ebenso in den dicken Moosteppichen, den Flechten, der Streu und den Rohhumusauflagen. Ähnlich wie in den tropischen Regenwäldern ist also in den borealen Nadelwäldern fast die gesamte Nährstoffmenge in der organischen Substanz der Biomasse enthalten; nur der Nährstoffkreislauf läuft hier im Unterschied zu den warmen Tropen sehr langsam.

Abb. 9.5. *Betula pendula-* Birkentaiga in Finnland (1978)

Wir halten fest: Der typische natürliche boreale Nadelwald ist offen, voll von Totholz, auch mit Jahrzehnte alten stehenden Baumleichen, und er unterliegt natürlichen Entwicklungszyklen, bei denen periodische Feuer in Abständen von zwei- bis dreihundert Jahren eine wichtige Rolle spielen.

Abb. 9.6. Elemente der borealen Nadelwälder: **a** *Pyrola secunda*, Pyrolaceae, **b** *Rubus chamaemorus*, Rosaceae, **c** *Ledum palustre*, Ericaceae, **d** *Cornus suecica*, Cornaceae, **e** *Trientalis europaea*, Primulaceae, **f** *Neottia nidus-avis*, Orchidaceae, **g** *Arctostaphylos uva-ursi*, Ericaceae, **h** *Lycopodium annotinum*, Lycopodiaceae, **i** *Linnaea borealis*, Caprifoliaceae

Die borealen Fichtenwälder besitzen drei Vegetationsschichten: die Baumschicht, eine mehr oder weniger dichte Chamaephyten- und Krautschicht und eine üppige Moosschicht. Eine „echte" Strauchschicht fehlt meistens. Ein Kronenschluss der Nadelbäume bis zu 70 Prozent vermittelt den „dunklen" Eindruck dieser Taiga. Die mykotrophen Ericaceen beherrschen die Zwergstrauchdecken: *Vaccinium myrtillus*, *V. vitis-idaea*, *Pyrola uniflora* und *Pyrola secunda*, dazu saprophytische, gleichfalls mykotrophe

Orchideen wie *Monotropa hypopitys, Epigonium aphyllum, Gooderia repens, Corallorhiza trifida, Neottia nidus-avis* und *Listera cordata* vervollständigen das Bild der Lebensgemeinschaft von Wurzeln und Pilzen. Dazu kommen etliche Farne und Bärlappe, wie *Dryopteris carthusiana, Gymnocarpium dryopteris, Thelypteris phegopteris, Huperzia selago* sowie *Lycopodium annotinum* und *L. complanatum*. Rhizomgeophyten und Spalier-sträucher wie *Trientalis europaea, Circaea alpina, Maianthemum bifolium, Oxalis acetosella* und *Linnaea borealis* wachsen aus dichten Moosteppichen von *Hylocomium splendens, Pleurozium schreberi, Ptilidium crista-castrensis, Rhytidiadelphus triquetrus* und *Dicranum*-Arten hervor (Abb. 9.6 und 9.7).

Abb. 9.7. Flechtenreiche Kieferntaiga auf Fels-standorten in Norwegen (1978)

An feuchten Stellen bei höherem Grundwasserstand oder bei Bodenvernässung nehmen die Rohhumusdecken an Mächtigkeit zu und leiten eine Torfbildung ein. Hier lässt die Vielfalt der Fichten nach, und großwüchsige *Polytrichum commune*-Moosdecken gelangen zur Vorherrschaft. In solchen lichten *Polytrichum*-Fichtenwäldern mit nur noch 40 bis 50 Prozent Kronenschluss entwickeln sich niedrige Strauchdickichte von *Vaccinium uliginosum, Ledum palustre* und *Empetrum nigrum*. Zunehmende Torfbildung führt schließlich zu dominantem *Sphagnum*-Wachstum und zu einer derartigen Nährstoffarmut, dass die Fichte von der Kiefer *Pinus sylvestris* abgelöst wird, welche dann die typischen nordischen Torfmoos-Kiefernwälder der **Waldhochmoore** beherrscht.

9.2 Am Kältepol Sibiriens bei minus 70°C wachsen Bäume

Allein in Sibirien nehmen die Lärchenwälder eine Fläche von mehr als 2,5 Millionen Quadratkilometern ein, das ist rund ein Viertel der Fläche von ganz Europa! Vor allem östlich des Jenissei ist die Helle Lärchentaiga die vorherrschende Waldformation. Ihre wichtigste Baumart, *Larix dahurica*, erweist sich mit ihrem flachstreichenden Wurzelsystem besonders gut den Standortbedingungen auf Permafrostboden angepasst, wo die sommerliche Auftautiefe selten mehr als 1,5 Meter, oft sogar nur 25 bis 30 Zentimeter beträgt. Je nach den Standortgegebenheiten werden auch bei der Lärchentaiga viele Waldtypen unterschieden, in denen fast durchweg Zwergsträucher aus der Familie der Ericaceae eine Rolle spielen, wie wir sie schon im Kapitel 8 über die arktische Tundra kennen gelernt haben. Auf mäßig podsolierten sandigen Böden mit einer gewissen Feuchtigkeit im Sommer lichtet sich die Baumschicht der Lärchen auf weniger als fünfzig Prozent Kronenschluss, und dichte Strauchteppiche von *Pinus pumila* oder *Ledum palustre* und *Vaccinium uliginosum* prägen hier das Waldbild mit dichten Moosdecken (Abb. 6.20). Letztere erlangen mit zunehmender Vernässung des Geländes immer höhere Flächenanteile und bestimmen schließlich auch einen eigenen niedrigwüchsigen und offenen Taiga-Typ, die lockere Torfmoos-Lärchentaiga über Permafrostböden mit nur maximal 30 Zentimetern Auftautiefe. Im Unterwuchs gedeihen hier nur noch Zwergbirken (*Betula exilis, B. fruticosa*), Rhododendren (*Rhododendron parviflorum*), Moosbeeren (*Vaccinium oxycoccus*), Wollgräser (*Eriophorum* div. spec.) und die Moose.

9.3 Birken-, Fichten- und Lärchentaiga in Sibirien

Die Lärchenwälder mit dominierender *Larix dahurica* und *Betula platyphylla*, *Alnus hirsuta* und *Populus suaveolens* gehen westwärts bis zum Jenissei-Fluss, wo sie auf demselben Breitengrad in Küstennähe am Ochotsksch von homogenen *Picea obovata*-Nadelwäldern abgelöst werden. Diese dominieren auch die borealen Nadelwälder auf Sacchalin, auf Hokkaido und den Kurilen (s. Abb. 9.8). Auf der Mitte der Kamtschatka-Halbinsel bis hinüber nach Nordjapan formen *Picea jezoensis* und *Larix dahurica* einen speziellen borealen Waldtyp unter dem Einfluss des submaritimen Lokalklimas, das von milden Windmassen aus dem Pazifik und vom Ochotskischen Meer bestimmt wird: Hier wachsen im Unterwuchs der Wälder die „*Mega forb-Plants*" mit ihrem berühmten Riesenwuchs

Abb. 9.8. *Pinus pumila* (im Vordergrund) sowie *Picea obovata* und *Picea jezoensis*-Wälder auf der Insel Hokkaido in Nordjapan (2004)

(s. Box 9.1), wie *Senecio cannabifolius, Filipendula camtschatica* und *Petasites japonica* ssp. *giganteus* (Abb. 9.9). Wo die Ozeanität in dieser Region relativ kalte Sommer und vergleichsweise warme Winter beschert, wie wir es auf der Südhälfte von Kamtschatka und auf den Mittleren Kurilen, vor allem auf Iturup und Urup finden, haben die oben genannten „Riesenstauden" ihr Verbreitungsoptimum. Auf den Südlichen Kurilen und in Hokkaido bilden *Abies nephrolepis* und *A. sacchalinensis* zusammen mit *Picea glehnii* und *P. koraiensis* eigene Waldgesellschaften vor allem an Feuchtstandorten aus (Abb. 9.10).

Abb. 9.9. *Petasitis japonica* ssp. *giganteus* (links) und *Senecio cannabifolius* (rechts) in Hokkaido (2002)

Es sind hochstaudenreiche Nadelwälder mit geradezu üppigem Unterwuchs auf feuchten, nährstoffreichen und relativ gut durchlüfteten Böden. Diese Wälder schließen oft kleinflächige Laubwaldinseln aus Pappeln, Birken oder Erlen – an Nassstandorten – ein. Besonders die Erlen erlauben mit ihrer Symbiose aus Luftstickstoff-bindenden Actinomyceten eine beachtliche Biomassenproduktion der Hochstauden.

Abb. 9.10. *Picea glehnii* (oben) und *P. koraiensis* bilden azonale Waldgesellschaften an Feuchtstandorten in Nordjapan (2004)

Box 9.1. Wie sind die Riesen-Stauden entstanden?

Die Riesenformen der borealen Hochstauden haben sich wahrscheinlich erst im Pleistozän entwickelt, als das Beringmeer weitgehend trocken gefallen war und das damalige Arktische Meer und der Pazifische Ozean durch die schmale Bering-Landbrücke getrennt waren. Im Nordpazifik herrschte zu jener Zeit ein mildes, regen- und schneereiches Klima. In einem solchen Klima mit kurzer Vegetationszeit ist der Baumwuchs weitgehend ausgeschlossen, nur die kleinwüchsigen Pioniere *Betula ermannii*, *Alnus fruticosa*, *A. japonica* und *A. maximowiczii* konnten damals hier wachsen; sie beherrschen noch heute das Artenspektrum subborealer Hochstaudenfluren in diesem Raum. Auf dem nordostasiatischen Kontinent waren damals die luxurierenden biomassereichen Krautformen und Hochstauden offenbar bestens angepasst – und in der Nacheiszeit wurden diese Elemente auf die Archipele und den Küstensaum im Einflussbereich der milderen Pazifikluft zurückgedrängt: auf Sacchalin, Kamtschatka, Hokkaido, die Kurilen und auf Teile der südlichen Aleuten. Hier wachsen sie heute als zwei bis drei Meter hohe Riesen: *Salix arctica* (2 Meter), *Senecio cannabifolius* (3,2 Meter), *Petasites* (2,5 Meter). Verantwortlich dafür ist das ozeanisch-subozeanische Klima dieser Region mit derzeit kühlen Sommern von maximal 10 Grad und milden, aber langen Wintern mit maximal minus 6 Grad Celsius und einer Wuchsperiode von maximal 100 Tagen.

9.4 Nadelwälder von Kanada und Alaska

Die borealen Nadelwälder Nordamerikas erstrecken sich von Neufundland im Osten bis zur Mackenzie-Mündung im Westen und reichen bis in die Gebirge Alaskas. Sie bedecken eine Fläche von insgesamt 7 Millionen Quadratkilometern. Im Vergleich zu den eurasiatischen Nadelholzwäldern sind auch sie reich an Gattungen und Nadelbaumsippen, wie es die Tabelle 9.1 zeigt. In Nordamerika waren während der Eiszeiten die kontinentalen inneren Teile zwischen den Rocky Mountains und der Hudson Bay unvergletschert geblieben. Dieser eisfreie Korridor war stets über die Landbrücke der Beringstraße mit Eurasien verbunden, und so hatten die Wälder des ausgehenden Tertiärs immer Refugialmöglichkeiten während der Vereisungen im Südosten Nordamerikas, vor allem in Florida. Von dort konnten sie sich in den Nacheiszeiten immer wieder schnell nach Norden ausbreiten, wie es beispielsweise für *Picea glauca* pollenanalytisch gut nachgewiesen ist. Diese ist oftmals über weite Strecken die einzige Baumart und wird nur gelegentlich auf sehr armen Böden durch *Picea mariana* und *Larix laricina* ersetzt. Die flechtenreiche Fichtentaiga Kanadas ist besonders bezeichnend: In diesen Wäldern stehen die Bäume locker verteilt – offenbar als Resultat der Wurzelkonkurrenz untereinander. Ihre Verjüngung erfolgt normalerweise auf vermodernden Baumleichen und Wurzelresten, eine Form, die man auch als „Kadaververjüngung" bezeichnet. Dadurch manifestiert sich das Verteilungsmuster der einzelnen Bäume im Wald für sehr lange Zeit.

Eine helle Taiga gibt es in Nordamerika nicht; *Larix laricina* hat zwar ein weites Areal von Labrador bis nach Alaska, sie bildet jedoch keine Reinbestände und ist immer mit *Picea*, *Abies*, *Thuja* und *Chamaecyparis* vergesellschaftet. *Abies balsamifera* vikariiert in Nordamerika zur sibirischen *Abies sibirica* (s. Tabelle 9.1). Auf sehr armen Sandböden tritt *Pinus banksiana* auf, die nach Bränden und in Waldlichtungen oft ihre Rolle als Pionierbaum unter Beweis stellt (Abb. 9.11). An laubwerfenden Arten sind *Populus tremuloides*, *P. balsamifera* und *Betula papyrifera* zu nennen. Die nordamerikanischen Nadelholzwälder treten in den Gebirgszügen des nordwestlichen Nordamerikas, vor allem in den Coastal Mountains, in Teilen der Sierra Nevada und in den Rocky Mountains auch als Gebirgsnadelwälder der Montanstufen auf. Salvador Rivas-Martínez et al. (1999) haben diese Wälder auf pflanzensoziologischer Basis erfasst und erstmals syntaxonomisch gegliedert. Darauf wird hier aus Raumgründen verwiesen.

Neben den in Tabelle 9.1 genannten Arten bilden vor allem Vertreter der Gattungen *Tsuga*, *Thuja* und *Juniperus* in den Gebirgen deutliche, floristisch differenzierbare Höhenstufen aus: Die Helmlocktanne *Tsuga heterophylla* und die Sitkafichte *Picea sitchensis* bilden Nadelwälder in der nördlichen Küstenregion; in British Columbia sind zusätzlich *Thuja plicata* und die bei uns nur gepflanzte Douglasie *Pseudotsuga taxifolia* beteiligt. *Thuja plicata* wird über eintausend Jahre alt, erreicht dann 60 Meter Wuchshöhe und dabei einen Durchmesser von mehr als sechs Metern. Das Spektrum dieser Bergwälder ist enorm vielfältig, und es gibt in Nordamerika zahlreiche Übergänge zu den Bergwäldern der temperaten Zonen, beispielsweise den Bergwäldern in Kalifornien mit Mammutbäumen (*Sequoiadendron giganteum*) und mit der „Bristlecone Pine" *Pinus aristata = P. longaeva* sowie zu den *Juniperus*- und *Cupressus*-Bergwäldern in der Sierra Nevada. Wir werden diese im Kapitel 12.4 näher behandeln.

Abb. 9.11. *Pinus banksiana* und *Arctostaphylos alpina* beherrschen die armen Böden in den borealen Wäldern Kanadas (1999)

9.5 Literatur

Ahti T, Hämet-Ahti L, Jalas J (1968) Vegetation zones and their sections in northwestern Europe. Ann Bot Fenn 5: 169-211
Alexandersson H, Dahlström B (1992) Future climate in the Nordic region. SMHI Reports, Meteorology and Climatology 64, Norrköping
Archibold, O. W. (1995): Ecology of World Vegetation. Chapman & Hall, London Glasgow Weinheim.
Arno SF, Hammerly RP (1985) Timberline: mountain and arctic forest frontiers. The Mountaineers, Seattle
Barbour MG, Billings WD (eds, 1988) North American Terrestrial Vegetation. Cambridge University Press, Cambridge New York
Berg LS (1958-59) Die geographischen Zonen der Sowjetunion. 2 Bde, Teubner, Leipzig

Betts RA (2000) Offset of the potential carbon sink from boreal forestation by decreases in surface albedo. Nature 408: 187-190

Bird JB (1980) The natural landscapes of Canada. A study in regional earth science. Wiley, Toronto

Blüthgen J (1952) Baumgrenze und Klimacharakter in Lappland. Berichte des Deutschen Wetterdienstes 42: 362-371

Briffa KR, Jones PD, Schweingruber FH, Osborn TJ (1998) Influence of volcanic eruptions on Northern Hemisphere summer temperature over the past 600 years. Nature 395: 450-455

Briffa KR, Schweingruber FH, Jones PD, Osborn TJ, Shiyatov SG, Vaganon EA (1998) Reduced sensitivity of recent tree-growth to temperature at high northern latitudes. Nature 391: 678-682

Cajander AK, Ilvessalo Y (1922) Über Waldtypen. Acta Forest Fennica 20: 1-17

Chen HYH, Fons J, Klinka K, Krestov PV (1998) Characterization of nutrient regimes in some continental subalpine boreal forest soils. Canadian Journal of Soil Sciences 78: 467-475

Dereg D, Payette S (1998) Development of black spruce growth forms at tree line. Plant Ecology 138: 137-147

Diekmann M (1994) Deciduous forest vegetation in boreo-nemoral Scandinavia. Acta Phytogeographica Suecica 50: 1-116

Diekmann M (1995) Use and improvement of Ellenberg's indicator values in deciduous forests of the boreo-nemoral zone in Sweden. Ecography 18: 178-189

Dierssen K (1996) Vegetation Nordeuropas. Ulmer, Stuttgart

Dierssen K (2000) Zur Biodiversität borealer und arktischer Vegetationskomplexe. Ber d Reinhold-Tüxen-Ges 12: 335-350

Dierssen K (2001) Distribution, ecological amplitude and phytosociological characterization of European bryophytes. Bryoph Bibl 56: 1-289

Dierssen K, Dierssen B (2001) Moore. In: Pott R (Hrsg) Ökosysteme Mitteleuropas aus geobotanischer Sicht. Ulmer, Stuttgart

Edmonton RL (ed, 1982) Analysis of coniferous forest ecosystems in the Western United States. US/IBP Synthesis Series 14

Edwards CA, Reichle DF, Crossley jr DA (1970) The role of soil invertebrates in turnover of organic matter and nutrients. Ecol Stud 1: 147-172

Engelmark O, Hytteborn H (1999) 5. Coniferous forests. In: Rydin H, Snoeijs P, Diekmann M (eds) Swedish plant geography. Acta Phytogeogr Suec 84: 55-74

Ermakov NB (1995) Classification of small-leaved and coniferous mixed subnemoral forests of Altai and Sayan. Barnaul

Fonda RW, Bliss LC (1969) Forest vegetation of the montane and subalpine zones, Olympic Mountains, Washington. Ecol Monogr 39(3): 271-301

Fukarek F et al (1995) Urania Pflanzenreich. Vegetation. 1. Aufl, Urania, Leipzig Jena Berlin

Germino MJ, Smith WK, Resor AC (2002) Conifer seedling distribution and survival in an alpine-treeline ecotone. Plant Ecology 162: 157-168

Goldammer JG, Furyaev VV (eds, 1996) Fire in ecosystems of boreal Eurasia. Kluwer, Dordrecht

Grandtner M (1966) La végétation forestière du Québec méridional. Les Presses de l'Université Laval, Québec

Grier CC (1975) Wildfire effects on nutrient distribution and leaching in a coniferous forest ecosystem. Can J Forest Res 5: 599-607

Grishin SY, del Moral R, Krestov PV, Verkholat VP (1996) The succession after catastrophic eruption of Ksudach volcano (Kamchatka, 1907). Vegetatio 127: 129-153

Grishin SY, Krestov PV, Verkholat VP (2000) Influence of 1996 eruption in the Karymsky Volcano Group, Kamchatka, on vegetation. Nat Hist Res 7: 39-48

Hämet-Ahti L (1987) Moutain birch and mountain birch woodland in NW Europe. Phytocoenologia 15 (4): 449-453

Hare FK (1950) Climate and zonal divisions of the boreal forest formation in eastern Canada. Geogr Rev 40(4): 615-635

Heinselman ML (1973) Fire in the virgin forests of the Boundary Waters Canoe Area, Minnesota. Quartern Res 3: 329-382

Hellberg E, Hörnberg G, Östlund L, Zackrisson O (2003) Vegetation dynamics and disturbance history in three deciduous forests in boreal Sweden. J Veg Sci 14: 267-276

Henry JD (2002) Canada's boreal forest. Smithsonian Institute Press, Washington

Hobbie SE, Chapin III FS (1998) An experimental test to limits to tree establishment in Arctic tundra. J Ecol 86: 449-461

Holtmeier FK (1973) Geoecological aspects of timerline in northern and central Europe. Arctic and Alpine Research 5: 45-54

Holtmeier FK (1989) Ökologie und Geographie der oberen Waldgrenze. Ber d Reinh-Tüxen-Ges 1: 15-45

Holtmeier FK, Broll G, Münterthies A, Anschlag K (2003) Regeneration of trees in the treeline ecotone: northern Finnish Lapland. Fennia 181 (2): 103-128

Holtmeier FK, Broll G, Anschlag K (2004) Winderosion und ihre Folgen im Waldgrenzbereich und in der alpinen Stufe einiger Nordfinnischer Fjelle. Geoöko 25: 203-224

Horn R, Schulze ED, Hantschel R (1989) Nutrient balance and element cycling in healthy and declining Norway spruce stands. In: Schulze ED, Lange OL, Oren R (eds) Air pollution and forest decline. Ecological Studies 77, pp 444-458, Springer, Heidelberg

Hultén E (1932) Süd-Kamtschatka. Vegetationsbilder 23. Reihe, Heft 1/2, Jena

Hultén E (1968) Flora of Alaska and neighbouring territorities. A manual of the vascular plants. Standford University Press, Standford

Hustich J (1958) On the recent expansion of the Scotch pine in northern Europe. Fennia 82: 1-25

Ives JD, Barry RG (1974) Arctic and alpine environments. Methuen, London

Jahn, H (1979) Pilze rundum. Koeltz, Koenigstein

Joosten R, Schulte A (2002) Possible effects of altered growth behaviour of Norway spruce (*Picea abies*) on carbon accounting. Climatic Change 55: 115-129

Kallio P, Nieml S, Suckinoja M (1983) The Fenno-Scandian birch and its evolution in the marginal forest zone. Nordicana 47: 101-110

Karlsson PS, Weih M (1996) Relationships between nitrogen economy and performance in the mountain birch *Betula pubescens* ssp. *tortuosa*. Ecological Bulletins 45: 71-78

Kasischke ES (2000) Fire, climate change, and carbon cycling in the boreal forest. Springer, Heidelberg

Kellomäki S, Väisänen H, Kolström T (1997) Model computations on the effects of elevating temperature and atmosphere CO_2 on the regeneration of Scots pine at the timberline in Finland. Climatic Change 37: 683-708

Kira T, Ono Y, Hosokawa T (eds, 1978) Biological production in a warm temperature evergreen oak forest of Japan. JIBP Synthesis Vol 18

Klötzli F (1975) Edellaubwälder im Bereich der südlichen Nadelwälder Schwedens. Ber Geobot Inst Rübel 43: 23-53

Klötzli F (1987) On the global position of the evergreen broadleaved (non ombrophilous) forest in the subtropical and temperate zones. Veröff Geobot Inst ETH, Stift Rübel 98, Zürich

Knauth P (1986) Die Wälder Kanadas. TimeLife, Amsterdam

Krajina VJ (1975) Some observations on the three subalpine biogeoclimate zone in British Columbia, Yukon and Mackenzie District. Phytocoenol 2(3-4): 396-400

Kreeb KH (1983) Vegetationskunde. Ulmer, Stuttgart

Krestov PV (1993) Ecologo-phytocoenotical characteristics of forests of hardwood-conifer belt in the middle Bolshaya Ussurka River (Primorskiy Territory). Botanicheskiy Zhurnal 78 (4): 116-122

Krestov PV (2003) Forest vegetation of Easternmost Russia (Russian Far East). In: Kolbek J, Srutek M, Box E (eds) Forest vegetation of Northeast Asia. pp 93-180 Kluwer, Dordrecht

Krestov PV, Nakamura Y (2002) Phytosociological study of the *Picea jezoensis* forests of the Far East. Folia Geobotanica 37 (4): 441-474

Krestov PV, Galanin AV, Belikovich AV, Smirnova EA (2000) Vascular plants of the Sikhote-Alin Reserve. In: Galanin AV (ed) The vegetation cover of the Sikhote-Alin Biosphaere Reserve: Diversity, Dynamics, Monitoring, pp 31-47, Dal'nauka Press, Vladivostok

Krestov PV, Grishin SY (2001) Forest vegetation of the Russian Far East. In: Kolbek J, Srutek M (eds) Forests of Far Eastern Asia. Kluwer, Dordrecht

Krestov PV, Klinka K, Chourmouzis C, Hanel C (2001) Classification of trembling aspen ecosystems in British Columbia. The University of British Columbia, Forest Science Department, Vancouver

Krestov PV, Klinka K, Chourmouzis C, Hanel C (2001) Classification of mid-seral black-spruce ecosystems of northern British Columbia. The University of British Columbia, Forest Science Department, Vancouver

Küchler AW (1964) Potential natural vegetation of the conterminous United States. Am Geogr Soc, Sp Publ 36: 1-39

Kullman L (2002) Rapid recent range-margin rise of tree and shrub species in the Swedish Scandes. J Ecol 90: 68-72

Larcher W (1994) Ökophysiologie der Pflanzen. 5. Aufl, Ulmer, Stuttgart

Larsen JA (1980) The boreal ecosystem. Academic Press, New York

Looman J (1987) The vegetation of the Canadian Prairie Provinces. IV. The woody vegetation, Part 4. Coniferous forests. Phytocoenol 15: 289-327

Mayer H (1984) Die Wälder Europas. Fischer, Stuttgart

Meier K-O, Thannheiser D, Wehberg J (2003) Der nordnorwegische Fjellbirkenwald im Raum Masi-Kautokeino. Physiogeographische Voraussetzungen und dendrochronologische Merkmale. Norden 15: 179-204

Miyawaki A, Nakamura Y (1988) Überblick über die japanische Flora in der nemoralen und borealen Zone. Veröff geobot Institut Stiftung Rübel 98: 100-128

Miyawaki A, Iwatsuki K, Grandtner M (eds, 1994) Vegetation in Eastern North America. Vegetation Systems and Dynamics under Human Activity in the Eastern North American Cultural Region in Comparison with Japan. Tokyo, University Press, Tokyo

Nakamura Y, Grandtner M, Villeneuve N (1994) Boreal and oroboreal coniferous forests of eastern North America and Japan. In: Miyawaki A, Iwatsuki K, Grandtner M (eds) Vegetation in eastern North America, pp 121-154, University of Tokyo Press, Tokyo

Nygaard PH, Ødegaard T (1999) Sixty years of vegetation dynamics in south boreal coniferous forest in Southern Norway. J Veg Sci 10: 5-16

Oksanen L, Virtanen R (1995) Topographic, altitudinal and regional patterns in continental and suboceanic heath vegetation of Northern Fennoscandia. Acta Botanica Fennica 153: 1-80

Orlov AJ (1955) Nadelwälder des Amgun-Bureinschen Zwischenflußgebietes. Akad Wiss USSR, Moskau

Osipov SV (2002) Vegetation Cover of Taiga – Goltsy Landscapes of the Bureinskiy Highlands.

Peinado M, Aguirre JL, de la Cruz M (1998) A phytosociological survey of the boreal forests (Vaccinio-Piceetea) in North America. Plant Ecol 137: 151-202

Price MF (1995) Mountain Research in Europe. An Overview of MAB Research from the Pyrenees to Siberia. Man and the biosphere series 14, Unesco, New York

Qian H, Krestov PV, Fu P, Wang Q, Song J-S, Chourmouzis C (2001) Phytogeography of the Far East Asia. In: Kolbek J, Srutek M (eds) Forests of Far Eastern Asia. Kluwer, Dordrecht

Ritchie JC (1987) Postglacial vegetation of Canada. Cambridge University Press, Cambridge

Rivas-Martínez S, Sanchez-Mata D, Costa M (1999) North American boreal and western temperate forest vegetation. Itinera Geobot 12: 5-316

Rowe JS (1959) Forest regions of Canada. Can Dept North Aff Nat Res, For Br, Bull 123: 1-71

Rowe JS (1972) Forest regions of Canada. Dept Environ Can For Serv Publ No 1300

Schmithüsen J (1968) Allgemeine Vegetationsgeographie. 3. Aufl, De Gruyter, Berlin

Schütt P, Schuck HJ, Stimm B (1991) Lexikon der Baum- und Straucharten-Morphologie, Pathologie, Ökologie und Systematik wichtiger Baum- und Straucharten. Nikol, Hamburg

Schweingruber FH (2000) Jahrringforschung und Klimawechsel in borealen Wäldern. Geograph Rundschau 52 (12): 50-55

Spies TA, Franklin JF (1988) Old growth and forest dynamics in the Douglas-fir region of western Oregon and Washington. Nat Areas J 8: 190-201

Spribille T (2002) The mountain forests of British Columbia and the American Northwest: floristic patterns and syntaxonomy. Folia Geobot 34: 475-508

Sprugel DG (1976) Dynamic structure of wave-generated *Abies balsamea* forest in the northeastern United States. J Ecol 64: 889-912

Stanjukovitsch KV (1973) The mountains of the USSR. Duschanbe

Stringer PW, La Roi GH (1970) The Douglas-fir forests of Banff and Jasper National Parks, Canada. Canad J Bot 48: 1703-1726

Sukachev VN, Dylis N (ed, 1964) Fundamentals of forest biogeocoenology. Oliver & Boyd, Edinburgh

Thannheiser D, Meier K-D, Wehberg J (2003) Klimabedingungen und anthropogene Veränderungen im Fjellbirkenwald in Nordnorwegen. Norden 15: 213-220

Tisdale EW, McLean A (1957) The Douglas-fir zone of southern British Columbia. Ecol Monogr 27: 247-266

Treter U (1993) Die borealen Waldländer. Das Geographische Seminar, Westermann, Braunschweig

Tuhkanen S (1984) A circumboreal system of climatic-phytogeographical regions. Acta Bot Fenn 127: 1-50

Vierek LA, Little EL (1991) Alaska trees and shrubs. University of Alaska Press, Fairbanks

Vierek LA, Dyrness CT, Batten AR (1982) Revision of preliminary classification for vegetation of Alaska. Inst North For Publ, Fairbanks

Wali MK, Krajina VJ (1973) Vegetation-environment relationships of some sub-boreal spruce zone ecosystems in British Columbia. Vegetatio 26: 237-381

Walter H (1974) Die Vegetation Osteuropas, Nord- und Zentralasiens. Fischer, Stuttgart

Walter H, Breckle S-W (1991) Ökologie der Erde. 4. Spezielle gemäßigte und arktische Zonen außerhalb Euro-Nordasiens. Fischer, Stuttgart

Walter H, Breckle S-W (1994) Ökologie der Erde. 3. Spezielle Ökologie der gemäßigten und arktischen Zonen Euro-Nordasiens. Fischer, Stuttgart

Waring RH, Franklin JF (1979) Evergreen coniferous forests of the Pacific Northwest. Science 204: 1380-1386

9.6 Fragen zu Kapitel 9

1. Beschreiben Sie Größe und Umfang der zirkumborealen Nadelwaldregion.
2. Charakterisieren Sie die Struktur und Lebensformtypen eines idealisierten borealen Nadelwaldes
3. Was besagen die Begriffe „Dunkle Taiga" und „Helle Taiga"?
4. Wie sieht eine Fichten-Tannen-Taiga aus, wie eine Kiefern-Taiga und wie eine Lärchen-Taiga? Warum gibt es solche Formations-Unterschiede?
5. Nadelwald und Permafrost – wie geht das zusammen?
6. Welche Rolle spielt die Mykorrhiza der Bäume im borealen Nadelwald?
7. Nennen Sie Beispiele der mykorrhizierenden Pilzarten für die boreale Zone.
8. Welche vikariierenden Nadelholzarten kennen Sie in den borealen Nadelwäldern?
9. Wie erklären Sie die Vikarianzen der Koniferen auf der Nordhemisphäre?
10. Periodische Feuer finden natürlicherweise in Abständen von zwei- bis dreihundert Jahren statt. Welche Rolle spielen sie für Aufbau und Struktur borealer Nadelwälder?
11. Wie unterscheiden sich die nordamerikanischen und die eurosibirischen borealen Wälder?
12. Unter welchem Klima können sich die „Megaformen" von holarktischen Stauden bilden?
13. Wo und unter welchen Bedingungen wachsen *Picea glehnii* und *Abies nephrolepis*-Nadelwälder?
14. Erklären Sie das Vorkommen von *Larix dahurica* am Kältepol Sibiriens.
15. Welche Nadelbaumarten dominieren in den montanen Wäldern der Gebirge des nordwestlichen Nordamerika?

10 Gemäßigte Gebiete mit sommergrünen, laubwerfenden, nemoralen Wäldern

In den temperaten Regionen auf der Nordhalbkugel gibt es eine vergleichsweise nur wenig reichhaltige holarktische Flora, jedoch mit großen Unterschieden in Amerika, Europa und Asien. Die Ursache dafür liegt im geographischen Zusammenhang der nördlichen Kontinentalplatten von Laurasia seit der Kreidezeit bis zur arktotertiären Flora des Alttertiärs, wie wir dies im Kapitel 2 gesehen haben. Allein in den temperaten Wäldern Chinas wachsen derzeit 200 Gattungen laubwerfender Bäume, viele davon sind endemisch. Auch Japan hat mit fast 4000 Pflanzenarten der gemäßigten Zone mehr als die gesamte Nordostregion von Nordamerika aufzuweisen, weil sich die japanische Flora seit dem Eozän relativ wenig verändert hat und der Archipel erst vor etwa 10000 Jahren vom asiatischen Festland getrennt wurde. Das große Gebiet laubwerfender Wälder in Nordamerika liegt im Osten der USA und in Südkanada. Auch hier waren die Wälder durch die pleistozänen Vereisungen gekennzeichnet: Diese führten ebenfalls zu Südwanderungen zahlreicher Gehölzarten in Refugialgebiete an den Golf von Mexiko oder nach Florida mit entsprechenden anschließenden Rückwanderungen nach Norden in den Interglazialen und im Holozän.

Vergleicht man nun die Artenzahlen an Gehölzen in Europa, im Osten von Nordamerika und in Ostasien miteinander; erkennt man das Diversitätsgefälle von Ostasien über Nordamerika nach Europa, obwohl die Klimate heute einander ähnlich (s. Abb. 7.28). Hier sieht man deutlich die Folgen der Vereisungen: Die mitteleuropäische Artenarmut ist das Resultat der beschriebenen großflächigen Vereisungen und der vergleichsweise ungünstigen Wanderungsbedingungen für alle kältebetroffenen Baumarten, welche mehrfach jeweils die West-Ost gerichtete Barriere von Pyrenäen, Alpen und Karpaten umgehen mussten. Aus der Abbildung 10.1 ersehen wir, dass es im Verlaufe des Quartärs zahlreiche Kaltzeiten und Warmzeiten gab. Bekannt sind die **Donau-**, die **Günz-**, die **Mindel-, Saale-** und die **Weichsel-Eiszeiten** mit ihren jeweiligen Interglazialen, in denen die arktotertiären Bäume jeweils aus ihren Refugien zurückkehrten. Die Abbildung 10.1 zeigt ferner die sukzessive Verarmung für Mitteleuropa, wobei vor allem die warm-temperaten Gehölze der Gattungen *Sequoia, Taxodium, Li-*

quidambar, Nyssa, Tsuga, Carya und *Pterocarya* schon seit dem **Tegelen-Interglazial** ausgeblieben sind (vgl. auch Abb. 2.30).

> Wir halten fest: Während der Kaltzeiten haben sich in Nordwesteuropa, im angrenzenden Nordwestsibirien und in weiten Gebieten Nordamerikas gewaltige Inlandeismassen mit einer Mächtigkeit von bis zu 3000 Metern gebildet, die nach Süden bis maximal 40 Grad Nördlicher Breite vorgedrungen sind. Auch die Alpen und Pyrenäen waren in den Eiszeiten von einer fast geschlossenen Eisdecke bedeckt, während die Gebirge Südeuropas, Asiens, Alaskas und der Tropen weniger ausgedehnte Gletscher trugen. Während der Warmzeiten lagen die Temperaturen teilweise über denen der Gegenwart.

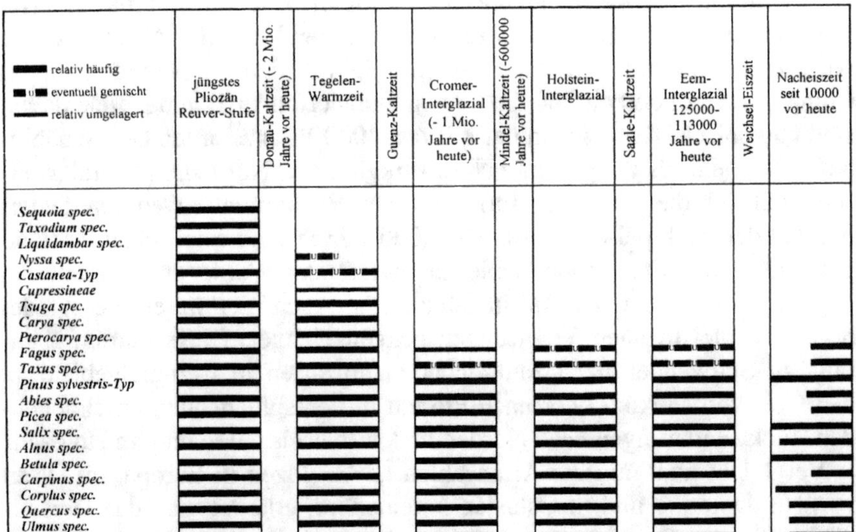

Legende:
- relativ häufig
- eventuell gemischt
- relativ umgelagert

Art	jüngstes Pliozän Reuver-Stufe	Donau-Kaltzeit (- 2 Mio. Jahre vor heute)	Tegelen-Warmzeit	Guenz-Kaltzeit	Cromer-Interglazial (- 1 Mio. Jahre vor heute)	Mindel-Kaltzeit (-600000 Jahre vor heute)	Holstein-Interglazial	Saale-Kaltzeit	Eem-Interglazial 125000-113000 Jahre vor heute	Weichsel-Eiszeit	Nacheiszeit seit 10000 vor heute
Sequoia spec.											
Taxodium spec.											
Liquidambar spec.											
Nyssa spec.											
Castanea-Typ											
Cupressineae											
Tsuga spec.											
Carya spec.											
Pterocarya spec.											
Fagus spec.											
Taxus spec.											
Pinus sylvestris-Typ											
Abies spec.											
Picea spec.											
Salix spec.											
Alnus spec.											
Betula spec.											
Carpinus spec.											
Corylus spec.											
Quercus spec.											
Ulmus spec.											
Tilia spec.											

Abb. 10.1. Pollenanalytischer Nachweis verschiedener Gehölzarten seit dem Pliozän in Mitteleuropa mit Darstellung ihrer sukzessiven Verarmung durch den mehrfachen glazial-interglazialen Wechsel (aus Pott 2000).

Den Kaltzeiten der höheren geographischen Breiten entsprachen in den wärmeren and trockeneren Gebieten im Süden - zum Beispiel im Mittelmeergebiet und in der Sahara - vielfach entsprechende Regenzeiten, die so genannten **Pluvialzeiten**, während sich dort in den Warmzeiten die Trockenheit verschärfte. Man weiß heute auch, dass dramatische Änderungen im Wechsel von Warm- und Kaltphasen über wenige Jahrhunderte hinweg noch im Holozän erfolgt sind: So verwandelte sich die südliche Sahara von einer typischen, baumbestockten Savanne in nur 500 Jahren in die heutige

Wüste. Ursache war die in Kapitel 3 beschriebene geringe Veränderung der Erdumlaufbahn um die Sonne und damit eine Neuverteilung der Strahlung über die Erdoberfläche. Dies genügte, um die Niederschläge so zu verringern, dass der Schwellenwert für Baumwuchs unterschritten wurde.

Die nacheiszeitliche Wiederbewaldung ist in Mitteleuropa hinsichtlich all dieser Fragen bestens untersucht: Die wesentlichen Grundzüge sind im Kapitel 2 auch schon genannt. Zusammenfassende Darstellungen finden sich bei Gerhard Lang (1994), Hansjörg Küster (1995, 1996, 1998) und Richard Pott (1990 bis 2004). Auf diese Arbeiten wird hier aus Platzgründen verwiesen. Die glazialen und interglazialen Umwelten waren für ein Überdauern der Laubbäume Nordamerikas dort im Vergleich zu Eurasien weitaus günstiger, da die Nord-Süd-streichenden Gebirgszüge der Rocky Mountains und der Appalachen für die Wanderung der Gehölze keine Hindernisse darstellten. Südostasien schließlich blieb im letzten Glazial vom Eis verschont. So gibt es dieses Zonobiom der Nemoralen Zone nur auf der Nordhemisphäre (Abb. 7.28). Es fehlt auf der Südhalbkugel mit Ausnahme bestimmter Gebirgslagen der südlichsten Anden, vor allem in Chile, und in Neuseeland, wo nur zumeist winterkahle Laubwälder mit *Nothofagus*-Südbuchen lokal anzutreffen sind. Das sind *Nothofagus obliqua*, *N. procera* und *N. pumilio* in den Mittelgebirgen der chilenischen Provinz La Araucania und der Südhälfte der Provinz Bíobío an der Grenze nach Argentinien und in Argentinien selbst. An den Osthängen der Anden, von 38 Grad südlicher Breite bis zur Südspitze von Feuerland, bilden Wälder und Dickichte von *Nothofagus pumilio* und *N. betuloides* (Abb. 7.29) unterbrochene Waldstreifen zwischen der Baumgrenze in den Anden und der patagonischen Halbwüste und reichen dort im Süden bis über den Meeresspiegel. Sie vermitteln zu den temperaten Regenwäldern, die wir im Kapitel 12 näher betrachten wollen.

Die klimatischen Kennzeichen der nemoralen Vegetationszone sind kurzgefasst: Winterfröste in Bereichen von unter minus zehn Grad Celsius und Frostschädigung der Blätter schließen immergrüne Gehölze aus. Es gibt mindestens vier humide Monate mit einer mittleren Temperatur von mehr als plus zehn Grad Celsius. Dadurch sind hier sommergrüne Gehölze den immergrünen Koniferen der borealen Nadelwaldzone überlegen. Die Einteilung des Jahresgangs von Temperaturen in zwei scharf getrennte thermische Jahreszeiten ergibt eine Winterperiode mit Vegetationsruhe, also **Dormanz**, und ein Sommerhalbjahr als aktive Hauptvegetationsphase. Die Hauptniederschläge fallen im Sommer; sie sind reichlich mit Mengen zwischen 400 und mehr als 3000 Millimetern pro Jahr.

In der nemoralen Zone gibt es deshalb große thermische Variabilitäten. Im Herbst erfolgt durch den Abbau des Chlorophylls in den Blättern so genannter „Sommerwaldarten" eine typische Laubverfärbung, die vermutlich durch Verkürzung der Tageslänge induziert wird (Abb. 10.2). Der Laubabwurf stellt physiologisch eine Anpassung an die kalte Jahreszeit dar und ist weitgehend obligat. Er tritt auch unter Gewächshausbedingungen auf. Während der Ruhephase im Winter stellen die meisten Pflanzen ihr Wachstum ein.

Abb. 10.2. Blockhalde im Schwarzwald mit angrenzendem Buchenwald in seiner Herbstfärbung (2000)

In saisongrünen Wäldern weichen zahlreiche Geophyten dem schattigen Sommer aus und entwickeln sich im zeitigen Frühjahr: Die Blühphasen der Pflanzen sind zeitlich komplementär. Auf einen ersten Schub von Frühjahrsephemeren (zum Beispiel *Eranthis*, *Leucojum*, *Galanthus nivalis*, *Anemone* und *Corydalis*) folgen in Europa die Frühsommerarten, die zum Zeitpunkt des Laubaustriebs der Waldbäume blühen (zum Beispiel *Primula*, *Glechoma*, *Sanicula*, *Allium* etc.). Danach folgen die Spätsommerarten, welche sich im Waldschatten entwickeln und erst spät blühen, wie *Paris quadrifolia* und *Lilium martagon*. Dazu kommen immergrüne Arten wie *Hedera helix*, *Vinca minor* und *Daphne laureola*, die allesamt zeigen, wie in zeitlicher Folge die Ressourcen des Waldbodens und des Lichtes genutzt werden können (Abb. 10.3).

Abb. 10.3. *Corydalis cava* als bestandsbildender Geophyt in Kalkbuchenwäldern an vorwiegend sonnenabseitigen Hängen im Teutoburger Wald (1984)

10.1 Europäische sommergrüne Laubwälder

In Mitteleuropa bilden sommergrüne Laubwälder mit einer Dominanz der Rotbuche *Fagus sylvatica* ssp. *sylvatica, = F. sylvatica* die regionale potentielle natürliche Vegetation. Unter den heutigen Klimabedingungen entfaltet die Rotbuche unter den etwa 50 mitteleuropäischen Baumarten auf den meisten Standorten die höchste Konkurrenzkraft. Arealgeographisch reichen die Rotbuchenwälder bis an die küstennahe immergrüne Hartlaubzone der Mediterraneis und bilden auch in den Hochlagen der mediterranen Gebirge montane Waldgesellschaften aus. Nach Südosten kommen sie bis an die osteuropäischen Steppengebiete und nach Norden bis an die boreale Nadelwaldzone Südschwedens vor. Unter kontinentalen Klimabedingungen wird die Rotbuche auf dem südlichen Balkan von der Orientbuche *Fagus sylvatica* ssp. *orientalis, = F. orientalis* abgelöst. In der Nordtürkei und in Westgeorgien gedeihen in den dortigen artenreichen Mischwäldern hingegen Buchen *Fagus sylvatica* ssp. *hohenackeriana* zusammen mit immergrünen Baum- und Straucharten (Abb. 10.4).

In Europa hat sich die Rotbuche seit dem Ende der Weichsel-Kaltzeit aus ihren Refugialgebieten auf dem Südbalkan, den Südalpen und Kalab-

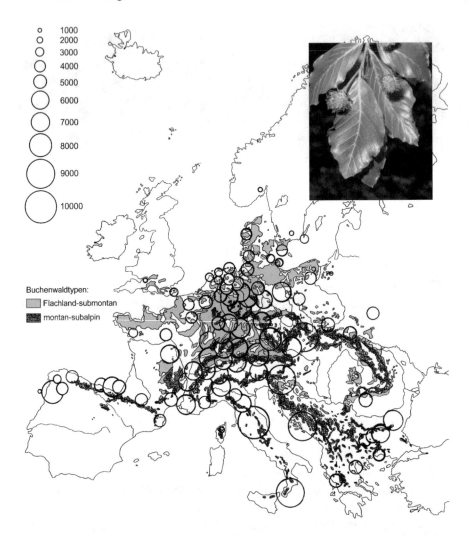

Abb. 10.4. Die holozäne Ausbreitung von *Fagus sylvatica* induziert durch erste kontinuierliche Nachweise von Buchenpollen in radiocarbondatierten Pollendiagrammen. Die verschieden großen Kreise beschreiben des erste Auftreten von Buchenpollen zu den verschiedenen Zeiten in Jahren vor heute. Die Refugialgebiete der Buche in Süd- und Südwesteuropa werden sehr deutlich (aus Pott 2000)

riens sowie den Pyrenäen und dem Kantabrischen Bergland wieder sukzessive nach Nord- und Mitteleuropa ausgebreitet. Geographisch-genetische Kartierungen mittels mütterlich vererbten Markern der Chloroplasten-DNA von B. Degen und F. Scholz (1998) weisen in diesem Zusammenhang auf mindestens zwei gesicherte Refugialgebiete auf dem Balkan und der Apennin-Halbinsel hin. Im Zuge spät- und nacheiszeitlicher Klimaverbesserungen drangen also die verschiedenen Laub- und Nadelgehölze aus ihren Refugialgebieten wieder zu uns. Sie kamen gestaffelt in ganz bestimmter Reihenfolge, durch säkulare Klimawandlungen gesteuert, von der ersten bis zur letzten eingewanderten Art über einen Zeitraum von etwa 9000 Jahren. Die Buche *Fagus sylvatica* hat sich dabei sicherlich aus verschiedenen eiszeitlichen Refugien des Mediterrangebietes nach Norden bis auf ihr heutiges Areal hin verbreitet, wobei sie zunächst auf mindestens zwei Wegen nach Nord- und Mitteleuropa gelangt ist. Spätglaziale Vorkommen von *Fagus sylvatica* in den genannten Refugien bezeugen die Überdauerung (Abb. 10.4). Auch an der Südabdachung des Kantabrischen Gebirges hat es ebenfalls Glazialrefugien der Buche gegeben, die besonders von P. Ramil-Rego (1993) und B. Ruiz-Zapata et al. (1995) in der portugiesisch-galicischen Grenzregion auf der nordwestlichen Iberischen Halbinsel für die Zeit um 7400 beziehungsweise 7500 ± 70 vor heute datiert werden können. Diese Daten widerlegen die bislang vertretene Annahme, die Buche sei von Osten aus dem südfranzösischen Raum über die so genannte „*Via Pirenaico-Cantabrica*" nach Westen auf ihr heutiges Gebiet vorgedrungen, wie man es bei Brian Huntley u. John Birks (1983) und bei Gerhard Lang (1994) lesen kann, und sie bestätigen die Annahme der spanischen Kollegen von der **Autoperpetuation**, also der Überdauerung der Buche im Kantabrischen Bergland und am Südrand der Pyrenäen. Vielleicht gab es weitere Refugien der Buche in der Nähe der Karpaten.

Die spätglaziale und holozäne Wanderung von *Fagus sylvatica* vom Süden und Südwesten Europas nach Norden und Nordwesten lässt sich deshalb anhand der bis jetzt vorliegenden Pollendiagramme auch gut erkennen: Die Ausbreitung der Buche erfolgte also vorwiegend entlang zweier Hauptwege. Ein östlicher Weg führte von der Balkan-Halbinsel nach Nordwesten durch die Dinariden zu den östlichen Alpen und von dort durch den Donauweg und die Böhmischen Mittelgebirge in das norddeutsche und polnische Tiefland und weiter über die Ostsee bis nach Südschweden. Der westliche Weg führte von der südlichen Apennin-Halbinsel aus zu den westlichen Alpen und auf der Iberischen Halbinsel von Nordportugal über die Serra de Estrela und von Galizien aufgeteilt in die Pyrenäen, ins Französische Zentralmassiv und über Nordwestfrankreich nach Südengland und Wales. Die Wanderwege der Buche mit ihren westlichen und östlichen Provenienzen trafen sich im nördlichen Voralpengebiet, und von dort gelangte *Fagus* gegen 5000 vor Christus in die Mittelgebirgsregionen der Vogesen, des Schwarzwaldes, auf die Schwäbische Alb und in den Bayerischen Wald (Abb. 10.5). Seit der Mitte des Atlantikums ist der Pollen von *Fagus sylvatica* also in den entsprechenden Ablagerungen größerer Moore vertreten; nahezu zeitgleich erreicht die Buche zwischen 5000 und 4500 vor Christus von Südosten die Kalk- und Lössstandorte der nörd-

lichen Mittelgebirge, und von dort dürfte sie sich auf benachbarte Silikat-
standorte sowie in die höheren Lagen der Montanstufen ausgebreitet haben. Während des Subboreals um 1800 vor Christus gelangte *Fagus*
schließlich bis an die nördlichen Randflächen der Geest im Grenzbereich
zur Küstenmarsch der Nordsee sowie auf die kalkhaltigen Endmoränen des
Ostseeküstenraumes.

Abb. 10.5. Silikatbuchenwald vom Typ des Luzulo-Fagetum im Schwarzwald
(1997)

In Mitteleuropa bilden sommergrüne Laubwälder mit einer Dominanz
der Rotbuche *Fagus sylvatica* die regionale potenzielle natürliche Vegetation. Unter den gegenwärtigen Klimabedingungen entfaltet sie auf den
meisten Standorten ihre höchste Konkurrenzkraft. Die Rotbuchenwälder
reichen in ihrer geographischen Ausdehnung bis an die küstennahe immergrüne Hartlaubzone der Mediterraneis und bilden auch in den Hochlagen
der mediterranen Gebirge montane Waldgesellschaften aus. Nach Südosten kommen sie bis an die osteuropäischen Steppengebiete und nach Norden bis an die boreale Nadelwaldzone Südschwedens vor (Abb. 10.4). Unter kontinentalen Klimabedingungen wird die Rotbuche auf dem südlichen
Balkan von der Orientbuche *Fagus orientalis* abgelöst, welche hier zusammen mit Hainbuchen *Carpinus orientalis, C. betulus* und der Zerreiche
Quercus cerris sowie der Silberlinde *Tilia tomentosa* spezielle Mischwälder ausbildet. In der Nordtürkei und in Westgeorgien, vor allem in der

Kolchis, gedeihen in den dortigen artenreichen Mischwäldern hingegen Buchen zusammen mit zahlreichen immergrünen Baum- und Straucharten, die zu den temperaten Wäldern des Zonobioms V gehören.

Heute kann man auf pflanzensoziologisch-syntaxonomischer Basis eine Fülle von verschiedenen europäischen sommergrünen Laubwaldgesellschaften beschreiben, welche die unterschiedlichen ökologischen und klimatischen Bedingungen ihrer Standorte widerspiegeln. Diese lassen sich nach der neuesten Darstellung von Hartmut Dierschke und Udo Bohn (2004) sowie Werner Härdtle (2004), Martin Diekmann (2004) und Javier Loidi (2004) in verschiedene regionale Verbände gliedern, welche die floristischen und arealgeographischen Unterschiede der Buchenwälder in den einzelnen europäischen Landschaften charakterisieren (Abb. 10.6).

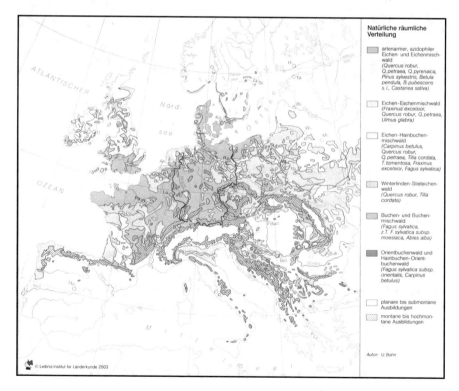

Abb. 10.6. Mesophytische sommergrüne Laubwälder und Nadellaubwälder in Europa (aus Bohn, © Nationalatlas Bundesrepublik Deutschland 2003)

Gegen die Konkurrenzkraft der Buche, die an mäßig feuchte bis mäßig trockene, sowohl saure als auch kalkhaltige Böden angepasst ist, setzen sich nur wenige andere Holzarten durch: In den Ebenen und den collinen Lagen des subozeanischen Nordwesteuropas ist dies vor allem *Quercus*

Abb. 10.7. Steppen-Eichenwald vom Typ des Potentillo-Quercetum petraeae mit Massenbeständen des Diptams *Dictamnus albus* im Elsass (1992)

robur auf armen pleistozänen Böden; auf Lehmböden sind *Quercus petraea* und *Q. robur* noch gleichwertige Partner der Buche. In kontinentalen Regionen haben auf Lössböden *Tilia cordata* und *Carpinus betulus* ihre Verbreitungsschwerpunkte, die dort klimazonale Wälder ausbilden (Abb. 10.7). In Flussauen, Stromtälern und auf nassen Böden mit hohem Grundwasserstand oder bei regelmäßigen Überschwemmungen sind azonale Weichholz- und Hartholzauenwälder mit *Salix alba*, *Fraxinus excelsior* und verschiedenen *Ulmus*-Arten ausgebildet, welche die artenreichsten Waldgesellschaften Mitteleuropas darstellen. Näheres zur pflanzensoziologischen Stellung und Bedeutung dieser Wälder gibt es bei Richard Pott (1993 bis 2004).

10.2 Euxinische, kaukasische und hyrkanische Laubwälder

Besonders wichtige Refugialräume für arktotertiäre Taxa und **Tertiärrelikte** in Europa und Südwestasien waren vor allem die Balkanländer. Einige Arten davon gibt es hier noch heute, wie *Picea omorika* als enge Verwandte der ostasiatischen *P. jezoensis*, und *Aesculus hippocastanum* als Vertreter für die sonst im Himalaja und Ostasien und Nordamerika verbreitete Baumgattung der Rosskastanie *Aesculus* seien hier genannt. Ferner kann man *Platanus orientalis* anführen – die Gattung *Platanus* kommt sonst nur in Nordamerika vor und ist in Mittel- und Ostasien ausgestorben – ebenso wie die Ulmaceae *Zelkova carpinifolia*, die sonst noch in Ostasien wächst, sowie *Liquidambar* und *Styrax* in den **euxinischen** und **hyrkanischen Waldgebieten** am Ostrand des Schwarzen und am Südrand des Kaspischen Meeres, wo wir beispielsweise die Juglandaceengattung *Pterocarya* finden, die sonst noch in Ostasien wächst, in Nordamerika jedoch ausgestorben ist; ferner *Albizia* aus der Familie der Mimosaceae und *Diospyros* als Vertreter der Ebenaceae mit ihren subtropisch bis tropischen Beziehungen (Abb. 2.43 und 10.8).

Abb. 10.8. Beispiele für Kolchis-Elemente: **a** *Zelkova carpinifolia*, Ulmaceae, **b** *Pterocaria fraxinifolia*, Juglandaceae, **c** *Prunus laurocerasus*, Rosaceae, **d** *Tilia dasystyla*, Tiliaceae, **e** *Liquidambar orientalis*, Hamamelidaceae, **f** *Fagus orientalis*, Fagaceae, **g** *Albizia julibrissin*, Mimosaceae, **h** *Acer cappadocicum*, Aceraceae **i** *Picea orientalis*, Pinaceae (Fotos **d** bis **i**: E. Schacke)

Die Laubwälder des Schwarzen und des Kaspischen Meeres werden pflanzengeographisch als **euxinisch** und **hyrkanisch** bezeichnet. Der Begriff euxinisch leitet sich vom antiken griechischen Namen für das Schwarze Meer *„Pontos Euxeinos"* ab, der gastfreundliches Meer bedeutet. Der Begriff hyrkanisch kommt von *„Hyrcania"*, dem Namen der antiken Landschaft am Südostrand des Kaspischen Meeres, das in der Antike lateinisch *„Mare Hyrcanium"* hieß. Es handelt sich hier um teilimmergrüne Laubwälder, die einmal in den Schluchten und Tälern der Südseite des Großen Kaukasus am Schwarzen Meer und des weiteren in den anatolischen Gebirgen an der Grenze zu Georgien bis heute überdauert haben. Die hyrkanischen Laubwälder gibt es nur noch vereinzelt in den Tiefebenen nahe dem Kaspischen Meer. Wir werden sie als immergüne Waldtypen im Kapitel 12.2 wiedersehen. Bis in das Umfeld des Schwarzen Meeres und des Kaspischen Meeres erstreckt sich ein von Südosteuropa von Nordgriechenland und Moldavien ausgehend nach Osten reichendes Waldgebiet mit laubwerfenden und immergrünen Bäumen, das entlang des Bosporus, der Schwarzmeerküste, der euxinischen Region, des kaukasischen Berglandes und der Berge im Nordiran, dem hyrkanischen Gebiet, bis jenseits von 56 Grad östlicher Länge reicht. In diesem schmalen Streifen der euxinisch-hyrkanischen Florenprovinz wachsen noch heute zahlreiche weitere Tertiärrelikte, wie *Quercus castaneifolia* und *Acer velutinum*. Hinzu kommen die schon erwähnten *Pterocarya fraxinifolia*, *Zelkova carpinifolia* sowie die Gattungen *Buxus* und *Juglans*. Hier haben nachweislich *Ceratonia siliqua*, *Platanus orientalis*, *Quercus libani*, *Q. infectoria* und *Q. aegilops* die Eiszeiten überlebt – jene Arten, die heute für Südosteuropa und Kleinasien bezeichnend sind. Im transkaukasischen Rückzugsgebiet wachsen noch heute der kaukasische *Acer cappadocicum*, *A. trautvetteri*, *Castanea sativa*, *Gleditschia caspica*, *Tilia dasyphylla* und *Prunus laurocerasus*. Dank dieses Refugialcharakters ist das Gebiet von der Küste des Marmara-Meeres entlang der Süd- und Ostküste des Schwarzen Meeres bis zum Kaukasus wesentlich vielfältiger, als es die europäischen Laubwälder sind. Sie besitzen noch eine isolierte Enklave in den Bergen zum Süden der Krim, wo *Fagus taurica* an die Stelle von *Fagus orientalis* tritt. Orientbuchenwälder mit *Fagus orientalis* erstrecken sich über die Berge Anatoliens bis zu den kaukasischen und hyrkanischen Gebirgen, wo sie in Höhenlagen von tausend bis zweitausend Metern wachsen und wirtschaftlich bedeutsame Wälder bilden. In höheren Lagen ist die von *Abies nordmanniana* und *Picea orientalis* begleitete Orientbuche vorherrschend (s. Abb. 6.22). In niedrigeren Lagen ist *Fagus orientalis* mit *Juglans regia*, *Quercus cerris*, *Q. frainetto*, *Q. castaneifolia*, *Fraxinus angustifolia*, *F. ornus*, *Acer insigne*, *Alnus subcordata*, *Carpinus orientalis*, *Sorbus torminalis* und *Taxus baccata* vergesellschaftet.

10.3 Ostasiatische sommergrüne Laubwälder

Die zu den Buchengewächsen gehörende Gattung *Quercus* umfasst weltweit etwa 600 verschiedene Arten, die sowohl in Nord-, Mittel- und NW-Südamerika sowie schwerpunktmäßig im gemäßigten und subtropischen Eurasien und in Nordafrika beheimatet sind. Zu den wichtigsten Eichenarten Chinas gehören beispielsweise die Seidenraupeneiche *Quercus acutissima*, die Chinesische Eiche *Quercus variabilis* (syn.: *Q. chinesis, Q. bungeana, Q. serrata*) sowie die Japanische Kaisereiche *Quercus dentata* (syn.: *Q. obovata, Q. daimio*) und die Mongolische Eiche *Quercus mongolica* oder auch *Q. mongolica* ssp. *crispula*, um hier die wichtigsten zu nennen. Die sommergrüne Mongolische Eiche *Quercus mongolica* oder auch *Q. mongolica* ssp. *crispula* ist ein bis zu 25 Meter hoher Baum mit einem vergleichsweise großen Verbreitungsgebiet in Ostsibirien, Nordchina und der Mongolei sowie in Korea und Nordjapan. Ausgedehnte und fast reine Bestände der Mongolischen Eiche finden sich im Einzugsgebiet des Amur und Ussuri sowie in der Mandschurei und in den Gebirgen Koreas. In Nordwestchina ist die Mongolische Eiche beispielsweise ein Element der ostasiatischen Waldsteppenformationen an den Nordhängen des Kinghan-Gebirges, wo sie zusammen mit *Tilia mongolica* und *Pinus tabulaeformis* kleinere Waldkomplexe aufbaut. Die Chinesische Eiche *Quercus variabilis* ist sowohl in Nordchina als auch in Japan und Korea beheimatet. Der sommergrüne Baum erreicht lediglich eine Wuchshöhe von 25 Metern. In Japan ist diese Baumart vorwiegend in den artenreichen und winterkahlen Laubwäldern bis zu Meereshöhen von 1500 Metern verbreitet.

Weiterhin zählt China je nach der taxonomischen Einordnung einzelner Autoren etwa 5 bis 7 verschiedene Buchen-Arten (Abb. 10.9). Es sind dies: *Fagus chienii, F. longipetiolata, F. lucida, F. engleriana, F. hayatae, F. pashanica* und *F. tiantaishanensis*. *Fagus pashanica* wird in diesem Zusammenhang gelegentlich auch als Unterart von *Fagus hayatae* aufgefasst. Die chinesischen Buchenwälder sind vornehmlich in den subtropischen und warmtemperierten Gebirgen Südchinas verbreitet, wo sie zusammen mit verschiedenen Nadel- und Laubgehölzen immergrüne montane und hochmontane Waldgesellschaften aufbauen. Diese Buchenwälder sind somit fast ausschließlich in perhumiden Klimaten und in Höhenlagen zwischen 700 und 2500 Meter NN südlich des nördlichen 34 Breitengrades verbreitet. Die nördliche Grenze des *Fagus*-Areals liegt etwa im Bereich des Qinling-Gebirges, die südlichsten Buchenvorkommen Zentralasiens sind dagegen in den randtropischen Gebirgen Nordvietnams zu finden. Im Vergleich zu den europäischen, nordamerikanischen und japanischen Buchenwäldern gedeihen die chinesischen *Fagus*-Arten daher in einer deutlich wärmeren Klimazone, wo sie zugleich auch höhere Niederschläge erhalten, als dies in entprechenden Buchenwaldregionen Europas und Nordamerikas der Fall ist. Die Verbreitung der verschiedenen zentralasiatischen Buchenarten nach Norden wird dabei in erster Linie durch die nachlassenden Niederschläge sowie nach Süden durch höhere Temperaturen sowie zunehmende Konkurrenz durch immergrüne Baumarten begrenzt. Hinsichtlich der Höhenverbreitung wirken sich die topographischen Gegebenheiten Chinas besonders deutlich aus: So liegen die Buchenwälder im Westen Chinas tendenziell in höheren Lagen als im Osten, was vermutlich in ursächlichem Zusammenhang mit der Verteilung der Niederschläge steht.

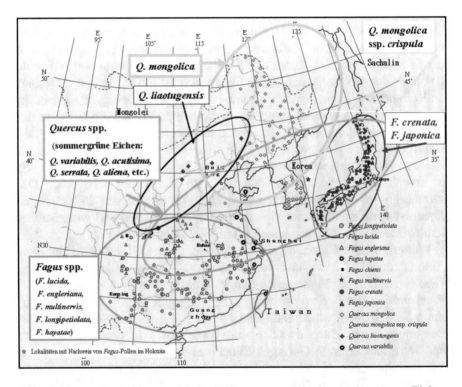

Abb. 10.9. Verbreitung von Buchen (*Fagus* spec.) und sommergrünen Eichen (*Quercus* spec.) in Ostasien (nach Fujiwara 2004)

Die Buchenwälder Ostasiens werden im Vergleich zu den Buchenwäldern Europas und Nordamerikas prinzipiell durch eine höhere strukturelle Diversität und Artenvielfalt gekennzeichnet. Nach X.P. Wang et al. (1965) wachsen beispielsweise in den Buchenwäldern von Kuankuoshui in der Provinz Guizhou auf einer Fläche von etwa 1000 Quadratmetern fast 50 verschiedene Baumarten. Gemeinsames charakteristisches Merkmal, der chinesischen und japanischen Buchenwälder, ist das Vorkommen von Bambus im Unterwuchs dieser Wälder. Während in Japan die Gattung *Sasa* am häufigsten in den *Fagus*-Wäldern auftritt, sind dies in China die Gattungen *Sinarundinaria, Indocalamus, Fargesia* und *Chimonobambusa*. Anders als in den europäischen und nordamerikanischen Buchenwäldern, können in den südostasiatischen Buchenwäldern verschiedene *Fagus*-Arten die Baumschichten eines Bestandes aufbauen. In den zentralchinesischen Daba-Bergen sind dies beispielsweise *Fagus engleriana* und *F. hayatae* ssp. *pashanica*, welche die dortigen Buchenwälder beherrschen. In deren Unterwuchs gedeihen zudem schattentolerante Hainbuchen wie etwa *Carpinus cordata* var. *chinensis* oder *C. fargesiana*. Die Buchenwälder Japans erstrecken sich vom südöstlichen Zipfel auf der Insel Hokkaido im Norden über die Halbinsel Honshu bis nach Shikkoku und Kyushu im Süden der Inselgruppe (Abb. 10.10).

Abb. 10.10. *Fagus crenata*-Buchenwald auf Hokkaido. Im Unterwuchs dichter Bambus, *Sasa japonica*, Poaceae (2004)

Ausschlaggebend für die florengeographische Ausbildung dieser Buchenwälder sind im Wesentlichen die beiden verschiedenen Klimatypen auf der Japanischen Meer-Seite und der Pazifischen Ozean-Seite, welche das Buchenwaldareal entlang der so genannten „*Crassinodi*-Linie" trennen. Generell sind die japanischen Buchenwälder in den regen- und schneereichen Westseiten der Japanischen Inseln sehr viel besser entwickelt als auf der wintertrockenen Pazifischen Seite.

Während auf den westlichen Gebirgszügen, die dem Japanischen Meer zugewandt sind, die Winterniederschläge durch den von Sibirien gegen die japanische Küste ziehenden schneereichen Wintermonsum besonders hoch sind, fallen auf der Pazifischen Ozean-Seite besonders in den Sommermonaten hohe Niederschlagsmengen, welche der Sommermonsun aus südöstlicher Richtung gegen die japanische Küste trägt. Auf der Seite zum Japanischen Meer ist die Verbreitung der Buchenwälder auf solche Gebiete beschränkt, deren mittlere jährliche Schneehöhen mindestens 50 Zentimeter betragen. In den binnenländischen Gebirgen mit Jahresniederschlägen von weniger als 1000 Millimetern pro Jahr fehlen hingegen oft die Buchenwälder. Daher steigt die untere Grenze der Buchenstufe in Japan von Norden nach Süden vom Meeresspiegel auf etwa 200 Metern am 38° N und auf etwa 400 Metern am 36° N, um schließlich in Südwest-Honshu erst bei 600 Metern über dem Meeresniveau zu beginnen.

Diese große Nord-Süd-Erstreckung der japanischen Buchenwälder bedingt eine weitere Vegetationsdifferenzierung, welche durch die von Norden nach Süden immer geringer werdende Temperaturamplitude und die steigende mittlere Jahrestemperatur hervorgerufen wird. Ihre nördliche Verbreitungsgrenze erfahren die japanischen Buchenwälder entlang der so genannten „*Kuromatsunai*-Linie" auf der Oshima-Halbinsel des südlichen Hokkaido. Die Südgrenze der *Fagus crenata*-Wälder wird hingegen am Südende der Insel Kyushu erreicht (Abb. 10.9). Die an der Pazifikküste verbreiteten *Fagus japonica*-Wälder sind in Höhenlagen zwischen 130 und 1540 Metern über dem Meeresspiegel verbreitet. In Zentral-Honshu sind diese meist mehrschichtig aufgebauten Wälder weit verbreitet und können als zonale Vegetationstypen verstanden werden. Dabei tendiert die Japanbuche dazu, zusammen mit Tannen wie *Abies firma* und anderen Koniferen wie zum Beispiel *Tsuga sieboldii* sowie weiteren Baumarten gemischte Bestände aufzubauen. Entsprechende vegetationskundliche Studien zeigen, dass *Abies firma* schließlich in Nordost-Japan den Aspekt solcher Wälder bestimmen kann, wohingegen *Tsuga sieboldii* in Südwest-Japan stärker in Erscheinung tritt. In Südost-Japan sind die *Fagus japonica*-Wälder hingegen nur kleinflächig verbreitet und können hier als edaphische Klimaxbestände interpretiert werden. Auffällig ist die im Gegensatz zu europäischen *Fagus*-Wäldern reiche Strauchschicht der japanischen Buchenwälder, in denen neben zahlreichen sommergrünen auch wintergrüne Straucharten, besonders die zahlreichen verschiedenen *Sasa*-Arten eine wichtige Rolle spielen (Abb. 10.10).

10.4 Laubmischwälder mit *Fagus grandifolia* in Nordamerika

Die artenreichsten Laubwälder Nordamerikas sind die „*Mixed mesophytic forests*" an den feuchteren Westhängen der Mittel- und Südappalachen. Diese Wälder zeigen hochwüchsige Bäume mit bis zu 40 Meter hohen Exemplaren von *Fagus grandifolia, Fraxinus americana, Liriodendron tulipifera, Tilia floridana, T. neglecta, T. heterophylla, Tsuga canadensis, Liquidambar styraciflua, Acer saccharum, A. rubrum* und sogar der laubwerfenden *Magnolia grandiflora*, aber mit nur geringen Anteilen an *Quercus alba, Q. velutina, Q. muehlenbergii* und *Q. shumardii* am Aufbau der Wälder. Diese besitzen artenreiche Krautschichten und können insgesamt bis zu 80 verschiedene Pflanzenarten beherbergen. Ein etwas weniger artenreicher Waldtyp aus *Fagus grandifolia* und *Acer saccharum* ist westlich der Appalachen ausgebildet, und die „*Carolinian Forests*" – ausgezeichnet durch mehr südliche Arten, wie *Ostrya virginiana, Prunus serotina, Nyssa sylvatica, Sasafras albidum* und *Carpinus caroliniana* - kommen kleinflächig im südlichen Ontario-Gebiet nahe des Erie-Sees vor. In den nördlichen Bundesstaaten der USA und im angrenzenden kanadischen Tiefland wachsen großflächige Laubwälder, dominiert von *Quercus rubra, Fagus grandifolia* und *Acer saccharum*, an kühleren Standorten durchsetzt von koniferenreichen Laubmischwäldern mit *Pinus strobus, P. rigida, Betula lutea* und *B. papyrifera*, an felsigen Standorten auch mit *Tsuga canadensis* und *Thuja occidentalis*.

Elgene O. Box (2000) erwähnt in seiner Abhandlung über die Biodiversität Nordamerikas ein weiteres wichtiges Phänomen: Die Südappalachen sind von Regionen mit ähnlichen Klimabedingungen im Norden durch die vergleichweise niedrigen Mittelappalachen getrennt. Deshalb bilden sie mit ihrer Stufenfolge, ihrem feuchten Klima – aber auch einigen Trockentälern – und mit lokalen sowie borealen und arktischen Elementen ein wichtiges Biodiversitätszentrum im temperierten Teil Nordamerikas. Sommergrüne Wälder kommen auch kleinflächig im Nordwesten der USA vor. Manche östlichen Elemente wie *Quercus falcata* und *Platanus racemosa* kennzeichnen die winterkahlen nemoralen Wälder der Sierra Madre Oriental von Ostmexiko als geographische und ökologische Differentialarten. Das große Waldgebiet im subkontinentalen Piemont-Gebiet östlich der Appalachen ist beherrscht von Eichen, vornehmlich *Quercus rubra*, aber auch *Quercus macrocarpa* und *Q. palustris*. Nach Süden hin werden diese Wälder oft auch als „*Oak-Hickory-Forests*" bezeichnet, weil *Carya cordiformis, C. glabra* und *C. ovata* in der Baumartenzusammensetzung zunehmen, aber niemals zur absoluten Dominanz gelangen. Früher spielten auch Kastanien, *Castanea dentata*, eine wichtige Rolle in diesen Wäldern der Piemont-Landschaften, sie sind aber der „*Chestnut Blight*" *Crypho-nectria parasitica*, einem Ascomyceten, in den frühen 1900er Jahren zum Opfer gefallen. Ihre Flächen sind mit *Quercus prinus*, *Q. alba* und *Q. rubra* aufgeforstet. Auen- und Bruchwälder sind aus *Ulmus americana*, *Fraxinus nigra* und *F. pennsylvanica* gebildet, manchmal ist auch hier *Acer saccharum* beigemengt. Bruchwälder sind dagegen von *Acer rubrum* über weite Strecken im Osten der USA von Kanada bis Florida beherrscht; manchmal gibt es allerdings Bruchwälder mit Anteilen an *Chamaecyparis thyoides*.

10.5 Biodiversität kulturhistorischer Wälder und naturnaher Altwälder Mitteleuropas

Ein Hauptanliegen dieses kurzen Kapitels ist die Darstellung der mehr-funktionalen ökologischen Einheit alter Wälder in Mitteleuropa, welche heute keinen direkten produktiven Zweck mehr haben. Insbesondere die Prozesse innerer Dynamik dieser Wälder, deren Veränderungen in Raum und Zeit sowie deren Funktion als biologische Reservatlandschaften sollen das Thema sein. In den vorgenannten Kapiteln 4 und 5 haben wir gesehen: Die Naturlandschaft als primäre Waldlandschaft wurde in Mitteleuropa fast überall mit zeitweiligen Rückschlägen und mit siedlungsperiodischen Bindungen an bestimmte Naturräume in der Vergangenheit schrittweise und regional verschieden zur Kulturlandschaft umgestaltet. Vegetations- und Landschaftsbilder verschiedener vergangener Epochen und der heuti-gen Zeit sind also entscheidend und mit verschiedenen Intensitäten der Be-einflussung durch den Menschen geprägt. Wir haben gesehen, dass dies besonders für die Wälder in der Kulturlandschaft zutrifft (s. Box 10.1).

Viele ehemalige Waldsysteme mit Extensivnutzungen wie zum Beispiel die Hude- und Schneitelwälder sind heute aufgrund ihres Reliktcharakters wichtige Forschungsobjekte zur Deutung und Aufhellung vergangener Wirtschaftsformen und deren Auswirkungen auf das damalige Vegetati-ons- und Landschaftsbild in weiten Teilen Mitteleuropas und darüber hin-aus. Zahlreiche aufgelassene und rezente Gemeinschaftswälder, die sich meistens aus markenartigen Verfassungen des Mittelalters vom Allmend- zum Bannwald jeweiliger Landesherren entwickelt und bis heute erhalten haben, weisen in ihrer heutigen Bestandsstruktur noch vielfach Spuren der Waldhude mit ihren Nebennutzungen auf (Abb. 10.11). Meistens werden solche Wälder im Volksmund wegen ihrer verwachsenen und urtümlich anmutenden Baumformen und ihrer plenterartigen Struktur als „**Urwald**"

Abb. 10.11. Hudeeichen und Triftflächen in der Hudelandschaft Borkener Paradies, Emsland (1984)

bezeichnet, aber genau das Gegenteil ist der Fall; es handelt sich dabei durchweg um ehemals stark überformte Wälder, welche heute teilweise wieder das Bild einer natürlichen Sukzessionsabfolge bieten.

Aber wie sieht ein natürlicher Waldentwicklungszyklus in den nemoralen Wäldern aus? In der **Optimalphase** eines Urwaldes zeigen die Baumindividuen eine hohe Vitalität und eine große Zuwachsrate. Die Bestände sind mehr oder weniger stark geschlossen, so dass nur wenig Licht das Kronendach durchdringen und das Bestandesinnere erreichen kann. Lichtmangel verhindert in der späten Optimalphase, dass Baumindividuen im Unterstand in die obere Baumschicht einwachsen können. Die Absterberate unter den Bäumen ist gering. Holzvorräte können in der späten Optimalphase Maximalwerte erreichen, so zum Beispiel in Buchen-Urwäldern etwa 900 Volumenfestmeter, in Tannen-Buchen-Urwäldern etwa 1200 Volumenfestmeter pro Hektar. Die genannten Holzvorräte beziehen sich allerdings auf Stammvolumina, also auf forstlich wichtige, einfach zu vermittelnde Produktionsparameter. Demgegenüber liegen Daten zur Biomasse und zur Gesamtproduktion aus europäischen Urwäldern nicht vor. Die Optimalphase dauert in einem Fichten-Tannen-Buchenurwald der Kalkalpen etwa 120 bis 170 Jahre an. Vergleichbare Zeiträume können auch für die Dauer der Optimalphase in Buchen-Naturwäldern des Tieflandes angenommen werden.

Box 10.1. Urwälder in Europa?

In Mitteleuropa gibt es nur noch wenige **Urwälder** im strengen Sinne, in denen nachweislich keine direkten anthropogenen Eingriffe stattgefunden haben. Diese Wälder sind auf die hohen Mittelgebirge und auf den Alpenraum beschränkt, wo sie nur noch an steilen oder sehr steinigen unzugänglichen Hängen vorkommen. Die meisten dieser natürlichen Wälder sind gekennzeichnet durch oberständige terminale Bäume in ihrer jeweiligen Reifephase. Der Reifezustand ist in der Regel in den Laubwäldern erreicht bei einem Volumen von 300 Kubikmetern Holz pro Hektar mit einer Menge von etwa 400 Bäumen pro Hektar. Ausschlaggebend für die Reifung von Waldökosystemen ist nicht das biologische Alter der Waldbäume allein, auch nicht der Reifegrad der Böden oder die verfügbare Menge an Wasser, sondern alle genannten Faktoren wirken zusammen und limitieren den Gasaustausch der Gehölze. Es wird – schlicht gesagt – zu dunkel im Wald, und hier setzt die innere Dynamik eines primären Waldsystems ein mit allen bekannten Pionier-, Aufbau-, Optimal- und Zerfallsphasen des Waldes (s. Abb. 10.12). Fluktuationen im Waldbestand, wie sie im so genannten **Mosaik-Zyklus-Konzept** von Kurt Zukrigl et al. (1963) und Hermann Remmert (1985, 1991) dargestellt werden, treten bisweilen in natürlichen Phytozönosen auf, sie sind aber nicht obligatorisch und verlaufen erst recht nicht nach den allgemeinen Grundgesetzen der Natur. Das lässt sich beim vergleichenden Studium von Primär- und Sekundärwäldern im polnischen Urwaldreservat von Bialowiecza gut beobachten, wie dies Janusz B. Falinski (1986) umfassend beschrieben hat. Die Substitution einzelner Baumarten in bestimmten Sukzessionsphasen ist durchaus ein natürliches Phänomen, wie wir es am Aufwuchs von Fichten auf abgetrockneten Erlenbulten oder am Aufwuchs von kohortenartigen Buchen in Eschen-Vorwaldstadien auf Kalkböden bzw. in Birken- und Ebereschen-Vorwaldstadien auf Silikatböden finden können. Die Alternation der Sukzessionsphasen ist dabei ein typischer Effekt von Primärwäldern; eine raum-zeitliche Verschiedenheit ist aber nicht obligatorisch. Nur die Urwälder im eigentlichen Sinne zeigen manchmal solche Phänomene, naturnahe Sekundärwälder nur andeutungsweise. Sie sind insgesamt stabile Ökosysteme mit saturiertem Artenspektrum. Manchmal gibt es auch ungeliebte Zuwanderungen: Bekannt sind die submediterrane Esskastanie *Castanea sativa* und die ursprünglich balkanische Rosskastanie *Aesculus hippocastanum*, deren Blätter in letzter Zeit immer mehr unfreiwillige Heimstätte für Miniermottenlarven von *Cameraria ohridella* werden, die seit der Öffnung des „Eisernen Vorhangs" in den 1990er Jahren aus Albanien nach Österreich kam und sich von dort explosionsartig fast überall in Mitteleuropa ausgebreitet hat und das Kastanienlaub in Wäldern, Parks und auch in den Biergärten schon im Sommer herunterrieseln lässt. Die Mottenlarven sind gewissermaßen ihrem Biotop gefolgt.

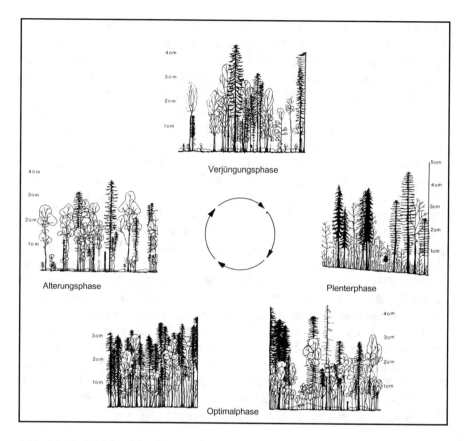

Abb. 10.12. Gleichzeitig ablaufende und räumlich wechselnde Verjüngungsphase, Plenterphase, Optimalphase und Alterungsphase des Urwaldes Rothwald in den Ostalpen (aus Pott 1993)

In der **Terminal- oder Alterungsphase** erreichen einzelne Baumindividuen ihre natürliche Altersgrenze. Auch diese Entwicklungsetappe des Waldes zeichnet sich durch hohe Holzvorräte aus, die in der weiteren Entwicklung aber aufgrund des altersbedingten Absterbens einzelner Bäume kontinuierlich abnehmen. Bei Buchen-Wäldern entwickelt sich – beginnend in der Optimalphase – ein charakteristischer Hallenwald, da im Unterstand nur wenig Verjüngung vorhanden ist. Der Höhen- und Massenzuwachs der alten Baumindividuen kulminiert. Da sich viele Studien zur Dynamik von Urwäldern in Europa auf Buchen- und Buchen-Mischwälder beziehen, liegen für diese relativ eindeutige Aussagen zur zeitlichen Dauer der Terminalphase vor. Sie beträgt in den Kalkalpen 170 bis 200 Jahre. Durch das Absterben und Zusammenbrechen der ältesten Baumindividuen beginnt in der **Zerfallsphase** eine mehr oder minder starke Öffnung des

Kronendaches. Der geöffnete Kronenraum bietet dem Wind eine größere Angriffsfläche, so dass sich bestehende Kronenraumlücken besonders nach Stürmen vergrößern können. Der Totholzanteil erreicht in der Zerfallsphase Maximalwerte. Beispielsweise erreichen die Totholzmengen in Urwäldern der Slowakei bis zu 38 Prozent des lebenden Holzvorrates. Dies entspricht Totholzmengen von bis zu 280 Festmeter pro Hektar. Das Totholz wird durch Vermoderungsprozesse abgebaut und zu einem großen Teil mineralisiert. Die Geschwindigkeit dieses Prozesses ist für jede Baumart spezifisch, seine Gesamtdauer zugleich von der Stammdicke abhängig. Sie beträgt im baltischen Jungmoränengebiet Mecklenburg-Vorpommerns bei 300-jährigen Buchenstämmen mit einem Durchmesser von einem Meter beispielsweise etwa 40 bis 80 Jahre, kann sich aber bei Eichen oder Nadelhölzern auch über einige Jahrhunderte erstrecken. Ein Teil des Totholzes geht in den Humusvorrat über. Durch die Öffnung des Kronenraums verbessert sich der Lichteinfall auf den Waldboden, so dass die Biomasse der Bodenvegetation zunimmt. Häufig breiten sich Stauden, so genannte Schlagflur-Arten, aus, zu denen zum Beispiel *Epilobium angustifolium*, *Senecio sylvaticus*, *Digitalis purpurea*, *Atropa belladonna* und verschiedene *Arctium*-Arten gehören. Zeitgleich können sich Gruppen von Jungbäumen entwickeln. Schlagflur-Arten finden besonders dann verbesserte Wuchsbedingungen, wenn durch eine stärkere Erwärmung des Waldbodens erhöhte Mineralisationsraten und so auch ein höheres Stickstoffangebot bestehen. Die Dauer der Zerfallsphase wird im Allgemeinen für Buchen-Wälder mit etwa 100 Jahren angegeben.

Je komplexer das Artengefüge aus Klimax-, Pionier- und Zwischenholzarten und je größer die Wahrscheinlichkeit exogener Störungen wie Windwurf, Blitzschlag, Brand beziehungsweise biotischer Kalamitäten, wie Insektenbefall von Waldbäumen, desto variabler und weniger voraussagbar gestalten sich die Entwicklungszyklen der Waldgesellschaften. Im Entwicklungszyklus von Urwäldern können außerdem weitere Phasen auftreten, die aber nur unter bestimmten Standortbedingungen und Baumartenkombinationen durchlaufen werden: Eine Waldentwicklung kann beispielsweise in eine Initialphase eintreten, wenn nach einem raschen Zerfall oder Zusammenbruch des Bestandes auf großer Fläche ein „Initialwald" aus Jungbäumen, Dickungen oder schwachen Stangenhölzern entsteht. Eine **Regenerations-** oder **Plenterphase** zeichnet sich strukturell durch das Nebeneinander aller Baum-Altersklassen auf vergleichsweise engem Raum aus. Der Jungwuchs entwickelt sich hier in kleinen Bestandeslücken, die beim Absterben einzelner Baumindividuen entstehen. Plenterphasen sind besonders für Bergmischwälder bezeichnend, treten aber bei einer ungestörten Bestandesdynamik auch im Tiefland auf. Einzelne Entwicklungsetappen werden nicht in starrer, voraussagbarer Reihenfolge

Box 10.2. Waldpflanzen als „Indikatoren" für alte Wälder

Schon immer wurde auch auf die besondere Rolle der Altwälder, vor allem der alten Bannwälder mit ihren mehrhundertjährigen Baumbeständen und alten Waldböden hingewiesen. Der Begriff **Ancient woodland** für Waldparzellen mit einer nachweislichen Bestockungskontinuität seit dem Stichjahr 1600 wird für die Altwälder heute international benutzt. Diese sind also über einen Zeitraum von mehr als 400 Jahren ununterbrochen mit Wald bestockt, tragen demzufolge alte, tiefgründige Waldböden mit entsprechender Vegetation und unterscheiden sich dadurch von den jüngeren Forsten und Waldpflanzungen, die man heute als **Recent woodland** bezeichnet. Wie bereits erwähnt, finden viele charakteristische Waldpflanzen - vor allem waldbewohnende Gräser, Farne und spezielle charakteristische Buchenwald-Arten, wie auch Moose, Pilze und Flechten - typische Reliktstandorte in diesen Bannwäldern z. B.: *Lathyrus vernus, Actaea spicata, Hepatica nobilis, Anemone nemorosa, Viola reichenbachiana, Paris quadrifolia, Galium odoratum, Mercurialis perennis, Gagea spathacea, Stellaria holostea.* Viele dieser Waldpflanzen haben spezielle Ausbreitungsstrategien, z. B. über Schnecken bei der Einbeere *Paris quadrifolia* oder über Ameisen (zum Beispiel Samenverbreitung mittels Elaiosomen und Ameisen bei *Sanicula europaea* und *Viola reichenbachiana*). Von den Waldgräsern sind in diesem Zusammenhang besonders *Milium effusum, Hordelymus europaeus, Bromus ramosus, Bromus benekenii, Melica uniflora* und *Festuca altissima* zu nennen. Das ist im Grunde genommen nichts Besonderes und wird aus der Entwicklung und der langen, meist moderaten Nutzung dieser alten Waldparzellen auch verständlich. Im Zuge der nacheiszeitlichen Nordausbreitung der Buche und ihrer Begleiter sind viele dieser Arten „mitgewandert" und bis in ihre heutigen Areale gelangt. Danach wurden viele der teilweise lichtbedürftigen Buchenwald-Arten auf die Eichen-Hainbuchen-Wälder (*Stellario-Carpinetum*) und andere Feuchtwälder abgedrängt. Dort haben sie sich an entsprechend bewaldeten Standorten bis heute gehalten. Das gilt auch für die Waldmoose *Isothecium myosuroides* und *Thuidium tamariscinum* und andere Arten, wie sie schon in den Vegetationstabellen der Bannwälder Hasbruch, Bentheimer Wald, Neuenburger Urwald, Baumweg und Tinner Loh bei Richard Pott u. Joachim Hüppe (1991) und bei Richard Pott (1996) angeführt sind. Diese Arten fehlen in der Regel in den Sekundärwäldern; die Populationen solcher Waldelemente erreichen dazu an Primärstandorten oft ein Alter von 200 bis 300 Jahren (zum Beispiel *Hepatica nobilis* und *Sanicula europaea*); das macht ihre Empfindlichkeit gegen Waldvernichtungen und Standortveränderungen erklärlich. Hier kommt den naturnahen Altwäldern wiederum die entscheidende Rolle als Refugialgebiet zu. Vielfach werden diese Waldpflanzen geradezu als „Indikatoren" für solche alten Wälder bezeichnet. Das ist natürlich wegen des Refugialcharakters dieser Arten nicht ganz korrekt; die jeweiligen oft lokalen Vorkommen von Waldpflanzen sind teilweise individuell begründbar.

durchlaufen, sondern es sind vielmehr – abhängig von den Bodenbedingungen und stochastischen Störgrößen fast alle Entwicklungszyklen mit unterschiedlichen Zwischenphasen möglich. Bei großflächiger Betrachtung fügen sich im Urwald somit einzelne Phasen mosaikartig zusammen. Das resultierende Bild bezeichnet man als **Textur** des betreffenden Urwaldes. Diese lässt sich kartographisch darstellen, was einen Überblick über Flächenanteile von bestimmten Entwicklungsphasen in einem Urwaldgebiet ermöglicht. Wie Darstellungen bei Hannes Mayer (1987) und Hans Leibundgut (1993) am Beispiel von Buchen-Urwäldern zeigen, nehmen Optimal-, Zerfalls- und Verjüngungsphasen in einem Bestand Flächen von weniger als einem bis zu mehreren Hektar Größe ein (s. Box 10.2).

Diese alten Waldgebiete, die niemals völlig übernutzt oder nachhaltig verändert und zerstört worden sind, zeigen oft - wie gesagt - als sogenannte strukturreiche Dauerwaldinseln das gebietstypische Floren- und Fauneninventar. Allerdings ist dabei eine Mindestflächengröße vorauszusetzen: Nach Dietmar Zacharias u. Dietmar Brandes (1990) ist eine Mindestgröße von etwa 500 Hektar für einen naturnahen und strukturreichen Waldbestand optimal. Wiederbesiedlungen von Sekundärwäldern mit gebietstypischen Waldarten dauern gewöhnlich sehr lange; je nach Regenerationskraft der Waldtypen sind es 350 Jahre bei vitalen Eichen-Hainbuchen-Wäldern oder gar 600 bis 800 Jahre bei bodensauren Eichenwäldern.

10.6 Literatur

Barnes BV (1991) Deciduous forests of North America. In: Goodall DW (ed) Ecosystems of the world 7, Elsevier, Amsterdam, pp 219-344

Bergmeier E, Dimopoulos E (2001) *Fagus sylvatica* forest vegetation in Greece: syntaxonomy and gradient analysis. J Veg Sci 12 (1): 109-126

Bonn S, Poschlod P (1998) Ausbreitungsbiologie der Pflanzen Mitteleuropas. Quelle & Meyer, Heidelberg

Box EO (2000) Biodiversität Nordamerikas. Ber d Reinh-Tüxen-Ges 12: 223-239

Bozilova E, Djankova M (1976) Vegetation development during the Eemian in the North Black Sea Region. Bulg Acad Sci, Phytology 1: 25-33

Braun EL (1950) Deciduous forests of Eastern North America. Blakiston Co, Philadelphia

Brown DE, Reichenbacher F, Franson SE (1998) A classification of North American biotic communities. University of Utah Press, Salt Lake City

Burga CA, Perret R(1998) Klima und Vegetation der Schweiz seit dem jüngeren Eiszeitalter. Ott, Thun

Cao KF, Peters R, Oldeman RAA (1995) Climatic range and distribution of Chinese *Fagus* species. J Veg Sci 6: 317-324

Ching KK (1991) Temperate deciduous forests in East Asia. In: Goodall DW (ed) Ecosystems of the world 7, Elsevier, Amsterdam, pp 539-555

Coldea G (1991) Prodrome des associations végétales des Carpates du Sud-Est (Carpates roumaines). Docum Phytosoc 13: 317-539

Daubenmire RF (1978) Plant geography with special reference to North America. Academic Press, New York

Degen B, Scholz F (1998) Spatial genetic differentiation among populations of European beech (*Fagus sylvatica* L.) in western Germany as identified by geostatistical analysis. Forest Genetics 5: 191-199

Demesure B, Comps B, Petit RJ (1996) Chloroplast DNA phylogeography of the common beech (*Fagus sylvatica* L.) in Europe. Evolution 50 (6): 2515-2520

Denk T (1999) The taxonomy of *Fagus* in western Eurasia. 1: *Fagus sylvatica* subsp. *orientalis* (= *F. orientalis*). Feddes Rep 110 (3/4): 177-200

Denk T (1999) The taxonomy of *Fagus* in western Eurasia. 2: *Fagus sylvatica* subsp. *sylvatica*. Feddes Rep 110 (5/6): 381-412

Diekmann M (2004) Sommergrüne Laubwälder der boreo-nemoralen Zone Nordeuropas. Tuexenia 24: 73-88

Dierschke H (1989) Artenreiche Buchenwaldgesellschaften Nordwestdeutschlands. Ber d Reinh-Tüxen-Ges 1: 107-147

Dierschke H, Bohn U (2004) Eutraphente Buchenwälder in Europa. Tuexenia 24: 19-56

Dieterich H, Müller S, Schlenker G (1970) Urwald von morgen. Bannwaldgebiete der Landesforstverwaltung Baden-Württemberg. Ulmer, Stuttgart

Dohrenbusch A, Bartsch N (2003) Forest development. Succession, environmental stress and forest management. Springer, Heidelberg

Duty J (1985) Die *Fagus*-Sippen Europas und ihre geographisch-soziologische Korrelation zur Verbreitung der Assoziationen des *Fagion* s.l. Vegetatio 59: 177-184

Dzwonko Z, Loster S (2000) Syntaxonomy and phytogeographical differentiation of the *Fagus* woods in the Southwest Balkan Peninsula. J Veg Sci 11: 667-678

Ellenberg H (1996) Vegetation Mitteleuropas mit den Alpen in ökologischer, dynamischer und historischer Sicht. Ulmer, Stuttgart

Falinski JB (1986) Vegetation dynamics in temperate lowland primeval forests. Ecological studies in Bialowieza forest. Geobotany 8, Junk, Dordrecht

Fang JY, Fei SL, Zhao K, Fan YJ, Zhuang DH, Wu MX (2000) Anatomical characteristics of beech (*Fagus* L.) species in Zhejing and their taxonomic significance. Acta Scientiarum Naturalium Univ Pekinensis 36 (4): 509-516

Fei SL, Fang YJ, Fan YJ, Zhao K, Liu XJ, Cui KM (1999) Anatomical characteristics of leaves and woods of *Fagus lucida* and their relationship to ecological factors in Moutain Fanjingshan, Guizhou, China. Acta Bot Sinica 41 (9): 1002-1009

Fischer A (1997) Vegetation dynamics in European beech forests. Annali Bot 55: 59-76

Fischer A (1999) Sukzessionsforschung: Stand und Entwicklung. Ber Reinh-Tüxen-Ges 11: 157-177

Fischer A, Abs G, Lenz F (1990) Natürliche Entwicklung von Waldbeständen nach Windwurf. Ansätze einer „Urwaldforschung" in der Bundesrepublik. Forstw Cbl 109: 309-326

Förster M (1979) Gesellschaften der xerothermen Eichenmischwälder des deutschen Mittelgebirgsraumes. Phytocoenologia 5: 367-446

Franklin JF, Moir WH, Hemstrom MA, Greene SE, Smith BG (1988) The forest communities of Mount Rainier National Park, USDI, Nat Park Serv, Sci Monogr Ser no 19, Washington

Fujiwara K (2004) Distribution of *Fagus*-Forests and deciduous *Quercus*-Forests in Eastern Asia. Proc 51th Annual Meeting Eccol Soc Japan, Kushiro (in japanese)

Geburek T, Stephan BR, Scholz F (1989) Zur Erhaltung genetischer Variation in Waldbaumpopulationen. Forstw Cbl 108: 204-211

Gentile S (1969) Sui faggeti dele'Italia Meridionale. Alti Ist Bot Lab Crizi Univ Pavia ser 6: 5

Gliemeroth AK (1995) Paläoökologische Untersuchungen über die letzten 22 000 Jahre in Europa. Fischer, Stuttgart

Grabherr G, Koch G, Kirchmeir H, Reiter K (1998) Hemerobie österreichischer Waldökosysteme. Veröff d Österreichischen MAB-Programmes

Gunia S, Due JE, Kramer W (1972) Die Weißtanne (*Abies alba* Mill.) im Nordosten ihres Verbreitungsgebietes. Forstarchiv 43: 84-91

Guo K (1999) Seedling performance of dominant tree species in Chinese beech forests. University of Utrecht (The Netherlands)

Härdtle W (2004) Bodensaure Eichen- und Eichenmischwälder Europas. Tuexenia 24: 57-72

Härdtle W, Welss W (1992) Vorschläge zur Systematik und Syntaxonomie bodensaurer Buchen-Eichen- und Eichenmischwälder (*Quercion robori-petraeae* Br.-Bl. 1932) Mitteleuropas. Ber d Reinh-Tüxen-Ges 4: 95-104

Härdtle W, Ewald J, Hölzel N (2004) Wälder des Tieflandes und der Mittelgebirge. In: Pott R (Hrsg) Ökosysteme Mitteleuropas aus geobotanischer Sicht. Ulmer, Stuttgart

Hartmann FK, Jahn G (1967) Waldgesellschaften des mitteleuropäischen Gebirgsraumes nördlich der Alpen. Fischer, Jena

Hatzfeld H (1993) Ökologische Waldwirtschaft. Müller, Heidelberg

Heinken T (1996) Die naturnahe Waldvegetation grundwasserferner Standorte im niedersächsischen Tiefland. Forst und Holz 51: 429-435

Hermy M, Stieperaere H (1981) An indirect gradient analysis of the ecological relationship between ancient and recent riverine woodlands to the south of Breges (Flanders, Belgium). Vegetatio 44: 43-49

Herrmann M (2004) Einfluss der Vegetation auf die Beschaffenheit des oberflächennahen Grundwassers im Bereich von Heide, Wald und landwirtschaftlichen Nutzflächen. Abh Westf Mus Naturkde 66 (2): 1-166

Hölzel N (1996) Zur floristischen Struktur, Ökologie und Dynamik alpischer Karbonat-Trocken-Kiefernwälder der Klasse Erico-Pinetea. Ber d Reinh-Tüxen-Ges 8: 79-98

Hofmeister H (1990) Die Pflanzengesellschaften des Hildesheimer Waldes. Tuexenia 10: 443-473

Horvat I, Glavac V, Ellenberg H (1974) Vegetation Südosteuropas. Fischer, Stuttgart

Hukushima T, Takasuma H, Matsui T, Nishio T, Kyan Y, Tsunetomi Y (1995) New phytosociological classification of beech forests in Japan. Jap J Ecol 45: 79-98

Hüppe J (1993) Development of NE European heathlands - palaeoecological and historical aspects. Scripta Geobot 21: 141-146

Ikeda T, Ohno K (2003) Relationships between species composition of beech (*Fagus crenata*) forests and the climate or geology on the Pacific side of central Honshu, Japan. J Veg Sci 20: 1-16

Ishibashi N (1979) A phytosociological study on the deciduous broad-leaved secondary forests of the lower part of the cool temperate zone in southwestern Honshu, Japan. Bull Sch Educ Hiroshima Univ II (2): 101-129

Izco Sevillano J, Amigo Vazquez J, Guitian Rivera J (1986) Identificación y descripción de los bosques montañosos del extremo occidental de la Cordillera Cantábrica. Trab Comp Biol 13: 185-203

Jahn G (1991) Temperate deciduous forests of Europe. In: Goodall DW (ed) Ecosystems of the world 7, Elsevier, Amsterdam, pp 377-502

Jakucs P (1959) Über die ostbalkanischen Flieder-Buschwälder. Acta Bot Acad Scient Hung 5: 357-390

Jax K (1994) Mosaik-Zyklus und Patch-Dynamics. Synonyme oder verschiedene Konzepte? Eine Einladung zur Diskussion. Z Ökol u Natursch 3: 107-112

Kielland-Lund J (1981) Die Waldgesellschaften SO-Norwegens. Phytocoenologia 9: 53-250

Klötzli F (1987) On the global position of the evergreen broadleaved (non ombrophilous) forest in the subtropical and temperate zones. Veröff Geobot Inst ETH, Stift Rübel 98, Zürich

Knapp R (1965) Die Vegetation von Nord- und Mittelamerika und der Hawai'i-Inseln. Fischer, Stuttgart

König AO, Ziegenhagen B, van Dam B, Csaikl UM, Coart E, Burg K, Degen B, Vries SMG, Petit RJ (2002) Chloroplast DNA variation of oaks in western Central Europe and the genetic consequences of human influences. Forest Ecol Manage 156 (1-3): 147-166

König-Königsson L (1968) The Holocene History of the Great Alvar of Öland. Acta Phytogeographica Suecica 55, Uppsala

Kolbek J, Srutek M, Box EO (2003) Forest vegetation of Northeast Asia. Geobotany 28, Kluwer, Dordrecht

Koop H (1991) Untersuchungen der Waldstruktur und der Vegetation in den Kernflächen niederländischer Naturwaldreservate. Schriftenr Vegetationskde 21: 67-76, Bonn-Bad Godesberg,

Korpel S (1995) Die Urwälder der West-Karpaten. Fischer, Stuttgart Jena New York

Krajina VJ (1965) Biogeoclimate zones in British Columbia. Univ British Columbia, Bot Series 1: 1-47

Kratochwil A, Schwabe A (2001) Ökologie der Lebensgemeinschaften. Biozönologie. Ulmer, Stuttgart

Kratochwil A (ed) (1999) Biodiversity in ecosystems: principles and case-studies of different complexity levels. Tasks of Vegetation Science 34, Kluwer, Dordrecht Boston London

Künne H (1969) Laubwaldgesellschaften der Frankenalb. Diss Bot 2: 1-177

Küster H (1986) Werden und Wandel der Kulturlandschaft im Alpenvorland. Pollenanalytische Aussagen zur Siedlungsgeschichte am Auerberg in Südbayern. Germania 64 (2): 533-559

Küster H (1995) Geschichte der Landschaft in Mitteleuropa von der Eiszeit bis zur Gegenwart. Beck, München

Küster H (1996) Auswirkungen von Klimaschwankungen und menschlicher Landschaftsnutzung auf die Arealverschiebung von Pflanzen und die Ausbildung mitteleuropäischer Wälder. Forstw Cbl 115: 301-320

Küster H (1998) Geschichte des Waldes. – Von der Urzeit bis zur Gegenwart. Beck, München

Lang G (1994) Quartäre Vegetationsgeschichte Europas. Fischer, Stuttgart

Lausi D, Nimis PL (1991) Ecological phytogeography of the southern Yukon Territory (Canada). In: Nimis PL, Crovello TJ (eds) Quantitative approaches to phytogeography, pp 35-122, Kluwer, Dordrecht

Lawesson JE (2000) Danish deciduous forest types. Plant Ecol 151: 199-221

Leibundgut H (1993) Europäische Urwälder. Haupt, Bern Stuttgart

Leuschner C (1994) Walddynamik auf Sandböden in der Lüneburger Heide (NW-Deutschland). Phytocoenologia 24: 289-324

Leuschner C (1998) Mechanismen der Konkurrenzüberlegenheit der Rotbuche. Ber d Reinh-Tüxen-Ges 10: 5-18

Leuschner C (1999) Zur Abhängigkeit der Baum- und Krautschicht mitteleuropäischer Waldgesellschaften von der Nährstoffversorgung des Bodens. Ber d Reinh-Tüxen-Ges 11: 109-131

Litt T (1994) Paläoökologie, Paläobotanik und Stratigraphie des Jungtertiärs im nordmitteleuropäischen Tiefland. Diss Bot 227: 1-185

Litt T (2004) Eifelmaare als Archive für die Vegetations- und Klimageschichte der letzten 15 000 Jahre. Ber d Reinh-Tüxen-Ges 16: 87-95

Livingston BE, Shevre F (1921) The distribution of vegetation in the United States, as related to climatic conditions. Carnegie Inst Wash Publ 284: 1-590

Loidi J (2004) Südwesteuropäische sommergrüne Laubmischwälder. Tuexenia 24: 113-126

Looman J (1987) The vegetation of the Canadian Prairie Provinces. IV. The woody vegetation, Part 3. Deciduous woods and forests. Phytocoenol. 15 (1): 51-84

Mantel K (1990) Wald und Forst in der Geschichte. Schaper, Alfeld, Hannover

Mattes H (1999) The importance of biogeography to biodiversity of bird communities of coniferous forests. In: Kratochwil A (ed) Biodiversity in ecosystems: principles and case-studies of different complexity levels. Tasks of Vegetation Science 34: 147-156

Matuskiewicz W (1989) Über die standörtliche und regionale Gliederung der Buchenwälder in ihrem osteuropäischen Rand-Areal. Ber d Reinh-Tüxen-Ges 1: 83-92

Maycock PF (1994) The ecology of beech (*Fagus grandifolia* Ehrh) forests of the deciduous forests of Southeastern North America, and a comparison with the beech forests (*Fagus crenata*) of Japan. In: Miyawaki A et al (eds) Vegetation in Eastern North America. pp 351-407, University of Tokyo Press, Tokyo

Mayer HK, Zukrigl K, Schrempf W, Schlager G (1987) Urwaldreste, Naturwaldreste und schützenswerte Naturwälder in Österreich. Inst f Waldbau u Bodenkultur, Wien

Meusel H (1952) Vegetationskundliche Studien über mitteleuropäische Waldgesellschaften. III. Über einige Waldgesellschaften der Insel Rügen. Ber Dt Bot Ges 64: 223-241

Meusel H, Jäger E, Weinert E (1978) Vergleichende Chorologie der Zentraleuropäischen Flora: 418 u. 421 Kartenband

Miyawaki A (1967) Vegetation of Japan, compared with other regions of the world. Encyclopedia of Sci and Tech 5: 1-535

Miyawaki A, Iwatsuki K, Grandtner M (eds) (1994) Vegetation in Eastern North America. Vegetation Systems and Dynamics under Human Activity in the Eastern North American Cultural Region in Comparison with Japan. Tokyo University Press, Tokyo

Monk CD (1968) Successional and environmental relationships of the forest vegetation of north-central Florida. American Midl Nature 79: 441-457

Moor M (1952) Die Fagion-Gesellschaften im Schweizer Jura. Beitr Geobot Landesaufn Schw 31: 1-201

Moor M (1975) Ahornwälder im Jura und in den Alpen. Phytocoenologia 2: 244-260

Moravec J, Husová M, Neuhäusl R, Neuhäuslova-Novotna Z (1982) Die Assoziationen mesophiler und hygrophiler Laubwälder in der Tschechischen Sozialistischen Republik. Vegetace CSSR, Band A 12, Academia Praha, Prag

Müller T (1989) Die artenreichen Rotbuchenwälder Süddeutschlands. Ber d Reinh-Tüxen-Ges 1: 149-163

Müller T (1990) Die Eichen-Hainbuchen-Wälder (Verband Carpinion betuli Issl. 31 em. Oberd. 53) Süddeutschlands. Ber d Reinh-Tüxen-Ges 2: 121-184

Müller-Starck G (1991) Survey of genetic variation as inferred from enzyme gene marker. In: Müller-Starck G, Ziehe M (eds) Genetic Variation in European Populations of Forest Trees. pp 20-37, Sauerländer, Frankfurt

Müller-Starck G, Starke R (1993) Inheritance of isoenzymes in European beech (Fagus sylvatica L.). Journal of Heredity 84: 291 - 296

Nakashizuka T, Matsumoto Y (2002) Diversity and interaction in a temperate forest community. Springer, Heidelberg

Nationalatlas Bundesrepublik Deutschland (2003) Hrsg: Leibniz-Inst für Länderkunde, Spektrum Heidelberg Berlin

Neuhäusl R (1981) Entwurf der syntaxonomischen Gliederung mitteleuropäischer Eichen-Hainbuchenwälder. Ber Int Symp IVV Rinteln: 533-546

Neumann M (1979) Bestandesstruktur und Entwicklungsdynamik im Urwald Rothwald/NÖ und im Urwald Corkova Uvala/Kroatien. Diss Univ Bodenkultur Wien 10: 1-143

Oberdorfer E, MüllerT (1984) Zur Synsystematik artenreicher Buchenwälder, insbesondere im präalpinen Nordsaum der Alpen. Phytocoenologia 12: 539-562

Ohno K (1991) A vegetation-ecological approach to the classification and evaluation of potential natural vegetation of the Fagus crenata-region in Tohoku (Northern Honshu), Japan. Ecological Research 6: 29-49

Ozenda P (1988) Die Vegetation der Alpen im europäischen Gebirgsraum. Fischer, Stuttgart New York

Pallas J (2000) Zur Synsystematik und Verbreitung der europäischen bodensauren Eichenmischwälder (Quercetalia roboris Tüxen 1931). Abh Westf Mus Naturkde 62 (3): 1-125

Peet RK (1988) Forests of the Rocky Mountains. In: Barbour MG, Billings WD (eds) North American Terrestrial Vegetation, pp 63-102, Cambridge University Press, Cambridge

Peinado M, Aguirre JL, Delgadillo J (1997) Phytosociological, bioclimatic and biogeographical classification of woody climax communities of western North America. J Veg Sci 8: 505-528

Penalba GMC (1994) The history of the holocene vegetation in northern Spain from pollen analysis. J Ecol 82: 815-832

Peterken GF (1988) Use of history of individual woods in modern nature conservation. In: Salbitano F (ed) Human influence on forest ecosystems development in Europe, EDF Fern-CNR, pp 201-214, Pitagora, Bologna

Peters R (1997) Beech forests. Geobotany 24, Kluwer, Dordrecht

Pfadenhauer J (1969) Edellaubholzreiche Wälder im Jungmoränengebiet und in den bayerischen Alpen. Diss Bot 3: 1-213

Pignatti S, Camiz SP, Squartini V (1989) Chorological and ecological information as basis for the syntaxonomy of beech forests in Italy. Ber d Reinh-Tüxen-Ges 1: 73-82

Poli-Marchese E, Puzzolo V (1999) Floristic composition, physiognomic and structural aspects of the Fagus sylvatica L. forests of the Mt. Etna natural Park (Southern Italy). Annali Bot 57: 105-120

Pott R (1981) Der Einfluß der Niederwaldwirtschaft auf die Physiognomie und die floristisch-soziologische Struktur von Kalkbuchenwäldern. Tuexenia 1: 233-242

Pott R (1985) Vegetationsgeschichtliche und pflanzensoziologische Untersuchungen zur Niederwaldwirtschaft in Westfalen. Abhdl Westf Mus Naturkde 47 (4): 1-75

Pott R (1990) Die nacheiszeitliche Ausbreitung und heutige pflanzensoziologische Stellung von Ilex aquifolium L. Tuexenia 10: 497-512

Pott R (1993) Farbatlas Waldlandschaften. Ausgewählte Waldtypen und Waldgesellschaften unter dem Einfluß des Menschen. Ulmer, Stuttgart

Pott R (1995) Die Pflanzengesellschaften Deutschlands. 2 Aufl, Ulmer, Stuttgart

Pott R (1996) Biotoptypen. Schützenswerte Lebensräume Deutschlands und angrenzender Regionen. Ulmer, Stuttgart

Pott R (1997) Classification of European Biotope-Types for FFH-guide-lines and the importance of phytosociology. Colloq Phytosociol 27: 17-79

Pott R (1999) Diversity of pasture-woodlands of northwest-Germany. In: Kratochwil A (ed) Biodiversity in ecosystems: principles and case-studies of different complexity levels. Tasks of Vegetation Science 34: 107-132

Pott R (2000) Die Entwicklung der europäischen Buchenwälder in der Nacheiszeit. Rundgespr d Kommission f Ökol 18: 49-75

Pott R (2002) Palaeoclimate and vegetation – long-term vegetation dynamics in Central Europe with particular reference to beech. Phytocoenologia 30 (3-4): 285-333

Pott R (2004) Late glacial and holocene vegetation of Europe in time and space: the principles of palaeoecology. In: Gehu JM (ed) La végetation postglaciaire du passé et du présent. Colloques Phytosociologiques 28: 251-303

Pott R, Burrichter E (1983) Der Bentheimer Wald – Geschichte, Physiognomie und Vegetation eines ehemaligen Hude- und Schneitelwaldes. Forstwiss Centralblatt 102 (6): 350-361

Pott R, Hüppe J (1991) Die Hudelandschaften Nordwestdeutschlands. Abh Westf Mus Naturkde 53 (1/2): 1-313

Prusa E (1985) Die böhmischen und mährischen Urwälder – ihre Struktur und Ökologie. Vegetace CSSR 15, Prag

Rackham O (1980) Ancient woodland. Its history, vegetation and uses in England. Edward Arnold, London

Ralska-Jasiewiczowa M (1983) Isopollen maps for Poland: 0 – 11 000 years B.P. New Phytol 94: 133-175

Ramil-Rego P (1993) Evolución climática e historia de la vegetación durante el Pleistoceno Superior y Holoceno en las regiones montañosas del Nordoeste Ibérico. In: Perez-Alberti A et al (eds) La evolución del paisaje en las montañas del entorno de los Caminos Jacobenos. Xunta de Galicia, Santiago de Compostela, pp 25-60

Ramil-Rego P, Rodriguez-Guitian MA, Munoz-Sabrino C (1996) Distribución geografica de las formaciones vegetales durante el máximo arbóreo holoceno (7000-5000 BP) en tres macizos montañosos del Norte de la Peninsula Ibérico. In: Real Sociedad española de Historia Natural (ed) Actus de la XII. Bienal de R. S. E. H. N.: Tomo extraordinario publicado con motivo de 125 anniversario de la fundación, Madrid, pp 257-260

Raven PH, Axelrod DI (1974) Angiosperm biogeography and past continental movements. Ann Missouri Bot Gard 61: 539-673

Redecker B, Finck P, Härdtle W, Riecken U, Schröder E (eds) (2002) Pasture Landscapes and Nature Conservation. Springer, Berlin Heidelberg New York

Rehfuess KE (1990) Waldböden. Entwicklung, Eigenschaften und Nutzung. Pareys Studientexte 29, Parey, Berlin

Reif A, Leonhardt A (1991) Die Wald- und Forstgesellschaften im Fichtelgebirge. Hoppea 50: 409-452

Remmert H (ed) (1991) The Mosaic-Cycle Concept of ecosystems. Ecological Studies 85, Springer, Berlin Heidelberg New York

Rivas-Martínez S (1997) Syntaxonomical synopsis of the potential natural plant communities of North America, I. Itinera Geobot 10: 5-148

Rivas-Martinez S, Diaz TE, Prieto JAF, Loidi J, Penaz A (1984) Los picos de Europa. Leon

Röhrig E, Ulrich B (eds) (1991) Temperate deciduous forests. In: Goodall D (ed) Ecosystems of the world, Bd 7, Elsevier, Amsterdam London New York Tokyo

Roemer HL, Pojar J, Joy KR (1988) Protected old-growth forests in coastal British Columbia. Nat Areas J 8: 146-159

Romell LG (1967) Die Reuttebetriebe und ihr Geheimnis. Studium Generale 20: 362-369

Ruiz-Zapata B, Correia AI, Daveau S, Lecompte M (1995) Datos preliminares sobre la evolución de la vegetación en las Sierras del Nordoeste de Portugal durante el Holoceno. Acta de la III. Reunión del Cuartenario Ibérico, Coimbra, pp 79-104

Runge M, Leuschner C, Rode M (1993) Ökosystemare Untersuchungen zur Heide-Wald-Sukzession. Ber d Reinh-Tüxen-Ges 5: 135-148

Samek V, Javurek M (1964) Zerfallsphasen und Naturverjüngung in den Buchen-Mischwäldern. Lesnicky Casopis 10: 173-194

Sander T, König S, Rothe GM, Janßen A, Weisgerber H (2000) Genetic variation of European Beech (*Fagus sylvatica* L.) along an altitudinal transect at mount Vogelsberg in Hesse, Germany. Mol Ecol 9: 1349-1361

Sasaki Y (1970) Versuch zur systematischen und geographischen Gliederung der Japanischen Buchenwaldgesellschaften. Vegetatio 20: 214-249

Schaefer M (1999) The diversity of fauna of two beech forests: Some thoughts about possible mechanisms causing the observed patterns. In: Kratochwil A (ed) Biodiversity in ecosystems: principles and case-studies of different complexity levels. Tasks of Vegetation Science 34: 39-58

Schen ZH, Fang JY (2001) Niche comparison of two *Fagus* species based on the topographic patterns of their populations. Acta Phytocoenologia Sinica 25 (4): 392-398

Schmaltz J (1991) Deciduous forests of southern South America. In: Goodall DW (ed) Ecosystems of the world 7. pp 557-578, Elsevier, Amsterdam

Schmid W (1999) Bioindikation und Monitoring von Pflanzengesellschaften Konzepte, Ergebnisse, Anwendungen, dargestellt an Beispielen aus Wäldern. Ber d Reinh-Tüxen-Ges 11: 133-155

Schmidt W (2002) Die Naturschutzgebiete Hainholz und Staufenberg am Harzrand – Sukzessionsforschung in Buchenwäldern ohne Bewirtschaftung. Tuexenia 22: 151-213

Schmithüsen J (1976) Atlas zur Biogeographie. Meyers großer physischer Weltatlas. Bd 3. Bibliographisches Institut, Zürich

Schneider R (1978) Pollenanalytische Untersuchungen zur Kenntnis der spät- und postglazialen Vegetationsgeschichte am Südrand der Alpen zwischen Turin und Varese (Italien). Bot Jahrb Syst 100/1: 26-109

Schreiber HJ (1998) Waldgrenznahe Buchenwälder und Graslländer des Falakron und Pangäon in Nordostgriechenland – Syntaxonomie, Struktur und Dynamik. Arb Institut f Landschaftsökologie 4, Münster, S 1-170

Schroeder FG (1998) Lehrbuch der Pflanzengeographie. Quelle & Meyer, Heidelberg

Schütt P, Schuck HJ, Stimm B (1991) Lexikon der Baum- und Straucharten-Morphologie, Pathologie, Ökologie und Systematik wichtiger Baum- und Straucharten. Nikol, Hamburg

Schulze E-D (ed) (2000) Carbon and nitrogen cycling in European forest ecosystems. Springer, Heidelberg

Schulze E-D (1970) Der CO_2-Gaswechsel der Buche (*Fagus sylvatica* L.) in Abhängigkeit von Klimafaktoren im Freiland. Flora 159: 177-232

Schulze E-D, Lange OL (1986) Der Kohlenstoffhaushalt in Wald, Forst und Wiese. In: Ellenberg H, Mayer R, Schauermann J (Hrsg) Ökosystemforschung. Ergebnisse des Sollingprojekts 1966-1986: Ulmer, Stuttgart, S 136-149

Schwabe A (1999) Spatial arrangements of habitats and biodiversity: an approach to a sigmasociological level. In: Kratochwil A (ed) Biodiversity in ecosystems: principles and case-studies of different complexity levels. Tasks of Vegetation Science 34: 75-106

Seibert P (1962) Die Auenvegetation an der Isar nördlich von München und ihre Beeinflussung durch den Menschen. Landschaftspfl u Vegetationskde 3: 1-124

Seibert P (1968) Übersichtskarte der natürlichen Vegetationsgebiete von Bayern 1:500 000 mit Erläuterungen. Schriftenr f Vegetationskde 3: 1-83

Sissingh G (1970) Dänische Buchenwälder. Vegetatio 21: 245-254

Specht R (ed) (1979) Heathlands and related shrublands. In: Goodall D (ed) Ecosystems of the World, Bd. 9A, Elsevier, Amsterdam Oxford New York

Speier M (1997) Raum-Zeit-Dynamik in der Vegetations- und Landschaftsgeschichte Mitteleuropas. Natursch. u. Landschaftsplanung 30 (8/9): 237-242

Spilsbury RH, Tisdale EW (1944) Soil plant relationships and vertical zonation in the southern interior of British Columbia. Sci Agr 24: 395-436

Starke R, Hattemer HH, Ziehe M, Vornam B, Turok J, Herzog S, Maurer W, Tabel U (1995) Genetic variation at enzyme gene loci of beech (*Fagus sylvatica*). Allgemeine Forst- und Jagdzeitung 166: 161-167

Suzuki S, Miyawaki A (2001) The forest vegetation in the lower part of the *Fagetea crenatae* region in Japan - On *Fagus japonica* forests. Phytocoenologia 31 (3): 427-443

Teller A (1990) Directory of European research groups active in forest ecosystems research (Fern). European Science Foundation. Strasbourg

Tenhunen JD, Lenz R, Hantschel R (2001) Ecosystem approaches to landscape management in central Europe. Springer, Heidelberg

Trautmann W (1966) Erläuterungen zur Karte der potentiellen natürlichen Vegetation der Bundesrepublik Deutschland 1:200 000, Blatt 85 Minden. Schriftenr f Vegetationskde 1: 1-137

Tsukada M (1988) Japan. In: Huntley B, Webb III T (eds) Vegetation history. Handbook of Vegetation Science 7: 559-518

Tüxen R (1980) Die Buchen und ihr Lebensraum. Beih Veröff Natursch Landschaftspfl Baden-Württ 47: 1-128

Vankat JL (1992) The natural vegetation of North America: An introduction. Reprint Krieger, Malabar

Veblen TT, Baker WL, Montenegro G, Swetnam TW (2003) Fire and climatic change in temperate ecosystems of the Western Americas. Springer, Heidelberg

Vendramin GG, Degen B, Petit RJ, Anzidei M, Madaghiele A, Ziegenhagen B (1999) High level of variation at *Abies alba* chloroplast microsatellite loci in Europe. Mol Ecol 8: 1117-1126

Verbücheln G, Schneider K (1990) Rezente Zeugnisse historischer Waldwirtschaftsweisen am Niederrhein unter besonderer Berücksichtigung acidophiler Buchenniederwälder. Forstwiss Cbl 109: 296-308

Walentowski H (1998) Die Weißtannen-Waldgesellschaften Bayerns – eine vegetationskundliche Studie mit europäischem Bezug, mit waldbaulichen Anmerkungen und naturschutzfachlicher Bewertung. Diss Bot 291: 1-473

Walter H (1974) Die Vegetation Osteuropas, Nord- und Zentralasiens. Vegetationsmonographien, Fischer, Stuttgart

Wang XP, Wang JJ, Chen WL, Liu JA, Yao LZ, Liu MS, Chen JC (1965) Vegetation of Kuankoushui forest area, Guizhou. Acta Phytocoenologia et Geobotanica Sinica 3: 264-286

Weber HE (2003) Gebüsche, Hecken, Krautsäume. In: Pott R (Hrsg) Ökosysteme Mitteleuropas in geobotanischer Sicht. Ulmer, Stuttgart

Weinert E (1968) Zur Chorologie der submeridionalen Eichen-Hainbuchenwälder des südöstlichen Europa. Feddes Rep 78: 131-133

Welss W (1985) Waldgesellschaften im nördlichen Steigerwald. Diss Bot 83: 1-174

Willner W (2002) Syntaxonomical revision of the beech forests of southern Central Europe. Phytocoenologia 32 (3): 337-453

Wilmanns O, Bogenrieder A (1986) Veränderungen der Buchenwälder des Kaiserstuhls im Laufe von vier Jahrzehnten und ihre Interpretation – pflanzensoziologische Tabellen als Dokumente. Abh Westf Mus Naturkde 48: 55-79

Wittig R (1991) Schutzwürdige Waldtypen in Nordrhein-Westfalen. Geobot Kolloq 7, 3-15

Wittig R, Thiel A (1995) Buchenwälder in Nordwest-Spanien. Carolinea 53: 185-198

Wu CY (1983) Vegetation of China. Science Press, Beijing

Zacharias D (1996) Flora und Vegetation von Wäldern der Querco-Fagetea im nördlichen Harzvorland unter besonderer Berücksichtigung der Eichen-Hainbuchen-Mittelwälder. Natursch Landschaftspfl Niedersachsen 35: 1-150

Zacharias D, Brandes D (1990) Species area-relationship and frequency - Floristical data analysis of 44 isolated woods in northwestern Germany, Vegetatio 88: 21-29

Zerbe S (1992) Fichtenforste als Ersatzgesellschaften von Hainsimsen-Buchenwäldern. Ber Forschungszentr Waldökosysteme, Reihe A 100

Ziegenhagen B, Scholz F (1999) Erfassung von Biodiversität in Wäldern. Spektrum der Wissenschaft, Sonderheft 'Forschung in der Europäischen Union': A11-A13

Zukrigl K (1966) Urwaldreste in den niederösterreichischen Kalkalpen. Angew Pflanzensoz 19: 289-296

Zukrigl K, Egger G, Rauchecker M (1993) Untersuchungen über Vegetationsveränderungen durch Stickstoffeintrag in österreichische Waldökosysteme. Phytocoenologia 23: 95-114

10.7 Fragen zu Kapitel 10

1. Was sind die Unterschiede in der Gehölzartenzusammensetzung der laubabwerfenden Wälder Nordamerikas, Europas und Asiens, und wie kommen diese zustande?
2. Welche arktotertiären Relikte gibt es noch heute in der Waldflora Europas?
3. Was sind euxinische und hyrkanische Waldgebiete?
4. Wie trennen wir die temperaten, laubwerfenden Wälder von den Waldtypen der Etesienklimate?
5. Was geschah in Mitteleuropa im Glazial-Interglazial-Wechsel seit dem Pliozän hinsichtlich der Artenverarmung?
6. Wie sieht das „Idealbild" der spät- und postglazialen Vegetationsentwicklung für Mitteleuropa aus?
7. Wie unterscheiden sich die Waldentwicklungsphasen im Boreal und im Atlantikum?
8. Vergleichen Sie die aktuelle Laubwald-Vegetation der europäischen, der nordamerikanischen und der ostasiatischen Regionen.
9. Was unterscheidet Urwälder von genutzten Wäldern in Mitteleuropa?
10. Wie erfolgt die Verjüngung natürlicher Laubmischwälder?
11. Was verbinden Sie mit den Begriffen „*Ancient und Recent Woodland*"?
12. Altwälder besitzen eine vergleichsweise hohe Biodiversität. Warum?
13. Gibt es Indikatoren für „Altwälder"? Wenn ja – warum?
14. Was verbinden wir mit den Begriffen „Initial-, Optimal- und Terminalphase" im Mosaik-Zyklus-Konzept eines Waldes?
15. Buchenwälder in Japan und in Europa – Nennen Sie Gemeinsamkeiten und Unterschiede.
16. Was verbinden wir mit den Begriffen „Crassinodi-Linie" und „Kuromatsunai-Linie" in Asien?
17. Warum ist *Castanea dentata* in Nordamerika in den Laubwäldern zurückgegangen?
18. Wie sehen die temperaten sommergrünen Wälder Südamerikas aus?
19. Warum sind die temperaten Wälder so reich an Geophyten?
20. Warum gibt es in Nordamerika keine „reinen Buchenwälder"?

11 Hartlaubvegetationsgebiete der Etesienklimate mit Winterregen

Die fünf Regionen der Erde mit mediterranoidem Etesienklima im subtropisch-randtropischen Hochdruckgürtel sind das Mittelmeergebiet, Teile von Kalifornien, Mittelchile, Südafrika sowie Südwest- und Südaustralien, wie wir es im Kapitel 7.4 schon gesehen haben. In den mediterranen Gebieten der Nordhemisphäre fallen die Winterregen meist zwischen Oktober und März, auf der Südhalbkugel zwischen April und September. Die Jahresniederschlagswerte liegen in diesen Regionen überall im Mittel zwischen 300 und 1000 Millimetern (s. Abb. 7.22). An dieses Klima haben sich immergrüne, mikro- und sklerophylle Hartlaubpflanzen angepasst, deren Blätter häufig lederartig versteift und stark cutinisiert sind. Dabei ist das kompakte Mesophyll durch Sklerenchymelemente verstärkt, die Kutikulae sind verdickt, mit Wachs, Harz oder Kalk bezogen, Spaltöffnungen sind oft eingesenkt, und so ist auch bei Wassermangel die Formstabilität des Blattes sichergestellt. **Hartlaubigkeit**, also **Sklerophyllie**, ist eine Anpassung an die Langlebigkeit der Blätter; offenbar verstärkt durch Phosphatmangel der Böden. Diese **Konvergenz** betrifft aber nicht nur morphologische und physiognomische Eigenschaften, sondern auch physiologische Merkmale: So ist beispielsweise die Lebensdauer der immergrünen Blätter von Art zu Art verschieden: *Quercus ilex* trägt zwei Blattjahrgänge, *Pistacia lentiscus* wechselt die Blätter jährlich, und *Buxus sempervirens* oder *Ilex aquifolium* behalten ihr Laub gleich mehrere Jahre. Diese immergrünen Hartlaubgehölze sind auch im milden Winterklima photosynthetisch aktiv. Unter den Kräutern gibt es viele kurzlebige Pflanzen; die winterblühenden Therophyten dominieren, und sie schließen ihren Lebenszyklus zu Beginn der sommerlichen Trockenheit ab. Geophyten aller Art überstehen ebenfalls mit ihren Überdauerungsorganen die sommerliche Trockenheit, und viele mediterranoide Arten sind überdies optimal in besonderer Weise an Feuer angepasst. Dabei geht man davon aus, dass im 40- bis 100-jährigen Zyklus natürliche Waldbrände und Buschfeuer die Hartlaubvegetation mit ihren brennbaren, aromatischen Pflanzen steuern. Die häufigen feuerresistenten Kiefern (*Pinus pinea*, *P. pinaster* und *P. halepensis*) im Mittelmeergebiet werden dabei stark begünstigt (Abb. 11.1).

Abb. 11.1. Die feuerresistenten Kiefern *Pinus pinea* (links), *P. pinaster* (Mitte) und *P. halepensis* (rechts)

Der **Pyrophytismus** zeigt sich in vielfältigen Überlebensstrategien: Viele Pflanzen sind in der Lage, immer wieder nach Brand auszutreiben, weil sie dicke, **feuerresistente Borken** besitzen, welche die Meristeme schützen. Andere besitzen **Lignotuber**, eine verholzte Anschwellung der unteren Internodien im Bereich der Kotyledonen und der Primärblätter inklusive der Wurzelhälse. Aus diesen Reserveorganen werden nach Brand immer wieder neue Triebe hervorgebracht. Viele Pflanzen speichern auch einfach soviel Reservestoffe im Stamm, dass sie nach einem Brand sofort wieder austreiben, wie wir es von den australischen „Grasbäumen" der Gattungen *Xanthorrhoea*, *Kingia* und *Dasypogon* kennen (Abb. 11.2). Manchmal hilft auch nur die „Verlagerung" von Vegetationsmeristemen in die Erde, da der Boden als guter Isolator gegen die Feuerhitze fungiert, wie wir es von den Geophyten und vielen Zistrosen aus dem Mittelmeergebiet kennen.

Abb. 11.2. *Eucalyptus tereticornis* (links) regeneriert nach Feuer aus dem Lignotuber. *Xanthorrhoea macronema* (Mitte) und *Dasypogon hookeri* (rechts) regenerieren aus dem Apikalmeristem

Alle diese Anpassungen sind Beispiele hervorragender Konvergenzen und Ähnlichkeiten der Etesienklimate, und die Sklerophyllie verbindet sie gewissermaßen: Unterschiede eines Steineichen-Hartlaubwaldes der Mittelmeerregion zu einem südwestaustralischen *Eucalyptus*-Wald, einem kapländischen Proteaceen-Gehölz, einem weniger sklerophyllen chilenischen Gebüsch und einem kalifornischen Eichenwald sind natürlich florengeschichtlich bedingt, wie wir es im Kapitel 6 gesehen haben. Das geologisch verschiedene Alter der nord- und südhemisphärischen Etesiengebiete wirkt dabei verstärkend: In der Holarktis überwiegen junge, tertiäre, relativ nährstoffreiche Standorte; auf der Südhalbkugel sind in Südafrika und in Australien die viel älteren Gondwana-Gesteine und deren Böden sehr viel nährstoffärmer. Für das Verständnis dieses Zonobioms sind neben dem Klima vor allem die Faktoren von Feuer und Bodendegradierung, die Florengeschichte und die Nachbarschaft zu anderen Zonobiomen von Bedeutung: So ist das europäische Mittelmeergebiet im Norden einer sommergrünen Laubwaldzone benachbart und hat in der **submediterranen Zone** auch zahlreiche „Übergangsvegetationstypen" entwickelt, beispielsweise mit teilimmergrünen Flaumeichenwäldern aus der winterkahlen Flaumeiche *Quercus pubescens* mit einer immergrünen Strauchschicht aus *Buxus sempervirens, Ruscus aculeatus* oder mit *Acer monspessulanum* und anderen submediterranen Arten (Abb. 11.3).

Abb. 11.3. Submediterrane Flaumeichenwälder der Provence im Herbstlaub: rot ist der Perückenstrauch *Cotinus cogyria*, Anacardiaceae; gelb wird *Acer monspessulanum*, Aceraceae (1994)

Box 11.1. Entstehung der Hartlaubvegetation

Die Entstehung warmkontinentaler und sommertrockener Klimate in Bereichen der submeridionalen und meridionalen Zonen in den Mittelmeerländern, im westlichen Nordamerika, aber auch auf der Südhalbkugel, zum Beispiel in Südafrika, in Südwestaustralien und in Südamerika südlich von Valdivia in Chile, hat im mittleren Tertiär zur Verwandlung der dortigen immergrünen Regenwaldfloren zu Hartlaubfloren geführt. In Europa wurde diese Entwicklung durch die **Messinischen Salinitätsphasen** des Mittelmeeres im Miozän beschleunigt. Beispiele für diesen Florenwandel sind das Auftreten von *Myrtus communis* (Myrtaceae) und *Smilax aspera* (Liliaceae) in der Mediterranflora aus überwiegend tropischen Familien sowie die Herausbildung der immergrünen Arten *Quercus ilex*, *Nerium oleander* und *Olea europaea*. Die Bildung solcher Hartlaubelemente ist besonders in oligo- bis miozänen Fossilfloren Südosteuropas mit Vorfahren heutiger Arten von *Laurus*, *Arbutus*, *Ceratonia*, *Pistacia*, *Phillyrea* gut dokumentiert. Die Lorbeerwälder der Kanarischen Inseln und von Madeira können beispielsweise wenigstens teilweise als Relikte angesehen werden. Mit zunehmender Austrocknung und Kontinentalisierung meerferner Gebiete im Jungtertiär stand offenbar auch eine fortschreitende Differenzierung von Trockenfloren waldfreier Savannen, Steppen, Halbwüsten and Wüsten – auch der gemäßigten Breiten – sowie deren weltweite Ausbreitung in direktem Zusammenhang. Mit der Ausbreitung von Savannen und Steppen wiederum war die Evolution vieler grasfressender Herdentiere koevolutiv verbunden. Am Mittelmeer selbst überlebten als Relikte einige Palmen wie die Kretische Dattelpalme *Phoenix theophrasti*, die süd-west-mediterrane Zwergpalme *Chamaerops humilis*, der kauliflore Judasbaum *Cercis siliquastrum* sowie der Johannisbrotbaum *Ceratonia siliqua* aus der Familie der Cesalpiniaceae, die heute omnimediterran verbreitet sind. Reliktpopulationen tropischer Farne, wie *Woodwardia radicans* und *Culcita macrocarpa* in Kantabrien, Portugal, auf Sizilien, auf Korsika und Sardinien bezeugen noch heute das alte Areal und runden das Bild ab (Abb. 11.4).

Im Süden der Mediterraneis sind in Nordafrika zahlreiche Übergänge zu den Halbwüsten- und Wüsten-Zonobiomen Nordafrikas entwickelt. Auch die übrigen mediterranoiden Zonobiome in Australien, Südafrika, Südamerika und in Kalifornien sind von Wüstenlandschaften teilweise vollständig umgeben. Allenfalls sind in Chile, in der Kolchis und in Nordamerika noch Kontakte zu warmtemperaten Waldgebieten des Zonobioms V vorhanden. Alle diese Gebiete gelangten erst in vergleichsweise junger Zeit in den Einfluss von Etesienklimaten: Das typische mediterrane Klimaregime hat sich erst im Pleistozän im Zuge der Vereisungen der Polkappen vollends ausgebildet. Mit dieser sind die Tiefdruckrinnen der Gemäßigten Zonen mit ihren Zyklonen entstanden, welche im Winterhalbjahr auf die Mediter-

Abb. 11.4. Immergrüne Hartlaubelemente des Mittelmeergebietes: **a** *Olea europea*, Oleaceae, **b** *Ruscus aculeatus*, Asparagaceae, **c** *Myrtus communis*, Myrtaceae, **d** *Nerium oleander*, Apocynaceae, **e** *Pistacia lentiscus*, Anacardiaceae, **f** *Cercis siliquastrum*, Fabaceae, **g** *Buxus sempervirens*, Buxaceae, **h** *Arbutus unedo*, Ericaceae, **i** *Phoenix theophrasti*, Arecaceae, endemisch in Kreta

rangebiete übergreifen. Im Sommerhalbjahr geraten diese hingegen in den Einflussbereich des subtropischen Hochdruckgürtels. Der pleistozäne Klimawandel traf auf das Erbe der laurophyllen Tertiärvegetation und wirkte selektionierend, und nur präadaptierte sklerophylle Pflanzen konnten sich nach diesem Prozess halten und weiter anpassen. Durch geographische Isolation haben sich die unterschiedlichen Floren dieses Zonobioms ent-

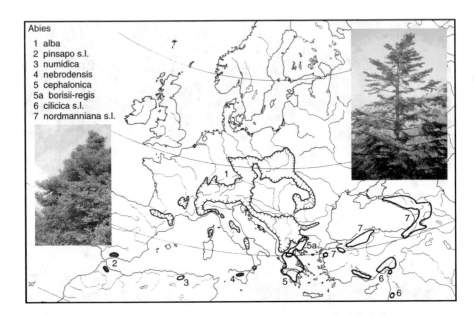

Abb. 11.5. Verbreitung von Tannen der Gattung *Abies* in Mitteleuropa und im Mittelmeergebiet. Das im Tertiär wahrscheinlich zusammenhängende Gattungsareal wurde im Pleistozän in zahlreiche disjunkte Reliktvorkommen mit mehreren vikariierenden Neoendemiten in verschiedenen mediterranen Gebirgen aufgetrennt, z. B. *Abies pinsapo* (Detail links) in Afrika und Spanien und *Abies nebrodensis* in Sizilien (Detail rechts, Karte aus Schroeder 1998)

wickelt, wie wir es in den Kapiteln 6 und 7 gesehen haben. Reste der alten tertiären Reliktwälder gibt es unter anderem noch im Zonobiom V auf den Inseln im Atlantik, wir kommen im nächsten Kapitel darauf zurück. Das mediterranoide Buschland ist unter verschiedenen Namen aus allen Erdteilen bekannt: **Macchia** im Mittelmeerraum, **Chaparral** in Kalifornien und Arizona, **Fynbos** in Südafrika, **Kwongan, Jarrah** und **Karri** in Südwestaustralien und **Matorral** in Mittelchile. Die Entwicklung der verschiedenen mediterranoiden Floren auf der Erde während des Tertiärs und des Pleistozäns bis heute ging also von halbimmergrünen beziehungsweise laurophyllen Waldtypen aus, wie sie schon im Kapitel 7.5 genannt sind: Es war das damals weltumspannende Lorbeerwald-Biom, welches im Tertiär noch von den Subtropen bis in die temperaten Zonen verbreitet war. Die heutige Situation ist erst nach dem oben beschriebenen Klimawandel im Miozän und im Pleistozän seit etwa 2,8 Millionen Jahren entstanden, so dass wir die Hartlaubvegetation der Etesienklimate als relativ junge holozäne bis pleistozäne Xeromorphose der tertiären Feuchtwälder deuten dürfen (Box 11.1). Fossilfunde im Mittelmeerraum mit lorbeerblättrigen und hartlaubigen Bäumen beweisen das. So darf man wohl annehmen, dass die radikale Klimaveränderung des Tertiärs und Pleistozäns und die zeitgleich erfolgte alpidische Gebirgsfaltung eine Vielzahl neuer Lebensräume mit Isolation, Endemismus und letztendlich hoher Biodiversität geschaffen haben, wie wir es heute sehr gut am Beispiel der nordafrikanisch-mediterranen Vertreter der Gattung *Abies* sehen können (Abb. 11.5).

11.1 Mittelmeergebiet

Nach Martin Rikli (1943) besitzt das Mittelmeergebiet fast 20 000 Pflanzenarten mit einem Endemitenanteil von über 7000. Von den fünf Gebieten mit mediterranoidem Klima ist das mediterrane Hartlaubgebiet flächenmäßig das größte, und es ist weitgehend identisch mit dem Anbaugebiet des kultivierten Ölbaumes *Olea europaea* und dem Areal der mediterranen Gattung *Cistus*, die mit verschiedenen Arten jeweils west-, ost- oder omnimediterran verbreitet ist (Abb. 11.6). Ursprünglich war diese mediterrane Region vorwiegend von immergrünen Hartlaubwäldern bedeckt, welche sich ebenfalls biogeographisch differenzieren lassen: In weiten Bereichen beherrscht die immergrüne Steineiche *Quercus ilex* diese Wälder, im westmediterranen Raum gibt es zudem Korkeichen-Wälder mit *Quercus suber*, und im östlichen Mediterrangebiet, beispielsweise in Syrien, Jordanien und Israel, dominieren *Quercus calliprinos*-Wälder. Diese Hartlaubwälder sind durch den Menschen im Laufe der Jahrtausende langen landwirtschaftlichen Nutzung zum größten Teil vernichtet und durch Degradationsstadien ersetzt worden. Die menschliche Einflussnahme ist

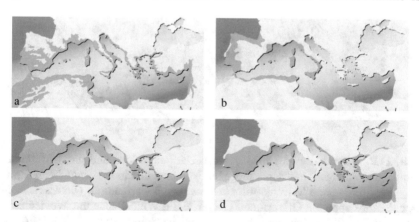

Abb. 11.6. Unterschiedliche Verbreitungstypen mediterraner Baumarten: **a** *Olea europaea*, omnimediterran, **b** *Quercus suber*, westmediterran, **c** *Quercus ilex*, fehlt im Südosten, **d** *Quercus coccifera* (aus Hofrichter 2002, © Spektrum, Heidelberg)

nachweisbar seit dem Paläolithikum und besonders im Neolithikum, wie wir es im Kapitel 5.2 gesehen haben (s. Abb. 5.7). Diese setzte sich fort in den antiken Hochkulturen der Perser, Griechen, Karthager und Römer; im Mittelalter durch die arabischen Mauren, die bis nach Spanien vorgedrungen waren, und in der Neuzeit schließlich durch die Handelsrepubliken der Venezianer, der Genuesen, der Spanier und des osmanischen Reiches, um die wichtigsten Akteure hier zu nennen (s. Box 11.2). Das hatte zahlreiche vegetationsbeeinträchtigende Wirtschaftsformen zur Folge, deren Resultate wir noch heute im Mittelmeergebiet überall sehen: Durch Rodung kam es zur Entfernung der gesamten natürlichen Vegetation; durch Langholzgewinnung zur Vernichtung des Hochwaldes; durch Pech-, Holzkohle- und Brennholzgewinnung zur Schaffung und Erhaltung von Niederwäldern. Laubheugewinnung führte zur Verhinderung neuen Stammwuchses, Beweidung und Brand bewirkten Auslese und Massenentfaltung resistenter Arten. Es bildeten sich **Sekundärformationen** der extensiv genutzten Landschaft, und diese sind deshalb heute landschaftsprägend; sie bilden das derzeitige Inventar der mediterranen Kulturlandschaften (Abb. 11.7 und 11.8). Die **Macchia** ist ein immergrüner Buschwald, die **Garigue** eine Kleinstrauchflur aus Chamaephyten; die **Pseudosteppe** eine gehölzfreie Thero- und Sklerophytenflur. Dazu kommen der **Sibljak** und die **Pseudo-**

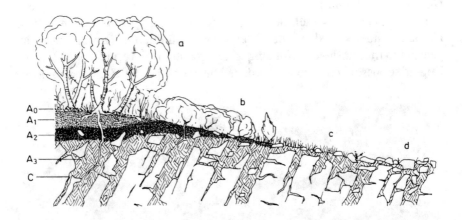

Abb. 11.7. Degradation des mediterranen Hartlaubwaldes und des Bodenprofils infolge übermäßiger, anthropo-zoogener Nutzung durch Holzentnahme, Brand, Weide und Erosion. **a** Macchie mit *Quercus ilex*, **b** Garigue mit *Quercus coccifera*, **c** Pseudosteppe mit Gräsern und Geophyten, **d** Weidefläche mit Weideunkräutern. Bodenprofil: A_0 Laubstreu, A_1 humusreiche, schwärzliche Feinerde, A_2 humusarme Übergangsschicht, A_3 humusarmer Rotlehm, fossile *Terra rossa* und C kompakter Jurakalk. Die Bodenschichten werden durch die Degradation bis auf das Ausgangsgestein abgetragen. (aus Braun-Blanquet 1951)

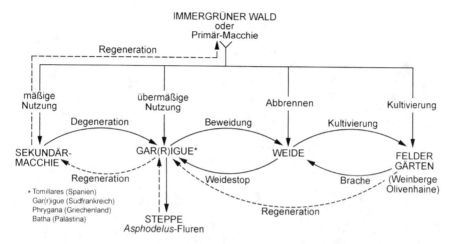

Abb. 11.8. Degradation und Regeneration der Vegetation unter anthropo-zoogenem Einfluss im Mittelmeergebiet (aus Frey u. Lösch 2004, © Elsevier GmbH)

macchia als Sekundärgebüsche der submediterranen und subkontinentalen Randgebiete des Mittelmeerraumes. So gibt es komplizierte Sukzessionszusammenhänge zwischen Degradation und Regeneration mediterraner Vegetationseinheiten, die wir fast überall in der Mediterraneis und in den vergleichbaren Regionen der Erde sehen können (Abb. 11.9).

Der jahreszeitlichen Verteilung von Temperatur und Niederschlag im mediterranen Winterregengebiet entspricht ökologisch der Typus der immergrünen Hartlaubgewächse. Sie können gerade in der Zeit guter Wasserversorgung zwischen Spätwinter und Frühsommer optimal assimilieren und die für sie notwendigen Zuwächse an Holz- und Blattmasse erzielen, noch bevor sommerdürrebedingte Vegetationsruhephasen einsetzen, da sie ihre Assimilationsorgane, also die Blätter und die grünen Sprosse, nicht alljährlich erst wieder neu anlegen müssen. Die Blätter der meisten immergrünen Holzarten haben eine Lebensdauer von zwei bis vier Jahren und werden dann abgestoßen. Im europäischen Mittelmeergebiet halten sich die immergrünen Hartlaubgewächse in der Regel nur dort, wo der temperierende Einfluss des Meeres die Winterfröste fernhält oder auf ein Minimum begrenzt. Diesen Verhältnissen entspricht floristisch der mediterrane Arealtyp. Dem westlichen Klimagefälle zufolge lassen sich unterscheiden:

- Das **omnimediterrane** Geoelement (z. B. *Olea europaea*, *Arbutus unedo*, *Spartium junceum*, *Cistus salvifolius*),
- das **westmediterrane** Geoelement (z. B. *Thymus vulgaris*),
- das **ostmediterrane** Geoelement (z. B. *Arbutus andrachne*).

Abb. 11.9. Beispiele für mediterrane Vegetationsformationen: **a** Immergrüner Steineichenwald mit *Quercus ilex* als potentielle natürliche Vegetation (Sardinien, Monte Nuovo San Giovanni 2004), **b** *Juniperus oxycedrus* und *Quercus ilex*-Macchie (Sardinien, Supramonte 2003), **c** *Chamaerops humilis* und *Buxus balearicus*-Garigue (Mallorca, Cala Figuera 2004), **d** *Euphorbia dendroides*-Garigue (Sizilien, Monti Hyblei 2002), **e** *Cistus monspeliensis* und *C. salvifolius* (Sardinien, Costa Smeralda 2004), **f** *Chrysanthemum coronarium*-Therophytenflur (Sizilien, Mozia 2002)

Hauptwaldbildner ist die Immergrüne Steineiche *Quercus ilex*, welche sich unter ungestörten Verhältnissen zu 20 und mehr Meter hohen, licht- und krautarmen Hochwäldern zusammenschließt. Orographische Sonderstandorte im Steineichen-Wuchsgebiet sowie Bereiche ausgeprägterer Sommertrockenheit im Süden und Osten der Mediterraneis werden von hygrisch weniger anspruchsvollen artenreichen Hartlaub-Offenwäldern mit *Pistacia lentiscus* und *Rhamnus alaternus* eingenommen, in denen Nadelhölzer, vor allem *Pinus*, *Juniperus* und *Cupressus* wesentlich an der Zu-sammensetzung der Baumschicht beteiligt sein können. Wir differenzieren heute verschiedene Zonen mediterraner Vegetation: Die **inframediterrane Zone** ist die wärmste, im Winter immer frostfreie Zone. Sie ist nur im Südwesten von Marokko zu finden. Die **thermomediterrane Zone** ist die eigentliche mediterrane Stufe der küstennahen südlichen Bereiche bis etwa 300 bis 400 Metern Meereshöhe. Sie ist unter anderem durch gehäufte Vorkommen von *Olea europaea*, *Ceratonia siliqua*, *Pistacia lentiscus* und *Laurus nobilis* angezeigt, in manchen Regionen auch von *Quercus suber* und *Pinus pinaster*. Hierzu gehören auch die trockenen südspanischen und nordafrikanischen *Stipa tenacissima*-Halbwüsten. Besonders bezeichnend sind im Westen die Dickichte von *Chamaerops humilis* (Abb. 11.10).

Abb. 11.10. Links: *Stipa tenacissima*-Halbwüste mit zahlreichen nordafrikani-schen Pflanzen an der südwestspanischen Küste, Cabo di Gata (1997), rechts: *Chamaerops humilis*-Garigue am Monte Cofano, Sizilien (2002)

Die **mesomediterrane Stufe** ist die der immergrünen Steineiche *Quercus ilex* mit den Degradationsstadien von Macchie und Garigue. Es ist die im Mittelmeergebiet am weitesten verbreitete zirkummediterrane Zone mit *Quercus ilex*; aber auch mit *Quercus rotundifolia*- und *Q. faginea*-reichen Ausprägungen im Atlas und auf der Iberischen Halbinsel. Nach Osten hin dominieren Kermeseiche *Quercus calliprinos* und *Q. macrolepis*. In den Hochlagen der mesomediterranen Stufe gibt es Nadelwälder mit *Pinus nigra*, *P. halepensis* auf Silikatböden und *P. nigra* ssp. *laricio*, welche auf ungünstigen Standorten die Hartlaubwälder ersetzen. Die **supramediter-rane Stufe** liegt zwischen 500 und 1000 Metern Meereshöhe, es ist die Stufe der laubwerfenden Bäume, vor allem der Eichen, von denen die

Flaumeiche *Quercus pubescens* die größte Rolle spielt. Im Hohen und Mittleren Atlas übernehmen Zedern *Cedrus atlantica* diese Rolle (Abb. 11.11 und 11.12). Die **oromediterrane Gebirgsstufe** ist eine Besonderheit der Hochgebirge in der Mittelmeerregion.

Abb. 11.11. Hochmontaner Kiefernwald mit *Pinus nigra* ssp. *lacicio* und *Betula alba* im Vordergrund, Valdo Niello Korsika (2001)

Abb. 11.12. *Cedrus atlantica*-Wald im Mittleren Atlas, Marokko (2001)

Box 11.2. Hochkulturen seit dem Altertum im Mittelmeergebiet

Es ist verständlich, dass sich gerade im Etesienklima die Hochkulturen des Altertums entwickelten. Die Vernichtung der ursprünglichen Vegetation durch Rodungen und Anlage von Anbauflächen kann in den Kerngebieten der Stadtkulturen der Hethiter, Assyrer, Phönizier des altägyptischen, minoischen und mykenischen Kulturkreises bei entsprechend hoher Bevölkerungsdichte bereits seit dem dritten vorchristlichen Jahrtausend als vollzogen angesehen werden, noch bevor zahlreiche griechische und römische Autoren ein detailliertes Bild der Nutzung der mediterranen Landschaft während der Blüte der griechischen Poleis und des römischen Imperiums entwarfen. Während der griechischen Kolonisation und der römischen Expansion stand vor allem die Rolle des Meeres als Hauptverkehrsträger und damit die Ausbeutung von Holzvorräten für den Schiffbau im Vordergrund. Folgende historische Quellen erlauben seit etwa 900 vor Christus eine genaue Vorstellung über die Art und das Ausmaß menschlicher Eingriffe in das natürliche Pflanzenkleid der Mittelmeerländer seit jener Zeit: Hesiod (9. Jahrhundert vor Christus) schrieb vier Bücher mit Vorschriften über Land- und Hauswirtschaft; Marcus Porcius Cato (234-149 v. Chr.) *„De agri cultura"*; Marcus Terentius Varro (116-26 v. Chr.) *„De agricultura"*, *„De re pecuaria"*, *„De villaticis pastionibus"* (Vieh- und Weidewirtschaft!); Strabo (1. Jahrhundert nach Christus) ist bekannt durch seine Geographie in 17 Büchern; Gaius Plinius Secundus (23-79 n. Chr.) verfasste die *Historia naturalis"* in 37 Büchern, es ist das Hauptwerk für Land- und Holzwirtschaft und Gartenbau der römischen Kaiserzeit schlechthin, und Lucius Junius Columella (um 60 n. Chr.) schrieb *„De re rustica"*, *„De arboribus"*.

Im Ostteil des Mittelmeerraums blieben Besetzungen, Einquartierungen, Despotien auf fremdem Gebiet, die oft viele Jahrzehnte dauerten, während der Zeit der Kreuzzüge und des Machtkampfes zwischen Seleukiden, Byzantinern und Franken nicht ohne erhebliche Folgen für die Landschaft und ihre Pflanzendecke. Im arabischen Bereich Afrikas und Spaniens blühten im mediterranen Küstensaum Garten- und Bewässerungskulturen. Nach der Entdeckung Amerikas begann zu Beginn der Neuzeit im 16. Jahrhundert der ungeheure Aufschwung der iberischen Länder mit einem enormen Bedarf an Schiffsraum für den Überseeverkehr mit der Neuen Welt. Die Handelsrepubliken Genua und vor allem Venedig beherrschten mit ebenso umfangreichen Flotten den gesamten Levantehandel. Im Rahmen solcher merkantilistischer Wirtschaftssysteme erfuhren alle irgendwie bestellbaren Böden eine Umwandlung in Anbauflächen, die nicht kultivierten Flächen, vor allem die Wälder, dagegen eine weitgehende Zerstörung durch ungeregelte Holzentnahme, Beweidung und Brandwirtschaft, verbunden mit einem in Hanglagen meist irreversiblen Bodenabtrag (Abb. 11.13 und Abb. 11.14).

Abb. 11.13. Ziegenweide am Arganien-Baum *Argania spinosa,* einem Tertiärelikt aus der Familie der Sapotaceae, Marokko (2001)

Abb. 11.14. Pseudosteppe als extremste Degradationsform der mediterranen Wälder. Hoher Atlas, Marokko (2001)

11.2 Chaparral Kaliforniens

Das kalifornische Hartlaubgebiet ist arten- und endemitenreich, und entsprechend des klimatischen Niederschlagsgefälles von Nord nach Süd treten nur im nördlichen Teil des Hartlaubgebietes immergrüne, sklerophylle Eichenwälder mit *Quercus agrifolia* und *Q. engelmannii* auf, südwärts schließt sich die Gebüschformation des **Chaparral** an (Abb. 11.15). Die Tatsache, dass die geologische Entwicklung des amerikanischen Kontinents nur Nord-Süd gerichtete Gebirgszüge entstehen ließ, ist für das Klima Nordamerikas von genereller Bedeutung. Weder die Appalachen noch die Kordillieren können die von Norden vordringenden Kaltluftströme oder die vom Süden ausgehenden Hitzewellen aufhalten. Allgemein ist das Wetter im Westen der Vereinigten Staaten jedoch trockener und sonnenreicher als im Osten. Die Größe des Raumes bedingt jedoch, dass zwischen dem Rio Grande und dem Pazifik sowie zwischen der kanadischen und mexikanischen Grenze sehr unterschiedliche klimatische Gegebenheiten herrschen.

Abb. 11.15. In der kalifornischen Hartlaubvegetation dominieren in erster Linie die Eichen. So kommen etwa zehn baumförmige *Quercus*-Arten vor, darunter etwa vier sommergrüne Arten. Nappa Valley, Kalifornien (2001)

Das kalifornische Zonobiom IV entspricht der eigentlichen mediterranen kalifornischen Florenprovinz, die mit 4240 Arten und 806 Gattungen als sehr artenreich gilt. Die heutige westamerikanische Flora ähnelt noch weitgehend der pliozänen Flora, da während der Eiszeiten keine Verarmung des Artenpools eintrat; so sind auch die meisten heute vertretenen Pflanzengesellschaften sehr artenreich. Einige Gattungen wie beispielsweise *Quercus* oder *Arbutus* sind hier beispielsweise durch eine große Zahl von Arten repräsentiert. Hinzu kommen außerdem viele Gattungen, die in Europa gänzlich fehlen, wie beispielsweise die Gattung *Ceanothus* aus der Familie der *Rhamnaceae*, die hier insgesamt mit 40 Arten vertreten ist. Allein aus der Gattung *Arctostaphylos* sind zudem 45 strauchförmige Arten vorhanden. Als eine Leitart des nordamerikanischen Chaparral kann überhaupt die Rosaceae *Adenostoma fasciculatum* aufgefasst werden, deren Verbreitung in etwa die Ausdehnung des kalifornischen Hartlaubgebietes wiedergibt.

Der Chaparral entspricht nur physiognomisch der anthropo-zoogenen Macchia der europäischen und nordafrikanischen Mittelmeerländer. Er ist im Gegensatz zur Macchia eine natürliche zonale Vegetationsformation, die sich aufgrund der relativ geringen Winterniederschläge von 500 Millimetern ausbildet, wobei in erster Linie stets wiederkehrende natürliche Brände den Lebenszyklus dieser Vegetationsformation prägen. Letztere verändern den Chaparral nur wenig, da hier die Sträucher nach den Brandereignissen stets wieder ausschlagen können. So ist das großflächige Auftreten dieser Vegetation nach F. G. Schroeder (1998) auch in Kalifornien als eine **Feuerklimax** zu interpretieren.

Aufgrund des hohen Harzreichtums der Hölzer und Blätter können sich Waldbrände in den dichten Gebüschen sehr rasch ausbreiten. Dabei werden jedoch nur die oberirdischen Triebe der Pflanzen abgetötet, wohingegen die unterirdischen Teile der Vegetationskörper trotz der Feuereinwirkung vital bleiben und wieder austreiben. In der Optimalphase der Vegetation ist die Gebüschstruktur so dicht geschlossen, dass ein Eindringen von Bäumen nur schwer möglich ist. Erst mit dem Einsetzen der Altersphase eines Bestandes – wenn längere Zeit keine Brände mehr aufgetreten sind und die Straucharten ihre natürliche Altersgrenze erreicht haben – lockern sich die Gebüsche allmählich auf. Nun können auch in den offeneren Strauchgruppen vereinzelt Bäume aufkommen, sofern diasporenliefernde Exemplare in der näheren Umgebung vorhanden sind. Daher ist der Chaparall in seiner Altersphase stellenweise mit Einzelbäumen durchsetzt. Typisch für solche Bestandsbilder sind beispielsweise die pyrophytischen Kiefernarten, welche die Feuersbrünste aufgrund ihrer besonders dicken Borke überstehen können. Zugleich besitzen sie dicht geschlossene Zapfen, die sich nur unter Hitzeeinwirkung öffnen, wie wir es schon von den australischen Banksien kennen (Abb. 6.40), so dass zyklische Brände für ein dauerhaftes Überleben der Population nötig sind.

11.3 Hartlaubgehölze in Südchile

Das Hartlaubgebiet Südamerikas reicht von etwa 32 Grad bis nach 37 Grad südlicher Breite. Im Norden besitzt es ausgedehnte Übergänge mit den nordchilenischen Wüsten, im Süden mit den temperaten *Nothofagus*-Wäldern. Nur wenige Reste dieser ehemals weiter verbreiteten Hartlaub-wälder gibt es heute noch. Sie sind größtenteils in Kulturland überführt worden. Floristisch ist der **Matorral** völlig eigenständig: Die Lauraceen *Beilschmidia micosii* und *Persea lingue, Lithrea caustica* aus der Familie der Anacardiaceae und die Rosaceen *Quillaja saponaria* und *Kageneckia oblonga* dominieren die Bestände, wie es Wolfgang Frey und Rainer Lösch (2004) beschreiben.

11.4 Fynbos des Kaplandes in Südafrika

Im warmgemäßigten Winterregengebiet der Capensis fehlen höherwüchsi-ge Bäume, nur die Proteacee *Leucadendron argenteum* kann eine Wuchs-höhe von 15 Metern erreichen. Der Fynbos ist ansonsten nur ein bis vier Meter hoch, dominiert von den Proteaceen mit etwa 70 Arten, darunter *Protea grandiflora* und *P. mellifera*. Ferner nehmen die Ericaceen mit über 450 Arten eine führende Stellung ein. Die gondwanischen Restionaceen haben ebenfalls hohe Anteile an der Vegetationsbedeckung. Sukkulente *Euphorbia*-Arten bilden Übergänge zu den Karoo-Wüsten. Auch hier herrscht das Feuer als standortprägender Faktor. Der Fynbos bedeckt heute im äußersten Südwesten und in den südlichsten Teilen von Südafrika eine Fläche von etwa 70 000 Quadratkilometern auf extrem nährstoffarmen, sehr alten Graniten und podsolierten Sandböden (s. Abb. 4.20). Diese hei-deartige Formation besitzt große Ähnlichkeit mit den Hochlandheiden des tropischen Afrika am Kilimandscharo und in den Kwongan-Formationen von Südwest-Australien: Es ist eine immergrüne, feueradaptierte Vegetati-on aus schmalblättrigen, hartlaubigen Gebüschen, vor allem aus *Elytro-pappus rhinocerotis* und den genannten Proteaceen und Ericaceen sowie einem Unterwuchs aus Restionaceen und Geophyten. Man unterscheidet mehrere Fynbos-Typen, von denen hier die wichtigsten genannt sein sol-len: Der **Restioid fynbos** besteht aus dominierenden Restionaceen und den Proteaceen *Leucadendron, Protea* und *Stoebe* auf gut durchfeuchteten Bö-den im gesamten Fynbos-Gebiet; der **Ericaceous fynbos** ist beherrscht von den Ericaceen, den Bruniaceen und den Grubbiaceen in feuchten Südexpo-sitionen mit Niederschlägen bis zu 1000 Millimetern pro Jahr; der **Prote-oid fynbos** ist der „Idealtyp" vom Meeresniveau bis zu 950 Metern Höhe bei Niederschlagsmengen von 400 bis 1000 Millimetern pro Jahr. Hier herrschen *Leucadendron*-Arten zusammen mit *Protea aurea*, *P. compacta*, *P. cynaroides* und zahlreichen weiteren *Protea*-Arten. Entlang der Küste der Kapregion nahe Knysna gibt es weitere Buschwälder, beispielsweise den Tsitsikamma-Wald, einen subtropischen Primärwald mit vielen endemischen Gehölzen und Lianen. Hier wächst die Wildform der Zimmerlinde *Sparmannia africana* aus der Familie der Ulmaceae, und wir finden wieder Vertreter der im Kapitel 2.2 vorgestellten ***Ancient plants***, der Cycadeen, z. B. *Encephalartos lebomboensis* an Felsstandorten (Abb. 11.16).

Abb. 11.16. Links: *Sparmannia africana*, Ulmaceae, Mitte: *Protea cynaroides*, Proteaceae, Rechts: *Encephalartos lebomboensis*, Cycadaceae

11.5 Kwongan-Heiden und Jarrah-Wälder in Südwest-Australien

Viele Gebiete des südwestaustralischen mediterranoiden Zonobioms sind noch unberührte Wildnis und zählen zu den großen Schutzgebieten der Erde. Die Stirling-Range ist ein solches Beispiel mit ihren Felsrücken und Plateaus, bedeckt von einem niedrigen, artenreichen Buschwald, der als **Kwongan** bezeichnet wird. Hier gibt es Niederschläge von 400 bis 600 Millimetern. In feuchteren Tälern und auf Unterhängen in Berglagen bei jährlichen Regenfällen mit 600 bis 1000 Millimetern löst diesen der **Jarrah-Wald** ab, ein Wald mit vorherrschender *Eucalyptus marginata*, die etwa 20 Meter hohe Bäume bilden kann. Ab 1000 bis 1400 Millimetern Jahresniederschlägen ist die so genannte **Karri**-Formation mit der über 70 Meter hohen *Eucalyptus diversicolor* ausgebildet, welche bereits zu den temperaten Regenwäldern des Zonobioms V gehört und nur im extremen Südwesten Australiens bei Pemberton vorkommt (Abb. 11.17 bis 11.19).

Abb. 11.17. Kwongan mit Grasbäumen von *Xanthorrhoea preissii*. Im Vorder-grund *Grevillea leucopteris* und *Banksia attenuata*, wichtige Proteaceen in Kal-barri, Westaustralien (2002)

Abb. 11.18. Jarrah-Wald mit *Eucalyptus marginata* und Grasbäumen bei Pember-ton in Westaustralien (2002)

Abb. 11.19. Karri-Wald mit *Eucalyptus diversicolor* in Südwestaustralien (2002). Hier wachsen die höchsten Bäume Australiens (siehe auch Abb. 7.26)

11.6 Literatur

Adamovic L (1929) Die Pflanzenwelt der Adrialänder. Fischer, Jena

Akman Y, Ketenoglu O (1986) The climate and vegetation of Turkey. Proc Roy Soc Edinburgh 389: 123-134

Arroyo J, Maranon T (1990) Community ecology and distribution spectra of mediterranean shrublands and heathlands in Southern Spain. J Biogeogr 17: 163-176

Arroyo MTK, Zedler PH, Fox MD (1995) Ecology and biogeography of Mediterranean ecosystems in Chile, California and Australia. Ecol Stud 108: 1-455

Attenborough D (1988) Das erste Eden...oder das verschenkte Paradies. Der Mittelmeerraum und der Mensch. Interbook, Hamburg

Bacchetta G, Bagella S, Biondi E, Farris E, Filigheddu R, Mossa L (2004) A contribution to the knowledge of the order *Quercetea ilicis* Br.-Bl. *ex* Molinier 1934 of Sardinia. Fitosociologia 41 (1): 29-51

Barbero MP, Quézel P, Rivas-Martinez S (1981) Contribution à l'étude des groupments forestières et préforestières du Maroc. Phytocoenologia 9: 311-412

Barbero MP, Loisel R, Quézel P (1992) Biogeography, ecology and history of Mediterranean *Quercus ilex* ecosystems. Vegetatio 99-100: 19-34

Barbour MG, Billings WD (eds, 1988) North American Terrestrial Vegetation. Cambridge UnivPress, Cambridge New York

Bergmeier E (1996) Zur Bedeutung der Beweidung für die griechische Phrygana. Ber d Reinh-Tüxen-Ges 8: 221-236

Bergmeier E (2001) Von der pflanzensoziologischen Aufnahme zur Synopsis – eine Vegetationsdatenbank von Kreta. Ber d Reinh-Tüxen-Ges 13: 17-82

Bergmeier E (2004) Weidedruck – Auswirkungen auf die Struktur und Phytodiversität mediterraner Ökosysteme. Ber d Reinh-Tüxen-Ges 16: 109-119

Bergmeier E, Dimopoulos P (2003) The vegetation of islets in the Aegean and the relation between the occurrence of islet specialists, island size and grazing. Phytocoenologia 33: 447-474

Biondi E, Vagge I, Mossa L (1997) La vegetazione a *Buxus balearica* Lam. In Sardegna. Boll Soc Sarda Sci Nat 31: 231-238

Biondi E, Casavecchia S, Gigante D (2003) Contribution to the syntaxonomic knowledge of the *Quercus ilex* L. woods of the Central European Mediterranean Basin. Fitosociologia 40 (1): 129-156

Biondi E, Casavecchia S, Guerra V, Medagli P, Beccarisi L, Zuccarello V (2004) A contribution towards the knowledge of semideciduous and evergreen woods of Apulia (south eastern Italy). Fitosociologia 41 (1): 3-28

Blasi C, Di Pietro R, Filesi L, Fortini P (2001) Syntaxonomy, chorology and syndynamics of *Carpinus orientalis* communities in Central Italy. Phytocoenologia 31 (1): 33-62

Blasi C, Di Pietro R, Filesi L (2004) Syntaxonomical revision of *Quercetalia pubescentis-petraeae* in the Italian Peninsula. Fitosociologia 41 (1): 87-164

Blondel J, Aronson J (1999) Biology and wildlife of the Mediterranean region. Oxford Univ Press, Oxford

Böcher TW, Hjerting JP, Rahn K (1972) Botanical studies in the Atuel Valley, Mendoza Province, Argentina. Dansk Botan Ark 22: 195-358

Boerboom JHA, Wiersum KF (1983) Human impact on tropical moist forest. In: Holzner W, Werger MJA, Ikusima I (eds) Man's impact on vegetation. 83-106 Junk, The Hague:

Bolós De O, Masalles RM, Ninot JM, Vigo J (1996) A survey on the vegetation of Cephalonia (Ionian islands). Phytocoenologia 26 (1): 81-123

Bradford E (1989) Reisen mit Homer. Auf den wiederentdeckten Fährten des Odysseus zu den schönsten Inseln, Küsten und Stätten des Mittelmeeres. Scherz, Bern München

Braun-Blanquet J, Roussine N, Negre (1951) Les groupements végétaux de la France Méditerranéenne. Serv Carte group veg, Marseille

Brullo S (1984) Contributo alla conoscenza della vegetazione delle Madonie (Sicilia settentrionale). Boll Acc Gioenia Sci Nat 16 (322): 351-420

Brullo S, Guglielmo A (2001) Considérations phytogéographiques sur la Cyrénaique septentrionale. Bocconea 13, Palermo

Brullo S, Guarino R (1998) The forest vegetation from the Garda Lake (N-Italy). Phytocoenologia 28 (3): 319-355

Brullo S, Guarino R, Siracusa G (1999) Revisione tassonomica delle querce caducifoglie della Sicilia. Webbia 54 (1): 1-72

Brullo S, Constanzo E, Tomaselli V (2001) Etude phytosociologique sur les peuplements à *Laurus nobilis* dans le Monts Iblei (Sicile sud-orientale). Phytocoenologia 31 (2): 249-270

Burrichter E (1961) Steineichenwald, Macchie und Garrigue auf Korsika. Ber Geobot Inst, Rübel 32: 32-39

Capelo J, Costa JC, Jardim R, Sequeira M, Aguilar C, Lousa M (2003) The vegetation of Madeira. Silva Lusitana 11, Lissabon

Castri F di (1973) Climatographical comparison between Chile and the western coast of North America. Ecol Stud 7: 21-36

Castri F di (1981) Mediterranean-type shrublands of the world. In: Castri F di, Goodall DW, Specht RL (eds) Mediterranean-type shrublands. Ecosystems of the World, Vol 11, pp 1-52, Amsterdam

Castri F di, Mooney HA (eds, 1973) Mediterranean type ecosystems. Ecol Stud 7, Springer, Heidelberg Berlin

Comez-Campo C (1985) Plant conservation in the Mediterranean area. Kluwer, Dordrecht

Costa JC, Capelo J, Jardim R, Sequeira M, Espirito-Santo D, Lousa M, Fontinha S, Aquilar C, Rivas-Martinez S (2004) Catálogo sintaxonómico e florístico das comunidades vegetais da Madeira e Porto Santo. Quercetea vol 6, pp 61-185, Lissabon

Cowling RM, Richardson DM, Pierce SM (1997) Vegetation of Southern Africa. Cambridge Univ Press, Cambridge

Dahmani-Megrerouche M (2002) The holm oak (*Quercus rotundifolia*) in Algeria: climate-vegetation relations. Phytocoenologia 32 (1): 129-142

Davis GW, Richardson DM (1995) Mediterranean-type Ecosystems. The function of biodiversity. Ecol Stud 109

Davis PH (1965-1988) Flora of Turkey and the eastaegaean islands. 10 Bde. Edinburgh Univ Press, Edinburgh

Di Pietro R, Izco J, Blasi C (2004) Contribute to the nomenclatural knowledge of the beech-woodland sintaxa of southern Italy. Plant Biosystems 138 (1): 27-36

Ern H (1966) Die dreidimensionale Anordnung der Gebirgsvegetation auf der Iberischen Halbinsel. Bonner Geogr Abh 37

Faranda FM, Guglielmo L, Spezie G (2001) Mediterranean Ecosystems. Structures and Processes. Springer, Heidelberg

Freitag H (1971) Die natürliche Vegetation des südostspanischen Trockengebietes. Bot Jb 91, Berlin

Frey W, Kürschner H (1989) Vorderer Orient: Vegetation 1: 8 Mill. Karte A VI, 1. Tübinger Atlas des Vorderen Orients. Wiesbaden

Frey W, Lösch R (2004) Lehrbuch der Geobotanik. 2. Aufl, Spektrum, Heidelberg

Gamisans J (1977) La végétation des montagnes corse. Phytocoenologia 4: 317-376
Gamisans J (1991) La végétation de la Corse. Annexe 2. Compléments au prodome de la Flore Corse. Genève
Gamisans J (1999) La Végétation de la Corse. Édisud, Aix en Provence
Gams H (1935) Zur Geschichte, klimatischen Begrenzung und Gliederung der immergrünen Mittelmeerstufe. Veröff Geobot Inst 12, Rübel
Gentile S (1970) Sui faggeti dell'Italia meridionale. Atti Ist Bot Univ Pavia ser 6, 5 (1969): 207-306
Giacomini V, Fenaroli L (1958) La vegetatione. Conosci l'Italia. 2, Touring Club Italiano
Greuter W (1975) Die Insel Kreta – eine geobotanische Skizze. Zur Vegetation und Flora von Griechenland. Veröff Geobot Inst 55, Zürich
Greuter W (2001) Diversity of Mediterranean island floras. Bocconea 13: 55-64
Grove AT, Rackham O (2001) The nature of Mediterranean Europe. An ecological history. Yale Univ Press, New Haven London
Groves RH (ed, 1981) Australian Vegetation. Cambridge Univ Press, Cambridge London New York
Groves RH, Beard JS, Deacon HJ et al (1983) The origins and characteristics of mediterranean ecosystems. In: Day JA (ed) Mineral nutrients in Mediterranean ecosystems. S Afr Nat Sci Progr Rep No 71: 1-18
Guarino R, Mossa L (2003) Plant-ant interactions in xerophilous ephemeral vegetation of S. E. Sardegna. Ber d Reinh-Tüxen-Ges 15: 105-113
Hager J (1985) Pflanzenökologische Untersuchungen in den subalpinen Dornpolsterfluren Kretas. Diss Bot 89, Cramer Lehre
Held K (2001) Treffpunkt Platon. Philosophischer Reiseführer durch die Länder des Mittelmeeres. Reclam, Ditzingen
Hobbs R (1992) Biodiversity of Mediterranean ecosystems in Australia. Surrey Beatty & Sons, Chipping Norton, NSW 2170
Hoffmann AJ, Armesto JJ (1995) Modes of seed dispersal in the Mediterranean regions in Chile, California, and Australia. Ecol Stud 108: 289-310
Hofrichter R (2001) Das Mittelmeer. Fauna, Flora, Ökologie. Spektrum, Heidelberg
Horvát I, Glavac V, Ellenberg H (1974) Die Vegetation Südosteuropas. Geobotanica selecta 4, Fischer, Jena
Hsü KJ (1984) Das Mittelmeer war eine Wüste. Auf Forschungsreisen mit dem Geomar Challenger. Harnack, München
Izco J, Amigo J, Guitan J (1987) Los contactos Quercetea ilicis/Querco-Fagetea en la transición Eurosiberiana-Mediterranea en el NO de España. Not Fitosoc 23: 153-172
Jahn R, Schönfelder P (1995) Exkursionsflora für Kreta. Ulmer, Stuttgart
Jardim R, Francisco D (2000) Flora endémica da Madeira. Muchia, Funchal, Madeira
Kruger FJ, Mitchell DT, Jarvis JUM (1983) Mediterranean-type ecosystems. Ecol Stud 43
Kürschner H, Raus T, Venter J (1995) Pflanzen der Türkei. Quelle & Meyer, Heidelberg
Laurentiades GI (1969) Studies on the flora and vegetation of the ormos archangelou in Rhodos island. Vegetatio 19
Lausi D, Poldini L (1966) Sind Seslerio-Ostryetum und Carpinetum orientalis Klimaxgesellschaften? Angew Pflanzensoziol: 18-19
Marchand H (1990) Les forêts méditerranéennes. Enjeux et perspectives. Economica, Plan Bleu, Paris
Martini E (1997) La vegetazione termomediterranea sul bordo delle Alpi Liguri e Marittime e il limite settentrionale di suoi elementi. Suppl Rev Valdotaine d'Hist Nat 51
Miller PC (ed, 1981) Resources by chaparral and matoral. Ecol Stud 39, Springer, Heidelberg Berlin
Molinier R (1968) Le dynamisme de la végétation provençale. Collect Bot 7 (2): 817-844
Mooney HA, Parsons DJ (1973) Structure and function of the Californian chaparral - an example from San Dimas. Ecol Stud 11: 83-112
Naveh Z, Whittaker RH (1979) Structural and floristic diversity of shrublands and woodlands in northern Israel and other mediterranean areas. Vegetatio 41: 171-190
Oberdorfer E (1954) Nordägäische Kraut- und Zwergstrauchfluren im Vergleich mit den entsprechenden Vegetationseinheiten des westlichen Mittelmeergebietes. Vegetatio 5/6
Ozenda P (1975) Sur les étages de végétation dans les montagnes du Bassin méditerranéen. Doc Cartogr Ecol 16: 1-32
Ozenda P (1994) Végétation du continent européen. Delachaux & Niestlé, Lausanne
Pavlik BM, Muick PC, Johnson SG, Popper M (2000) Oaks of California. 4th edn, Cachuma Los Olivos CA
Peinado Lorca M, Rivas-Martinez S (1987) Estudio y clasificatión de los pastizales españoles. Publ Ministerio de Agricultura 227: 1-269, Madrid
Pignatti S (1982) Flora d'Italia. Edagricole, Bologna
Poli E (1991) Piante e Fiori dell' Etna. Sellerio, Palermo
Polunin O (1980) Flora of Greece and the Balkans – A field guide. Oxford Univ Press, Oxford
Polunin O, Smythies BE (1973) Flores of Southwest Europe. Oxford Univ Press, Oxford
Polunin O, Huxley A (1976) Blumen am Mittelmeer. 4. Aufl, BLV, München
Quézel P (1967) La végétation des hauts sommets du Pinde et de l'Olympe de Thessalie. Vegetatio 14
Quézel P (1983) Flore et végétation actuelles de l'Afrique du Nord. Bothalia 14
Quézel P, Barbero M (1985) Carte de la végétation potentielle de la région méditerranéenne. 1 Méditerranée orientale. Edit CNRS, Paris
Rauh W (1949) Klimatologie und Vegetationsverhältnisse der Athos-Halbinsel und der ostägäischen Inseln Lemnos, Mytilene und Chios. Sitzber Heidelb Akad Wiss 12

Raus T (1979) Die Vegetation Ostthessaliens (Griechenland). II. Quercetea ilicis und Cisto-Micromerietea. Bot Jahrb Syst. 101: 17-82

Raus T (1990) Die Flora von Armathia und der Kleininseln um Kasos (Dodekanes, Griechenland). Botanica chronica 9: 9-39

Read DJ, Mitchell DT (1983) Decomposition and mineralization processes in Mediterranean-type ecosystems and in heathlands of similar structure. Ecol Stud 43: 208-232, Springer, Heidelberg Berlin

Rechinger E (1943) Flora aegaea. Springer, Wien

Reille M, Pons A (1992) The ecological significance of sclerophyllous oak forests in the western part of the Mediterranean basin: a note on pollen analytical data. Vegetatio 99-100: 13-17

Reisigl H, Danesch EO (1980) Mittelmeerflora. Hallwag Taschenbuch 112

Rikli M (1943) Das Pflanzenkleid der Mittelmeerländer. Huber, Bern

Rivas-Martínez S (1975) La vegetación de la clase *Quercetea ilicis* en España y Portugal. Ann Inst Bot Cavanilles 31 (2): 205-262

Rivas-Martinez S, Costa M, Castroviejo S, Valdez E (1980) La vegetatión de Doñana (Huelva, España). Lazaroa 2: 5-190

Rivas-Martinez S, Diaz TE, Fernandez-Gonzalez F, Izco J, Loidi J, Lousa M, Penas A (2001, 2002) Vascular plant communities of Spain and Portugal, Part I, pp 2-432, Part II, pp 433-922, Itinera Geobotanica 14, 15, León

Rivas-Martínez S, Penas A, Diaz TE (2001) Biogeographic map of Europe. Cartographic Service, University of León, Spain

Rother K (1991) Die mediterranen Subtropen. Einheit oder Vielfalt. Geogr Rundsch 43: 402-408

Rother K (1993) Der Mittelmeerraum. Teubner, Stuttgart

Rother K, Tichy F (2000) Italien – Geographie, Geschichte, Politik, Wirtschaft. Wiss Buchgesellschaft, Darmstadt

Saello S, Nardini A (2000) Sclerophylly, evolutionary advantage or mere epiphenomenon. Plant Biosystems 134

Sanchez-Mata D (1989) Flora y vegetatión del macizo oriental de la Sierra de Gredos (Avila). Avila

Schmid E (1970) Die Abgrenzung der Vegetationsgürtel im Mittelmeergebiet. Feddes Rep Bd 81

Schönfelder I, Schönfelder P (1984) Die Kosmos-Mittelmeerflora. Kosmos, Stuttgart

Schönfelder I, Schönfelder P (1994) Kosmos – Atlas Mittelmeer- und Kanarenflora. Kosmos, Stuttgart

Schroeder FG (1998) Lehrbuch der Pflanzengeographie. UTB für Wissenschaft, Quelle & Meyer, Wiesbaden

Specht R (ed, 1979) Heathlands and related shrublands. In: Goodall D (ed) Ecosystems of the World, Bd 9A, Elsevier, Amsterdam Oxford New York

Strid A (1980) Wild flowers of Mount Olympus Goulandris Mus, Athen

Thirgood JV (1981) Man and the Mediterranean forest. A history of resource deletion. Academic Press, London

Trinajsti I (1970) Höhengürtel der Vegetation und die Vegetationsprofile im Velebitgebirge. Mitt Ostalpin-din Ges Vegkde 11, Klagenfurt

Turland NJ, Chilton L, Press JR (1993) Flora of the Cretean area. The Nat Hist Mus London

Valdés B, Talavera S, Fernández-Galiano E (1987) Flora vascular de Andalucía Occidental. Ketres ed, Barcelona

Viney DE (1994) An illustrated flora of North Cyprus. Koeltz, Königstein

Vos W, Stortelder A (1992) Vanishing Tuscan landscapes. Landscape ecology of a submediterranean mountain area (Solano Basin, Tuscany, Italy). Wageningen

Wagner HG (2001) Der Mittelmeerraum. Wiss Buchgesellschaft, Darmstadt

Walter H (1975) Betrachtungen zur Höhenstufenfolge im Mittelmeergebiet (insbesondere in Griechenland) in Verbindung mit dem Wettbewerbsfaktor. Veröff Geobot Inst Zürich 55: 72-83

World Conservation Monitoring Centre (ed, 1992) Global Biodiversity. Status of Earth's Living Resources. Chapman & Hall, London Glasgow New York Tokyo

Zohary M (1982) Vegetation of Israel and adjacent areas. Beitr Tübinger Atlas Vorderer Orient 7, Tübingen

11.7 Fragen zu Kapitel 11

1. Die Winterregengebiete des mediterranoiden Klimatyps gibt es erdweit – warum?
2. Wann fallen in dieser Zone die meisten Niederschläge auf der Nord- und Südhemisphäre?
3. Derbe, langlebige Hartlaubblätter sind für die Gehölzpflanzen global charakteristisch – wie lässt sich das erklären?
4. Wie lassen sich Sklerophyllie und Pyrophytismus in Einklang bringen?
5. In den Mediterrangebieten bildet ein immergrüner Eichenwald mit *Quercus ilex* die Klimaxvegetation. Wie sieht das in Kalifornien, in Chile, in Südafrika und in Australien aus – und wie erklären Sie die Unterschiede?
6. Wie entstehen die Sekundärformationen von Macchia, Chaparral, Matorral, Fynbos und Kwongan natürlicherweise oder anthropozoogen?
7. Wie und mit welchen Schritten erfolgt die Degradation vom Wald zur Pseudosteppe?
8. Gibt es eine natürliche Regeneration zum Wald nach Aufgabe der Degradation und in welchen Schritten geht das?
9. Was verstehen wir unter Sibljak und Pseudomacchia?
10. Kennzeichnen Sie den Chaparral Kaliforniens.
11. Wir erkennt man den Matorall in Chile?
12. Was kennzeichnet den Fynbos in der Kapregion Südafrikas und welche Fynbos-Typen differenziert man?
13. Wie sind die Hartlaubwälder Australiens strukturiert?
14. Was ist eine Kwongan-Formation?
15. Wie ist ein Jarrah-Wald strukturiert?

12 Warmtemperate Feucht- und Lorbeerwälder

In regenreichen, episodisch frostbelasteten Gebieten warmtemperater Zonen auf der Erde können immergrüne Lorbeerwälder wachsen. Jahresniederschläge von über 1000 Millimetern erzeugen hier ein ganzjährig humides, warm-temperates Klima mit Wintermonatsmitteln von über 5 Grad Celsius und Sommermonatsmitteln von über 18 Grad Celsius. Es gibt keine trockene Jahreszeit, und die Niederschläge sind größer als die Evapotranspiration. Hier gibt es sogar die Regenmaxima der Erde: an der Küste im Südosten von Alaska fallen 5700 Millimeter, und auf der Südinsel von Neuseeland sind es immerhin im Jahr über 12 000 Millimeter Niederschlag, fast der Weltrekord! Im Winter können gelegentlich leichte Fröste auftreten, manchmal fällt sogar Schnee. Feuer spielt in diesem Zonobiom keine Rolle. Vorherrschend sind dabei immergrüne Regenwälder, Lorbeerwälder und sommergrüne Regenwälder in montanen Lagen. Das Spektrum dieser episodisch schneereichen Bergwälder ist enorm vielfältig: In Kalifornien leben die mächtigsten Bäume der Erde, *Sequoiadendron giganteum*, die Riesenmammutbäume, mit bis zu sieben Metern Stammdurchmesser, 100 Metern Höhe und bis zu zweitausend Lebensjahren (Abb. 2.30), ebenso die möglicherweise ältesten lebenden Bäume der Erde, *Pinus aristata = P. longaeva* in der Kalifornischen Sierra Nevada (Abb. 12.1).

Abb. 12.1. *Pinus aristata* in den White Mountains in Kalifornien (2000)

Langlebige und reliktische Araucarien-Wälder mit *Araucaria angustifolia* wachsen in Brasilien. In Mittelchile dagegen sind es *Araucaria araucana* und *Austrocedrus chilensis* als Vikarianten (Abb. 12.2). Bekannt sind ferner die *Phyllocladus*- und *Athrotaxis*-reichen Wälder in Tasmanien, die *Eucalyptus regnans*-Wälder in Victoria in den australischen Snowy Mountains und die *Cryptomeria japonica*-Wälder auf der japanischen Insel Yakushima (s. Abb. 7.26).

Abb. 12.2. *Araucaria araucana* mit strauchförmiger *Nothofagus antarctica* am Vulkan Lanin (3776 Meter) in Argentinien (Foto P. Seibert 1996)

Ähnliche Bedingungen herrschen im Westkaukasus, im Elbrus-Gebirge in Südrussland sowie im Kantabrischen Bergland in Galicien. In vielen der genannten Gebiete ist allerdings die natürliche Vegetation durch die alte Kultur dort siedelnder Menschen zurückgedrängt und größtenteils vernichtet. Große Urwaldgebiete gibt es noch in Neuseeland, Chile und Japan.

Diese temperierten immergrünen Laubwälder werden oft auch als **temperate Regenwälder** bezeichnet, ein Begriff, der gelegentlich Verwirrung stiften kann, denn Regenwälder sollten eigentlich den äquatorialen Zonen und dem Zonobiom der tropischen Regenwälder vorbehalten sein. Aber in den Subtropen und in den Gemäßigten Breiten können sich in regenreichen Gebieten, insbesondere an Küstengebirgen oder auf Inseln solche Situationen einstellen. Dieses temperierte Regenwaldklima bringt dann üppige Lorbeerwälder hervor, die auch als temperate oder subtropische Regenwälder bezeichnet werden können. Es gibt sie auf der Erde nur verstreut und in kleinen Gebieten: Als Zonobiom V haben wir die immergrünen, laurophyllen Wälder schon in ihrer globalen Verbreitung gesehen (s. Abb. 7.23). Hier wollen wir die Typen aber weiter spezifizieren: Es gibt sie in Oregon, Florida, Südchile, in der Paranáregion Brasiliens, in Japan, auf den Azoren, in Tasmanien und New South Wales in Australien. Temperate Regenwälder können riesige Koniferenwälder sein, wie im Staate Washington oder in Südaustralien, oder auch schattige, neblige immergrüne Laubwälder, wie auf den Kanarischen Inseln, auf Madeira oder im Süden Chinas. Es gibt sie also in fast allen Florengebieten der Erde, sie haben natürlich eine gemeinsame biologische Entwicklung, gemeinsame klimatische Ansprüche, und sie sind allesamt heute isolierte Relikte einer im Tertiär weit verbreiteten Formation. Das gilt sowohl für die Koniferenwälder als auch für die immergrünen Laubwälder und sogar für die hochwachsenden *Eucalyptus*-Formationen Australiens. Ihre Evolution rückt sie in die Nähe der äquatorialen Regenwälder, und das macht sie heute nahezu einzigartig: In den immergrünen Laubwäldern Asiens finden wir darüber hinaus die herausragendsten Kulturlandschaften von Japan und China, die untrennbar mit immergrünen Laubhölzern wie Kamelien (*Camellia* div. spec.) und Orangenbäumen (*Citrus* div. spec.) verbunden sind; zu diesen gehören auch der Teestrauch (*Camellia sinensis*) und die gesamte mit ihm verbundene Kultur. Entsprechendes gilt für den südamerikanischen Matestrauch (*Ilex paraguayensis*) aus den patagonischen und valdivianischen immergrünen Wäldern (Abb. 12.3).

Abb. 12.3. a *Camellia sinensis* var. *assamica*, Theaceae, **b** *Ilex paraguayiensis*, Aquifoliaceae, **c** *Citrus limon* und **d** *Citrus sinensis*, Rutaceae (Foto **c** und **d**: E. Schacke)

12.1 Kanarische Lorbeerwälder

Auch die kanarischen Lorbeerwälder sind keine „Museumsstücke", in denen seit Millionen Jahren die Zeit stehen geblieben ist, sondern Reste einer ursprünglichen Vegetation, die sich unabhängig weiterentwickelt und immer neuen Umweltbedingungen angepasst hat. Bei dieser so genannten „**Laurisilva**" handelt es sich um einen subtropischen Waldtyp, der sich unter relativ konstanten Klimabedingungen mit erhöhter Luftfeuchtigkeit und stabilen Temperaturen einstellt. Lorbeerwälder existieren in Europa gegenwärtig auf den Kanaren, Madeira und den Azoren, haben jedoch ihren Ursprung in den Wäldern, die sich im Tertiär im Mittelmeergebiet ausdehnten und dort bereits vor einigen Millionen Jahren ausstarben. Diese immergrünen Hartlaubwälder stammen also von tropischen bzw. subtropischen Regenwäldern des Oligozän ab, und sie entwickelten sich damals um den 40. nördlichen Breitengrad herum im Umfeld der Tethys zum Lorbeerwald. Später, im Pleistozän, als dann die mediterranen Elemente südwärts nach Nordafrika verschoben wurden, mischten sich die heutigen Wälder aus den tertiären Relikten mit zahlreichen immergrünen Hartlaubelementen. Besonders hervorzuheben sind in diesem Zusammenhang die Vertreter aus den Familien der Lauraceae, Aquifoliaceae, Oleaceae, Myrsinaceae und der Theaceae. Durchsetzt sind die alten Formen von neuen, meist durch adaptive Radiation entstandenen Sippen und von Vertretern mit mediterranem Verbreitungsschwerpunkt (*Rhamnus*, *Ilex* und *Viburnum*), wie es Erich Hübl (1988) in seiner vergleichenden biogeographischen Studie über die Hartlaubwälder der Erde ausführt.

Ökologisch steht der Lorbeerwald zwischen den tropischen Gebirgsregenwäldern und den immergrünen Hartlaubwäldern der Winterregengebiete. Letztere werden – jedenfalls auf die Mediterraneis, Chile und Ostasien bezogen – meistens als trockenangepasste klimabedingte Weiterentwicklung der an größere Feuchtigkeit gebundenen Lorbeerwälder angesehen. Dennoch hat der Lorbeerwald mit den Hartlaubwäldern weniger gemeinsam als mit den Wäldern tropischer Verbreitung. Fast alle Bäume des Lorbeerwaldes zeigen kaum Jahresringe und besitzen wie die der tropischen Wälder eine nur dünne Borke sowie immergrüne, ledrige, mehr oder weniger breite und glänzende Blätter, und die Vegetationspunkte bleiben weitgehend ungeschützt. Weitere Übereinstimmung mit tropischen Wäldern ist das häufige Vorkommen girlandenartig von Ästen und Stämmen herabhängender Moose sowie epiphytischer Farne und Höherer Pflanzen (s. Abb. 7.24). Die Hautfarne der Hymenophyllaceae sind extreme Beispiele für Schattenpflanzen. Ihre Anpassung liegt in der Struktur ihrer Gewebe: Atmende, das heißt Assimilate verbrauchende Gewebe, wie das Stütz- oder Speichergewebe, sind hier oft reduziert. Wir sehen das bei *Hymenophyllum tunbrigense* und *H. willsonii*. Epiphylle Moose sind ebenfalls verbreitet. Gut erhaltene Bestände des kanarischen Lorbeerwaldes setzen sich aus bis zu achtzehn verschiedenen Baumarten zusammen, in deren Schatten eine große Anzahl verschiedener Farne, Moose, Pilze und anderer schattenliebender Pflanzen gedeihen kann. Die an feuchte Stellen des Lorbeerwaldes vorkommenden Farne *Adiantum reniforme*, *Culcita macrocarpa*, *Woodwardia radicans* und *Davallia canariensis*, deren nächste Verwandte meist pantropisch verbreitet sind, bezeugen das weite

Areal subtropischer Regenwälder im mittleren Tertiär. Die konstante Zufuhr feuchter Luft durch den Passatwind, welche beim Aufsteigen zu Ne-
belbänken mit je nach Jahreszeit verschiedener Schichtdicke kondensiert,
ist der fundamentale klimatische Faktor, der die geeigneten Bedingungen
für die Anwesenheit des laurophyllen Waldes, des **Monteverde**, des Lorbeerwaldes im engeren Sinne, auf den nördlichen, nordöstlichen und östlichen Bergflanken sowie an einigen, mikroklimatisch begünstigten Stellen
der Südabdachungen der zentralen und westlichen Kanarischen Inseln und
auf Madeira schafft (Abb. 12.4).

Abb. 12.4. Der Lorbeerwaldkomplex des Monteverde bedeckt fast alle Hänge im
Zentrum von Madeira. Diese Wälder besitzen als Besonderheit den immergrünen
endemischen Baum *Clethra arborea*, Cyrillaceae (Detail), Eucumeda-Pass (2004)

Die weitere Formation des Monteverde, das Baumheide-Gebüsch, der
Fayal-Brezal mit den dominierenden Pflanzengesellschaften des *Myrico
fayae-Ericetum arboreae* und des *Ilici canariensis-Ericetum platycodonis*,
verdankt seine Existenz unterschiedlichen Ursachen: Zumeist entsteht er
aus degradiertem Lorbeerwald, wofür es unterschiedliche Ursachen gibt.
Vor der menschlichen Besiedlung der Inseln im Atlantik wirkten wieder-
holte Vulkanausbrüche, Feuer und Wind zerstörerisch auf den Lorbeerwald, wobei sich die nachwachsenden Pflanzengesellschaften über Rückwanderung der Pflanzenarten des Lorbeerwaldes sukzessiv immer wieder
in die ursprünglichen Bestände zurückverwandelten. In historischer Zeit

wurden große Gebiete im Zuge der Inselbesiedlung aus den verschiedensten Gründen entwaldet, hatten sich doch die meisten der hochwüchsigen Baumarten als wertvolles Möbelholz erwiesen. Ferner bieten die heute potentiellen Lorbeerwaldstandorte wegen ihrer vergleichsweise guten Wasserversorgung und der tiefgründigen, fruchtbaren Böden ideale Voraussetzungen für landwirtschaftliche Nutzung. Weitere anthropogene Ursachen für die Degradation liegen in der Niederwaldwirtschaft und der damit verbundenen Verwendung von Holzstangen für Tomatenplantagen sowie der Gewinnung von Bauholz, Brennholz und Holzkohle. So bilden die Baumheideformationen der Brezales die wichtigste Degradations- und Ersatzgesellschaft des Waldes und überziehen oft riesige Flächen über ehemaligem Waldboden. Was aus der Ferne als bewaldeter Hang lockt, stellt sich oft beim Näherkommen als Baumheide-Gestrüpp oder als Buschwald heraus. Kaum glaubt man beim Durchwandern endlich in einem größeren Lorbeerwald zu sein, schon wandelt er sich wieder zum *Erica-* oder *Myrica-* Busch in Passatwind-exponierten Nordlagen oder die Nähe von Siedlungen verratend. Vor allem die ericoiden Baumheiden (*Erica arborea* und *E. scoparia* ssp. *platycodon*) sind in der Lage, verstärkt und effizient Nebel aus den Passatwolken auszukämmen, und sie sind so an extrem windexponierten Stellen den laurophyllen Arten überlegen (Abb. 12.5). Deswegen

Abb. 12.5. Von Baumheide *Erica arborea* dominierte Gebüschformation als zentrale Pflanzengesellschaft des Monteverde im Teno Alto. Die Primärhabitate des Fayal-Brezal sind stets windexponiert. Teneriffa (2002)

besitzt innerhalb des Monteverde der Fayal-Brezal eine weitere ökologische Amplitude hinsichtlich der Bodenfeuchtigkeit. Der Fayal-Brezal ist also ein weiterer typischer Bestandteil des Monteverde. Er kann als eine Formation von Buschwald angesehen werden, die deutliche afrikanisch-mediterran-nordatlantische Affinitäten aufweist. Als natürliche Formation entwickelt sich diese nach *Erica arborea* benannte Gebüschformation in der Nachbarschaft bzw. im Komplex zum Lorbeerwald, wobei die Arten des Baumheide-Gebüsches sich resistenter gegen aridere Bedingungen und niedrigere Temperaturen erweisen. Als natürliche Wuchsorte kommen hochgelegene, der Einwirkung von Winden in besonderem Maße ausgesetzte Bergrücken, von Trockenheit bedrohte Waldsäume im Übergang zum Sukkulentenbusch und die kühleren Zonen an der oberen Verbreitungsgrenze des Lorbeerwaldes in Betracht.

Die vergleichsweise ungünstigen ökologischen Bedingungen erklären auch die Verarmung des kanarischen Lorbeerwaldes im Vergleich zu dem anderer Erdteile oder dem im Pleistozän ausgestorbenen europäisch-nordafrikanischen Tertiärwald. Unklar ist, ob auch die geographische Isolierung und die geringe Arealausdehnung eine Rolle spielen. Aus floristischer Sicht bedeutend ist ferner, dass sich in diesen Waldformationen ein Großteil der Paläo- und Neoendemiten finden. Bekannte Beispiele für derartige tertiäre Reliktendemen sind neben *Laurus novocanariensis* und vielen anderen Paläoendemiten noch die Drachenbäume (Abb. 6.29), die Kanarenkiefer *Pinus canariensis* und viele laurophylle Elemente des Lorbeerwaldes, wo zudem im Laufe der Evolution sehr ähnliche Blattformen bei verwandtschaftlich völlig verschiedenen Arten entwickelt worden sind; ein Phänomen, das allgemeinhin als **Konvergenz** bezeichnet wird. Diese phylogenetisch alten Sippen weisen gerade im kanarischen Lorbeerwald eine größere Ähnlichkeit im Erscheinungsbild der Baumsippen unterschiedlicher Verwandtschaftskreise auf: Die meisten Lorbeerwaldbäume besitzen elliptische oder lanzettliche, glatte, lederartige, lorbeerähnliche, also laurophylle Blätter, die an den täglichen Wechsel zwischen Strahlungsintensität und Passatwolkenklima gut angepasst sind. Sie tragen meist eine charakteristische Träufelspitze, an der sich das Regenwasser sammelt und schnell abtropfen kann, damit die Transpiration nicht durch einen Wasserfilm auf der Blattoberfläche verhindert wird. Außerdem erschwert eine glatte und trockene Oberfläche die Ansiedlung spezieller **epiphyller Organismen** (Bakterien, Algen, Pilze, Moose, Flechten) auf den Blättern, welche die Photosyntheseleistung einschränken könnten. Diese Paläoendemen konzentrieren sich in den etagealen Lorbeerwäldern der von den Passatwolken befeuchteten Höhenstufen vorwiegend auf den Nordseiten von Madeira und der westlichen hohen Kanarischen Inseln La Palma, Teneriffa, La Gomera, El Hierro und sind nur an wenigen Stellen noch erhalten auf Gran Canaria. Da die vulkanischen Inseln niemals Verbindung mit dem Festland hatten, ist ihr Vorkommen das Ergebnis überseeischer Einwanderung von Wind und Vögeln. Der Grundstock der Gehölzflora ist daher im Vergleich zu den Lorbeerwäldern Nordamerikas und Südostasiens relativ arm; auch fehlen hier die andernorts in den holarktischen Lorbeerwäldern so typischen Vertreter der Buchengewächse, der Fagaceen. Das beruht sicherlich darauf, dass sich keine Vögel fanden, die die schweren Diasporen weit übers Meer transportierten, wie es F. G. Schröder (1998) formulierte. Der heutige Lorbeerwald der Kanaren ist also ein überlebender bzw. ein verarmter Restbestand tertiärer immergrüner Wälder, eine Eigenschaft, die ihm auch das Attribut „**Paleoflora viviente** eingebracht hat. Näheres dazu ist bei Richard Pott et al. (2003) dargestellt.

12.2 Die Wälder der Kolchis

An der nordöstlichen Küste des Schwarzen Meeres und der südwestlichen Küste des Kaspischen Meeres haben die euxinischen und hyrkanischen arktotertiären Elemente überlebt, die wir in Kapitel 10.2 kennen gelernt haben. Sie bilden ebenfalls den Rest einer vergangenen tropischen Vegetation aus dem Frühen Tertiär vor 65 Millionen Jahren, aus der Zeit, als im Paläozän die indische Landmasse gegen die eurasische Kontinentalplatte mit einer Geschwindigkeit von etwa 10 Zentimetern pro Jahr aufprallte und als an der Stelle sich der Gebirgsbogen des Himalaya auffaltete, ein Prozess, der erst im Pliozän vor etwa drei Millionen Jahren abgeschlossen war. Diese Gebirgsbildung brachte damals für die tertiäre Flora und Vegetation in diesem Raum starke Veränderungen.

Abb. 12. 6.
Euxinische Laubwälder mit Teeplantagen an der Schwarzmeerküste bei Hopa in der Türkei (1988)

An der Südabdachung des Himalaya und in Südchina blieben zahlreiche ihrer Elemente erhalten, wie wir im Kapitel 12.3 sehen werden. Im Westen jedoch hielten sich nur immergrüne Typen der euxinischen und hyrkanischen Wälder am Schwarzen und Kaspischen Meer und in den anatolischen Gebirgen, dort in Höhen von 200 bis 1200 Metern. Obwohl die allgemeinen Klimabedingungen der Kolchisregion relativ feucht sind, besitzen nur wenige Täler und Schluchten in den steilen Gebirgen von Adscharien die Reste der tertiären Vegetationsdecke. Besonders günstig ist es da, wo das Gebirge fast quer zur Schwarzmeerküste verläuft, was das Eindringen von feuchter Seeluft in die Täler begünstigt und wo sich sogar der Teestrauch *Camellia sinensis* anbauen lässt (Abb. 12.6). Kleine Bäume aus der Familie der Rosaceae, wie Weißdorn *Crataegus*, Wildbirne *Pyrus* und Wildapfel *Malus* leiten zu den semiariden Trockengehölzen der ukrainisch-sarmatischen Waldsteppe über, und hier liegt auch die Urheimat vieler unserer kultivierten Obstarten, darunter der dem Kulturapfel nahestehende *Malus sieversii*.

12.3 Ostasiatische Laubwaldgebiete

Im Miozän gab es feste Landbrücken zwischen Japan, der Sachalin-Halbinsel, der Kamtschatka-Halbinsel und offenbar zwischen Teilen des chinesischen Festlandes. Das Japanische Meer war damals wohl nur ein kleines Binnenmeer. Auch waren die japanischen Inseln größtenteils untereinander verbunden. So konnten im nachfolgenden kälteren Pliozän ungehindert die boreo-montanen und subarktischen Arten in die Gebirge Japans einwandern. Dort sind sie heute nach der holozänen Entwicklung der warm-temperaten immergrünen *Camellia japonica*-Wälder und der kühl-temperaten Buchenwälder auf die Hochlagen der subalpinen und alpinen Stufen verdrängt worden. Die südlichste „Hochgebirgsinsel" des Archipels bildet Yakushima, wo noch Moore mit *Sphagnum palustre* und *Drosera rotundifolia* wachsen (Abb. 12.7). Je höher man in diesen Regionen in die Gebirge geht, umso holarktischer im europäischen Sinn wird die Vegetation. In Kyushu gibt es Wälder mit Eiszeitrelikten, wohin sich verschiedene immergrüne *Quercus*- und *Castanopsis*-Arten zurückgezogen haben. Diese leben dort als tertiärreliktische Wälder mit mehr als 30 Meter hohen Baumindividuen, von zahlreichen epiphytischen Orchideen bewachsen. *Sarcandra glabra* aus der Familie der Chloranthaceae aus dem tropischen Asien von Malaysia bis hin zum Himalaya ist dafür bezeichnend. Auch *Trochodendron aralioides*, ein monotypischer Vertreter der Familie der Trochodendraceae, wächst nur zusammen mit *Cryptomeria japonica*, zu-

nächst als Epiphyt, dann Senkwurzeln bildend und später als Baum, so wie
wir es von den *Ficus*-Würgefeigen der Tropen kennen (Abb. 12.8).

Abb. 12.7. Hochmoor mit holarktischen Oxycocco-Sphagnetea-Pflanzengesell-
schaften, umgeben von primären *Cryptomeria japonica*-Wäldern auf der Insel Yakushima (2003)

Abb. 12.8. *Trochodendron aralioides* ist
ein monotypischer Vertreter der Trochodendraceae, verbreitet in Korea, Japan und
Taiwan. Er startet als Epiphyt auf *Ficus*-
Arten, wirkt wie eine Würgefeige und bildet schließlich hohe Bäume. Yakushima
(2003)

Box 12.1. Yakushima – ein World Heritage der UNESCO

Etwa 60 Kilometer südlich von Kagoshima auf Kyushu liegt eine halbe Flugstunde entfernt die sagenhafte Insel Yakushima. Diese kleine, etwa 500 Quadratkilometer große Insel ist berühmt: Wegen ihrer mehr als 30 über 1500 Meter hohen Berggipfel, welche die Insel bilden und prägen und die im 1935 Meter hohen Mt. Miyanoura ihre höchste Erhebung finden, werden sie auch als die „Japanischen Meeresalpen" bezeichnet. Dort gibt es die größten natürlichen *Cryptomeria japonica*-Wälder der Erde, einzigartig in ihrer Alters- und Formenvielfalt, die auch konsequent in einem World-Heritage der UNESCO seit 1993 geschützt sind. Weltberühmt sind heute die mächtigen, uralten Cryptomerien und die alten Japantannen der Art *Abies firma*. Mit angeblichen Individualaltersangaben von mehr als 7500 Jahren sollen hier die ältesten Bäume der Erde stehen. Die in der Literatur immer als „älteste Bäume der Welt" genannten *Pinus aristata*-Kiefern in Kalifornien sind zwar nachweislich mit einigen Exemplaren älter als 4500 Jahre – vielleicht sind sie aber doch nicht die noch lebenden „Methusalems der Bäume"; dieser Rang gebührt eventuell den Cryptomerien von Yakushima (Abb. 12.1).

Cryptomeria japonica-Reliktvorkommen gibt es vereinzelt noch auf der japanischen Insel Shikoku in solchen Höhenlagen, wo lokal die Niederschlagsmengen mehr als 5000 Millimeter betragen. Dort wachsen noch in der Baumschicht *Sciadopitys* und *Pseudotsuga*, *Abies*, *Chamaecyparis* und *Tsuga*. Reliktvorkommen mit mehreren tausend Jahre alten *Cryptomeria*-Bäumen gibt es auch noch in Südchina bei Tianmushan: Dort kann man zusätzlich noch *Gingko biloba*, *Cryptomeria japonica* und *Pseudolarix*

Abb. 12.9. Reliktwälder von *Gingko biloba, Pseudolarix* und *Cryptomeria fortunei* in Tianmushan, China (2003)

sehen, die ursprüngliche Gattung, aus der sich die Gattung *Larix* entwickelt hat. Dort ist die Vegetation wie im Mesozoikum erhalten (Abb. 12.9 und Box 12.2). Das liegt daran, dass die heutigen 1400 Meter hohen Gebirge niemals vom Meer überflutet wurden, sondern sie waren durch die Erdgeschichte immer Inseln.

Box 12.2. *Metasequoia* – ein lebendes Fossil

Einst weit verbreitet, hat die Nadelbaum-Gattung *Metasequoia* als quasi „lebendes Fossil" nur in der entlegenen Region der Provinz Hupeh bei Tianmushan in Setchuan, nicht weit entfernt von Shanghai im äußersten Nordwesten Chinas bis heute überlebt. Dort hatte ein Bauer vor der sensationellen Entdeckung von *Metasequoia* diese Art wohl im Garten gepflanzt, und dort ist sie „quasi" erhalten zusammen mit *Liriodendron sasafras* und *Liquidambar*. Erst 1941 wurden die letzten dieses Stammes von Botanikern um Shigeru Miki vor Ort entdeckt und als *Metasequoia glyptostroboides* wissenschaftlich beschrieben. Hier in China erreichen die „Urwelt-Mammutbäume" stattliche Höhen von mehr als 50 Metern und mehr als zwei Meter dicke Stämme in engen Talgründen, wo die Bäume heute vor Eis und Schnee ebenso geschützt sind wie vor stürmischem Wind. Im frühen Tertiär, vor rund 50 Millionen Jahren, gedieh *Metasequoia* bis zum 80. Grad nördlicher Breite, was dem heutigen Nordrand von Grönland und Spitzbergen entspricht (Abb. 6.10). In dieser Region gab es offenbar schon damals die langen hellen Sommertage und die langen Polarnächte, die in dunkler Nacht keine Photosynthese erlaubten. So hat sich *Metasequoia* als sommergrüner Nadelbaum besonders angepasst: Sie wirft im Herbst nicht nur ihre Nadeln ab, sondern auch die mehr als fingerlangen Triebe, an denen die Nadeln sitzen. Als am Ende des Tertiärs das Klima wechselhafter und rauher wurde, war *Metasequoia* diesen Bedingungen offenbar nicht mehr gewachsen.

12.4 *Taxodium distichum*-Reliktwälder in Florida

Ein Sondertyp sind die torfbildenden *Taxodium distichum*-Sümpfe in den Everglades von Südflorida. Die sommergrüne Gattung *Taxodium* aus der reliktären Familie der Taxodiaceae hat hier eine Nische gefunden, um die Zeiten zu überdauern. Es handelt sich um Niederungen und Senken, die den größten Teil des Jahres unter Wasser stehen. Dieser azonale Vegetationstyp lässt sich in zwei ökologisch verschiedene Sumpfwälder differenzieren: Einmal in solche, die durch nährstoffreiches Flusswasser eutrophiert werden, mit dichten, bis zu 40 Meter hohen Baumbeständen und dann in ärmere, niedrigere Wälder auf nährstoffärmeren grundwassergespeisten Standorten. Charakteristisch für die Sumpfzypressen sind ihre pfahlartigen, nach oben konisch gerichteten Auswüchse der Wurzeln, die so genannten **Atemknie**, die etwa die Höhe des höchsten Wasserstandes erreichen und der Sauerstoffversorgung der Wurzeln dienen (Abb. 2.30).

12.5 Mammutwälder Kaliforniens

Aus geobotanischer Sicht und speziell aus Sicht der Vegetationsgeschichte bedeutsam sind die Vorkommen der amerikanischen Küstenmammutbäume und der Riesensequoien. Es handelt sich hierbei um reliktische Florenelemente, welche noch im Erdmittelalter eine bedeutende Rolle in der damaligen Vegetation spielten. Wir haben sie in den Kapiteln 2.2, 6.3 und 7.5 schon kurz kennengelernt.

Die nächst verwandten Arten dieser Mammutbäume sind *Metasequoia glyptostroboides* und *Glyptostrobus lineatus*, die mit heutigen Reliktarealen heute noch in China vertreten sind und wie die Mammutbäume Nordamerikas zu den „lebenden Fossilien" gezählt werden. Seit dem Höhepunkt ihrer Verbreitung im Alttertiär hat jedoch auch die Gattung *Metasequoia* eine fortlaufende Verkleinerung ihres Areals erfahren, welches sich in der Folgezeit mehr und mehr südwärts verschoben hat (Abb. 6.10). Im Jungtertiär führten neue Topographie- und Klimaverhältnisse in der damaligen Umwelt Eurasiens schließlich zu einem schrittweisen Rückzug auf das heutige Areal. In Nordamerika verschwand *Metasequoia* hingegen noch vor dem Ende des Miozäns als mögliche Folge einer Veränderung der Niederschlagsmengen von feuchten zu trockenen Sommern, so dass lediglich im sommerfeuchten Klima Zentralchinas *Metasequoia glyptostroboides* bis zur Gegenwart überleben konnte.

Die Mammutbaum-Wälder stehen in den Vereinigten Staaten etwa seit dem Beginn des 20. Jahrhunderts unter staatlichem Schutz, wobei zahlreiche private Organisationen entscheidend zur Rettung der Bestände beigetragen haben. Heute bilden diese Nationalparks zusammen den rund 458 Quadratkilometer großen Redwood National Park. Aber auch das Engagement verschiedener Einzelpersonen hat in der Vergangenheit entscheidend dazu beigetragen, dass trotz der Abholzungen des 19. Jahrhunderts einige Waldbestände bis heute überleben konnten. Ein Beispiel dafür bilden die Muir Woods, die auf die Schutzbemühungen des Kongressabgeordneten William Kent zurückgehen. Die wohl eindrucksvollsten Küstensequoien sind heute allerdings nördlich von Leggatt, etwa 120 km südlich von Eureka, anzutreffen, wo der Highway 101 sogar durch den Stamm eines noch lebenden Mammutbaumes führt. Der Highway 101 verläuft hier mitten durch eine *Sequoia*-Wald, weshalb er auch als *„Avenue of the Giants"* bezeichnet wird. Hier steht auch der „Höchste Baum der Erde", ein 112,7 Meter großes Exemplar von *Sequoia sempervirens*, der jüngst von George W. Koch et al. (2004) ökophysiologisch untersucht worden ist und bei dem der eingeschränkte Wassertransport in größter Höhe die Photosynthese limitiert.

Abb. 12.10. *Sequoiadendron giganteum* im Yosemite-Nationalpark, Kalifornien (2000)

Typisch für die Mammutbäume ist ihre borkige und feuerresistente Rinde sowie ein faseriges, rötlich gefärbtes Holz (Abb. 12.10). Ihre spezifischen Inhaltsstoffe, die Tannine, machen das Holz nicht nur gegen Feuereinflüsse sondern auch gegenüber Schad- und Fraßinsekten sowie gegenüber Pilzen weitgehend resistent, so dass es biologisch nur langsam abgebaut wird. Die Baumriesen sind in der Erde mit gewaltigen, aber vergleichsweise flachen Wurzeltellern verankert, wobei sich das Wurzelwerk bis zu einem Umkreis von 280 Metern erstrecken kann. Es reicht jedoch nur bis zu 2 Metern in die Tiefe, was die Bäume im hohen Alter gegenüber Windwurf empfindlich macht. Während die Redwoods in den ersten hundert Jahren ihres Lebens ein Längenwachstum von etwa 30 Zentimeter pro Jahr durchmachen, verlangsamt sich ihr Wachstum in der Folgezeit kontinuierlich, sobald sie die lichtreicheren Baumschichten erreicht haben. Die langen Wurzelarme können auch große Felsblöcke um- und überwachsen, sie dringen in Felsspalten ein und bilden mit den Wurzeln anderer Redwoods ein dichtes Wurzelwerk. Die Regenerationskraft selbst sehr alter Bäume ist bemerkenswert: Aus schlafenden Brutknospen im Stammbereich, die als knorpelartige Verdickungen am basalen Stamm sichtbar sind, können sich immer wieder neue Triebe ausbilden. Diese sind auch dann noch vital, wenn der Elternbaum entwurzelt oder verletzt ist. Auch an Redwood-Bäumen, in deren Innenstamm ein Brand gewütet hat, können auf diese Weise noch neue Schößlinge entstehen, die als ringförmige Jungbaumgruppen den ursprünglichen Baum umgeben. In der amerikanischen Forstterminologie werden solche Nestbildungen von klonalen Tochterindividuen auch als *fire columns* bezeichnet. Diese Tendenz zum basalen Stockausschlag unter Bildung genetisch identischer Klone ist vermutlich als eine Anpassung an die häufigen Brände in den Redwood-Wäldern zu interpretieren.

12.6 Südamerikanische Feuchtwälder

In den südlichen Anden liegen nahe dem valdivianischen Etesienwald die chilenisch-argentinischen Araukarienwälder mit *Araucaria araucana*, die dem Zonobiom V zugeordnet werden (Abb. 12.2). Hier bei 38 bis 40 Grad südlicher Breite bilden über tausendjährige, 45 bis 50 Meter hohe Bäume Wälder von überwältigender Schönheit vor den schneebedeckten Gipfeln oder den Gletscherseen der Anden. Den Übergang zur patagonischen Küste weiter südlich bilden Offenwälder von *Austrocedrus chilensis* mit *Nothofagus dombeyi* im Unterwuchs, wie sie Paul Seibert (1972) beschrieb. Zwei der ungewöhnlichsten Vertreter der Cupressaceae wachsen hier: die bis 35 Meter hohe Patagonische Zypresse oder Alerce *Fitzroya cupressoides* (s. Abb. 7.25) und die Chilenische Flusszeder *Austrocedrus chilensis*, die mit immergrünen Südbuchen von *Nothofagus dombeyi* die Regenwälder in Patagonien beherrschen. *Fitzroya* kann über 3000 Jahre alt werden; sie wurde vom britischen Botaniker Joseph Dalton Hooker (1817-1911) zu Ehren von Robert Fitzroy (1805-1865), dem Kapitän der Beagle auf ihrer Reise mit Charles Darwin, benannt.

Abb. 12.11. Araukarienwald mit *Araucaria angustifolia* im Campos Südostbrasiliens (Foto H. Behling 2002)

Weitere von winterharten Nadelbäumen beherrschte temperate Regenwälder bilden die mittelamerikanischen Kiefern- und Eichenwälder und die *Araucaria angustifolia*-Wälder der Paranáregion vor allem im südbrasilianischen Küstengebirge, die Hermann Behling (2002) vegetationsgeschichtlich beschrieben hat (Abb. 12.11). Sie sind bedeutsam durch ihren Gehalt an „primitiven" Angiospermen mit den meisten archaischen Eigenschaften. Vor allem *Drimys winteri* und *D. brasiliensis* aus der Familie der Winteraceae besitzen noch Transportgewebe ausschließlich aus Tracheiden – wie die Gymnospermen – und keine Tracheen, und sie weisen archaische Blütenmerkmale auf. Alle sind Elemente dieser „alten" gondwanischen Regenwälder.

12.7 Feuchtwälder Australiens und Tasmaniens

In Australien weisen die temperaten Regenwälder eine große Verschiedenheit auf; sie liegen durchweg im küstennahen Südosten und Südwesten von Australien, in den höheren Berglagen von Queensland und in Tasmanien. Hier wechseln warme, regnerische Sommer mit kühlen Wintern. Sie besitzen große Ähnlichkeiten mit den subtropischen Regenwäldern und werden von manchen Autoren wie I. G. Read (1987), M. J. Brown und J. E. Huckey (1990) auch dorthin gestellt.

Die temperaten Regenwälder werden von *Eucalyptus*-Arten wie *E. regnans*, *E. obliqua*, *E. pauciflora* und *E. coccifera* mit nur mittleren Bestandshöhen von 20 bis 30 Metern beherrscht und haben häufig immergrüne Südbuchen wie *Nothofagus moorei* im Südosten des Kontinents und *N. cunninghamii* auf Tasmanien als Partner im Bestand. Diese *Eucalyptus*-Wälder brennen in mehrhunderjährigen Abständen; wenn das Feuer aber länger als 350 bis 400 Jahre ausbleibt, sterben die Eucalypten ab und es herrschen für längere Zeit reine *Nothofagus*-Wälder.

Die gondwanischen Podocarpaceen sind mit *Podocarpus macrophyllus*, die Phyllocladaceae mit *Phyllocladus lawrencii* auf Tasmanien vertreten (s. Box 12.3 und Abb. 12.12). Der Unterwuchs der feucht-temperaten *Eucalyptus*-Wälder besteht aus Baumfarnen, - auf Tasmanien vor allem aus *Dicksonia antarctica* (Abb. 4.4) - und vielen Gondwana-Relikten aus alten Pflanzenfamilien, wie *Anopteris glandulosus* (Escalloniaceae), *Tasmannia lanceolata* (Winteraceae), *Bauera rubioides* (Baueraceae) und *Athrotaxis cupressoides* (Taxodiaceae) sowie dem „lebenden Fossil" *Lagarostrobus franklinii* (Abb. 2.50). Viele der australisch-tasmanischen Regenwaldarten reichen weit ins Erdmittelalter zurück und allen gemein sind einige besonders wichtige Merkmale: Sie benötigen hohe Niederschläge, sind reich an Epiphyten (vor allem dominieren Moose, Flechten und *Hymenophyllum*-Farne) und sie besitzen hohe Totholzanteile von mehr als 50 Prozent.

Abb. 12.12. Links: Temperate Regenwälder mit *Nothofagus moorei* in New South Wales und rechts mit *Eucalyptus regnans* und vielen Gondwana-Relikten in Tasmanien (2004)

Box 12.3. *Huon Pine*: Eine der ältesten Pflanzen der Erde

Die Huon-Pine *Lagarostrobus franklinii* in Südwest-Tasmanien (Abb. 2.50) hieß vormals *Dacrydium franklinii*. Dieser Baum ist der einzige Vertreter der Gattung *Lagarostrobus* auf Tasmanien. Letztere gehört zur Familie der Podocarpaceae, deren heutige Verbreitung in Chile, Malaysia und Neuseeland vom alten Superkontinent Gondwana stammt. Die Huonkiefer ist die älteste lebende Baumgattung Australiens, und einzelne Baumindividuen können ein Alter von bis zu 3000 Jahren erreichen. Fossile Baumstämme aus Mooren in Südwest-Tasmanien hat man sogar auf 3462 Jahre radiocarbon-datiert. Dieser 20 bis 40 Meter hohe Nadelbaum wächst unglaublich langsam mit jährlichen Zuwachsraten von nur 0,3 bis 2 Millimetern. *Lagarostrobus franklinii* ist Bestandteil von *Nothofagus cunninghamii*-Buchenwäldern, die mit *Eucrypha lucida* und *Atherosperma moschatum* vor allem an der nassen Westküste Tasmaniens kühltemperate Regenwälder aufbauen. Die Huonkiefer besitzt ein helles, cremefarbenes, leichtes, aber haltbares und festes Holz, das Methyleugenol enthält, ein Harzöl, das Fäulnisbakterien, Pilze und Insekten fernhält und die Haltbarkeit des Holzes bedingt. So wurde die Huonkiefer schon in den frühen 1800er Jahren zum Schiffbau gefällt. Ihre Entdeckung beginnt mit der Etablierung britischer Strafkolonien in Tasmanien.

12.8 Feuchtwälder Neuseelands

Die Evolution konnte auf diesem Archipel ganz anders verlaufen als in irgendeiner anderen Region dieser Erde: Wir werden sehen, es war ein einzigartiges Experiment der Natur. Man denke beispielsweise an die gigantischen temperaten Kauri-Regenwälder der Nordinsel mit ihren meist mehr als 60 Meter hohen Bäumen der ursprünglichen Gattung *Agathis*. Diese immensen, säulenhaften Baumriesen sind quasi lebende Fossilien; sie gibt es seit mehr als 100 Millionen Jahren. Sie gehören zur gondwanischen Familie der Podocarpaceen, der südhemisphärisch verbreiteten Nadelbäume, welche erstmals an der Grenze von der Jurazeit zur Kreidezeit um 150 Millionen Jahre vor heute insgesamt entstanden sind. Auf der Nordinsel gibt es an nur wenigen Stellen noch immer solche kathedralenhaft wirkenden Podocarpaceen-Koniferenwälder mit *Agathis australis*, welche uns zusammen mit den mehr auf den südlichen Inseln verbreiteten Podocarpaceen der Gattungen *Phyllocladus, Prunopteris, Dacrycarpus, Halocarpus, Dacrydium* und *Podocarpus* selbst in die Zeit der Dinosaurier zurückversetzen lassen (Abb. 2.50). Wenn man allein im Morgengrauen oder am Abend durch solche Wälder geht, fühlt man sich komplett in eine andere Welt versetzt, und wenn man Glück hat, wird die Einsamkeit eines solchen Spazierganges nur unterbrochen von der Kakophonie der einmaligen Waldpapageien, des Kaka *Nestor meridionalis* (Abb. 12.13).

Abb. 12.13. Koniferen-Hartlaubwald auf Neuseeland. Detail: Waldpapagei (2002)

Box 12.4. Entstehung Neuseelands

Man kann Neuseeland als isolierte „gondwanische Welt" beschreiben mit einer faszinierenden Evolution und spezieller biogeographischer Entwicklung. Der über 3500 Kilometer lange, nordsüdlich ausgerichtete Archipel hat sich in den vergangenen 300 Millionen Jahren an der Verbindungslinie der australischen und pazifischen Kontinentalplatten gebildet. Zur Zeit des Karbons, zwischen 350 und 300 Millionen Jahren vor heute, lag das heutige Neuseeland in einem Seebecken, einer Geosynklinale zwischen den Küsten der damaligen Ostaustralischen Landmasse und Antarctica, zwei Teilen des alten Superkontinents Gondwana, der damals noch aus den Landmassen des heutigen Afrikas, Südamerikas, Madagaskars, Indiens, Australiens und der Antarktis bestand. Für den Zeitraum der nächsten 150 Millionen Jahre, bis zur Jurazeit, also 200 bis 150 Millionen Jahre vor heute, wurde offenbar diese Geosynklinale mit Erosionsmaterial aus Sand und Schotter der angrenzenden Kontinente angefüllt. Diese Sedimente wurden damals zu Sandsteinen und Schiefersteinen, das sind vor allem Grauwacken und Agrillite, von großer Mächtigkeit zusammengepresst, die mehrere Kilometer tief in die Erdrinde hinabreichen. Diese Periode untermeerischer Ablagerungen endete abrupt gegen 140 bis 120 Millionen Jahre vor heute, während der späten jurassischen und frühkreidezeitlichen Perioden. Zu dieser Zeit kam es zur mächtigen Kollision der Kontinentalmassen beider obengenannter Platten, wobei der Seeboden der ehemaligen Geosynklinale nun an die Oberfläche emporgedrückt wurde unter Beimengung von vulkanischem Material und Teilen des Erdmantels. Die alte, ursprüngliche Landmasse Neuseelands war entstanden. Zur gleichen Zeit brach der Urkontinent Gondwana an dieser Stelle auseinander, und die Landmasse Neuseelands wurde in die Plattenbewegung einbezogen. So entstand letztendlich die Inselgruppe im heutigen Pazifik während der Kreidezeit, und seine endgültige Lage mit den heutigen Abständen zu den benachbarten Kontinenten Australien und Antarktis erhielt Neuseeland erst nach der Bildung der Tasmanischen See am Ende der Kreidezeit gegen 60 Millionen Jahren vor heute. Das begründet auch das hohe Alter der Isolation Neuseelands in biogeographischer Sicht.

Die ungewöhnliche Flora und Fauna von Neuseeland ist also das direkte Ergebnis der langen Separation der neuseeländischen Landmasse vom Gondwana-Kontinent. Zur Jurazeit, gegen 180 Millionen Jahre vor heute, besiedelten die Vorläufer unserer Farne, beispielsweise die Baumfarne und *Blechnum* sowie die genannten Podocarpaceen und Araucariaceen der Gattung *Agathis* sowie verschiedene *Araucaria*-Arten das damalige Gondwanaland. Vegetationsbilder aus Moos- und Farndickichten gehören noch immer zum charakteristischen Inventar Neuseelands: Moosteppiche von *Breutelia pendula* und *Hypnodendron kerri* durchsetzt mit *Dawsonia su-*

perba, mit über 50 Zentimeter Höhe dem größten Moos der Erde, finden sich häufig überwachsen von Farnbeständen mit *Asplenium bulbiferum,* einem viviparen, also „lebendgebärenden" Farn, sowie den typischen *Blechnum*-Vertretern, vor allem *Blechnum novae-zealandiae* und *Blechnum discolor.* Dazu kommen Wedeldickichte von *Leptopteris hymenophylloides,* einer Osmundacee, oder des Gleicheniaceen-Vertreters *Sticherus cunninghamii,* der mit dem Bärlapp *Lycopodium volubile* Kryptogamen-Miniaturwälder aufbaut, die an die Karbonzeit erinnern lassen könnten (Abb. 12.14).

Abb. 12.14. a *Dawsonia superba,* Polytrichaceae, **b** *Sticherus cunninghamii,* Gleicheniaceae und *Lycopodium volubile,* Lycopodiaceae, **c** *Blechnum novae-zealandicae,* Blechnaceae, **d** *Asplenium bulbiferum,* Aspleniaceae

Auch die spezialisierte Gruppe ursprünglicher Koniferen mit stark reduzierten Zapfen war damals wohl auch gerade erst entstanden; die Verbreitung der Araukarienwälder heute in Südamerika, Ost-Australien und Fidschi, Neu-Kaledonien, Neu-Guinea, den Philippinen und Nord-Neuseeland spricht für eine solche Radiation dieser frühen Gymnospermen in der Jurazeit. Ähnliches gilt für die Podocarpaceen: Einer der ältesten Vertreter dieser Familie aus der Gattung *Dacrycarpus* existierte schon etwa 110 Millionen Jahre vor heute und ist noch heute mit dem höchstwüchsigen und wunderbaren Kahikatea-Baum *Dacrycarpus dacryoides* vertreten (Abb. 2.50). Dieser Baum erreicht Höhen von 50 Metern und darüber. Weitere Arten dieser Gattung wachsen heute noch in Neu-Kaledonien, Neu-Guinea und Südost-Asien und bezeugen ebenso die geographische Radiation vom alten Gondwana-Kontinent. Säugetiere waren damals noch nicht entstanden, so besiedelten in jener Zeit nur Reptilien, Amphibien und Vögel das Land. Wo gibt es heute auf der Welt Regenwälder ohne Blattschneideameisen oder Regionen ohne Skorpione, Spinnen, Schlangen oder Hornissen außer hier? Wälder, Gebüsche und Grasland überlebten die Eiszeiten im Norden und im Osten der Südinsel Neuseelands. Die Steward-

Abb. 12.15. Koniferen-*Nothofagus*-Mischwald auf der Südinsel Neuseelands mit *Dacrydium cupressinum* und anderen Podocarpaceen unterwachsen von Baumfarnen der Gattungen *Cyathea* und *Dicksonia* (2001)

Abb. 12.16. Südbuchenwälder mit *Nothofagus fusca* und *N. menziesii* auf der Südinsel Neuseelands (2001)

Abb. 12.17. *Metrosideros umbellata* beherrscht die Wälder am Arthurs-Pass in den Gebirgen der Südinsel Neuseelands (2001)

Insel und das Fjordland kommen als Refugium hinzu. In diesen Gebirgsregionen überlebten vor allem auch die alpinen Arten und die *Nothofagus*-Arten. Während die Podocarpaceen wegen ihrer ornithochor versetzten Samen sich in der Nacheiszeit sehr schnell wieder ausbreiten konnten, gelang das den *Nothofagus*-Arten bislang noch nicht. Es gibt im Wesentlichen zwei deutlich trennbare temperate Regenwaldtypen auf Neuseeland: einmal den **Koniferen-Hartlaubwald** und den **Südbuchenwald** (Abb. 12.16). Erster, der **Podocarpaceen-Hartlaubwald** (*conifer-broadleaf-forest*) ist ein sehr komplexer Typ, der wärmere Klimate bevorzugt und durch zahlreiche Lianen und Epiphyten gekennzeichnet ist. Das Kronendach des Waldes besteht aus mehreren Schichten, den emergenten Podocarpaceen-Nadelbäumen, die ein geschlossenes Laubdach der immergrünen Hartlaubbäume durchbrechen und überragen. Darunter stehen die Baumfarne. Diese Wälder sind vermutlich die ältesten heute noch lebenden Waldgesellschaften überhaupt. In höheren Lagen werden sie von Südbuchen aus verschiedenen *Nothofagus*-Arten abgelöst; hier ist die Baumschicht einheitlicher, die Emergenten fehlen in der Regel. In Neuseeland gibt es keine einzige *Eucalyptus*-Art, aber in den Wäldern des Archipels wachsen andere Myrtaceen: *Metrosideros robusta* dominiert in den Wäldern der Nordinsel; an den Küsten und an geschützten Meeresarmen bildet

M. tomentosa dichte Wälder, und in den Gebirgen der Südinsel beherrscht *M. umbellata* die Vegetation (Abb. 12.17). Auch Baumfarne der Cyatheaceae sind in den Regenwäldern der Südhemisphäre sehr wichtig: *Dicksonia antarctica* in Tasmanien, *D. squarrosa* in Neuseeland und bis zu 15 Meter hohe *Cyathea*-Arten, wie *Cyathea cunninghamii*, *C. dealbata*, *C. medullaris* und *C. smithii* bilden an Waldlichtungen regelrechte Baumfarndickichte (Abb. 12.15). Manchmal grenzen diese direkt an die Gletscher der neuseeländischen Alpen, ein eindrucksvoller Kontrast von Eis und temperatem Regenwald (Abb. 12.18).

Abb. 12.18. Franz-Josef-Gletscher auf der Südinsel Neuseelands mit angrenzendem temperaten Regenwald (2001)

12.9 Literatur

Adam P (1994) Australian rain forests. Oxford Univ Press, Oxford
Adams NM (1983-1985) New Zealand native trees. 2 Bde, Reed-Methuen, Wellington
Archibold OW (1995) Ecology of world vegetation. Chapman & Hall, London
Axelrod DI (1975) Evolution and biogeography of Madrean-Tethyan Sclerophyll Vegetation. Ann Missouri Bot Garden 62: 280-334
Barbour MG, Billings WD (eds) (1988) North American Terrestrial Vegetation. Cambridge University Press, Cambridge New York
Beadle NCW (1981) The vegetation of Australia. Fischer, Stuttgart
Behling H (1993) Untersuchungen zur spätpleistozänen und holozänen Vegetations- und Klimageschichte der tropischen Küstenwälder und der Araukarienwälder in Santa Catarina (Südbrasilien). Diss Bot 206, Cramer, Berlin

Behling H (2002) Beiträge zur Geschichte der Araukarienwälder der Campos und der atlantischen Regenwälder Süd- und Südostbrasiliens in Spätquartär. Ber d Reinh-Tüxen-Ges 14: 59-68

Bell CR, Taylors J (1982) Florida Wildflowers and Roadside Plants. Laurel Hill Press, Chapel Hill

Bobek H (1951) Die natürlichen Wälder und Gehölzfluren Irans. Dümmler, Bonn

Brown MJ, Hickey JE (1990) Tasmanian forestgenes or wilderness? Search 21: 86-87

Buchholz JT (1939) The embryogeny of *Sequoia sempervirens* with a comparison of the Sequoias. Amer J Botan 26 (4): 248-257

Ceballos L, Ortuño F (1976) Estudio sobre la vegetación y flora forestal de las Canarias Occidentales. 2. Aufl, Cabildo Insular de Tenerife, Santa Cruz de Tenerife.

Dansereau P (1968) Macaronesian studies II. Structure and function of the laurel forest in the Canaries. Collect Bo. 7 (1): 227-280

Donner W (1994) Lebensraum Nepal. Eine Entwicklungsgeographie. Institut für Asienkunde, Hamburg

Duever MJ, Carlson JE, Meeder JF, Duever L, Gunderson LH, Riopelle LA, Alexander TR, Myers RL, Spangler DP (1986) The Big Cypress National Preserve. Research Rep 8, National Antobon Society, New York

Finckh M (1996) Die Wälder des Villicaria-Nationalparks (Südchile). Lebensgemeinschaften als Grundlage für ein Schutzkonzept. Borntraeger, Berlin

Floyd A (1989) Warm temperate rainforests. In: Meier L, Figgis P (eds) Rainforests of Australia. Willoughby NSW

Franklin JF, Dyrness CT (1988) Natural vegetation of Oregon and Washington. Orgeon State Univ Press, Portland

García Gallo A, Wildpret de la Torre W (1990) Estudio floristico y fitosociológico del bosque de Madre de Agua en Agua García (Tenerife). Homenaje al Prof. Dr. Telesforo Bravo 1: 307-347

García Gallo A (1997) Flora y vegetación del municipio de La Laguna (Tenerife): Àrea central y meridional. Exmo. Ayuntamiento de San Cristobál de La Laguna

Glawion R (1993) Waldökosysteme in den Olympia Mountains und im pazifischen Nordwesten Nordamerikas. Schöningh, Paderborn

Golte W (1978) Die südandine und die südbrasilianische Araukarie. Ein ökologischer Vergleich. Erdkunde 32: 279-296

Golte W (1993) *Araucaria*. Verbreitung und Standortansprüche einer Coniferengattung in vergleichender Sicht. Steiner, Wiesbaden

González Henríquez MN, Rodrigo Pérez JD, Suárez Rodríguez CS (1986) Flora y vegetación del Archipiélago Canario. Edirca, Las Palmas de Gran Canaria

Gothan W, Weyland H (1973) Lehrbuch der Paläobotanik. BLV, München Bern Berlin

Grabherr G (1997) Farbatlas Ökosysteme der Erde. Ulmer, Stuttgart

Groves RH (1994) Australian vegetation. Cambridge Univ Press, Cambridge

Haffner W (1979) Nepal. Himalaya. Untersuchungen zum vertikalen Landschaftsaufbau Zentral- und Ostnepals. Steiner, Wiesbaden

Hill RS (1994) History of the Australian vegetation. Cambridge Univ Press, Cambridge

Hu HH, Cheng WC (1948) On the new family Metasequoiaceae and on *Metasequoia glyptostroboides*, a living species of the genus *Metasequoia* found in Szechuan and Hupeh. Bull Fan Mem Inst Biol (II): 153-156

Hübl E (1988) Lorbeerwälder und Hartlaubwälder (Ostasien, Mediterraneis und Makaronesien). Düsseldorfer Geobot Kolloq 5: 3-26

Hueck K (1966) Die Wälder Südamerikas. Ökologie, Zusammensetzung und wirtschaftliche Bedeutung. Fischer, Stuttgart

Kämmer F (1974) Klima und Vegetation auf Tenerife, besonders im Hinblick auf den Nebelniederschlag. Scripta Geobotanica 7

Keast A (1981) Ecological biogeography of Australia. 3 Bde, Junk, Den Haag

Koch GW, Sillett SC, Jennings GM, Davis SD (2004) The limits to tree height. Nature 428: 851-854

Kozlowski TT, Ahlgren CE (1974) Fire and ecosystems. Academic Press, New York

Lanner RM (1999) Conifers of California. Cachuma Press, Los Olivos CA

Louis H (1939) Das natürliche Pflanzenkleid Anatoliens, geographisch gesehen. Engelhorn, Stuttgart

Lüpnitz D (1995) Beitrag zur phytogeographischen Stellung der Kanarischen Inseln. Mainzer naturwiss Archiv 33: 83-98

Lüpnitz D (1995) Kanarische Inseln. Florenvielfalt auf engem Raum. Palmengarten, Sonderheft 23, Frankfurt

Marchelli P, Gallo L, Scholz F, Ziegenhagen B (1998) Chloroplast DNA markers revealed a geographical divide across Argentinean southern beech *Nothofagus nervosa* (Phil.) Dim. et Mil. distribution area. Theoretical and Applied Genetics 97: 642-646

Mayer H, Aksoy H (1986) Wälder der Türkei. Fischer, Stuttgart

Mester A (1987) Estudio fitosociológico de las comunidades de la clase *Pruno-Lauretea azoricae* en La Gomera (Islas Canarias). Vieraea 17(1-2): 409-428

Miki S (1941) On the change of flora in Eastern Asia since Tertiary period. I. The clay or lignite beds flora in Japan with special reference to the *Pinus trifolia* beds in Central Hondo. Japan J Botan 11: 237-303

Mooney HA, Bonicksen TM, Christensen NL, Lotan JE, Reiners WA (1981) Fire regimes and ecosystem properties. USDA For Serv Gen Tech Rep WO-26

Norse EA (1990) Ancient forests of the Pacific-Northwest. Island Press, Washington

Oberdorfer E (1965) Pflanzensoziologische Studien auf Teneriffa und Gomera (Kanarische Inseln). Beitr Naturk Forsch SW-Deutschl 24: 47-104

Ovington J (ed) (1983) Temperate broadleaved evergreen forests. In: Goodall D (ed) Ecosystems of the world, Bd. 10, Elsevier, Amsterdam Oxford New York

Pérez de Paz PL (ed) (1990) Parque Nacional de Garajonay, Patrimonio Mundial. ICONA, Excmo, Cabildo Insular de La Gomera

Perry JP (1991) The pines of Mexico and Central America. Timber Press, Portland

Picket S, White P (1985) The ecology of natural disturbance and patch dynamics. Academic Press, San Diego

Pott R, Hüppe J, Wildpret de la Torre W (2003) Die Kanarischen Inseln – Natur- und Kulturlandschaften. Ulmer, Stuttgart

Read IG (1987) The bush. A guide to the vegetated landscape. French Forest (NSW)

Reid JB, Hill RS, Brown MJ, Hovenden MJ (1999) Vegetation of Tasmania. In: Reid J, James B II (eds) Australian Biol. Resources Study, Flora of Australia Suppl Ser 8, Austral Biol Res Stud, Monotone Art Printers, Tasmania

Richter M (2001) Vegetationszonen der Erde. Klett-Perthes, Gotha

Rivas-Martínez S, Wildpret de la Torre W, Del Arco Aguilar M, Rodríguez O, Pérez de Paz PL, García Gallo A, Acebes Ginovés JR, Díaz González TE, Fernández González F (1993) Las comunidades vegetales de la Isla de Tenerife (Islas Canarias). Itinera Geobot 7: 169-374

Rivas-Martinez S, Fernandez-Gonzales F, Loidi J, Lousa M, Penas A (2001) Syntaxonomical checklist of vascular Plant communities of Spain and Portugal to association level. Itinera Geobotanica 14: 1-341

Rodríguez Delgado O (2003) Apuntes sobre Flora y Vegetación de Gran Canaria. Cabildo de Gran Canaria

Rodríguez Delgado O, del Arco Aguilar M, García Gallo A, Acebes Ginovés JR, Pérez de Paz PL, Wildpret de la Torre W (1998) Catálogo sintaxonómico de las comunidades vegetales de plantas vasculares de la Subregion Canaria: Islas Canarias e Islas Salvajes. Serie Biología/1, Servicio de publicaciones, Unversidad de La Laguna

Santos Guerra A (1983) Vegetación de la región Macaronésica. Proc II Congr Int pro fl Macaronesica (19-25 de Junho de 1977), Funchal, pp 185-203

Schultz J (2000) Handbuch der Ökozonen. Ulmer, Stuttgart

Schweinfurth U (1957) Die horizontale und vertikale Vegetation im Himalaya. Dümmler, Bonn

Schweinfurth U (1962) Studien zur Pflanzengeographie von Tasmanien. Dümmler, Bonn

Schweinfurth U (1966) Neuseeland. Beobachtungen und Studien zur Pflanzengeographie und Ökologie der antipodischen Inselgruppe. Dümmler, Bonn

Seibert P (1972) Der Bestandesaufbau einiger Waldgesellschaften in der Südkordillere (Argentinien). Forstwiss Centralbl 91: 278-291

Seibert P (1996) Farbatlas Südamerika. Landschaften und Vegetation. Ulmer, Stuttgart

Suárez Rodríguez C (1994) Estudio de los relictos actuales del monte verde en Gran Canaria. Premio de Investigación «Viera y Clavijo» (Ciencias de la Natura leza) 1991. Ediciones del Cabildo Insular de Gran Canaria, Consejería d Política Territorial, Gobierno de Canarias

Sunding P (1972) The vegetation of Gran Canaria. Norske Vid-Akad Oslo, I Math-Naturv Klasse Ny Serie No 29

Sunding P (1973) A botanical bibliography of the Canary Islands. 2nd edn, Bot Garden, Univ of Oslo

Thenius E (2000) Lebende Fossilien. Pfeil, München

Voggenreiter F (1974) Geobotanische Untersuchungen an der natürlichen Vegetation der Kanareninsel Tenerife. Diss Bot 26, Cramer, Lehre

Wardle P (1991) Vegetation of New Zealand. Cambridge University Press, Cambridge

Webb PB, Berthelot S (1836-1850) Histoire naturelle des Isles Canaries. III. Botanique. Paris

Wildpret de la Torre W, Martín Osorio VE (1997) Laurel Forest in the Canary Island: Biodiversity, Historical Use and Conservation. Tropics 6 (4): 371-381

12.10 Fragen zu Kapitel 12

1. Wo nur können auf der Erde warmtemperate, immergrüne Lorbeerwälder wachsen?
2. Die temperaten Bergwälder sind flächenhaft in globaler Sicht zwar nicht so bedeutend, sie bergen aber eine überaus reichhaltige Paläoflora – welche ist das?
3. Wie und warum konkurrieren *Pinus aristata* in Kalifornien und *Cryptomeria japonica* in Yakushima um den Status der „ältesten Pflanzen, der Methusalems" der Erde in UNESCO-World-Heritages?
4. Wie sind die Kanarischen Lorbeerwälder entstanden?
5. Beschreiben Sie die „tropischen Merkmale" des Lorbeerwaldes im Unterschied zu den immergrünen Hartlaubwäldern der Mediterraneis.
6. Was verstehen wir unter dem Begriff „Monteverde"?
7. Was beinhaltet der Begriff „*Palaeoflora viviente*"?
8. Der Fayal-Brezal ist ein degradierter Lorbeerwald – oder nicht?
9. Warum gehören *Sequoia sempervirens* und *Sequoiadendron giganteum* zu den ältesten noch existierenden Baumarten der Erde und warum gibt es sie noch heute?
10. Beschreiben Sie die temperaten Wälder Südamerikas.
11. Warum leben die südamerikanischen Araukarien in zwei getrennten Arealen?
12. Beschreiben Sie die Wälder der Kolchis und deren Entwicklung.
13. Wo haben Zitrusfrüchte und der Teestrauch ihre Heimat?
14. Was kennzeichnet die *Taxodium*-Sumpfwälder in den Everglades von Florida?
15. Wo gibt es auf der Erde Regenwälder ohne Blattschneideameisen?
16. Podocarpaceen-Koniferenwälder bestehen aus folgenden Bäumen:
17. Warum hat Neuseeland eine eigene „Geschichte" innerhalb der „Gondwana-Länder"?
18. Jurassische Vegetationsbilder mit Moos- und Farndickichten lassen sich noch heute in Neuseeland finden – wo und wie sehen diese aus?
19. Gibt es *Eucalyptus* in Neuseeland?

13 Steppenlandschaften

In Zentralasien finden sich die letzten großflächig erhaltenen Grasländer der Erde. Sie sind die Heimat turko-mongolischer Völker, vor allem der Kasachen, Kyrgisen, Altaier, Mongolen und Kalmücken. Kasachstan beherbergt neben der Mongolei die letzten großflächig erhaltenen Steppen der nördlichen Hemisphäre. Der Gürtel der gewaltigen Steppen erstreckt sich von Südrussland quer durch Kasachstan und die Mongolei bis in die Mandschurei. Im Osten, in Nordostchina, im Übergangsbereich zwischen den temperaten Mischwäldern und den westlich angrenzenden Halbwüsten- und Wüstenformationen der Inneren Mongolei liegt die **Innermongolische Steppe** (Abb. 13.1). Die mongolisch-chinesische Steppenregion unterscheidet sich von den anderen Steppengebieten Zentralasiens vor allem dadurch, dass das Niederschlagsmaximum nicht wie dort im Frühsommer

Abb. 13.1. Steppenlandschaften der Inneren Mongolei: **a** *Stipa krylovii*-Gras-Steppe mit *Allium tenuissimum*-Fazies, **b** *Bassia sedoides* und *B. dasyphylla-Reaumuria soongorica*-Halophyten-Steppe, **c** Löss-Steppen südlich Datong, **d** Wiesen-Steppe mit *Stipa grandis* (2002)

von Mai bis Juni, sondern unter dem Einfluss des ostasiatischen Monsun-klimas im Hochsommer im Juli und August liegt. Infolge der großen Aus-dehnung dieser Steppengebiete in Nord-Süd-Richtung sind die Tempera-turbedingungen in diesem Raum sehr unterschiedlich: In der nördlichen und hoch gelegenen Mongolei wird beispielsweise ein Julimittel erreicht, das nur etwa 17 Grad Celsius beträgt. Die Durchschnittstemperatur steigt nach Süden zwar kontinuierlich an, erreicht aber auch im südlichsten Teil, dem „Ordos-Gebiet", nicht mehr als 22 Grad Celsius, wohingegen die Temperaturminima sich von minus 50 auf minus 30 Grad Celsius verän-dern. Die hinsichtlich der jährlichen Niederschläge etwas günstigere **Wie-sensteppe** nimmt insgesamt nur einen schmalen Streifen entlang der Waldgrenze und am Rand des Großen Kinghan-Gebirges ein. Sehr viel größere Flächen im Bereich der südlichen und Inneren Mongolei sind da-gegen von der ausgedehnten **Kurzgrassteppe** bedeckt. An die den nörd-lichsten Teil des Landes einnehmende sibirische Gebirgstaiga schließt die **Waldsteppenzone** an, die hier in Höhenlagen von um 1000 Meter bis ma-ximal über 3000 Meter im Gobi-Altai als **Gebirgs-Waldsteppe** ausgebil-det ist. Die Grassteppen sind hier vor allem auf der Ostmongolischen Plat-te anzutreffen. Daran schließt sich eine **Wüstensteppe** an, die allmählich in die Wüste Gobi übergeht. Diese Vegetationszonierung kommt auch in den Bodenzonen zum Ausdruck: In den Grassteppen treten als vorherr-schende Bodentypen hellgefärbte Kastanoseme, in den Halbwüsten hinge-gen Buroseme und in der zentralen Wüste Gobi schließlich Seroseme als charakteristische Bodentypen auf.

Der am häufigsten verbreitete Steppentyp Zentralasiens und auch in der Mongolei ist die **Grassteppe**. Während die südlichsten Grassteppen auf hellen Kastanosemen nur noch für eine extensive Weidewirtschaft geeig-net sind, kann auf den nördlichen Grassteppen mit mittleren und dunklen Kastanosemen noch Ackerbau betrieben werden. Da Gräser in diesem Ve-getationstyp dominieren, besitzt die Grassteppe ein relativ eintöniges und graugrünes Aussehen (Abb. 13.1). Dabei ist je nach den Standortbedin-gungen und lokalen Klimaverhältnissen das Dominieren einer Grasart über weite Flächen charakteristisch. Typische Vertreter sind Arten wie bei-spielsweise das Federgras *Stipa krylovii*, das Zierliche Schillergras *Koele-ria gracilis*, die Kammquecke *Agropyron pectinatum*, das Süßgras *Aneuro-lepidium pseudoagropyron* oder das Rispengras *Poa botryoides* sowie die Zwergsegge *Carex duriuscula*.

Die auf tiefgründigem Lösslehm befindlichen **Wiesensteppen** sind von Klima und Boden her ideal für den Ackerbau geeignet. Infolgedessen sind sie heute fast vollständig unter den Pflug genommen. Gut erhaltene Reste gibt es noch in wenigen Naturreservaten, sonst hält sich die Steppenflora nur an edaphisch ungünstigen Stellen sowie auf Weg- und Feldrändern und

Box 13.1. Beweidung von Steppenrasen und die Folgen

Steppen sind lückig aufgebaute, aber sehr artenreiche Rasengesellschaften, die in erster Linie von den horstig wachsenden Federgräsern *Stipa krylovii*, *S. bungeana* und *S. capillaris* dominiert werden. Die Gesamtbedeckung der Vegetation beträgt hier nur etwa 50 bis 70 Prozent, so dass der Lössboden stellenweise offen zu Tage tritt. Häufig sind in diesen Grasfluren Fabaceen wie *Astragalus scaberrimus* oder *A. dahuricus* oder Kompositen wie *Heteropappus altaicus* beigemischt. Nur vereinzelt kann hingegen das Chinesische Meeresträubchen *Ephedra sinica* angetroffen werden. Die Flächen werden aktuell mit Schafen und Ziegen beweidet. Dort, wo die Bodenverletzungen durch Viehtritt oder mechanische Beschädigungen entstanden sind, tritt als charakteristischer Störungszeiger solcher Vegetationskomplexe zusätzlich *Leymus seccalinus* auf. In solchen beweideten Steppenlandschaften, die aufgrund der kontinuierlich abnehmenden Niederschläge bereits zur Halbwüste vermitteln, wird der in der Mongolei endemische Caragana-Strauch *Caragana microphylla* durch das Fraßverhalten des Weideviehs positiv ausgelesen und reichert sich dementsprechend in der Vegetation an. Bei stärkerer Beweidung gelangt schließlich *Artemisia frigida* zur Dominanz (Abb. 13.2). Die Steppen- und Halbwüstengebiete Zentralasiens sind dazu von Natur aus die natürlichen Weidegebiete von Steppentieren wie beispielsweise von Dromedaren oder Wildpferden wie etwa den Przewalzki-Pferden, welche schon immer einen schwachen Weideeinfluss auf die Steppenvegetation ausübten (Abb. 13.2). Daneben haben aber auch erdbewohnende Kleinsäuger wie beispielsweise Erdhörnchen durch ihre Wühltätigkeit einen großen Einfluss auf die Mikrozonierung und die Mikrosukzession der Federgras-Steppen, wie dies N. P. Guricheva u. Z. G. Buevich (1989) und P. P. Dmitriev et al. (1990) für die Steppengebiete des östlichen Khangai exemplarisch nachweisen konnten. Nach Franz Fukarek (1979) wird eine schwache Überweidung der zentralasiatischen Steppen vor allem durch das gehäufte Vorkommen der giftigen Thymeliacee *Stella chamaejasme* angezeigt, bei stärkerer Beweidung dominieren hingegen eher *Artemisia frigida*, *Leontopodium campestre* sowie die drüsig behaarte Fahnenwicke *Oxytropis glandulosa* und der Liegende Enzian *Gentiana decumbens* oder der Großblütige Rittersporn *Delphinium grandiflorum*.

ähnlichen, kleinflächigen ungenutzten Teilen der Kulturlandschaft. Die großräumige Beseitigung der Steppenvegetation begann in den meisten Gebieten schon im vorigen Jahrhundert. In Eurasien sind die meisten Wiesensteppengebiete erst in den letzten 150 bis 200 Jahren in Kultur genommen worden. Vorher waren sie weithin von nomadischen Reitervölkern beherrscht, die sie als Weideland nutzten, und erst die effektive Eroberung durch Russland im Westen beziehungsweise China im Osten führte zur Besiedlung mit Ackerbauern. Gegenüber der Wiesensteppe ist die **Kurz-**

Abb. 13.2. Steppenlandschaften der Inneren Mongolei: **a** Wildkamele *Camelus ferus ferus* im Übergang der mongolisch-dahurischen Steppen-Halbwüste, **b** Beweidung der Steppe mit Schafen und Ziegen, **c** der in der Mongolei endemische Caragana-Strauch *Caragana microphylla* wird durch das Weidevieh positiv ausgelesen, **d** *Artemisia frigida* gelangt bei stärkerer Beweidung zur Dominanz (2002)

grassteppe für den Ackerbau weniger geeignet. Wo man in ihrem Grenzbereich noch Acker angelegt hat, kam es, besonders in hügeligem Gelände, zu starken Erosionsschäden bis hin zum völligen Abtrag des Oberbodens (Abb. 13.2). So dient die Kurzgrassteppe auch heute noch überwiegend als Weideland. In Zentralasien – hauptsächlich in der Mongolei – ist mancherorts noch die alte Nomadenwirtschaft erhalten geblieben. Aufgrund der geringen oder fehlenden Schneedecke und der „Gefriertrocknung" der Vegetation durch die am Ende der Vegetationsperiode einsetzenden Fröste wird auch in den mongolischen Steppengebieten während des Winters geweidet.

Die *Stipa krylovii*-Steppe gehört auch zu den am weitesten verbreiteten Steppentypen Nordostchinas. Landschaftsprägend ist dieser Vegetationstyp sowohl in den Lössgebieten, die zur chinesischen Provinz Innere Mongolei gehören, als auch in der nördlich angrenzenden, früheren mongolischen Volksrepublik, welche als Äußere Mongolei bezeichnet wird. Pflanzengeographisch ist dieser Steppentyp auf den typischen und mittleren Kastanosemen der Florenprovinz Chalcha sowie in den südlichen Gebieten der mongolisch-dahurischen Region verbreitet, wo die jährlichen Niederschläge deutlich niedriger als 300 Millimeter im Jahr betragen. In der *Stipa krylovii*-Steppe herrschen fast ausschließlich mongolisch-dahurische Steppen- und Halbwüstenelemente vor, die den eigenständigen Charakter dieser Steppengesellschaften verdeutlichen. In den Steppen des Inneren Mongolei-Plateaus fallen nur Niederschläge um 200 bis 300 Millimeter pro Jahr, so dass an den Berghängen sowie in den Ebenen und Tallagen keine Gehölzinseln mehr zu finden sind und ausschließlich die Steppe vorherrscht. Dominant ist auch hier *Stipa krylovii*. In den Bereichen, wo die Niederschläge bereits deutlich unter die 200 Millimeter-Grenze fallen, vollzieht sich jedoch vielerorts schon der Übergang zu Halbwüstenformationen, mit denen die *Stipa krylovii*-Steppe in der Transitionszone mosaikartig verzahnt sein kann. Dort sind *Stipa gobica*-Steppengesellschaften im Übergang zu Halbwüstenformationen anzutreffen. In der Inneren Mongolei ist dieser Vegetationstyp in erster Linie von dem kleinwüchsigen Federgras *Stipa gobica* beherrscht, das hier oft nur 10 bis 15 Zentimeter Wuchshöhe erreicht.

Aufgrund des ständigen Sandschliffs durch den Wind sind die meisten Kräuter und Sträucher dieses Vegetationstyps als Horstpflanzen, Halbkugelsträucher, Flachpolster- oder Kriechpflanzen ausgebildet. Die Gesamtdeckung der schütteren Vegetation beträgt oftmals nur 40 Prozent; nur in Muldenlagen mit einer etwas höheren Bodenfeuchte tritt die Vegetation dichter zusammen und zeichnet sich dann durch höhere Deckungsgrade der Halbsträucher, vor allem von *Salsola collina* aus. Dabei handelt es sich nach unseren Beobachtungen vermutlich um eine eigenständige, psammophytenreiche Pflanzengesellschaft auf bewegten Dünensanden. Diese Vegetation zieht sich in der Mongolei in einem 100 Kilometer breiten und rund 400 Kilometer langen Gürtel nach Nordosten. Dominierende Elemente sind neben Dünengräsern wie beispielsweise *Psammochloa pungens*, das Gänsefußgewächs *Agriophyllum pungens*. Die Gräser dienen hier als Sandfänger und legen durch die kontinuierliche Durchwurzelung des Materials den Sand allmählich fest. Mit zunehmender Stabilisierung und Alterung des Substrates siedeln sich dann sukzessive xerophytische Sträucher wie *Caragana microphylla* und *C. stenophylla* auf solchen Standorten an und kennzeichnen somit das vorläufige Endstadium der Dünenentwicklung.

Überall dort, wo in Senkenlagen etwas mehr Bodenfeuchtigkeit vorhanden und die Beweidung sehr intensiv ist, breitet sich im Inneren-Mongolei-Plateau das Horstgras *Achnatherum splendens* sehr stark aus. In den Muldenlagen tritt dieses 1 bis 1,60 Meter hohe Gras zu dichten Beständen zusammen und bildet eine eigene und vergleichsweise artenarme Gesellschaft aus (Abb. 13.3). Als Begleiter tritt vermehrt das verbisstolerante Weideunkraut *Olgaea leucocephala* auf, welches in seinem Habitus an die in Mitteleuropa verbreitete und in beweideten Wiesengesellschaften häufig

Abb. 13.3. Steppenlandschaften der Inneren Mongolei: **a** Das bis zu 1,6 Meter hohe Gras *Achnatherum splendens* breitet sich bei Überbeweidung aus; **b** Übergang von Steppe zur Waldsteppe mit *Ulmus pumilio*, Ulmaceae; **c** *Pinus tabulaeformis*, *Salix gordejevii* und *Prunus sibirica* bilden die Waldsteppe; **d** *Betula platyphylla*-Wald in der Wald-Steppen-Zone des Inneren-Mongolei-Plateaus (2002)

auftretende Composite *Cirsium acaule* erinnert. Vergleichbare Bestände sind auch in der Äußeren Mongolei verbreitet. Auch ist der Artenreichtum nach Aufgabe der Intensivbeweidung heute wesentlich größer als früher, wobei besonders der Krautreichtum der heutigen Bestände ins Auge fällt, der dieser Grassteppe in der ersten August-Hälfte einen buntblumigen Charakter verleiht. Rückläufig ist offenbar auch der Anteil des durch die Weide geförderten Grases *Achnatherum sibiricum*. Auffällig ist weiterhin der hohe Anteil von verschiedenen Zwiebelarten, wie beispielsweise die lilablühende *Allium ramosum*, die weißblühende *A. tenuissimum* oder die gelbblühende *A. condensatum*. Die verschiedenen Fingerkräuter wie etwa *Potentilla tanacetifolia* oder *P. longifolia*, welche in beweideten Flächen kaum mehr als 15 Zentimeter Wuchshöhe erreichen, werden hier hingegen zwischen 30 bis 40 Zentimeter hoch.

Waldsteppen gibt es an den östlich angrenzenden Hängen der Taihang-Berge. Die kuppenförmigen und etwa 300 Meter aufsteigenden Bergketten bestehen in erster Linie aus präkambrischen Gneisen und Kalkgesteinen. Die Gebirgszüge der Taihang Mountains sind heute fast gänzlich entwaldet. Lediglich am „Nantuo-Berg" sind heute noch kleinere Wälder zu finden, bei denen es sich jedoch meist um Sekundärwälder handelt. Gelegentlich hat man in dieser Region aber auch Schutzwälder mit *Platycladus orientalis* angelegt, welche der Verminderung der Erosion dienen sollen. Ansonsten sind Waldreste nur noch in kleineren Erosionsrinnen am Oberhang einzelner Gebirgszüge anzutreffen, deren Baumartenzusammensetzung teilweise noch dem natürlichen Spektrum entspricht. Es handelt sich hierbei meist um Wälder aus *Populus davidiana* und *Betula dahurica*. Ursprünglich stockten auf den Bergkuppen und Berghängen des Taihang-Gebirges aber vorwiegend temperate *Quercus variabilis*, oder *Q. dentata*-Mischwälder, die jedoch durch den Holzeinschlag und die Beweidung im Laufe der vergangenen Jahrhunderte verschwunden sind. Die Waldsteppen nördlich dieser Wälder – ursprünglich Heimat der Tataren – wurden von Russen und Ukrainern zunehmend in Ackerland verwandelt, im Süden dehnen sich große Wüsten und Halbwüsten aus. Sie werden von den Hochgebirgen des Tien-Schan und Pamir begrenzt (Abb. 13.4).

Abb. 13.4. Yaks *Bos grunniensis* sind natürlich in den asiatischen Gebirgs-Steppen. Sie wurden etwa 900 v. C. in Tibet domestiziert und sind heute als Wild- und Nutztiere in den baumfreien Hochlagen bis zur Vegetationsgrenze bei 5000 Metern anzutreffen (Foto H. Mattes 2001)

Das Klima in diesem Großraum ist extrem kontinental mit Temperaturen von plus 40 Grad Celsius im Sommer und minus 40 Grad Celsius im Winter. Die Niederschläge betragen nirgendwo mehr als 500 Millimeter im Jahr, und sie nehmen von Norden nach Süden kontinuierlich ab, so dass eine klare Nord-Süd-Abfolge der Vegetationszonen von Waldsteppe – Steppe – Halbwüste und Wüste im Innern Eurasiens zustande kommt (s. auch Abb. 7.31). Überall hier bildet die Viehzucht seit jeher die Lebensgrundlage der Menschen. Die Weidezüge der Wüstennomaden folgen im Wesentlichen diesem Nord-Süd-Wechsel der Niederschläge. Größere Wassermengen kommen hier fast nur als Schmelzwasser von den gewaltigen Gletschern der südlichen Hochgebirge. Es durchfließt die Trockengebiete als Fremdlingsströme und sammelt sich an den tiefsten Punkten in großen Schilfsümpfen, den so genannten **Tugais**, und in endorrheischen Seen. Zentralasien besitzt keinen Abfluss zum Ozean.

Abb. 13.5. Der Xilamun in der Mongolei ist ein natürlicher Steppen-Wildfluss mit unterschiedlicher Wasserführung und entsprechender Erosion im Löss (2001)

Box 13.2. Begriffe: Savanne - Steppe

Ähnlich wie die **Savanne** wurde der Begriff **Steppe** in der Vergangenheit unterschiedlich gedeutet: Im weitesten Sinne verstanden manche Autoren unter diesem Begriff jede aus niederschlagsbedingten Gründen waldfreie Vegetation außer der Vollwüste, so dass beispielsweise unter dem Begriff **Steppe** auch die *Artemisia*- und *Ziziphus*-Fluren der Nordsahara, des Nahen Ostens und Arabiens subsumiert wurden. In anderen Fällen wurde der Begriff auf Grasland jeglicher Art, mit Ausnahme der polaralpinen Grasländer beschränkt. Mit der hier gegebenen Definition als „Grasland der semiariden nemoralen Gebiete" folge ich Heinrich Walter (1898-1989), der den Begriff wieder auf seine ursprüngliche Bedeutung in Osteuropa (russ.: *„Stepj"*) zurückgeführt hat. Der amerikanische Name „Prärie" (Prairie) wird in diesem Zusammenhang als Synonym gebraucht. Nach heutigem Kenntnisstand kann man die Steppe unter Berücksichtigung der klimatisch-edaphischen Wechselbeziehungen mit den Trockengehölzen als eine natürliche Klimaxformation ansehen. Allerdings ist in diesem Zusammenhang auch zu vermuten, dass die Ausdehnung der Steppenlandschaften schon vor dem Eingreifen des Menschen infolge von natürlichen Brandereignissen und des Einflusses von Großwild auf Kosten des Waldes etwas über die klimatische, vor allem die hygrische Waldgrenze hinaus verschoben worden ist.

13.1 Waldsteppen Asiens

Eine besonders große Artenvielfalt weist die **Waldsteppenzone** auf. In diesen Gebirgslandschaften stellen die kühlfeuchten Nordhänge mit ihren Dauerfrostböden Waldstandorte dar. An den Ost- und Westhängen und teilweise auch in den Tälern entfalten sich auf den **Schwarzerden-Wiesen-Steppen**, während sich an den Südhängen auf schuttreichen Böden vielfach **Schottersteppen** entwickelt haben. Die unteren Talhänge und höheren Terrassen auf Kastanosemböden tragen dagegen Grassteppen. Schließlich können sich in den grundwassergeprägten Niederungen Dauereissümpfe und Eismoore mit Aufeishügeln bilden, die in starkem Maße an die Tundren nördlich des Polarkreises erinnern. In der **Berg-Waldsteppe** spiegeln die Vegetations- und damit auch Bodenabfolge von einem Nord- zu einem Südhang in gewisser Weise einen breiten Ausschnitt der Vegetationszonen der nördlichen Hemisphäre wider, lösen sich doch auf kleinstem Raum Nadel- und Laubwälder, Staudenfluren sowie Wiesen- und Grassteppen und Schottersteppen einander ab. Die Wälder am Nordhang der mongolischen Gebirge werden von Waldkiefern *Pinus sylvestris*, Sibirischen Lärchen *Larix sibirica*, Birken *Betula platyphylla* und Espen *Populus tremula* gebildet (Abb. 13.3). In der Strauchschicht dieser lichten Wälder wachsen verschiedene Spierstraucharten, vor allem *Spiraea aquilegiifolia* sowie der bereits im Mai blühende Dahurische Rhododendron *Rhododendron dahuricum*. Die Krautschicht dieses Waldtyps wird von *Pyrola incarnata* geprägt. In den durch höhere Feuchtigkeit ausgezeichneten Birkenwäldern beginnen bereits Anfang Juni *Trollius asiaticus* und *Anemone narcissiflora* zu blühen, wohingegen Ende Juni die rotblühenden Pfingstrosen *Paeonia anomala* den Aspekt bestimmen.

Aufgrund der riesigen geographischen Ausdehnung des Landes ist China durch große naturräumliche Unterschiede gekennzeichnet, die aus den geologischen Prozessen der Vergangenheit und den verschiedenen Klimazonen resultieren. Die geographisch-naturräumlichen Gegensätze sind daher bemerkenswert: So türmt sich im Westen des Landes mit dem tibetanischen Hochland und dem Himalaya eine der mächtigsten Gebirgsketten der Erde auf, wodurch die zentralasiatischen Hochlandsbereiche in den Regenschatten gelangten und daher heute extrem niederschlagsarm sind. Einige Bereiche Zentralchinas sind dagegen heute unterhalb des Meeresspiegels gelegen, wie beispielsweise das zweitniedrigste Festlandsbecken der Erde, die eigenartige „Turfan-Senke", welche fast 154 Meter unter dem Meeresspiegel liegt. Diese Region umfaßt außerdem einige der zu den Wüsten Gobi und Takla Makan gehörenden niederschlagsärmsten und unwirtlichsten Wüstenlandstriche sowie riesige Schwemmlandgebiete, wie etwa jene des Qaidam-Beckens. Die Gebirgskette des Kunlun am nördlichen Rand des Tibetischen Hochlands sowie das Qinling- und das Daba-Gebirge bilden eine Barriere, welche dieses Gebiet auf der Höhe des nördlichen 35. Breitengrades teilt. Südlich des Qinling und Daba ist der durchschnittliche Jahresniederschlag mit fast 1300 Millimetern deutlich höher als in den Nordregionen. In beiden Teilen kann die Niederschlagsmenge jedoch beträchtlich variieren, aber besonders der Norden ist von Schwankungen geprägt, wobei die Abweichungen von der jährlichen Niederschlagsmenge hier bis zu 30 Prozent betragen können. Sowohl Dürre- als auch Überschwemmungskatastrophen ereignen sich hier daher häufiger in den nördlichen Teilen von China. Der dort etablierte chinesische Wald-steppen-Ökoton lässt sich in zwei weitere Subzonen untergliedern, die als **Wald-Grasland-Zone** oder als **Wald-Steppen-Zone** bezeichnet werden können. Jährliche Niederschläge zeigen eine deutlich asymmetrische Verteilung von etwa 470 Millimetern im Südosten mit kontinuierlich abnehmenden Regenmengen auf nur noch 330 bis 320 Millimeter Niederschlag pro Jahr im Nordwesten. Jahresdurchschnittstemperaturen erreichen in den Tallagen und in Hochebenen etwa 3,5 Grad Celsius, wohingegen die Werte in den westlichen und südlichen Gebirgsketten lokal nur minus 3 Grad Celsius betragen.

Arealgeographisch gesehen treffen hier Elemente der ostasiatischen Florenregion mit dahurisch-mongolischen Geoelementen aufeinander. Das Jibei-Gebirge kann in diesem Zusammenhang als Tor für die Einwanderung ostasiatischer Arten in das Mongolei-Plateau verstanden werden. Die Khingan-Berge stellen dagegen eine Brücke für die Nordwanderung ostasiatischer Geoelemente bzw. die Südwanderung sibirischer Arten dar. Als zonaler Vegetationstyp der temperaten **Waldland-Zone** dominieren deshalb bis zu einer Meereshöhe um 1400 Metern auch strauch- und krautreiche *Quercus mongolica*-Wälder, wohingegen *Betula dahurica*-Wälder vor allem die Höhenlagen zwischen 1200 Metern und 1600 Metern charakterisieren. Während großflächige *Pinus tabulaeformis*-Wälder besonders in den Jibei-Bergen verbreitet sind, kommen sie im Gebiet des Inneren Mongolei-Plateaus meist nur als kleinflächige Waldinseln am Fuße von Dünenketten, auf etwas besser wasserversorgten Standorten vor (Abb. 13.3).

13.2 Steppen Kleinasiens

Die eurasiatische Steppe hat ihre größte Ausdehnung in Ost-West-Richtung: Von Osteuropa bis in die Mandschurei und nach Nordchina reichend, tritt sie in Kontakt mit zwei verschiedenen Sommerwaldregionen,

die wir in den Kapiteln 9 und 10 kennen gelernt haben. Da auch das Niederschlagsregime in diesen Gebieten unterschiedlich ist, ergibt sich weiterhin eine Aufteilung in zwei Unterregionen: Die **eurosibirische Unterregion** und die im vorigen Kapitel dargestellte **mongolisch-chinesische
Unterregion**. Die eurosibirische Unterregion erstreckt sich zwischen
Sommerwald und Wüste von der Ukraine bis zum Altai, wobei sich ein
südlicher Ausläufer noch bis an die Hänge des Tienschan-Gebirges erstreckt.

Wie auch im östlichen Mitteleuropa, so laufen hier ebenfalls der Wärme- und der Feuchtegradient von Nord nach Süd parallel und es wird
zugleich wärmer und trockener. Einziges Klimamerkmal, das sich allerdings von West nach Ost ändert, sind die Winterminima: Sie sinken von
etwa minus 30 Grad Celsius in der Ukraine bis auf fast minus 50 Grad
Celsius im Altaigebiet. Die floristische Zusammensetzung der Vegetation
ist im gesamten Gebiet daher auch sehr gleichmäßig. Die Kurzgrassteppe,
welche in der russischen Literatur meist als „krautarme oder trockene Federgrassteppe" bezeichnet wird, unterliegt im Durchschnitt etwas höheren
Temperaturen als die Wiesensteppe. Die räumliche Nähe zur Halbwüste
deutet sich durch das häufigere Auftreten kleinstrauchiger Wermut-Arten
in den Federgras-Steppengesellschaften an. Man spricht von einer **Wermut-Federgras-Steppe** (Abb. 13.6).

Abb. 13.6. Ostanatolische Steppe
mit dem Berg Ararat (5165 Meter)
im Hintergrund,
dem höchsten Vulkan in der Türkei
(1984)

So gibt es auch in Zentralanatolien, im Übergangsbereich zwischen Innerasien und dem ostanatolischen Bergland große trockene Beckenlandschaften unter semiariden Hochlandklimaten von plus 40 Grad Celsius im
Sommer und bis zu minus 35 Grad Celsius im Winter bei Niederschlägen

Box 13.3. Steppengräser

Die wichtigsten floristischen Komponenten des Graslandes sind naturgemäß Gräser (Poaceae). Von dieser Familie sind etwa 15-20 Gattungen maßgeblich am Aufbau der Steppenvegetation beteiligt. Sie differenzieren sich hinsichtlich ihres Vorkommens vor allem nach der jeweiligen Sommerwärme in den verschiedenen Teilgebieten: In den Regionen mit feuchtem Steppenklima finden sich fast nur Gattungen aus der Unterfamilie der Pooideae wie beispielsweise *Festuca, Stipa, Bromus, Agropyron, Koeleria, Elymus, Poa, Phleum, Avena, Calamagrostis* u. a.. Begleitet werden die dominierenden Gräser von einer großen Zahl anderer Sippen aus verschiedenen Familien. Besonders zahlreich sind beispielsweise Fabaceen und Asteraceen sowie auch Vertreter der Rosaceen (*Potentilla, Sanguisorba*), Ranunculaceen (*Anemone, Pulsatilla, Thalictrum*), Apiaceen, Lamiaceen sowie der Scrophulariaceen und Caryophyllaceen. Daneben sind auch zahlreiche Arten der Gattungen *Galium, Euphorbia* und *Linum* in den Steppen weit verbreitet. Die Gesamtzahl der Steppenelemente in Gebieten von einer mittleren Größe von etwa 10 000 km^2 liegt gewöhnlich bei 200-300 Arten.

In der hygrisch günstigsten Variante der Wiesensteppe ist die aus überwiegend mesomorphen Pflanzen bestehende Vegetationsdecke meist vollständig geschlossen, wobei einzelne Arten Wuchshöhen von 1-2 m erreichen können. Die wichtigste Lebensform bilden die Hemikryptophyten und Horstgräser. Daneben gibt es aber auch rasenbildende Arten, die sich durch Rhizome ausbreiten können. Solche Rasengräser bilden oft eine niedrigere Bodenschicht („Untergräser"), während die Horstgräser eher die hochwüchsige, aspektbestimmende Komponente („Obergräser") liefern. Während vor allem die Horstgräser ein sehr dichtes und ein nur selten tiefer als 1 m reichendes Wurzelsystem besitzen, sind die dikotylen Hemikryptophyten sehr viel reicher bewurzelt. Ihre Wurzeln gehen oft 2 bis 3 m, zuweilen sogar bis 10 m tief und erschließen auf diese Weise die Wasser- und Mineralienvorräte tieferer Bodenschichten. Daraus resultiert nicht nur eine optimale Ausnutzung des Bodens, sondern letztlich auch der große Artenreichtum in den Steppenlandschaften. Voraussetzung hierfür ist allerdings eine hinreichende Tiefgründigkeit der Böden, wie sie durch die Mächtigkeit der periglazial entstandenen Lößdecken gegeben ist. Das dichte Wurzelwerk der Gräser, das bei seiner alljährlichen Regeneration auch erhebliche Mengen an toter Biomasse zurückläßt, hat eine starke Humusanreicherung des Oberbodens zur Folge, die zu einer deutlichen Dunkelfärbung der oberen Bodenschichten führt, zu den Schwarzerden oder Tschernosemen. Sie sind die charakteristischen Bodentypen der nemoralen Steppengebiete und gelten zugleich als ein Beweis für die Natürlichkeit dieser Steppe, da sie nicht erst während der relativ kurzen Zeit menschlicher Beeinflussung entstanden sein können.

von maximal bis zu 400 Millimetern. Hier wachsen offene Zwergstrauch-
formationen mit *Artemisia sieversiana* und *A. gmelinii* in den Steppen und
offene *Pinus*-Nadelholzwälder sowie kältekahle offene *Quercus*-Laub-
wälder im Bergland.

13.3 Nordamerikanische Prärien

Grasländer der Great Plains, die ausgedehnten Prärien Nordamerikas, liegen im Zentrum des Kontinents und erstrecken sich von Südkanada bis fast
zur mexikanischen Grenze im östlichen Regenschatten der Rocky Mountains auf einer Fläche von 270 Millionen Hektar. Diese riesige Graslandschaft wird je nach verfügbarem Niederschlag in **Hochgrasprärie** mit 2,4
Meter hohen Gräsern, **Mischprärie** mit bis zu 1,4 Meter hohen Gräsern
und in **Kurzgrasprärie** mit bis zu 30 Zentimeter hohen Gräsern differenziert (Abb. 13.7). Im subtropischen Klima am Golf von Mexiko, wo die
warme Luft des Golfes auf die kalte Luft aus dem Norden trifft, gibt es eine **Küstenprärie** mit großbüscheligen Gräsern wie *Sorghastrum nutans*
und *Schizachyrium scoparium*. Hier weideten die großen Pflanzenfresser,

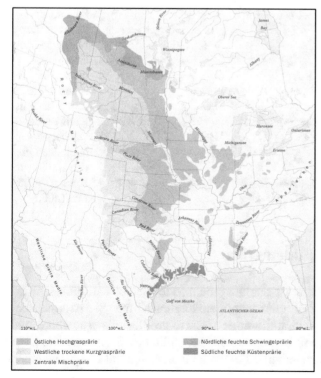

Abb. 13.7. Die Prä-
rien Nordamerikas
liegen im Zentrum
des Kontinents und
verlaufen von Südka-
nada bis fast zur me-
xikanischen Grenze
(aus Brockhaus 2003)

Östliche Hochgrasprärie
Westliche trockene Kurzgrasprärie
Zentrale Mischprärie
Nördliche feuchte Schwingelprärie
Südliche feuchte Küstenprärie

vor allem die Bisons (*Bison bison*) und die Gabelböcke (*Antilocapra americana*); heute sind große Gebiete in das Kulturland des *Corn Belt* verwandelt. Die amerikanischen Hoch- oder Langgrasprärien sind am engsten verwandt mit den Wiesensteppen Eurasiens. Besonders das zwei bis drei Meter hohe Bartgras *Andropogon gerardii* und das etwas kleinere *Schizachyrium scoparium* nehmen einen Großteil der Fläche ein. Die südlichsten Hochgrasprärien enthalten bereits Wüstenpflanzen wie etwa Mesquite-Bäume und Wacholder der Gattungen *Prosopis* und *Juniperus* sowie Kreosotsträucher *Larrea tridentata* (Abb. 13.8). Intensive Beweidung verdrängt die Gräser und fördert die Wüstensträucher. Ebenfalls vergleichbar mit den Wiesensteppen sind die Mischprärien auf der Kanadischen Seite der Rocky Mountains bis zum Columbiaplateau. Hier sind *Festuca idaohensis*, *Agrostis scabra* und *Agropyron dasystachyum* die wichtigsten Gräser. Kurzgrasprärien bestehen überwiegend aus den Gräsern *Bouteloa gracilis* und Büffelgras *Buchloe dactyloides*, die höchstens 50 Zentimeter hoch werden. Kurzgrasprärien und die Prärien der Great Plains wachsen in der arideren westlichen Region.

Abb. 13.8. Kreosotsträucher von *Larrea tridentata*, Zygophyllaceae, beherrschen die Mojave-Wüste in Kalifornien, wachsen jedoch auch in den südlichen Hochgras-Prärien (2000)

13.4 Pampa von Südamerika

Die Pampa Argentiniens ist das ausgedehnteste Gebiet natürlicher Grassteppen im subtropischen oder warmgemäßigten Klima. Sie ist eine über fünfhunderttausend Quadratkilometer riesige, größtenteils fruchtbare und baumlose Graslandschaft beiderseits des 35. südlichen Breitengrades. Über die Entstehung der Bezeichnung *Pampa* ist man sich nicht einig: Die einen

behaupten, sie ginge auf den Namen eines Indianerstammes dieser Grassteppe zurück. Andere wiederum nehmen an, *Pampa* habe in der Sprache
der indigenen Quechua-Indianer soviel wie „flaches Land ohne Bäume"
bedeutet. Entstanden ist die Pampa im Pleistozän, als vor etwa einer Million Jahren bis zum Ende der letzten Eiszeit hier vor etwa 8000 Jahren über
lange Zeit große Lössstaubmengen aus den Kordilleren und den angrenzenden Trockengebieten der Anden herangeweht wurden. Die Lössschich-
ten sind heute dreißig bis fünfzig Meter mächtig, und sie entwickeln sich
zu feinschluffigen, karbonathaltigen und nährstoffreichen Böden. Im
sommertrockenen und winterkalten Klima sind sie aber für die Herausbildung einer Waldvegetation zu trocken; außerdem führt eine hohe Verduns-
tungsintensität durch die Aridität des Klimas regional häufig zu Salzanrei-
cherungen im Boden. Das zeigt auch die Vegetation der **„*Stipa*-Flechil-
lares"** auf gut drainierten, grundwasserfernen Böden, aus Süßgräsern der
Gattungen *Stipa* (*S. neesiana, S. tenuis*), *Bothriochloa laguroides, Sporo-
lobus indicus* und *Bromus unioloides*, oder die aus mächtigen Grashorsten
von *Spartina spartinae, S. densiflora* und *Prosopis*-Sträuchern aufgebauten
„Espartillares", mehr westwärts bei höheren Niederschlägen (Abb. 13.9).
Etwa 190 Blütenpflanzen sind aus der Pampa Argentiniens bekannt; vor
allem die riesigen rispigen Blütenstände des Pampagrases *Cortaderia selloana* (Abb. 7.33) wirken im Herbst wie goldfarbene Inseln im Grasland.
Sie sind aber seltene Bestandteile der Grassteppen – ihr typischer Standort
sind die grundwassernahen Böden an Flüssen und in Versickerungsdeltas.

Abb. 13.9.
Präandine
Pampa aus
mächtigen
Grashors-
ten und
wenigen
Sträuchern
südlich
Mendoza
in Argenti-
nien (2000)

13.5 Literatur

Alward RD, Detling JK, Milchunas DG (1999) Grassland Vegetation Changes and Nocturnal Global Warming. – Science 283: 229-231

An ZS, Kutzbach JE, Prell WL, Porter SC (2001) Evolution of Asian monsoon and phased uplift of the Himalayas-Tibetan plateau since late Miocene times.- Nature 365: 143-147

Anderson RC, Fralish JS, Baskin JM (eds, 1999) Savannas, Barrens, and Rock Outcrop Plant Communities of North America. 480 pp, Cambridge Univ Press, Cambridge

Bannikova IA (1983) Vegetation cover. The structure of altitudinal belt pattern.- In: Lavrenko EM, Bannikova IA (eds.) Mountain forest-steppe of the Eastern Hangai (MPR). 89-130, Nauka Moscow

Barthlott W (1997) Grasländer der Erde - Evolution und Diversität. In: Kongressdokumentation d. Kunst- und Ausstellungshalle der Bundesrepublik Deutschland, Bonn (Hrsg.): Wiesen und Weiden - ein gefährdetes Kulturerbe Europas, S. 114-118

Bartlein P J, Webb T, Fleri E (1984) Holocene climatic change in the northern Midwest: Pollen derived estimates. Quart. Res. 22: 361-374

Blaskova D (1985) *Ulmus pumila* L. und ihre Vergesellschaftung in der Nordmongolei. Feddes Rep. 96: 433-444

Cao KF, Peters R, Oldeman RAA (1995) Climatic range and distribution of Chinese *Fagus* species. J Veg Sci 6: 317-324

Cole KL, Taylor RS (1995) Past and current trends of change in a dune prairie/oak savanna reconstructed through a multiple-scale history. J Veg Sci 6: 399-410

Chang YT, Huang CC (1988) Notes on Fagaceae (2). Acta Phytotax. Sin. 26 (2): 111-119

Cogt U (1979) Bodenflechten der Mongolischen Volksrepublik. Fedd. Rep. 90: 421-440.

Cui H, Liu H, Yao X (1997) The finding of a palaeo-spruce timber in Hunshandak sandy land and its paleoecological significance. Science in China 40 (6): 599-604.

Cui Z, Zie Y (1985) Periglacial environments in northern China. Glaciology and Geochronology 6 (2): 115-123.

Curtis JT (1955) A prairie continuum in Wisconsin. Ecology 36: 558-566.

Danert S, Geier S, Hanelt P (1960) Vegetationskundliche Studien in Nordostchina (Mandschurei) und der Inneren Mongolei. Feddes Rep. 139: 5-144.

Di Castri F (1988) A new look at ecotones: emerging international projects on landscape boundaries.- Biology International Special Issue 17:1-17.

Dmitriev PP, Khudiakov OI, Zhargalsaihan L (1990) Successional ranges of the dark-chestnut soils and steppe vegetation of Eastern Mongolia associated with burrowing mammal´s activity.- Bull. of the Moscow Society of Nature Inverstigators. Div Biol 1: 3-15

Dregne HE (1983) Desertification of Arid Lands. Harwood, Chur

Ellenberg H (1962): Wald in der Pampa Argentiniens? Veroff Geobot Inst Rübel 37:39-56

El-Moslimany AP (1990) Ecological significance of common nonboreal pollen examples from drylands of the moddle east. Review of Palaeobotany and Palynology 64: 343-350.

Erdtman G (1954) An introduction to pollen analysis. Almquist & Wicksell, Stockholm

Feng Z, Thompson LG, Mosley-Thompson E, Yao T (1993) Temporal and spatial variations of climate in China during the last 10.000 years. The Holocene 3 (2): 174-180

Görner M, Mauersberger G (1982) Strukturanalyse einiger mongolischer Habitate. Mitt zool Mus Berlin 58: 75-89

Goryschina T K (ed)(1974) Biologische Produktion und ihre Faktoren im Eichenwald der Waldsteppe. Arb. Forstl. Versuchsst. d. Univ. Leningrad. "Wald an der Worskla" 6, 1-213

Grebenschtschikow OS (1972) Ökologisch-geographische Gesetzmäßigkeiten in der Pflanzendecke der Balkan-Halbinsel. Akad Wiss Ser Geogr Nr 4, Moskau

Gunin PD, Vostokova EA, Dorofeyuk NI, Tarasov PE, Black CC (1999) Vegetation dynamics of Mongolia. Geobotany 26: 1-238

Guricheva NP, Buevich ZG (1989) Composition, structure and seasonal development of steppe communities. In: Lavrenko, EM, Bannikova IA (eds.) The steppes of the eastern Hangai: 53-58, Nauka, Moskau

Hanelt P (1970) Vorkommen und Vergesellschaftung von *Nanophyton erinaceum* (Pall.) Bge. in der Mongolischen Volksrepublik. Arch Naturschutz Landschaftserforschung 10:19-40

Hanelt P, Davazamc S (1965) Beitrag zur Kenntnis der Flora der Mongolischen Volksrepublik, insbesondere des Gobi-Altai-, des Transaltai- und Alashan-Gobi-Bezirkes. Feddes Rep 70:7-68

Helmecke K, Hilbig W (1986) Standortuntersuchungen in der Halbwüstenvegetation des Gobi-Altai (MVR). Erforsch Biol Ress MVR 5: 149-159

Helmecke K, Schamsran Z (1979) Ergebnisse ökologischer Untersuchungen in der Gobi der Mongolischen Volksrepublik, 1. Untersuchungsgebiet, Vegetationseinheiten und Ergebnisse der mikroklimatischen Untersuchungen. Arch. Naturschutz Landschaftserforschung 19: 1-22

Helmecke K, Schamsran Z (1979) Ergebnisse ökologischer Untersuchungen in der Gobi der Mongolischen Volksrepublik, 2. Untersuchungen über die osmotischen Verhältnisse ausgewählter Pflanzenarten. Arch. Naturschutz Landschaftserforschung 19: 81-95

Heusswhen C J, Rabassa J (1995) Late Holocene forest-steppe interaction at Cabo San Pablo, Isla Grande de Tierra del Fuego, Argentina. In: Rabassa J, Salemne M (eds.) Quaternary of South America and Antarctic Peninsula: 173-182, Balkema,Rotterdam

Hilbig W (1987) Pflanzengesellschaften der Mongolischen Volksrepublik. Diss Martin-Luther Univ Halle-Wittenberg, Halle-Wittenberg

Hilbig W (1995) The vegetation of Mongolia. 258 pp. Academic Publ bv, Amsterdam

Hilbig W, Knapp HD (1983) Vegetationsmosaik und Florenelemente an der Wald-Steppen-Grenze im Chentej-Gebirge (Mongolei). Flora 174: 1-89

Hilbig W, Helmecke K, Schamsran Z (1993) Untersuchungen zur oberirdischen Pflanzenbiomasse von Rasengesellschaften in Gebirgen der Mongolei. Phytocoenologia 23: 201-226

Hou HY (1981) On the principles and programs of vegetation regionalization in China. Acta Phytoecologia et Geobotanica Sinica 5 (4): 290-301

Hou HY (1988) Physical geography of China. Phytogeography (II), Science Press, Beijing

Huang C (1993) A study on pollen in surface soil from the western Xizang. Arid Land Geography 16 (4): 75-83

Huneck S, Poelt J, Ahti T, Vitikainen O, Cogt U (1984) Zur Verbreitung und Chemie von Flechten der Mongolischen Volksrepublik. Erforschung biol Ress MVR 4: 51-62

Jäger EJ, Hanelt P, Danazamc C (1985) Zur Flora der Dsungarischen Gobi (Mongolische Volksrepublik). Flora 177: 45-89

Kong Z, Du N (1980) Vegetational and climatic changes in the past 30.000-10.000 years in the Beijing region. Acta Botanica Sinica 22 (4): 330-338

Kremenetski KV, Liu K, MacDonald GM (1998) The late Quaternary dynamics of pines in northern Asia. In: Richardson DM (ed.) Ecology and biography of Pinus. 95-106pp, Cambridge Univ Press, Cambridge

Kremenetski KV, Tarasov PE, Cherkinsky AE (1997) The latest Pleistocene in southwestern Sibiria and Kazakhstan. Quaternary Internat. 41/42: 125-134

Layser EF (1980) Flora of Pend Oreille County, Washington. 146 pp, Pullman WA, Washington State Univ, Cooperative Extension

Lewis JP, Carnevale NJ, Pire EF, Bollanelli SI, Stoefella S, Prado DE (1985) Floristic groups and plant communities of Southeastern Santa Fe, Argentinia. Vegetatio 60:67-90

Li B, Zhu L (2001) „Greatest lake period" and its palaeoenvironment on the Tibetan plateau. J Geogr Sci 11 (1): 34-42

Li W, Yao Z (1990) A study on the quantitive relationship between vegetation and pollen in surface samples and Pinus vegetation. Acta Botanica Sinica 32 (12): 943-950

Li Y, Zhang X, Zhou G (2000) Study of quantitative relationship between vegetation and pollen in surface samples in the eastern forest area of northeast China transect. Acta Botanica Sinica 42 (1): 81-88

Liu H (1998) Past and present woodland-steppe ecotone in the south-eastern Inner Mongolia plateau. Diss Univ Hannover

Liu H, Speier M, Pott R (1999) Vegetationskundliche und paläoökologische Untersuchungen zum Landschafts- und Klimawandel im Waldsteppen-Ökoton des Inneren Mongolei-Plateaus (VR China). In: Breckle SW, Schweizer B, Arndt U (Hrsg) Ergebnisse weltweiter ökologischer Forschung - Beiträge des 1. Symposiums der AFW Schimper-Stiftung: 1 - 17, Stuttgart

Liu H, H Cui, Pott R, Speier M (1999) Surface pollen of the woodland-steppe-ecotone in southeastern Inner Mongolia, China. Review of Palaeobotany and Palynology 105: 237 - 250

Liu H, H Cui, Pott R, Speier M (2000) Vegetation of the woodland-steppe transition at the southeastern edge of the Inner Mongolian Plateau. J Veg Science 11: 525-532, Uppsala

Liu K (1988) Quaternary history of the temperate forests of China. Quart Science Reviews 7: 1-20

Liu K, Jiang X (1992) Environmental change in the Yangtze River Delta since 12.000 yr BP. Quat Res 38: 32-45

Liu S, Liu Z (1982) Flora of the Xilin river basin, Inner Mongolia. Research of grassland ecosystems 2: 1-53

Looman J (1979) The vegetation of the Canadian Prairie Provinces. I. An overview. Phytocoenol 5(3): 347-366

Looman J (1983) The vegetation of the Canadian Prairie Provinces. IV. The woody vegetation, Part 1. Phytocoenol 11(3): 297-330

Norlindt T (1949) Flora of the Mongolian Steppe and Desert Areas. Rep Scien Exp NW Provinces of China, 31: 155 S

Orlov AJ (1955) Nadelwälder des Amgun-Bureinschen Zwischenflußgebietes. Akad Wiss USSR, Moskau

Pachur HJ, Wünnemann B, Zang H (1995) Lake evolution in the Tengger Desert, Northwestern China during the last 40.000 years. Quat Res 44: 383-391

Pott R (1996) Die Entwicklungsgeschichte und Verbreitung xerothermer Vegetationseinheiten Mitteleuropas unter dem Einfluss des Menschen. Tuexenia 16:337-369

Qu S (1981) Environmental changes since the last glaciation in northeastern China. Acta Geographica Sinica 36 (3): 315 & 327

Schroeder FG (1998) Lehrbuch der Pflanzengeographie. 457 S, Quelle & Meyer, Wiesbaden

Schubert R, Klement O (1971) Beitrag zur Flechtenflora der Mongolischen Volksrepublik.- Feddes Rep. 82 (3/4): 187-262

Succow M, Kloss K (1978) Standortverhältnisse der nordmongolischen Waldsteppenzone im Vorland des westlichen Chenteju (Mongolia). Ann Univ M Curie-Sklodowake Lublin Sect B 34: 87-112

Sun X, Chen Y (1991) Palynological records of the last 11.000 years in China. Quat Science Rev 10: 537-544

Sun X, Wu Y (1988) Modern pollen rain of mixed conifer forest in Changbai MT., northeastern China. Acta Botanica Sinica 30 (5): 549-557

Tarasov PE, Kremenetski KV (1995) Geochronology and stratigraphy of the Holocene lacustrine-bog deposits in northern and central Kazakhstan. Stratigraphy and Geological Correlation 3 (1): 73-80

Tongway DJ, Valentin C, Seghieri J (2001) Banded vegetation patterning in arid and semiarid environments. Ecological processes and consequences for management. Springer, Heidelberg

Volkova EA (1994) Botanical geography of Mongolian and Gobi Altai. Proceedings of Koarov Bot Inst of Russ Acad of Sci, St. Petersburg

Walter H (1968) Die Vegetation der Erde in öko-physiologischer Betrachtung. Bd. II, Fischer, Jena.

Walter H (1974) Die Vegetation Osteuropas, Nord- und Zentralasiens. Fischer, Stuttgart

Wang P, Sun X (1994) Last glacial maximum in China: comparison between land and sea. Catena 23: 341-353

Wang F, C Song, Sun X, Cheng Q (1997) Climatic response in surface sample pollen spectra from pollen data of four arboreal taxa in northern China. Acta Botanica Sinica 39 (3): 272-281

Wang XP, Wang JJ, Chen WL, Liu JA, Yao LZ, Liu MS, Chen JC (1965) Vegetation of Kuankuoshui forest area, Guizhou. Acta Phytocoenologia et Geobotanica Sinica 3: 264-286

Weng C, Sun X, Cheng Y (1993) Numerical characteristics of pollen assemblages of surface samples from the west Kulun Mountains. Acta Botanica Sinica 5 (1): 69-79

Winkler MG, Wang P (1993) The Late-quaternary vegetation and climate of China. In: Wright HE, Kutzbach JE, Webb T, Ruddiman WF, Street-Perrott FA, Bartlein PJ (eds.) Global climates since the last glacial maximum: 221-261, Univ of Minnesota, Minneapolis London

Winkler MG, Swain AM, Kutzbach JE (1986) Middle Holocene dry period in the northern midwestern United States lake levels and pollen stratigraphy. Quart Res 25: 235-250

Wu CY (1983) Vegetation of China. Science Press, Beijing

Yang H, Xie Z (1984) The processes and tendencies of sea level and climate change. Acta Geographica Sinica 39 (1): 156-162

Yu P, Liu H (1997) Surface pollen and their relationship with climate of different vertical zones in Beitai, Xiaowutai Mountain. Acta Scientiarum Naturalium Universitatis Pekinensis 33 (4): 475-484

Zeist D van, Bottema S (1991) Late Quaternary vegetation of the Near East. Reichert, Wiesbaden

Zhang W (1998) China´s biodiversity: a country study. China Environmental Science Press, Beijing

Zhou G (1981) On the boundary of the temperate broadleaved forest region in China. Acta Phytoecologia et Geobotanica Sinica 5 (4): 302-304

Zohary M (1973) Geobotanical foundations of the Middle East. II Vol, Fischer, Stuttgart Amsterdam

13.6 Fragen zu Kapitel 13

1. Geben Sie eine Definition des vegetationskundlichen Begriffs „Steppe".

2. Welche Klimabedingungen sind für die Herausbildung von Steppen notwendig?

3. Wie unterscheiden sich Kurzgrassteppen von Wiesensteppen und Wüstensteppen?

4. Was sind die charakteristischen Bodentypen der Steppen?

5. Beschreiben Sie den Aufbau und die Struktur einer Wiesensteppe.

6. Beschreiben Sie die Steppen und ihre Böden in der Catena von der Waldsteppe vom Offenland.

7. Was sind die standörtlichen Voraussetzungen für die Herausbildung von Waldsteppen?

8. Haben Sie Vorstellungen über das geologische Alter der Steppen und Waldsteppen?

9. Wie ist die Pampa Südamerikas entstanden?

10. Was sind „Flechillares" und „Espartillares" in der argentinischen Pampa?

14 Natürliche Halbwüsten und Wüsten

Die Übergänge von **Wüste**, Halbwüste über Steppen zu Savannen sind fließend – entscheidend ist die **Aridität**, die Trockenheit der Regionen. In den Wüsten sind meist extrem hohe Tag- und niedrige Nachttemperaturen und, damit verbunden, ein extremer tagesrhythmischer Wechsel der Luftfeuchtigkeit typisch. Die Wüstenpflanzen sind daran angepasst; entweder sind die Wüsten vegetationslos, oder der spärliche Pflanzenwuchs erreicht maximal 25 Prozent Bodenbedeckung. Dann sprechen wir von **Halbwüsten**. Die Typisierung ist sehr kompliziert und je nach botanischem oder geographischem Ausgangspunkt auch verschieden, wir werden das nachfolgend sehen: Die Unendlichkeit von Wüsten ist uns allen ein Begriff seit den eindrucksvollen Schilderungen der ersten Landentdecker von Sahara und Sinai, von Gobi, Atacama und der australischen *Deserts*. Die Sandwüsten mit ihren teilweise bis zu 200 Meter hohen Dünen bilden vom Wind geschaffene komplexe Gebilde mit scharfen Graten und filigranen Strukturen (Abb. 7.18). Alles fließt, wenn der feine Sand frei und trocken ist und der Wind seine Arbeit verrichtet. Dann verhält sich der Wüstensand wie eine Flüssigkeit, und die Wüste wird zu einem riesigen Meer. Auch der ewige Wechsel von Leben und Tod findet in der Wüste seine drastischsten Symbole: Bäume in Oasen werden Opfer vordringenden Sandes; und wenn irgendwann mal Regen fällt, verwandelt sich die sonst so leblose Wüste in ein kurzfristiges Blütenmeer. In der Wüste geht der Blattflächenindex der Pflanzen normalerweise bereits gegen Null. Es regnet unregelmäßig und nur sehr kurz. Trotzdem sind die Wüsten nicht frei von Vegetation.

Wüsten bedecken ein Drittel des Festlandes der Erde. Sie kommen in unterschiedlichen geographischen Breiten und Längen vor: nahe dem Äquator, auf Meereshöhe, in Hochgebirgszonen, und als polare Wüsten der Arktis haben wir sie schon im Kapitel 8 kennen gelernt. Definitionen dessen, was eine Wüste ausmacht, gibt es beinahe so viele wie den sprichwörtlichen Sand der Sahara. Wüste ist nicht gleich Wüste, und in der Tat gibt es eine Vielzahl unterschiedlicher Wüstendefinitionen, die nicht nur von den herangezogenen Kriterien wie Klima, Vegetation und geomorphologischer Ausstattung, sondern vor allem von den Niederschlägen der jeweiligen Regionen abhängen. Im ariden Australien gibt es kein Gebiet, das im langfristigen Mittel nicht mindestens 125 Millimetern Niederschlag erhält; in der Sahara gibt es keine Messstation, die solche Werte nur annähernd registriert.

In Amerika und in Australien wird der Ausdruck *desert* mit dem Begriff *arid zone* mehr oder weniger gleichgesetzt. Das heißt, man versteht darunter alle Gebiete, die aus klimatischen Gründen für den Feldbau nicht geeignet sind, also jenseits der agrarischen Trockengrenze liegen. Das gilt gerade für den so bezeichneten *„Outback"* im Innern Australiens. Grob gilt: Umfasst eine Region eine Vegetationsperiode von weniger als vier Monaten, dann gilt das Gebiet als arid. Im **Zonobiom III**, der **Zone der heißen Wüsten und Halbwüsten**, werden neben einer solch klimatischen Differenzierung nach der Aridität und der Trockengrenze für die Pflanzen noch die Oberflächenformen und die Substrate zur Klassifikation der Wüsten herangezogen. Wir unterscheiden also **klimatische Wüsten** und **substratspezifische**, also **edaphische Wüsten** voneinander (Abb. 14.1).

Abb. 14.1. Steinwüste in der chilenischen Atacama. Diese Nebelwüste im Einflussbereich des kalten Humboldt-Stroms ist die trockenste Wüste der Erde (2000)

An die pflanzenarmen **Wüsten** schließen sich die **Halbwüsten** mit reicherem Pflanzenwuchs und schließlich bei deutlich höheren Niederschlägen die **Savannen** an. Ein fast durchgängiger Wüstengürtel erstreckt sich etwa in Höhe der Wendekreise um die Erde. Auf der Nordhalbkugel sind dies die Sahara, Trockengebiete Südwest-Asiens und die Sonora-Wüste Südwest-Nordamerikas und die Chihuahua Mexikos; auf der Südhalbkugel gibt es die inneraustralischen Trockengebiete, die Karroo, Kalahari und

Box 14.1. Anpassungen der Wüstenpflanzen

Wassermangel ist das „Kardinalproblem" der Pflanzen in den Trockengebieten der Erde. Die sichtbare Pflanzendecke fehlt oft über lange Zeit. Boden oder nacktes Gestein herrschen vor. Auffällig ist die Konzentration der Pflanzen an Standorten mit besonders günstigem Kleinklima, an denen mehr kostbares Wasser zur Verfügung steht, so beispielsweise an Rändern von Trockenflüssen und in Gesteinsspalten. Wegen der kurzen Feuchtperiode, die den Wüstenpflanzen zur Verfügung steht, sind Therophyten und Xerophyten dominant. **Poikilohydre Pflanzen**, wie Moose, Flechten und trockenresistente Farne oder Selaginellen, wie *Cheilanthes*, *Notholaena* und *Selaginella*-Arten oder das Rosengewächs *Myrothamnus flabellifolia* sind Spezialisten. Die **homoiohydren Pflanzen** besitzen vielfältige Anpassungen an die Trockenheit: Charakteristisch sind die Kakteen, die Euphorbiaceae, Crassulaceae und die Asclepiadaceae mit ihren speziellen Anpassungen: Als **Sukkulenz** bezeichnet man die Wasserspeicherung: in Wurzeln als Wurzelsukkulenz, zum Beispiel bei *Ferocactus*, in der Sprossachse als Sprosssukkulenz, zum Beispiel bei *Opuntia* und *Euphorbia*, oder in Blättern als Blattsukkulenz, zum Beispiel bei *Crassula* und *Aeonium*. Die Ausbildung gleicher Pflanzengestalten bei nicht verwandten Pflanzen in Anpassung an gleiche Umweltbedingungen, also die **Konvergenz** wird beim Vergleich von Wüstenpflanzen besonders deutlich: Die kugel- und säulenförmigen Kakteen haben eine verdickte Sprossachse, die Blätter sind verkümmert oder in Dornen umgewandelt. Der Grundaufbau gleicht den übrigen Blütenpflanzen, auch wenn dies nicht auf den ersten Blick erkennbar ist. Konvergent ist nach Peter Schopfer und Axel Brennicke (1999) auch die photosynthetische Leistungsfähigkeit der Wüstenpflanzen differenziert entstanden: Es haben sich drei Gruppen von Pflanzen entwickelt, welche durch bemerkenswerte, strukturelle und funktionelle Anpassungen des Photosyntheseapparates den speziellen Anforderungen ihrer meist trockenen und warmen Umwelt hervortreten (s. Box 3.13): Die **C_4-Pflanzen** besitzen die Fähigkeit, die Photorespiration durch einen zusätzlichen, äußerst effektiven Fixierungsmechanismus für CO_2 unwirksam zu machen. Das gilt auch in abgeschwächter Form für die **C_3-C_4-Pflanzen**. Die **CAM-Pflanzen** sind in der Lage, CO_2-Fixierung und CO_2-Assimilation zeitlich getrennt durchzuführen. Allen drei Gruppen von Photosynthesespezialisten liegt das selbe Prinzip zugrunde: Die im Überfluss zur Verfügung stehende Lichtenergie wird für eine effektivere, wassersparende Aneignung von CO_2 ausgenutzt. C_4-Metabolismus gibt es seit dem Miozän (s. Abb. 2.40).

Namib in Südafrika sowie die kleinen Flecken in der Pampa Argentiniens und die Atacama in Südamerika. Im Laufe der letzten 12 000 Jahre sind durch die großen Klimaveränderungen der Nacheiszeit riesige Landflächen zu Wüsten geworden und es ist offensichtlich, dass die globale Erwärmung jetzt und in Zukunft zur Austrocknung weiterer Teile der Erde führt. Tatsächlich waren im Sahel die Jahre von 1970 bis 1990 durch große Trockenheit gekennzeichnet. Übernutzung des Bodens und Intensivbeweidung geben hier dann schnell den Rest: Der Vorgang wird als **Desertifikation** bezeichnet; diese entsteht zunächst lokal vor allem in den Übergangsgebieten zwischen Wüsten und Savannen. Bei starker Übernutzung kann dieses Phänomen allerdings flächenhaft auftreten und ganze Regionen bedrohen, wie wir es derzeit in Nordafrika beobachten.

Geomorphologisch und substratbedingt differenziert man folgende Wüstentypen: Zunächst ist die **Fels- oder Steinwüste**, die **Hamada**, zu erwähnen. Diese tritt oft an der Oberfläche von Tafelbergen bzw. Tafellandschaften auf. Auf Blockfeldern und Steinpflastern sind fast vegetationslose Aspekte ausgebildet. Das aus Regen oder Tau stammende Wasser sickert schnell in Felsspalten hinein und ist hier vor der Verdunstung geschützt. Hier herrscht über die meiste Zeit des Jahres damit ein ausreichendes Wasserangebot vor. Dieser Wüstentyp kann deshalb für den Pflanzenwuchs sogar als vergleichsweise günstig angesehen werden und sich durch eine hohe Artenzahl auszeichnen (Abb. 14.1). Die **Kies- oder Schotterwüste**, die **Serir** oder **Reg**, ist in der Regel auf ebenen Sedimentationsflächen ausgebildet, aus denen die feinkörnigen Bestandteile durch den Wind ausgeblasen werden, so dass nur die Steine übrig bleiben. Durch hohe Temperaturschwankungen im Verlaufe eines Tages kommt es zu Gesteinssprengungen. Zwischen den Steinen wird nur wenig Wasser festgehalten, so dass diese Standorte in der Regel pflanzenarm sind. Die Pflanzen können die dichte Steinpackung, die meist die gesamte Erdoberfläche abdeckt, kaum durchdringen. Die **Sandwüste**, der **Erg**, nimmt nur 20 Prozent der weltweiten Wüstenflächen ein (Abb. 7.18). Das Wort **Erg** stammt aus dem Arabischen und bedeutet soviel wie „Sandwüste". Sand ist ein instabiles Substrat, das dauerhaft nur von ausläuferbildenden Pflanzen besiedelt wird, die das Substrat festlegen können. Alle hier wachsenden Arten sind gezwungen, den Substratbewegungen durch Stolonenbildung zu folgen. Bei rascherer Sandbewegung sind solche Flächen aber vegetationslos, besonders, wenn keine Regenperiode auftritt, in der das Substrat vorübergehend durch Durchfeuchtung festgelegt und als Keimbett nutzbar ist. Die Oberfläche des Erg ist den Launen des Windes ausgeliefert, der ständig neue Formen entstehen lässt, um sie sogleich wieder zu zerstören. Ein kräftiger, konstanter Wind häuft den Sand zu riesigen sichelförmigen Dünen, auch **Barchane** genannt, um sie sogleich wieder zu zerstören. Manchmal bilden sich lange, parallel verlaufende Strichdünen, in anderen häuft sich der Sand zu Pyramiden auf, die bis zu 120 Meter hoch werden können. **Salzwüsten**, die **Schotts** dominieren in ariden Gebieten mit Salzböden, die in Senkenlagen entstehen. Hier sammelt sich bei Regenfällen das Wasser und verdunstet unter Zurücklassung der gelösten Salze. Die Dimensionen reichen von kleinen Geländedepressionen bis zu Salzpfannen (episodische Flussspeisung) und permanenten Salzseen (Salzausblasung in das Umfeld). Die Vegetation der Umgebung wird von Halophyten beherrscht, meist sind es Vertreter der *Chenopodiaceae*. Oftmals handelt es sich hierbei um Relikte günstigerer Klimabedingungen vergangener Perioden. **Lehm- und Tonwüsten** entstehen an besonders ungünstigen Standorten in ariden Gebieten. Die Substrate adsorbieren das Wasser nämlich so stark, dass es von den Pflanzen nur schwer aufgenommen werden kann (Abb. 14.2). Daher findet sich hier nur ein sehr spärlicher Pflanzenbewuchs. In Regionen mit periodischen Regenfällen kommt es während den Trockenzeiten zu ausgeprägten Polygonrissbildungen in der Erdoberfläche, welche die Feinwurzelmasse der Pflanzen zerreißen können.

Abb. 14.2. Links: Salzwüste mit kontrahierter Vegetation am Toten Meer (Foto: B. Gries 1986)

14.1 Welten aus Sand und Wind

Von den **klimatischen Wüsten** seien zunächst die heißen, fast regenlosen **Vollwüsten**, die typischen **vollariden Wüsten**, genannt. Hier herrscht dauerhafte Hochdruckwetterlage in den Regionen der absteigenden Feuchtigkeit der Luftmassen der ITC, die Niederschläge sind äußerst episodisch oder fehlen über viele Jahre und betragen höchstens weniger als 40 Millimeter pro Jahr. Die **zentrale Sahara** kann als Prototyp dieses Wüstentyps angesehen werden. Zu den klimaspezifischen, hygrischen Wüsten gehören auch die **Nebelwüsten**, wo die Niederschläge nur in Form von Nebeln auftreten, da kalte Meeresströmungen die Wolken bereits über den Ozeanen zur Kondensation bringen und nur noch feinste Nebel die Wüsten erreichen. Hierzu gehört die **Atacama**-Wüste, die peruanisch-chilenische Küstenwüste im Einfluss des kalten Humboldt-Stromes, der vor der Pazifikküste Südamerikas aus dem antarktischen Meer dem Äquator zuströmt.

Box 14.2. Sandstürme interkontinental...

Ohne auf irgend welche Hindernisse zu stoßen, jagt der Wind oft mit gewaltiger Stärke über den Großen Westlichen Erg, eine rund 78 000 Quadratkilometer große Fläche im Nordwesten der Sahara mit riesigen wandernden Sanddünen, und wirbelt dabei gigantische Sandmengen zu einer einzigen großen, vollständig undurchsichtigen Wolke auf. Wie große braune Schleier, die mit unglaublicher Schnelligkeit näherkommen, alles verdunkeln, im dichten Treibsand alles Licht verschlucken, jegliche Geräusche übertosen und alles in sich aufsaugen. So ist ein Sandsturm in der Sahara. Manchmal finden wir in Mitteleuropa nördlich der Alpen sogar unsere Autos kurzfristig mit einer gelblichen oder rosafarbenen Schicht überzogen – Staub aus der Sahara.

An solchen Tagen verbindet die Spur der Stäube auch die Ökosysteme der Welt über Ozeane und Kontinente miteinander. „Der Staub fällt in solchen Mengen, dass alles an Bord schmutzig wird und die Augen der Leute schmerzen", notierte schon Charles Darwin am 16. Januar 1832 bei den Kapverdischen Inseln zwischen Afrika und Südamerika. Etwa zwei Milliarden Tonnen Staub werden jährlich durch die Atmosphäre bewegt: Staubwolken wehen von der Sahara bis nach Amazonien und in die Karibik, von China bis nach Nordamerika und aus der Sahelzone bis nach Mitteleuropa. Mehrere Tonnen Staub gehen also jährlich aus der Sahara im Nordwesten Südamerikas, in der Amazons-Region nieder und düngen dort die Regenwälder: Sie enthalten Nährstoffe oder Mineralien – ausreichend für die Epiphyten der südamerikanischen Tropenwälder und für das Leben in den Ozeanen.

Auf den Kanarischen Inseln nennt man den Einbruch von Sahara-Luftmassen mit stauberfüllter, stark erhitzter Luft eine **„Calima"**. Sie tritt gehäuft im Februar eines Jahres auf mit gelblicher, vom Saharastaub verursachter atmosphärischer Trübung und äußerst niedriger Luftfeuchtigkeit.

Die Atacama ist die trockenste Wüste der Erde (Abb. 14.1). Sie ist im Norden nahezu vegetationslos; nur in Trockenflussbetten, den **Arroyos**, die aus der Präkordillere der Küstenkordillere zufließen, sind lückige Vegetationsstrukturen entwickelt. In den Mittelgebirgslagen der Atacama wachsen mittelgroße Säulenkakteen, vor allem die bis 8 Meter hohe *Echinops atacamensis* und xerophytische terrestrische Bromeliaceen. Die Atacama ist längs ihrer Küstenkordillere von einer geologischen Störlinie durchzogen, an der Salpetergips und Anhydrite bzw. Steinsalz, die **Salare**, an die Erdoberfläche gedrungen sind, welche zahlreiche **Salzpfannen** zur Folge haben.

Die zweite große Nebel-Wüste unseres Globus liegt in Südwestafrika, in der äußeren **Namib**. Hier führt der kalte **Benguela-Strom** zur Depression von Temperatur und Niederschlag bereits über dem Meer. Der Fluss Kuiseb, der bei Walfischbai in den Atlantik mündet, teilt die Stein-, Sand- und

Schotterwüste der Namib in zwei Hälften. Im Süden erstreckt sich ein riesiges Sandmeer mit großen, parallel verlaufenden Dünenreihen. Zwischen diesen beiden verlaufen regelrechte Taltröge. Hier befinden sich die bedeutendsten Diamantenminen der Welt: Bevor sich vor über einer Million Jahren die Dünen bildeten, wusch der Oranje in der südafrikanischen Region Kimberley jene Mischung aus Schotter und Edelsteinen aus und trug sie mit seinen Fluten bis in den Ozean hinein. Eine Küstenströmung spülte die Diamanten aber wieder an Land, wo sie später vom Sande begraben wurden. Nördlich von Walfischbai beherrschen also diamantenreiche Schotter- und Steinebenen die Landschaft (Abb. 14.3).

Abb. 14.3. Düne südlich Swakopmund in Namibia (Foto B. Gries 1996)

In ihrem Nordwestteil ist die **Namib** fast regenlos. Hier dominieren die südafrikanisch endemischen Familien der Aizoaceaceen mit der Gattung *Mesembryanthemum*. Vertreter der Crassulaceae und der Asclepiadaceae kommen hinzu. Weil Hochgebirge im Küstensaum der Namib fehlen, kann die Nebeldecke bis zu 100 Kilometer in das Landesinnere reichen, und dort an der Grenze zwischen innerer und äußerer Namib wächst *Welwitschia mirabilis*, ein urtümlicher Vertreter der Gymnospermen, ein „lebendes Fossil", das nach dem österreichischen Botaniker Friedrich Welwitsch (1806-1872) benannt worden ist (Abb. 14.4). Die Namib gilt als die älteste Wüste der Erde. Sie erstreckt sich als ein verhältnismäßig schmaler Landstreifen vom Olifantfluss in Südafrika circa 2000 Kilometer bis nach San

Abb. 14.4. a *Welwitschia mirabilis*, Welwitschiaceae, ist wohl die berühmteste Pflanze in Namibia. Sie wächst ausschließlich im mittleren Teil der Namib und besitzt lediglich zwei Blätter, die im Laufe der Zeit vom Wind zerfranst werden. **b** weibliche Blütenstände, **c** männliche Blütenstände

Nicolau in Südangola und ist breiter als 200 Kilometer. Durch die kalte Meeresströmung des Benguela-Stroms erfährt das Klima hier eine besondere Abwandlung. Die Wolken regnen bereits über dem Atlantik ab, so dass Niederschläge die Küste nur in Form von Nebel erreichen. Regenwolken vom Indischen Ozean verlieren bereits viel Feuchtigkeit an den Drakensbergen in Südafrika und erreichen das Inland Namibias und die Namib nur selten, da nochmals viel Feuchtigkeit über der Kalahari verloren geht. Der Niederschlag in Form von Regen ist also sehr gering und unregelmäßig. Dafür überzieht täglich mehr oder weniger dichter Nebel Bereiche der Namib. Der gesamte Niederschlag in der Wüste beträgt im Schnitt pro Jahr nur 10 bis 20 Millimeter. So eigenartig wie die Form der Nebelwüste ist die Gestalt der Pflanzen, die nur in der Namib vorkommen. Man findet sie in der Mittleren und Nördlichen Namib, die nicht aus Sanddünen, sondern einer kahlen Fläche mit einigen Stein- und Felsanteilen bestehen.

14.2 Saharo-arabische Wüsten

Die **Sahara** ist die größte Wüste der Erde. Ihr Name stammt aus dem Arabischen: *sahra* bedeutet „gelb" oder „rötlich-gelb" – wie die Farbe des Sandbodens (Abb. 7.18). Auch die Bezeichnung *sahel* geht auf arabischen Ursprung zurück und meint „Ufer der Sahara". In diesem Sinne nannten arabische Karawanenführer die Sahara auch *Bahr mela ma* – „Meer ohne Wasser". Die Wüsten sind also lebensfeindliche Trockenräume, und mit

Box 14.3. *Welwitschia mirabilis*

Diese Wüstenpflanze ist die einzige lebende Art ihrer gleichnamigen Familie, der Nacktsamerfamilie der Welwitschiaceae; sie kann über tausend Jahre alt werden und lebt nur wenig über dem Erdboden hervorragend mit verholzter Sprossachse und nur zwei, bis mehrere Meter langen, bandförmigen Laubblättern, die durch ein Bildungsgewebe am Blattgrund ständig nachwachsen und von der Spitze her absterben. Die Blüten sind eingeschlechtig, zweihäusig verteilt und in Zapfen angeordnet (Abb. 14.2). *Welwitschia mirabilis* ist wohl die außergewöhnlichste Pflanze des Gebietes, und seit ihrer Entdeckung im Jahre 1859 durch den österreichischen Naturforscher Friedrich Welwitsch in der Nähe von Mozâmedes in Angola stellt sie eine Besonderheit unter den Pflanzen dar. Man ordnet *Welwitschia mirabilis* den Gymnospermen zu, doch sie hat auch Eigenschaften der Angiospermen und stellt eine Verbindung dieser beiden Abteilungen dar. *W. mirabilis* ist zweihäusig, und die Blüten stehen in zapfenartigen Blütenständen. Der Stamm ist kurz und ähnelt oberirdisch einem großen Trichter, dessen Rand in zwei Teile gespalten ist. Aus einem Spalt treten zwei gegenständige Blätter hervor, die während des gesamten Lebens der Pflanze erhalten bleiben. Bei älteren Exemplaren hat es den Anschein, als wären mehr als zwei Blätter vorhanden, aber durch Wind und Sandgebläse sind sie mitunter bis nahe zum Grund zerschlitzt. Die Blätter wachsen ausgehend von einem interkalaren Meristem am Blattgrund. Sie werden wegen ihrer ledrigen Konsistenz nur ungern von Wild gefressen. Trotzdem kommt es in trockenen Jahren vor, dass beispielsweise Oryx-Antilopen die Blätter anfressen. Eine weitere Besonderheit ist die Fähigkeit von *W. mirabilis*, ein hohes Alter zu erreichen. Die größten und ältesten Pflanzen sind 2000 Jahre und älter. *W. mirabilis* steht seit 1916 unter Naturschutz. In den weiten Flächen der Namib bildet *W. mirabilis* ein eigenes kleines Ökosystem, das einigen Insektenarten Schutz und Nahrung bietet: *Probergrothius sexpunctatis*, eine Feuerwanze, ist ein häufiger Bewohner. Eine *Reduvius*-Wanze, die ebenfalls auf *W. mirabilis* vorkommt, lebt von *P. sexpunctatis*. Die Feuerwanze saugt den Saft aus der Pflanze, während *Reduvius* wiederum die Feuerwanze aussaugt.

fast neun Millionen Quadratkilometern ist die Sahara fast 25 mal so groß wie die Bundesrepublik Deutschland, um einmal eine räumliche Vorstellung zu geben. Von West nach Ost erstreckt sie sich über 5000 Kilometer vom Atlantik bis zum Roten Meer, und von Nord reicht sie vom Atlasgebirge zweitausend Kilometer südwärts bis in die Sahelzone. In großen Teilen ist das Klima extrem trocken, weshalb drei Viertel ihrer Oberfläche den Winden und den hohen Temperaturschwankungen bis zu 60 Grad Celsius unmittelbar ausgesetzt sind. Auch zeitweilige Regenfälle, die sich schnell in reißende Fluten verwandeln können, greifen in die Oberflächengestaltung der Sahara ein. Doch die Sahara ist keine reine Sandwüste; nur 20 Prozent sind sandbedeckt. Ihre Landschaftsformen sind vielfältig und reichen von weiten stein- und geröllbedeckten **Hamadas** oder **Regs** bis zu den großen, zusammenhängenden Dünengebieten, den **Ergs**, mit ihren ausgetrockneten Flussbetten, den **Wadis**. Es gibt vulkanische Gebirge wie das Ahaggar in Südalgerien, das Tibesti im Tschad und das Air-Gebirge in Nordniger. Zu den klimatischen Wüsten rechnen wir auch die **Halbwüsten** mit Regen zu verschiedenen Jahreszeiten, die als **saisonale Wüstentypen** monsunale Sommerregen empfangen können, wie das beispielsweise in der **Südlichen Sahara** oder im **Indisch-Pakistanischen Wüstengebiet** der Fall ist. Winterregen aus benachbarten Etesienklimaten erhalten die **Nördliche Sahara** und die **Vorderasiatischen Wüsten**. Die Dünenfelder der Großen Westlichen und anderer Ergs bedecken mit rund neun Millionen Quadratkilometern nur rund ein Fünftel der Gesamtfläche der Sahara. Saharo-arabische Wüstenpflanzen sind für diese Region bezeichnend: Vertreter der Gattung *Euphorbia*, besonders *E. balsamifera*, wie sie bei Richard Pott et al. (2003) eingehend biogeographisch erläutert sind, markieren diese Bioregionen. Weiterhin sind xerophytische Gräser bezeichnend: *Stipa tenacissima* (s. Abb. 11.10), *Panicum turgidum*, *Lygenum spartum* und *Aristidia pungens*. Trockenheitsangepasste Sträucher wie *Tamarix, Nitraria* und *Ziziphus* sowie *Acacia, Calotropis* und *Crotalaria* sind weiterhin erwähnenswert. Letztere reichen bis nach Indien in die **Thar-Wüste**. Die Wüsten **Negev** und **Sinai** vermitteln in den irano-turanischen und den saharo-sindischen Wüstenraum nach Nordosten und Südosten.

14.3 Wüsten Australiens

Die meisten Flächen der rund 5,6 Millionen Quadratkilometer oder 70 Prozent des Kontinents umfassenden Trockenräume Australiens sind wohl sehr wasserarm, aber durchaus nicht pflanzenleer. Bekannt sind die riesigen Sandwüsten der **Gibson-** und **Simpson-Deserts** im Inneren Australiens. Diese Flächen verteilen sich auf Sandwüsten mit 20 Prozent, **Schildwüsten** mit 23 Prozent, Gebirgswüsten mit 15 Prozent, Salztonebenen mit 13 Prozent, Stein- und Kieswüsten gibt es mit 12,5 Prozent sowie aride Flussläufe, die 4,5 Prozent einnehmen. Ausgehend vom ca. 400 Kilometer langen MacDonnell-Gebirge im Zentrum Australiens ziehen die Große Sand-Wüste nach Nordwesten, die Gibson-Wüste nach Westen und die Große Victoria-Wüste nach Süden. Im Osten liegen die Simpson- und die Stuart-Steinwüste. Gegen Südosten folgt das genannte Becken des Eyre-Salzsees, mit 125 Millimeter Jahresniederschlag auch die trockenste

Gegend Australiens. Der Hauptteil der ariden Zone ist mit *Spinifex-Grasland*, vor allem aus *Triodia pungens*, etwa 22 Prozent des Kontinents, und mit Mulga- und Akazien-Buschwerk zu 20 Prozent bedeckt. Es folgen in geringeren Flächenanteilen *Artemisia*-Gebüsch und Tussock-Grasland. Schon wenig Regen bringt rasch eine sehr farbenprächtige Wüstenflora, wie zum Beispiel die feuerrote Wüstenerbse *Swainsona formosa*, Fabaceae, und *Leschenaultia formosa*, Goodeniaceae, goldgelbe Körbchenblütler, rosafarbene Amarantgewächse der Gattung *Ptilotus*, zierliche Glockenblumen von *Wahlenbergia* oder eine ganze Reihe bunt blühender Sträucher, vorwiegend Akazien, hervor. In den Gebirgs- und Tafellandzonen sind *Eucalyptus*-Bäume, insbesondere der „ghost gum" *Eucalyptus papuana*, ferner *Casuarina*- beziehungsweise *Allocasuarina*-Bäume oder *desert oaks* verbreitet und verleihen der bisweilen monotonen Landschaft angenehme Akzente (Abb. 4.14 und 14.5 und 14.6).

Abb. 14.5. Der Outback in Australien, **a** *Swainsonia formosa* und **b** *Leschenaultia formosa* sind Pluviotherophyten in den Wüsten Australiens (2002)

Eine Besonderheit bilden die genannten Wüsten Australiens im Innern dieses flachen Inselkontinents. Dieser ist von allen Seiten für die Zufuhr feuchter Luftmassen zugänglich, insbesondere für tropisch-monsunale Luftmassen, tropische Wirbelstürme aus nördlicher und nordwestlicher Richtung sowie für zyklonale Luftmassen aus der Westwinddrift im Süden und Südwesten. Für die Westküste Australiens kommt das Fehlen einer kalten Meeresströmung hinzu. Extreme Küstenwüsten sind hier deshalb

Abb. 14.6. *Triodia pungens* bildet das Hummock-Grasland in den subtropischen Sommerregengebieten Zentral- und Westaustraliens, Pilbara-Region, Westaustralien (2002)

nicht vorhanden. So erhalten alle australischen Deserts vergleichsweise hohe Niederschläge mit mindestens 125 Millimetern, lokal sogar bis zu 150 bis 200 Millimetern, die jedoch sehr unregelmäßig fallen. So sind völlig vegetationsfreie Gebiete – mit Ausnahme der extremen Salzpfannen – in Australien auch nicht vorhanden.

Dazu kommen noch für Australien speziell die **Gebirgs**- und **Schildwüsten** dazu. Gebirgswüsten sind im Innern des Kontinents an canyonartig eingeschnittenen Tälern mit Schichtrippen und Schichtkämmen zu finden. Am bekanntesten sind die Macdonell- und die südlich davon gelegenen Kirchauff-James-Ranges; das sind west-östlich streichende Härtlingszüge aus einer alten, präkretazischen, also vorkreidezeitlichen Rumpffläche, die heute nach Verwitterung und Abtrag quasi herauspräpariert wirken. Die hier klammartig eingeschnittenen Durchbruchtäler des Finke- und Hugh-River und ihrer Nebenflüsse haben äußerst eindrucksvolle, landschaftlich spektakuläre Canyons geschaffen, die heute ebenfalls weltbekannt sind und Touristen-Magnete darstellen. Zu nennen sind Finke Gorge, Palm Valley und Kings Canyon mit ihren speziellen Eucalypten, zum Beispiel dem phreatischen *Eucalyptus camaldulensis* (Abb. 14.7). Im Schatten der steilen Felswände und im Einfluss des ständig vorhandenen Grundwassers finden sich hier außerdem Reliktstandorte der ehemals feucht-tropischen Tertiärwälder, wie die genannte lokalendemische Palme *Livistona mariae* und die in mehreren Schluchten vorkommende Cycadee *Macrozamia macdonelli* (s. Abb. 2.25). Die Deserts Australiens erstrecken sich weitgespannt über Hunderte von Kilometern über Ebenen und niedrige Plateaus.

Box 14.4. Sklerophyllie australischer Pflanzen

Wir haben es bereits im Einleitungskapitel zu den Wüsten gesehen: die Vegetation und erst recht die Flora der australischen Deserts besteht vollkommen aus endemischen Arten und zu einem erheblichen Anteil aus endemischen Gattungen. Es dominieren Gräser und Holzpflanzen. Die andernorts so weit verbreitete Sukkulenz, die wir ja perfekt in der Konvergenz bei den *Cactaceae* Amerikas und den *Euphorbiaceae* Afrikas kennen gelernt haben, fehlt hier nahezu völlig und ist nicht aspektbestimmend. Lediglich die blattsukkulenten Chenopodiaceen-Formationen auf salzhaltigen Böden im Süden Australiens besitzen wasserspeichernde pflanzliche Gewebe. Ebenfalls auffallend ist der Mangel an laubabwerfenden und dornigen Sträuchern, die wir ja aus den großen Trockengebieten Afrikas kennen. Vielmehr sind die an Trockenheit angepassten Pflanzen in den Halbwüsten Australiens vorwiegend sklerophyll. Die **Sklerophyllie** ist auf diesem Inselkontinent aber nicht nur auf die ariden Zonen begrenzt, sondern sie stellt ein wesentliches Merkmal der gesamten australischen Vegetation dar. Der Australien-Fachmann Ernst Löffler gibt in einem Aufsatz im Jahr 2000 über die Wüsten des Kontinents dazu folgende Erklärung: „Die Sklerophyllie wird als Anpassung an die ariden Klimabedingungen zusätzlich auf die Nährstoffarmut der Böden zurückgeführt und das Fehlen der massiven Bedornung der Pflanzen auf den Mangel eines dichten" Bestands von Herbivoren; das wären im Wesentlichen nur die Emus. Dieses leuchtet ein; denn die Trockengebiete Neuseelands, die als natürliche Herbivoren nur die großen Laufvögel der Moas kannten, sind ähnlich mit sklerophyllen Gräsern und Holzpflanzen versehen.

Abb. 14.7. Mallee-Formation mit *Eucalyptus camaldulensis* im Kings-Canyon, Zentralaustralien (2002)

Sie sind das Ergebnis einer lange andauernden tektonischen Stabilität, die sich in einem erosiv geprägten Flachrelief äußert. Der eigenständige Florencharakter Australiens mit seinen Wurzeln bis in das tropische Tertiär und die große adaptive Radiation in diesen Halbwüsten während der letzten 100 000 Jahre haben eine sehr artenreiche Xerophytenflora mit insgesamt etwa 3000 Arten, davon circa 1400 Gehölzarten, hervorgebracht. Aus den flachen Wüsten ragen inselhaft Berge und Bergketten heraus wie der weltberühmte **Ayers Rock** und die **Macdonell Ranges** im Zentrum des Kontinents. Hier gibt es riesige Wüstengebiete mit den bekannten roten Dünen, die eine Flächenausdehnung von nahezu zwei Millionen Quadratkilometern haben (Abb. 14.8.). Der den Westen Australiens bildende **Australische Schild** ist geologisch das älteste Element des Kontinents. Er bestand schon im Archaikum vor 4,5 Milliarden Jahren, als Australien noch Teil der Pangäa war und die Flachreliefs des Great oder Yilgarn Plateau haben somit ein hohes geologisches Alter, was J. Mabbutt im Jahre 1977 auch veranlasste, die Trockengebiete dieser Region als **Schildwüsten** zu definieren.

Abb. 14.8. Vegetationskomplexe aus trockenem Grasland mit *Triodia*- und *Plectrachne*-Horstgräsern und einer Mulga aus trockenen *Acacia aneura*-Gebüschen umgeben den Ayers Rock, das Wahrzeichen Zentral-Australiens (2002)

Das *Spinifex*-**Grasland** erstreckt sich flächenhaft über weite Teile des Kontinents. Es hat sich nach der Austrocknung des Kontinents im Pleistozän und danach nach der Aussüßung der australischen Wüsten am Ende der letzten Eiszeit, als verstärkte Regenfälle kurzfristig die Salinität der Wüsten reduzierten, weitflächig etabliert und am Ende des Atlantikums vor 6000 Jahren nahezu auf seine heutige Fläche ausgedehnt. Den Rest schufen die europäischen Siedler. Unter dem Namen Spinifex werden die halbkugelförmigen Büschelgräser der beiden eng verwandten endemischen Gattungen *Plectrachne* und *Triodia* zusammengefasst. Sie haben sehr harte und spitze Halme mit sehr hohen Kieselsäureanteilen, und daher sind diese Gräser für das Vieh ungenießbar. *Triodia pungens* kann Wuchshöhen von bis zu 2 Metern erreichen, *T. basedowii* herrscht in den sandigen Wüsten Westaustraliens. Das *Spinifex*-Grasland ist fast überall von Bäumen und Sträuchern durchsetzt, vor allem mit der allgegenwärtigen **Mulga**, dominiert von *Acacia aneura*, aber auch anderen Akazien, wie *A. brachystachia, A. pendula* und *A. kempeana* sowie den *desert oak*, den Kasuarinen *Casuarina decaisneana* und den *desert grevilleas, Grevillea striata* und *G. juncifolia*.

Ein zweiter Graslandtyp, das **Mitchell-Grasland**, findet sich im Norden und Nordosten über schweren, wasserhaltigen Tonböden. Diese quellen und schrumpfen und sind deshalb baumfrei, weil die Wurzeln der Gehölze dem starken Druck der quellenden Tone nicht standhalten können. Hier herrscht das mächtige Horstgras *Astrebla pectinata* zusammen mit anderen Gräsern der Gattungen *Dichanthium, Eragrostis* und *Danthonia*. Im Gegensatz zum *Spinifex*-Grasland liefert das Mitchell-Grasland eine gute Naturweide, und hier haben sich unter den Europäern auch die produktivsten Weidegebiete entwickelt. Das *Spinifex*-Grasland und die Mulga sind wegen fehlender Grundwasservorräte oft von der Nutzung ausgeschlossen. Der größte Teil dieses Landes befindet sich heute im Besitz der Aborigines.

Offene Strauchformationen, also eigentliche Baum- oder Strauchsavannen, kennt demnach jeder Australier mit den Namen **Mallee** und **Mulga**. Beide Termini wurden aus der Aborigines-Sprache übernommen und gelten sowohl für die Formationen als auch für die namengebenden Baumarten: Die Mulga ist die *Acacia aneura*-Baumsavanne mit *Spinifex*-Unterwuchs, an deren Gehölzartenkombination noch weitere Akazien, wie *Acacia cambagai, A. kempeana* und *A. sowdenii* sowie Kasuarinen und *Hakea*-Sträucher beteiligt sind. Mallee ist eine *Eucalyptus*-dominierte Formation aus vorwiegend *E. megacarpa, E. viridis* und *E. wandoo*.

In der Nähe der Salzseen oder an Salzpfannen wechselt meist deutlich die alles beherrschende Mulga in eine Chenopodiaceen-Strauchformation, vor allem mit *Atriplex visicaria*, welche die Formation **saltbush** kennzeichnen, und *Maireana sedifolia* aus der Formation **bluebush**. Ferner können Vertreter der Gattungen *Bassia (= Kochia), Athrocnemum* und *Chenopodium* hinzutreten. Die verholzten Sträucher werden nur ein bis zwei Meter hoch und bilden einheitliche, monotone baumlose Bestände aus. Der unterschiedliche Salzgehalt der Böden steuert und modifziert also die Artenzusammensetzung der Salzgebüsche.

14.4 Wüsten Asiens: Gobi, Takla und Makan

Die Sandwüste **Karakum** bedeckt ein Fläche von mehreren tausend Quadratkilometern im südlichen Teil der turanischen Ebene und des Aralsees zwischen dem Kaspischen Meer im Westen und dem Amu-Darya-Fluss im Osten. Die Grundwasserinfiltration erfolgt hier aus den Bergen des Pamir und den Kopetdağ-Bergen an der iranischen Grenze. Halophytische *Haloxylon*-Gebüsche aus der Familie der Chenopodiaceae sind bezeichnend für diese Wüste. Weiter im Innern Asiens gibt es die zentralasiatischen Wüsten: Die Trockengebiete des nördlichen Teil der chinesischen Volksrepublik werden von Steppen- bzw. Wüstenlandschaften wie der Wüste **Gobi** oder **Takla Makan**-Wüste eingenommen. Die Wüste Gobi - „*gobi*" ist übrigens das mongolische Wort für Wüste - umfasst den größten Teil der südöstlichen Mongolei und Nordchinas und ist mit ca. 1,3 Millionen Quadratkilometern die fünftgrößte Wüstenregion der Erde. In ihrer gesamten Ost-West-Ausdehnung ist sie 1600 Kilometer lang und etwas mehr als 900 Kilometer breit. Das Gebiet erhält im Jahresmittel nur etwa 50 bis 100 Millimeter Niederschlag, wobei die jährlichen Niederschläge nach Nordosten bereits wieder kontinuierlich zunehmen. Die Temperaturen können im Januar hier bis auf minus 40 Grad Celsius absinken und im Sommer um die 45 Grad Celsius erreichen. Die Gobi gliedert sich in mehrere Teilgebiete: Im äußersten Westen liegt die Sandwüste Takla Makan, welche im Norden und Westen durch den Tienshan und im Süden durch den Kunlun und den Altyn Tagh begrenzt wird.

Die Takla Makan ist ein riesiges Dünenmeer, das sich auf einer mehr als 1500 Meter hoch gelegenen Ebene erstreckt. Zwischen den Dünen findet man eine komplexe Abfolge von Hügeln und Abhängen, die bis zu 300 Meter hoch sein können. Dazwischen können sich ausgetrocknete Paläo-Salzseen befinden, von denen manche unter Einfluss des Sandgebläses zu formenreichen Verwitterungsformen, den „*Jardangs*", erodiert wurden. Nordöstlich der Takla Makan liegt zwischen den östlichen Ausläufern des Mongolischen Altai und den Ostketten des Tienshan das Dsungarische Becken oder „Dsungarei". Im Südosten geht diese in die Transaltaische Gobi über, welche im Norden und Osten vom Mongolischen Altai und vom Gobi-Altai begrenzt wird. Zu dem Wüstenkomplex der Gobi gehört auch die zentrale **Alashan-Wüste** sowie das nördlich der Großen Chinesischen Mauer gelegene **Ordos-Plateau**, eine vom Hwangho umflossene Sandwüste (Abb. 14.9).

Die aride Zone umfasst den Norden Chinas mit dem verschiedenen Teilwüstenregionen der Gobi, wo nur noch Jahresniederschläge von 50 bis 150 Millimeter gemessen werden. Die sommerheißen Wüsten Zentrasiens

Abb. 14.9. Sandwüste Gobi an der Grenze zur Südlichen Mongolei (2002)

werden im Gegensatz zu den mittelasiatischen Wüsten, die ihre spärlichen Niederschläge von atlantischen Luftmassen erhalten, von den ostasiatischen Munsunen beeinflusst oder zeichnen sich sogar durch ein eigenes Wettergeschehen aus. Von Osten nach Westen nehmen in dieser Region jedoch grundsätzlich die Niederschläge ab und erreichen ihr Minimum im Tarim-Becken, wo nur noch 10 bis 60 Millimeter im Jahr fallen. Die zentralasiatischen Halbwüsten und Wüstengebiete zeichnen sich biogeographisch durch einige entwicklungsgeschichtlich sehr alte Taxa aus, die selbst in der zentralasiatischen Flora eine sehr isolierte taxonomische Stellung einnehmen. Dazu gehört beispielsweise *Potaninia mongolica*, eine Rosacee, welche mit der kapensischen Gattung *Cliffortia* verwandt ist. Daneben sind auch die zu den Fabaceen gehörenden Arten *Ammopiptanthus mongolicus* und *A. nunus* zu nennen, die verwandtschaftliche Beziehungen zur südafrikanischen Gattung *Podalyria* aufweisen. Weitere taxonomisch isolierte Sippen betonen die biogeographische Eigenständigkeit der zentralasiatischen Wüstengebiete, wie beispielsweise *Zygophyllum xanthoxylon* sowie *Tetraena mongolica* oder *Brachanthemum gobicum*.

14.5 Mojave und Sonora in Nordamerika

Unter den übrigen Wüstengebieten der Erde hat nur ein Teil der südafrikanischen Karroo zwei Regenperioden; und auch diese Wüste ist reich an an Sukkulenten. Eine Besonderheit bilden die Halbwüsten mit zwei Regenzeiten, einmal nach Winterregen und monsunalen Sommerniederschlägen. Die **Karoo** in Südafrika gehört dazu und die großen innerkontinentalen Wüsten Nord- und Mittelamerikas, die **Mojave** in Kalifornien und Arizona, die **Sonora** in Arizona, Nordmexiko und in der Baja California sowie die **Chihuahua** in Mexiko.

Die Mojave-Wüste ist in diesem Zusammenhang die kleinste der nordamerikanischen Wüsten (Abb. 6.26). Der jährliche Niederschlag beträgt hier nur etwa 150 Millimeter. Das Gebiet wird vor allem pflanzengeographisch durch das Vorkommen von endemischen Pflanzenarten charakterisiert, die weder in der südlich angrenzenden Sonora-Wüste noch im sich nördlich anschließenden Death Valley vorkommen. Etwa 250 verschiedene Arten sind in diesem Gebiet verbreitet. Ihr bekanntestes Wahrzeichen sind die berühmten Joshua Trees oder Joshua-Bäume (*Yucca brevifolia*), die zu den Liliengewächsen (*Liliaceae*) zählen.

Der Anza Borrego Desert State Park, der mit 2400 Quadratkilometern größte State Park Kaliforniens, ist Teil der gleichnamigen, bis zu 2000 m NN hoch liegenden Wüstenregion, die an die östlich gelegene Sonora-Wüste anschließt (s. Abb. 6.26). Die Landschaft wird in den Tallagen und mittleren Lagen von einer dichten Sukkulenten-Vegetation verschiedener Cactaceen-Arten gekennzeichnet, in der beispielsweise auch der charakteristische Ocotillo-Busch (*Fouquiera splendens*, s. Abb. 7.19) zu Hause ist. Zahlreiche Kakteen und Opuntien vervollständigen das Spektrum der Sukkulenten (Abb. 14.10).

Abb. 14.10. Links: *Opuntia bigelowii*, rechts: *Cactus fendleri* var. *fasciculatus* in der Sonora-Desert von Arizona (2003)

Besonders bekannt ist die Anza-Borrego-Wüste jedoch für von der kalifornischen Fächerpalme (*Washingtonia filifera*) gesäumten Oasen und die im Frühjahr farbenprächtig blühenden Badlands. Die Washingtonie ist zudem die einzige einheimische Palmenart im Westen Nordamerikas und wird heute vielfach auch als Zierbaum gepflanzt. In den extrem niederschlagsarmen Sommermonaten dörrt das Land der Anza-Borrego-Wüste nahezu völlig aus, Tagestemperaturen über 40 Grad Celsius sind hier keine Seltenheit.

Die Wüstenregion des Death Valley steht als niederschlagsarme Senke im Rahmen des Death Valley National Monument im Schutzstatus eines nationalen Schutzgebietes der höchsten Kategorie. Diese Wüstenregion ist sehr vielfältig gestaltet: Man findet Dünenformationen bei Stovepipe Wells und farbige Badlands sowie salzverkrustete Ebenen wie beispielsweise den Devil´s Golf Course oder auch tief eingeschnittene Schluchten und Vulkankrater wie der Badwater, mit 86 m unter dem Meeresspiegel der tiefste Punkt der USA. Auf seiner Westseite steigen die über 3300 m NN hohen Gebirgsketten der Panamint Mountains auf. Das mit Sulfaten und Chloriden angereicherte und daher ungenießbare Wasser gab diesem Gebiet den Namen. In den niederschlagsfreien Sommermonaten Juli und August erreichen die Temperaturen im Death Valley häufig bis zu 45 Grad Celsius. Mit 57,7 Grad Celsius hält das Tal auch den Rekord für die höchste jemals gemessene Temperatur in Nordamerika. Die Niederschläge betragen hier nur 50 mm/Jahr. Geologisch gesehen handelt es sich bei dem Death Valley um einen ehemaligen Grabenbruch, der vor etwa 4 Millionen Jahren entstand. Begleitet von einem ausgeprägten Vulkanismus sackte dabei der Talboden auf einer Länge von 160 Kilometern ab, während das ehemals angrenzende Hügelland zu massiven Gebirgen emporgehoben wurde. Nachfolgende Verwitterungsprozesse haben die morphologische Vielgestaltigkeit aus den Hügelländern der kargen Badlands, den Sanddünen und Geröllhalden sowie den Ebenen geschaffen.

Das westliche pazifische Gebirgssystem und die östlichen Rocky Mountains sind in Becken und Hochplateaus gegliedert, die zwar bis zu 3000 Meter liegen können, aber keinen echten Hochgebirgscharakter tragen. Im Norden erstreckt sich das vulkanische Columbia-Plateau, das vom Columbia River und Snake River modelliert wird. Im Staat Washington erreicht es nur eine Höhe von etwa 300 Meter, während es in Idaho bis zu 1800 Meter ansteigt. Daran schließt sich südlich das abflusslose Große Becken des *Great Basin* an, das im Norden bis 1500 Meter hoch ist und im Süden im Death Valley und in der Salton-Senke unter Meeresspiegelniveau absinkt. Das Death Valley ist im geomorphologischen Sinne kein richtiges Tal, sondern eine abflusslose, über 170 Kilometer lange Bodensenke, deren Bildung etwa 10 Millionen Jahre zurückreicht. Hier sind winterkalte Wüsten, aber sommers kann die Temperatur bis 50° C ansteigen, und diese alte Senke besitzt ihren Namen wohl zu recht.

Charakteristisch für das Great Basin sind jedoch Wüsten und wüstenartige Gebiete sowie das geographisch als eigenständige Region aufzufassende Gebiet des Großen Salzsees. Somit kennzeichnen neben dem Death

Valley im Südosten Kaliforniens die Wüsten der Mohave, der Sonora und
Anza Borrego die Beckenlandschaften. Südöstlich wird das Becken vom
Colorado-Plateau begrenzt. In dessen 500 bis 2000 Meter hoch gelegenem
Schichttafelland haben der Colorado River samt Nebenflüssen tiefe
Schluchten, die Canyons, eingegraben.

14.6 Karoo – Halbwüste Südafrikas

Die Formation der Sukkulentenvegetation der **Karoo** ist ausgebildet in einer Trockenregion entlang der Westküste von Südafrika. Floristisch-
pflanzengeographisch gehört diese Region wohl mehr zur Paläotropis mit
starker Tendenz zur Kapflora und ist heute ein Teil der 25 *Biodiversity
Hotspots* der Erde. Über 5000 Arten gibt es in dieser Formation, mehr als
40 Prozent davon sind endemisch. Aizoaceen dominieren die sukkulente
Karoo-Vegetation mit äußerst zahlreichen Arten, insgesamt 1750, die 127
verschiedenen Gattungen angehören. Eine unglaubliche Diversität hat sich
hier entwickelt: Die meisten Vertreter der Aizoaceae sind blattsukkulent,
andere sind stammsukkulent. Dazu gibt es einjährige und mehrjährige Vertreter als Geophyten, als Holzpflanzen, also Sträucher und kleine Bäume,
teilimmergrün oder blattwerfend. Man vermutet, dass die Radiation dieser
Anpassungsformen der Aizoaceen seit 8,7 bis 3,8 Millionen Jahren erfolgt
ist mit einer Diversifikationsrate von 0,77 bis 1,75 Millionen Jahren Dauer
im evolutiven Veränderungsprozess wichtiger Merkmale. Baumförmige
Aloen sind bezeichnend für diesen Vegetationstyp. (Abb.14.11)

Abb. 14.11. *Aloe dichotoma*, Alo-
aceae, kann ein Alter von 80 Jahren und eine Höhe von 7 Metern
erreichen. Sie wächst in Südafrika
vom Namaqualand nordwärts bis
nach Namibia (Foto B. Gries
1996)

14.7 Literatur

Arndt S, Clifford SC, Popp M (2001) Ziziphus – a Multipurpose Fruit Tree for Arid Regions. In: Breckle S-W, Veste M, Wucherer W (eds) Sustainable Land Use in Deserts. Springer, Berlin, pp 388-399

Bagnold RA (1954) The physics of blown sand and desert dunes. London

Barthlott W (1977) Kakteen. Belser, Stuttgart

Barthlott W, Capesius I (1974) Wasserabsorption durch Blatt- und Sproßorgane einiger Xerophyten. Z. Pflanzenphysiologie 72(5): 443-455

Batanouny KH (2001) Plants in the deserts of the Middle East. Springer, Heidelberg

Besler H (1992) Geomorphologie der ariden Gebiete. Erträge der Forschung Bd 280, Wiss Buchges, Darmstadt

Breckle SW (1983) Temperate Deserts and Semideserts of Afghanistan and Iran. In: West NE (ed) Temperate Deserts and Semideserts. Ecosystems of the World (ed.: Goodall, D. W.) 5: 271-319 Elsevier/Amsterdam

Breckle SW, (1986) Studies on halophytes from Iran and Afghanistan. II. Ecology of halophytes along salt gradients. Proceed. Roy. Soc. Edinburgh 8913: 203-215

Breckle SW, Agachanjanz OE, Wucherer W (1998) Der Aralsee: Geoökologische Probleme. Naturwiss Rdschau 51: 347-355

Breckle SW, Veste M, Wucherer W (2001) Sustainable land use in deserts. Springer, Heidelberg

Bruelheide H, Jandt U (2004) Vegetation types in the foreland of the Qira oasis: present distribution and changes during the last decades. In: Runge M, Zhang X (eds) Ecophysiology and habitat requirements of perennial plant species in the Taklimakan Desert. Shaker, Aachen, pp 27-34

Burke, A., N. Jürgens & M. K. Seeley (1998): Floristic affinities of an inselberg archipelago in the southern Namib-desert – relic of the past, centre of endemism or nothing special? – Journal of Biogeography 25: 311-317.

Busch DE, Ingraham NL, Smith SD (1992) Water uptake in woody riparian phreatophytes of the Southwestern United States: a stable isotope study. Ecological Applications 2: 450-459

Busche D (1998) Die zentrale Sahara. Perthes, Gotha

Cloudsley-Thompson JL (1996) Biotic interactions in arid lands. Kluwer, Dordrecht

Cooke R, Warren A, Goudie A (1993) Desert geomorphology. UCL, London

Coutinho LM (1982) Ecological effect of fire in Brasilian Cerrado. In: Huntley BJ, Walker BH (eds) Ecology of Tropical Savannas. 273-291, Springer, Berlin

Crowley GM (1994) Quaternary soil salinity events and Australian Vegetation history. Quat Sci Rev 13: 15-22

Davin A (1983) Desert vegetation of Israel and Sinai. 148 S, Cana, Jerusalem

Day AD, Ludeke KL (1993) Plant nutrients in desert environments. Springer, Berlin Heidelberg New York

Dinger BE, Patten DT (1974) Carbon dioxide exchange and transpiration in species of Echinocereus (Cactaceae) as related to their distribution within the Pinaleno Mountains, Arizona. Oecologia 14: 389-411

Ellenberg H (1975) Vegetatioinsstufen in perhumiden bis perariden Bereichen der tropischen Anden. Phytocoenologia 2: 368-378

Erskine PD, Stewart GR, Schmidt S, Turnbull MH, Unkovich M, Pate JS (1996) Water availability – a physiological constraint on nitrate utilisation in plants of Australian semi-arid mulga woodlands. Plant Cell Environ 19: 1149-1159

Evenari M, Shanan L, Tadmor N (1982) The Negev. The challenge of a desert. 2nd ed. Harvard Univ Press, Cambridge/MA

Evenari M, Noy-Meir N, Goodall D (Hrsg 1985, 1986) Hot deserts and arid shrublands. In: Goodall D (ed.) Ecosystems of the world, Bd 12A, Bd 12B, Elsevier, Amsterdam Oxford New York Tokyo

Freitag H (1971) Die natürliche Vegetation des südostspanischen Trockengebiets. Bot Jahrb 91: 147-208

Freitag H (1971) Die natürliche Vegetation Afghanistans. Vegetatio 22: 285-344

Gentelle P (1992) Une géographie du mouvement: le désert du Taklamakan et ses environs comme modèle. Ann Géographie 567: 553-594

Gibert E, Gentelle P, Liang K-Y (1995) Radiocarbon ages of fluvial and lacustrine deposits in the Taklamakan desert (Southern Xinjiang, Western China): tectonic and climatic implications. CR Acad Sci Paris 321: 215-221

Gries D (2004) Biomass and production of perennial key species in the Taklimakan Desert. In: Runge M, Zhang X (eds) Ecophysiology and habitat requirements of perennial plant species in the Taklimakan Desert. 109-120, Shaker, Aachen

Gries D, Zeng F, Foetzki A, Arndt SK, Bruelheide H, Thomas FM, Zhang X, Runge M (2003) Growth and water relations of Tamarix ramosissima and Populus euphratica on Taklamakan desert dunes in relation to depth to a permanent water table. Plant, Cell and Environment 26: 725-736

Gutierrez JR, Whitford WG (1987) Chihuahuan desert annuals: importance of water and nitrogen. Ecology 68: 409-418

Gutterman Y (2002) Survival Strategies of Annual Desert Plants. Springer, Heidelberg

Hachfeld B, Jürgens N, (2000) Climate patterns and their impact on the vegetation in a fog driven desert: The Central Namib Desert in Namibia. Phytocoenologia 30 (3-4): 567-589

Halvorson WL, Patten DT (1974) Seasonal water potential changes in Sonoran Desert shrubs in relation to topography. Ecology 55: 173-177

Hamilton III WJ, Seely MK (1976) Fog basking by the Namib Desert beetle, Onymacris unguicularis. Nature 262: 284-285

560   14 Natürliche Halbwüsten und Wüsten

Hövermann J, Hövermann E (1991) Pleistocene and holocene geomorphological features between the Kunlun Mountains and the Taklamakan Desert. Die Erde (Suppl) 6: 51-72

Hulbert RC Jr (1993) The rise and fall of an adaptive radiation. Paleobiology 19: 216-234

Ihlenfeldt HD (1994) Diversification in an arid world: The Mesembryanthemaceae. Annu Rev Ecol Syst 25: 521-546

Jäkel D (1991) The evolution of dune fields in the Taklamakan Desert since the late Pleistocene. Notes on the 1: 2 500 000 map of dune evolution in the Taklamakan. Die Erde (Suppl) 6: 191-198

Joger H, Moldrzyk U (2002) Wüste. Hessisches Landesmuseum Darmstadt (Hrsg), Darmstadt

Jones HG (1992) Plants and microclimate: a quantitative approach to environmental plant physiology. Cambridge Univ Press

Jürgens N (1986) Untersuchungen zur Ökologie sukkulenter Pflanzen des südlichen Afrika. Mitt Inst Allg Bot Hamburg 21: 139-365

Jürgens N (1991) A new approach to the Namib region. Part 1: phytogeographic subdivision. Vegetatio 97: 21-38

Jürgens N (1997) Floristic biodiversity and history of African arid regions. Biodiversity and Conservation 6: 495-514

Jürgens N (2001) Remarkable differences in desertification processes in the northern and southern Richtersveld (Northern Namaqualand, Republic of South Africa). In: Breckle SW, Veste M, Wucherer W (eds) Sustainable Land-Use in Deserts. 177-188, Springer, Heidelberg Berlin New York

Jürgens N, Burke A, Seely MK, Jacobson KM (1997) The Namib Desert. In: Cowling RM, Richardson D (eds) Vegetation of Southern Africa. 189-214, Cambridge Univ Press, Cambridge/MA

Jürgens N, Gotzmann I, Cowling RM (1999) Remarkable medium-term dynamics of leaf succulent Mesembryanthemaceae shrubs in the winter-rainfall desert of northwestern Namaqualand, South Africa. Plant Ecology 142: 87-96

Jürgens N, Burke A (2000) The arid scenario: Inselbergs in the Namib are rich oases in a poor matrix (Namibia & South Africa). In: Barthlott W, Porembski S (eds.) Vegetation of tropical rock outcrops (Inselbergs): Biotic diversity of a tropical ecosystem. 237-257, Springer, Heidelberg

Klak C, Reeves G, Hedderson T (2004) Unmatched tempo of evolution in Southern African semi-desert ice plants. Nature 427: 63-65

Kühnelt W (1975) Beiträge zur Kenntnis der Nahrungsketten in der Namib (Südwestafrika). Verh Ges f Ökologie 4: 197-210, Wien

Lancaster N (1994) Dune morphology and dynamics. In: Abrahams AD, Parsons AJ (eds) Geomorphology of desert environments. 474-505, London,

Lange OL, Schulze ED, Koch W (1970) Experimentell-ökologische Untersuchungen an Flechten der Negev-Wüste. II. CO₂-Gasstoffwechsel und Wasserhaushalt von *Ramalina maciformis* (Del.) Bory am natürlichen Standort während der sommerlichen Trockenperiode. Flora 159: 38-62

Lauer W, Frankenberg B (1988) Klimaklassifikation der Erde. Geographische Rundschau 40, Heft 6: 55-59

Levina FJ (1964) Die Halbwüstenvegetation der nördlichen Kaspischen Ebene. Moskau Leningrad

Li X, Mikami M., Fujitani T, Aoki T (1997) Climate changes in the northwestern Taklamakan desert. Chinese J Arid Land Res 10 (3): 217-223

Lin G, Phillips SL, Ehleringer JR (1996) Monsoonal precipitation responses in shrubs in a cold desert community on the Colorado. Oecologia 106: 8-17

Löffler E (2000) Die Wüsten Australiens. Geographische Rundschau 52, Heft 9, 10-16

Logan RF (1960) The Central Namib Desert, South West Africa. Nat Ac Sc, Publication 758, 162 pp., Washington D. C.

Mabbutt J (1977) Desert landforms. An introduction to systematic geomorphology 2, Harvard Univ Press, Cambridge/MA

Magallón S, Sanderson MJ (2001) Absolute diversification rates in Angiosperm clades. Evolution 55: 1762-1780

McKey D (1994) Legumes and nitrogen: the evolutionary ecology of a nitrogen-demanding lifestyle. In: Sprent JI, McKey D (eds) Advances in legume systematics. 5. The nitrogen factor. Royal Botanical Gardens, Kew, pp 211-228

Meckelein W (1988) Naturbedingte und anthropogen bedingte Morphodynamik am Beispiel der innerasiatischen Trockengebiete Chinas. Abhandlungen der Akademie der Wissenschaften Göttingen, Mathematisch-Physikalische Klasse 41: 328-343

Meigs P (1953) World distribution of arid and semi-arid homoclimates. Reviews of research on arid zone hydrology. United Nations Educational, Scientific, and Cultural Organization, Arid Zone Programme 1, Paris, pp 203-209

Monod T, Duron J-M (1992) Wüsten der Welt. München

Mortensen H (1950) Das Gesetz der Wüstenbildung. Universitas 5 (2): 801-815

Myers N, Mittermeier RA, Mittermeier CG, G. da Fonseca AB, Kent J (2000) Biodiversity hotspots for conservation priorities. Nature 403: 853-858

Nevo E, Korol AB, Beiles A, Fahima T (2002) Evolution of wild emmer and wheat improvement. Springer, Heidelberg

Nobel PS (1976) Water relations and photosynthesis of a desert CAM plant *Agave deserti*. Plant Physiol 58: 576-582

Nobel PS (1977) Water relations and photosynthesis of a Barrel Cactus, *Ferrocactus acanthoides* in Colorado Desert. Oecologia 27: 117-133

Noy-Meir I (1973) Desert ecosystems, environment and producers. Ann Rev Ecol Syst 4: 25-41

Parolin P (2001) Seed expulsion in fruits of Mesembryanthema (Aizoaceae): a mechanistic approach to study the effect of fruit morphological structures on seed dispersal. Flora 196: 313-322

Polis GA (1991) Complex trophic interactions in deserts: an empirical critique of food-web theory. Am Nat 138: 123-155

Pynakov VI, Gunin PD, Tsoog S, Black CC (2000) C$_4$ plants in the vegetation of Mongolia: their natural occurrence and geographical distribution in relation to climate. Oecologia 123: 15-31

Rheede van Oudtshoorn K, van Rooyen MW (1999) Dispersal biology of desert plants. Kluwer, Dordrecht

Richardson JE et al. (2001) Rapid and recent origin of species richness in the Cape flora of South Africa. Nature 412: 181-183

Richardson JE, Pennington RT, Pennington TD, Hollongsworth PM (2001) Rapid diversification of a species-rich genus of neotropical rain forest trees. Science 293: 2242-2245

Runge M, Arndt S, Bruelheide H, Foetzki A, Gries D, Huang J, Popp M, Thomaes F, Wang G, Zhang X (2001) Contributions to a Sustainable Management of the Indigenous Vegetation in the Foreland of Cele Oasis – A Project Report from the Taklamakan Desert. In: Breckle SW, Veste M, Wucherer W (eds.) Sustainable Land Use in Deserts. 343-349, Springer, Berlin

Runge M, Zhang X (eds, 2004) Ecophysiology and habitat requirements of perennial plant species in the Taklimakan Desert. 170 p, Shaker, Aachen

Ruthsatz B (1977) Pflanzengesellschaften und ihre Lebensbedingungen in den andinen Halbwüsten Nordwest-Argentiniens. Diss Bot 39, Cramer, Vaduz

Sarntheim M (1978) Sand deserts during glacial maximum an climatic optimum, Nature 272, 43-46

Schill R, Barthlott W (1973) Kakteendornen als wasserabsorbierende Organe. Naturwissenschaften 60: 202-203

Schmiedel U, Jürgens N (1999) Community structure on unusual habitat islands: quartz-fields in the Succulent Karoo, South Africa. Plant Ecology 142: 93-96

Schopfer P, Brennicke A (1999) Pflanzenphysiologie. 5 Aufl, Springer, Berlin Heidelberg New York

Scott L, Steenkamp M, Beaumont PB (1995) Palaeoenvironments in South Africa at the Pleistocene-Holocene transition. Quat Sci Rev 14: 937-947

Scott L, Anderson HM, Anderson JM (1997) Vegetation History. In: Cowling RM, Richardson DM, Pierce SM (eds.) Vegetation of Southern Africa. 62-84, Cambridge Univ Press, Cambridge

Seely M (1992) The Namib – Natural history of an ancient desert. Windhoek

Shearer G, Kohl DH, Virginia RA, Bryan BA, Skeeters JL, Nilsen ET, Sharifi MR, Rundel PW (1983) Estimates of N$_2$-fixation from variation in the natural abundance of ^{15}N in Sonora desert ecosystems. Oecologia 56: 365-373

Singh A (1988) History of aridland vegetation and climate: a global perspective. Biological Reviews of the Cambridge Philosophical Society 63: 156-198

Smith SD, Monson RK, Anderson JE (1997) Physiological ecology of North American desert plants. Springer, Berlin Heidelberg New York

Sprent JI, Geoghegan IE, Whitty PW, James EK (1996) Natural abundance of ^{15}N and ^{13}C in nodulated legumes and other plants in the cerrado and neighbouring regions in Brazil. Oecologia 105: 440-446

Thiede J, Jürgens N (1999) Phylogenetic, systematic and evolutionary studies in southern African succulents. IOS Bull 7: 28-31

Thomas DSG (ed, 1997) Arid zone geomorphology – process, form and change in dryland. Chichester

Thomas FM, Arndt SK, Bruelheide H, Foetzki A, Gries A, Huang J, Popp M, Wang G, Zhang X, Runge M (2000) Ecological basis for a sustainabl e management of the indigenous vegetation in a Central-Asian desert: Presentation and first results. J Appl Bot 74: 212-219

Thompson K, Grime JP (1979) Seasonal variation in the seed banks of herbaceous species in ten contrasting habitats. J Ecol 67: 893-921

Thornthwaite CW (1948) An approach toward a rational classification of climate. Geogr Rev 38: 55-94

Tian C, Song Y (1997) Desertification and its control in Xinjiang, China. Chinese J Arid Land Res 10 (3): 199-205

Tielbörger K (1997) The vegetation of linear desert dunes in the north-western Negev, Israel. Flora 192: 261-278

Veit H (2000) Klima- und Landschaftswandel in der Atacama. Geographische Rundschau 52, Heft 9, 4-9

Walter H, Box E O (1983) Overview of Eurasian continental deserts and semideserts, 3-269. In: Ecosystems of the World Vol V, Amsterdam

Walter H, Box EO (1983) The deserts of Central Asia. In: West NE (ed) Ecosystems of the World 5: Temperate Deserts and Semi-Deserts. Elsevier, Amsterdam, pp 193-236

Ward JD, Seely MK, Lancaster N (1983) On the antiquity of the Namib. S Afr J Sci 79: 175-183

Ward JD, Corbett I. (1990) Towards an age of the Namib. Transvaal Mus. Monogr. 7: 17-26.

West NE, Klemmedson JO (1978) Structural distribution of nitrogen in desert ecosystems. In: West NE, Skujins J (eds) Nitrogen in desert ecosystems. Dowden, Hutchinson Ross, Stroudsburg, pp 1-16

Wickens GE (1993) Vegetation and ethnobotany of the Atacama desert and adjacent Andes in northern Chile. Opera Botanica 121: 291-307

Wikström N, Savolainen V, Chase M (2001) Evolution of the angiosperms: calibrating the family tree. Proc R Soc Lond B 268: 1-10

Willert Jv, Eller BM, Brinckman E, Baasch R (1982) CO$_2$-gas exchange and transpiration of *Welwitschia mirabilis*. Hook. fil. in the Central Namib Desert. Oecologia 55: 21-29

Willert Jv, Eller BM, Werger MJA, Brinckman E (1990) Desert succulents and their life strategies. Vegetatio 90: 133-143

Winter K (1981) C$_4$ plants of high biomass in arid regions Asia: occurrence of C$_4$ photosynthesis in Chenopodiaceae and Polygonaceae from the Middle East and USSR. Oecologia 48: 100-106

Winter K, Holtum JAM, Edwards GE, O'Leary M (1980) Effect of low relative humidity of $\delta^{13}C$ in two C_3 grasses and in *Panicum milioides*, a C_3-C_4 intermediate species. J Exp Bot 33: 88-91

Winter K, Richter A, Engelbrecht B, Posada J, Virgo A, Popp M (1997) Effect of elevated CO_2 on growth and crassulacean-acid metabolism activity of *Kalanchoe pinnata* under tropical conditions. Planta 201: 389-396

Wu Z (1981) Approach to the genesis of the Taklamakan Desert. Acta Geogr Sinica 36 (3): 280-291

Xia X, Li C, Zhou X, Zhang H, Huang P, Pan B (1993) Desertication and control of blown sand disasters in Xinjiang. Science Press, Beijing

Zencich SJ, Froend RH, Turner JV, Gailitis V (2002) Influence of groundwater depth on the seasonal sources of water accessed by *Banksia* tree species on a shallow, sandy coastal aquifer. Oecologia 131: 8-19

Zhang X (1992) Northern China. In: Ellis J (ed) Grasslands and grassland species in northern China. National Academy of Sciences, pp 39-54

Zhang X, Li X, Zhang H (2004) The control of drift sand on the southern fringe of the Taklamakan Desert – an example from the Cele oasis. In: Breckle S, Veste M, Wucherer W (eds) Sustainable land use in deserts. Springer, Berlin, pp 350-356

Zhu Z, Lu J (1991) A study on the formation and development of aeolian landforms and the trend of environmental changes in the lower reaches of the Keriya River, Central Taklimakan Desert. Die Erde (Suppl) 6: 89-98

14.8 Fragen zu Kapitel 14

1. Was ist der Unterschied zwischen Wüste und Halbwüste?
2. Welche Wirkungen haben Sand und Wind in den ariden Zonen?
3. Warum kann man klimatische Wüsten und edaphische Wüsten differenzieren?
4. Wie sind Wüstenpflanzen angepasst?
5. Was sind Nebelwüsten und wo auf der Erde gibt es diese?
6. Warum ist *Welwitschia mirabilis* eine besondere Pflanze?
7. Was verstehen Sie unter dem Begriff „Hamada", „Reg" und „Erg"?
8. Was sind *desert oaks* in Australien und wo kommen sie vor?
9. *Spinifex-Grasland* und *Mitchell-Grasland* sind Trockengebiete Australiens. Was ist der Unterschied?
10. Die Wüste Gobi ist eine der ältesten Wüsten der Erde. Woran erkennt man das noch heute?
11. Mojave und Sonora sind zwei wichtige Wüstentypen Nordamerikas. Was ist ihr Unterschied?
12. Die Karoo-Halbwüste in Südafrika ist ein *Hotspot of Diversity*, warum?

15 Tropisch-subtropische Regenzeitenwälder und Savannen

Laubwerfende, teilimmergrüne tropische Wälder gibt es in Regionen mit einem Jahreswechsel von Trocken- und Regenperioden überall dort, wo auch die tropischen Regenwälder vorkommen: in Süd- und Mittelamerika, in Afrika, in Indien und in Südostasien. In den Trockenzeiten findet hier der oftmals nur fakultative Laubfall statt – solange dieser nicht eintritt, bleiben die Bäume grün. In Gebieten mit längeren Trockenperioden nimmt die Synchronität des Laubfalls zu, so dass Waldtypen mit periodisch auftretendem Laubfall entstehen. Hier gibt es natürlich weniger Epiphyten und Lianen als im immergrünen tropischen Regenwald, und die meisten Bäume blühen gegen Ende der Trockenzeit. Sehr locker mit einzelnen Bäumen und Sträuchern durchsetzte Grasländer der wechselfeuchten Tropen und Subtropen werden **Savannen** genannt. Sie nehmen eine Mittelstellung zwischen dem Offenland und dem Wald ein. Gräser, Gebüsche und Bäume, die sich in den meisten Klimazonen erhebliche Konkurrenz bereiten, wachsen in den Savannen ohne gegenseitige Beeinträchtigung nebeneinander und bilden je nach Mengenanteilen die **Baum-** oder **Strauchsavannen**. Ihr ökologisches Gleichgewicht hängt ab vom Wechsel zwischen Regenzeit und Trockenzeit, der Wasserverfügbarkeit und den unterschiedlichen Wurzelsystemen von Gehölzen und Gräsern. Der Übergang von den tropisch-subtropischen Regenzeitenwäldern, den **Savannenwäldern**, wo die Bäume dominieren, über die **Savannen** bis hin zu den nahezu baumfreien **Grasländern** ist fließend. Er ist niederschlagsbedingt, wie es uns das Schema der Abbildung 7.11 zeigt. Die Bäume und Gräser der Savannen zeichnen sich durch auffallende Charakteristika aus:

- Schirmbäume - meist Leguminosen - oft bedornt mit xeromorphen Blättern oder Fiederblättern und Sukkulenz,
- weitgehende Feuerfestigkeit von Stämmen,
- tiefreichendes Wurzelsystem bis zum Grundwasserhorizont; manchmal sogar bis in vierzig Meter Bodentiefe,
- dichthorstige Savannengräser mit feuerresistenten Samen, Knospenaustrieb nach Feuer.

Hinsichtlich des Niederschlagregimes unterscheidet man allgemein zwischen der **Trockensavanne** mit Niederschlägen von 600 bis 1800 Millimetern pro Jahr mit kurzer Regenzeit und längerer Trockenzeit und der **Feuchtsavanne**, die das ganze Jahr über ausreichend mit Niederschlägen versorgt ist, um den Baumwuchs zu gewährleisten. Vor allem die afrikanischen Savannen sind die bekannten Lebensräume zahlreicher Großwildarten, wie wir sie jedoch leider fast nur noch in Nationalparks finden, so im Munduma Nationalpark, im Etosha-Nationalpark und im südafrikanischen Kruger Nationalpark und in der Serengeti (Abb. 15.1).

Abb. 15.1. Baumsavanne mit Dominanz von *Brachystegia* (Leguminosae) und Netzgiraffe, welche schön ihre Einnischung in diesen Lebensraum zeigt (1990)

Das Nebeneinander von Gehölzen und Grasland ist typisch für die Savannen; entsprechend sind diese geobotanisch definiert: „Mit Bäumen, Baumgruppen und Sträuchern bestandenes oder offenes subtropisch-tropisches Grasland", wie es auch Frank Klötzli (2000) in seiner globalen Savannen-Beschreibung erläutert. In den meisten Fällen dominiert das Grasland in der Savanne, durchsetzt von Einzelbäumen oder Büschen, Baumgruppen oder Waldinseln (s. Box 15.1). Was ist die Ursache für das Fehlen oder Ausbleiben weiterer Holzpflanzen und die Dominanz der Savannengräser? Kaum ein anderes Biom zeigt derart verbreitete und intensive Mosaikformen der Vegetation wie die Savanne. So unterscheidet man beispielsweise in Venezuela rund 30 **Savannen-** und 20 **Trockenwald-Typen**, und in Australien differenziert man nicht weniger als 30 **Mallee-Typen** mit jeweils unterschiedlichen *Eucalyptus*-Arten. Einmal ist es in erster Linie der Wassergehalt des Bodens, der die Verteilung gehölz- oder grasdominierter Bestände kontrolliert. Dazu kommen spezielle Wirkungen von Termiten oder Ameisen, und schließlich sorgt oft das Feuer für die scharfen Ausprägungen der Konturen in der Savanne: Wälder setzen sich eher auf nährstoffreicheren, besser drainierten, oft auch skelettreicheren grobkörnigen Böden durch. Holzpflanzen versorgen sich mit dem tiefen Grundwasser. Besonders zahlreich sind Süßgräser aus der Familie der Poaceae vertreten. Diese sind hauptsächlich C_4-Metaboliten der Photosynthese, z. B. die Gattung *Pennisetum* in Afrika. Auch Arten aus der Verwandtschaft der Hülsenfrüchtler kommen vor: Hervorzuheben ist hier die Mimosaceen-Gattung *Acacia*.

In den tropischen Regionen, in denen die Jahresniederschläge deutlich unter 1000 Millimetern liegen, entwickeln sich **Dornbuschsavannen**. Die Dauer der Trockenheit in diesen Gebieten liegt bei sechs bis acht Monaten. Hier bildet sich wegen der periodischen Trockenheit kein Wald, sondern eine offene Savanne mit dornigen Gehölzen. Wenn die Niederschläge unter 600 Millimetern pro Jahr liegen, entfalten sich die Sukkulenten, vor allem die Kakteen in Nordamerika oder die Euphorbien in Afrika. Die von der saisonalen Rhythmik des Wasserangebotes geprägten Savannen sind also durch vielfältige Wechselwirkungen von Boden, Feuer und Wildtieren sowie regionalen Klimavarianten erdweit mit zahlreichen Vegetationsformationen vor allem auf der Südhemisphäre entstanden. Wie wir in der Abbildung 7.9 gesehen haben, erreichen sie ihre größte Ausdehnung in Afrika. Analoge Vegetationsformationen sind die **Llanos** am Orinoco, mit ihren ausgedehnten Grassavannen auf nährstoffarmen Standorten, die **Cerrados** sowie Teile des **Gran Chaco** Brasiliens und des **Paraná** auf dem südamerikanischen Kontinent (Abb.15.2). Auf dem brasilianischen Hochplateau breiten sich auf sehr sauren, mit hohen Aluminum-Werten angereicherten Böden die **Campos Cerrados** aus. Sie setzen sich aus einer Decke von Gräsern zusammen, die bei Trockenheit verschwinden, und einem lichten Bestand an 3 bis 5 Meter hohen immergrünen, aluminiumresistenten Bäumen, welche mit dicker Borke feuerresistent sind. Trotz des geringen Baumbestandes schätzt man in den Campos Cerrados ungefähr 400 verschiedene endemische Baumarten. Epiphyten und Lianen kommen praktisch nicht vor. Ferner sind **Palmensavannen** zu nennen (s. Abb. 7.14), die im Übergangsgebiet zwischen der Caatinga und dem Amazonas-Wald an der brasilianischen Nordostküste und im Chaco Brasiliens recht ausgedehnte Flächen einnehmen. Palmensavannen auf trockenen Standorten sind sicherlich anthropo-zoogen.

Manchmal sind die Regenzeitenwälder auch biogeographisch bedeutend: Seit dem Ende der Kreidezeit ist beispielsweise **Sokotra**, die Insel im Indischen Ozean am Horn von Afrika vor der Küste von Somalia, vom Gondwana-Kontinent getrennt und damit eine der am längsten isolierten

Abb. 15.2. Der fast ebene Gran Chaco ist das ausgedehnteste Trockengebiet Süd-amerikas. Die Baum- und Straucharten mit sehr kleinen Blättern sind durch Redu-zierung der Transpiration an die Trockenheit angepasst. Als Ausgleich besitzt *Prosopis* assimilierende Zweige. Argentinien (2000)

Landmassen der Erde. Die Folge ist eine hohe floristische Eigenständigkeit und ein reliktischer Charakter der Vegetation: Von den derzeit etwa 800 nachgewiesenen Gefäßpflanzen sind 30 Prozent endemisch. Beeindru-ckendste Lebensformen sind Flaschenbäume, die ganz verschiedenen Verwandtschaftskreisen angehören, so etwa *Adenium socotranum* (Apocy-naceae), *Dorstenia gigas*, eine riesenwüchsige Moraceae, und der Melo-nenbaum *Dendrosicyos socotranus*, der zu den Kürbisgewächsen, den Cu-curbitaceen, gehört, und Drachenbäume von *Dracaena draco* ssp. *cinnabari* (Abb. 15.3). Das wirtschaftliche Interesse an der Insel gilt seit der Antike jedoch beispielsweise dem Saft von *Aloe perryi*, dem Weih-rauch aus *Boswellia*- und *Commiphora*-Arten und dem Drachenblut des *Dracaena cinnabari*. In pflanzengeographischer Sicht bestehen enge Be-ziehungen zu den benachbarten Festländern, zur Arabischen Halbinsel und nach Nordsomalia am Horn von Afrika, aber auch hochdisjunkte Bezie-hungen der altafrikanischen Elemente auf den Inseln im Atlantischen Oze-an, besonders auf dem Kanarischen Archipel mit seiner *Euphorbia*-Kandelaberwolfsmilch-Vegetation und zur südafrikanischen Capensis sind offensichtlich: Die Verbreitung von *Dracaena*-, *Euphorbia*- und *Aloe*-Ver-tretern bezeugen dies.

Das größte Savannengebiet der Erde erstreckt sich halbkreisförmig von Westafrika über Ostafrika bis nach Angola. Es verläuft zusammenhängend von Senegal bis Guinea als breites Band quer durch den Kontinent bis zum

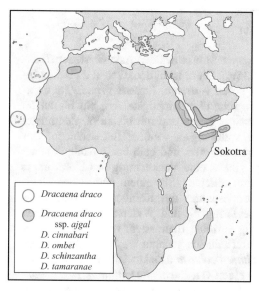

Dracaena draco
Dracaena draco
  ssp. *ajgal*
D. cinnabari
D. ombet
D. schinzantha
D. tamaranae

Sokotra

Abb. 15.3. Verbreitung des Drachenbaumes *Dracaena draco* (s. Abb. 6.29) und seiner nächsten Verwandten im Atlasgebirge und auf beiden Flanken von Nordafrika (aus Pott et al. 2003)

Box 15.1. Miombo und Mahenge in Afrika

In Mahenge im nördlichen Tansania in Afrika, südwestlich des Victoria-Sees, hat man im Jahre 2002 unzählige fossile Überreste einer etwa 45 Millionen Jahre alten Tier- und Pflanzenwelt geborgen, analysiert und dokumentiert. Die Fossilien stammen aus der Zeit des mittleren Eozäns, als sich die Säugetiere rasch entfalteten und auch die Pflanzenwelt schon mit Typen vertreten war, die ganzrandige, glatte Blätter besaßen, wie sie noch heute in den **Miombo-Trockenwäldern** Zentralafrikas zu finden sind. Diese sind heute typisch für die Savannen-Hochebenen des südwestlichen Zentralafrika, und sie bedecken vor allem in Sambia große Flächen. Es sind sommer-regengrüne, laubwerfende Wälder, die nach der Bezeichnung der Einheimischen für den dominierenden Baum *Brachystegia longifolia* als **Miombo** bezeichnet werden. Miombowälder bilden die größten zusammenhängenden laubwerfenden Trockenwälder der Erde. Neben dieser Leguminose gibt es zahlreiche *Combretum*-Bäume in diesem Waldtyp. In Mahenge hat man auch den bislang ältesten paläobotanischen Nachweis der heute afrikanisch-australischen, also ursprünglich gondwanischen Gattung *Acacia* gefunden.

Indischen Ozean und auch in Südafrika nehmen Savannen weite Flächen ein. Weit verbreitet ist diese Vegetationsform auch in Indien und Indochina sowie in Brasilien und Venezuela. Große Teile der heutigen Savannen sind wahrscheinlich erst durch den Einfluss des Menschen an ursprünglich bewaldeten Standorten entstanden. In Kapitel 5 haben wir schon die Bedeutung dieses Lebensraumes in Afrika für die Hominidenevolution ken-

Box 15.2. Teakholz und Eucalypten

Eine typische Baumart der trockenen Monsunwälder Asiens ist der Teak-
baum der Gattung *Tectona* (Abb. 15.4). Diese ist in dem Gebiet zwischen Indien und Laos mit insgesamt vier Arten vertreten. *Tectona grandis* im tropischen Amerika ist jedoch die wirtschaftlich wichtigste Art, ein bis zu 50
Meter hoher Baum mit grauer, rissiger Borke und mit bis zu 60 Zentimeter
langen, elliptischen Blättern und vielblütigen, weißen Blütenständen. Das
Holz ist hart, sehr dauerhaft und termitenfest und gelb bis dunkelgoldbraun
gefärbt. Bei diesem Tropenbaum gibt es eine **Verkernung** des Holzkörpers
durch Einlagerung von Kieselsäure, Silicium (Si), einem natürlichen Über-
schussstoff. Dieser massiven „Verkieselung" des Kernholzes verdankt das
Teakholz seine außergewöhnliche Festigkeit und Widerstandskraft. In den
Monsunwäldern dominieren häufig einzelne Baumarten, wie es bei den genannten Teakwäldern Burmas und Thailands genannt ist. In den Salwäldern
Indiens ist die Dipterocarpacee *Shorea robusta* aspektbestimmend, die monsunalen Wälder Nordaustraliens werden von *Eucalyptus miniata*, *E. leucoph-
loia* und *E. papuana* beherrscht (Abb. 15.4). Die Baumschichten solcher
Monsunwälder sind offen; dadurch gelangt mehr Licht durch das Kronendach
und ermöglicht einen dichteren Unterwuchs aus Bambus-Arten in Südostasien oder von *Cycas angulata*-Baumfarnen in Nordaustralien (Abb. 15.4).
Die tropischen Wälder sind besonders reich an Baumarten. Große Unterschiede bestehen allerdings im Aufbau und in der Form von Stamm, Krone
und Beblätterung.

Abb. 15.4. Baumarten der trockenen Monsunwälder, links: *Tecoma stans*, Bignoniaceae, bildet Bergwälder Thailand, Mitte: *Cycas angulata* und rechts: *Eucalyptus papuana* sind wichtige Elemente der Regenzeitenwälder in Nord-Australien

nen gelernt: Von Hominiden gelegte Brände in der Savanne sind vermeint-
lich seit mehr als 1 Million Jahren durch Aschepartikeldatierungen nachgewiesen. Zusätzlich steuern seither die Populationen der Huftiere und der
Raubtiere das Wald-zu-Gras-Verhältnis in den Savannen.

Zur Erhaltung der Savannen sind natürlich periodisch auftretende Brände notwendig. Sie verhindern die Bildung von Gestrüpp und halten die
Landschaft offen. Das Feuer entsteht durch Selbstentzündung im trockenen
Gras, durch Blitzschlag oder wird vom Menschen absichtlich gelegt. Wenn
es vorüber ist, beginnt das junge Gras zu sprießen. Neben den Feuer-,
Gras- und Wald-Antagonismen und deren Wirkung auf die unterschiedlichen Stabilitätszustände und die Baumdichte der gehölzreichen Savannen
spielen insbesondere in den Trockensavannen die **Termiten**, insbesondere
eigentlich die verschiedenen Termitenbauten eine wesentliche Rolle für
das Wald-Grasland-Mosaik: Termiten konsumieren nach Frank Klötzli
(2000) nachweislich von 10 bis zu 80 Prozent der Biomasse, also mehr als
eine Tonne pro Hektar Savannenfläche. Das entspricht dem ungefähren
Konsum von Wildtieren. Die Termitenvölker verlagern bei der Anlage ihrer Bauten frischen Boden aus der Tiefe an die Oberfläche und verändern
damit lokal Bodenart und Bodenchemismus, wobei in erster Linie Stickstoff, Phosphat und basische Kationen angereichert und der Kohlenstoff
durch fermentative Prozesse in Form von CO_2 und CH_4 aus dem System
entfernt werden. So entsteht immer wieder ein besser durchlüfteter, nähr-
stoffreicherer Boden, der für den Jungwuchs der Bäume essentiell ist.
Beim Zerfall der Termitenbauten bleibt diese Veränderung bestehen und
die Holzpflanzen können sich zunächst konkurrenzfrei und schließlich
dauerhaft ansiedeln. So entstehen Mosaikstrukturen mit Waldinseln im
Grasland, die auch als **Termitensavannen** bezeichnet werden (s. auch
Abb. 7.16).

15.1 Regengrüne tropische Wälder

Das **Monsunklima** tritt nirgends auf der Erde so deutlich und großflächig
in Erscheinung wie in Südostasien. Es ist gekennzeichnet durch jahreszeitlich wechselnde Regen- und Trockenzeiten, die von der jeweiligen Richtung der Monsunwinde abhängen. Das Wort „Monsun" ist von dem arabischen „Mausim" abgeleitet und bedeutet „Jahreszeit". Monsune entstehen
durch die unterschiedliche Erwärmung der Luft über Festland und Meer.
Im nordhemisphärischen Sommerhalbjahr wehen die Monsunwinde beständig vom Meer zum Festland und bringen starke Regenfälle. Der **Sommermonsun** weht von Südosten nach Nordwesten und bringt vom Ozean
her ständig die feuchten Luftmassen heran, die sich besonders über große

Teile von Vorderindien, Burma und Thailand in reichlichen Niederschlägen abregnen. Die Niederschläge betragen in der Regenzeit je nach Länge der Niederschlagsperiode 800 bis 1500 Millimeter oder mehr und führen in manchen Gebieten zu riesigen Überschwemmungen oder Erdrutschen. Im Winterhalbjahr kehrt sich die Windrichtung um, die vom Land zum Meer wehenden Winde sind trocken. Der **Wintermonsun** weht also in umgekehrter Richtung. Seine vom asiatischen Kontinent stammenden Luftmassen dörren das Land aus. Für die Vegetation entscheidend ist jedoch die im Jahresverlauf wechselnde Feuchtigkeit. Die jahreszeitlichen Temperaturschwankungen sind meist gering. Besonders ausgeprägt sind **Monsunwälder** in Indien, Südostasien und im nördlichen Teil von Australien, wo sie nördlich und südlich des Äquators an die tropischen Regenwälder angrenzen. Die Artenvielfalt in diesem Zonobiom III ist geringer als die des Tieflagenregenwaldes, und trotz der hohen Niederschläge sind die Monsunwälder nicht immergrün, sondern ein Teil der Holzpflanzen wirft sein Laub in der Trockenzeit ab. Ähnlich reagieren die tropischen Wälder unter Passatwolkeneinfluss, die man an den Andenhängen Venezuelas und Kolumbiens findet und die gelegentlich in der Literatur auch als **Tropische Passatwälder** bezeichnet werden. Die Monatsdurchschnittstemperaturen unterscheiden sich im Laufe des Jahres nur um wenige Grad und erreichen ihre höchsten Werte mit etwa 30 Grad Celsius kurz vor Beginn der Regenzeit. Heftige Gewitter und riesige Cumuluswolken deuten diese an, und die Australier sprechen dann schlicht von *„The built up"*.

15.2 Savannen Australiens

Flächenmäßig überwiegen in den Landschaften dieses Kontinents bei weitem die trockenen Gebiete: Knapp 30 Prozent des Landes erhalten weniger als 200 Millimeter Niederschlag pro Jahr und werden regelmäßig von Hitzewellen heimgesucht. Im Innern erstrecken sich große Wüsten und Halbwüsten, in denen es zum Teil nur im Abstand von mehreren Jahren regnet. Dann füllen sich die Trockenflüsse mit Wasser, und die in der Erde ruhenden Samen beginnen zu keimen. Nach kurzer Zeit ist der Boden von einem blühenden Pflanzenteppich überzogen. Die Pracht dauert aber nur wenige Wochen, dann verdörrt alles wieder für Jahre (Abb. 14.5). Die temporären Flüsse fließen nicht zum Meer, sondern versiegen in flachen Salzpfannen. Angrenzend gibt es in Nordaustralien die monsunalen Savannen (Abb. 15.5). In den Baumsavannen oder Regenzeitenwäldern Nordostaustraliens wächst die Bombacacee *Brachychiton gregorii* aus der Familie der Sterculiaceae, die mit ihren schmalen und zerteilten, jedoch voll ausgebildeten Blättern in diesen wüstenhaften Regionen etwas verwundert, die jedoch als

Abb. 15.5. Endlose Monsunwälder mit dem Baumriesen *Adansonia gregorii* in den Kimberleys, Nordwestaustralien (2002)

Relikt der warmtemperaten Wälder des Tertiärs noch heute in den Trockengebieten existieren kann. Für den Westen Nordaustraliens haben wir bereits in der Abbildung 7.12 den Bombacaceen-Flaschenbaum *Adansonia gregorii* mit seinem dicken wasserspeichernden Stamm gesehen.

15.3 Baum- und Dornsavannen Madagaskars

Madagaskar ist die viertgrößte Insel der Welt. Sie ist knapp 1600 Kilometer lang und bis zu 580 Kilometer breit. Ihre Nordspitze liegt 12 Grad südlich des Äquators. Vom Afrikanischen Kontinent wird die Insel durch den Kanal von Moçambique getrennt, der an der engsten Stelle nur rund 400 Kilometer misst. Trotz der räumlichen Nähe zu Afrika unterscheidet sich die Tier- und Pflanzenwelt Madagaskars sehr stark von der des Nachbarkontinents. Die Fauna ist sogar so eigenständig, dass Madagaskar zusammen mit den kleinen Inselgruppen der Komoren, Seychellen und Maskarenen eine eigene Tierregion bildet. Der Grund für diese Sonderstellung Madagaskars liegt in seiner historischen-geologischen Entwicklung: Nach den heutigen Kenntnissen der Kontinentalverschiebung begann Madagaskars schon vor 100 Millionen Jahren, sich als Insel von Afrika zu trennen,

und die Tier- und Pflanzenwelt entwickelte sich seit der Kreidezeit unabhängig von der Afrikas.
Madagaskar wird durch zentralgelegene, langgestreckte Gebirge mit durchschnittlichen Höhen von 1500 bis 1800 Metern klimatisch differenziert: Der Norden und Osten zeichnen sich durch feuchtheißes Klima aus und tragen daher immergrüne tropische Regenwälder. Die West- und Südseite sind sehr viel trockener. Hier wachsen Wälder, die in der Trockenzeit das Laub abwerfen, ferner mit Bäumen durchsetzte Savannen und im Süden sogar halbwüstenartige Dornsavannen (s. Abb. 6.31). Die ursprüngliche Vegetation Madagaskars ist jedoch vom Menschen in weiten Teilen der Insel stark verändert worden: Vor allem die tropischen Urwälder wurden zu Gunsten von Vanille- und Kakaoplantagen zurückgedrängt. Im Westen breiteten sich die artenarmen Baumsavannen durch Brand- und Weidewirtschaft weiter aus. Zudem wurden zahlreiche fremde Pflanzenarten eingeführt. Fass- oder Flaschenbäume mit *Pachypodium*- und *Adansonia*-Arten sind heute in den trockenen Gebieten Madagaskars nicht selten. Der dicke Stamm dient als Wasserspeicher, von dessen Vorrat die Bäume in der Dürrezeit zehren.

15.4 Literatur

Abbott I, Burrows N (2003) Fire in ecosystems of south-west Western Australia: impacts and management. Backhuys Leiden

Andersen AN, Cook GD, Williams RJ (2003) Fire in Tropical Savannas. Springer, Heidelberg

Arndt SK, Wanek W, Hoch G, Richter A, Popp M (2002) Flexibility of nitrogen metabolism in the tropical C_3-crassulacean acid metabolism tree species, *Clusia minor*. Funct Plant Biol 29: 741-747

Belsky AJ (1986) Population and community processes in a mosaic grassland in Serengeti, Tanzania. J Ecol 74: 841-851

Belsky AJ (1990) Tree/grass ratios in East Africa savannas: a comparison of existing models. J Biogeogr 17: 483-489

Belsky AJ, Canham CD (1994) Forest gaps and isolated savanna trees. Bio Science 44: 77-84

Bergström R (1982) Browse characteristics and impact of browsing on trees and shrubs in African savannas. J Veg Sci 3: 315-324

Blasco F (1977) Outlines of ecology, botany and forestry of the mangals of Indian subcontinent. In: Chapman VJ (ed) Ecosystems of the World, Vol 1: 241-260

Bourlière F (ed)(1983) Tropical savannas. In: Goodall D (ed) Ecosystems of the World, Bd 13, Elsevier, Amsterdam Oxford London New York

Box EO (1995) Factors determining distributions of tree species and plant functional types. Vegetatio 121: 101-116

Bucher EH (1982) Chaco and Caatinga; South American arid savannas, woodlands and thickets. In: Huntley BJ, Walker BH (eds): 48-79

Burnham RJ, Graham A (1999) The history of neotropical savannas: New developments and status. Ann Missouri Bot Gard 86:546-585

Coetzee BJ (1983) Phytosociology, Vegetation Structure and Landscapes of the Central District Kruger National Park, South Afrika. Diss Bot 69, 446 pp.

Cole MM (1986) The savannas: biogeography and geobotany. Academic Press, London

Cornelius R, Schlotka W (1993) Zur Gefahr der Desertifikation in nord-kenianischen Weidegebieten. Verh Ges Oekol 22: 313-318

Cumming DHM (1982) The influence of large herbivores an savanna structure in Africa. In: Huntley BJ, Walker BH (eds) Ecology of tropical savannas. Ecol Stud 42: 217-245

Darlington JPEC, Kaib M, Brandl R (2001) Termites (Isoptera) in forest remnants and forest islands in the Shimba Hills National Reserve, coastal province of Kenya. Sociobiology 37: 527-538

Dubs B (1994) Differentation of woodland and wet savanna habitats in the Pantanal of Mato Grosso, Brazil. The Botany of Mato Grosso Ser B, No 1, Betrono

Eiten G (1982) Brazilian „savannas". In: Huntley BJ, Walker BH (eds): Ecology of tropical savannas. Ecol Stud 42: 25-79

Eiten G (1986) The use of the term „Savanna". Trop Ecol 27: 10-23

Ellenberg H (1975) Vegetationsstufen in perhumiden bis perariden Bereichen der tropischen Anden. Phytocoenologia 2: 368-387

Ellenberg H, Bergemann A (eds)(1990) Entwicklungsprobleme Costa Ricas. ASA-Studien 18, Breitenbach, Saarbrücken

Furley PA, Proctor J, Ratter JA (eds)(1992) Nature and Dynamics of Forests savanna Boundaries. Chapman & Hall, London Glasgow New York

Goldammer JG (1993) Feuer in Waldökosystemen der Tropen und Subtropen. Birkhäuser, Basel

Gignoux J, Clobert J, Menaut JC (1997) Alternative fire resistance strategies in savanna trees. Oecologia 110(4):576-583

Gries B (1983) Der Erdglobus; Tiergeographie: Pflanzenfresser in den afrikanischen Savannen. Westfälisches Museum für Naturkunde, Münster

Groves RH (ed)(1981) Australian Vegetation. Cambridge Univ Press, Cambridge London New York

Högberg P (1986) Nitrogen fixation and nutrient relations in savanna woodland trees (Tanzania). J Appl Ecol 23: 675-688

Högberg P (1989) Root symbioses of trees in savannas. In: Proctor J (ed) Mineral Nutrients in Tropical Forests and Savanna Ecosystems. Brit Eco Soc, Spec Publ 9: 121-136

Hopkins B (1974) Forest and Savanna (West Africa). 2nd ed, Ibadan, London

Huntley BJ, Morris JW (1978) Savanna ecosystem project. Phase 1 summary and phase 11 progress. South Africa Nat Sc Progr, Rep No 29

Huntley BJ, Walker BH (eds)(1982) Ecology of tropical savannas. Ecological Studies 42, Springer, Berlin Heidelberg

Inchausti P (1995) Competition between perennial grasses in a neotropical savanna: the effect of fire and of hydric-nutritional stress. J Ecol 83: 231-243

Jacobs BF, Kingston JD, Jacobs LL (1999) The origin of grass dominated ecosystems. Ann Missouri Bot Gard 86: 590-643

Jeltsch F, Milton SJ, Dean WRJ, van Rooyen N (1998) Modelling the impact of small-sale heterogeneities on tree grass coexistence in semi-arid savannas. J Ecol 86: 780-793

Jones JA (1990) Termites, soil fertility and carbon cycling in dry tropical Africa: A hypotesis. J Trop Ecol 6: 291-305

Klaus D, Frankenberg P (1980) Pflanzengeographische Grenzen der Sahara und ihre Beeinflussung durch Desertifikationsprozesse. Geomethodica 5: 109-137

Klötzli F (1980) Analysis of species oscillations in tropical grassland in Tanzania due to management and weather conditions. Phytocoenologia 8:13-33

Klötzli F (2000) Savannen in globaler Betrachtung. Ber Reinh-Tüxen-Ges 12:31-63

Knapp R (1973) Die Vegetation von Afrika, unter Berücksichtigung von Umwelt, Entwicklung, Wirtschaft, Agrar- und Forst-Geographie. Fischer, Stuttgart

Lamotte M (1975) The structure and function of a tropical savanna ecosystem. Ecol Stud 11: 179-222

Lamotte M (1982) Consumption and decomposition in tropical grassland ecosystem at Lamto, Ivory Coast. In: Huntley BJ, Walker BH (eds) Ecology of tropical savannas. Ecol Stud 42: 414-429

Lauer W (1952) Humide und aride Jahreszeiten in Afrika und Südamerika und ihre Beziehungen zu den Vegetationsgürteln. Bonner Geograph Abhandl 9, Bonn

Lewis JP, Collantes MB (1975) La vegetación de la Provincia de Santa Fe. Bol Soc Argentina de Bot 16: 151-179

Ludwig JA, Tongway DJ, Eager RW, Williams JR, Cook GD (1999) Fine-scale Vegetation patches decline in size and cover with increasing rainfall in Australian savanns. Landscape Ecol 14: 557-566

Lüpnitz D (2000) Die Biodiversität australischer Lebensräume. Ber Reinh-Tüxen-Ges 12: 283-318

Medina E, Silva JF, (1990) Savannas of northern South-America: a steady sate regulated by water-fire interaction on a background of low nutrient availability. J Biogeogr 17:403-413

Menault JC, Cesar J (1982) The structure and dynamics of a West African Savanna. In: Huntley BJ, BH Walker (eds) Ecology of tropical savannas. Ecol Stud 42: 80-100

Menault JC (1983) The Vegetation of African Savannas. In: Bourlière F, Goodall DW (eds) Tropical Savannas (Ecosystems of the World, Vol 13), 109-149. Elsevier, Amsterdamm Oxford New York

Meurer M, Reiff K, Sturm HJ (1992) Savannentypen im Nordwesten Benins und ihr weidewirtschaftliches Nutzpotential. Geobot Kolloq 8: 3-18

Müller JO (1993)Mensch und Ökosystem in der Krise der tropischen Feuchtwälder. Forstarchiv 64:259-263

Müller-Hohenstein K (1993) Auf dem Weg zu einem neuen Verständnis von Desertifikation; Überlegungen aus der Sicht einer praxisorientierten Geobotanik. Phytocoenologia 23: 499-518

O'Connor TG (1994) Composition and population response of an African savanna grassland to rainfall and grazing. J appl Ecol 31: 155-171

Pott R, Hüppe J, Wildpret de la Torre W (2003) Die Kanarischen Inseln; Natur- und Kulturlandschaften. Ulmer, Stuttgart

Rauh W (1973) Über Zonierung und Differenzierung der Vegetation Madagaskars. Akad Wiss Mainz, Math.-Naturwiss. Kl 1, Wiesbaden

Rodin LE, Bazilevich NI, Gradusov BP, Yarilova E A (1977) Trockensavanne von Rajputan (Wüste Thar). Aridnye pochvy, ikh genesis, geokhimia, ispol'novaniye, 195-225, Moskva

Rundel PW (1982) The matorral zone of central Chile. Ecosystems of the world 11: 175-201

Rutherford MC (1982) Woody plant biomass distribution in *Burkea africana* savannas. In: Huntley BJ, Walker BH (eds) Ecology of tropical savannas. Ecol Stud 42: 120-141

Sanchez LF, García-Miragaya J, Chacón N (1997) Nitrogen mineralisation in soils under grasses and under trees in a protected Venezuelan savanna. Act Oecol 18: 27-37

Sarmiento G (1992) Adaptive strategies of perennial grasses in South American savannas. J Veg Sci 3:325-336

Sarmiento G (1996) Biodiversity and water relations in tropical savannas. Ecol Stud 121: 61-75

Schiessl M (1999) Floristic composition and structure of floodplain vegetation in Northern Pantanal of Mato Grosso, Brazil. Phyton (Horn, A) 39: 303-326

Schulze E-D, Gebauer G, Ziegler H, Lange OL (1991) Estimates of nitrogen fixation by trees on an aridity gradient in Namibia. Oecologia 88: 451-455

Skarpe C (1991) Impact of grazing on savanna ecosystems. Ambio 20:351-356

Skarpe C (1992) Dynamics of savanna ecosystems. J Veg Sci 3: 293-300

Solbrig OT, Medina E, Silva JF (eds)(1996) Biodiversity and savanna ecosystem processes. Ecol Stud 121

Vareschi V (1980) Vegetationsökologie der Tropen. Ulmer, Stuttgart

Walker J, Gillison AN (1982) Australian Savannas. In: Huntley BJ, Walker BH (eds) Ecology of tropical savannas. Ecol Stud 42: 5-24

Wittig R, Hahan-Hadjali K, Krohmer J, Müller J (2000) Nutzung, Degradation und Regeneration von Flora und Vegetation in westafrikanischen Savannenlandschaften. Ber Reinh-Tüxen-Ges 12: 263-281

Young MD, Solbrig OT (eds)(1993) The world´s savannas. MAB-Ser 12, Parthenon-UNESCO, Paris

15.5 Fragen zu Kapitel 15

1. Wie erklären Sie fakultativen und synchronen Laubfall der Regenzeitwälder?

2. Welche Rolle spielt die Savanne in Afrika für die Evolution der Hominiden?

3. Beschreiben Sie die Funktion von Termiten in der Trockensavanne!

4. Die Dornbuschsavanne ist ein extrem trockenangepasster Typ. Wie und wo kommt diese zustande?

5. Die Holzarten der Savannen sind kleinblättrig, die Grasarten meist C_4-Pflanzen, warum?

6. Was unterscheidet die Trockensavanne von der Feuchtsavanne?

7. Was sind Miombo-Wälder und wo gibt es diese?

8. Wie kommt es, dass wir auf der Südhemisphäre die Savannen in vier verschiedenen Florenreichen finden? Nennen Sie für jedes Florenreich mindestens einen Savannentyp!

16 Tropische Regenwälder und Mangroven

Per Tropenholzboykott wollten Umweltschützer das Abholzen der Regenwälder verhindern – bislang ohne Erfolg: Der Wald schwindet noch schneller als zuvor. Aber auch viele Umweltverbände geben jetzt den Boykott auf und befürworten den Handel mit zertifiziertem Öko-Tropenholz. Dazu wird immer noch die grundsätzliche Frage diskutiert, ob man den Tropischen Regenwald überhaupt forstlich nutzen kann (Abb. 16.1).

Abb. 16.1. Die Wasserfälle von Iguazú im Grenzbereich von Argentinien und Brasilien erstrecken sich über ein Halbrund von fast drei Kilometern. 100 Meter stürzen dort die Wassermassen in die Tiefe. Angrenzend erheben sich subtropisch-teilimmergrüne Regenwälder mit bis zu 30 Meter hohen Bäumen und Palmen, wie sie früher großflächig in den Küstengebirgen des ostbrasilianischen Berglandes bis in die argentinische Provinz Misiones von Haus aus verbreitet waren (2002)

Inzwischen haben zahlreiche Großstädte und Gemeinden Westeuropas verfügt, bei städtischen Bauaufträgen jeglichem Tropenholz in Fenstern, Türen und Fußgängerbrücken zu entsagen. Allein in Deutschland haben

Box 16.1. Die Agenda 21

Damals auf der Rio-Konferenz von 1992 schien die postkommunistische Welt in einer Phase des Aufbruchs, in der sie globale Probleme gemeinsam in Angriff nehmen und zu lösen können glaubte. Beim Treffen von 1992 einigte sich die Völkergemeinschaft auf das Prinzip „Nachhaltiger Entwicklung", nach dem umweltgerechtes Handeln, wirtschaftliches Fortkommen und soziale Verbesserungen Hand in Hand gehen sollen. Mit der **„Agenda 21"** verabschiedeten die Teilnehmer ein umfangreiches Aktionsprogramm zur Verwirklichung dieses Zieles. Ein halbes Jahrzehnt später zog die Internationale Gemeinschaft nun bei einer Nachfolgekonferenz vom 23. bis 27. Juni 1997 in New York, der „Rio plus 5"-Konferenz, entsprechend Bilanz. Hatte der vielgerühmte „Geist von Rio" Bestand, haben die Einzelstaaten und die internationalen Gremien die Beschlüsse von damals wenigstens teilweise beherzigt? Das Fazit dürfte bei einigen Erfolgen insgesamt eher ernüchternd ausfallen: Jedes Jahr geht mehr tropischer Regenwald verloren, als Deutschland an Forstfläche hat. Weitere Ursachen der Tropenwaldvernichtung sind großflächige Erschließungsprojekte, unsachgemäße Holznutzung sowie negative Rahmenbedingungen der einheimischen Bevölkerung wie Armut und rasches Wachstum. So sah man es auf der Weltkonferenz im Dezember 2004 in Buenos Aires.

Die Tropenwälder stehen in der heutigen Diskussion um „Nachhaltige Nutzung", das *Sustainable Development* immer im Vordergrund der Diskussion, die oftmals ja auch hoch emotional geführt wird. Spätestens seitdem es die Biokonvention gibt, hat der aus der Forstwirtschaft seit 1713 entlehnte Begriff der **„Nachhaltigkeit"** in den Naturschutz Einzug gehalten. Er stammt vom damaligen sächsischen Berghauptmann Hanns C. von Carlowitz (1645-1714), der das Buch *Sylvicultura oeconomica* über die Notwendigkeit langfristiger und auf zeitliche Kontinuität ausgerichteter Waldwirtschaft 1713 veröffentlichte. In einer Zeit, die sich zunehmend vom Holzmangel bedroht sah, bildeten Wiederaufforstungen von Kahlflächen und Waldpflege die Schwerpunkte der v. Carlowitzschen Idee, wie es auch Jens Schmid-Mölholm (2003) ausführlich darstellt. Dahinter steht heute der Versuch, dass die Menschen - speziell in den artenreichen Tropenländern - die natürlichen Lebensräume und die Arten dauerhaft schützen, wenn sie Nutzen daraus ziehen können.

sich mehr als 340 Kommunen dem **„Klima- Bündnis"** angeschlossen, das mittels Tropenholzverzichts nicht nur die Regenwälder, sondern auch noch die Indianer Amazoniens vor dem Untergang zu bewahren gedenkt. Doch was hat der Boykott bislang bewirkt? Die Fläche der tropischen Feuchtwälder schrumpft, vor allem in Amazonien und Asien, um fast 13 Millionen Hektar weltweit pro Jahr. Der „Stern" berichtet jüngst aus den Tropenwäldern Afrikas, wo Regenwaldflächen im Umfang von mehreren Fußballfeldern pro Minute gerodet werden, mit allen Folgen für die bedrohte Tierwelt. Malaysia und Indonesien, die zusammen rund 80 Prozent des Tropenholzgeschäfts bestreiten und vor allem innerhalb Asiens liefern, verkrafteten den europäischen Aufruhr ohne nennenswerten Ertragsverlust. In manchen kleineren Holzeinschlagstaaten wirkte der Tropenwaldboykott sogar gegenteilig - der gutgemeinte Verzicht der Europäer hat die Entwaldung in manchen Gegenden Afrikas sogar vorangetrieben: Denn infolge des Boykotts verloren Wälder für viele Tropenländer an Wert. Damit sank in diesen Staaten auch der Anreiz, den Wald zu erhalten: Bäume wurden kurzerhand beiseite geräumt, um gewinnbringenderen Plantagen und Viehweiden Platz zu machen. Das ausbleibende Geld der europäischen Konsumenten, deren Anteil am Weltmarkt für Tropenholz ohnehin nur wenige Prozente beträgt, hat die betroffenen Länder keineswegs veranlasst, ihre Wälder besser zu schützen. Die Tropenholzländer machten oft den Einnahmeverlust mit der Kettensäge wett: Sie schlugen um so mehr Holz ein und verkauften es an Ramschaufkäufer in Japan, Korea und China.

Nun ergibt sich die Frage, warum ist der Tropische Regenwald so wertvoll? Welche Rolle spielt der Tropische Regenwald in globaler Sicht? Gibt es überhaupt „den" Tropischen Regenwald? Tropische Wälder bedecken zwar nur fünf Prozent der Erdoberfläche, beherbergen aber mehr als die Hälfte, vielleicht sogar drei Viertel aller Tier- und Pflanzenarten. Tropische Wälder sind zu einem Drittel an der Weltprimärproduktion beteiligt, damit ist die Synthese organischer Substanzen aus anorganischen Verbindungen durch die Photosynthese der grünen Pflanzen gemeint. Der Regenwald ist also mit seiner hohen Biomassenproduktion ein Kohlendioxid- (CO_2)- Speicher, der für die Stabilität des Weltklimas von großer Bedeutung ist. Ob der tropische Regenwald in gegenwärtigem Zustand eine Quelle oder eine Senke für das atmosphärische CO_2 ist oder ob sich das CO_2 im Gleichgewicht befindet, wird derzeit kontrovers diskutiert. Trotz dieser überragenden Bedeutung schreitet die Zerstörung der Tropenwälder aber unaufhaltsam voran.

Die Ausbildung dieser Regenwälder wird bestimmt durch hohe Niederschläge von mehr als zweitausend Millimetern pro Jahr oder mindestens einhundert Millimeter pro Monat mit jährlich gleichbleibenden Temperaturen um 26 Grad Celsius. Temperaturschwankungen um fünf bis zehn Grad Celsius treten im Tageszeitenklima auf und sind abhängig von der Meereshöhe, der Inklination der Regenwaldlagen, von Trockenperioden oder von Überschwemmungsphasen. Aufgrund der erdgeschichtlichen Entwicklung unterscheiden sich die Regenwälder der Neotropis von denen der Paläotropis. Isolations- und Refugialentwicklungen in Vergangenheit und Gegenwart haben eine Fülle verschiedener Regenwaldtypen auf der Erde hervorgebracht, die jedoch auch gemeinsame Charakteristika besitzen. Der Begriff „Tropischer Regenwald" stammt von A. F. W. Schimper (1856-1901), der ihn im Jahr 1898 erstmals benutzte. Seither sind zahlreiche Typen von Regenwäldern unterschieden worden, die in der Regel durch das Verhältnis von Temperaturen und Niederschlägen bestimmt werden.

In Ökosystemen der tropischen Wälder leben fast 80 Prozent aller derzeit die Erde bevölkernden Organismen. Hier herrscht also höchste Lebensvielfalt. Pflanzen und Tiere konnten sich in diesem Zonobiom mit einer Üppigkeit und Vielgestaltigkeit bizarrer Formen entfalten, die man in anderen Klima- und Vegetationszonen der Erde nicht kennt. Im Pasoh-Regenwald in Südostasien haben Geobotaniker um Takeshito Okuda (2003) und Matthew Potts (2004) beispielsweise auf einem Hektar Wald im Jahre 1986 genau 323262 Gehölzpflanzen von 814 verschiedenen Arten und im Jahre 1990 erneut auf der gleichen Parzelle 320903 Holzpflanzen aus 817 Arten gezählt. Ein unbeschreibliches Dorado der Biodiversität!

16.1 Was sind tropische Regenwälder?

Die feuchten Tropenklimate zeichnen sich durch geschlossene Wälder aus, die man als tropische Feuchtwälder zusammenfasst. Tropische Regenwälder kommen dort vor, wo die Trockenperioden sehr kurz sind oder gänzlich fehlen. An verschiedenen Standorten kommen verschiedene Waldformationen vor, die sich gewöhnlich scharf umgrenzen lassen. Sie unterscheiden sich hauptsächlich in Struktur und Physiognomie. Die gleichen Formationen finden sich überall in den feuchten Tropen an vergleichbaren Standorten: Die Wälder sind mehrschichtig in ihrem strukturellen Aufbau; sie bestehen jeweils aus einem Bestandsmosaik aus Lücken, Aufbau- und Reifephasen. Diese Phasengliederung ist eine willkürlich vorgenommene Unterteilung der kontinuierlichen Waldwachstumszyklen. Im Muster der Strukturphasen spiegeln sich jedoch zeitgebundene Veränderungsprozesse wider. Vorwaldbäume und Klimaxarten regenerieren *in situ* (Abb. 16.2). Ihre Sämlinge wachsen in verhältnismäßig kleinen Bestandslücken auf. Pionierarten können sich dagegen nur in größeren Lücken ansiedeln, nicht jedoch unterhalb eines Bestandes.

Tropenwälder sind – wie wir wissen – mit die ältesten Waldökosysteme der Erde; sie stammen nachweislich aus dem Tertiär und viele ihrer Elemente gibt es bereits seit 40 Millionen Jahren aus dem Mittleren Tertiär. Auf allen Ebenen gibt es Unterschiede in der Artenzusammensetzung, so-

wohl zwischen den drei großen Regenwaldblöcken auf der Erde in Süd-
und Mittelamerika, in Afrika und in Ostasien als auch innerhalb dieser
Bioregionen. Die Anzahl der beteiligten Baumarten je Hektar auf kleinen
Flächen schwankt zwischen etwa 20 und über 200. Afrika weist den vergleichsweise geringsten Artenreichtum auf. Dafür sind die bereits genannten historischen Gründe aus der Nacheiszeit verantwortlich.

Abb. 16.2. Aufbau und Struktur des
subtropischen Regenwaldes von Iguazú
in Brasilien (2000). Die Gliederung in
verschiedene Baumschichten mit den
herausragenden Emergenten ist hier
genauso wie im Tieflagenregenwald
(vgl. Abb. 7.4), nur werden dort die
Bäume insgesamt größer und höher

16. 2 Vorkommen und Merkmale tropischer Regenwälder

Die größten Flächen nehmen die neotropischen Regenwälder ein: Mit einer
Fläche von $4 \cdot 10^6$ Quadratkilometern umfassen sie etwa die Hälfte sämtlicher Regenwaldvorkommen und nahezu ein Sechstel aller Laubwälder der
Erde. Sie verteilen sich auf drei Gebiete: Die größten Vorkommen liegen
im Amazonas- Orinoco- Becken (s. Abb. 4.11 und 7.4). Ein zweites Gebiet
erstreckt sich entlang der Anden an den pazifischen Küsten von Ecuador
und Kolumbien. Nach Norden reicht es über das gesamte Mittelamerika
bis Veracruz im südlichen Mexiko bei 19 Grad nördlicher Breite. Das dritte Regenwaldvorkommen liegt an der atlantischen Küste Brasiliens, wo
sich ein weniger als 50 Kilometer breiter Streifen des Küstengebirges so-

gar noch ein wenig über den eigentlichen Tropengürtel hinaus bis in die
Gegend um Rio de Janeiro bis auf etwa 23 Grad südlicher Breite erstreckt.
Dieses Vorkommen der **Mata Atlântica** ist heute allerdings zu mehr als 99
Prozent zerstört (Abb. 16.3). Ihm schließt sich südlich ein subtropischer
Regenwald von einfacherer Struktur und mit abweichender Flora an, doch
kann man die Unterschiede heute nicht mehr genau angeben.

Abb. 16.3. Links: Mata Atlântica-Regenwald im Itapuã-UNESCO-Biosphären-
reservat südlich von Porto Alegre in Brasilien mit herausragenden Palmen von *Sy-
agrus romanzoffiana*, *Butia capitata* und *Myrsine umbellata*. Rechts: *Tillandsia
flexuosa* in *Ficus insipida*-Emergenten (2002)

Das zweitgrößte Regenwaldgebiet der Erde liegt auf dem Malaiischen
Archipel und nimmt dort eine Fläche von schätzungsweise $2,5 \cdot 10^6$ Quadratkilometern ein. Indonesien hat an diesem Archipel den größten Anteil
und besitzt nach Brasilien die ausgedehntesten Regenwaldvorkommen.
Diese Regenwälder reichen weit in die pazifische Inselwelt hinaus und beziehen auch noch einen schmalen, unterbrochenen Küstenstreifen in
Queensland im nordöstlichen Australien ein. Nordwärts dehnen sie sich
über die Malaiische Halbinsel in das kontinentale Südostasien nach Birma,
Thailand und Indochina aus. Der Wechsel zu den subtropischen Regenwäldern ist in diesen Regionen meist nur unzureichend definiert. Zwischen
92 und 97 Grad östlicher Länge - vor dem Südhang des Himalaya in Birma, in Assam sowie im südlichen China - reicht der Regenwald sogar

weiter vom Äquator weg als in irgendeiner anderen Region - er kommt dort noch bei 26 Grad nördlicher Breite vor. Isolierte Regenwaldgebiete liegen ferner im südwestlichen Sri Lanka sowie im Bereich der Westghats in Indien mit ihrem sehr ausgeprägten Jahreszeitenklima. Afrika weist mit einer Fläche von $1{,}8 \cdot 10^6$ Quadratkilometern das kleinste Regenwaldvorkommen auf. Es erstreckt sich vom ostafrikanischen Hochgebirge über das gesamte Kongobecken bis zum Atlantik. Ein paar isolierte Vorkommen gibt es in Ostafrika. Ein küstennaher Regenwaldstreifen dehnt sich weit nach Westafrika aus, und nur ein sehr schmales Band schließt die sogenannte Dahomey-Lücke. Kleine Regenwaldvorkommen kennen wir von Madagaskar und den Maskarenen. Außerhalb dieser Kernvorkommen sind die afrikanischen Regenwälder weithin zerstört.

Tropische Regenwälder sind durch eine ungeheure Artenfülle bei Pflanzen und Tieren gekennzeichnet: Es ist leichter, in einem Gebiet 30 oder 40 verschiedene Arten zu finden, als die gleiche Anzahl Individuen einer Art, wie wir es im Kapitel 4 bei der Diskussion um die natürliche Biodiversität schon gesehen haben. Die Regenwaldbäume besitzen lange, schlanke, wenig beastete Stämme und tragen oft nur relativ kleine Laubkronen. Je nach Baumhöhe bilden sich mehrere ineinander greifende Kronenschichten. Die dichteste liegt im Tieflandregenwald bei 20 bis 30 Metern, die oberste bei 45 Metern, und nur die Riesenbäume, die **Emergenten**, ragen darüber hinaus. Normalerweise besitzen die Bäume der tropischen Regenwälder nur ein sehr flach ausgebildetes Wurzelwerk. Zur Erhöhung der Standfestigkeit dienen oft mächtige **Brettwurzeln**, die bis zu acht Meter am Stamm hochlaufen können (Abb. 16.4). Andere Arten bilden ein Gewirr von dicken **Stelzwurzeln** aus. Strauchige Pflanzen und Kräuter spielen auf dem Waldboden aus Lichtmangel nur eine untergeordnete Rolle. Sie treten aber auffällig und häufig als **Lianen** und **Epiphyten** in Erscheinung. Lianen bilden selbst keinen festen Stamm aus, sondern benutzen auf ihrem Weg zum Licht andere Bäume als Stützen, an denen sie emporklettern. Sie verankern sich in den Kronen und hängen als alte Exemplare wie Seile von den Bäumen. Die Epiphyten oder Aufsitzerpflanzen keimen schon hoch oben auf den Bäumen in Astgabeln oder auf der Rinde. Sie haben keine Verbindung mit dem Waldboden und entnehmen auch ihren Trägerpflanzen weder Wasser noch Nährstoffe: Sie sind also keine Schmarotzer, sondern selbständig lebende Pflanzen. Da Epiphyten nur bei Regen Wasser aufnehmen können, haben beispielsweise die südamerikanischen Bromeliaceen typische Blattzisternen als Anpassungen entwickelt. Viele epiphytisch lebenden Orchideen oder Kakteen sind mit Wasserspeicherorganen ausgestattet. Mit dem Regen- oder Tropfwasser erfolgt auch die Zufuhr von Nährstoffen. Wieder andere Arten bilden insbesondere Nischenblätter, zwischen denen sich Humus ansammelt. Man unterscheidet zwei Typen

Abb. 16.4. Merkmale tropischer Regenwälder Australiens: **a** Kauliflorie: *Castanospermum australe*, Fabaceae, **b** Epiphytische Orchideen: *Pseudovanilla foliata*, **c** Ramiflorie: *Brachychiton discolor*, Sterculiaceae, **d** Epiphyllie Moose: Algen, Flechten, **e** Epiphytismus: *Asplenium nidus*, Aspleniaceae, **f** Lianen und Kletterer: *Calamus moti*, Arecaceae, **g-i** *Ficus pleurocarpa*, Moraceae, **g** Brettwurzeln, **h** Sekundäre Stabilisierung und Bewurzelung, **i** Würgefeige

von Epiphyten, die **Schattenepiphyten** der unteren Etage der tropischen Wälder und die **Sonnenepiphyten**, die vor allem in den Baumkronen der Emergenten wachsen. Eine dritte Gruppe von Epiphyten, die **Generalisten**, haben eine weite ökologische Amplitude und kommen sowohl im Kronenraum als auch im Unterholz vor. Letztere dominieren auch die Epiphytenvegetation in Sekundärwäldern, die unter anderem dadurch von Primärwäldern unterscheidbar werden (s. Box 16.2).

Box 16.2. Strukturmerkmale Tropischer Regenwälder

Die Blätter der Regenwaldbäume sind erstaunlich wenig unterscheidbar, sowohl hinsichtlich ihrer Form als auch hinsichtlich ihrer Größe. Als charakteristisches Merkmal werden immer wieder die langgezogenen Blattspitzen, die **Träufelspitzen** genannt. Die Blattspitzen sollen den Ablauf des Niederschlagswassers beschleunigen, um die Bildung eines langlebigen Wasserfilmes zu verhindern, welcher epiphytische, blattbewohnende Algen, Moose und Flechten begünstigen kann. Dadurch wird die Assimilation auch unter höchsten Luftfeuchtebindungen immer gewährleistet. Eine Besonderheit der Blüten- und Fruchtbildung ist die **Kauliflorie,** d.h. die Ausbildung der Blüten und Früchte direkt aus dem Stamm oder an kräftigen Ästen, der **Ramiflorie.** Sie wird als Anpassung an die Bestäubung der Blüten durch Flugtiere interpretiert. Neben den Bäumen verschiedener Größenordnung und ebenfalls immergrünen Sträuchern zeichnet sich der tropische Regenwald durch weitere Lebensformen aus, die seiner besonderen Struktur angepasst sind, diese aber auch mit prägen. Es sind die Lianen, Epiphyten, also lichthungrige Aufsitzer auf anderen Pflanzen, und die **Epiphyllen,** die Bewohner der Blattoberflächen, meist Algen, kleinste Moose und Flechten.

Den schattigen Waldboden bedeckt nur eine dünne Blattstreu, da die herabfallenden Blätter, Blüten und Zweige laufend von pflanzlichen und tierischen Organismen abgebaut werden. Neben Termiten, Ameisen und Regenwürmern spielen hierbei die Pilze eine wichtige Rolle. Sie leben in symbiontischer Verbindung, die als Mykorrhiza bekannt ist. Diese Symbiose zwischen den Bäumen und einem ausgedehnten Geflecht von Pilzhyphen ist für die Ernährung des Waldes von ungeheuerer Bedeutung, da die tropischen Böden extrem nährstoffarm sind. Die Nährsalze befinden sich in der pflanzlichen Biomasse und werden durch die Mykorrhiza auf die oben bezeichnete Weise für den Kreislauf im Ökosystem erhalten. Der Nährstoffgehalt der Wurzeln ist meist höher als der des Bodens. Auch beim Blühen und Fruchten zeigt sich eine Reihe von Anpassungen an das besondere Milieu und an die tierischen Partner des tropischen Regenwaldes. Die meisten Blüten sind auf die Bestäubung durch Tiere eingerichtet. Damit diese in der tiefen Dämmerung, die in Bodennähe herrscht, die Blüten überhaupt finden können, sind sie durch leuchtende Farben oder durch starken Duft auffällig. Die Bestäubung durch Vögel, die **Ornithogamie,** ist weit verbreitet. Viele Blüten werden durch Insekten, vor allem von Tag- und Nachtschmetterlingen bestäubt. Andere sind auf Kolibris eingerichtet, Pflanzen mit großen derben Blüten werden durch Fledermäuse bestäubt (= **Chiropterogamie**), die in der Nacht durch einen unangenehmen moderigen Geruch angelockt werden.

Die tropischen Regenwälder sind in Wirklichkeit nicht immergrün. Das bedeutet, dass die Blätter nicht immer an den Bäumen bleiben: Sie fallen von Art zu Art oder auch von Individuum zu Individuum, manchmal sogar von Ast zu Ast zu verschiedenen Zeiten, so dass der Wald in seiner Gesamtheit immer grün belaubt erscheint. Abfallende Blätter und Zweige bilden nur eine dünne Auflage auf dem Waldboden und werden schnell zersetzt. Die dabei frei werdenden Nährstoffe werden sofort wieder von den oberfächennahen, fein verzweigten Wurzeln der Bäume und der anderen Pflanzen oder von Pilzen aufgenommen und in den biologischen Kreislauf zurückgeführt. Die Böden der tropischen Regenwälder sind aufgrund ihres hohen Alters sehr nährstoffarm, und die üppige Vegetation beruht ausschließlich auf dem fast verlustfreien Kreislauf der Mineralstoffe. Tropische Regenwälder sind also sehr alte Lebensräume, in denen sich nicht nur zahlreiche Tier- und Pflanzengruppen entwickelt haben, sondern in denen sich auch viele stammesgeschichtlich alte Pflanzen und Tiere erhalten konnten. Der heutige Artenreichtum ist größer als in jedem anderen Lebensraum unserer Erde.

Tiere sind auch bei der Verbreitung der Samen und Früchte am bedeutendsten; Früchtefresser leben, wie Affen, Papageien, Tukane und Fledermäuse in den Baumkronen, andere am Boden lebende Tiere, Tapir, Wildschweine und viele Nager fressen die abgefallenen Früchte. Ein besonderes Phänomen der **Endozoochorie**, der Samenverbreitung durch Tiere, beschreiben neuerdings J. M. Fragoso, K. M. Silvius und J. A. Correa (2003) aus dem Regenwald Amazoniens, wo sie auf Maracá Island in Brasilien die Verbreitungseffekte der Früchte der Tropenwaldpalme *Attalea maripa* durch die brasilianischen Tapire *Tapirus terrestris* untersucht haben. Man hatte sich immer schon gewundert, dass diese Palme sowohl in feuchten Regenwäldern als auch in trockeneren Savannen wächst. Hier spielen die Tapire mit ihren großen Revieren von mehreren tausend Hektar eine essentielle Rolle: Sie fressen die schmackhaften fünf bis acht Zentimeter langen Früchte der Palmen, die eine faserige Hülle, ein hartes Endosperm mit den Samen darin bilden, und vertragen somit die nach der Darmpassage keimfähigen Samen. Viele Wuchsplätze der Palmen sind deshalb ehemalige Kotplätze und Latrinen der Tapire. Früchte, die vom Baum fallen und die nicht gefressen werden, sind oftmals Opfer von Laufkäfern, die ihre Eier in die Palmenfrüchte einbringen und deren Larven die Samen fressen. Von den Tapiren verspeiste Palmenfrüchte entgehen dem Käferbefall und können keimen. Das zeigt die Komplexität der Interaktionen zwischen Palmen, Käfern und Tapiren und gibt ein hervorragendes Beispiel für das Phänomen der **Koevolution**.

Nur die Emergenten bilden Flugsamen aus, die durch Wind verbreitet werden. Bei den Überschwemmungswäldern werden Samen mancher Gehölzarten sogar durch Fische verbreitet. Der Wald ist einem ständigen Wandel unterworfen. Während einige Bäume wachsen, sterben andere ab, stürzen um und verrotten. Der Wachstumszyklus beginnt in einer neuent-

standenen Waldlichtung, die klein ist, weil die Bäume meist einzeln absterben und zusammenbrechen. Auf diesen Lichtungen können sich unter
dem Schirm von Pioniergehölzen die schon vorhandenen Sämlinge und
Jungpflanzen der Waldbäume rasch entwickeln. Auf großen Lichtungen
übernehmen Pionierpflanzen die Erstbesiedlung der Flächen. Sie sind
kurzlebig, ihre Kronen lichtdurchlässig und ermöglichen den nachkommenden Jungpflanzen das Aufwachsen. Nicht viel größer als diese Lichtungen sind die Anbauflächen beim Wanderfeldbau der Indianer, so dass
kein dauerhafter Schaden für den Wald entstand, anders als es jetzt bei den
großflächigen Brandrodungen der Fall ist.

16.3 Geobotanische Einteilung immergrüner tropischer Regenwälder

Zum tropischen Regenwald im weiteren Sinne gehören aber auch von diesem Normaltyp abweichende Wälder, die durch kühleres Klima der Berglagen, durch ausgedehntere Trockenzeiten, durch Wirkungen des Bodenwassers oder Überschwemmungen und schließlich auch durch extreme
Nährstoffarmut bedingt sein können. Daraus ergibt sich eine geobotanische
Einteilung, die durch Tabelle 16.1 verdeutlicht werden soll.
   Die Merkmale des tropischen Regenwaldes allgemein beziehen sich auf
den Typ im Kerngebiet seiner Verbreitung mit dem geschilderten, ausgeglichenen, warmen, regenreichen Klima auf Landböden. Sie betreffen also
den Tropischen immergrünen Tieflandregenwald vor allem des Amazonas-
Beckens. Zum Tropischen Regenwald im weiteren Sinne gehören auch die
in Tabelle 16.1. dargestellten, vom Normaltyp durch Trockenzeiten abweichenden Wälder. Das sind folgende Typen:
   Ein **Tropischer immergrüner Tieflandregenwald** entsteht bei Temperaturen von 25 bis 27°C und Niederschlägen zwischen 1800 und 3500 Millimetern bei weniger als 2 Monate Trockenheit. Dieser Wald entspricht mit
seinen Merkmalen den vorstehenden Beschreibungen, wenn er auch über
große Räume floristische und strukturelle Unterschiede aufweist, aber auch
auf kleiner Fläche sind diese Unterschiede so groß, dass der amazonische
Regenwald als der artenreichste und am meisten differenzierte Waldtyp
der Erde gilt. In den niederschlagsärmeren Regionen bei Niederschlägen
unter 2000 Millimetern wird der Tropische immergrüne Tieflandregenwald
vom **Tropischen immergrünen Saisonregenwald** abgelöst. Dieser unterscheidet sich vom eigentlichen Regenwald dadurch, dass in ihm der Blattwechsel auf eine noch relativ kurze Trockenperiode konzentriert ist, ohne
dass jedoch die immergrünen Bäume alle Blätter verlieren würden. Der
Austrieb der neuen Blätter erfolgt sehr rasch. Vom Tropischen immergrü-

Tabelle 16.1. Tropische Regenwaldtypen (verändert nach Seibert 1996)

Regenwaldtyp	Temperatur	Niederschlag in Millimetern	Dauer der Trockenheit
Tropischer immergrüner Tieflandregenwald			
	25-27°C	1800-3500 mm	< 2 Monate
Tropischer immergrüner Saisonregenwald			
	25-27°C	1600-2000 mm	2-4 Monate
Tropischer teilimmergrüner Tieflandregenwald			
	25-27°C	1200-1800 mm	3-5 Monate
Tropischer regengrüner Trockenwald			
	25-27°C	500-1200 mm	4-8 Monate

nen Regenwald ist der Saisonregenwald physiognomisch kaum zu unterscheiden, doch seine Wuchsleistung ist geringer.

Ausgewaschene weiße Sandböden mit Podsolierungen tragen **Tropische regengrüne Trockenwälder**, die **Campinawälder**, deren geschlossene Ausbildungsformen im Nordosten Brasiliens auch „**Amazonische Caatinga**" genannt werden. Diese Wälder sind offen und licht, teilweise immergrün und die Bäume haben hartes lederiges Laub. Es sind Vegetationskomplexe aus offenen Dornwäldern mit Kakteen, durchsetzt von regengrünen Wäldern mit Flaschenbäumen und Galeriebeständen entlang von Gewässern. Im niederschlagsreichen Übergangsgebiet der **Caatinga** zum Amazonaswald mit bis zu 2200 Millimetern sind regengrüne Trockenwälder mit hygrophilen Palmen, vor allem *Copernicia* auf ausgedehnten Flächen verbreitet (s. Abb. 7.14). Ähnliche Bestände gibt es im östlichen **Chaco** am Andenrand: Hier wächst *Copernicia alba* auf periodisch überschwemmten Böden. Man stellt diese Wälder auch zu den Feuchtsavannen (s. Kapitel 15).

Zur Landschaft des Amazonasbeckens gehören auch die Tropischen immergrünen Überschwemmungswälder, die vor allem an den großen Flüssen ausgedehnte Flächen einnehmen. Als eigentliche Auenwälder sind die **Varzea-Wälder** an den **Weißwasserflüssen** am ausgedehntesten entwickelt, wo sie im Wechsel mit nassen oder flutenden Graswiesen 20 bis 100 Kilometer breite Überschwemmungsgebiete bedecken. Ihr Wasser ist durch suspendierte Partikel getrübt, nährstoffreich, basenhaltig und wird als **Weißwasser** bezeichnet. Die **Igapo-Wälder** sind an **Schwarzwasserflüssen** verbreitet, deren Wasser durch gelöste Humusstoffe tiefteebraun

ist und eine Sichttiefe bis zu 3 Metern hat. Es wird wegen seiner Farbe
Schwarzwasser genannt. Hier entwickeln sich Wälder, die deutlich vom
Varzea-, aber auch vom Regenwald unterschieden sind. Sie sind weniger
üppig und hoch und haben, wenn nicht Wasser den Boden bedeckt, nur
dürftigen Kraut- und Graswuchs.

16.4 Gebirgsregenwälder

Die nächste Dimension, in der die Tropischen Regenwälder sich voneinander unterscheiden, ist die Höhenlage, d.h. die Höhe über dem Meeresspiegel. Wenn wir als Voraussetzung für die Gebirgsregenwälder eine
Mindesthöhe der Waldgrenze von 3000 Metern festsetzen wollen, sind
diese Wälder auf der Erde nicht sehr weit verbreitet. In Südostasien sind
sie auf die Inseln Borneo, Sumatra, Sulawesi und Neuguinea beschränkt, in
Afrika kommen diese Wälder in Äthiopien, Kenia und Tansania mit dem
bekannten Kilimandscharo vor. Ihre größte Ausdehnung erreichen diese
Wälder aber in Südamerika. Sie reichen hier in den Anden von Venezuela
über Kolumbien, Ecuador, Peru bis zum Andenknie in Bolivien. Andeutungsweise findet man sie auch im brasilianischen Küstengebirge, wo
ständig eine Wolkenbank liegt und den Wald, besonders nach Gewittern,
in Nebel hüllt. In der oberen Stufe tritt andeutungsweise **Nebelwald** auf
(Abb. 16.5).

Immergrüner und teilimmergrüner **Gebirgsregenwald** und Nebelwald
bilden am Ostabfall des tropischen Teils der steilen und hochragenden Anden zwischen 9 Grad nördlicher Breite und 18 Grad südlicher Breite ein
geschlossenes, wenn auch schmales Band. Man unterscheidet einen nördlichen Abschnitt von Venezuela bis zur Grenze zwischen Ecuador und Peru
und einen südlichen bis zum Andenknie bei Santa Cruz. Die Wälder liegen
wegen der Passatwinde auf den Ostseiten der Gebirge, im nördlichen Abschnitt wegen der hohen, vom Pazifischen Ozean her kommenden Niederschläge auch auf der Westseite. Das Klima ist relativ kühl, weil eine regelmäßig vorhandene Wolkendecke die Einstrahlung verhindert. Mit
zunehmender Höhe nimmt die Temperatur ab, die Wolkendecke wird dichter, der Nebel wird „ausgekämmt" und bewirkt die Ausbildung einer eigenen Waldformation, nämlich des Nebelwaldes. Ähnliche tropische Waldformationen finden wir auf den windexponierten Hängen der Inseln im
Archipel von Hawaii. Auch hier werden immergrüne Tieflagenwälder in
der Höhe abgelöst von Nebelwäldern mit dichten Baumfarnen aus *Cibotium hawaiense* einer Dicksoniacee, welche an trockeneren Stellen in der
Höhe von der Myrtacee *Metrosideros polymorpha* und der Mimosacee

Acacia koa abgelöst werden. Letztere wachsen nur auf den hohen Inseln von Maui und Hawaiʻi selbst in Höhen von über 2000 Metern und bilden dort die Waldgrenze (Abb. 16.5)

Abb. 16.5. Links: *Polylepis*-Gebüsche in südbolivianischen Trockentälern in 4000 Metern Höhe. Die Krüppelbäume sind gelegentlich von Säulenkakteen *Trichocereus pasacana* dursetzt (Foto P. Seibert 1996). Mitte: *Metrosideros polymorpha*, und *Cibotium hawaiense* bilden die Regenwälder auf Hawaii. Rechts: *Acacia koa* löst die Nebelwälder an trockenen Stellen ab (1999)

Im andinen Waldgebiet sind verschiedene Höhenstufen ausgebildet, die in den von Norden nach Süden sich ablösenden Gebirgsabschnitten nicht gleich sind. In dem sehr feuchten nördlichen Abschnitt der Anden von Venezuela bis Ecuador mit Niederschlägen bis 3000 bis 4000 Millimetern beginnt der Nebelwald schon mit der orealen Stufe bei etwa 2000 Metern. Unter ihm in der montanen Stufe liegt der Gebirgsregenwald, der den Wäldern der tieferen Lagen ähnlich ist. Er ist ein Regenwald aus immergrünen bis über 30 Meter hohen Laubbäumen, der noch reich an Lianen und Epiphyten, vor allem Tillandsien und Araceen ist und von den unteren Hängen bis 1800 bis 2000 Meter Höhe reicht. Der Nebelwald in Höhenlagen bis 3200 Metern, mit 2000 bis 2500 Millimetern Jahresniederschlag und einer Jahrestemperatur von 12 bis 15 Grad Celsius, ist immergrün und wird 25 bis 30 Meter, in den oberen Lagen jedoch nur 6 bis 7 Meter hoch. Ein besonderer Waldtyp dieser Höhenlage ist der *Podocarpus rospigliosii*-Wald mit Baumhöhen von 40 bis 45 Metern, dem aber die üblichen Laubbäume dieser Höhenstufe beigemischt sind. Seine langen astreinen Stämme ließen ihn forstlich besonders interessant erscheinen.

Der *Polylepis*-Wald in Höhenlagen von 3000 bis 4200 m erreicht bei geringen Niederschlägen von 500 bis 700 Millimetern im Jahr und Jahrestemperaturen von 3 bis 6 Grad Celsius kaum 6 Meter und wächst vornehmlich in wasserzügigen Schluchten, Karmulden und an Seeufern.
Er unterscheidet sich von allen anderen Bergwäldern durch den fehlenden Kontakt mit ihnen, vielmehr ist er in die baumfreien Gesellschaften der **Paramos** eingebettet. Der Nebelwald ist niedrig und kaum 10 bis 15 Meter hoch; oft gleicht er mehr einem Gebüsch. Die Bäume sind wegen der ausgewaschenen Böden, vor allem aber durch Windeinwirkung krüppelig; ihre Äste und Zweige sind von dicken Polstern aus Moosen und Flechten umhüllt. Auch im südlichen Abschnitt der tropischen Anden gibt es kaum 5 Meter hoch werdende *Polylepis*-Gehölze, vorzugsweise in Höhen zwischen 3700 und 4600 Metern. An anderen Orten bedeckt *Polylepis* in lockerer Anordnung ganze Hänge, ohne dass man die Bevorzugung bestimmter Standorte erkennen könnte. *Polylepis* steigt bis über 4600 Meter Höhe und übertrifft damit alle Baumarten der Erde. Nach oben hin wechseln Hochgebirgssteppen, die von Lamas, Vikuñas und Alpakas beweidet werden. Darüber ab 4800 Metern folgen offene Grasfluren, die andine **Puna** und die Region der Gletscher (Abb.16.6).

Abb. 16.6. Die Juncacee *Distichia muscoides* bildet ausgedehnte Polstermoore an feuchten Stellen in den Hochtälern der Anden über 4000 Metern Anden westlich Mendoza (2000)

16.5 Klimabedingte Differenzierung der Tropischen Regenwälder

In der Periode des Quartärs, also in den letzten zwei Millionen Jahren, wechselten in den damaligen polnahen Breiten glaziale und interglaziale Prozesse einander ab. Während der Eiszeiten kühlten die Tropen etwas ab und wurden trockener. In diesen Kaltzeiten fielen geringere und jahreszeitlich bestimmte Regenfälle. Die immergrünen Regenwälder gingen zugunsten von Jahreszeitenwäldern zurück. Die Vegetationszonen verschoben sich beträchtlich (Abb. 16.7).

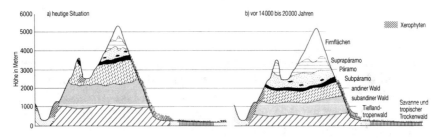

Abb. 16.7. Vegetationshöhenstufen der Anden bei Bogota, Kolumbien. Im Vergleich zur Situation heute (a) lagen die einzelnen Vegetationsstufen während der letzten Eiszeit (b) tiefer und waren schmaler (aus van der Hammen 1979)

Durch die pollenanalytischen Untersuchungen von Torfen ehemaliger Bergseen konnte gezeigt werden, dass die Vegetationsgürtel der Gebirgszonationen wesentlich tiefer lagen und schmaler waren. Pollen der Hochgebirgssträucher *Acaena* und *Polylepis* sowie der Bäume und Gräser sind gute Zeiger für die Schwankungen der Vegetationszonen im Verlaufe des Quartärs. Derzeit sind die höchsten äquatorialen Erhebungen Neuguineas, Ostafrikas und der Anden etwa oberhalb von 4500 Metern von Eis und Schnee bedeckt. Während der Eiszeiten sank die Schneegrenze sogar um etwa 1500 Meter.

Damit bietet sich heute ein Bild, wonach die Regenwälder im Quartär, und wahrscheinlich auch im Tertiär, immer wieder in ihrer Flächenausdehnung gewachsen und wieder geschrumpft sind. Sie sind also keine unwandelbaren Lebensräume! Während der Eiszeiten dürfte die Fläche der Tieflandregenwälder sehr stark abgenommen haben. Nur auf besonders günstigen Standorten blieben Regenwaldreste erhalten, inselhaft umgeben von einem Meer aus Jahreszeitenwäldern. Von diesen Zentren aus dehnten sie sich in den Interglazialen erneut aus. Man spricht von **Interglazialen Regenwaldrefugien**, wie wir sie in Abbildung 4.9 schon gesehen haben. Im Malaiischen Inselarchipel liegen die Verhältnisse noch weit komplizierter: Während der Eiszeiten lagen die Kontinentalschelfe von Sunda und Sahul frei. Die Refugialwälder wichen in die Bergregionen aus, die jahreszeitlichen Wälder erstreckten sich in den neu dazu gekommenen Landarealen. Mit dem Anstieg des Meeresspiegels im letzten Interglazial versanken diese Wälder der Tieflagen wieder im Meer. Sehr wahrscheinlich blieben die heute über dem Meeresspiegel gelegenen Bereiche des Malaiischen Florengebietes als perhumide Regenwaldgebiete erhalten, was ihren großen Artenreichtum erklären würde, zumal Aussterbetendenzen hier nicht stattfanden und die Isolation durch die Inselsituation besonders stark ist.

Einige Verbreitungsmuster von Tropenpflanzen in den Arealen mit einer zirkumpazifischen Disjunktion wie zum Beispiel bei dem Stammkletterer *Spathiphyllum* aus der Familie der Araceae lassen sich nicht mit der Kontinentalverschiebungstheorie erklären: *Spathiphyllum* kommt sowohl in Ostborneo als auch im pazifischen und amazonischen Regenwald Südamerikas vor. Hier sind tertiäre Wanderungsbewegungen während einer Wärmephase im Tertiär über die Beringstraße als eine Möglichkeit zu diskutieren. Unterstützt wird diese Theorie von Fossilfunden vieler tropischer und subtropischer Pflanzen in Alaska wie zum Beispiel *Macaranga* aus der Familie der Euphorbiaceae oder *Saurauia*, eine Actinidiacee. Unter solchen Trockenperioden hatte Afrika besonders zu leiden, worauf auch die Armut dieses Kontinents an tropischen Bambus-Arten, Farnen und Palmen zurückgeführt wird.

16.6 Regenwälder Ostasiens und Australiens

Die immergrünen tropischen Regenwälder auf dem Eurasischen Kontinent sind nur im äußersten Süden Chinas im südwestlichen Guangxi und in Süd-Yünnan sowie auf der Insel Hainan ausgebildet. Sie konzentrieren sich hier vor allem auf die Montanregionen mit Höhenlagen um 500 bis 700 Metern. Auf Hainan sind Podocarpaceen-reiche Waldtypen verbreitet, in denen *Dacrydium pierrei* und *Lithocarpus* mit verschiedenen Arten häufig auftreten, wohingegen Wälder mit *Podocarpus imbricatus* und *Nephelium chryseum* besonders im südlichen Yünnan vorkommen. Die in den Kalkgebirgen des südwestlichen Guangyi wachsenden artenreichen Wälder können hingegen bereits zu den saisonalen Regenwaldtypen Südostasiens gezählt werden.

Die chinesischen Tropen sind obendrein die Domäne der Dipterocarpaceen, Annonaceen, Burseraceen, Sapotaceen, Meliaceen, Combretaceen sowie der Guttiferae, Samydaceen, Datiscaceen und Euphorbiaceen. Ihre Artenfülle unter den holzigen Pflanzen ist zudem bewerkenswert groß: China insgesamt zählt mehr als 2000 verschiedene Baum- und fast 6000

Straucharten. Wir haben es im Kapitel 6 schon kennen gelernt: Die pflanzengeographische Situation des Malaiischen Florengebietes ist eine Folge der Plattentektonik: Mit dem Indischen Kontinent gelangten Pflanzen des Gondwana-Landes mit nach Norden und vermischten sich mit den Pflanzen- und Tierarten von Laurasia. Das Gleiche gilt für die Inseln von Papua-Neuguinea und für die Nordteile Australiens. So gibt es noch heute in der westlichen und östlichen Malaiischen Region sehr unterschiedliche Tiere und Pflanzen. So haben Dipterocarpaceen, Kletter- und Rattanpalmen der Gattung *Calamus*, Arecaceae (Abb. 16.4) ihre Schwerpunkte im westlichen laurasischen Teil des Indo-malayischen Archipels; Winteraceen sind hauptsächlich im östlichen, gondwanischen Teil dieser Region verbreitet, erneut ein Beleg für die in Abbildung 2.46 diskutierte **Wallace-Linie** als biogeographische Grenze. Tropische Regenwälder bedecken den Westen Vorderindiens, den Süden Ceylons, große Teile Hinterindiens, die Malaiische Halbinsel, die Sundainseln und die Philippinen.

Die tropischen Regenwälder Australiens gibt es nur im Norden von Queensland, wo ein ganzjährig feucht-tropisches Klima herrscht. Sie erstrecken sich dort von der Küste bis in mittlere Berglagen und stocken meist auf basalthaltigem Grund. Die Regenwälder zeigen alle typischen Charakteristika, wie mehrere Baumschichten, Lianen- und Epiphytenreichtum, Brettwurzelbildung und Kauliflorie (Abb. 16.8).

Abb. 16.8. Australischer tropischer Regenwald bei Kuranda in Queensland (2002)

Es gibt einige pflanzengeographische Beziehungen zur indomalaiischen Paläotropis, aber auch hohe Anteile gondwanischer oder australischer Elemente. Berühmt sind die australischen Tropenwälder durch ihre Anteile an *Agathis robusta, A. microstachya, Archontophoenix alexandrae* und der monotypischen *Castanospermum australe* (Abb. 16.4). Von den Lianen sind insbesondere *Calamus australis* und *Flaggelaria indica* sowie einige Würgefeigen und Araceen hervorzuheben. Die australischen Tropenwälder gehören innerhalb der tropischen Regenwälder wiederum zu den ältesten Tieflandregenwäldern der Erde, die wie alle anderen tropischen Regenwälder unseres absoluten Schutzes bedürfen!

16.7 Mangrovenwälder der Neotropis und der Paläotropis

Mangroven sind die Wälder im Gezeitenbereich der tropischen Meeresküsten, die jedoch entlang warmer Meeresströmungen, beispielsweise in Neuseeland, in Japan oder auch am Roten Meer bis in die Subtropen vordringen. Die Verbreitung der Mangroven wird weniger durch das Klima speziell, sondern mehr durch die besonderen Bodenbedingungen bestimmt, die nur wenige angepasste Arten ertragen können. Heimat der Mangroven sind vor allem die brandungsgeschützten Küsten mit ihren Gezeitenbereichen, wo Überschwemmung und Trockenfallen im ständigen Wechsel von Ebbe und Flut verbunden mit hohem Salzgehalt und Sauerstoffarmut des Bodens die beherrschenden Standortfaktoren sind. Wie riesige Blutgefäße schlängeln sich hier die Wasserläufe durch die Mangrovenlandschaft. Hier wachsen die Bäume im Wasser, und da der Boden sehr sauerstoffarm ist, bilden die Mangrovengehölze spezielle Wurzeln, die aus dem Schlamm herausragen. Durch feine Öffnungen in solchen **Luftwurzeln** erfolgt der notwendige Gasaustausch. Wasser kann nicht hindurch. Auffällig sind solche als **Pneumatophoren** ausgebildeten **Stelzwurzeln** bei *Rhizophora*, **Wurzelknie** bei *Bruguiera* und *Ceriops*, aus dem Boden aufragende, negativ geotrop wachsende **Spargelwurzeln** bei *Avicennia* und *Sonneratia* sowie schlangenähnlich gewundene **Bandwurzeln** bei *Xylocarpus* (Abb. 16.9).

Mangrovenpflanzen sind hochangepasste und hochspezialisierte, meist immergrüne, halophile, also salzertragende Gehölze, die sich dem Wechsel von Überflutung und Trockenheit angepasst haben: mit besonderen Drüsen wird das aufgenommene Meersalz meist in den Blättern ausgeschieden – ein effektives Entsalzungsverfahren. Deshalb sind die Salzkonzentrationen der pflanzlichen Gewebe und des Zellsaftes stets geringer als im umgebenden Meerwasser. Die Samen der Mangrovenarten keimen oft bereits an der Mutterpflanze und wachsen dort zu speerförmigen Jungpflanzen heran.

Abb. 16.9. Anpassungen in der Mangrove: **a** *Rhizophora mangle*, **b** Blüte von *Rhizophora*, **c** Pseudoviviparie, die Samen keimen an der Mutterpflanze, **d** Herausbildung des Hypokotyls, **e** austreibende Jungpflanze, **f** und **g** Heranwachsen der Jungbäume, **h** Mangrove bei Niedrigwasser

Schließlich fallen sie als grüner, daumendicker Fallspeer ab, bohren sich in den weichen Schlamm und wachsen heran. Sie haben so die Keimung im Salzwasser umgangen. Die schwimmfähigen Jungpflanzen werden aber auch oft von Wind und Wellen fortgetragen, und so sind viele Mangrovenarten weltweit anzutreffen. Bis zu einem Jahr können die wachsüberzogenen Jungpflanzen im Meer überdauern, bis sie irgendwo an Land treiben und anwachsen, so nachgewiesen bei der kosmopolitischen *Rhizophora mangle*. Die Mangrovenwälder sind in ihrer floristischen Zusammensetzung abhängig von Exposition, Wassertiefe und Salzgehalt des Meerwassers zoniert (s. auch Abb. 6.10 und 6.11):

- In der vordersten Zone dominieren die Pionierpflanzen aus der Gattung *Sonneratia*. Da deren Wurzeln besonders salzwasserresistent sind und selbst permanente Überflutung vertragen, fassen sie dort Fuß, wo der Wasserstand der Gezeiten am höchsten ist.

- In einer zweiten Linie folgen die ebenfalls sehr salzwasserresistenten *Rhizophora*-Arten, die bis zu 20 Meter hoch wachsen. Ihre Stütz- und Atemwurzeln werden in regelmäßigen Abständen von der Flut überspült. Die in der Neuen Welt weitverbreitete *Rhizophora mangle* verankert sich zum Beispiel unmittelbar am Niedrigwasserpegel.
- Hinter ihnen stehen die Mangroven des dritten Gliedes und vollenden den Landgewinn. Im indopazifischen Raum sind es meist *Bruguiera*- und *Ceriops*-Arten mit ihren knieförmigen Atemwurzeln. Die bereits recht empfindlichen *Bruguiera*-Wurzeln werden nur noch zweimal monatlich von den Springtiden erfasst.
- Weiter landeinwärts, unmittelbar am niedrigsten Flutpegel, wachsen die Schwarzmangroven aus der Gattung *Avicennia*. Hier hinterlassen die Gezeiten flache Tümpel und Schlamm-Marschen.
- In den weniger artenreichen Mangroven in Mittelamerika und Florida, insbesondere auf den im Meer vorgelagerten Korallenbänken, siedeln sich die Schwarzmangroven (zum Beispiel *Avicennia germinans*) mit ihren typischen Atemwurzeln schon in der zweiten Zone an. Dort wächst oberhalb der Flutlinie, und oft nur ein- oder zweimal im Jahr überflutet, die Weiße Mangrove *Laguncularia racemosa*. Erst dahiner, oft jenseits einer vegetationslosen Lagune, breitet sich ein feuchter, sumpfiger Torfwaldgürtel aus. Wo landeinwärts der Salzgehalt stark abnimmt, dominieren Süßwasserarten, wie die im asiatischen Raum vor allem entlang der Flüsse weit verbreitete Nipapalme, aber auch der Schraubenbaum *Pandanus*.

Abb. 16.10. Links: *Rhizophora mangle* ist der wichtigste Mangrovenbaum tropischer Küsten. Rechts: Blick in einen Mangrovenwald mit dem Mangrovenfarn *Nypa* und mit dem Stelzwurzler *Pandanus* (2002)

Abb. 16.11. Mangrovenwald bei Ebbe. Jetzt sieht man die negativ geotrop wachsenden Atemwurzeln, die nun den Sauerstofftransport übernehmen. Elfenbeinküste (1986)

Im Pazifik gibt es Gezeitenwälder nur in Mikronesien und in Polynesien nördlich nur bis Samoa. Schon auf den Fidschi-Inseln und auf dem Archipel von Hawaii sind alle Mangroven gepflanzt, und man nimmt sie vielerorts auch schon wieder weg, um den natürlichen Zugang zu den Stränden zu gewährleisten. Dieser hochspezialisierte Lebensraum an der Nahtstelle zwischen Land und Meer ist weltumspannend: Mangroven gedeihen nur an Flachwasserküsten beidseits des Äquators. Warmes Wasser und eine mittlere jährliche Meerestemperatur von mindestens 24 Grad Celsius sind für ihr Gedeihen existentiell, daher fehlen Mangroven im Bereich kalter Meeresströmungen, beispielsweise an der südwestafrikanischen Atlantik-Küste und an der südamerikanischen Pazifikküste im Einflussbereich von Benguela- und Humboldt-Strom. Die Wassertemperatur ist auch der Grund dafür, dass Mangroven und Korallenriffe so oft gemeinsam an tropischen Küsten vorkommen. Manchmal sind sogar Regenwald, Mangrovenwald und Korallenriff eng miteinander verbunden und voneinander abhängig, und so haben die tropischen Gezeitenwälder eine Schlüsselfunktion für den Nährstoffkreislauf der marinen Ökosysteme, wie man es für das nördliche Barrier-Reef und die Daintree-Regenwälder im australischen Queensland nachgewiesen hat. Am besten gedeihen die Gezeitenwälder dort, wo ausreichend Niederschläge das Jahr über gewährleistet sind, wie in Malaysia, Indonesien und Papua-Neuguinea. Hier erreichen die Mangroven mit etwa

40 Arten auch ihren größten biologischen Reichtum. Im Atlantik dagegen gibt es nur noch acht Mangrovenarten, und im Roten Meer lebt mit *Avicennia marina* nur noch eine Art. Je nach ihrem Salzwasserregime unterscheidet man reine halophytische Küstenmangroven von den süßwassergemischten **Flussmangroven** an den Mündungen und in den Deltas kleiner oder großer Flüsse. Mangroven bevorzugen außerdem geschützte Buchten und Lagunen mit tonig-sandigen Schlickböden (Abb. 16.10). Neben diesen **Schwemmland-Mangroven** wachsen **Riff-Mangroven** auf Korallenriffen und Korallenbänken. Wo Küsten flach sind, wachsen die Mangrovewälder kilometerweit ins Meer hinein, so in Fidschi, in Samoa und im Malaiischen Archipel.

16.8 Literatur

Anderson JM, Swift MJ (1983) Decomposition in tropical forests. In: Sufton SL, Withmore TC; Chadwik AC (eds) Tropical Rain forests, Ecology and Management, pp 287-309, Backwell, Oxford

Andersen LE, Granger CWJ, Reis EJ, Weinhold D, Wunder S (2002) The dynamics of deforestation and economic growth in the Brazilian Amazon. Cambridge Univ Press, Cambridge

Arriaga L (1988) Gap dynamics of tropical cloud forest in northeastern Mexico. Biotopica 20: 178-184

Ashton PS (1969) Speciation among tropical forests trees: some deductions in the light of recent evidence. Biol J Linnean Society 1: 155-196

Barthlott W, Porembski S (1996) Tropische Inselberge - der unbekannte Lebensraum. Modelle zum Studium der Artenvielfalt. Forschung, Mitteilungen der DFG 2: 6-9

Barthlott W, Porembski S (1996) Biodiversity of arid islands in tropical Africa: the succulents of inselbergs. In: Maesen LJG van der, et al. (eds) The biodiversity of African plants. Kluwer, Dordrecht

Barthlott W, Porembski S, Szarzynski J, Mund JP (1997): Phytogeography and vegetation of tropical inselbergs. In: Guillaumet JL, Belin M, Puig H (eds) Phytogéographie tropicale réalités et perspectives, pp. 15-24

Benitez-Malvido J (1998) Impact of Forest Fragmentation on Seedling Abundance in a Tropical Rain Forest. Conservation Biology 12 (2): 380

Bush MB (1991) Modern pollen-rain data from South and Central America: a test of the feasibility of fine-resolution lowland tropical palynology. The Holocene 1 (2): 162-167

Cannon CH, Peart DR, Leighton M (1998) Tree Species Diversity in Commercially Logged Bornean Rainforest. Science 281: 1366-1368

Carlowitz HCv (1713) Sylvicultura oeconomica oder Hauswirthliche Nachricht und naturgemäße Auswirkung für wilden Baumzucht. Leipzig

Carlsquist S (1985) Hawai'i. A Natural History. Pacific Tropical Botanical Garden. Lawai Kanai Hawai'i

Chapman VJ (1976) Mangrove vegetation. Cramer, Vaduz

Christensen B (1983) Mangroves, what are they worth? Unasylva 35: 2-15

Cole MM (1960) Cerrado, caatinga and pantanal: the distribution and origin of the savanna vegetation of Brazil. Geographical Journal 126: 167-179

Collins NM (1989) Termites. In: Lieth H, Werger MJA (eds) Ecosystems of the World Vol 14B, Tropical Rainforest Ecosystems, Biogeographical and Ecological Studies, pp 455-471, Elsevier, Amsterdam

Collins M (Hrsg, 1990) The Last Rain Forests. Mitchell Beazley, London.

Connell JH (1978) Diversity in tropical rain forests and coral reefs. Science 199: 1302-1310

Cuatrecasas J (1979) Growth forms of the Espeletiinae and their correlation to vegetations types of the high tropical Andens. In Larsen K, Holm-Nielsen LB (eds) Tropical Botany, pp 397-410, Academic Press, London

Denslow JS (1987) Tropical rainforest gaps and trees species diversity. Annual Review of Ecology and Systematics 18: 431-451

Edwards PJ (1982) Studies of mineral cycling in a montane rain forestin New Guinea V. Rates of cycling in throughfall and litter fall. J Ecology 70: 807-827

Ellenberg H (1959) Typen tropischer Urwälder in Peru. Schweizerische Zeitschrift für Forstwesen:169-187, Zürich

Fragoso JMV, Silvius KM. Correa JA (2003) Long-distance seed dispersal by tapirs increases seed survival and aggregates tropical trees. Ecology 84 (8): 1998-2006

Glaser B, Woods WI (2004) Amazonian dark earths. Springer, Heidelberg

Glaubrecht M (1999) Mangrove, tropische Gezeitenwälder. Naturwissenschaftliche Rundschau 52 (7): 264-271

Golley FB, Medina F (eds, 1975) Tropical ecological systems. Ecol Stud 11, Springer, Heidelberg Berlin

598   16   Tropische Regenwälder und Mangroven

Gradstein SR, Churchill SP, Salazar Allen N (2001) Guide to the Bryophytes of tropical America. Memoirs of the New York Botanical Garden 86

Gradstein SR, Heinrichs J (2002) Generalisten überleben, Moosflora und Moosvegetation im tropischen Regenwald. Georgia Augusta, Wissenschaftsmagazin, Univ Göttingen 1, 27-30

Groves RH (Hrsg, 1981) Australian Vegetation. Cambridge Univ Press, Cambridge London New York

Guhardja E, Fatawi M, Sutisna M, Mori T, Ohta S (2000) Rainforest ecosystems of East Kalimantan. El Niño, drought, fire and human impacts. Springer, Heidelberg

Haffer J (1974) Avian speciation in tropical South America: with a system of Toucans (Ramphastidae) and Jacamars (Galbulidae). Public of Nuttall Ornithological Club 14, Cambridge/MA

Hamilton LS, Dixon JA, Miller GO (1989) Mangrove Forests: An undervalued resource of the land and the sea. In: Mann Borgese E, Ginsburg N, Morgan RR (Hrsg) Ocean Yearbook 8, 254, Chicago Univ Press, Chicago

Hammen vdT (1979) The Equatorial Rain Forest: A Geological History, Butterworth, London

Herold A (1992) Der wahre Wert des Regenwaldes. FAZ Nr. 279, B5, Frankfurt

Holdridge LR, Grenke WC, Hatheway WH et al. (1971) Forest environments in tropical life zones. Pergamon, Oxford

Hubbel SP, Foster RB, O'Brien ST, Harms KE, Condit R, Wechsler B, Wright SJ; de Lao S (1999) Light-gap disturbances, recruitment limitation, and tree diversity in a neotropical forest. Science 283: 554-557

Hüttl C (1975) Root distribution and biomass in three Ivory Coast rain forest plots. Ecol Stud 11: 123-130

Ibisch PL, Rauer G, Rudolph D, Barthlott W (1995) Floristic, biogeographical and vegetational aspects of Pre-Cambrian rock outcrops (inselbergs) in eastern Bolivia. Flora 190: 299-314

Janzen BH (1978) Seeding patterns of tropical trees. In: Tomlinson PB, Zimmermann MH (eds.) Tropical trees as living systems. Cambridge Univ Press, Cambridge

Johansson D (1974) Ecology of vascular epiphytes in West Africa rain forest. Acta Phytogeogr Suecica 59: 1-129

Junghanss B (1996) Tropenwald: Laboratorium der Evolution. Kosmos 10: 16-24

Keller R (2003) Identification of tropical woody plants in the absence of flowers. A field guide. 2nd edn, Springer, Heidelberg

Lacerda LD de (2002) Mangrove ecosystems. Springer, Heidelberg

Lauer W (1975) Vom Wesen der Tropen. Akad Wiss Lit Abh Math-Nat-Kl 3

Lauer W (1986) Die Vegetationszonierung der Neotropis und ihr Wandel seit der Eiszeit. Ber Dtsch Bot Ges 99: 211-235

Lieth H, Werger MJA (eds)(1989) Tropical Rain Forest Ecosystem. Elsevier, Amsterdam

Longman KA, Jenik J (1974) Tropical forest and its environment (Ghana). Thetford, Norfolk

Lovelock CE, Kyllo D, Popp M, Isopp H, Virgo A, Winter K (1997) Symbiotic vesicular-arbuscular mycorrhizae influence maximum rates of photosynthesis in tropical tree seedlings grown under elevated CO_2. Aust J Plant Physiol 24: 185-194

Lüttge U (1997) Physiological ecology of tropical plants. Springer, Heidelberg

Lüttge U (2000) Photosynthese-Physiotypen unter gleichen Morphotypen, Species und Klonen: Kann ökophysiologische Plastizität zur Entstehung von Diversität beitragen? Ber Reinh-Tüxen Ges 12: 319-334

Lugo AE, Snedaker SC (1974) The ecology of mangroves. Annual Review of Ecology and Systematics 5: 39-54

McDade LA, Bawa KS, Hespenheide HA, Hartshorn GS (1994) La Selva, Ecology and Natural History of a Neotropical Rainforest. Chicago Univ Press, Chicago London

Medina E (1968) Bodenatmung und Stoffproduktion verschiedener tropischer Pflanzengemeinschaften. Ber Dtsch Bot Ges 81: 159-168

Medina E (1974) Dark CO_2 fixation, habitat preference and evolution within the Bromeliaceae. Evolution 28: 677-686

Miyawaki A (1999) Creative ecology: Restoration of native forests by native trees. Plant Biotechnology 16: 15-25

Miyawaki A, Abe S (2004) Public awareness generation for the reforestation in Amazon tropical lowland region. Tropical ecology 45(1): 59-65

Miyawaki A, Golley FB (1993) Forest reconstruction as ecological engineering. Ecological Engineering 2: 33-345

Montgomery GG, Sunquist ME (1975) Impact of sloths on neotropical forest. Energy and nutrient cycling. Ecol Stud 11: 69-98

Moore PD (2003) Palms in motion. Nature 426: 26-27

Morley RJ (2004) Origin and Evolution of Tropical Rainforests. Wiley & Sons, Chichester

Müller-Jung J (1998) Artenreichtum im abgeholzten Urwald. FAZ Nr. 203, N1-2, Frankfurt

Myers N (1988) Threatened biotas: "Hotspots" in tropical forests. Environmentalist 8: 1-20

Myers N (1992) Tropische Wälder und ihre Arten: Dem Ende entgegen? In: Wilson EO (Hrsg) Ende der biologischen Vielfalt?, Spektrum, Heidelberg Berlin New York

Newmark WD (2002) Conserving biodiversity in East African forests. Springer, Heidelberg

Nieder J, Barthlott W (2001) Epiphytes and their role in the tropical forest canopy. In: Nieder J, Barthlott W. (eds.) Epiphytes and canopy fauna of the Otonga rain forest (Ecuador). Results of the Bonn-Quito epiphyte project Vol. 2, funded by the Volkswagen Foundation, Hannover

Okuda T, Manokaran N, Matsumoto Y, Niiyama K, Thomas SC, Ashton PS (eds, 2003) Pasoh – Ecology of a Lowland Rain Forest in Southeast Asia. Springer, Heidelberg

Orians GH (1982) The influence of tree falls in tropical forests in tree species richness. Tropical Ecology 23: 255-279

Osborne PL (2000) Tropical ecosystems and ecological concepts. Cambridge University Press, Cambridge

Peters R, Gentry AW, Mendelsohn RO (1989) Valuation of an Amazonian rainforest. Nature 339: 655-656

Popp M (1984) Chemical composition of Australian mangroves. I. Inorganic ions and organic acids. Z Pflanzen-physiol 113: 395-409

Popp M (1984) Chemical composition of Australian mangroves. II. Low molecular weight carbohydrates. Z Pflan-zenphysiol 113: 411-421

Popp M, Larher F, Weigel P (1984) Chemical composition of Australian mangroves. III. Free amino acids, total methylated onium compounds and total nitrogen. Z Pflanzenphysiol 114: 15-25

Popp M (1995) Salt resistance in herbaceous halophytes and mangroves. Progress in Botany 56: 416-429, Springer, Berlin Heidelberg

Popp M, Polania J (1989) Compatible solutes in different organs of mangrove trees. Ann Sci For 46: 857-859

Popp M, Polania J, Weiper M (1993) Physiological adaptations to different salinity levels in mangroves. In: Lieth H, Al Massoum A (eds) Towards the rational use of high salinity tolerant plants, Vol 1, 217-224, Kluwer, Dordrecht

Popp M, Janett HP, Lüttge U, Medina E (2003) Metabolite gradients and carbohydrate translocation in rosette leaves of CAM and C3 bromeliads. New Phytologist 157: 649-656

Porembski S, Barthlott W (1992) Struktur und Diversität der Vegetation westafrikanischer Inselberge. Geobot Kolloquium 61, Frankfurt

Porembski S, Barthlott W (1993) Ökogeographische Differenzierung und Diversität der Vegetation von Inselbergen in der Elfenbeinküste. In: Barthlott W, Naumann CM, Schmidt-Loske K, Schuchmann KL (eds) Proceed. GTÖ-Symposium „Animal-plant interactions in tropical environments", Bonn February 13-16, 1992. Alexander Koenig Zoological Research Institute and Zoological Museum, S. 149-158, Bonn.

Porembski S, Barthlott W (2000) Inselbergs: biotic diversity of isolated rock outcrops in tropical and temperate regions. Springer, Heidelberg

Potts M, Kohyama T, Kubo T, Supardi MN, Ashton P (2004) Life history trade offs characterize species abundance and performance in a hyper-diverse tropical rainforest. 47th Annual Meeting of the International Association of Vegetation Science July 18-23 2004, Kailua-Kona, Hawaii

Rauh W, Schill R, Ehlern N, Barthlott W (1973) Some remarks on the water supply of bromeliads. J Brom Soc 23: 89-111

Reichle DE (1970) Analysis of temperate forest ecosystems. Ecol Stud 1, Springer, Heidelberg

Reichholf J H (1990) Der unersetzbare Dschungel. Leben, Gefährdung und Rettung des tropischen Regenwaldes. BLV, München

Reinke M (2004) Wenn der Wald zum Ozean wird – Forschen im Schwemmland des Amazonas. Forschungsergebnisse der Max-Planck-Gesellschaft. Naturwiss Rundsch 57 (8): 1-4

Rheenen van HMBJB, Boot RGA, Werger MJA, Ulloa M (2994) Regeneration of timbertrees in a logged tropical forest in North Bolivia. Forest Ecology and Management 200: 39-48

Richards PW (1996) The tropical rain forest. An ecological study. 2nd ed, Cambridge Univ Press, Cambridge

Robertson AI, Alongi DM (1991) Tropical Mangrove ecosystems. Coastal and Estuarine Studies 41, American Geophysical Union, Washington D. C.

Rützler K, Feller IC (1996) Ein Mangrovenbiotop im Barriere-Riff vor Belize. Spektrum der Wissenschaft 5: 60-68

Rundel PW, Smith AP, Meinzer FC (Hrsg., 1994) Tropical Alpine Environments. Plant form and function. Cambridge Univ Press, Cambridge

Saenger P (2003) Mangrove ecology, silviculture and conservation. Kluwer, Dordrecht

Schaller F (1993) Was heißt und zu welchem Ende betreibt man Tropenökologie? Schrift Verein z Verbreit Naturwiss Kenntnisse in Wien 132: 73-88

Schmid-Mölholm J (2003) Nachhaltige Forstwirtschaft und biologische Vielfalt in den Wäldern. Eine Übersicht der historischen Entwicklung und forstbetrieblicher Konkretisierung. In: Colantonio-Venturelli R (ed) Peasaggio culturale e biodiversita. 81-102, Leo S Olschki, Tibergraph Citta di Castello PG

Seibert P (1996) Farbatlas Südamerika. Ulmer, Stuttgart

Sheil D, Burslem DFRP (2003) Disturbing hypotheses in tropical forests. Trends in Ecology and Evolution 18: 18-26

Simpson BB, Haffer J (1978) Speciation patterns in the Amazonian forest biota. Ann Rev Ecol Syst 9: 497-518

Sklar FH, van der Valk AG (2003) Tree islands of the Everglades. Kluwer, Dordrecht

Snedaker SC, Snedaker JG (Hrsg, 1984) The mangrove ecosystem: research methods. Unesco, on behalf of the UNESCO/SCOR Working Group 60 on Mangrove Ecology. Paris

Sprenger A, Breckle SW (1997) Ecological studies in a submontane rainforest in Costa Rica. Bielefelder Ökologische Beiträge 11 (Contributions to tropical ecology research in Costa Rica): 77-88

Stewart GR, Popp M (1987) The ecophysiology of mangroves. In: Crawford RMM (ed) Plant Life in Aquatic and Amphibious Habitat. British Ecological Society Special Symposium, pp. 333-345, Blackwell, Oxford

Swap R, Garstang M, Greco S, Talbot R, Kållberg P (1992) Saharan dust in the Amazonan basin. Tellus 44B: 133-149

Terborgh J (1991) Lebensraum Regenwald, Zentrum biologischer Vielfalt. Spektrum, Heidelberg

Thom B (1982) Mangrove ecology, a geomorphological perspective. In: Clough BF (Hrsg) Mangrove ecosystems in Australia: Structure, Functions, and Management 3. Austral Nat Univ Press, Canberra

Tomlinson PB, Zimmermann MH (1976) Tropical trees as living Systems. Cambridge Univ Press, Cambridge

Ulft LH van (2004) Regeneration in Natural and Logged Tropical Rain Forest. Modelling seed dispersal and regeneration of tropical trees in Guyana. Tropenbos-Guyana Series 12, Utrecht

Vareschi V (1980) Vegetationsökologie der Tropen. Ulmer, Stuttgart

Walter H, Steiner M (1936) Die Ökologie der ostafrikanischen Mangroven. Ztschr f Bot 30: 63-193

Wattenberg I, Breckle SW (1995) Tree species diversity of a premontane rain forest in the Cordillera de Tilaran, Costa Rica. Ecotropica 1: 21-30
Weischet W (1980) Die ökologische Benachteiligung der Tropen. 2 Aufl, Teubner, Stuttgart
Whitmore TC (1990) Tropische Regenwälder. Spektrum, Heidelberg Berlin New York
Wilson EO (1992) The diversity of life. Penguin Books, London
Winter K, Garcia M, Lovelock CE, Gottsberger R, Popp M (2000) Responses of model communities of two tropical tree species to elevated atmospheric CO_2: growth on unfertilized soil. Flora 195: 289-302
Worbes M, Klinge H, Revilla JD, Martins C (1992) On the dynamics, floristics subdivision and geographical distribution of varzea forests in Central Amazonia. J Veg Sci 3:553-564
Zagt RJ, Werger MJA (1998) Community structure and the demography of primary species in tropical rainforests. In: Newberry DM, Prins HHT, Brown N (eds) Dynamics of tropical communities. 193-219, Blackwell, Cambridge

16.9 Fragen zu Kapitel 16

1. Warum besitzen die Tropischen Regenwälder eine so hohe Diversität?
2. Beschreiben Sie die Struktur und Physiognomie eines tropischen Tieflagen-Regenwaldes!
3. Warum gibt es Differenzen in den neotropischen und paläotropischen Regenwäldern? Nennen Sie die wichtigsten Unterschiede!
4. Wie kommt die extreme Artenfülle der tropischen Regenwälder zustande?
5. Welche charakteristischen „Anpassungen" der Pflanzen in tropischen Regenwäldern können Sie nennen?
6. Wie kann man die immergrünen tropischen Regenwälder nach Niederschlag und Saisonalität differenzieren?
7. Was versteht man unter dem Begriff „Weißwasserfluss" und „Schwarzwasserfluss" in den äquatorialen Tropen?
8. Tropische Gebirgsregenwälder sind von den Tieflandregenwäldern verschieden. Erklären Sie die Unterschiede!
9. Nennen Sie die Charakteristika der Tropischen Regenwälder Australiens!
10. Beschreiben Sie einen Mangrovenwald in der Paläotropis!

17 Azonale und extrazonale Lebensräume - Vom höchsten Punkt zur tiefsten Stelle

Die Dolomiten in den Südalpen bestehen aus Korallenkalken der Tethys, sie wurden im Zuge der alpidischen Orogenese emporgehoben: Aus einem Korallenriff ist nun ein Gebirge geworden – ein Beispiel für die Dynamik der Erde. Wir haben in den einzelnen Kapiteln gesehen, dass jedes Erdbeben, jeder Vulkanausbruch und jeder tropische Wirbelsturm beweisen, wie sehr die natürlichen Kräfte wirken. Die gesamte Erdgeschichte ist also nichts anderes als eine Geschichte des Wandels sowohl im Erdinneren als auch auf der Erdoberfläche, in den Ozeanen und in der Atmosphäre. Wer weit in die Erdgeschichte zurückgeht, findet sogar Spuren dafür, dass nahezu die gesamte Landmasse der Erde einmal Tropenlandschaft war, die Dolomiten heute zeigen auch das. Hier möchte ich deshalb die extrem auseinander liegenden Lebensräume der Gebirge und der Ozeane zusammenfassen, einmal, weil sie teilweise syngenetisch miteinander verbunden sind, zum anderen aber, weil sie als azonale oder extrazonale Lebensräume sich nicht den in den Kapiteln 7 bis 16 differenzierten Zonobiomen nach den Klimazonen der Erde so direkt zuordnen lassen. Die Hochgebirgssysteme der Tropen, der Subtropen, der Arktis und der Antarktis haben wir schon grob kennengelernt; einige Aspekte geobotanischer Feindifferenzierung wollen wir für die Gebirge der Gemäßigten Breiten, des Zonobioms VI nachfolgend näher betrachten (Abb.17.1).

Die Gebirge der Erde bilden außerordentlich wichtige, natürliche Ressourcen, vor allem für das Wasser und die Biodiversität. Insbesondere in den ariden und halbariden Lebensräumen – die ja fast die Hälfte der Landmassen einnehmen – dürften mehr als 70 Prozent des verfügbaren Wassers aus den Gebirgen stammen. Man denke nur an den Nil, dessen Einzugsgebiet in den Gebirgen Ostafrikas und Äthiopiens liegt, an die großen Himalaya-Flüsse oder an die Flüsse Sibiriens, den Ob, den Jenissei und die Lena, die ihre Ursprünge allesamt in den zentralasiatischen Gebirgen des Karakorum, Tien-Shan und Altai besitzen. Fast alles Trink-, Nutz- oder Bewässerungswasser für die Nahrungsproduktion hängt von den Ressourcen der Gebirge ab. Was geschieht in den nächsten 50 Jahren, wenn zusätzliche 2,5 oder mehr Milliarden Menschen auf der Erde ernährt werden müssen und wenn in Folge der globalen Erwärmung die Hochgebirgs-gletscher als Reserven des Wassers weiter abschmelzen? Das fragt auch Bruno Messerli (2004) in seinem Vorwort zum neuen Werk über die Gebirge der Erde, das gerade von Conradin A. Burga, Frank Klötzli und Georg Grabherr (2004) veröffentlicht wurde. Auf dieses musterhafte Buch mit der geobotanischen Darstellung aller wesentlichen Hochgebirge unseres Globus sei hier ausdrücklich verwiesen. Seine zentrale Botschaft lautet: Die biotische Erfassung aller Gebirgslebensräume mit ihren hoch empfindlichen, vertikal gestuften Ökosystemen und ihrer engen Verknüpfung von Mensch und Natur ist eine wichtige Agenda für das 21. Jahrhundert.

17.1 Hochgebirge gemäßigter Breiten der Nordhemisphäre

Die Hochgebirge stellen klimatische Inseln dar, in denen ganz andere Umweltbedingungen herrschen als im umliegenden Flachland. In der holarktischen Region durchläuft man beim Besteigen eines hohen Berges scheinbar die gleichen Klima- und Vegetationszonen wie bei einer Wanderung von derselben Stelle nach Norden. In den Alpen oder den Karpaten oder anderswo folgen einander von unten nach oben: Laubwald, Nadelwald, Krummholz- und Zwergstrauchvegetation, grasige Matten, Fels und Eis (Abb. 17.1). Wir haben in den Kapiteln 8 bis 10 gesehen: An die mitteleuropäische Laubwaldregion schließen sich nach Norden die Nadelwälder des Taigagürtels an, dann folgen krummholzreiche Übergangsgebiete zur Tundra, das sind Zwergstrauchtundra, Moos- und Flechtentundra, Fels und das Eis des Polarmeeres. Die Ähnlichkeit der arktischen Vegetation mit der mitteleuropäischer Gebirge beruht auf klimatischen und historischen Gründen: Mit steigender Höhenlage im Gebirge beziehungsweise mit zunehmender Ausrichtung nach Norden nimmt die Temperatur ab, und die Vegetationszeit wird immer kürzer.

In der Nadelwaldstufe liegen die Durchschnittswerte bei ähnlichen Größenordnungen wie in der Taiga und in der anschließenden baumlosen alpinen Stufe ähnlich wie in der Tundra. Die Klimaverhältnisse in den Gebirgen Europas sind aber nicht identisch, denn die Alpen, Pyrenäen und andere vergleichbare Gebirge liegen weiter südlich: Die Sonne steht dort höher, die Tageslänge weicht ab, und die Niederschläge erreichen höhere Werte als in der borealen und arktischen Region. Auch die ausgeprägten Tag- und Nachtschwankungen und die kräftigere UV-Strahlung erfordern besondere Anpassungen, die in den entsprechenden Zonen im Norden nicht notwendig sind.

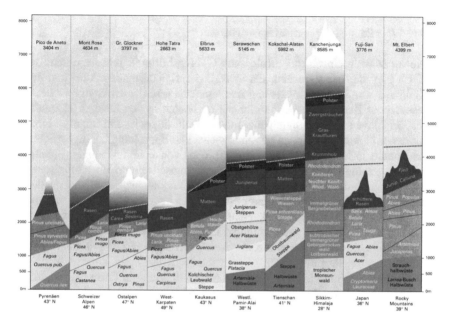

Abb. 17.1. Zonaler Vegetationsvergleich der Vegetationshöhenstufen der gemäßigten Breiten der Nordhalbkugel (aus Burga et al. 2004)

Eine ähnliche Anpassung der Pflanzen an das Leben im Gebirge wie es Box 17.1 zeigt, war ja auch erforderlich gewesen, als in der mesozoischen Kreidezeit die wohl sicher in den Tropen entstandenen ursprünglichen Samenpflanzen in gemäßigte Klimazonen mit kalten Wintern vordringen konnten. Beispiele dafür, dass diese Entwicklung so verlaufen sein könnte, sehen wir in den Hochlagen äquatorialer Gebirge mit täglichem Frostwechsel, aber auch in den subtropischen Gebirgen mit einer kontinuierlichen Höhenstufenfolge von immergrünen Bergregenwäldern mit Hochstaudenunterwuchs über niedrige Gebirgsstufen der subalpinen Stufe bis zu voll angepassten echten Hochgebirgstypen, wie am Süd- und Südwestrand des Himalaya. Hier gibt es solche Beispiele etwa in den Gattungen *Delphinium*, *Campanula*, *Primula* und *Gentiana*, bei denen aus Tieflandsippen abgewandelte **Oreophyten** entstanden sind. In den Alpen sind es ebenfalls die Primeln und die Enziane, ferner die Gattung *Rhododendron*, aus der sich in Mitteleuropa *R. hirsutum* und *R. ferrugineum* als Hochgebirgspflanzen entwickelt haben (Abb. 17.2). Von den frühen Entwicklungsstufen einer solchen tertiären Alpenflora ist in Europa wohl nichts erhalten geblieben. Als tertiäre Relikte leben in den Alpen und an ihren Rändern beispielsweise nur noch die Scrophulariacee *Wulfenia carinthiaca*, *Physoplexis comosa* und *Campanula raineri* (Campanulaceae), *Telekia speciosissima* aus der Familie der Asteraceae und *Allium insubricum* aus

---

Box 17.1: Entstehung der Gebirgspflanzen

Die im Miozän einsetzende **alpidische Gebirgsbildung**, unter anderem der Sierra Nevada, der Pyrenäen, der Alpen, des Kaukasus, des Altai und des Himalaya war für die Entstehung der alpinen Flora der Holarktis von entscheidender Bedeutung. Bereits damals muss sich in den kälteren Höhenlagen der jungen Gebirge eine ganz andere, wohl überwiegend krautige Flora aus den arktotertiären Sippen gebildet haben. Die Entstehung der eigentlichen Hochgebirgspflanzen ist als ein über Millionen von Jahren dauernder Prozess in allen geologischen Epochen der morphologischen und physiologischen Anpassung zu denken mit dem Erwerb von Kältetoleranz der Pflanzenzellen und der Entwicklung unter anderem von Polster- und Spalierwuchs, wie wir es bei vielen Gebirgspflanzen kennen, den **Oreophyten** im Sinne von Ludwig Diels (1910). Diese Entwicklung erfolgte in sehr vielen kleinen Schritten mit der allmählichen Umstellung der Lebensbedingungen in den aufsteigenden Hochgebirgslagen. In Perioden mit relativ ungünstigen, kurzfristig stark wechselnden Klimaschwankungen und Neulandbildung in Form der Hochlagen und Gletscherrücken kam es zu einer Beschleunigung der Artbildung von ehemaligen Tieflandspflanzen durch natürliche Kreuzungen, durch Hybridisierung und durch Vermehrung des Chromosomensatzes, der **Polyploidie**. Erhöhte Stressbelastung bedeutet also für die Pflanzen notwendigerweise nicht nur eine Katastrophe, sie ist vielmehr ein wichtiges „Anpassungstraining", wobei die angepassten Formen erhalten bleiben, die nicht angepassten jedoch zugrunde gehen. Dabei fällt auf, dass aus dem ungeheuer großen genetischen Reservoir der Holarktis nur wenige Familien aus der temperaten Zone diese Umstellung geschafft haben, zum Beispiel vor allem die Poaceae, Cyperaceae, Caryophyllaceae, Ranunculaceae, Brassicaceae, Rosaceae, Papilionaceae, Scrophulariaceae und die Asteraceae.

---

der Familie der Liliaceae sowie die Ranunculacee *Callianthemum kerneranum* (Abb. 17.2). Auch Neoendemiten haben sich entwickelt; als Beispiele seien hier vorgestellt: *Primula marginata* (Primulaceae), *Viola cenisia* (Violaceae) und *Papaver rhaeticum* (Papaveraceae).

Im Kapitel 3 haben wir gesehen, vor etwa 2 Millionen Jahren begann sich der Prozess der Abkühlung der Erde dramatisch zu beschleunigen: In vielen Teilen der Holarktis bildeten sich mächtige Eisdecken der Glazialzeiten. Die Vegetation der Gebirge wurde dabei großflächig zerstört, doch konnten, so wie heute in der Nivalstufe an **Nunatakern,** – das sind isolierte, über die Oberfläche von Gletschern beziehungsweise Inlandeis aufragende Felsen oder Berge – zahlreiche Pflanzen überleben. In mehrfachem Wechsel zwischen Kaltzeiten mit völliger Vergletscherung und Warmzeiten mit Eisrückzug und vollständiger Wiederbesiedlung ist der spättertiäre Grundstock der Gebirgsflora dabei wohl stark verändert worden, aber die

Abb. 17.2. Beispiele für Paläo- und Neoendemiten von Alpenpflanzen: **a** *Papaver rhaeticum*, Südalpen und Pyrenäen, **b** *Physoplexis comosa*, Südalpen, **c** *Primula marginata*, Seealpen, **d** *Viola cenisia*, See- und Westalpen, **e** *Campanula raineri*, Südliche Kalkalpen, **f** *Wulfenia carinthiaca*, Karnische Alpen, **g** *Callianthemum kerneranum*, Gardasee, **h** *Telekia speciosissima*, Luganer See bis Gardasee, **i** *Allium insubricum*, Südalpen, Grigna, **j** *Rhododendron ferrugineum*, Alpen, Pyrenäen, Apennin

ursprüngliche Verbreitung lässt sich aus den heutigen, oft zerstückelten Arealen meist noch immer ablesen. Die historischen Gründe für die Ähnlichkeiten von Alpen und Arktis gehen auf die Eiszeiten zurück: Von Norden und von den Alpen aus rückten die Eismassen aufeinander zu. Durch die Klimaverschlechterung entwickelte sich in ganz Mitteleuropa eine tundrenähnliche Vegetation. Dadurch kam es zu einer Durchmischung der nördlichen und der alpinen Fauna und Flora. Nach den Eiszeiten wurden die Arten mit der zunehmenden Erwärmung wieder in die kühleren Gebiete zurückgedrängt. Es kam zu **Disjunktionen** ehemals zusammenhängender Pflanzenareale oder zum Arealtausch: Alpenpflanzen gerieten beispielsweise in die Arktis, arktische Arten in die europäischen Hoch- und Mittelgebirge, zum Beispiel *Viola biflora*, *Saxifraga oppositifolia* und *Dryas octopetala*, und wir sprechen von **arktisch-alpiner Disjunktion**. Hochgebirgspflanzen aus dem Himalaya und dem Altai-Gebirge gerieten in die Alpen und in den Apennin, beispielsweise Vertreter der Gattung Edelweiß, *Leontopodium*, und wir sprechen von **alpisch-altaischer Disjunktion**.

Die Höchstgrenzen der Hochgebirgspflanzen liegen für den Gletscherhahnenfuß *Ranunculus glacialis* und den Alpenmannsschild *Androsace alpina* (s. Abb. 3.1) bei über 4200 Metern in den Alpen und für *Saussurea gnaphaloides* am Mt. Everest im Himalaya sogar bei über 5000 Metern! Die alpinen Hochlagen dieser meist schneearmen Gebirge sind im Winter jedoch oft freigeblasen und scharfen Frösten ausgesetzt; eine extrem angepasste Hochgebirgsvegetation aus spalierwüchsigen Zwergsträuchern, Rasengesellschaften mit vorherrschendem Nacktried, *Elyna myosuroides*, und Flechtengesellschaften kennzeichnen solche kryoturbaten Böden überall in den Hochgebirgen der Holarktis. Typisch für die Hochgebirge der nemoralen Zonen ist eine Waldgrenze, die in der Holarktis von nordhemisphärischen Nadelhölzern und Laubbäumen der Gattungen *Abies*, *Picea*, *Pinus* und *Larix* sowie aus *Fagus* in den Alpen, im Pilion in Griechenland und am Ätna auf Sizilien sowie aus *Betula* im Kaukasus gebildet wird.

Die alpinen Heiden und Rasengesellschaften in den Japanischen Alpen sind hinsichtlich ihrer Biodiversität und Struktur der Vegetation einfacher aufgebaut als jene in Europa, weil sie unter sehr extremen Standortbedingungen existieren mit Kälte, Eis und Schnee, nährstoffarmen Böden und Permafrost. Dazu kommen unterschiedlich lange Schneebedeckungen mit allen Erscheinungen von Eis- und Schneegebläse und Kryoturbation. Die Japanischen Alpen liegen entlang des Ostrandes des eurosibirischen Kontinents, und sie verlaufen als Gebirgsketten von Hokkaido im Norden bis zu den subtropischen Ryukyu-Inseln im Süden auf einer Länge von etwa dreitausend Kilometern. Auf der Hauptinsel Honshu erreichen sie mit vierundzwanzig über dreitausend Meter hohen Gipfeln ihre höchste Massenerhebung (Abb. 17.3). Der höchste Berg Japans ist jedoch ein Vulkan: der Fujiyama, der als geologisch jüngster Berg eine Höhe von 3776 Me-

Abb. 17.3. Die höchsten Erhebungen der Japanischen Alpen: 1 Suisho dake (2986 m), 2 Ohbami dake (3101 m), 3 Yari ga take (3180m), 4 Iou dake (2554 m), 5 Shiro uma dake (2932 m), 6 Kashima Yari ga take (2889 m) (2004)

tern erreicht. Auf ihm gibt es deshalb auch noch keine typisch alpinen Pflanzengesellschaften! Es gibt Faltengebirge und Vulkane in Japan, und das hat folgenden Grund: Die japanische Inselkette liegt auf der Grenze der Pazifischen Platte zur Eurasischen Kontinentalplatte (s. Abb. 2.4), inmitten des pazifischen *Ring of Fire*, den wir im Kapitel 2 schon kennen gelernt haben. Die Gebirgswelt Japans ist also quasi die „Gipfelflur" eines vom Japanischen Tiefseegraben aus 8412 Metern Meerestiefe beziehungsweise aus dem Boningraben mit 10430 Metern Meerestiefe im Pazifischen Ozean steil aufsteigenden, mehrfach gefalteten Gebirges, welches wiederum durch die 3000 Meter tiefe Senke des Japanischen Meeres vom asiatischen Festland getrennt ist. Im benachbarten Marianen-Tiefseegraben hat der Pazifik im Vitiaz-Tief bei 11033 Metern seine tiefste bisher gefundene Stelle, das ist gleichzeitig die größte Depression der Erde. Im Zentralgebiet von Honshu, das vom Grabenbruch der *Fossa Magna* durchteilt wird, kennen wir die höchsten und steilsten Gipfel der Japanischen Alpen: Das sind vor allem der Shirane-san (3192 Meter) bei Nagano, der Hotaka-dake (3190 Meter) bei Matsumoto sowie der benachbarte Yari-ga-take (3180 Meter), um die höchsten Berge hier zu nennen.

Die schneebedeckten Gipfel des Himalaya glitzern in der Sonne wie feinster weißer Marmor. Dieser halbmondförmige Gebirgszug, der höchste der Welt, erstreckt sich 2500 Kilometer weit; seine größte Breite beträgt

240 Kilometer. Drei mächtige Ströme umgeben das Massiv fast vollständig: Im Norden der Indus, im Nordosten der Brahmaputra und im Süden der Ganges. Das mächtigste Gebirgssystem der Erde besteht aus drei Gebirgsketten: die relativ niedrigen Siwalik-Randketten im Süden erreichen etwa 1500 Meter Höhe. Der nördlich anschließende Vorder-Himalaya ist bereits dreimal so hoch. Bewohnbare Täler und Hochplateaus durchsetzen beide Gebirge. Die Hauptkette jedoch, der Hohe Himalaya – der Name kommt aus dem Sanskrit und bedeutet „Schneewohnung" – wird von den vergletscherten Gipfeln der höchsten Berge der Erde gekrönt. Hierzu gehört, neben neun weiteren Achttausendern, der 8848 Meter hohe Mount Everest.

17.2 Hochgebirge gemäßigter Breiten der Südhemisphäre

Der Mount Kosciuszko gehört zur Great Dividing Range, sie sich entlang der Ostküste über Tausende von Kilometer von Cape York im äußersten Norden von Queensland bis nach Tasmanien im Süden zieht. Anders als die europäischen Alpen oder die amerikanischen Rocky Mountains sind die Snowy Mountains der Dividing Range nicht schroff und zerklüftet, sondern sanft gewellt. Im Südsommer erinnern winzige Alpenblumen,

Abb. 17.4. Der Mount Kosciuszko (2228 m) ist die höchste Erhebung Australiens, die Waldgrenze wird gebildet von *Eucalyptus pauciflora* ssp. *niphophila* (2004)

Abb. 17.5. Der Doppelgipfel des Mt Tasman (3498 m) und des Mt Cook (3764 m) spiegelt sich im Lake Matheson (2001)

Bergseen und Schneereste den Besucher daran, dass er sich weit über der Waldgrenze befindet. Trotzdem glaubt man kaum, dass die sanfte Rundung mit ihren 2228 Metern tatsächlich der höchste Punkt Australiens ist. Im Alpine National Park in Victoria, der das Hochland Victorias mit dem Kosciuszko National Park in New South Wales verbindet, werden die Lebensräume vieler seltener Arten, wie zum Beispiel der *„Snow Gums"*, *Eucalyptus pauciflora* ssp. *niphophila*, geschützt (Abb. 17.4).

Die Gebirgsfaltungen in Neuseeland während des Tertiärs und Pleistozäns, also seit etwa 5 bis 2 Millionen Jahren vor heute, führten zur Bildung der axialen, meist nord-südgerichteten Gebirgsketten mit ihren großen Talbecken, einer *basin and range*-Topographie, wie man sie beispielhaft in Zentral-Otago auf der Südinsel sehen kann: Es sind die *Dunstan-Mountains* und die *Old Man Range*, dazwischen liegt das Otago-Becken. Im Pleistozän gab es auch auf der Südhalbkugel mehrere harte und intensive klimatische Oszillationen; eine Serie von Kalt- und Warmzeiten wechselte ab mit unterschiedlicher Dauer und mit unterschiedlicher Intensität. Während des Höchststandes der letzten Glazialisation der jüngsten Weichselvereisung etwa 20 000 bis 18 000 Jahre vor heute, bedeckten ausgedehnte Gletscher und Firnschneefelder die relativ jungen Berge der *Mountain-Ranges* vor allen in den *Southern Alps*, den höchsten Gebirgen Neuseelands (Abb. 17.5). Viele der alten Gondwana-Elemente sind sicherlich während der Eiszeiten ausgestorben, denn sie konnten auf dem Archipel

---

Box 17.2. Hochgebirgspflanzen in Neuseeland

In Höhenlagen über 1000 Metern findet sich an solchen Stellen meist ein dichter Polstergrasrasen vom *snow tussock*, den Gräsern *Chionochloa rigida* und *C. flavescens*, die sich in einem Zeitraum von etwa 300 Jahren etablieren können. Hier sind oftmals auffällig großpolsterige, allesamt weißblühende Blütenpflanzen, wie *Celmisia*, *Aciphylla* und *Ranunculus*, wichtige Elemente dieses einzigartigen *snow-tussock*-Lebensraumes (Abb. 17.6). Wo sich das Tussock-Grasland in der Höhe aufzulösen beginnt, folgt das *Fjellfield*, offene Polsterfluren also, in denen sich die Pflanzen um Steine oder an geschützten Stellen konzentrieren. Es sind vor allem Gräser und wollige Rosettenpflanzen mit einzelnen Spaliersträuchern, die eine offene Vegetation ausbilden, welche nach dem norwegischen Vorbild der Fjellmark für eine subarktische Vegetation das neuseeländische Pendant des „*Fjellfields*" bildet. Unter den Polstern sind es vor allem die endemischen, meist monotypischen Gattungen *Raoulia*, *Haastia*, *Kelleria*, *Hectorella*, *Donatia* und *Phyllachne*, die mächtige Decken auf großen Flächen ausbilden, welche man in den Ostseiten der Südalpen auch als *vegetable sheep* bezeichnet (Abb. 17.6). In der alpinen Stufe gesellen sich weißblühende *Ranunculus*-Arten hinzu, vor allem *R. grahamii*, die ihre höchsten Wuchsorte am Mt. Cronin in über 2900 Metern Höhe haben. Die Weißblütigkeit fast aller Gebirgspflanzen ist ein interessantes Phänomen: Zur Erklärung gilt derzeit die Hypothese, dass diese Arten älter sind als die Entstehung der Bienen, die es ursprünglich in der Gondwana-Zeit Australiens und Neuseelands auch nicht gab. Erst die europäischen Siedler haben Bienen mitgebracht – die natürliche Evolution sah hier nur Fliegen oder den Wind als Bestäuber vor, die keine Farben zur Attraktion benötigen.

---

nicht beliebig „wandern" oder vor den herannahenden Gletschern ausweichen, wie das im benachbarten Australien leicht möglich war. Es gab aber in Steward Island, im Fjordland und auch auf vielen Stellen der Nordinsel eine Vielzahl lokaler und regionaler Refugialmöglichkeiten für Pflanzen und Tiere. Wenn das Aktualitätsprinzip gilt - war es früher auch wohl so - beobachten wir ja noch heute in unmittelbarer Nähe des Tasmangletschers, des Fox-Glaciers und des Franz-Josef-Gletschers üppige, subtropische anmutende Hartlaub- oder Podocarpaceen-Hartlaubwälder (s. Abb. 12.18).

Als am Ende der letzten Kaltzeit die Gletscher großräumig zurückzuweichen begannen und als das Klima sich zwischen 14 000 und 10 000 Jahren vor heute schließlich zu höheren Temperaturen änderte, konnten damals viele von Frost und Eis geschaffene und nunmehr besiedelbare Standorte und Habitate von den überlebenden Pflanzen und Tieren beziehungsweise von zuwandernden Arten neu eingenommen werden. Vergleichbare Phänomene der Neubesiedlung eisfreier Flächen lassen sich

Abb. 17.6. Beispiele für Hochgebirgspflanzen Neuseelands: **a** *Leucogenes grandiceps*, **b** *Celmisia sessiliflora*, **c** *Haastia pulvinaris (vegetable sheep)*, **d** *Gentiana bellidifolia*, **e** *Celmisia lanceolata*

derzeit in den Sukzessionsstadien der Gletschervorfelder an den stark zurückweichenden Fox- und Franz-Josef-Gletschern studieren: Stein- und bodenbewachsende Flechten beginnen das Werk der biologischen und chemischen Verwitterung, Moose der Gattung *Racomitrium*, Kurz- und Horstgräser sowie kleine Polsterpflanzen der Gattungen *Raoulia* und *Haastia* folgen (Abb. 17.6). Wichtige Rohbodenbesiedler sind gern die stickstofffixierenden Elemente der Gattungen *Carmichaelia aligera* (Fabaceae) sowie *Coriaria angustissima* oder *C. plumosa* (Coriariaceae), welche für die Bodenbildung eine Schlüsselrolle einnehmen. Nach 100 bis 200 Jahren schließlich bedeckt ein dichter alpiner Rasen aus Polsterpflanzen von *Dracophyllum*, *Phyllocladus* oder *Hebe* diese vormals von Frost und Eis geprägten Flächen.

17.3 Ozeane und Meere, Seen und Moore

Der portugiesische Entdecker Fernando de Magallanes (1480-1521) – oder F. Magellan genannt – lichtete 1519 die Anker zur Umseglung der Welt. Mit fünf Schiffen verließ er die Iberische Halbinsel, landete in Teneriffa, entdeckte in Südamerika die Mündung des Rio de la Plata und fand am 20. Oktober 1520 den Eingang in die nach ihm benannte Magellanstraße. Mit den drei verbliebenen Schiffen segelte er in den Stillen Ozean, den er *„Mare Pacifico"* nannte, und er erreichte schließlich die Marianen-Inseln; er wurde jedoch auf den Lazurus-Inseln der Philippinen getötet. An seine Stelle trat Juan S. El Cano (1464-1526), der die Reise über das Kap der Guten Hoffnung vollendete und somit erstmals die Weiten des Pazifischen Ozeans dokumentierte und die Kugelform der Erde endgültig bewies. Die Ozeane im Weltmeer bilden insgesamt den größten Lebensraum unseres Planeten. Mehr als 70 Prozent der Erdoberfläche werden vom Wasser bedeckt. Dabei nimmt der Pazifische Ozean mit einer Fläche von über 160 Millionen Quadratkilometern den größten Raum ein, gefolgt vom Atlantischen Ozean mit über 80 Millionen und vom Indischen Ozean mit über 70 Millionen Quadratkilometern Fläche.

Die Meeresforschung hat auch Brücken zur geobotanischen Grundlagendisziplin und ist für viele Anwendungen von fundamentaler Bedeutung. Man denke dabei nur an die Frage der Meeresverschmutzung, an den Schutz der Meere und der Küsten vor unerwünschten Einflüssen, wie sie leider tagtäglich mit Schiffsunfällen, Ölverschmutzungen und Stoffeinträgen geschehen. Hier ist geobotanische Grundlagenforschung gefragt: So hat man erst in letzter Zeit die Bedeutung der noch bis vor kurzem als „Blaualgen" bezeichneten Cyanobakterien für die Meere der Welt erkannt. Vor allem die Vertreter der Gattungen *Prochlorococcus* und *Synechococcus* sind besonders kleine Einzeller. Ihr Volumen beträgt nur etwa ein Zehntel desjenigen von Kolibakterien und ihre Wechselbeziehungen zu Algen und Pflanzengesellschaften am Meeresboden sind noch weitestgehend unbekannt. Weil sie so winzig sind, hat man sie auch erst in der zweiten Hälfte des vergangenen Jahrhunderts entdeckt. Das mag erstaunlich klingen, ist doch kein anderes Lebewesen in den Ozeanen so häufig wie sie. Die äußerst genügsamen Organismen leben von Kohlendioxid und anorganischen Salzen, aus denen sie mit Hilfe von Sonnenenergie Biomasse aufbauen. Jetzt weiss man, wie enorm wichtig das Phytoplankton der Meere für den Kohlenstoffhaushalt unseres Planeten ist. Die Cyanobakterien gleichen gewaltigen Abfallgruben, die einen erheblichen Teil des von den Landbewohnern freigesetzten Kohlendioxids aufnehmen. Aus der Kenntnis ihrer Genomstruktur hofft man nun nicht zuletzt, neue Einsichten darüber zu gewinnen, wieviel Kohlendioxid von diesen winzigen Meeresbewohnern auf Dauer abzufangen ist. Die Meere nehmen also einen gigantischen Mengenanteil an CO_2 auf: Einen Teil davon nutzen Muscheln zur Bildung ihrer Schalen. Darin bleibt der Kohlenstoff sehr lange gebunden. Äonen vergehen, bis in Kalkstein gebundener Kohlenstoff vom Wasser wieder gelöst oder als Gas frei wird wie wir es überall an aktiven Vulkanen sehen können. Schneller kommt Kohlenstoff aus vergehenden Pflanzen, Tieren oder Mikroorganismen wieder zurück in den Kreislauf.

Vor allem die „schleichende Eutrophierung" durch die Einträge der Pflanzennährstoffe **Stickstoff** und **Phosphor** in Grund-, Oberflächengewässer und die Ozeane, die für viele Algen und Phytoplanktonarten zunächst förderlich sein kann, führt auf Dauer zur Verdrängung der an ursprüngliche Nährstoffarmut angepassten Spezialisten, und die Lebensgemeinschaft verarmt in ihrer Vielfalt. Einseitige Massenvermehrungen können darüber hinaus auch beim Absterben der Organismen den Sauerstoffgehalt eines Meeresgebietes überfordern. Nur ungefähr 40 der derzeit etwa 30 000 bekannten Pflanzen- und Großalgenarten in den Meeren gehören zu den Blütenpflanzen, und alle diese gehören zur Gruppe der Monokotyledonen, der Einkeimblättrigen. Es sind durchweg solche Arten, die als Seegräser zu den Pflanzenfamilien der Potamogetonaceae und der Zosteraceae gehören. Eine große Formenmannigfaltigkeit zeigt der Rest, auch die **Meeresalgen.** Schon ihre Größe schwankt zwischen kleinen Einzellern und den Riesentangen der tropischen Meere, die eine Länge von mehr als 60 Metern erreichen können (Abb. 17.7). Letztere haben aber nur einen begrenzten Lebensraum: Da sie sich am Meeresgrund an festem Substrat verankern können, kommen sie nur an felsigen und steinigen Küsten bis in etwa 150 Metern Tiefe vor, so tief, wie das Licht für die Photosynthese noch ausreicht. Alle anderen Algen im Weltmeer gehören dem **Plankton** an. Der Begriff Plankton wurde 1887 von dem Meeresbiologen Victor Hensen (1835-1924) für alle Lebewesen geprägt, die frei im Wasser

Abb. 17.7. Riesentange von *Laminaria groenlandica* haften an der Felsenküste in der Seelöwenkolonie von Dunedin in Neuseeland. Solche Tangwälder gelten als submarine Gegenstücke der Regenwälder (2001)

schweben und von Meeresströmungen verdriftet werden können. Es ist die „**Treibende Welt**", die immer wieder in der Meeresforschung große Aufmerksamkeit und einen breiten Raum einnahm. Das Plankton setzt sich aus tierischen und pflanzlichen Organismen zusammen, und man hat gemessen, dass allein die Planktonalgen im freien Ozean circa $550 \cdot 10^9$ Tonnen Frischgewicht im Jahr erzeugen.

Wo Land und Meer sich treffen, entstehen Lebensräume, die zu den produktivsten Ökosystemen der Welt gehören. In diese Übergangszonen werden Nährstoffe von zwei Seiten eingetragen: vom Land schwemmen Flüsse Nährstoffe ins Meer, mit Strömungen und Gezeiten kommen Nährsalze aus tiefen Meeresschichten in die Küstengebiete. Dieser Nährstoffreichtum ist zusammen mit hoher Sonneneinstrahlung die Voraussetzung für das Wachstum des Phytoplanktons. Dieses pflanzliche Plankton steht am Anfang einer Nahrungskette, die über das tierische Plankton, Krebstiere, Weichtiere und andere zu Fischen, Meeressäugern und Menschen führt.

17.4 Gewässertypen

Aquatische und terrestrische Ökosysteme sind über den umfangreichen Austausch von Wasser, vor allem im globalen Wasserkreislauf miteinander vernetzt. In diesem Zusammenhang stellen Fließgewässer ein wesentliches Transportmedium dar. Fließgewässer sind dabei sehr offene Ökosysteme

Abb. 17.8. Der Lake McKenzie ist einzigartig: Er ist ein als *Window Lake* bezeichneter kristallklarer, oligotropher Grundwassersee auf Frazer Island in Queensland, Australien. Auf dieser größten Sandinsel der Erde gibt etwa 40 solcher Süßwasserseen (2004)

Abb. 17.9. Links: Teefarbenes Wasser und *Melaleuca quinquenerva*-Bruchwald kennzeichnen die *Perched Lakes*, welche über wasserundurchlässigen Lehm- und Tonschichten in windgeformten Dünentälern oder sogar bis zu 130 Meter hoch gelegen sind. Einer von ihnen, der Lake Boomanjin zählt mit 150 Hektar Fläche zu den größten seiner Art auf der Erde. Frazer Island (2004). Rechts: Vulkansee des Akan auf Hokkaido in Nordjapan mit großen Marimo-Kugelalgen (2004)

mit stetem Zustrom aus ihrem jeweiligen Einzugsgebiet und entsprechendem Abstrom in Richtung der Vorflut. Die tiefste Stelle ist die Erosionsbasis, hier sammeln sich Wasser sowie gelöste und ungelöste Stoffe in den abflusslosen Becken der Meere und der großen Binnenseen, von deren Oberfläche das Wasser ständig in großem Umfang erneut zur Verdunstung gelangt, welches als Niederschlag dann wieder den Kreislauf schließt.

Während sich die Ursprünge einiger großer Fließsysteme in den Pleistozänlandschaften der Holarktis zumindest bis in das Vorquartär zurückverfolgen lassen, sind die meisten Stillgewässer quartären Ursprungs bzw. sie entstehen auch heute noch. Letztere sind vulkanogene oder tektogene Seen, wie **Erdfall-** oder **Karstgewässer, Kraterseen** oder phreatomagmatischen **Maare,** die bei Grundwassereintritt entstehen. Der Laacher See in der Eifel ist beispielsweise der bekannteste **Calderasee** Europas. **Moorseen** und **Glaziale Seen** runden die Typenvielfalt ab. Sie sind alle sehr eingehend bei Richard Pott und Dominique Remy (2000) im Zusammenhang mit der Beschreibung der Gewässer des Binnenlandes Mitteleuropas erklärt, so das sich hier aus Raumgründen ihre weitere Behandlung erübrigt. Erwähnt werden sollen jedoch an dieser Stelle die einmaligen, klaren, süßen, tiefblauen Grundwasserseen, die *Window lakes* und die bräunlich getrübten, huminsäurereichen *Perched Lakes* über wasserundurchlässigen Schichten auf Frazer Island im tropischen Australien (Abb. 17.8 und 17.9), die vulkanischen Gewässer des Akan auf Hokkaido mit ihrer einzigartigen Lebewelt, den Marimo-Kugelalgen *Cladophora sauteri*, welche 1893 vom österreichischen Botaniker Anton E. Sauter (1800-1881) zuerst beschrieben wurden, die dort bis zu 200 Jahre alt werden und dabei zu 20 bis 30 Zentimeter großen Kugeln heranwachsen können.

17.5 Korallenriffe – Oasen der Weltmeere

Farbenprächtige tropische Fische im bunten Korallenriff um Atolle, alte Inseln oder *Barrier-Reefs* – geologisch divers, biologisch einzigartig –, das verbindet man mit den Korallenriffen der tropischen Meere. Riffkorallen leben unter relativ festgelegten Bedingungen bei Wassertiefen unter 20 Metern und einem Temperaturoptimum von 26 Grad Celsius, wobei sie ein Minimum von 18 Grad Celsius und ein Maximum von 32 Grad Celsius noch tolerieren. Korallenriffe sind generell aufgebaut aus den Korallen selbst mit ihren Plankton-fischenden Polypen, den **Zooxanthellen**, einer Gruppe endosymbiontischer Dinoflagellaten. Sie tragen substanziell zur hohen Primärproduktion der Korallenriffe bei, indem sie den Korallen photosynthetisch fixierten Kohlenstoff in Form von Kohlenhydraten zuführen. Dazu kommen koralline Algen – das sind in der Regel kalkabscheidende photoautotrophe Organismen aus den Gruppen der Grünalgen, der Cyanobakterien, der Rotalgen und der Braunalgen – und das Sediment. Die Korallen und die Algen benötigen Sonnenlicht für ihre biologische Aktivität; das grenzt ihr Vorhandensein in der durchleuchteten oberen Zone der Meere ein. Am Außenrand eines Riffs zum offenen Ozean hin wachsen die Riffkorallen meist besser als im Innenbereich zum Strand hin. So bildet sich zwischen dem Außenriff und dem Strand einer Insel oder des Festlandes eine **Flachwasserlagune**: Ein solches Riff, das vom Strand getrennt liegt, nennt man ein **Barriereriff** (Abb. 17.10). Das bekannteste ist natürlich das Great Barrier Reef vor der Ostküste Queenslands im tropischen Australien. Auch die Kane'ohe Bay der hawaiianischen Insel O'ahu trägt ein solches Barriereriff.

Grob gesehen, kann man die Korallenriffe auf die Tropischen Meere begrenzen. Hier ist das Ozeanwasser warm genug für das Wachstum der Korallen. Wo aber warme Meeresströmungen aus den Tropen in nördlich oder südlich angrenzende Gewässer gelangen, dehnen sich auch die Korallenriffe dorthin aus: So etwa bis nach Südjapan auf die Insel Okinawa unter dem Einfluss des Kuroshiro oder entlang der Westküste Amerikas von

Key West in Florida bis nach Miami unter dem Einfluss des Golfstromes. Korallen gedeihen nur im flachen, salzigen Meerwasser, nie unter Süßwassereinfluss; deshalb fehlen sie an Flussmündungen. Sie können auch nicht hohe Sedimentfrachten oder Nährstoffeinträge ertragen, deshalb fehlen sie an den Flussdeltas oder an den Wattenmeerküsten der Tropen.

Abb. 17.10. Koralleninsel bei Port Douglas, eine der mehr als 3.000 einzelnen Korallenriffe im Barrier Reef. Ein Blick in die Tiefe zeigt farbige Korallenstöcke aus Korallenpolypen, die in Symbiose mit Algen bei Wassertemperaturen von 20-33 °C leben. Queensland, Australien (2002)

Abb. 17.11. Weiße Korallensande und dunkles Lavagestein bilden Kontraste in der Waimãnalo-Bay. Im flachen Wasser leben die hawaiianischen Korallen. O´ahu, Hawaii (2004)

Box 17.3. Was sind Korallen und Korallenriffe?

Korallen sind einfache und primitive Polypen, zierlich wie Seeanemonen. Sie besitzen einen kleinen, flaschenförmigen Körper mit einem Ring von Tentakeln am oberen Ende, wo Nesselzellen sitzen, mit denen sie Kleinstlebewesen, vor allem die Larven anderer Meeresorganismen als Nahrung fangen. Sie unterscheiden sich von den Seeanemonen dadurch, dass sie Kalziumcarbonat abscheiden und sich damit eigene Kalkgehäuse aufbauen können. Korallenriffe bestehen aus Abertausenden solcher gallertiger und nur wenige Millimeter großer Polypen, die ihre Körper mit Skeletten aus Kalk stabilisieren. Die riffbildenden Korallenpolypen können jedoch nur existieren, wenn sie symbiontische Lebensgemeinschaften mit Algen eingehen: Die Algen liefern den Korallenpolypen die lebensnotwendigen Kohlenhydrate, die sie durch Photosynthese erzeugen. Umgekehrt erhalten die Algen von den Korallenpolypen Kohlendioxid und mineralische Nährstoffe. Die von Natur aus eher farblosen Korallenpolypen erhalten von den Algen auch ihre Farbe. Von den Korallentieren aufgebaute Kalkgerüste werden schon während ihrer Entstehung durch andere Tiere oder Pflanzen umkrustet und verstärkt, und so entsteht ein reich gegliedertes Ökosystem.

Diese Fähigkeit, Kalkskelette zu schaffen und aus Kolonien ein bis zwei Millimeter großer Korallenpolypen ganze Korallenkalkbänke zu bilden, ist essentiell für die Entstehung eines Korallenriffs. Dabei können große Kolonien 500 Jahre und älter werden. Im Endeffekt bilden die Korallen ihr eigenes Substrat – das Riff. Eines der wichtigsten Phänomene der Korallen ist ihre Fähigkeit zur Bildung von Korallensand nach dem Absterben der Korallenstöcke. Der Korallenkalk wird durch chemische Lösung oder durch mikrobiologische Aktivität immer wieder in das initiale Korallenwachstum eingebunden: ein wesentlicher Vorgang der Primärproduktion für das ökosystemare Verständnis dieses Lebensraumes. Die Korallen wachsen abhängig von der Wassertemperatur etwa ein bis zehn Zentimeter pro Jahr und bilden eine Kollektion architektonischer Meisterstücke, verschieden in Form und Farbe (Abb. 17.11). Die meisten Korallen benötigen Licht zum Wachstum; vor allem nur deshalb, weil sie die meist einzelligen photosynthetisierenden Algen enthalten. Deren Zucker und Sauerstoff wird von den Polypen benutzt, um zu atmen und die Bicarbonathydrolyse zur Kalziumcarbonatabscheidung zu ermöglichen. Das anfallende Kohlendioxid und die Nährstoffe der tierischen Partner kommen wiederum den Algen zugute. Wenn Korallen absterben, werden die harten Kalkskelette von der Meeresbrandung zerstört und zu weißen Korallensanden aufgearbeitet. Zahllose Inseln im tropischen Korallenmeer mit ihren schneeweißen Stränden verdanken diesen ihre Existenz.

Es gibt biogeographisch zwei große Riffprovinzen auf der Erde: Die **Atlantische Provinz** mit der Karibischen See und den Küsten von Nord- und Südamerika, im Norden bis nach Bermuda und im Süden entlang der Brasilianischen Küste, einige wenige Vorkommen gibt es an der afrikanischen Atlantikküste und auf den Vulkaninseln im Atlantik, besonders auf den Kanarischen Inseln. Die andere, die **Indopazifische Provinz** des Indischen und Pazifischen Ozeans erstreckt sich von Ostafrika und der Arabischen Halbinsel – vor allem am Roten Meer – durch den Indischen Ozean bis zur Inselwelt Südostasiens und umfasst auch das Große Barrier Riff in Australien. Weiter erstreckt sich diese Provinz über die gesamte Inselwelt des Pazifik. Diese beiden Provinzen unterscheiden sich stark in der Vielfalt und Artenzusammensetzung ihrer jeweiligen Korallenriffe. Dabei muss man festhalten, dass die Anzahl der Korallen in Südostasien höher ist als anderswo in der Welt. Der Grund dafür ist folgender: Bevor die Kontinente in ihre heutige Position drifteten, gab es einen zusammenhängenden tropischen Warmwassergürtel in der Tethys, wie wir das im Kapitel 2 gesehen haben. Als sich die Landbarriere Zentralamerikas im Miozän und Pliozän vor etwa sieben Millionen Jahren bildete, waren von nun an der Atlantik und das Mittelmeer von den übrigen Ozeanen separiert, und nach dieser Isolation entwickelten sich dort die eigenen Korallensysteme.

Damals entstand die große Diversität im heutigen Indo-Malaiischen Archipel mit entsprechend höherer Vielfalt, als wir es heute aus der Karibik oder dem tropischen Atlantik kennen. Dieser Unterschied ist leicht zu erklären: Die meisten marinen Lebewesen werden über ihre Larvenstadien passiv mit den Ozeanströmungen verbreitet. Wie lange sie in diesem schwebenden, bewegten, planktonähnlichen Zustand überdauern, ist natürlich artverschieden und hängt von der Prädation und einer geeigneten Habitatbesiedlung ab – dieses Schicksal ist allen gleich. Im tropischen Pazifik gibt es große westwärts gerichtete nord- und südäquatoriale Meeresströmungen und kleinere ostwärts gerichtete Gegenströmungen. Im Atlantik ist dieses nicht so deutlich ausgeprägt. Hier liegt wohl der Hauptgrund für die Verschiedenheit der Artendiversität beider Ozeansysteme.

Korallen bauen verschiedene Rifftypen auf: Die einfachste Form sind saumförmige Riffs an Felsküsten, die *fringes*. Diese dehnen sich horizontal im Bereich des Tideniedrigwassers aus – oftmals einige hundert Meter weit ins Meer hinein. Zum tiefen Wasser hin wächst das Riff und reicht oft in große Tiefen hinab – hier herrscht meist die größte Artenvielfalt. Ihre dreidimensionale Struktur ist Grund für den biotischen Reichtum. Ihre untere Tiefe erreichen sie meist bei 60 Metern, wo das Licht für die photosynthetischen Algen nicht mehr ausreicht. An diesen Stellen hängt das Riff durch sein Wachstum ins offene Meer oft über, und ganze Riffpartien brechen im Wellenanschlag ab und fallen in die Tiefe. Natürliche Erosion findet vor allem im Außenriff statt, es entstehen Durchlässe, sogar schiffbare Kanäle – und von dort wird dann der Korallensand wieder aufgearbeitet und von der Brandung an die Strände gespült – ein nicht zu unterschätzender Vorgang im Lebenszyklus eines Riffs. Die Korallen beginnen meist auf festem Untergrund zu wachsen. Von Riffkorallen besiedelte Untiefen sind **Korallenbänke**. Überziehen sie zusammenhängend krustenartig die Flachseebänke, spricht man von einem **Krustenriff**. Geschlossene Formen zeigen die **Saumriffe**, die auch als **Küsten-** oder **Strandriffe** bezeichnet werden. Ihr Wachstum ist stets nach außen zur See und zur Brandung hin gerichtet; nach innen, dem Land zu, zerfallen die Küstenriffe und bilden die charakteristischen **Riffkanäle** oder **Rifflagunen**. **Barriere-** oder **Wallriffe** sind breiter und haben einen größeren Abstand zum Land.

Es gibt auch Korallen im kalten Wasser der Nordsee und des Nordatlantiks in zum Teil bis zu 150 Meter mächtigen Korallenbänken vor der Küste Irlands und im Sula-Riff vor Norwegen. Solche **Kaltwasser-Korallen** haben sich nach dem Rückzug der weichselkaltzeitlichen Eismassen in 80 bis 120 Metern Meerestiefe angesiedelt mit mehreren Metern hoch gewachsenen Korallentieren, mit Schwämmen und anderem Meeresgetier.

17.6 Salzseen

Stehende, oft seichte Gewässer in Trockengebieten des Zonobioms II, in denen der Oberflächenabfluss aufhört, sind in der Regel salzig, weil sich durch die Verdunstung die mit den Zuflüssen eingebrachten Mineralsalze anreichern. Solche Salzseen werden auch als **Endseen** bezeichnet. In Binnenseen arider Gebiete kann der Salzgehalt mit der Zeit bis zur völligen Sättigung ansteigen; wir sprechen dann von **Salzpfannen**. Deren Sedimente sind die Basis für Evaporite, die wir in der Abbildung 2.27 schon gesehen haben (Abb. 17.12).

Abb. 17.12.
Totes Meer
mit Salzaus-
blühungen
(1986)

Die Lebewesen in den Salzseen sind abhängig von der Salzkonzentration des Wassers: **Oligohalin** bei 0,5 bis 3 Prozent, **mesohalin**, bei 3 bis 10 Prozent und **euryhalin** bei Konzentrationen von 10 bis 45 Prozent. Als Beispiel dafür wollen wir das Tote Meer in der Arabischen Wüste betrachten (s. Box 17.4). Salzseen gibt es auf allen Kontinenten der Erde, vom großen Solar de Ayuni im andinen Altiplano haben wir schon in Kapitel 6.7 gehört.

Box 17.4. Das Tote Meer

Das Tote Meer zwischen Israel und Jordanien ist das salzhaltigste Gewässer der Erde. Der Salzsee ist heute 75 Kilometer lang und misst an seiner breitesten Stelle 15 Kilometer. Vor etwa 17 000 Jahren war das Tote Meer Teil des so genannten Lisansees, der den Jordangraben bis hinaus zum heutigen See Tiberias füllte. Durch Verdunstung in der saharo-arabischen Wüstenregion sinkt der Wasserspiegel immer noch ständig (Abb. 17.12). Normales Meerwasser hat einen Salzgehalt von etwa 3,5 Promille, der des Toten Meeres ist fast zehnmal höher, und der starke Auftrieb des Wassers schließt die Gefahr des Ertrinkens hier praktisch aus. Wegen des hohen Salz- und Mineralgehaltes beschränkt sich das Leben im Toten Meer auf nur wenige Organismen; berühmt ist das *Halobacterium halobium*. Diese Einzeller enthalten ein spezielles purpurfarbenes Pigment, das **Bakteriorhodopsin**, das ähnlich wie Chlorophyll Sonnenlicht für die Photosynthese nutzen kann. Der Wasserspiegel des Sees liegt heute etwa 400 Meter unter dem des nur 75 Kilometer entfernten Mittelmeeres, der Grund des Salzsees liegt 794 Meter unter dem Meeresspiegel in einer Depression an Nordende des über 6500 Kilometer langen Ostafrikanischen Grabenbruchs, der vor 25 Millionen Jahren durch die Verschiebung der Erdkrustenplatten entstand, wie wir im Kapitel 2 schon gehört haben.

17.7 Moortypen

Moore sind durch Grundwasser, Hangwasser oder extrem hohe und beständige Niederschläge bis an die Oberflächen dauernd durchfeuchtete Legerstätten aus wassergesättigtem organischem Material, dem **Torf**. Die Gestalt der Moore und deren Torfzusammensetzung werden klimatisch, hydrogeologisch und geomorphologisch gesteuert. Je nach Aufbau, Grundwasserentfernung und Trophie unterscheidet man folgende Haupttypen: Topogene, grundwasserabhängige **Niedermoore**, **Übergangsmoore** und ombrogene, regenwassergespeiste **Hochmoore**, die jeweils typische Pflanzengesellschaften tragen und deren Artenzusammensetzungen wiederum den daraus entstehenden Torf charakterisieren und bestimmen (Abb. 17.13). Die Klassifikation von Mooren ist ein sehr komplizierter Vorgang und wird in der Literatur auch sehr uneinheitlich vollzogen. Hier wird die neuere Typologie von Klaus und Barbara Dierssen (2001) kurz vorgestellt und mit einigen Abbildungen erläutert: Die Moortypen in Europa sind dort eingehend beschrieben und auf dieses Werk ist hier zum intensiven Weiterstudium verwiesen.

Abb. 17.13. Beispiele für Moortypen Europas: **a** Flusstalmoor, Biebrza, Ostpolen (1995), **b** Wollgrasmoor Nordfinnland (1987), **c** *Blanked Bog*, Connemara, Irland (2003), **d** Hochmoor mit Lagg bei Killarney, Irland (2002)

In Seen können sich limnogen **Verlandungsmoore** entwickeln, **Versumpfungsmoore** entstehen in abflusslosen Senken direkt über Mineralboden. **Überflutungsmoore** gibt es bei episodisch oder periodischen Überschwemmungen in Flussauen oder Küstenmarschen. **Hochmoore** haben sich seit dem Atlantikum in den pleistozänen Regionen mit klimatischen Niederschlagsüberschüssen vor allem in Nordwesteuropa und Nordamerika entwickelt. Nördlich des geschlossenen Hochmoorareals in der borealen Zone sind ombro-soligene **Aapamoore** als zonaler Typ die Regel. In niederschlagsreichen, atlantischen Gebieten der temperaten bis subborealen Zone gibt es die *Blanket Bogs,* die **Deckenmoore** vor allem in Irland und in Schottland sowie im südlichen und westlichen Skandinavien. Vielfach sind Hochmoorkerne im Deckenmoor integriert. In der kontinentalen Taiga

bilden sich in Zonen diskontinuierlichen Permafrostes **Palsamoore** mit Eis-
linsen im Inneren und südlich des Polarkreises gehen sie in **Aapamoore**
mit kryoturbaten Oberflächen über. Moore gibt es auch kleinflächig in den
feuchten Subtropen und Tropen, vor allem in Südostasien. Ombrotrophe
Moore, aus den südhemisphärischen Restionaceen aufgebaut, finden sich
in Neuseeland, Tasmanien und Südost-Australien (Abb.17.14). Berühmt
sind weiterhin die subantarktischen Moore Feuerlands und Patagoniens,
die Ähnlichkeiten mit den holarktischen Hoch- und Niedermooren haben.

Abb. 17.14. Moor in Tasmanien aus *Gleichenia alpina* (Gleicheniaceae) und
Gymnoschoenus sphaerocephalus (Cyperaceae), im Nationalpark Craddle Mountains (2004)

17.8 Literatur - Gebirge

Aeschimann D, Lauber K, Moser DM, Theurillat JP (2004) Flora alpina. Ein Atlas sämtlicher 4500 Gefäßpflanzen der
    Alpen. 3 Bde, Haupt, Bern
Agachanjanz OE (1985) Ein ökologischer Ansatz zur Höhenstufengliederung des Pamir-Altai. Petermanns Geogr
    Mitt 1: 17-23
An ZS, Kutzbach JE, Prell WL, Porter SC (2001) Evolution of Asian monsoon and phased uplift of the Himalayas-
    Tibetan plateau since late Miocene times. Nature 365: 143-147
Böhmer HJ (1999) Vegetationsdynamik im Hochgebirge unter dem Einfluss natürlicher Störungen. Diss Bot 311,
    Borntraeger, Berlin
Breckle S-W (1973) Mikroklimatische Messungen und ökologische Beobachtungen in der alpinen Stufe des afghani-
    schen Hindukusch. Bot Jahrb System 93: 25-55

Breckle S-W (1974) Notes an alpine and nival flora of the Hindu Kush, East Afghanistan. Bot Notiser (Lund) 127: 278-284

Brozovic N, Burbank DW, Meigs AJ (1997) Climatic limits on landscape development in the Northwestern Himalaya. Science 276: 571-574

Burga CA, Klötzli F, Grabherr G (2004) Gebirge der Erde. Landschaft, Klima, Pflanzenwelt. Ulmer, Stuttgart

Butler DR, Hill C, Malanson GP, Cairns DM (1994) Stability of alpine treelines in Glacier National Park, Montana, USA. Phytocoenologia 22: 485-500

Cernusca A (1976) Bestandesstruktur, Bioklima und Energiehaushalt von alpinen Zwergstrauchbeständen. Oecologia Plantarum 11: 71-102

Christ H (1882) Das Pflanzenleben der Schweiz. 2. Aufl, Schulthess, Zürich

Coldea G (2003) The alpine flora and vegetation of the South-Eastern Carpathians. Ecol Stud 167: 65-72

Daubenmire RF (1954) Alpine timberline in the Americas and their interpretation. Butler University Botanical Studies 11: 119-136

Diels L (1910) Genetische Elemente in der Flora der Alpen. Englers Bot Jahrb 44,102

Dierssen K (1996) Vegetation Nordeuropas. Ulmer, Stuttgart

Ellenberg H (1966) Leben und Kampf an den Baumgrenzen der Erde. Naturwiss Rundsch 19: 133-139

Favarger CP, Robert A (1995) Flore et végétation des Alpes. 3. Aufl, 2 Bde, Delachaux et Nestlé, Lausanne

Franz H (1979) Ökologie der Hochgebirge. Ulmer, Stuttgart

Furrer G, Fitze P (1970) Die Hochgebirgsstufe – ihre Abgrenzung mit Hilfe der Solifluktions-Stufe. Geogr Helvetica 5: 156-161

Gams H (1938) Die nacheiszeitliche Geschichte der Alpenflora. Jahrb d Vereins zum Schutz der Alpenpflanzen und -tiere 10, München, S 9-34

Gortschakovsky PL (1989) Horizontal and altitudinal differentiation of the vegetation cover of the Ural mountains. Pirineos 133: 33-54

Grabherr G (1989) On community structure in high alpine grasslands. Vegetatio 83: 223-227

Grabherr G (1997) The high-mountain ecosystems of the Alps. In: Wielgolaski FE (ed) Polar and alpine tundra. Ecosystems of the World 3, Elsevier, Amsterdam, pp 97-121

Grabherr G (2000) Biodiversity in mountain forests. In: Price M, Butt N (eds) Forests in sustainable mountain development. IUFRO Series No 5, CABI Publishing, Wallingford, pp 28-38

Grabherr G, Gottfried M, Pauli H (1994) Climate effect on mountain plants. Nature 369: 448

Grishin SY (1995) The boreal forests of north-eastern Eurasia. Vegetatio 12: 11-21

Grötzbach E, Rinschede G (1984) Beiträge zur vergleichenden Geographie der Hochgebirge. Eichstätter Beiträge 12, Pustet, Regensburg

Häberli W, Beniston M (1998) Climate change and its impacts on glaciers and permafrost in the Alps. Ambio: 258-265

Hegg O, Béguin C, Zoller H (1993) Altas schutzwürdiger Vegetationstypen der Schweiz. Bern

Hermes K (1955) Die Lage der oberen Waldgrenze in den Gebirgen der Erde und ihr Abstand zur Schneegrenze. Kölner Geographische Arbeiten, Heft 5. Geographisches Institut der Universität Köln

Hilbig W, Helmecke K, Schamsran Z (1993) Untersuchungen zur oberirdischen Pflanzenbiomasse von Rasengesellschaften in Gebirgen der Mongolei. Phytocoenologia 23: 201-226

Hövermann J (1988) Das System der klimatischen Geomorphologie auf landschaftskundlicher Grundlage. Zeitschrift für Geomorphologie NF Suppl Bd 56: 143-153

Holtmeier FK (1974) Die Höhengrenze der Gebirgswälder. Arbeiten aus dem Institut für Landschaftsökologie 8, Westf Wilhelms-Universität, Münster

Holtmeier FK (2003) Mountain Timberlines – Ecology, Patchiness, and Dynamics. Advances in Global Change Research 14, Kluwer, Dordrecht

Holzner W, Hübl E (1988) Vergleich zwischen Flora und Vegetation in der subalpin-alpinen Stufe in den japanischen Alpen und den Alpen Europas. Veröff Geobot Inst ETH, Stiftung Rübel 98: 299-329

Hulten E (1972) The plant cover of Southern Kamtschatka. Ark Bot Ser 2,7,3: 181-257

Jenik J (1997) The diversity of mountain life. In: Messerli B, Ives JD (eds) Mountains of the World. A global priority. Parthenon, New York, London, pp 199-231

Klötzli F (1992) Alpine Vegetation: stabil und natürlich? In: Müller JP, Gilgen B (Hrsg) Die Alpen – ein sicherer Lebensraum? Schweizer Akad Naturwiss 5: 70-83

Klotz G (ed, 1989) Hochgebirge der Erde und ihre Pflanzen- und Tierwelt Urania, Leipzig Jena Berlin

Körner C (2003) Alpine Plant Life. Functional Plant Ecology of High Mountain Ecosystems. 2nd edn, Springer, Heidelberg

Koons PO (1989) The topographic evolution of collisional mountain belts: A numerical look at the southern Alps. New Zealand. Am. J. Sci. 289: 1041-1069

Kuhle M (1985) Gebirgslandschaften. Goltze, Göttingen

Kuhle M (1987) Physisch-geographische Merkmale des Hochgebirges. Zur Ökologie von Höhenstufen und Höhengrenzen. Frankfurter Beiträge zur Didaktik der Geographie 10: 15-40

Kullmann L (2002) Rapid recent range-margins rise of tree and shrub species in the Swedish Scandes. Journal of Ecology 90: 68-77

Liew PM, Kuo CM, Huang SY, Tseng MH (1998) Vegetation change and terrestrial carbon storage in eastern Asia during the Last Glacial Maximum as indicated by a new pollen record from central Taiwan. Glob Planet Change 16-17: 85-94

Mattes H (1982) Die Lebensgemeinschaft von Tannenhäher und Arve. Ber Eidgen Anstalt für forstliches Versuchs- wesen 241, Birmensdorf

Messerli B (2004) Geleitwort zu CA Burga et al (ed) Gebirge der Erde. Ulmer, Stuttgart

Messerli B, Ives JD (1997) Mountains of the World. A global priority. Parthenon, New York London

Meurer M (1984) Höhenstufen von Klima und Vegetation. Geogr Rundsch 36: 395-403

Nagy L, Grabherr G, Körner C, Thompson DBA (2003) Alpine biodiversity in Europe. Springer, Heidelberg

Nakamura Y, Grandtner MM (1994) A comparative study of the alpine vegetation of eastern North America and Ja- pan. In: Miyawaki A, Iwatsuki K, Grandtner MM (eds) Vegetation in Eastern North America. Tokyo University Press, pp 335-347

Nakhutsrischvili G (1999) The vegetation of Georgia (Kaukasus). Braun-Blanquetia 15, Camerino

Ozenda P (1988) Die Vegetation der Alpen im europäischen Gebirgsraum. Fischer, Stuttgart

Ozenda P (1997) Le concept géobiologique d'orosystème. Rev Ecol Alpine Grenoble 4: 65-106

Pauli H, Gottfried M, Grabherr G (1999) Vascular plant distribution patterns at the low temperature limits of plant life – the alpine-nival ecotone of Mount Schrankogel (Tyrol, Austria). Phytocoenologia 29: 297-325

Paulsen J, Weber UM, Körner C (2000) Tree growth near treeline: abrupt or gradual reduction with altitude? Arctic, Antarctic and Alpine Research 32(1): 14-20

Pott R (1997) The Timberline in Upper Fimbertal. Report of DFG 2-3:18-21

Pott R, Hüppe J, Remy D, Bauerochse A, Katenhusen O (1995) Paläoökologische Untersuchungen zu holozänen Waldgrenzschwankungen im Oberen Fimbertal. Phytocoenologia 25: 363-398

Rathjens C (1982) Geographie des Hochgebirges: 1. Der Naturraum. Stuttgart

Rauh W (1988) Tropische Hochgebirgspflanzen. Springer, Heidelberg

Reisigl H, Keller R (1987) Alpenpflanzen im Lebensraum. Fischer, Stuttgart New York

Ricolfi P (1985) Les Alpes Maritimes. Ed Serre, Nizza

Sato K (1998) Vascular plants above the forest limit in the four major mountain ranges of Hokkaido, Japan. J Hok- kaido-Gakuen-University 94/95: 207-246

Scharfetter R (1929) Über die Entstehung der Alpenflora. Englers Bot Hefte 62: 524-544

Schickhoff U, Walker MD, Walker DA (2002) Riparian willow communities on the Arctic slope of Alaska and their environmental relationships: A classification and ordination analysis. Phytocoenologia 32: 145-204

Schweinfurth U (1957) Die horizontale und vertikale Verbreitung der Vegetation im Himalaya. Bonner Geogr Ab- handl 20, Bonn

Shiyatov SG (2000) Climate dependent dynamics of the upper timberline and forest-tundra ecosystems during the last 1350 years in the polar Ural mountains, Russia. International Conference on Dendrochronology for the Third Millenium, 2-7 April 2000 Mendoza, Argentina, 241

Stahr A, Hartmann T (1999) Landschaftsformen und Landschaftselemente im Hochgebirge. Springer, Heidelberg

Steinger T, Körner C, Schmid B (1996) Long-term persistence in a changing climate: DNA analysis suggests very old ages of clones of alpine Carex curvula. Oecologia 105: 307-324

Succow M (1990) Die Mittelasiatischen Hochgebirge. In: Klotz G et al Hochgebirge der Erde. Urania, Leipzig Jena Berlin

Szeicz JM, MacDonald GM (1995) Recent white spruce dynamics at the subarctic alpine treeline of north-western Canada. Journal of Ecology 83: 873-885

Tranquillini W (1979) Physiological ecology of the alpine timberline. Tree existence at high altitudes with special references to the European Alps. Ecological Studies 31, Springer, Berlin

Troll C (1966) Ökologische Landschaftsforschung und vergleichende Hochgebirgsforschung. Erdkundliches Wissen 11: 95-126

Trümpy R (1998) Die Entwicklung der Alpen: Eine kurze Übersicht. Zeitschrift der deutschen geologischen Gesell- schaft 149 (2): 165-182

Väre H, Lampinen C, Humphries C, Williams P (2003) Vascular plant diversity in the European alpine areas. In: Nagy L, Grabherr G, Körner C, Thompson D (eds): European alpine diversity. Springer, Berlin, pp 133-147

Wagner H (1985) Ost- und Westalpen, ein pflanzengeographischer Vergleich. Angewandte Pflanzensoziologie 18/19: 265-272

Walther G-R (2003) Plants in a warmer world. Perspectives in Plant Ecology, Evolution and Systematics 6 (3): 169- 185

Walther G, Pott R, Beißner S (2004) Climate change and high mountain vegetation belts. Springer, Heidelberg, Berlin

Wardle P (1974) Alpine timberlines. In: Ives JD, Barry RG (eds) Arctic and Alpine Environments, Methuen, London, pp 371-402

Wardle P, Coleman MC (1992) Evidence for rising upper limits of four native New Zealand forest trees. New Zealand Journal of Botany 30: 303-314

Wearne LJ, Morgan JW (2001) Recent forest encroachment into subalpine grasslands near Mount Hotham, Victoria, Australia. Arctic, Antarctic, and Alpine Research 33: 369-377

Weisberg PJ, Baker WL (1995) Spatial variation in tree seedling and krummholz growth in the forest-tundra ecotone of Rocky Mountain National Park, Colorado, USA. Arctic and Alpine Research 27(2): 116-129

Whipple KX, Kirby E, Brocklehurst SH (1999) Geomorphic limits to climate-induced increases in topographic relief. Nature 401: 39-43

Willett SD (1999) Orogeny and orography: The effects of erosion on the structure of mountain belts. J Geophy Res 104: 28957-28981

Willett SD, Slingerland R, Hovius N (2001) Uplift, shortening, and steady state topography in active mountain belts. Am J Sci 301: 455-485

Wissmann H von (1961) Stufen und Gürtel der Vegetation und des Klimas in Hochasien und seinen Randgebieten (Teil B). Erdkunde 15: 19-44

Zeitler PK et al (2001) Erosion, Himalayan geodynamics, and the geomorphology of metamorphism. GSA Today 11: 4-9

Ozeane und Moore

Ariztegui, Wildi W (2003) Lake Systems from the Ice Age to Industrial Time. Springer, Heidelberg

Baba E, Kawarada H, Nishijima W, Okada M, Suito H (2003) Waves and Tidal Flat Ecosystems. Springer, Heidelberg

Bailey RC, Norris RN, Reynoldson TB (2003) Bioassessment of freshwater ecosystems. Kluwer, Dordrecht

Baker AC, Starger CJ, McClanahan TR, Glynn PW (2004) Coral reefs: coral's adaptive response to climate change. Nature 430: 741-742

Barbraud C, Weimerskirch H (2001) Emperor penguins and climate change. Nature 411: 183-186

Barnabe C, Barnabe-Quet R (2000) Ecology and management of coastal waters. Springer, Heidelberg

Beaugrand G, Reid PC, Ibañez F, Lindley JA, Edwards M (2002) Reorganisation of North Atlantic marine copepod biodiversity and climate. Science 296: 1692-1694

Birkland C (1997) Life and death of coral reefs. Chapman & Hall, London

Birks HH, Battarbee RW, Birks HJB (2000) The development of the aquatic ecosystem at Krakenes Lake, Western Norway, during the late-glacial and early holocene – a synthesis. J Palaeolimnol 23: 91-114

Bowen J, Bowen M (2003) The Great Barrier Reef. History, science, heritage. Cambridge University Press, Cambridge

Broll G, Merbach W, Pfeiffer EM (2002) Wetlands in Central Europe. Soil organisms, soil ecological processes and trace gas emissions. Springer, Heidelberg

Bryant DA (2003) The beauty in small things revealed. PNAS 100 (17): 9647-9649

Campbell L, Vaulot D (1993) Photosynthetic picoplankton community structure in the subtropical North Pacific Ocean near Hawaii (station ALOHA). Deep-Sea Research 40: 2043-2060

Carpenter SR, Kitchell JF (1993) The trophic cascade in lakes. Cambridge University Press, New York

Chapman VJ (1974) Salt marshes and salt deserts of the world. 2nd edn, Cramer, Braunschweig

Charlson RJ, Lovelock JE, Andreae MO, Warren SG (1987) Oceanic phytoplankton, atmospheric sulphur, cloud albedo and climate. Nature 326: 655-661

Chisholm SW, Frankel SL, Goericke R, Olson RJ, Palenik B, Waterbury JB, West-Johnsrud L, Zettler ER (1992) Prochlorococcus marinus nov. gen. nov. sp.: an oxyphototrophic marine prokaryote containing divinyl chlorophyll a and b. Arch Microbiol 157: 297-300

Clark R (2001) Marine pollution. Oxford Univ Press, Oxford

Collin SP, Marshall NJ (2003) Sensory processing in aquatic environments. Springer, Heidelberg

Cook RM, Sinclair A, Stefansson G (1997) Potential collapse of North Sea cod stocks. Nature 385: 521-522

Crawford RMM (1987) Plant life in aquatic and amphibious habitats. Blackwell, Oxford London

Davenport R, Neuer S (1999) Satellitenfernerkundung von Phytoplanktonbiomasse und Primärproduktion in Weltozeanen. In: Bayerische Akademie der Wissenschaften (Hrsg) Fernerkundung und Ökosystem-Analyse. München, S 129-143

DeLaune RD, Pezeshki SR (2001) Plant functions in wetland and aquatic ecosystems: Influence of intensity and capacity of soil reduction. The Scientific World 1: 636-649

Dierssen K, Dierssen B (2001) Moore. Ulmer, Stuttgart

Dittmann S (1999) The Wadden Sea Ecosystem. Springer, Heidelberg, New York

Friis EM, Pederson KR, Crane PR (2001) Fossil evidence of water lilies (Nymphaeales) in the Early Cretaceous. Nature 410: 357-360

Fukarek F, Hübel H, König P, Müller GK, Schuster R, Succow M (1995) Urania – Pflanzenreich – Vegetation. 1. Aufl, Urania, Leipzig

Gätje C, Reise K (Hrsg) (1998) Ökosystem Wattenmeer. Springer, Heidelberg Berlin

Giller P, Malmqvist B (1998) The biology of streams and rivers. Oxford Univ Press, Oxford

Goreau TF, Goreau NT, Goreau TJ (1979) Corals and coral reefs. Scientific American 241: 124-135

Grigg RW, Hey R (1992) Palaeooceanography of the tropical Eastern Pacific Ocean. Science 255: 172-178

Hammer UT (1986) Saline lake ecosystems of the world. Junk, Dordrecht

Hoegh-Guldberg O (1999) Climate change, coral bleaching and the future of the world's coral reefs. Mar Freshwat Res 50: 839-866

Hughes TP, Baird AH, Bellwood DR, Card M, Connolly SR, Folke C, Grosberg R, Hoegh-Guldberg O, Jackson JBC, Kleypas J, Lough JM, Marshall P, Nyström N, Palumbi SR, Pandolfi JM, Rosen B, Roughgarden J (2003) Climate Change, Human Impacts, and the Resilience of Coral Reefs. Science 301: 929-933

Hutchinson GE (1944) Limnological studies in Connecticut. VII. A critical examination of the supposed relationship between phytoplankton periodicity and chemical changes in lake waters. Ecology 25: 3-26

Illies J (1961) Versuch einer allgemeinen biozönotischen Gliederung der Fließgewässer. Int Rev Ges Hydrobiol 46: 205-213

Keeley JE (1998) CAM photosynthesis in submerged aquatic plants. Bot Rev 64: 121-175

Koppitz H, Kühl H, Hesse K, Kohl J-G (1997) Some aspects of the importance of genetic diversity in *Phragmites australis* (Cav.) Trin. ex Steudel for the development of reed stands. Bot Acta 110: 217-223

Lampert W, Sommer U (1999) Limnoökologie. Thieme, Stuttgart

La Roche J, van der Staay GW, Partensky F, Ducret A, Aebersold R, Li R, Golden SS, Hiller RG, Wrench PM, Larkum AW, Green BR (1996) Independent evolution of the prochlorophyte and green plant chlorophyll a/b light-harvesting proteins. Proceedings of the National Academy of Sciences of the United States of America 93: 15244-8

Lang G (1981) Die submersen Makrophyten des Bodensees – 1978 im Vergleich mit 1967. Ber Int Gewässerschutz-kommiss Bodensee 26: 1-64

Leeflang L, During HJ, Werger MJA (1998) The role of petioles in light acquisition by *Hydrocotyle vulgaris* L. in a vertical light gradient. Oecologia 117: 235-238

Lieth H, Mochtchenko M (2004) Cash crop halophytes recent studies. Tasks of Vegetation Science 38, Kluwer, Dordrecht

Livingstone DA (1963) Chemical composition of rivers and lakes. US Geological Survey, Prof. Pap 440G, Washington/DC

Looman J (1986) The vegetation of the Canadian Prairie Provinces. III. Aquatic and semi-aquatic vegetation. Part 3. Aquatic plant communities. Phytocoenol 14(1): 19-54

Loreau M, Inchausti P, Naeem S (2002) Biodiversity and ecosystem functioning, synthesis and perspectives. Oxford University Press, Oxford

Martens K (2003) Aquatic biodiversity. Developments in Hydrobiology 171, Kluwer, Dordrecht

Matthews RO (1998) Die Großen Naturwunder – Ein Atlas der Naturphänomene unserer Erde. 8. Aufl, Frederking & Thaler, München

McClanahan T, Sheppard C, Okura D (2000) Coral reefs of the Indian Ocean. Oxford University Press

McLusky DS, Elliott M (2004) The estuarine ecosystem. 3rd edn, Oxford Univ Press, Oxford

Moore LR, Rocap G, Chisholm SW (1998) Physiology and molecular phylogeny of coexisting *Prochlorococcus* ecotypes. Nature 393: 464-467

Naiman RJ, Bilby RE (1998) River ecology and management. Springer, Heidelberg

Oberdorfer JA, Buddemeier RW (1986) Coralreef hydrology: field studies of water movement within a barrier reef. Coral Reefs 5: 5-12

Ott J (1996) Meereskunde. Ulmer, Stuttgart

Overbeck F (1975) Botanisch-geologische Moorkunde unter besonderer Berücksichtigung der Moore Nordwestdeutschlands als Quellen zur Vegetations-, Klima- und Siedlungsgeschichte. Wachholtz, Neumünster

Palenik B, Brahamsha B, Larimer FW, Land M, Hauser L, Chain P, Lamerdin J, Regala W, Allen EE, McCarren J, Paulsen I, Dufresne A, Partensky F, Webb EA, Waterbury J (2003) The genome of a motile marine *Synechococcus*. Nature 424: 1037-1042

Pandolfi JM (1992) Successive isolation rather than evolutionary centres for the origination of Indo-Pacific reef corals. Journal of Biogeography 19: 593-609

Partensky F, Hess WR, Vaulot D (1999) *Prochlorococcus*, a marine photosynthetic prokaryote of global significance. Microbiol Mol Biol Rev 63: 106-127

Petersen J (2000) Die Dünentalvegetation der Wattenmeer-Inseln der südlichen Nordsee. Husum-Verlagsgruppe, Husum

Petersen J (2001) Die Vegetation der Wattenmeer-Inseln im raum-zeitlichen Wandel – ein Beispiel für den Einsatz moderner vegetationsanalytischer Methoden. Ber d Reinh-Tüxen-Ges 13: 139-155

Petersen J, Pott R, Janiesch P, Wolff J (2003) Umweltverträgliche Grundwasserbewirtschaftung in hydrologisch und ökologisch sensiblen Bereichen der Nordseeküste. Husum Druck, Husum

Pott R (1995) Farbatlas Nordseeküste und Nordseeinseln; Ausgewählte Beispiele aus der südlichen Nordsee in geobotanischer Sicht. Ulmer, Stuttgart

Pott R (Hrsg) (2000) Ökosystemanalyse des Naturschutzgebietes „Heiliges Meer" (Kreis Steinfurt). Abh Westf Mus Natkd 62, 397 S, Münster

Pott R (2003) Die Nordsee – eine Natur- und Kulturgeschichte. Beck, München

Pott R, Remy D (2000) Ökosysteme Mitteleuropas - Die Gewässer des Binnenlandes. Ulmer, Stuttgart

Russo R (1994) Hawaiian Reefs. A Natural History Guide. Wavecrest Publications, San Leandro/CA

Sale PF (1977): Maintenance of high diversity of coral reef fish communities. Am Nat 111: 337-359

Schernewski G, Schiewer U (2002) Baltic Coastal Ecosystems. Springer, Heidelberg

Seeliger U, Kjerfve B (2001) Coastal marine ecosystems of Latin America. Springer, Heidelberg

Seibold E (1987) Die Ozeane im zeitlichen Wandel. Nova Acta Leopoldina NT 53, Nr 244: 133-157, Halle

Shapleye JP (2000) The Denitrifying Prokaryotes. In: The Prokaryotes, Springer, New York

Sheppard C (2002) Coral Reefs. – Ecology, threats & conservation. Worldwide Library, Voyager Press, Vancouver, BC

Spalding MD, Ravilions C, Green EP (2001) World Atlas of Coral Reefs. University of California Press, Stanford

Spindler M (1994) Notes on the biology of sea ice in the Arctic and Antarctic. Polar Biology 14: 319-324

Spindler M, Dieckmann GS (1991) Das Meereis als Lebensraum. In: Hempel G (Hrsg) Biologie der Meere. Spektrum, Heidelberg, S 102-111

Stanley SM (2001) Historische Geologie. 2. deutsche Aufl, Schweizer V (Hrsg), Spektrum, Heidelberg
Stenseth N, Ottersen G, Hurrell JW, Belgrano A (2004) Marine ecosystem and climate variation. Oxford Univ Press, Oxford
Succow M, Joosten H (Hrsg) (2001) Landschaftsökologische Moorkunde. 2. Aufl, Schweizerbart, Stuttgart
Thienemann A (1955) Die Binnengewässer in Natur und Kultur. Springer, Berlin
Thienemann A (1956) Leben und Umwelt – vom Gesamthaushalt der Natur. Rowohlt, Hamburg
Vannote RL, Minshall GW, Cummins KW, Sedell JR, Cushing CE (1980) The river continuum concept. Can J Fish Aquat Sci 37: 130-137
Ward JV, Uehlinger U (2003) Ecology of a glacial flood plain. Aquatic Ecology 1, Kluwer, Dordrecht
Wescoat JL, White GF (2003) Water for life – water management and environmental policy. Cambridge University Press, Cambridge
Wetzel RG (2001) Limnology. Lake and river ecosystems. 3rd edn, Academic Press, San Diego
Wild C, Huettel M, Klueter A, Kremb SG, Rasheed MYM, Jørgensen BB (2004) Coral mucus functions as an energy carrier and particle trap in the reef ecosystem. Nature 428: 66-70
Wilkinson CR (1987) Microbial ecology on a coral reef. Search 18: 31-33
Wulff FV, Rahm LA, Larsson P (2001) A systems analysis of the Baltic Sea. Springer, Heidelberg
Zenkewitch L (1963) Biology of the seas of the USSR. Allen & Unwin, London

17.9 Fragen zu Kapitel 17

1. Zur Entstehung von Gebirgspflanzen hat der schweizerische Botaniker Ludwig Diels eine spezielle Hypothese formuliert. Wie lautet diese?

2. Was verbinden Sie mit dem Begriff Nunataker?

3. Wie ist die aktuelle Höhenzonierung der Vegetation in den Alpen vegetationsgeschichtlich zu erklären?

4. Wie entstehen arktisch-alpine, alpin-altaische und alpin-pyrenäische Disjunktionen?

5. Viele Gebirgsgipfel der Süd-Alpen waren eisfrei im Pleistozän. Woran sehen wir das heute?

6. Wer bildet die Waldgrenze in den australischen Gebirgen?

7. Was sind *vegetable sheep*?

8. Viele Alpenpflanzen Neuseelands blühen weiß, welche plausibele Erklärung gibt es dafür?

9. Welche Rolle spielen die Cyanobakterien in den Ozeanen der Erde?

10. Was sind tektogene und glaziale Seen? Geben Sie Beispiele!

11. *Window Lakes* und *Perched Lakes* sind zwei spezielle Süßwassertypen in Australien. Wie kann man diese charakterisieren?

12. Wer bestimmt die Verbreitung der Korallenriffe der Erde?

13. Nennen Sie die beiden großen biogeographischen Riffprovinzen der Erde und die Gründe für ihre Entstehung!

14. Welche Halinitätsstufen differenzieren wir hinsichtlich der Salzkonzentration im Wasser?

15. Wo gibt es *Blanked bogs* und was versteht man darunter?

18 Nachwort

Diese Einführung in die Geobotanik sollte kurz gehalten bleiben, deshalb sind in diesem Buch nur die wichtigsten Lebensräume vorgestellt. Eine Ausweitung auf die „wirkliche Vielfalt", also die reale Biodiversität der Erde, würde ein mehrbändiges Werk beanspruchen. Vieles wurde deswegen nur allzu knapp gestreift: Die biotische Vielfalt von Küsten, von Vulkanen, Kulturlandschaften und vieles mehr sind aus diesem Grund nur kurz behandelt oder weggelassen.

Bisher wurden vorwiegend ökologische und ökonomische Argumente für den Erhalt der „Biotischen Vielfalt" aufgeführt. Aber auch andere Gründe sprechen dafür, alles daranzusetzen, um die Biotische Vielfalt zu erhalten: Mittelalterliche Kathedralen oder die Werke großer Komponisten und Maler werden gepflegt und geschützt, ohne nach dem finanziellen Nutzen zu fragen. Schönes hat seinen eigenen Wert, der sich nicht berechnen lässt, von dem aber die Menschen zehren. Auch die Schönheit der Natur fasziniert die Menschheit und zieht sie in ihren Bann. Sie bietet Ausgleich zu unserem Alltag. Viele empfinden auch eine ethisch-moralische Verpflichtung, Lebewesen und Lebensgemeinschaften zu bewahren. Dieses gründet in einem tief empfundenen Respekt vor dem Leben und dem Gefühl der Verantwortung gegenüber den nachfolgenden Generationen. Solche ethisch-moralischen Motive lassen sich nicht messen und berechnen. Am deutlichsten hat dies der Theologe, Arzt und Philosoph Albert Schweitzer (1875-1965) mit folgenden Worten formuliert: „Ethik ist ins Grenzenlose erweiterte Verantwortung gegen alles, was lebt." Das sollte der Hintergrund unseres wissenschaftlichen Lebens sein – der Alltag formuliert unsere Bestrebungen jedoch manchmal fundamental anders: So treten viele moralische Motive derzeit leider bei allen so genannten „Vernunftgründen" zum Erhalt der „Biotischen Vielfalt" in den Hintergrund auch dennoch sind es für viele Menschen wichtige Argumente, sich für den Erhalt der Natur einzusetzen. Hier ist vielleicht die Begründung dafür zu finden, sich doch für den Erhalt der 25 000sten Orchideenart stark zu machen oder gar den Schutz aller natürlichen Lebensräume unserer Erde kompromisslos zu fordern.

Beim Stichwort „Biotische Vielfalt" beziehungsweise *Biotic Diversity* oder schlichtweg „**Diversität**" wird in der Biologie und in den nahe ver-

wandten Geowissenschaften – als „**Geodiversität**" bezeichnet – vor allem
an Naturschutz und Artenvielfalt gedacht. Doch der Begriff umfasst auch
die Vielfalt von Lebensräumen, den Habitaten, sowie die genetische Diversität, er ist also nicht nur quantitativ und hierarchisch, sondern auch
qualitativ behaftet. Es findet heutzutage eine dramatische Verarmung dieser Vielfalt statt, welche für die künftige Entwicklung des Lebens auf der
Erde entscheidend sein kann. Verantwortlich dafür sind derzeit die Uniformierung der landwirtschaftlichen Nutzung weltweit mit den Konsequenzen einer Abnahme agrarbiologischer Vielfalt nach jahrzehntelangem
Einsatz von Fungiziden und Herbiziden sowie die vereinheitlichten technischen Bewirtschaftungsmethoden in der globalen agrarischen Produktion.
Ein weiterer wichtiger aktueller Aspekt in diesem Zusammenhang ist die
Vermarktung der „**Biotischen Vielfalt**". Es bestehen zwar seit den Konferenzen von Rio de Janeiro 1992 und Johannesburg 2002 zwischen den In-
dustrieländer-Regierungen der Nordhemisphäre und den Ländern der Südhalbkugel Vereinbarungen dahingehend, dass der internationale Zugang zu
den Biologischen Ressourcen gesichert sein soll.

Die Nutzen der Pflanzen beschränken sich jedoch nicht nur auf Le-
bensmittel oder Arzneipflanzen. Hinzu kommen Bau- und Möbelholz, Fa-
sern, pflanzliche Farben und viele andere Materialien. In der Summe nutzt
der Mensch vermutlich mehr als 70 000 Pflanzenarten, dies ist etwa ein
Viertel der uns bekannten Pflanzenarten, und es wird vermutet, dass sich
aus den bisher 125 000 bekannten Blütenpflanzen, die nur in den Tropen
wachsen, zahlreiche weitere neue Medikamente entwickeln lassen. Dazu
gehört auch die derzeit noch unbekannte Vielzahl nutzbarer Mikroorganismen. Das sind genetische Reserven für die Zukunft; deshalb wächst das
Interesse der Pharmaindustrie an Naturstoffen. Bisher wird nur ein kleiner
Teil der bekannten Naturstoffverbindungen als Medikament genutzt, aber
man vermutet ein großes Potential an brauchbaren Verbindungen. Wie ein
Muster bieten Inhaltsstoffe von Mikroorganismen und Pflanzen häufig die
Leitstrukturen, nach denen Medikamente künstlich hergestellt werden.
Zahlreiche Pflanzen besitzen Abwehrstoffe gegen Krankheitserreger, von
denen wir heute noch gar nichts ahnen und die unter Umständen die Lösung für künftige Probleme bieten können. Neue Prototypen aus Naturstoffen sind vor allem in der Infektionsbekämpfung und in der Krankheitsthe-
rapie dringend erwünscht. Hinzu kommen die zahllosen unentdeckten
Tiere und einzelligen Organismen, die ungeahnte Überraschungen für uns
bereithalten. Nicht nur der tropische Regenwald erweist sich mehr und
mehr als eine medizinisch-pharmazeutische Fundgrube.

In letzter Zeit werden systematisch globale Beobachtungsnetzwerke
aufgebaut, um im Wettlauf mit der Zeit die schwindende Vielfalt des Lebens auf der Erde, eben die Biodiversität, zu untersuchen. Vorbild sind da-

bei die Klimaforscher, die bereits auf Jahrzehnte globaler Kooperation und methodischer Vereinheitlichung aufbauen können. So soll nun rund um den Planeten in den nächsten Jahren ein riesiges Beobachtungs- und Messnetz für Biodiversität entstehen. Es soll umfassend, zuverlässig und langfristig nach weltweiten Standards Auskunft darüber geben, welche Tier- und Pflanzengruppen sich ausbreiten oder verschwinden und wie die geographischen Lebensräume durch Eingriffe verarmen oder vielleicht bereichert werden. Das Biodiversitätsprojekt hat den bezeichnenden Namen ARGOS. Es basiert auf bestehenden Großprojekten wie dem DIVERSITAS-Programm der UNESCO oder dem BIOTA-Projekt in Afrika, das unter anderem Norbert Jürgens (1991) von der Universität Hamburg koordiniert.

Neueste Erkenntnisse über die Evolution der frühen Erde und die Entstehung des Lebens, aber auch die Entdeckung der tiefen Biosphäre und der chemosymbiontischen Lebensgemeinschaften, wie wir sie in den Kapitel 2 und 4 gesehen haben, tragen gegenwärtig zu einem neuen Verständnis des Systems Erde bei. Durch verbesserte Methoden gelingt es darüber hinaus zunehmend, komplexe Prozesse des gekoppelten Systems Geo-, Hydro-, Bio- und Atmosphäre zu entschlüsseln und für künftige Entwicklungen von Biogeosystemen zu modellieren. Die Lehre von der Biosphäre der Erde, von den Biomen, den Großlebensräumen und den charakteristischen natürlichen Vegetationslandschaften ist dabei ein fest umrissenes Wissenschaftsgebäude: Viele neue Erkenntnisse kommen tagtäglich hinzu; neue Konzepte, Schwerpunktsetzungen und individuelle Betrachtungsweisen sind bei ökologischen Fragestellungen jedoch ebenfalls unabdingbar, wichtig ist und bleibt die Tatsache, dass kausale Beziehungen zwischen Pflanzen, Tieren und Menschen und ihrer Umwelt existieren, die sich auch für die globalen Zonobiome mit ihren jeweiligen Kompartimenten, den Ökosystemen, darstellen lassen. Wir haben gesehen, dass der Klimawandel ein natürlicher Vorgang ist, der mit Perioden von Jahrtausenden oder noch länger abläuft. Dabei ist die Schwankungsbreite der Klimaänderungen groß, wie der ohne das Zutun von Menschen entstandene mehrfache Wechsel von Glazialen und Interglazialen im Pleistozän in den vergangenen 2 Millionen Jahren bewiesen hat. Was der Mensch heute anrichtet, ist vielleicht eine kleine Veränderung dieser langfristigen, natürlichen Klimavariation.

Ich habe am Anfang betont, die Sichtweise der Betrachtung der Großlebensräume der Erde steht in der Tradition des großen Alexander von Humboldt (1769-1859), der schon zu Lebzeiten mehr junge wissenschaftliche und künstlerische Talente förderte als irgend ein anderer seiner Zeitgenossen. Und was die spontan dank einer internationalen Initiative ein Jahr nach seinem Tod 1860 gegründete ALEXANDER VON HUMBOLDT-STIFTUNG bis auf den heutigen Tag tut, hat Humboldt auf diese Weise schon zu Lebzeiten praktiziert: die Kooperation und Unterstützung junger Wissenschaftler auf der ganzen Welt. So kann man ihn als Protagonisten der wissenschaftlichen Globalisierung nennen, ausgehend gerade von der Disziplin, die er selbst begründete, der Vegetationsgeographie schlechthin. Deren moderne Dimension ahnte bereits Charles Darwin, als er Alexander von Humboldt den „Vater einer großen Nachkommenschaft von Forschungsreisenden" nannte. Was Humboldts amerikanische Reise betrifft, so hat Charles Darwin ihn als Berichterstatter emphatisch gefeiert mit den Worten: „Ich habe ihn immer bewundert, jetzt bete ich ihn an. Denn er allein gibt einen Begriff von den Empfindungen, die das erste Betreten der Tropen in der Seele erregt." Eine Humboldt-Begeisterung, die heute erneut in Südeuropa sowie in Süd- und Mittelamerika lebendig ist und neuerdings auch eine Renaissance an den nordamerikanischen Universitäten erfährt. So rechnen ihn jetzt ganze Disziplinen – etwa die Landschaftsökologie, die Klimatologie, die Ökologie, die Ozeanographie, die Hochgebirgsforschung, die Landeskunde, die Kartographie, die Pflanzengeographie und die Geobotanik – zu einem ihrer geistigen Väter, und sein Ruf als bedeutender Geograph und Forschungsreisender der Neuzeit ist bis heute unangefochten. Sein interdisziplinäres Herangehen an die Naturwissenschaften im 19. Jahrhundert ist noch immer nachahmenswert, und ich hoffe, mit diesem Buch viele Leser auch in unserem neuen Jahrtausend dafür motivieren zu können. Ich habe dieses Buch mit Alexander von Humboldt begonnen und werde es mit ihm beenden:

Die Biologie und die Ökologie sind Leitwissenschaften der Gegenwart, die Theorien der Evolutionslehre, die Biotechnologie, die Mikrobiologie, die Biophysik, Zellbiologie, Zoologie, Genetik und die Geobotanik als Brücke zu den Geowissenschaften sind moderne Schlüsseldisziplinen mit ihren aktuellen Fragestellungen. Wie wir alle wissen, bietet die Anwendung vieler dieser Disziplinen auch große Möglichkeiten zum Nutzen des Menschen. Bei allem Fortschritt muss dabei allerdings die Ethik des Machbaren berücksichtigt werden, insbesondere in der Gentechnologie bei der Manipulation von Pflanzen, Tieren und dem Menschen. Aus diesem Grund werden derzeit zu Recht Experimente in Bio-Ethik-Kommissionen diskutiert. Wenn wir uns selbst als rein biologische Wesen verstehen und ein wenig nach all unseren „Triumphen" über die Natur, also quasi auf dem „Gipfel der Naturbeherrschung", wieder über unsere Einbettung in die naturräumlichen Biogeosysteme und die natürlichen Lebensräume der Erde mit all den Fragenkomplexen der Artenkenntnis, der Biotop- und Ökosystemansprachen und ihrer Diagnosen vor Ort nachdenken und das Wissen um unsere natürliche Vielfalt der Lebensräume der Erde erhalten und pflegen, ist das Ziel dieses Buches erreicht.

Das Fach Geobotanik hat sein Wissenschaftsprofil in den letzten Jahrzehnten wie kaum ein anderes naturwissenschaftliches Fach verändert. Nachdem bis etwa Mitte des vergangenen Jahrhunderts die klassischen Fächer eine umfassende Forschung der bis dahin bekannten biologischen Inhalte leisten konnten, ist die Zeit seitdem von stürmischen methodischen und technischen Fortschritten gekennzeichnet, die grundlegend neue experimentelle Ansätze und – dadurch bedingt – neue Forschungskonzepte in die Bio- und Geowissenschaften eingeführt haben. In der organismischen Biologie wurden beispielsweise vergleichende morphologische Untersuchungen der frühen Jahrzehnte weitgehend abgelöst durch die Analyse der Interaktionen einzelner Organismen und Populationen, welche immer stärker in den Blickpunkt quantitativer Biologie rücken. Einflüsse von veränderten, globalen Umweltbedingungen auf komplexe Ökosysteme können nur vor dem Hintergrund der sich gegenseitig beeinflussenden Vorgänge verstanden werden.

Vor allem sind Geo- und Biowissenschaften Zukunftsdisziplinen, wenn es darum geht, zu erkunden, wie *Bottom-up* aus einzelnen Atomen und Molekülen reproduzierbar Makromoleküle, Mesostrukturen, Nanostrukturen, Mikrostrukturen und hieraus letzt endlich Makrostrukturen entstehen bis hin zu hoch komplexen Ökosystemen. Die Bedeutung und Tragweite des Verständnisses dieser Prozesse geht über den eigentlichen Kreis geologischer und biologischer Systeme und Prozesse weit hinaus. Die Vegetationskunde und die Biogeographie sind aber auch wichtige Partner der Gesellschaft, wenn es um die existentiellen Fragen zum Erhalt einer tragfähigen und lebenswerten Umwelt geht. Es ist unumstritten, dass die Wissenschaftsdisziplinen der Geobotanik inzwischen die zentrale Disziplin zur Erfassung der natürlichen Biotop- und Lebensraumvielfalt auf der Erde ist. Das bedeutet auch neue Herausforderungen für die Bio- und Geowissenschaften, wie sie jüngst der Vorsitzende der Senatskommission der Deutschen Forschungsgemeinschaft, Volker Mosbrugger, im März 2004 formuliert hat: „Die mangelnde Verfügbarkeit der grundlegenden Ressourcen Energie, Wasser und Nahrung sowie der natürlichen Lebensräume wird ein existentielles Zukunftsproblem der Menschheit werden. Aus Untersuchungen in den entlegensten Gebieten unseres Globus, wie etwa in der Antarktis, in der Tiefsee, in den Hochgebirgen oder in der Atmosphäre erkennen wir, dass der Mensch das System Erde in einem bislang einmaligen Umfang verändert und geprägt hat." Die zentrale Zukunftsfrage der Menschheit wird sein, wie sich der „Faktor Mensch" unter Berücksichtigung der demographischen Entwicklung im Anthropozän auf das System Erde weiterhin auswirken wird und welche Handlungsempfehlungen dazu beitragen können, für künftige Generationen die natürlich gewachsenen Lebensräume und die Biodiversität auf der Erde sicherzustellen.

Ob es gelingt, die Biotische Vielfalt unseres Planeten auf Dauer zu retten, entscheidet sich in den nächsten Jahrzehnten. Diese Aufgabe ist so gewaltig, dass keine Gruppe der Völkergemeinschaft sie alleine bewältigen könnte. Alle gesellschaftlichen Kräfte müssen auf solch ein Ziel hin gebündelt werden. Genau das ist auch das Hauptziel des Übereinkommens über die „Biologische Vielfalt" der Rio de Janeiro- und der Johannesburg-Konferenzen von 1992 und 2002. Die Herausforderung zur Erhaltung und nachhaltigen Nutzung der Biotischen Vielfalt liegt darin, sich der Instrumente zu bedienen, die unsere moderne Gesellschaft steuern. Biologen, Geowissenschaftler, Ökologen, Wirtschafts- und Finanzexperten, Soziologen, Pädagogen, Medienexperten, Tourismusfachleute und Umwelttechniker, sie alle müssen überprüfen, inwieweit sie zum Erhalt der Natur beitragen können. Vor diesem Hintergrund versteht sich auch eine grundlegende Implementierung und Sicherstellung der Behandlung der Bio- und Geowissenschaften in der notwendigen Breite in Schulen und Hochschulen, und zwar in Lehre und Forschung. Das Übereinkommen der „Rio-Konferenz über die Biologische Vielfalt" gibt vor, dass beträchtliche Investitionen erforderlich sind, um die Biotische Vielfalt dauerhaft zu bewahren. Die Kenntnis um eine solche Vielfalt der natürlichen Lebensräume unseres Globus und das Wissen um die Entstehung der natürlichen biotischen Vielfalt ist Grundlage der geobotanischen Wissenschaft. Ihre interdisziplinäre Herangehensweise ist Weg und Lösung des Problems gleichermaßen: Grundlagenforschung, Anwendung der Erkenntnisse und Bewahrung des Wissens um Entstehung und Erhalt unserer Umwelt sind dabei prioritär. Das besagt aber auch, dass wir durch die Erhaltung natürlicher Biodiversität erheblich profitieren werden. Der Prüfstand für unser Handeln sind Natur und spezifische Landschaften mit ihrem charakteristischen Lebensrauminventar.

18.1 Literatur

Bargagli R (1998) Trace elements in terrestrial plants. Kluwer, Dordrecht

Barthlott W, Kier G, Mutke J (1999) Globale Artenvielfalt und ihre ungleiche Verteilung. Cour Forsch-Inst Senckenberg 215: 7-22

Botting D (1993) Alexander von Humboldt. – Biographie eines großen Forschungsreisenden. 5. Aufl, Prestel, München

Brakhage A (2003) Ansprache des Dekans des Fachbereiches Biologie anlässlich der Verleihung der Ehrendoktorwürde an Professor Dr. Dr. h. c. Wolfredo Wildpret de la Torre am 8. Mai 2003. In: Pott R (Hrsg) Evolution und Biodiversität, Hannover, S 6-9

Brand U (2003) Wem gehört die Natur? DUZ 8: 27

Costanza R, d'Arge R, de Groot R, Farber S, Grasso M, Hannon B, Limburg K, Naeem S, O'Neill R, Paruelo J, Raskin R, Sutton P, van den Belt M (1997) The value of the world's ecosystem services and natural capital. Nature 387: 253-260

Diaz S, Cabido M (2001) Vive la difference: plant functional diversity matters to ecosystem processes. Trends Ecol Evol 16: 646-655

Dobzhansky T (1950) Evolution in the tropics. American Scientist 38: 209-221

Ertmer W (2003) Grußwort des Vizepräsidenten der Universität Hannover anlässlich der Verleihung der Ehrendoktorwürde an Professor Dr. Dr. h. c. Wolfredo Wildpret de la Torre am 8. Mai 2003. In: Pott R (Hrsg) Evolution und Biodiversität, Universität Hannover, S 14-19

Flitner M (1999) Biodiversität oder: Das Öl, das Meer und die Tragödie der Gemeingüter. In: Geörg C et al (Hrsg) Zugänge zur Biodiversität. Metropolis: 53-70

Gruhl H (1975) Ein Planet wird geplündert. Die Schreckensbilanz unserer Politik. Fischer, Frankfurt

Haber W (2003) Biodiversität – ein neues Leitbild und seine Umsetzung in die Praxis. Sächsische Landesstiftung Natur u Umwelt, Dresden

Hard G (1969) „Kosmos" und „Landschaft". Kosmologische und landschaftsphysiognomische Denkmotive bei Alexander von Humboldt und in der geographischen Humboldt-Auslegung des 20. Jahrhunderts. In: Pfeiffer H (Hrsg) Alexander von Humboldt. Werk und Weltgeltung. Piper, München, S 133-177

Hoppe B (1990) Physiognomik der Vegetation zur Zeit von Alexander von Humboldt. In: Lindgren U (Hrsg). Alexander von Humboldt. Weltbild und Wirkung auf die Wissenschaften. Böhlau, Köln Wien, S 77-102

Hücking H, Hücking R (2002) Pflanzenjäger. In fernen Welten auf der Suche nach dem Paradies. Pieper, München

Humboldt A v (1999) Reise in die Äquinoktialgegenden des Neuen Kontinents. 2 Bände, hrsg von O Ette. Insel, Frankfurt/Main

Humboldt A v (2002) Die Reise nach Südamerika. Vom Orinoko zum Amazonas. Starbatty J (Hrsg), Lamuv-Taschenbuch 94, Göttingen

Humboldt A v (2004) Kosmos, Entwurf einer physischen Weltbeschreibung. In: Enzensberger M (Hrsg) Die Andere Bibliothek, Eichborn, Frankfurt

Hyland B, Hyland M (1989): A Revision of Lauraceae in Australia, excluding *Cassytha*. Australian Systematic Botany 2 (2/3): 135-367

Jax K, Potthast T, Wiegleb G (1996) Skalierung und Prognoseunsicherheit bei ökologischen Systemen. Verh Ges Ökologie 26: 527-535

Jürgens N (1991) A new approach to the Namib Region. I. Phytogeographic subdivision. Vegetatio 97: 21-38

Jürgens N, Akhtar-Schuster M, Larigauderie A (2004) Das Diversitas-Programm. Treffpunkt Biologische Vielfalt IV, Bundesamt für Naturschutz, Bonn, S 25-27

Kalscheuer C (2004) Alexander von Humboldt, Ansichten der Kordilleren und Monumente der eingeborenen Völker Südamerikas. In: Enzensberger M (Hrsg) Die Andere Bibliothek. Eichborn, Frankfurt

Lauer W, Rafiqpoor MD (2002) Die Klimate der Erde. Eine Klassifikation auf der Grundlage der ökophysiologischen Merkmale der realen Vegetation. Steiner, Stuttgart

Liu J, Taylor WW (2002) Integrating landscape ecology into natural resource management. Cambridge University Press, Cambridge

Mayr E (1984) Die Entwicklung der biologischen Gedankenwelt. Springer, Berlin

Mosbrugger V (2004) Neue Herausforderungen für die Geowissenschaften. Offener Brief der Geokommission vom 4. Dezember 2003. Geowissenschaftliche Mitteilungen Nr 15, März 2004: 26-27, Hannover

Oecd (ed., 2002): Handbook of Biodiversity Valuation. A Guide for Policy Makers. Oecd Publications, Paris.

Osten M (1999) Wahrnehmung des Anderen – Alexander von Humboldts unerschöpfliche Neugier. FAZ Nr 157, S 11, 10. Juli 1999

Pearce D, Moran D (1994) The economic value of biodiversity. Earthscan, London

Perlman DL, Adelson G (1997) Biodiversity: exploring values and priorities in conservation. Blackwell Science, Oxford

Pielou EC (1966) The measurement of diversity in different types of biological collections. Theor Biol 13: 131-144

Pott R (1996) Biotoptypen, Schützenswerte Lebensräume Deutschlands und angrenzender Regionen. Ulmer, Stuttgart

Pott R (1997) Classification of European biotope-types for FFH-guidelines and the importance of phytosociology. Colloques Phytosociologiques 27: 17-29

Pott R (Hrsg, 2003) Evolution und Biodiversität. – Dokumentation der akademischen Feier anlässlich der Verleihung der Ehrendoktorwürde an Professor Dr. Dr. h. c. Wolfredo Wildpret de la Torre am 08. Mai 2003. Universität Hannover

Roth L, Lindorf H (2002) South American medicinal plants. Springer, Heidelberg

Sacks O (2004) Die feine New Yorker Farngesellschaft. Ein Ausflug nach Mexiko. Frederking & Thaler, München

Schmiedel U, Jürgens N (2002) Untersuchungen zur Steuerung der Lebensformzusammensetzung der Quarzflächenvegetation im ariden südlichen Afrika. Ber d Reinh-Tüxen-Ges 14: 45-58

Scurla H (1980) Alexander von Humboldt. Sein Leben und Werk. 9. Aufl, Verlag der Nation, Berlin

Vitousek PM, Mooney HA, Lubchenco J, Melillo JM (1997) Human domination on earth's ecosystems. Science 277: 494-499

Webster S (2003) Thinking about biology. Cambridge University Press, Cambridge

World Conservation Monitorino Center (Hrsg, 1992) Global Biodiversity. Status of the Earth's Living Resources. Chapman & Hall, London Glasgow New York Tokyo Melbourne Madras

Verzeichnis der Gattungen und Arten

Sachverzeichnis